Klasse Mammalia
　Unterklasse Theria
　　Infraklasse Eutheria
　　　Ordo　1. Insectivora
　　　　　　2. Macroscelidea
　　　　　　3. Dermoptera
　　　　　　4. Chiroptera
　　　　　　5. Scandentia
　　　　　　6. Primates
　　　　　　7. † Tillodontia
　　　　　　8. † Taeniodonta
　　　　　　9. Rodentia
　　　　　10. Lagomorpha
　　　　　11. Cetacea
　　　　　12. Carnivora (Fissipedia, Pinnipedia)
　　　　　13. Pholidota
　　　　　14. † Condylarthra
　　　　　15. † Litopterna
　　　　　16. † Notoungulata
　　　　　17. † Astrapotheria
　　　　　18. Tubulidentata
　　　　　19. † Pantodonta
　　　　　20. † Dinocerata
　　　　　21. † Pyrotheria
　　　　　22. † Xenungulata
　　　　　23. † Desmostylia
　　　　　24. Proboscidea
　　　　　25. † Embrithopoda
　　　　　26. Sirenia
　　　　　27. Hyracoidea
　　　　　28. Perissodactyla
　　　　　29. Artiodactyla
　　　　　30. Xenarthra

Lehrbuch der Speziellen Zoologie

Band II: Wirbeltiere
Teilband 5/2

Lehrbuch der Speziellen Zoologie

Begründet von Alfred Kaestner

Band II: Wirbeltiere

Herausgegeben von Dietrich Starck

Wirbeltiere

Herausgegeben von Dietrich Starck

5. Teil: Säugetiere
Von Dietrich Starck, Frankfurt/M.

5/2: Ordo 10 – 30, Haustiere, Literatur, Register

Mit insgesamt 564 Abbildungen und 62 Tabellen

Gustav Fischer Verlag Jena · Stuttgart · New York · 1995

Prof. Dr. Dr. h.c. Dietrich Starck
Balduinstraße 88
60599 Frankfurt/M.

Die Deutsche Bibliothek – CIP-Einheitsaufnahme

Lehrbuch der Speziellen Zoologie / begr. von Alfred Kaestner.
– Jena ; Stuttgart ; New York : G. Fischer.

ISBN 3-334-61000-4
NE: Kaestner, Alfred [Begr.]

Bd. 2. Wirbeltiere / hrsg. von Dietrich Starck.
 Teil 5. Säugetiere / von Dietrich Starck. – 1995
  ISBN 3-334-60453-5
NE: Starck, Dietrich [Hrsg.]

© Gustav Fischer Verlag Jena 1995
Villengang 2, D-07745 Jena

Das Werk einschließlich aller seiner Teile ist urheberrechtlich geschützt. Jede Verwertung außerhalb der engen Grenzen des Urheberrechtsgesetzes ist ohne Zustimmung des Verlages unzulässig und strafbar. Das gilt insbesondere für Vervielfältigungen, Übersetzungen, Mikroverfilmungen und die Einspeicherung und Verarbeitung in elektronischen Systemen.

Zeichnungen: Margret Roser, Jena, zuvor Frankfurt
Satz und Druck: Druckhaus Köthen GmbH
Verarbeitung: Kunst- und Verlagsbuchbinderei GmbH Leipzig

Printed in Germany
ISBN 3-334-60453-5
ISBN (Gesamtwerk) 3-334-61000-4

Inhaltsverzeichnis

Teilband 5/1

Vorwort

1.	**Allgemeines**	
1.1.	Definition	1
1.2.	Klassifikation der Großgruppen (Unterklassen) und deren phyletische Beziehungen	2
2.	**Eidonomie und Anatomie**	
2.1.	Integument und Anhangsorgane	4
2.2.	Bewegungsapparat	26
2.2.1.	Skeletsystem	26
2.2.2.	Muskelsystem	68
2.2.3.	Lokomotionstypen, Fortbewegung	75
2.3.	Nervensystem	94
2.3.1.	Allgemeines und Centralnervensystem	94
2.3.2.	Peripheres Nervensystem	111
2.4.	Sinnesorgane	116
2.4.1.	Freie Nervenendigungen und kapsuläre Sinnesorgane	116
2.4.2.	Geruchsorgan	117
2.4.3.	Geschmacksorgan	122
2.4.4.	Auge	122
2.4.5.	Labyrinthorgan (Sinnesorgane des Octavus, „Statoacusticus", Hör- und Gleichgewichtsorgan)	134
2.5.	Verdauungssystem	142
2.5.1.	Nahrung und Ernährungstypen	142
2.5.2.	Organe der Nahrungsaufnahme und -verarbeitung, Morphologie des Darmtractus	151
2.6.	Respirationsorgane, Atmung	190
2.7.	Kreislauforgane und Blutkreislauf	196
2.8.	Lymphatische Organe, Immunsystem	208
2.9.	Fortpflanzung	212
2.9.1.	Geschlechtsorgane	212
2.9.2.	Biologie der Fortpflanzung, Sexualzyklus	221
2.9.3.	Embryonalentwicklung, Ontogenie	229
2.9.4.	Schwangerschaft und Geburt	240
2.9.5.	Brutpflege und Aufzucht der Jungen	245
2.10.	Harnorgane, Exkretion	248
2.11.	Endokrine Drüsen	252
2.11.1.	Hypophyse (Untere Hirnanhangsdrüse)	253
2.11.2.	Hypobranchiale und branchiogene Organe, Inselorgan	256
2.11.3.	Epiphyse (Corpus pineale, Zirbeldrüse), Nebennieren, Paraganglien	257

VI   Inhaltsverzeichnis

3.	**Homoiothermie, Wärmehaushalt, Temperaturregulation, Lethargie und Winterschlaf**	260
4.	**Karyologie**	268
5.	**Systematik, Phylogenese, Verbreitung**	270

5.1.	Herkunft und frühe Stammesgeschichte der Mammalia	270
5.2.	Mesozoische Theria (Metatheria und Eutheria)	278
5.3.	Die Unterklassen und Ordnungen der Mammalia	282
	Subclassis Prototheria	282
	Ordo Monotremata	282
	Subclassis Theria	310
	Infraclassis Metatheria	310
	Ordo Marsupialia	310
	Infraclassis Eutheria	367
	Ordo 1. Insectivora	370
	Subordo Tenrecoidea	387
	Subordo Chrysochloridea	393
	Subordo Erinaceoidea	397
	Subordo Soricoidea	402
	Ordo 2. Macroscelididae	413
	Ordo 3. Dermoptera	419
	Ordo 4. Chiroptera	424
	Subordo Megachiroptera	461
	Subordo Microchiroptera	463
	Ordo 5. Scandentia (Tupaiiformes, Tupaioidea)	470
	Ordo 6. Primates	479
	Subordo Strepsirhini	530
	Subordo Haplorhini	544
	Infraordo Tarsiiformes	544
	Infraordo Platyrrhini	550
	Infraordo Catarrhini	563
	Ordo 7. † Tillodontia	593
	Ordo 8. † Taeniodonta	594
	Ordo 9. Rodentia	594
	Subordo Aplodontomorpha	624
	Subordo Sciuromorpha	625
	Subordo Myomorpha	635
	Nager als Schädlinge und Krankheitsüberträger	654
	Afrikanische Muridae	656
	Muriden-Radiation in Australien/Neuguinea	662
	Subordo Glirimorpha	667
	Subordo Anomaluromorpha	670
	Subordo Pedetomorpha	672
	Subordo Ctenodactylomorpha	674
	Subordo Hystricomorpha	676

Teilband 5/2
- Ordo 10. Lagomorpha 695
- Ordo 11. Cetacea........................ 707
  - Subordo Odontoceti 743
  - Subordo Mysticeti..................... 748
- Ordo 12. Carnivora 750
  - Subordo Fissipedia.................... 750
  - Subordo Pinnipedia.................... 848
- Ordo 13. Pholidota...................... 871
  - Vorbemerkungen über „Ungulata/Huftiere"............................... 879
- Ordo 14. † Condylarthra 880
- Ordo 15. † Litopterna................... 882
- Ordo 16. † Notoungulata 883
- Ordo 17. † Astrapotheria................. 883
- Ordo 18. Tubulidentata 883
- Ordo 19. † Pantodonta 893
- Ordo 20. † Dinocerata 893
- Ordo 21. † Pyrotheria................... 894
- Ordo 22. † Xenungulata.................. 894
- Ordo 23. † Desmostylia 894
- Ordo 24. Proboscidea 895
- Ordo 25. † Embrithopoda 917
- Ordo 26. Sirenia 917
- Ordo 27. Hyracoidea 930
- Ordo 28. Perissodactyla (Mesaxonia) 948
  - Subordo Ceratomorpha.................. 962
  - Subordo Hippomorpha 968
- Ordo 29. Artiodactyla (Paraxonia) 975
  - Subordo Suina (Suiformes)............. 1000
  - Subordo Tylopoda...................... 1009
  - Subordo Tragulina 1018
  - Subordo Pecora........................ 1022
    - Infraordo Moschina 1022
    - Infraordo Eupecora 1026
- Ordo 30. Xenarthra (Edentata) 1070
  - Subordo Cingulata (Loricata).......... 1089
  - Subordo Tardigrada 1094
  - Subordo Vermilingua 1097

5.4. Säugetiere als Haustiere 1100

6. Literatur 1104

7. Register 1209

7.1. Liste der im Text verwendeten Trivialnamen 1209
7.2. Register der wissenschaftlichen Tiernamen 1212
7.3. Sachregister 1233

Ordo 10. Lagomorpha (Abb. 363)

Die rezenten Lagomorpha, Hasenartige, werden in 2 Familien (insgesamt 9 Genera, 63 Species) gegliedert, die nahezu weltweit verbreitet sind; sie fehlen nur in der Antarktis, im südlichen Drittel S-Amerikas, Madagaskar und im östlichen indomalayischen Archipel östlich von Sumatra und in Australien. Trotz einiger Ähnlichkeiten mit den Rodentia ist ihre Beurteilung als selbständige Ordnung gut begründet, denn Ähnlichkeiten zu Nagern erweisen sich als Plesiomorphien oder parallele Anpassungen (zum Problem der stammesgeschichtlichen Herkunft s. S. 594f.). Als kennzeichnende Merkmalskombination der Lagomorpha sei folgendes hervorgehoben: Lagomorpha besitzen in jeder oberen Kieferhälfte 2 Incisivi (Duplicidentata). Hinter dem funktionellen Incisivus (I^2), findet sich ein kleiner, offenbar afunktioneller Stiftzahn (I^3), ohne Schneidekante (Abb. 319). Im Unterkiefer kommt nur der I_2 vor.

Die Schneidezähne sind, auch auf ihrer Rückseite, von Schmelz überkleidet. Zahnformel $\frac{2\ 0\ 3\ 3(2)}{1\ 0\ 2\ 3}$. Die Zähne sind wurzellos. Die Kronenfläche wird durch eine tief eindringende Schmelzfalte an den oberen M von innen her, an den unteren von außen her, in quere Schmelzbänder (Lamellen) unterteilt. Zwischen diese dringt Zement vor (Abb. 364, 365). Im Gegensatz zu den Nagern ist der Abstand der oberen Zahnreihen voneinander größer als zwischen den unteren Zahnreihen. Auch in der Durchführung der Kaubewegung bestehen wesentliche Differenzen zu den Rodentia. Bei Lagomorphen spielen seitliche Verschiebebewegungen (transversale Verschiebung) eine erhebliche Rolle. Dementsprechend ist die Gelenkpfanne am Squamosum relativ breit. Die Verbindung beider Mandibeln in der Symphyse ist relativ fest und unbeweglich.

Auch der aktive Kauapparat (Kaumuskulatur) der Lagomorpha zeigt Besonderheiten im Rahmen der Umkonstruktion des gesamten Kausystems. Der M. temporalis (Retractor) ist extrem schwach. Die Hauptarbeit wird von M. masseter und Mm. pterygoidei geleistet. Diese sind nach Masse und Portionengliederung hoch spezialisiert und ermöglichen Transversalverschiebungen.

Vordringen von Masseter-Portionen in die Orbita und den Infraorbitalkanal kommen nicht vor.

Schädel. Kiefer-Nasenschädel langgestreckt und gegen Hirnkapsel leicht ventralwärts abgeknickt (Deklination). Ausbildung eines deutlichen Septum interorbitale, daher liegen die Foramina optica beider Seiten nahe beieinander oder verschmelzen.

Abb. 363. a) *Ochotona princeps*, amerikanischer Pfeifhase, b) *Lepus capensis* (*europaeus*), Feldhase.

Orbitosphenoid groß, Nasalia gewölbt, breit und lang. Die faciale Fläche des Maxillare ist weitgehend zu einem Netzwerk freier Knochenbälkchen aufgelöst (Abb. 365). Das Squamosum endet hinten mit einem schmalen Fortsatz über dem äußeren Gehörgang. Bulla tympanica nur vom Ectotympanicum gebildet. Proc. mastoides und Proc. paroccipitalis vorhanden. For. infraorbitale sehr klein. Supraoccipitale klein. Die Foramina incisiva sind außerordentlich breit und erstrecken sich bis zwischen die Praemolaren. Die hinteren Abschnitte der Foramina verschmelzen in der Mittellinie (Abb. 364, 365), so daß der knöcherne Gaumen zu einer schmalen Knochenbrücke reduziert wird. An dieser sind Maxillare und Palatinum beteiligt, doch bildet bei *Ochotona* das Maxillare nur einen schmalen Saum an der Gaumenbrücke. Der Proc. coronoides (M. temporalis-Ansatz) ist bis auf ein kleines Höckerchen reduziert. Das Angulusgebiet bildet bei Leporidae eine breite Platte. Es läuft bei *Ochotona* in einen spitzen Winkelfortsatz aus.

Postcraniales Skelet. Die Clavicula ist bei *Ochotona* vollständig, bei Leporidae reduziert. For. entepicondyloideum fehlt. Rotationsfähigkeit im Ellenbogengelenk eingeschränkt. Scaphoid, Lunatum und Centrale frei. Digitigrad. Fibula und Tibia in der unteren Unterschenkelhälfte verschmolzen, Fibula artikuliert mit dem Calcaneus. 4 Finger an Hand und Fuß, der erste Strahl ist rudimentär.

Integument. Der Pelz ist bei Ochotonidae weich, bei einigen Leporidae derber. Färbung meist braun-grau. Einige Hasen weisen einen saisonalen Farbwechsel auf. Der Schneehase (*Lepus timidus*) trägt nach dem Herbst-Haarwechsel in den Alpen, N-Skandinavien und Schottland im Winter ein weißes Haarkleid, behält aber in S-Skandinavien und Irland auch im Winter die graubraune Sommerfärbung (ähnlich einige Hasen des nördlichen Amerika, *Lepus americanus, L. townsendii* u. a.).

Hasenartige unterscheiden sich von Rodentia deutlich durch Differenzierung und Spezialisation der Hautdrüsen. Auf dem Nasenrücken, dicht hinter der Schnauzenspitze, kommt eine Pigmentdrüse vor (*Lepus europaeus, L. timidus*). Hier senkt sich in einer kleinen, haarfreien Mulde das Hautepithel mit einigen Zapfen in das Corium ein. Die Epithelzellen sind reichlich mit Melaninkörnchen beladen und sezernieren nach holokrinem Modus, ähnlich einer Talgdrüse, ein duftendes Sekret, das an Zweigen abgestreift wird und der Ortsmarkierung dient. Lippen, Kinn und Wangen sind reichlich mit Drüsenkomplexen, die aus Talgdrüsen (auch freie) und a-Drüsen bestehen, besetzt (Circumoralorgan). Auf der Innenseite der Wangen erstreckt sich vom Mundwinkel, längs der Molarenreihe, ein Streifen behaarten Integumentes (Inflexum pellitum) in die Wangenschleimhaut hinein, der in Fortsetzung der Lippendrüsen einen großen Drüsenkomplex enthält. Ontogenetisch geht diese Integumentalzone an der Wangeninnenseite auf die Verschmelzung der Wangenlippen zurück. Das Sekret wird mit den Vorderpfoten auf die Umgebung übertragen.

Auch die Drüsen der Analregion sind bei Lagomorphen spezifisch gestaltet. Neben dem Rectum finden sich jederseits länglich wurstförmige, gelappte Drüsenkörper von 10 – 30 mm Länge. Der Komplex liegt zwischen Leio- und Rhabdosphincter*) oder wird von Muskelfasern durchsetzt und mündet mit mehreren Ausführungsgängen in die Zona cutanea des Analkanals aus. Die Drüse ist epidermalen Ursprungs und besteht aus verzweigten Schläuchen mit weitem Lumen. Das Epithel ist isoprismatisch. Das Sekret soll lipidreich sein. Diese Paraproctodaealdrüsen (SCHAFFER 1940) sind weder den Talg- noch den a-Drüsen zuzuordnen. Anzeichen apokriner Sekretausstoßung sind beobachtet, Myoepithelzellen fehlen. Am Analkanal kommen in geringer Zahl kleine, an Haare gebundene Talgdrüsen vor. Das Sekret soll beim Auffinden der Geschlechter eine Rolle spielen. Lagomorpha (außer *Ochotona*) besitzen Inguinaldrüsen (sonst nur bei Artiodactyla), die dicht neben der Genitalöffnung (Penis, Vulva) liegen und neben modifizierten Talgdrüsen auch monoptyche Anteile, die im Bau den Paraproctodaealdrüsen ähneln, enthalten.

Unter den Sinnesorganen dominieren Nase und Ohr. Lagomorpha sind Makrosmaten. Die Nasenlöcher können durch eine seitliche Falte behaarter Haut geschlossen werden („Nasen-Blinzeln"). Außer Maxillo- und Nasoturbinale sind drei Ethmoturbinalia (Ethmoturbinale I mit 2 Lamellen) ausgebildet. Der mit Riechschleimhaut bedeckte Teil der Nase umfaßt beim Kaninchen 9 cm^2. Ein Vomeronasalorgan ist vorhanden. Die Augen sind relativ groß, liegen rein seitlich und ziemlich hoch. Ein binokulares Gesichtsfeld ist nicht vorhanden. Die Pupille ist rund. Hoch differenziert sind die Orbitaldrüsen. Die Tränendrüse im hinteren Augenwinkel ist in dorsale, ventrale und temporale Lappen gegliedert und mündet mit mehreren, feinen Gängen in den oberen Conjunctivalsack. Im vorderen Augenwinkel mündet eine große infraorbitale Drüse (Hardersche Drüse). Außerdem können einige kleine, akzessorische Tränendrüsen vorkommen.

Das **Gehirn** entspricht dem Niveau eines basalen, makrosmatischen Eutheriers, ähnelt also dem Nagetiergehirn. Das Telencephalon ist lissencephal. Das Kleinhirn wird nicht vom Occipitallappen des Großhirns verdeckt.

---

*) Leiosphincter = M. sphincter ani internus (glattes Muskelgewebe). Rhabdosphincter = M. sphincter ani externus (quergestreifte Muskelfasern).

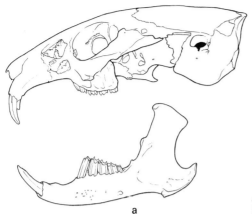

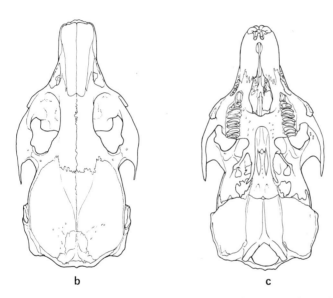

Abb. 364. *Ochotona princeps*, Pfeifhase, Schädel in drei Ansichten (a–c).

Darmtrakt und Ernährung. Der Magen ist langgestreckt und äußerlich nicht gegliedert. Die Schleimhaut ist ohne verhornte Bezirke und besitzt in Fundus und Corpus Hauptdrüsen; an diese schließt eine nicht sehr ausgedehnte Pars pylorica an. Cardiadrüsen kommen nur in unmittelbarer Umgebung der Cardia vor. Lagomorpha besitzen einen sehr ausgedehnten Blinddarm mit einer Spiralklappe. Hasenartige sind reine Pflanzenfresser (Nahrung vor allem grüne Kräuter). Neben den festen Kotkugeln wird ein weicher, im Caecum gebildeter Kot, der reich an Vitamin B_1 ist, abgegeben, der sofort wieder gefressen wird (Caecotrophie). Durch die doppelte Darmpassage ist eine wesentlich bessere Ausnutzung der Nahrung gewährleistet. Auch dürfte die Aufnahme von Symbionteneiweiß aus dem Caecalkot von Bedeutung sein.

Genitalorgane. Lagomorpha besitzen einen Uterus duplex mit getrennter Mündung der Hörner in die Vagina. Die Urethra mündet hoch in die Vagina aus, so daß ein langer Urogenitalkanal gebildet wird. Die Hoden liegen parapenial, ein echtes Scrotum fehlt. Ein Penisknochen kommt nicht vor.

Ordo Lagomorpha 699

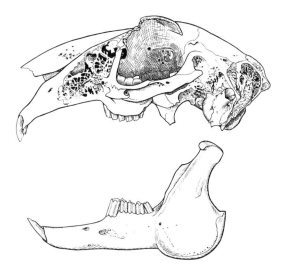

Abb. 365. *Lepus capensis* (*europaeus*), Feldhase. Schädel in drei Ansichten (a–c).

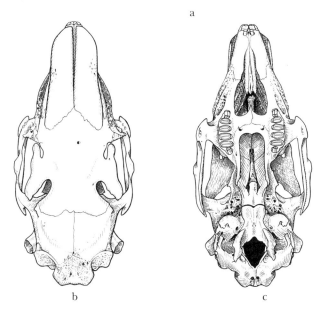

Fortpflanzung. Die verschiedenen Gattungen der Lagomorpha zeigen erhebliche Unterschiede in der Biologie der Fortpflanzung (Verhalten, Dauer der Tragzeit, Zustand der Neonati, Nestbau und Brutpflege). Die beiden Extreme beobachtet man beim Vergleich von *Lepus* mit *Oryctolagus*. Leider ist über die Reproduktion der meisten übrigen Genera sehr wenig bekannt. Sie stehen in mancher Hinsicht zwischen den Extremen.

Angaben über die Fortpflanzung von Ochotonidae (18 Arten) liegen im wesentlichen von *Ochotona pusilla* und *O. princeps* vor. *O. pusilla* legt einfache Erdbauten (2–3 m lange Gänge, 50 cm tief) mit mehreren Nebenkesseln an. Diese werden von bis zu 5 Tieren bewohnt. Gelegentlich liegen derartige Baue in Gruppen zusammen. Fortpflanzung beginnt im III/IV, Dauer verschieden, je nach Klima. 3–4 Würfe von 7–13 (meist 8–11) Jungen nach einer Tragzeit von 20–24 d. Die Neugeborenen sind nackt und blind, doch verläuft die postnatale Entwicklung rasch (Haarkleid beginnt am 2. d zu sprießen, Augenöffnung am 8.–9. Tag. Aufnahme von Grünfutter ab 20. d). Geschlechtsreife im Alter von 30 d.

Umfassende Angaben zur Fortpflanzungsbiologie der Leporiden liegen vor allem für *Lepus, Oryctolagus* und *Sylvilagus* vor.

Beim Europäischen Feldhasen kommen Begattungen vom I bis X vor. Die Hauptrammelzeit liegt zwischen III und VII. 3–4 Würfe im Jahr mit 1–5 Jungen. Geographische und klimatische Variationen sind häufig. Lange Zeit bestand Unklarheit über die Dauer der Tragzeit. Diese wurde erst aufgeklärt, als es gelang, Feldhasen in Gefangenschaft zu züchten (HEDIGER 1948). Die Tragzeit von *Lepus europaeus* dauert 42 d. Die Jungen werden behaart und mit offenen Augen und durchgebrochenen Zähnen geboren. Häufig finden sich beim Feldhasen nur in einem Uterushorn Embryonen. Daher kommt es gelegentlich zur Superfetation, d. h. daß eine Häsin, die bereits Embryonen trägt, noch während der Gravidität ein weiteres Mal trächtig wird, vorausgesetzt, daß ein Uterushorn frei ist. Die Embryonen in den beiden Uterushörnern sind also verschieden alt. Die Ovulation wird durch die Kopulation ausgelöst und erfolgt 10 h später. Einsetzen der Follikelreifung in der späten Graviditätsphase kommt auch bei anderen Eutheria gelegentlich vor. Hasen graben keinen Bau. Sie scharren höchstens eine flache Mulde (Sasse) als Lager, in dem die Jungen abgelegt werden. GeburtsGew. der Jungen: 70–130 g. Grünfutter wird vom 9. d an aufgenommen. Schneehasen sollen gelegentlich kurze Erdröhren graben, in die sich die Jungtiere flüchten können.

Kaninchen (*Oryctolagus cuniculus*) graben mit den Vorderpfoten Erdbauten, die aus einer Hauptröhre und Kessel mit zahlreichen Nebengängen bestehen. Tiefe bis zu 1–3 m. Vorkommen vielfach in umfangreichen Kolonien. Bevorzugt sind lockere Böden oder Böschungen im offenen Flachland. Die Fortpflanzungszeit ist beschränkt, in C-Europa vom II bis VII. Das Weibchen legt vielfach vor dem Wurf eigene Satzbaue in Abstand von den Wohnbauen an. Diese haben einen geräumigen Kessel. Das Nest besteht aus Moos und Heu und wird mit Wolle, die das Muttertier aus dem Bauchpelz zupft, gepolstert. Die Tragzeit beträgt 28–31 d. Die Neugeborenen sind nackt und blind (KGew.: 40–50 g). Die Augen öffnen sich am 10. Tag. Im Jahr können 5–7 Würfe zu je 4–6 Jungen vorkommen. Bemerkenswert ist, daß bei der Mehrzahl der Weibchen ein Teil der Embryonen (bis 50%, BRAMBELL 1942) nach dem 12. Graviditätstag resorbiert werden. Die meisten Jungtiere bringt das Ranghöchste ♀ zur Welt und zwar auch häufig im Wohnbau. Unmittelbar nach der Geburt geraten Kaninchen in Oestrus und können noch während der Säugephase wieder trächtig sein. Die Mutter besucht die Nestlinge innerhalb von 24 h nur 1–2mal zum Säugen. Jungkaninchen verlassen das Nest im Alter von 3 Wochen und werden nicht vor dem 4.–5. mon geschlechtsreif.

Nackte und blinde Junge wirft auch *Pentalagus furnessi*. Die Neonati von *Sylvilagus* besitzen bereits ein Fell, aber die Augen sind noch geschlossen. Diese Gattung steht also in Hinblick auf das Fortpflanzungsverhalten zwischen *Lepus* und *Oryctolagus*. Das Nest von *Sylvilagus* ist sehr einfach, wie überhaupt der Nestbau bei Lagomorpha um so primitiver wird, je reifer der Entwicklungszustand der Neugeborenen ist. Auch die Neugeborenen des afrikanischen *Poelagus* sind weniger weit entwickelt als *Lepus*.

Embryonalentwicklung.[*]) Die Implantation (Abb. 366) erfolgt bei Lagomorpha um den 7. d nach der Befruchtung oberflächlich (superficiell). Die primäre Anheftungsstelle liegt antimesometral, entsprechend dem Anheftungsconus (Obplacenta bei Sciuridae). Die Embryonalanlage liegt gegensinnig (mesometral) zur ersten Anheftung. Bereits am 8. d wird die trophoblastische Keimblasenwand an der antimesometralen Seite

---

[*]) Der folgenden Darstellung liegen die Befunde an *Oryctolagus* zugrunde, die im wesentlichen auch, soweit bekannt, für andere Leporidae Geltung haben.

abgebaut. Trophoblastreste bleiben noch einige Zeit als Riesenzellen nachweisbar. Bereits vor der Implantation sind im Uterus sechs Endometriumwülste ausgebildet. Die beiden, nahe dem Mesometriumansatz gelegenen Wülste bilden den maternen Teil der Placenta. Im Querschnitt erscheinen diese Wülste als Placentarkissen, an die sich beiderseits der Embryonalanlage die trophoblastische Keimblasenwand anheftet. Diese sekundäre Anheftungszone ist hufeisenförmig. Gleichzeitig wird das Uterusepithel symplasmatisch umgewandelt, doch beteiligen sich die Symplasmen nicht am Aufbau der Placenta. Die hufeisenförmige Trophoblastwucherung (ektoplazentares Hufeisen) umfaßt die Embryonalanlage seitlich und kaudal. Der vom Hufeisen umfaßte Bezirk entspricht genau der Lage der Embryonalanlage und der Furche zwischen den beiden Placentarkissen, so daß Raum für die Entfaltung des Embryos und die Bildung der Amnionfalten bleibt. Mit der Rückbildung materner Symplasmen dringt fetales Syncytium in die Decidua ein und baut die Placenta auf. Materne Gefäße werden eröffnet und mütterliches Blut gelangt in enge, netzartig verknüpfte Lakunen des Syncytiotrophoblasten. Chorionmesenchym dringt ab 9. d in das Syncytium ein. Am 10. d erreichen allantoide Gefäße die Placentaranlage. Diese wird in der Folge zu einer diskoidalen, haemochorialen, labyrinthaeren Placenta aufgebaut.

Die Mesodermumwachsung der Keimblase erreicht nie den abembryonalen Pol. Vorübergehend besteht eine bilaminäre Omphalopleura (Ectoderm + Entoderm), deren antimesometraler Abschnitt früh zugrunde geht. Mit dem stärkeren Wachstum der Embryonalanlage schiebt diese sich von oben her in den Restteil des Dottersackes, dessen untere Hälfte bereits verschwunden ist, vor. Damit weist dieser mit seiner ursprünglich inneren Fläche nach außen. Der Dottersack wird also gleichsam umgestülpt (beginnende Inversion). Bei Eröffnung des Uterus in der zweiten Hälfte der Gravidität von der antimesometralen Seite her trifft man, nach Durchtrennung der Uteruswand, auf die Epitheloberfläche des invertierten Dottersackes (Abb. 366).

Ein Vergleich der frühen Ontogenesephase der Lagomorpha mit den entsprechenden Stadien der Rodentia (s. S. 614) ergibt, daß sich bei basalen Rodentia (Sciuromorpha, Castoroidea) zahlreiche Ähnlichkeiten aufweisen lassen (Blastocystenbildung, superficielle Implantation, primär am antimesometralen Pol mit Ausbildung einer transitorischen Obplacenta, Faltamnion, beginnende Dottersack-Inversion). Dieser Befund aus der Frühontogenese wird als Argument für die gemeinsame Herkunft der Lagomorpha und Rodentia angeführt. Es bleibt aber zu beachten, daß es sich jeweils um Teilprozesse in einem einheitlichen Geschehen handelt, in dem plesiomorphe Charaktere enthalten sind (superficielle Implantation, Faltamnion) und daß funktionelle Aspekte (zunehmende Implantationstiefe) in verschiedenen Stammeslinien zu berücksichtigen sind. Stammesgeschichtliche Zusammenhänge können nicht nur auf Einzelmerkmale gegründet werden.

Karyologie. Angaben über die Chromosomenzahlen liegen für viele Arten vor (Hsu & Benirschke 1969, Orlov & Bulatowa, Zima & Král), doch fehlen Angaben für einige der seltenen Reliktformen und ausreichende Angaben für die *Lepus capensis*-Gruppe aus verschiedenen Regionen. Auffallend ist die erhebliche, interspezifische Variabilität der Chromosomenzahl bei *Ochotona* ($2n = 38-68$) und die große Konstanz bei Leporidae ($2n = 42-48$). Alle 13 untersuchten Arten (Formen) von *Lepus* besitzen $2n = 48$. *Romerolagus diazi*: $2n = 48$. *Oryctolagus cuniculus*: $2n = 44$. *Sylvilagus* 4 Arten: $2n = 42$, *Sylvilagus vachmani*: $2n = 48$, *S. transitionalis*: $2n = 52$, *Pronolagus rupestris*: $2n = 42$.

Ochotona pusilla, O. collaris, O. princeps: $2n = 68$, *O. rutila, O. macrotis*: $2n = 62$, *O. rufescens*: $2n = 60$, *O. daurica*: $2n = 50$, *O. alpina*: $2n = 42$, *O. hyperborea*: $2n = 40$, *O. pricei*: $2n = 38$. Einige Angaben über Chromosomen-Morphologie, Bandenmuster und DNA-Gehalt bei Zima & Kral.

Während die Bandenmuster bei Leporidae nur geringe artliche Unterschiede aufweisen, weichen die Befunde an Ochotonidae erheblich ab und weisen auf eine frühe Trennung der beiden Familien.

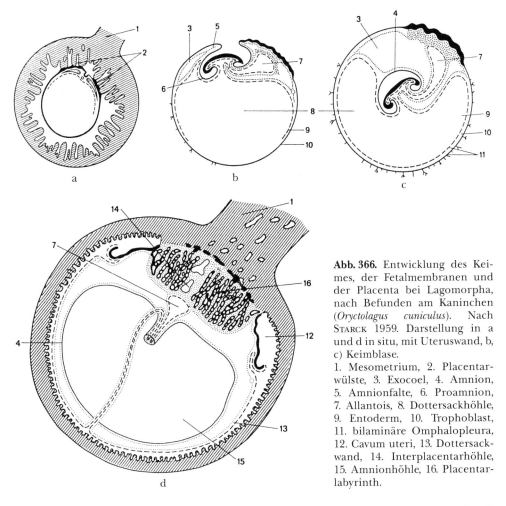

Abb. 366. Entwicklung des Keimes, der Fetalmembranen und der Placenta bei Lagomorpha, nach Befunden am Kaninchen (*Oryctolagus cuniculus*). Nach STARCK 1959. Darstellung in a und d in situ, mit Uteruswand, b, c) Keimblase.
1. Mesometrium, 2. Placentarwülste, 3. Exocoel, 4. Amnion, 5. Amnionfalte, 6. Proamnion, 7. Allantois, 8. Dottersackhöhle, 9. Entoderm, 10. Trophoblast, 11. bilaminäre Omphalopleura, 12. Cavum uteri, 13. Dottersackwand, 14. Interplacentarhöhle, 15. Amnionhöhle, 16. Placentarlabyrinth.

Systematik und Stammesgeschichte der Lagomorpha (Duplicidentata). Die Herkunft der Lagomorpha ist nicht geklärt. Auch heute noch wird eine gemeinsame Wurzel mit frühen Rodentia diskutiert (s. S. 594, LUCKETT & HARTENBERGER 1984). Andererseits wird der selbständige Ursprung beider Ordnungen durch Argumente gestützt (s. S. 695f.). Die Abstammung der Lagomorpha von Protoinsectivora über Condylarthra wird von einigen Forschern vertreten (THENIUS). Unterschiede beider Ordnungen betreffen vor allem die Struktur des Kauapparates und Gebisses, Gehirns, Caecum und der Ontogenese.

† *Mimolagus* aus dem Paleozaen C-Asiens wird als ältester Vertreter der Lagomorpha angesehen (TOBIEN 1963, 1970). Im Jungeozaen (O-Asien, etwas später N-Amerika) läßt eine frühe Radiation der Hasenartigen die † Palaeolaginae († *Palaeolagus*, † *Megalagus*, † *Litolagus*) entstehen. Im Miozaen erscheinen die ersten Leporidae. Im Tertiär ist eine weitere Radiation zu beobachten, aus der die rezenten Leporidae hervorgegangen sind. Seit dem Pleistozaen sind die Gattungen *Sylvilagus*, *Lepus* und *Oryctolagus* nachweisbar. Die Genera *Romerolagus*, *Pronolagus* und *Pentalagus*, heute auf enge Reliktareale beschränkt, entstammen wahrscheinlich parallelen Stammeslinien (Mio-/Pliozaen).

Die Ochotonidae (Pfeifhasen) erscheinen in einigen Merkmalen (allgemeine Körperform, Ohren) primitiver als die Leporidae. Sie zeigen aber im Gebiß progressive Tendenzen und sind fossil erst seit dem Oligozaen nachweisbar, also jünger als die Stammeslinie der Leporidae (Palaeolaginae). Die Trennung beider Schwestergruppen dürfte im Späteozaen-Oligozaen anzusetzen sein. Die Ochotonidae haben ihr Ursprungscentrum in C-Asien. Im Tertiär erfuhren sie eine Formenradiation und erreichten zeitweise Europa, Afrika († *Kenyalagus*) und N-Amerika (rezent nur in C-Asien und N-Amerika).

Spezielle Systematik der rezenten Lagomorpha. Heute sind Lagomorpha durch zwei Familien, Ochotonidae und Leporidae, vertreten. Die Leporidae (Hasen und Kaninchen*)) sind eine sehr erfolgreiche Gruppe, die weite Verbreitung fand.

Fam. 1. Ochotonidae (Pfeifhasen, Pikas). Die Ochotonidae sind kurzbeinige und kurzohrige Lagomorpha, die in Körpergröße und Körperform an Meerschweinchen erinnern. Fellfärbung grau bis braun, rötlich. Der Schwanz ist äußerlich nicht sichtbar. Arm und Bein sind etwa gleich lang. 5 Finger an der Hand, 4 Finger am Fuß. Clavicula vorhanden. Schädeldach (Abb. 363a) flach, keine Supraorbitalfortsätze. Bulla tympanica von zelliger Struktur. Zahnformel $\frac{2\ 0\ 3\ 2}{1\ 0\ 2\ 3}$. Lebensraum: Steppe bis Gebirge. Tendenz zur Bildung von Kolonien (Großfamilien). Im Gegensatz zu echten Hasen stimmfreudig (Warnlaute, Territorialabgrenzung). 1 Gattung, 15–18 Arten, die Mehrzahl in C- und O-Asien, nur 1 Art im westlichen N-Amerika (*Ochotona princeps*, diese vielleicht konspezifisch mit der ostasiatischen *O. alpina*). Seit Pleistozaen in N-Amerika, im Miozaen auch in Afrika. Im Tertiär drangen Ochotonidae aus Asien bis Europa vor. Lebensweise diurn. Die Formen des Flachlandes legen Erdbauten an. Gebirgsformen bevorzugen Spalten und Höhlen im Gestein. Die nordamerikanischen Pikas graben kaum. Ernährung herbivor. Coprophagie kommt vor. Heuvorräte für den Winter werden an Speicherorten gestapelt. KRL.: 120–250 mm, KGew.: 100–400 g. Graviditätsdauer ca. 30 d. 2 Würfe im Jahr, Zahl der Jungen im Wurf 2–5.

Ochotona pusilla, Steppenbewohner Kasachstans, zwischen Ural und Wolga. *O. daurica*, Mongolei, NW-China. *O. rutila*, Gebirgsbewohner in Höhenlagen von 2–3000 m ü. NN, Tienschan, Pamir, Tibet. *O. rufescens*, Geröllbewohner, Iran, Afghanistan, Turkmenien. *O. alpina*, C- und NO-Asien bis NW-Amerika, Alaska. *O. princeps*, Kanada bis New Mexico.

Fam. 2. Leporidae (Hasen und Kaninchen). 10 Gattungen, 43 Arten. Entstehungscentrum in C-Asien. Echte Leporidae seit spätem Paleozaen, Radiation im Tertiär, in Afrika seit Miozaen/Pliozaen. Seit Eozaen in N-Amerika. Fehlen ursprünglich im südlichen S-Amerika, Australien, Madagaskar und in Indonesien östlich von Sumatra. In Australien und südliches S-Amerika eingeführt. Mittelgroß, KRL.: 300–700 mm, KGew.: 500–7000 g. Zahnformel $\frac{2\ 0\ 3\ 3}{1\ 0\ 2\ 3}$ (Molaren $\frac{2}{3}$ bei *Pentalagus*).

Fellfärbung grau-braun-rötlich, bei einigen Arten Ventralseite weiß. Einzige Gattung mit buntem Streifenmuster: *Nesolagus* aus Sumatra. Anpassung an offenes Gelände, von dort Eindringen in Kulturlandschaft (Feldhase, Wildkaninchen). Hinterbeine länger als Vorderbeine. Lokomotion ist stets dadurch gekennzeichnet, daß die Hinterbeine vor die Vorderbeine gesetzt werden (Galopp, sowohl beim langsamen Hoppeln wie bei der Flucht). Claviculae rudimentär. Meist 5 Finger an Hand und Fuß. Lautäußerungen nur bei äußerster Erregung. Supraorbitalfortsätze (Abb. 364, Abb. 365) des Os frontale mit hinterem und vorderem Vorsprung. Bulla tympanica nicht zellig. Fenestration der Facialfläche des Maxillare ausgedehnt. Schwanz kurz, buschig. Ohren lang (artliche Differenzen).

---

*) „Kaninchen" ist eine volkstümliche, keine taxonomische Bezeichnung und umfaßt keine systematische Einheit. Sie wird für kleinwüchsige Arten, die Erdbauten graben und nackte Junge werfen (*Oryctolagus*, *Sylvilagus*) benutzt (entsprechend im Engl. „rabbit").

Lepus europaeus, Feldhase. Ursprüngliche Verbreitung ganz Europa außer Skandinavien, Irland, Alpen. In Rußland und Sibirien ist der Feldhase im Vordringen nach NO begriffen (Kulturfolger, im Zusammenhang mit der Umgestaltung der Landschaft). Europäische Feldhasen wurden in Argentinien, Chile, Australien, Neuseeland, Irland und Skandinavien angesiedelt und haben mit wechselndem Erfolg Populationen begründet. Der mittel- und westeuropäische Hasenbestand wurde wiederholt durch Tiere aus O-Europa aufgefüllt. Sie spielen als Jagdwild auch wirtschaftlich eine gewisse Rolle (Abschuß in Deutschland 1936: nahezu 3 Mio, ANGERMANN 1966).

Die systematische Abgrenzung einiger Arten der Gattung *Lepus* ist noch umstritten. So wird ein naher Verwandter des Feldhasen, *Lepus capensis*, der Kaphase, meist als eigene Art geführt; von einigen Autoren aber wird *L. europaeus* als Unterart dem *L. capensis* zugeordnet. Der Kaphase im engeren Sinne ist durch ganz Afrika, mit Ausnahme der Regenwaldgebiete, durch Vorderasien bis C-Asien verbreitet. In S-Sibirien sind beide Formen sympatrisch, bastardieren aber nicht. Hingegen sollen in Syrien Übergänge vorkommen. Der typische Kaphase ist kleiner als der Feldhase (nur bis 2 500 g KGew.) hat nahezu nackte Ohren mit großem schwarzen Spitzenfleck und ist heller gefärbt. Leider fehlen bisher Chromosomenbefunde von *L. capensis* (s. S. 701). Solange fruchtbare Kreuzungen zwischen den fraglichen Arten nicht nachgewiesen sind, sollte die Selbständigkeit beider Formen als Arten anerkannt bleiben.

Unklarheit besteht zur Zeit noch über die systematische Beurteilung der Hasen der Iberischen Halbinsel (CABRERA, CORBET, PALACIOS 1977). Drei *Lepus*-Formen sind beschrieben worden. *Lepus europaeus pyrenaicus* HILZHEIMER, 1906, von den Pyrenäen bis zum Ebro, dürfte als mediterrane Form des Europäischen Feldhasen anzusprechen sein. *Lepus granatensis* ROSENBAUER (= „*L. meridionalis*") ist über die ganze Iberische Halbinsel verbreitet und unterscheidet sich von *L. europaeus* durch geringere Körpergröße und weiße Streifen an den Läufen. Die Abgrenzung als Art gegen *Lepus capensis* ist nicht gesichert. *Lepus castroviejoi* PALACIOS 1977 aus N-C-Spanien ist vielleicht eine eigene Species.

Lepus timidus, Schneehase, bewohnt die arktischen-subarktischen Regionen der Alten und Neuen Welt. Vorkommen in Europa: Skandinavien, Irland, N-Rußland, Alpen (1 300 – 3 400 m ü. NN). Bevorzugt lichte Mischwälder bis zur deckungslosen Tundra. Im S bis Kasachstan. Arktische Schneehasen behalten das Jahr über die weiße Fellfärbung. In südlichen Gebieten (Irland) saisonaler Farbwechsel. Sommerkleid: braun-grau. Ohrspitzen schwarz, Ohren relativ kurz (85 – 100 mm). KRL.: 450 – 600 mm, KGew.: 2 – 6 kg. Schwanz ganz weiß. Nahrung: Kräuter, besonders *Calluna*, Gräser, Beeren, Rinde. Bildet gelegentlich größere, kolonieartige Ansammlungen. Gräbt zuweilen kurze Erdhöhlen für die Jungen. Fortpflanzung und Zahl der Jungen abhängig vom Klima des Lebensraumes. Im Pleistozaen waren Schneehasen in C-Europa verbreitet.

In N-Amerika bewohnt *L. timidus* die arktischen Küstengebiete bis zur Hudson Bay. Nach Süden schließt sich das Verbreitungsgebiet des Schneeschuhhasen, *Lepus americanus*, an (C- und S-Kanada bis Michigan, N-Dakota, Utah). *L. americanus* ist artlich eindeutig abgrenzbar, da wesentlich kleiner als *L. timidus*. Die Hinterfüße sind relativ lang und im Winterkleid an den Sohlen besonders dicht behaart. Regelmäßig saisonaler Farbwechsel.

Eine Artengruppe amerikanischer Hasen ist durch besonders lange Ohren (Thermoregulation in Wüstenhabitat) ausgezeichnet und wird als Eselshasen (engl. „jack rabbit") bezeichnet: *Lepus alleni*, Antilopenhase, *L. californicus*, *L. callotis* (Vorkommen in den westlichen Südstaaten der USA und Mexico).

Auch der Präriehase, *L. townsendii*, ist eine westliche Form (von SW-Kanada bis New Mexiko), die dort, wo sie sympatrisch mit Eselshasen vorkommt, von diesen zurückgedrängt wird.

Die Systematik der zahlreichen beschriebenen Formen der Gattung *Lepus* in Asien bedarf einer Revision. Die weite Verbreitung von *L. capensis* bis C- und O-Asien war erwähnt (s. S. 604). Der vielfach als eigene Art geführte *Lepus tolai*, Tolaihase, C-Asien und der Tibethase, *L. thibetanus*, dürften als Unterarten zu *L. capensis* zu stellen sein. Der nordchinesische Hase, *Lepus mandschuricus* (NO-China, N-Korea, Ussuri-Region), steht dem Japanhasen, *L. brachyurus*, sehr nahe. Die Gruppe kann gegen den Hasen SO-Chinas und S-Koreas, *Lepus sinensis*, abgegrenzt werden. Weiter seien genannt der tibetanische Wollhase, *L. oiostolus* (Tibet, Ladak, W-China), und *Lepus peguensis* von Burma, Hainan und Indochina. *L. yarkadensis* ist auf das Tarimbecken (Sinkiang) beschränkt und dürfte nahezu ausgerottet sein. In Indien und Pakistan, zwischen Himalaya und Sri Lanka lebt der Schwarznakenhase, *Lepus nigricollis* (eingeführt auf Java und Mauritius), der zweifellos in die *Capensis*-Gruppe gehört.

In Afrika ist *Lepus capensis* weit verbreitet und fehlt nur im Bereich des Kongowaldes. Er bevorzugt relativ trockenes und offenes Gelände, während der ihm sehr nahestehende Savannenhase, *Lepus crawshayi*, feuchtere Biotope und Baumsavanne bewohnt. *L. crawshayi* und *L. whytei* werden von neueren Systematikern zu *L. nigricollis* (Indien) gestellt. Die Unterscheidung der afrikanischen Formen beruht auf Größenunterschieden, leichten Farbdifferenzen und einigen minimal differierenden Schädel- und Zahnmerkmalen. *Lepus habessinicus* ist kaum gegen *L. capensis* abgrenzbar. Hingegen ist der afrikanische Berghase, *Lepus saxatilis* (vom Kap bis Kenya, Restpopulation im S-Sudan und in der SO-Sahara), eine selbständige Form.

Oryctolagus (1 Art, *O. cuniculus*), das Kaninchen, war zu Beginn der Eiszeit in W- und C-Europa weit verbreitet, postglazial aber nur noch in NW-Afrika und auf der Iberischen Halbinsel vorhanden. Von dort aus hat es sich in historischer Zeit mit der Rodung der Wälder nach C-Europa als Wildform ausgebreitet. Die Domestikation, in der Römer-Zeit bereits nachweisbar (s. S. 1103), hat erheblich zur Ausbreitung nach Norden, auch durch entwichene Hauskaninchen, beigetragen. Die durch den Menschen begründeten Populationen (O-Europa, Britische Inseln, S-Amerika, Australien, Neuseeland, viele ozeanische Inseln) gehen auf freigelassene Hauskaninchen zurück.

Das Wildkaninchen unterscheidet sich vom Feldhasen durch geringere Körpergröße (KRL.: 350−450 mm, KGew.: 500−2 500 g). Die Ohren und die Hinterläufe sind relativ kürzer als beim Feldhasen. Oberseite grau-braun, Schwanz fast ganz weiß. Ohren schwach schwarz gerandet, ohne schwarzen Ohrfleck. Gaumenbrücke zwischen For. incisivum und Choane länger als bei *Lepus*. Chromosomenzahl 2n = 44 (*Lepus* 2n = 48; s. S. 701). *Oryctolagus* ist koloniebildend, gräbt Wohnbauten und abseits von diesen Setzbaue mit Kessel (1 m tief). Die 4−6 Jungen eines Wurfes sind Nesthocker. Augenöffnen am 10. d. Gew. der Neonati 40−50 g. 5−7 Würfe pro Jahr (s. a. S. 700). Die Fortpflanzungsperiode ist saisonal beschränkt (in C-Europa: Monat II−VII). In verschiedenen Regionen, besonders in Australien, ist es zu katastrophalen Massenvermehrungen gekommen, die zu erheblichen Schäden an Agrarkulturen geführt haben und autochthone Tierarten verdrängt haben. In Australien hat man die Massenvermehrung mit gewissem Erfolg durch die Infektion mit Myxomatosevirus bekämpft.

Die Myxomatose (ROLLE und A. MAYR 1978) ist ursprünglich eine Erkrankung von *Sylvilagus* in Brasilien. Die Erkrankung verläuft bei S. milde und ohne schwere klinische Symptome. Sie wurde nach N-Amerika eingeschleppt, gelangte 1951 nach Europa und 1953 nach Australien. Hier griff sie alsbald auf Wild- und Hauskaninchen über und erwies sich auf dieser Art als hochkontagiös und letal. Das Virus (*Leporipoxvirus myxomatosis*) steht dem Vacciniavirus nahe und wird im wesentlichen durch stechende Insekten (Stechmücken, Flöhe) übertragen. Bald nach der Infektion entwickeln sich haemorrhagische Oedeme, zunächst der Kopfweichteile. Die Erkrankung greift bald auf andere Körperteile und innere Organe über. Der Tod tritt meist nach 10−14 d ein. Die Erkrankung befällt nur Haus- und Wildkaninchen, nicht aber Hasen. In ganz Europa sind nur ganz wenige Einzelfälle beim Feldhasen bekannt geworden.

Domestikation von *Oryctolagus*: Sämtliche Hauskaninchen stammen vom europäischen Wildkaninchen ab. Bereits um 1100 v. u. Z. war *Oryctolagus* den Phöniziern, um 500 v. u. Z. den Römern bekannt geworden und als beliebtes Wildbret früh auch in Zucht genommen worden. Im frühen Mittelalter wurde die Zucht und Domestikation des Kaninchens vor allem durch die Klöster (Fastenspeise) nach C-Europa verbreitet. Die Ausbreitung von *Oryctolagus* nach NO erfolgte also parallel auf zwei Wegen, als Wild- und als Haustier. Farbrassen des Kaninchens sind seit dem 15. Jh. mehrfach literarisch und bildlich nachgewiesen worden. Spanische und portugiesische Entdecker haben Kaninchen auf ozeanischen Inseln als Fleischreserve ausgesetzt. Eine gewisse Berühmtheit hat das von den portugiesischen Entdeckern 1418 auf Porto Santo (Vulkanische Insel im Madeira-Archipel) ausgesetzte Kaninchen erlangt. Im 19. Jh. fanden Forschungsreisende die verwilderten Nachkommen der ausgesetzten Tiere und beschrieben diese als eine „neu entstandene Art" von geringer Körpergröße (400 bis max. 800 g), die nicht mehr mit den Hauskaninchen kreuzbar sein sollte. E. HAECKEL beschrieb diese Form als „*Oryctolagus huxleyi*". NACHTSHEIM hat das Problem des Porto-Santo-Kaninchens gelöst. Ihm gelang der Nachweis der unbegrenzten Bastardierung, wenn Zwergrassen (Hermelin-) des Hauskaninchens oder kleine, mediterrane Wildkaninchen als Partner benutzt wurden. Die frühen Versuche von DARWIN waren an den erheblichen Größen- und Temperamentsdifferenzen der Partner, nicht aus genetischen Gründen gescheitert. Das Porto Santo-Kaninchen ist, ebenso wie das auf den Kerguelen im S-Atlantik, ein verwildertes Kaninchen und artlich zu *Oryctolagus cuniculus* zu stellen.

Die Gattung *Sylvilagus* (Baumwollschwanz-Kaninchen, cottontail rabbit) bewohnt mit 14 Arten den größten Teil der Vereinigten Staaten, Mexiko, C-Amerika, Venezuela bis Brasilien. Sie sind von der Größe der europäischen Wildkaninchen, meist grau-braun, mit relativ kurzen Ohren, bevorzugen deckungsreiches Gelände (*S. floridanus, S. brasiliensis*, Waldkaninchen), graben keine Erdbauten und sind nicht koloniebildend. Nistplätze oberirdisch in Nestmulde. Die Jungen besitzen z. Z. der Geburt bereits ein zartes Fell, doch öffnen sich die Augen erst am 2.–3. d. *S. aquaticus* und *S. palustris* bevorzugen feuchte Biotope, sind auf die Nähe von Gewässern angewiesen und werden oft schwimmend angetroffen.

Die folgenden drei Leporiden-Genera sind im südlichen Afrika beheimatet. *Bunolagus monticularis*, der Buschmannhase (KRL.: 400–460 mm, OhrL.: 130 mm), braune Fellfärbung, Schwanz braun; ist auf ein enges Areal in der centralen Kapprovinz beschränkt. Lebensweise kaum bekannt. *Pronolagus*, das Rotkaninchen, 3 Arten, von S-Afrika bis Kenya, dichtes Haarkleid mit rotbrauner Unterwolle, auffallend langer, brauner Schwanz, steht im Schädelbau und Gebißstruktur *Oryctolagus* nahe. KRL.: 350–500 mm.

Poelagus majorita, das Buschkaninchen (KGew.: bis 2 500 g), besitzt ein rauhes Haarkleid. Die Jungen werden in Erdbauten aufgezogen. Lebensraum: Savannen und Waldgebiete im SW-Sudan, Uganda, Zaire.

Caprolagus hispidus (1 Art), das Borstenkaninchen, ist durch den Besitz derb-borstiger Deckhaare gekennzeichnet (KGew.: etwa 2 500 g). Nahrung Baumrinde und Wurzeln, bewohnt Wälder und Bambusdickichte. Vorkommen am südlichen Rand des Himalaya von Pakistan bis Assam, geht aber nicht ins Gebirge. Graben Erdbauten, bilden aber keine Kolonien. Bedrohte Art.

Die im folgenden genannten drei Gattungen sind offenbar Abkömmlinge früher Seitenzweige der Leporidae. Sie haben als individuenarme Restpopulationen in engen Restarealen überlebt. Über ihre Lebensweise ist leider wenig bekannt.

Romerolagus diazi, das Vulkankaninchen, ist im Vorkommen auf die Hänge der Vulkane des mexikanischen Hochlandes (Itzacciuhuatl, Popocatepetl) in 3–4000 m ü. NN beschränkt. KRL.: unter 300 mm, Fell dunkelbraun, Ohren kurz, kein äußerlich sichtbarer Schwanz. Clavicula vollständig. Erinnern im Aussehen und in der Vokalisationsneigung an Pfeifhasen. Über die Fortpflanzung ist nichts bekannt. Bestand ist bedroht (Vorkommensareal nur 40 ha).

Pentalagus furnesi, Ryu-Kyo-Kaninchen. KRL.: 430–510 mm, SchwL.: 15 mm. Kräftiger Körperbau, robustes Skelet, sehr kräftige, lange und gebogene Krallen (bis 20 mm).

Ohren kurz (45 mm), Pelz dicht und wollig. Färbung dorsal dunkelbraun, seitlich und ventral rötlich. Vorkommen nur auf zwei nördlichen Inseln der Ryu-Kyo-Gruppe (südlich Japan). Lebensraum: Wald. Legt meterlange Erdbaue an. Neonati: nackt und blind.

Nesolagus netscheri, KRL.: 350–400 mm, SchwL.: 15 mm. Ohren kurz. Grundfärbung: graubraun mit breiten schwarzbraunen Streifen in dorsaler Mittellinie, an den Flanken, über Schulter und Schenkel. Vorkommen nur im Padan-Gebirge in W-Sumatra. Waldform. Ernährung: Kräuter, Bambusschößlinge. Nocturn, am Tage zwischen Wurzeln oder in einfachen Höhlungen verborgen. Fortpflanzung nicht bekannt. Bedrohte Art.

Ordo 11. Cetacea

Cetacea (Mutica, Waltiere) sind diejenigen Säugetiere, die am vollkommensten an das Leben im Wasser angepaßt sind. Die meisten von ihnen sind Hochseebewohner, einige wenige leben in Flüssen und Süßwasserseen.*)

Cetacea sind Abkömmlinge tetrapoder, terrestrischer Formen, die sehr früh (Paleozaen) als eigene Stammeslinie abgegrenzt werden können. Anpassungen an die aquatile Lebensweise betreffen Körpergestalt, alle Organsysteme und Funktionen. Wegen ihrer spindelförmigen Körperkontur (Abb. 367), ohne äußere Körperanhänge (äußere Ohren, Mangel eines Haarkleides) und der Umbildung der vorderen Gliedmaßen zu paddelförmigen Gebilden („Flipper") bei Reduktion der hinteren Extremitäten (Abb. 368), wurden sie urspünglich den Fischen zugeordnet. Ihre wahre Natur als echte Mammalia ist seit J. Ray (1671, 1693) und Linné (1758) bekannt. Ihre Abkunft von Landsäugetieren gründet sich auf den Nachweis zahlreicher Rudimente (rudimentäre Sinushaare und Hautdrüsen, Ohrmuskeln, Beckenreste, embryonale Anlage von Hinterextremitäten) (Abb. 368), auf das Vorhandensein echter Milchdrüsen und der Homoiothermie, dem mammalen Grundtyp von Skelet, Kreislauf- und Atmungsorganen (alveoläre Lunge), dem Bau der Urogenitalorgane, des Gehirns und des Ontogeneseablaufes. Wale sind lebendgebärend. Der Ontogenesemodus (intrauterine Entwicklung, Struktur der Fetalanhänge und Besitz einer Placenta) ist Merkmal der Eutheria. Ein Säugermerkmal ist auch der Lokomotionsmodus. Die Wirbelsäule wird in dorso-ventraler Richtung gebeugt und gestreckt. Seitliche Bewegungen (Schlängeln) wie bei Fischen spielen keine Rolle. Dementsprechend ist die Schwanzflosse, eine Neubildung der Wale, horizontal gestellt. Der Motor ist die caudale Rumpfmuskultur, die in der Schwanzflosse inseriert. Der Vortrieb erfolgt durch Auf- und Abwärtsschlagen. Die Vordergliedmaßen dienen der Lage-Stabilisierung und haben Steuerfunktion.

Der sekundäre Übergang terrestrischer Säugetiere zu einem derart perfekt an rein aquatile Lebensweise angepaßten Organisationstyp setzt nicht nur Umkonstruktionen der verschiedensten Funktionssysteme und Strukturen voraus, sondern geht auch mit Neukonstruktion einher. Als Beispiele für diese Spezialisationen der Cetacea seien hier zunächst genannt: Umwandlung der äußeren Körperform zu einem spindelförmigen

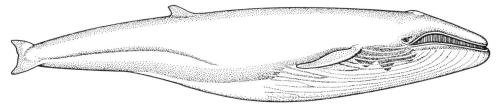

Abb. 367. *Balaenoptera physalus*, Finnwal (Mysticeti). KLge. bis 25 m, KGew. bis 40 000 kg.

*) Rein aquatile Säugetiere sind auch die Sirenia (s. S. 917f.). Es sind Algenfresser, die mit den Walen nicht verwandt sind. Sie bewohnen Süßwasserflüsse und küstennahe Seegebiete.

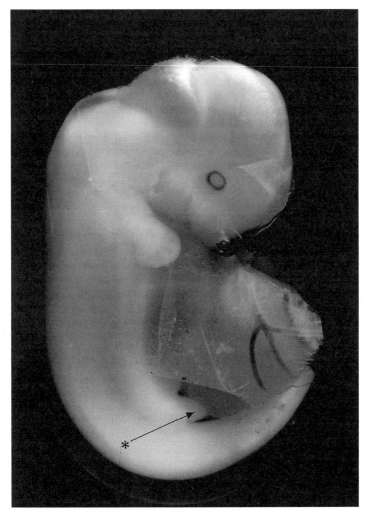

Abb. 368. *Stenella coeruleoalba*, Embryo (14,5 mm SSL.). Die freie, hintere Gliedmaße ist noch angelegt. Photo von M. KLIMA.

Körper (s. S. 707), Umstrukturierung des Integuments zu einer Turbulenzen mindernden Dämpfungshaut (s. S. 710), Umbildung der Vordergliedmaßen zu flossenförmigen Steuerorganen („Flipper", s. S. 719), Neubildung einer horizontal gestellten, rein bindegewebigen Schwanzflosse („Fluke"), die nicht der Schwanzflosse der Fische homolog ist sondern als Verbreiterung des Integumentes des Schwanzes aufgefaßt werden kann. Eine rein integumentale Bildung ist auch die sogenannte Rückenflosse („Finne"), die einigen Gattungen (*Delphinapterus, Monodon*) fehlt. Tiefgreifende Umbildungen haben die Atmungsorgane erfahren (Verlagerung der Nasenöffnung scheitelwärts, intranariale Lage des Larynx, Form und Struktur der Lungen). Die Fähigkeit zu langdauernden Tauchphasen und zum Tauchen in große Meerestiefen setzt Anpassungen des Atmungsmechanismus und des Kreislaufes voraus (s. S. 732 f.). Riechorgan und Riechhirn sind rückgebildet. Unter den Sinnesleistungen dominiert der Hörsinn. Das Ohr ist erheblich durch die Anpassung an das Hören unter Wasser modifiziert (s. S. 725 f.). Das Auge ist funktionsfähig, nur bei einigen Bewohnern von Flüssen mit trübem Wasser rückgebildet (*Platanista, Inia*). Wale verfügen über Lautäußerungen im Ultraschallbereich. Da Wale im Dunklen leben (Tauchtiefe beim Pottwal bis 1000 m), ist nur eine akustische Orientierung möglich (obere Hörgrenze 150000–153000 Hz).

Sonderanpassungen sehr verschiedener Art an Ernährungsweise und Nahrung zeigen die beiden Subordines der rezenten Wale, Odontoceti (Zahnwale) und Mysticeti (Bartenwale). Zahnwale jagen größere Beuteobjekte (Fische, Tintenfische, bis zu Robbengröße). Sie besitzen ein Gebiß, das meist durch Vermehrung der Zahnzahl (Polyodontie) und Vereinfachung der Zahnform zu spitzigen Kegelzähnen gekennzeichnet ist. Unter ihnen kommt allerdings auch weitgehende Reduktion der Zahnzahl vor (*Monodon, Mesoplodon*). Mysticeti (Bartenwale) sind zahnlos. Sie sind Planktonfresser, die mit Hilfe der Barten (s. S. 729), hornigen Bildungen der Gaumenleisten, ihre Nahrung, planktonische Krebse („Krill"), durch Abseihen gewinnen.

Körpergröße. Der größte Bartenwal ist der Blauwal, *Balaenoptera musculus* mit KRL.: 25–30 m, KGew.: 80–130 t; größter Zahnwal ist der Pottwal, *Physester macrocephalus* mit KRL.: 15–20 m und KGew.: 35–40 t. Die kleinsten Wale finden sich unter den Odontoceti (*Phocoena, Sotalia*), KRL.: 1,40–1,80 m, KGew.: 40–90 kg.

Stammesgeschichte und Großgliederung. Die extreme Anpassung der Cetacea, die Umgestaltung eines ursprünglich terrestrischen Säugetierkörpers zu einer fischähnlichen Torpedogestalt und die einseitige Adaptation aller Organsysteme an aquatile Lebensweise, hat zwar den Säugetiercharakter der Wale nicht aufgehoben, sie erschwert aber erheblich den Nachweis von Beziehungen zu anderen Ordnungen der Säugetiere. In der taxonomischen Bewertung steht die Ordo Cetacea daher isoliert. Im älteren Schrifttum werden sehr unterschiedliche Meinungen über die stammesgeschichtliche Verwandtschaft diskutiert. Auch die Herkunft von mesozoischen Protoinsectivoren wurde vermutet (SLIJPER 1962). Auf Grund zahlreicher Fossilfunde sehen wir heute klarer. In der Tat sind die Cetacea eine sehr alte Säugergruppe, deren Anfänge bis ins älteste Tertiär, wenn nicht bis ins Mesozoikum zurückreichen. Wertvolle Hinweise auf phylogenetische Beziehungen vermitteln die †Archaeoceti (Eozaen Afrika, Europa, N-Amerika, Neuseeland).

Die †Archaeoceti waren offenbar Bewohner der küstennahen Flachsee. Sie besaßen noch ein heterodontes Gebiß mit caniniformen Schneidezähnen und tribosphenischen Molaren. Zahnformel $\frac{3\ 1\ 4\ 3}{3\ 1\ 4\ 3}$. Die M waren bei den primitiven Formen noch mehrwurzlig. Bei früheozaenen Formen († *Pakicetus* aus Pakistan) ist der Hirnschädel schmal und besitzt einen Sagittalkamm. Die Schnauze war mäßig verlängert, die Nasenöffnung lag noch nahezu endständig. Jochbögen waren kräftig, wie bei Landraubtieren. Postcraniale Skeletteile wurden bisher nicht gefunden, so daß Aussagen über die Hinterextremitäten nicht möglich sind. Der Schädel der Urwale war noch völlig symmetrisch (s. S. 712, 721). Die Halswirbel waren noch nicht untereinander verschmolzen. Auf Grund des Schädelbaus sowie der Wirbel- und Gebißstruktur werden heute nahe Beziehungen zu den Condylarthra, speziell zu den †Mesonychidae und †Arctocyonidae („Acreodi"), angenommen, also zu einer Gruppe, aus der auch die Vorfahren der Artiodactyla hervorgegangen sind. Befunde an rezenten Walen (Niere, Magen, Spermien) können die Annahme von Beziehungen zu Huftieren stützen. Hinweise auf Sonarorientierung sind bei den ältesten Formen nicht nachweisbar, ergeben sich aber aus der Untersuchung der Ohrregion bei oligozaenen Archaeoceten (FLEISCHER 1973).

Wir sehen heute in den †Arctocyonidae die Stammgruppe, aus der einerseits die †Mesonychidae, andererseits die †Archaeoceti hervorgingen (SZALAY 1976, THENIUS 1967, 1979). †*Protocetus* aus dem Mitteleozaen zeigt bereits eine stärkere Verlängerung der Schnauze und eine Verlagerung der Nasenöffnung bis auf die Mitte der Schnauze. Von der gleichen Art ist ein Sacralwirbel bekannt, der den Schluß zuläßt, daß die Hinterextremität erst wenig reduziert war. Noch während des Alttertiärs kommt es zu einer

Radiation der Archaeoceti. Zwei stark voneinander divergierende Stammeslinien, die † Dorudontidae mit † *Dorudon* und † *Zygorhiza* sowie die † Basilosauridae († *Basilosaurus* = † *Zeuglodon*), können unterschieden werden, von denen die letztgenannten eine sehr stark verlängerte Rumpfwirbelsäule aufweisen. Beckengliedmaßen waren bei beiden rückgebildet, die Vorderextremität bereits zu Flossen umgewandelt. Die Urwale sind noch während des Tertiärs (Oligozaen, spätestens frühes Miozaen) ausgestorben.

Die Herkunft der beiden rezenten Unterordnungen war lange umstritten, zumal die Annahme einer unabhängigen, diphyletischen Entstehung wiederholt diskutiert wurde. Die großen Unterschiede zwischen Barten- und Zahnwalen lassen sich als Adaptationen an unterschiedliche Art des Nahrungserwerbs und der Nahrung verstehen. Die Differenzen weisen auf eine frühe Trennung beider Subordines hin, doch ist an der phylogenetischen Einheit beider nicht zu zweifeln (Einheit des Karyotyps, Schädel, Extremitäten, Struktur des Integuments). Der gemeinsame Ursprung beider Gruppen dürfte unter den † Protocetidae zu suchen sein.

Die Cetacea werden in drei Subordines gegliedert:

Ordo **Cetacea**
    1. † Archaeoceti, Urwale
        † Protocetidae
        † Dorudontidae
        † Basilosauridae
    2. Odontoceti, Zahnwale
    3. Mysticeti (= Mystacoceti), Bartenwale

Integument. Jeder im Wasser bewegte Körper erzeugt an seiner Oberfläche Wirbelbildungen (Turbulenzen), die auf die Geschwindigkeit hemmend einwirken. Für Tiere, die ihr Leben im Wasser verbringen und sich aktiv bewegen, sind Einrichtungen, die die Bildung von Turbulenzen beim Schwimmen herabsetzen, von großer Bedeutung. Wale besitzen eine Reihe von Strukturmerkmalen, die diesem Bedürfnis angepaßt sind. Bereits erwähnt wurde die Torpedoform des Körpers, ohne äußerlich abgrenzbaren Hals und die Reduktion der Körperanhänge. Die Rückbildung des Haarkleides ist weiterhin zu nennen. Embryonal sind Haaranlagen bei Walen weit verbreitet. Sowohl bei Zahn- als auch bei Bartenwalen verschwinden diese nicht ganz, sondern erhalten sich meist an Stirn, Ober- und Unterkiefer und der Kinngegend. Der Haarschaft ragt aber selten nicht über die Hautoberfläche vor. Die persistierenden Haare im Schnauzenbereich sind als typische, reich innervierte Sinushaare ausgebildet, besonders deutlich bei den im trüben Wasser lebenden Flußdelphinen (*Inia*). Die Mm. arrectores pili und die Haarbalgdrüsen fehlen. Ganz allgemein fehlen der Walhaut Drüsen, abgesehen von den Milchdrüsen und Conjunctivaldrüsen.

Die Epidermis besteht aus einem dicken (bis 5 mm) Stratum germinativum, das von einer dünnen, aber zähen Hornschicht (Stratum corneum) bedeckt ist. Diese kompakte Außenschicht der Epidermis setzt sich basal in eine Innenschicht fort, die aus sehr hohen und schmalen Epithelleisten und Dermispapillen, die vorwiegend Blutgefäße enthalten, aufgebaut ist. Ihre Dicke beträgt bis zu 10 mm (bei *Phocoena*). Funktionell ist die Innenschicht als eigentliche Dämpfungsschicht deutlich von der Außenschicht abzugrenzen. An schwimmenden Delphinen läßt sich beobachten, daß die Hautoberfläche am Rücken, an der Schwanzwurzel und in der Nähe der Brustflossen ein transitorisches Relief feiner Furchen und Leisten aufweist, die nicht strukturell vorgebildet sind, rasch wechseln und nicht durch Muskelwirkung entstehen. Diese Reliefbildungen setzen die Wirbelbildung an der Grenzschicht von Körper und Wasser erheblich herab. Ihr wechselndes Bild kommt durch Veränderung der Füllung in den Gefäßen des Papillarkörpers zustande. Dabei expandiert oder kontrahiert sich die Dämpfungsschicht je nach Druck. Die ventralen und die lateralen Körperseiten, an denen Turbulenzen kaum auftreten, zeigen nicht diesen raschen Formwandel. Hier fehlt auch die Ausbildung eines hochspezialisierten Papillarkörpers.

Die Walhaut ist glatt und oft mit einer Art Gleitschmiere bedeckt. Diese entstammt keinen Drüsen, sondern entsteht durch Zerfall von Zellen der Außenschicht, nach Art einer holokrinen „Flächendrüse".

Die Pigmentierung der Walhaut beruht auf reichlicher Einlagerung von Melanin in die basale Zellage der Innenschicht und auf dem Vorkommen von Chromatophoren in der angrenzenden Dermis. Die Dermis (Corium) ist relativ dünn und nicht scharf gegen die Subcutis abgegrenzt. Sie ist daher nicht zur Gewinnung von Leder geeignet. Die Subcutis ist durch Fettgewebseinlagerung zu einer gewaltigen Speckschicht („blubber"), die bei Großwalen bis zu 70 cm Dicke erreichen kann, verdickt.

Die Milchdrüsen entstehen aus paarigen Anlagen in der Genitalregion. Der langgestreckte Drüsenkörper wird von der Haut durch eine derbe Muskelhülle getrennt. 4 Zitzen werden angelegt, doch kommt oft nur eine zur vollen Ausbildung. Sie liegt in einer Zitzenscheide neben der Vulva. Die Milch wird dem Jungtier durch Aktion des Drüsenmuskels ins Maul gespritzt.

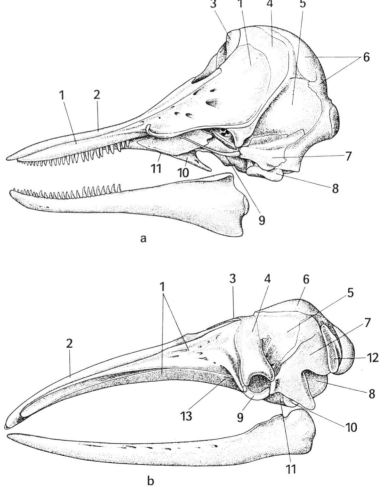

Abb. 369. a) Schädel von *Delphinus* (Odontoceti). Nach Boas, aus Weber . b) Schädel von *Balaena sieboldi* (Mysticeti). Nach Eschricht.
1. Maxillare, 2. Praemaxillare, 3. Nasale, 4. Frontale, 5. Parietale, 6. Supraoccipitale + Interparietale, 7. Squamosum, 8. Tympanicum, 9. Jugale, 10. Pterygoid, 11. Palatinum, 12. Exoccipitale, 13. Lacrimale.

712   Subcl. Theria, Infracl. Eutheria

Schädel. Der Walschädel (Abb. 369) ist durch bedeutende Verkürzung der Hirnkapsel gekennzeichnet. Diese ist hoch und breit. Kennzeichnend ist, daß sich das mit dem Supraoccipitale verschmolzene Interparietale rostral bis zum Kontakt mit dem Frontale ausdehnt und das Parietale von der Bildung des dorsalen Schädeldaches ausschließt. Der Schnauzenabschnitt ist erheblich verlängert, ist aber reiner Kieferschädel, denn die stark reduzierte und spezialisierte Nasenkapsel ist in Richtung auf den Hirnschädel verlagert und gleichsam zwischen diesem und dem Facialcranium eingekeilt.

Die Spezialisationen der Nasenregion bestehen aus einer völligen Reduktion des Riechorgans und des Jacobsonschen Organs. Damit geht eine Vereinfachung der Regio olfactoria, eine Verlagerung der Nasenöffnung und des Nasenganges von der Spitze des Kopfes weit nach hinten auf die Dorsalseite einher. Die äußere Nasenöffnung liegt auf der am weitesten dorsal gelegenen Stelle des Kopfes, damit sie als erster Teil beim Auf-

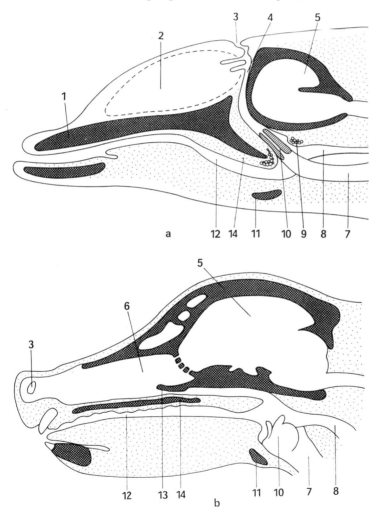

Abb. 370. Vergleich eines Parasagittalschnittes durch den Kopf eines Wales (*Delphinus*) (a) und eines terrestrischen Tetrapoden (*Canis*, Haushund) (b).
1. Rostrum, 2. Haube, 3. Apertura nasalis ext., 4. Nasengang, 5. Cavum cerebri, 6. Cavum nasi, 7. Trachea, 8. Oesophagus, 9. Ringmuskel, 10. Larynx, 11. Zungenbein, 12. Cavum oris, 13. Lamina terminalis, 14. Gaumen.

tauchen die Wasseroberfläche erreicht und sich für den Austausch der Atemgase öffnen kann. Bei allen Cetacea mit Ausnahme der Pottwale (Odontoceti: Physeteridae) liegt die äußere Nasenöffnung (bei Mysticeti 2 Nasenlöcher, bei Odontoceti ein gemeinsamer Endabschnitt, das „Blasloch", s. S. 732) dicht über der Apertura nasi externa des knöchernen Schädels. Bei *Physeter* besteht ein weiter Abstand zwischen integumentaler und knöcherner Nasenöffnung (Abb. 375).

Die Verbindung erfolgt durch zwei mehrere Meter lange und etwa 1 m dicke Nasenschläuche, die bis zum integumentalen Nasenloch an der vorderen oberen Kante der riesigen Kopfhaube, das Spermacet-Organ, in diagonaler Richtung durchlaufen müssen (s. S. 716).

Die Umbildung des typischen Gangsystems und Skeletes der Nase eines Landsäugetiers (s. u.) kann aus Fossilfunden und dem Studium des Ontogeneseablaufes verstanden werden. Sie kann allgemein folgendermaßen charakterisiert werden (Abb. 370). Die Nasengänge werden aus der horizontalen Verlaufsrichtung nach hinten und oben um etwa 90° in die Vertikale gedreht. Dabei erfahren die Elemente der knorpligen, embryonalen Nasenkapsel nicht nur eine Verlagerung, sondern auch erhebliche Formveränderungen. Generell kann gesagt werden, daß primäre Elemente des Solum nasi (Lamina transversalis, Cartilago paraseptalis) soweit nach oben verlagert werden, daß sie beim Adulten nicht mehr am Boden, sondern an der Vorderwand der Nasengänge liegen. Die hinteren Abschnitte der Nasenkapsel mit der Cupula post. und dem Tectum nasi liegen dann unmittelbar hinter den Nasengängen. Unabhängig von diesem allgemeinen Prozeß finden sich in vielen Einzelheiten zwischen den Gattungen und vor allem zwischen den beiden Unterordnungen Unterschiede, auf die hier nicht eingegangen werden soll (BOENNINGHAUS 1903, DE BURLET 1913, 1916, HONIGMANN 1917, KLIMA et al. 1985, 1986). Die folgende Darstellung bezieht sich auf die am besten untersuchte Art *Phocoena phocoena* (KLIMA et al.). Bei den Odontoceti (*Phocoena, Lagenorhynchus, Monodon, Globiocephala*) ist generell die Umkonstruktion der Nasenregion weiter vorgeschritten und spezialisierter als bei Mysticeti.

Primär bildet sich im Chondrocranium das Septum nasi aus. Es ist stets progressiv, denn es stellt bei Walen die Grundlage für ein Rostrum, an dem sich die desmalen Knochen (Praemaxillare und Vomer) beteiligen. Die Seitenwand und das Tectum nasi werden weitgehend zurückgebildet; ihre Verbindungen mit dem Septum werden gelöst. Es konnte gezeigt werden (KLIMA et al. 1986), daß ein seitliches Knorpelelement auftritt, das der

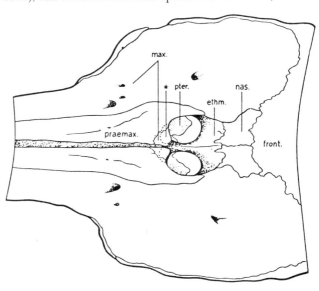

Abb. 371. *Phocoena phocoena* (Odontoceti). Blick auf den Nasenschädel von oben. Sternchen: Überzählige Skeletelemente (Reste der Nasenkapsel, s. o.).
ethm.: Ethmoid, front.: Frontale, max.: Maxillare, nas.: Nasale, praemax.: Praemaxillare, pter.: Pterygoid. Nach M. KLIMA 1985.

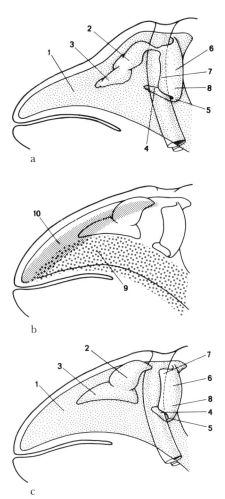

Abb. 372. a) Schematische Darstellung des knorpligen Nasenskeletes der Wale, basaler Ausgangszustand (*Stenella, Monodon*). b, c) Nasenkapsel bei einem embryonalen Odontoceten (*Phocoena*), bei b) mit Darstellung der Deckknochen Praemaxillare und Vomer. 1. Septum nasi, 2. Lamina transversalis ant., 3. Cartilago paraseptalis, 4. Proc. paraseptalis post., 5. Lamina transversalis post., 6. Tectum nasi, 7. Paries lateralis der Nasenkapsel, 8. Cupula posterior, 9. Vomer, 10. Praemaxillare. Nach M. KLIMA & VAN BREE 1985.

Lamina transversalis und im unteren Abschnitt dem Paraseptalknorpel entspricht. Bei vielen Walen finden sich ossifizierte Reste der Lam. transversalis am Hinterrand des Praemaxillare, unmittelbar vor der Apertura nasalis externa als kleine Ossicula (Abb. 371). Im hinteren Nasenabschnitt erhalten sich Teile des Paries lat. und des Tectum (Abb. 372) und ossifizieren als Ethmoid. Eine Lamina cribrosa ist bei † Archaeoceti weit rostral vor dem Stirnhirn nachweisbar. Sie liegt am Boden einer Bulbuskammer.

Mysticeti besitzen einen langen Ethmoidalkanal, der einen rudimentären Tractus olfactorius enthält und zur kleinen Bulbuskammer und Lamina cribrosa führt (T. EDINGER 1955). Bei Zahnwalen ist das olfaktorische System noch weiter reduziert. Eine rudimentäre Lamina cribrosa kommt bei *Hyperoodon* vor (FRASER). Die Ossa nasalia sind zu kleinen, schuppenförmigen Knochen reduziert, die unmittelbar am Hinterrand der äußeren Nasenöffnung, unmittelbar vor dem Frontale liegen (Abb. 371).

Auffallend ist die **Asymmetrie** (Abb. 373) in der Ausbildung der Deckknochen, vor allem in der Umgebung der äußeren Nasenöffnung. Sie ist bei Odontoceti (bes. Physeteridae) deutlicher ausgebildet als bei Bartenwalen und betrifft vor allem die Ossa praemaxillaria, Maxillaria, Nasalia und Frontalia, also jene Knochen, die bei der Verschiebung der Nasenöffnung mitbetroffen sind. Auf der rechten Kopfseite sind diese Knochen flächenmäßig ausgedehnter als auf der linken. Dabei behält die ganze

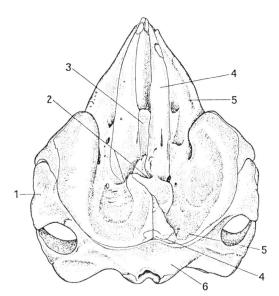

Abb. 373. *Kogia breviceps*, Schädel von dorsal gesehen, Asymmetrie der Deckknochen. Nach van der Klaauw 1952.
1. Frontale, 2. Nasenöffnung, 3. Mesethmoid, 4. Praemaxillare, 5. Maxillare, 6. Supraoccipitale.

Schnauzenpartie und somit die äußere Kopfform, ebenso wie die Schädelbasis und die Hinterhauptsregion ihre Symmetrie. Das Chondrocranium wird symmetrisch angelegt. Die Ursache der Asymmetrie ist nicht bekannt. Vermutet wird ein Zusammenhang mit der Rückbildung des Nasenskeletes und der Reduktion der Nasalia. Kükenthal nimmt eine Korrelation zwischen Schädelstruktur und Lokomotion an. An der Schwanzflosse ist, bereits vorgeburtlich, der rechte Flügel größer als der linke und gleichzeitig schräg abwärts gerichtet. Dadurch erhält der Vorderkörper eine nach links drehende Komponente. Der Kopf erhält dadurch links stärkeren Wasserdruck als rechts. Die stärkere linksseitige Belastung soll zur Verdickung der Knochen auf dieser Seite und zu kompensatorischer Flächenvergrößerung auf der Gegenseite führen. Über die denkbare Rolle der Asymmetrie für das Richtungshören s. S. 728.

Das Squamosum bleibt von der Begrenzung der Schädelhöhle und der Paukenhöhle ausgeschlossen. Es bleibt als massiver Sockel des Kiefergelenks erhalten und geht in einen verformten Jochfortsatz über, der gegen die Supraorbitalplatte gerichtet ist. Das Os zygomaticum ist zu einer dünnen Spange rückgebildet und nach ventral verlagert. Im Alisphenoid fehlen die Nervenlöcher. Das For. ovale (V_3-Durchtritt) ist im For. lacerum ant. aufgegangen. Ein For. rotundum kommt nicht zur Ausbildung, der N. V_2 verläuft durch das For. sphenoorbitale, durch das auch gewöhnlich der N. opticus die Schädelhöhle verläßt. Der knöcherne Gaumen ist durch Verlängerung des Gaumenfortsatzes der Pterygoidea nach hinten ausgedehnt. Diese sind bei Delphinidae durch eine Luftkammer am hinteren Ende aufgebläht. Temporalgrube und Orbita gehen ineinander über. Die Ductus nasopalatini und die Foramina incisiva sind bei Cetaceen rückgebildet.

Die Notwendigkeit, unter Wasser hören zu können, hat wesentliche Umkonstruktionen der Ohrregion bedingt. Zahnwale erzeugen Töne von hoher Frequenz und sind zu Ultraschallorientierung befähigt. Bartenwale erzeugen tiefe Töne von großer Lautstärke. Infolge ähnlicher akustischer Eigenschaften von Wasser und Kopfweichteilen dringt Schall unter Wasser in den Schädelknochen ein und versetzt diesen in Schwingungen. Hören bei gleichzeitigen Lautäußerungen verlangt bei der Ultraschallorientierung Ausschaltung der Schädelschwingungen und deren Ableitung vom Gehörorgan. Aus diesem Grunde kommt es zu einer Abgliederung der Ohrkapsel vom übrigen Schädel, mit dem sie nur bindegewebig verbunden ist. Entscheidend sind die Eigenschwingungen des großen Facialteiles des Schädels. Durch Verlängerung der Schnauze können

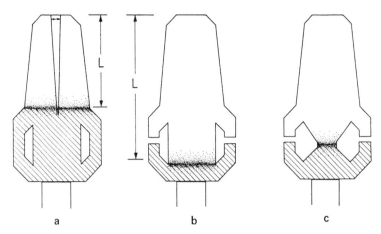

Abb. 374. Abkoppelung des rostralen vom hinteren (schraffierten) Schädelabschnitt. Ansatzzone des Rostrum am Hirnschädel eng punktiert. Für die Art der Schwingungen sind die Elastizität der Ansatzstelle (punktiert) und die Länge des Rostrum (L) verantwortlich. a) Ausgangszustand, terrestrischer Säuger. Bei weitgehender Abkopplung sind die Jochbögen unterbrochen (Cetacea, b, c). Der Ansatz des Rostrum wird nachgiebig und nach occipitalwärts verschoben. Nach FLEISCHER 1976.

diese nach den tiefen Frequenzen hin verschoben werden und schließlich aus der Wahrnehmungsfähigkeit herausfallen. Dieser Effekt wird weiterhin durch Abkopplung des rostralen vom hinteren Schädelabschnitt (FLEISCHER 1973) erreicht (Abb. 374). Die Unterbrechung der Jochbögen durch Rückbildung des Jugale und die Verschmälerung der Verbindung von Schnauze und stabilem Hirnschädel sind in diesem Zusammenhang zu verstehen (s. Kap. Ohr, Lautäußerungen, S. 736). Das Petrosum verschmilzt beim Erwachsenen knöchern mit dem sehr massiven Tympanicum, das eine dickwandige Bulla bildet. Dieses nur lose mit dem Hirnschädel verbundene Petrotympanicum fällt bei der Mazeration leicht heraus und erhält sich am Meeresboden lange, da es aus eburnisiertem Knochen besteht (sog. „Cetolithen").

Die paarigen Hinterhauptkondylen sind nierenförmig und können am Ventralrand des For. magnum bei einigen Arten zusammentreffen und das Basioccipitale von der Begrenzung des For. abdrängen. Ein Hypoglossuskanal kann fehlen (Austritt des N. XII dann durch das For. metoticum). Auffallendes Kennzeichen des Pottwales (*Physeter macrocephalus*) (Abb. 375) ist der riesige, kastenförmige Kopf, dessen Länge gut ein Drittel der Gesamtlänge, die bei alten Männchen bis zu 20 m betragen kann, ausmacht. Das riesige kastenartige Gebilde entspricht der „Melone" einiger Delphinarten und besteht aus einer bindegewebigen Kappe, die in den napfartig geformten Schädel eingelagert ist und diesen an der Spitze des Rostrum noch etwa 1 m weit überragen kann. Sie besteht aus Bindegewebe, in das eine ölige Flüssigkeit, das Walrat oder Spermacet,*) eingelagert ist (s. S. 717).

Bei geringer Abkühlung, bereits an der Luft, erhärtet das Walrat zu einer wachsartigen Masse. Walrat spielt auch heute noch eine gewisse Rolle in der Fabrikation von Kosmetika. Über die Bedeutung des Ölkastens auf dem Kopf für den Pottwal besteht keine Klarheit. Diskutiert werden einige Hypothesen. So soll das Öl, in höherem Maße als das Blut, Stickstoff aus der Atemluft aufnehmen können. Da Pottwale sehr tief tauchen (bis über 1000 m) wäre es denkbar, daß hier ein Mechanismus vorläge, der den Wal beim Auftauchen vor der Taucherkrankheit (Caisson-Krankheit) schützt, die darauf beruht, daß bei Mensch und Landsäugern im Blut gelöster N_2 bei Druckentlastung zu rasch in Bläschenform frei wird und zu Gas-Embolien führen kann. Nach einer

---

*) Die Bezeichnung „Spermacet" beruht auf dem alten Aberglauben, daß es sich um das Sperma des Wales handeln würde. Die Bezeichnung hat sich in der englischen Bezeichnung des Tieres als „Spermwhale" erhalten.

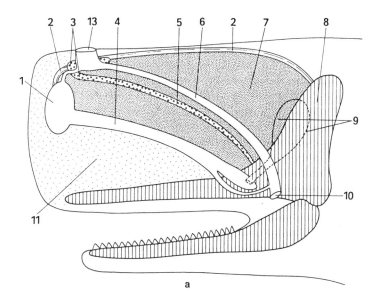

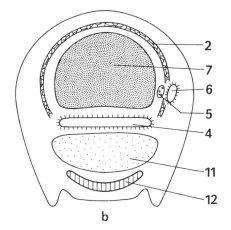

Abb. 375. *Physeter macrocephalus*, Pottwal (Odontoceti). Nasengänge und Nebenräume, schematisch. a) in Seitenansicht, b) Querschnitt.
1. Vestibularsack, 2. M. maxillonasalis, 3. Knorpelring (Capula ant.), 4. rechter Nasengang, 5. Knorpel (Tectum), 6. linker Nasengang, 7. Walratkissen, 8. Schädel, 9. Nasofrontalsack, 10. Ostium nasopharyngeale, 11. Bindegewebskissen, 12. Oberkiefer, 13. Blasloch.

anderen Hypothese kann der Wal sich in jeder beliebigen Tiefe auf Lauer legen, um Tintenfische zu fangen. Es war schwer vorstellbar, daß das Tier diese Ruheposition beliebig einhalten kann gegen den Auftrieb durch die Ölhaube. Nach der neuen Theorie wird nun angenommen, daß der Wal je nach Tiefe, große Mengen von Wasser in die geräumigen Nasengänge aufnimmt und daß dadurch das Gewicht des Kopfes erhöht und gleichzeitig durch die Abkühlung das Öl verdichtet würde, so daß eine für die jeweilige Tauchtiefe erforderliche Gleichgewichtslage erreicht und eingehalten werden könnte.

Der Unterkiefer der Cetacea zeigt bei beiden Subfamilien im Zusammenhang mit der Rückbildung der Kautätigkeit und der geringen Entwicklung der Kaumuskulatur einen Verlust des aufsteigenden Ramus mandibulae. Die Mandibula ist bei Odontoceten blattartig abgeflacht, bei Mysticeten im Querschnitt rund sowie im ganzen konvex nach ventral und lateral gebogen, um Platz für die voluminösen Barten zu schaffen. Der Condylus ist rundlich, bei Odontoceten nach hinten, bei Mysticeti nach oben gerichtet. Die Symphyse ist syndesmotisch, bei Odontoceti auch häufig verknöchert.

Postcraniales Skelet. Wirbelsäule, Rippen, Sternum. Da die hintere Extremität der Wale rudimentär ist, fehlt auch ein Sacrum. Eine Abgrenzung zwischen Lumbal- und Caudalwirbelsäule wird gewöhnlich in der Weise vorgenommen, daß als Caudalwirbel jene gezählt werden, die eine Haemapophyse tragen. Die Cervicalwirbelsäule besteht aus 7 Wirbeln, die außerordentlich verkürzt sind und in artlich unterschiedlicher Weise alle, einige sogar knöchern, verschmolzen sind. Die Synostose betrifft die Wirbelkörper, kann aber auch auf Neuralbögen und Dornfortsätze übergreifen. Die Zahl der thoracolumbalen Wirbel ist wechselnd (*Inia* 13 + 3, *Hyperoodon* 9 + 10, *Delphinus*, *Balaena* 12 + 14). Im hinteren Abschnitt der Thoracalwirbelsäule sind die Wirbelkörper deutlich verlängert. Die Wirbel sind nur durch Intervertebralscheiben verbunden; die kleinen Wirbelgelenke fehlen. Die Proc. transversi der Mysticeti gehen bei den vorderen Brustwirbeln von den oberen Bögen aus. An ihnen lagern sich die Rippen an, die bei Bartenwalen keine oder nur eine sehr lockere Verbindung zu den Wirbelkörpern haben. Collum und Tuberculum sind höchstens an der 2. und 3. Rippe ausgebildet. Bei Zahnwalen verlieren die caudalen Rippen die Verbindung zum Wirbelkörper und hängen nur am Proc. transversus. Das Collum löst sich bei Physeteridae von der Rippe und verschmilzt mit der Parapophyse (Abb. 376). Bei Balaenopteridae steht nur eine Rippe mit dem Sternum in Verbindung. Bei Delphinidae sind 4–7 Paar echter, vertebrosternaler Rippen ausgebilbet.

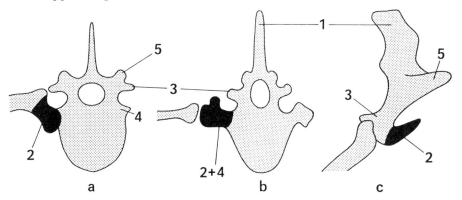

Abb. 376. Brustwirbel mit Rippenanlagerung bei Cetacea. *Physeter*, Th IX (a), und Th X (b), c) *Lagenorhynchus albirostris*, Th VII von der Seite gesehen. a, b nach FLOWER 1867, c nach GERSTÄCKER aus WEBER 1928.
1. Proc. spinosus, 2. Rippenhals, 3. Diapophyse, in (c) mit Parapophyse verschmolzen, 4. Parapophyse, 5. Metapophyse.

Das **Sternum** der Odontoceti entsteht, wie bei den übrigen Eutheria, aus drei Anlagen, dem chondralen Anteil der Interclavicula (KLIMA 1978), dem Suprasternale als Teil der Coracoscapularplatte und den chondralen Sternalleisten. Das Brustbein der erwachsenen Zahnwale besteht aus Manubrium und Corpus, an dem 2–3 Sternebrae erkennbar sind. Bei den Mysticeti fehlt das phylogenetisch jüngste Element, das Corpus, stets auch in der embryonalen Anlage. Das Brustbein entspricht also nur einem Praesternum und steht bei Balaenopteridae nur mit einer Rippe in Verbindung.

Schultergürtel. Die Clacivula tritt bei Zahnwalen als embryonale Anlage auf, wird aber früh resorbiert (KLIMA 1990). Bei Mysticeti fehlt, soweit bekannt, auch embryonal jede Spur einer Clavicula. Die Scapula ist eine flache, dreieckige Platte. Acromion und Proc. coracoideus können fehlen, sind aber oft als kräftige, nach cranialwärts gerichtete Fortsätze ausgebildet (Delphinidae, Platanistidae). Die Lateralseite des Schulterblattes ist flach und ohne Relief. Eine Spina scapulae fehlt. Bei *Inia* sind ein schwacher Wulst als Rudiment einer Spina und eine schwach konkave Fossa supraspinata als Ursprungsfläche des M. supraspinatus erkennbar. Abweichend von anderen Cetacea, besitzt *Inia* eine akzessorische, medioventral gelegene Gelenkfläche für den Humeruskopf, eingeschlossen in die weite Gelenkkapsel (KLIMA et al. 1980). Die Schultermuskulatur ist bei den Flußdelphinen hoch spezialisiert, der Humerus ist relativ lang, die Flipper sind relativ groß und zu vielseitigen Bewegungen befähigt.

Freie Extremität. In der Regel liegt bei Zahnwalen der Humerus nicht in der freien Brustflosse, sondern in der Rumpfwand. Die Flosse ist dreieckig-rundlich, oft leicht sichelförmig. Bei Bartenwalen ist der Flipper lang, schmal (bei *Megaptera* bis zu 1/3 der Körperlänge). Humerus, Radius und Ulna sind verkürzt (abgesehen vom Oberarmknochen der Platanistidae) und abgeflacht. Die Beweglichkeit bleibt auf das Schultergelenk beschränkt. Ellenbogen- und Hand-Gelenke besitzen noch einen Gelenkspalt, sind aber durch derbe Kapselbänder versteift. Alle Skeletteile der Flosse werden von einer gemeinsamen bindegewebigen Hülle umschlossen. Die Muskulatur für Ellenbogen- und Handgelenk (Flexoren und Extensoren) wird embryonal angelegt und später meist rückgebildet. Bei Mysticeti, Platanistidae und *Physeter* bleibt sie bis zum Carpusbereich erhalten.

Die Carpalia sind stark abgeplattet, zeigen aber die typische Anzahl und Anordnung. Wie bei anderen wasserbewohnenden Vertebrata (Seeschildkröten, Sirenia) bleibt an einigen Skeletelementen, so im Carpus, bis ins hohe Alter Knorpelgewebe erhalten.

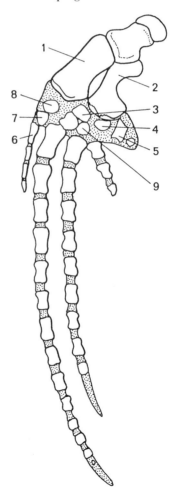

Abb. 377. *Globiocephala melaina*, Grindwal (Odontoceti). Skelet der Armflosse, von dorsal. Nach ABEL 1912.
1. Radius, 2. Ulna, 3. Intermedium (Lunatum), 4. Ulnare (Triquetrum), 5. Metacarpale V, 6. Metacarpale I, 7. Carpale I, 8. Radiale (Scaphoid), 9. Carpale IV.

Odontoceti sind pentadactyl (5 Finger) (Abb. 377). Mysticeti, außer *Balaena*, haben nur 4 Finger. Wale zeigen als sekundäre Folge des Umbaus der Vorderextremität zur Flosse eine Verlängerung der Fingerstrahlen durch Vermehrung der Phalangenzahl (Hyperphalangie). So besitzt *Globiocephala* im II. Finger 14 Phalangen (Abb. 377). Weniger extrem ist die Hyperphalangie bei Mysticeti, deren einzelne Phalangen aber realtiv verlängert sind.

Lokomotion. Cetacea sind Rumpf-Schwanz-Schwimmer, d.h. die Fortbewegung erfolgt durch Schlängelung in vertikaler Richtung. Hierin kann ein Merkmal der Mammalia, das extrem spezialisiert wurde, erkannt werden, im Gegensatz zu dem Seitwärts-Schlängeln basaler Vertebrata (Fische, Urodela). Der Antriebsmotor ist die mächtige Leibeswandmuskulatur der Schwanzwurzelgegend, die in der muskelfreien Fluke inseriert. Die beweglichste Stelle des Rumpfes liegt am Übergang der Thoracal- zur Lumbalwirbelsäule.

Von den geschilderten Bewegungsweisen, die für alle Hochsee-Wale gelten, weicht der Flußdelphin *Inia* (und andere Platanistidae?) in mancher Hinsicht ab. *Inia* bewohnt flache Flußläufe (Amazonas-Orinoko) mit trübem Wasser (Weißwasser-Flüsse). Die Tiere kommen nie in die Lage, wie die marinen Cetacea, in große Tiefen tauchen zu müssen. So fehlen ihnen die Dämpfungsstrukturen in der Haut (s. S. 710). Ihre Beweglichkeit ist vielseitiger, da sie mit einem wechselnden Bodenrelief im Fluß in Kontakt kommen. Seitwärtskrümmungen des Rumpfes sind möglich. *Inia* schwimmt bei der Jagd auf Fische am Flußgrund oft mit dem Rücken abwärts. Die Halswirbel sind nicht verwachsen, der Hals ist äußerlich abgesetzt. Bei der Nahrungssuche werden pendelnde Kopfbewegungen in seitlicher Richtung ausgeführt, um Beute durch Ultraschallaute orten zu können.

Inia ist als einziger Wal in der Lage, seine Flipper als Paddel bei der Fortbewegung einzusetzen. Die Fingerstrahlen sind im Oberflächenrelief der Flosse sichtbar.

Hintere Gliedmaßen werden bei jungen Embryonen (bis 30 mm GesLg.) angelegt (Abb. 368), verschwinden aber sehr bald bei allen Cetacea als äußere Anhänge. Beckenrudimente kommen aber als stabförmige Knochen in der Leibeswand und seitlich der Genitalöffnung noch vor. Sie dienen als Insertionsträger für die Genitalmuskulatur. Die Verbindung zur Wirbelsäule geht völlig verloren. Bei *Balaena* und *Balaenoptera* finden sich kleine Knöchelchen in Verbindung mit dem Beckenrudiment. Sie werden als Rudimente von Femur und Tibia gedeutet.

Gehirn und Sinnesorgane. Das Hirn der Cetacea ist, bei Unterschieden der verschiedenen Genera, durch seine beträchtliche absolute Größe, den Reichtum an Furchen und Windungen der Großhirnhemisphaeren und durch die kuglige, breite Form gekennzeichnet. Bei Mysticeti ist das Großhirn im temporal-occipitalen Bereich deutlich breiter als frontal, während es bei Odontoceti sich mehr der Kugelform nähert (Abb. 378, 379). Das Kleinhirn liegt bei Bartenwalen nach dorsal frei. Es wird bei Zahnwalen weitgehend vom Occipitallappen des Großhirns überlagert, doch können die Kleinhirn-Hemisphaeren, die gleichfalls vergrößert sind, seitlich unter dem Großhirn vorragen. Die Hirnform der Wale unterscheidet sich von der langgestreckten, schmaleren Gestalt des Hirns der Landsäuger sehr deutlich und erweckt den Eindruck einer Stauchung in sagittaler Richtung. Dies wird sehr deutlich bei Betrachtung des medianen Sagittalabschnittes (Abb. 379 d). Die sagittale Achse des Großhirns ist frontal stark nach ventral abgebogen. Gleichzeitig ist die Längsachse des Hirnstammes nach dorsal konkav gebogen. Ursache hierfür dürfte die konstruktive Gestaltung des Cranium sein. Durch die Umkonstruktion des Facialteiles, insbesondere durch die Verschiebung der Knochen im Nasenbereich nach dorsal und hinten („Telescoping", s. S. 712f.), und durch die weitgehende Abkoppelung der Hirnkapsel vom Nasen-Kieferskelet bei gleichzeitiger Massenentfaltung des Großhirns ergeben sich zwangsläufig neue topographische Bedingungen.

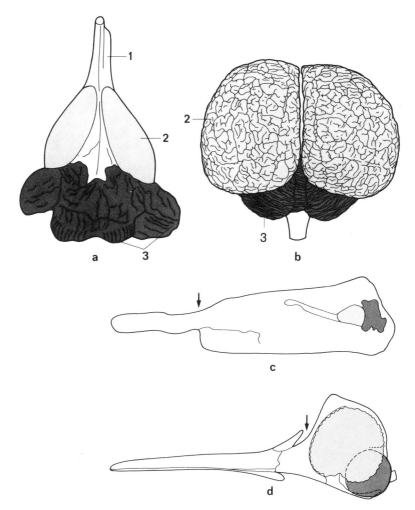

Abb. 378. Gehirne und Schädel von Cetacea. a, c) †*Dorudon* spec., Urwal, b, d) *Tursiops truncatus*, Tümmler, auf gleiche Länge gebracht. 1. Tractus olfactorius, 2. Hemisphaere (Pallium), 3. Cerebellum. Beachte die Reduktion des Tractus olfactorius in (d). Die Lage der Nasenöffnung ist durch Pfeile markiert. Nach DECHASSEAUX und T. EDINGER 1955.

Der Umbau von Hirn und Cranium wird durch die Befunde an Schädelausgüssen von †Archaeoceti (T. EDINGER 1955) verdeutlicht. Urwale besitzen noch weit rostral gelegene Bulbi olfactorii und einen langen Tractus olfactorius. Die äußere Nasenöffnung lag weit rostral (Abb. 378, †*Durodon*). Am Hirn ist das Cerebellum, im Vergleich zu Landsäugern, bereits bedeutend verbreitert und massig entwickelt, während die Großhirnhemisphaeren klein, schmal und ungefurcht sind. Wir kommen zu dem Schluß, daß zum Verständnis der besonderen Hirnform der Wale neben der absoluten Körpergröße und der Neencephalisation die konstruktiven Bedingungen am Cranium, insbesondere an der Nasenregion, zu berücksichtigen sind und daß die Anpassungen an die extrem aquatile Lebensweise entscheidend sind. Dabei ist festzuhalten, daß die progressive Entfaltung des Kleinhirns, bedingt durch Spezialisation der Lokomotion (Koordinationscentrum, Entfaltung des centralen Vestibularissystems), der progressiven Neencephalisation phylogenetisch vorausging.

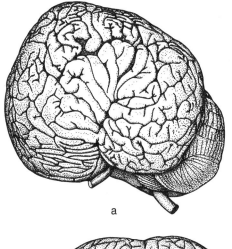

Abb. 379. Gehirne von Cetacea. a, b, c) *Tursiops truncatus* (Odontoceti), a) von links, b) Basalansicht (nach LANGWORTHY), c) Frontalansicht, d) *Balaenoptera acutorostrata* (Mysticeti), Sagittalschnitt. Nach JANSEN & JANSEN.

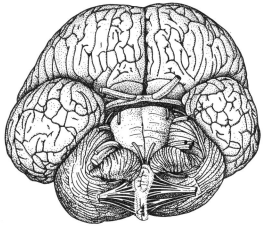

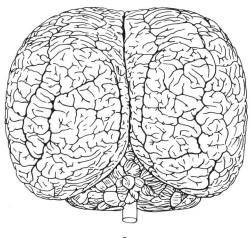

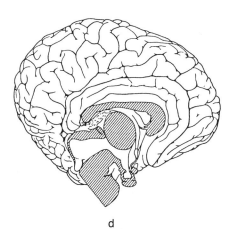

Die Ursachen für die progressive Entfaltung des Neopallium sind bisher nicht bekannt. Die großen marinen Wale besitzen unter allen Säugetieren das größte Gehirn. Die Tabelle mag an einigen Beispielen das absolute HirnGew. verdeutlichen.

Tab. 42. Hirngewicht von Cetacea

Species	Hirngewicht in g	Autor
Mysticeti		
Balaenoptera physalus Finnwal (KGew.: 30 – 70 000 kg)	5 970 – 7 875	Jansen 1969
Megaptera novae-angliae Buckelwal	4 700 – 7 500	Jacobs-Jensen, Pilleri 1924, 1964
Odontoceti		
Physeter macrocephalus Pottwal (KGew.: 35 – 40 000 kg,	6 400 – 9 800	Ries 1937, Langworthy 1932, Kojima 1951
Tursiops truncatus Tümmler	1 175 – 1 707	Kruger 1959
Phocoena phocoena Braunfisch; Schweinsfisch KGew.: 40 – 90 kg)	480 – 580	Flatau-Jakobsohn, Jansen 1969

Hierbei ist zu beachten, daß das relative HirnGew. der Wale, also die Relation HirnGew.:KGew. außerordentlich niedrig ist. Es beträgt beispielsweise bei *Balaena myticetus* (Grönlandwal) 1:22 675, bei *Balaenoptera musculus* (Blauwal) 1:14 000. Bei Kleinwalen (Delphine) sind die Werte erheblich höher: *Tursiops* 1:432, *Phocoena* 1:105.

Das olfaktorische System aller Wale ist reduziert. Bei Mysticeti ist noch ein winziger Bulbus olfactorius und ein langer, dünner Tractus olfactorius nachweisbar. Bei Odontoceti sind Bulbus und Tractus bei Embryonen noch nachweisbar, unterliegen aber einer vollständigen Rückbildung. Außergewöhnlich mächtig entwickelt ist das Trigeminussystem. Bei Bartenwalen ist der N. V der stärkste Hirnnerv (Kopfsensibilität; der riesige Kopf kann bis zu 1/3 der Körperlänge erreichen). Ungewöhnlich stark ausgebildet sind auch der VIII. Hirnnerv und seine centralen Systeme. Er ist bei Odontoceti sogar stärker als der Trigeminus. Entsprechend ist der Colliculus caud. erheblich vergrößert. Die centralen Teile des olfaktorischen Systems (Tubc. olfactorium, Ncl. amygdalae) sind ausgebildet, zumal sie auch an nicht-olfaktorischen Funktionen beteiligt, aber relativ klein sind.

Odontoceti sind allgemein höher cerebralisiert als Mysticeti (Furchenbildung, Hirnform s. S. 722). Am Großhirn ist eine tiefe Fossa lat. (Sylvii) ausgebildet (Abb. 379). Das Inselfeld wird von Frontal- und Temporallappen opercularisiert.

Das Muster der Furchen und Windungen weicht von dem anderer Säugerordnungen ab und läßt keine Homologisierungen zu. Einige Befunde an den Hauptfurchen scheinen an das Großhirn der Ungulata zu erinnern, dürften aber unabhängig entstanden sein. In der Regel können drei sagittal verlaufende Hauptfurchen (4 Windungen) an der Hemisphaere unterschieden werden (Abb. 379). Dieses Bild wird durch zahlreiche, tiefe Sekundär- und Tertiärfurchen überdeckt. Die Tiefe der Furchen dürfte hinsichtlich der ausreichenden Zufuhr von Blutgefäßen für die große Hirnmasse von Bedeutung sein.

Die Großhirnrinde der Cetacea ist auffallend dünn, etwa 1/2 der Dicke des menschlichen Neocortex, und relativ zellarm, zeigt aber den typischen 6schichtigen Aufbau.

Unsere Kenntnisse über die cytoarchitektonische Gliederung und über funktionelle Rindenfelder bei Walen sind noch ganz unzureichend. Die corticospinale Bahn (*Phocoena*) soll nur wenige gekreuzte Fasern enthalten und im Vorderstrang verlaufen (JELGERSMA 1934). Ihre geringe Ausbildung im Rückenmark dürfte mit der Rückbildung der Hinterextremitäten im Zusammenhang stehen. Mächtig ausgebildet sind vor allem die zu- und ableitenden Fasersysteme zwischen Groß- und Kleinhirn.

Hirnleistungen. Wale zeigen ein hoch differenziertes Sozialverhalten, Erinnerungsvermögen und Lernfähigkeit. Die hohe Neencephalisation ist oft mit der der Pongiden verglichen worden. Derartige oberflächliche Vergleiche übersehen meist die großen Unterschiede, denn es handelt sich um Vertreter völlig differenter Anpassungstypen, zwischen denen auch keine stammesgeschichtlichen Beziehungen bestehen. Beide Gruppen leben in extrem gegensätzlicher Umwelt und sind in der Spezialisation der Sinnessysteme, der Lokomotion und vieler weiterer Lebensäußerungen verschieden. Die hohe Neencephalisation der Wale hat vielfach dazu geführt, diesen Tieren ein einsichtiges Handeln zuzuerkennen. Nun sind Ansätze zu einem solchen bei Menschenaffen erkennbar (s. S. 590). Es gibt bisher keinen eindeutigen Befund, der einsichtiges Verhalten bei Walen beweisen würde. Keine der zweifellos vorhandenen komplexen Verhaltens- und Reaktionsformen übersteigen das Niveau des von evolvierten, terrestrischen Säugern Bekannten.

Sinnesorgane. Riechorgan. Wale sind mikrosmatisch bis anosmatisch. Die Rückbildung betrifft nicht nur das periphere Sinnesorgan, sondern auch die centralnervösen Anteile und die Riechnerven, die bei den meisten Odontoceti völlig verschwinden. Die Regio ethmoidalis wird mit einigen Turbinalia in artlich differenter Weise angelegt und bildet einen hinteren Nebenraum am Nasengang. Die Anlagen der Turbinalia bilden einen klappenartigen Wulst. Die Nase steht also ausschließlich im Dienste der Atmungsfunktion und wurde im Zusammenhang mit den Atmungsorganen und der Umkonstruktion des Cranium (s. S. 712f.) besprochen. Das Organon vomeronasale wird embryonal angelegt, aber stets früh rückgebildet.

Auge. Das Auge der Cetacea ist an das Sehen unter Wasser angepaßt und muß bei den tieftauchenden Arten gegen den Druck gesichert sein. Außerhalb des Wassers sind Wale kurzsichtig, können aber noch optische Eindrücke wahrnehmen. Odontoceti haben eine gewisse Akkomodationsfähigkeit (sehr dicker Ciliarmuskel) im Gegensatz zu Bartenwalen.

Eine Rückbildung des Auges ist bei den in trübem Flachwasser lebenden Flußdelphinen festzustellen. Das Auge von *Platanista* (GesL.: 1,8 m) ist erbsengroß, birnenförmig, besitzt keine Linse und wird ganz vom Glaskörper ausgefüllt. *Inia* soll im klaren Wasser des Delphinariums noch auf optische Eindrücke reagieren können (GEWALT 1987).

Das typische Auge der tieftauchenden Großwale ist in Relation zum KGew. sehr klein (Gew. eines Bulbus oculi bei *Physeter*: 290 g, bei *Megaptera*: 980 g mit einem KGew. von ±40 Tonnen). Die Hornhaut ist flach und besitzt eine Randverdickung. Der geringe Brechungsindex der Hornhaut wird durch die Kugelform der Linse (Abb. 380, Analogie zur Linsenform der Fische) kompensiert. Bei Mysticeti ist die Außenschicht der Cornea verhornt. Die Form des Bulbus oculi ist ovoid, nicht kuglig. In der Retina überwiegen Stäbchenzellen.

Gegen Schädigungen durch Wasserdruck beim Tauchen wird das Auge durch die außergewöhnliche Verdickung der Sclera (Abb. 380; auch bei Delphinen), durch eine dicke Opticusscheide mit zahlreichen venösen Plexus und durch eine dicke äußere Muskelkapsel geschützt. Die mächtige elastische Muskelhülle wird vom M. palpebralis, einem Abkömmling der Mm. recti, gebildet. Augenbewegungen sind nicht möglich.

Schutz gegen Reibung bietet die Verhornung von Cornea und Conjunctiva. Den Walen fehlt eine Tränendrüse und ein Ductus nasolacrimalis. Das For. incisivum ist

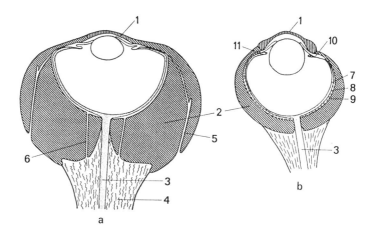

Abb. 380. Cetaceen-Augen. a) *Balaenoptera physalus*, Finnwal (Mysticeti), b) *Phocoena phocoena*, Schweinsfisch (Odontoceti). Nach Pütter.
1. Cornea, 2. Sclera, 3. N. opticus, 4. Opticusscheide, 5. Vv. vorticosae, 6. Vasa ciliaria, 7. Retina, 8. Chorioidea, 9. Tapetum fibrosum, 10. Iris, 11. Procc. ciliares.

rückgebildet. Hardersche Drüse und ein mächtiges Paket von Conjunctivaldrüsen sondern ein öliges Sekret ab, das die Hornhaut gegen Einwirkungen des Salzwassers absichert.

Ohr der Wale, Lautäußerungen. Wichtigstes Sinnesorgan der Cetacea ist, neben dem Tastsinn, das Ohr.

Das Hören unter Wasser verlangt erhebliche Spezialanpassungen, die vor allem den schalleitenden Apparat betreffen, gegenüber dem Hörorgan terrestrischer Säugetiere. Das Ohr der Cetacea ist ein eindrucksvolles Beispiel, wie weit eine ancestrale Struktur, hier das Mittelohr basaler, terricoler Theria, in einem neuen Lebensraum unter selektiven und konstruktiven Zwängen einen Gestalts- und Funktionswandel durchmachen kann.

Ausgehend von der gleichen basalen Struktur wird bei Zahn- und Bartenwalen in früh getrennten Stammeslinien ein verschiedenes Endresultat erreicht. Hierbei dürfte die in beiden Gruppen differente Fähigkeit zur Produktion von Lautäußerungen und deren Bedeutung im Orientierungsverhalten und Sozialleben eine Rolle spielen.

Odontoceti verfügen über ein Sonar-System und nehmen Ultraschall (20–150 kHz) wahr. Sie können sich im Dunkel durch Echopeilung orientieren und Beute orten. Gleichzeitig dienen die variablen Lautäußerungen auch der innerartlichen Kommunikation.*)

Mysticeti hören in niederem Frequenzbereich (um 100 Hz, bei *Balaenoptera musculus* 20 Hz) und senden oft sehr laute, meist cyclische Tonfolgen aus, die zu den tonstärksten Lautäußerungen bei Säugetieren gehören und bis zu 100 km weit hörbar sind. Sie ermöglichen diesen nicht in Sozialverbänden lebenden Tieren eine Kommunikation über sehr weite Entfernungen. Ort und Mechanismus der Lautbildung sind in beiden Fällen unbekannt (Larynx oder Nasengang). Gegen die Lautbildung im Larynx spricht das Fehlen von Stimmbändern und die röhrenförmige Umformung des völlig intranasal gelegenen Kehlkopfes. Nach Untersuchungen des knöchernen Ohres (Fleischer 1973) konnte es wahrscheinlich gemacht werden, daß die † Archaeoceti (Eozaen) noch kein

---

*) Die Vermutung, daß Delphine in der Lage wären, menschliche Sprache nicht nur nachzuahmen, sondern zu lernen (Lilly) hat sich als Irrtum erwiesen. Selbst der Nachweis der Bildung von sinnvoller Kombination von 2 Lauten fehlt (Gewalt, Hediger).

Sonarsystem besaßen, daß aber die † Squalodontidae im Oligozaen Ultraschall hören konnten.

Wegen der ähnlichen physikalischen Eigenschaften von Kopfweichteilen und Wasser dringt Schall unter Wasser in den Schädelknochen ein und bringt diesen in Schwingungen. Hören unter Wasser bei gleichzeitigen Lautaussendungen, wie es bei Ultraschallorientierung nötig ist, verlangt die Ausschaltung von Schädelschwingungen und ihre Ableitung vom Gehörorgan. Aus diesem Grund kommt es zu einer Abgliederung der Ohr- und Mittelohrkapsel (Petrotympanicum) und zu deren Isolation gegen den Hirnschädel durch bindegewebige Strukturen und pneumatisierte Räume (Abb. 382, S. 711, 727). Wichtig sind in diesem Zusammenhang die Eigenschwingungen des großen Facialteils des Schädels. Durch Verlängerung der Schnauze können diese Eigenschwingungen zu den tiefen Frequenzen hin verschoben werden, so daß sie schließlich aus dem Bereich der Hörwahrnehmung herausfallen. Dies wird begünstigt durch Unterbrechung der Jochbögen (Ersatz des Os jugale durch Bindegewebszüge) und durch Verschmälerung der Verbindung von Schnauze und stabilem Hirnschädel (Abb. 374, FLEISCHER 1973). Bei den kleinen Zahnwalen ist auf der Schnauzenpartie des Schädels eine „Melone", die dem Spermacetorgan von *Physeter* entspricht, ausgebildet (Abb. 381). Auf der Dorsalseite der Schnauze findet sich bei Zahnwalen ein akustischer Schild, der aus sich überlagernden Schichten von Knochen und Bindegewebe besteht („Sandwichstruktur") und als Reflektor für die von den Nasensäcken ausgesandten Ultraschallwellen gedeutet wird. Die Melone soll als „akustische Linse" die Ultraschallwellen bündeln und so im Dienste der Sonarfunktion stehen (Abb. 381).

Es handelt sich also um eine Struktur, die analog dem Nasenaufsatz der Rhinolophiden (Chiroptera) wirkt. Das Ohrskelet der Wale (Petrosum und Tympanicum) besteht aus sehr schweren, sklerotisierten Knochen und wird daher durch Schwingungen des wenig kompakten Knochenmaterials des übrigen Schädels kaum zur Resonanz gebracht.

Die Schalleitung zum Innenohr bei Cetacea war lange umstritten, da die Meinung verbreitet war, daß die Kette der Gehörknöchelchen funktionslos sei, weil der Stapes fest mit den Rändern der Fenestra ovalis verwachsen wäre. Neuere Untersuchungen haben den Nachweis erbracht, daß der Steigbügel nie mit dem Rand der Fenestra ovalis verwachsen ist und daß die Schalleitung, wie bei Landsäugetieren, über Trommelfell und Gehörknöchelchen erfolgt (FLEISCHER 1973, FRASER & PURVES 1953, 1960).

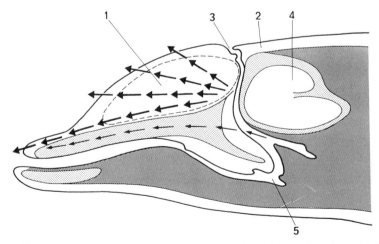

Abb. 381. *Tursiops truncatus* (Odontoceti). Kopf. Punktiert: Knochen, dunkles Raster: Weichteile. Nach EVANS, GREGORY, PURVESS 1969.
1. Melone (Pfeile: Aussendung von Ultraschallwellen), 2. Blubber, 3. Blasloch, 4. Cavum cranii, 5. Larynx.

Odontoceti besitzen hinter dem Auge eine winzige äußere Ohröffnung, an die sich ein durchgängiger dünner, S-förmig gekrümmter und sehr langer Gehörgang anschließt. Eine Ohrmuschel fehlt allen Walen. Bei einigen Zahnwalen finden sich in der Wand des Gehörganges in der Tiefe noch einige Knorpelreste, ebenso kommen Rudimente der äußeren Ohrmuskeln vor. Ohröffnung und peripherer Teil des Gehörganges sind bei Bartenwalen obliteriert, doch öffnet sich im mittleren Abschnitt das Lumen des Gehörganges, der in diesem Abschnitt einen konischen Zapfen enthält und im Schrifttum meist als „wax plog" bezeichnet wird. Er besteht jedoch nicht aus wachsartigem Material und hat auch keinerlei Ähnlichkeit mit einem Ceruminalpfropf, einer Abscheidung von Gehörgangsdrüsen. Der Zapfen besteht aus konzentrisch angeordneten, hornähnlichen Schichten, die, ähnlich wie Holz, Schall gut leiten (FRASER & PURVES). Das Trommelfell der Odontoceti ist sehr klein und gegen die Paukenhöhle vorgestülpt. Bei Bartenwalen (Abb. 382) ist es wie ein Handschuhfinger in den äußeren Gehörgang ausgestülpt. Ein bandartiger Strang, das Lig. tympanicum, zieht vom Trommelfell zur Pars transversa des Hammers. Bei *Kogia* fehlen Trommelfell, Proc. transversus mallei und Lig. tympanicum. Als schallaufnehmende Fläche dient eine dünne, platte

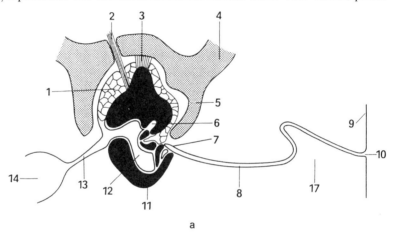

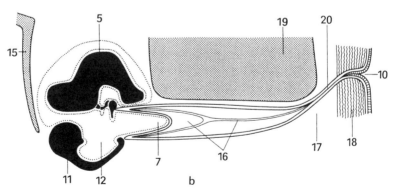

Abb. 382. Schnitt durch äußeres und Mittelohr bei a) Odontoceti und b) Mysticeti. Nach SLIJPER & REYSENBACH DE HAAN 1957.
1. Schaumgewebe, 2. N. VIII, 3. Ligament, 4. Schädelknochen, 5. Perioticum (Petrosum), 6. Fen. rotunda, 7. Conus, 8. Äußerer Gehörgang, 9. Haut, 10. Porus acusticus ext., 11. Tympanicum (Bulla), 12. Cavum tympani, 13. Tuba auditiva, 14. Pharynx, 15. Os occipitale, 16. „Pfropf", 17. Bindegewebe, 18. Blubber, 19. Squamosum, 20. Gehörgangsverschluß.

Knochenzone in der Wand des Tympanicum, mit der der Malleus verwachsen ist (FLEISCHER 1973). Eine derartige dünne, starre Platte ist gut geeignet, hohe Frequenzen aufzunehmen. Sie bildet gleichsam ein knöchernes Trommelfell.

Der Zustand des schalleitenden Apparates bei *Kogia* ist als Sonderspezialisation offensichtlich sekundär und von dem der übrigen Odontoceti abzuleiten. Wenn auch bei *Kogia* ausschließlich knöcherne Strukturen die Schalleitung übermitteln, sollte nicht von einer Knochenleitung im üblichen Sinne gesprochen werden, denn das Perioticum ist vom übrigen Schädel isoliert und kann selbst wegen seiner Massivität nicht schwingen.

Die beschriebenen morphologischen und akustischen Isolationsmechanismen des Hörapparates ermöglichen den Odontoceti die Echoortung unter Wasser. Offenbar wird diese auch durch die Asymmetrie des Cranium begünstigt. Richtungshören und Ortung einer Tonquelle, wozu Zahnwale hervorragend befähigt sind, setzen voraus, daß der Ton beide Hörorgane mit geringer Zeitverschiebung erreicht. Bei Schallübertragung an der Luft ist dies möglich, da der Schädelknochen in den betreffenden Frequenzbereichen nicht mitschwingt, wie es unter Wasser geschieht. Übertragung von Schädelschwingungen auf das Ohr würden aber die Wahrnehmung der Echotöne unmöglich machen.

Wie allgemein bei Tieren, die in hohem Frequenzbereich hören, ist das Praearticulare, das im Malleus enthalten ist, fest mit dem Tympanicum verwachsen.

Ernährung. Darmtrakt. Alle Cetacea sind faunivor. Die beiden rezenten Subordines unterscheiden sich grundsätzlich in der Biologie der Nahrungsaufnahme und in der Art der Nahrungsobjekte.

Odontoceti haben ein Gebiß, das monophyodont und homodont ist. In diesem Merkmal ähneln sie den Archaeooeten, stehen also dem basalen Zustand näher als die Mysticeti. Die Zahl der Zähne und ihre Gestalt kann bei den verschiedenen Genera, je nach bevorzugten Beuteobjekten (Fische verschiedener Größe, Crustacea, Cephalopoda), sehr stark wechseln. Die Anzahl der Zähne variiert zwischen 1(2) bei *Monodon* und *Mesoplodon* bis etwa 200 bei Delphinen. Durch die Ausbildung eines höchst effektiven Sonarsystems (s. S. 438), das bei der Beutejagd eine erhebliche Rolle spielt, sind die Zahnwale jedoch hoch spezialisiert.

Mysticeti (Bartenwale) ernähren sich vorwiegend von planktonischen Lebewesen (besonders die Garnelengattung *Euphausia*, etwa 5–7 cm lange Krebse), die in riesigen Schwärmen auftreten. Sie sind die Hauptnahrung der großen Wale, vor allem in den Gewässern der Antarktis. Daneben können auch Fische aufgenommen werden. Eine Gattung (*Eschrichtius*) hat sich auf bodenbewohnende Crustacea spezialisiert. Bartenwale haben keine Zähne. Embryonal sind deren Anlagen bei *Balaena*, *Balaenoptera* und *Megaptera* nachgewiesen worden. Damit ist ihre Herkunft von polyodonten Ahnen erwiesen.

Bartenwale fangen ihre Nahrung aus Schwärmen jeweils in großen Mengen heraus und filtern sie mittels der Barten (Abb. 383) ab. Barten sind längliche, lange, schwertförmige Hornplatten, die in großer Zahl beiderseits vom Gaumen herabhängen. Die Anzahl dieser Platten beträgt 200–400, ihre Länge kann bei Großwalen bis zu 4 m betragen. Sie bestehen aus Horn, das im Inneren der Barte tubuläre Struktur aufweisen kann. Ihr unterer, palatinaler Rand ist abgerundet und läuft in zahlreichen Fransen aus. Diese sind, je nach Art der Nahrung, derbborstig bis fadenförmig und verfilzen sich untereinander zu einem Netzwerk, dem eigentlichen Filterorgan. Genetisch handelt es sich um oberflächliche Derivate der Gaumenleisten. Die Gesamtmasse der Barten hat ein erhebliches Volumen. Daher ist der Kieferschädel bei Bartenwalen aufgebogen und umfaßt einen großen, kuppelförmigen Raum (Abb. 383, 369).

Das Material der Barten fand wegen seiner elastischen Eigenschaften unter der Bezeichnung „Fischbein" vielfach technische Verwendung (z. B. für Korsettstangen), ist aber heute weitgehend durch Kunststoffe ersetzt.

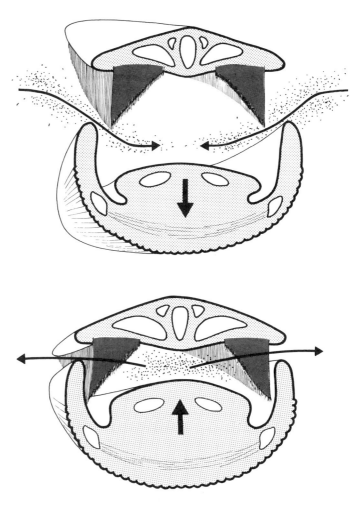

Abb. 383. Querschnitt durch die Schnauze eines Bartenwals. Blick auf die vordere Schnauzenpartie von hinten. Oben: Einsaugphase mit gesenktem Mundboden, unten: Filtrationsphase, Ausstoßen des Wassers. Nach STARCK 1979.

Bartenwale nehmen mit einem Schluck mehrere m³ Wasser auf. Bei den Furchenwalen liegen im Ruhezustand die Weichteile des Mundbodens in longitudinal laufenden Falten, die sich bis weit auf die ventrale Rumpfseite erstrecken. Bei großen Finnwalen beträgt die Anzahl der Furchen (Falten) 80–90. Wenn der Wal das Maul zum Fang öffnet, wird der Mundboden gespreizt, die Furchen verstreichen und eine große Menge Wasser kann rasch angesaugt werden. Dabei wölbt sich die ventrale Kopf-Rumpfpartie zu einem riesigen Ballon vor. Das überschüssige Wasser strömt beim Kieferschluß aus der Mundöffnung ab und die zurückbleibende Krillmasse wird geschluckt.

Ein Bartenwal benötigt zur Erhaltung täglich pro kg Körpermasse 30–40 g Krill, das sind bei einem Furchenwal von 130 Tonnen KGew. etwa 2–2,5 Tonnen Nahrung. Das Fassungsvermögen des Magens eines Wales von 100 t KGew. beträgt 1000 kg Krill. Das sind erstaunlich geringe Werte, wenn man berücksichtigt, daß die Garnelen außerordentlich wasserreich (80 %) sind.

Gründelwale (*Eschrichtius*) pflügen mit dem Rostrum den Meeresboden auf und bürsten mit ihren besenartigen, derben Fransen, oft in Seitenlage, den Meeresboden ab und fressen vor allem bodenbewohnende Krebstiere.

Gebiß. Alle †*Archaeoceti* besitzen Zähne. Ihr Gebiß war diphyodont und heterodont. Bei den ältesten Arten entspricht die Zahnformel noch der von ancestralen Landsäugern: $\frac{3\ 1\ 4\ 3}{3\ 1\ 4\ 3}$. P 4 und M waren mehrwurzelig. Die M von †*Protocetus* hatten drei Höcker. An den $\overline{\text{M}}$ von †*Zygorhiza* und †*Dorudon* sind Trigonid und Talonid ausgebildet. Die †Squalodontidae (Miozaen) zeigen bereits eine Vermehrung der Zahnzahl (Polydontie), sind aber noch heterodont und vermitteln so zwischen den Urwalen und den rezenten Zahnwalen. Bei den rezenten **Odontoceti** (Abb. 369) ist die Milchdentition unterdrückt. Durch den Besitz von Zähnen schließen sich die Zahnwale an ancestrale Formen an und erweisen sich als ursprünglicher als die Bartenwale. Andererseits sind sie aber hoch spezialisiert durch die Ausbildung eines Sonarsystems (Nase, Ohrregion) und durch höhere Encephalisation als die Mysticeti. Beide Stammlinien dürften bereits sehr früh getrennt worden sein.

Zahnwale ernähren sich von sehr verschieden großen Beutetieren. Die Nahrung wird nicht gekaut, sondern im Ganzen verschlungen. Dementsprechend zeigt das Gebiß Unterschiede bei Fischfressern (Delphine), bei Formen, die vorwiegend große Cephalopoden (*Architheutis*) fressen (*Physeter*), oder bei Raubwalen (*Orcinus*), die sich von Robben, Kleinwalen und Pinguinen ernähren. Erhebliche Vermehrung der Zahnzahl kommt bei allen Fischfressern vor (*Tursiops*: 80–88, *Delphinus*: 160–200, *Phocoena*: 64–114). Die Einzelzähne sind in dieser Gruppe klein, dicht gestellt und einfach, kegelförmig. Bei *Physeter*, der in tiefen Meereszonen große Kalmare fängt, sind die Einzelzähne sehr groß (Länge bis 180 mm, Umfang bis 150 mm). Allerdings muß die Dimension dieser Zähne in Relation zu der gewaltigen absoluten Körpergröße gesehen werden. Bei *Ph.* beträgt die Zahl der Zähne nur ca. 30. Sie sind schmelzlos, die Pulpahöhle erstreckt sich nur über den Endteil der Wurzel. Zwischen ihnen besteht ein größerer Abstand (Diastemata). Das Gebiß des Pottwales kommt nur im Unterkiefer zur vollen Ausbildung. Die Oberkieferzähne werden angelegt, kommen aber nicht zum Durchbruch. Der Killerwal (*Orcinus*) hat im Ober- und Unterkiefer je 22–24 kräftige, spitze Zähne, mit denen größere Meereswirbeltiere ergriffen werden können; die Zähne sind homodont. Bei den Ziphiidae, die sich vorwiegend von kleineren Cephalopoden ernähren, ist das Gebiß sekundär wieder stark reduziert. Vielfach sind nur 1(2) Zähne in der Mitte des Unterkiefers ausgebildet (*Mesoplodon*) (Abb. 389). Diese sind dreieckig, blattförmig und können bei alten Männchen zu hauerartigen Gebilden auswachsen, gelegentlich sogar die Öffnung des Maules behindern. *Tasmacetus* besitzt neben einem Hauer noch ein typisches Delphingebiß. Die Platanistidae besitzen in einem langen, sehr schmalen Rostrum 80–200 Kegelzähne. Die Nahrung besteht vorwiegend aus Crustaceen und Fischen. Die Zähne von *Inia* und *Lipotes* besitzen eine gekörnte Oberfläche. *Inia* zeigt sekundär eine Andeutung einer Heterodontie, indem an den distalen (hinteren) Zähnen ein breites talonidartiges Gebilde auftritt, das wahrscheinlich mit der Verarbeitung der vorwiegend aus Crustaceen bestehenden Nahrung im Zusammenhang steht.

Einzigartig ist das Vorkommen eines Stoßzahnes beim Narwal-Männchen (*Monodon monoceros*). Dieser, meist als linker $\underline{\text{C}}$ gedeutet, kann bis zu 2,8 m lang werden. Der rechte $\underline{\text{C}}$ wird angelegt, bricht aber, von seltenen Ausnahmen abgesehen, nicht durch. Seine Oberfläche zeigt eine spiralige Struktur. Beim ♀♀ werden beide C angelegt, brechen aber nicht durch. Über die funktionelle Bedeutung des Stoßzahnes, offenbar einer luxurierenden Bildung, besteht keine Klarheit. Im Mittelalter galt der Narwalzahn als „Horn" des sagenhaften Einhorns.

Die Zunge der Wale ist ein Wulst von elliptischem Umriß; sie ist weitgehend mit dem Mundboden verwachsen, ihre Spitze kann daher nicht vorgestreckt werden.

Wale besitzen einen mehrkammrigen **Magen**, wie er ähnlich bei herbivoren Säugern ausgebildet ist, trotz rein faunivorer Ernährung. Die Vermutung einer stammesgeschichtlichen Beziehung zu den Huftieren aufgrund der Magenstruktur darf heute als überholt gelten. Der multiloculäre Magen der Cetacea ist offensichtlich parallel zu dem anderer Säuger entstanden, denn der Eigenweg der Cetacea geht auf eine sehr frühe Abspaltung von mesozoischen, terrestrischen Ahnen zurück, die weder im Gebiß, noch vermutlich in Hinblick auf den Magen extrem spezialisiert waren. Die Magenform von Ungulata und Cetacea entstand also wahrscheinlich unabhängig als Parallelbildung, ist also homoiomorph (Formähnlichkeit bei unabhängiger Entstehung aus gleichem Bildungsmaterial). Leider sind wir bisher über die Funktion des Magens der Wale keineswegs so gut informiert, wie über die des Magens der Herbivoren (LANGER 1988). Es ist zu vermuten, daß die Gestaltung des Walmagens in Korrelation zu der Um- bzw. Rückbildung des Kauapparates steht. Da Wale unter Wasser nicht kauen können, müssen sie ihre Beute schlingen oder bei kleinen Beuteobjekten schlucken. Die Kaumuskulatur ist sehr schwach entwickelt. Speicherung und mechanische Vorbereitung der Nahrung setzt also den Besitz eines Vormagens mit starker Muskelwand voraus. In der Regel können drei Hauptabschnitte am Magen unterschieden werden (Abb. 384):

1. Der Vormagen ist mit einem dicken, vielschichtigen und verhornten Epithel ausgekleidet. Drüsen fehlen. In ihn mündet der Oesophagus ein. Der Vormagen fehlt den spezialisierten Cephalopoden-Fressern (Physeteridae, Ziphiidae) wahrscheinlich sekundär.

2. Der zweite Magenabschnitt ist der Haupt- oder Drüsenmagen, der unmittelbar neben der Cardia oder seitlich (Abb. 384) an den Vormagen anschließt und zu diesem parallel in der Longitudinalrichtung des Körpers liegt. Bei *Globiocephala* öffnet sich die Speiseröhre mit gemeinsamer Mündung in den 1. und 2. Magen. Das Epithel besitzt typische tubulöse Hauptdrüsen.

3. Der anschließende Abschnitt, Pars pylorica, ist durch eine Ringfalte gegen den Hauptmagen abgegrenzt. Sie biegt in eine quere Verlaufsrichtung um. Ihre Schleimhaut enthält nur Drüsen ohne Haupt- und Belegzellen, sog. „Schleimdrüsen". Durch 3 bis 6 Ringfalten kann die Pars pylorica unterkammert sein. Gegen das Duodenum, das mit einem ballonartig aufgetriebenen Bulbus beginnt, wird der Magen durch einen kräftigen Sphincter abgegrenzt.

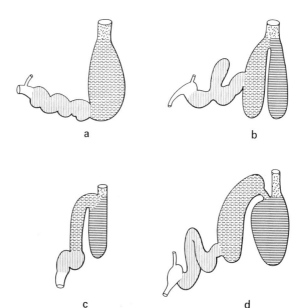

Abb. 384. Form und Schleimhautdifferenzierung des Magens der Cetacea. a) *Hyperoodon*, b) *Globiocephala*, c) *Balaenoptera*, d) *Tursiops*. Horizontale Strichelung: Vormagen, vertikale Strichelung: Pars pylorica, gebrochene Strichelung: Haupt-(=Drüsen-)Magen.

Mysticeti besitzen eine Flexura duodeno-jejunalis. Die Länge des Darmkanals ist sehr unterschiedlich: bei *Hyperoodon* das 4,9fache, bei *Physeter* das 16,2fache und bei *Pontoporia* das 32fache der Körperlänge (WEBER 1928). Bei *Physeter* übersteigt die Darmlänge somit 150 m.

Das Colon bildet bei Mysticeti einen nach hinten offenen Colonbogen mit Gliederung in Colon ascendens, transversum und descendens. Bei Odontoceti besitzt der Darmtrakt ein Mesenterium commune vom Magen bis zum Rectum, ohne Colonflexur. Ein kurzes, nach cranial gerichtetes Caecum findet sich bei allen Bartenwalen und unter den Zahnwalen nur bei *Platanista*.

Im Darmkanal von *Physeter* finden sich gelegentlich Konkremente einer festen, schwarzgrauen Masse, die als **Ambra** (Ambre gris) bezeichnet werden. Die Stücke können sehr groß sein (max. bis 50 kg). Umstritten ist, ob es sich um normale oder pathologische Gebilde handelt. Da oft zahlreiche Hornkiefer von Tintenfischen mit ihnen verbacken sind, scheint es sich im Wesentlichen um körperfremdes Material zu handeln. Ambra findet man gelegentlich auch im Meer treibend oder angespült am Strand. Es spielte früher eine Rolle als Grundsubstanz in der Parfümindustrie und erzielte einen sehr hohen Preis. Heute ist es weitgehend durch synthetische Produkte ersetzt.

Atmung und Kreislauf. Biologie des Tauchens in großen Tiefen. Abgesehen von den Flußdelphinen (Platanistidae), tauchen marine Wale gewöhnlich bis zu einer Tiefe von 10 – 50 m, können aber auch in größere Tiefen hinabsteigen. Für *Tursiops* werden 200 m angegeben. Das Maximum wird von Entenwalen (*Hyperoodon*) und Pottwalen (*Physeter*) mit 500 – 1000 m und mehr erreicht. Die Tauchdauer kann bei *Physeter* bis zu 90 Minuten währen. In 1000 m Tiefe beträgt der Wasserdruck 100 Atmosphären. Es ist verständlich, daß unter diesen physikalischen Voraussetzungen der tierische Organismus über besondere Einrichtungen hoher Effizienz verfügen muß, um die vitalen Funktionen durchhalten zu können. Die speziellen Anpassungen der Wale betreffen vor allem Atmungs- und Kreislaufsystem.

Wale atmen nach dem Auftauchen aus. Die beiden äußeren Nasenlöcher liegen bei Bartenwalen dicht nebeneinander. Bei Odontoceti vereinigen sich die Nasengänge und münden durch eine gemeinsame Öffnung, das Blasloch. Die ausgeatmete Luft kondensiert sich durch Abkühlung zu einer Dampfwolke, dem „Blas", die bei *Balaena* 3 – 4 m hoch sein kann und sich nach Höhe, Form und Richtung bei den verschiedenen Arten unterscheidet.*)

Vor dem Tauchen wird eingeatmet. Unter Wasser sind die Nasengänge durch Klappen und kräftige Ringmuskeln um ihre Öffnung stets geschlossen. Wale können nicht durch den Mund atmen, denn ihr Kehlkopf (Abb. 385) ist zu einem röhrenförmigen Organ umgestaltet, das weit in den choanalen Anfang der Nasengänge hineinragt und durch Ringmuskeln über dem weichen Gaumen festgehalten wird (Abb. 385, s. S. 733). Dadurch wird der Speiseweg funktionell völlig vom Atemweg getrennt, und bei Maulöffnung sind die Atemwege vor dem Eindringen von Wasser gesichert.

Damit ergeben sich die Fragen, wie kann der Walorganismus dem hohen Wasserdruck in der Meerestiefe widerstehen, und wie sichert er die O_2-Versorgung seiner Gewebe beim Tauchen. Durch den Verschluß der Nasenöffnungen und durch Struktur und Einbau des Kehlkopfes wird das Eindringen von Wasser in die Lungen verhindert, auch wenn der Wal das Maul unter Wasser bei der Nahrungsaufnahme öffnet. Die Masse der Körpergewebe ist inkompressibel wie Wasser (sie besteht zu etwa 2/3 aus H_2O). Problematisch sind alle Hohlräume, soweit sie Luft enthalten. Diese Räume sind daher auf ein Minimum reduziert. So ist auch die Lunge in Relation zur Körpergröße erstaunlich klein. Bei einer Tauchtiefe von 100 m wird das Volumen der Lunge etwa um die Hälfte

---

*) Das Blasloch wird fälschlich oft als Spritzloch bezeichnet. Die Vorstellung, daß der Wal Wasser ausspritzt, ist irrig. Die Bezeichnung „Spritzloch" ist zudem festgelegt für die erste Visceralspalte bei Haien, ist also eine branchiogene Struktur, mit der das Blasloch nicht homolog ist.

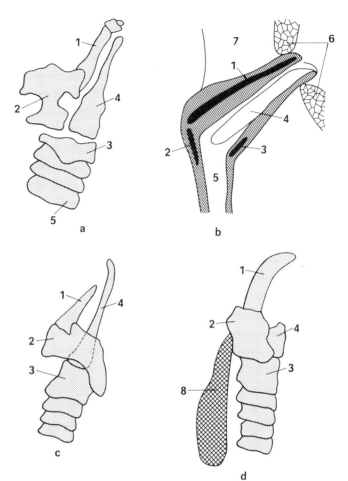

Abb. 385. Larynx der Cetacea. a) *Monodon monoceros*, Larynxskelet, b) *Phocoena phocoena*, Sagittalschnitt, c) *Globiocephala melaina*, d) *Balaenoptera physalus*. a, c, d nach SLIJPER 1962. 1. Epiglottis, 2. Thyroid, 3. Cricoid, 4. Arytaenoid, 5. Trachea, 6. Ringmuskel im Gaumensegel, 7. Pharynx, 8. Divertikel.

verringert (Druck: 10 atm.). Durch Erweiterung von Biuträumen (Wundernetze) werden Massenverschiebungen kompensiert (s. S. 735). Die Luftwege, Trachea und Bronchen bis in die kleinen intrapulmonalen Verzweigungen, werden durch Knorpelringe verstärkt und stabiliziert und so vor Kompression weitgehend geschützt. Die in den Luftwegen zurückbleibende Restluft ist notwendig, um die Luftwege beim Auftauchen wieder zu eröffnen.

Eine Reihe von Sonderanpassungen machen es den Cetacea möglich, die langen Atempausen beim Tauchen ohne O_2-Zufuhr zu überstehen. Die Herzfrequenz ist beim Tauchen erheblich herabgesetzt. Weite Kreislaufgebiete in der Peripherie werden durch Drosselung der Arterien abgeschaltet (mit Ausnahme des Centralnervensystems). Als Reservoire für angestautes, nicht zirkulierendes Blut füllen sich die ausgedehnten Wundernetze (s. S. 206). Die CO_2-Toleranz ist höher als bei Landsäugetieren. Vor allem wichtig ist, daß das O_2-Bindungsvermögen, das im Haemoglobin der des Menschen entspricht, im Myoglobin stark erhöht ist.

Das Blut der Wale besitzt also keine zusätzliche Fähigkeit gegenüber terrestrischen Säugern zur O_2-Speicherung, dafür spielen anaerobe Vorgänge im Muskel eine wichtige Rolle. Hervorzuheben ist nochmals die geringe Lungenkapazität. Wegen der geringen Luftmenge in den Atmungsorganen und in dem gespeicherten Blut in den Wun-

Tab. 43. O$_2$-Speicherung in Volumen-%. Nach SLIJPER 1962, GEWALT 1987

	Homo	Wale
in der Lunge	34 %	9 %
im Blut (Haemoglobin)	41 %	41 %
im Muskel (Myoglobin)	13 %	41 %
andere Gewebe	12 %	9 %

dernetzen sind Wale gesichert vor der Taucherkrankheit (Caissonkrankheit) beim Auftauchen, denn diese entsteht durch Freiwerden von gelöstem N$_2$.

Morphologie der Kreislauforgane. Das **Herz** der Wale zeigt gegenüber dem terrestrischer Säuger keine grundsätzlichen Unterschiede. Die Form des Herzens steht in Korrelation zur Form des Thorax-Innenraumes. Bei den kleinen Odontoceti, insbesondere bei *Phocoena*, ist es deutlich länger als breit. Bei vielen Zahnwalen sind Herzlänge und -breite gleich. Bei den Großformen (Mysticeti und *Physeter*) übertrifft die Breitenausdehnung die Herzlänge. Form und Größe des Brust-Innenraumes hängen ab von der Form des Thorax sowie der Lage und Größe von Lungen und Zwerchfell. Der Thorax ist breit, die obere Thoraxapertur stark erweitert. Das Zwerchfell springt weit in den Thorax vor und hat einen sehr schrägen Verlauf von cranial-ventral nach caudal-dorsal. Seine ausgedehnte Pars lumbalis verläuft nahezu horizontal. Die Lungen sind relativ klein und liegen ganz dorsal. Die Herzbasis ist weit nach cranial verlagert und kann bei *Phocoena* und *Delphinus* in Exspirationsstellung aus der Thoraxapertur vorragen. Bei *Phocoena* liegt das Herz weitgehend dem Sternum an, seine Längsachse liegt in der Körper-Längsachse. Bei Balaenopteridae berührt nur die Herzspitze die Rückseite des Sternum, die Herzlängsachse bildet mit der Rumpfachse einen Winkel von etwa 80° (SLIJPER 1962). Die Herzspitze liegt in der Medianebene des Körpers.

Die **Herzgröße** kann bei großen Pottwalen ein beträchtliches Ausmaß erreichen (HerzGew.: 400–800 kg, Herzbreite bis 2 m). Wichtiger ist das relative HerzGew. Die Angaben sind oft widersprechend, da nur Daten von wenigen Einzeltieren für die meisten Arten vorliegen. Nach SLIJPER (1938, 1956), dem zuverlässige Bestimmungen zu verdanken sind, fanden sich folgende Werte:

Tab. 44. Variation des relativen Herzgewichtes innerhalb der Ordnung Cetacea. Nach SLIJPER 1962

Phocoena	0,85 % des KGew.
Delphinus	0,6 % des KGew.
Tursiops	0,93 % des KGew.
Physeter } *Balaena*	0,7–0,8 % des KGew.

Es zeigt sich also, daß das relative HerzGew. nicht eng an die absolute Körpergröße gebunden ist und daß die Werte für Cetacea in der gleichen Größenordnung liegen wie bei Landsäugetieren (Elefant: 0,4 %, *Hippopotamus* und Sirenia: 0,3 %, *Equus*: 0,8 %, Katze, Kaninchen: 0,5 %, s. S. 201). Das gleiche gilt für das Verhältnis der Blutmenge zum KGew. (Wale: 5–7 %, *Equus*: 6,6 %, Kaninchen, Ratte: 5 %). Die Pulsfrequenz pro Minute ist abhängig von der Aktivität und vom Tauchen. Sie konnte erst einigermaßen sicher an eingewöhnten Tieren im Delphinarium bestimmt werden und beträgt für *Tursiops* an der Oberfläche schwimmend 110, nach 1 min unter Wasser 50 und bei *Beluga* 30–16 pro min. Für große Wale werden 2–5 Herzschläge pro min angegeben. Die **Kör-**

pertemperatur großer Wale beträgt 36 – 37 °C. Die wesentliche Besonderheit des **peripheren Blutgefäßsystems** ist das Vorkommen mächtiger Wundernetze. Es handelt sich um ausgedehnte, organartige Gewebskörper, die aus zahlreichen arteriellen und/oder venösen Gefäßen bestehen (BRESCHET 1836). Arteriovenöse Anastomosen kommen in ihnen vor. Die Arterien besitzen eine vorwiegend muskuläre Wand. Wundernetze kommen an vielen Körperstellen vor, sind aber vorzugsweise im Bereich des hinteren Mediastinum, im Stromgebiet der Intercostalarterien, im Wirbelkanal, im Schädel und um die Wirbelsäule herum konzentriert. Außerdem finden sich derartige Geflechte im Endgebiet der caudalen Aorta. In den venösen Wundernetzen fehlen die Venenklappen. Sie können erhebliche Blutmengen speichern und bilden insgesamt cavernöse Spezialorgane. Im Bereich der Lebervenen finden sich, vor dem Austritt aus dem Parenchym, sinusartige Erweiterungen. Gattungsspezifische Unterschiede sind in der Ausdehnung der intrathoracalen Gefäßkörper festzustellen.

Ihre funktionelle Bedeutung ist, wie zuvor ausgeführt (s. S. 206), eine Speicherung großer Blutmengen zu ermöglichen, wenn das Tier taucht und weite Gebiete der Peripherie von der Blutzirkulation ausgeschlossen werden. Für Kopforgane und Centralnervensystem sichern sie die kontinuierliche O_2-Zufuhr. Außerdem ist ihre Funktion als Füllgewebe im Thoraxraum bei zunehmender Kompression von außen und Volumenabnahme der Lunge nicht zu unterschätzen (BOENNINGHAUS 1903). Verständlicherweise liegen experimentelle Untersuchungen kaum vor.

Morphologie der Atmungsorgane. Spezialisationen der Nase waren im Grundsätzlichen bereits bei der Darstellung des Kopfskeletes (s. S. 712 f.) besprochen worden. Bei Mysticeti münden die beiden Nasengänge mit getrennten Blaslöchern dicht nebeneinander. Bei Odontoceti findet sich nur 1 Blasloch, denn die Nasengänge vereinigen sich kurz vor dem Austritt. Auf einige Besonderheiten der Nasengänge bei Physeteridae sei hier eingegangen.

Beim Pottwal liegt das Blasloch, abweichend von anderen Zahnwalen, nahe dem rostralen Kopfende weit vor der Nasenöffnung am Schädel asymmetrisch links. Die Nasengänge müssen also mehrere Meter weit durch das Gebiet des Walratkissens verlaufen. Die Gänge sind asymmetrisch ausgebildet, und zwar ist der rechte Gang erheblich weiter als der linke. Der linke Gang zieht schräg, von caudoventral durch das Walratpolster nach dorsal, rostral und mündet direkt in das Blasloch (Abb. 375). Er liegt relativ oberflächlich. Der rechte Gang mündet in den vestibulären Sack, der seinerseits mit dem Endstück des linken Ganges in Verbindung steht. An sein blindsackartiges Hinterende schließt der nasofrontale Nebensack (Abb. 375) an. Vor diesem Übergang besteht ein Verbindungskanal zum linken Nasengang. Die Öffnung des rechten Ganges erfolgt durch den M. nasomaxillaris. Der linke Nasengang wird von einer Knorpelstruktur begleitet, die als Derivat von Rostrum und Tectum des Chondrocranium gedeutet wird. Knorpel in der Umgebung des Blasloches werden auf die Cupula nasi ant. zurückgeführt (KLIMA 1985, 1986). Die Funktion des eigenartigen Walratorgans bei Physeteridae und die außerordentliche Komplikation der Nasengänge und ihrer Nebenräume wird diskutiert, ohne daß ein Konsens erreicht wäre. Das Organ dürfte mit der „Melone", einer kappenförmigen, verformbaren Haube zwischen Blasloch und Schnauzenspitze bei kleinen Odontoceten (Delphine, Belugas) homolog sein, einem Gebilde, das meist als Ausstrahlungslinse der Ultraschallaute gedeutet wird. Die höchst komplizierte und asymmetrische Ausbildung des Nasengangsystems beim Pottwal dürfte als Neubildung auf dieser Grundlage entstanden sein. Eine Erklärung für die Umgestaltung des rechten Nasenganges zu einem sehr weiten Raumsystem, das im Nebenschluß zum Atemweg (Abb. 375) im Inneren der stark vergrößerten Walratkappe liegt, bietet die Hypothese von CLARKE (1978, 1979), der den ganzen Komplex um Nasengänge und Walratmasse als hydrostatisches Organ deutet (s. S. 716). Dabei würde der sehr weite rechte Nasengang mit seinen Nebenräumen Kühlwasser aufnehmen können. Die Abkühlung des

Walrats bereits unter 30 °C führt zu einer Verfestigung und damit zu einer Herabsetzung der Auftriebskräfte. Die Regulation dieses Mechanismus soll dem Wal erlauben, sich ohne zusätzlichen Energieaufwand auf eine stabile Lage in verschiedenen Tauchtiefen einzustellen und aus dieser Position heraus die Jagd auf Tintenfische durchzuführen.

Der **Larynx** (Abb. 385) der Cetacea zeigt unter allen aquatilen Mammalia extreme Anpassungen an das Tauchen. Die Spezialisation hat bei Odontoceti einen besonders hohen Grad erreicht, während die Mysticeti, in Bezug auf den Kehlkopf, dem Bautyp terrestrischer Säuger näher stehen. Bei Säugetieren, die in große Tiefen tauchen und sich längere Zeit in der Tiefe aufhalten können ohne aufzutauchen, müssen die Atemwege fest gegen das Eindringen von Wasser gesichert sein. Dies kann erreicht werden durch Verschlußmechanismen am Kehlkopfeingang, wie bei Pinnipedia (SCHNEIDER 1963), oder durch festen und dauernden Anschluß der tiefen Atemwege an die Nasenhöhle, die ihrerseits beim Tauchen durch Schließmuskeln und Klappen an ihrer äußeren Öffnung unter Wasser verschlossen wird. Diese Art des Verschlusses findet sich bei allen Zahnwalen, deren Larynx zu einem Rohr verlängert ist, das retrovelar weit in den Nasenraum vorragt und durch mächtige circuläre Muskeln des weichen Gaumens hier festgehalten wird.

Der röhrenförmig verlängerte Aditus laryngis, der in den Epipharynx hineinragt, ist nahezu rechtwinklig gegen den Kehlkopf abgeknickt (Abb. 370). Seine Wand wird durch die stark verlängerte Epiglottis und die hinteren Fortsätze des Arytaenoidknorpels versteift. Die Basis der Epiglottis ist am Oberrand des Schildknorpels durch straffe Bindegewebszüge oder synchondrotisch verankert. Die Verbindung zwischen Larynx und Nasen-Rachenraum bleibt auch beim Schlucken fixiert, so daß die Nahrung an den seitlichen Rinnen neben dem Kehlkopf vorbei gleiten muß. Dies ist, dank der Dehnbarkeit der Pharynxwand, auch beim Verschlucken großer Nahrungsobjekte (*Orcinus orca*, Killerwal) möglich. Die Dauerverbindung zwischen Nase und Larynx macht zugleich das Ausweichen von Restluft aus den tiefen Atemwegen beim Tauchen in das weitlumige System der Nasenräume möglich und dürfte auch für Bildung und Aussenden von Ultraschallauten eine Rolle spielen.

Plicae vocales fehlen den Walen. Bei den meisten Walen ist die Cricoidspange ventral weit offen (Ausnahmen: *Physeter, Tursiops*). Bei Mysticeti stülpt sich hier, zwischen Thyreoid und ersten Trachealknorpel, ein Kehlsack bis weit vor die Luftröhre aus (Abb. 385). Knorplige Verschmelzung der Cricoidspange mit dem obersten Trachealknorpel ist häufig.

Der Kehlkopf der Mysticeti ähnelt dem der terrestrischen Säuger, abgesehen von einer beträchtlichen Verlängerung der Epiglottis. Ihm fehlt die Verlängerung der Arytaenoide. Exakte Angaben über die Lage des Aditus laryngis beim Erwachsenen liegen nicht vor, doch ist anzunehmen, daß die Epiglottis wenigstens zeitweise retropalatinal liegt.

Die Trachea ist kurz und erreicht bei großen Arten einen Durchmesser von > 30 cm. Die Knorpelringe der Luftröhre bilden meist komplette Ringe und verschmelzen auch untereinander, so daß ein stabiles Knorpelrohr entsteht. Die Aufteilung der Bronchien liegt sehr hoch. Regelmäßig wird ein trachealer Bronchus, der dicht unter dem Kehlkopf entspringt, gefunden. Er zieht zum apikalen Teil der rechten Lunge, ähnlich wie bei den Artiodactyla (außer den Tylopoden) und darf als Hinweis auf die sekundäre Vereinfachung des Lungenbaus angesehen werden, denn die Lungen der Wale werden nicht in Lappen unterteilt, wie bei Sirenia; ein Hinweis auf gleichmäßige Expansion des Organs ohne regionale Verformung. Beachtenswert ist die langgestreckte Form der Lunge und ihre dorsale Lage. Die ventralen Randpartien sind außerordentlich dünn. Die extrem dorsale Lage der Lunge, die auch bei Sirenen und abgeschwächt bei Robben beobachtet wird, dient der Sicherung der Lagestabilität des Körpers im Wasser. Wesentlich ist die außerordentlich schräge Lage des Zwerchfells, das sich dorsal weit caudalwärts erstreckt. Dadurch kommt bei aquatilen Säugern eine Massenverteilung der Thoraxorgane zustande, die völlig von der bei Landsäugern abweicht. Das Herz liegt nicht zwischen den Lungen, sondern als schwerer Körper ventral vor den Lungen im Thorax. Im Gegensatz zu terrestrischen Säugern ist der Thorax cranial breit, im Ganzen faßförmig, bedingt durch die Stromlinienform des Körpers und die laterale Lage der Extremitäten. Das Zwerchfell ist der wesentliche Atemmuskel der Wale. Es ist sehr muskulös, das Centrum tendineum ist reduziert. Trachea und Bronchien enthalten keine Schleimdrüsen (Wale können nicht husten). Knorpelstrukturen erstrecken sich bis in die feinsten Bronchialäste und finden sich, neben circulärer und longitudinaler Muskulatur bis in die Alveolargänge. Die Interalveolarsepten sind bei Cetaceen dicker als bei Landsäugetieren und enthalten, im Gegensatz zu diesen, zwei Schichten von Kapillarnetzen.

Exkretion. Meeressäugetiere sind durch den hohen Salzgehalt des Meerwassers einer großen osmotischen Belastung ausgesetzt und benötigen Mechanismen zur Salzausscheidung. Da spezielle Organe der Salzausscheidung bei Säugern fehlen (Fische scheiden Salz durch Spezialzellen an den Kiemen aus, marine Sauropsida durch besondere Salzdrüsen), bleiben die Wale allein auf die Nierenfunktion angewiesen. Auch die zusätzliche Ausscheidung über die Haut entfällt, da Hautdrüsen fehlen. Große Mengen von Meereswasser werden mit der Nahrung von Krill- und Cephalopodenfressern aufgenommen, geringere bei Vertebraten als Nahrung.

Die Nieren der Wale liegen als flache und breite Gebilde an der typischen Stelle an der hinteren Bauchwand. Sie sind relativ groß (in % des KGew.: 0,45–0,5 % bei *Megaptera* und *Balaenoptera*, 0,84 % bei *Phocoena*, Elefant: 0,29 %, *Homo*: 0,37 %, nach SLIJPER), verhalten sich also abweichend von der allgemeinen Größenregel. Die Walniere ist die am weitesten in Läppchen (Renculi) aufgeteilte Niere einer Säugergruppe. Die Zahl der Renculi, die gleichsam kleinen Einzelnieren zu etwa 4–6 an einem Ureterast hängen, beträgt bei *Phocoena* 250–300, *Delphinus*, *Beluga* 400–500, *Balaenoptera* bis 3 000, zum Vergleich: *Bos* 25–30, *Elephas* 8. Jeder Renculus hat Rinde, Mark und einen eigenen Nierenkelch. Der aus dem Zusammentreten der Äste entstehende Ureter tritt im unteren Drittel des Organs aus. Da Exkretion und Rückresorption vorwiegend in der Rinde erfolgen, bedeutet die Aufteilung in Renculi eine erhebliche Vergrößerung der funktionell wichtigen Gewebsanteile gegenüber einer kompakten Niere. Vermehrte Salzausscheidung kann durch erhöhte Salzkonzentration im Harn oder durch Absonderung einer größeren Harnmenge bei niederer Konzentration erfolgen. Leider sind die Angaben über Harnanalysen bei Walen so uneinheitlich, daß ein abschließendes Urteil noch nicht möglich ist. Die Harnblase eines Finnwals (*Balaenoptera physalus*) enthielt 23 Liter Urin. Wasser gewinnen Wale offenbar vor allem aus der Oxidation von Fett.

Biologie der Fortpflanzung und Entwicklung. Geschlechtsorgane. Die Hoden liegen bei Walen dauernd intraabdominal und relativ weit caudal. Der Descensus erfolgt unvollständig. Die Befunde deuten darauf hin, daß Cetacea von Ahnenformen mit komplettem Descensus abstammen. Die Vasa deferentia verlaufen stark gewunden und münden getrennt auf dem Colliculus seminalis. Zwischen den beiden Mündungen kann ein sehr variabler Utriculus (Uterus masculinus) ausgebildet sein. Von den akzessorischen Drüsen ist nur eine Prostata vorhanden. Der Penis liegt, im inaktiven Zustand in einer Schlinge gewunden, in einer Penistasche, die sich weit vor dem Anus öffnet. Die Harn-Samenröhre (Urethra) durchzieht das ganze Corpus spongiosum und mündet an deren Spitze, ohne Bildung einer Glans. Ein Baculum fehlt. Die Corpora cavernosa entspringen an den rudimentären Beckenknochen, von denen auch die Mm. ischiocavernosi ausgehen. Die Rückführung des Penis in die Ruhelage erfolgt durch paarige Mm. retractores penis. In allen diesen Strukturmerkmalen und Lagebeziehungen ähnelt der Penis dem der Artiodactyla. Der Penis der Cetacea ist, in Anpassung an Körperform und Lebensweise, sehr lang (bei großen Bartenwalen Lge. bis 3 m, Durchmesser bis 30 cm).

Die weibliche, äußere Gentitalöffnung bildet einen langen Schlitz, der unmittelbar vor dem Anus liegt. Die Vagina zeigt in ihrer unteren Hälfte bei *Phocoena* schmale Längsfalten, während die obere Hälfte mit derben Querwülsten besetzt ist. Das kurze, einheitliche Corpus uteri hat zwei Hörner (Uterus bicornis) und ist mit einer Cervix in das Vaginalgewölbe eingestülpt. Das Ovar bildet einen langen, flachen Körper, der im Reifezustand eine traubige Oberfläche zeigt. Bei Balaenopteridae wird eine Länge von 30 cm und ein Gewicht von 11 kg angegeben (*Balaena* maximal bis 32 kg). Das reife Corpus luteum kann die Größe eines Fußballs erreichen (Nutzung zur industriellen Hormongewinnung). Wale sind in der Regel monovulatorisch, doch sind, wenn auch selten, Zwillingsgeburten aus Delphinarien bekannt geworden.

Embryonalentwicklung (ARVY & PILLERI 1976, MOSSMAN 1987, STUMP et al. 1960). Die Eizellen der Cetacea unterscheiden sich morphologisch nicht von denen terrestrischer Eutheria. Sie sind größenmäßig denen des Menschen etwa gleich ($\emptyset \pm 150$ µm). Frühstadien der Ontogenese (Blastocysten) von Walen sind bisher nicht bekannt. Die Anheftung erfolgt superficiell. Das Amnion scheint durch Faltenbildung zu entstehen. Das Chorion ist lang und eng. Der Nabelstrang inseriert mesometrial an der Chorioallantois, die Embryonalanlage liegt antimesometrial. Die Allantois ist sehr ausgedehnt und persistiert. Die Placenta ist diffus, villös und epitheliochorial. Sie erstreckt sich gewöhnlich bis in das nicht trächtige Uterushorn. Amnion und Nabelstrang von Delphinidae, *Platanista* und Balaenopteridae sind mit Hippomanes (s. S. 954) besetzt. Alle bekannten Befunde an Eihäuten und Placenta zeigen am meisten Ähnlichkeiten mit denen der Artiodactyla und können als Hinweis auf die stammesgeschichtlichen Beziehungen zu basalen Huftieren s.l. gedeutet werden. Die Geburt erfolgt in der Regel in Steißlage. Der Nabelstrang ist dementsprechend sehr lang, so daß das Junge in ganzer Länge aus den Geburtswegen austreten kann, bevor die Nabelschnur zerreißt und der Atemreflex einsetzt. Die Neugeborenen werden in fortgeschrittenem Reifezustand geboren und können sofort schwimmen. Sie erreichen über 30 % der Körperlänge der Mutter. Das KGew. des Neugeborenen beträgt bei Balaenopteridae 5−6 %, bei Delphinen bis zu 15 % des mütterlichen Gewichts (SLIJPER 1962; bei Ungulaten 8−10 %). Die Jungwale suchen sofort die mütterlichen Zitzen auf, die neben der Genitaltasche liegen. Der Saugakt wird in kurzen Abständen (1−2 min) durch Auftauchen zur Atmung unterbrochen.

Die **Milch der Cetacea** ist, im Vergleich zu terrestrischen Eutheria, außerordentlich reich an Fetten und Proteinen. Fett ist für Wale die einzige Quelle für Gewinnung von Süßwasser und wird außerdem zum Aufbau der Speckschicht benötigt.

Tab. 45. Gehalt der Walmilch an Hauptbestandteilen im Vergleich zu Kuh- und Humanmilch. Nach SCHEUNERT-TRAUTMANN 1986, SLIJPER 1962

	Cetacea	Bos	*Homo*
Fett	40−50 %	3,9 %	2,7 %
Proteine	12−15 %	3,3 %	1−2 %
Lactose	1−2 %	4,8 %	6,7 %

Die Laktationsdauer beträgt etwa 1−1,5 Jahre, doch beginnen die Kälber bereits im Alter von 6 Monaten feste Nahrung aufzunehmen (*Tursiops*). Die Zitze wird beim Saugakt zwischen Gaumen und Zunge gefaßt. Aktives Saugen ist unter Wasser kaum möglich. Die Milchdrüse ist von Hautmuskulatur umhüllt (M. compressor mammae), so daß die Milch dem Säugling in den Mund gespritzt werden kann.

Das **Wachstum** der jungen Wale läuft sehr rapide ab. Ein Blauwal (*Balaenoptera musculus*) wächst in 7 mon um 9 m (pro d 4,5 cm) und steigert sein Gewicht von 2 auf 23 t, also um das 11fache. (Detaillierte Angaben über das Wachstum verschiedener Wale bei SLIJPER 1962.) Angaben über den Eintritt der Geschlechtsreife sind unsicher (*Phocoena*

1,5 a, Delphine 3 a, Großwale 4,5 – 6 a). Das Intervall zwischen 2 Geburten beträgt meist 2 – 3 Jahre. Die Lebensdauer der Wale wird auf 15 – 40 Jahre geschätzt.

Sozialverhalten. Cetacea sind außerordentlich soziale Tiere, die in der Regel Verbände, sogenannte Schulen, mit vielen Individuen bilden. Durch die starke Bejagung sind die Individuenzahlen der Gruppen heute für viele Arten sehr stark zurückgegangen. So wird man heute Schulen von 1 000 Tieren des Entenwales, *Hyperoodon ampullatus*, wie sie für den NW-Atlantik noch im vergangenen Jahrhundert angegeben wurden, nicht mehr antreffen. Große Herdenverbände können aber, wenn auch regional beschränkt, bei einigen Delphinidae und Monodontidae vorkommen.

Von Geburt an besteht bei den Walen, die das Wasser nie verlassen, eine sehr enge Bindung des Jungtieres an die Mutter während der ganzen Laktationsperiode. Beim ersten Auftauchen des Neonaten zum Atemholen kann die Mutter Hilfe leisten. Es ist bekannt, daß andere Artgenossen Beistand leisten können. Dies gilt auch für Erwachsene untereinander. Kommt ein Tier in eine Gefahrensituation, so eilen auf Lautsignale (Hilferufe) des Betroffenen Artgenossen zu Hilfeleistungen und Verteidigungsmaßnahmen herbei und gruppieren sich radiär um das gefährdete Tier („Margeritenstellung"). Durch Alarmrufe eines Einzeltieres kann ein ganzer Verband in Erregung versetzt werden. Dabei wird der geschädigte Partner gestützt, um atmen zu können. Im Spiel heben einige Kleinwale auch leblose Gegenstände, Holzbalken, tote Haifische u. ä., für einige Zeit über den Wasserspiegel. Alte Berichte über Hilfeleistung von Delphinen für Menschen in der Gefahr des Ertrinkens sind nicht als Märchen abzutun, sondern werden aus neueren Beobachtungen bestätigt. Über vielseitiges, spontanes, also nicht dressiertes Spielverhalten, auch mit totem Material, liegen aus Ozeanarien zahlreiche Beobachtungen vor (GEWALT 1987). Amazonasdelphine (*Inia*) bilden Ringe aus Luftblasen, indem sie unter rasch kreisenden Bewegungen Luft aus der Mundöffnung (!) ausstoßen und alsdann durch den Blasenring schwimmen. Buckelwale (*Megaptera nodosa*) nutzen die Bildung von Luftperlenvorhängen beim Nahrungserwerb. Der Wal schwimmt in spiraligen Windungen aufsteigend und gibt dabei durch sein Blasloch fortlaufend Luftstöße ab, die sich zu einem cylindrischen Vorhang zusammenschließen. Schwärme kleiner Fische, die von dem Perlenvorhang umschlossen werden, können diesen nicht durchbrechen und werden zur Beute (WÜRSIG 1988, DEIMER 1977, 1984).

Der Pottwal (*Physeter*) weist einen erheblichen Größenunterschied der Geschlechter auf (♂♂ KLge: 15 – 20 m, ♀♀ bis 10 m). Die ♀♀ können Verbände von 30 – 40 Tieren bilden, denen sich nur in der Paarungszeit 1 ♂ zugesellt. Männliche Junggesellenverbände können bis 50 Individuen umfassen.

Das **Stranden der Wale** ist ein eigenartiges, viel diskutiertes Phänomen. Nicht selten gelangen Wale in küstennahe Gewässer und stranden unmittelbar vor dem Ufer. Ist ein Leittier aus einer Schule gestrandet, so kann die ganze Herde diesem blindlings folgen und hilflos zugrunde gehen. Die Erklärung dieses Geschehens wird heute in einem Versagen der Ultraschallorientierung im Flachwasser gesehen. Das Leittier stößt Alarmsignale aus, auf die die nachfolgenden Wale zwangsläufig reagieren. Das Stranden von mehreren Dutzend Tieren betrifft gewöhnlich nur Odontoceti, die über ein Ultraschallsystem verfügen (besonders *Globiocephala melaina*). Parasitäre Erkrankungen des schalleitenden Apparates können wahrscheinlich auch eine Rolle spielen.

Jagd, Rückgang der Bestände, Nutzung der Wale. Eskimos haben seit mindestens 5 000 Jahren Walfang betrieben, war doch in der von Rohstoffen armen Arktis diese Jagdbeute die wichtigste Grundlage ihrer materiellen Existenz. Der Wal lieferte nicht nur Nahrung, sondern Öl (Lampen), Ersatz für Holz in Form der Knochen (Schlittenbau) und mit den Sehnen und Bändern ein Material für Taue und Stricke. Europäischer Walfang*) wurde bereits um 1000 u. Z. von den Basken vom Boot aus mit Harpune an der Küste der Biskaya betrieben (*Balaena glacialis*). Im 16. Jh. er-

---

*) Zur Geschichte des Walfanges ausführlich bei GEWALT 1987, SLIJPER 1962.

streckten sich Walfangreisen bereits weit in den Atlantik. Zu dieser Zeit soll schon Trankocherei an Bord der Schiffe betrieben worden sein. Als mit der Suche nach einer Durchfahrt nach Osten durch BARENTS 1583 die Seefahrer immer weiter nordwärts vordrangen, wurde der Reichtum der arktischen Meere an Großwalen bekannt. Nunmehr setzten planmäßige Fangreisen nordwärts ein, an der sich Skandinavier, Holländer und Engländer beteiligten. Bereits im 18. Jh. hatte die Jagd zu einem merklichen Rückgang der Großwale geführt. Hauptziel war in der Ära vor Erfindung der Petroleumlampe (um 1860) die Gewinnung von Walfett, das zu Lampenöl verarbeitet wurde. Einführung des Dampfschiffes und schwimmender Tran-Kochereien sowie Ersatz der Jagd mit der Handharpune durch Harpunierkanonen ließen gegen Ende des 19. Jh. eine Walindustrie entstehen, die durch den Raubbau rasch zu einem rapiden Rückgang der Bestände führte. Die Einführung der Fetthärtung (Umwandlung ungesättigter in gesättigte Fettsäuren) durch NORMAN 1905 bei der Herstellung von Margarine brachte einen neuen Anstieg der Nachfrage. Für die Margarinefabrikation und Seifenherstellung ist nur das Öl der Bartenwale, nicht des Pottwales brauchbar. Walöl fand weiterhin Verwendung in der Kosmetik und der Lederpflege. Walrat diente als Rohstoff für Salben und als Schmiermittel für feinmechanische Instrumente. Ambra wird als Duftträger in der Parfümindustrie verwendet. Lange Zeit hindurch waren die elastischen, biegsamen Hornplatten der Barten, das „Fischbein", ein viel verwendeter Rohstoff, der unter anderem zur Herstellung von Korsettstangen benutzt wurde, aber heute durch Kunststoffe, Stahlstoffe und Gummi ersetzt ist.

Endokrine Drüsen von Walen werden in der Pharmaindustrie zur Hormongewinnung genutzt. Aus Walknochen wird Leim und Gelatine gewonnen. Walfleisch spielt für die menschliche Ernährung eine gewisse Rolle in Japan. Als Fleischlieferanten werden leider auch die Delphine in O-Asien, vormals auch in S-Europa, genutzt.

Die langjährige, unbeschränkte Jagd auf Wale ist natürlich nicht ohne Rückwirkung auf die Bestände geblieben. Besonders betroffen sind die großen Bartenwale. Nachdem die arktischen Jagdgründe nahezu erschöpft waren, wandte sich der Walfang den reichen Vorkommen in antarktischen Gewässern zu. Die folgenden Zahlenangaben (GEWALT 1987) mögen an einigen Beispielen die Situation beleuchten: Im Zeitraum von 1832–1875 wurden 10 Millionen Fässer Tran und Walrat angeliefert, das entspricht etwa einer Zahl von 300 000 toter Wale! Der Weltbestand des Blauwals, des wichtigsten Wales in der Antarktis, wurde für die 20er Jahre noch auf 210 000 Tiere geschätzt. In der Saison 1930/31 wurden insgesamt etwa 50 000 Wale getötet, darunter 40 200 im Südmeer. Nachdem diese Art endlich 1966 vollständig unter Schutz gestellt wurde, wird der heutige Bestand auf 7 000–10 000 geschätzt. Der Bestand des Finnwales ist von ursprünglich 450 000 auf 80 000 gesunken; für den Buckelwal lauten die Zahlen ursprünglich 100 000, heute 5 000. Seit 1946 ist die Internationale Walfang-Kommission tätig, die jährliche Fangquoten festsetzt, deren strikte Einhaltung allerdings schwer zu kontrollieren ist. Inzwischen haben sich die meisten Länder, von denen aus Walfang betrieben wird, den internationalen Vereinbarungen angeschlossen. Die Bestände des Pottwales sind einigermaßen gesichert.

Parasiten. Cetacea sind, wie Landsäugetiere, häufig mit Endoparasiten (Acanthocephala, Taeniae, Nematodes) infiziert. Grundsätzliche Besonderheiten zeigt die Besiedlung mit Ectoparasiten. Der Übergang der Ahnenformen der Wale zum Leben im Wasser hat die Wale von den zahlreichen Ectoparasiten aus der Insektenklasse (Flöhe, Läuse, Milben) vollständig befreit, denn diese waren an das neue Milieu (unter Wasser, glatte Haut ohne Haarkleid) nicht anpassungsfähig, weil ihnen der Atmungsmechanismus über Kiemen nicht zur Verfügung stand. Dennoch sind Wale reichlich mit Ectoparasiten befallen. Es handelt sich durchweg um hoch spezialisierte Crustaceen. Die langsam schwimmenden Großwale, besonders alte Individuen, sind oft stärker mit Ectoparasiten infiziert als die kleinen rasch schwimmenden Braunfische (*Phocoena*) und Delphine. Einflüsse der Umgebungstemperatur spielen eine Rolle. Pottwale sind, wenn sie sich zur Fortpflanzung in warmen Gewässern aufhalten, oft massiv mit *Neocyamus* infiziert, verlieren aber bei der Rückkehr in die Antarktis diesen Parasiten wieder.

Häufig ist die Haut der Wale mit Rankenfüßern (Cirripedia: Copepodeoidea, Crustacea, engl. barnacles) besonders am Kopf und an den Finnen besetzt. Diese sind meist sessil und entnehmen nichts dem Wirtsgewebe. Sie sind entweder breit sessil (*Coronula*) oder gestielt (*Conchoderma, Xenobalanus, Tubicinella*). Ein Buckelwal (*Megaptera*) trug 450 kg Barnakel (WATSON 1981). Unter ihnen kommt Wirtsspezifität vor (*Coronula balaenaris* an *Balaena glacialis*).

Walläuse (Crustacea, Amphipoda) der Gattung *Cyamus* (incl. *Neocyamus*, 16 Arten) sind meist wirtsspezifisch. Sie bohren sich in die Epidermis ein und erreichen die Speckschicht und entnehmen ihre Nahrung aus dem Wirt. Sie sind 1–2 cm lang und tragen scharfe Klauen an den Extremitäten. Aus zwei Wunden eines Grauwales (*Eschrichtius*) wurden 100 000 Walläuse gezählt. *Isocyamus* (an *Pseudorca*, *Orcinus* und *Globiocephala*) besitzt kein freilebendes Stadium. Übertragung ist daher nur durch Kontakt der Wirtstiere möglich. Ein Copepode, *Balaenophila*, lebt frei an den dünnen Endfäden der Bartenplatten.

Penella ist ein Copepode, der extrem an das Leben auf der Walhaut angepaßt ist. Die Larve ist freilebend. Sie bohrt sich in die Speckschicht ein und kann bis in die Muskel-

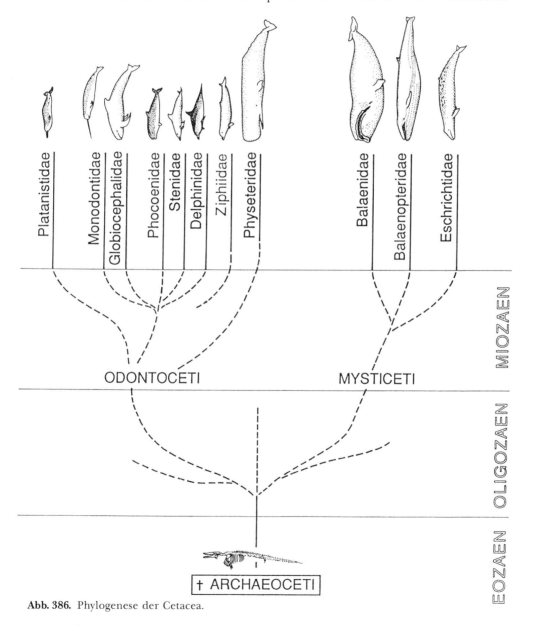

Abb. 386. Phylogenese der Cetacea.

schicht vordringen. In der Tiefe metamorphosiert sie. Das reife Tier bildet einen langen Sack, der bis 30 cm lang aus der Haut heraushängt und an seinem Ende zwei Eischläuche trägt.

Ältere Wale tragen oft zahlreiche Narben, die meist durch Artgenossen (*Monodon*), zum Teil auch durch Angriffe von Haien verursacht sein dürften. Rundliche Narben werden durch Petromyzonten oder durch Saugnäpfe von großen Tintenfischen verursacht.

Spezielle Systematik der rezenten Cetacea. Allgemeines. Die beiden Unterordnungen der rezenten Wale, Odontoceti (Zahnwale) und Mysticeti (= Mystacoceti, Bartenwale) unterscheiden sich in so vielen Merkmalen, daß vielfach eine diphyletische Entstehung angenommen wird. Palaeontologische Funde zeigen jedoch, daß eine Aufspaltung von Urwalen bereits sehr früh, spätestens im Alteozaen, stattgefunden hat und daß die beiden Unterordnungen als Anpassungen an eine völlig differente Ernährungsweise verstanden werden können (s. S. 709f.). Eine Reihe von gemeinsamen Merkmalen weisen auf die Herkunft von primitiven Verwandten der Huftiere († Arctocyonidae) hin (gekammerter Magen?, arterielle Wundernetze, dritter Bronchus, lobuläre Niere, Struktur des männlichen Genitals, Uterus, Spermienstruktur, Fetalanhänge und Placenta). Damit ist auch die Frage, ob die Zahnwale oder die Bartenwale die stammesgeschichtlich ältere Gruppe wären, unerheblich. An einer frühen Dichotomie kann kein Zweifel bestehen.

Der **karyologische Befund** spricht für gemeinsamen Ursprung. Die Chromosomenzahl beträgt, soweit bekannt, 2n = 42 oder 44.

Plesiomorph für Odontoceti sind der Besitz von Zähnen, die Unterkieferform und die Bildung des Sternum aus Sternalleisten. Autapomorphien der Odontoceti sind Verschmelzung von Halswirbeln, alle mit der Ultraschallorientierung zusammenhängenden Strukturen (Nase, Larynx, Ohr, Melone) und die höhere Cerebralisation. Mysticeti stehen basalen Formen näher durch den Besitz von 2 Nasenlöchern, freien Halswirbeln, Bau des Ohres und geringe Hirnentfaltung. Progressive Kennzeichen sind die Differenzierungen des Kiefer-Bartenapparates.

Übersicht über das System der rezenten Cetacea (Abb. 386)

		Anzahl der Genera	Species
Ordo **Cetacea**			
Subordo Odontoceti			
Superfam. Platanistoidea			
Fam. 1. Platanistidae		4	4
Superfam. Ziphioidea			
Fam. 2. Ziphiidae		5	18
Superfam. Monodontoidea			
Fam. 3. Monodontidae		2	2
Superfam. Physeteroidea			
Fam. 4. Physeteridae		2	3
Superfam. Delphinoidea			
Fam. 5. Stenidae		3	8
Fam. 6. Phocoenidae		3	7
Fam. 7. Globiocephalidae		5	6
Fam. 8. Delphinidae		8	25
		32	73
Subordo Mysticeti			
Fam. 9. Balaenidae		2	3
Fam. 10. Balaenopteridae		2	6
Fam. 11. Eschrichtidae		1	1

Subordo Odontoceti, Zahnwale

5 Überfamilien, 8 Familien, 32 Genera, 73 Species. Zahnwale besitzen ein homodontes Gebiß, das monophyodont ist (Ausnahme: *Inia* mit differenzierten Backenzähnen). Die Zahnzahl ist meist vermehrt, kann aber auch sekundär reduziert sein (*Monodon*, *Mesoplodon*). Schädelasymmetrie (s. S. 714). Nur eine einzige, äußere Nasenöffnung. Ossa nasalia reduziert. Bau der Nasengänge höchst komplex mit Ausbildung von Nebenkammern, Klappen und Luftsäcken (s. S. 716f.). Trennung von Atmungs- und Speiseweg durch röhrenförmige Umbildung von Epiglottis und Arytaenoidknorpeln und deren Verlagerung in die Choanen. Hier durch M. sphincter palatopharyngeus fixiert. Geschlossene Trachealknorpelringe. Unterkiefer flach, abgeplattet. Symphyse der Mandibula meist ossifiziert. Meist 3 oder mehr Sternebrae (s. S. 718). Sternale Rippen vorhanden. Sternum entsteht aus 3 Anlagen (paarige Sternalleisten vorhanden). Orientierung durch Ultraschallaute. Meist Ausbildung einer Melone.

Geographische Verbreitung. Weltweit, in allen Meeren. Die einzigen, nicht marinen Flußdelphine (S-Amerika, S-Asien), gehören zu den Odontoceti (s. Fam. 1: Platanistidae). Zahnwale bilden eine vielseitig differenzierte Subordo, mit zahlreichen strukturellen und biologischen Sonderanpassungen.

Fam. 1. Platanistidae, Flußdelphine (Abb. 387, 388). KLge.: 1,40 – 2,50 m, KGew.: 40 – 100 kg. Sehr schmale und lange Schnauze („Krokodilschnauze") mit vielen spitzen Zähnen. Oft reichlich Tasthaare an den Schnauzenrändern. Halswirbel nicht untereinander verwachsen. Der Kopf kann nach allen Seiten gedreht werden. Breite, dreieckige Flipper, an denen die Fingerstrahlen äußerlich erkennbar sind. Haut nicht als Dämpfungshaut ausgebildet und stärker verhornt als bei anderen Walen. Melone vorhanden. Augen sehr klein oder rückgebildet, da Aufenthalt meist in schlammig-trübem Wasser und nocturne Aktivität. *Platanista* ist blind (Linse fehlt). *Inia* kann sich, wenn in klarem Wasser (Delphinarium), auch optisch orientieren. Sehr leistungsfähiges Ultraschallsystem (*Platanista* sendet Peiltöne von 380 kHz aus).

Platanista gangetica (Susu) (2 Subspecies) im Ganges und Indus. Hautfärbung: schwärzlich-bräunlich. Nahrung: Fische und Crustacea. P. nimmt Bodentiere auf, indem es auf der Seite schwimmt und den Boden mit den Flippern abtastet, KLge.: 150 – 170 cm, KGew.: 35 – 70 kg, ♀♀ etwas größer als ♂♂. Bestand gefährdet, etwa 500 – 1 000 Individuen.

Inia geoffrensis (Butu, Tonina). Im Amazonas und Orinoko. KRL.: 200 – 270 cm, KGew.: um 100 kg. Hautfärbung sehr variabel, grau/braun bis weißlich, gelegentlich mit blaß-rosa oder bläulicher Tönung, Albinos kommen vor. Flipper können als Paddel benutzt werden. Hals äußerlich noch er-

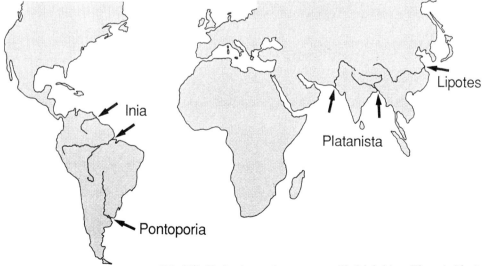

Abb. 387. Verbreitung der rezenten Flußdelphine (Platanistidae).

kennbar (pendelnde Kopfbewegungen bei der Fischjagd). Rückenfinne flach, dreieckig. Beim Fischfang schwimmt *Inia* auf dem Rücken und kann mit der Rückenflosse den Boden abtasten. Auge klein, aber funktionell. Heterodontie (Abb. 388) angedeutet (Talonid an distalen Zähnen). Fische werden zerbissen und gekaut. Sehr wandlungsfähiges Spielverhalten konnte auch an nicht dressierten Tieren im Delphinarium beobachtet werden (Spielen mit Ringen, Bällen usw., Bilden eines Luftblasenringes, der durchschwommen wird). Bestand noch nicht bedroht.

Lipotes vexillifer (pei chi) im Yangtse, früher vor allem in dem heute versandeten Tung Ti-See. KRL.: 200 cm. Färbung hellgrau. Lebensweise kaum bekannt. Bestand im Yangtse heute nur noch 50–250 Tiere.

Pontoporia blainvillei (Franciscana, La Plata-Delphin), vorwiegend im Brackwasser der La Plata-Mündung und vor der Küste, geht nicht weit flußaufwärts, im Rio Uruguay und Parana nicht nachgewiesen. KRL.: 140 cm, KGew.: bis 40 kg. Färbung bräunlich. Nahrung: Clupeidae, Loligo und Krabben.

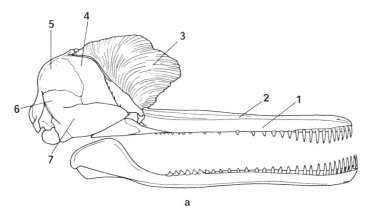

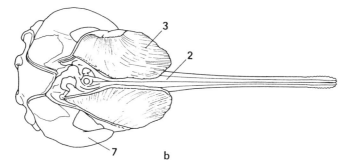

Abb. 388. Schädel von *Platanista gangetica* von lateral (a) und von dorsal (b) gesehen. Nach VAN BENEDEN 1889.
1. Maxillare, 2. Praemaxillare, 3. Crista maxillaris (Maxilla), 4. Frontale-Supraoccipitale, 5. Parietale, 6. Squamosum, 7. Proc. jugalis squamosi.

Fam. 2. Ziphiidae (Schnabelwale). Die Schnabelwale sind meist einzeln lebende Hochseetiere, (Ausnahme *Hyperoodon*, *Berardius*), die selten zur Untersuchung gelangen und deren Lebensweise wenig bekannt ist. Die Taxonomie der Gruppe beruht im wesentlichen auf der Schädel- und Zahn-Morphologie. Durch den Besitz eines relativ langen Rostrum ähneln sie den Delphinen. Dorsal findet sich zwischen Hirnkapsel und Rostrum eine ausgedehnte Konkavität. Kennzeichnend ist die Reduktion des Gebisses. Bei der Mehrzahl der Arten ist das Gebiß bis auf 1 oder 2 Zahnpaare im Unterkiefer (in Symphysengegend oder in der Mitte) reduziert. Die Zähne können recht groß sein. Sie sind zu flachen Platten seitlich komprimiert, tragen eine Spitze und sind nur bei erwachsenen ♂♂ voll ausgebildet. Bei ♀♀ brechen sie gewöhnlich nicht mehr durch. Bei *Mesoplodon layardi* wachsen sie zu Hauern aus, die bei geschlossener Mundöffnung freiliegen und sich soweit dorsal vorschieben können, daß die Mundöffnung nur noch 1–2 cm weit geöffnet werden kann. Nahrung: vorwiegend Cephalopoden, bei *Tasmacetus* Plattfische. *T.* besitzt neben 2 vergrößerten Zähnen rostral im Unterkiefer noch kleine Höckerzähne im O- und U-Kiefer (19/27) wie die Delphine. Die beiden *Berardius*-Arten besitzen 2 Paar Zähne vorn im Unterkiefer. Eine Melone ist bei

Ziphiidae vorhanden. Die Systematik stützt sich bisher ausschließlich auf Anzahl, Form und Gestaltung der Zähne.

Tasmacetus shepherdi im südl. Pazifik, Neuseeland bis Chile.

Ziphius cavirostris, Cuviers Wal, einzige Art der Gattung, weltweite Verbreitung. KLge.: 600–750 cm, KGew.: 3000 kg. Unterkiefer überragt Oberkiefer, so daß die Zähne freiliegen.

Berardius, 2 Arten. *B. bairdi* im n. Pazifik. Im Sommer in wärmeren Breiten, s. bis Japan und Kalifornien, wandert im Winter nordwärts bis zur Beringsee. KLge.: 10 m, KGew.: 9000 kg. Der südliche Vierzahnwal (*B. anuxii*) ist etwas kleiner als die Nordform. Verbreitung circumpolar in den S-Meeren.

Hyperoodon, 2 Arten. Nördliche Art *H. ampullatus* (Dögling, engl. Bottelnose Whale) im N-Atlantik. Wanderungen im Herbst südwärts bis auf Breite der Azoren. KLge.: 9–10 m, KGew.: 3000–4000 kg. Große, runde Melone, die in einer scharfen Stufe gegen die Schnauze abgesetzt ist. *H. ampullatus* bildet große Schulen, doch ist seit der Jh.-wende der Bestand durch Bejagen drastisch geschrumpft. Die Art gehört zu den am häufigsten strandenden Walen (s. S. 739). *H. planiformes* ist etwas kleiner als *H. ampullatus* und hat eine stark vorspringende Melone. Vorkommen in allen Meeren s. des Äquators, scheint aber selten zu sein.

Indopacetus pacificus. Nur von 2 Schädeln bekannt, von diesen wurde einer in Australien, ein weiterer in Somalia aufgefunden. Außerordentlich langes Rostrum. 1 Zahnpaar rostral.

Mesoplodon (Abb. 389), 11 Arten, deren Taxonomie im wesentlichen auf Form und Lokalisation der Zähne beruht. Basale Vertreter zeigen Anordnung der 2 Zähne an der Unterkieferspitze (*M. mirus*, *M. hector*). Von diesen Formen ausgehend, läßt sich eine Spezialisationsreihe aufzeigen, die durch fortlaufende Verschiebung der Zähne in distaler Richtung gekennzeichnet ist (*M. europaeus – M. grayi – M. bidens*). Gleichzeitig kommt es zur Vergrößerung der Zähne bis schließlich der für *M. layardi* beschriebene Zustand (s. S. 744) erreicht ist. Bei *M. densirostris* wölbt sich der Unterkiefer als Zahnsockel zu einem mächtigen Buckel auf.

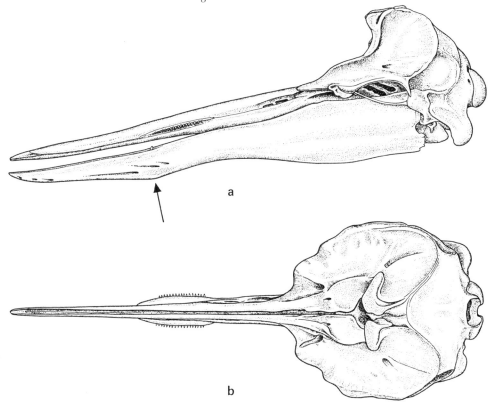

Abb. 389. Schädel in zwei Ansichten von *Mesoplodon grayi* (Umzeichnung nach Van der Klaauw 1951). Der Pfeil weist auf den einzigen Zahn im Unterkiefer.

Die *Mesoplodon*-Arten sind Wale mittlerer Körpergröße, KLge.: ±5 m, KGew.: 1000–1500 kg. Sie ähneln sich in der Körpergestalt. Alle besitzen eine kleine, dreieckige Rückenfinne, die am Übergang des mittleren zum hinteren Drittel lokalisiert ist. Artunterschiede bestehen in der Bezahnung und in der Färbung. Angaben über die Verbreitung sind lückenhaft, da von den meisten Arten nur wenige Schädel und Skelete, meist von gestrandeten Tieren, in Museen vorliegen. Bekannte Vorkommen sind 1. südlich, circumpolar: *M. hector, bowdoini, layardi, grayi*, 2. weltweit in tropischen und gemäßigten Breiten: *M. densirostris*, 3. im N-Atlantik, selten in Nord- und Ostsee: *M. bidens*. *M. europaeus* vorwiegend im westlichen N-Atlantik, *M. mirus* im Atlantik, 4. N-Pazifik: *M. steynegeri*.

Fam. 3. Monodontidae (Gründelwale). 2 Gattungen, 2 Arten. Wale mittlerer Körpergröße, KLge.: 4–6 m, KGew.: um 1000 kg. An Stelle der Rückenfinne nur niedrige Kamm- oder Höckerbildung. Halswirbel frei, bewegliche Halsregion. Flipper abgerundet, bei alten Tieren distal aufwärts gebogen. Kopf rundlich, bedingt durch Melonenbildung. Vorkommen in n. circumpolaren Meeren, Nähe der Eisgrenze. Weißwale dringen etwas weiter südwärts vor als Narwale.

Monodon monoceros (Narwal): ♂♂ besitzen einen Stoßzahn, der als linker, oberer C gedeutet wird. Der rechte C wird angelegt, bricht aber in der Regel nicht durch. Individuen mit 2 Stoßzähnen bilden eine seltene Ausnahme. Der Stoßzahn ist spiralig gewunden und wird in ganzer Länge von der Pulpahöhle durchzogen. Länge bis über 2 m. Bei den ♀♀ werden die C angelegt, brechen aber nicht durch. Die Funktion des Stoßzahnes ist nicht bekannt. Beim Nahrungserwerb dürfte sie keine Rolle spielen, da sie den ♀♀ fehlt. Wahrscheinlich handelt es sich um eine luxurierende Bildung, die im Sexualverhalten (Ritualkämpfe) von Bedeutung ist. Nahrung: Plattfische und andere Bodenbewohner, auch freischwimmende Fische. Die Art wird wegen des Elfenbeins bejagt und ist stark im Rückgang (Bestand etwa 10000).

Delphinapterus leucas (Weißwal, Beluga): Gestalt ähnlich der des Narwales. Normales Zahnwal-Gebiß mit insgesamt 30–38 spitzen, spatelförmigen Zähnen in Ober- und Unterkiefer. Neugeborene Belugas sind grauschwarz-dunkelbraun. Kälber im 1.–2. Lebensjahr blaß-bläulich, danach graugelb. Die rein elfenbein-weiße Färbung wird im 5.–6. Lebensjahr, mit Eintritt der Geschlechtsreife erreicht. Weißwale bilden größere Herdenverbände (bis zu 1000 Individuen). Im Sommer bilden sie oft Massenansammlungen vor den Mündungen der großen Flüsse und dringen gelegentlich sehr weit flußaufwärts vor (Weißwal im Rhein 1966 bis Bonn, nach 4 Wochen unbeschädigt Rückkehr ins Meer).

Fam. 4. Physeteridae (Pottwale). 2 Gattungen, 3 Arten. Gemeinsame Kennzeichen der Physeteridae sind der Besitz eines riesigen Walrat-Organs (s. S. 716 f.), das in einer Kavität des breiten und langen Rostrum liegt und nach hinten durch die Hirnkapsel begrenzt wird, die zu einem Fronto-Occipitalkamm aufsteigt. Zähne des Oberkiefers angelegt, aber nicht durchbrechend (Ausnahme *Kogia* mit 1–2 Oberkieferzähnen). Im Unterkiefer jederseits 18–30 Zähne bei *Ph. macrocephalus* (10–15 bei den beiden übrigen Arten). Zähne groß, leicht gebogen, ohne Schmelz. Nasenöffnung asymmetrisch links und nahe dem rostralen Ende des Kopfes (einzig bei Odontoceti). Linker Nasengang allein respiratorisch, rechter Nasengang spezialisiert (s. S. 716 f.). Sexualdifferenz in der Körpergröße (♀♀ etwa halb so groß wie ♂♂).

Physeter macrocephalus. Größter rezenter Odontocet, ♂♂ KRL.: bis 18 m, KGew.: max. 53000 kg. Die Länge des Kopfes beträgt mehr als 1/3 der gesamten Körperlänge. Hautfärbung dunkelgrau, an den Lippen weißlich. Oft helle Flecken am Kopf und Rumpf. Rückenflossen sehr klein, häufig nur ein Fetthöcker am Beginn des hinteren Körperdrittels. Verbreitung weltweit in allen Meeren. Saisonale Wanderungen beider Geschlechter im Herbst äquatorwärts, im Frühjahr polwärts. Bestand heute noch einigermaßen gesichert.

Kogia breviceps und *K. simus* (Zwergpottwale). KRL.: *K. breviceps* 3,4 m, KGew.: 360 kg. *K. simus* 2,4–2,7 m, KGew.: 150 kg. Kein Größenunterschied der Geschlechter. Rückenfinne dreieckig, niedriger als 30 cm. Kopf abgerundet, relativ kurz (etwa 1/6 der GLge.). Verbreitung: alle tropischen Meere, vorwiegend auf der s. Hemisphäre.

Superfam. Delphinoidea

Fam. 5. Stenidae (Langschnabeldelphine). 3 Gattungen, 8 Arten. Kleine, delphinähnliche Wale, KRL.: 1,5–2,5 m, KGew.: 50–150 kg. Axis und Atlas verschmolzen, sehr lange Unterkiefersymphyse. System der nasalen Luftsäcke von dem der Delphine abweichend. Langes Rostrum, kleine Melone, Stirnabsatz zwischen Hirn- und Kieferschädel kaum angedeutet. Vorkommen in tropischen und gemäßigten Meeren, *Sotalia* und *Sousa*, auch im Brackwasser. *Sousa* vorwiegend fluviatil, geht im Amazonas und Orinoko weit flußaufwärts (Überlappung mit *Inia*). *Steno* nur in der Hochsee (Atlantik und Indik). Färbung meist grau, gelblich gefleckt. Rückenfinne sichelförmig gebogen. Flipper kurz und abgerundet.

Steno bredanensis Zähne $\frac{24}{25}$, mit Längsfurchung der Zahnkrone. Bei adulten ♂♂ ausgedehnter Fetthöcker, der die kleine Dorsalfinne trägt. *Sousa teuszii* Küstengewässer W-Afrikas. *S. chinensis*, Küste Chinas. Gebiß $\frac{32}{32}$. *S. fluviatilis* W-Atlantik. Im Amazonas bis Peru.

Fam. 6. Phocoenidae (Kleintümmler, Schweinswale). 3 Genera, 7 Species. Kleine kurzköpfige Wale (KRL.: 1,50 m, *Ph. dalli* bis 2,50 m. KGew.: 40–120 kg). Keine vorspringende Schnauze. Runde Kopfform, durch Melone bedingt. Vorspringende Buckel des Praemaxillare vor der Nasenöffnung. Ausgedehnte prae- und postorbitale Luftsäcke. Zähne spatelförmig oder 2–3spitzig. Zahnzahl $\frac{15 - 30}{15 - 30}$. Halswirbel 3–7 verschmolzen. Hautfärbung: schwarz oder dorsal schwarz, ventral weiß.

Phocoena (4 Arten): *Ph. phocoena* weit verbreitet im N-Atlantik und Pazifik, dringt bis in Ostsee und Schwarzes Meer vor. Meist in Gruppen von 10–15 Tieren. Paarung im VII./VIII. Graviditätsdauer 10–11 mon. Ernährung vorwiegend Fische (Heringe). Bestand rückläufig.

Phocoenoides. Ph. dalli. relativ groß und plump, kleine Rückenfinne wie *Phocoena*. Schwarz mit auffallender und variabler weißer Flankenfärbung und weißen Flecken auf der Rückenflosse. Lebensraum ozeanisch. Vorkommen N-Pazifik.

Neophocoena (syn.: *Neomeris*). 1 Art, *N. phocoenoides*. Küstengewässer Indien bis China. Flußbewohner (Yangtse). Rückenflosse fehlt. Extrem runder Kopf. Färbung der Haut dorsal und ventral bleigrau, Lippen und Kehlgegend aufgehellt. Flipper lang und spitz.

Fam. 7. Globiocephalidae. 5 Genera, 6 Species. Die Familie Globiocephalidae, Grind- und Schwertwale, umfaßt eine Reihe von Arten, die den Delphinidae sehr nahe stehen. Melone gut entwickelt. Kopf abgerundet oder kegelförmig, keine vorspringende Schnauze. 2–6 Halswirbel synostosiert. Spezialisierte Nasensäcke, kurze Unterkiefersymphyse. Zähne kegelförmig, homodont. Zahnzahl: *Globiocephala* $\frac{8 - 12}{8 - 12}$, *Orcinus* $\frac{10 - 13}{10 - 13}$, *Peponocephalus* $\frac{22 - 25}{21 - 25}$. Färbung meist schwarz mit weißen Abzeichen. Sie übertreffen die echten Delphine an Körpergröße (KRL.: 6–8 m, *Orcinus* bis 10 m). Lange, sichelförmig gebogene Dorsalfinne, central gelegen. ♂♂ größer als ♀♀. Brustflossen sehr lang und spitz auslaufend.

Verbände folgen beim Schwimmen in Reihe einem Leittier („Pilotwal").

Globiocephala melaina (Grindwal), KRL.: ♂♂ 5–8 m, ♀♀ 4–6 m, KGew.: 2000–3000 kg. Schwarz, Kehle und Bauchstreifen weiß. Lang ausgezogene, schmale und spitz auslaufende Brustflossen. *Gl. macrorhynchus* etwas kleiner, Brustflosse kurz. Melone stark vorgewölbt. Vorkommen: *Gl. melaina*: kalt-gemäßigte Meere, N-Atlantik und alle Südmeere, fehlt im Mittelatlantik. *Gl. macrorhynchus*: tropische und subtropische Meere, N-Pazifik.

Orcinus orca (Schwertwal, Mörderwal). KRL.: ♂♂ 7–10 m, ♀♀ 5–6,5 m, KGew.: bis 7000 kg. Rückenflosse dreieckig, schlank und spitz, bei ♂♂ bis 1,80 m lang („Schwert"). Färbung schwarz, Kehle, Flanken, Bauch und großer Fleck hinter dem Auge weiß. Familiengruppen von 5–20 Individuen. 44 spitze, hakenförmig gebogene Zähne. Nahrung: Fische, Cephalopoden, Robben, Delphine, gelegentlich Pinguine und Schildkröten. Greifen auch in Verbänden Bartenwale an und können diese überwältigen. Verhalten im Delphinarium hingegen kaum aggressiv gegen Menschen, können mit Delphinen zusammen gehalten werden. Tragzeit 16–18 mon. Vorkommen weltweit in allen Meeren.

Pseudorca crassidens (Schwarzer Schwertwal). KRL.: 5–6 m, KGew.: bis 2000 kg. Schwarz mit grauem Kehlfleck. Vorstehende Ramsnase. Bildet große Schulen. In allen warmen und gemäßigten Meeren. Nahrung: Cephalopoden und Fische.

Feresa attenuata (Zwergschwertwal). KRL.: 2–2,5 m, KGew.: 170 kg. Schwarz mit weißer Bauchfärbung. Schulen bis 50 Individuen. In allen warmen Meeren. *Feresa* ist äußerst aggressiv.

Peponicephala electra (Melonenkopf). KRL.: 2–2,75 m, KGew.: 160 kg. Melone vorgewölbt. Schwarz mit weißem Kehlfleck. Halswirbel 1–3 verschmolzen. Kennzeichnend ist vor allem das Gebiß (100 kleine, spitze Zähne insgesamt). Selten beobachtet; in allen warmen Meeren. Vor der Küste Japans gelegentlich in größeren Schulen.

Fam. 8. Delphinidae (Echte Delphine). 8 Gattungen, 25 Arten. Delphine sind die umfangreichste Familie der Odontoceti. Alle Arten sind relativ klein (GLge. stets unter 4 m). Ihre Körperform ist schlank und elegant. Der Schnabel ist scharf durch eine Furche gegen den restlichen Kopf abgesetzt und meist länger als der Hirnschädel. Nur die Genera *Grampus* und *Orcaella* haben einen rundlichen Kopf, *Lagenorhynchus* vermittelt zwischen den Rundköpfen und den Langschnäbeln. 2 Halswirbel verschmolzen. Delphine sind keine Tieftaucher. Sie springen oft. Vorkommen in allen Meeren, vorwiegend in der Schelfsee. Viele Arten tragen ein Flecken- oder Bändermuster.

Verbreitung: In kalten Gewässern nur einzelne Arten von *Lagenorhynchus* und *Cephalorhynchus* (*C.* nur auf S-Hemisphäre). *Lissodelphis* in gemäßigten Gewässern, je 1 Art n. und s. des Äquators. *Lagenodelphis* und *Orcaella* nur in tropischen Gewässern. Alle anderen sind weltweit verbreitet. *Orcaella* auch fluviatil (Flüsse SO-Asiens).

Folgende Delphinidae kommen in europäischen Küstengebieten vor: *Lagenorhynchus albirostris* (N-Atlantik), *Grampus griseus*, *Delphinus delphis* (besonders im Mittelmeer), *Tursiops truncatus*.

Lagenorhynchus (7 Arten, Flaschenschnabel-Delphine). Rostrum nur mäßig lang. Sehr variable Färbungsmuster (schwarz-weiß).

L. obliquidens, Pazifischer Weißseiten-Delphin. *L. albirostris* im N-Atlantik.

Lissodelphis (2 Arten, Glattdelphine), sehr schlank, ohne Rückenfinne.

Cephalorhynchus (4 Arten), kegelförmiger Kopf. *C. commersoni* (Jacobita) mit scharf abgesetzter Schwarz-weiß-Zeichnung. Begrenzte Verbreitung: S-Spitze S-Amerikas bis Falkland Inseln, Kap der Guten Hoffnung.

Grampus griseus (1 Art, Rissos Delphin), Großform unter den Delphinen (3–4 m KRL., KGew.: bis 600 kg). Rundliche Kopfform (ähnelt daher *Globiocephalus*). Lange, spitze Rückenflosse. Färbung grau, Längsfurche der Melone bis zur Oberlippe, mit zunehmendem Alter Aufhellung. Oberkiefer meist ohne Zähne (selten einige rudimentäre Zähne), Unterkiefer jederseits 4–5 kräftige Zähne am mesialen Abschnitt. Lange, spitze Rückenfinne.

Orcaella (1 Art), *O. brevirostris* (Irrawadydelphin). KRL.: 2 m, KGew.: 100 kg. Rundköpfig. Stummelartige Rückenflosse, 12–19 lange, konische Zähne in jeder Kieferhälfte. Runder Kopf, ohne Schnabel. Vorkommen im Ganges, Brahmaputra, Irrawady, Mekong, Flüsse Indonesiens und in den Küstengewässern zwischen Indien und Neuguinea/Australien.

Stenella (5 Arten, Schmalschnabeldelphine, z. B. *St. longirostris*). Weltweit in warmen Meeren. Gesamtzahl der Zähne bis 260. Körper sehr schlank. Rückenfinne dreieckig, spitz. *St. longirostris* pflegt sich während der Luftsprünge bis zu 7mal um die Körperlängsachse zu drehen („Spinner").

Delphinus delphis (1 Art, Delphin). KRL.: 2 m, KGew.: 80 kg. In allen gemäßigten und warmen Meeren, im Atlantik bis Island. Häufigster Delphin im Mittelmeer und Schwarzen Meer. Bildet Schulen von mehr als 100 Individuen. Kennzeichnend orange/gelbe Seitenflecken in der vorderen Körperhälfte, kaudal: grau, Rücken schwarz. Unterscheidet sich von *Stenella* durch Schädel- und Gebißmerkmale (vertiefe Rinne am Gaumen neben der Zahnreihe), Zahnzahl ca. 200.

Tursiops (1 Art), *T. truncatus* (Großer Tümmler, Flaschennasendelphin). KRL.: 3–4 m, KGew.: 150–350 kg. Einfarbig grau, ventral heller. Zähne relativ groß und kräftig. Gesamt-Zahnzahl ca. 100. Kurzer, breiter Schnabel. Vorkommen in allen Meeren außer den polaren Gewässern. Nahrung: Fische. Taucht selten, kann aber bis auf 600 m herabgehen. Täglicher Nahrungsbedarf: 15 kg Fisch. Wie *Delphinus* häufiger Schiffsbegleiter mit ausgesprochenem Spieltrieb. *T.* ist der am häufigsten in Ozeanarien gehaltene Zahnwal, an dem die meisten ethologischen und physiologischen Daten gewonnen werden konnten. Nachzucht in Gefangenschaft bis zur 3. Generation.

Unterordnung Mysticeti, Bartenwale

3 Familien, 5 Genera, 10 Species. Die beiden Unterordnungen der Cetacea, Zahn- und Bartenwale, entsprechen zwei verschiedenen Anpassungstypen an sehr differente Art der Nahrung und der Nahrungsaufnahme (s. S. 709, dort auch Besprechung der stammesgeschichtlichen Beziehungen). Mysticeti sind gekennzeichnet durch die Ausbildung der hornigen Barten als Filterorgan zum Abseihen von planktonischer Nahrung (Krill, s. S. 729f.). Die Ausbildung der Mundhöhle (Zunge, Kieferschädel, Unterkieferform) zu

einer riesigen Saugkammer müssen als Konstruktionselemente in dem übergeordneten System „Barten- oder Filterapparat" verstanden werden. In den gleichen Zusammenhang gehört der Verlust der Zähne (Zahnanlagen werden fetal noch angelegt, brechen aber nicht mehr durch). Stets sind zwei äußere Nasenöffnungen vorhanden. Die Nasalia sind ausgedehnter als bei Zahnwalen, rudimentäre Ethmoturbinalia noch vorhanden. Im Gegensatz zu den Odontoceti ist ein winziger Bulbus olfactorius und ein sehr dünner Tractus olfactorius bei erwachsenen Mysticeti noch nachweisbar (s. S. 721). Der Frontalfortsatz des Maxillare überdeckt den Orbitalfortsatz des Os frontale nicht. Schädelasymmetrie nicht ausgebildet. Die Mandibula ist im Querschnitt rund und im ganzen mehr oder weniger auswärts gebogen, am wenigsten bei *Eschrichtius*. Die Symphyse der Unterkiefer ist kurz und bindegewebig. Die Rippen artikulieren nur mittels des Tuberculum an den Wirbeln. Das Kehlkopfskelet ist nicht zu einem Tubus umgeformt, der Larynx nicht dauernd im Nasenrachenraum fixiert. Ultraschallorientierung ist von Bartenwalen nicht bekannt. Das Sternum besteht aus einem Stück, dem Praesternum, und ist nur mit der ersten Rippe verbunden. Die paarigen Sternalleisten als Anlage des Corpus sterni fehlen auch bei Embryonen. Die Kammerung des Magens (s. S. 731, Abb. 384) steht offensichtlich in Korrelation zu der schwachen Ausbildung der Kaumuskulatur. Kautätigkeit wird durch Vorbereitung der Nahrung im Vormagen ersetzt. Mysticeti besitzen eine Flexura duodeno-jejunalis und ein Caecum.

Fam. 9. Balaenidae (Glattwale). 2 Genera, 3 Species. Keine Kehlfurchen. Rostrum konvex und schmal. Barten zahlreich (250–350) und lang. Rechte und linke Bartenreihe rostral getrennt. Unterkiefer nur mäßig auswärts gebogen. Halswirbel verschmolzen. Maxillare ohne Proc. nasalis. Rückenfinne fehlt bei *Balaena*, bei *Caperea* vorhanden. Brustflosse sehr breit, 4–5 Finger. ♀♀ größer als ♂♂. Nahrungserwerb durch Abschöpfen des Planktons nahe der Oberfläche (kein Einsaugen), KopfLge. = 25% der GLge. *Balaena mysticetus* (Grönlandwal), KRL.: 20 m, KGew.: 80 Tonnen. Barten bis 4 m lang. Dicke des Specks: 50 cm. Gewicht eines Hodens: 900 kg. Bestand durch Überjagen stark gefährdet (etwa 3000 Individuen). Heute nur noch einzeln oder in kleinen Familiengruppen. Restbestände in der kanadischen Arktis und Barentssee.
Balaena glacialis (*Eubalaena*) (Nordkaper, Südkaper). KRL.: 15–20 m, KGew.: 50–90 t. Restbestand heute weltweit höchstens noch 2000. N-Atlantik und N-Pazifik und durch weiten Abstand getrennt in den S-Meeren (Südkaper). Kalben und Paarung in wärmeren Gewässern. Polster durch Bewuchs mit *Balanus*, sog. Mützen, besonders beim Südkaper. Weitreichende Lautäußerungen.
Caperea marginata (*Neobalaena*) (Zwergglattwal). KRL.: 5 m, KGew.: 4500 kg. Besitzt eine Rückenfinne und 2 Kehlfurchen, Halswirbel synostosiert, Kopf abgerundet. Vorkommen südpolar.

Fam. 10. Balaenopteridae (Furchenwale). 2 Gattungen, 6 Arten. Mit zahlreichen Furchen der Kehlregion (ca. 100), die sich auf der Brustregion fortsetzen und bei der Mundöffnung ausgleichen, so daß die Mundbodenregion sich ballonartig vorwölbt. Durch die Saugwirkung können gewaltige Mengen von Krill oder von Kleinfischschwärmen eingeschlürft werden. Unterkiefer deutlich auswärts gebogen. Spitze Rückenflosse im hinteren Körperdrittel, schmale, spitz auslaufende Brustflossen. Körpergestalt schlanker und torpedoförmiger als Balaenidae. Furchenwale erreichen Spitzengeschwindigkeiten von 50 kmh^{-1}. Halswirbel nicht verwachsen. Rostrum breit und zugespitzt. Barten breit und mittellang. Die Bartenreihen beider Seiten treffen sich am Rostralende.
Balaenoptera musculus (Blauwal) ist der größte rezente Wal und damit der größte rezente Säuger überhaupt. KRL.: bis 30 m, KGew.: 80–130000 kg (entspricht dem KGew. von 30 Elefanten oder 200 Rindern). Der Durchmesser der Aorta beträgt etwa 60 cm, HerzGew. bis 800 kg, Herzbreite bis 2 m, HirnGew. bis 7 kg. Die Gewichtszunahme der Blauwalkälber beträgt pro Tag 100 kg. Farbe einheitlich blaugrau. Verbreitung ursprünglich weltweit. Die Bestände sind durch Bejagung nahezu ausgerottet. Heute nur noch einzeln oder in kleinen Familiengruppen. Im N-Atlantik wenige hundert Tiere, im N-Pazifik noch etwa 1500, südlich des Äquators vielleicht noch 10000 Individuen.
Balaenoptera physalus (Finnwal) (Abb. 367). KRL.: 20–25 m, KGew.: ca. 40000 kg. Färbung am Rücken dunkelgrau, Bauch hell. Asymmetrische Kopffärbung, Unterkiefer-Region links: schwarz, rechts: unpigmentiert. Schulen bis zu 100 Individuen. Weltweite Verbreitung, Bestand auf 70000 geschätzt.
Drei kleinere Arten der Furchenwale sind weltweit verbreitet. Sie seien hier nur genannt: *Balae-*

noptera borealis, Seiwal, KRL.: 15—18 m, *B. edeni*, Brydes Wal, KRL.: 12 m. *B. acutorostrata*, Zwergfurchenwal, KRL.: 8—10 m.

Eine gewisse Sonderstellung unter den Furchenwalen nimmt *Megaptera novaeangliae*, der Buckelwal, ein. KRL.: 14—19 m (♀♀ etwas kleiner als ♂♂), KGew.: etwa 40 000 kg. Körperform plumper als *Balaenoptera*, Kopf flach. Brustflosse extrem lang (bis 5 m) und, ebenso wie die Schwanzflosse, am freien Rand gezackt. Rückenflosse klein, dreieckig, sitzt auf einem flachen Wulst. Färbung: Grau-schwarz mit weißlicher Kehlregion und heller, oft fleckiger Unterseite von Brust- und Schwanzflosse. Am Kopf, Unterkiefer und Flossen mit zahlreichen Callositäten. Buckelwale sind meist stark mit Parasiten besetzt (*Coronula*), besonders an den Lippen und am Schwanz. Die Zahl der Kehlfurchen ist gering (14—22). Die Barten sind relativ kurz (65 cm) und bräunlich-grau gefärbt. Anzahl der Barten 300.

Die Lautäußerungen der Buckelwale sind sehr variabel und weitreichend (bis über 100 km, „Singende Wale"). Sie dienen offenbar der innerartlichen Kommunikation, vor allem dem Auffinden der Geschlechter. *Megaptera* bildet die bereits erwähnten „Fangnetze" aus Luftperlen (s. S. 739). Verbreitung weltweit. Bestand etwa 5000.

Fam. 11. Eschrichtidae, Grauwale. 1 Gattung, 1 Art. *Eschrichtius (Rhachianectes) robustus*. KRL.: 12 m, KGew.: 25—30 000 kg. ♀♀ etwas kleiner als ♂♂. Rostrum flach und breit. Nur 2—4 Kehlfurchen. Jederseits 160—180 relativ kurze (50 cm) Barten, deren Reihen rostral nicht aufeinander treffen. Färbung: dunkelgrau meist mit variabler, heller Fleckung. Anstelle der Rückenflosse einige unregelmäßige Höcker. Das Maxillare überdeckt den Vorderrand des Proc. orbitalis des Os frontale. Mandibula nur wenig nach lateral ausgebogen. Handskelet mit 4 Fingern (Strahl I reduziert).

Grauwale galten bereits als ausgestorben, doch hat sich ihr Bestand, nachdem sie 1937 völlig unter Schutz gestellt wurden, erfreulich stabilisiert (heute etwa 12 000). *Eschrichtius* führt saisonale Wanderungen aus. Den Sommer verbringen die Tiere im N-Pazifik (Beringsee, Tschuktschensee). Ab IX, X, wandern sie, meist in Küstennähe, südwärts und erreichen im XII die Breite von S-Kalifornien, dringen auch in den Golf von Kalifornien ein. Hier Fortpflanzungsperiode und Geburten. Rückwanderung beginnt im II. Die Wanderungen können gut registriert werden, da die Wale nahe der Küste wandern. Eine Population an der ostasiatischen Küste ist weniger gut kontrolliert. Sie wandert bis in japanische Gewässer.

Ordo 12. Carnivora

Als Carnivora, Raubtiere, werden einige Gruppen von Säugetieren zusammengefaßt, die sich vorwiegend als Beutegreifer vom Fleisch anderer Vertebrata ernähren und offensichtlich einheitlicher Herkunft sind. Innerhalb dieser Ordnung sind nach dem Anpassungstyp und der Lebensweise zwei Subordines zu unterscheiden, die Landraubtiere (**Fissipedia**) und die Robben oder Flossenfüßler (**Pinnipedia**). Das äußere Erscheinungsbild von Vertretern beider Unterordnungen ist höchst verschieden, denn die Pinnipedia haben in Anpassung an eine vorwiegend aquatile Lebensweise weitgehende Umbildungen gegenüber den tetrapoden Landsäugern erfahren, wenn sie auch, anders als die Wale, zur Fortpflanzungszeit noch das Land aufsuchen und ihre Jungen an Land gebären. Die einheitliche Herkunft beider Subordines ist nicht zu bezweifeln. Diese Feststellung gründet sich in erster Linie auf Fossilfunde, auf serologische Daten und auf den Ontogeneseablauf (Frühentwicklung und Placentation). Hinzu kommen Befunde der Morphologie, vor allem des Kauapparates (Kiefergelenk) und des Gehirns. Allerdings sind die adaptiven Merkmale der Pinnipedia tiefgreifend und betreffen, ähnlich wie bei Walen, die meisten Organsysteme. Daher sollen im folgenden beide Unterordnungen getrennt besprochen werden.

Subordo Fissipedia, Landraubtiere

Die rezenten fissipeden Carnivora verteilen sich auf 9 Familien, 96 Genera und etwa 260 Species. Das größte, rezente Landraubtier ist der Kodiak-Bär (*Ursus arctos midden-*

dorffi): KRL.: bis 3 m, KGew. bis 1000 kg. Das kleinste Raubtier ist das Mauswiesel (*Musteta nivalis*): KRL.: 10–25 cm, KGew.: 30–200 g.

Die rezenten Fissipedia sind eine außerordentlich vielgestaltige und artenreiche Gruppe, deren Vertreter meist rein terrestrisch sind und sich carnivor ernähren. Anpassungen an eine semiaquatile Lebensweise kommt unabhängig in verschiedenen Familien vor: *Cynogale, Atilax* (Viverridae), *Mustela nudipes* und *M. lutreola*, am ausgeprägtesten bei den Lutrinae (Ottern) unter den Mustelidae sowie bei *Ursus maritimus* (Eisbär) unter den Ursidae. Übergänge zu omnivorer Ernährungsweise kommen vor (Dachs, Bären, Schakale). Einziger Pflanzenfresser unter den Carnivora ist *Ailuropoda*, der Große Panda (s. S. 797f.).

Das Gebiß der Raubtiere ist durch Ausbildung der Eckzähne zu dolchförmigen Reißzähnen und durch Spezialisation des Molarengebisses charakterisiert. Ausgehend von der Grundformel $\frac{3\ 1\ 4\ 3}{3\ 1\ 4\ 3}$ kommt es vielfach zu Reduktionen der Zahnzahl. Die Molaren sind spitzhöckrig, multitubercular und zeigen bei den reinen Fleischfressern die Differenzierung eines „Brechscherenapparates" (Abb. 109), der bei den rezenten Familien aus den Zähnen $\frac{P^4}{M_1}$ besteht, also aus jenen Zähnen, die in Höhe des Mundwinkels liegen und direkt unter der Einwirkung der Kaumuskulatur stehen (s. S. 760). Bei Katzen und Hyänen am deutlichsten ausgeprägt, wird die Brechschere bei Ursidae weitgehend reduziert. Das Kiefergelenk ist ein reines Scharniergelenk, das nur ortale Bewegungen zuläßt. Das Gelenkköpfchen bildet einen zylindrischen Gelenkkörper. Die Gelenke beider Kopfseiten haben eine gemeinsame, querverlaufende Achse. Der Unterkiefer besitzt einen kurzen Proc. angularis. Orbita und Temporalgrube stehen in weit offener Verbindung. Eine Postorbitalspange kommt selten zur Ausbildung. Die Jochbögen sind sehr kräftig und meist nach dorsal und lateral konvex gebogen. Weitgehende Reduktion des Gebisses kommt bei *Proteles* und *Eupleres* (Ameisen- und Schnecken-Nahrung) vor (s. S. 824, 833). Eine knöcherne Bulla tympanica wird ausgebildet.

Die Claviculae sind weitgehend rückgebildet oder fehlen vollständig. Die Gliedmaßen sind primär plantigrad. Dieser Zustand bleibt bei arboricoler (Mustelidae, Procyonidae) oder bei langsam terrestrisch schreitender Fortbewegung (Ursidae) erhalten. Bei den übrigen Gruppen werden Hand und Fuß, mit Zunahme der Geschwindigkeit, aufgerichtet. Die schleichenden und laufenden Viverridae, auch einige Mustelidae, sind semidigitigrad, mit Rückbildung des ersten Fingerstrahles. Die rennenden und springenden Canidae, Felidae und Hyaenidae schließlich sind digitigrad. Bei basalen †Oxyaenoidea und †Hyaenodontoidea liegt der Daumen in einer Ebene mit den übrigen Fingern. Der III. Strahl ist am kräftigsten, die Hand ist mesaxonisch. Bei den echten fissipeden Raubtieren bleibt der Daumen adduziert und wird mit zunehmender Anpassung an terrestrisches Laufen reduziert. Die Stützfunktion wird vom III. und IV. Strahl übernommen, Hand und Fuß werden paraxonisch (Hauptachse verläuft zwischen dem III. und IV. Strahl). Schließlich kommt es zum völligen Schwund von Hallux und Pollex.

Die Anzahl der Finger- (Zehen-)Strahlen beträgt bei Arctoidea und vielen Viverridae 5 (5), bei Canidae und Felidae 5 (4), bei Hyaenidae 4 (4). Ausnahmen bilden *Proteles* (Hyaenidae): 5 (4) und *Lycaon* (Canidae): 4 (4). Reduktion der Randstrahlen kommt auch bei einigen Viverriden vor. Scaphoid und Lunatum sind bei Erwachsenen verschmolzen, ein freies Centrale fehlt. Radius und Ulna sind meist frei gegeneinander (Fibula verwächst bei *Acinonyx* im Schaftbereich mit der Tibia).

Penis mit Ausnahme der Hyaenidae stets mit Baculum. Testes extraabdominal, Uterus bicornis, Placenta stets vollständig oder teilweise gürtelförmig (Pl. zonaria), labyrinthär und endotheliochorial.

Herkunft und Stammesgeschichte der Carnivora

Unter der Bezeichnung †Creodonta, Urraubtiere, wurde einst eine Gruppe alttertiärer Säugetiere zusammengefaßt (COPE), die nach neueren Einsichten keine phylogenetische Einheit bilden. In dieser Sammelgruppe sind neben Urraubtieren auch echte Raubtiere († Miacidae) sowie Formen, die den † Condylarthra und damit der Stammgruppe der Huftiere nahestehen († Arctocyonidae, † Mesonychidae) enthalten. Diese Tatsache zwingt zu einer neuen Definition. Vielfach hat sich im Sprachgebrauch der Name †Creodonta im engeren Sinne erhalten. Er umfaßt nach heutiger Erkenntnis die Familien der †Hyaenodontidae und †Oxyaenidae. Um Verwechslungen zu vermeiden, folgen wir einem Vorschlag von THENIUS (1969, 1979), nach dem der Name „Creodonta" eliminiert wird und die Gruppe der Urraubtiere († Hyaenodontidae und † Oxyaenidae) unter der Bezeichnung †Hyaenodonta als Subordo der Carnivora geführt wird.

Die † Hyaenodonta waren eine formenreiche Gruppe im Alttertiär (N-Amerika, Eurasien, Afrika), die eine Reihe von Anpassungstypen hervorgebracht hat (marder-, hunde- oder katzenähnlich), darunter auch Großformen. Sie haben bis ins Miozaen überlebt, erlöschen aber im Spättertiär. Ihnen fehlte noch die Verschmelzung von Scaphoid und Lunatum. Die Endphalangen waren gespalten, das Gehirn war deutlich primitiver als das der Fissipedia. Als Parallele zu den Fissipedia wird eine Brechschere entwickelt. Diese besteht aber bei den Oxyaenidae aus $\frac{M^1}{M_2}$, bei Hyaenodontidae aus $\frac{M^2}{M_3}$; sie wurden daher von MATTHEW als „Pseudocreodi" bezeichnet. Zahnformel $\frac{3\ 1\ 4\ 3}{3\ 1\ 4\ 3}$ = (44) † *Proviverra* (= † *Sinopa*), M-Eozaen, N-Amerika.

† *Pterodon* und † *Hyaenodon* (Abb. 390) im Oligozaen N-Amerikas mit Reduktion des oberen M^3. Die † Oxyaenidae umfassen vorwiegend kleinere, kurzbeinige Arten mit Reduktion der M3. Schnauze verkürzt, Vordergebiß reduziert. Seit dem Paleozaen in N-Amerika und Eurasien. † *Hyaenaelurus*, † *Oxyaena*, † *Patriofelis*. Im Jungeozaen auch Großformen, † *Sarkastodon*. Die † Hyaenodonta sind nicht die Ahnen der echten Fissipedia, sondern eine Schwestergruppe. Die gemeinsame Stammgruppe ist nicht bekannt. Die Abstammung von Insectivoren aus der Oberen Kreide († Palaeoryctidae) ist wahrscheinlich.

Fissipedia, echte Raubtiere mit Ausbildung von $\frac{P^4}{M_1}$ als Brechschere (Abb. 391), treten erstmals im Paleozaen auf. Bei den ältesten Formen sind die Carpalia noch getrennt und Claviculae ausgebildet († *Paroodectes*, Mittel-Eozaen, in Messel).

Unter den primitiven Fissipedia können 2 Familien unterschieden werden: die † *Viverravidae* (Paleozaen − Oligozaen) und die † *Miacidae* seit dem Eozaen. Beide Familien sind palae- und nearktisch. Die † Miacidae gelten als Stammgruppe, die zwischen Insectivora und evolvierten Fissipedia vermittelt. Die wiesel- bis hundegroßen † Miacinae haben das vollständige Gebiß $\left(\frac{3\ 1\ 4\ 3}{3\ 1\ 4\ 3}\right)$ (Abb. 390, 391) mit Brechschere, eine ossifizierte Bulla tympanica, 5strahlige Autopodien, nicht gespaltene Krallenglieder und mäßige Hirnentfaltung († *Miacis,* † *Oodectes,* † *Vulpavus*). Die † Viverravinae mit † *Viverravus,* † *Protictis* u.a., gleichfalls holarktisch (Paleozaen bis Oligozaen) sind durch Rückbildung der M3 gekennzeichnet. Die M werden distalwärts kleiner. Im Mittleren Tertiär dominieren die Miacidae, in denen allgemein die Stammgruppe der heutigen Fissipedia gesehen wird, über die Viverravinae.

Die posteozaenen Carnivora können, abgesehen von den † Amphicyoninae, meist den rezenten Superfamilien zugeordnet werden.

† Amphicyoninae († *Amphicyon,* † *Daphoenus* u.a.), mit vollständiger Zahnformel, treten im Eozaen auf (N-Amerika, Eurasien, Afrika). Wegen der caniden Differenzierung der Zahnform früher zu den Cynoidea gestellt, zeigte sich, daß Bulla, Schädelbasis und

postcraniale Skeletteile sich eher den Ursidae nähern. Sie werden heute zu den Arctoidea gestellt oder als eigene Familie geführt.

Die **rezenten Fissipedia** werden auf Grund der besprochenen Synapomorphien (s. S. 750 f.) als monophyletische Gruppe von den †Miacidae abgeleitet. 9 Familien mit etwa 260 Arten werden in 3 Superfamilien zusammengefaßt (Abb. 392).

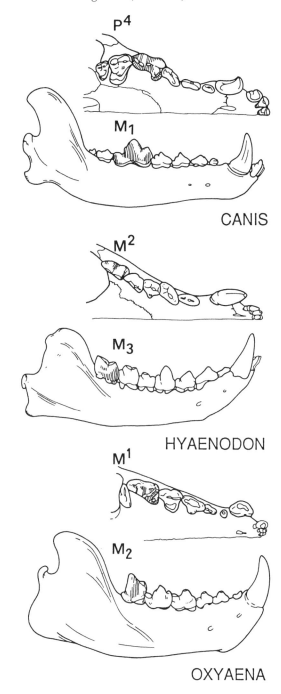

Abb. 390. Brechscherengebiß bei Urraubtieren († Hyaenodonta, † Oxyaenidae) und rezenten Raubtieren (Fissipedia). Die Brechschere ist in den 3 Gruppen nicht homolog (Parallelbildung). Bei †Hyaenodontidae besteht sie aus M^2/M_3, bei Oxyaeniden aus M^1/M_2, bei Fissipedia aus P^4/M_1. Nach Matthews 1978, Thenius 1979.

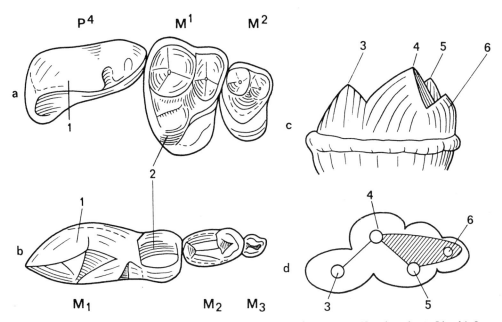

Abb. 391. Zähne der Brechschere und anschließende Molaren vom Haushund. a) Oberkieferzähne, b) Unterkieferzähne. Nach SCARPINO 1965.
1. gegeneinander scherende Schneidekanten an P^4-M_1, 2. Innenhöcker von M^1, paßt in entsprechende Grube von M_1,
c) Haushund, linker M_1, von buccal her gesehen, d) Grundrißschema der Höcker,
3. Paraconid, 4. Protoconid, 5. Metaconid, 6. Hypoconid.

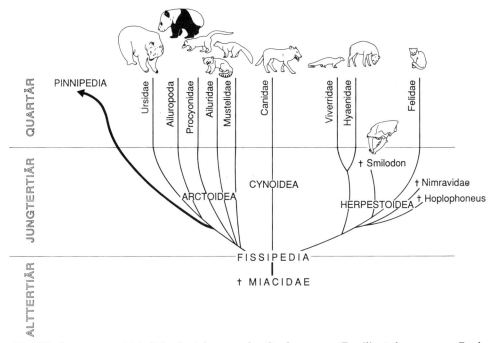

Abb. 392. Stammesgeschichtliche Beziehungen der Großgruppen (Familien) der rezenten Raubtiere (Fissipedia).

Die Großgliederung der Fissipedia wurde lange Zeit kontrovers diskutiert und ist auch heute nicht ohne Probleme. Die einseitige Berücksichtigung von Gebißmerkmalen reicht keineswegs für eine Beurteilung aus. Die neuere Systematik beruht in erster Linie auf dem Bau der knöchernen Bulla tympanica und dem Verlauf der cranialen Arterien. Zahlreiche Plesiomorphien und Konvergenzen erschweren eine Analyse der phylogenetischen Beziehungen. Auf FLOWER (1869, 1883) geht die Gliederung in Arctoidea (Bärenartige), Cynoidea (Hundeartige) und Aeluroidea (Katzenartige) zurück. Die Mehrzahl der Autoren haben in der Folge die Cynoidea mit den Arctoidea vereint und unterscheiden 2 Subordines (WEBER 1904: Arctoidea-Herpestoidea, SIMPSON 1931: Canoidea-Feloidea). Da die Cynoidea (Canoidea) seit dem Oligozaen eine geschlossene Einheit und einen deutlich abgrenzbaren Anpassungstyp mit einer umfangreichen Radiation darstellen, sollte sie im Sinne von FLOWER im Rang einer eigenen Superfamilie beibehalten werden (THENIUS), zumindest in Hinsicht auf eine praktikable Klassifikation. Die Zuordnung der Procyonidae und Mustelidae zu den Arctoidea, der Viverridae, Herpestidae und Hyaenidae zu den Feloidea ist problematisch, eine Klärung stammesgeschichtlicher Zusammenhänge noch offen. Unter Diskussion ist z. Zt. unter anderem die systematische Gliederung der Schleichkatzen, die Abstammung der Hyänen, die Beurteilung der Ailuridae (Klein-Pandas) und von *Ailuropoda* (Großer Panda). Unklarheiten bestehen auch in der taxonomischen Bewertung der Dachse, besonders der SO-asiatischen *Suillotaxus* und *Mydaus*. Zur Herkunft der Pinnipedia s. S. 860, 861. Neuere serologische Befunde haben wesentlich zur Erweiterung unserer Einsicht in die stammesgeschichtlichen Zusammenhänge beigetragen, zumal die Proteinevolution, wie gerade an den Carnivoren deutlich, offenbar langsamer als die adaptive Evolution abgelaufen ist (THENIUS 1976, 1979).

Integument. Das **Haarkleid** der Fissipedia zeigt nach Struktur, Dichte und Farbmusterbildung eine große Mannigfaltigkeit bei den verschiedenen Gruppen und Anpassungstypen. Bei Bewohnern arktischer Gebiete ist das Wollkleid als Wärmeschutz gut entwickelt. In warmen Regionen ist das Fell meist kurzhaarig.

Grannenhaare bilden eine mehr oder weniger dichte Deckschicht und verleihen dem Pelz Glätte und Glanz, besonders bei aquatilen Formen (Lutrinae, Ottern). Häufig sind diese Grannen am Endstück verbreitert. Die ursprüngliche Anordnung der Haare in Dreiergruppen ist oft bei Juvenilen noch nachweisbar, verschwindet aber früh, da die Haargruppen zu Büscheln zusammenrücken.

Haarfarbe und Farbmusterbildung sind außerordentlich variabel und von hohem Anpassungswert. Kryptische und semantische Färbungsmerkmale sind häufig. Als Schutzfärbung ist das weiße Fell nordischer Säuger (Eisbär, Eisfuchs) ebenso wie die helle Sandfarbe von Wüstenfuchs (Fennek) und Wüstenkatze (*Felis margarita*) zu deuten. Auch die Flecken- oder Streifenzeichnung vieler Katzen und Schleichkatzen, besonders bei Waldbewohnern, ist eine Schutztracht (Somatolyse, s. S. 11). Bewohner offenen Geländes (viele Canidae) sind meist einfarbig. Die Einfarbigkeit des Löwen und die Streifenzeichnung beim Tiger kennzeichnet deutlich den Unterschied des Lebensraumes bei zwei verwandten Arten. Semantische Bedeutung im Sozialverhalten besitzen oft die lokalisierten Farbzeichen an bestimmter Körperstelle, wie die weißen Ohrflecken bei Katzen, Gesichtszeichnung des Tigers, weiße Färbung der Schwanzunterseite bei der asiatischen Goldkatze. Das großflächige, bunte Farbmuster des ganzen Körpers beim afrikanischen Wildhund (*Lycaon*) ist individuell höchst variabel und dient als Individual-Erkennungszeichen im Sozialleben und bei der Aufzucht der Jungen im Rudel. Eine sehr auffällige Schwarz-Weißmusterung bei einigen Marderartigen, die einen Gegner durch Spritzen von Analdrüsensekret abwehren, wird als Warnfärbung gedeutet (Stinktiere, Skunks: *Mephitis, Conepatus, Spilogale*. Streifenwiesel: *Ictonyx, Poecilictis, Poecilogale*). Das Merkmal ist mehrfach unabhängig als Konvergenz entstanden. Mehrfach beobachtet man das Auftreten von Individuen verschiedener Grundfärbung innerhalb des gleichen Verbreitungsgebietes (Farbphasen), so beim Yaguarundi (*Felis yaguarundi*, graue, rotbraune und schwarze Individuen) oder bei der afrikanischen Goldkatze (*Felis aurata*, grau und braunrot). Melanismus (Schwarzfärbung) kommt relativ häufig beim Jaguar und beim Leoparden vor. Der „Schwarze Panther" ist keine eigene Art, sondern eine Mutante des gefleckten Leoparden, die in SO-Asien gehäuft auftritt.

Die gelegentlich in Zoos gezeigten „Weißen Tiger" gehen auf eine Zucht mit einem weißen ♂ und einem normal gefärbten ♀ zurück. Das mutierte ♂ stammt aus dem Rewa-Forst in Indien, wo derartige Farbmutanten mehrfach beobachtet wurden. Es handelt sich nicht um Vollalbinos. Die Grundfarbe ist hell-elfenbein, die Streifung braunschwarz. Die Augen sind blau. Die Mutation betrifft also nur die gelbe Farbkomponente.

Vibrissen sind bei Raubtieren an typischer Stelle (Tasthaare der Oberlippe, mentale, gulare und supraorbitale Vibr., bei einigen Viverridae auch carpal) ausgebildet. Sie sind bei nocturnen und arboricolen Arten meist gut entwickelt. Bei Ursidae sind sie weitgehend rückgebildet.

Bei den meisten Arten findet zweimal, im Frühjahr und im Herbst, ein Haarwechsel statt. Dieser ist bei einigen nordischen Arten (Eisfuchs, Hermelin, Mauswiesel) zugleich ein Farbwechsel. Die weiße Winterphase kann beim Hermelin im N des Verbreitungsgebietes bis zu 9 mon bestehen, wird aber im S nur etwa 4 mon getragen. Die größere Dichte des Winterfells beruht nicht auf einer Vermehrung der Haare, sondern auf einer größeren Dicke der einzelnen Haare.

Die Endphalangen der Finger-(Zehen-)Strahlen tragen Krallen, die scharf und spitz oder auch abgestumpft sein können, je nach der Art des Beuteerwerbs. Scharfe Krallen besitzen die Katzenartigen, die Beute mit den Vorderpfoten fassen und halten. Sie sind stumpf, wenn die Beute nur mit den Zähnen ergriffen wird (Hundeartige). Alle Katzen, mit Ausnahme des schnell laufenden Geparden (*Acinonyx*) besitzen die Fähigkeit, die Krallen in Ruhe, beim Schreiten und Laufen einzuziehen und damit vor unnötiger Abnutzung zu schützen. Das Tier tritt nur mit den Sohlen- und Digitalpolstern auf. In dieser Phase ist die Endphalange mit der Kralle stark nach dorsal gedreht und wird durch drei elastische Bänder zurückgehalten. Durch Aktion der langen Beugemuskeln des Fingers wird die Kralle beim Zuschlagen herabgezogen, die Mittel- und Endglieder des Fingers werden gleichzeitig durch den M. extensor longus gestreckt (Abb. 393). Mit

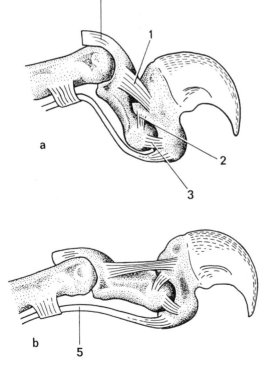

Abb. 393. Mechanismus der Felidenkralle (Beispiel *Panthera tigris*, Tiger). Nach Mažak 1965. 1, 2, 3. Elastische Bänder, 4. Sehne der Extensoren, 5. Sehne der Flexoren.

Ende der Muskeltätigkeit schlägt das Krallenglied automatisch, ohne Energieaufwand, durch die elastischen Bänder in die Ausgangslage zurück.

Hautdrüsen. In der Haut der Fissipedia kommen weit verbreitet die an Haarbälge gebundenen Talgdrüsen und a-Drüsen vor. Ekkrine Schweißdrüsen sind nicht mit Sicherheit nachgewiesen worden. Bei den tubulösen Drüsen der nackten Sohlenballen handelt es sich um modifizierte a-Drüsen, die ihr Sekret auf die Spur übertragen. Hautdrüsen spielen bei den Raubtieren, die einen oft recht dicken und langhaarigen Pelz tragen, bei der Temperaturregulierung keine Rolle. Wärmeabgabe erfolgt über die Schleimhäute des Mundes und Rachens (Hecheln der Hunde, s. S. 263).

Außerordentlich reich differenziert sind komplexe Drüsenorgane in der Ano-Genital- und Caudalregion besonders bei Mustelidae, Viverridae und Canidae. Sie haben eine wesentliche Funktion im Markierungsverhalten, im Sexualverhalten und bei der innerartlichen Kommunikation. Es wurde bereits erwähnt, daß sie auch als Verteidigungswaffe bei Stinktieren und Streifenwieseln fungieren, indem ihr Sekret über Distanz gezielt verspritzt werden kann. Bau und Zusammensetzung dieser komplexen Drüsenorgane zeigen erhebliche art- und gattungsspezifische Unterschiede. Bisher ist es nicht gelungen, bestimmten Drüsenelementen jeweils spezifische Teilfunktionen zuzuordnen. Der Erläuterung der Mannigfaltigkeit mögen einige Beispiele dienen:

a) Hepatoide Circumanaldrüsen: Bilden einen Wulst um die Analöffnung (Canidae), polyptych, merokrin (s. S. 18 f.).

b) Analbeutel: Umschließen eine große Zisterne und münden mit einem Ausführungsgang seitlich neben dem Anus. Die Wand der Zisterne besteht aus einer dicken Lage von a-Drüsen. Das Epithel der Oberfläche des Analbeutels zeigt Anzeichen holokriner Sekretbildung. Das Gebilde wird von einer dicken Lamina muscularis umhüllt (Mustelidae, Canidae).

c) Proctodaealdrüsen: Verzweigte Schlauchdrüsen im oberen Abschnitt des Analkanals, dessen integumentale Auskleidung nicht verhornt ist (= Zona columnaris, Proctodaeum). Die Drüsen schieben sich zwischen die Faserbündel des Ringmuskels vor.

d) Eine stark spezialisierte Drüsenform findet sich bei Viverridae (Abb. 394), insbesondere bei *Civettictis*, der Zibethkatze. Diese Spezialdrüsen liegen zwischen Scrotum und Genitalöffnung, sind also **Praescrotaldrüsen** (im Schrifttum oft irreführend als „Perinealdrüsen" bezeichnet). Die großen, paarigen Drüsenkomplexe zeigen Läppchenbau und bestehen aus Paketen von holokrinen Drüsen und a-Drüsen. Jede Hälfte der Drüse enthält seitliche Zisternen, die in eine mediane Drüsentasche ausmünden. Diese

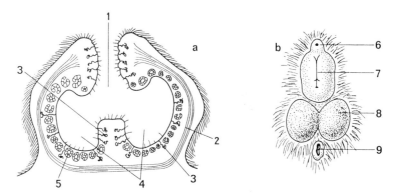

Abb. 394. Praescrotaldrüse (sog. „Perinealdrüse") bei Viverriden.
a) *Civettictis civetta*, Zibethkatze, Drüse im Schnitt, b) *Genetta pardina*, Ginsterkatze ♂, Genito-Analregion im Oberflächenbild.
1. Centrale Hauttasche, 2. Muskel, 3. a-Drüsen, 4. Seitliche Divertikel, 5. Holokrine Drüse mit Lumen, 6. Praeputialöffnung, 7. Praegenitale Drüsentasche, 8. Scrotum, 9. Anus.

entsteht als Einsenkung der Haut und mündet mit einem Schlitz zwischen Praeputialöffnung (bzw. Vulva) und Scrotum. Das Organ ist in beiden Geschlechtern ausgebildet. Die Sekretion ist sehr reichlich. Es wird im Orient seit dem Altertum als Träger für Duftstoffe bei der Parfümherstellung verwendet (Zibeth) und wird bei gefangen gehaltenen Zibethkatzen, vor allem in Äthiopien und Zanzibar, zweimal wöchentlich mit einem Löffel entnommen (jeweils etwa 5 g).

e) Die Violdrüse (Supracaudalorgan) des Fuchses liegt etwa 5–6 cm hinter der Schwanzwurzel auf der Dorsalseite des Schwanzes. Die Stelle ist äußerlich als heller Fleck, bedingt durch spärliche, borstenartige, helle Haare kenntlich. Die Violdrüse ist aus kompakt gelagerten Drüsenläppchen verschiedener polyptycher Drüsen aufgebaut, die in Haarbälge, zum Teil frei an der Oberfläche, ausmünden. Neben hepatoiden, merokrinen Drüsen kommen holokrine Drüsen vor. In den Randzonen können auch spärliche a-Drüsen auftreten. Rudimentäre Violdrüsen werden für andere Canidae (*C. lupus*) erwähnt. Die Violdrüse dürfte bei dem Einzelgänger Rotfuchs vor allem in der intraspezifischen Kommunikation eine Rolle spielen.

Schädel. Der Schädel besitzt einen langen (Hundetyp) oder kurzen (Katzentyp) Schnauzenteil. Die äußere Schädelform wird weitgehend durch die massive Ausbildung des Kauapparates (Gebiß, Kaumuskeln) sowie durch absolute Körpergröße, Wuchsform und Hirnentfaltung bestimmt (STARCK 1935, 1959, 1962, 1967, 1974, 1979). Reliefbildung und Superstrukturen (Scheitel- und Occipitalkämme, Tentorium osseum) treten oft bei Großformen auf. Kaumuskulatur und Kiefergelenk gewährleisten einen raschen und kräftigen Zubiß. Das Kiefergelenk ist ein Scharniergelenk mit cylindrischem Köpfchen. Die Achsen der Gelenkkörper beider Seiten liegen in der gleichen Transversalebene. Das Gelenk hat eine enge Knochenführung durch die knöcherne Gelenkpfanne, an deren Begrenzung ein Proc. postglenoidalis beteiligt ist. Bei einigen Arten umschließt die Pfanne den Gelenkcylinder so weit, daß der Unterkiefer selbst am mazerierten Schädel nur schwer entfernt werden kann (*Meles*). Abweichungen von dieser Spezialisation kommen bei Omnivoren vor. So ist bei Bären das Gelenkköpfchen abgeflacht und vielseitig beweglich.

Die Temporalgrube ist entsprechend der massigen Entfaltung des M. temporalis weit, der Jochbogen wölbt sich lateralwärts vor. Zwischen Schläfengrube und Orbita besteht eine weit offene Verbindung. Postorbitalfortsätze am Frontale und Zygomaticum fehlen oder sind sehr schwach ausgebildet. Eine nahezu geschlossene Postorbitalspange ist nur bei einigen Viverridae (*Suricata, Cynictis*) vorhanden.

Die Morphologie der Tympanalregion (Abb. 395) zeigt große, gruppenspezifische

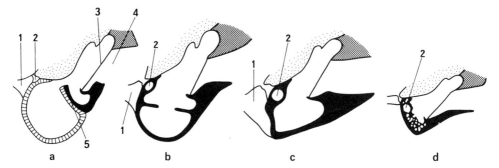

Abb. 395. Knöcherne Tympanalregion im Querschnitt bei Fissipedia. a) *Felis*, b) *Chrysocyon*, c) *Ursus*, d) *Putorius*. Nach VAN KAMPEN 1905.
Schwarz: Tympanicum, gestrichelt: Entotympanicum, fein punktiert: Petrosum, grob punktiert: Squamosum.
1. Basioccipitale, 2. Can. caroticus, 3. Trommelfell, 4. Meatus acusticus ext., 5. Septum tympanoentotympanale.

Unterschiede in den verschiedenen Familien und wird daher als taxonomisch wichtiges Merkmal bewertet. Das Os tympanicum behält bei den † Hyaenodonta († Creodonta) und unter rezenten Formen nur bei *Nandinia* (Viverridae) (Abb. 431) seine embryonale Ringform. Eine Bulla ossea fehlt, der Abschluß am Boden der Paukenhöhle ist bindegewebig/knorplig. Bei den Herpestoidea (Feloidea) bildet das Tympanicum einen kurzen äußeren Gehörgang und wächst zur Bildung einer Bulla ossea in den Boden des vorderen Teiles des Cavum tympani ein. Der hintere Teil der Bulla wird durch Ossifikation eines knorpelig praeformierten Entotympanicum geschlossen. Im Inneren der Bulla bildet sich ein tympanoentotympanales Septum zwischen den beiden Bullakammern (Abb. 395), indem von beiden Knochen aus Leisten, die sich eng aneinanderlegen, emporwachsen. Über dem Septumrand kommunizieren beide Bullakammern. Bei den Arctoidea soll das Entotympanicum fehlen, die Bulla also rein tympanal sein und ein niedriges Septum nur als Leiste des Tympanicum entstehen. Neuerdings sind mehrfach (VAN DER KLAAUW 1952 für *Meles*, STARCK 1964 für Ursidae und Canidae) an jüngeren postnatalen Stadien Hinweise auf Beteiligung eines entotympanalen Elementes beschrieben worden, das allerdings sehr früh mit dem Tympanicum völlig verschmilzt. Die Canidae unterscheiden sich in diesem Merkmal offenbar weniger deutlich von den Herpestoidea als bisher angenommen wurde.

Die A. carotis int. tritt dicht vor dem For. lacerum post. in den Schädel ein und erreicht das Cavum cerebrale durch das For. lacerum ant., nie durch das Basisphenoid. Sie verläuft in einer Rinne an der Innenwand der Paukenhöhle. Diese kann bei Felidae zu einem Knochenkanal geschlossen sein. Ein Can. alisphenoideus für die A. maxillaris int. (aus der A. carotis ext.) findet sich bei vielen Viverridae, Ursidae, Canidae und *Ailurus* (nicht bei Procyonidae).

An der Mandibula liegt bei Fissipedia das Gelenkköpfchen gewöhnlich in der Höhe der Kauebene, eine Voraussetzung für große Öffnungsweite bei kraftvollem Biß der Fleischfresser. Der Proc. muscularis (Ansatz des M. temporalis) ist bei Fissipedia groß und massiv. Der Winkelfortsatz (Proc. angularis) springt meist spitz nach hinten vor. Dieser darf nicht mit dem Proc. marginalis (TOLDT 1905) verwechselt werden, der als Ansatz des M. digastricus dicht vor dem Proc. angularis vom Unterrand der Mandibula entspringt. Bei *Nyctereutes* ist er extrem groß und rückt bis an das Winkelgebiet (Abb. 427). Das Os interparietale verschmilzt meist früh mit dem Supraoccipitale.

Gebiß. Die Zahnformel der basalen Eutheria, $\frac{3\ 1\ 4\ 3}{3\ 1\ 4\ 3}$, ist bei den † Miacidae erhalten und findet sich gelegentlich bei Canidae. Sie lautet für rezente Fissipedia meist $\frac{3\ 1\ 3(4)\ 2(1)}{3\ 1\ 3(4)\ 2(3)}$. Allerdings kann die Zahnformel (Zahnzahl) innerhalb der rezenten Familien erheblich schwanken (Reduktion bei termitophagen Arten, *Proteles, Eupleres*, s. syst. Teil).

Die Incisivi sind schaufelförmig, der I^3 oft vergrößert und spitz. Der untere I_1 fehlt bei *Enhydra* und ist bei *Melursus* (Lippenbär) nur in der Jugend erhalten, offenbar in Zusammenhang mit der Art der Nahrung (Honig) und dem Zungenmechanismus. Die Canini sind, abgesehen von *Eupleres* (Abb. 435), kräftige, meist leicht gebogene Fangzähne. Bemerkenswert ist das Vorkommen von „Säbelzähnen" (Abb. 396), enorm verlängerten oberen Canini, deren Spitze bei geschlossenem Maul weit über den Unterrand des Unterkiefers vorragt. Die Funktion ist umstritten. Wahrscheinlich handelt es sich um Stichwaffen. Sie treten auf bei den † Machaerodontidae, die im Tertiär eine weite Radiation erfuhren († Machaerodus, † Hoplophoneus, † Smilodon) und erlöschen im Pleistozaen. Säbelzahnträger bilden eine früh abgespaltene Seitenlinie. In einer zweiten Stammeslinie, bei den † Nimravinae (Oligozaen bis Pleistozaen), haben sich unabhängig von den † Machaerodontidae Säbelzahnkatzen entwickelt. Unter den rezenten Felidae zeigt der Nebelparder eine auffallende Verlängerung der oberen Canini, die zwar schwächer

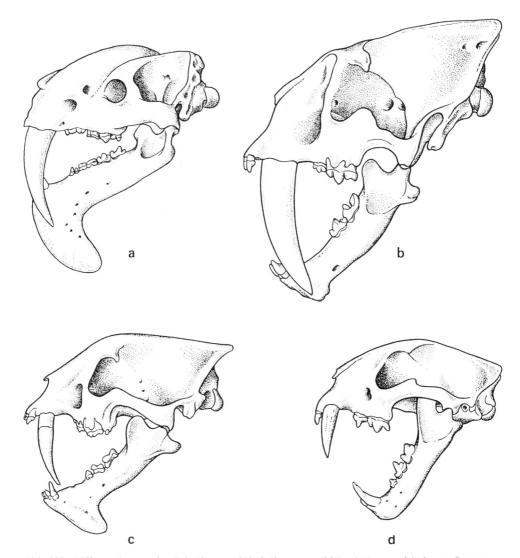

Abb. 396. Differenzierung der Eckzähne zu Säbelzähnen, unabhängig in verschiedenen Stammeslinien (Konvergenz-Parallelbildungen). Nach THENIUS 1969.
a) † *Thylacosmilus* (Marsupialia), b) † *Smilodon*, c) † *Haplophoneus*, d) *Neofelis*, Nebelparder.

sind als bei den Säbelzahnkatzen, aber doch den Unterrand der Mandibula bei Kieferschluß erreichen. Schließlich sei daran erinnert, daß eine konvergente Bildung auch bei
† *Thylacosmilus* (s. S. 350), dem Säbelzahnbeutler (Pliozaen-Pleistozaen Australiens), also in einer phylogenetisch weit entfernt von den Carnivora stehenden Stammeslinie vorkommt (Abb. 396 a).

Das postcanine Gebiß der Fissipedia ist gekennzeichnet durch die hohe Spezialisation des Brechscherenapparates, der von $\frac{P^4}{M_1}$ gebildet wird (Abb. 391). Im Milchgebiß ist die Brechschere um M_1 einen Zahn nach vorne verschoben, wird somit von $\frac{pd^3}{pd_4}$ gebildet, also jeweils von dem Zahnpaar, das dem Mundwinkel am nächsten liegt und die günstigste Position zur Erzeugung des Kaudruckes hat. Die funktionelle Zweiteilung des Raubtiergebisses in Fanggebiß und Brechschere hat zur Folge, daß häufig, jedenfalls bei reinen Fleischfressern, Reduktionen im Bereich der vorderen Praemolaren und der hinteren Molaren vorkommen (Canidae, Felidae). Die spezialisierten Zähne (P^4, M_1) haben eine scharfe Schneidekante (Abb. 109), sind sekodont und wirken nach Art einer Schere. Ihre Hauptwirkung besteht darin, daß sie das Muskelfleisch vom Knochen abschneiden, nur im Extremfall im Aufbrechen von Knochen. Den vorderen Praemolaren, den „Lückenzähnen", und den hinteren Molaren („Höckerzähnen") fehlt die Schneidekante. Der obere P^4 hat eine mesiale hohe, schneidende Spitze und eine niedrigere distale, horizontal schneidende Zacke sowie 3 Wurzeln. Oft ist ein kleinerer, mesio-lingual liegender dritter Höcker vorhanden (Protoconus). Der untere M_1 hat zwei Höcker mit Schneidekante und ein distales Talonid. Im Einzelnen ist die Variationsbreite der Kronenmuster, je nach der Ernährungsweise sehr groß. Bei Omnivorie (Ursidae) sind die Spezialisationen der Brechschere völlig verschwunden.

Postcraniales Skelet. Die Wirbelsäule besteht in der Regel bei Canidae und Felidae aus 7 Cervical-, 13 Thoracal-, und 7 Lumbalwirbeln. In anderen Familien kommen wechselnde Zahlen vor (Maximum: *Mephitis* 16 Th, 6 L. Minimum: *Mellivora* 14 Th. 4 L.). Die Zahl der Sacralwirbel beträgt meist 3 (2−6). Die Mehrzahl der Fissipedia besitzt lange Schwänze (Wirbelzahl bis 34). Ein Greifschwanz ist bei *Potos* und *Arctictis* ausgebildet. Reduktion des Schwanzes bei Ursidae und *Mydaus* (9−11). Der antikline Wirbel (s. S. 29), der eine Richtungsänderung der Dornfortsätze aufweist, ist meist der 11. Thoracalwirbel. Er kennzeichnet denjenigen Abschnitt der Wirbelsäule, der für Bewegungen um die Transversalachse (Rumpf-Beugung und -Streckung) am günstigsten ist.

Die Clavicula ist rückgebildet. Ein knöchernes Rudiment kommt bei Felidae häufig vor, erreicht aber weder das Sternum noch das Acromion, sondern bildet eine schmale Knochenspange innerhalb der Muskulatur. Ein For. entepicondyloideum fehlt meist bei Ursidae, Canidae, Hyaenidae, ist aber bei Felidae oft vorhanden. Viverridae und Mustelidae zeigen wechselndes Verhalten.*)

Nervensystem und Sinnesorgane. Alle Raubtiere sind Makrosmaten und zeigen einen relativ hohen Grad der Neencephalisation (s. S. 106 f.), wenn auch die Entfaltung des Neopallium in den verschiedenen Familien deutliche Unterschiede erkennen läßt. Viverridae und Mustelidae zeigen ein weniger evolviertes Endhirn als Bären oder Großkatzen. Allgemein kann das Großhirn der Landraubtiere charakterisiert werden durch folgende Merkmale: Alle Teile des Riechhirns (Bulbus, Tractus, Tuberculum olfactorium, Lobus piriformis) sind gut entwickelt. Der Bulbus liegt praecerebral. Die Fiss. palaeo-neocorticalis ist deutlich und bei Viverridae, Mustelidae und Canidae in der Ansicht von lateral sichtbar. Sie ist zwischen vorderem und hinterem Abschnitt spitzwinklig nach dorsal geknickt (Fiss. pseudosylvia). Der Sulcus rhinalis caud. erstreckt sich auf den Schläfenlappen, dessen basaler Teil also palaeopallial ist und vom Lobus piriformis eingenommen wird („falscher Temporalpol" s. S. 327). Bei den evolvierten Formen (Bären, Großkatzen) rückt der palaeopalliale Anteil und somit der Sulcus rhinalis caud. ganz auf die ventro-mediale Seite des Schläfenlappens, der nunmehr in der Seitenansicht nur neopalliale Anteile aufweist.

Am Neopallium sind die vier Hauptlappen gut ausgebildet. Die Hemisphaeren wölben sich dorsalwärts vor und verdecken occipitalwärts das Cerebellum in seinen vorderen Partien (Abb. 397). Das Großhirn erscheint mehr oder weniger kuglig (gestaucht), in der Ansicht von dorsal her oval. Der Frontallappen ist bei Viverridae in seinem vor dem Sulcus cruciatus gelegenen Teil verschmälert und bildet, vor allem bei Canidae, ein verschmälertes Rostrum frontale.

---

*) Bau und Anpassungstyp der distalen Gliedmaßenabschnitte, insbesondere des Autopodium s. S. 65 f.

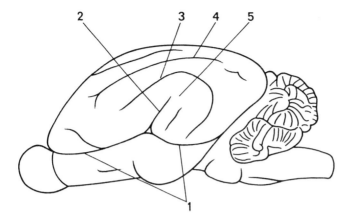

Abb. 397. Gehirn von *Arctictis binturong* (Paradoxurinae), als Beispiel für den basalen Furchungstyp bei Fissipedia. Umzeichnung nach Brauer & Schober 1970, 1976.
1. Fiss. palaeoneocorticalis, 2. Fiss. lateralis (pseudosylvia), 3. Sulcus ectosylvius, 4. Sulcus suprasylvius, 5. Gyrus arcuatus (= sylvius).

Die erwähnte, zipfelförmige Ausziehung der Fiss. palaeoneocorticalis ist eine Folge des bogenförmigen Auswachsens des vom Seitenventrikel unterlagerten dorsalen Neopallium um den centralen Palliumteil (Insula), der an die Basalganglien grenzt (s. S. 106).*) Alle rezenten Carnivora besitzen ein Furchungsmuster, das in seiner primären Anordnung einheitlich ist, so daß Homologisierung von einzelnen Furchen und Windungen innerhalb der Ordnung möglich ist. Das Muster ist bei evolvierten Formen mit bedeutender Körpergröße durch Sekundärfurchen stärker differenziert.

An der seitlichen Hemisphaerenwand haben die Furchen und Windungen, entsprechend dem bogenförmigen Auswachsen des Schläfenlappens, die Anordnung von dorsalwärts konvexen Bögen (Abb. 397, 398). Man spricht von Bogenfurchen und Bogenwindungen. Mit zunehmender Opercularisation des Inselfeldes wird neopalliale Hemisphaerenwand des Operculum temporale nach medial eingerollt, so daß zunächst die I. Bogenwindung, dann die folgenden, in der Tiefe verschwinden. Die tiefe seitliche Furche, die nach Abschluß dieses Prozesses den definitiven Schläfenlappen gegenüber dem Frontallappen abgrenzt, ist die echte Fiss. lat. Sylvii.

Anordnung der Bogenwindungen I—IV
  I. Gyrus sylvius (= arcuatus).
     Sulcus ectosylvius.
 II. Gyrus ectosylvius
     Sulcus suprasylvius
III. Gyrus suprasylvius
     Sulcus lat.**)
 IV. Gyrus marginalis (Abb. 398)

Bei dem Einrollungsprozeß der Opercularisierung verschwinden also nacheinander neopalliale Gebiete, die einzelnen Bogenwindungen, in der Tiefe der Fiss. lat. Sylvii. Die definitiv entstandene Lichtungsfurche, die definitive Fiss. lat., wird also nicht vom Gyrus ectosylvius, sondern von weiter peripher gelegenen Hirnteilen begrenzt. Der Vorgang läuft schrittweise ab. Bei Ursidae und Mustelidae bilden Zwischenstufen des Opercularisationsvorganges das definitive Bild (Abb. 398).

Bei rezenten Carnivora, ebenso bei Huftieren, läuft ein Sulcus praesylvius, von der Fiss. palaeoneocorticalis ant. ausgehend und schräg nach vorn aufsteigend, in den

---

*) Die Beschreibung dieses Wachstumsablaufes als „Stauchung" ist bildhaft zu verstehen und sagt nichts über den mechanischen Ablauf des Formbildungsprozesses aus.
**) Der Sulcus lateralis gehört zum marginalen System und darf nicht mit der Fissura lateralis Sylvii, dem Opercularisierungsspalt zwischen Temporal- und Frontallappen verwechselt werden.

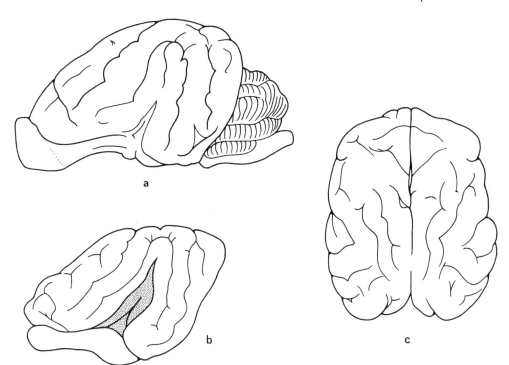

Abb. 398. *Ursus arctos* (Braunbär). a) Gehirn von links, b) Großhirn, die Fiss. lateralis ist auseinandergedrängt, um in der Tiefe die Übergangswindung und die erste Bogenwindung (punktiert) zu zeigen, c) Gehirn von dorsal.

Lobus frontalis und grenzt den Gyrus reuniens gegen den Gyrus orbitalis ab. Die Bogenwindungen III und IV werden vom Opercularisierungsvorgang nicht mehr betroffen. Der Gyrus suprasylvius wird dorsal durch den Sulcus lat. gegen den Gyrus marginalis begrenzt, der in der Längsrichtung parallel zur Mantelkante verläuft. Der Sulcus lat. setzt sich mit zunehmendem Ausbau des Frontallappens, nach vorne in eine abwärts verlaufende Furche fort, die sich als Sulcus coronalis verselbständigen kann. Das vom Sulcus coronalis umgriffene Rindenareal ist der Gyrus sigmoideus. In diesem liegt, bei Carnivora regelmäßig, der Sulcus cruciatus, der vom Interhemisphaerenspalt ausgeht. Er kennzeichnet die Grenze zwischen zwei cytoarchitektonischen Feldern, frontal das somatomotorische, parietal das somatosensible Areal.

Vergleichend-quantitative Daten über das Großhirn der Carnivora seien hier nur beispielhaft für einige Arten angegeben, da für sehr viele Species nur Einzelbefunde vorliegen und über die Variationsbreite zu wenig bekannt ist:

Tab. 46. Beziehungen zwischen Hirn- und Körpergewicht innerhalb der Carnivora

	absol. Hirngew. (in g)	KGew. (in g)
Mustela erminea	5,2	100
Mustela martes	23,0	1 150
Nasua	35–40	11 000
Ailurus fulgens	30	4 000
Ursus arctos	250	200 000
Ursus maritimus	500	450 000
Arctictis binturong	35	115 000
Panthera leo	250	150 000

Sinnesorgane. Alle Fissipedia als Makrosomaten verfügen als Beutegreifer über höchst leistungsfähige Fernsinnesorgane.

Die Ausbildung von Vibrissen im Facialbereich zeigt das typische Muster, doch bestehen erhebliche Unterschiede in der Ausbildung (s. S. 8 f.) der einzelnen Tasthaar-Bündel. In der Regel sind Vibrissen bei nocturner Lebensweise stärker ausgebildet als bei tagaktiven Arten. Hochbeinige Arten (*Acinonyx, Chrysocyon*) haben meist mäßig entwickelte Facialvibrissen im Vergleich mit kurzbeinigen, am Boden schnüffelnden Arten (*Speothos*). Bei aquatilen Arten (*Cynogale*, Lutrinae) sind die Tasthaare der Schnauze borstenartig verstärkt und stehen auf paarigen Wülsten. Ihre Steifheit dürfte eine Anpassung sein, die verhindert, daß die Borsten beim Schwimmen durch den Wasserdruck niedergedrückt werden. Bei Bären und Caniden sind die Facialvibrissen weitgehend reduziert. Den Feliden fehlt gewöhnlich das submentale Büschel von Tasthaaren.

Geruchsorgan. Ein nacktes Rhinarium ist gewöhnlich vorhanden, zeigt aber große Unterschiede nach Ausdehnung und Form (POCOCK 1921). Eine Verbindung zur Mundschleimhaut in Form eines Philtrum ist bei Formen mit gut beweglicher Oberlippe (*Melursus*) ausgebildet, fehlt aber bei Arten mit langer Schnauze, vor allem, wenn Sie graben, sowie bei aquatilen Formen. Die Nasenhöhle enthält 4 Ethmoturbinalia mit 5 Riechwülsten bei Herpestoidea und Cynoidea. Bei den übrigen Familien ist die Zahl der Endoturbinalia bis auf 6 (7) erhöht. Das Maxilloturbinale kann durch Faltung, Einrollung und Verzweigung derart vergrößert sein, daß es das Nasoturbinale und das Ethmoturbinale I nach hinten abdrängt. Für die Beurteilung der Riechleistung wird im allgemeinen die Flächenausdehnung der Riechschleimhaut und Anzahl (Dichte) der Sinneszellen angegeben. Die vorliegenden Untersuchungen wurden an Hauskatze, Haushund und Mensch durchgeführt. Quantitative Vergleiche an verschiedenen Anpassungsformen freilebender Fissipedia fehlen bisher. Die Flächenausdehnung des Riechfeldes wird für große Haushunde mit $70-85$ cm^2, Hauskatze: 21 cm^2, *Homo*: $5-10$ cm^2 angegeben. Die Anzahl der Riechzellen soll beim Menschen 20×10^6, beim Haushund $150-225 \times 10^6$ betragen (Angaben nach PENZLIN 1977, NIETHAMMER 1979 u. a.). Ein funktionierendes Vomeronasal-Organ (JACOBSON) ist, wie bei allen Makrosmaten, bei Landraubtieren vorhanden.

Auge. Besonderheit des Sehorgans der Fissipedia ist das regelmäßige Vorkommen eines Tapetum lucidum cellulosum in der Tunica chorioidea (s. S. 127). Das Akkomodationsvermögen hat, wie bei allen Makrosmaten, nur einen geringen Spielraum ($2-4$ dpt).

Die Retina enthält relativ wenig Zapfenzellen (6 %). Das Farbsehvermögen der Fissipedia ist gering und soll vielen Arten fehlen. Die Hauskatze soll in der Lage sein, Farben, allerdings nur im langwelligen Bereich, unterscheiden zu können. Der wahrgenommene Spektralbereich endet im Bereich der langen Wellen, bereits bei niedrigeren Wellenlängen als bei *Homo*. Hierauf beruht die Möglichkeit, nocturne Tiere bei Rotlicht beobachten und photographieren zu können

Vielfach wird die Form der Pupille als taxonomisches Merkmal bei Fissipedia gewertet. So findet sich oft die Angabe, daß die Pupille bei Kleinkatzen (Felinae) im kontrahierten Zustand einen schmalen vertikalen Schlitz bilden würde, sich bei Öffnung aber abrundet. Hingegen soll die Pupille bei Großkatzen (Pantherinae) stets rund sein. Diese Aussage ist nicht haltbar. Umfangreiche Untersuchungen haben große Unterschiede in der Pupillenform bei verschiedenen Familien und Genera ergeben, so daß sich dieses Merkmal kaum für die Beurteilung der Großgliederung der Fissipedia eignet. Unter den Kleinkatzen zieht sie sich rund zusammen bei *Yaguarundi*, *Otocolobus* und *Puma*. Dabei nimmt sie, besonders bei *Otocolobus* durch Bildung seitlicher Ausziehungen eine Rautenform an. Bei Schneeleoparden beginnt die Pupille bei der Öffnung als schmaler senkrechter Spalt und rundet sich bei weiterer Öffnung ab. Ein ähnlicher Formwandel kommt bei jungen Tigern vor (LEYHAUSEN 1979). Die runde Pupillenform herrscht vor bei Ursidae (Ausnahme *Melursus*), Canidae (Ausnahme Füchse, *Nyctereutes*, *Lycaon*) und bei Viverridae. Bei den Herpestiden *Cynictis* und *Suricata* bildet sie ein horizontal stehendes Oval.

Gehörorgan. Die Ohrmuscheln sind als Schalltrichter bei Beutegreifern zur Lokalisation einer Schallquelle von erheblicher Bedeutung. Sie sind muskularisiert und gut beweglich, abgesehen von grabenden oder aquatilen Arten. Extreme Länge erreichen die äußeren Ohren bei Wüstenbewohnern (*Fennecus, Otocyon, Felis margarita*). Wahrscheinlich spielen sie unter diesen extremen Umweltbedingungen auch eine Rolle bei der Temperaturregulierung (Wärmeabgabe).

Hervorzuheben ist das bei Fissipedia weit verbreitete Vorkommen von Ohrtaschen (Scaphataschen). Es handelt sich um eine taschenartige Einsenkung in der unteren Hälfte des Hinterrandes der Pinna, die von einer Hautduplikatur überdeckt wird und sich, besonders bei großohrigen Arten, weit auf die Rückseite der Pinna erstrecken kann (E. MOHR 1952). Über ihre Bedeutung besteht keine Klarheit (Abb. 399)*).

Über den Bau der Mittelohrregion (s. S. 758f.) sei erwähnt, daß wüstenbewohnende Fissipedia (*Fennecus, Felis margarita*) über stark aufgetriebene Tympanalbullae und damit über einen weiten Mittelohrraum verfügen. Diese Struktur ermöglicht, daß Trommelfellschwingungen relativ wenig gedämpft werden, Töne niederer Frequenz besser übertragen werden und ein Hören über weite Entfernung (auch bei der geringeren Schallleitfähigkeit der trockenen Luft) möglich wird (FLEISCHER 1978).

Die obere Hörgrenze liegt bei der Katze bei 40 kHz, beim Haushund bei 40 – 100 kHz (im Vergleich *Homo*: 20 kHz; Microchiroptera bis 400 kHz).

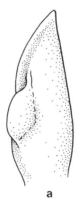 

Abb. 399. Ohrtaschen bei a) *Tenrec* (Insectivora), b) *Galidia elegans* (Madagaskar-Schleichkatze). Linkes Ohr, a) von hinten, b) von lateral. Nach E. MOHR 1952.

Ernährung, Beuteerwerb, Darmkanal. Unter den Fissipedia sind reine Fleischfresser nur Mustelidae, Felidae und der Eisbär. Insekten und andere Evertebrata spielen bei Schleichkatzen, Kleinbären, Dachsen und kleinen Caniden eine Rolle im Nahrungsspektrum. Einseitig auf Ameisen-Termiten-Nahrung sind *Proteles* (Hyaenidae) und *Eupleres* (Viverridae) spezialisiert. *Eupleres* nimmt auch bevorzugt Schnecken als Nahrung auf (ALBIGNAC 1973). Pflanzenteile als Zusatznahrung werden von vielen Fissipedia gelegentlich aufgenommen (*Canis adustus* in Äthiopien als Verzehrer wilder Feigen). Vegetabile Bestandteile im Nahrungsspektrum können regelmäßig oder saisonal in solchen Mengen konsumiert werden, daß man von Omnivorie sprechen kann (Dachse, Bären außer Eisbär). Nahezu rein herbivor ist nur der Große Panda (*Ailuropoda*), der sich vorwiegend von Bambussprossen ernährt (s. S. 799).

Spezielle Anpassungen an Fleischnahrung betreffen alle jene Strukturen, die für den Beuteerwerb und die Zerlegung der Beute von Bedeutung sind. Effiziente Fernsinnes-

---

*) Die Ohrtasche kommt regelmäßig bei Canidae, Felidae, Viverridae und einigen Mardern vor. Sie fehlt bei Bären und Hyänen. Es handelt sich nicht, wie vormals vermutet, um ein spezifisches Merkmal der Fissipedia. E. MOHR (1952) hat Ohrtaschen bei Tenrecidae, Soricidae, Lemuroidea, *Tarsius* und bei Beuteltieren (Didelphidae, Dasyuridae, Paramelidae) nachgewiesen. Unklar ist, ob es sich um homologe oder – wahrscheinlicher – um analoge Gebilde handelt.

organe und rasche Lokomotion sind Voraussetzungen für das Greifen von Beutetieren. Kräftige Tatzen mit scharfen Krallen werden bei der Überwältigung der Beute ebenso wie das Gebiß benötigt. Die funktionelle Gliederung in Fanggebiß (dolchartige Eckzähne) und in die Brechschere zum Zerlegen der Beute und zum Abschneiden des Muskelfleisches wurden bereits besprochen (s. S. 761). Die Besonderheiten des Gebisses stehen in Korrelation zur Struktur des Kiefergelenkes (Ginglymus), dem Cranium (Scheitelkämme) und zur Differenzierung der Kau- und Nackenmuskulatur. Im Gegensatz dazu erfordert die Verdauung von Fleischnahrung kaum Spezialisation im Bereich des Darmtractus, der daher das Bild eines generalisierten, plesiomorphen Systems zeigt und dem der Insectivora ähnelt. Der Magen ist stets einfach, sack- bis retortenförmig. Formdifferenzen (Längsachse transversal bis longitudinal gestellt) hängen vom Funktions- und Füllungszustand ab und sind morphologisch nicht verwendbar. Das Duodenum ist eine einfache Schlinge und überkreuzt meist nicht die A. mesenterica cranialis. Entsprechend der ballastarmen und cellulosefreien Nahrung ist der Darmkanal relativ kurz. Die relative Länge des Darmkanals vom Pylorus bis zum Anus zur KRL. beträgt für Canidae 4,5 – 6 für Arctoidea 4 – 6 (Ausnahme Eisbär: 10,1; nach DAVIS 1964). Bemerkenswert ist, daß *Ailuropoda*, trotz einseitig vegetabiler Nahrung, sich weder in Strukturen noch Maßen des Darmtractus nennenswert von den carnivoren Arten unterscheidet (s. S. 798).

Die Radix des Mesenterium commune ist kurz. Das Colon bildet eine einfache, nach cranial konvexe Colonschleife. Unterschiede finden sich am Caecum, das meist reduziert ist. Es fehlt, ebenso wie eine Valvula ileocaecalis, bei allen Arctoidea, bei *Nandinia* und individuell bei *Arctictis*. Viverridae und Katzen besitzen ein kurzes Caecum. Relativ lang ist es bei Hyaenidae (12 – 20 cm). Bei Canidae bildet das Caecum ein einfaches, kurzes Divertikel mit abgerundetem Ende (*Chrysocyon, Speothos, Cerdocyon, Nyctereutes*) oder einen spiralig gewundenen Schlauch mit 2 – 3 Windungen (*Canis, Dusicyon*) (LANGGUTH 1969). Beziehungen der verschiedenen Formen zu Unterschieden in der Ernährungsweise lassen sich am Darm nicht nachweisen.

Beuteerwerb. Das Reißen von Beutetieren mittlerer und beträchtlicher Körpergröße stellt erhebliche Anforderungen an den Beutegreifer und setzt neben dem Besitz der entsprechenden Jagdwaffen (Gebiß, Krallen) auch bestimmte Verhaltensmechanismen voraus. Diese sind spezifisch und zeigen in den verschiedenen Gruppen Unterschiede. Allgemein kann unterschieden werden zwischen Einzeljagd (Katzen, außer Löwe), Gruppenjagd (Löwe) und Rudeljagd (Wildhunde und Fleckenhyäne) (KRUUK 1972, SCHALLER 1972). Die Beutejagd des Löwen wird von einer kleinen Gruppe von erwachsenen Weibchen durchgeführt, indem ein komplexes Zusammenspiel der Individuen abläuft. Die Beute wird durch eine angreifende Gruppe einer Löwin, die im Hinterhalt liegt, zugetrieben. Die Verständigung zwischen den Jagdpartnern ist offensichtlich effizient, wenn auch deren Methoden nicht eindeutig bekannt sind. Großkatzen springen das Beuteobjekt an und verankern sich mit den Krallen aller vier Gliedmaßen an diesem. Erst danach erfolgt die Tötung, entweder durch Nackenbiß, indem die langen spitzen Eckzähne zwischen zwei Halswirbeln eingetrieben werden oder durch Erdrosseln mittels des Kehlbisses (beobachtet wurde auch ein Seitwärts-Wegschlagen der Vorderbeine bei den claviculalosen Huftieren). Nur der Gepard (*Acinonyx*) als einzige Großkatze schlägt die Beute mit den Tatzen nieder und beißt dann zu. Wildhunde und Hyänen haben stumpfe Krallen. Sie jagen im Rudel. Mehrere Tiere beißen ohne bestimmten Fixpunkt den Gejagten in verschiedenen Körperregionen und töten durch Ausbluten.

Uro-Genitalorgane. Die Ursidae und die aquatilen Lutrinae (Mustelidae) besitzen eine gelappte Niere, deren Renculi vollständig getrennt bleiben, ihre Anzahl beträgt bei *Lutra* 10, bei *Ursus* bis 50. Bei den meisten übrigen Formen umfaßt ein Nierenbeckenkelch die einzige zapfenförmige Papille. Bei vielen Großformen findet sich statt der Papilla eine in der Längsrichtung des Organs verlaufende Leiste.

Die Hoden liegen gewöhnlich in einem Scrotum, das gestielt oder sitzend ist. Ein eigentliches Scrotum fehlt den Felidae und bei *Galidia*. Die Testes liegen extraabdominal, dicht unter der Haut, unmittelbar vor dem Anus. Hingewiesen sei auf das Vorkommen eines Scheinscrotum bei der Tüpfelhyäne (s. S. 832).

Der Penis ist gewöhnlich mit seiner Spitze nach vorne gerichtet. Bei Feliden weist, in nicht erigiertem Zustand, die Penisspitze nach hinten, so daß der Harnstrahl nach hinten gespritzt wird. Ein Penisknochen (Baculum) fehlt den Hyänen und ist bei Feliden rudimentär. Bei Viverridae sind Glans penis und Baculum von mittlerer Größe. Bei den Canoidea und Arctoidea ist die Glans von beträchtlicher Länge und enthält ein sehr langes Baculum, das stabförmig oder gebogen sein kann und meist eine Rinne für die Urethra besitzt. An der Spitze können haken- oder löffelförmige Fortsätze vorkommen. Die Formenmannigfaltigkeit wird taxonomisch verwendet. Im Gegensatz zu den echten Bären ist das Baculum von *Ailuropoda* nur klein (Abb. 407). Die Glans penis ist bei Katzen mit verhornten Papillen oder Stacheln besetzt. Bei Hunden kommt ein zusätzlicher, basaler Schwellkörper vor, der die feste Verbindung der Partner nach der Kopulation, das sogenannte „Hängen", bedingt.

Die Prostata ist meist groß und gelappt, nur selten rudimentär. Glandulae vesiculares fehlen. Gld. bulbourethrales kommen bei Herpestoidea vor, fehlen aber den Arctoidea. Eine Bursa ovarica ist meist gut ausgebildet. Der Uterus ist in der Regel zweihörnig (U. bicornis). Das Corpus kann sehr kurz sein. Einen Uterus bipartitus finden wir bei madagassischen Schleichkatzen (*Cryptoprocta, Eupleres, Galidia, Galidictis*) und bei *Arctictis*. Bei weiblichen Tüpfelhyänen ist die Clitoris erheblich verlängert und erreicht die Länge des männlichen Kopulationsorgans. Sie wird vom Urogenitalkanal durchbohrt (s. S. 832).

Embryonalentwicklung. Die Vorgänge der frühen Ontogenese, der Placentation und der Bildung der Fetalmembranen zeigen bei allen Carnivora, einschließlich der Pinnipedia, eine erstaunliche Uniformität, im Gegensatz zu den Rodentia oder Primates. Sie wird als Hinweis auf die monophyletische Einheit der ganzen Gruppe gewertet. Die Implantation erfolgt central und superficiell. Der Dottersack ist nach der mesometrialen Seite orientiert. Die Amnionbildung erfolgt stets als Faltamnion. Die Anheftung der Keimblase erfolgt recht spät (Hauskatze: 13.–14. d, Haushund: 17. d nach der Ovulation). Bereits vor der Amnionfaltung liegt die gesamte Keimblasenwand dem Endometrium eng an, so daß sich die Amnionfalten mühsam zwischen Keimblasenwand und Endometrium vorschieben müssen. Die ganze Trophoblastoberfläche ist primär invasiv und beteiligt sich an der Implantation. Eine Bildung von Syncytium setzt bereits vor der Anheftung ein und läßt das Gebiet der Amnionfalten zunächst frei, greift aber nach Schluß der Falten auch auf diese über, so daß die ganze Trophoblastoberfläche einbezogen ist (primär circumferentielle Implantation). Mit fortschreitender Gravidität verliert der Trophoblast an den beiden Enden der Keimblase seine Proliferationsfähigkeit, so daß die definitive Placentarzone auf das centrale Gebiet der Keimblase beschränkt wird. Dieser Placentarbezirk hat meist Gürtelform (Placenta zonaria bei Canidae, *Crocuta*, Felidae, *Gulo*, Pinnipedia). Bei Procyonidae, vielen Mustelidae, Viverridae und *Proteles* ist der Gürtel an einer Stelle durch glattes Chorion unterbrochen (unvollständige P. zonaria). Auflösung des Gürtels in zwei Scheiben findet sich bei *Martes* und *Lutra*. Schließlich bleibt bei *Ursus* ein diskoidales Placentararal übrig.

Die verschiedenen Formen der Placenta bei Carnivora sind durch partielle Reduktion von einer Placenta zonaria abzuleiten, weichen also in ihrem Entstehungsmodus von ähnlichen Formen bei anderen Ordnungen (Rodentia, Simiae) ab. Der Dottersack ist ausgedehnt und bildet bereits vor der Anheftung des Keimes eine bilaminäre Omphalopleura. Schließlich wandelt sich diese durch Eindringen der Gefäße vollständig in eine Choriovitellinplacenta um (Somiten-Stadium). Der Dottersack bleibt bis zur Geburt erhalten und steht mit dem Chorion durch einen Mesenchymstrang in Verbindung. Die Allantois ist sehr groß und umhüllt den Keim vollständig. Sie erreicht das Chorion zunächst im antimesometralen Bereich.

Der Trophoblast bleibt in seinen basalen Schichten zellulär, wird aber in seinen fetalwärts gelegenen Abschnitten in Syncytium umgewandelt. Er dringt unter Resorption maternen Gewebes in das Endometrium vor, läßt aber die mütterlichen Gefäße intakt und umhüllt diese. Gleichzeitig dringt Allantoismesenchym in den Trophoblasten ein und zerlegt diesen in oft regelmäßig angeordnete Lamellen. Auf diese Weise entsteht ein Placentarlabyrinth von endotheliochorialer Struktur. Angaben über eine haemochoriale Placentarstruktur bei *Crocuta* haben sich nicht bestätigt (MOSSMAN 1987). Die Placenta der Carnivora bildet vielfach Bezirke zwischen Syncytiotrophoblast und Endometrium aus, in denen sich Blutextravasate ansammeln, die als Histiotrophe (paraplacentare Ernährung) genutzt werden, vor allem bei Canidae. Sie können als Randhaematom (grüner Saum) den Placentargürtel beiderseits begleiten (circuläres Randhaematom bei Ursidae), als inselartige Bezirke im Bereich des Placentargürtels (Hyaenidae) oder auch als centrale Blutbeutel (Mustelidae, *Procyon*) auftreten. Bei Felidae und Viverridae sind Haematome nur mäßig entwickelt (brauner Saum) und unregelmäßig angeordnet.

Fortpflanzungsbiologie. Die Mehrzahl der Fissipedia lebt solitär und hat eine geringere Populationsdichte der Individuen als viele Herbivora. Daher ist es verständlich, daß meist induzierte Nidation vorkommt, zumal die rezeptive Phase der ♀♀ relativ kurz ist. Provozierte Ovulation ist bei *Felis, Procyon, Mustela, Martes* und *Lutra*, spontane Ovulation dagegen bei *Canis* nachgewiesen. Die Kopulation ist von langer Dauer bei Mustelidae, Ursidae und Canidae. Kurzdauernde, aber häufige Kopulationen sind die Regel bei Viverridae und Felidae.

Die Dauer der Tragzeit (s. Tab. 47) steht in Beziehung zur Körpergröße des Erwachsenen und zum Reifezustand des Neugeborenen. Sie ist bei Laufjungen länger als bei Nestjungen. Bei Raubtieren beträgt sie 34 (*Mustela nivalis*) bis 100 d (Löwe, Tiger).

Bei einer Reihe von Fissipedia der kalten und kalt-gemäßigten Zonen kommen Abweichungen von der Regel vor. Bei einigen *Mustela*-Arten (*M. erminea, M. frenata*) gibt es zwei Paarungszeiten pro Jahr, im V. und im VIII. Alle Geburten erfolgen synchron im V des folgenden Jahres. Die zeitliche Korrelation zwischen Geburt und Paarung kann also Unterschiede von 3 – 4 mon aufweisen. Hierdurch wird erreicht, daß Geburt und Paarung in das günstige Frühjahr fallen und für die Jungtiere eine ausreichende Wachstumszeit gesichert ist, um einen Zustand zu erreichen, der ein Überleben ihres ersten Winters ermöglicht. Dem Vorgang liegt das Phänomen der **verzögerten Nidation** zugrunde. Die Zygote entwickelt sich nach der Befruchtung bis zum Blastocystenstadium, wird aber zunächst nicht in das Endometrium eingebettet, sondern bleibt frei im Uterus liegen. Die nun folgende Phase der Keimruhe (Inaktivität) dauert, je nach Paarungsdatum, vom V bis zum III oder vom VIII bis zum III des folgenden Jahres. Die Keimblase implantiert sich jetzt und macht die ganze Embryonalentwicklung im IV durch. Die außerordentlich lange Graviditätsdauer beruht also auf der Einschaltung einer Phase der Keimruhe. Die aktive Graviditätsphase entspricht in ihrer Länge der bei vergleichbaren Arten vorkommenden Dauer. Das Phänomen der verlängerten Graviditätsdauer (verzögerte Implantation) beruht auf einem komplexen Zusammenspiel von Keim und Endometrium, dessen Steuerungsmechanismen bisher nicht bekannt sind.

Verzögerte Tragzeit ist bei folgenden Fissipedia nachgewiesen worden: *Mustela erminea, M. frenata, M. lutreola vison, Martes martes, M. foina, M. zibellina, Gulo gulo, Meles, Taxidea, Spilogale* (im N des Verbreitungsgebietes, nicht im S), *Lutra lutra* und allen Bären. Bei den Ursidae finden die meisten Paarungen zwischen V und VII statt, aber auch in späteren Monaten. Alle Geburten erfolgen zu etwa gleichem Termin, beim Eisbären im XI, XII im Winterlager, bei *Ursus arctos* und *U. americanus* im XII – I. Die Angaben über tropische Bären sind unzureichend und stammen aus Beobachtungen an Tieren in europäischen Zoos. Für *Tremarctos* wird verlängerte Tragzeit angegeben (Bewohner der Hochanden). Beim malayischen *Helarctos* scheint keine verzögerte Nidation vorzukommen.

Ungeklärt ist, warum bei den kleinen Musteliden, *M. nivalis* und *M. rixosa*, keine verzögerte Implantation (Tragzeit 35 d) vorkommt. Möglicherweise liegt sekundäre, postglaziale Einwanderung in nördliche Areale vor.

Tab. 47. Reproduktionsbiologische Daten ausgewählter Fissipedia

	Tragzeit	Wurfgröße	Öffnung der Augen (Tag p. n.)
Mustela nivalis	34–37 d	4–7	26.–30.
M. erminea	9–10 mon	4–9	36.
M. putorius	40–42 d	4–7	28.
M. lutreola vison	40–70 (v)	2–7	–
Martes martes und *foina*	9 mon (v)	2–5	32.–36.
M. zibellina	250 d (v)	1–7	–
Gulo gulo	7–9 mon (v)	2–3	–
Meles meles	60–90 d (v)	2–4	10.
Lutra lutra	62 d, 9 mon (v)	2–4	35.
Enhydra lutris	4–8 mon (v)	1	*
Ursus arctos	6,5–8 mon (v) (aktive Phase 56–70 d)	1–4	44.
Ursus maritimus	8 mon	1–3	(22.) 33.–39.
Procyon lotor	60–73 g	2–7	24.
Nasua narica	70–75 d	2–7	5.
Ailurus fulgens	112–150 d	1–4	10.
Canis lupus	61–63 d	4–7	12.–15.
Vulpes vulpes	50 d	4–10	13.–15.
Lycaon pictus	70 d	2–10	14.
Otocyon megalotis	70 d	1–5	–
Genetta genetta	10–11 Wo.	1–3	–
Herpestes ichneumon	11 Wo.	2–4	–
Suricata suricatta	11 Wo.	2–5	10.–12.
Crocuta crocuta	110 d	2	*
Proteles cristatus	90 d	2–4	*
Felis silvestris	62–68 d	1–4	11.
Panthera pardus	90–105 d	1–6	7.
P. leo u. *P. tigris*	100–116 d	2–4	6.–11.
Acinonyx jubatus	90–95 d	1–5	7.

Angaben bei vielen Autoren. Ausführliche Daten bei EISENBERG (1981), EWER (1973), ASDELL (1964), u. a., v: verzögerte Nidation. Wo.: Wochen
* = Geburt mit geöffneten Augen

Reifezustand und Aufzucht der Jungen. Sozialverhalten. Die Neugeborenen aller Fissipedia werden in einem unreifen Zustand als Nesthocker geboren. Augenlider geschlossen, Haarkleid mehr oder weniger gut entwickelt, Bewegungskoordinationen unreif (EISENBERG 1981, EWER 1973, KINGDON 1971, 1982). Nur bei der Fleckenhyäne, als einziger Species, öffnen sich die Augen bereits zum Zeitpunkt der Geburt (s. Tab. 47). Bemerkenswert ist die geringe Körpergröße und der unreife Entwicklungszustand der Neugeborenen bei allen Ursiden, auch den tropischen (STARCK 1956). Das Gewicht neugeborener Braunbären beträgt stets weniger als 500 g, meist um 300 g. Das Gewicht der Neonati in Relation zum Gewicht der Mutter beträgt bei Bären 1:700 bis 1:1 000, im Vergleich hierzu bei *Canis lupus* (1:60) und bei *Panthera leo* (1:145). Hingegen ist das einzige (selten 2) Junge des Seeotters (*Enhydra lutris*) außergewöhnlich groß (1,8 kg), eine Anpassung an die marine Lebensweise. Das Gehirn neugeborener Bären zeigt noch keine Furchen und Windungen, die Operculisation des Inselfeldes ist noch nicht abgeschlossen, während bei den bisher untersuchten Fissipedia (Canidae, Procyonidae) das Gehirn zum Zeitpunkt der Geburt bereits das arttypische Furchenmuster aufweist. Im Gegensatz dazu ist das Ossifikationsbild von gleichem Entwicklungsgrad bei Bären und anderen Fissipedia. Die **Milch der Fissipedia** ist, entsprechend dem hohen Bedarf, sehr reich an Protein (10−12%) und relativ arm an Lactose (2−5%). Der Fettgehalt ist hoch, besonders bei Ursiden zur Deckung des Energiebedarfs während der Winterruhe. Pflege und Aufzucht der Jungen zeigen große Unterschiede bei solitären und bei sozialen Arten. Hierzu seien nur einige Beispiele von Formen mit **komplexem Sozialverhalten** angeführt:

Panthera leo (ADAMSON, G. A. G. & A. J. ADAMSON 1964, OWENS 1987, SCHALLER 1972): ♀♀ des Löwen sind das ganze Jahr über in unregelmäßigen Abständen paarungsbereit. Häufung von Geburten am Ende der Trockenzeit. Tragzeit 100−116 d. GeburtsGew. 1300 g, 2−4 Junge. Geschlechtsreife der ♀♀ mit 2−3 a, ♂♂ mit 5−6 a. Sozialverbände: Rudel (Familien) von 4−10 Tieren oder paarweise, je nach Lebensraum (Landschaftstyp, Reichtum an Beutetieren, Kleingruppen in Trockengebieten). Reviergröße daher sehr verschieden (Serengeti, Kalahari). In der Serengeti bilden die ♀♀ Gruppenreviere, in deren Grenzen die einzelnen Tiere nicht an eigene Teilterritorien gebunden sind. Außerdem bilden ♂♂ kleine Kampfgruppen (2−5 Individuen). Diese übernehmen gegebenenfalls eine ♀♀-Gruppe und deren Revier. Überzählige Jungtiere wandern im Alter von 2−3 Jahren ab und nomadisieren. Diese bilden das Männchen-Reserve. Die Rudel sind relativ konstant. Die Beutejagd wird im wesentlichen von den ♀♀-Rudeln durchgeführt. ♂♂ beteiligen sich selten an der Jagd, sie übernehmen den Schutz des Rudels und verteidigen das Revier gegen rivalisierende Kampfgruppen. Beim Fressen an der Beute beanspruchen sie die α-Position. Übernimmt ein neues ♂ nach dem Ausfall des alten Gruppenmännchens das Rudel, tötet es zuweilen Nestjunge, die es in der Gruppe vorfindet. Inwiefern die vorliegenden Einzelbeobachtungen dieses Infanticids verallgemeinert werden dürfen, ist noch unbekannt.

Die Jungen öffnen im Alter von 6−11 d die Augen. Beim Tiger variiert der Termin der Augenöffnung vom 1. d bis 3 Wochen (Unterschied offenbar subspezifisch fixiert?). Die Neugeborenen besitzen eine hohe individuelle Variabilität der kryptisch wirkenden Fleckenzeichnung. Die Versorgung der Jungen mit Nahrung erfolgt durch beide Eltern. Wie bei allen Groß-Raubtieren liegt zwischen der Periode der reinen Milchernährung und der Fleischernährung eine lange Übergangsphase, während der die Jungen noch saugen, aber bereits Fleischnahrung aufnehmen. Endgültige Entwöhnung erfolgt etwa mit 6−7 mon.

Crocuta crocuta (KRUUK 1972, MATTHEWS 1939): Bei der Tüpfelhyäne sind die ♀♀ deutlich größer als die ♂♂ (KGew. um 20%). Das äußere Bild des Genitals der ♀♀ ähnelt dem der ♂♂ (Clitoris von der Größe des Penis, Scrotalattrappe, s. S. 832). Das kommt nur bei dieser Art vor und spielt eine Rolle im Begrüßungszeremoniell. Erkennung des Geschlechtspartners nur geruchlich. Die Clitoris wird im Kopulationsvorspiel erigiert, erschlafft aber vor der Intromissio und gibt damit die Öffnung der Vagina, die ventral an der Basis der Clitoris liegt, frei. Tragzeit 110 d, Wurfgröße: meist 2. Die Jungen werden in einer Erdhöhle, die meist von Erdferkeln übernommen wird, geboren. Es handelt sich um Lagerjunge, die einen relativ hohen Entwicklungsgrad erreicht haben (semialtricial). Sie sind ziemlich schwer (1,5 kg) und kommen mit offenen Augen zur Welt. Die id und der cd sind bereits durchgebrochen. Die Jungtiere tragen ein einheitlich dunkelbraunes Haarkleid, das erst, beginnend mit 2. mon, vom Kopf her fortschreitend in die arttypische Fleckenzeichnung übergeht. Der Wechsel von der Milch- zur Fleischnahrung erfolgt langsam. Eintragen von Beute in die Nesthöhle kommt, soweit bekannt, nur unregelmäßig vor. Junge sollen noch bis zum Alter von 18 mon saugen.

Tüpfelhyänen bilden große, gemischte Verbände, sogen. Clans, die bis zu 80 Individuen umfassen (Territorium etwa 32 km²). Diese werden gegen fremde Gruppen verteidigt. Entgegen einer weit verbreiteten Meinung sind Hyänen nicht in erster Linie Aasfresser, sondern jagen in Rudeln lebende Beute. Sie verfügen über ein differenziertes Lautrepertoire.

Helogale parvula: Fortpflanzungsverhalten und Familienleben des südafrikanischen Zwergmungos seien hier beispielhaft besprochen, da durch die jahrelangen Untersuchungen von A. E. RASA (1972−1984) besonders umfangreiche und zuverlässige Informationen über diese Art vorliegen und da diese ein unter Fissipedia einmalig komplexes Familienleben entwickelt haben. *Helogale* lebt in Familiengruppen von 10−30 Individuen. Es besteht eine streng fixierte Rangordnung, an deren Spitze ein ♀ steht, das allein mit einem ranghohen ♂ Nachwuchs erzeugt. Es besteht lebenslange Monogamie. Alle übrigen Gruppenmitglieder sind Nachkommen dieses Paares aus verschiedenen Würfen. Gelegentlich kommen Würfe bei einzelnen jüngeren ♀♀ vor. Die Jungen aus derartigen Würfen werden sofort, wahrscheinlich von dem α-♀, getötet. Zwergmungos verbringen die Nacht in einem Termitenbau und gehen tagsüber unter Führung der Gruppenmutter auf Nahrungssuche (Insekten). Die Gruppe wechselt jede Nacht den Ruheort und kommt erst nach längerer Zeit in den zuvor benutzten Termitenbau zurück. Sind Jungtiere im Lager, so bleiben diese im Bau. Während die Gruppe herumstreift, bleiben stets 2–3 jung-erwachsene Gruppenmitglieder, meist 1 erwachsenes ♀ und 1–2 junge ♂♂ als „Babysitter" zurück und sichern den Schutz der jüngsten Geschwister gegen Raubfeinde (Schlangen etc.) bis zur Rückkehr der Gruppe am Nachmittag. Nun werden die Jungen gesäugt und dann von Geschwistertieren, nie vom a-♀, im Maultransport zu dem inzwischen ausgewählten Termitenbau überführt. Für den Nachmittagsausflug wechseln die Wächter einander ab und die „Babysitter" gehen jetzt auf Nahrungssuche. Ist die Gruppe außerhalb des Baues, so übernehmen rangniedere ♂♂ die Wächterrolle. Sie suchen einen erhöhten Punkt der Umgebung auf und halten Ausschau. Nähert sich ein Raubfeind (vor allem Greifvögel), so wird ein schriller Warnlaut ausgestoßen und Deckung aufgesucht. Eine regelmäßige Wachablösung ist festzustellen, ohne daß bisher bekannt wäre, welche Faktoren den regelmäßigen Wachwechsel steuern.

In den Familiengruppen der Zwergmungos herrscht eine sehr strikte Hierarchie, in der die jüngste Nachkommengeneration einen sehr hohen Rang einnimmt und die älteren Geschwister an der Aufzucht der Jungtiere beteiligt sind. Diese übernehmen eine Reihe von altruistischen Funktionen; selbst Pflege von verwundeten oder kranken Gruppengenossen ist beobachtet worden, ebenso wie sie diesen Nahrung zutragen und sie wärmen. Jungtiere sind auf diese Pflege unbedingt angewiesen und gehen zugrunde, wenn die Pflege durch Geschwister ausfällt. Hat eine Gruppe ihre maximale Größe erreicht (etwa 30 Tiere), so kann es zur Absplitterung und Abwanderung kommen. Diese Splittergruppen haben nur dann eine Chance zu überleben und eine neue Großgruppe zu bilden, wenn sie mehr als 5 Individuen umfassen. Introgression einzelner ♀♀ in fremde Sozialverbände kommt gelegentlich vor. Heranwachsende Jungtiere zeigen ein höchst differentes Spielverhalten, das sie auf ihre späteren Aufgaben in der Gruppe vorbereitet.

Karyologie. Angaben über die Zahl der Chromosomen (2n) liegen für eine große Zahl von Arten vor (s. Tab. 48), doch reichen die Individuenzahlen noch kaum aus, um Schlüsse zu ziehen, da Analysen des Chromosomenbaues (Bandenstruktur, Fusionen, Fissionen, Translokation) vielfach noch fehlen.

Mehrfach ist Polymorphismus nachgewiesen, so für Blaufuchs (48, 50) und Silberfuchs (34–42). In beiden Fällen handelt es sich um Farmtiere (Mäkinen & Gustafson 1982).

Bei den Herpestidae haben die ♂♂ nur 1 Geschlechtschromosom (x), das y-Chromosom ist mit einem Autosom fusioniert.

Rückschlüsse auf Taxonomie und Stammesgeschichte sind allein aus der Chromosomenzahl nicht zu ziehen, insbesondere keine Schlußfolgerungen auf Speciesabgrenzung. Unterschiede in der Chromosomenzahl bei verwandten Arten sind meist als Ergebnisse von Fusionen zu deuten. Insbesondere sagt die Chromosomenzahl nichts aus über das aktive genetische Material (Herre & Röhrs 1990).

Tab. 48. Chromosomenzahl bei Fissipedia. Nach Todd & Pressman 1968, Fredga 1970, Ewer 1973, Wurster & Benirschke 1968

Mustela vison: 30
Martes martes, M. foina, Grison, Melogale,
  Lutrinae: 38
Mustela putorius, Martes flavigula: 40
Meles, Gulo: 42
Mustela erminea: 44
Mephitis: 50
Spilogale: 64
Ursus arctos, U. maritimus, U. americanus,
  U. thibetanus: 74
Tremarctos: 52
Ailuropoda: 42
Procyon: 38
Ailurus: 38

Canis lupus, Haushund, *C. aureus, C. latrans,*
  Lycaon: 78
Chrysocyon: 76
Otocyon: 72
Fennecus: 64
Vulpes: 38
Genetta: 52
Paguma: 44
Paradoxurus: 42
Civettictis, Nandinia: 38
Mehzahl der Herpestoidea: 36
Prionodon: 34
Hyaenidae, incl. *Proteles:* 40
Felidae, incl. *Panthera:* 38
Leopardus: 36

Übersicht über das System der rezenten Carnivora

Ordo **Carnivora**
    Subordo † Hyaenodonta („† Creodonta")
    Subordo Fissipedia
        Superfam. † Miacoidea
        Superfam. Arctoidea

		Anzahl der Genera	Species
Fam. 1.	Mustelidae	25	70
	Subfam. Mustelinae		
	Subfam. Mellivorinae		
	Subfam. Melinae		
	Subfam. Mephitinae		
	Subfam. Lutrinae		
Fam. 2.	Procyonidae	6	16
	Subfam. Procyoninae		
Fam. 3.	Ailuridae	1	1
	Subfam. Ailurinae		
Fam. 4.	Ursidae	5	8
	Subfam. Ursinae		
	Subfam. Tremarctinae		
	Subfam. Ailuropodinae		

        Superfam. Cynoidea (= Canoidea)

Fam. 5.	Canidae	8	ca. 35

        Superfam. Herpestoidea (= Feloidea, Ailuroidea)

Fam. 6.	Viverridae	22	39
	Subfam. Viverrinae		
	Subfam. Hemigalinae		
	Subfam. Paradoxurinae		
	Subfam. Galidiinae		
	Subfam. Cryptoproctinae		
Fam. 7.	Herpestidae	10	ca. 30
	Subfam. Herpestinae		
	Subfam. Suricatinae		
Fam. 8.	Hyaenidae	3	4
	Subfam. Hyaeninae		
	Subfam. Protelinae		
Fam. 9.	Felidae	5(14)	ca. 38
	Subfam. Acinonychinae		
	Subfam. Pantherinae		
	Subfam. Felinae		

    Subordo Pinnipedia (s. S. 862)

Fam. 1.	Otariidae	7	14
	Subfam. Arctocephalinae		
	Subfam. Otariinae		
Fam. 2.	Odobenidae	1	1
Fam. 3.	Phocidae	11	17
	Subfam. Phocinae		
	Subfam. Monachinae		
	Subfam. Mirounginae		

Spezielle Systematik der rezenten Fissipedia

Fissipedia (Landraubtiere) sind heute nahezu weltweit verbreitet. Sie fehlen nur in Australien/Neuguinea und Neuseeland. Der australische Dingo und der Hallströmhund von Neuguinea sind verwilderte Haustiere, die von frühen Einwanderern eingeführt wurden.

Superfam. Arctoidea

Fam. 1. Mustelidae, Marderartige (Abb. 400). 5 Subfamilien, 25 Genera, 70 Species, hierzu das kleinste Landraubtier (*Mustela nivalis*). Größte Art ist der Seeotter (*Enhydra lutris*). Kennzeichnend ist der schlanke und langgestreckte Rumpf und die geringe Länge der Extremitäten. Lokomotion vorwiegend cursorial und meist digitigrad, selten semiplantigrad. Finger und Zehen kurz mit scharfen Krallen. Die 3 Incisivi sind unkompliziert (*Enhydra* hat nur 2 I im Unterkiefer). Meist 3 oder 4 Praemolaren (2 bei *Poicilogale*). M $\frac{1}{2}$ oder $\frac{1}{1}$ (*Mustela, Mellivora, Poicilogale*). $\frac{P^4}{M_1}$ meist sektorial, bei einigen Subfam. sekundär abgeflacht.

Subfam. Mustelinae. *Mustela nivalis*, Mauswiesel (einschl. „*M. rixosa*"). Diese Art zeigt eine extreme, innerartliche Variabilität der Körpergröße (KRL.: 110–260 mm, SchwL.: 20–80 mm, KGew.: 30–250 g). Körpergröße nimmt nach S hin zu, entgegen der Bergmannschen Regel. Kleine Individuen auch im Hochgebirge. Verbreitung: Nearktis und Palaearktis. Fellfärbung dunkel bis rötlich braun, Unterseite weiß, im N des Verbreitungsgebietes Aufhellung des Winterkleides, doch selten ganz weiß. Schwanzspitze ohne schwarze Haare. Nahrung: Mäuse, Vögel, Frösche. Wiesel sind tagaktiv. Lebensraum Wald, Grasland, Steppe bis Hochgebirge. Sie leben, abgesehen von der Fortpflanzungszeit, als Einzelgänger. Territorien sehr verschieden groß, abhängig vom Nahrungsangebot. Keine verlängerte Tragzeit. Graviditätsdauer 34–36 d, 4–7 Junge. Auflösung des Familienverbandes nach etwa 3 mon.

Mustela erminea (Abb. 400), Hermelin, Großwiesel. KRL.: 170–330 mm, SchwL.: 50–120 mm, KGew.: 120–350 g. Fellfärbung: rötlich braungelblich, Unterseite weiß. Winterfell rein weiß. Stets mit schwarzem Haarbüschel der Schwanzspitze. Verbreitung ähnlich wie Mauswiesel, geht aber in Europa und Asien nicht soweit nach S. Lebensraum Busch- und Grasland, weniger in Wäldern. Tag- und nachtaktiv. Ernährung: Kleinsäuger, Vögel und Echsen, aber häufig größere Beuteobjekte als *M. nivalis* (bis Eichhörnchen- oder Kaninchen-Größe). Tragzeit mit Keimruhe 9–10 mon (s. S. 768f.). Wurfgröße 4–9.

Mustela putorius, Iltis, Waldiltis. KRL.: 350–460 mm, SchwL. 100–170 mm, KGew.: 700–1500 g. Europa, außer Irland, bis zum Ural. Pelz mit schwarzbraunen Grannen und dichter gelblicher Unterwolle, Gesichtsmaske. Größer und plumper als Wiesel. Dämmerungs-/nachtaktiv, solitär. Tragzeit: 40–42 d. Wurfgröße: 4–7. Das Frettchen, *Mustela putorius f. furo*, ist eine domestizierte Form des Waldiltis (REMPE 1962, 1970), die als Helfer bei der Kaninchenjagd genutzt wird. Das Frettchen ist etwas kleiner als die Stammform und meist heller gefärbt, oft albinotisch. Frettchen wurden an verschiedenen Orten (Korsika, Sardinien, vor allem auf Neuseeland) ausgesetzt und haben verwilderte Populationen gegründet.

Der Steppeniltis, *Mustela eversmanni*, etwas größer als *M. putorius*. Pelzfärbung heller. Lebensraum Steppen, Halbwüsten, ö. des Ural bis Amur, China. Ausbreitung nach W bis Burgenland und Böhmen soll erst in jüngerer Zeit erfolgt sein; hier Überlappung mit *M. putorius*. Wichtigste Beuteobjekte Ziesel und Hamster.

Mustela lutreola, Nerz, Sumpfotter. KRL.: 370–430 mm, SchwL.: 150–190 mm, KGew.: 400–1200 g. Färbung des Fells dunkel–schwarzbraun, weißer Lippen-Kinnfleck. Sehr dichte, wasserabweisende Unterwolle und glänzende Grannen. Verbreitung einstmals in Westeuropa, heute weit nach Osten zurückgedrängt. Restvorkommen vielleicht in West-Frankreich, geschlossenes Gebiet von Polen, Ungarn und Rumänien bis W-Sibirien.

Der Nerz ist unter allen *Mustela*-Arten am stärksten an Wasser gebunden und lebt in der Nähe von Bächen, Flüssen oder Sumpfgebieten. Er kann geschickt schwimmen und tauchen, besitzt aber keine speziellen körperlichen Anpassungen, abgesehen von der Pelzstruktur, an die semiaquatile Lebensweise. Die Beute (Fische, Frösche, Kleinsäuger) wird an Land verzehrt.

Mustela vison, Mink, Amerikanischer Nerz, ist *M. lutreola* sehr ähnlich und unterscheidet sich von dieser durch etwas größere Maße und längere Grannen; wird oft als Subspecies (*M. l. vison*) geführt. Verbreitet von Alaska bis Florida. Seit Ende des 19. Jh. als Farmtier für den Pelzhandel gezüchtet (heute etwa 20 Mio Felle pro Jahr). Zahlreiche Farbmutanten und Auftreten von Dome-

Abb. 400. Mustelidae, Marderartige. a) *Mustela erminea*, Hermelin, b) *Martes martes*, Edelmarder, c) *Lutra maculicollis*, Fleckenotter, d) *Mellivora capensis*, Honigdachs, e) *Gulo gulo*, Vielfraß.

stikationserscheinungen. Frei gekommene Farmnerze haben an zahlreichen Stellen, besonders in Skandinavien, Populationen gebildet. Der Mink ist offenbar gegenüber seinem palaearktischen Vetter ökologisch überlegen und anpassungsfähiger.

Mustela nudipes: Thailand, Malaysia, Sumatra, Java, Borneo. KRL.: 300 mm, SchwL.: 190 mm. Fell hellgelbbraun, Kopf weißlich. Hand und Fußsohle nackt, kurze Schwimmhäute zwischen Fingern und Zehen, offenbar semiaquatil. Lebensweise kaum bekannt.

Weitere *Mustela*-Arten in N- und C-Asien: *M. altaica, M. kathiah, M. sibirica, M. strigidorsa* und *M. lutreolina* (Java). In N-Amerika: *M. nigripes*. In N- und S-Amerika *M. frenata*. Im nördl. S-Amerika *M. africana* (!) und *M. felipei*.

Vormela peregusna, Tigeriltis. S und O-Europa, C- und SW-Asien (außer Arabien), Mongolei, China. KRL.: 270–350 mm, SchwL.: 120–180 mm, KGew.: 350–700 g. In Körperbau und Lebensweise sehr ähnlich *M. eversmanni*. Auffallend große Ohren, buschiger Schwanz mit dunkler Spitze, bunte Gesichtsmaske und braun-weißes Fleckenmuster auf dem Rücken.

Die Gattung *Martes*, echte Marder, umfaßt 5 altweltliche und 2 neuweltliche Arten.

Marder sind etwas größer als *Mustela*-Arten, haben etwas längere Gliedmaßen und sind stärker an arboricole Lebensweise angepaßt. $\frac{P^1}{P_1}$ bleibt erhalten.

Martes martes (Abb. 400), Edel- oder Baummarder. KRL.: 400–500 mm, SchwL.: 250–280 mm, KGew.: 1200–1600 g. Verbreitung Europa (außer Iberische Halbinsel) bis Westsibirien, brauner Pelz mit gelbem Kehlfleck. Solitär, nachtaktiv. Lebensraum sind Waldgebiete, im Gebirge bis zur Baumgrenze. Kulturflüchter. Verzögerte Nidation (s. Tab. S. 769).

Martes foina (Abb. 401), Steinmarder. Verbreitung C- und S-Europa (incl. Kreta, Korfu, Rhodos), bis Himalaya, Altai, W-China. Etwas gedrungener und schwerer als *M. martes*. Kehlfleck weiß, in der Form sehr variabel. Ursprünglich in Mischwäldern, sucht häufig Gebäude, Dachböden, Scheunen und Gärten auf.

Martes flavigula, Buntmarder, Charsa. Eine relativ große Art, KRL.: 520–720 mm, SchwL.: 400 mm, KGew.: 3–6 kg. Verbreitung SO-Asien, große Sunda-Inseln, O-Asien bis Amur-/Ussuri-Region. Eine etwas kleinere Subspecies als isolierte Restpopulation in den Nilgiri-Bergen Vorderindiens. Rücken schwarzbraun, Körperseite und Ventralseite aufgehellt, Kehle gelb, Kinn und Lippen weiß. Sehr weit herumschweifend, oft paarweise, gelegentlich kleine Familiengruppen.

Martes zibellina, Zobel. KRL.: 400–500 mm, SchwL.: 100–170 mm, KGew.: 1000–1800 g. Verbreitung primär von N-Skandinavien bis Kamtschatka, heute aus Europa verschwunden. Pelz recht einfarbig schwarzbraun, ventral aufgehellt. Kehlfleck unregelmäßig. Der Winterpelz ist besonders dicht, langhaarig und glänzend. Wegen des wertvollen Pelzes bejagt und zeitweise gefährdet. Die Bestände haben sich, dank Jagdverbot, heute erholt. Zobel werden in Rußland in Farmen gezüchtet. Lebensraum vorwiegend dichte Nadelwälder, Taiga. Verlängerte Tragzeit 240–290 d.

Martes melampus von Japan und Korea.

In N-Amerika incl. Kanada vertritt *Martes americana* unseren Edelmarder. Im gleichen Gebiet kommt *Martes pennanti*, Fischermarder, eine etwas größere Art vor; geht allerdings weniger weit nach N.

Eira barbara, Tayra, Hyrare. C- und S-Amerika. Kurzhaariger Pelz, schwarzbraun, Kopf aufgehellt. KRL.: 560–680 mm, SchwL.: 400–450 mm, KGew.: 4–6 kg. Etwas langbeiniger als *Martes*. Lebt solitär oder in kleinen Familiengruppen. Neben Fleischnahrung auch Früchte.

Drei amerikanische Mustelidenarten stehen *Mustela* nahe.

Galictis vittata, Groß-Grison. C-Mexiko bis O-Brasilien. KRL.: 480–550 mm, SchwL.: 160 mm, KGew.: 1,5–3,3 kg. Gesicht, Kehle, Ventralseite und Extremitäten schwarz. Dorsalseite hell grau, weißer Überaugenstreifen. In offener Landschaft, teilweise auch in Waldgebieten. Hauptnahrung: Caviamorpha, Chinchillas. Klettert und schwimmt gut.

G. cuya, Klein-Grison von M-Amerika bis Patagonien.

Lyncodon patagonicus, Zwerg-Grison. S-Argentinien, Chile, Patagonien. Reduktion der postcaninen Zähne auf $\frac{3}{3}$, also 28 Zähne insgesamt.

Die afrikanischen Streifenwiesel, 3 Genera, 3 Species, haben eine schwarz-weiße Warnfärbung und besitzen Stinkdrüsen, die sie, ähnlich den amerikanischen Stinktieren, zur Abwehr benutzen. Lebensweise ähnlich wie bei Wieseln und Iltis. Körperform sehr schlank, Extremitäten kurz. Sie können in Bauten von Nagern einfahren. Unterscheidung der drei Formen nach Anordnung der Zeichnungsmuster, Körpergröße und Gebiß.

Abb. 401. Mustelidae. a, b, c) *Martes foina*, Steinmarder, d) *Gulo gulo*, Vielfraß. Schädel in verschiedenen Ansichten.

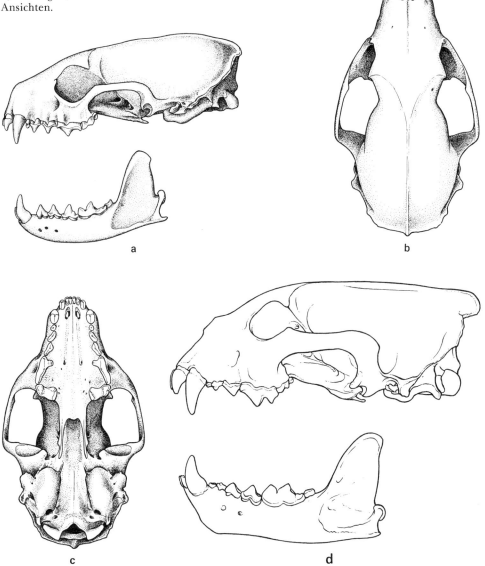

Poecilictis libyca, Streifenwiesel, kleinste Art (KRL.: 225–280 mm, SchwL.: 130–150 mm, KGew.: 250 g). Verbreitung an den Rändern der Sahara, im N Marokko, Ägypten, im S Mauretanien bis Sudan. Gebiß: $\frac{3\ 1\ 3\ 1}{3\ 1\ 3\ 2}$.

Ictonyx striatus, Bandiltis, Zorilla: Senegal bis Ägypten, Äthiopien, bis S-Afrika. KRL.: 280–360 mm, SchwL.: 200–300 mm, KGew.: 400–1000 g. Zahnformel: $\frac{3\ 1\ 3\ 1}{3\ 1\ 3\ 2}$.

Poacilogale albinucha, von C-Afrika, Zaire, Tanzania bis S-Afrika. KRL.: 250–350 mm, SchwL.: 150–230 mm. Zahnformel: $\frac{3\ 1\ 2\ 1}{3\ 1\ 2\ 1}$.

Gulo gulo, Vielfraß, Järv, Bärenmarder (Abb. 400, 401), ist eine Großform, die aber trotz ihrer plumpen Gestalt den echten Mardern sehr nahe steht. Vorkommen holarktisch in der Taiga und im S der Tundra (in Eurasien südl. bis 50° n.Br., in Amerika südl. bis 37° n.Br.). KRL.: 700–1050 mm, SchwL.: 180–230 mm, KGew.: 10–20 kg. Fellfärbung einheitlich dunkelbraun mit hellbraunem Flankenstreifen. Plantigrad, ausdauernder Läufer, bes. in Schneeregionen. ♂♂ streifen weit umher in sehr ausgedehntem Territorium (bis 200 km^2), das verteidigt wird und gewöhnlich kleinere Territorien von 3–4 ♀♀ umschließt. Ernährung: vorwiegend kleine Säugetiere, aber auch gelegentlich Rentiere und Elche. Auch Aas wird gefressen (P. Krott).

Subfam. Mellivorinae. Monotypisch, 1 Genus, 1 Species. *Mellivora capensis*, Honigdachs, Ratel. (Abb. 400, 402). Sehr großes Verbreitungsgebiet: Vorderindien, Turkmenien, Iran, Arabien, Syrien, Palästina, Afrika s. der Sahara. KRL.: 600–700 mm, SchwL.: 200–300 mm, KGew.: 7–15 kg.

Sehr charakteristische Färbung. Der Körper zeigt eine schwarze Grundfärbung im ganzen ventralen und lateralen Bereich. Der Scheitel ist vom Niveau der Augenhöhlen rückwärts weiß–grau. Bei der Mehrzahl der Individuen erstreckt sich der helle Fellbezirk über den Rücken bis zur Schwanzwurzel. Ganz schwarze Individuen kommen vor allem in W-Afrika vor. Unterwolle sehr spärlich, das Fell ist außerordentlich derb und gegen die Muskulatur verschieblich. Der Rumpf ist platt, der Rücken breit, so daß der Körper niedergedrückt erscheint und daher an den eines Dachses erinnert. Systematisch bestehen keine Beziehungen zu den Dachsen (Melinae), wie Schädelbau und Gebiß $\frac{3\ 1\ 3\ 1}{3\ 1\ 3\ 1}$ erweisen. *Mellivora* steht den Mustelinae nahe und kann als spezialisierte Großform dieser Gruppe verstanden werden. Die Vordergliedmaßen sind kräftiger als die Hinterbeine und tragen Grabklauen. Lokomotion kursorial, plantigrad. Lebensraum: Steppe und Halbwüste. Dämmerungs- und tagaktiv. Nahrung: Kleine und mittelgroße Vertebraten, Insekten, Honig.

Im Schrifttum wird seit altersher berichtet, daß der Honigzeiger, *Indicator indicator*, ein Vogel aus der Fam. Indicatoridae, wenn er ein Bienennest gefunden hat, einen Honigdachs aufsucht und diesen durch Gesang und Flügelschlagen dazu auffordert, ihm zu folgen. Der Honigdachs folgt angeblich dieser Lockung und legt das Bienennest frei. Der Vogel beteiligt sich an der Beute und verzehrt Wachs, Bienen und deren Larven. Dieser, oft als Symbiose zwischen Vogel und Säugetier beschriebene Vorgang ist bisher von keinem der Beobachter in allen seinen Teilschritten konsequent verfolgt worden (Friedmann 1955, Kingdon 1977, Rosevaer 1974). Tatsache ist, daß sich häufig Honiganzeiger einfinden, wenn eine *Mellivora* ein Bienennest freilegt. Fraglich ist die Angabe, daß der Vogel den Honigdachs ruft und zum Bienennest führt. Honiganzeiger sind in der Nähe der Bienennester häufig und zeigen ihr geräuschvolles Verhalten auch dann, wenn kein Honigdachs in der Nähe ist. Die beobachteten Fakten sprechen dafür, daß es sich um das zufällige Zusammentreffen von zwei Arten, die die gleiche Nahrungsquelle nutzen, und nicht um eine echte Symbiose handelt. Bemerkenswert ist auch, daß aus dem asiatischen Teil des Verbreitungsgebietes von *Mellivora*, in dem auch eine *Indicator*-Art vorkommt, kein einziger Bericht über eine solche Zusammenarbeit von Säuger und Vogel vorliegt.

Subfam. Melinae, Dachsartige. Als Melinae werden 5 Genera (8 Species) mustelidenartiger Raubtiere zusammengefaßt, die durch eine Reihe adaptiver Merkmale (Omnivorie, Grabanpassungen, Plantigradie – Semiplantigradie) gekennzeichnet sind, aber auf sehr verschiedenem Evolutionsniveau stehen. Fossil sind Dachse aus dem Jungtertiär bekannt, als bereits die Aufspaltung in mehrere Stammeslinien (*Meles*-Gruppe und *Melogale*-Gruppe) einsetzte. Sehr früh läßt sich ein Eigenweg der amerikanischen Dachse (*Taxidea*) nachweisen († *Leptarctus*, Miozaen, Thenius). Echte Dachse (*Meles*) haben die Neue Welt nie erreicht. Das Genus *Meles* ist seit dem Pliozaen nachgewiesen. Die phylogenetische Stellung der Stinkdachse (*Mydaus*) ist umstritten. Verbreitung: *Taxidea*, N-Amerika von Kanada bis Mexiko, w. der Großen Seen. Die übrigen Gattungen nur in Europa und Asien, außer den subarktischen und arktischen Gebieten.

Dachse sind mittelgroß, kurzbeinig, von plumpem Körperbau mit muskulären Vordergliedmaßen, kräftigen Grabkrallen und sehr kräftigem Gebiß. Sie graben ausgedehnte Erdbauten mit mehreren Kesseln. Lebensweise nocturn. Lebensraum vorwiegend Waldgebiete bis Grasland. Gebiß: *Meles, Arctonyx, Mydaus, Melogale* $\frac{3\ 1\ 4\ 1}{3\ 1\ 4\ 2}$, *Taxidea* $\frac{3\ 1\ 3\ 1}{3\ 1\ 3\ 2}$.

Meles meles, eurasiatischer Dachs. Von den Britischen Inseln bis Japan, im S bis Syrien. Balearen, Kreta, Rhodos. KRL.: 600–900 mm, SchwL.: 120–240 mm, KGew.: 7–15 kg (Herbst). Rücken silbergrau, Ventralseite und Extremitäten schwarz, Kopf weiß mit breitem schwarzen Streifen von

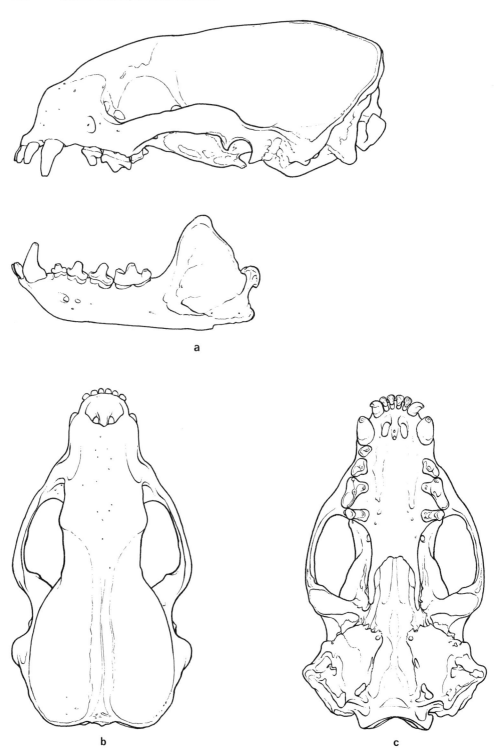

Abb. 402. Mustelidae. *Mellivora capensis leuconota*, Honigdachs, Schädel in drei Ansichten.

Voraugengegend bis Ohrregion. Labyrinthäre Erdbauten mit mehreren Ausgängen, oft große Auswurfhaufen. Junge Tiere können lockere Sozialverbände (Clans) bilden (bis 12 Ind.). Nocturne Lebensweise. Winterruhe, aber keine Lethargie (K.Temperatur und Herzfrequenz nicht gesenkt). Verlängerte Tragzeit (270 – 280 d, nach Winterranz bis zu 1 a).

Arctonyx collaris, Schweinsdachs. Schmale Schnauzenpartie mit Rüsselbildung. Assam, Burma, Indochina, China, Sumatra.

Melogale (*Helictis*), Sonnendachse mit 3 Arten. *M. personata*: schlanker Körperbau, marderähnlich, langschwänzig, arboricol. Assam, SO-China, Thailand, Vietnam, Java, Borneo.

Mydaus, Stinkdachs. *M. javanicus*: Sumatra, Java, Borneo, nicht auf dem Festland. KRL.: 380 – 500 mm, SchwL.: 50 – 75 mm, KGew.: 1,5 – 3 kg. Weißer Stirn- und Rückenstreifen. Analdrüsen, deren Sekret, ähnlich wie bei Mephitiden, zur Abwehr versprizt wird. *M. marchei* (Subgenus: *Suillotaxus*), nur auf Natuna Island und Calamian Islands (Philippinen). Kräftiges Gebiß, kurze Ohren.

Taxidea taxus, amerikanischer Dachs, Silberdachs. KRL.: 600 – 740 mm, SchwL.: 110 mm, KGew.: 6 – 8 kg. SW-Kanada bis N-Mexiko, östlich bis Ontario-See. Langhaariges, silbergraues Fell, ventral heller, weißer Stirnstreifen. Nase, Wangenfleck und Gliedmaßen schwarz. Vorwiegend in offenem Gelände, nocturn, gelegentlich auch tagaktiv. Rumpf auffallend platt und breit. Verlängerte Tragzeit. Meist solitär, abgesehen von der Fortpflanzungsperiode.

Subfam. Mephitinae, Stinktiere, Skunks. Ausschließlich amerikanisch; 3 Genera, 8 Arten. Sie stehen im Körperbau und in der Körpergröße zwischen Mardern und Dachsen. Extremitäten länger als bei beiden genannten Subfamilien. Kopf klein, Schnauzenpartie zugespitzt. Schwanz relativ lang und buschig. Pelz dicht und langhaarig, artlich differente, aber immer kontrastreiche Schwarzweiß-Streifen oder Fleckenmuster. Der Pelz der nördlichen Arten spielte zeitweise eine bedeutende Rolle im Pelzhandel, ist aber heute außer Mode gekommen. Extreme Ausbildung der Analdrüsen, deren Sekret gezielt gegen Angreifer gespritzt werden kann (3 – 6 m) und äußerst penetrant riecht und schwer zu beseitigen ist. Bei den blinden und wenig behaarten Neugeborenen ist die Sekretbildung bereits im Gange und es wird im Alter von 1 Woche auch, zunächst ungezielt, ausgestoßen. Bei der Abwehr ist der Kopf des Stinktiers gegen den Angreifer gerichtet, der Rumpf wird C-förmig eingekrümmt, sodaß der Analpol neben der Nasenspitze liegt. Ernährung omnivor. Lebensraum Grasland, Ackerland, kleine Waldinseln. ♂♂ besetzen Territorien, in denen mehrere ♀♀ angesiedelt sind. Nocturne Lebensweise, Umherstreifen der ♂♂ etwa 3 km. Im N des Verbreitungsgebietes hält *Mephitis mephitis* Winterruhe, aber verfällt nicht in Lethargie. Oft finden sich mehrere Individuen, darunter meist 1 ♂, im Winterlager. Zahnformel: *Mephitis* und *Spilogale* $\frac{3\ 1\ 3\ 1}{3\ 1\ 3\ 2}$, *Conepatus* $\frac{3\ 1\ 2\ 1}{3\ 1\ 3\ 2}$.

Mephitis mephitis, Streifenskunk: KRL.: 580 – 800 mm, SchwL.: 180 – 400 mm, KGew.: 1,5 – 2,5 kg. Kanada bis Florida und Kalifornien.

Mephitis macroura, Haubenskunk. Südlich anschließend bis Mexiko und Nikaragua.

Spilogale putorius, Fleckenskunk. KRL.: 400 mm, SchwL.: 80 – 160 mm, KGew.: 500 – 1 000 g. SW-Kanada bis Kostarika. Klein, wieselartige Körperform, sehr beweglich, klettert häufig. Verlängerte Tragzeit 230 – 250 d, davon 30 d aktive Phase.

Conepatus von Arizona und Texas bis Patagonien. KRL.: 300 – 500 mm, SchwL.: 160 – 400 mm, KGew.: 2,3 – 4,5 kg. Nase verlängert, Streifenzeichnung sehr variabel, daher Artabgrenzung umstritten. Berechtigt dürfte die Abgrenzung von 4(5) Arten sein.

Conepatus leuconotus, Ferkelskunk, von Arizona, Texas bis Mexiko, Nikaragua.

Conepatus semistriatus, Amazonasbecken, O-Brasilien.

Conepatus chinga, Andenskunk, Peru, Bolivien, Chile, S-Brasilien, N-Argentinien.

Conepatus humboldti, Patagonienskunk, NO-Argentinien, Paraguay bis Patagonien.

Subfam. Lutrinae, Ottern. Lutrinae (HARRIS 1968, POHLE 1920) (Abb. 400, 403) sind die am stärksten an aquatile Lebensweise angepaßten Fissipedia. Verbreitung weltweit (außer Madagaskar, Australien, ozeanische Inseln und arktische Gebiete), mit großen Lücken (fehlen in allen ariden Gebieten).

4 Gattungen, 15 Arten. Ottern sind carnivor und erbeuten einen wesentlichen Teil ihrer Beute im Wasser (Fische, Frösche, Krebstiere, Schwimmvögel). Erdbauten, oft mit Ausgängen über und unter Wasser. Territorien werden durch Kothaufen mit Analdrüsensekret abgegrenzt.

Längere Wanderungen über Land sind mehrfach beobachtet worden. Kopf mit relativ großer Hirnkapsel (Abb. 403), flach. Sehr kräftige Vibrissen auf Vibrissenpolster. Pelz sehr dicht, weich, glänzende Grannenhaare, wasserabweisend, wird im Pelzhandel hoch bewertet, daher bedrohlicher Rückgang der Bestände bei den meisten Arten. Augen nach dorsal verlagert. Äußeres Ohr klein, Gehörgang verschließbar. Körper schlank und langgestreckt. Rumpfbewegungen sehr wendig und geschmeidig. Ottern schwimmen, indem sie schlängelnde Rumpfbewegungen machen (sekundäres Schlängelschwimmen, s. S. 91–94) und mittels des langen Ruderschwanzes, nie durch Extremitätenbewegungen.

Extremitäten kurz, Hinterbeine kräftiger als Vordergliedmaßen, fungieren als Steuer. Die Schwimmhäute sind, besonders an den Händen, erstaunlich kurz (Ausnahme *Enhydra*). Krallen kurz und stumpf, bei den Fingerottern (*Aonyx*) mehr oder weniger weit rückgebildet.

Gebiß: *Lutra* $\frac{3\ 1\ 4\ 1}{3\ 1\ 3(4)\ 2}$, *Enhydra* $\frac{3\ 1\ 3\ 1}{2\ 1\ 3\ 2}$. P^4 verliert seine schneidende Kante. Die M^1, M_1 sind, besonders bei *Enhydra*, vergrößert (Talon und Talonid) und tragen niedrige, rundlich-plumpe Höcker, entsprechend der Ernährungsweise (Seeigel, Muscheln, Crustacea). Ottern fliehen bei Bedrohung ins Wasser. Tauchdauer 1–2 min, maximal 5 min.

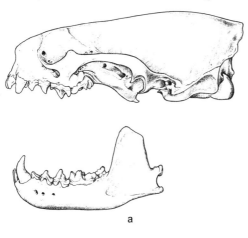

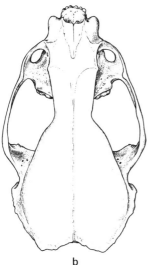

a

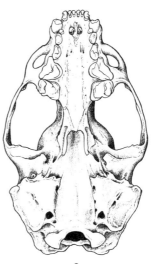

Abb. 403. Mustelidae. Lutrinae. *Lutra (Lutrogale) perspicillata*, Fischotter (Pakistan), Schädel in drei Ansichten.

b   c

Fortpflanzung der Lutrinae: Paarung im Wasser, Geburt der Jungen im Erdbau an Land, bei *Enhydra* auch gelegentlich im Wasser. Tragzeit 60−63 d (mit Keimruhe auch bis zu 9 mon). Bei *Enhydra* 4 mon (in Kalifornien), bei nördlichen Populationen 8 mon. Wurfgröße: *Lutra* 2−4, *Enhydra* meist 1. Ottern werden als Nesthocker geboren. Das einzige Junge des Seeotters (*Enhydra*) verbringt die ersten Wochen ausschließlich am mütterlichen Körper und wird auch beim Tauchen von der Mutter getragen. Augenöffnung bei *Lutra* mit 4 Wochen, erstes Verlassen des Nestes im Alter von 2 mon, selbständig mit 4−6 mon.

Bereits im Oligozaen/Miozaen sind die Lutrinae von den übrigen Musteliden abgespalten und zeigen im Jungtertiär eine erhebliche Radiation in Eurasien und Afrika. †*Potamotherium* (Miozaen, Europa) und †*Semantor* (Pliozaen, Asien) sind hoch spezialisiert und kommen nicht als unmittelbare Vorfahren der rezenten Ottern in Frage.

Lutra lutra, eurasiatischer Fischotter. KRL.: 550−950 mm, SchwL.: 300−550 mm, KGew.: 5−12 kg. Von den Britischen Inseln bis Japan in geeigneten Biotopen (fehlt auf Island), im N bis zum Polarkreis. In Europa weitgehend ausgerottet, geschlossenes Vorkommen nur noch in N-Skandinavien und im Osten. In NW-Afrika (Marokko, Algerien, Tunis). Vorkommen in Asien bis S-Indien, Sri Lanka, Taiwan, Vietnam, Sumatra, Java (fehlt in Arabien). Schwanz lang und kräftig, besonders an der Basis.

Lutra canadensis, nordamerikanischer Fischotter. Ähnelt sehr in Körperbau und Lebensweise dem europäischen Otter. Von Alaska bis Florida und mexikanischer Grenze. Gleichfalls in vielen Gebieten im Rückgang.

In C- und S-Amerika wurden mindestens 5 *Lutra*-Arten beschrieben. Offenbar handelt es sich aber meist um geographische Unterarten von *Lutra longicaudis*. Eine selbständige Art ist offenbar *Lutra felina* von der W-Küste Chiles und Patagoniens, die ausschließlich an der Meeresküste vorkommt.

Lutra maculicollis (Abb. 400), Fleckenhalsotter. KRL.: 600 mm, SchwL.: 350−400 mm, KGew.: 3−6 kg. Kehle, Kinn, Brust, oft auch Bauch weiß mit braunen Flecken. S der Sahara und Kapprovinz, aber weite Bereiche nicht besiedelt.

Lutra (Lutrogale) perspicillata (Abb. 403), Glattotter. Vorder- und Hinterindien, Borneo, Sumatra, isoliertes Vorkommen im S-Irak (Schatt el Arab). Größe und Proportionen wie bei *Lutra l.* Schwanz deutlich abgeflacht. Schädel weniger flach als beim Fischotter. Augen liegen etwas tiefer. Schnauze verkürzt. Fell glatt, kurzhaarig. Färbung sehr variabel dunkelbraun bis sandfarben.

Fingerottern, Genus *Aonyx* (incl. *Paraonyx*, *Amblyonyx*):

Aonyx capensis. KRL.: 750−900 mm, SchwL.: 400−560 mm, KGew.: 16−25 kg. Afrika s. der Sahara bis Kap (außer Namibia). Krallen fehlen an den Fingern, an den Zehen winzige Rudimente oder auch fehlend. Keine Schwimmhäute an der Hand, sind aber am Fuß ausgebildet. Die frei beweglichen Finger dienen als sensitive Tastorgane und ergreifen die Nahrung (Crustacea).

Aonyx (Amblyonyx) cinerea, kleiner indischer Fingerotter. KRL.: 400−630 mm, SchwL.: 245−300 mm, KGew.: 2,5−5 kg. Indien, Burma, bis S-China, Taiwan, Hainan, Indonesien bis Java, Borneo, Sumatra, Palawan Islands.

Pteronura brasiliensis, brasilianischer Riesenotter. KRL.: 900−1400 mm, SchwL.: 500−700 mm, KGew.: 22−32 kg. Erreicht damit nahezu die Größe von *Enhydra*. Vorkommen Stromgebiet des Amazonas und Orinoko, von Venezuela und Guayana bis N-Argentinien und Uruguay. Schädel gewölbt, kurzschnauzig. Schwanz an der Wurzel rund, in den distalen 2 Dritteln stark abgeflacht. Hand und Fuß mit ausgedehnten Schwimmhäuten. Fellfärbung: dunkelbraun. Lippen, Kinn und Brustfleck gelblich. Lebensweise und Uferbauten ähnlich wie *Lutra*, diurn. Bildet Schulen von etwa 10 Individuen, 1−2 Junge.

Enhydra lutris (*Latax*), Seeotter, Kalan (JACOBI 1938, BARNABASH-NIKIFOROV 1962, 1963). Größter Mustelide, KRL.: 1200−1450 mm, SchwL.: 300−330 mm, KGew.: 16−33 kg (♂♂ um 1/3 schwerer als ♀♀). Vorkommen ursprünglich W-Küste N-Amerikas von Nieder-Kalifornien, Alaska, Aleuten, Kurilen, Kommandeur Insel bis Kamtschatka und N-Japan. Wegen ihres kostbaren Pelzes gegen Ende des 19. Jh. kurz vor der Ausrottung. Nach totalem Jagdverbot seit etwa 60 Jahren haben sich Populationen an der kalifornischen Küste, an der W-Küste Alaskas, auf den Kurilen und Kommandeur Inseln reetabliert. Heute sind die Bestände vor allem durch den Tankerverkehr (Ölpest) bedroht.

Fellfärbung dunkelbraun−schwärzlich, Kopf, Kehle und Brust grauweiß, cremefarben. Kopf breit und rundlich, relativ kurze Schnauzenpartie. Extremitäten und dorsoventral abgeplatteter

Schwanz relativ kurz. Hinterfüße, mit ausgedehnter Schwimmhaut, bilden lange Flossen. Zehenstrahl V am längsten. Hände mit Schwimmhäuten, Krallen kurz. Nur 2 untere Incisivi. Molaren breit und flach. Nahrung Seeigel, Muscheln, Crustaceen, kaum Fische. Bei der Nahrungssuche nehmen Seeotter mit den Seeigeln Steine auf, schwimmen nach dem Auftauchen auf dem Rücken, legen sich einen Stein auf ihre Brust und zerschlagen die Schaltiere mit einem zweiten Stein (Werkzeuggebrauch!). Tauchtiefe meist nicht über 20 m. *Enhydra* ist eine rein marine Art, die selten an Land geht und sich nur kurze Strecken vom Wasser entfernt. Die Geburt erfolgt im Wasser auf Tangwiesen oder auf dem Land. Das einzige Junge ist für die ersten Lebenswochen eng an den Körper der Mutter gebunden und wird, auch beim Tauchen, in den Armen gehalten. KGew. des Neugeborenen 1,8 kg. Seeotter sind die einzigen Mustelidae, die eine gelappte Niere besitzen (Aufnahme von Meerwasser).

Fam. 2. Procyonidae. Procyonidae, Kleinbären, sind arctoide Raubtiere, die eine Reihe heteromorpher Genera umfassen, die auf die Neue Welt, von Kanada bis zum s. S-Amerika, beschränkt sind. Abgrenzung und Gliederung der Procyonidae sind mit einigen Problemen belastet, denn die Vertreter zeigen zahlreiche Plesiomorphien und die Monophylie der Gruppe kann zur Zeit kaum durch Synapomorphien begründet werden. Sie gründet sich auf Befunde am Gebiß und vor allem auf palaeontologische und geographische Gegebenheiten und ist nicht frei von typologischen Überlegungen.

Gebiß: $\frac{3\ 1\ 4\ 2}{3\ 1\ 4\ 2} = 40$. C lang und spitz, $\frac{P^4}{M_1}$ schwach entwickelt, Molaren breit und flach, nahezu bunodont. *Potos* hat nur je 3 $\frac{P}{P}$. Ernährung: omnivor, Kleintiere — Früchte. *Potos* ist am stärksten auf vegetabile Nahrung angewiesen.

Alle Procyonidae besitzen lange Schwänze, Extremitäten mittellang, sehr flexibel, semiplanti- bis plantigrad. Alle 5 Strahlen mit starken Krallen, weitgehend frei beweglich. Terrestrisch bis arboricol. Am weitesten ist der Wickelbär arboricol (greiffähiger Wickelschwanz). Baculum lang, an der Spitze zweilappig (Abb. 407). Ein Alisphenoidkanal fehlt, desgleichen ein Caecum.

Angaben über Hautdrüsenorgane und Duftmarkieren bei Procyonidae sind widerspruchsvoll, zumal mikroskopische Untersuchungen fast ganz fehlen. Echte, wenn auch kleine Analbeutel dürften bei *Procyon* vorkommen (MIVART 1885, CARLSSON 1925, POCOCK 1921). *Nasua* besitzt vierteilige Drüsen in der Analregion (MIVART 1885). Nasenbären markieren nach den Freilandbeobachtungen von KAUFMANN (1962) durch Urin. *Bassariscus* besitzt nach GERVAIS Analbeutel (Angabe von POCOCK 1921 bestritten). *Bassaricyon* besitzt Analdrüsen. Duftdrüsen sind in Hand- und Fußballen mehrfach erwähnt worden (*Procyon, Potos*). *Potos* (Wickelbär) weicht in Hinblick auf das Muster der Hautdrüsen von allen anderen Procyonidae ab. *Potos* besitzt in beiden Geschlechtern eine nicht scharf begrenzte Bauchdrüse, die von der Genitalöffnung bis an das caudale Ende des Sternum reicht. Deren Sekret dient der Markierung. Außerdem kommt noch ein nacktes Drüsenfeld am Hals vor dem Manubrium sterni vor. Nach älteren Angaben (OWEN 1835, WAGNER 1841) sollen Analdrüsen beim Wickelbären fehlen, wurden aber durch CARLSSON (1925) und POCOCK (1921) nachgewiesen.

Tab. 49.

Fortpflanzung	Tragzeit	Zahl der Jungen	Geburtsgew.
Bassariscus astutus	51–53 d	1–4	25 g
Procyon lotor	60–70 d	2–7	70 g
Nasua narica	70–77 d	2–7	150 g
Potos flavus	112–120 d	1–4	117–200 g

Karyologie, s. S. 771

Das Gehirn der Procyonidae ist gyrencephal. Die Opercularisation ist gering, die erste Bogenwindung liegt frei (s. S. 762f.). Das HirnGew. (Einzeldaten) beträgt bei *Procyon* 42 g, *Nasua* 35–40 g, bei *Bassariscus astutus* 14 g.

Herkunft und Stammesgeschichte der Procyonidae. Vielfach wird ein altweltlicher Ursprung der Gruppe angenommen. Alttertiäre Carnivora mit procyonider Ohrregion († *Plesictis*, Eozaen-Miozaen, Europa; † *Mustelavus*, Oligozaen, N-Amerika) dürften der Stammgruppe nahe stehen. Fraglich ist, ob † *Plesictis* primär altweltlich ist oder ob es sich um einen Einwanderer aus N-Amerika handelt, da im Alttertiär Faunenaustausch möglich war. Sicher ist, daß die Radiation der Procyonidae in Amerika erfolgte. Diese wird mit dem Fehlen von Schleichkatzen in Amerika, deren Nische von Kleinbären besetzt wird, in Zusammenhang gebracht. Die Aufspaltung muß relativ früh erfolgt sein und zur Herausbildung verschiedener biologischer Typen auf differentem Evolutionsniveau geführt haben. *Bassariscus* vertritt einen basalen Typ, *Procyon* vertritt auf höherem Niveau einen generalisierten Anpassungstyp. *Bassaricyon* und *Nasua* sind stärker spezialisiert. *Potos* ist zweifellos die am stärksten spezialisierte Gattung. 6 Genera, 16 Species.

Spezielle Systematik der rezenten Procyonidae. *Bassariscus* (Katzenfrett, Cacomistl) (Abb. 404): 2 Arten. *B. astutus,* von SW-Oregon und W-Colorado bis Kalifornien, Arizona, Texas, New Mexiko. S bis Isthmus von Tehuantepec. *B. sumichrasti,* von Mexiko bis Kostarika. KRL.: 300–400 mm, SchwL.: 300–450 mm, KGew.: 1 kg. Die südliche Art ist etwas größer als die nördliche. Generalisierter Körperbau, bereits bei tertiären Formen. Fellfärbung grau, Schwanz buschig mit schwarzweißer Ringelung. Geringster Cerebralisationsgrad unter Procyoniden. $\frac{P^4}{M_1}$ als Brechschere ausgebildet. Omnivor, nocturn und solitär. Tragzeit: 51–53 d. Wurfgröße: 1–4.

Bassaricyon (Makibär, Olingo), 5 Arten, deren Status nicht gesichert ist. *B. gabii*, Kostarika, Kolumbien, Ekuador, weitere Arten aus dem Gebiet östlich der Anden. KRL.: 360–410 mm, SchwL.: 450 mm, KGew.: 1 kg. Kopf rundlich, dorsal abgeflacht mit spitzer Schnauze, kleine runde Ohren. Färbung graubraun, Unterseite heller. Schwanz nicht buschig, Ringelzeichnung wenig deutlich. Wie *Bassariscus* vorwiegend arboricoler Bewohner der tropischen Wälder, solitär, nocturn.

Procyon, Waschbär (Abb. 404, 405). 6 Arten, davon 4 Formen Bewohner kleiner Inseln (evtl. nur als Subspecies zu werten). *Procyon lotor*, nördlicher Waschbär, von S-Kanada, weit verbreitet in USA bis Panama. *Pr. cancrivorus*, Krabbenwaschbär, Panama, große Teile S-Amerikas bis N-Argentinien. KRL.: 400–600 mm, SchwL.: 300–400 mm, KGew.: 3–10 kg. Heute durch Freisetzung und durch Entkommen aus Pelztierfarmen stabile Populationen in Europa (Deutschland, Rußland) und O-Asien.

Kopf breit, Schnauze kurz und verschmälert, Ohren mittelgroß, abgerundet. Schwanz mit 5–6 dunklen Ringen. Der Pelz von *Pr. lotor* sehr dicht, mit graubrauner Unterwolle und langen Grannen, am Rumpf grau mit bräunlicher Tönung. Kopf, Hände und Füße kurzhaarig. Schwarze Maske über der Augengegend. Sohlen nackt, Finger lang, sehr beweglich und spreizbar mit gutem Tastvermögen. Extremitäten für einen Procyoniden relativ lang. Das Fell von *Pr. cancrivorus* ist rauh und struppig, kurzhaarig und entbehrt der Unterwolle. Der Krabbenwaschbär erscheint, bedingt durch die abweichende Fellstruktur, langbeiniger und schlanker als die nördliche Art. Unterschiede zwischen beiden Arten auch im Schädelbau. Die Inselformen sind kleiner als die Festlandformen.

Lebensraum: Bevorzugt waldreiches Gelände mit Zugang zu Gewässern. Krabbenwaschbär auch in Mangroven. Im Gebirge bis 2000 m. In offenem Gelände, wenn Gewässer erreichbar. Aride Lebensräume werden vermieden. Waschbären sind eher terrestrisch als andere Kleinbären. Ernährung: Omnivor, kleine Evertebrata und Vertebrata, Früchte, Mais, Samen. Waschbären werden oft bei der Nahrungssuche im seichten Rand von Gewässern beobachtet, gehen aber kaum in tiefere Gewässer. Manipulationen bei der Nahrungssuche im Flachwasser waren Anlaß zu der Namensgebung, in der Annahme, die Tiere würden Beuteobjekte im Wasser reinigen. Neuere Beobachtungen haben erwiesen, daß Waschbären mit ihren hochsensiblen Fingern Bodengrund und Steine nach Schnecken, Krebsen oder Insekten absuchen. Sie waschen also nicht, sondern tasten. Anlaß für die Mißdeutung waren Beobachtungen von Tieren in Gefangenschaft, denen

Abb. 404. Procyonidae.
a) *Bassariscus astutus*, Katzenfrett, b) *Procyon lotor*, Waschbär, c) *Potos flavus*, Wickelbär, d) *Nasua narica*, Nasenbär.

Wasser ohne „Inhalt" zur Verfügung stand. Die Instinkthandlung des tastenden Suchens nach Nahrung im Wasser lief zwanghaft im Leerlauf ab (GEWALT).

Waschbären sind hauptsächlich nachts aktiv. Abgesehen von der Fortpflanzungsperiode, sind sie Einzelgänger. Territorien der ♂♂ etwa 4 ha. Tragzeit: 60 – 73 d. Wurfgröße: 2 – 7, GeburtsGew.: 70 g. *Procyon* markiert mittels des Sekretes der Analdrüsen. HirnGew. bei *Pr. lotor* 42 g (KGew.: 6 kg). Waschbären halten im nördlichen Abschnitt ihres Verbreitungsgebietes eine Winterruhe, ohne aber in Torpor zu fallen.

Nasua, Nasenbären, Coatl. Sie sind kenntlich an der langen, rüsselartigen und sehr beweglichen Schnauzenpartie, die weit über das Vorderende des Unterkiefers vorragt (der Rüssel kann nach dorsal aufgebogen werden) und durch den relativ schmalen Hirnschädel. Der körperlange Schwanz wird bei der Nahrungssuche und beim Laufen auf dem Boden vertikal hochgerichtet. KRL.: 430 – 600 mm, SchwL.: bis 680 mm, KGew.: 3,5 – 6 kg. Da Nasenbären einen erheblichen Polychromismus zeigen (schwarzbraun bis hellzimtbraun, olivgrau) wurde eine große Anzahl von Formen benannt, denen Artstatus nicht zuerkannt werden kann. Tiere verschiedenen Farbtyps können in der gleichen freilebenden Gruppe vorkommen. Umfärbung einzelner Individuen wurde beobachtet. Geographische Farbvariabilität tritt offenbar gegenüber individueller Variation in den Hintergrund. Heute werden gewöhnlich 3 Arten unterschieden. *Nasua nasua* (Abb. 404, 405), aus den n. 2/3 von S-Amerika. *Nasua narica*, Weißrüsselbär, von S-Arizona, New Mexiko,

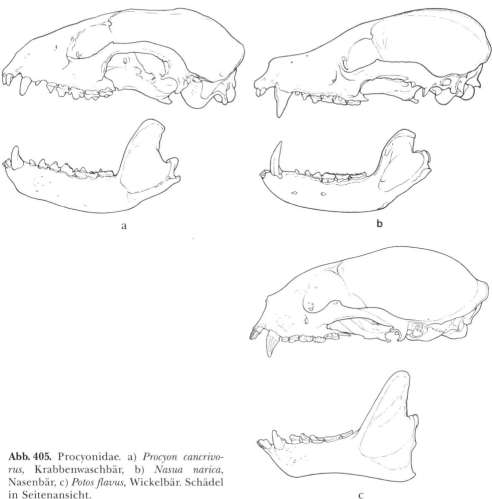

Abb. 405. Procyonidae. a) *Procyon cancrivorus*, Krabbenwaschbär, b) *Nasua narica*, Nasenbär, c) *Potos flavus*, Wickelbär. Schädel in Seitenansicht.

C-Amerika bis N-Kolumbien, wird auch als Subspecies zu *N. nasua* gestellt. *Nasua nelsoni* von Cozumel Island ist eine wenig bekannte, isolierte Inselpopulation. Die Arten unterscheiden sich durch die Gesichtszeichnung und durch die Krümmung des Schädelprofils in der Schnauzenregion. Lebensraum Tropenwald, vor allem Galeriewälder, aber auch, besonders im Bergland in offenem Gelände. Coatis sind vorwiegend tagaktiv und bilden lockere Sozialverbände (KAUFMANN 1962). Diese bestehen aus Familiengruppen (♀♀ und männlicher Nachwuchs aus 2 Jahren, 10–30 Individuen). ♂♂ leben solitär, wenn sie die Geschlechtsreife erreicht haben (2. Lebensjahr). Das Territorium einer Gruppe umfaßt im Tiefland 30–45 ha, ist aber im Hochland erheblich größer. Randzonen der Territorien benachbarter Gruppen können sich überlappen. Eine strenge hierarchische Gliederung besteht nicht. In der Fortpflanzungszeit gesellt sich ein erwachsenes ♂ zur Gruppe. Ernährung: Omnivor, sie wird meist am Boden gesucht (Evertebraten, wenig kleine Vertebraten, Früchte). Nasenbären halten Nachtruhe auf Bäumen. Die Jungen werden in Blattnestern geboren. Tragzeit 70–77 d, Wurfgröße: 2–7, GeburtsGew.: 150 g. Die Jungen bleiben etwa 5 Wochen im Nest. Geburtstermin: IV–VI, vor Beginn der Regenzeit.

Nasuella olivacea, Bergnasenbär, ist eine Zwergform. KRL.: 380–395 mm, SchwL.: 200–210 mm, isoliertes Vorkommen, Venezuela, Kolumbien, Ecuador. Artkennzeichen (Schädelform, Zahnform) sind offensichtlich von der Körpergröße abhängig, so daß Abgrenzung als eigenes Genus von *Nasus* kaum berechtigt ist.

Potos (= „*Cercoleptes*"), Wickelbär, Kinkajou (Abb. 404, 405). 1 Art: *P. flavus*. KRL.: 410–570 mm,

SchwL.: 390—550 mm, KGew.: 1,8—4,6 kg. Von Mexiko bis Mato Grosso. Fell kurzhaarig, weich, einfarbig rötlich — gelblichbraun. Kopf rund, Schnauze stumpf. Wickelbären nehmen eine Sonderstellung innerhalb der Kleinbären durch die Ausbildung eines Wickelschwanzes und das Verteilungsmuster der Hautdrüsen ein. Der Wickelschwanz wird zur Sicherung im Geäst genutzt und trägt den hängenden Tierkörper. Er ist aber nicht in der Lage, wie der Greifschwanz einiger Affen, Gegenstände oder Nahrung zu ergreifen. Der Schwanz ist ringsum behaart, ein nacktes Tastfeld fehlt. *Potos* besitzt ein ausgedehntes ventrales Drüsenfeld, das von der Genitalöffnung bis an das Caudalende des Brustbeins reicht und nicht scharf abgegrenzt ist. Hinzu kommen nackte Drüsenfelder in der Kieferwinkel-Kehlgegend. Kleine Analdrüsen wurden nachgewiesen. Zahnformel $\frac{3\ 1\ 3\ 2}{3\ 1\ 3\ 2}$: 36. P und M breit und flach in Anpassung an die rein vegetabile Nahrung. Die schmale Zunge ist sehr weit vorstreckbar (12 cm). Lebensraum: Wälder bis 2500 m. *Potos* sind nocturn, ausschließlich arboricol und solitär (POGLAYEN-NEUWALL 1962). Eigenterritorien werden nicht verteidigt. Tragzeit: 112—120, Zahl der Jungen: 1—2, Gewicht der Neugeborenen 200 g. Die Jungen bleiben 4—5 Wochen in einer Baumhöhle.

Potos besetzt die nocturne Nische, die in S-Amerika tagsüber von Affen (Cebidae) genutzt wird.

Fam. 3. Ailuridae. 1 Genus, 1 Species. *Ailurus fulgens*, Katzenbär, Kleiner Panda (Abb. 406). Nach Habitus, Anpassungstyp und Evolutionsniveau ähnelt *Ailurus* den Kleinbären und wurde lange Zeit hindurch auch als altweltlicher Procyonide eingeordnet.

Der Nachweis fossiler Ailuridae († *Sivanasua* Miozaen, Pliozaen, Europa, Asien. † *Parailurus* Pliozaen, Eurasien) belegt die frühe Selbständigkeit der Stammeslinie und bestätigt die Zuordnung zu einer eigenen Familie arctoider Carnivoren. Die Ailuridae waren einst weit in Eurasien verbreitet. Die rezente Gattung *Ailurus* ist eine Reliktform, die auf ein Restareal (Himalaya, Nepal, Sikkim, N-Burma, Yünnan, Setschuan, SW-China) beschränkt ist. Synapomorphien mit den Procyonidae sind nicht feststellbar. Morphologische Unterschiede zu den Kleinbären betreffen die Form des Baculum, die behaarten Fußsohlen, das Vorkommen eines Alisphenoidkanals und Besonderheiten des Blutgefäßsystems. Zahnformel $\frac{3\ 1\ 3\ 2}{3\ 1\ 4\ 2}$: 38. Molaren multicuspidat. Die schneidende Funktion von P^4, M_1 ist völlig verloren gegangen. Die Praemolaren sind molarisiert. An den unteren M sind lingual zusätzliche Höckerchen ausgebildet. Das Gebiß ist einseitig auf Pflanzennahrung (Bambus) spezialisiert. Mit der Art der Nahrung steht auch die für Fissipedia einmalige Ausbildung eines „hohen Kiefergelenks" (s. S. 797) zusammen, wie sie sonst nur bei Pflanzenfressern (Elefant) vorkommt.

In der Regel liegt bei Insektenfressern und Fleischfressern das Kiefergelenk in der Höhe der Kauebene (Okklusionsebene). Dadurch ist eine weite Öffnung des Mundes und eine gesicherte Funktion der langen Incisivi beim Beutebiß gewährleistet. Hohe Lage des Kiefergelenkes über der Kauebene wird durch Verlängerung des Ramus mandibulae erreicht und begünstigt Pendelbewegungen des Unterkiefers, durch die ein Zerreiben rauhfasriger Pflanzenteile ermöglicht wird.

Eine ähnliche Verbreiterung der P findet sich bei dem gleichfalls Bambus fressenden *Ailuropoda* (s. S. 798). Hier handelt es sich um eine Parallelentwicklung (THENIUS 1979), da die Höckerbildungen auf den P bei beiden Arten nicht homolog sind. Der 3. M ist völlig reduziert, M^2 ohne Talon.

Der Hirnschädel ist abgerundet und zeigt in beiden Geschlechtern eine Crista sagittalis, die vorn dicht hinter den Postorbitalfortsätzen endet. Die Schnauze ist kurz und stumpf. Die Körpergestalt von *Ailurus* (Abb. 406) erinnert an die eines kleinen Bären, abgesehen von dem langen Schwanz, doch ist der plumpe und scheinbar kurzbeinige Habitus im wesentlichen durch den dicken und langhaarigen Pelz bedingt. Die Sohlen sind behaart. Lokomotion plantigrad. Die kräftigen, spitzen und gebogenen Krallen können in geringem Grade zurückgezogen werden. Im Carpus ist das Scapholunatum sehr groß und nach distal mit allen übrigen Carpalia (außer dem Pisiforme) gelenkig

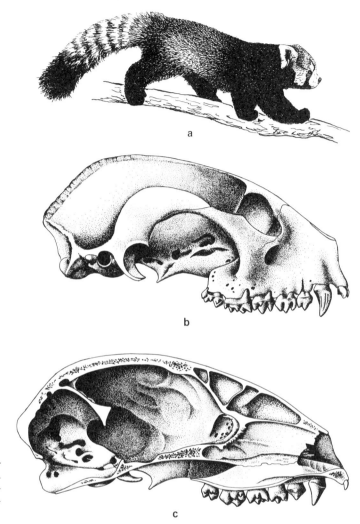

Abb. 406. Ailuridae. *Ailurus fulgens*, Kleiner Panda. a) Habitusbild, b, c) Schädel, b von lateral, c Medianschnitt.

verbunden. Das Os pisiforme ist der zweitgrößte Handwurzelknochen. Ein radiales Sesambein ist ausgebildet, bleibt klein und gleicht dem anderer Arctoidea. Es ist nicht, wie bei *Ailuropoda*, zu einem greiffähigen „6. Finger" spezialisiert.

HirnGew. 30–48 g (4n), Furchungstyp wie bei Procyonidae. Lebensraum: Bergwälder in 2200–4800 ü. NN. Berghänge mit Rhododendron und Bambusbeständen in feuchtkühlem Klima. Nahrung: Vorwiegend vegetabil, Bambussprossen, Beeren, Wurzeln, Eicheln, als Zusatznahrung Vogeleier und kleine Vögel. Der Darmkanal zeigt keine Spezialisationen. Er ist für einen Pflanzenfresser erstaunlich kurz (KRL./DarmLge. = 1:4 (4,5) und hat damit gleiche Proportionen wie *Nasus* und *Potos* (CARLSSON 1925). Ein Caecum fehlt. Nieren ungefurcht, glatt. Männliches Genital von dem der Procyonidae und Ursidae abweichend. Scrotum wenig vorspringend. Penis sehr kurz, Praeputialöffnung unmittelbar vor Scrotum. Baculum sehr kurz und gestreckt (Abb. 407). Markierverhalten mittels des Sekretes der kleinen, paarigen Analdrüsen und mit Urin, auch mit Sohlendrüsen.

Fellfärbung sehr bunt. Dorsalseite und Flanken fuchsrot–kastanienbraun, nach ventral hin dunkler. Extremitäten dunkelbraun bis schwarz. Kopf gelblichgrau, Schnauze weiß. Unter den

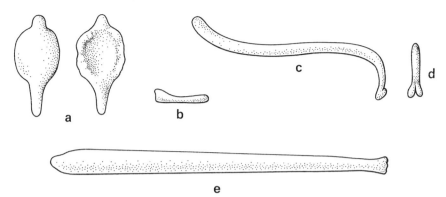

Abb. 407. Bacula (Ossa penis) von a) *Ailuropoda*, Großer Panda, b) *Ailurus*, Kleiner Panda, c, d) *Procyon lotor*, von der Seite (c) und von vorn (d), e) *Ursus arctos*. Nach DAVIS 1964.

kleinen Augen und auf der Wange rotbrauner Fleck. Ohren relativ groß mit Spitze, auf der Rückseite rotbraun, Innenseite weiß. Schwanz dicht buschig mit alternierender hell- und dunkelbrauner Ringelung.

Aktivität vorwiegend nocturn. Ruheplätze auf Bäumen. Nahrungssuche auch häufig terrestrisch.

KRL.: 500–625 mm, SchwL.: 280–480 mm, KGew.: 3,6–7,2 kg. Kleinpandas sind Einzelgänger, gelegentlich kleine Familiengruppen. Sie haben Einzelterritorien, die markiert werden.

Paarungszeit I–III, Tragzeit 112–158 d (verlängerte Tragzeit wird vermutet). Die 1–4 Jungen werden in einer Baumhöhle oder Felsspalte geboren. Sie sind behaart und blind. Rumpf-Schwanz zunächst hell braungrau, Extremitäten braun. GeburtsGew.: 110–130 g. Augenöffnung am 18. d. Im Alter von 70 d sind sie ausgefärbt. Werden ab 3. mon selbstständig und erreichen mit 18 mon die Geschlechtsreife.

Fam. 4. Ursidae. Ursidae, Bären, sind große, arktoide Fissipedia von plumper Gestalt mit mittellangen Gliedmaßen, die mit Ausnahme des Eisbären von carnivorer zu omnivor-vegetabiler Nahrung übergegangen sind und entsprechende Anpassungen vor allem in Gebiß und Kieferapparat zeigen. Bären sind planti- bis semiplantigrad. Hand und Fuß sind breit und relativ kurz. Die 5 Finger- bzw. Zehenstrahlen sind nahezu gleichlang und mit kräftigen, nicht rückziehbaren Krallen bewehrt. Der Schwanz ist rudimentär und äußerlich nicht sichtbar. Die Ohren sind kurz und abgerundet.

Unter den Bären findet sich das größte rezente Landraubtier, der Kodiakbär, *Ursus arctos middendorffi*, dessen alte ♂♂ eine KRL. von 3 m und ein Gewicht von 750 kg erreichen können. Geschlechtsunterschiede in Körperform und Fellfärbung kommen nicht vor, doch sind ♀♀ deutlich kleiner als ♂♂.

Der Schädel ist plump und gestreckt mit deutlicher Stufenbildung des Profils zwischen Stirn und Schnauze, abgesehen vom Eisbären. Ein Alisphenoidkanal ist vorhanden. Der Can. caroticus beginnt dicht vor dem For. lacerum post., an der Medialseite der flachen Bulla tympanica. Das Tympanicum bildet einen knöchernen, äußeren Gehörgang. Der Proc. paroccipitalis ist groß und liegt in einem recht weiten Abstand von der Wand der Bulla. Ein freies Entotympanicum ist am Osteocranium nicht erkennbar. Die Fossa temporalis ist weit, die Orbita relativ klein. Das Kiefergelenk liegt in Höhe der Occlusionsebene und besitzt einen membranartig dünnen Diskus, in dem kein Knorpelgewebe nachgewiesen werden konnte, ein deutlicher Unterschied zu den Caniden, die einen dicken Zwischenknorpel besitzen. Im Kiefergelenk sind neben Scharnierbewegungen auch seitliche Verschiebungen möglich. Am Unterkiefer ist dicht unter und vor dem zapfenförmigen Proc. angularis ein Randfortsatz (Proc. marginalis) als Ansatz des M. digastricus ausgebildet.

Gebiß: $\frac{3\ 1\ 1\ (-4)\ 2}{3\ 1\ 1\ (-3)\ 3}$. Die drei ersten Praemolaren sind rudimentär und fallen bei Erwachsenen oft aus. Eine Brechschere wird nicht ausgebildet. Am P 4 fehlt die dritte, innere Wurzel. Der Innenhöcker ist nach distal verlagert. Die Molaren sind breit, verlängert und tragen flache Höcker. Die flachen Kauflächen lassen eine Seitwärtsbewegung (Lateralverschiebung) der Kiefer zu.

Die Niere der Ursidae ist gelappt und setzt sich aus 10−30, beim Eisbären aus bis zu 50 Renculi zusammen.

Die Praeputialöffnung liegt weit vor dem Scrotum. Ein langes, stabförmiges Baculum ist kennzeichnend (Sonderform bei *Ailuropoda* s. S. 788, Abb. 407).

Fortpflanzung. Paarungen sind nicht eng an eine bestimmte Zeit gebunden, sondern finden von Frühjahr bis in den späten Sommer statt. Die Geburten fallen in die Zeit der Winterruhe und erfolgen für jede Art gleichzeitig. Die Gesamtdauer der Gravidität beträgt 6 bis 9 mon. Es besteht verzögerte Tragzeit (s. S. 769). Die Blastocysten nisten sich am Ende des Sommers in die Uterusmucosa ein. Die Phase der aktiven Keimesentwicklung dauert 8−10 Wochen. Im nördlichen Teil des Verbreitungsgebietes erfolgen die Würfe bei Braun- und Schwarzbär im XII−I, in einer Erdhöhle, beim Eisbären im XI−XII in einer selbst gegrabenen Schneehöhle. Wurfgröße 1−3 (4).

Im allgemeinen wird angenommen, daß Bären keinen echten Winterschlaf halten, sondern nur eine Winterruhe, während der der Bär jederzeit aufgeweckt werden und die Ruhe unterbrechen kann. Neuere Untersuchungen an Grizzlybär, Baribal und Eisbär ergaben, daß Bären in der Lage sind, etwa 4 Monate ohne Nahrungs- und Wasseraufnahme bei reduzierter Stoffwechseltätigkeit (Pulsfrequenz 35 statt 70, geringe Temperaturabsenkung) und ohne Kot- und Harnabgabe durchzuhalten. Allerdings wird der Zustand eines tiefen Torpors kaum erreicht. Dieser Zustand stellt sich bei Futtermangel und tieferen Außentemperaturen unter 0 °C ein, im Gegensatz zu einigen Nagern, bei denen der Winterschlaf, unabhängig von der Temperatur, durch Abnahme der Belichtung ausgelöst wird (s. S. 265). Bären gehen bei Nahrungsangebot und warmer Unterkunft in Zoos nicht zur Winterruhe über. Die Jungen verlassen im Frühjahr mit der Mutter die Höhle und bleiben für 1,5−2,5 a bei der Mutter. Nach etwa 2,5 a löst sich die Familie auf. Geschlechtsreife wird nach 3−4 a erreicht.

Nahrung. Bären sind, abgesehen vom Eisbär, der sich vorwiegend von Robben ernährt, Allesfresser. Der vegetabile Anteil der Nahrung ist bei *Helarctos* und *Tremarctos* besonders hoch. Im Einzelnen ist die Nahrung vom jeweiligen Angebot, Lebensraum und Jahreszeit, abhängig. Junge Gräser, Wurzeln, Früchte, Nüsse spielen ebenso eine Rolle wie die Beeren im Herbst. Kleintiere, Bodenbewohner, gelegentlich Aas und selten Honig gehören ebenso zum Speisezettel wie Paarhufer. Bekannt ist die Ansammlung von Bären im VII−VIII an den Flüssen, um Ernte aus den aufsteigenden Lachsschwärmen zu halten.

Abgesehen von den erwähnten Mutterfamilien sind Bären Einzelgänger.

Hautdrüsen sind bei Ursiden nur sehr gering entwickelt. Bei *Ursus arctos* und *U. americanus* sind kleine Analbeutel beschrieben worden. Außerdem kommen an der nackten Haut der Sohlenballen (5 Fingerballen, 4 Zwischenballen und ein unscharf abgegrenzter Proximalballen) verzweigte, schlauchförmige Stoffdrüsen (a-Drüsen) vor. e-Drüsen fehlen. Sehr widersprechend lauten die Angaben über Territorialität. Einerseits wird für *Ursus arctos* jegliche Abgrenzung von Territorien abgestritten, andernorts behauptet. Offensichtlich bestehen in Abhängigkeit vom Lebensraum und von der Populationsdichte erhebliche Unterschiede. In Randgebieten des Vorkommens mit beschränkten Ressourcen wechseln die solitären Tiere über relativ weite Räume. Bären markieren einzelne Baumstämme durch Kratzen, Abreißen der Rinde und Besprühen mit Urin, der mit dem Rücken verrieben wird. Diese Markierbäume liegen aber nicht an Reviergrenzen, sondern finden sich eher an Orten, an denen mehrere Bärenwechsel zusammentreffen und die oft in der Nähe einer Nahrungsquelle liegen (EWER 1973).

Im Gegensatz zu den in Rudeln jagenden Beutegreifern (Löwe, Wolf) sind beim solitär lebenden Bären die innerartlichen Möglichkeiten zur Kommunikation minimal entwickelt (Fehlen der Mimik, Ohrbewegungen kaum erkennbar, da die Ohren klein und im Pelz verborgen sind, Schwanzlosigkeit).

Der Lebensraum der Bären ist in erster Linie Laub- und Nadelwald, Tundra, Bergwald und Gebirgswiesen bis über die Baumgrenze. Bären sind tag- und nachtaktiv.

Ausgedehnte Wanderungen bei der Nahrungssuche werden vor allem in Gebirgsregionen beobachtet, doch sollen die Tiere immer wieder in ein gewisses Kernterritorium zurückkehren (HEPTNER). Der Eisbär, dessen Lebensraum die Eisfelder und Küsten im Polarmeer sind, wandert über weite Strecken in Abhängigkeit von den Eisverhältnissen und den Konzentrationen der Robben. Die Winterlager liegen in den südlichen Regionen des Verbreitungsgebietes meist in der Nähe der Küsten. Außer den saisonalen N-S-Wanderungen kommen auch circumpolare Wanderungen, meist von O nach W vor. Eisbären haben keine festen Territorien.

Herkunft und Stammesgeschichte der Ursidae. Die Fossilgeschichte der Ursidae ist durch Funde gut belegt. Entgegen älteren Hypothesen, die die Bären aus der Stammesreihe der Canoidea abzuleiten versuchten, wird heute die Herkunft der Bären aus einer Gruppe von Fleischfressern gesucht, deren ältester Vertreter, † *Cephalogale*, aus dem jüngsten Oligozaen Europas sein dürfte. Deren Abkömmlinge, die † Hemicyoninae mit † *Hemicyon*, † *Plithocyon*, † *Ursavus* (Abb. 408) im mittleren und jüngeren Miozaen, sind bereits primitive Bären. Sie waren in der ganzen N-Hemisphäre verbreitet. Im Jung-Miozaen und Pliozaen sind aus ihnen die † Agriotheriinae (= † Hyaenarctinae) mit † *Agriotherium* und † *Indarctos* (Abb. 408) hervorgegangen (Europa, N-Amerika, bis S-Afrika). Die Dichotomie in Kurzschnauzenbären (Tremarctinae) und „echte" Bären (Ursinae) geht auf miozaene † *Ursavus*-Arten zurück.

Kurzschnauzenbären (Tremarctinae) erfuhren in N-Amerika eine bedeutende Radiation und haben mit † *Arctodus* Großformen hervorgebracht. Kurzschnauzenbären haben auch S-Amerika erreicht und sich dort mit einer Reliktform, dem Brillenbären, *Tremarctos ornatus*, in den n. Anden bis heute erhalten (Abb. 408, 414). *Tremarctos* kam noch im Jungpleistozaen in N-Amerika (Florida) vor.

„Echte" Bären, Ursinae (Braunbären, Schwarzbären, Eisbären) erfuhren ihre Entfaltung in Eurasien. *Ursus americanus* (Baribal) ist in N-Amerika seit dem Pliozaen nachgewiesen. Braunbären (*Ursus arctos*) haben Amerika erst im späten Pleistozaen (KURTÉN 1964) erreicht.

Im Alt-Pleistozaen (Villafranchium) Europas tritt † *Ursus etruscus* (Abb. 408) auf, eine relativ kleine Art (alle P bleiben erhalten, M noch weniger differenziert als bei den späteren Formen). Von † *Ursus etruscus* führt eine gut belegte Reihe über † *Ursus deningeri* zu den Höhlenbären, † *Ursus spelaeus* des Pleistozaen, andererseits zu den Braunbären (*Ursus arctos*-Gruppe).

† *Ursus spelaeus* (Abb. 409), eine Großform mit vorwiegend vegetabiler Ernährung, ist die spezialisierteste Form unter den Ursinae. Vorkommen nur in Europa, S-Grenze: N-Spanien, Mittelitalien, N-Küste des Schwarzen Meeres, Kaukasus; N-Grenze: etwa deutsche Mittelgebirge, fehlt im größten Teil Rußlands (Abb. 410). Einzelfunde in S-England. Blütezeit im Mittleren Pleistozaen, mit dem Ende der Eiszeit ausgestorben. Massenvorkommen in sogenannten Bärenhöhlen (z. B. Mixnitz, Steiermark: hier Reste von etwa 30 000 Individuen). Die großen Mengen von Relikten des Höhlenbären zeigen, daß diese meist in großen Höhlen über lange Perioden von den Bären genutzt wurden, auch über langfristigen Wechsel von Klimaperioden, wie die Begleitflora zeigt. KURTÉN (1964) nimmt an, daß es sich um Ansammlungen von größeren Gruppen in gemeinsamen Winterquartieren und zwar vorwiegend von geschwächten Bären handelt, zumal Juvenile und kranke Individuen unproportional häufig sind. † *Ursus spelaeus* zeigt eine beträchtliche Größendifferenz der Geschlechter, aber auch eine erhebliche innerartliche Variabilität. Zwergformen finden sich an mehreren Fundstellen. Auch die Sexualproportion kann beträchtlich wechseln. So überwiegen in Mixnitz die ♂♂ um das Dreifache, in einigen Schweizer Höhlen ergibt sich ein umgekehrtes Ver-

hältnis. Am Ende der letzten Eiszeit verschwindet der Höhlenbär. Restpopulationen in der Schwäbischen Alp, der Schweiz und Westfalen erlöschen am Ende des Magdalenium. Bemerkenswert ist, daß pathologische Befunde in der Spätphase außerordentlich häufig sind (Gebißdefekte, Arthritis, Osteomyelitis, Frakturen usw.). Die Ursache des schnellen Erlöschens der Art wird diskutiert. Klimaänderungen und Konkurrenz durch die Ausbreitung des Braunbären dürften eine Rolle gespielt haben. Einflüsse durch den Menschen können höchstens in der Schlußphase eine Bedeutung gehabt haben.

Höhlenbären unterscheiden sich von *Ursus arctos* durch die beträchtliche Körpergröße, durch den massiven, großen Schädel mit starker Ausprägung der Stufe zwischen Stirn und Schnauze,

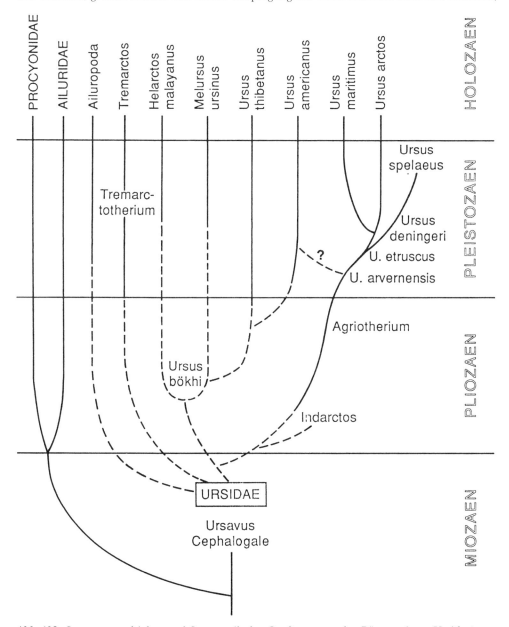

Abb. 408. Stammesgeschichte und Systematik der Großgruppen der Bärenartigen (Ursidae).

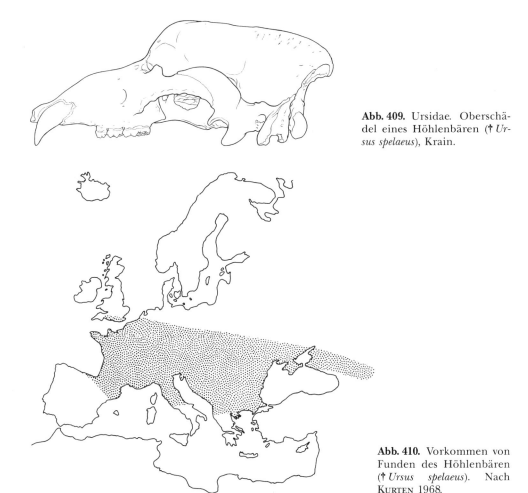

Abb. 409. Ursidae. Oberschädel eines Höhlenbären († *Ursus spelaeus*), Krain.

Abb. 410. Vorkommen von Funden des Höhlenbären († *Ursus spelaeus*). Nach KURTÉN 1968.

durch relativ kürzere, aber sehr kräftige Gliedmaßen und vor allem durch das Gebiß (nur die hinteren P waren erhalten, die M deutlich vergrößert und an rein vegetabile Nahrung angepaßt, Abschliffspuren weisen auf Grasnahrung hin).

Der Braunbär, *Ursus arctos*, ist fossil seit der mittleren Eiszeit (Mindel-2) aus China nachgewiesen und dürfte auf † *Ursus etruscus* (Abb. 408) zurückgehen. Er erscheint wenig später (D-Holstein-Interglacial) in C-Europa. Hier traf er auf den Höhlenbären, mit dem er bis zu dessen Aussterben sympatrisch gelebt hat. Auch vom Braunbären sind an einigen Stellen Ansammlungen von Knochen in Höhlen gefunden worden (S-England, im Heppenloch Relikte beider Arten). Offenbar bestand eine ökologische Konkurrenz zwischen beiden.

Der Eisbär, *Ursus maritimus*, fehlt in eiszeitlichen Ablagerungen. Auch aus postglazialer Zeit sind nur sehr wenige Knochenfunde bekannt. Alle Anzeichen sprechen dafür, daß *U. maritimus* eine geologisch sehr junge Form ist, die im Mittel-Pleistozaen aus einer Küstenpopulation des Braunbären, die sich auf rein carnivore Ernährung (Robben) spezialisiert hatte, entstanden ist (KURTÉN). Dies wird durch die Analyse des Gebisses, sekundär verkleinerte M, Kreuzung beider Arten mit fertilen Bastarden und durch den gemeinsamen Parasiten, *Toxascaris transfuga*, bestätigt.

Die oft als „Schwarzbären" zusammengestellten Arten, *Ursus americanus* (Baribal) und *U. thibetanus* (Kragenbär), sind untereinander nicht nahe verwandt. *U. americanus* steht dem Braunbären deutlich näher als *U. thibetanus*. Baribals gehen offenbar auf eine Invasion in N-Amerika bereits im

Pliozaen zurück. Vorfahren des asiatischen Kragenbären, *U. thibetanus mediterraneus*, waren im Alt- und Mittelpleistozaen in Europa weit verbreitet (Balkan, Italien, Ungarn, Österreich, Deutschland, Frankreich). Die beiden tropischen Bärenarten, Malayenbär und Lippenbär, weichen durch einige Plesiomorphien und durch einseitige Spezialisationen von den übrigen Ursinae ab und werden daher als eigene Genera (*Helarctos* und *Melursus*) gewertet. Ihre Stammeslinien sind offenbar seit dem Pliozaen selbständig (Abb. 408). *Helarctos* ist aufgrund der Gebißstruktur als basal einzustufen, zeigt aber im übrigen eine hohe Spezialisation.

Eine Sonderstellung nimmt *Ailuropoda melanoleuca*, der Große Panda, ein. Seine systematische Stellung ist lebhaft umstritten. Von einigen Autoren wird er den Procyonidae, von anderen den Ursidae in einer eigenen Subfamilie zugewiesen oder, gemeinsam mit *Ailurus*, als eigene Familie abgegrenzt. Nach neuerer Auffassung dürfte eine gemeinsame, wenn auch sehr frühe Abspaltung von der Stammeslinie der Ursidae wahrscheinlich sein (biochemische und viele morphologische Merkmale). Heute auf ein Reliktareal in Setschuan (China) beschränkt, war er noch im älteren Quartär über weite Teile Chinas und Burmas verbreitet (s. S. 797).

Karyologie. Angaben über die Chromosomenzahl: Die Ursinae (*U. arctos, maritimus, americanus, thibetanus*) weisen einheitlich $2n = 74$ auf. Die Sonderstellung der Tremarctinae ($2n = 52$) und der Ailuropodinae ($2n = 42$) kommt in der Chromosomenzahl zum Ausdruck. Mustelidae, Procyonidae und Ailuridae haben, soweit bekannt, niedere Werte ($2n = 30-40$) (s. S. 771).

Systematik und Verbreitung der rezenten Ursidae. 5 Genera, 8 Arten. Weite Verbreitung. Bären fehlen heute in Afrika*), Arabien, Madagaskar und Australien (östl. von Sumatra-Borneo), Antarctica. Vorkommen in dem riesigen Verbreitungsgebiet nur stellenweise. In dicht besiedelten Gebieten weitgehend verdrängt.

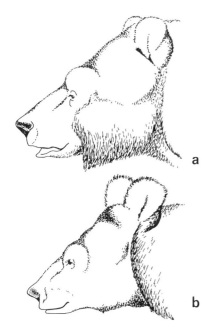

Abb. 411. a) *Ursus arctos*, Braunbär, b) *Ursus thibetanus*, Kragenbär, c) *Ursus maritimus*, Eisbär. Nach BOBRINSKII aus STROGANOW 1969.

---

*) Das Vorkommen eines Bären in N-Afrika (Atlasgebirge) noch bis ins 19. Jh. wird mehrfach im Schrifttum angegeben, ohne daß Belegstücke oder zuverlässige Beschreibungen von Sachkennern vorliegen. Überprüfung aller verfügbaren Berichte (CARRERA 1932, ERDEBRINK 1953) machen es sehr wahrscheinlich, daß dieser „*Ursus crowtheri*" ein Phantasieprodukt ist und daß, zumindest in historischer Zeit, keine Bären im Maghreb existierten.

794 Subcl. Theria, Infracl. Eutheria

Subfam. Ursinae. 3 Genera, 6 Arten.

Ursus arctos (Abb. 411, 412), Braunbär. KRL.: 200–300 cm, SchwL.: 10 cm, KGew.: 150–750 kg. Die Art ist nach Körpergröße und Fellfärbung sehr variabel. Daher wurden zahllose Sonderformen unberechtigt benannt. Nur wenige Formen können als geographische Unterarten anerkannt werden, so *Ursus a. arctos*, der europäische Braunbär, *U. a. syriacus* (Anatolien bis Libanon), *U. a. pruinosus* (Tibet bis W-China), *U. arctos horribilis* (Grizzlybär, w. N-Amerika), *U. a. middendorffi* (Kodiakbär,

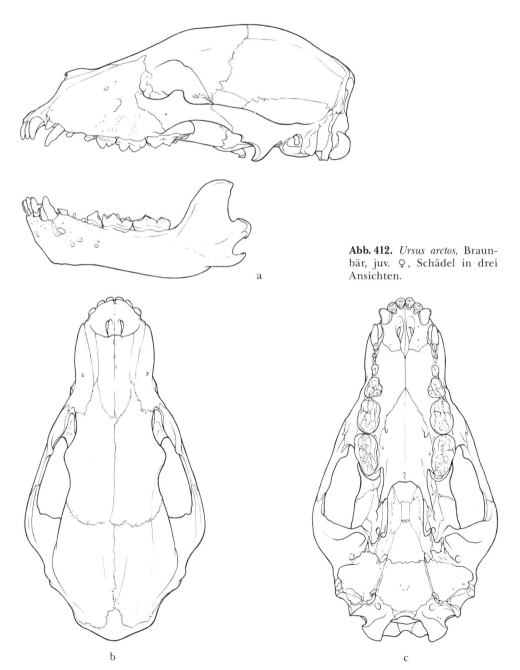

Abb. 412. *Ursus arctos,* Braunbär, juv. ♀, Schädel in drei Ansichten.

größtes rezentes Landraubtier. Kodiakisland, Alaska). In Europa, das einst bis Großbritannien besiedelt war, bis auf kleine Restbestände ausgerottet. Heutiges Vorkommen: Spanien (Pyrenäen, Asturien), Italien (Abruzzen, Brentagruppe in S-Tirol), Griechenland, Schweden, Norwegen. Größere Bestände in den Karpaten (Slowakei, Rumänien, Jugoslawien). Geschlossenes Vorkommen von Ost-Polen bis Japan (Hokkaido). In Amerika: Kanada, W-USA bis Mexiko. Tragzeit: 6 1/2 – 8 mon, verzögerte Tragzeit. Wurfgröße 1 – 4. KGew. d. Neonati 300 – 400 g. Einzelgänger. Primär Waldbewohner. Ernährung: omnivor. Deutlicher Größenunterschied der Geschlechter. Jungbären zeigen gelegentlich eine weiße Halszeichnung, wie sie bei erwachsenen Kragenbären und Malayenbären die Regel ist. *Ursus („Thalarctos") maritimus*, Eisbär (Abb. 413). KRL.: 250 cm, SchwL.: 10 cm, KGew.: 350 – 410 kg, alte ♂ bis zu max. 600 kg. Pelz weiß, gelegentlich gelblicher Anflug. Arktis, circumpolar. Keine Unterarten. Die Art ist sehr jung (Pleistozaen) und geht offenbar auf eine Küstenpopulation von Braunbären zurück, die sekundär zu carnivorer Ernährung (Robben) übergegangen ist. Damit im Zusammenhang sekundäre Verkleinerung von P^4 und M^2. Schneidekante am P^4. Tragzeit 6 – 9 mon. Wurfgröße 1 – 3. Augenöffnung nach 22 d. s. S. 792.

Ursus („Euarctos") americanus, Baribal, amerikanischer Schwarzbär. KRL.: 130 – 180 cm, SchwL.: 10 cm, KGew.: 120 – 250 kg. Verbreitung ursprünglich von Labrador und Neufundland bis Kalifornien, New Mexico und Florida. Mehrere Farbphasen bekannt. Neben rein schwarzen Individuen kommen auch braune (Zimtbären) und graue Individuen vor.

U. americanus ist die häufigste Art unter den rezenten Großbären. Ernährung omnivor, vorwiegend vegetabil, nur selten von Großwild. Einzelgänger und Mutterfamilien. Verlängerte Tragzeit (6 – 8 mon). Wurfgröße: 1 – 4 (meist 2). KGew. d. Neonati: 300 g. Klettert als Erwachsener häufig.

Ursus („Selenarctos") thibetanus, Kragenbär (Abb. 411), asiatischer Schwarzbär. KRL.: 140 – 200 cm, SchwL.: 10 cm, KGew.: bis 200 kg. Verbreitung: Afghanistan, Pakistan, N-Indien (Südhänge des Himalaya), Indochina, China, Ussuriregion, Japan. Bestände in vielen Regionen gefährdet. Große, runde, stark behaarte Ohren. An Nacken und Schulter kragenartig verlängerte Haare. Fellfärbung schwarz mit Y-förmigem weißen Streifen am Halse. Lebensraum: Laubwälder, geht in Burma bis in den tropischen Regenwald. Der Kragenbär klettert viel und verbringt einen Teil seines Tagesablaufs auf Bäumen. Als guten Kletterer kennzeichnen ihn die breiten, stark muskularisierten Schultern und kräftigen Vorderextremitäten. Ernährung wie Baribal. Winterschlaf in den kälteren Regionen des Verbreitungsgebietes.

Melursus ursinus, Lippenbär (Abb. 414a). KRL.: 140 – 190 cm, SchwL.: 10 – 12 cm, KGew.: etwa 100 kg. Verbreitung: Indien, s. des Wüstenstreifens, stellenweise bis zum Fuß des Himalaya, Sri Lanka. Lebensraum trockene, laubabwerfende Wälder und Dornbusch. Fell langhaarig, struppig, dunkelgrau – schwarz, mit U-förmigem weißen Halsstreifen. Schnauze hellgrau, rüsselförmig verlängert. Sehr dehnbare und bewegliche Unterlippe, die bis über die Nasenränder hochgezogen werden kann. Sehr bewegliche, lange riemenförmige Zunge. Gliedmaßen relativ kurz. Hände und Füße mit langen, gebogenen Krallen bewehrt. Nahrung: Früchte, Beeren, Wurzeln, Insekten, vor allem Termiten und Ameisen, Honig. Termitenbauten werden mit den langen Krallen aufgescharrt, die Insekten durch die lange Schnauze, wie mit einem Staubsauger, eingesogen. Im Ober-

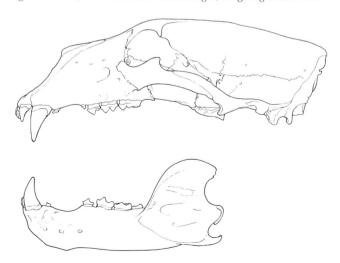

Abb. 413. *Ursus maritimus*, Eisbär (ad. ♂), Schädel in Seitenansicht.

Abb. 414. a) *Melursus ursinus*, Lippenbär (Indien), b) *Tremarctos ornatus*, Brillenbär (Anden).

kiefer Reduktion des Vordergebisses (nur 2 I). Transport der Jungen auf dem Rücken der Mutter. Die Art gilt als gefährdet, Bestände überall rückläufig.

Helarctos malayanus, Malayenbär. KRL.: 100–140 cm, SchwL.: 5 cm, KGew.: 50–65 kg, kleinste rezente Bärenart. Vorkommen: Burma, Thailand, Indochina bis Yünnan (?), Sumatra, Borneo. Fell kurzhaarig, dunkelgrau–schwarz, Schnauze hellgrau. U-förmiger, weiß-gelblicher Bruststreifen. Kopf breit und kurzschnauzig. Sohlen nackt (Abb. 53), große sichelförmige Krallen. Ohren sehr klein. Bewohnt feuchte, tropische Wälder. Nachtaktiv, ruht tagsüber in primitivem Baumnest. Nahrung vorwiegend vegetabil, Insekten, gelegentlich kleine Vertebrata. Tragzeit 96 d, 1–3 Junge (KGew.: 300 g). Geburt am Boden in einer Geländespalte. Keine Winterruhe.

Subfam. Tremarctinae. 1 Genus, 1 Art. *Tremarctos ornatus*, Brillen- oder Anden-Bär (Abb. 414b). Einziger Vertreter der Kurzschnauzenbären (s. S. 790). KRL.: 120–200 cm, SchwL.: 6–7 cm, KGew.: 50–120 kg, starke Sexualdifferenz der Körpergröße. Einzige Ursidenart in S-Amerika. W-Venezuela, Kolumbien, W-Bolivien, Peru, Ecuador. Die Art ist stark gefährdet und vielerorts verschwunden. Kleine Restvorkommen vor allem in Ecuador und Peru. Lebensraum Bergwälder in 600–2000 m ü. NN. Der Brillenbär ist das einzige Relikt einer einst weit verbreiteten Radiation (s. S. 790).

Kennzeichnend ist die erhebliche Verkürzung der Schnauzenpartie und die starke Aufwölbung der Hirnkapsel. Das Praemolarengebiß ist vollständig, die einzelnen P sind klein.

Der Pelz ist struppig, mittellange Haare, schwarzbraun. Auffallende weißgraue Gesichtszeichnung an Nasenrücken und Stirn, bildet weitgespannte Bögen um die Augen und setzt sich auf Kehle und Brust fort. Sie ist individuell sehr variabel und kann stark reduziert sein. Ernährung omnivor, vorwiegend vegetabil, doch werden gelegentlich auch größere Säuger geschlagen. Brillenbären bauen Schlafnester auf Bäumen. Unbekannt ist, ob *Tremarctos* eine Winterruhe hält. Verlängerte Tragzeit (7–8 mon), Wurfgröße 1–3. KGew. der Neonati 300–330 g. Öffnung der Augen nach 22–26 d.

Subfam. Ailuropodinae. 1 Genus, 1 Art. *Ailuropoda melanoleuca,* Bambusbär, Großer Panda (Abb. 415, 416). KRL.: 150–180 cm, SchwL.: 10 cm, KGew.: 75–110 kg. Vorkommen: Setschuan, Kansi, Shensi, Grenzgebiet zwischen Tibet und China, nur einzelne Reliktvorkommen der äußerst gefährdeten Art in Bambuswäldern, in 1200 bis 3300 m ü. NN. Habitus bärenartig. Fell dicht, Ohren, Augenringe, Nase, Extremitäten und Schulterregion schwarz, der übrige Körper weiß. Große, runde, behaarte Ohren. Hand- und Fußsohlen, außer den Ballen, behaart (Abb. 415).

Das Skelet von *Ailuropoda* ist im Vergleich mit *Ursus* deutlich kompakter, doch besteht keine Pachyostose (funktionelle Knochenverdichtung) (DAVIS 1964). Besonderheiten des Schädels, der die für Bären typischen Proportionen aufweist (Abb. 416), sind durchweg mit der Spezialisation des Kauapparates, vor allem der mächtigen Entfaltung der Kaumuskulatur, in Zusammenhang zu bringen (Crista sagitalis). Sie betreffen eine dorsale Aufwölbung des Hirnschädels, bedingt durch eine starke Pneumatisation und dadurch bedeutende Divergenz der inneren und äußeren Form des Schädeldaches. Die Temporalgruben sind sehr weit, die Jochbögen außerordentlich massiv, wodurch das Cranium im Ganzen sehr breit erscheint. Das Kiefergelenk ist ein echtes Scharniergelenk und läßt keine Seitenbewegungen zu, darin dem Gelenk von *Ailurus* ähnlich. Es liegt höher als die Occlusionsebene. Die Unterkiefersymphyse ist ossifiziert. Der Gesichtsschädel ist nicht verkürzt.

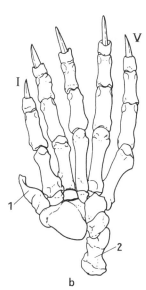

Abb. 415. *Ailuropoda melanoleuca,* Großer Panda. a) Habitus, b) Skelet der rechten Hand von dorsal. I, V: Finger, 1. Sesambein („6. Finger"), 2. Os pisiforme. Nach D. DAVIS 1964.

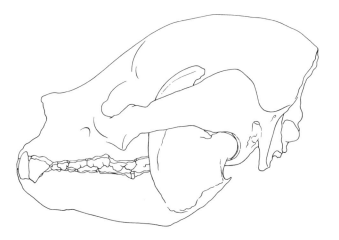

Abb. 416. *Ailuropoda melanoleuca,* Großer Panda. Schädel in Seitenansicht. Nach D. DAVIS 1964.

Gebiß: $\frac{3\ 1\ 3(-4)\ 2}{3\ 1\ 3\ \ 3}$. Es besteht eine deutliche Tendenz zur Molarisierung der P, die stark verbreitet und mehrhöckrig sind. Die M sind kaum verlängert. Diese, von *Ursus* abweichenden Entwicklungstrends sind denen bei *Ailurus* analog und müssen als Anpassung an die rein herbivore Ernährung gedeutet werden. Ursprünglich meist als Hinweis auf eine nähere verwandtschaftliche Beziehung zwischen Großen und Kleinen Pandas gedeutet, erbrachte THENIUS den Nachweis, daß das ähnliche Kronenmuster der P bei beiden Formen auf der Differenzierung nichthomologer Höcker beruht, also daß eine Parallelevolution vorliegt.

Das Sternum ist erheblich verkürzt, die proximalen Rippenabschnitte verlängert.

Die Extremitäten entsprechen in allen wesentlichen Merkmalen denen der Bären. An der Vordergliedmaße ist das Relief, entsprechend der sehr kräftigen Muskulatur, stärker ausmodelliert. Ein sekundäres For. entepicondyloideum ist, wie sonst nur bei *Tremarctos*, vorhanden. Der Große Panda hat, im Vergleich mit *Ursus*, kurze Vorderarme.

Eine Besonderheit von *Ailuropoda* ist ein sehr großes, langgestrecktes, radiales Sesambein an der Hand, das mit dem Scapholunatum und der Basis des Metacarpale I artikuliert (Länge 35 mm). Es liegt in einer Ebene mit den Metacarpalia (Abb. 415). An ihm inserieren die Sehne des M. abductor pollicis longus, der M. abductor pollicis brevis und der M. opponens pollicis. Dem Sesambein entspricht ein eigener, nackter Ballen, der durch eine Furche gegen den Palmarballen abgesetzt ist. Diese Struktur fehlt den Bären. *Ailuropoda* kann beim Fressen zwischen radialem und palmarem Ballen Bambuszweige halten. Im Schrifttum wird der radiale Randknochen oft als „6. Finger" bezeichnet. Radiale und tibiale Sesamknochen sind weit verbreitet bei Ursidae und Procyonidae. Sie bleiben klein und sind unfähig zum Greifen. Es handelt sich bei dem fraglichen Skeletelement des Großen Panda nicht um eine Neubildung, sondern um eine selektiv entstandene Hypertrophie eines alten Elements im Dienst einer neuen Funktion.

Das Gehirn von *Ailuropoda* entspricht in allen makroskopisch faßbaren Merkmalen und im Encephalisationsgrad dem des Bärengehirns. HirnGew. subad. ♂: 238 g (HirnGew./KGew.: 1:252) (DAVIS 1964), bei einem ad. ♂: 277 g (1:496).

Über das Vorkommen von Hautdrüsenorganen bei *Ailuropoda* liegen keine Untersuchungen vor. Das Vorkommen von Analbeuteln wird vermerkt.

Das Ailuropoda-Problem. Die Kontroverse um die taxonomische und phylogenetische Zuordnung. Als *Ailuropoda* 1869 von Père A. DAVID entdeckt wurde, beschrieb der Entdecker ihn als Bären. Bereits 1870 jedoch meinte MILNE-EDWARDS, daß der Große Panda näher verwandt mit *Ailurus* als mit Ursiden sei und ordnete ihn als Genus „*Ailuropoda*" mit diesem den Procyonidae zu. Seither zieht sich der Streit um den Bambusbären durch ein umfangreiches Schrifttum, wobei jede der beiden Hypothesen etwa die gleiche Anzahl von Anhängern zählt. Erst in jüngster Zeit (DAVIS 1964, THENIUS 1982, MAYR 1986) haben sich die Argumente zugunsten der Ursiden-Hypothese derart verstärkt, so daß kaum Zweifel an der Verwandtschaft des Bambusbären mit den echten Bären bestehen bleiben.

Als Argumente für die Verwandtschaft zwischen *Ailurus* und *Ailuropoda* und damit für die Zuordnung beider zu den Procyonidae, werden genannt: Differenzierung des Gebisses, Gesamtform des Schädels und Verhaltensmerkmale. Auch *Ailurus* hält Bambussprossen in ähnlicher Weise wie der Bambusbär mit den Vorderpfoten, besitzt allerdings nur ein kleines radiales Sesambein (EWER 1973).

DAVIS (1964) hat in einer umfassenden und überaus subtilen Monographie die gesamte Anatomie von *Ailuropoda* analysiert und kommt zu dem Ergebnis, daß der Bambusbär ein hoch spezialisierter Urside ist, der zu einer rein herbivoren Ernährung unter besonderer Bevorzugung weniger Bambusarten übergegangen sei und daß alle Merkmale, die von denen der Ursiden abweichen, den Kauapparat (Gebiß, Kaumuskeln, Schädel) betreffen. Die Hypertrophie des radialen Sesamoid steht gleichfalls im Dienste der Ernährung (Nahrungsgewinn). *Ailuropoda* ist ein Bär, der zu herbivorer Nahrung übergegangen ist und in der Mehrzahl seiner körperlichen Merkmale ein echter Urside geblieben ist. Der ganze Magen-Darm-Trakt zeigt keinerlei Abweichungen vom Typ der Bären in Form und Länge. Einrichtungen für alloenzymatische Verarbeitung von Cellulose fehlen (s. S. 766). Hingewiesen sei auch auf den eindeutig ursiden Bau des Gehirns.

Die Ähnlichkeit der Gebißdifferenzierung vor allem im Praemolarenbereich (s. S. 798) beruht nach THENIUS (1982) auf ähnlicher Differenzierung nichthomologer Strukturen.

Die eigenartige Form des sehr kleinen Baculum (Abb. 407) weicht erheblich von der der Procyonidae und der Ursidae ab und kommt nur bei *Ailuropoda* vor. Dieses Merkmal besagt also nichts über verwandtschaftliche Beziehungen aus, sondern deutet höchstens auf eine frühe Abspaltung des Bambusbären vom Ursidenstamm hin.

Serologische und molekularbiologische Befunde (O'BRIEN & GOODWIN 1976, GOLDMAN et al. 1989, SARICH 1973) bestätigen die Ergebnisse der morphologischen Forschungen.

Karyologie. *Ailuropoda* hat $2n = 42$, meist metacentrische Chromosomen. Alle *Ursus*-Arten haben $2n = 74$, *Tremarctos* $2n = 52$. Die Schlußfolgerung, daß *Ailuropoda* wegen der geringeren Chromosomenzahl den Procyonidae näher stünde (*Procyon* $2n = 38$, *Ailurus* $2n = 38$) erweist sich jedoch als Irrtum, denn die Analyse der Querbanden von *Ailuropoda* ergab, daß bei den meisten metacentrischen Chromosomen der eine Arm das gleiche Bandenmuster wie einzelne Chromosomen von *Ursus* aufweisen. Es liegt zweifellos einfach Fusion (s. S. 771) vor, und der Karyotyp des Bambusbären entspricht, trotz unterschiedlicher Zahl der Einzelchromosomen, dem der echten Großbären (O'BRIEN NASH 1988).

Zur Biologie von *Ailuropoda melanoleuca*: Bambusbären sind in Bezug auf ihre Ernährung einseitig spezialisiert, und zwar sind sie unbedingt auf Blätter und Sprosse einiger weniger Bambusarten angewiesen, selbst in Gebieten, in denen andere Pflanzenprodukte zur Verfügung stehen. Eingehende Daten zur Ernährungsbiologie aus einem Freilandrevier, in dem *Ailuropoda* sympatrisch mit *Ursus thibetanus* vorkam, sind G. B. SCHALLER und Mitarbeitern (1989) zu verdanken. Dabei ergab sich, daß Großpandas eine sehr viel längere Zeit als Kragenbären auf die Nahrungsaufnahme (über 50% des Tages) verwenden müssen, Bambusblätter sind arm an energieliefernden Bestandteilen. Genutzt werden nur Zellinhalte und teilweise Hemicellulose. Die unverdauliche Cellulose und Lignin betragen 35−65%. Die täglich aufgenommene Nahrungsmenge kann beim Bambusbären nur etwa 1/3 der Energie liefern wie beim Kragenbären (etwa 30 Arten von Futterpflanzen). Andererseits stehen Bambusblätter auch im Winter zur Verfügung. *Ailuropoda* kann wegen der geringen Wertigkeit seiner Nahrung kaum Fett ansetzen und hält daher keinen Winterschlaf. Kragenbären bilden zum Herbst eine reichliche Fettreserve und halten eine Winterruhe von etwa 3 mon.

Fortpflanzung. Weibliche Pandas werden mit 5,5−6,5 a geschlechtsreif. Verzögerte Implantation 1,5−4 mon, Entwicklungsperiode 1,5−2 mon. Die Neonati sind unreif. Meist werden 1−2 Junge geworfen, von denen gewöhnlich nur 1 aufgezogen wird.

KGew. eines Neugeborenen ca. 100 g. *Ailuropoda* hat die relativ kleinsten Neugeborenen unter den Eutheria (Neonatus/MutterKGew. 1 : 900, zum Vergleich *Ursus americanus* 1 : 200 bis 1 : 300).

Superfam. Cynoidea (Canoidea)

Fam. 5. Canidae. Canidae, Hundeartige, bilden eine relativ geschlossene Gruppe von 8 Gattungen (35 Arten). KRL.: 34 cm − 135 cm, KGew.: 1−75 kg. Größte Form *Canis lupus*, kleinste Art *Fennecus zerda*. Hunde sind weltweit verbreitet und fehlen primär auf Madagaskar, Neuseeland, den Molukken, Neuguinea und vielen kleineren Inseln. Sie sind terrestrische Läufer mit meist langen, schlanken Gliedmaßen (Ausnahme: *Speothos*, *Nyctereutes*, Füchse). Alle Caniden sind digitigrad. Fingerzahl vorn: 4−5, hinten: 4 (Abb. 417). *Lycaon* 4,4. *Urocyon* kann gelegentlich auf Bäume klettern.

Die Ohren sind lang und werden aufrecht getragen. Ohrtaschen sind vorhanden. Der lange, buschige Schwanz spielt eine wesentliche Rolle als Ausdrucksorgan (Abb. 418).

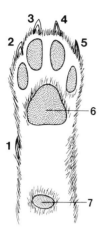

Abb. 417. Ballenmuster der Caniden-Pfote. 1. Daumen, 2–5. Digitalballen, 6. Palmar-Ballen (metacarpal), 7. Carpalballen (carpal).

Abb. 418. *Canis lupus*, Wolf. Schwanzhaltung. Nach SCHENKEL & ZIMEN 1947, 1978. Von links nach rechts: Imponieren – Angriff – Ruhehaltung – Demut – Angst.

Der Schädel ist im Schnauzenteil verlängert und schlank. Die tympanale Bulla ist mäßig vorgewölbt und enthält ein unvollständiges Septum (Abb. 395). Ein Entotympanicum wurde bei *Canis lupus* nachgewiesen, verschmilzt aber früh mit dem Ectotympanicum (STARCK 1964). Das Tympanicum bildet einen kurzen äußeren Gehörgang. Der Proc. paroccipitalis berührt gerade die Bulla, der Mastoidfortsatz ist sehr klein. Ein Alisphenoidkanal ist vorhanden.

Gebiß $\frac{3\ 1\ 4\ 2}{3\ 1\ 4\ 3}$: 42, bei *Speothos* M = $\frac{1}{2}$, *Otocyon* M: $\frac{3-4}{4-5}$. Brechschere typisch ausgebildet, Molaren verbreitert mit Höckern. M_1 bei Caninae mit zweizipfligem Talon. Ernährung: carnivor–omnivor. Caecum meist spiralig.

Integument. Dichte und Haarlänge sind weitgehend klimaabhängig. Die Fellfärbung ist meist braun-grau, rötlich-gelblich, beim Wüstenfuchs hellgelblich. Einen weißen Winterpelz zeigt der Polarfuchs (*Alopex*). Individuelle Farbvarianten von weiß bis schwarz kommen beim Wolf vor (gehäuft in N-Amerika). Typische Farbmuster finden sich nur bei wenigen Arten; der Schabrackenschakal (*C. mesomelas*) besitzt eine schwarze Schabracke an Nacken, Schultern und Rücken bei hell rötlich-brauner Färbung der Flanken. Der Streifenschakal (*C. adustus*) trägt seinen Namen nach einem, oft undeutlichen, schwärzlichen Seitenstreifen. Ein sehr buntes Farbmuster, bestehend aus großen gelben, schwarzen und weißen Flecken, kennzeichnet den afrikanischen Wildhund (*Lycaon pictus*). Die Musterbildung ist individuell höchst unterschiedlich und dient bei diesen sozialen Hunden offenbar als Erkennungsmerkmal des Einzelindividuums in der Gruppe. Im Pelzhandel werden die Felle von Eisfuchs, Rotfuchs mit seinen Farbmutanten und Wolf hoch geschätzt.

Die Krallen sind stumpf, aber kräftig und nicht rückziehbar. An den Autopodien sind terminal 4(5) rundliche Fingerballen ausgebildet. Die metacarpalen Ballen verschmelzen in der Regel zu einem herzförmigen Sohlenballen. Die proximal gelegenen beiden Carpal-(Tarsal-)Ballen bilden bei Caniden einen einzigen, runden Ballen (Abb. 417).

Hautdrüsenorgane sind bei Canidae in großer Mannigfaltigkeit entwickelt und haben bei der Kommunikation dieser extremen Makrosmatiker eine erhebliche Bedeutung im Sozial- und Territorialverhalten (s. Zusammenstellung S. 757). Die Haut der Hand- und Fußballen enthält gewundene, tubulöse Drüsen, die nicht mit e-Drüsen identisch sind, wenn sie diesen auch morphologisch ähnlich sind (SCHAFFER 1940). Es handelt sich um Duftorgane (Stoffdrüsen), die der Fährte des Tieres einen spezifischen Duft verleihen („Sohlenduftorgan", SCHUMACHER 1934).

Das Gehirn entspricht dem beschriebenen, generellen Typ evolvierter Fissipedia (s. S. 761, 763). Die Fiss. palaeoneocorticalis liegt basal, ist aber in der Seitenansicht sichtbar und setzt sich auf den Pseudotemporallappen fort. Der Endabschnitt des Frontallappens, vor dem Sulcus praesylvius ist stark verschmälert und bildet ein Rostrum frontale, das den Bulbus und Tr. olfactorius überlagert (Abb. 72).

Die Fernsinnesorgane (Riech-, Seh-, und Hörorgan) sind bei Canidae außerordentlich leistungsfähig, doch steht der Riechsinn bei weitem im Vordergrund. Die Nasenhöhle zeigt den typischen Bau der Makrosmaten. Die Riechschleimhaut ist auf die Ethmoturbinalia beschränkt. 4–5 Endoturbinalia verdecken die in zwei Reihen angeordneten, stark verzweigten und eingerollten Ectoturbinalia. Die hohe Leistungsfähigkeit des Geruchssinnes beruht auf der Anzahl der Rezeptorzellen, also nicht auf speziellen Eigenschaften der Einzelzelle. Die Flächenausdehnung der Riechschleimhaut beträgt beispielsweise für einen Haushund mittlerer Körpergröße 85 cm^2, die Anzahl der Riechzellen $2,3 \times 10^8$ (zum Vergleich *Homo*: 2,5–5 cm^2, Riechzellen 3×10^7, A. KOLB). Die Nutzung des hervorragenden Spürsinnes beim Haushund durch den Menschen ist bekannt.

Hunde besitzen ein Tapetum lucidum chorioideale cellulosum, das aus etwa 10 Zellschichten besteht. Die Pupille der meisten Canidae ist kreisrund, Ausnahmen: vertikaler Spalt bei Füchsen, oval–schiefstehend: *Lycaon, Nyctereutes*. Soweit bekannt, sind Caniden nicht farbtüchtig, die Zahl der Zapfen ist sehr gering. Es liegt ein Uterus bicornis vor. Glans penis lang, ohne Hornpapillen. Das lange, gestreckte Baculum trägt dorsal eine Rinne für die Urethra. Glandulae bulbourethrales und Gld. ductus deferentis fehlen.

Fortpflanzung. Monoestrisch. Gravidität 50–80 d. Keine verzögerte Implantation. Wurfgröße: 1–10. Implantation central, superficiell, Placenta gürtelförmig, endotheliochorial (s. S. 767) mit Randhaematom („grüner Saum").

Karyologie. Die Chromosomenzahl beträgt bei der Gattung *Canis* (*C. lupus*, Haushund, *C. aureus, C. latrans*) und *Lycaon*: 78. Dies erlaubt keine Schlüsse auf Systematik und Stammesgeschichte. *Chrysocyon* 2n = 76, *Dusicyon*: 74, *Otocyon*: 72 (Fusion) (CHIARELLI 1975). Hiervon weichen die Füchse deutlich ab mit *Fennecus*: 2n = 64, *Vulpes*: 38, *Alopex*: : 42. Chromosomenpolymorphismus wird für Blaufuchs (48, 50) und Silberfuchs (34–42) angegeben (Farmtiere. MÄKINEN & GUSTAFSON 1982).

Lebensraum und Lebensweise. Canidae sind außerordentlich anpassungsfähig. So besiedelte der Wolf ursprünglich die ganze Holarktis vom Polarkreis, durch die Waldzone bis in den Wüstengürtel. Schakale bevorzugen trockene Lebensräume (Savanne, Grasland) in Vorder- und S-Asien sowie Afrika. Der Streifenschakal lebt auch in Waldgebieten. Füchse und die meisten s-amerikanischen Caniden bewohnen Wald- und Grasland. Der Fennek ist ein Wüstenbewohner. Auf Grasland (Pampas) spezialisiert ist der Mähnenwolf. *Speothos* ist Waldbewohner und liebt die Nähe zu Gewässern. Der Eisfuchs ist ein Bewohner der nördlichen Schneewüsten in Küstennähe und in der nördlichen Tundra.

Viele Carnivora sind Einzelgänger (Füchse) oder bilden kleine Familiengruppen oder leben paarweise (Schakale, *Canis simensis, Otocyon*). Zusammenschlüsse zu größeren

Gruppen mit komplexem Sozialverhalten kommen beim Wolf, afrikanischen Wildhund (*Lycaon*) und bei Rotwölfen (*Cuon*) vor. Sie erlangen ihre Beute durch Rudeljagd, bei der die Beute durch Biß (Verbluten) getötet wird. Die Rudelgröße beträgt beim Wolf meist 5 – 8, bei *Lycaon* 10 – 25 Individuen. Reviergröße bei *Canis lupus* je nach lokalen Bedingungen verschieden ausgedehnt, bei *Lycaon* kein festes Revier. Innerhalb des Rudels strenge Rangordnung. Hierarchische Gliederung im Wolfsrudel mit α-Paar an der Spitze, das allein sich fortpflanzt. Dominierend in der Rudelführung ist das α- ♀ (E. ZIMEN 1978). Rangordnung im Rudel bei *Lycaon* ist weniger ausgeprägt als beim Wolf. Afrikanische Wildhunde jagen nach dem Gesichtssinn, nicht nach dem Geruch. Rüden beteiligen sich bei *Lycaon* an der Versorgung der Jungtiere.

Sehr ausgeprägtes Kommunikationsverhalten besteht bei allen sozialen Caniden. Mannigfache Lautäußerungen artspezifisch. Die Heulchöre bei Wölfen und Schakalen dienen der Abgrenzung des Reviers gegen Nachbargruppen, beim Wolf auch der Koordination von Aktivitäten der Gruppe. Sehr differenziertes mimisches Ausdrucksvermögen durch Motorik von Schnauze, Ohren (Facialis-Mm.), Schwanz- und Körperhaltung (Abb. 418).

Herkunft und Stammesgeschichte der Canidae (Abb. 419). Die Canidae sind, etwa im Vergleich zu den Mustelidae oder Procyonidae eine sehr einförmige Gruppe. Gattungsunterschiede betreffen in einigen Fällen die Proportionen der Extremitäten oder Gebißmerkmale, aber nie den Grundtyp des Körperbaues. Palaeontologische Funde machen die Monophylie gleichfalls wahrscheinlich. Der älteste, echte Canide, † *Hesperocyon* (= † *Pseudocynidictis*) (Abb. 419), stammt aus dem Altoligozaen N-Amerikas. Es handelt sich um ein fuchsgroßes Tier mit caninem Gebiß $\left(\frac{3\ 1\ 4\ 2}{3\ 1\ 4\ 3}\right)$ und canoider Tympanalregion. Im Jungtertiär N-Amerikas ist eine Radiation festzustellen († *Cynodesmus*, † *Tomarctos*, † *Borophaginae*), aus der im Pliozaen einige Großformen mit hyänenartigem Gebiß hervorgingen († *Aelurodon*, † *Borophagus*). Aus † *Cynodesmus*-nahen Formen dürfte die Stammeslinie der Canidae im Miozaen hervorgegangen sein. *Canis* erscheint zuerst im Miozaen in Europa und scheint erst im Pliozaen nach N-Amerika vorgedrungen zu sein. Die Aufspaltung in die rezenten Gattungen erfolgte im Plio-/Pleistozaen. *Nyctereutes* ist seit dem Pliozaen nachgewiesen, *Canis*, *Vulpes* und *Otocyon* sind seit dem Villafranchium (Ältestes Pleistozaen) bekannt. *Lycaon* und *Cuon* treten erst spät im Pleistozaen auf. S-Amerika haben die Caniden erst im Quartär erreicht, wahrscheinlich in 2 Invasionen (LANGGUTH 1969). *Urocyon* im NW von S-Amerika ist ein später Einwanderer aus N-Amerika.

Haushunde stammen vom Wolf (*Canis lupus*) ab (s. S. 1101). Dies gilt auch für praekolumbianische Haushunde in Amerika. Der Dingo Australiens und der Hallström-Hund Neuguineas sind verwilderte Abkömmlinge von Haushunden, die vom praehistorischen Menschen bei der Besiedlung dieser Region eingeführt wurden.*)

Systematik der rezenten Cynoidea

Fam. 5. Canidae. Die Systematik der rezenten Canidae wurde lange Zeit hindurch kontrovers diskutiert, da die große Einheitlichkeit des Grundtyps die Zusammenfassung von Gattungsgruppen kaum zuließ. Problematisch ist vor allem die Gliederung der südamerikanischen Wildhunde.**)

---

*) Die im älteren Schrifttum verbreitete Hypothese, daß die verschiedenen Haushundrassen Abkömmlinge verschiedener Wildhund-Arten seien, hat sich als unhaltbar erwiesen (HERRE, RÖHRS 1990).

**) Die neuere Canidensystematik stützt sich im wesentlichen auf VAN GELDER 1978, HONACKI et al. 1982, und A. LANGGUTH 1969, 1970. Wir folgen hier diesen Autoren mit geringen Abweichungen.

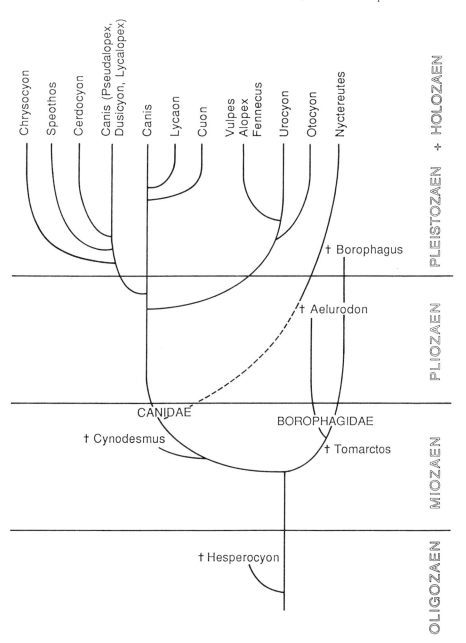

Abb. 419. System und Stammesgeschichte der Hundeartigen (Cynoidea, Canidae).

Die Familie umfaßt 1 polytypische Gattung „*Canis*" mit 7(8) Untergattungen und 7 monotypische Genera, insgesamt etwa 35 Arten.

Ein engerer Verwandtschaftskreis, das Genus *Canis* (subgen. *Canis*), wird von Wolf, Koyote, Schakalen (3 Arten) und abessinischem Wildhund gebildet (Abb. 420).

Canis lupus, der Wolf, ist der größte, rezente Wildhund. KRL.: 100–160 cm, SchwL.: 30–50 cm, KGew.: 15–80 kg. ♂♂ > ♀♀. Fellfärbung: graubraun, sehr variabel, schwarze Individuen häufig im O von N-Amerika, weiß in der Arktis. Verbreitung ursprünglich holarktisch. Heute in weiten

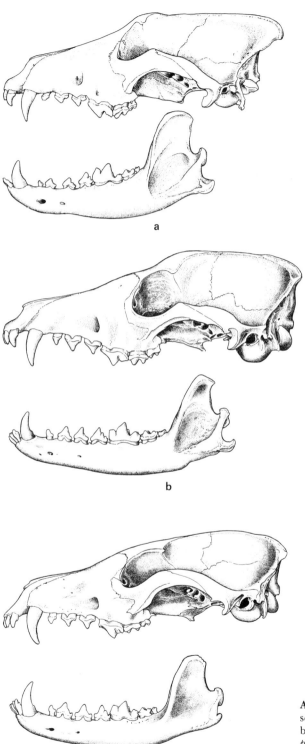

Abb. 420. a) *Canis lupus*, europäischer Wolf, b) *Canis mesomelas*, Schabrackenschakal, Afrika, c) *Vulpes vulpes*, Rotfuchs (nicht maßstäblich). Schädel in Seitenansicht.

Teilen seines Verbreitungsbereichs durch den Menschen ausgerottet (Rückgang der Wälder, Kultivierung des Landes, Jagd). In USA und Mexiko Restvorkommen; noch verbreitet in Kanada. *Canis niger*, vormals im Mississippibecken, ist offenbar eine Unterart von *C. lupus*. In Europa Restpopulationen in Spanien, Italien (Abruzzen), Skandinavien, Finnland, Polen; in größeren Beständen noch auf dem Balkan, vor allem in Rußland.

In Asien weit verbreitet südlich des N-Polarkreises. Fehlen im s. Vorderindien und auf der indochinesischen Halbinsel. Auf der arabischen Halbinsel wahrscheinlich, in Japan sicher ausgerottet.

Lebensraum: Innerhalb ihres Verbreitungsareals sind Wölfe sehr ungleichmäßig verteilt. Ein wesentlicher Faktor ist das Angebot an Beutetieren (vor allem Paarhufer). Wölfe bewohnen sehr verschiedenartige Biotope, von der Meeresküste bis in das Hochgebirge (im Pamir bis 4000 m ü. NN). Das Kerngebiet mit Ruheplätzen und Wurflager liegt in gedecktem Gelände mit Strauch- oder Baumwuchs, meist in der Nähe von Wasserläufen. Das Jagdrevier kann sich weit in offenes Gelände erstrecken. Reine Wüstenzonen werden gemieden. (Zum Sozialverhalten s. S. 766, 769f.).

Die Variabilität ist beträchtlich. Die Anzahl der beschriebenen Subspecies (für Palaearktis 12, für Amerika 24) läßt sich allerdings bei kritischer Analyse nicht aufrecht erhalten. Es besteht ein gewisses N-S-Gefälle (kleinere Formen im S). Wölfe sind in erster Linie Fleischfresser. Sie sind vor allem an das Vorkommen großer Huftiere (auch Haustiere) gebunden, erbeuten aber auch, besonders in Notzeiten, kleine bis mittelgroße Tiere. Der Anteil vegetabiler Nahrung (Früchte, Beeren, Melonen, Mais) ist gering (unter 10%).

In Gebieten mit dichten Wolfbeständen kann hoher Schaden entstehen. Die Gefahr durch Wölfe für den Menschen wird meist maßlos überschätzt. Übertragung von Tollwut ist möglich.

Der **Haushund**, *Canis lupus* f. familiaris, ursprünglich als eigene Art gedeutet (LINNÉ 1758), ist ein domestizierter Canide, als dessen Ahnform ausschließlich der Wolf nachgewiesen wurde (HERRE & RÖHRS 1990, s. S. 1101). Voraussetzung für eine Abklärung dieser alten Streitfrage war die moderne Konzeption des biologischen Artbegriffes. Erschwert wurde die Lösung der Frage nach der Abstammung des Haushundes durch die außerordentlich große Variabilität von *Canis lupus* und die Schwierigkeiten einer Unterscheidung von osteologischem Material beider Formen, da sich primitive Haushunde nur dann gegen die Wildform sicher abgrenzen lassen, wenn die Daten deutlich außerhalb der Variationsbreite des Wolfes liegen oder eindeutige Domestikationserscheinungen vorliegen. Ursache und Motive zur Domestikation des Wolfes durch Frühmenschen liegen im Dunklen. Nutzung als Jagdgehilfe dürfte kaum am Anfang gestanden haben, da hierfür bereits eine Domestikation vorauszusetzen ist. Einige archäologische und ethnographische Hinweise legen die Annahme einer primären Nutzung als Fleischquelle nahe. Sichere Haushundreste in Europa (Oberkassel bei Bonn, Dänemark, England; NOBIS 1962, BRAESTRUP) werden auf 14000–9500 Jahre vor heute datiert, in SW-Asien auf 8600–7500 Jahre, in Ostasien auf 6800 Jahre. Älteste Hundereste aus S-Amerika sind 5000 Jahre alt. Wolf-Haushund-Bastarde in freier Natur sind häufig (Rußland). Hingegen sind Bastarde zwischen Haushund und Schakalen nur aus Gefangenschaftszuchten bekannt.

Canis latrans, Koyote, Heulwolf. KRL.: 70–95 cm, SchwL.: 30–40 cm, KGew.: 10–18 kg. Verbreitung ursprünglich N-Amerika bis 55° n.Br. westlich des Mississippi, s. bis Mexiko City. Koyoten sind, nach dem Rückgang des Wolfes, in Expansion begriffen und besiedeln heute in den USA den Osten bis zur Atlantikküste, Kanada, Alaska, im S bis Kostarika. Im Aussehen ähneln Koyoten dem Wolf, sie sind kleiner und spitzschnauzig. Rudelbildung kommt nicht vor, dafür dauernde Paarbildung. In der Jugendentwicklung bildet sich früh ein Distanzverhalten gegen Artgenossen heraus. Koyoten sind sehr anpassungsfähig und bewohnen verschiedene Lebensräume. Ruheplatz und Wurfstätte in selbst gegrabenen Höhlen. Nahrung: kleinere Beutetiere, Aas, Früchte und andere Vegetabilien. Sie sind keine Viehräuber. Die Frage des Vorkommens von Bastardierungen mit Wolf oder Haushund („Coydogs") unter natürlichen Bedingungen wird diskutiert.

Die ökologische Nische der kleinen Canidae nehmen in der Alten Welt drei Arten ein, gemeinhin als Schakal bezeichnet. In NO-Afrika (Äthiopien bis N-Tansania) überlappen sich die Vorkommen.

Canis aureus, Goldschakal. N- und O-Afrika bis Senegal, Nigeria, Tansania, SO-Europa, Vorder- und S-Asien bis Thailand, Sri Lanka.

Canis adustus, Streifenschakal. Senegal bis Äthiopien, s. bis Namibia, Mozambique, n. S-Afrika.

Canis mesomelas, Schabrackenschakal. Afrika s. des Regenwaldes, im O bis Äthiopien, Sudan, im S bis zum Kap (Abb. 420b).

Die drei Arten sind wärmeliebend und kommen in südlichen Regionen vor. In der Regel leben sie in verschiedenen Biotopen. *C. mesomelas* ist Savannenbewohner und meidet Waldgebiete. *C. adu-*

stus bevorzugt Buschland und trockene Waldgebiete, geht in Äthiopien bis über 2000 m ü. NN. In Tansania, Kenia können Gold- und Schabrackenschakal in der Savanne am gleichen Aas angetroffen werden.

Alle Schakale leben in Paarbindung. KRL.: 70–100 cm, SchwL.: 25–40 cm, KGew.: 6–12 kg. Nahrung: Kleintiere, Insekten, Aas, Früchte, Beeren. Revier-Markieren durch Urinspritzen. Lautäußerung: Heulen, vor allem zur Fortpflanzungszeit.

Canis (Simenia) simensis, Abessinischer Wildhund (Abb. 421). KRL.: 100 cm, SchwL.: 30 cm, KGew.: 10 kg. Vorkommen nur auf einigen Gebirgsstöcken Äthiopiens (Simien, Cillalu). Die Art ist stark gefährdet. Körperform der von *C. latrans* ähnlich, lange, schlanke Schnauzenpartie, Gebiß relativ schwach. Diastembildung zwischen den P (Abb. 421). Färbung des Fells fuchsrot, Lippen, Kehle, Ventralseite und Flecken beiderseits der Schwanzwurzel weiß. Extremitäten schlank und lang. Schwanz buschig mit schwarzer Spitze. Lebensraum: Bergplateau zwischen 3000 und 4500 m ü. NN (Zone der Baumericaceen und Lobelien). Nahrung: Kleintiere, vor allem *Arvicanthis*, Reptilien, Insekten. Tag- und nachtaktiv, solitär oder Paarbindung. Lebensweise ungenügend bekannt. Wurfgröße 2–3.

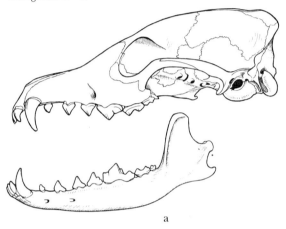

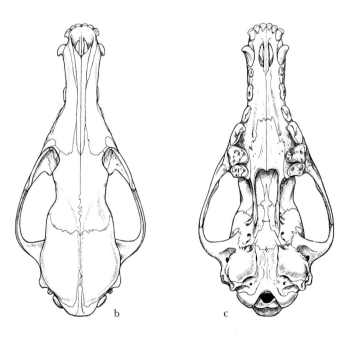

Abb. 421. *Canis (Simenia) simensis,* Semien-Wildhund (Äthiopien, Cillalugebirge), Schädel in drei Ansichten.

Cuon alpinus, Rotwolf, Asiatischer Wildhund, Dhole oder Kolsun (Indien), Adjak (Java) (Abb. 422). KRL.: 85–110 cm, SchwL.: 30–45 cm, KGew.: 15–25 kg. Die Gattung *Cuon* ist monotypisch. Es werden, entsprechend dem sehr weiten Verbreitungsgebiet, 11 Subspecies unterschieden. Vorkommen: Vorderindien, Pakistan, Tibet, Indochina, China, Korea bis Amur-Ussuriregion, Mongolei, S-Sibirien, Malaysia, Sumatra, Java. Im Pleistozaen bis C-Europa. Die Art bewohnt also sehr heterogene Lebensräume und ist sehr anpassungsfähig; Dschungel in Malaysia und auf den Sundainseln, Bergwald in Indien, Buschwald in China, offenes Berggelände, im Himalaya bis 4000 m ü. NN. Das Fell ist glatt und kurzhaarig, jedenfalls bei den tropischen Wildhunden. Die Färbung rotbraun bis braungrau, im n. Verbreitungsgebiet heller. Kehle und Brust weiß. Schwanz buschig mit schwarzer Spitze. Der Schädel ist kurzschnauzig (Abb. 422) mit breitem Gesichtsteil und kräftigen Jochbögen. Das Stirn-Schnauzenprofil ist glatt verlaufen, ohne Glabellarknick. Das Gebiß ist durch Vereinfachung und Verkleinerung der oberen M gekennzeichnet. M 3 fehlen. Die Kronen der P werden höher und spitzer. Obere und untere P kommen, im Gegensatz zu *Canis*, in Kontakt. Am Talonid des M_1 fehlt der innere Höcker, und auf der buccalen Seite ist eine deutliche Schneidekante ausgebildet. Die Kronenform des M^1 ist der seines Antagonisten angepaßt und bildet eine ungeteilte Grube, in die das Hypoconulid des M_1 eingreift.

Eine ähnliche Differenzierung findet sich bei *Lycaon* und *Speothos*. Die Zusammenfassung dieser drei Genera zu einer monophyletischen Gruppe kann jedoch aus diesem Einzelmerkmal nicht abgeleitet werden. Offensichtlich handelt es sich um Parallelbildungen in der Ausprägung eines Schnappgebisses bei Überwiegen reiner Fleischnahrung (Beutejagd von Großtieren) und Vermeiden von Pflanzenkost (EWER). Zahnformel $\frac{3\ 1\ 4\ 2}{3\ 1\ 4\ 2} : 40$.

Cuon bildet Gruppen von 5–20 Individuen und jagt vor allem größere Huftiere (Ren, Hirsche), gelegentlich auch kleinere Säuger. Im Rudel besteht keine starre Rangordnung. Führung des Rudels durch ältere Individuen. Keine strenge Paarbindung. Rotwölfe haben verschiedene Lautäußerungen, sollen sich aber bei der Jagd stumm verhalten. Angriffe auf Menschen kommen nicht vor. Tragzeit 60–62 d. Die in einer Erdhöhle geworfenen Welpen werden von beiden Eltern versorgt und folgen diesen im Alter von etwa 1/2 Jahr.

Lycaon pictus, Hyänenhund, Afrikanischer Wildhund, Cape hunting dog. KRL.: 80–110 cm, SchwL.: 30–40 cm, KGew.: 18–28 kg. Verbreitung: Afrika s. der Sahara mit Ausnahme des Regenwaldes und extremer Wüstenregionen. Lebensraum: offenes Gelände, Savanne, Steppe, Halbwüste. Im Gebirge bis 4000 m ü. NN. Relativ langbeinig (rascher Läufer), Kopf breit, Schnauze sehr kräftig, kurz. Ohren groß. Fellfärbung individuell sehr variabel. Große, unregelmäßig angeordnete schwarzbraune, gelbe und weiße Fleckung. Gelegentlich kommen mehr oder weniger schwarze Individuen vor. Neugeborene schwarz. Schwanz buschig. Gebiß wie Canis $\frac{3\ 1\ 4\ 3}{3\ 1\ 4\ 3}$, aber M 3 sehr

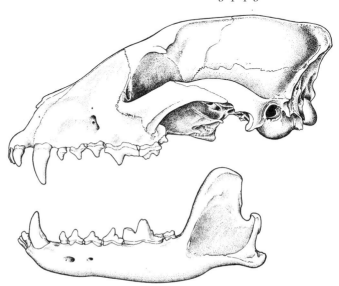

Abb. 422. *Cuon alpinus sumatranus*, Adjak, ostasiatischer Wildhund, Schädel in Seitenansicht.

klein. Hyänenhunde leben nomadisch und bilden Rudel von 4−6−20 und mehr Individuen. Ihr Wandergebiet ist sehr groß und kann mehrere hundert km^2 umfassen. Seßhaft nur zur Wurfzeit und Jungenaufzucht. Die Jungen werden in Höhlen (verlassene Bauten von Erdferkeln oder Warzenschweinen) zur Welt gebracht. Sie folgen dem Rudel im Alter von 6 Monaten. Verständigung im Rudel durch differenzierte Lautgebung (Kontaktrufe, Alarm-Bellen etc.) und durch Körperstellung. Keine strenge Rangordnung, doch Führung des Rudels durch Alttiere.

Hyänenhunde sind reine Fleischfresser und in ihrem Vorkommen an die Herden großer Huftiere (Antilopen, Zebras) gebunden. Die Beutejagd erfolgt meist in den frühen Morgenstunden oder am Abend. In der Ruhezeit lagern sie unter Büschen, im hohen Gras oder im Erdbau.

Otocyon megalotis, Löffelhund, bat eared fox (Abb. 423). KRL.: 50−60 cm, SchwL.: 30−35 cm, KGew.: 3−4,5 kg. Disjunkte Verbreitung, im NO von Eritrea und NO-Sudan bis Kenia, N-Tansania, im S von Angola, Namibia, Transvaal bis Mozambique. Sehr große Ohrmuscheln (bis 10 cm lang). Schlanke Gliedmaßen (Schulterhöhe im Stand 30 cm). Beine und Schwanzspitze schwarz, Fellfärbung grau, ventral graugelb, schwarze Gesichtszeichnung. Ohrmuscheln innen weiß behaart mit schwarzem Außenrand. Schnauze schmal und mäßig lang. Große Tympanalbullae. Wulstartig vorspringende, lyraförmige Temporalleisten und rauhes Oberflächenrelief in der Fossa temporalis (ähnlich bei *Urocyon*) (Abb. 423). Am Unterrand des Unterkiefers, unter dem Proc. angularis, ein breiter, flacher Proc. subangularis (Abb. 423) als Ansatz für den M. digastricus (ähnlich bei *Nyctereutes* und *Urocyon*). Der knöcherne Gaumen endet hinter dem letzten Molaren.

Otocyon ist als einziger Canide auf Insektennahrung (vorwiegend Termiten, Käfer, Heuschrecken, gelegentlich Kleinsäuger, Vogeleier, Früchte) spezialisiert. Als Anpassung an diese Ernährungsweise sind die Besonderheiten an Gaumen und Mandibel, vor allem aber am Gebiß zu deuten. Die Einzelzähne sind klein, bunodont mit spitzen Höckern. Die Umbildung von $\frac{P^4}{M_1}$ zur Brechschere ist verlorengegangen, die Zahl der Zähne aber vermehrt (Polyodontie) (Abb. 423). Zahnformel $\frac{3\ 1\ 4\ 3\ (-4)}{3\ 1\ 4\ 4\ (-5)}$, Zahnzahl also 45−50. Die unteren I sind procumbent. Zwischen I^2 und I^3 ist ein Diastem ausgebildet. Lebensraum Savanne. Löffelhunde nutzen Erdhöhlen von Erdferkeln oder bauen selbst Gänge, die meist mehrere Ausgänge haben. Reviergröße etwa 1,5 km^2, vorwiegend nachts aktiv. Enge Paarbindung, kleine Gruppen (Familiengruppe) vor dem Selbständigwerden der Jungen, das im Alter von 10 mon erfolgt.

Die Radiation der Canidae in Südamerika. Als ältester Fund eines Caniden aus S-Amerika ist †*Protocyon* aus dem unteren Pleistozaen, eine *Cuon*-ähnliche Form zu nennen. Wenig jünger (M-Pleistozaen) ist †*Theriodictis*. Funde von *Canis* und *Chrysocyon* sind bereits im Pleistozaen vorhanden. Caniden gelangten also erst in jüngerer Zeit nach S-Amerika, nach LANGGUTH vielleicht in 2 Invasionsschüben, und haben hier eine bedeutende Radiation erfahren. Die Waldfüchse, Gen. *Cerdocyon*, sind ursprünglicher und dürften der ältesten Schicht der Einwanderer nahestehen. Eine zweite Gruppe, die Campos-Füchse, wurden im älteren Schrifttum in 4 Genera untergliedert (*Dusicyon, Pseudalopex, Lycalopex, Atelocynus*). Sie werden heute wegen der weitgehenden morphologischen Identität der Gattung *Canis* als Subgenera zugeordnet. Der Schädel des Andenfuchses (*C. culpaeus*) ist nicht von dem eines Streifenschakals (*C. adustus*) zu unterscheiden. Damit wird kein unmittelbarer phylogenetischer Zusammenhang zwischen beiden Formen angenommen. Beide vertreten den generalisierten (plesiomorphen) Canidentyp, der sich in fast allen Kontinenten erhalten hat. Eine weitere Gruppe von Caniden zeigt extreme Spezialisierungen und Anpassungen an ganz bestimmte Lebensräume. Zu diesen differenzierten Hunden gehören Mähnenwolf (*Chrysocyon*), ein hochbeiniger Bewohner der Hochgras-Savanne und *Speothos*, der Waldhund, ein kurzbeiniger Buschschlüpfer (s. S. 810, Abb. 54, 424), ein Waldbewohner.

Alle differenzierten Arten haben sich im brasilianischen Hochland entwickelt. Der Graufuchs, *Urocyon cinereoargentatus*, ist ein später Eindringling im NW von S-Amerika, dessen Hauptverbreitungsgebiet im W der USA liegt.

Canis (Dusicyon) australis, Falklandwolf, einzige Art des Subgenus *D.* Vorkommen: Falklandinseln, heute ausgerottet. Nahrung primär Pinguine und Robben, galt als Schädling an den Schafherden, rein carnivor. In Schädel und Gebiß eindeutig abgrenzbar gegenüber den Festland-Caniden.

Canis (Pseudalopex) culpaeus, Andenfuchs, Culpeo. Von Feuerland bis Ecuador, Kolumbien, entlang der Andenkette. KRL.: 60–115 cm, SchwL.: 40–45 cm, KGew.: 4–12 kg. Lebensraum offenes Gelände in den Kordilleren. Fell variabel, rotbraun-gelblich, buschiger Schwanz. Vorwiegend carnivor. Kulturfolger.

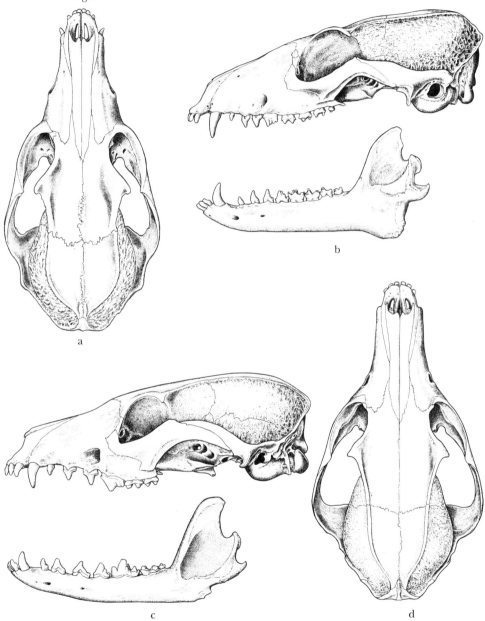

Abb. 423. a, b) *Otocyon caffer*, Löffelhund (Afrika) und c, d) *Urocyon cinereoargentatus*, Graufuchs (N-Amerika). Schädel in verschiedenen Ansichten. Beachte: Gebiß, Cristae temporales, Angulus des Unterkiefers.

Canis (Pseudalopex) gymnocercus, Pampasfuchs, Azarafuchs. KRL.: 65 cm, SchwL.: 30 cm, KGew.: 3–6 kg. S-Argentinien, S-Brasilien bis Uruguay, Paraguay. Küstenregion von Peru-Chile. Etwas kleiner als Rotfuchs. Lebensraum: offenes Gelände, Buschsteppe – Halbwüste, nicht im Gebirge. omnivor, relativ großer Anteil der Nahrung vegetabil. Kulturfolger.

In Patagonien ersetzt durch den etwas kleineren *Canis griseus*, in der Küsten-Sandwüste von Ecuador und Peru durch *Canis sechurae*.

Canis (Lycalopex) vetulus, brasilianischer Kampfuchs. KRL.: 60 cm, SchwL.: 32 cm, KGew.: 2,7–4 kg. Graue Fellfärbung, kleiner als Pampasfüchse. Violdrüse am Schwanzrücken. Lebensraum: offene Grassavanne mit Waldinseln. Nur in NO- und C-Brasilien (Minas Gerais, Mato Grosso, Goias). Nahrung vor allem Insekten, kleine Säuger und Vögel, nie vegetabil. Lebensweise wenig bekannt.

Canis (Atelocynus) microtis, Kurzohrfuchs. KRL.: 70–90 cm, SchwL.: 25–30 cm, KGew.: 9 kg. Vorkommen: Regenwald des Amazonas- und Paranà-Beckens. Selten, Lebensweise kaum bekannt. *Atelocynus* ist, wenn auch weniger extrem als *Speothos*, an das Leben im Tropenwald angepaßt; relativ kurzbeinig, Schulterhöhe 35 cm, kurze, runde Ohren, sehr dunkle Färbung; dichtes, kurzhaariges Fell. Der Hirnschädel ist breit, der Hirnteil aufgewölbt (konkaves Profil). Nahrung: omnivor (?).

Cerdocyon thous, „Crab eating fox". KRL.: 65 cm, SchwL.: 30 cm, KGew.: 5–8 kg. Die Gattung ist monospezifisch. Venezuela, Kolumbien, N-Argentinien, Uruguay. Ähnelt einem Rotfuchs, ist aber etwas gedrungener gebaut. Fellfärbung variabel, graubraun–schwärzlich. Nocturne Lebensweise, meist in Paaren oder kleinen Familienverbänden. Lebensraum im N: Savanne, Trockenwald, im S: Tropenwald; omnivor.

Speothos (Icticyon) venaticus, Waldhund (Abb. 54, 424). Kleinster s-amerikanischer Canide. KRL.: 60–75 cm, SchwL.: 12–15 cm, KGew.: 5–7 kg. Verbreitung nur östlich der Andenkette (Venezuela, Guayana, Kolumbien, Ecuador, Brasilien, Bolivien bis Paraguay, isoliertes Vorkommen in Panama). *Speothos* ist eine Art des tropischen Regen- und Buschwaldes, oft in der Nähe von Wasserläufen. Gedrungener Körperbau, kräftiger Knochenbau, kurzbeinig. Relativ kurzer Schwanz und sehr kurze rundliche Ohren. Molaren reduziert, Zahnformel $\frac{3\ 1\ 4\ 1}{3\ 1\ 4\ 2} : 38$. Brechschere deutlich. Schädel kurzschnauzig. Nahrung vorwiegend Wirbeltiere, gelegentlich Insekten, sehr wenig Vegetabilien. Waldhunde sind gute Schwimmer und jagen auch gelegentlich im Wasser. Sie leben paarweise oder in kleinen Familienverbänden, doch sind auch größere Rudel (12 Ind.) bei der ge-

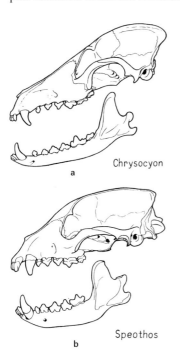

Abb. 424. a) *Chrysocyon brachyurus*, Mähnenwolf, b) *Speothos venaticus*, Waldhund (beide S-Amerika), Schädel in Seitenansicht, auf gleiche Länge gebracht.

meinsamen Jagd beobachtet worden. Tragzeit 60–70 d, Wurfgröße 4–6 (KGew. der Neonati 150 g). Der Wurf erfolgt in einer selbstgegrabenen Höhle oder in verlassenen Bauten von Gürteltieren. Beide Eltern beteiligen sich an der Aufzucht der Jungen.

Chrysocyon brachyurus, Mähnenwolf, Aguará Guazu (Abb. 54, 424). KRL.: 110 cm, SchwL.: 40–45 cm, KGew.: 20–25 kg. Schulterhöhe: 85–90 cm. Verbreitung: C- und O-Brasilien bis Paraguay, O-Bolivien, N-Argentinien. Extrem hochbeinig, schlanke Körperform. Schnauze lang und schmal. Ohren groß (Länge 17 cm). Fellfärbung leuchtend rotbraun, weißer Kehlfleck und Schwanzspitze, Füße und Rückseite der Ohren schwarz. Neugeborene sind einheitlich schwarzgrau. Aufrecht stehende, schwarze Nackenmähne. Lebensraum: Grassavanne, Buschsavanne, in der Nähe von Flußläufen. Gebiß mit flachhöckrigen, großflächigen M. Nahrung: kleine Nager, vor allem *Cavia*, Insekten, Eidechsen, relativ hoher pflanzlicher Anteil (Früchte, Palmnüsse). Mähnenwölfe sind Paßgänger (S. 78, Abb. 54), eine bei Fissipedia ungewöhnliche Lokomotionsart. Die Mähnenwölfe sind hervorragend an Savannen mit Hochgras angepaßt. Solitär, abgesehen von der Fortpflanzungszeit. Gravititätsdauer: 65 d, Wurfgröße: 2–5. Reviergröße eines Paares etwa 30 km². Mannigfache Lautäußerungen, charakteristisch vor allem nächtliche, tiefe Heulrufe zur Revierabgrenzung. *Chrysocyon* besitzt, wie *Speothos* und *Atelocynus*, abweichend von den meisten übrigen Caniden, ein sehr kurzes und nicht gewundenes Caecum.

Eine Anzahl kleiner bis mittelgroßer Caninae haben sich seit dem Tertiär von der zu *Canis* führenden Stammeslinie abgespalten und verschiedene Lebensräume erobert. Diese, trivial als „Füchse" bezeichneten Caniden werden vier Gattungen zugeordnet, die auf 2–3 Radiationen zurückzuführen sind. Die Gattung *Vulpes* (Wald- und Savannenfüchse) umfaßt 8(9) Arten. Die Aufspaltung in die Genera *Vulpes* und *Alopex* (Eisfuchs, Korsak, 2 Arten) dürfte erst im älteren Quartär erfolgt sein. Bereits im Tertiär ist die Stammeslinie des Feneks (*Fennecus*, eine extreme Wüstenform mit großen Tympanalbullae, Abb. 426) nachweisbar, ebenso *Urocyon*, eine primitive Form in N-Amerika. Die Gliederung in Gattungen ist problematisch, denn der Korsak vermittelt zwischen Eisfüchsen und Waldfüchsen. Die Gattung *Alopex* ist als Anpassung an arktische Klimabedingungen spezialisiert und steht dem Genus *Vulpes* sehr nahe.

Vulpes vulpes, Rotfuchs (Abb. 420 c). KRL.: 50–90 cm, SchwL.: 30–50 cm, KGew.: 2,5–10 kg. Vorkommen: palaearktisches Afrika vom Atlasgebiet bis Ägypten. Ganz Europa (außer Malta, Balearen, Kreta und Cypern), kontinentales Asien (außer extremem N- und S-Indien), Japan, N-Amerika bis Florida und C-Kalifornien. Eingeführt in Australien.

Außerordentlich anpassungsfähige Art (von der Küste bis zum Hochgebirge, Halbwüste bis Wald). Als Kulturfolger vielfach in Ausbreitung begriffen („Stadtfüchse" in London und im Ruhrgebiet). Er fehlt in Regenwaldgebieten, in der Wüste und in der Arktis. Nahrung: Mäuse, Vögel,

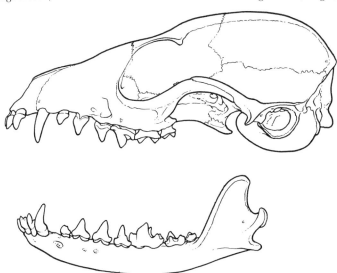

Abb. 425. *Fennecus zerda*, Wüstenfuchs, ♂, Schädel in Seitenansicht.

Kleintiere, gelegentlich Fallobst. Beute wird verscharrt. Der Rotfuchs ist, abgesehen von der Fortpflanzungszeit, ein Einzelgänger. Er jagt nie im Rudel. Im Gegensatz zum Wolf, der ein Augentier ist, fehlt dem Makrosmaten Rotfuchs die Augensprache und Gesichtsmimik. Markieren durch Harn und Kot, auch durch Violdrüse (?). Aktiv vorwiegend in der Dämmerung und nachts. Ausgedehnte Erdbaue mit mehreren Ausgängen, vor allem als Wurfkammer. Ruhen oft außerhalb des Baues. In Mitteleuropa bevorzugt an Waldrändern (Tagesruhe im Wald, Jagd im Feld). Populationsgröße stark vom Beuteangebot (Mäusejahre) abhängig. Ranzzeit beginnt im I. Tragzeit 51 d, Wurfgröße 4–7(10). Augenöffnung um den 10. d. Die Jungen werden im Herbst selbständig und wandern dann ab.

Fellfärbung „fuchsrot", Rumpfseiten gelblicher. U-Seite und Schwanzspitze weiß. Ohrspitzen schwarz. Zahlreiche Farbvarianten, geographisch und individuell. „Kreuzfüchse": verdunkeltes Fell, schwarzer Rückenstreifen und Schulterkreuz. „Silberfüchse": schwarz mit weißen Haarspitzen (nur in N-Amerika). Füchse spielen im Pelzgewerbe eine erhebliche Rolle, einige Farbschläge sind hoch bewertet. Jährlicher Abschuß in der w. Bundesrepublik ca. 200 000, ohne bemerkbare Bestandsverminderung. Der Fuchs ist der gefährlichste Überträger der Tollwut auf Wild, Haustier und Mensch. Erhebliche Ausbreitung der Seuche in Mitteleuropa nach 1945. Wirksame Bekämpfung der Tollwut seit dem Auslegen von Ködern mit Impfstoff („Schluckimpfung").

In den ariden Gebieten des SW der USA fehlt der Rotfuchs. Hier ist eine kleine Fuchsart, *Vulpes velox*, der swift fox oder kitfox, verbreitet.

Außer *Vulpes vulpes* und *Fennecus* beherbergt Afrika drei kleine, an aride Steppen und Halbwüsten angepaßte Füchse.

Vulpes chama, der Kapfuchs (Kama, Silberrückenfuchs, Silberschakal), ist auf das Kapland und Namibia beschränkt. Rotfuchs ähnlich, doch kleiner und graziler. Ohren größer (9–10 cm lang), Schwanz sehr buschig. Fell gelbbraun, dorsal schwarz-weiße Strichelung (Silberrücken), Fell im übrigen gelbbraun, schwarzbraune Gesichtszeichnung. *Vulpes rüppelli,* Sandfuchs. Wüstengebiete in N-Afrika, Sinai, Arabien bis Iran, Afghanistan. Bevorzugt steiniges Gelände. Fellfärbung gelbgrau bis rötlich. Buschiger Schwanz. Ohren 10–12 cm lang. Verbreitungsgebiet deckt sich zum großen Teil mit dem von *Fennecus*. *Vulpes pallidus,* Blassfuchs, bewohnt die Sahelzone von Senegambien bis an das Rote Meer. Kleiner als die zuvor Genannten, Ohren kürzer (6,5–7,2 cm). Blaß gelbrötlich gefärbt, Schwanzspitze schwarz. *Vulpes cana,* Afghanischer Fuchs, eine sehr kleine Art, *Vulpes ferrilata,* der Tibetfuchs der c-asiatischen Hochländer (über 4000 m ü. NN) in Tibet, Nepal, und der Bengalfuchs, *Vulpes bengalensis* in Vorderindien, stehen dem Rotfuchs nahe. Fellfärbung sehr variabel, meist braungrau. Der Bengalfuchs lebt in verschiedenen Lebensräumen und ist auch Kulturfolger.

Fennecus zerda, Wüstenfuchs, Fenek (Abb. 425, 426), ist weitgehend an das Leben in der Wüste angepaßt und kommt in der Sahara in Gebieten vor, die weitab von jeder Wasserstelle liegen. Ver-

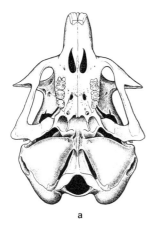
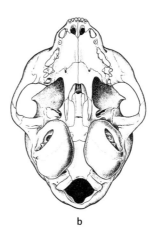
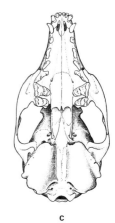

a b c

Abb. 426. Vergrößerte Bulla tympanica bei Säugetieren aus verschiedenen Stammeslinien, die in der Wüste leben. a) *Jaculus orientalis*, Wüstenspringmaus (Rodentia, Dipodidae), b) *Felis thinobia*, Sandkatze (Fissipedia, Felidae), c) *Fennecus zerda*, Wüstenfuchs (Fissipedia, Canidae). Nach STARCK 1979.

breitung: Sahara von Mauretanien bis Ägypten, Sinai, N der Arabischen Halbinsel. Kleinster Canide, KRL.: 30–40 cm, SchwL.: 18–30 cm, KGew.: 1–1,5 kg. Das dichte, sehr weiche Fell ist hellgelb, sandfarben; Sohlen behaart. Die Ohren sind extrem lang (bis 15 cm). Schnauze spitz und schlank. Tympanalbullae sehr stark vergrößert (Abb. 425). Verbringt den Tag im selbstgegrabenen Bau im Sandboden. Die Art ist offenbar stärker sozial als die übrigen Füchse. Mehrere Familiengruppen leben beieinander in lockerer Gruppenbildung. Die geringe Wurfgröße (stets weniger als 5, meist 2) ist als Anpassung an die extremen Lebensbedingungen zu verstehen.

Urocyon cinereoargentatus, Graufuchs (Abb. 423c). KRL.: 53–75 cm, SchwL.: 30–40 cm, KGew.: 2,5–6,5 kg. Verbreitung von der S-Grenze Kanadas bis NW von S-Amerika (Kolumbien, Venezuela). Die Gattung stammt aus N- und M-Amerika und hat S-Amerika erst in sehr junger Zeit erreicht. Bunte Fellfärbung, dorsal grau, Halsseiten, untere Flanken und Vorderbeine rötlich-orange, dunkle Gesichtszeichnung. Die Sonderstellung des Graufuchses als eigenes Genus stützt sich auf Besonderheiten des Schädelbaues (deutlicher Lobus subangularis am Unterkieferrand und lyraförmige Temporalleisten, Konvergenz zu *Otocyon*) (s. S. 809). *Urocyon* ist der einzige Canide, der auf Bäume klettert und zwar nicht nur auf der Flucht. Gelegentlich werden Baumhöhlen in mehreren Metern Höhe besetzt. *U. littoralis*, vormals als Art beschrieben, kommt auf einigen Inseln vor der kalifornischen Küste vor und kann als Subspecies von *U. cinereoargentatus* gewertet werden.

Alopex lagopus, Eisfuchs. KRL.: 50–70 cm, SchwL.: 30–40 cm, KGew.: 2,5–8 kg. Verbreitung: arktische Gebiete Eurasiens (incl. Island, Spitzbergen) und N-Amerikas. Schnauze und Extremitäten kurz, Ohren abgerundet und sehr kurz (5–6 cm). Dichter und feiner Pelz, besonders im Winter. Die Art tritt in zwei Farbphasen auf. Der Weißfuchs ist im Sommer graubraun, Bauchseite weißgrau, im Winter reinweiß. Der Blaufuchs ist im Sommer braungrau, im Winter blaugrau. Beide Farbphasen können im gleichen Wurf vorkommen; Blaufüchse kommen seltener vor. Zweimaliger Haarwechsel pro Jahr. Sohlen behaart. Lebensraum nördliche Tundra, im Winter Abwanderung teils nordwärts auf das Packeis, teils südwärts bis in die Taiga. Bastardierung mit *V. vulpes* wurde in Pelztierfarmen oft versucht, doch sind die Bastarde infertil (Chromosomenanzahl 2n = 57, bei *V. vulpes* 2n = 34). Nahrung: Kleintiere (Lemminge), Vögel, Eier, Aas (Beutereste des Eisbären), aber auch vegetabile Zusatznahrung (Beeren). Monogam, ♂♂ helfen bei Aufzucht der Jungen. Tragzeit 49–56 d. Wurfgröße 6–12. Populationsgröße stark abhängig vom Nahrungsangebot. Ranzzeit III–IV. Höhle in Felsspalten oder selbstgegrabene Erdbaue. Eisfüchse sind tag- und nachtaktiv.

Alopex (Vulpes) corsac, Korsak, Steppenfuchs. Verbreitung: Steppen im SO Rußlands und der Ukraine, Kasachstan, C-Asien, Mongolei bis Transbaikal, N-China. KRL.: 48–68 cm, SchwL.: 30–40 cm, KGew.: 2,5–5 kg. Körperbau wie Rotfuchs, aber hochbeiniger, Ohren groß mit breiter Basis, spitz. Schwanzspitze dunkel. Schnauzenregion verkürzt (FaciallLge. nie mehr als 3/4 der HirnschädelLge.). Canini und Reißzähne kräftiger und länger als beim Rotfuchs. Im Schädel- und Gebißbau steht der Korsak den Eisfüchsen näher als den echten Füchsen und wird daher als südliche, dem Leben in offener Steppe und Halbwüste angepaßte Art der Gattung *Alopex* zugewiesen. Fellfärbung: im Sommer rötlichgrau-sandfarben, im Winter grauweiß, sehr dichter Pelz. Nahrung: Kleintiere. Korsaks sind nachtaktiv, leben paarweise oder in kleinen Rudeln. Sie sind nicht streng territorial und nutzen Erdhöhlen. Tragzeit 49–51 d, Wurfgröße 2–5.

Nyctereutes procyonoides, Marderhund, Mangut, racoon dog. Der Marderhund nimmt unter den Caninae eine isolierte Sonderstellung ein und ist eine in mancher Hinsicht basale Reliktform einer frühen Abspaltung von der Stammeslinie der Caniden (Abb. 419). Er ist fossil seit dem Pliozaen nachgewiesen. Bemerkenswert ist der niedere, weit unter den Werten der übrigen Caniden liegende Encephalisationsgrad (RÖHRS 1985). Die Sonderstellung wird durch die DNA-Analyse bestätigt. Ungewöhnlich ist die hohe Lage des Kiefergelenkes, kombiniert mit der Ausbildung eines Lobus subangularis am unteren Rand der Mandibula (Ansatz des M. digastricus) (Abb. 427). Der Schädel ist massig und schwer, der Facialteil relativ kurz, nicht länger als der Hirnteil. Cristae bei alten Individuen ausgeprägt. Die Profilkontur bildet rostral eine gerade Linie, in der hinteren Nasenregion und im Hirnschädelbereich leicht konvex. Der hintere Rand des knöchernen Gaumens erstreckt sich über die Ebene der M^2 hinaus nach hinten. Gebiß: $\frac{3\ 1\ 4\ 2}{3\ 1\ 4\ 3}$: 42. Zähne recht schwach, der obere C kräftig, aber kurz.

KRL.: 60–80 cm, SchwL.: 15–25 cm, KGew.: 4–10 kg. Verbreitung: Ursprünglich O-Asien (s. Amur-/Ussuriregion), Mandschurei, Korea, O-China bis N-Indochina, Japan. Seit 1930 mehrfach im europäischen Rußland ausgesetzt, hat er stabile Populationen gebildet und ist noch im Vordringen nach C-Europa, Finnland, N-Skandinavien und nach SO-Europa.

Im Aussehen ähnelt *Nyctereutes* eher einem Waschbären als einem Hund. Fellfärbung braungrau

814   Subcl. Theria, Infracl. Eutheria

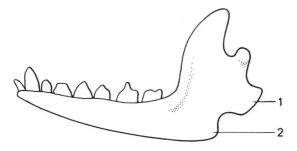

Abb. 427. *Nyctereutes procyonoides*, Marderhund (Canidae), Unterkiefer. 1. Proc. angularis, 2. Lobus subangularis.

mit Beimischung von schwarz; schwarze Gesichtsmaske und einfarbiger dunkler Schwanz. Sehr lange Grannenhaare, besonders als Backenbart. Erster Haarwechsel im Sommer. Der dichte Winterpelz spielt eine gewisse Rolle im Handel, wird aber nicht hoch bewertet. Körperform auffallend durch langgestreckten Rumpf, kurze, dünne Beine und relativ kurzen Schwanz. Ohren klein und abgerundet. Lebensraum: Laub- und Mischwälder mit dichtem Unterwuchs (mandschurischer

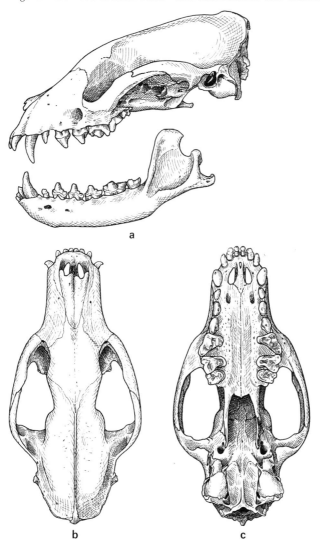

Abb. 428

Typ) in der Nähe von Gewässern. Dämmerungs- und nachtaktiv. Nahrung: omnivor, Kleintiere, vor allem Mäuse und Amphibien, Jungvögel (Schaden durch Vernichtung der Bruten von Waldhühnern), Aas und beträchtliche Anteile von Vegetabilien (Früchte, Knollen, Samen). Bestandsdichte etwa 3–4 Tiere auf 1 000 ha, im sekundären Ansiedlungsgebiet oft höher. Paare bleiben in der Regel für 1 Jahr zusammen. Einfache Erdbauten, Gänge von etwa 6 m führen in einen Kessel, von dem mehrere radiäre Gänge zu Nebeneingängen führen. Ranzzeit, je nach Klima, vom II bis IV. Tragzeit 60–70 d. Wurfgröße 6–7 (maximal bis 16). Marderhunde sind die einzigen Caniden, die eine Winterruhe (XII–II), aber keinen echten Winterschlaf halten. Diese wird an warmen Tagen unterbrochen. Chromosomenanzahl: $2n = 42$.

Superfam. Herpestoidea

In der **Superfamilie Herpestoidea** (Ailuriodea, Feloidea) werden Schleichkatzen (Herpestidae und Viverridae), Hyänen und Katzen zusammengefaßt. Wenn auch eine Reihe von taxonomischen und phylogenetischen Fragen noch diskutiert werden (s. S. 828 f.), so besteht Übereinstimmung über den monophyletischen Ursprung der Gruppe. Die

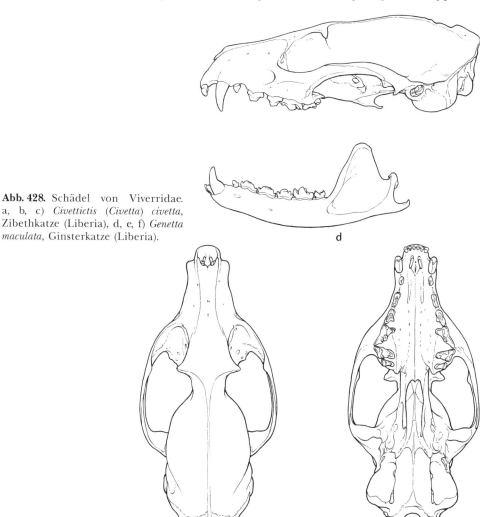

Abb. 428. Schädel von Viverridae. a, b, c) *Civettictis* (*Civetta*) *civetta*, Zibethkatze (Liberia), d, e, f) *Genetta maculata*, Ginsterkatze (Liberia).

Herpestoidea haben eine erhebliche Diversifikation erfahren und verschiedene Anpassungstypen entwickelt. Hoch spezialisiert sind die Katzen (Felidae) als Beutegreifer und reine Fleischfresser und die Hyaenidae als Knochenfresser. Demgegenüber haben die Viverridae und Herpestidae eine Reihe von Plesiomorphien bewahrt. Aus dem Alttertiär sind Formen bekannt († *Stenoplesictis,* † *Palaeoprionodon*), die viverride und felide Merkmale vereinen, sodaß eine systematische Zuordnung problematisch ist.

Fam. 6. Viverridae (Ginsterkatzen, Palmenroller, Madagaskarschleichkatzen), 5 Subfamilien, 22 Genera, 39 Species, nur altweltlich.

Subfam. Viverrinae (Abb. 429) (Zibethkatzen, Ginsterkatzen), 7 Gattungen, 17 Arten, nimmt eine centrale Stellung unter den Schleichkatzen ein. Gebiß: $\frac{3\ 1\ 4\ 2}{3\ 1\ 4\ 2}$: 40, Alisphenoidkanal vorhanden. Tympanales Septum, entotympanale Bullawand etwas vorgewölbt. Lange, spitze Schnauze. V/V Finger. Ohrtaschen ausgebildet. Baculum vorhanden. Uterus duplex. Paarige Analdrüsen und Praescrotaldrüsen (s. S. 757, fehlen bei *Prionodon*). *Viverra zibetha,* Indien bis SW-China. *V. indica* (= *malaccensis*), Malaysia, Sumatra, Borneo, Sulawesi. *V. tangalunga,* Indonesien. *Civettictis* (*Viverra*) *civetta,* afrikan. Zibethkatze (Abb. 428), Afrika s. der Sahara außer Wüstenregionen. KRL.: 80 cm, SchwL.: 45 cm, KGew.: 10 – 20 kg. Ohren klein, Hinterbeine deutlich länger als Vorderbeine. Fell rauhaarig, gelbgrau mit schwarzbraunen Flecken bis Streifenzeichnung. Aufrichtbarer Haarkamm vom Nacken bis Schwanzende. Rein terrestrisch, nachtaktiv. Nahrung: Kleine bis mittelgroße Wirbeltiere, Insekten, Aas, Früchte. Lebt solitär. Tragzeit 65 – 80 d, Wurfgröße 1 – 4.

Die Systematik der Gattung *Genetta* (Abb. 428, 429) ist zur Zeit ungeklärt. Von den mehr als 40 beschriebenen Formen dürften etwa 75% höchstens der Rang einer Subspecies oder einer individuellen Farbvariante zukommen. Genetten besitzen einen langgestreckten, schlanken Rumpf und einen sehr langen Schwanz. Der Kopf ist relativ klein, mit spitzer Schnauze und großen Augen. Die Beine sind sehr kurz. Grundfärbung meist gelbgrau mit variabler Fleckenzeichnung. Lebensraum: Savanne, Wald. Nocturne Einzelgänger.

Genetta genetta, Ginsterkatze (Kleinfleckige G.) (Abb. 429). KRL.: 40 – 55 cm, SchwL.: 40 – 50 cm, KGew.: 1,3 – 2,25 kg. Vorkommen: Iberische Halbinsel, Frankreich s. der Loire (vereinzelt bis Elsaß und Belgien), Balearen, ganz N-, O- und S-Afrika bis Israel, W-Arabien. Fehlt in Regenwaldgebieten. Deutlicher aufrichtbarer Haarkamm. Jederseits 5 Reihen kleiner Flecken. Vorwiegend terrestrisch, bevorzugt aride Habitate (Trockensavanne bis Halbwüste, im Bergland bis 2 500 m ü. NN). Omnivor, Ernährung: Kleinsäuger bis Hasengröße, Vögel bis Hühnergröße, Eidechsen, Insekten, Aas, Früchte. Ruht tagsüber in Baumlöchern, Höhlen, zwischen Fels. Tragzeit: 68 – 77 d. Wurfgröße 1 – 4. Neugeborene behaart, aber blind. Oft 2 Würfe im Jahr (Frühjahr und Herbst).

Genetta tigrina, Großfleck-Ginsterkatze. Ähnlich *G. genetta,* kurzhaarig, Haarkamm schwach angedeutet. Die beiden dorsalen Fleckenreihen bestehen aus großen Flecken. Vorkommen: Afrika s. der Sahara (außer Namibia), teilweise sympatrisch mit *G. genetta.* Bevorzugt feuchtere Lebensräume als *G. genetta* (Wald, Buschwald).

Genetta servalina, Waldginsterkatze. Vorkommen im w- und c-afrikanischen Regenwald (Nigeria, Kamerun, Zaire bis W-Uganda). Vorwiegend terrestrisch. Haarkamm schwach ausgebildet, oft fehlend. 5 – 6 seitliche, engstehende Fleckenreihen. Flecken viereckig. Klettert häufiger als die vorgenannten.

Genetta victoriae, Riesenginsterkatze. KRL.: 55 – 60 cm, SchwL.: 45 – 50 cm, KGew.: 2,5 – 3,5 kg. Langbeinig. Haarkamm auf Nacken und Rücken. Gesamtfärbung dunkel. Vorkommen: Regenwald zwischen Ubangi und Victoriasee. Lebensweise nicht bekannt.

Osbornictis piscivora, Wassergenette. Nur einige Felle und Schädel aus der Ituri/Semliki-Region bekannt. Einfarbig rotbraun. Sohlen nackt. Schwanz buschig, schwarz. Körperform und Maße wie *G. genetta.* Lebensweise unbekannt, vermutlich semiaquatisch.

Poiana richardsoni, afrikanischer Linsang. KRL.: 38 cm, SchwL.: 37 cm, KGew.: 650 g. Vorkommen: westafrikanische Wälder zwischen Sierra Leone und Gabun, Zaire, Fernando Po. Sehr schlank und kurzbeinig, langer Schwanz. Helles Fell mit dunklen Flecken. Baut Nester in 2 m Höhe. Gebiß $\frac{3\ 1\ 4\ 1}{3\ 1\ 4\ 2}$. Die Gattung steht *Genetta* näher als den asiatischen Linsangs (*Prionodon*).

Prionodon, asiatische Linsangs. 2 Arten: *P. linsang,* Bänderlinsang (Abb. 429), Borneo, Java, Sumatra, Malaysia bis Thailand und Burma. Nördlich anschließend *P. pardicolor,* Fleckenlinsang, Thai-

Abb. 429. Viverridae. a) *Genetta genetta*, Ginsterkatze, b) *Prionodon linsang*, asiatischer Linsang, c) *Cynogale benetti*, indonesische Otterzivette.

land, Burma, Vietnam, Laos, Assam, Sikkim, Nepal. KRL.: 45 cm, SchwL.: 42 cm, KGew.: 0,7 kg. Die Gattung besitzt keine Praescrotaldrüsen. Zahnformel wie *Poiana*, doch kommt ein rudimentärer M^2 oft vor.

Subfam. Hemigalinae, Bänderroller. 3 Genera. (4 Species).

Hemigalus derbyanus, Bänderroller (Abb. 430). KRL.: 46−50 cm, SchwL.: 25−35 cm, KGew.: 1−3 kg. Malaysia, Borneo, Sumatra. Rücken mit unregelmäßigen, breiten, dunkelbraunen Streifen auf grau-gelblicher Grundfarbe. Flanken ungefleckt. Längliche dunkle Streifen auf Hals und Kopf. Praescrotaldrüsen vorhanden, aber klein. Schädel lang und niedrig. Kiefer relativ schwach, spitze Schnauze. Nahrung wird meist am Boden in Laubstreu gesucht (Insekten, Würmer, gelegentlich kleine Wirbeltiere, kaum Vegetabilien). Karyotyp: $2n = 42$. *Hemigalus* (*Diplogale*) *hosei* von Borneo, Fellfärbung einheitlich braun. *Chrotogale owstoni* von Laos und Vietnam, Flanken mit dunklen Flecken. Die beiden letztgenannten Arten sind wenig bekannt.

Cynogale bennetti, Otterzivetti (Abb. 429), Malaysia, Borneo, Sumatra. KRL.: 57−68 cm, SchwL.: 13−20 cm, KGew.: 3−5 kg. Ist eine semiaquatile Form. Ähnelt einem Fischotter, ist aber kurzschwänzig und hat längere Schnauze. Fell dunkelbraun mit grauen Deckhaaren. Hand und Fuß breit, Schwimmhäute kaum angedeutet. Nasenöffnungen nach dorsal gerichtet und, wie die Ohröffnungen, verschließbar. Derbe und lange Schnauzenvibrissen auf breiten Polstern. Ohren klein und rundlich. Gebiß durch scharfe, funktionelle Trennung des schneidenden P-Abschnittes vom quetschenden M-Abschnitt gekennzeichnet. P mit scharfer Schneidekante und leicht rückwärts gebogener Spitze, M breit mit flachen Höckern, keine Brechschere. Nahrung: Fische und Crustaceen. Flucht ans Land, nie ins Wasser. Lebensraum: Tropenwald in der Nähe von Wasserläufen. *Cynogale* ist offenbar ökologisch den Lutrinae unterlegen.

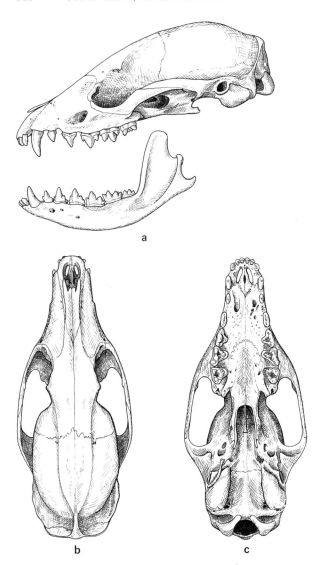

Abb. 430. *Hemigalus derbyanus*, Bänderroller (SO-Asien), Schädel in drei Ansichten.

Subfam. Paradoxurinae, Palmenroller. 6 Genera, 8 Species. Meist arboricole und vorwiegend frugivore Viverriden. Gebiß nicht schneidend. Obere M mit abgerundetem Talon.

Nandinia binotata, afrikanischer Pardelroller (Abb. 431), ist eine generalisierte Form mit plesiomorphen Gebiß- und Schädelmerkmalen. KRL.: 50 cm, SchwL.: 60 cm, KGew.: 2 kg. Verbreitung: w- und c-afrikanische Waldgebiete bis Sudan im N, Angola, Mozambique im S, Fernando Po. Das Entotympanicum wird angelegt (Abb. 431), ossifiziert aber, auch im Alter, nicht. Gebiß $\frac{3\ 1\ 4\ 1}{3\ 1\ 4\ 2}$: 38. Fell wollig, dicht. Grundfarbe graubraun bis rotbraun, ventral heller. Aalstrich oder Fleckenreihe. Seitlich 5–6 Reihen kleiner, rundlicher, engstehender dunkler Flecken. Krallen spitz, gebogen, semiretractil. Nackte Sohlen, plantigrad. Perinealdrüse bis in praegenitale Region ausgedehnt mit Drüsentasche. Caecum fehlt. Nahrung: Bevorzugt Früchte, aber auch Insekten, Kleintiere und Aas. Solitär, nocturne Lebensweise. Klettert und springt gut. Pupille vertikaler Schlitz, wie bei Katzen. Tragzeit: 64 d, Wurfgröße: 1–3. Karyotyp: $2n = 38$.

Paradoxurus, 3 Arten. *P. hermaphroditus,* malayischer Palmenroller, in SO-Asien weit verbreitet, S-China, Malaysia, Indochina, Sumatra, Borneo, Sundainseln bis Timor, Celebes, Ceram,

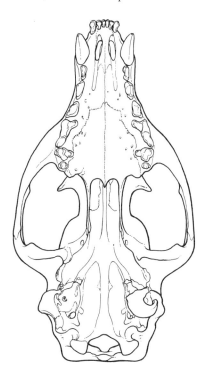

Abb. 431. *Nandinia binotata*, afrikanischer Pardelroller. Basis-Ansicht des Schädels, Os tympanicum auf der rechten Seite (auf linker Bildseite entfernt).

Kei Island, Philippinen. Auf Sri Lanka: *P. zeylonicus,* in S-Indien: *P. jerdoni.* KRL.: 45 – 70 cm, SchwL.: 40 cm, KGew.: 2 – 4 kg. Fellfärbung variabel, olivgrau. Am Rücken drei Längsstreifen. Solitär und nocturn. Arboricol, Kulturfolger. Perinealdrüsen und Analbeutel wie bei Viverrinae. 2 – 4 Junge.

Paguma larvata, Larvenroller. Von S-China, Kaschmir, Burma, Assam, Andamanen, Malaysia, Indochina, Hainan, Taiwan, Sumatra, Borneo. KRL.: 70 cm, SchwL.: 60 cm, KGew.: 3 – 5 kg. Rumpf einheitlich graubraun. Gesichtsmaske mit weißem Überaugenstreifen und mit, geographisch sehr wechselndem, schwarz-weißem Kontrastmuster des Kopfes. Omnivor. Kulturfolger. 4 Junge.

Macrogalidia musschenbroki, Celebesroller. Nur begrenztes Vorkommen auf NO-Sulawesi. Braune Fellfärbung, ventral heller. Undeutliche Flecken am Rücken. Auffallend kräftige Zähne, Nahrung: Kleinsäuger (Ratten).

Arctogalidia trivirgata, asiatischer Streifenroller. Braungrau, 3 Fleckenreihen am Rücken. Gebiß schwach. Schwanz länger als KRL.

Arctictis binturong, Binturong (Abb. 432). KRL.: 60 – 95 cm, SchwL.: 50 – 85 cm, KGew.: ca. 20 kg. Verbreitung: Burma, Malaysia, Indochina, Sumatra, Java, Borneo, Palawan Islands. Der große, plumpe Binturong gleicht im äußeren Habitus eher einem Kleinbären als einer Schleichkatze. Einmalig unter altweltlichen Eutheria ist der Besitz eines Greifschwanzes, der zur Sicherung beim Klettern benutzt wird, nicht aber zum Ergreifen von Objekten. Fellfärbung: schwarz, Facialteil grau. Verlängerte Haare auf der Ohrmuschel und hinter dem Ohr bilden Haarpinsel. Ränder der Ohrmuschel weiß. Fellstruktur: lang- und rauhaarig. Sehr kräftige, lange Facialvibrissen. Hand- und Fußsohle bis zur Ferse nackt. Sohlengänger. Graviditätsdauer: 92 d, Wurfgröße 1 – 3.

Die Madagaskar-Schleichkatzen (Abb. 433). Die beiden im folgenden zu behandelnden Subfamilien der Viverridae, die Galidiinae und Cryptoproctinae, sind endemische Bewohner Madagaskars und haben auf dieser Insel eine beachtliche Formenmannigfaltigkeit entwickelt (7 Genera mit 7 Species). Diese sind, wenn man von verwilderten Hauskatzen und der von Arabern importierten *Viverra malaccensis* absieht, die einzigen Raubtiere. Ihre Herkunft und Taxonomie wurde kontrovers diskutiert. Umstritten ist die Frage, ob die Galidiinae den Viverridae oder den Herpestidae zuzuordnen sind. In der Tat findet sich ein eigenartiges Mosaik von Charakteren beider Gruppen. Neuere Untersuchungen zeigen aber, daß die viverriden Merkmale deutlich überwiegen und

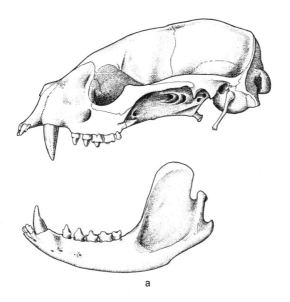

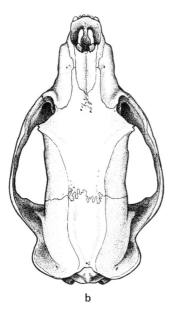

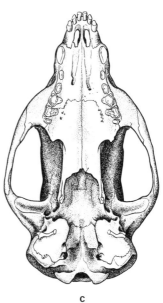

Abb. 432. *Arctictis binturong*, Binturong (SO-Asien), Schädel in drei Ansichten.

daß einige Plesiomorphien die Klärung der Zusammenhänge erschweren. Die Herkunft der madagassischen Schleichkatzen geht höchst wahrscheinlich auf die Invasion aus der altafrikanischen Fauna zurück. Fossilfunde fehlen bisher. Gelegentlich wurde angenommen, daß die Gattungen *Eupleres* und *Fossa**) Abkömmlinge von Hemigalinae sind und aus Asien stammen.

---

*) Die Bezeichnung „Fossa" gibt zu Verwechslungen Anlaß. *Fossa* ist der valide Gattungsname einer kleinen, fuchsähnlichen Schleichkatze (s. S. 823) mit deutlicher Digitigradie aus dem ö. Regenwald, Fossa (madagassisch: „fusch"), ist andererseits der Trivialname, auch im europäischen Sprachgebrauch, für die Frettkatze (*Cryptoprocta*, s. S. 824/25), eine große, katzenähnliche Gattung, der eine gewisse Sonderstellung zukommt.

Diese Hypothese findet heute keine Anerkennung, da eine Landverbindung zwischen Asien und der großen Insel im Tertiär nicht bestand und da Fossilfunde von Hemigalinae aus Afrika nicht vorliegen. Andererseits ist sicher, daß die Gattungen *Fossa* und *Eupleres* nahe verwandt sind (ALBIGNAC 1973) und ihrerseits eine gewisse Sonderstellung gegenüber den Galidiinae einnehmen. ALBIGNAC räumt ihnen den Rang einer eigenen Subfamilie, Fossinae, ein. Hier werden die beiden Genera vorläufig den Galidiinae angeschlossen, denn es handelt sich bei beiden um hochspezialisierte Anpassungstypen, deren Herkunft aus einer gemeinsamen, altafrikanischen Stammeslinie sehr wahrscheinlich ist und Ähnlichkeiten zu Hemigaleinae auf Parallelentwicklung ähnlicher Lebensformen anzusprechen sein dürften. Über die Sonderstellung von *Cryptoprocta* (s. S. 824) bestehen keine Zweifel. Die Möglichkeit, daß Fissipedia die Insel Madagaskar

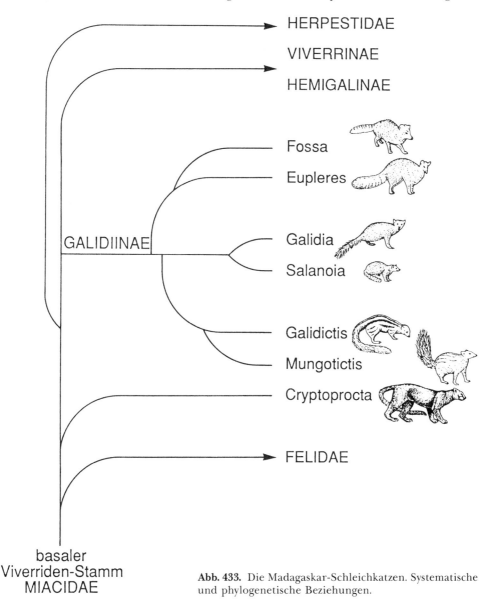

Abb. 433. Die Madagaskar-Schleichkatzen. Systematische und phylogenetische Beziehungen.

in 2−3 Invasionsschüben erreicht haben (STARCK 1979), bleibt nicht unwahrscheinlich. Die Genera *Galidia, Galidictis, Salanoia* und *Mungotictis* bilden einen engeren Verwandtschaftskreis generalisierten Typs, dessen Vertreter verschiedene ökologische Nischen besetzt haben, die in anderen Kontinenten von Musteliden, Herpestiden, Caniden und Feliden besetzt wurden.

Subfam. Galidiinae. *Galidia elegans*, Ringelschwanz-Mungo (Abb. 434a−c), ist eine silvicole Form, die mit 3 Subspecies in allen primären Waldgebieten (außer dem Trockenwald des SW) vorkommt. KRL.: 35−40 cm, SchwL.: 23−30 cm, KGew.: 850−1000 g. Fell kurzhaarig, dunkelbraun, Kehle grau, Schwanz mit 5−7 breiten schwarzen Ringen. Schnauze spitz. Ohren mittelgroß, abgerundet, gelbgrau mit deutlichen Ohrtaschen. Beine mittellang, hintere etwas länger als vordere. Aussehen marderartig. Gebiß $\frac{3\ 1\ 3\ 2}{3\ 1\ 3\ 2}$: 36, P 1 sehr klein. Tagaktiv. Selbstgegrabene Erdbauten. Nahrung: Kleintiere, Eier, gelegentlich Früchte. Langdauernde Paarbindung wird angegeben (Ausnahme unter den Schleichkatzen). Analdrüsen vorhanden, Perinealdrüsen sollen nach älteren Angaben fehlen, sind aber (vor allem bei ♀♀) nachgewiesen. Chromosomenzahl $2n = 44$.

Salanoia concolor ähnelt *Galidia* im Habitus, ist aber kleiner. Einfarbig rotbraun, Schwanz kurz und nicht buschig, von gleicher Farbe wie der Rumpf, ohne Ringel. Tagaktiv, silvicol, im NO Madagaskars. Weitgehend sympatrisch mit *Galidia*, aber viel seltener. Nahrungsspezialist (Insekten, gegenüber der carnivoren *Galidia*).

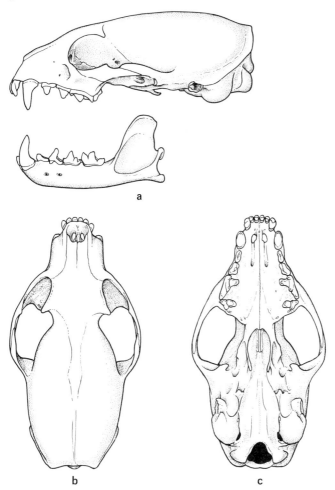

Abb. 434

Ordo Carnivora, Subordo Fissipedia   823

Galidictis fasciata, Streifenmungo. 2 Subspecies. *G. f. fasciata* und *G. f. striata*. Heute selten, Lebensweise wenig bekannt. Habitus *Galidia* ähnlich, Fellfärbung hellbeige, Schwanz buschig, ohne Ringe, 3 breite Längsstreifen auf der Körperseite bei Subspec. *fasciata*. *G. f. striata* dunkler, hellbräunlich mit 4 schmalen Längsstreifen jederseits. Dämmerungs-/nachtaktiv. Lebensraum ombrophiler Regenwald. *G. f. fasciata* im SO, *G. f. striata* im NO Madagaskars. Kennzeichnend ist das Gebiß: I 3 caniniform, C, besonders der untere, sehr lang und kräftig. Schädel, besonders Kieferskelet, sehr kräftig und massiv. P spitzhöckrig, M mit verbreiterter Krone. Selten, Lebensweise kaum bekannt.

Mungotictis decemlineata (= *substriatus*), 2 Unterarten. Fell hellbeige-grau mit jederseits 4–5 rotbraunen, sehr schmalen Flankenstreifen, die bei *M. d. lineata* sehr schwach ausgebildet sind. *Mungotictis* ist die Schleichkatze des w. Trockenwaldes. *M. d. decemlineata* im W, Gegend um Morondava. *M. d. lineata* im Didiereaceenwald s. von Tulear. Tagaktiv. Territorialverhalten.

Bei *Mungotictis*, weniger deutlich bei *Galidia* und *Salanoia*, springt die äußere Nase rüsselartig weit über das rostrale Kieferende vor.

Fossa fossana, Fanaluka (Abb. 434 d–f), im Regenwald des N und NW. Auffallend dünne und lange Beine für eine Viverride. Aussehen fuchsähnlich, digitigrad. Nachtaktiv, vorwiegend terrestrischer Läufer, kann aber gelegentlich klettern. Paarweise Bindung, Territorium mit festen Wechseln. Fellfärbung hellbraun mit 2 Längsstreifen und unter diesen seitlich 2 Fleckenreihen. Ventralseite hellgrau. Schnauze schmal und verlängert. 40 Zähne. Nahrung carnivor, auch Fische und Amphibien. Perinealdrüsen fehlen.

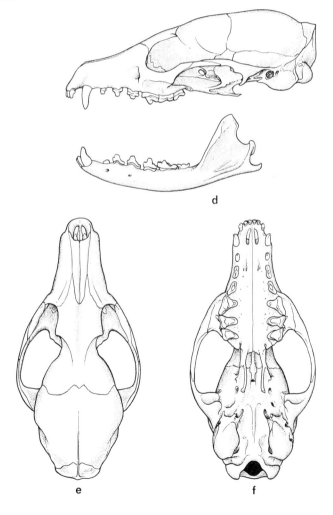

Abb. 434. a–c) *Galidia elegans*, Ringelschwanzmungo, ♀ (Madagaskar), d–f) *Fossa fossana*, Fanaloka (Madagaskar). Schädel in verschiedenen Ansichten.

Eupleres goudoti, Ameisenschleichkatze. KRL.: 46–65 cm, SchwL.: 22–25 cm, KGew.: 2–4 kg. Vorkommen: Regenwald der O-Küste und Sambiranowald im NW, selten. Auffallend kleiner Kopf mit schlanker, länglicher Schnauze. Rumpf vorn niedriger als hinten. Dickbuschiger Schwanz, kann an der Wurzel Fett speichern. Fell dicht und wollig, einfarbig rotbraun, ventral etwas heller. Schädel (Abb. 435), Kieferregion und Jochbögen sehr schmal und zart. Gebiß $\frac{3\ 1\ 4\ 2}{3\ 1\ 4\ 2}$: 40. Alle Zähne, besonders C, sehr klein, P spitzhöckrig, weite Diasteme zwischen P und M. Gebißreduktion in Anpassung an die Nahrung (vorwiegend Schnecken und Würmer, Insekten) terrestrisch, klettert und springt nicht. Dämmerungs-/nachtaktiv. Angeblich lebenslange Paarbindung. Tragzeit etwa 3 mon. Das Junge wird behaart und mit offenen Augen geboren. Wurfgröße: 1–2. Geburten im X–XII. Die Jungen folgen der Mutter bereits im Alter von wenigen Tagen, bleiben aber etwa 10 Monate mit ihr zusammen. ALBIGNAC weist auf zahlreiche Ähnlichkeiten im Verhaltensinventar zu Fossa hin. Die Art ist durch Zerstörung des Lebensraumes stark gefährdet.

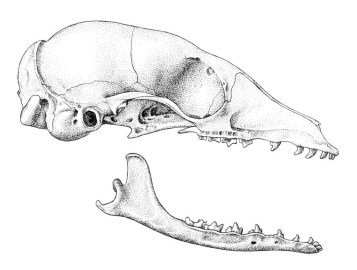

Abb. 435. *Eupleres goudoti*, Ameisenschleichkatze (Madagaskar), Schädel in Seitenansicht. Beachte die Reduktion des Gebisses.

Subfam. Cryptoproctinae. *Cryptoprocta ferox*, Frettkatze, Fossa (Abb. 433, 436) (s. Fußnote S. 820), ist das größte Raubtier Madagaskars. KRL.: 80 cm, SchwL.: 70 cm, KGew.: 10–15 kg. Vorkommen in verschiedenartigen Lebensräumen auf der ganzen Insel, fehlt in extrem ariden Gebieten. Geringe Verbreitungsdichte.

Die Frettkatze, einzige Art der Subfamilie, vereint in sich plesiomorphe viverride und feline Merkmale. Im älteren Schrifttum wurde sie entweder den Felidae (GREGORY & HELLMAN 1939) oder den Viverridae (CARLSON 1911, SIMPSON 1945) zugeordnet. KRETZOI (1929) und POCOCK (1951) erkennen ihr den Rang einer eigenen Familie zu. Zweifellos ist *Cryptoprocta* eine Reliktform eines basalen Viverridenstammes, die in einigen Merkmalen der Stammgruppe der Felidae nahesteht (THENIUS). Aus dem ältesten Holozaen Madagaskars ist † *Cryptoprocta spelaea* bekannt, die der rezenten Art so nahe steht, daß ihr phylogenetisch keine Bedeutung zukommt.

Zweifellos besetzt die Frettkatze auf Madagaskar eine ökologische Nische, die in anderen Regionen von Katzenartigen eingenommen wird und hat unabhängig, durch Parallelentwicklung, ähnliche Anpassungen erworben. Der Kopf erinnert durch die Verkürzung der Schnauzenpartie (Abb. 436), durch das Gebiß und die mittelgroßen, abgerundeten Ohren an eine Katze. Zahnformel $\frac{3\ 1\ 3\ 1}{3\ 1\ 3\ 1}$: 32. Deutlich ausgebildet ist eine Brechschere, doch sind die übrigen Zähne viverridenartig. Das Talonid an M_1 ist reduziert. Zwischen I^3 und C ist ein Diastem ausgebildet. Als Felidenmerkmal wird meist angegeben, daß die Krallen retractil seien. Im allgemeinen werden die Krallen, die denen der Schleichkatzen ähnlich sind, kaum zurückgezogen, und eine Krallenscheide ist nur gering ausgebildet. Als feline Merkmale werden gewertet: retractile Krallen, Gebiß, verkürzter Facialschädel, Clitorisknochen und spitze Hornpapillen an der Glans penis. Als

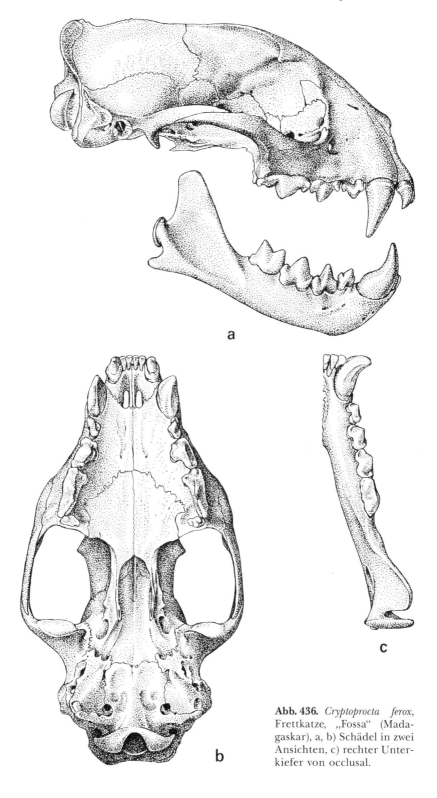

Abb. 436. *Cryptoprocta ferox*, Frettkatze, „Fossa" (Madagaskar), a, b) Schädel in zwei Ansichten, c) rechter Unterkiefer von occlusal.

Viverridenmerkmal gelten der langgestreckte, schlanke Rumpf und die relativ kurzen Extremitäten, Muster der Fußballen, Form der Krallen, Penisbau, Hirnform (Abb. 437) und Encephalisationsgrad, Analsäcke und Praeputialdrüsen bei Fehlen der Praescrotaldrüsen (auch bei Herpestidae). Die Mehrzahl der „feliden" Merkmale dürfte auf Anpassung an rein carnivore Ernährung zu deuten sein. Lange Facialvibrissen. Pupillen vertikal-oval.

Fell kurzhaarig, dicht, einfarbig rotbraun, ventral etwas heller. Lebendbeobachtungen aus freier Wildbahn fehlen. Nach Beobachtungen im Zoo (GEWALT 1986, VOSSELER 1929) ist die Fossa außerordentlich bewegungsfreudig. Lokomotion: semiplantigrad, gelegentlich digitigrad, klettert oft und sehr geschickt. Solitär oder paarweise. Tag- und dämmerungsaktiv, nimmt gern Sonnenbäder. Nahrung: rein carnivor, Kleinsäuger, Lemuren, Vögel bis Hühnergröße. Kopulation außergewöhnlich langdauernd („Hängen" wie Canidae, bis 1,5 h). Tragzeit 60–70 d. Wurfgröße 2–4 (ausnahmsweise 6–8). GeburtsGew. ca. 100 g. Fellfärbung rotbraun, bei Juvenilen zunächst hell silbergrau. Umfärbung nach 3 mon beendet. Die Jungtiere bleiben bis 1,5 a bei der Mutter. Ausgewachsen im Alter von 4 a, Lebensdauer in Zoohaltung bis 17 a.

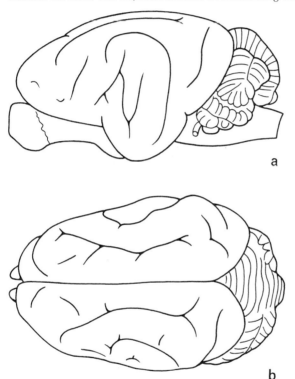

Abb. 437. *Cryptoprocta ferox*, Hirn in a) Seiten- und b) Dorsalansicht. Nach Foto von SCHOBER & BRAUER 1970, 1976.

Fam. 7. Herpestidae. Die Herpestidae (Ichneumons, Mungos, Mangusten) (Abb. 438), 2 Subfam, 15 Genera, 37 Species, bilden eine recht einheitliche Gruppe altweltlicher Fissipedia von geringer bis mittlerer Körpergröße. Sie wurden, vorwiegend wegen ihres äußeren Habitus und der Lebensweise, als Subfamilie zu den Viverridae gestellt. Eine genaue Analyse ergibt aber, daß Viverridae und Herpestidae sich in außerordentlich vielen morphologischen und ethologischen Merkmalen deutlich unterscheiden, sodaß neuere Autoren (GREGORY & HELLMAN 1939, LEYHAUSEN 1979, WOZENCRAFT 1989) den Herpestidae mit guten Gründen den Rang einer Familie einräumen. Die Dichotomie in Viverriden und Herpestiden ist zweifellos sehr früh erfolgt (Alttertiär). Das Ursprungscentrum dürfte in Afrika gelegen haben (hier 20 rezente Arten). Von hier Ausbreitung nach S- und SO-Asien. 1 Art ist bis zur Iberischen Halbinsel vorgedrungen. Die Mehrzahl der Herpestiden ist terrestrisch. Einige Arten sind tagaktiv und bilden komplexe Sozialstrukturen (s. S. 770, Beispiel *Helogale*). Der Rumpf ist langgestreckt, die Beine sind

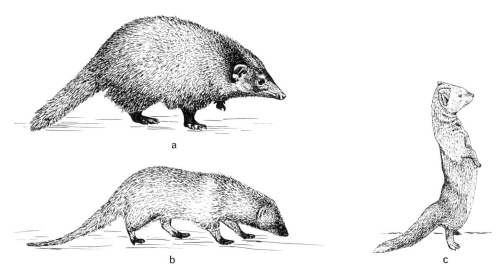

Abb. 438. Herpestidae. a) *Crossarchus obscurus*, Dunkle Kusimanse (Liberia), b) *Herpestes ichneumon*, Ichneumon (Afrika), c) *Cynictis penicillata*, Fuchsmanguste (S-Afrika).

sehr kurz. Der Schwanz ist höchstens mittellang, das Fell grobhaarig. Auffallende Streifen- und Fleckenmuster, wie sie bei Viverriden häufig sind, fehlen meist.

Hand und Fuß sind semiplantigrad und besitzen meist 5 Finger, selten 4 (*Suricata*, dagegen *Cynictis* nur am Fuß). Krallen kräftig (Scharr- und Grabtätigkeit). Sohlen behaart (*Ichneumia, Bdeogale, Xenogale*) oder nackt (*Herpestes, Atilax, Suricata*). Keine Ohrtaschen. Die äußere Ohröffnung kann durch Muskeln geschlossen werden. Nase kurz, Rhinarium mit Längsfurche. Der Anus liegt in einer nackten Hauttasche, deren Ränder Drüsen enthalten. Analbeutel vorhanden. Keine Praescrotal-(Perineal-)Drüsen. Vulva liegt unmittelbar vor dem Anus. Glans penis kurz und glatt.

Schädel breiter und kürzer als bei Viverridae, Gaumen weit nach hinten verlängert. Die Bulla tympanica weicht von der Viverridenbulla durch größere Aufblähung und Ausdehnung ihres ectotympanalen Abschnittes ab. Trichterförmiger knöcherner äußerer Gehörgang mit ventraler Incisur. Postorbitalfortsätze von Jugale und Frontale ausgeprägt, können eine geschlossene Postorbitalspange bilden.

Gebiß meist $\frac{3\ 1\ 4\ 2}{3\ 1\ 4\ 2}$: 40. Bei einigen Genera Reduktion durch Wegfall von Praemolaren, P_1 oder $\frac{P^1}{P_1}$ auf 38 (*Galerella*) oder 36 (*Crossarchus*). Schrittweise Vergrößerung der Kaufläche durch Verbreiterung der Kronen von P^{3-4}. Nahrung carnivor bis insectivor.

Fortpflanzung. Bei den meisten Herpestinae sind die Würfe nicht saisonal gebunden und mehrmals im Jahr möglich. Tragzeit 8–10 Wochen. Neonati spärlich behaart, Augenöffnung mit 14 Tagen. Besonderheiten bei koloniebildenden Arten s. S. 770 f., *Helogale*. Ernährung. Bei den kleinen Arten vorwiegend insectivor, sonst carnivor bis omnivor. Bemerkenswert ist, daß einige Arten (*Ichneumia, Mungos Herpestes, Helogale*) eine Methode zum Öffnen von Eiern ausgebildet haben. Die Eier werden mit den Vorderpfoten ergriffen und gegen den Boden oder einen Stein geworfen, oder durch die Hinterbeine rückwärts geschleudert. Mit hartschaligen kleinen Objekten (Insekten) wird ähnlich verfahren.

Karyologie. Bei allen untersuchten Arten beträgt die Chromosomenzahl sehr gleichmäßig $2n = 36$. *Herpestes* und *Atilax* haben im männlichen Geschlecht nur 35 Chromosomen (Fusion des y-Chromosoms mit einem Autosom).

828 Subcl. Theria, Infracl. Eutheria

Spezielle Systematik der rezenten Herpestidae

Subfam. Herpestinae. *Herpestes,* Ichneumon (Abb. 438b). Generalisierte Gattung mit 13 Arten, darunter *H. ichneumon.* KRL.: bis 60 cm, SchwL.: 50 cm, KGew.: 2,5 – 4 kg. Verbreitung ganz Afrika außer dem äußersten S und den Regenwaldgebieten; Palästina, Spanien, Portugal. Importiert nach Italien und Madagaskar. Im s. Afrika *H. puverulentus,* eine Kleinform. *H. edwardsi,* indischer Ichneumon, in ganz S-Asien, eingeführt auf den Karibischen Inseln. *H. javanicus* mit Subspec. *H. j. aureopunctatus,* Java, Malaysia, Thailand, Vietnam. Ichneumons sind omnivor-carnivor und gelten als Vertilger von Ratten, Mäusen und Schlangen. Kämpfe zwischen *Herpestes* und Schlangen sind für *H. edwardsi,* der asiatischen Art, bestätigt, wurden aber beim afrikanischen Ichneumon in freier Natur nie beobachtet. Die Freisetzung von Ichneumons vor allem auf den Karibischen Inseln hat sich als Katastrophe für die endemische Tierwelt erwiesen. *H. (Galerella) sanguineus,* Kleinform (KRL.: ca. 25 cm), Fell glatt und kurzhaarig, olivgrau bis rötlich. In Savannengebieten s. der Sahara. *H. urva,* Krabbenmanguste, Nepal, Assam, Burma, S-China, in Feuchtgebieten. Nahrung: Krabben, Fische, Schnecken. Eine ähnliche Art, *H. brachyurus* in Malaysia, Sumatra, Borneo, Philippinen, ist dunkel-rotbraun und stärker an Gewässer gebunden. *Mungos mungo,* Zebramanguste. KRL.: 30 – 40 cm, SchwL.: 20 cm, KGew.: 0,5 – 1,5 kg. Fell struppig, grau-braun. Auf Schulter und Rücken etwa 15 dunkle Querstreifen. Afrika s. der Sahara außer in der w- und c-afrikanischen Regenwaldzone. Fehlt auch in S-Afrika. Tagaktiv. Sozialverbände ähnlich *Helogale* (bis 20 Ind.), bewohnt Termitenbauten.

Atilax paludinosus, Sumpfichneumon. KRL.: 50 cm, SchwL.: 35 cm, KGew.: 3,5 kg. Steht *Herpestes* nahe, doch massiger und stämmiger, kürzerer Schwanz. Afrika s. der Sahara, fehlt in Somalia und in ariden Gebieten (Namibia). Lebensraum Sumpfgebiete, an Gewässer gebunden. Schwimmt und taucht gut, keine Schwimmhäute. Sohlen nackt. Fell dunkelbraun bis schwarz. Nahrung: Kleintiere, Eidechsen, Frösche, Fische, Krokodileier, Insekten. 36 Zähne.

Crossarchus obscurus (Abb. 438a), Dunkle Kusimanse. Regenwald von Gambia bis Kamerun, ähnliche Arten in Zaire und Angola. KRL.: 35 cm, SchwL.: 17 cm, KGew.: 1 – 1,5 kg. Fell struppig. Dunkelbraun-schwarz. Lange, spitze Nase, die erheblich über die Unterlippe vorragt. Bohrt mit der Schnauze im Boden nach Würmern und Schnecken, nimmt außerdem Kleintiere und gelegentlich Früchte als Nahrung. 36 Zähne. *Liberiictis kuhni,* Liberia-Kusimanse. Nur in wenigen Einzelstücken aus NO-Liberia bekannt. Steht *Crossarchus* nahe, zeigt aber Schädel- und Gebißunterschiede. Verlängerte Nase, jederseits ein heller Streifen am Hals.

Ichneumia albicauda, Weißschwanzichneumon. Afrika s. der Sahara außer Wüste und Regenwald. Außerdem in Oman. KRL.: 50 cm, SchwL.: 40 cm, KGew.: 5 kg. Körperform wie Ichneumon, aber hochbeiniger. Fell grau-bräunlich, Schwanz buschig, weiß (variabel). 5 Finger und Zehen. Gebiß $\frac{3\ 1\ 4\ 2}{3\ 1\ 4\ 2}$ = 40. P 1 kann sehr klein sein oder fehlen. Sohlen distal nackt. Nahrung: Kleintiere (Ratten, Klippschliefer, Eier, Heuschrecken). Lebensraum: Dichtes Buschland, Waldränder. Nocturn, solitär oder paarweise. Verspritzt zur Abwehr Analdrüsensekret.

Cynictis penicillata, Fuchsmanguste (Abb. 438c). KRL.: 30 cm, SchwL.: 20 cm, KGew.: 500 g, S-Afrika, Botswana, Zimbabwe, S-Angola. Gestalt schlank, hochbeinig, Fingerstrahlen 5, am Fuß 4. Schädel breit, Schnauze kurz und spitz. Fellfärbung: hellgelb-grau, Unterseite und Schwanzspitze heller. Schwanz buschig. Geschlossene Postorbitalspange. Gebiß: 40 Zähne, P 1 klein, kann fehlen. $\frac{P\ 4}{M\ 1}$ als Brechschere differenziert. Nahrung: Kleintiere, Insekten. Dämmerungsaktiv. Paarweise oder Großgruppen (bis 50 Ind.). Erdbauten von Springhasen oder Erdhörnchen werden ausgebaut. Diese können sich über 50 m^2 erstrecken und zahlreiche Ausgänge aufweisen. Lebensraum trockene Gras- oder Buschlandschaft, oft in enger Nachbarschaft mit *Suricata* und *Geosciurus.* Aufrechtsitzen oder bipedes Stehen der Wächter, ähnlich *Suricata.* Große Analdrüsen. *Cynictis* ist als Überträger der Tollwut gefürchtet.

Paracynictis selousi, Transvaal bis Sambia, S-Angola.

Helogale, 3 ähnliche Arten, *H. hirtula*: Somalia, Äthiopien. *H. undulata,* südlich anschließend bis Mozambique. *H. parvula,* von Tanzania bis Natal, Mozambique, Botswana, Angola, Sambia. KRL.: 18 – 25 cm, SchwL.: 14 – 18 cm, KGew.: 200 – 350 g. Gebiß: 36 Zähne, P 1 reduziert. C kräftig, M mit Schneidekante. Das Zwergichneumon gleicht in der Körperform einem Ichneumon, ist aber wesentlich kleiner und kurzschnäuzig. Fell rötlich bis dunkelbraun, Unterseite etwas heller. Nahrung: Arthropoden, Eidechsen, Schlangen, kleine Vögel, Eier. Lebensraum: trockenes Buschland,

Savanne mit Termitenhügeln. Tagaktiv. Komplexe Sozialverbände mit differenzierter akustischer und olfaktorischer Kommunikation. Fortpflanzung s. S. 770.

Bdeogale (Galeriscus), 2 Arten. *B. nigripes,* Schwarzfußichneumon. KRL.: 55–65 cm, SchwL.: 35–40 cm. 40 Zähne. Zehenzahl vorn und hinten 4. Im Regenwald vom Cross River bis NO-Zaire, N-Angola und SW-Kenya. Wenig bekannt.

Rhynchogale melleri, Tansania, Malawi, Mozambique, Zimbabwe, Sambia. Spitze Schnauze, langer Schwanz. Zehenzahl 5/5. Gebiß 40 (−42), kräftige C. M flachkronig. Nahrung Termiten, kleine Bodentiere, Früchte. Nocturn.

Subfam. Suricatinae. 1 Gattung, 1 Art, *Suricata suricatta,* Surikate, Erdmännchen, Scharrtier. KRL.: 30 cm, SchwL.: 20 cm, KGew.: ca. 700 g. Verbreitung: S-Afrika, Namibia, Botswana, S-Angola. S. ist eine hochspezialisierte Manguste mit relativ hoher Neencephalisation. Kopf rundlich mit breitem Hirnschädel, spitzer Schnauze und geschlossener Postorbitalspange. Augen schräg vorwärts gerichtet. Ohren sehr klein und verschließbar. Fellfärbung: silbergrau mit etwa 10 undeutlichen, braunen queren Rückenstreifen. Augenring und Schwanzspitze schwarz. Autopodien mit 4/4 Fingern. Krallen lang, besonders an der Hand. Sohlen nackt. $\frac{3\ 1\ 3(-4)\ 2}{3\ 1\ 3\ \ \ \ \ 2}$: 38, C kurz, M spitzhöckrig, keine Brechschere, vorwiegend insectivor, daneben kleine Wirbeltiere in geringer Menge. Lebensraum aride Savanne, oft Boden mit Steinbelag. Komplexes Sozialleben, Großgruppen bis 30 Ind. bilden eine Kolonie (mehrere Familien). Bei der Jagd meist solitär oder paarweise. Das Zusammenleben mit *Cynictis* in der Kolonie (s. S. 770) ist möglich, da *S.* in der unmittelbaren Umgebung des Baues, *C.* aber in weiterem Abstand jagt und die Nahrungswahl different ist (*S.* vorwiegend insectivor, *C.* carnivor). Häufig aufrechtes Sitzen oder Stehen bei der Wächterfunktion und beim Sonnenbaden. Relativ häufiger Wechsel des Baues. *S.* ist farbtüchtig. Tragzeit etwa 11 Wochen. Wurfgröße 2–5.

Fam. 8. Hyaenidae. Hyänen (Abb. 439) sind eine relativ junge Gruppe der Fissipedia, deren älteste Vertreter im Miozaen Eurasiens nachgewiesen sind († *Miohyaena,* † *Proictitherium*). Die Abstammung von viverriden Ahnenformen steht außer Zweifel († *Herpestoides antiquus* aus dem Jungoligozaen Europas), da im Gebiß viverride mit hyaeniden Merkmalen auftreten. Die Hyänen weisen im Miozaen/Pliozaen eine Aufspaltung in mehrere Stammeslinien auf (*Hyäna* — *Crocuta* — † *Percrocuta*), aus denen eine bedeutende Radiation in Eurasien und Afrika hervorgeht, die mit Riesenformen gegen Ende der Tertiärzeit erlöscht. Hyänen waren noch im Pleistozaen mit mehreren Arten weit verbreitet. In Europa sterben Hyänen im Jungpleistozaen mit der Höhlenhyäne († *Crocuta spelaea*) aus. Die Stammeslinien der 3 rezenten Genera, *Hyaena, Crocuta* und *Proteles,* sind seit dem Miozaen getrennt.

Die echten Hyänen (*Proteles* als Sonderfall, s. S. 830 f.) sind gekennzeichnet durch eine extreme Spezialisation des Gebisses, die es möglich macht, selbst größere Röhrenknochen zu zerbeißen, um das Knochenmark zu erreichen. Wesentlich ist die erhebliche Vergrößerung von $\frac{P^3}{P_3}$ bei gleichzeitiger Reduktion von M^1 (osteophage Ernährungsweise). Am M_1 ist das Talonid weitgehend reduziert. Hyänen besitzen eine sehr effektive Brechschere. Diese Gebißkonstruktion ist korreliert mit entsprechenden Strukturen am gesamten Kauapparat (überaus kräftige Kaumuskulatur, Crista sagittalis und occipitalis, mäßige Verkürzung des Facialschädels, Verbreiterung des knöchernen Gaumens, bes. bei *Crocuta*). Zahnformel: *Hyaena* $\frac{3\ 1\ 4\ 1}{3\ 1\ 3\ 1}$ = 34, *Crocuta* $\frac{3\ 1\ 4\ 0}{3\ 1\ 3\ 1}$ = 32.

Auffallend an der Körpergestalt der Hyänen ist die kräftige Ausgestaltung der ganzen vorderen Körperhälfte (Kopf-Hals-Nacken-Schulterregion) gegenüber einer deutlich schmächtigeren hinteren Hälfte. Die Vorderbeine sind erheblich länger als die Hinterbeine. Am stehenden Tier ist der schräge Abfall der Rückenlinie nach hinten sehr auffallend (Abb. 439).

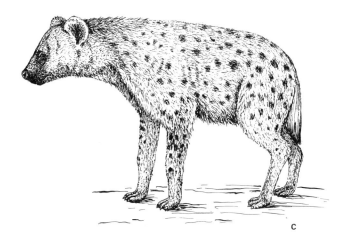

Abb. 439. Hyaenidae.
a) *Proteles cristatus*, Erdwolf (S-Afrika), b) *Hyaena hyaena*, Streifenhyäne (NO-Afrika, S-Asien), c) *Crocuta crocuta*, Tüpfelhyäne (Afrika s. der Sahara).

Hyänen besitzen vorn und hinten 4, *Proteles* 5 bzw. 4 Strahlen. Krallen vorn scharf und kräftig, hinten stumpf. Alle Hyaeniden sind digitigrade Läufer. Große Beuteteile werden im Maul getragen, während Großkatzen die Beute fortschleifen. Mähnenbildung an Nacken und Rücken bei *Hyaena hyaena* und *Proteles*, an den Körperseiten bei *H. brunnae*, fehlt bei *Crocuta*. Tympanalbulla ähnlich wie bei Katzen, aber weniger aufgebläht, entotympanaler Anteil klein.

Caecum von mittlerer Länge. Der Anus mündet in den vorderen Abschnitt einer Analtasche aus, in derem caudalen Abschnitt sich große Analbeutel befinden; zwischen diesen münden zahlreiche kleine accessorische Drüsen. Eine Praescrotaldrüse fehlt. Das Praeputium ist bei *Hyaena* und *Proteles* an die Bauchwand geheftet, die Praeputialöffnung liegt weit vorn. *Crocuta* besitzt einen Penis pendulans und eine Clitoris, die die Länge des Penis erreicht (s. S. 770). Ein Baculum fehlt.

Chromosomenanzahl: $2n = 40$ (*Crocuta, Hyaena hyaena, Proteles*).

Systematik und Verbreitung der rezenten Hyaenidae. In der Familie Hyaenidae werden zwei Subfamilien unterschieden, die Hyaeninae, echte Hyänen mit 2 Gattungen, 3 Arten und die Protelinae mit 1 Gattung, 1 Art.

Subfam. Hyaeninae. *Hyaena hyaena*, Streifenhyäne (Abb. 439). KRL.: 112–180 cm, SchwL.: 25–45 cm, KGew.: 25–50 kg. N- und NO-Afrika bis Tansania, Vorderasien, Anatolien, Arabien, bis Turkestan und W-Vorderindien. Fell grau mit 8–11 schwarzen Seitenstreifen, Beine mit Querstreifen. Lange aufrichtbare Mähne vom Nacken bis Rücken, Schwanz buschig, Ohren spitz.

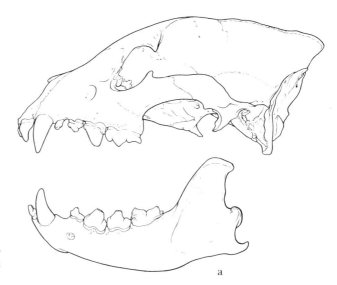

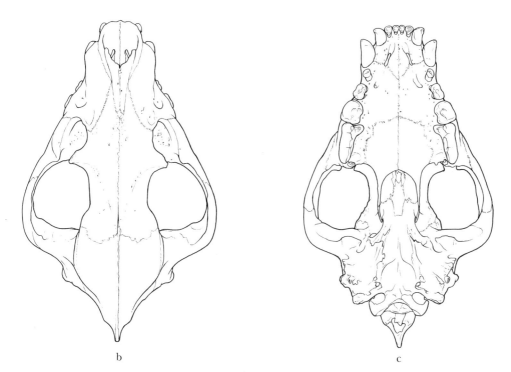

Abb. 440. *Crocuta crocuta habessinica*, Tüpfelhyäne, ♂, Schädel in drei Ansichten.

Lebensraum: Savanne, Buschsteppe, Grasland, Halbwüste. Tagesruhe in Erdhöhlen, Felsenspalten, dichtem Gebüsch. Nocturn, meist solitär oder paarweise. Nahrung: Kleine und mittlere Säugetiere, Aas, Reste von Beutetieren von Großkatzen. Schlacht- und Küchenabfälle. Markieren durch Analbeutel-Sekret. Dort wo die Streifenhyäne gleichenorts mit *Crocuta* vorkommt, ist sie dieser unterlegen.

Hyaena brunnea, Braune Hyäne, Strandwolf, Schabrackenhyäne. Körpermaße wie bei Streifenhyäne. Verbreitung S-Afrika s. des Sambesi, Angola, Mozambique. Fehlt heute im Kapland-Natal. Fellfärbung: Grundfarbe dunkelbraun, sehr lange Rückenmähne, hängt über die Körperseiten herab, Hals-Nackenmähne heller. Gelegentliche Andeutung von Flankenstreifen. Schwanz buschig. Populationsdichte sehr gering (gefährdete Art). Wandert weite Strecken, Territorium sehr groß (bis 200 km²). Lebensraum Savanne, Trockensteppe bis Meeresstrand.

Crocuta crocuta, Tüpfelhyäne, Gefleckte Hyäne (Abb. 439). KRL.: 120–180 cm, SchwL.: 25–30 cm, KGew.: 40–65 kg. Verbreitung Afrika s. der Sahara mit Ausnahme der Waldgebiete, heute in S-Afrika ausgerottet. Ohren mittelgroß, abgerundet, behaart. Nur in Nacken- und Schultergegend verlängerte Haare, keine Mähne. Fellfärbung gelblich-braun mit unregelmäßig angeordneten dunkelbraunen Flecken, sehr variabel. Neugeborene sind einfarbig schwarz-braun. Umfärbung beginnt am Kopf und ist ungefähr nach 1 Jahr beendet. Lebensraum Halbwüste bis Feuchtsavanne, fehlt in geschlossenen Waldgebieten (Abb. 441).

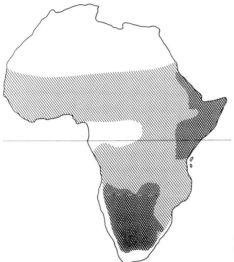

Abb. 441. Verbreitungsgebiet von *Crocuta crocuta* (beide Raster) und *Proteles cristatus* (dunkles Raster).

Die Weibchen der Fleckenhyäne sind um etwa 20% größer als die Männchen. Für die Gattung spezifisch ist der Bau des äußeren Genitals bei ♀♀, das dem der ♂♂ außerordentlich ähnlich ist (GRIMPE, HARRISON-MATTHEWS 1939, K. M. SCHNEIDER, 1936). Die Clitoris ist dem männlichen Phallus ähnlich, übertrifft diesen oft an Länge. Sie ist erigierbar und wird vom Urogenitalkanal durchbohrt. Vor dem Perineum findet sich an typischer Stelle ein Pseudoscrotum, ein vorgewölbter Hautbezirk, der mit dunkelpigmentierten Haaren besetzt ist und von einem Bindegewebspolster unterlagert wird. Die in Gruppen lebenden, höchst aggressiven Fleckenhyänen zeigen untereinander ein stark ritualisiertes Begrüßungs- und Beschwichtigungszeremoniell. Dies besteht aus einer Präsentation der Genitalien mit Erektion von Penis und Clitoris (WICKLER 1970). Nicht präsentierende Tiere werden meist sofort angegriffen. Bei der Kopulation erschlafft die Clitoris und gibt die an ihrer Unterseite, basal liegende Geschlechtsöffnung frei. *Crocuta* ist nicht ein reiner Aasfresser, sondern ein echter Rudeljäger, der Huftiere (Zebras, Gnus) jagt (KRUUK 1972). Es wurde mehrfach festgestellt, daß Tüpfelhyänen von ihrer erjagden Beute durch Löwen verjagt wurden, die somit die eigentlichen Aasfresser sind.

Tüpfelhyänen sind Rudeljäger, die große Verbände („Clans") von bis zu 80 Ind. bilden und ihr Territorium verteidigen (s. hierzu S. 766). Verständigung durch differenzierte Lautgebung und optisch (Körperstellungen). Markieren durch Sekret der Analdrüsen, Kot und Harn. Feste Kotplätze. Kotballen meist weiß durch Mineralien aus verzehrten Knochen (auch fossil als „Koprolithen"). Tagsüber meist Ruhe in Erdbauten von *Orycteropus*.

Dämmerungs-/nachtaktiv, gelegentlich aber auch am Tage jagend. Tragzeit: 99–130 d. Wurfgröße: 1–2. Wurfplatz in Erdhöhle. Die Jungen haben bei der Geburt ein schwarzes Fell und offene Augen, die Milchincisiven und Caninen sind bereits durchgebrochen. Geburtsgew.: 1,5 kg. Laufen nach 1 Woche, verlassen der Höhle nach 2 Wochen. Jungtiere flüchten bei Gefahr zurück in die Höhle, während Erwachsene von der Wurfhöhle wegfliehen. Laktationszeit etwa 4 mon. Oft ziehen mehrere ♀♀ ihre Jungen gemeinsam auf.

Ordo Carnivora, Subordo Fissipedia   833

Subfam. Protelinae. 1 Genus, 1 Species. *Proteles cristatus,* Erdwolf, Zibethhyäne. *Proteles* (Abb. 439, 441, 442) ähnelt im äußeren Habitus einer kleinen Streifenhyäne (Abb. 439), unterscheidet sich aber von allen echten Hyänen durch weitgehende Reduktion des Gebisses und des übrigen Kauapparates, der für jene so kennzeichnend ist. Das Milchgebiß von *Proteles* ist herpestoid. Im älteren Schrifttum wurde *Proteles* gelegentlich in eine eigene Familie gestellt. GINGERICH (1975) sieht bei *P.* einen Fall von Mimikry zu *Hyaena.* Hyaenoide Merkmale von *Proteles* sind, neben dem äußeren Habitus mit Zeichnungsmuster und Mähnenbildung, die Morphologie des Gehirns, der Geschlechtsorgane, Analtasche und -drüsen, sowie die Chromosomenzahl 2 n = 40. Heute besteht Konsens darin, in *Proteles* einen frühen Abkömmling der Stammeslinie der Hyaenidae (Miozän) zu sehen, der eine einseitige Spezialisation auf Termitennahrung erworben hat und sich von den Hyaenen s. str. durch Reduktionen und Spezialisationen des Kauapparates, einschließlich der Zunge unterscheidet. Zehenzahl 5 bzw. 4.

Proteles cristatus, KRL.: 65–80 cm, SchwL.: 20–30 cm, KGew.: 7–15 kg. Vorkommen (Abb. 441) disjunkt S-Afrika, Namibia, Botswana bis Angola und Äthiopien, Somalia bis Kenya. Grundfärbung gelb-grau mit 5–7 Seitenstreifen. Ein Erdwolf kann durch Aufrichten seiner Mähne seine Körperkontur nahezu verdoppeln. Schnauze spitz und haarlos. Augen groß. Ohren spitz. Die

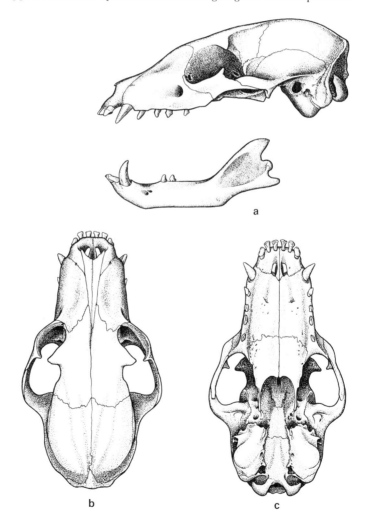

Abb. 442. *Proteles cristatus,* Erdwolf (S-Afrika), Schädel in drei Ansichten.

Zunge kann sehr weit vorgestreckt werden und ist mit klebrigem Sekret der sehr ausgedehnten Speicheldrüsen bedeckt.

Gebiß: $\dfrac{3\ 1\ 3\ (-4)\ 0}{3\ 1\ 1\ (-3)\ 0}$ = 24. Die Backenzähne sind klein und spitz. Sie stehen in weitem Abstand voneinander (Abb. 442). M rückgebildet. Lebensraum: aride, offene Steppe und Buschland. Territorium 1–2 km². Die Art ist an das Vorkommen von Erdtermiten, die den Hauptteil der Nahrung ausmachen (bis 1,5 kg pro d) gebunden. *Proteles* ist nicht in der Lage, Termitenhügel aufzubrechen, nutzt aber gelegentlich von Erdferkeln oder Schuppentieren aufgebrochene Bauten. Zusatznahrung Insekten, Spinnen, sehr selten andere Kleintiere. Tagsüber Ruhe in Fremdbauten (*Orycteropus, Pedetes*), oder in weichem Boden auch selbst gegrabenen Höhlen. Nocturn und primär solitär, oft paarweise. Tragzeit 90–100 d (?). Wurfgröße 1–5, meist 2. Neonati sind blind, KGew.: 200–300 g.

Fam. 9. Felidae. Die Felidae, Katzenartige, sind als Familie gut definierbar, doch bestehen noch Kontroversen in der Abgrenzung von Gattungen. 3 Subfamilien, 5 (bis 14) Genera, 38 Species. Katzen sind rein carnivor. Das Facialskelet ist außerordentlich verkürzt (abgerundete Schnauze). Sehr deutliche Differenzierung in Fanggebiß (C) und Brechschere. Zwischen beiden Abschnitten ein weites Diastem, außer beim Geparden. Massive Ausbildung der Brechschere (Abb. 391, 109) und der Kaumuskulatur, die hohen Beißdruck erzeugen kann. Kiefergelenk ist reines Scharniergelenk. Zahnformel meist $\dfrac{3\ 1\ 3\ 1}{3\ 1\ 2\ 1}$ = 30. Rückbildung von P² bei *Caracal, Lynx* und *Neofelis*.

M_1 mit längs gestellter Schneidekante, Talonid rudimentär. Tympanalbulla groß, gebläht und durch Septum geteilt. Proc. paroccipitalis flach und der Bulla anliegend. Die Foramina palatina liegen hinter der Maxillopalatinalnaht im Palatinum. Kein Alisphenoidkanal. Zunge mit spitzen, schlundwärts gerichteten Hornzähnen. Katzen sind terrestrische, digitigrade Läufer. Zehenzahl 5/4. Krallen in Krallenscheide zurückziehbar, (außer bei *Acinonyx*), stark gekrümmt und scharf. For. entepicondyloideum vorhanden. Caecum kurz. Baculum sehr klein oder fehlend.

Herkunft und Großgliederung der Felidae. Die Stammeslinie der Felidae läßt sich bis zu den † Miacidae (= Eucreodi MATTHEW 1909, Paleozaen/Eozaen N-Amerika und Europa), der Stammgruppe der rezenten Fissipedia zurückverfolgen. Felidae treten zuerst im frühen Oligozaen auf. Sie sind durch kurzen Kieferschädel, Brechschere und retractile Krallen gekennzeichnet, doch ist der Boden der Tympanalbulla (Abb. 395) noch nicht vollständig knöchern geschlossen. Vergrößerung der C kommt bereits vor. Abkömmlinge dieser † Nimravidae (= Palaeofelidae PIVETAU 1881) im Unteren Miozaen/Oligozaen besitzen die für echte Katzen typische Ossifikation der Bulla († *Pseudaelurus* im Unteren Miozaen). In mindestens drei Stammeslinien haben sich parallel zu den Felidae Säbelzahnkatzen entwickelt, die sich durch enorme Vergrößerung der oberen C und der Brechschere auszeichnen (Abb. 396). Die unteren C bleiben klein. Die † Hoplophoneinae starben bereits am Ende des Alttertiärs aus. Die † Nimravinae erlöschen im Jungtertiär. Die † Machaerodontinae oder echten Säbelzahnkatzen († *Machaerodus*, † *Smilodon* u.a.) haben noch im Pleistozaen gelebt.*)

Der Gepard (*Acinonyx*) nimmt unter den Felidae eine isolierte Stellung ein (s. S. 837). Fossile Acinonychinae sind († *Sivafelis, Acinonyx*) aus Eurasien und Afrika (Plio-/Pleisto-

---

*) Die Spezialisation der C zu langen dolchartigen Stichwaffen ist in ihrer Funktion umstritten. Im allgemeinen werden sie als Werkzeug zur Überwältigung großer Beutetiere (Elefanten) gedeutet. Da die Hinterkante der C als Schneide ausgebildet ist, sollen die C nicht nur als Stichwaffe gebraucht worden sein, sondern vor allem als scharfe Instrumente zum Zerschneiden der Haut und des Fleisches gedient haben. Andere Autoren deuten sie als „Exzessivbildung".

zaengrenze) bekannt. Im Alt-Quartär war *A.* in Europa weit verbreitet. Die phylogenetische Herkunft der Subfamilie liegt im Dunkeln. Nach O'BRIEN steht *Acinonyx* der Subfamilie Pantherinae bezüglich molekularbiologischer Daten sehr nahe.

Die Kleinkatzen (Subfam. Felinae) treten mit *Felis* im Miozaen auf und erfahren in der Alten und Neuen Welt eine umfangreiche Radiation. Da der Körperbautyp sehr einheitlich bleibt und auch Karyotyp und Verhaltensweisen recht einheitlich sind, ist die vielfach übliche Aufsplitterung in eine große Anzahl von Genera kaum berechtigt. Als spezialisierte Formen sind Puma und Luchse (*Lynx*, kurzschwänzig, hochbeinig, Ohrpinsel) den Felinae anzuschließen. Die Großkatzen, Pantherkatzen, Pantherini, erscheinen an der Grenze von Pliozaen zu Pleistozaen (Villafranchium) mit † *Panthera gombaszoegensis*, aus der die rezenten Genera hervorgegangen sein dürften. Leopard und Löwe sind aus dem Altquartär nachgewiesen. Pantherkatzen sind zweifellos gegenüber den Felinae der jüngere Zweig des Felidenstammes. Löwen waren im Jungpleistozaen mit *Panthera leo spelaea*, dem Höhlenlöwen, in Eurasien und mit *P. atrox* in N-Amerika verbreitet. Der Tiger ist die spezialisierte Form unter den Großkatzen, die stets auf Asien beschränkt blieb.

Die systematische Stellung des Nebelparders (*Neofelis nebulosa*) wird diskutiert. Nach verbreiteter Meinung handelt es sich um einen spezialisierten Vertreter der Felinae (THENIUS 1967), während LEYHAUSEN (1979) ihn in nahe Verwandtschaft zu *Panthera tigris* stellt (s. S. 839 f.).

Der **Karyotyp** der Felidae zeigt eine außerordentliche Uniformität. Die Chromosomenzahl beträgt bei Groß- und Kleinkatzen einheitlich $2n = 38$ (*Panthera, Lynx, Felis silvestris, F. manul, F. viverrina, F. yaguarundi, F. serval* u. a.) Für *F. wiedi* wird $2n = 36$ (Fusion) angegeben.

Systematik und geographische Verbreitung der rezenten Felidae

Subfam. Acinonychidae. 1 Genus, 1 Species, *Acinonyx jubatus*, Gepard, Jagdleopard (Abb. 443, 444). KRL.: 120–150 cm, SchwL.: 65–80 cm, KGew.: 28–65 kg. Verbreitung ursprünglich ganz Afrika außer den Regenwaldgebieten, heute n. 20° n.Br. und s. 20° s.Breite ausgerottet. Außerdem Belutschistan, Iran bis Turkmenistan, NO-Arabien und Indien. In Asien bis auf geringe Restbestände verschwunden. Der Gepard ist Bewohner trockener, buscharmer Steppen und Halbwüsten, der als extrem schneller Läufer vom Katzentyp abweicht. Er ist hochbeinig (hoher Widerrist). Beine sehr schlank, Rumpf lang und sehr schlank, Brustkorb tief. Hingegen ist der relativ kleine Kopf sehr stark verkürzt und abgerundet („hyperfelid"). *Acinonyx* kann auf kurze Strecken (500 m) eine Geschwindigkeit von $80-100 \text{ kmh}^{-1}$ erreichen. Krallen nur in den ersten 6 Lebensmonaten rückziehbar. Der Gepard kann sich nicht im Beutetier festkrallen, er springt die Beute an oder rennt sie um und tötet durch Kehlbiß (Erwürgen). Bejagt werden kleine und mittelgroße Säuger, vor allem Gazellen oder Jungtiere von großen Antilopen. Der Riß wird am Ort zerlegt und nicht weggetragen, wird auch nicht ein zweites Mal besucht. Fressen von Aas kommt nicht vor.

Gebiß (Abb. 444): Canini kurz, P^2 winzig, Nebenhöcker von P_3 und P_3P_4 kräftig, diese Zähne hochkronig. M^1 sehr klein. Die Diastemata sind sehr kurz. Das Fell ist etwas rauh, sehr kurze Mähne an Nacken und Schultern. Fell oberseits gelb-rötlichgelb, Ventralseite vom Kinn bis zum Bauch weißlich. Wangen, Rumpf, Beine und vordere Schwanzhälfte mit zahlreichen schwarzen bis braunen Flecken von höchstens Markstückgröße. Terminales Schwanzende mit 5–6 schwarzen Ringen. Dunkler Streifen vom inneren Augenwinkel zum Mundwinkel. Bei einzelnen Tieren, vor allem in Rhodesia, kommt eine Mutante vor (forma „*rex*"), bei der die Rumpfflecken vergrößert sind und zu Streifen zusammenfließen können. Juvenile besitzen eine aufrichtbare weiß-graue Mähne an Nacken und Rücken, die während des Heranwachsens abgestoßen wird.

Geparden sind Einzelgänger oder treten paarweise, gelegentlich auch in kleinen Familiengruppen (♀ mit heranwachsenden Jungen) auf. Jagd und Beute in der Morgen- und Abenddämmerung, auch tagsüber. Ansitzen auf erhöhtem Geländepunkt. Kein Anschleichen bis in die Nähe der Beute, sondern Hetzjagd aus Entfernung von etwa 500 m, da *A*. auf diese Entfernung jedem Beutetier an Geschwindigkeit überlegen ist. Keine koordinierte Rudeljagd wie beim Löwen. Wanderun-

Abb. 443. Felidae, Katzenartige. a) *Acinonyx jubatus*, Gepard (Afrika, SW-Asien), b) *Neofelis nebulosa*, Nebelparder (SO-Asien), c) *Lynx lynx*, eurasiatischer Luchs, d) *Leptailurus serval*, Serval (Afrika), e) *Felis nigripes*, Schwarzfußkatze (S-Afrika).

gen in großem Territorium (25–40 km²). Markiert durch Urin. Tragzeit 90–95 d. Wurfgröße 1–5 (meist werden nur 2 großgezogen). Augenöffnen nach 4–14 d. Im Alter von 1/2 a begleiten die Jungtiere die Mutter.

Nach O'Brien (1985) soll *Acinonyx* molekularbiologisch der Löwen/Leopard-Gruppe sehr nahe stehen.

Geparden sind wenig aggressiv, leicht zähmbar und wurden daher, vor allem in Indien, als Gehilfen für die Jagd dressiert.

Subfam. Pantherinae. Als Pantherinae, Großkatzen, werden 2 Genera mit 5 Arten zusammengefaßt, *Panthera* (Löwe, Leopard, Jaguar, Tiger) und *Uncia* (Irbis). Die Subfamilie kann als Schwestergruppe der Acinonychidae aufgefaßt werden. Generalisierte Formen sind Leopard und Jaguar. Der Löwe ist hochspezialisiert als Rudeljäger in trockener Savanne, während der Tiger, als spezialisierteste Form, Einzelgänger und an das Leben im feuchten Dschungel und Wald angepaßt ist.

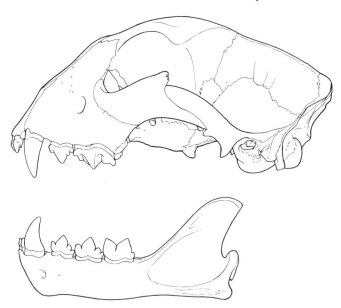

Abb. 444. *Acinonyx jubatus*, Gepard (Exemplar aus Abessinien), Schädel in Seitenansicht.

Pantherinae sind aus einer jüngeren Radiation der Felidae hervorgegangen und haben sich über weite Teile Eurasiens, Amerikas und Afrikas ausgebreitet.*)

Panthera pardus, Leopard, Panther (Abb. 445). KRL.: 95–165 cm, SchwL.: 60–95 cm, KGew.: 30–80 kg. Verbreitung: Afrika s. der Sahara, Zanzibar, (ausgerottet in Transvaal, Oranje, Restbestand im Kapgebirge; in Vorderasien vom Sinai bis Kaukasus und Turkmenien (in Kleinasien ausgerottet); Arabien, Afghanistan, Iran, Vorderindien, Sri Lanka, Hinterindien, Malaysia, Java, Sumatra, S- und C-China, Korea und in der Amurregion Sibiriens.**) Körperbau muskulös und harmonisch, Kopf breit, Schnauze mittellang, Ohren klein. Extremitäten stämmig, von mittlerer Länge. Grundfärbung oberseits graugelb – rötlich gelb. Ventralseite vom Kinn bis Bauch weißlichgrau. Kopf, Nacken, Extremitäten und Unterseite mit schwarzen Flecken, Rücken und Flanken mit Rosetten. Sehr erhebliche individuelle und geographische Variabilität von Färbung und Musterbildung (bis zu 30 Subspec. wurden beschrieben. Von ihnen dürften kaum die Hälfte berechtigt sein).

Leoparden sind sehr anpassungsfähig, ihr Lebensraum umfaßt viele Landschaftstypen, von der Wüste bis zum Regenwald, von der Ebene bis zum Hochgebirge (4500 m ü. NN). Leoparden klettern und schwimmen häufig. Tag- und nachtaktiv. In Gebieten, wo sie stark verfolgt werden, nur nocturn. Im allgemeinen Einzelgänger zuweilen paarweises Auftreten, gelegentlich auch kleine Familiengruppen. Territorien 8–30 km². Territorium eines ♂ überschneidet sich mit mehreren ♀♀-Territorien. Markieren durch Harnspritzen und Kratzspuren an Baumrinde. Nahrung: Säugetiere bis zu mittelgroßen Antilopen, Vögel (bevorzugte Beute: Affen und Haushunde). Töten durch Kehlbiß und Brechen der Halswirbelsäule. Die Beute wird oft auf Bäume verschleppt und in einer Astgabel gefressen. Tragzeit 90–110 d. Wurfgröße 1–6 (meist 2–4). Wurfplatz Fels- oder Erdspalte, Erdhöhle, Schilf oder Gebüsch. Öffnung der Augen nach 1 Woche. Säugezeit 3 mon.

---

*) Die vielfach übliche Einteilung der Felidae in „Brüll- und Schnurrkatzen" und die Gleichsetzung dieser Gruppen mit der Einteilung in Groß- und Kleinkatzen erweist sich nicht als haltbar. Die Einteilung nach einem einzelnen Verhaltensmerkmal reicht nicht aus für eine stichhaltige Zuordnung. Zudem hat sich gezeigt, daß Katzen ein höchst differenziertes, komplexes und meist artspezifisches System von Lautäußerungen besitzen (PETERS 1981, PETERS & WOZENCRAFT 1989). Der Mechanismus der Erzeugung der verschiedenen Komponenten der Lautsysteme bedarf noch der Aufklärung. Eine Beziehung zwischen dem Bau des Hyoids und der Lautgebung, wie sie POCOCK (1951) annahm, ließ sich nicht nachweisen (PETERS 1978).

**) Melanistische Individuen kommen in einigen Gegenden SO-Asiens und O-Afrikas nicht selten vor. Seltener sind einfarbig schokoladenbraune Individuen. Es handelt sich um Mutanten. Der „Schwarze Panther" ist keine Species oder Subspecies.

Subcl. Theria, Infracl. Eutheria

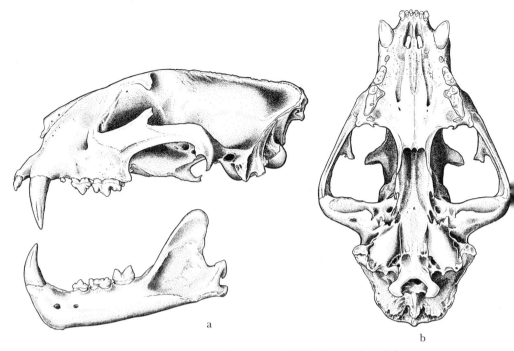

Abb. 445. *Panthera pardus*, Leopard, ♂ (Afrika, Asien), Schädel in zwei Ansichten.

Panthera onca, Jaguar. KRL.: 100–180 cm, SchwL.: 40–70 cm, KGew.: 50–150 kg. Vorkommen: von N-Argentinien und S-Brasilien bis Mexiko, Texas, Californien, Arizona. Ähnelt äußerlich dem Leoparden, ist aber massiger und muskulöser. Kopf breit, Jochbögen stärker ausladend. Sehr kräftige Kiefermuskulatur. Extremitäten und Schwanz relativ kurz. Die Rosetten an der Rumpfseite sehr groß, meist mit 2–3 dunklen Innenflecken. Ökologisch vertritt der Jaguar in der Neuen Welt die Rolle, die in der Alten Welt Löwe und Tiger spielen. Den Leoparden vertritt in Amerika ökologisch der Puma. Lebensraum Urwald bis Savanne, stets in der Nähe von Wasserläufen. Der Jaguar schwimmt gern und häufig, mehr als andere Großkatzen. Nahrung: Wirbeltiere, bevorzugt *Hydrochoerus*, *Tapirus* und Pekaris. Reviergröße 15–100 km², solitär oder paarweise. Tragzeit 95–105 d. Wurfgröße 1–4.

Panthera leo, Löwe. KRL.: ♂ 170–190 cm, ♀ 140–175 cm, SchwL.: 70–105 cm, KGew.: ♂ 150–250 kg, ♀ 120–180 kg. Verbreitung: Ursprünglich ganz Afrika mit Ausnahme der Regenwaldgebiete. Vorderasien bis N-Indien. Noch in historischer Zeit in Europa (Thrakien). Heutiges Vorkommen in Afrika zwischen 20° n. Br. und 23° s. Breite. 8 Unterarten, der Berberlöwe (*P. leo leo*) und der Kaplöwe (*P. l. melanochaita*) sind seit etwa 100 Jahren ausgerottet. Der asiatische Löwe ist bis auf einen Restbestand von etwa 200 Tieren im Gir-Reservat (Kathiawar, NW-Indien) ausgerottet. Körpergestalt kräftig, stämmig mit breitem Kopf, mittellanger Schnauze, kräftigen und mäßig langen Gliedmaßen. Schwanz lang mit Endquaste in beiden Geschlechtern, in dieser ein Hornzapfen verborgen. Fellfärbung graugelb bis bräunlich, ventral heller.

Juvenile mit Rosettenmuster, das beim Heranwachsen durch Einfarbigkeit ersetzt wird. Reste der Fleckung an Bauch und Beinen noch lange nachweisbar. Erhebliche Sexualdifferenz in Körpergröße (s. o.) und durch Mähnenbildung beim ♂. Die Mähne ist in Ausdehnung und Färbung außerordentlich variabel, individuell und geographisch. Sie beginnt im Alter von 1 1/2 a zu wachsen und ist mit 5–6 a fertig ausgebildet (Haarlänge etwa 25 cm). Sie bildet eine Gesichtsumrahmung und erstreckt sich über Hals und Nacken und kann Schultern und Brustkorb erreichen. Beim Berberlöwen reicht sie bis zu den Ellenbogen und erstreckt sich über die ganze Bauchseite. Färbung der Mähne variiert von gelb bis schwarz (individuell, geographisch, Verdunklung mit zunehmendem Alter). Schwanzquaste dunkel. Lebensraum: offene Landschaft, von Halbwüste bis Trocken- und Feucht-Savanne, auch im Bergland. Fehlt in dichten Waldgebieten. Löwen bilden Rudel von 1–3 ♂♂ und mehreren ♀♀ mit Jungen. Außerdem nomadisierende Rudel junger ♂♂,

Größe des Territoriums sehr verschieden, je nach Rudelgröße, Nahrungsangebot und Landschaftsstruktur (Territorium 20 – 400 km^2). Nomadisierende ♂♂-Gruppen können wandernden Huftierherden auf weite Strecken folgen. Abgrenzung der Territorien durch Harnmarkieren und durch Brüllen. Brüllen auch als Verständigung mit versprengten Gruppenmitgliedern. (Zum Sozialverhalten, Fortpflanzung und Aufzucht der Jungen s. S. 770.)

Nahrung: Rein carnivor, mittelgroße bis große Säugetiere (Gazellen, Antilopen, Zebras, Büffel, Giraffen). Gelegentlich auch Schmarotzer am Riß von Tüpfelhyänen (KRUUK 1972). Tragzeit 100 – 112 d, Wurfgröße 1 – 6, Augenöffnung mit 6 – 9 d. Wurfplatz: Versteck im Hochgras oder Gebüsch. Beteiligung an der Beutejagd ab 15 Wochen. Junge ♂♂ werden aus dem Rudel im Alter von 1,5 – 2 a vertrieben.

Panthera tigris, Tiger. KRL.: 140 – 280 cm, SchwL.: 60 – 110 cm, KGew.: ♂♂ 180 – 280 kg, ♀♀ 115 – 185 kg. Verbreitung rein asiatisch, ursprünglich im W bis O-Anatolien, Kaukasus, Afghanistan, N-Iran, Vorder- und Hinterindien, S-China, Sumatra, Java, Bali, fehlt auf Borneo und Philippinen, im N bis Amur/Ussuri. 8 Subspecies. Die Randpopulationen (*P. t. virgata,* Kaspischer Tiger, *P. t. sondaica,* Java und *P. t. balica,* Balitiger) sind wahrscheinlich in jüngster Zeit ausgerottet worden. *P. t. altaica,* Amur- oder Sibirischer Tiger, *P. t. sumatrae* und *P. t. amoyensis,* Chinesischer Tiger, bis auf Restgruppen reduziert. Bei *P. t. tigris,* Königs- oder Bengal-Tiger, Bestand z. Zt. stabilisiert.

Tiger erreichen oft größere KRL. und KGew. als Löwen, besonders Amurtiger und Königstiger aus Assam. In freier Wildbahn kommen beide Arten nicht in Kontakt, da der Löwe offene, aride Landschaften, der Tiger aber geschlossene, feuchte Busch- und Dschungellandschaften bewohnt. Nach Beobachtungen im Zoo scheinen bei plötzlichem Zusammentreffen beider Großkatzen Löwen die Oberhand zu behalten.

P. tigris nimmt eine Sonderstellung ein und dürfte relativ früh vom Hauptstamm der Pantherini abgespalten sein (THENIUS 1967, LEYHAUSEN 1979). Viele Ähnlichkeiten zwischen Löwe und Tiger beruhen auf Plesiomorphien oder auf Konvergenz, besonders am Skelet (Größenabhängigkeit!). LEYHAUSEN hat vorgeschlagen, den Tiger mit dem Nebelparder in der Gattung *Neofelis* zu vereinigen. Er stützt diese Hypothese auf Ähnlichkeiten in den Lautäußerungen und meint, das Streifenmuster des Tigers auf das des Nebelparders zurückführen zu können. Die Annahme bedarf einer weiteren Analyse und scheint vorerst keineswegs durch Synapomorphien gesichert zu sein.

Der Körperbau entspricht dem der übrigen Großkatzen; sehr muskulös und kräftig. Schädelprofil leicht nach dorsal konvex. Ohren rund und mit weißem Fleck auf der Rückseite. Fell glatt, Grundfarbe rötlich-orange-gelb mit schwarzer Querstreifung, die bereits im Juvenilkleid auftritt. Subspezifische Unterschiede in Körpergröße (max. *P. t. altaica,* min. *P. t. sondaica*), in Helligkeitsgrad der Grundfärbung und Anzahl und Dichte der Querstreifen. Häufig Backenbart, bei *P. t. sumatrae* gelegentlich Andeutung einer kurzen Nackenmähne. Dichter Winterpelz mit leichter Aufhellung bei *P. t. altaica.* Das Streifungsmuster dürfte als Anpassung an den Lebensraum zu deuten sein; es hat erheblichen kryptischen Effekt im Schilf oder Hochgras.

Lebensraum: Dschungel, feuchter Wald, stets in der Nähe von Gewässern, im Gebirge bis 4000 m ü. NN. Tiger sind Einzelgänger. ♀♀ bewohnen Territorien von 30 – 40 km^2. Auf mehrere (2 – 6) Territorien von ♀♀ kommt gewöhnlich das Territorium eines ♂ (bis 180 km^2). In Gebieten mit geringer Populationsdichte und mäßigem Nahrungsangebot kann das Wohngebiet eines Tigers sehr viel größer sein, in der Amur-Ussuri-Region bis über 1000 km^2. Nahrung rein carnivor, vor allem große Artiodactyla (Hirsche, Antilopen, Schweine). Die Beute wird bis auf wenige Meter angeschlichen und angesprungen. Keine Gemeinschaftsjagd. Markieren durch Urinspritzen, Kotplätze und Kratzmarken an Bäumen.

Tragzeit 95 – 112 d, Wurfgröße 2 – 4 (7). Wurfort: Versteckte Ruheplätze im Dickicht, auch in Höhlen, die mit Laub und Gras ausgepolstert werden. Augenöffnen im Alter von 0 – 10 d. Saugperiode etwa 6 mon. Erstes selbständiges Jagen im Alter von 11 mon.

Uncia uncia, Schneeleopard, Irbis. KRL.: 75 – 120 cm, SchwL.: 70 – 100 cm, KGew.: 35 – 70 kg. Verbreitung: C-asiatisches Hochgebirge, Pamir, Altai, Tienshan bis W-China, Afghanistan, Kaschmir Nepal, O-Tibet. Gestalt leopardenähnlich, auffallend runder Kopf, sehr langer Schwanz, Vorderbeine relativ kurz mit breiten Pfoten. Choanengänge am Schädel verbreitert. Pelz dicht, langhaarig mit reichlich Unterwolle. Grundfarbe weißgrau, crèmefarben-gelblich mit großen Rosetten ohne Kernfleck, am Kopf spärlich, unscharf begrenzt.

Lebensraum: Hochgebirge in offenem Gelände, meist oberhalb der Waldgrenze, Rhododendronzone bis 5000 m ü. NN., im Winter folgt er dem Schalenwild bis etwa 1500 m. Nahrung: Wildschafe und Ziegen, Murmeltiere. Abend-, nachtaktiv. Solitär. Lebensweise aus Freileben kaum bekannt, da die Populationsdichte sehr gering (starke Bejagung wegen des kostbaren Pelzes) und der Lebensraum sehr schwer zugänglich ist. Außerdem streift der Irbis sehr weit umher. Die Gesamtpopulation wird auf etwa 2000 Ind. geschätzt, die sich auf das riesige Verbreitungsgebiet verteilen. In den letzten Jahren wird der Irbis in mehreren Zoos erfolgreich gezüchtet. Tragzeit 98−105 d, Wurfgröße 2−4. Angebliche Funde fossiler Schneeleoparden im Jung-Pleistozaen Europas wurden als Luchse erkannt.

Subfam. Felinae. Die Kleinkatzen, Felinae, umfassen etwa 33 Arten, die im Grundtyp des Körperbaues sehr ähnlich sind und mit Recht als monophyletische Gruppe aufzufassen sind. Viele Autoren (HONACKI u. a. 1982) unterscheiden 3 Genera: *Neofelis* mit 1 Art, *Lynx* (4 Arten) und fassen die übrigen 28 Species im Genus *Felis* zusammen. Die im älteren Schrifttum übliche Aufsplitterung der *Felis*gruppe in 10−12 Genera bedarf einer Überprüfung. Die Mehrzahl dieser Gattungen wird im folgenden als Untergattung angeführt. Auch die Artsystematik der Katzen wird teilweise noch kontrovers diskutiert. Hilfreich erweist sich die Zusammenfassung einiger näher verwandter Formen zu Formenkreisen (O. KLEINSCHMITT 1900) oder Großarten (E. MAYR 1963). Die Subfamilie Felinae ist sicher monophyletisch und eine zu weitgehende Aufsplitterung in zahlreiche Genera unzweckmäßig.

Neofelis nimmt in mancher Hinsicht eine Zwischenstellung zwischen Klein- und Großkatzen ein (s. S. 839). Felinae sind fossil älter als Pantherinae und scheinen dem basalen Katzentyp näher zu stehen. Offenbar ist *Neofelis* aus einer sehr frühen Dichotomie, jedenfalls früher als die Pantherinae von der Hauptstammeslinie abgespalten und hat sich als arboricoler Vogeljäger einseitig spezialisiert. Wir schließen ihn hier, wie viele Autoren, den Felinae an, ohne seine Sonderstellung zu übersehen.

Neofelis nebulosa, Nebelparder (Abb. 396, 443), einzige Art des Genus. KRL.: 61−106 cm, SchwL.: 60−90 cm, KGew.: 16−23 kg. Verbreitung: Nepal, Sikkim bis S-China, Hainan, Taiwan, Malaysia, Indochina, Sumatra, Borneo (subfossil aus Java). Mittlere Körpergröße, relativ kurzbeinig, sehr langer Schwanz. Grundfarbe gelb-gelbgrau. Sehr eigenartiges Zeichnungsmuster, das am Vorderkörper aus meist 8 schmalen vertikalen Vierecken besteht, deren Hinterrand verstärkt ist. Hierauf beruht der Versuch, die reine Querstreifung des Tigers aus einem Fleckenmuster abzuleiten (LEYHAUSEN 1989). Auf der hinteren Rumpfhälfte werden die Flecken kleiner und quadratisch. Bauch, Kehle und Beine mit kleinen schwarzen Flecken ohne hellen Kern. Längsstreifen auf Nacken und Rücken. Jederseits durchlaufender Gesichtsstreifen. Der Schwanz trägt schwarze Ringe und hat eine schwarze Spitze. Der Hirnteil des Schädels ist lang und schmal. Die Jochbögen laden weit nach lateral aus. Die Schnauze ist rostral breit. Die Profilkontur springt in der Höhe der Postfrontalfortsätze konvex vor und fällt rostralwärts in gerader Linie ab.

Gebiß: $\frac{3\ 1\ 2\ 1}{3\ 1\ 2\ 1}$. Kennzeichnend für die Gattung ist die enorme Länge der Eckzähne (Abb. 396), die als Parallele zu der entsprechenden Besonderheit der Säbelzahnkatzen (s. S. 759) gedeutet wird. Im Gegensatz zu diesen sind aber nicht nur die C sondern auch die $\overline{C}$ verlängert und das postcanine Gebiß ist bei *N.* typisch felid ausgebildet. Außerdem sind die C bei *N.* im Querschnitt rund, ohne hintere Schneidekante. Bei Kieferschluß reichen die oberen C beim Nebelparder bis über den Unterrand der Mandibula vor. *Neofelis* ist ein hervorragender Kletterer und jagt vor allem Vögel und Affen. Terrestrische Beute kann durch gezielten Sprung vom Ast erreicht werden. Die vorwiegend arboricole Lebensweise wird jedoch durch gelegentlichen Aufenthalt auf dem Boden ergänzt, um zu trinken. Größere Beuteobjekte (*Tragulus*, Schweine) werden hier in der bei den Katzen typischen Weise angeschlichen. Ruheplätze in Astgabeln, Wurfort angeblich in Baumhöhlen. Nebelparder sind in großen Teilen des Verbreitungsgebietes selten und können nur schwer, wegen ihrer versteckten Lebensweise, beobachtet werden. Freilandbeobachtungen liegen nur in sehr beschränktem Umfang vor.

Tragzeit etwa 90 d. Wurfgröße 2−4. Die Neonati sind einheitlich gelbgrau und zeigen nach etwa 6 mon. die adulte Fleckenzeichnung.

Eine Gruppe altweltlicher Kleinkatzen von generalisiertem Körperbau und Anpassungstyp wird als „Altkatzen" (LEYHAUSEN) zusammengefaßt (Subgen. *Prionailurus*).

Felis (Prionailurus) bengalensis, Bengalkatze (Abb. 448). KRL.: 45−90 cm, SchwL.: 20−40 cm, KGew.: 2−8 kg. Hat ein sehr großes Verbreitungsgebiet: O-Sibirien (Amur), Korea, China, Taiwan, Indochina, Malaysia bis Vorderindien (außer der S-Spitze), bis Belutschistan, Vorberge des Himalaya, Borneo, Sumatra, Java, Bali, Philippinen. Fehlt in ariden Gebieten; Lebensraum: Busch- und Waldland, an Gewässer gebunden, bis 3000 m ü. NN. Ähnelt in Größe und Gestalt einer Hauskatze. Kopf schmal. Grundfärbung ocker-gelblich mit schwarzem Überaugen- und weißem Vorderaugen-Streifen. Rumpf mit kleinen Flecken oder Ringen. Zahlreiche Unterarten werden nach Zeichnungsmuster und Körpergröße unterschieden. Nahrung: kleine Wirbeltiere. Tragzeit 50 d, Wurfgröße 2−4. Klettert und schwimmt gut.

Die Bengalkatze wird in S-Vorderindien und auf Sri Lanka durch *Felis (Pr.) rubiginosa* vertreten. Eine nahe stehende Art, *F. (Pr.) iriomotensis*, wurde erst 1967 auf Iriomote (Ryu-Kyo Island) entdeckt. Ihr Bestand ist bedroht, da das Verbreitungsgebiet sehr klein ist.

Felis (Prionailurus) viverrina, Fischkatze. KRL.: 70−85 cm, SchwL.: 38−41 cm, KGew.: 7,5−12 kg., ist die größte Art dieser Gruppe und am deutlichsten an die Nähe von Gewässern gebunden. Verbreitung: Vorderindien, Pakistan, Sri Lanka, Kaschmir, S-China, Sumatra, Java, fehlt auf Borneo und Celebes. Fellfärbung braungrau − silbergrau. Fleckenzeichnung ähnlich *F. bengalensis*. Gedrungener Körperbau, kurze Beine und kurzer Schwanz. Gebiß sehr kräftig. Andeutung von Schwimmhäuten. Fängt Fische, Ansitz vom Ufer aus (Fischfang beim Schwimmen und Tauchen nicht beobachtet). Jagt auch terrestrische Wirbeltiere. Wurfgröße 2−3.

Felis (Pr. = „Ictailurus") planiceps, Flachkopfkatze. KRL.: 40−50 cm, SchwL.: 13−15 cm, ist eine gleichfalls an Wasserläufe gebundene Art. Schlanker, walzenförmiger, an Lutrinae erinnernder Rumpf. Schwanz und Beine kurz. Kopf breit und sehr flach. Nasalia kurz und breit. Äußere Nase leicht aufgestülpt. C lang und spitz. P 2/P 3 spitz, geeignet zum Fang und Festhalten schleimiger Beute (Fische, Frösche). Verbreitung: Malakka, Sumatra, Borneo. Fellfärbung braunrot bis dunkelbraun, dorsal und seitlich einfarbig, ventral grau mit verwaschener Fleckenzeichnung. Weiße Voraugenstreifen. Freilandbeobachtungen liegen nicht vor.

Die eurasiatisch-afrikanischen Wald- und Steppenkatzen. Ein sehr großes Gebiet (S- und C-Europa, Vorder- und C-Asien und ganz Afrika) wird von Wildkatzen bewohnt, die untereinander eng verwandt sind, sich an unterschiedliche Räume angepaßt und eine große Formenfülle hervorgebracht haben. Die Anpassung an sehr differente Habitate und geographische Regionen hat eine sehr große Anzahl von Formen (über 40) zur Folge, unter denen Übergänge vorkommen können. Die Zusammenfassung aller dieser Katzen in einer Species, *Felis silvestris* (HALTENORTH 1952), verwischt jedoch die Tatsache, daß innerhalb dieser Großgruppe drei Formenkreise erkennbar sind, denen sich die übrigen Formen jeweils als Subspecies zuordnen lassen. Diese können ihrerseits als Anpassungstypen gut charakterisiert und sollten daher als gute Arten unterschieden werden: 1. *Felis silvestris*, die Waldkatze (eurasiatische Wildkatze) in Europa und W-Asien, 2. *Felis libyca*, die Falbkatze in ariden Gebieten Vorderasiens und in ganz Afrika, 3. *Felis bieti*, die Steppenkatze (W-China, Wüste Gobi). Die Hauskatze, *Felis libyca* f. catus, ist ein Abkömmling der Falbkatze (s. S. 1103).

Felis silvestris, Wildkatze, eurasiatische Wildkatze: KRL.: 45−90 cm, SchwL.: 25−40 cm, KGew.: 5−11,5 kg. Verbreitung: in Europa ursprünglich in der Mittelgebirgszone, heute vielerorts ausgerottet. Vorkommen: Harz, Hohe Rhön, Eifel, Hunsrück, Lothringen, Vogesen, Ardennen, Jura, Iberische Halbinsel, S-Italien, Sardinien, Corsica, Schottland, Karpaten bis Balkanhalbinsel, Tatra, Kreta, SW-Rußland bis zum Don, Anatolien. Eine Population im Kaukasus ist von der russischen Population offenbar von jeher getrennt, steht aber in Verbindung mit der anatolischen. Die Waldkatze ist an die feucht-kühlen Waldregionen angepaßt und erst im Pleistozaen entstanden. Sie ähnelt einer wildfarbenen Hauskatze, die sie an Größe in der Regel etwas übertrifft. Fell sehr dicht, mit dichter Unterwolle, Schwanz dick buschig und am Ende abgestutzt (Luntenform). Grundfärbung grau mit leicht ockergelbem Anflug. Streifenzeichnung am Rumpf, besonders im Alter oft verwaschen oder aufgelöst. Schwarzer Aalstrich, weißer Kehlfleck. Schädel nur sehr schwer von dem der *F. libyca* und der Hauskatze zu unterscheiden (größere Kapazität des Hirnschädels bei *F. silvestris*). Von Iran, Pakistan bis N-Indien tritt eine Steppenform, *Felis silvestris ornata*, auf. Die Wildkatze ist ein Einzelgänger, Aktivität vorwiegend in der Dämmerung und nachts. Nahrung: kleine Vertebrata bis zur Größe eines Hasen, vorwiegend Mäuse. Bastardierung mit Hauskatzen ist möglich, in der Freiheit aber äußerst selten. Blendlinge zwischen Wild- und Falbkatze kommen dort, wo sich die Verbreitungsgebiete berühren, nicht vor. Tragzeit 63−68 d. Ranzzeit in Europa im II−III, Wurfgröße: 3−5.

Felis libyca, Falbkatze (Abb. 446) KRL.: 45−70 cm, SchwL.: 27−37 cm. Verbreitung in Afrika außer in den C-W-afrikanischen Regenwäldern und außer in extremer Wüste. N-Arabien bis Mesopotamien und O-Anatolien. Kleiner und graziler als *F. silvestris*. Fell hell gelbgrau. Flecken und

842   Subcl. Theria, Infracl. Eutheria

Abb. 446. *Felis libyca*, Falbkatze, Stammform der Hauskatze.

Streifenzeichnung verwaschen und oft reduziert. Schwanz lang und spitz endend. Kopf schmal, große Ohren. Meist weißer Kehlfleck, niemals dunkler Rückenstreifen. Lebensraum: Buschland, Savanne. *F. libyca* ist die Stammform der Hauskatze, *F. libyca f. catus.*, Tragzeit: 56–60 d. Älteste Darstellungen von Katzen finden sich in Ägypten seit 2000 v. Chr. Eine Domestikation ist seit 1500 v. Chr. erwiesen. Im allgemeinen wird heute angenommen, daß ägyptische Ackerbauern den Nutzen von Falbkatzen in der Nähe ihrer Vorratshäuser als Vertilger von Schadnagern erkannten und die Katzen duldeten und schützten. Aufgrund solcher Voraussetzungen hat sich im Laufe mehrerer Jahrhunderte die gezielte Zucht der Falbkatze und damit der Übergang zur Domestikation ergeben (HERRE & RÖHRS 1990). Katzen wurden nun als heilige Tiere angesehen und verehrt (Funde zahlreicher Katzenmumien), Hauskatzen treten in Europa (Griechenland) und China um 500 v. Chr. auf. Aus Italien ist die Hauskatze seit der Zeitwende nachweisbar. Von hier aus wurde sie über das Imperium und in rascher Folge über ganz Europa und Asien verbreitet. Die oft vermutete Einkreuzung von weiteren Feliden (Sandkatze, Sumpfkatze, Bengalkatze) in gewisse Hauskatzenrassen ist heute widerlegt.

Felis bieti (Abb. 447), Graukatze, chinesische Steppenkatze aus W-China (Randgebiete der Wüste Gobi und des Tarimbeckens) ist eine relativ große Art, die dem hier behandelten Formenkreis sehr nahe steht. Es existieren nur sehr spärliche Museumsstücke, Lebensweise unbekannt.

Felis nigripes, Schwarzfußkatze (Abb. 443, 447), KRL.: 35–50 cm, SchwL.: 15–20 cm, KGew.: 1–2 kg. Verbreitung S-Angola, Botswana, Namibia, Oranje, Transvaal, Karroo. Um etwa 1/3 kleiner als *F. libyca* und kurzschwänzig. Ohren abgerundet. Gesamtfärbung ocker-gelb, Kehle, Ventralseite und Innenseite der Beine weiß. Rumpf mit eng stehenden, deutlichen schwarzbraunen Flecken, in Querreihen angeordnet. Beine mit 3–5 dunklen Ringstreifen. Hand- und Fußsohle schwarz. Schwanz kurz, mit 3–5 dunklen Ringen und schwarzer Spitze. Lebensraum: Karroo, Halbwüste, Steinwüste, Steppe. Solitär, sehr geringe Populationsdichte. Relativ laute Kontaktrufe. Nahrung: Insekten, Kleintiere bis Erdhörnchen. Tragzeit: 63–68 d, Wurfgröße: 1–2.

Felis chaus, Rohr- oder Sumpfkatze. KRL.: 60–90 cm, SchwL.: 25–30 cm, KGew.: 5–12 kg. Verbreitung: Unter-Ägypten (Nildelta, Fayum), Tassili-Bergland in der Sahara; Vorderasien (Palästina, S-Anatolien, Mesopotamien), Transkaukasien bis Wolgamündung, Turkmenistan, Afghanistan, Iran, Vorderindien, Sri Lanka, bis chinesisches Turkestan, Burma, Indochina, Yünnan. *F. chaus* ist größer und vor allem hochbeiniger als die Falbkatze, Schwanz kurz, reicht im Stand nur bis zur Ferse. Körper sehr schlank, Schädel schmal. Ohren spitz mit Andeutung eines schwarzen Haarpinsels, daher auch als „Sumpfluchs" bezeichnet. Färbung: sandfarben bis gelb-grau. Dunkler Wangen-, Stirn- und Beinstreifen. Rumpf einfarbig. Bei Jungtieren Streifung auch am Rumpf. Lebensraum: Sumpfiges Gelände, Schilf und Hochgras, Buschwald, auch Mais- und Getreidefelder, stets aber in Gewässernähe. Klettert und schwimmt gut. Nahrung: kleine und mittelgroße Säuger sowie Vögel. Territorium einige km². Tragzeit: 66 d, Wurfgröße: 3–5. Wurfplatz im Schilf, Geländespalte oder Erdbau.

Felis (Otocolobus) manul, Manul (Abb. 448). KRL.: 50–65 cm, SchwL.: 20–30 cm, KGew.: 2,5–4,5 kg. Verbreitung: Hochsteppen C-Asiens von Turkmenien bis W-China, O-Iran. S-Abhang des Himalaya. Körperbau plumper und gedrungener als *F. silvestris*, Beine relativ kurz, Schwanz buschig. Grundfarbe gelblich-grau. Langhaarig mit Andeutung eines Backenbartes, Kennzeichnend ist der breite, rundliche und sehr kurzschnauzige Schädel. Ohren kurz und relativ tief angesetzt. Querstreifung am Rücken verwaschen, sehr variabel. Schwanz geringelt mit schwarzer Spitze. Lebensraum: deckungsarmes Gelände, Steppe. Fortpflanzung: keine Daten bekannt.

Abb. 447. Verbreitung altweltlicher Kleinkatzen. 1. *Felis margarita*, Sandkatze, 2. *Felis nigripes*, Schwarzfußkatze, 3. *Felis bieti*.

Felis margarita, Sandkatze. Die dieser Formengruppe zuzuordnenden Formen stellen den extremen Anpassungstyp der Felinae an das Leben in Wüsten dar, etwa analog den Feneks unter den Canidae. Ursprünglich wurde *F. margarita* aus der Sahara (LOCHE 1858) beschrieben. Der Nachweis von Wüstenkatzen in Transkaspien (OGNEW 1927) führte zur Benennung einer neuen Art, *Felis thinobia* (Sicheldünenkatze) (Abb. 426). In der Folgezeit wurde *F. margarita* auch östlich (Sinai, Israel, Arabien) nachgewiesen und eine weitere Form aus dem Grenzgebiet zwischen Afghanistan und Pakistan entdeckt. Nach den Untersuchungen von HEMMER, GRUBB & GROVES (1973, 1974, 1976) bilden die Wüstenkatzen eine Groß-Art mit 4 geographischen Subspecies: 1. *F. m. margarita* Sahara bis N-Arabien (Abb. 447). 2. *F. m. harrisoni* S-Arabien, Oman. 3. *F. m. thinobia* Transkaspien, Wüste Kysylkum und Karakum. 4. *F. m. scheffeli* Pakistan, Nuschki-Wüste. Die Fundorte umfassen also das ganze Areal des Wüstengürtels von W-Sahara bis Transkaspien und Pakistan. Sichere Nachweise fehlen derzeit nur aus dem Iran. Die subspezifischen Unterschiede betreffen Körpergröße und Fellfärbung (*F. m. thinobia* etwas größer als *F. m. m.*). KRL. (*F. m. margarita*): 40–50 cm, SchwL.: 23–30 cm, KGew.: 1,5–2 kg. Kleiner und gedrungener als Falbkatzen. Ohren breit und tief angesetzt. Sehr große aufgeblähte Bullae tympaniace. Sohlen mit langen, dunklen Haaren bedeckt. Färbung hell sandfarben, Unterseite weiß. Streifen am Rumpf, Ringelung der Beine und des Schwanzes sehr variabel, verwaschen und undeutlich, Jungtiere dunkler. Lebensraum: Wüste. Nachtaktiv. Ruheplatz in selbst gegrabenen Erdhöhlen, oft unter einem Busch. Tragzeit: 63 d. Wurfgröße: 2–4.

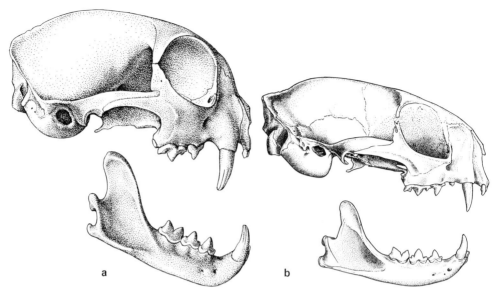

Abb. 448. a) *Otocolobus (Felis) manul*, ad. ♂, b) *Felis bengalensis* (Sumatra). Schädel in Seitenansicht.

Felis (Pardofelis) marmorata, Marmorkatze. KRL.: 45—60 cm, SchwL.: 35—55 cm, KGew.: ca. 5 kg. Verbreitung: S-Hänge des Himalaya von Nepal bis Assam, Hinterindien, Sumatra, Borneo. Kennzeichnend 2—3 Reihen großer, eckiger Rumpfflecken mit hellem Kern, ähnlich wie Nebelparder, dem sie in Lebensraum und Lebensweise ähnelt, aber von dem sie in Schädel- und Gebißmerkmalen abweicht. Klettert sehr gut, rein arboricol. Jagt auch in schwächerem Geäst, das dem Nebelparder nicht mehr zugänglich ist, sonst kaum bekannt.

Goldkatzen, Subgen. *Profelis*, sind mittelgroße, vorwiegend terrestrische, silvicole Katzen von schlankem, eleganten Körperbau. Freileben kaum bekannt. 2(3) Arten.

Felis (Profelis) aurata, Afrikanische Goldkatze, KRL.: 70—95 cm, SchwL.: 30—35 cm, KGew.: ca. 5 kg. Verbreitung von Gambia bis Zaire und W-Kenya, Guinea- und Kongowald, fehlt in Nigeria. 2 Farbphasen, rotbraun und grau. Oberseite meist uniform, Kehle Wangen, Ventralseite weißlich mit Flecken.

Felis (Profelis) temmincki, asiatische Goldkatze. Nepal bis SW-China, Burma bis Malaysia, Sumatra. Im Tibet Subspec. *tristis*. Etwas größer (KRL.: bis 100 cm) als *F. aurata*. Fellfärbung rotbraun bis dunkelbraun. Weißer Wangenstreifen und Voraugenfleck. Wurfgröße 1—2, angeblich in Baumhöhlen. Als *Felis badia* wurde eine Zwergform der Goldkatze von Borneo beschrieben. Meist als Subspec. von *F. temmincki* angesehen, neuerdings von LEYHAUSEN (1989) wegen einiger Schädelmerkmale zum Subgen. *Pardofelis* gestellt. Nur wenige Museumsstücke bekannt. Die Schädelbesonderheiten können wohl auch als allometrische Auswirkungen verstanden werden.

Felis caracal, Wüstenluchs, Karakal, wurde im älteren Schrifttum wegen des Vorkommens von Ohrbüscheln, der Kurzschwänzigkeit und relativen Hochbeinigkeit der Gattung *Lynx* zugeordnet. Von den Luchsen, Gen. *Lynx*, unterscheidet sich *Caracal* deutlich durch die schmale Schädelform, die schlanke Körpergestalt und das Fehlen eines Backenbartes. Der Lebensraum ist die Dornbuschsavanne, Halbwüste und steiniges Gelände. Ein Teil der Sondermerkmale dürften als Adaptationen an das Milieu zu deuten sein, doch scheint der Schädelbau auf nähere Beziehungen zu den Goldkatzen zu verweisen. KRL.: 65—90 cm, SchwL.: 22—33 cm. Verbreitung: Ganz Afrika bis zum Kap außer den Regenwaldgebieten, V-Asien bis NW-Indien, Turkestan. Fellfärbung zimtfarben bis braunrot, Ventralseite heller. Lange schwarze Ohrpinsel. Solitär. Nahrung: Wirbeltiere von der Größe einer Maus bis zu kleinen Antilopen. Tragzeit 69—70 d. Wurfgröße: 1—6 (meist 2—3).

Felis (Puma) concolor, Puma, Silberlöwe, Kuguar. Der Puma kann zwar die Größe eines Leoparden erreichen, muß aber wegen zahlreicher Synapomorphien (Zungenbein, Schädelform, senkrechte Papille, Lautäußerungen) den „Klein"-Katzen zugeordnet werden. 1 Art.

KRL.: 105—180 cm, SchwL.: 60—90 cm, KGew.: 70—130 kg. Verbreitung ursprünglich in ganz Amerika mit Ausnahme Alaskas und des N Kanadas. Heute in den USA in O und C weitgehend ausgerottet. Restpopulation in Florida. Kommt noch in den w. Staaten von British Columbia und S-Ontario südwärts vor, außerdem C- und S-Amerika bis S-Chile und S-Argentinien. Die Anpassungsbreite ist beträchtlich. Pumas bewohnen Lebensräume vom Tiefland bis zum Hochgebirge, von der Halbwüste bis zum Regenwald, darin dem Leoparden ähnlich. Heute meist auf wenig besiedelte Gebirge im W und SW beschränkt. Körperbau kräftig, Kopf klein und abgerundet. Hinterbeine etwas länger als Vorderbeine. Fell glatt, einfarbig rotbraun bis grau überflogen. Schwarze Fleckung am Mundwinkel, Unterseite weiß. Jungtiere gefleckt. Pumas aus dem N des Verbreitungsgebietes sind größer und zeigen Grautönung der Fellfärbung. Die schwächsten Pumas stammen aus Mittelamerika und sind einheitlich rotbraun. Pumas zeigen in Gestalt und Färbung große Ähnlichkeiten mit Goldkatzen und werden daher auch gelegentlich zu *Profelis* gestellt (LEYHAUSEN 1989). Die Hauptnahrung sind junge und altersschwache Hirsche. Daher bevorzugen sie bei der Habitatwahl Gegenden, in denen Hirschherden vorkommen. Daneben werden auch kleine und mittlere Säuger und Vögel erbeutet. Der Einfluß als Regulator der Hirschbestände ist ökologisch wichtig (Anwachsen der Hirschherden nach Ausrottung des Puma und dadurch Störung des Gleichgewichts durch Überweidung). Solitäre Lebensweise, Territorien bis 50 km². Markieren der Territorien durch Harnplätze. Charakteristische Lautäußerungen, Schnurren, nächtliches Heulen. Tragzeit 92−96 d. Wurfgröße 2−4 (max. 6). Pumas klettern gut und flüchten meist auf Bäume. Sie sind, entgegen der Meinung der Viehzüchter, wenig aggressiv und gehen dem Menschen lieber aus dem Wege.

Luchse (1 Gen., 4 Spec.) werden als gesonderte Gattung, *Lynx* (Abb. 443), geführt, weil sie eine sehr einheitliche geschlossene Gruppe bilden, obgleich die Abgrenzung gegen die Gattung *Felis* schwierig ist und auf einer Merkmalskombination beruht, deren Einzelkomponenten auch bei anderen Felinae vorkommen können. Kennzeichnend sind: Kurzschwänzig, deutliche Ohrpinsel, hochbeinig, Epihyale ossifiziert. Zahnformel $\frac{3\ 1\ 2\ 1}{3\ 1\ 2\ 1} = 28$, Reduktion von P^2 (wie Caracal und *Neofelis*). Mittelgroß, vorwiegend terrestrisch. Luchse haben einen Backenbart, der beiderseits unten in Spitzen ausläuft. Seine Haare können aufgerichtet werden (Mimik, zumal der kurze Schwanz nicht als Ausdrucksorgan wirken kann). Luchse sind Bewohner der temperiert-borealen Zonen. Nahrung: mittelgroße bis kleine Säugetiere und Vögel. Hauptbeute des eurasiatischen Luchses sind Rehe. Der Pardelluchs in Spanien jagt bevorzugt Kaninchen. Beute wird häufig von Ästen herab angesprungen, aber meist nicht über längere Strecken verfolgt. Pranken auffallend breit (Anpassung an verschneites Terrain).

Luchse lassen sich fossil bis ins Pliozaen zurückverfolgen († *Lynx brevirostris*) in Eurasien und N-Amerika. Tragzeit: 65−70 d, Wurfgröße: 2−4. Wurfplatz unter Baumwurzeln oder in Erdhöhle.

Lynx lynx, Eurasiatischer Luchs, Nordluchs (Abb. 443). KRL.: 80−110 cm, SchwL.: 15−25 cm, KGew.: 15−35(40) kg. Verbreitung in Eurasien ursprünglich in allen größeren Waldgebieten, vorwiegend in Montanwäldern. In Europa weitgehend ausgerottet, Restbestände Karpaten, Balkan, Skandinavien. In Asien in der Taiga bis N-China. Grundfärbung gelbgrau mit dunklen Flecken, bes. bei Tieren aus den Karpaten. Weitgehend reduziert bei n. Herkunft. Terminales Schwanzende schwarz.

Versuche zur Wiederansiedlung in den schweizer und österreichischen Alpen und in den Vogesen sind im Gange. Im Bayerischen Wald sind sie fehlgeschlagen.

In N-Amerika wird der Luchs durch *L. canadensis* vertreten, der vielleicht als Subspecies des Nordluchses bewertet werden sollte. Verbreitung: Kanada bis Alaska.

Lynx pardina, Pardelluchs, in C-Spanien (Coto Doñana). KRL.: 70−100 cm, SchwL.: 12−15 cm, KGew.: bis 18 kg. Deutlich kleiner als Nord-Luchs, hochbeinig, Grundfärbung kräftiges, ocker− rotbraun und immer mit dichtstehenden kleinen, dunklen Flecken. Nur die äußerste Schwanzspitze trägt einen schwarzen Fleck.*)

Im Pleistozaen kamen *L. lynx* und *L. pardina* sympatrisch in Spanien, Frankreich und Italien vor (KURTEN 1967). Bastardierung ist nicht bekannt. Die Anpassung an verschiedene Beuteobjekte dürfte das Zusammenleben ermöglicht haben.

Auch in Amerika kommt eine zweite, kleinere Luchsart vor, *Lynx rufus*, Rotluchs, Bobcat. KRL.: 60−90 cm, SchwL.: 12−15 cm, KGew.: 5−18 kg. Ohrpinsel kurz, Schwanz mit schwarzem Endfleck. Verbreitung s. an *L. canadensis* anschließend, an einigen Stellen überlappen sich die Areale. S- bis Nieder-Kalifornien und Florida. Im O vielfach ausgerottet.

---

*) Nordluchse aus den Karpaten und vom Balkan können in Farbintensität und Fleckung dem Pardelluchs äußerlich sehr ähnlich werden.

Felis (Leptailurus) serval, Serval, Servalkatze (Abb. 443). Afrika s. der Sahara außer W- und O-afrikanischen Regenwaldzonen. Früher auch in S-Marokko und Algerien. Fehlt heute auch im s. Kapland. Von der Größe des Karakals (KRL.: 65–90 cm, SchwL.: 25–30 cm, KGew.: 6–15 kg). Gestalt sehr schlank, hochbeinig. Widerristhöhe ca. 50 cm. Kopf relativ klein, Ohren sehr groß und breit angesetzt, stoßen in der Mitte aneinander, enden spitz. Fellfärbung sehr variabel, Grundfarbe hell-ocker bis gelbbraun, Ventralseite weiß. Vom Hinterhaupt zum Nacken 4 schwarze Längsstreifen. Rumpfseiten mit schräg verlaufenden Reihen von Flecken, die sehr variabel sein können. Eine sehr kleinfleckige Individualvariante wurde irrtümlich als eigene Art beschrieben. Trotz der Länge der Gliedmaßen, die durch Verlängerung des Metatarsus zustande kommen – bei *Acinonyx* sind die Zeugopodien (Unterarm, -schenkel) verlängert –, ist der Serval kein Kurzstreckenläufer. Er bewegt sich und jagt nach Art der anderen Kleinkatzen. Lebensraum: Busch- und Grasland, in der Nähe von Wasserläufen. Wüsten werden gemieden. Solitär, Territorialgröße bis 10 km². Nahrung: Kleinsäuger bis Hasengröße, Bodenvögel. Tragzeit 74 d, Wurfgröße 1–4(5).

Die systematische Stellung des Servals ist unklar. Nähere Beziehungen werden angenommen zu *F. chaus* (Schädelform).

Die Radiation der kleinen Felinae in S-Amerika. Die kleinen Felinae S-Amerikas sind Abkömmlinge von pleistozaenen Einwanderern aus N-Amerika. Sie haben hier eine beträchtliche Radiation erfahren, bewahrten aber Grundbau- und Anpassungstyp soweit, daß sie der monophyletischen Gattung *Felis* zugeordnet werden können. Abweichungen gegenüber den altweltlichen Formen bestehen insofern, als sie mit einer Ausnahme (Yaguarundi) nur $2n = 36$ (statt 38; s. S. 771) Chromosomen haben.

Felis (Leopardus) tigrina, Tigerkatze, Ozelotkatze. KRL.: 40–55 cm, SchwL.: 25–40 cm, KGew.: 1,5–3 kg. Verbreitung von Costa Rica bis Paraguay und N-Argentinien (außer den Hochanden). *F. tigrina* ähnelt außerordentlich der Bengalkatze (Unterschiede Gesichtszeichnung, Schwanz bei *F. t.* gebändert, nie gefleckt). Bodenbewohner, klettert aber auch gut. Ernährt sich von Kleintieren, vor allem von Vögeln. Sie wird oft als Ursprungstyp der südamerikanischen Radiation angesehen.

Felis (Leopardus) pardalis, Ozelot. KRL.: 70–100 cm, SchwL.: 30–45 cm, KGew.: 11–15 kg. Verbreitung von Arizona, Texas (ausgestorben?), Mexiko, O-Brasilien bis Paraguay, N-Argentinien, Peru. Der Ozelot ist weniger an den Wald gebunden, als *F. tigrina* und bewohnt auch Gras- und Buschland (Cran Chaco). Vorwiegend bodenbewohnend. Paarweise, territorial. Nahrung Kleintiere bis zur Größe junger Pekaris. Fellfärbung braungelb bis hellgelb. Breite Längsbänder an Nacken und Schultern. Rumpfseiten mit 4–5 schräg verlaufenden Fleckenreihen, Schwanz mit Querringen. Die Art ist durch Pelzjagd stark gefährdet.

Felis (Leopardus) wiedi, Baumozelot, Margay. KRL.: 50–80 cm, SchwL.: 35–50 cm, KGew.: 3–9 kg. Verbreitung: S-Texas, Mexiko, Brasilien, bis N-Argentinien, Uruguay. Etwas größer als *F. tigrina*, langschwänzig. Sehr große Augen. Zeichnungsmuster dem des Ozelots sehr ähnlich. Nahezu rein arboricol, kommt selten auf den Boden. Hauptnahrung: Vögel, Eidechsen. Sehr gewandter Kletterer. Klettert als einzige Katze abwärts mit dem Kopf voran, wie Eichhörnchen. Kletterfähigkeit wird begünstigt durch den extrem weiten Bewegungsspielraum (Ad- und Abductionsfähigkeit 180° von Hand und Fuß). Fingerstrahlen sehr beweglich. Erwähnt seien zwei weitere Katzen aus der „Leopardus-Gruppe", deren Vorkommen sich südlich an das der besprochenen Arten anschließt. *Felis (Leopardus) geoffroyi*, lebt in Gras- und Buschlandschaften in den Vorbergen der Anden von Bolivien und S-Argentinien bis Patagonien. *Felis (Leopardus) guigna*, Chilenische Waldkatze in S-Chile, ist die kleinste Felinenart in S-Amerika.

Felis (Lynchailurus) pajeros (colocolo), Pampaskatze. Verbreitung von Ecuador bis Patagonien in den Hochsteppen der Anden und in den Pampas des Tieflandes ö. der Anden. Körperbau ähnlich *Felis silvestris*, etwas kurzbeiniger. Fellfärbung silbergrau mit rötlichbraunen Flecken und Rosetten, lange Deckhaare, vor allem am Rücken. Lebensweise kaum bekannt.

Felis (Oreailurus) jacobita, Bergkatze, Andenkatze, „Colocolo". Hoch-Anden von Peru bis N-Chile. Schädel (H. J. KUHN 1973) in Einzelmerkmalen deutlich von dem anderer Kleinkatzen unterschieden (flaches Schädeldach, großer tympanaler, kleiner entotympanaler Anteil des Bodens der Bulla, breite Interorbitalregion, breite Nasalia, lange Schnauze). Die Andenkatze ist selten, nur wenige Museumsstücke sind bekannt. Sie soll vor allem den Chinchillas nachstellen.

Felis (Herpailurus) yagouaroundi, Wieselkatze, Jaguarundi. Verbreitung von Texas und Arizona bis S-Brasilien, Peru. KRL.: 55–75 cm, SchwL.: 35–60 cm, KGew.: 4,5–9 kg. Größer als Hauskatze, schlank. Hinterbeine beträchtlich länger als Vorderbeine. Ohren klein und abgerundet. Schädel schlank, mit rückwärts gerichteten Postorbitalfortsätzen des Frontale. Fellfärbung einfarbig, ohne Flecken, rotbraun bis grauschwarz. Beide Farbphasen kommen im gleichen Gebiet, vielleicht im gleichen Wurf vor. Lebensraum Buschland und Wald, oft in der Nähe von Wasserläufen, solitär. Nahrung: Kleinsäuger, Vögel, Hausgeflügel, Frösche. Die Gestalt erinnert an die der Schleichkatzen oder Marder und zeigt den Adaptationstyp als Buschschlüpfer. Karyologie: $2n = 38$, also abweichend von den S-amerikanischen Kleinkatzen ($2n = 36$), mit denen sie aber in Gestalt und Bau der Chromosomen im übrigen übereinstimmt.

Wirtschaftliche Bedeutung und Artenschutz der Felidae. Fast alle Felidenarten sind einer erbarmungslosen Verfolgung ausgesetzt. Vor allem die Großkatzen wurden und werden als vermeintliche Menschenfresser und Viehräuber verfolgt oder sind Objekte der Trophäenjagd (Tiger, Leopard). Durch den Pelzhandel sind vor allem die „gefleckten Katzen" (Leopard, Irbis, Ozelot, Luchs) unter Druck geraten. Die Situation hat sich in letzter Zeit durch Einführung strenger Schutzbestimmungen in den meisten Ländern gebessert. Hierzu hat sich ein durch Aufklärungsaktionen der Naturschützer eingetretener Wandel in der Mode positiv ausgewirkt. Allerdings läßt vielfach die Kontrolle der Einfuhr in einigen Ländern noch zu wünschen übrig. Der Schmuggel von Leopardenfellen über offene, innerafrikanische Grenzen fördert nach wie vor den Export. Hervorzuheben sind die Erfolge der Einrichtung von Schutzgebieten für den Bengal-Tiger in Indien, die bereits zu einer merklichen Erhöhung des Bestandes geführt haben. Auch die Bestrebungen zum Schutze des Luchses in den Karpaten und die Versuche zu seiner Wiederansiedlung in C-Europa sind hier zu nennen.

Liste der rezenten Fissipedia Europas
(e: eingeführt, nicht autochthon)

Mustelidae:	*Martes foina,* Steinmarder
	Martes martes, Edelmarder
	Martes zibellina, Zobel
	Mustela erminea, Hermelin
	Mustela nivalis, Mauswiesel
	Mustela lutreola, europäischer Nerz
	Mustela vison, amerikanischer Nerz (e)
	Mustela putorius, Iltis
	Mustela eversmanni, Steppeniltis
	Vormela peregusna, Tigeriltis
	Gulo gulo, Vielfraß
	Meles taxus, Dachs
	Lutra lutra, Fischotter
Ursidae:	*Ursus arctos,* Braunbär
	Ursus maritimus, Eisbär
Procyonidae:	*Procyon lotor,* Waschbär (e)
Canidae:	*Canis lupus,* Wolf
	Canis aureus, Goldschakal
	Alopex lagopus, Eisfuchs
	Vulpes vulpes, Rotfuchs
	Nyctereutes procyonoides, Marderhund (e)
Viverridae:	*Genetta genetta,* Ginsterkatze
Herpestidae:	*Herpestes ichneumon,* Ichneumon
Felidae:	*Felis silvestris,* Wildkatze
	Lynx lynx, eurasiatischer Luchs
	Lynx pardina, Pardelluchs

Subordo Pinnipedia (Flossenfüßler, Robben)

Die Pinnipedia sind Abkömmlinge terrestrischer, arktoider Fissipedia (s. S. 750), die zu mariner Lebensweise übergegangen sind. Einige Arten haben, meist in der Folge der Eiszeitalter, verschiedene große Binnengewässer besiedelt (Kaspisches Meer, Ladogasee, Baikalsee, Seal Lakes Canada). Unter den rezenten Pinnipedia sind 3 Familien, 20 Genera mit etwa 30 Arten zu unterscheiden (Abb. 449).

An Körpergröße übertreffen sie im Durchschnitt die Fissipedia. Als kleinste Art gilt der Kaspische Seehund (*Phoca caspica*), KRL.: 1,25 m, KGew.: 60 kg. Die größten, rezenten Vertreter finden sich unter den alten ♂♂ des südlichen See-Elefanten (*Mirounga leonina*), die eine KRL. von 4,5 m und ein KGew. bis 4000 kg erreichen können (♀♀ sind 50–60% kleiner).

Die erhebliche Körpergröße ist eine Anpassung an das Leben im Meer (Schutz vor Auskühlung, Auftrieb). Aquatile Adaptationen finden sich an allen Systemen. Hier sei die spindelförmige Körpergestalt mit Reduktion fast aller Anhänge erwähnt. Ohrmuscheln fehlen oder sind sehr klein. Ein Scrotum fehlt, der Penis wird in eine Hauttasche zurückgezogen. Die Gliedmaßen sind zu Paddeln umgewandelt, der Schwanz fehlt oder ist sehr kurz. Eine Anpassung an das Wasserleben ist weiterhin deutlich am Bau des Auges und des Integumentes zu erkennen (s. S. 851). Der Riechsinn ist, im Vergleich zu den Fissipedia, reduziert; aber die Flossenfüßler sind keineswegs mikrosmatisch oder gar anosmatisch wie Wale. Atmungs- und Kreislauforgane entsprechen den Anforderungen beim Tauchen. Hochspezialisiert ist das Gebiß. Die Nahrung besteht in der Regel aus Fischen u. a. Meerestieren, teilweise aus Plankton. Dementsprechend ist das Gebiß auf Greiffunktion (homodonte spitze Kegelzähne) spezialisiert. Die Kaufunktion tritt ganz zurück, die Brechschere fehlt. Ihre Reduktion läßt sich fossil nachweisen

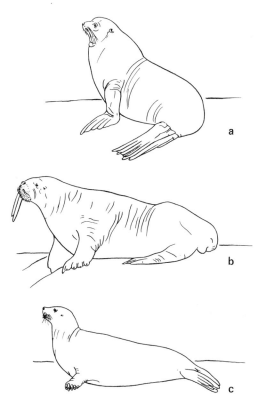

Abb. 449. Pinnipedia. a) Ohrenrobbe, *Zalophus californianus* (Otariidae), b) Walroß, *Odobenus rosmarus* (Odobenidae), c) Sattelrobbe, *Pagophilus groenlandicus* (Phocidae).

(† *Enaliarctos,* Miozaen). Walrosse (*Odobenus*) sind Muschel- und Crustaceen-Fresser und besitzen Pflasterzähne im postcaninen Bereich.

Die Anpassung der Pinnipedia an den marinen Lebensraum ist zwar recht perfekt, wird aber von Seekühen und Walen, die das Wasser nie verlassen, übertroffen. Der fast totale Verlust des Haarkleides, Rückbildung des Riechorgans und des Atmungsmechanismus sowie viele andere charakteristische Merkmale machen es den Sirenia und Cetacea unmöglich, das Wasser zu verlassen. Hingegen können Pinnipedia an Land oder aufs Eis gehen; sie verbringen hier vor allem die Fortpflanzungsperiode, gebären an Land und bleiben auch da während der Frühphase der Jungenaufzucht. Allerdings verlassen sie zu dieser Zeit nie die Nähe der Küste.

Lokomotion. Bei allen Pinnipedia sind die Gliedmaßen zu flossenartigen Paddeln umgebildet, zeigen aber bei den drei Familien kennzeichnende Unterschiede. Die beiden proximalen Abschnitte, Stylo- und Zeugopodium sind erheblich verkürzt und liegen weitgehend in der Rumpfwand. Bei Otariidae und Obodenidae liegen Ellenbogen- und Kniegelenk gerade noch frei. Die Hinterbeine können bei diesen beiden Familien noch unter den Rumpf gebracht und mit den Enden nach vorne gerichtet werden (Abb. 449), doch ist die Fortbewegung auf dem Lande erheblich abgeändert, da der Rumpf nicht mehr tetrapod aufgerichtet werden kann, somit der Bauch dem Boden anliegt und bei der Fortbewegung diesen Kontakt beibehält. Pinnipedia laufen auf dem Lande nicht, sondern „robben". Bei den Phocidae können die Hinterbeine nicht mehr unter den Rumpf gebracht werden. Sie sind beiderseits des kurzen Stummelschwanzes nach hinten gerichtet (Abb. 449) und um ihre Längsachse gedreht.

Hand und Fuß sind nicht verkürzt. Die Autopodien sind fünffingrig, die Finger durch Schwimmhäute verbunden. Diese können, besonders bei Otariidae, die Fingerspitzen überragen. Eine meist knorplige ventrale Fortsetzung der Endphalange stützt diese Randzone der Flosse (Abb. 451).

Finger und Zehen können gespreizt werden. Ohrenrobben können die verlängerten Endglieder der drei Mittelzehen nach dorsal biegen und als Putzorgan benutzen. In der Hand ist der erste Fingerstrahl verstärkt und verlängert, im Fuß der I. und V. Strahl, besonders bei *Mirounga* (Abb. 450, 451). Krallenartige Nägel sind an den Vorderflossen von Phociden ausgebildet. Am Fuß sind diese bereits schwach entwickelt. Bei *Odobenus* sind die Nägel an Hand und Fuß weitgehend reduziert. Bei Otariidae sind flache Nägel nur an den drei Mittelzehen des Fußes ausgebildet, an der Hand und den beiden Randstrahlen des Fußes meist ganz verschwunden.

Scaphoid, Lunatum und Centrale im Carpus verschmelzen miteinander. Ulnare und die vier distalen Carpalia bleiben frei. Eine Clavicula fehlt. Der praeacetabulare Teil des Beckens (Ilium) ist stark verkürzt, entsprechend der Reduktion der iliofemoralen Muskulatur. Der craniale Beckenrand ist bei Phociden als Angriffsfläche für den schräg verlaufenden M. ileocostalis (Seitwärtswenden des Rumpfes) nach lateral ausgebogen.

Abb. 450. *Mirounga leonina,* Südlicher See-Elefant (Neonatus). Linke Hinterflosse von dorsal. Nach STARCK 1979.

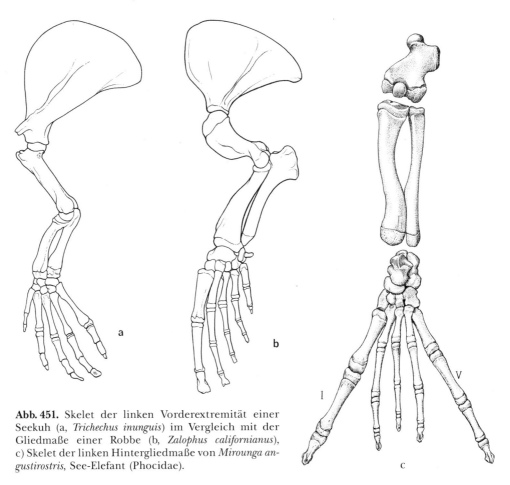

Abb. 451. Skelet der linken Vorderextremität einer Seekuh (a, *Trichechus inunguis*) im Vergleich mit der Gliedmaße einer Robbe (b, *Zalophus californianus*), c) Skelet der linken Hintergliedmaße von *Mirounga angustirostris*, See-Elefant (Phocidae).

Otariidae sind vorwiegend Armschwimmer. Bei Phocidae sind die Hinterflossen wichtigstes Antriebsorgan. Rumpfbewegungen spielen bei der Fortbewegung eine wesentliche Rolle. Die außerordentliche Beweglichkeit der Wirbelsäule läßt Seitwärtsbewegungen und Biegungen in der Horizontalebene zu, im Gegensatz zu den Cetacea, deren Rumpfkrümmungen sich vorwiegend auf die Sagittalebene beschränken.

Die Vorderflosse dient bei Otariidae 1. als Antriebspaddel, 2. als Tiefensteuer. 3. als Steuer beim Drehen um die Längsachse und 4. als Steuer bei scharfer Seitenwendung.

Die Wirkung als Tiefensteuer hängt vom Anstellwinkel der Flosse ab. Hebung des Vorderrandes der Flosse (Supination) bewirkt Aufsteigen, Senkung (Pronation) bewirkt Abtauchen. Drehung um die Längsachse kommt durch gegensinnige Verkantung beider Flossen zustande. Im Vergleich zu Phocidae sind bei Otariidae daher die Pro- und Supinationsmuskeln verstärkt. In Anpassung an die Steuerfunktion ist der Vorderrand der Hand durch Einlagerung eines gekammerten Bindegewebs-Fett-Körpers verdickt (GAMBARIAN & KARAPETJAN 1961). Bei der Vortriebsfunktion der Flosse sind zwei Phasen zu unterscheiden, Vorbringephase und Arbeitsphase. Beim Vorbringen wird der hintere, untere Winkel der Scapula nach abwärts gezogen (M. serratus vent. pars thoracalis) und dadurch der laterale Scapulawinkel mit dem Schultergelenk nach vorn gebracht und der Arm im Schultergelenk gestreckt (M. supraspinatus und M. clavitrapezius). Das Ellenbogengelenk wird gleichzeitig gebeugt, die Hand gestreckt. Schließlich wird im Ellenbogengelenk proniert. Die Arbeitsphase beginnt mit einer Streckung der Flosse, die in horizontale und darauf in vertikale Lage gebracht und gespreizt wird. Die Hauptarbeit beim Vortrieb leisten die Mm. pectoralis und subscapularis. Die bei Otariidae zu beobachtenden Besonderheiten im Bau der Flosse und ihrer Muskulatur finden sich in prinzipiell gleicher, wenn auch stark abgeschwächter Form bei Phocidae. Seehunde benutzen die Armflossen beim Scharren und bei der Vorwärtsbewegung an Land. Bei den Phocidae arbeiten die Hinterflossen in horizontaler Richtung. Die Auswärtsdrehung des Fußes wird von den Mm. fibulares, die Rückschlagphase von den Flexoren des Kniegelenks bewirkt (GAMBARIAN & KARAPETJAN 1961).

Integument. Das Haarkleid der Pinnipedia zeigt eine Reihe von Besonderheiten gegenüber dem der terrestrischen Säugetiere. In der Regel sind die Haare in Büscheln, die aus einer Öffnung in der Epidermis herausragen, gebündelt (Abb. 452). Jedes Büschel besteht aus 1 (2) rostralen Haupthaaren (Leithaar, Granne) und einer artlich wechselnden Anzahl von Nebenhaaren (Wollhaaren). Das Leithaar ist kräftig und lang, im Querschnitt abgeplattet und bildet die Außenlage des Pelzes. Die Nebenhaare, bei Haarrobben (*Phoca*) 4–5, bei Pelzrobben (*Arctocephalus, Callorhinus*) bis 60, bilden die Unterwolle. Das einzelne Wollhaar ist dünn und hat einen runden Querschnitt. Mm. arrectores pilorum fehlen. Jedem Haarbüschel sind holokrine Talgdrüsen und tubulöse a-Drüsen zugeordnet. In jedem Haarbüschel hat jedes einzelne Haar einen separaten Follikel und eine eigene Wurzelscheide. In Höhe der Talgdrüsenmündung vereinigen sich die Wurzelscheiden zum gemeinsamen Haarkanal, der zur Oberfläche führt. Das Leithaar wurzelt tief im Stratum fibrosum der Dermis. Die Oberfläche der Epidermis ist nur schwach verhornt.

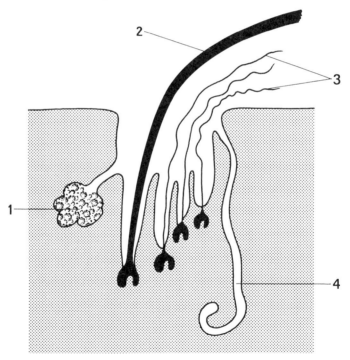

Abb. 452. Haarbüschel einer Pelzrobbe, schematisch (im Anschluß an SCHLIEMANN 1987). 1. Talgdrüse, 2. Deckhaar, 3. Wollhaare, 4. a-Drüse.

Haarwechsel. Das fetale Haarkleid besteht nur aus Wollhaaren, ist weich und weiß und wird in der Regel um den Geburtszeitpunkt gegen das Jugendkleid ausgewechselt. Bei *Phoca vitulina* erfolgt dieser erste Haarwechsel kurz vor oder während der Geburt oder in den ersten postnatalen Lebenstagen. Bei der Sattelrobbe (*Pagophilus groenlandicus*) ist dieser Haarwechsel erst nach 3—4 Wochen abgeschlossen. Dieses Lanugohaarkleid ist nur während der ersten 8 d haarfest. Jungtiere im Wollhaar können nicht ins Wasser gehen. Sie folgen der Mutter erst nach Abschluß des Wechsels.

Klappmützen (*Cystophora cristata*) werden bereits mit dem Juvenilpelz geboren. Ob Lanugohaare überhaupt ausgebildet oder ob sie sehr früh abgestoßen werden, ist unbekannt. Das Juvenilfell weicht in der Färbung (dorsal blaugrau, ventral hell) sehr vom Adultkleid ab („Blaumänner").

Der jährliche Haarwechsel erfolgt gewöhnlich zur Zeit des Landaufenthaltes im Sommer. Ihm geht eine Verhornung der obersten Epidermisschicht voraus. Diese Hornschicht wird in großen Fetzen abgestoßen, in denen die Haare verankert bleiben (*Mirounga*). Angaben über eine völlige Abstoßung des Haarkleides im Winter bei *Odobenus* beruhen auf Irrtum. Walrosse sind zu keiner Zeit völlig nackt. Der Haarwechsel erfolgt im V—VI. Die neuen Haare sind blaßrötlich (E. Mohr 1952).

Robben besitzen Sinushaare supraorbital, vor allem aber als Schnauzbart an der Oberlippe. Die Schnauzborsten sind die längsten und dicksten Borsten bei Säugetieren. Sie können die Dicke eines Federkiels erreichen; Länge bei *Callorhinus* über 25 cm. Ihre Anzahl beträgt bei *Phoca vitulina* 200, bei *Odobenus* 800—1000. Ihr Querschnitt ist stets oval. Einige Phocidae haben Bartborsten mit gewellter Oberfläche. Funktionell dienen die Borsten als Tastorgan (N. V_2) und vielleicht als Ausdrucksorgan. Sie können durch den M. maxillolabialis bewegt werden. Eine Funktion bei der Nahrungsaufnahme (Zusammenfegen, Siebfunktion) kommt ihnen sicher nicht zu. Borsten werden gewechselt, doch stets einzeln, nie alle gleichzeitig und auch nicht jährlich. Die a-Drüsen zeigen während der Fortpflanzungsperiode eine verstärkte Aktivität. Komplexe Hautdrüsenorgane fehlen den Robben.

Schädel. Der Schädel der Pinnipedia (Abb. 454—457) zeigt, ungeachtet zahlreicher familien- und gattungsspezifischer Besonderheiten, eine Reihe ordnungsspezifischer Merkmale, entsprechend den Anpassungen an das aquatile Leben, den hohen Encephalisationsgrad und die Ernährung. Der Schädel der Pinnipedia weist gegenüber dem der Fissipedia folgende Besonderheiten auf: Die Verlagerung der Augen nach dorsal (s. S. 124) geht mit einer erheblichen Verschmälerung der Interorbitalregion einher. Die Foramina optica können verschmelzen. Postorbitalfortsätze kommen nur bei Otariidae vor. Der orbitale Anteil der Orbitotemporalgrube ist groß. Der Facialteil des Schädels ist mäßig verkürzt. Die Nase liegt praecerebral, die Schädelbasis ist orthocran.

Entsprechend der breiten, rundlichen Form des Gehirns ist die Hirnkapsel der Robben breit und abgerundet. Unregelmäßige Fenestrierungen kommen oft in der Schädelbasis vor. Das Schädeldach ist glatt, Cristabildungen kommen nur bei sehr alten ♂♂ von *Otaria byronia*, *Callorhinus* und *Arctocephalus* vor. Das Os lacrimale soll nach verbreiteter Meinung fehlen, ist aber bei *Callorhinus ursinus* nachgewiesen und scheint bei den meisten Formen mit dem Maxillare verschmolzen zu sein. An Schädeln juveniler *Phoca* und *Eumetopias* werden meist zusätzliche Knochen zwischen Supraoccipitale, Exoccipitale und Parietale gefunden. Sie wurden häufig als „Tabularia" bezeichnet und mit den gleichnamigen Elementen der Theromorpha homologisiert. Ihre Ontogenese ist bisher nicht bekannt.*)

Unter den Eutheria sind derartige Skeletelemente nur bei Chrysochloridae bekannt (Broom 1927, Roux 1947). Sie entstehen als zusätzliche Ersatzknochen im Tectum posterius und können daher nicht mit den Tabularia, die reine Deckknochen sind, homologi-

---

*) Bisher sind von 2 Arten (*Mirounga leonina*, Glge. 130 mm Kuhn & Neiss, 1957) und von *Leptonychotes wedelli* KRL. 27 mm Fawcett 1918), embryonale Cranien bearbeitet worden. Da beide Stadien sehr jung sind, können viele Fragen zur Craniogenese, besonders zur Osteogenese, noch nicht beantwortet werden. Untersuchungen an weiteren Arten und an älteren Embryonen wären dringend erwünscht.

siert werden. Sie sind akzessorische Supraoccipitalia, die als Neubildungen gedeutet werden sollten (WINGE 1923, 1924, STARCK 1967). Ihr Vorkommen bei Pinnipedia steht offenbar im Zusammenhang mit der erheblichen Breitenausdehnung der Occipitalregion.

Bei *Mirounga* verläuft der N. VII endocranial zunächst in einer offenen Rinne (Abb. 457b), Sulcus facialis, zwischen Pars cochlearis und Pars vestibularis der Ohrkapsel. Die superfaciale Commissur fehlt am Chondrocranium. Der Sulcus bleibt auch beim Erwachsenen offen (KUMMER & NEISS 1957).

Die Bulla tympanica bei Otariidae und Odobenidae ist relativ klein und flach, bei Phocidae gebläht. Ihr Boden wird vom Os tympanicum und wahrscheinlich von einem Entotympanicum gebildet und ähnelt der Bulla der Ursidae. Bemerkenswert ist, daß bei vielen Pinnipedia im Bereich der Schädelbasis und in der Seitenwand, besonders dort, wo Maxillare, Frontale, Orbitosphenoid und Palatinum aneinanderstoßen, membranös verschlossene Fenster im Knochen auftreten, die eine gewisse individuelle Variabilität aufweisen. Sie sind bei *Eumetopias* besonders groß (E. MOHR 1952). Pneumatisierte Nebenhöhlen fehlen den Pinnipedia.

Rumpfskelet (Extremitäten s. S. 849f.). Die Wirbelzahl beträgt: Cl 7, Thl 14(15), Ll 5(6), Sl 3, Cdl 10 — 12 (KING 1964). Bei den Otariidae sind die Proc. transversi und spinales an der Halswirbelsäule lang und kräftig, denn die große Beweglichkeit der Hals-Nackenregion erfordert eine mächtige Muskulatur zwischen Kopf- und Vorderrumpf (Dorsalflexion des Vorderkörpers gegen den Rumpf bis zu 90°). Seehunde, deren Lokomotionsart vorwiegend seitliche Biegungen des Rumpfes neben Biegungen in der Sagittalebene erfordert, besitzen sehr dicke Intervertebralscheiben und kurze Dornfortsätze.

Von den 15 Rippen erreichen 10 das Sternum. Der Querdurchmesser des Thorax übertrifft den Sagittaldurchmesser. Das Sternum ist lang und schmal (8 Sternebrae) und besitzt ein langgestrecktes Manubrium, das sich vor die Trachea legt.

Bei den Pinnipedia gewinnt der **Rumpfhautmuskel (Panniculus carnosus)** als Bauelement einer muskulär-sehnigen Hüllkonstruktion eine wesentliche Bedeutung als Anpassung an das Leben im Wasser (HOWELL 1930, ZEIGER 1931). Dieser Muskel ist nach Herkunft mit dem Hautmuskel terrestrischer Säugetiere identisch (aus dem Pectoralisgebiet, Nn. thoracales ventr. und im Nacken aus dem Platysma, N. VII), hat aber seine Funktion als „Haut"-Muskel weitgehend aufgegeben. Er bildet eine eigene, cylinderförmige Hülle aus vorwiegend schräg von dorsal-caudal nach cranial-ventral verlaufenden Muskelfasern, in die dorsal, lumbal und ventral, teilweise auch seitlich, Sehnen eingeschaltet sind.

Die kollagenen Strukturen in dieser Hülle zeigen, besonders in der Bauchwand, gitterartige Geflechtsstrukturen. Durch die dicke Speckschicht ist der Panniculus carnosus gegenüber der Haut isoliert und bildet nunmehr ein aktiv verstellbares Verspannungssystem für die Rumpfwand, das die Gestalt des typischen Schwimmkörpers sichert und gegen Wirkungen wechselnden Wasserdruckes beim Tauchen und bei den Schwimmbewegungen versteift. Eine ähnliche Rumpfwandkonstruktion wurde bei Odontoceti nachgewiesen (ZEIGER 1931).

Gebiß. Das Vordergebiß (I, C) der Pinnipedia bildet, wie bei Fissipedia, ein Greifgebiß. Die postcaninen Zähne sind gleichförmige Kegelzähne mit einer Hauptspitze und bei einigen Genera je 2 Nebenspitzen (Ausnahme: *Odobenus*, s. S. 863, 866). Die Backenzähne dienen dem Festhalten der Beute (typisches Fischfresser-Gebiß).

Die Nahrung kann nicht gekaut werden. Diese **Homodontie** der Backenzähne ist sekundär entstanden (gelegentlich noch 2 Wurzeln bei einem Kegelzahn, Fossilfunde: P^4 noch schneidend bei † *Enaliarctos*, s. S. 849). Das Kiefergelenk ist ein Ginglymus, die Kaumuskulatur ist schwach.

Bei der Mehrzahl der Robben wird das Milchgebiß bereits in der intrauterinen Lebensphase völlig resorbiert und ist spätestens zum Zeitpunkt der Geburt verschwunden. Die Zähne des permanenten Gebisses können zu diesem Zeitpunkt bereits mit ihren Spitzen die Schleimhaut durchbrochen haben. Das Dauergebiß ist am Ende der Saugphase (3–4 Wochen) funktionsfähig. Die spezielle Nahrung und die Art ihres Erwerbs wäre mit einem postnatalen Zahnwechsel kaum vereinbar. Die lange Tragzeit ist offenbar eine Voraussetzung für den praenatalen Zahnwechsel. Pinnipedia sind, wenigstens funktionell, bereits **monophyodont**.

Gebiß der Familien: Die Zahnformel der Otariidae lautet $\frac{3\ 1\ 4\ 2(1)}{2\ 1\ 4\ 1} = 36(34)$. Der I^3 ist bei Ohrenrobben caniniform (Abb. 454). Das Gebiß des Walrosses (*Odobenus*) weicht völlig von dem aller anderen Robben ab, da die C zu mächtigen Hauern auswachsen und die Postcanini blockförmige Pflasterzähne sind (Abb. 456).

Odobenus ist molluscophag und benutzt die Hauer zum Aufstöbern und Ablösen bodenlebender Muscheln, die zwischen den Backenzähnen festgehalten und ausgesaugt werden (FAY 1982), vor allem aber bei Rivalenkämpfen und als Imponierorgane. Zahnformel $\frac{1\ 1\ 3\ 0}{0\ 1\ 3\ 0} = 18$. Das vollständige Milchgebiß, $\frac{3\ 1\ 3}{3\ 1\ 3}$, wird noch angelegt. Die oberen C können eine Länge von 75 cm und ein Gewicht von 4 kg erreichen (MOHR 1952). Unter den Phocidae findet man die Zahnformel $\frac{3\ 1\ 4\ 1}{2\ 1\ 4\ 1}$ (*Phoca, Halichoerus, Erignathus*). *Monachus, Cystophora, Leptonychotes* und *Lobodon* besitzen nur 2 obere I. *Mirounga* hat 2 obere und 1 unteren I. *Lobodon carcinophagus* ist ein Planktonfresser (Krill). Die Nebenhöcker der Backenzähne sind vergrößert und vermehrt und bilden einen komplexen Filterapparat. Der Seeleopard, *Hydrurga leptonyx*, ernährt sich von großen Beutetieren (Robben, Pinguine). Sein postcanines Gebiß ist homodont. Die Postcanini sind relativ groß, ihre Höcker bilden scharfe Schneidekanten.

Centralnervensystem. Das Rückenmark der Pinnipedia besitzt eine deutliche Intumescentia cervicalis (Cl 5–9). Am Hirn ist die rundliche Form auffallend (DRÄSEKE 1900, FISH 1899, JELGERSMA 1934, KÜKENTHAL 1890). Das Telencephalon ist sehr stark gyrifiziert und verdeckt von rostral her Kleinhirn und Hirnstamm vollständig. Der Windungsreichtum ist bei Phocidae größer als bei Otariidae. Das Grundmuster der Furchen ist dem der Fissipedia vergleichbar. Eine Fiss. lateralis Sylvii ist stets ausgebildet. Der Schläfenpol springt nur wenig vor. Im Vergleich zu Landraubtieren sind Bulbus und Tr. olfactorius reduziert, bei Phociden stärker als bei Ohrenrobben. Der N. VIII und der N. V_2 sind besonders dick. Am Kleinhirn sind die neencephalen Anteile (Hemisphaeren) besonders groß.

Quantitative Daten liegen für die meisten Arten nur von Einzelindividuen vor. Da Mittelwerte fehlen, können hier nur einige Individualwerte beispielhaft genannt werden.

Tab. 50. Beziehung zwischen Körpergröße und Hirngewicht innerhalb der Pinnipedia. Nach MOHR 1952

	durchschnittliches KGew. [kg]	Hirngewicht [g]
Phoca vitulina	30	205
Halichoerus gryphus	80	274
Odobenus rosmarus (juv.)	125	882
Otaria byronia ♀	125	405
Otaria byronia ♂	250	455
Arctocephalus pusillus (♀, 9 mon)	KRL.: 880 mm	274 (eigener Befund)
Mirounga leonina ♀ (ad.)		700

Sinnesorgane. Riechorgan. Die Nase der Pinnipedia ist keineswegs soweit um- und rückgebildet wie bei Cetacea. Sie zeigt den gleichen Aufbau wie bei arctoiden Fissipedia. Das Maxilloturbinale ist sehr groß und gefältelt. Es nimmt den größeren Teil der Nasenhöhle ein. Die Ethmoturbinalia (4, mit 5 endoturbinalen Wülsten) sind kurz. Ein Vomeronasalorgan fehlt. Der Ductus nasopalatinus ist zu einem Epithelstrang reduziert. Robben sind nicht mikrosmatisch, wenn auch ihr Riechvermögen erheblich eingeschränkt ist. Der Riechsinn spielt, zumindest bei den sozialen Otariidae, eine Rolle im Sexualverhalten (Aktivität der Duftdrüsen) und vor allem bei der Identifizierung der Jungtiere. Robbenmütter erkennen ihre eigenen Kinder bei der Rückkehr aus dem Meer in großen Gruppen nur an dem Geruch und weisen fremde Säuglinge zurück. Erwachsene ♂♂ von *Mirounga* und *Cystophora* besitzen aufblähbare Nasensäcke, die unabhängig in beiden Gattungen entstanden sind (s. S. 867, 870).

Auge. Die großen Augen der Pinnipedia liegen dorsalwärts verlagert (s. S. 124, Abb. 78) und sind zum Sehen unter Wasser und an der Luft geeignet. Die Bulbusform ist fast kuglig. Die Cornea ist sehr flach, die Linse kugelförmig (Linsenindex: 1,1 bis 1,0). Die erweiterte Pupille ist rund. Sie muß sich beim Sehen in der Luft zu einem sehr schmalen, meist vertikalen Schlitz verengen. Tränendrüsen werden embryonal angelegt, bleiben aber im Wachstum zurück. Eine nasale Conjunctivaldrüse (Hardersche Drüse) ist gut entwickelt und liefert ein öliges Schutzsekret für die Hornhaut. Tränenkanälchen und Tränen-Nasengang fehlen bereits in der Anlage. Die Nickhaut ist recht ausgedehnt. Pinnipedia besitzen wie Fissipedia ein Tapetum lucidum cellulosum.

Ohr. Der Hörsinn spielt bei der Orientierung der Pinnipedia eine erhebliche Rolle. Orientierungsrufe von *Phoca* liegen bei 2–16 kHz. Eine Hauptorientierungskomponente soll bei 12 kHz liegen. Die obere Hörgrenze von *Phoca* liegt bei 60 kHz (FLEISCHER 1973).

Am Innenohr (FLEISCHER 1973) ist die Basalwindung der Cochlea wie bei vielen Fissipedia gegenüber den übrigen Windungen verdreht. Eine Lamina spiralis secundaria ist nur in der Basalwindung ausgebildet. Am Mittelohr sind folgende Befunde bemerkenswert: Die Gehörknöchelchen sind auffallend massiv. Das For. intercurale des Stapes wird durch die dicken Crura sehr stark verengt. Das Goniale ist sehr schwach. Bei *Phoca* kommt ein sekundäres Gelenk zwischen Malleus und Incus vor. Das Trommelfell der Pinnipedia ist, relativ zur Größe der Gehörknöchelchen und des Mittelohrraumes, erstaunlich klein.

Das äußere Ohr der Pinnipedia ist weitgehend reduziert. Eine Ohrmuschel von wenigen cm Länge kommt den Otariidae (Ohrenrobben) zu. Bei Obodenidae und Phocidae fehlt sie, doch sind gelegentlich Rudimente bei Phociden (bes. *Halichoerus*) beobachtet worden. Die äußere Ohröffnung von *Phoca* hat einen Durchmesser von ca. 10 mm. An sie schließt ein äußerer Gehörgang von einigen cm Länge an, der einzelne Knorpelspangen in seiner Wand enthält. Die Ohröffnung kann durch Muskulatur (N. VII, umgewandelte äußere Ohrmuskeln) verschlossen werden.

Ernährung, Darmkanal. Pinnipedia ernähren sich ausschließlich von tierischer Nahrung (s. S. 853, Gebiß). Die meisten Arten leben von Fischen, z. T. auch von Cephalopoden. Walrosse sind spezialisiert auf Mollusken (Muscheln) und Crustaceen, nehmen aber auch gelegentlich Fische oder Fleisch von Robben als Zusatznahrung. *Lobodon carcinophagus*, der Krabbenfresser, nährt sich ausschließlich von Garnelen („Krill"). Der Seeleopard, *Hydrurga leptonyx*, erbeutet neben Fischen kleinere Robben und Pinguine.

Der Magen aller Pinnipedia ist einfach, länglich sackförmig mit Umbiegung der Pars pylorica nach rechts (Magenvolumen von *Phoca* 7 l, MOHR 1952). Außerordentlich kennzeichnend ist für alle Pinnipedia die beträchtliche Länge des Darmes, die das 15 bis 20fache der Körperlänge betragen kann und damit erheblich über den Maßen terrestrischer Fleischfresser liegt. Davon entfallen 90–95% auf den Dünndarm.

Tab. 51. Darmlänge einiger Pinnipedia. Nach MOHR 1952

	Dünndarm gestreckt, [m]	Dickdarm [m]	Klge. [m]
Phoca vitulina	19,8	0,8	1,28
Crystophora cristata	19,4	0,32	0,95
Zalophus californica	19,5	1,0	1,2
Odobenus rosmarus	25,7	3,4	2,32

Der Übergang vom Dünn- in den Dickdarm ist durch ein sehr kurzes Caecum (2 – 3 cm) gekennzeichnet.

Atmung, Respirationsorgane. Rein aquatile, tieftauchende Säugetiere müssen Anpassungen im Bereich ihrer Respirationsorgane besitzen, die ihnen derartige Leistungen ermöglichen. Diesen liegen bei verschiedenen Ordnungen oft völlig differente Konstruktionen zugrunde, so etwa beim Vergleich zwischen Pinnipedia, Cetacea und Sirenia. Der Bau des Kehlkopfes ist ein eindrucksvolles Beispiel. Der **Larynx** hat die Aufgabe, die tiefen Atemwege beim Tauchen gegen Eindringen von Wasser zu sichern, den Schluckakt unter Wasser zu ermöglichen und er dient als Organ der Lauterzeugung. Bei den Walen ist der Larynx eng an die Nasengänge angeschlossen, er liegt stets intranasal, retrovelar. Bei Pinnipedia (und Sirenia) bleibt der Aditus laryngis stets unter dem Gaumensegel, er liegt antevelar im Niveau der ventralen Rachenwand. Für den Bau des Larynx der Pinnipedia sind, unbeschadet mancher familienspezifischer Besonderheiten, folgende Strukturmerkmale kennzeichnend (R. SCHNEIDER 1962, 1963): Der Eingang in den Larynx ist ein sehr enger, schmaler Schlitz. Die Epiglottis bildet bei *Otaria*, *Zalophus* und *Mirounga* einen kleinen, dicken Höcker oder Wulst vor dem Aditus, den sie nicht überdecken kann. Nur bei *Phoca*, *Halichoerus* und *Cystophora* bildet sie einen kurzen, dreieckigen Kehldeckel. Am Larynxskelet ist zu vermerken, daß die Laminae des Thyroidknorpel meist sehr schmal sind und nur durch eine kleine Knorpelbrücke miteinander verbunden werden. Das Cricoid ist sehr groß und bildet eine lange Knorpelröhre. Die Arytaenoidknorpel bilden einen dicken Arytaenoidwulst seitlich des Larynxeinganges. Der Proc. vocalis ist plump und in cranio-caudaler Richtung verlängert. Am Cavum laryngis fehlen Taschenbänder (Plicae ventriculares) und Recc. larynges. Nur bei *Otaria byronia* konnten kleine, paarige Kehlsäcke, die sich zwischen Thyroid und Zungenbein aus dem Cavum laryngis sup. vorstülpen, nachgewiesen werden. Dieses ist außerordentlich klein und zwischen Epiglottis, Arytaenoidwülsten und Plicae vocales eingeengt. Hingegen bildet das Cavum laryngis inf. einen glattwandigen Kanal von beträchtlicher Länge. Die Stimmfalten (Plicae vocales) sind plumpe, dicke Wülste, die bei den meisten Arten schräg von dorsocaudal nach ventrocranial verlaufen (Winkel zwischen Plica vocalis und Längsachse des Lumens artlich wechselnd: *Zalophus* 17,5°, *Halichoerus* 33,5°, *Mirounga* 56,6°, *Phoca vitulina* 76°, *Otaria* 117°; SCHNEIDER, R.). Die Rima glottidis ist, wegen der Dicke der Plicae vocales, relativ hoch, ihre Pars membranacea meist sehr kurz. Die Stimmfalte enthält im wesentlichen kollagenes Bindegewebe und wenig Muskelfasern. Schwingungen dürften kaum möglich sein, entsprechend sind bei Robben keine differenzierten und artikulierten Lautäußerungen möglich.

Die Plicae vocales bei Robben dienen offenbar einer zusätzlichen Sicherung des Verschlusses des Kehlkopfes beim Tieftauchen. Damit im Einklang steht die Ausbildung des M. thyreoarytaenoideus, der mit dem M. interarytaenoideus kontinuierlich zusammenhängen kann, als circulärer Schließmuskel.

Die Ausbildung eines derartigen Verschlußmechanismus des Kehlkopfes, dessen Lage ventral an der Pharynxwand und die Umformung des Kehldeckels zu einem flachen Wulst, ermöglichen das Gleiten und Schlingen der nicht zerkauten Beuteobjekte beim Tauchen.

Die Trachealknorpel bilden bei *Otaria, Zalophus* und *Mirounga* hinten offene Spangen, während bei Phocidae gewöhnlich geschlossene Knorpelringe vorkommen.

In Anpassung an die Thoraxform ist die cranio-caudale Ausdehnung der Lunge erheblich kürzer im ventralen Bereich als dorsal. Die Verdrängung der Lungen von der vorderen Thoraxwand durch das breite Herz ist weniger extrem als bei Walen. Die Lappung der Lunge ist reduziert. Meist sind beiderseits zwei Lappen unterscheidbar, deren Trennfurche nur wenig tief in das Lungengewebe einschneidet. Spuren eines dritten Lappens (rechter Mittellappen) weisen darauf hin, daß die vereinfachte Lungenform von einem Zustand abzuleiten ist, wie er sich bei terrestrischen Säugern findet. Ein Lobus infracardiacus fehlt fast stets. Die Bronchien sind kurz und treten weit cranial in die Lunge ein. Die Bronchiolen besitzen bis weit in die Peripherie hinein reichlich unregelmäßige Knorpelstücke in der Wand. Zahlreiche sphincterartige Muskelfasern in den Bronchien verhindern beim Tauchen das Entweichen der Restluft aus den Alveolen und damit deren vollständigen Kollaps.

Biologie des Tauchens. Die Nasenlöcher liegen terminal auf der Schnauze und sind vorwärts–aufwärts gerichtet. Bei *Cystophora* sind sie durch die Haube nach abwärts gedrängt. Sie sind durch die Elastizität ihrer Ränder unter Wasser geschlossen und werden bei der Atmung aktiv durch die Mm. nasolabialis und nasomaxillolabialis geöffnet.

Zuverlässige Angaben über die erreichte **Tauchtiefe** liegen erst aus neuerer Zeit vor. Dabei hat sich gezeigt, daß die erreichten Tiefen besonders bei jenen Arten, die sich monatelang im Meer aufhalten, erheblich tiefer liegen, als bisher angenommen. LEBOEUF (1986, 1988, 1989) befestigte an der Körperoberfläche von *Mirounga* Spezialsonden, die die erreichte Tauchtiefe und die Tauchzeit über einen gewissen Zeitraum anzeigten. Die Untersuchungen wurden mit säugenden ♀♀, die außerordentlich ortstreu sind und stets zu ihren Jungen zurückkehren, ausgeführt. Dabei wurden regelmäßig Tauchtiefen von 650 m (max. 1000–1300 m) festgestellt. Die Tiefe von 650 m wurde nach 17 min durch senkrechtes Abtauchen erreicht. Nach der Rückkehr blieb die *Mirounga* nur 3 min an der Oberfläche und tauchte dann sofort wieder auf etwa 600 m ab. See-Elefanten verbringen während der Monate des Meeresaufenthaltes etwa 85–90% der Zeit tauchend (stündlich 2–3 Tauchgänge von durchschnittlich 19 min Dauer, täglich etwa 64 Tauchgänge!). Die Tauchdauer soll bis zu 1 Stunde dauern können. Tauchrekorde bei anderen Pinnipedia: *Leptonychotes wedelli* 660 m, *Halichoerus grypus* 100 m und *Phoca groenlandica* 280 m. Die physiologischen Vorgänge beim Tauchen sind für Pinnipedia noch unzureichender bekannt als bei Cetacea. Es ergibt sich die Frage, wie die ungeheure Druckbelastung (bis 125 000 kPa) und der rasche Druckwechsel durchgehalten werden können und wie die O_2-Versorgung gesichert bleibt. Die tiefen Atemwege werden beim Tauchen fest geschlossen (Larynx, Sphincteren an den Bronchiolen). Die in Bronchien und Lungen verbleibende Restluft ist nötig, um sofort beim Auftauchen die Alveolen wieder entfalten zu können. Übrigens kann bei auf dem Lande ruhenden Robben individuell ein Wechsel in der Atemfrequenz mit Aussetzen der Atmung bis zu 10 min beobachtet werden. Herzfrequenz und Stoffwechselaktivität sind beim Tauchen erheblich herabgesetzt (von 150 Herzschlägen auf 10 pro min reduziert). Die Blutzufuhr zu den Organen, mit Ausnahme der Kopforgane, wird stark gedrosselt.

Die Blutmenge ist bei Pinnipedia gegenüber Landsäugern erheblich vermehrt. Sie kann 12–13% des KGew. betragen, ist also etwa doppelt so hoch wie bei Landsäugern. Bei *Leptonychotes* verschiedenen Alters wurden Blutmengen von 23 bis 47 l festgestellt (ANDERSON nach MOHR 1952; zum Vergleich: *Homo* 5 l Blut bei 75 kg KGew.). Der Haematocrit-Wert ist hoch. Myoglobin spielt bei der O_2-Reserve eine Rolle, wenn auch nicht in dem Ausmaß wie bei Cetacea. Anaerobe Vorgänge beim Tauchen wurden nicht festgestellt (Lactatwerte sind nicht erhöht).

Kreislauforgane. Das Herz der Phocidae ist relativ breit, die Kontur fast viereckig, es liegt zwischen 1. und 6. Rippe der vorderen Brustwand an. Die Herzform der Otariidae gleicht derjenigen der meisten Landwirbeltiere. Das HerzGew. beträgt bei ausgewachsenen *Phoca vitulina* ca. 350 g. Die Herzfrequenz ruhender Robben an Land schwankt zwischen 50 und 120 pro min (bei Juvenilen liegt sie relativ hoch). Eine Reihe von Besonderheiten, die mit der Fähigkeit zum Tieftauchen in Verbindung zu bringen sind, zeigt das Venensystem. Die Vv. jugulares int. sind beim Seehund rückgebildet (KING 1964). Die Ableitung des Blutes aus dem Gehirn erfolgt über paarige, extradurale Venen, die zwischen Dura und Periost im Wirbelkanal liegen und über die Intercostalvenen mit den Vv. thoracales longitudinales und über diese mit dem System der V. cava caud. verbunden werden. Die untere Hohlvene ist von der Höhe der Nieren caudalwärts paarig. Die Lebervenen bilden dicht unter dem Zwerchfell einen großen Blutsinus (Fassungsvermögen ca. 1 l, *Phoca*). Dicht über dem Zwerchfell findet sich in der Wand der V. cava caud. ein mächtiger Sphincter, der den Rückfluß aus dem Reservoir des Lebervenensinus drosseln kann. Bei *Zalophus* sind Fasern aus dem Zwerchfell an der Bildung des Ringmuskels beteiligt.

Exkretionsorgane. Pinnipedia besitzen gelappte Nieren. Die Zahl der Renculi beträgt bei Phocidae ca. 150. Jeder Renculus bildet eine Einheit mit separater Gefäßversorgung und Ausmündung der Sammelrohre in eine Calix. Im feineren Bau bestehen Unterschiede zwischen den verschiedenen Familien. Bei Otariidae ist das Bindegewebe auf die äußere Kapsel beschränkt und verliert sich zwischen den Renculi nach der Tiefe zu, sodaß benachbarte Renculi ineinander übergehen können. Bei *Phoca vitulina*, den antarktischen Phocidae und *Mirounga* sind interlobuläre Bindegewebssepten im Inneren des Organs stärker ausgebildet, sodaß es dem der Cetacea ähnelt. Die Länge der Niere betrug bei einer ausgewachsenen *Mirounga* 34 cm. Der Ureter verläßt die Niere nahe dem unteren Pol. Die starke Lappung der Niere bei marinen Säugern wird mit der Notwendigkeit der Rückresorption von Wasser in Beziehung gebracht (BLESSING 1969, 1970). Unklarheit besteht darüber, ob Robben trinken oder ob sie ihren Wasserbedarf aus der Nahrung decken. Unter Freilandbedingungen wurde nie beobachtet, daß Pinnipedia Wasser aufnehmen. Hingegen ist gelegentlich Trinken von Süßwasser und auch von Meerwasser in Gefangenschaft festgestellt worden (KING 1964).

Biologie der Fortpflanzung. Geschlechtsorgane. Die Hoden liegen stets extraabdominal, unter der Haut, bei Phocidae dicht vor der äußeren Öffnung des Leistenkanals bzw. caudalwärts bis dicht an den Anus verlagert bei Otariidae und Obodenidae. Eine periodische Rückverlagerung kommt, wegen der Enge des Leistenkanals, nie vor.

Ein echtes Scrotum kommt nie zur Ausbildung, doch ist die Haut, dort wo die Testes diese unterlagern, bei Otariidae haarlos, stärker pigmentiert und gerunzelt. Der Penis liegt in einer Hauttasche, die Praeputialöffnung findet sich in der Mitte zwischen Nabel und Anus. Die Glans penis ist sehr lang und enthält ein stabförmiges Baculum (max. *Odobenus, Mirounga* ca. 60 cm). Die Urethralöffnung liegt unter dem knopfförmigen Vorderende des Baculum. Die akzessorischen Geschlechtsdrüsen sind gering ausgebildet, Gl. vesiculares und bulbourethrales sollen fehlen, die Prostata ist klein.

Das Ovar liegt in einer peritonealen Bursa ovarica, die mit breitem Schlitz in die Bauchhöhle mündet. Der Uterus der Robben ist zweihörnig (Uterus bicornis) mit sehr kurzem, unpaaren Corpus. Die weibliche Geschlechtsöffnung liegt dicht vor dem Anus. Ein kleines Os clitoridis (evt. nur knorplig) ist stets vorhanden.

Viele Robben (*Phoca vitulina* u. a., HARRISON 1969) ovulieren jahresweise alternierend (re. und li. Ovar). Als Ursache wird das sehr langsame Wachstum der Follikel vermutet. Die Paarung erfolgt bei den pazifischen, polygamen Otariidae an Land, im Wasser bei *Phoca vitulina* und *Ph. groenlandica*. Gelegentlich kommen bei *Phoca* auch Paarungen an Land vor. Für die meisten Pinnipedia fehlen Beobachtungen (z. B. *Odobenus*).

Die nördlichen Pelzrobben (*Callorhinus*) sind hochgradig polygam (Harem von bis zu 100 ♀♀). Die Fortpflanzungsareale sind sehr klein. Sie liegen vorwiegend auf den Pribiloff-Inseln und einigen weiteren Plätzen im Norden des Pazifik. Die ♂♂ überwintern im Norden, vor allem bei den Aleuten. Die ♀♀ wandern im X/XI nach Süden ab und überwintern an der kalifornischen Küste, etwa bis zur Höhe von San Diego. Ab V finden sich die ♂♂ an den Pribiloff-Inseln ein. Die ♀♀ folgen erst im VI. Während der Fortpflanzungszeit nehmen die ♂♂ für 1−2 mon keine Nahrung zu sich. Die ♀♀ jagen zur gleichen Zeit im Meer. Die Begattung erfolgt wenige Tage nach der Geburt. Die Tragzeit der Pinnipedia beträgt zwischen 10 und 12 Monate, einschließlich einer Keimruhe (verzögerte Implantation) von 2−4 mon. Die Geburt erfolgt bei Pinnipedia, soweit bekannt, in Steißlage wie bei Walen.

Frühe Ontogenese und Placentation. Soweit bekannt, erfolgt die erste Anheftung des Keimes circumferentiell, die Einnistung ist superficiell. Der Trophoblast ist nicht invasiv. Trophoblastische Riesenzellen fehlen. Amnionbildung erfolgt durch Faltung. Die Allantois ist sehr ausgedehnt. Pinnipedia haben eine Placenta zonaria, die an der mesometrialen Seite unterbrochen ist. Ihre Struktur ist endotheliochorial. Haemotrophe Einrichtungen kommen stets als Randhaematom und bei Otariidae auch als kleine Centralhaematome vor. Die Befunde über den Modus der Ontogenese sind bei allen drei Familien nahezu identisch und zeigen weitgehende Ähnlichkeiten mit denen an Fissipedia, ein wichtiges Argument für die Herkunft der Subordo und für die Monophylie der Pinnipedia.

Milch der Pinnipedia, Laktation. Robben werden in einem vorgeschrittenen Reifezustand (altricial) geboren. Die Geburt erfolgt stets an Land.

Tab. 52. Beziehung zwischen Geburtsgewicht und Körpergewicht bei Pinnipedia

	Geburtsgewicht [kg]	KGew. des adulten ♀ [kg]
Zalophus californicus	6	bis 100
Arctocephalus pusillus	6	100
Odobenus	50−60	bis 1 250
Phoca vitulina	10	45−80
Halichoerus grypus	15	bis 150
Mirounga	30−40	900

Die Robbenmilch ist außerordentlich fettreich und dickflüssig (Fett: 35−50%, Protein: 7−13%, Laktose: 0,0−2%, Wasser 35−47%).

Die Laktation dauert beim Seehund meist 3−4 Wochen. In dieser Zeit wird das GeburtsGew. vervierfacht. Bei den meisten Phocidae wird ähnliche Dauer festgestellt. Höhere Zahlen werden für einige Otariidae angegeben (*Eumetopias, Zalophus, Otaria* 8−12 mon, *Callorhinus* 4 mon). Die Saugperiode beim Walroß dauert 1 Jahr. Gesäugt wird auf dem Lande oder Schelfeis. Die Jungen werden unmittelbar nach der Laktationsperiode von der Mutter abgewiesen. Die neue Paarung findet sofort danach statt.

Parasiten. Zahlreiche Endoparasiten aus den Gruppen der Trematoden, Cestoden (*Diphyllobotrium* u.a.), Nematoden (*Anisakis* u.a.) und Acanthocephala wurden nachgewiesen. Viele von diesen sind nicht wirtsspezifisch. Auf eine Aufzählung soll hier verzichtet werden, da aus dem vorliegenden Material keine Schlüsse für Phylogenie und Taxonomie gezogen werden können. Die Kasuistik bis 1972 wurde in einer umfassenden check-list von DAILEY & BROWNELL jr. (1972) zusammengestellt. Robben werden häufig von einer Anopluren-Gattung, *Echinophtirius*, befallen. Die Robbenläuse sind von denen der Arctoidea verschieden. Die Uniformität der Anoplura bei allen Pinnipedia könnte auf Anpassungen an die marine Lebensweise der Wirtstiere zurückzuführen sein (Hafteinrichtungen), wird aber auch häufig als Hinweis auf die Einheit der Pinnipedia gedeutet. Robbenmilben (Acarina) kommen fast regelmäßig vor. Sie besiedeln die Nasenhöhle, dabei sind die Parasiten bei Otariidae und bei Phocidae gattungsmäßig jeweils verschieden. Bei Ohrenrobben findet sich *Orthohalarachne*, bei Phocidae *Halarachne*. Bei Odobenidae kommt eine eigene *Halarachne*-Art (*H. rosmari*) vor (MOHR 1952). Die Invasion der Acarina in die Nasenhöhle, also der Übergang eines Ectoparasiten zu einer Form von Endoparasitismus, ist eine Folge der Meeresanpassung der Wirte.

Herkunft und Stammesgeschichte der Pinnipedia (Abb. 453). Echte Pinnipedia sind fossil seit dem Miozaen bekannt. Der Ursprung der Subordo muß daher früher, mindestens im Oligozaen-Eozaen zu suchen sein. Im Alt-Miozaen Kaliforniens sind primitive Robben gefunden worden († *Enaliarctos*), die im Bau der Tympanalregion und in der Gebißdifferenzierung (beginnende Reduktion der Brechschere) eine Verbindung jungoligozaener Ursidae († *Cephalogale*) und Otariidae herstellen. Die Hypothese der Herkunft der Pinnipedia von Ursiden-Ahnen im n.-pazifischen Bereich ist daher gut begründet. Kontroverse Meinungen bestehen in Hinblick auf die Frage, ob die Pinnipedia mono- oder diphyletisch entstanden sind.

Unter den drei rezenten Familien stehen die Otariidae (Ohrenrobben, Pelzrobben) der Stammgruppe näher als die Phocidae (Hundsrobben, Seehunde). Seehunde sind bezüglich der Struktur und Lokomotionsart der Hinterflossen zweifellos höher spezia-

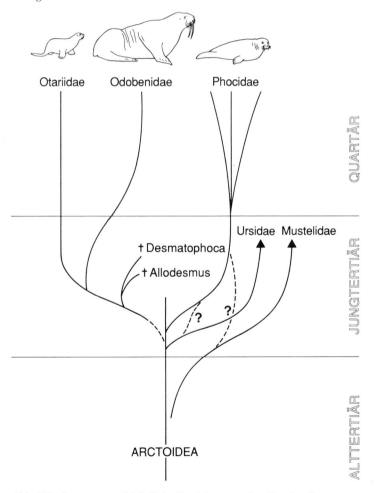

Abb. 453. Stammesgeschichtliche Beziehungen der Pinnipedia.

lisiert als die Ohrenrobben. Fossilfunde sind leider spärlich. Älteste Phocidenreste stammen aus dem Mittel-Miozaen der Atlantikküste Europas und N-Amerikas. Bereits MIVART (1885) vermutete nähere Beziehungen der Otariidae und Odobenidae zu Ursiden, stellte aber die Phocidae in nähere Verwandtschaft zu Mustelidae. Die Herkunft der Robben aus zwei, wenn auch relativ nahe verwandten Gruppen der Fissipedia wurde auch später wiederholt vertreten (HOWELL 1930, MCLAREN 1960, KING 1964, 1966). Serologische und immunbiologische Daten (SARICH 1969) deuten auf eine Abkunft der Pinnipedia von arktoiden Fissipedia hin. Die Trennung muß also nach der Aufspaltung in Arctoidea und Herpestoidea, also geologisch spät, erfolgt sein. Die Frage des diphyletischen Ursprungs kann aber damit noch keiner Klärung zugeführt werden. Die parasitologischen Daten (s. S. 859) bringen auch keine Klärung, denn die Anoplura zeigen eine weitgehende Gleichheit bei allen Pinnipedia, während die Acarina für eine frühe Trennung von Otariidae und Phocidae sprechen.

Die Mehrzahl der neueren Forscher (SIMPSON 1945, HOPKINS 1949, DAVIES 1958, SCHEFFER 1958, THENIUS 1960, 1979) hält eine monophyletische Herkunft aller Pinnipedia für wahrscheinlich (Abb. 453).

Außer Zweifel ist, daß die Pinnipedia Abkömmlinge arktoider Fissipedia sind und daß keine der rezenten Familien ancestral zu einer anderen ist. Die Annahme einer ursiden Herkunft bedeutet nicht eine Abstammung von echten Ursidae, denn die Bären sind eine phylogenetisch junge Gruppe (s. S. 755, 860), sondern meint eine Abstammung von frühen Formen, die der Stammgruppe der Ursidae sehr nahe standen († *Cephalogale*, Oligozaen).

Die Hypothese einer Herkunft der Phocidae von Mustelidae (Lutrinae) dürfte ganz unwahrscheinlich sein. Sie stützte sich auf die Entdeckung eines unvollständigen Skeletes des langschwänzigen Carnivoren aus dem Jung-Miozaen Kasachstans (ORLOV 1933), † *Semantor macrurus*. THENIUS (1949) hat den Nachweis erbracht, daß *Semantor* ein Otter ist. Ottern vertreten einen völlig anderen Anpassungstyp als Robben (langer Schwanz als Antriebsorgan beim Schwimmen). Außerdem ist der Fund viel zu jung, um als Ahnenform für Seehunde diskutabel zu sein.

Umstritten ist derzeit auch der Ort der Herkunft der Pinnipedia. Die Herkunft der Otariidae aus litoralen Arctoidea im N-Pazifik ist fossil am besten belegt. Aus dieser Stammgruppe dürften relativ früh Radiationen abzuleiten sein, die einerseits zu den † *Desmatophocidae* († *Desmatophoca*, † *Allodesmus*), andererseits zu den Odobenidae geführt haben. Frühe Odobenidae wanderten im Oligozaen, als noch offene Seeverbindung bestand, vom Pazifik zum Atlantik. Die frühen Odobenidae ähnelten in der Gebißdifferenzierung noch den Otariidae; die hoch spezialisierte Differenzierung des Gebisses moderner Walrosse läßt sich erst seit dem Pliozaen nachweisen. Älteste Phocidenreste († *Leptophoca*, Miozaen) stammen aus dem Küstenbereich des N-Atlantik. Unklar bleibt der Ort des Ursprunges der Hundsrobben. Zum Ende des Miozaens sind sie bereits im Pazifik und Atlantik verbreitet. Annahme von einer Herkunft aus dem Thetysmeer (N-Asien) gehen auf die irrige Annahme zurück, daß † *Semantor* als Ahnenform zu betrachten sei. Die Phocidae der Südmeere (*Lobodon, Leptonychotes, Hydrurga, Ommatophoca*) haben sich erst postmiozaen von der Nordgruppe abgespalten.

Karyologie. Die wenigen bekannten Daten über den Karyotyp (FAY 1967, KULU 1972) sind mit den bisherigen taxonomischen Überlegungen gut vereinbar. Der Karyotyp ist sehr einheitlich (*Phoca vitulina* und *hispida* 2n = 32. *Erignathus* und *Leptonychotes* 2n = 34). *Mirounga* (2n = 34) steht *Leptonychotes* und damit den Monachnae nahe, wie es auch aus morphologischen Befunden bestätigt wird (KING 1964). *Odobenus* hat, wie *Phoca*, 2n = 32, während alle untersuchten Otariidae (*Callorhinus, Eumetopias, Zalophus*) einheitlich 2n = 36 besitzen. In der Struktur der Einzelchromosomen soll aber *Odobenus* den Otariidae ähnlicher sein als den Phocidae.

Jagd, Bestände und Nutzung der Pinnipedia. Küstenbewohner, vor allem in subarktischen und gemäßigten Zonen, haben von alters her Jagd auf Robben vom Boot aus und auf dem Land oder Eis durchgeführt. Die erlegten Tiere wurden von den Eskimos vielseitig und vollständig genutzt. Felle und Häute dienten als Kleidung und zum Bau der Boote, das Fleisch zur Ernährung vor allem auch der Schlittenhunde, das Fett als Lampenöl. Für die Anpassung des Menschen an das Leben in arktischen Gebieten war die Robbenjagd mit der Harpune oder Keule, später mit Schußwaffen und gelegentlich mit Netzen, lebenswichtig. Heute werden etwa 20 000 Seehunde (*Ph. vitulina*) jährlich wegen der Felle gejagt.*) Die Bestände sind derzeit noch gesichert. *Phoca hispida* ist heute die häufigste Robbe. Der Bestand im Eismeer wird auf 6–7 Mio geschätzt (jährliche Ausbeute ca. 100 000). Im Kaspischen Meer: Bestand 500 000 (Jahresausbeute 60 000) im Baikalsee 50 000 (2 000–3 000). Mit Ausnahme der Population in der Ostsee sind die Bestände der Ringelrobben gesichert. Die Bartrobbe (*Erignathus*) ist heute kaum bedroht, hingegen findet noch immer Jahr für Jahr ein Massenschlachten an jungen Sattelrobben („White coats") vor der kanadischen Küste statt. Der Bestand der Klappmütze (*Cystophora*) wird noch auf 500 000 (?) geschätzt. Mehr als 40 000 junge Klappmützen („Blaumänner") werden jährlich getötet.

Alle Mönchsrobben (*Monachus*) sind stark gefährdet. Die karibische Art (*M. tropicalis*) gilt als ausgestorben. Die Bestände der mediterranen Art (*M. monachus*) und der Hawai-Art (*M. schauinslandi*) sind auf ein Minimum reduziert.

Walrosse (*Odobenus*) wurden bereits seit dem Mittelalter wegen des Elfenbeins bejagt. Heute ist die Jagd nur für Eingeborene der Polarländer gestattet. Außer den Zähnen wurde auch das Leder genutzt (früher zur Herstellung von Treibriemen und zum Polieren). Der Bestand der w-grönländischen und kanadischen Population wird auf 20 000 geschätzt. Der o-atlantische Bestand ist erheblich geringer.

Seelöwen (*Eumetopias jubatus* und *Otaria byronia*) wurden im 19. Jh. stark bejagt (Häute und Öl). Die Bestände sind heute stabilisiert. *Otaria* ist in Peru, Chile, Argentinien und Falkland-Inseln gesetzlich geschützt. Bestand 270 000.

Seebären, Pelzrobben (Gen. *Arctocephalus* und *Callorhinus*.) Die Jagd auf den S-afrikanischen Seebär ist gesetzlich geregelt. Bestand 850 000 Tiere (Abschuß im Sommer 2 000 Bullen, im Winter 60 000–90 000 Jungtiere). Der S-amerikanische *Arctocephalus australis* W-Küste bis Peru, O-Küste bis Rio de Janeiro, Falkland Islands. Bestand 300 000, davon 2/3 Uruguay. Abschuß nur in Uruguay gesetzlich geregelt (11 000–12 500 jährlich). Gefährdet waren die Seebären in Neuseeland (*A. forsteri*), Guadeloupe (*A. townsendi*), Juan Fernandez (*A. philippii*), Galapagos-Inseln (*A. galapagoensis*). Die Bestände dürften heute durch Schutzbestimmungen gesichert sein.

Nördlicher Seebär, die Pelzrobbe s. str., *Callorhinus ursinus*. Die einst sehr großen Bestände waren am Ende des 19. Jh. durch Massenschlachten stark beeinträchtigt. Um 1909 betrug der Bestand nur noch etwa 130 000 Tiere. Nach 5-jährigem Jagdverbot erholten sich die Bestände, so daß wieder eine begrenzte Entnahme von 20 000–30 000 ♂♂ (im Alter von 3–4 a) möglich wurde.

Die beiden Arten der See-Elefanten (*Mirounga leonina* und *M. angustirostris*), die früher stark bejagt wurden, sind heute völlig geschützt. Bestand mit etwa 500 000 stabil.

Übersicht über das System der rezenten Pinnipedia

Ordo Carnivora (s. S. 772)

		Anzahl der Genera (Species)
Subordo Pinnipedia		
Fam. 1.	Otariidae	7 (14)
	Subfam. Arctocephalinae	2 (9)
	Subfam. Otariinae	5 (5)
Fam. 2.	Odobenidae	1 (1)
Fam. 3.	Phocidae	11 (17)
	Subfam. Phocinae	5 (8)
	Subfam. Monachinae (incl. Cystophora)	5 (7)
	Subfam. Mirounginae	1 (2)

---

*) Zahlenangaben über Bestände und Jagdstatistik im folgenden vor allem nach E. MOHR (bis etwa 1930), neuere Daten bei GRZIMEK & SCHLIEMANN 1987.

Systematik und Verbreitung der rezenten Pinnipedia

Fam. 1. Otariidae, Ohrenrobben. Otariidae besitzen noch kleine Ohrmuscheln. Die hinteren Gliedmaßen können unter den Rumpf gebracht und mit dem Ende nach rostral gedreht werden. Sie können damit die Lokomotion auf dem Lande wesentlich erleichtern, denn der Rumpf kann etwas vom Boden abgehoben werden (Abb. 449). Die drei mittleren Zehen tragen kräftige Nägel und können noch, trotz der Schwimmhäute, bis zu einem gewissen Grad selbständig bewegt werden (Putzfunktion). Postorbitalfortsatz (Abb. 454) und Can. alisphenoideus vorhanden. Der I^3 caniniform (Abb. 454), im Unterkiefer zwei I. Postcanines Gebiß vollständig (s. S. 853 f.). Milchgebiß noch kurze Zeit nach der Geburt vorhanden. Reste des Scrotum in Gestalt eines haarlosen Feldes über den Testes nachweisbar. Im allgemeinen sehr erheblicher Größenunterschied zwischen beiden Geschlechtern.

Nach der Struktur des Haarkleides werden im Pelzhandel Haarrobben (*Eumetopias, Zalophus, Otaria*) und Pelzrobben (*Callorhinus, Arctocephalus*) unterschieden (s. S. 851).

Verbreitung: Pazifik, Küste S- und N-Amerikas bis N-Japan. Im Atlantik nur s. der La Plata-Mündung und Küste von S-Afrika. Inseln der S-Küste Australiens und Neuseelands. Otariidae fehlen in arktischen und antarktischen Gewässern und im ganzen N-Atlantik. Zur Fortpflanzungszeit Bildung großer Herden, die Bullen sammeln einen Harem um sich (etwa 3 mon an Land). Den Rest des Jahres verbringen die Ohrenrobben pelagisch und unternehmen weite Wanderungen.

Subfam. Arctocephalinae. *Callorhinus* (1 Art), *C. ursinus,* Nördlicher Seebär, nördliche Pelzrobbe. KRL.: ♂♂ 2,13 m, ♀♀ 1,40 m, KGew.: ♂ bis 270 kg, ♀ 50 kg. Hochgradig polygam, Harem bis zu 100 ♀♀. Während der pelagischen Phase wenig sozial. Fortpflanzungsareale sehr klein, vor allem auf den Pribiloff-Inseln. Die ♀♀ wandern nach Beendigung der Fortpflanzungszeit im X, XI südwärts bis etwa auf die Höhe von San Diego. Die ♂♂ überwintern bei den Aleuten und erscheinen im V auf den Pribiloff-Inseln. Die ♀♀ treffen dort erst im VI ein. ♂♂ fressen während des Landaufenthaltes für 1–2 mon nicht. Die ♀♀ hingegen jagen im Meer.

Arctocephalus, Südlicher Seebär. Es werden 6–8 Arten unterschieden. *A. pusillus,* Südafrikanischer Seebär. KRL.: ♂♂ 2,30 m, ♀♀ 1,80 m, KGew.: ♂♂ bis 300 kg, ♀♀ 100 kg. *A. australis,* Südamerikanischer Seebär. Weitere Arten (Subspecies?) von den Kerguelen, Galapagos, Juan Fernandez, Guadeloupe, Neuseeland und subantarktischen Inseln.

Die folgenden 4 Genera der Otariidae werden zur **Subfam. Otariinae,** Seelöwen, zusammengefaßt.

Otaria byronia, Südlicher Seelöwe, Mähnenrobbe. KRL.: ♂♂ 2,50 m, ♀♀ 2,00 m, KGew.: ♂♂ > 300 kg, ♀♀ 100 kg. Küsten von S-Amerika, s. von Peru bis Uruguay, Falkland-Inseln (Abb. 454).

Eumetopias jubatus, Stellerscher Seelöwe. KRL.: ♂♂ bis 3 m, ♀♀ 2 m, KGew.: bis 1000 kg, ♀♀ 300 kg. Im n. Pazifik, von Hokkaido bis S-Kalifornien.

Neophoca cinerea, Australischer Seelöwe. KRL.: ♂♂ 2 m, ♀♀ 1,50 m, KGew.: 100–200 kg. Küste W- und S-Australiens. *Phocarctos hookeri,* der Neuseeländische Seelöwe, wird heute meist zum Genus *Neophoca* gestellt. Subantarktische Inseln vor Neuseeland.

Zalophus californianus, Kalifornischer Seelöwe (Abb. 455). KRL.: ♂♂ 2,20 m, ♀♀ 1,50 m, KGew.: ♂♂ bis 300 kg, ♀♀ bis 100 kg. Vorkommen Küste von S-Kalifornien, Baja California, mexikanische Küste. Eine Subspecies auf den Galapagos-Inseln ist etwas kleiner als die kalifornische Form. Eine weitere Subspecies kam in japanischen Gewässern vor, gilt heute als ausgestorben. *Zalophus* ist wegen seiner Gewandtheit und Dressurfähigkeit ein beliebtes Circus- und Zootier. *Zalophus* ist territorial. Die kalifornischen Fortpflanzungsplätze werden ab VI von den ♂♂ aufgesucht und gegen Rivalen an den Grenzen verteidigt. Harem von 5–20 ♀♀.

Fam. 2. Odobenidae, Walrosse. Nur 1 Genus, 1 Species mit 2 Subspecies. Keine Ohrmuschel, höchstens kleine Hautfalte an Ohröffnung ohne Knorpeleinlagerung. Hinterbeine können, wie bei Ohrenrobben, unter den Rumpf gebracht werden und diesen an Land stützen. Die oberen C bilden bei beiden Geschlechtern lange Hauer bis 75 cm lang (Abb. 456, S. 866). Untere I fehlen. Zahnformel $\frac{1\ 1\ 3\ 0}{0\ 1\ 3\ 0}$ = 18. Postcanini sind Pflasterzähne (Molluscophagie). Postorbitalfortsätze fehlen. Can. alisphenoideus vorhanden. Baculum sehr lang (60 cm). Kein Scrotum. Polygam, Herdenbildung bis zu 2000 Individuen.

Odobenus rosmarus, Walroß (Abb. 456). KRL.: ♂♂ bis 4 m, ♀♀ bis 2,6 m, KGew.: ♂♂ bis 1200 kg, ♀♀ bis 600 kg. Die atlantische Subspec. ist etwas kleiner als die neuweltliche. Tragzeit 12 mon

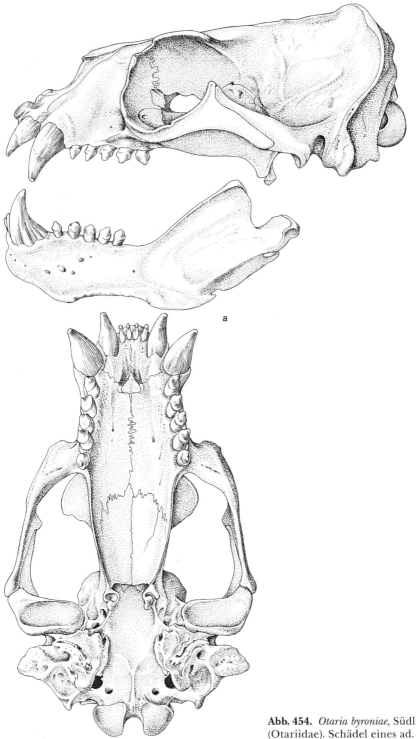

Abb. 454. *Otaria byroniae*, Südlicher Seelöwe (Otariidae). Schädel eines ad. ♂, a) Seiten-, b) Basalansicht.

Abb. 455. a, b) *Zalophus californianus*, Kalifornischer Seelöwe (Otariidae), c, d) *Phoca vitulina*, Seehund (Phocidae). Schädel in verschiedenen Ansichten.

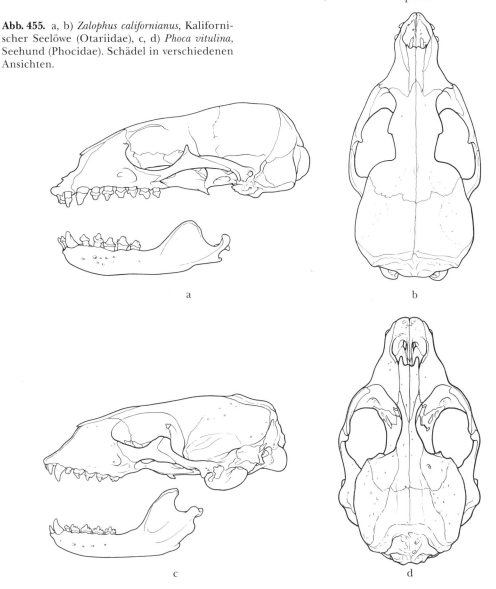

(3 mon Keimruhe ?). 1 Junges, GeburtsGew. 50–60 kg. Laktationsdauer 2 a. Lebensraum flache Küstengewässer (bis etwa 50 m Tiefe). Walrosse folgen den Verschiebungen des Packeises. Verbreitung: circumpolar n. des 58. Breitengrades. Die pazifische Subspec. (*O. r. divergens*) an der arktischen Küste Kanadas und Alaskas ist von der atlantischen Population (*O. r. rosmarus*) wohl nur unterartlich zu trennen. Irrgäste erreichen gelegentlich die japanische Küste und die Nordsee.

Fam. 3. Phocidae, Seehunde, Hundsrobben. 11 Genera, 17 Species, 3 Subfamilien: Phocinae (Seehunde i. e. S), Monachinae (Mönchsrobben), Mirounginae (See-Elefanten). Hintere Extremitäten rückwärts gestreckt, können nicht unter den Rumpf gebracht werden. Keine Ohrmuscheln. Zehennägel an allen 5 Strahlen gleichgroß. Kein Can. alisphenoideus. Postorbitalfortsätze sehr klein oder fehlend. Kein Scrotalfeld.

Subfam. Phocinae. *Phoca vitulina*, Gemeiner Seehund (Abb. 455). KRL.: ♂♂ 130–195 cm, ♀♀ 120–170 cm, KGew.: ♂♂ 100–200 kg, ♀♀ 50–80 kg. Verbreitung: N-Atlantik, Küsten von Island, Europa, Großbritannien, Ostsee. Grönland, Kanada (s. bis Virginia). Im N-Pazifik von Kalifornien,

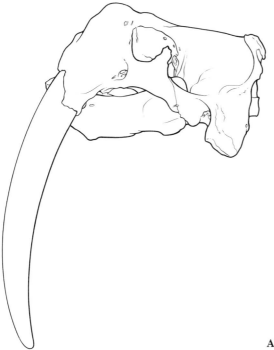

Abb. 456. *Odobenus rosmarus*, Walroß, ad. ♂, Schädel.

Mexiko bis Hokkaido. Bevorzugt Flachsee mit Sandbänken, oft Nähe von Flußmündungen (Invasion in Flußläufe häufig). Nur in eisfreien Gewässern. Ohne feste Sozialstruktur. Keine feste Bindung der Geschlechter. Bilden unregelmäßig zusammengesetzte Gruppen. Geburten im VI–VII (O-Atlantik). Haarwechsel bereits in Utero. Die Neonati folgen kurz nach der Geburt der Mutter ins Wasser. Meist 1(2) Junge. Es wird stets nur 1 Junges aufgezogen. Das 2. Jungtier wird von der Mutter fortgebissen (sog. „Heuler"). Tragzeit 11 mon mit 2 mon Keimruhe.

Phoca largha, Largha-Seehund. Ähnelt dem Gemeinen Seehund, ist meist etwas größer. N-Pazifik, Beringsee, Aleuten bis Japan. Im Gegensatz zu *Ph. vitulia* an das Packeis gebunden, Geburt auf dem Eis. Während der Fortpflanzungszeit bleiben beide Geschlechtspartner aneinander gebunden. Erster Haarwechsel erst postnatal.

Phoca (Pusa) hispida, Ringelrobbe. KRL.: 125 cm, KGew.: 65 kg. Sehr weites Verbreitungsgebiet, n. Eismeer, Beringsee, Ostsee. Ringelrobben sind in mehrere Süßwasserseen eingewandert und haben hier Unterarten entwickelt (Ladoga-See, Saimaa-See, Finnland). Die Ringelrobben des Baikalsees und des Kaspischen Meeres werden als selbständige Arten anerkannt (*Ph. sibirica, Ph. caspica*). Ringelrobben leben in Küstennähe und bevorzugen das Eis. Das weiße Embryonalkleid wird im Alter von 3–4 Wochen gewechselt.

Phoca (= *Pagophilus*) *groenlandicus*, Sattelrobbe. KRL.: bis 2 m, KGew.: bis 150 kg. N-Atlantik, Eismeer von O-Kanada bis zum Weißen Meer. Vorwiegend im offenen Meer. Ruheplätze auf dem Packeis. Im Sommer folgen sie dem zurückweichenden Eis nordwärts. Fellfärbung silbergrau, Kopf schwarz und U-förmige dunkle Rückenfärbung (Sattel). Eine östliche Population ist von der w. Gruppe getrennt. Vier bevorzugte Wurfplätze, an denen sich große Mengen von Individuen zur Fortpflanzungszeit sammeln. Der w. Sammelplatz vor Neufundland, wird im III und IV von der kanadischen Gruppe besucht. Fortpflanzungsplätze der ö. Gruppe (II–III) im Weißen Meer und auf dem Eis zwischen Grönland, Island, Spitzbergen und Jan Mayen. Die Wurfplätze liegen im Treibeis. Das Festland der Küsten wird nie aufgesucht. Die Jungtiere werden nur etwa 14 d gesäugt. Da die Milch außerordentlich fettreich ist, kommt es zu einer sehr raschen Gewichtszunahme von etwa 2 kg p. d. (GeburtsGew.: etwa 4 kg, KGew. nach 14 d 20–25 kg). Rückgang des Gewichtes nach 30 Tagen auf 10–15 kg, da an die Laktationsperiode eine Phase des Fastens anschließt, bis die Tiere selbständig Nahrung aufnehmen. Die Sattelrobben werden mit dem weißen

Embryonalpelz geboren. Dieser beginnt sich mit 12—14 d zu lösen. Der im Pelzhandel hoch bewertete Juvenilpelz („White coat") stammt von Tieren aus der ersten Lebenswoche, da er nur in dieser Zeit haarfest ist. Das Massenschlagen von Jungrobben vor der kanadischen Küste ist auch heute noch nicht beendet. Während der Fortpflanzungszeit sammeln sich große Mengen von Sattelrobben an den genannten Plätzen, doch ist eine Sozialstruktur dabei nicht erkennbar. Monogamie soll die Regel sein. Jagen und Spielen kleinerer Gruppen von Sattelrobben ist beobachtet worden, doch scheinen sie außerhalb der Fortpflanzungszeit vorwiegend solitär in der offenen See zu leben. Tauchtiefe von 280 m ist nachgewiesen. Das Verbreitungsgebiet von *Ph. groenlandicus* erstreckte sich während der Eiszeit und der frühen Postglazialzeit (Littorinazeit) weiter südlich (Skandinavien, dänische Küste bis Ostsee). Eine Zusammenstellung der subfossilen Funde bei E. Mohr (1952).

Halichoerus grypus, Kegelrobbe. KRL.: bis 220 cm, KGew. max. bis 200 kg. ♂♂ > ♀♀. Nur im Atlantik: Island, s. Grönland, Faröer, Großbritannien, Skandinavien, Ostsee bis finnischem Meerbusen, deutsche und dänische Nordsee, an der amerikanischen Küste s. bis Neuschottland und Sable Island, zwischen 50° und 70° n.Br. Bei Spitzbergen, Jan Mayen und Novaja Semlja fehlt sie, ist aber von der Murman-Küste nachgewiesen (E. Mohr 1952).

Im Alter langgestreckte Schnauzenpartie. Fellfärbung geschlechtsdimorph (♂♂ dunkel graubraune Grundfarbe mit hellen Flecken, ♀♀ hellgraue Grundfarbe mit dunklen Flecken). Neugeborene mit weißem Embryonalfell, das nach der 3. Woche gewechselt wird. Kegelrobben bevorzugen felsige Küsten. Fortpflanzungsplätze vor allem auf den Inseln vor der englischen Küste. Hier größere Ansammlungen. Die ♂♂ sind territorial und bilden einen Harem (6—8 ♀♀). Polygamie. Tragzeit 11,5 mon, mit 3 mon Keimruhe.

Erignathus barbatus, Bartrobbe. KRL.: 250 cm, KGew.: bis 300 kg. Fellfärbung: graubraun, ventral heller, Kopf braun. Sehr lange, an den Enden, wenn trocken, spiralig verdrehte Barthaare. Vorkommen circumpolar, im Atlantik bis N-Norwegen, nur vereinzelt weiter südlich, Grönland, Island, Jan Mayen, Spitzbergen, vom Weißen Meer bis zum Beringsund, im Pazifik bis etwa 53° n.Br. (Amur-Region), Alaska. Der Schädel ist breit und massig, das Gebiß auffallend schwach. Meist solitär, vorwiegend in der Flachsee (Tauchtiefe bis 50 m). Die Nahrung wird am Meeresboden gesammelt (Mollusken, Crustaceen, Anneliden, Bodenfische). Geburt im Packeis (IV, V). Laktation etwa 14 d. Haarwechsel postnatal.

Cystophora cristata, Klappmütze. KRL.: ♂♂ 250 cm, ♀♀ 220 cm, KGew.: ♂♂ bis 400 kg, ♀♀ bis 300 kg.*) Vorkommen: Circumpolar, N-Atlantik, N-Küste Asiens und Kanadas, Island, Grönland, Novaja Semlja, s. bis Neufundland, N-Norwegen. Irrgäste vereinzelt bis Portugal und Florida.

Kennzeichnend ist für die Klappmütze eine aufblasbare große Haube bei erwachsenen Männchen. Sie ist eine Ausstülpung der Nasenhöhle und reicht bis in die Gegend der Augen. Ihre Wand besteht aus haararmer Haut, elastischem Bindegewebe ohne Fettgewebe und Muskulatur. Im erschlafften Zustand hängt das Ende des Sackes über die Schnauzenspitze herab. Im aufgeblähten Zustand erreicht sie die doppelte Größe eines Fußballs. Die Nasenlöcher besitzen kräftige Ringmuskeln. Sie werden verschlossen, wenn die Haube durch Ausatmungsluft gefüllt wird. Die biologische Bedeutung der Haube ist nicht klar erkannt. Im allgemeinen wird angenommen, daß sie bei Erregung, Aggression und im Rivalenkampf zur Abschreckung dient. Dem widersprechen Erfahrungen mit einem Männchen in den Tiergrotten von Bremerhaven (Ehlers, Sierts & Mohr 1958), das bei Aggression kein Aufblasen zeigte, hingegen bei absoluter Ruhe häufig die Haube füllte. Neben der Haube stülpt *Cystophora* gewöhnlich eine rötliche Blase (Schleimhaut) aus einem Nasenloch vor. Es handelt sich dabei um einen Abschnitt des membranösen Nasenseptum, der sehr dehnbar ist und unter dem Ausatmungsdruck vortreten kann, wenn das gegenseitige Nasenloch fest geschlossen ist.

Klappmützen leben meist einzeln und bevorzugen tiefere Gewässer. Zur Fortpflanzungszeit sammeln sich kleinere, weit verstreute Gruppen vor allem n. Jan Mayen, vor Grönland und Neufundland. Die Geburten erfolgen auf dem Packeis im III—IV. Tragzeit 11—12 mon mit 4 mon Keimruhe.

Der Embryonalpelz wird bereits in utero abgestoßen. Die Neugeborenen besitzen ein dichtes, glattes Haarkleid, das ventral silbergrau, dorsal dunkel bläulich ist („Blaumänner"). Erwachsene Tiere zeigen eine gelb-graue Grundfarbe mit großen unregelmäßigen schwarzen Flecken. Die dunklen Färbungselemente werden mit zunehmendem Alter größer und dichter.

---

*) Wegen des Besitzes einer aufblasbaren Haube wurde die Klappmütze vielfach in einer Subfam. mit den See-Elefanten vereinigt. Abgesehen vom Besitz einer Haube mit arteigenen Kennzeichen (King 1964) erweist sich *Cystophora* aber als echter Phocine.

Subfam. Monachinae, Mönchsrobben, Südrobben. Die Gattung *Monachus* umfaßt drei ähnliche Arten, die geographisch durch weite Distanzen getrennt sind: *Monachus monachus*, die Mittelmeer-Mönchsrobbe, vormals weit verbreitet im Mittelmeer und an der NW-Küste Afrikas. Heute nur Restgruppen (Aegaeis, Adria, zwischen Kreta und der S-anatolischen Küste). Im Schwarzen Meer kleine Restbestände an der bulgarischen Küste und an der türkischen Nordküste (?). An der Saharaküste s. bis Cap Blanco, Madeira, Kanarische Inseln.

Monachus tropicalis in der Karibik zwischen Guadeloupe und Yucatan, heute ausgestorben (letzte Beobachtung um 1950).

Monachus schauinslandi, Hawai-Mönchsrobbe, bei 5 Inseln und Atollen im W der Hawaigruppe (Leeward Islands.). Hauptvorkommen auf Laysan. *M. monachus*: KRL.: 250–350 cm, KGew.: bis 300 kg. ♂♂ = ♀♀. Fell dunkelgrau bis braungrau, Ventral unregelmäßige grau-gelbliche Fleckung, gelb-weißer Bauchfleck (sehr variabel). Juvenilpelz dunkel bis schwarzbraun, Haarwechsel nach 4.–6. Woche beginnend. Laktationsdauer etwa 6 Wochen. I^1 fehlt. Vorderflosse kurz, Fingerlänge abnehmend von I bis V. Krallen flach, erreichen Flossenrand. Füße lang, 5. Zehe länger als die mittleren. Nägel schwach. Schädel im Occipitalbereich flach, Praeorbitalfortsätze kurz, Orbita groß. Scheitel- und Hinterhauptskämme früh ausgebildet. 4 Zitzen, wie *Erignathus* und *Odobenus* (sonst nur 1 Zitzenpaar).

Mönchsrobben sind, außer dem Nördlichen See-Elefanten, die einzigen Phocidae, die warme Gewässer bewohnen, zeigen aber kaum Anpassungsmerkmale in dieser Hinsicht. Der Blubber hat die gleiche Dicke wie bei anderen Seehunden aus arktischen Gewässern. Eigenartige, disjunkte Verbreitung; die Areale der drei Arten sind jeweils durch Abstände von über 5000 km getrennt. Älteste Phocidenreste stammen aus dem Miozaen der europäischen und N-amerikanischen Atlantikküste († *Potamotherium*) und dürften bereits den Monachinae nahe stehen. Die heutige Verbreitung wird mit der Annahme erklärt, daß die Stammgruppe im atlantisch-mediterranen Bereich ursprünglich weit verbreitet war und die Hawai-Gruppe über die im Miozaen offene Panamastraße in den Pazifik gelangt seien. Eine weitere Hypothese nimmt östliche Herkunft (Mediterraneis, Thetys) an und läßt die beiden tropischen Westformen als Abkömmlinge aus einer transatlantischen Verdriftung entstanden sein.

Vier weitere, spezialisierte Gen. der Phocidae besiedeln die Antarktis. Diese „Südrobben" sind zweifellos aus Monachinae relativ spät (postmiozaen) hervorgegangen und haben durch Südwanderung vom Atlantik her die Südmeere erreicht. Wir stellen daher diese Formen hier zu der Subfam. Monachinae und halten die Einrichtung einer weiteren Subfam. Lobodontinae (Scheffer 1958, King 1964) für unzweckmäßig, da diese Arten in sich keine Einheit bilden (Thenius 1969).

Alle 4 Species sind circumpolar.

Hydrurga leptonyx, Seeleopard. KRL.: ♂♂ 280 cm, ♀♀ 290 cm, KGew.: ♂♂ 325 kg, ♀♀ 360 kg. Hauptsächlich in Zone des äußeren Randes des Packeises. Kopf lang, schmalschnäuzig mit tief einschneidender Mundspalte. Molaren groß mit 3 scharfen Höckern. Ernährung carnivor: Pinguine, Juvenile anderer Robbenarten, frißt an Walkadavern, Fische. Vorwiegend solitär.

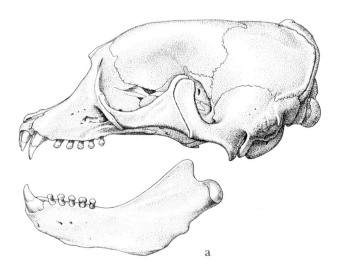

a Abb. 457

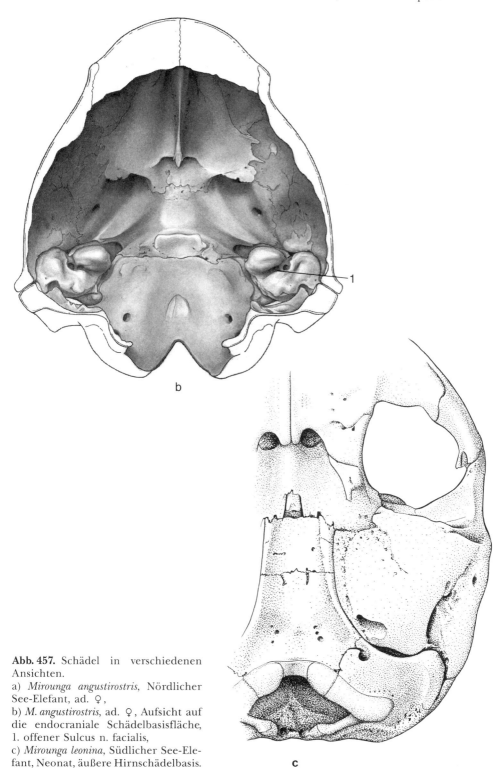

Abb. 457. Schädel in verschiedenen Ansichten.
a) *Mirounga angustirostris*, Nördlicher See-Elefant, ad. ♀,
b) *M. angustirostris*, ad. ♀, Aufsicht auf die endocraniale Schädelbasisfläche, 1. offener Sulcus n. facialis,
c) *Mirounga leonina*, Südlicher See-Elefant, Neonat, äußere Hirnschädelbasis.

Einzelne Seeleoparden erscheinen gelegentlich vor Australien und Neuseeland.
Ommatophoca rossi, Ross-Robbe. KRL.: ♂♂ 200 cm, ♀♀ 210 cm, KGew.: 175 kg. Packeiszone, soweit an s. Indischen Ozean angrenzend, Ross-See und Wedellsee, fehlt offenbar in der O-Antarktis. Kopf sehr kurz mit sehr breitem Hirnteil und kurzer, schmaler Kieferregion. Nahrung: Cephalopoden, Krill. Gebiß sehr schwach.
Lobodon carcinophaga, Krabbenfresser. KRL.: ♂♂ 250 cm, ♀♀ 260 cm, KGew.: 225 kg. Vorkommen circumpolar, s. von *Hydrurga*. Große Ansammlungen am Rande des Packeises, Wanderungen nordwärts im Frühjahr/Sommer. Nahrung: Krill. Die postcaninen Zähne sind hoch und besitzen 5 relativ lange Spitzen, die in ihrer Gesamtheit einen Seihapparat bilden. Häufigste Robbe in der Antarktis.
Leptonychotes weddelli, Wedell-Robbe. KRL.: bis über 300 cm, KGew.: bis 500 kg. Geht am weitesten südwärts von allen Robben. Nahrung: kleine Fische und Cephalopoda. Bildet zur Fortpflanzungszeit (VIII−X) große Ansammlungen. Meist in der Nähe der Küste, kaum auf dem Packeis.

Subfam. Mirounginae, Elefantenrobben, See-Elefanten, 1 Genus, 2 Arten, (Abb. 457).*)
Die ♂♂ der See-Elefanten sind die größten rezenten Pinnipedia. Es besteht ein extremer Sexualdimorphismus (♂♂ 3mal schwerer als ♀♀). Der kennzeichnende Rüssel ist eine Verlängerung der Nase; er enthält die beiden durch ein Septum getrennten Nasenröhren und trägt an seinem Ende die Nasenlöcher. Im nicht aufgeblasenen Zustand hängt er bis vor die Mundöffnung. Er fehlt den ♀♀. Seine Entwicklung beginnt im 2. Lebensjahr und ist im 8. Jahr abgeschlossen. Die Aufrichtung des Rüssels soll unter Beteiligung von Gefäßfüllung und Muskelwirkung, also nicht ausschließlich durch Aufblasen, erfolgen.
Der Rüssel des Nördlichen See-Elefanten ist etwas länger als der des Südlichen. Die Nasenlöcher sind im aufgeblasenen Zustand bei *M. leonina* abwärts gerichtet, bei *M. angustirostris* in das geöffnete Maul hinein orientiert. Eine Querfalte teilt den Rüssel in zwei Abschnitte. See-Elefanten können ein Gebrüll erzeugen, das kilometerweit zu hören ist. Dabei soll der geblähte vordere Nasenraum als Resonator dienen. Die biologische Rolle des Rüssels dürfte in der Funktion als Droh- und Abwehrorgan, vor allem bei den Rivalenkämpfen, zu sehen sein. Fellfärbung beim Nördlichen See-Elefanten gelbgrau in beiden Geschlechtern, bei der südlichen Form sind die ♀♀ dunkler. Die Neugeborenen haben einen schwarzen, wolligen Pelz, dessen Wechsel am 10. Lebenstag beginnt und nach etwa 30 d beendet ist. Die Laktationsphase dauert 3 Wochen. Während dieser Zeit verlieren die Mütter rapide an Gewicht. Die Neonati haben eine KRL. von 150 cm und ein KGew. von 30−45 kg. Sie nehmen in erstaunlich kurzer Zeit an Gewicht zu (tägl. etwa 9 kg). Ernährung von *Mirounga*: Fische und Cephalopoda. Nahrungssuche weit entfernt vor der Küste, vielfach am Meeresboden. Tauchtiefe über 600 m (s. S. 857 f.). *M. leonina* begibt sich im IX an Land und macht den Haarwechsel (Dauer 40 d) durch. Während dieser Zeit wird keine Nahrung aufgenommen. Beim Haarwechsel werden die oberen Epidermisschichten mit abgestoßen. Die Bullen gehen bei *Mirounga angustirostris* im XII, bei *M. leonina* im IX an Land. Die ♀♀ versammeln sich bis zu 4 Wochen später. Die Geburt erfolgt nach etwa 3 Wochen nach einer Tragzeit von 12 mon (incl. 3 mon Keimruhe). Alte Bullen bilden einen Harem (bis zu 40 ♀♀), der bewacht und verteidigt wird. Jungbullen im Alter unter 8 Jahren sind von der Fortpflanzung ausgeschlossen.
Mirounga leonina, Südlicher See-Elefant. Circumpolar verbreitet, vor allem S-Georgia bis Südspitze S-Amerikas und Falkland Inseln, Kerguelen, Inseln vor der Südinsel von Neuseeland. Bestand gesichert.
Mirounga angustirostris (Abb. 457), Nördlicher See-Elefant an der Westküste N-Amerikas, ursprünglich von Alaska bis Baja California. Heute nur auf den Inseln vor der Küste von Kalifornien (San Miguel, Guadelupe bis San Benito). Um 1890 war der Nördliche See-Elefant bis auf eine Herde auf Guadelupe von weniger als 100 Tieren ausgerottet (Verwertung des Trans, der dem Waltran ähnlich ist). Nach dem Einstellen des Massenschlachtens hat sich der Bestand erstaunlich gut erholt, bleibt aber wegen der genetischen Verarmung gefährdet, da alle Individuen auf eine sehr kleine Stammgruppe zurückgehen.
Unterschiede zwischen beiden *Mirounga*-Arten bestehen in einzelnen Schädelmerkmalen (schmale lange Kieferpartie bei *M. angustirostris*), Rüssellänge und Form sowie Fellfärbung.

---

*) Vielfach im älteren Schrifttum zusammengefaßt mit *Cystophora* zur Subfam. Cystophorinae, da irrtümlich die Rüsselbildung von *M.* mit der Haube von *C.* homologisiert wurde. Es handelt sich jedoch um konvergente, nicht homologe Strukturen. *Cystophora* ist ein Phocine (s. S. 867).

Die Pinnipedia in europäischen Gewässern

Fam. Odobenidae
          Odobenus rosmarus, Walroß

Fam. Phocidae
          Halichoerus grypus, Kegelrobbe
          Phoca vitulina, Seehund
          Phoca hispida, Ringelrobbe
          Phoca caspica, Kaspische Ringelrobbe
          Phoca (Pagophilus) groenlandicus, Sattelrobbe
          Cystophora cristata, Klappmütze
          Erignathus (Phoca) barbatus, Bartrobbe
          Monachus monachus, Mittelmeer-Mönchsrobbe

Ordo 13. Pholidota

In der älteren Literatur über Säugersystematik werden unter dem Begriff „Edentata" (Zahnarme) eine Reihe von Gruppen zusammengefaßt, die Reduktionen des Gebisses und Spezialisationen von Zunge und Speicheldrüsen und meist auch Grabklauen gemeinsam haben. Es sind dies die Schuppentiere (Pholidota), die Erdferkel (Tubulidentata), Gürteltiere, Ameisenbären und Faultiere (Xenarthra) und die fossilen † Palaeanodonta. Mit zunehmender Kenntnis der Morphologie wurde klar, daß die Tubulidentata eine eigene Ordnung bilden. Vor allem durch M. WEBER (1894, 1904) konnte nachgewiesen werden, daß die Gemeinsamkeiten zwischen den amerikanischen Xenarthra und den altweltlichen Pholidota vor allem neben Konvergenzen bei ähnlicher Ernährungsweise (Ameisen- und Termitennahrung) und ähnlicher Art des Nahrungserwerbs (Grabanpassung (Abb. 461), Fangzunge) auf Plesiomorphien beruhten. Es bestehen aber auch wesentliche Unterschiede zwischen beiden Gruppen (Karyologie, Parasitologie, Magenstruktur u. a.). So fand die Ausgliederung der Pholidota als eigene Ordnung allgemeine Anerkennung. WEBER (1928) faßte allerdings noch die beiden Ordnungen Xenarthra und Pholidota in einer Superordo „Edentata" zusammen. SIMPSON (1945) unterscheidet 2 Ordnungen und behält als Ordnungsbezeichnung den Terminus „Edentata" bei, den er nunmehr gleichsinnig für Xenarthra (incl. † Palaeanodonta) verwendet. Nach heutiger Kenntnis ist eine Trennung der beiden Ordines Pholidota und Xenarthra voll berechtigt und der Name „Edentata" überflüssig (E. MOHR 1961).

    Pholidota, Schuppentiere oder Tannenzapfentiere (Abb. 458), besitzen als einzige Mammalia große, sich dachziegelartig überlagernde Hornschuppen, die aus einer Matrixschicht der Epidermis über einer Coriumpapille entstehen. Ihre Zahl ist lebenslang konstant. Bei Abnutzung erfolgt Nachwachsen aus der Papille. Die Schuppen bedecken die Dorsalseite des Rumpfes, Kopfes, der Gliedmaßen sowie Ober- und Unterseite des Schwanzes. Die Unterseite des Körpers und die Innenseite der Extremitäten wird von normaler Haut mit spärlichen Haaren bekleidet.

    Der relativ kleine **Schädel** (Abb. 459) besitzt eine konische Form, mit schmaler spitzer Schnauze. Im Ganzen erscheint das Cranium ungewöhnlich schwach reliefiert, da Knochenleisten an Muskelansätzen, Cristae, sogar Jochbögen fehlen und alle vorspringenden Knochenpartien wenig ausgeprägt sind. Der Unterkiefer ist eine schmale Spange. Die Anpassungen an die Myrmekophagie (Zahnverlust, Schädelform, Röhrenschnauze, Verengung des Mundes, schwache Ausbildung der Kaumuskulatur und des muskelbedingten Knochenreliefs) ergeben eine äußerliche Ähnlichkeit mit dem Schädel der Myrmecophagidae. Dennoch bestehen in vielen morphologischen Details tiefgreifende Unterschiede zwischen Xenarthra und Pholidota (STARCK 1941, 1967, JOLLIE 1967, STORCH 1978). Bei Pholidota (Abb. 459) sind die Pterygoidae nicht median vereint, der

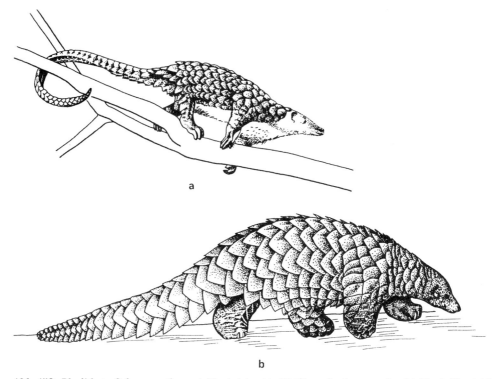

Abb. 458. Pholidota, Schuppentiere. a) *Manis tricuspis*, Weißbauchschuppentier, b) *Manis (Smutsia) gigantea*, Riesenschuppentier.

knöcherne Gaumen endet hinten mit den Palatina. Ein Lacrimale fehlt, während die Praemaxillaria, trotz Zahnverlust, relativ groß sind. Das Frontale ist größer als das Parietale. Interparietalia sind nur in der Anlage nachgewiesen (JOLLIE), aber früh mit dem Supraoccipitale verschmolzen. Das Maxillare wirkt weitgehend von der Orbita abgedrängt. Das Tympanicum ist ringförmig (plesiomorph), kein knöcherner äußerer Gehörgang ist ausgebildet.

Die Pterygoidea bilden die Seitenwände des Nasen-Rachenganges und reichen occipitalwärts bis hinter das Querschnittsniveau der vom Ectotympanicum gebildeten Bulla (Abb. 459). Ein Entotympanicum scheint bei den meisten Arten zu fehlen.

Postcraniales Skelet. Körperform langgestreckt und kurzbeinig. Hinterbeine länger als Vorderbeine. Schwanz lang und dick, dorsal konvex vorgewölbt, ventral flach. Die Schwanzspitze ist bei den terrestrischen Arten (*M. gigantea, M. temmincki*) an der Unterseite voll beschuppt, bei den übrigen arboricolen Arten findet sich meist eine, individuell wechselnd große, haar- und schuppenfreie Stelle (Tastfleck?), deren Vorkommen aber nicht artspezifisch konstant ist (MOHR 1961). Bei den 3 asiatischen Arten zieht eine unpaare, mediane Schuppenreihe von der Nasenspitze bis zur Schwanzspitze. Bei den 4 afrikanischen Arten finden sich dorsal am Endstück des Schwanzes paarige Schuppenreihen. Beim Laufen auf dem Boden wird der Schwanz waagerecht getragen und berührt nicht den Boden. Beim Graben an Termitenbauten können die Steppenschuppentiere aufrecht sitzen und benutzen dann den Schwanz als Stütze („Dreibein"). Die arboricolen Arten (*M. tricuspis, M. tetradactyla*) besitzen einen Greifschwanz und können frei am Schwanz hängen. Zahl der Wirbelkörper: Thl + Ll 19−22, Sl 3−5, Cdl 26−49, mit ventralen Haemapophysen. Claviculae fehlen, auch bei den arboricolen Arten.

Pholidota 873

Abb. 459. *Manis tricuspis*, Weißbauchschuppentier (W-Afrika), Schädel in verschiedenen Ansichten.
1. Palatinum, 2. Proc. zygomaticus squamosi, 3. Tympanicum, 4. Pterygoid, 5. Praemaxillare.

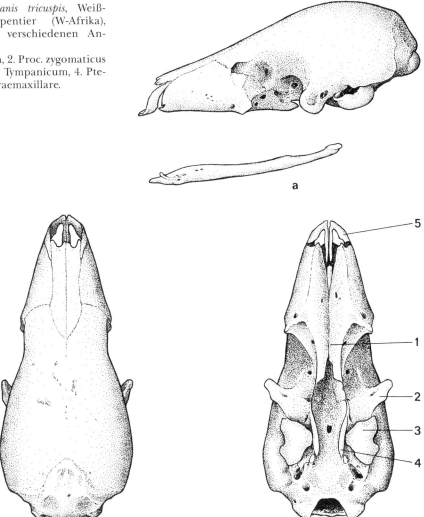

Scapula breit, Humerus plump und verbreitert (Crista deltoidea). Hände und Füße sind pentadactyl, doch sind funktionell nur die 3 mittleren Finger in den Grabapparat (Abb. 461) einbezogen. Scaphoid und Lunatum verschmolzen, ein Centrale ist nicht nachgewiesen. Die 5 Endphalangen der Finger sind gespalten.

Gruppenspezifische Besonderheiten zeigt der Proc. xiphoideus des Sternum (Abb. 460) (EHLERS 1894, MOHR 1961, WEBER 1928). Das Sternum besteht aus 7 Sternebrae. Die Spezialisationen des Schwertfortsatzes sind bei den asiatischen und afrikanischen Arten verschieden. Bei den asiatischen Arten ist das Xiphisternum verlängert, verläuft in der Bauchwand praeperitoneal bis nahe an den Beckenrand und endet hier mit einer schaufelförmigen Knorpelplatte, an der die Mm. sternoglossi angreifen. Bei den afrikanischen Arten fehlt die Platte. Vom Xiphisternum gehen 2 knorplige Spangen aus, die sich in der Beckengegend vereinigen und ihrerseits zwei lange Knorpelfortsätze aus sich hervorgehen lassen, die im Bogen seitlich und dorsalwärts verlaufen. Bei den afrikanischen Steppenschuppentieren ist der ganze Apparat des Xiphisternum nach

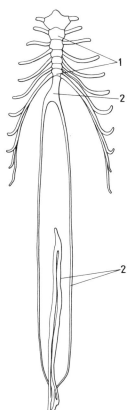

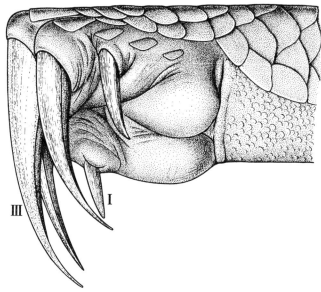

Abb. 461. *Manis javanica* (juv., 250 mm KLge.), linke Hand von lateral, Anpassung an das Hackgraben.

Abb. 460. *Manis tetradactyla* (= *longicaudata*), Sternum von ventral. Nach EHLERS 1894, verändert.
1. Mesosternum (Corpus), 2. Xiphisternum, dessen paarige Fortsätze bis zum Becken reichen.

dem gleichen Muster ausgebildet wie bei den arboricolen Arten, ist aber wesentlich kürzer. Wenn auch die Mechanik dieses Systems kaum untersucht ist, besteht offensichtlich eine enge Korrelation zur Ausbildung einer langen, wurmartigen Zunge.

Ernährung und Ernährungsorgane. Rudimentäre Zahnanlagen konnten bei *Manis javanica* nachgewiesen werden (TIMS 1892, HUISMAN & DE LANGE jr. 1937, STARCK 1940). Sie treten, wie viele Restorgane, ontogenetisch sehr spät auf (Embryonen von 100–200 mm KRL.), erreichen auch nur einen unvollkommenen Grad der histologischen Differenzierung und verfallen früh der Rückbildung. Sie wurden mit Sicherheit nur im Oberkiefer nachgewiesen: jederseits 3 Schmelzglocken, die vor Bildung von Hartsubstanzen bereits rückgebildet werden. Zapfenartige Bildungen an der Wangenschleimhaut, die als Anlagen von Unterkieferzähnen gedeutet wurden, scheinen Haaranlagen zu sein, die beim Schluß der Wangennaht einwärts verlagert wurden.

Der **Gaumen** von *Manis* ist relativ schmal und besitzt 8–10 nach hinten konkave Falten (EISENTRAUT 1957, 1960, 1976). Der weiche Gaumen reicht weit nach hinten bis in die Occipitalregion, so daß der Larynxeingang stets intranarial liegt.

Die **Zunge** ist im Querschnitt rundlich, bei dem meisten Arten besonders im Spitzenteil dorsal abgeflacht. Sie kann bei den großen Arten bis 40 cm, bei *M. tricuspis* und *M. tetradactyla* 16–18 cm (RAHM 1955, 1960) vorgestreckt werden. An den Rändern des Spitzenabschnittes sind Papillae fungiformes ausgebildet. Drei Wallpapillen stehen in Dreiecksanordnung (Spitze nach hinten). Am Zungengrund finden sich verhornte Fadenpapillen. Eine Lyssa ist vorhanden, eine Unterzunge fehlt. Da die Mundhöhle sehr eng ist, kann in Ruhelage die Zunge nicht in dieser untergebracht werden. Das Organ wird von einer Zungenscheide, die als Ausstülpung des Mundbodens entsteht und bis in die Brusthöhle als Blindsack reicht, aufgenommen. Eine enorme Ausdehnung erfahren die Speicheldrüsen, die sich bis in die Axillarregion erstrecken.

Schuppentiere ernähren sich ausschließlich von Termiten und Ameisen. In der Regel werden Termiten bevorzugt. Einige Arten (Populationen?) sollen sich auf bestimmte Arten von Beutetieren spezialisiert haben, während von anderen berichtet wird, daß sowohl verschiedene Termitenarten wie auch Ameisen verzehrt werden. Termitenansammlungen oder Bauten werden über den Geruchssinn auf eine Distanz bis zu 8 m lokalisiert. Die Bauten werden mit den Grabkrallen aufgebrochen. Die sehr bewegliche Zunge, die mit klebrigem Speichel bedeckt ist, dringt rasch in die Gänge ein und wird mit den angeklebten Insekten zurückgezogen, die geschluckt werden. Unter der Einwirkung des Magensaftes verlieren die Insekten rasch ihre Beweglichkeit.

Morphologie des Magen-Darmkanals. Die äußere Form des Magens der Pholidota ist einfach-sackförmig. Spezialisationen betreffen Einrichtungen zur Zerkleinerung der Beute. Im Einzelnen bestehen zwischen den verschiedenen *Manis*-Arten Unterschiede. Die Muskulatur der Magenwand ist, besonders gegen den Pylorus hin, verstärkt. Die Auskleidung des Magens besteht in einem großen Vormagenabschnitt aus verhorntem, geschichtetem Plattenepithel, das bei *M. javanica* fast über den ganzen Magen ausgebreitet ist. Die Zerkleinerung der Nahrung erfolgt durch Zerreiben, oft unter Mitwirkung verschluckter Kiesel. Zudem ist an der kleinen Kurvatur in Pylorus-

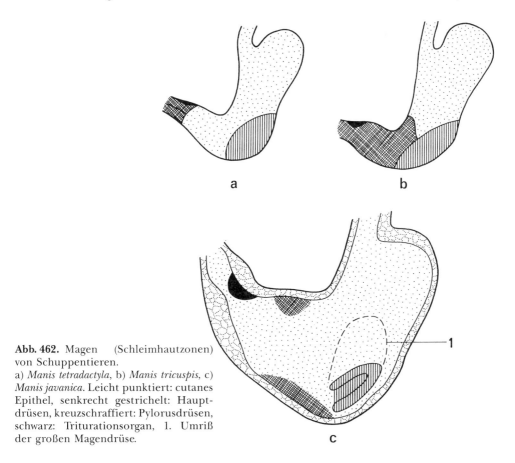

Abb. 462. Magen (Schleimhautzonen) von Schuppentieren.
a) *Manis tetradactyla*, b) *Manis tricuspis*, c) *Manis javanica*. Leicht punktiert: cutanes Epithel, senkrecht gestrichelt: Hauptdrüsen, kreuzschraffiert: Pylorusdrüsen, schwarz: Triturationsorgan, 1. Umriß der großen Magendrüse.

nähe ein aus verhornten Papillen bestehendes Triturationsorgan (Abb. 462) ausgebildet.*)

Mit der Ausbreitung des cutanen Epithels wird die drüsentragende Schleimhaut mehr und mehr zurückgedrängt, so daß sie auf einen streifenförmigen oder ovalen Bezirk eingeengt ist. Bei *Manis javanica* ist sie ganz von der freien Oberfläche verdrängt und bildet an der großen Kurvatur eine „große Magendrüse", in der die tubulösen Drüsen zu Läppchen zusammengedrängt sind. Diese münden in einen Hauptgang, dessen Mündung pyloruswärts gerichtet ist (Abb. 462).

Die mechanische Verarbeitung der Nahrung erfolgt bei den zahnlosen Schuppentieren ausschließlich im Magen, dessen Anpassungen an die Myrmekophagie bei *M. javanica* perfekter ausgebildet sind, als bei den übrigen Arten (Abb. 462).

Der Darm ist einfach gebaut und besitzt ein Mesenterium commune. Ein Caecum fehlt. Äußerlich sind Dünn- und Dickdarm nur schwer zu unterscheiden. Darmlänge (RAHM 1936, 1955, 1956) bei *Manis tricuspis*: 200 cm bei KRL. von 35 cm, also etwa das 6fache. Die Leber ist vielfach gelappt. Eine Gallenblase ist vorhanden.

Integument. Die für die Ordnung kennzeichnende Beschuppung war zuvor besprochen (s. S. 871). Hier bleibt nachzutragen, daß die Schuppen nach Bau und Entwicklung den Reptilienschuppen vergleichbar sind, wenn auch eine genetische Kontinuität kaum besteht. Offenbar handelt es sich um Strukturen, die aus dem gleichen Substrat entstehen (homoiologe Bildungen), aber bei den Pholidota unabhängig eine Neugestaltung und Weiterbildung erfahren haben. Ein wesentlicher Unterschied zwischen Pholidota und Reptilien besteht darin, daß bei den letztgenannten die Schuppen regelmäßig bei der Häutung erneuert werden, während bei Schuppentieren nach Abnutzung oder Verlust die Schuppe von ihrer Matrix ersetzt wird. Bei neugeborenen Schuppentieren sind die Schuppen noch weich und überlagern sich nicht dachziegelartig. Zwischen den Schuppen finden sich oft 1–4 kurze Einzelhaare, die ontogenetisch spät erscheinen (3.–4. Woche p. n.) und später meist abgenutzt werden. Bei den afrikanischen Arten fehlen sie immer den erwachsenen Tieren. Die Schuppen dienen dem Schutz gegen Termiten und Ameisen, die leicht abgeschüttelt werden können. Im ganzen ist das Haarkleid weitgehend rückgebildet. Entsprechend fehlen auch die Haarbalgdrüsen. Talgdrüsen sind nur in der Analgegend nachgewiesen worden. In der Analregion sind Anhäufungen von Talgdrüsen, z. T. ohne Verbindung zu einem Haarbalg, und paarige Analsäcke, die ein stark riechendes Sekret aussspritzen sollen, erwähnt (WEBER 1894), aber histologisch nicht untersucht worden. Eine kleine Kehldrüse erwähnt POCOCK (1926) für *M. pentadactyla*. In den starren und wulstigen Augenlidern fehlen die Meibomschen Drüsen völlig.

Die paarigen, pectoral gelegenen Mammae münden jederseits mit einer in der Axilla gelegenen Zitze. Außerhalb der Laktationsperiode liegt die Zitze, eingezogen in einer Scheide, die wahrscheinlich aus der embryonalen Zitzentasche entsteht. Auf jeder Zitze münden drei Milchgänge, die durch Vereinigung zahlreicher Sammelgänge entstehen.

Unter den **Sinnessystemen** dominiert der Riechsinn. Die Nasenhöhle (STARCK 1941) enthält ein langes Nasoturbinale, ein doppelt eingerolltes Maxilloturbinale und 7 Riechwülste, denen 5 knorplige Ethmoturbinalia zugrunde liegen. Ethmoturbinale I und II sind groß und bilden je 2 Endoturbinalia. Der Rec. lateralis ist deutlich in eine Pars frontalis und einen Sinus maxillaris gegliedert. Das Organon vomeronasale ist aus-

---

*) Die Frage nach der Herkunft des cutanen Epithels im Magen war lange umstritten. Die Annahme, daß es sich um eingewandertes Oesophagusepithel (evt. ektodermaler Herkunft) handeln soll, ist nicht begründbar. Sicher ist jedenfalls, daß die Lage der ekto-entodermalen Grenze nicht aus der histologischen Epithelstruktur ableitbar ist. Hingegen ist die Theorie einer autochthonen Umwandlung der embryonalen Epithelauskleidung in loco gut begründet. Im übrigen sind Rückschlüsse aus Befunden an Vertretern verschiedener Ordnungen nicht angebracht.

gebildet und liegt in der Rinne des Paraseptalknorpels, der rostral zu einer Röhre geschlossen ist. Es mündet in den Ductus nasopalatinus.

Bei der Orientierung der Schuppentiere dominiert der Riechsinn deutlich über die übrigen Sinne. Der Tastsinn ist zweifellos durch die Ausbildung eines Schuppenkleides stark reduziert und allenfalls auf die Schnauzenspitze und vor allem auf die Zunge beschränkt. Tastvibrissen im Schnauzenbereich werden angelegt, bleiben aber sehr kurz oder werden rückgebildet. Das Auge ist klein, bei einer 80 cm langen, 7 kg schweren *Manis javanica* (nach WEBER 1894) kaum erbsengroß. Die äußeren Augenmuskeln sind vollzählig ausgebildet. Die wulstigen Lider sind frei von Drüsen. Tränendrüse und Hardersche Drüse sind relativ groß. Auch die akustischen Sinnesleistungen scheinen, nach den wenigen Beobachtungen der lebenden Tiere, keine bedeutende Rolle zu spielen. Das äußere Ohr besteht aus einer flachen Hautfalte mit Knorpeleinlagerungen und ist auch bei *M. pentadactyla*, vormals als „*M. aurita*" bezeichnet, nicht größer als bei den übrigen Arten. Bemerkenswert ist, daß der Stapes nicht durchbohrt, also columelliform ist, und zwar bereits in der knorpligen Anlage. Auffällige Besonderheiten des Labyrinthorgans sind nicht bekannt.

Centralnervensystem. Das Gehirn von *Manis* ist relativ klein (WEBER 1894; HirnGew. = 0,3% des KGew.). Das Großhirn ist rundlich, seine Länge übertrifft kaum nennenswert die größte Breite im temporalen Bereich. Am freiliegenden Kleinhirn ist der Vermis vorspringend.

Die Lobi olfactorii liegen vor dem Stirnpol und sind sessil. Alle dem olfaktorischen System zugehörigen Hirnteile (Lobus piriformis, Hippocampusformation) sind relativ ausgedehnt. Die Fiss. palaeo-neocortalis zeigt einen vorderen und einen hinteren Teilabschnitt und liegt etwa in der Höhe des unteren Viertels der seitlichen Fläche des Endhirns in der Lateralansicht. Trotz der geringen Größe des Gehirns besitzt die Oberfläche des Neopallium ein reiches Muster an Furchen und Windungen, die vorwiegend in der Längsrichtung angeordnet sind. Deutlicher ausgeprägt ist ein Sulcus praesylvius. Das Inselfeld ist erkennbar, eine Fiss. lateralis fehlt. Angaben über die Abgrenzung und Ausdehnung funktioneller Rindenareale fehlen bisher.

Am Gefäßsystem ist das Vorkommen von zwei postrenalen Vv. cavae caudales hervorzuheben.

Geschlechtsorgane. Schuppentiere besitzen kein Scrotum. Die Hoden liegen vor der äußeren Öffnung des Inguinalkanales unter dem Integument. Ovarien ohne Bursa ovarica. Uterus bicornis. Bei ♀♀ kann eine Hautfalte eine Art Pseudokloake bilden.

Fortpflanzung und Entwicklung. Die Fortpflanzung scheint bei Pholidota nicht streng jahreszeitlich gebunden zu sein. Die Paarung erfolgt, indem das ♂ sich mit der Beckenregion von der Seite her unter das ♀ schiebt oder auch bei zugekehrten Bauchseiten der Partner. Die Tragzeit beträgt 4,5 bis 5 mon. Von den afrikanischen Arten sind nur Graviditäten mit 1 Feten bekannt, für die asiatischen Arten werden, wenn auch selten, Zwillingsgeburten angegeben.

Embryonalentwicklung: Frühe Einschaltung des Embryoblasten in die Blastocystenwand, Faltamnionbildung erfolgt relativ spät, wenn das Exocoel bereits weit ausgebildet ist. So erhält das Amnion von vornherein Mesoderm, es kommt nicht zur Ausbildung eines Proamnion. Die Allantois schiebt sich überall über Exocoel und Dottersack vor und bedeckt in der zweiten Hälfte der Gravidität die ganze Keimblase mit Ausnahme eines kleinen zottenfreien Nabelblasenfeldes. Die Anordnung der Zotten ist nicht streng diffus, sondern zeigt dichtstehende Zottenbänder. Struktur der Placenta ist epitheliochorial, Paraplacentareinrichtungen fehlen (HUISMAN & DE LANGE jr 1937, VAN OORDT 1921, STARCK 1959).

Das Neugeborene kommt in einer Erdhöhle, bei den arboricolen Arten in einer Baumhöhle, zur Welt. Es zeigt bereits einen bemerkenswerten Reifezustand (offene Augen, Reaktionsfähigkeit). Das Schuppenkleid erhärtet in den ersten Lebenstagen.

GeburtsGew. *M. tetradactyla* und *M. tricuspis*: 100−150 g, *M. temmincki*: 400 g, *M. gigantea*: 500 g. Es bleibt etwa 1 Woche, bei *M. gigantea* 1 mon in der Höhle und folgt dann der Mutter, indem es sich auf deren Schwanzwurzel festklammert. Da die Mutter nicht Nahrung eintragen kann, muß das Junge zur Nahrungsquelle gebracht werden. Aufnahme von Festnahrung im Alter von 1−3 mon, Verlassen der Mutter mit 4−6 mon.

Lebensweise und Verhalten. Schuppentiere sind territorial und leben, abgesehen von der Fortpflanzungszeit, solitär. Das Territorium des ♂ umfaßt die Territorien mehrerer ♀♀. Aktivität: Nocturn mit Höhepunkt in der ersten Nachthälfte, doch soll *M. tetradactyla* tagaktiv sein (RAHM 1955, 1960). Auch *M. javanica* wird gelegentlich am Tage angetroffen. Lautäußerungen sind sehr spärlich, vor allem Schnauflaute und Knurren bei Belästigungen. Ausdrucksbewegungen (Mimik) fehlen fast völlig, abgesehen von Zungenbewegungen. Orientierung und Kommunikation vorwiegend olfaktorisch. Im Schlaf und bei Gefahr rollen Schuppentiere sich ein. Jungtiere werden dabei von der Mutter umschlossen. Die beiden arboricolen Arten und *M. javanica* können frei am Schwanz an Ästen hängen.

Schuppentiere besitzen eine auffallend niedrige Körpertemperatur, 32,6−33,6 °C (rektal, nach EISENTRAUT 1957).

Lebensraum. Von den 4 afrikanischen Arten sind *Manis tricuspis* und *M. tetradactyla* arboricole Bewohner des Regenwaldes. *M. temmincki* ist ein rein terrestrischer Savannen- und Steppenbewohner. *M. gigantea* ist rein terrestrisch, wird meist als Urwaldbewohner bezeichnet, soll aber nach E. MOHR (1961) den Regenwald meiden und in offener Landschaft leben. Die drei asiatischen Arten sind terrestrische Bewohner offenen Geländes, klettern aber gelegentlich, insbesondere *M. javanica*.

Karyologie. Die Chromosomenzahl beträgt für *Manis pentadactyla* 2n = 42 (MAKINO, zit. n. MATTHEY 1969). Für Xenarthra liegen die Werte durchweg höher (2n = 58−62).

Herkunft und systematische Stellung der Pholidota. Die Pholidota sind durch eine eigenartige Kombination von Plesiomorphien (Hirnstruktur, Nickhautrudiment, Darmkanal und Mesenterialverhältnisse, Genital, frühe Ontogenese, niedere Körpertemperatur) mit zahlreichen adaptiven Spezialisationen gekennzeichnet. Die adaptiven Merkmale stehen vor allem mit der Myrmekophagie im Zusammenhang (Zahnverlust, gestreckter Facialschädel, Kaumuskulatur, Rückbildung des Jochbogens, wurmförmige Zunge, Xiphisternum, Speicheldrüsen, Magenauskleidung, Magendrüsen und Triturationsorgan, Grabklauen). Gruppenspezifisch ist die Ausbildung des Schuppenkleides (Synapomorphie der Manidae). Die Vielzahl myrmekophager Adaptationen ergibt Ähnlichkeiten mit den Myrmecophagidae (Xenarthra). Diese müssen als Ausdruck paralleler Entwicklung gedeutet werden, denn zwischen beiden Gruppen bestehen tiefgreifende Unterschiede (Einzelstrukturen am Cranium, postcraniales Skelet, Chromosomenzahl, parasitologische Differenzen, Placentation).

Die bisherigen Fossilfunde geben keine sichere Auskunft über die Herkunft der Pholidota. Die Hypothese eines gemeinsamen Ursprungs der Pholidota mit den Xenarthra über die †*Palaeanodonta* (s. S. 1072), ist kaum begründet, da Funde echter Manidae älter sind als die †*Palaeanodonta*. Aus dem Eozaen der Grube Messel liegt der Fund einer gut erhaltenen †*Eomanis* vor (STORCH 1978), die bereits nach Skeletbau und Ausbildung des typischen Schuppenkleides als echter Manide ausgewiesen ist. Die Stammform der Schuppentiere, die demnach im Mesozoikum zu suchen wäre, ist noch unbekannt. Eine sehr frühe Abspaltung der Ordnung (Kreidezeit) ist anzunehmen. Weitere Pholidota (†*Leptomanis*, †*Necromanis*, †*Teutomania*) sind aus dem Oligozaen Europas bekannt.

Systematik und Verbreitung der rezenten Pholidota (Abb. 463). Die 7 rezenten Arten der Pholidota werden in der einzigen Gattung *Manis* zusammengefaßt. Die drei asiatischen Arten sind vor-

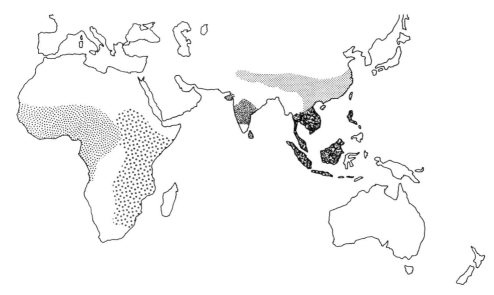

Abb. 463. Verbreitung der rezenten Pholidota. Fein punktiert: *Manis tricuspis, M. tetradactyla* und *M. gigantea*, weit punktiert: *M. temmincki*, dicht punktiert: *Manis crassicaudata* (China), grob punktiert: *M. pentadactyla* (Vorderindien), dunkelgefeldert: *M. javanica*.

wiegend terrestrische Bewohner offenen Geländes, namentlich das ostafrikanische Steppen-Schuppentier ist ein Steppenbewohner. Die drei westafrikanischen Arten bewohnen das gleiche geographische Gebiet, in diesem jedoch differente Biotope (*M. tetradactyla* und *M. tricuspis* sind arboricole Regenwaldbewohner, *M. gigantea* ist terrestrisch und lebt auch in offenem Gelände). Artliche Unterschiede nach Größe, Beschuppung, Färbung (Artdiagnosen s. E. Mohr 1961). Bei allen *Manis*-Arten sind die ♂♂ etwas größer als die ♀♀.

Manis pentadactyla (= *M. aurita*), Chinesisches Schuppentier. KRL.: 50–60 cm, SchwL.: 30–40 cm, KGew.: 7–9 kg. Südchina, Fukien, n. bis Kiangsu, Hainan, Taiwan, Sikkim bis an Himalaya, Burma, Assam, N-Indochina.

Manis (Paramanis) javanica, Malayisches Schuppentier. KRL.: 50–60 cm, SchwL.: 50–80 cm, KGew.: 5–6 kg. Thailand, Indochina, Malaysia, Sumatra, Borneo, Java, Bali, Penang, Singapore, SW-Philippinen und kleine Nachbarinseln.

Schuppentiere überschreiten die Wallace-Linie nicht ostwärts, fehlen also auf Sulawesi (Celebes).

Manis (Phatages) crassicaudata, Vorderindisches Schuppentier. KRL.: 60–65 cm, SchwL.: 45–55 cm, KGew.: 8–9 kg. Vorderindien, W-Bengalen, Sri Lanka.

Manis (Smutsia) temmincki, Ostafrikanisches Steppen-Schuppentier, KRL.: 50 cm, SchwL.: 40–60 cm, KGew.: 10 kg. In Ostafrika n. des Oranje bis S-Sudan, Somalia, w. bis an die Grenze des Regenwaldes.

Manis (Smutsia) gigantea, Riesenschuppentier (Abb. 458). KRL.: 75–max. 100 cm, SchwL.: 60 cm, KGew.: 20–30 kg, W-Afrika, von Senegal bis Zaire, Angola, bis zum Albertsee.

Manis (Uromanis) tetradactyla (= *longicaudata, macrura*), Langschwanzschuppentier. KRL.: 40–60 cm, SchwL.: 60–70 cm, KGew.: 2–2,5 kg. Verbreitung wie *M. gigantea*.

Manis (Phataginus) tricuspis, Weißbauchschuppentier (Abb. 458). KRL.: 35–45 cm, SchwL.: 40–50 cm, KGew.: 1,8–2,4 kg. Verbreitung wie *M. gigantea*.

Vorbemerkungen über „Ungulata, Huftiere"
(Ordines 14–29, S. 880–1069)

In zahlreichen Stammeslinien der Eutheria traten bereits in der Kreidezeit und im Alttertiär Pflanzenfresser auf. Dieser Anpassungstyp wird unter den rezenten Säugetieren vor allem durch die bekannten Paarhufer und Unpaarhufer vertreten. Sie wurden im allgemeinen Sprachgebrauch und im älteren Schrifttum als „Huftiere" (Ungulata) zusammengefaßt, da die Enden ihrer Gliedmaßen mit einer eigenartigen Hornbildung, den Hufen, überkleidet sind. Genauere Erforschung verschiedener Säuger-Gruppen führte zu der Einsicht, daß eine ganze Anzahl weiterer Säugetierordnungen phylogenetisch den „Ungulata" im klassischen Sinne nahe stehen könnten, auch wenn ihnen Hufbildungen fehlen und Übergänge zu nichtvegetabiler Ernährung auftreten (Erdferkel, Seekühe). So wurde der Begriff „Huftiere" erweitert und umfaßte schließlich 16 Ordnungen (darunter 6 rezente: Tubulidentata, Proboscidea, Sirenia, Hyracoidea, Perissodactyla, Artiodactyla, nach einigen Autoren auch Cetacea). Da vielfach die Ähnlichkeiten auf Plesiomorphien beruhen und eine monophyletische Entstehung der 16 Ordnungen nicht beweisbar ist, sollte der Terminus „Ungulata" im erweiterten Sinne als systematische Kategorie wegfallen und allenfalls im trivialen Sprachgebrauch als Sammelbegriff verwendet werden.

Dieser Tatbestand bedarf allerdings einer weiteren Erläuterung. Aus dem Alttertiär ist eine Ordnung recht basaler Eutheria, die eine bedeutende Radiation erfuhren, nachgewiesen, die † Condylarthra („Urhuftiere"). Sie weisen eine erhebliche Radiation auf und werden heute als Stammgruppe der Huftiere s.l. angesehen. Das bedeutet nicht, daß die verschiedenen Stammeslinien zu gleicher Zeit und aus der gleichen Aufspaltung der Condylarthra hervorgegangen sind. Der Sammelbegriff „Ungulata" bedeutet also nur „Herkunft von † Condylarthra".

Ordo 14. † Condylarthra

Die † Condylarthra, Urhuftiere, sind eine Gruppe archaischer Eutheria, die während der Kreidezeit entstanden und im Paleozaen und Eozaen eine beträchtliche Formenradiation aufweisen (über 40 Gattungen). Fossilfunde stammen aus N- und S-Amerika, aus Europa und spärlicher aus Asien. Die Mehrzahl von ihnen erlischt bereits im mittleren oder späteren Eozaen. Nur in S-Amerika hat der Stamm sich bis ins Miozaen erhalten († *Megadolodus*).

Gemeinsam ist den † Condylarthra (Abb. 464) eine große Zahl von Symplesiomorphien. Dadurch wird die Abgrenzung der Ordnung und die phylogenetische Aufgliederung erschwert, andererseits aber auch die centrale Stellung in der Stammesgeschichte der Eutheria hervorgehoben. Enge stammesgeschichtliche Beziehungen lassen sich nachweisen zu den Insectivora, zu den Huftieren s.l. und zu den fissipeden Carnivora.

Körpergröße von den Ausmaßen eines Igels bis zur Tapirgröße. Im äußeren Habitus

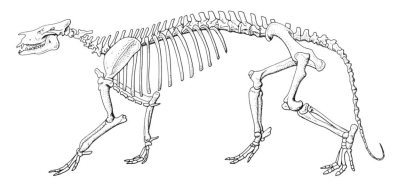

Abb. 464. † *Phenacodus* († Condylarthra), Rekonstruktion des Skeletes. Nach GREGORY.

ähneln sie eher den Raubtieren (kurze bis mittellange Extremitäten, langer Schwanz) als den moderneren Huftieren. Das Gebiß hat die Zusammensetzung basaler Eutheria: $\frac{3\ 1\ 4\ 3}{3\ 1\ 4\ 3}$. Die Canini sind vergrößert und meist durch ein kurzes Diastem von den Backenzähnen getrennt († Phenacodus). Bei der relativ kleinen Gattung † Hyopsodus (Eozaen, N-Amerika), sind die C klein, ein Diastem fehlt. Das Gebiß vermittelt zwischen Insectivora und † Condylarthra. Die Molaren sind bei den basalen Formen bunodont (omnivor-herbivore Ernährung), Evolvierte Formen zeigen Übergänge zu bunoselenodonten und schließlich zu selenodonten Kronenformen. Die Molarenstruktur verdeutlicht den Übergang von † Condylarthra zu Huftieren s.l.

Fibula und Ulna waren nicht reduziert. Die Metapodien sind kaum verlängert. Alle fünf Finger- und Zehenstrahlen sind ausgebildet. Eine leichte Verstärkung des III. Strahles (Mesaxonie) ist bei evolvierten Formen nachweisbar.

Die Endphalangen sind nicht gespalten und tragen bei den basalen Gruppen Klauen. Hufartige Bildungen treten bei den evolvierten Gruppen mehrfach auf.

Das Gehirn (Abb. 466) zeigt eine sehr archaische Struktur. Es ist auffallend schmal, Tectum und Cerebellum liegen dorsal frei. Am Kleinhirn überwiegen die palaeocerebellaren Anteile. Große Riechlappen (Bulbi olfactorii) weisen auf die Dominanz des Geruchssinnes hin. Die Oberfläche des Neopallium ist lissencephal oder zeigt ein einfaches, primitives Furchenmuster. Die Fiss. palaeo-neocorticalis ist deutlich.

Der Schädel (Abb. 465) ist langgestreckt. Orbita und Temporalgrube stehen in weit offenem Zusammenhang. Bulla meist nicht verknöchert.

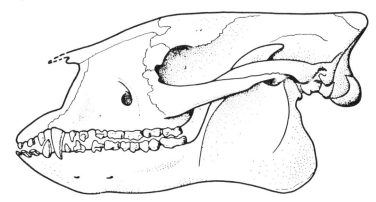

Abb. 465. † *Phenacodus primaevus* (Condylarthra), Schädel. Nach GREGORY.

Die Abgrenzung der † Condylarthra, der Umfang der Ordnung und die taxonomische Gliederung haben mehrfach Änderungen erfahren. Der Ordnung wurden ursprünglich die Überfamilien † Phenacodontoidea, † Pteriptychoidea und † Hypsodontidae (= † Mioclaenidae) zugeordnet. Später kamen die † Meniscotheriidae und die † Didolodontidae hinzu. Von den meisten neueren Autoren werden die vormals als „† Creodonta", Urraubtiere, klassifizierten † Arctocyonidae und † Mesonychidae zu den † Condylarthra gestellt (THENIUS 1969, 1970, CARROLL 1988).

Als Stammgruppe der Condylarthra gelten die † Arctocyonidae († *Protungulatum*, Obere Kreide bis Paleozaen, N-Amerika, † *Oxyclaenus*, † *Deltatheridium*, Eozaen, N-Amerika). Die † Hypsodontidae, relativ kleine Formen aus dem Eozaen N-Amerikas, haben relativ kleine Canini und bunodonte Mahlzähne. Ein Diastem fehlt. Das Gebiß ermöglicht die Ableitung von Insectivora. Die † Periptychidae aus dem Paleozaen N-Amerikas zeigen Spezialisationen des Gebisses (Vergrößerung der P) und der Extremitäten. Eine centrale Stellung unter den † Condylarthra nehmen die † Phenacodontidae und die nahestehenden † Dilodontidae (Paleozaen bis Eozaen) ein. Wir sehen in ihnen eine Gruppe, von der sowohl die Artiodactyla wie die Perissodactyla, wahrscheinlich auch die südamerikanischen, alttertiären Gruppen, abzuleiten sind. Die Ausbildung des vollständigen, brachyodonten bunodonten Gebisses und des postcranialen Skeletes erhärten diese Annahme.

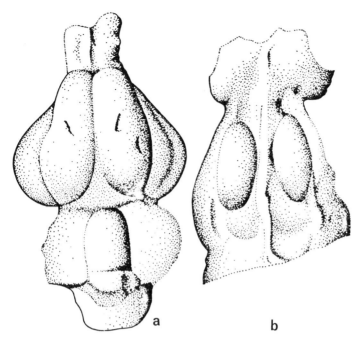

Abb. 466. Endocranialausgüsse von † Condylarthra. Nach T. EDINGER 1929, 1948. a) † *Phenacodus*, b) † *Pteriptychius*.

Die Klassifikation und stammesgeschichtliche Zuordnung der im Folgenden zu besprechenden Ordnungen, die als Abkömmlinge von † Condylarthra anzusehen sind (Ordo 15–29), bereitet Schwierigkeiten. Zunächst sei festgehalten, daß während der Isolation S-Amerikas im Tertiär eine beträchtliche Formenradiation auf diesem Kontinent stattgefunden hat (Ordo 15, 16, 17 und 22). Diese alttertiäre Ungulatenfauna wurde durch die Einwanderung moderner Huftiere und Raubtiere aus N-Amerika verdrängt. Die letzten Abkömmlinge († Litopterna) sind im Pleistozaen erloschen. Aus einer altweltlich-n-amerikanischen Radiation der Condylarthra sind neben mehreren erloschenen Stammeslinien (Ordo 19, 20, 23) die 6 Gruppen der „rezenten, modernen Huftiere" hervorgegangen. SCHLOSSER & M. WEBER fanden nähere Beziehungen zwischen Proboscidea, Sirenia und Hyracoidea und fassen diese Ordnungen in der Großgruppe „**Subungulata**" als monophyletische Einheit zusammen. SIMPSON (1945) vereinigte mit den 3 rezenten Ordnungen die † Desmostylia, † Pantodonta, † Dinocerata, † Pyrotheria und † Embrithopoda als „**Paenungulata**".

MCKENNA (1975) führte den Begriff „**Tethytheria**" für Proboscidea und Sirenia, incl. † Desmostylia? (s. S. 894), ein, an deren monophyletischer Abstammung kaum Zweifel bestehen können. Unsicher bleibt die Stellung der Hyracoidea, die nach molekularbiologischen Befunden den Tethytheria nahe stehen, nach zahlreichen morphologischen Daten aber eher den Perissodactyla (M. FISCHER 1986) zuzuordnen sind (s. S. 931f.).

Ordo 15. † Litopterna

† Litopterna sind eine ausschließlich südamerikanische Ordnung (Eozaen bis Pleistozaen), die vermutlich auf † Condylarthra zurückgehen und im Tertiär eine erhebliche Radiation (45 Genera) erfuhren. Die zunehmende Reduktion der seitlichen Zehenstrahlen des mesaxonischen Fußes

führte schließlich zur Monodactylie, die im übrigen nur noch bei Equidae (Konvergenz) vorkommt. Die Einstrahligkeit wurde von den Litopterna († *Thoatherium*) bereits im Miozaen erreicht, zu einer Zeit, zu der die Equidae noch drei Zehenstrahlen besaßen. Das Gebiß war vollständig und bunolophodont, der Hirnbau primitiv. Eine Stammeslinie hat mit der dreizehigen Gattung † *Macrauchenia*, die Kamel-Größe erreichte, bis ins frühe Pleistozaen überlebt. Rückverlagerung der Nasenöffnungen läßt darauf schließen, daß eine Rüsselbildung bei *M.* vorhanden war.

Ordo 16. † Notoungulata

Die † Notoungulata sind eine sehr formenreiche (über 100 Genera) südamerikanische Ordnung (Eozaen bis Pleistozaen), die mehrfach stark divergierende Radiationen und verschiedenartige Anpassungsformen hervorgebracht hat. Die phylogenetische Einheit der Gruppe gründet sich auf Synapomorphien im Bau der Tympanalregion (epi- und hypotympanale Sinus). Die alteozaenen Formen vermitteln in der Gebißstruktur zu den Condylarthra. Die Molaren sind bei den evolvierten Formen stets lophodont. Im Vordergebiß kommen in einigen Gattungen Stoß- und Nagezahnbildungen vor. Die Gliedmaßen sind 5-3-strahlig. Das Gehirn der basalen Arten gleicht dem der Condylarthra. Evolvierte † Notoungulata besitzen bereits ein primitives Furchungsmuster am Neopallium. † *Toxodon* ist eine pleistozaene Riesenform, die die Größe eines Nashorns erreichte.

Ordo 17. † Astrapotheria

† Astrapotheria sind eine kleine, spezialisierte Gruppe südamerikanischer Huftiere (Paleozaen bis Miozaen, 10 Genera), die vielleicht Beziehungen zu frühen Notoungulata haben. Auffallend ist die erhebliche Differenz in der Stärke der Extremitäten. Die Vordergliedmaße ist ein Säulenbein, ähnlich dem der Elefanten, das Hinterbein ist wesentlich graziler. Hand und Fuß sind 5-strahlig. Os praemaxillare ist sehr klein, obere Incisivi sind rückgebildet. Die unteren und besonders die oberen Canini sind kräftige Hauer. Diastem vorhanden. Die beiden hinteren Molaren stark vergrößert. Nasenöffnung rückwärts verlagert und sehr weit (Rüsselbildung?). Stirnregion pneumatisiert. Die Spätformen († *Astrapotherium*) zeigen Riesenwuchs.

Ordo 18. Tubulidentata

Die Tubulidentata, Röhrenzähner oder Erdferkel, rezent 1 Genus, 1 Species, in Afrika s. der Sahara, wurden ursprünglich gemeinsam mit den Pholidota und den Xenarthra in einer Ordnung „Edentata" zusammengefaßt (s. S. 871). Ähnlichkeiten zwischen Vertretern dieser drei Gruppen beruhen auf Anpassungen an ähnliche Ernährungsweise (Myrmekophagie: Gebißreduktion, Zunge, Grabklauen) oder auf Plesiomorphien. Die genauere Erforschung an ausreichendem Untersuchungsgut brachte jedoch zahlreiche, tiefgreifende Unterschiede zur Kenntnis (Einzelheiten des Schädelbaues und des Gehirns, der Muskulatur, der Frühentwicklung und Placentation, des Chromosomenbaues), so daß sich die Auflösung der alten Ordo „Edentata" als notwendig erwies. Direkte stammesgeschichtliche Beziehungen zwischen Tubulidentata, Pholidota und Xenarthra bestehen nicht (WEBER 1904, 1928, SIMPSON 1945).

Die Ordo Tubulidentata steht weitgehend isoliert und wird heute allgemein als Abkömmling einer früh abgespaltenen eigenen Stammesreihe von archaischen Huftieren († Condylarthra oder deren Ahnen) gedeutet.

Erdferkel (*Orycteropus*) sind plumpe, terrestrische, grabende Eutheria von der Größe eines Schweines. KRL.: 120-150 cm, SchwL.: 45-60 cm, KGew.: 50-80 kg. Der Rücken ist stark konvex nach dorsal gekrümmt (Abb. 467). Der Schwanz ist an der Wurzel außerordentlich dick und verjüngt sich kontinuierlich bis zur Spitze. Er wird als Stütze beim

884 Subcl. Theria, Infracl. Eutheria

Abb. 467. *Orycteropus afer*, Erdferkel (Tubulidentata).

Sitzen auf den Hinterkeulen benutzt. Die Schnauze ist verlängert, röhrenförmig und endet mit einer Nasenplatte. Die weiten, länglichen Nasenlöcher sind mit dichten Haarbüscheln als Schutz gegen eindringendes Erdreich beim Graben besetzt und verschließbar. Die aufrecht stehenden Ohren sind sehr lang (15—20 cm), nackt, sehr beweglich und faltbar. Die Mundöffnung liegt unterständig. Die Extremitäten sind mittellang, sehr muskulös, Hand mit 4, Fuß mit 5 Fingern. Lokomotion rein terrestrisches Laufen, semiplanti-digitigrad.

Zur einzigartigen Struktur des Gebisses s. S. 888. (Abb. 468).

Integument. Die Haut des Erdferkels ist spärlich mit borstenartigen Haaren besetzt. An den Extremitäten kann die Behaarung stärker ausgebildet sein und schwarz-braune Färbung zeigen. Die nackte Körperhaut ist hellgrau. Vibrissen finden sich am Mundboden, hinter dem Auge sowie supra- und infraorbital. Die Hautdrüsen des Erdferkels sind unzureichend untersucht. Erwähnt wird das Vorkommen von tubulösen und alveolären Haarbalgdrüsen und von Drüsenorganen in der Ellenbogengegend (POCOCK

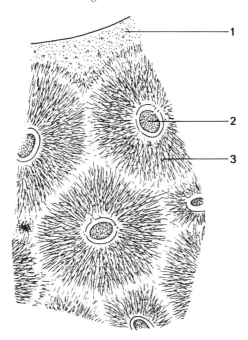

Abb. 468. Zahnquerschliff von *Orycteropus afer*. 1. Zementbedeckung, 2. Pulpakanälchen, von denen Kanälchen radiär in die Prismen (3.) ausgehen. Nach DUVERNOY aus M. WEBER 1928.

1924). Analbeutel sollen fehlen. Nachgewiesen sind große Praeputialdrüsen und entsprechende perigenitale Drüsen bei ♀♀. 2 Zitzenpaare, ein abdominales und ein inguinales sind ausgebildet.

Die **Hornbekleidung** der Endphalangen von Fingern und Zehen werden unterschiedlich als Krallen, Hufen oder Nägel benannt. Es handelt sich um Gebilde, die in eigenartiger Weise spezialisiert sind und ein rasches Graben in sehr harten Böden (Termitenbauten) ermöglichen. Ihrem Bau nach handelt es sich zweifellos um modifizierte Krallen (Scharrkrallen). Sie sind ventral offen, seitlich komprimiert und ragen über das Ende der Endphalanx um etwa 10 – 12 mm hinaus. Ihre Dorsalseite ist zu einem Kamm verstärkt. Sie enden am kurzen II. Finger spitz und an den übrigen Fingern abgerundet (durch Abnutzung ?). Ihre Verankerung auf dem Knochen ist sehr fest. Die Krallen an den Zehen sind weniger komprimiert und enden abgerundet.

Schädel (Abb. 469, 470). Der Schädel der Tubulidentata ist langgestreckt, orthocran mit röhrenförmigem Schnauzenabschnitt. Entsprechend der Reduktion der vorderen Gebißabschnitte (I, C, P) sind die Kiefer rostral von zarter Struktur. Das Schädeldach ist flach (Abb. 469), da das Gehirn kaum dorsalwärts vorgewölbt ist. Die Gestalt des Cranium wird durch die Faktoren „Gebißreduktion" und „geringer Encephalisationsgrad", vor allem aber durch die enorme Entfaltung des Riechorgans bestimmt (s. S. 889f.). *Orycteropus* ist extrem makrosmatisch und besitzt unter allen Eutheria die höchste Zahl von Riechwülsten (10 Endoturbinalia). Daher ist die Regio ethmoturbinalis der Nasenkapsel blasenartig aufgetrieben (Abb. 470) und bildet ein kompliziertes Labyrinth

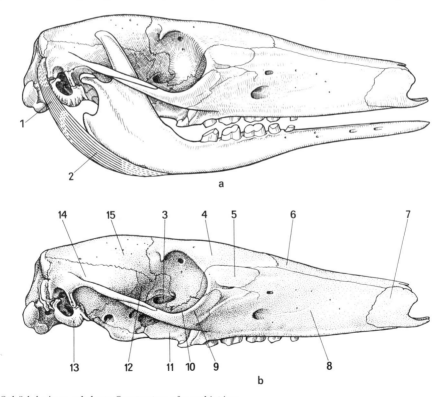

Abb. 469. Schädel eines adulten *Orycteropus afer aethiopicus*.
a) Darstellung des M. digastricus post. (1) und ant. (2), b) Oberschädel, 3. Orbitosphenoid, 4. Frontale, 5. Lacrimale, 6. Nasale, 7. Praemaxillare, 8. Maxillare, 9. Jugale, 10. Palatinum, 11. Pterygoid, 12. Alisphenoid, 13. Tympanicum, 14. Squamosum, 15. Parietale.

unter und vor der Lamina cribrosa. Das ausgedehnte Maxilloturbinale zeigt eine doppelte Einrollung.

Die Praemaxillaria sind klein (Abb. 469) und werden durch die breiten Maxillaria und Nasalia vom Kontakt mit dem Frontale ausgeschlossen. Die Postorbitalfortsätze sind schwach entwickelt. Das Os lacrimale besitzt einen ausgedehnten Facialteil mit For. lacrimale. Ein Interparietale ist ausgebildet (Abb. 470) und verschmilzt erst während der postnatalen Entwicklung mit dem Supraoccipitale. Der Jochbogen ist vollständig, wenn auch wegen der relativ schwachen Kaumuskulatur nicht sehr kräftig.

Ein Os septomaxillare (Os nariale), ursprünglich ein Deckknochen auf der Unterseite der Lamina transversa ant. (unter Eutheria nur bei Dasypodidae und Bradypodidae nachgewiesen), fehlt. Der N. V_2 verläßt das Cavum cranii durch das For. sphenoorbitale.

Das Alisphenoid (Abb. 470) ist relativ groß und enthält das For. ovale (N. V_3). Es beteiligt sich an der Bildung des Paukenhöhlendaches. Die ventrale Wand des Cavum tympani bleibt membranös. Das Ectotympanicum (Abb. 469, 470) behält die ursprüngliche Form eines unvollständig geschlossenen Ringes und bildet keinen knöchernen äußeren Gehörgang. Es liegt in einer Ebene, die mit der Horizontalen einen Winkel von etwa 45° bildet. Ins Squamosum dringt ein pneumatisierter Rec. von der Paukenhöhle her ein. Seine Schuppe deckt einen relativ großen Teil der Schädelseitenwand. Zwischen Exoccipitale und Squamosum schiebt sich das Petrosum („Mastoid") an die Oberfläche vor.

Die Gelenkfläche am Squamosum ist flach und oval geformt. Ein Kiefergelenk-Discus fehlt. Der Unterkiefer ist rostral sehr zart (Abb. 469). Sein Ramus ist hoch; der Proc. muscularis ist sehr lang und rückwärts gebogen. Er überragt den Proc. condyloideus. Der Proc. angularis ist breit, aber kurz.

Postcraniales Skelet. Die Wirbelsäule besteht aus 7 Cl, 13 Thl, 8 Ll, 6 Sl und 27 Cdl-Wirbeln. Die letztgenannten besitzen große Hypapophysen. Die Verbindungen der Wirbel untereinander sind säugertypisch, ohne akzessorische Gelenkflächen.

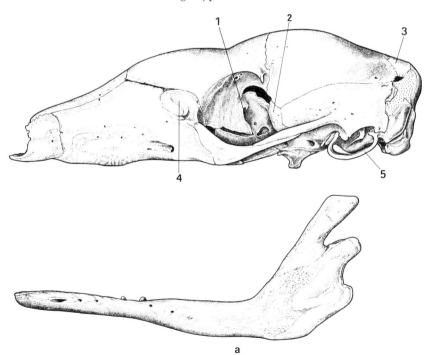

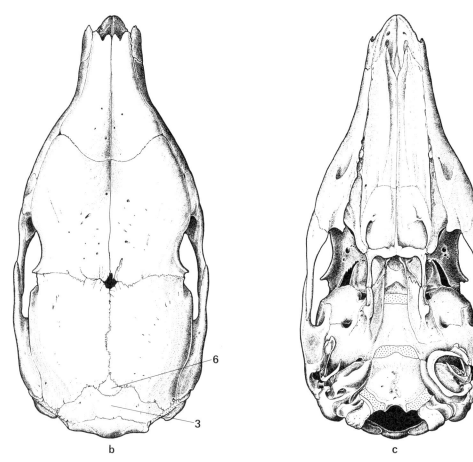

Abb. 470. *Orycteropus afer* (juv., 2 d alt). Schädel in drei Ansichten. In der Basalansicht (c) ist das rechte Tympanicum (linke Bildseite) entfernt.
1. Orbitosphenoid, 2. Alisphenoid, 3. Interparietale, 4. Lacrimale, 5. Tympanicum, 6. Schaltknochen, „Praeinterparietale".

Die Clavicula ist kräftig, ebenso wie die Knochen der Vorderextremität (Grabfunktion). Humerus mit For. entepicondyloideum und ausgedehnten Knochenleisten. Vorderarmknochen in geringem Ausmaß pronierbar. Centrale carpi mit Scaphoid verschmolzen. Daumen reduziert (Metacarpale I als Rest unter der Haut). Die Finger werden von II bis V länger. Das Becken (Abb. 45) ist langgestreckt und mit 3 echten Sacralwirbeln verbunden. An diese schließen 3 Pseudosacralwirbel an. Die Seitenplatte des 6. Sacralwirbels stößt an einen Proc. sacralis ischii, ohne mit diesem knöchern zu verschmelzen. Symphyse nur vom Os pubis gebildet. Großer, zapfenförmiger Proc. ileopectineus in Höhe des Acetabulum. Femur mit Trochanter tertius. Tibia mit Fibula proximal knöchern verwachsen. Der laterale Malleolus hat eine Kontaktfläche zum Calcaneus.

Gebiß. Tubulidentata sind dadurch gekennzeichnet, daß die Struktur ihrer Zähne von der aller anderen Säugetiere abweicht. Die bleibenden Zähne sind wurzellos, säulenförmig, mit flacher Kaufläche und dauernd wachsend. Diese Zähne besitzen keinen Schmelz, sondern sind von einer Zementschicht umhüllt. Ontogenetisch entstehen sie wie typische Zähne über Zahnglocken (Schmelzorgane), die vor Bildung des Schmelzes atrophieren. Die Hauptmasse des Zahnes besteht aus vielen Dentinröhrchen (Tubuli), die sich jeweils um ein centrales Pulparöhrchen gruppieren (Abb. 468). Ein Zahn besteht aus ca. 1000 derartiger Dentintubuli, die im wesentlichen in der Längsrichtung, senkrecht zur Kronenfläche angeordnet sind. Anstelle einer Pulpahöhle tritt bei Tubulidentata also die Gesamtheit der Dentinröhrchen, die Odontoblasten und Gefäße enthalten. Die Dentinröhrchen sind untereinander durch Zement verkittet (Abb. 468).

Das permanente Gebiß besteht aus 4—5 Backenzähnen. Incisivi und Canini fehlen. Die Zahl der Milchzähne wird verschieden angegeben $\left(\frac{7}{4}-\frac{12}{14}\right)$. Sie sind stark reduziert, stiftförmig mit geschlossener Wurzel und ohne Schmelz. Nur an den 2—4 hinteren Praemolaren treten Ersatzzähne auf, die übrigen werden früh resorbiert, ohne durchzubrechen. Hinter den P kommen 3 Molaren zur Ausbildung. In der Regel haben erwachsene Erdferkel 20 Zähne. Die Zahnformel lautet $\frac{0\ 0\ 2\ (-4)\ 3}{0\ 0\ 2\ (-4)\ 3}$. Die P sind kleiner als die M. Die Molaren werden durch cinc buccalc und eine linguale Vertikalfurche eingeschnürt, so daß die Kaufläche andeutungsweise zweilappig erscheint. Die Abkauung führt zur Bildung schräggestellter Kauflächen, die an den Oberkieferzähnen von medial-apical nach buccal-coronal geneigt sind.

Orycteropus besitzt also ein diphyodontes, homodontes und hypsodontes Gebiß, das eine beachtliche Quetsch- und Reibefunktion hervorbringen kann. In diesem Merkmal unterscheiden sie sich von anderen myrmekophagen Säugern (Pholidota, Myrmecophagidae, Tachyglossidae), deren Gebiß vollständig rückgebildet ist. Es war nicht überraschend, als nachgewiesen werden konnte (MEEUSE 1958, MITCHELL 1965, RAHM 1960, eigene Beobachtungen), daß *Orycteropus* in sehr beträchtlicher Menge die Früchte des Erdkürbis (*Cucumis humifructus*) verzehrt.*)

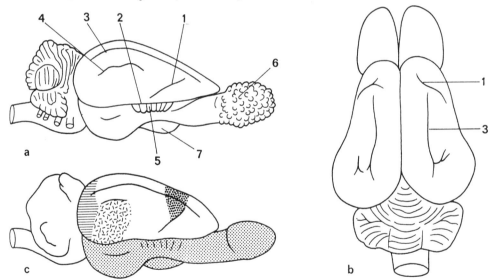

Abb. 471. *Orycteropus afer*, Erdferkel (Tubulidentata). a, b) Äußere Hirnform, c) primäre Projektionsfelder der Großhirnrinde. Fein punktiert: Riechhirn, horizontal gestrichelt: Optisches Gebiet, grob punktiert: Motorik, gekräuseltes Raster: Akustisches Gebiet, Tastfeld ohne Raster: zwischen optischer und motorischer Region gelegen.
1. Fiss. praesylvia, 2. Fiss. palaeoneocorticalis, 3. Fiss. lateralis, 4. Fiss. suprasylvia, 5. Gyrus ambiens, 6. Bulbus olfactorius, 7. Tubc. olfactorium.

*) Diese Pflanze ist in ihrer Verbreitung an das Vorkommen von Erdferkeln gebunden, denn ihre Samen werden mit deren Kot verbreitet. Sie findet sich oft in der Nachbarschaft von Termitenbauten.

Die phylogenetische Herkunft der eigenartigen Röhrenzähne ist mangels entsprechender Fossilfunde unbekannt. Die Hypothese, daß es sich um eine Anpassung an die gemischt myrmekophag/pflanzliche Nahrung handelt und daß diese Zahnstruktur daher sekundär aus Höckerzähnen entstanden ist, hat die meiste Wahrscheinlichkeit für sich.

Nervensystem und Sinnesorgane. Das Gehirn von *Orycteropus* ist gekennzeichnet durch die außergewöhnliche voluminöse Entfaltung des Riechhirns (Abb. 471), durch die geringe Breite und Höhe des Neopallium (temporale Breite des ganzen Pallium max. 40 mm, Länge einer Endhirnhemisphaere 60 mm) sowie durch ein freiliegendes Cerebellum. Es handelt sich zweifellos um einen basalen Hirntyp von geringem Neencephalisationsgrad bei gleichzeitiger hoher Spezialisation des Riechapparates (Quantitative Daten fehlen bisher). Das Evolutionsniveau dürfte kaum höher sein als bei Didelphiden oder Insectivora. Im Gegensatz zu diesen besitzt das Erdferkel aber ein, wenn auch primitives Furchungsmuster am Neopallium. Dies findet seine Deutung in der Tatsache, daß *Orycteropus* im Vergleich zu den genannten Primitivformen eine beträchtliche Körpermasse (ca. 60 kg) aufweist.

Die großen Bulbi olfactorii liegen vor dem Frontalpol und sind ringsum, auch dorsal, mit Fila olfactoria besetzt (Abb. 471). Tractus und Tuberculum olfactorium und Lobus piriformis sind ausgedehnt und in der Lateralansicht sichtbar. Die Grenze gegen das Neopallium (Fiss. palaeo-neocorticalis) ist geradeverlaufend und liegt etwa in der Mitte des Telencephalon.

Die Breite des Neopallium übertrifft in den frontalen 2/3 nicht die Breite der beiden Riechlappen (20 mm) und steigt nur im temporo-occipitalen Bereich auf etwa 40 mm an (Abb. 471). Das Gehirn ist längsgestreckt und zeigt keinerlei Knickung. Die Größe des Gehirns entspricht zunächst der Größe der zu innervierenden Peripherie. Übersteigt diese (Zunahme der Muskelmasse und der Hautoberfläche) einen gewissen Grenzwert, so treten auch bei fehlenden Entfaltung der Assoziationsgebiete an einem basalen Gehirn Furchen und Windungen auf, da eine Dickenzunahme des Cortex nicht möglich ist (s. S. 105). In diesem Falle verlaufen die Furchen vorwiegend in der Längsrichtung der Hemisphaere (Abb. 471). Beim Erdferkel tritt gewöhnlich eine dorsale Längsfurche, die einem Sulcus lateralis entsprechen dürfte, sowie ein Sulcus praesylvius auf. Eine kurze, lateral gelegene Furche wird als Sulcus suprasylvius gedeutet. Im Bereich des Palaeencephalon ist der Gyrus ambiens äußerlich sichtbar. Die Anordnung der funktionellen Rindenfelder entspricht dem typischen Bild der Eutheria (WOOLLARD 1925). Kennzeichnend ist die relativ weite Ausdehnung des Hör- und des Tastfeldes. Sekundäre Assoziationsgebiete sind nicht abgrenzbar. Endocranialausgüsse von Condylarthra, Litopterna, Notoungulata und primitiven Ungulata (Tragulidae) zeigen ein ähnliches Furchungsmuster. Hingegen bestehen in der Makromorphologie des Gehirns keinerlei Ähnlichkeiten zu Pholidota und Xenarthra. Auch wenn die Befunde am Gehirn von *Orycteropus* im wesentlichen als Plesiomorphien anzusprechen sind, stützen sie die Annahme engerer verwandtschaftlicher Beziehungen zu archaischen Huftieren.

Sinnesorgane. Nase. Das Riechorgan von *Orycteropus* (Abb. 472) hat unter allen Säugetieren eine extrem hohe Spezialisation erreicht und ist zweifellos ein besonders kennzeichnendes Adaptationsmerkmal dieser, im übrigen bemerkenswert basalen Gruppe. Die Nase umfaßt 2/3 der Schädellänge, liegt nicht nur praecerebral, sondern umgreift im Bereich des Rec. ethmoturbinalis mit einem Labyrinth höchst komplizierter Exoturbinalia die Bulbuskammer und höhlt das Praesphenoid von rostral her aus (Sinus „sphenoidalis"; COUPIN 1926).

Das Maxilloturbinale ist lang und reicht bis zur Nasenöffnung. Es ist doppelt eingerollt, aber im übrigen nicht verzweigt. Am Vorderende, also unmittelbar hinter dem

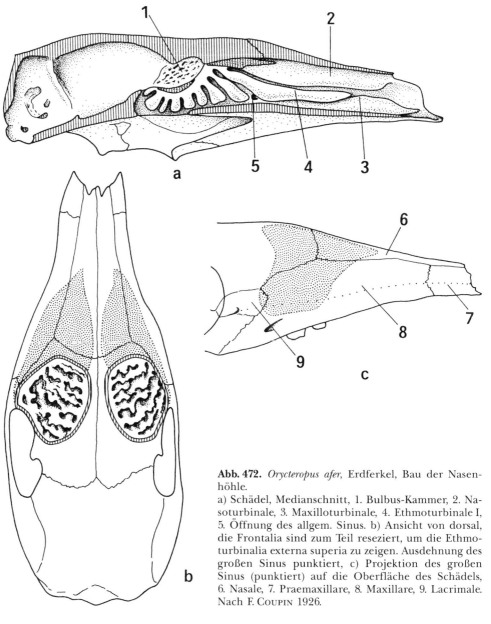

Abb. 472. *Orycteropus afer*, Erdferkel, Bau der Nasenhöhle.
a) Schädel, Medianschnitt, 1. Bulbus-Kammer, 2. Nasoturbinale, 3. Maxilloturbinale, 4. Ethmoturbinale I, 5. Öffnung des allgem. Sinus. b) Ansicht von dorsal, die Frontalia sind zum Teil reseziert, um die Ethmoturbinalia externa superia zu zeigen. Ausdehnung des großen Sinus punktiert, c) Projektion des großen Sinus (punktiert) auf die Oberfläche des Schädels, 6. Nasale, 7. Praemaxillare, 8. Maxillare, 9. Lacrimale. Nach F. COUPIN 1926.

Nasenloch, ist die Schleimhaut mit einigen Papillen von 1–3 mm Länge besetzt, auf denen Rezeptoren vermutet werden.*)

Der Ductus nasolacrimalis mündet weit rostral in den unteren Nasengang. Am Sagittalschnitt sind 10 Endoturbinalia (1 Nasoturbinale und 9 Ethmoturbinalia) sichtbar (Abb. 472). Das Nasoturbinale hat vorn eine, hinten zwei Wurzeln und enthält eine große Höhle, die mit dem Sinus kommuniziert.

---

*) Die Feinstruktur der Nasenschleimhaut und die Ausdehnung der Riechschleimhaut sind noch ebenso unbekannt, wie die Ontogenese des eigenartigen Systems der pneumatisierten Nebenräume.

Am Cranium des erwachsenen Erdferkels findet sich ein ausgedehnter Paranasalsinus, der sich in die Ossa maxillaria, frontalia, lacrimalia und nasalia erstreckt. Er mündet mit einer großen ovalen Öffnung in den mittleren Nasengang, unmittelbar über dem Hinterende des Maxillare und unter dem freien Ende des Ethmoturbinale I. Der Sinus bildet ein einheitliches Raumsystem, dessen Teile untereinander kommunizieren. Leistenartige Vorsprünge der Wand lassen die Vermutung zu, daß der Sinus paranasalia ontogenetisch durch Verschmelzung der Sinus maxillaris, frontalis und nasalia entstanden sein könnte. Das komplexe Labyrinth der Ethmoturbinalia (Exoturbinalia) steht ebenfalls mit dem allgemeinen Sinus in Verbindung. Dieser reicht bis nahe an die Medianlinie heran und erstreckt sich nach rostral bis zur Mitte des Nasale, nach hinten weit ins Frontale, lateral bis dicht an die Höhe des For. infraorbitale (Abb. 472).

Die Bulbuskammer wird seitlich und dorsal vom Ethmoidallabyrinth umschlossen (Abb. 472). An den Exoturbinalia lassen sich eine untere Gruppe (13—14 Muscheln) und eine obere Gruppe mit mindestens 18—20, meist noch gegabelten Muscheln unterscheiden. Dieser Gruppierung entspricht eine Gliederung der Foramina in der Lamina cribrosa durch Knochenleisten. Zur ausreichenden Deutung des Sinussystems und des Ethmoidallabyrinthes von *Orycteropus* bleibt eine Analyse der Embryonalentwicklung abzuwarten.

Erdferkel besitzen ein **Jacobsonsches Organ**, das in der Rinne eines typisch gestalteten Paraseptalknorpels liegt und in einen dünnen Ductus nasopalatinus mündet. Über die Differenzierung des Sinnesepithels fehlen Untersuchungen.*)

Auge. Der Bulbus oculi ist relativ klein im Vergleich zu Huftieren gleicher Körpergröße (Durchmesser vertikal und horizontal 20—22 mm), aber immerhin noch groß im Vergleich zu anderen nocturnen, myrmekophagen Säugetieren (Dasypodidae, Myrmecophagidae, *Tachyglossus*, Pholidota, V. FRANZ 1907). *Orycteropus* ist farbenblind (reine Stäbchenretina) und besitzt ein Tapetum lucidum fibrosum. Die Pupille ist rund. Auffallend ist die ungewöhnlich starke Ausbildung wulstiger Ciliarfalten (sog. „Sims", V. FRANZ) im Randbezirk. *O.* besitzt eine große Nickhaut, eine große Hardersche Drüse und kleine Tränendrüsen.

Verdauungsorgane. Die Mundöffnung ist klein und unterständig. Die Lippen sind wulstig. Ihre Schleimhaut setzt sich unmittelbar, ohne Bildung eines Vestibulum oris in diesem Bereich, in die Gingiva fort. Am Gaumen sind 12 quere Falten ausgebildet. Die Zunge ist wurmförmig, wie bei anderen myrmekophagen Säugern schmal und abgeplattet und kann bis zu 30 cm vorgestreckt werden (SONNTAG 1925, 1926). Sie hat drei Papillae vallatae. Lyssa und Unterzunge fehlen. Mächtig ausgebildet sind die drei großen Speicheldrüsen, vor allem die Gld. sublinguales und submandibulares, die sich über den Hals bis an die Claviculae ausdehnen und einen U-förmigen Drüsenkomplex bilden.

Der Magen ist einfach, sackförmig. Im Bereich der Pars pylorica ist seine Wandmuskulatur verstärkt und dient offenbar der mechanischen Aufbereitung der Nahrung, unterstützt durch verschluckte Kiesel. Der Darmkanal zeigt keine Sonderanpassungen, abgesehen von der beträchtlichen Länge. *Orycteropus* besitzt ein Mesenterium commune, eine Flexura duodenojejunalis fehlt. Ein Caecum von mäßiger Größe ist ausgebildet. Es hat eine sackförmige Ausstülpung am proximalen Abschnitt. Die Länge des Jejunum mit Ileum beträgt ca. 9 m, die des Colon etwa 2 m.

---

*) An einem 2 d alten Jungtier ist der Gang des Organon vomeronasale auffallend eng, mit niederem Epithel ausgekleidet und von dichten Venengeflechten umgeben. Über ihm trägt das Septum nasi in halber Höhe eine deutlich vorspringende Leiste, deren Stroma aus dichten Venengeflechten besteht. Eine funktionelle Deutung ist ohne Kenntnis der Feinstruktur nicht möglich, doch lassen die Befunde die Schlußfolgerung zu, daß das Jacobsonsche Organ, im Gegensatz zum eigentlichen Riechorgan, in Rückbildung begriffen ist und daß eine Korrelation zur termitophagen Ernährungsweise besteht.

Atmungsorgane. Epiglottis und Aditus laryngis liegen supravelar. Die Atmung ist beim raschen Aufnehmen der Nahrung und beim Schlucken der Termiten nicht behindert. Am Larynxskelet ist der Aufbau des Schildknorpels aus zwei Visceralbögen noch nachweisbar. Der Kehlkopf zeigt keine Ähnlichkeiten mit dem der Xenarthra. Die linke Lunge besteht aus 2, die rechte aus 4 Lappen. Die V. cava caud. entsteht aus 2 sehr ungleichen postrenalen Wurzeln.

Urogenitalsystem. Die Nieren sind glatt und haben nur 1 Papille. Die Hoden liegen inguinal in einem Cremastersack und können in die Bauchhöhle zurückverlagert werden. Ein Scrotum fehlt. Die Glandulae vesiculares sind groß, ebenso der Uterus masculinus. Dem kurzen Penis fehlt ein Baculum. Erdferkel besitzen einen echten Uterus duplex mit zwei getrennten Mündungen in die Vagina.

Biologie der Fortpflanzung. Das einzige Junge wird im Erdbau geboren. GeburtsGew. 1 600 – 1 900 g. Tragzeit 7 mon. Setzeit im S V – VIII, in C-Afrika X – XI. Augen beim Neonaten offen, Haut noch haarlos und faltig. Die Jungen begleiten im Alter von 3 Wochen bereits die Mutter. Selbständige Nahrungsaufnahme im Alter von 2 – 3 mon. Die Embryonalentwicklung ist nur lückenhaft erforscht, da bisher nur 5 Embryonalstadien bekannt wurden (TURNER 1876, v. d. HORST 1949, MOSSMAN 1957, TAVERN et al. 1970). Dottersackorientierung und erste Anheftung antimesometrial. Implantation superfiziell. Amnionbildung durch Dehiszenz (Schizamnion). Bilaminäre Omphalopleura mit frühem invasiven, antimesometrialen Anheftungsbezirk, persistierend. Allantochorionplacenta unvollkommen gürtelförmig, Aussparung einer Lücke für den Durchtritt des Dottersack-Rudiments. Struktur labyrinthär, endotheliochorial(?). Kleine Randhaematome. Allantois sehr groß, vierlappig.

Karyologie. Chromosomenzahl 2 n = 20 (BENIRSCHKE 1970). 2 Paar große subtelocentrische und kleinere meta-submetacentrische Paare, y-Chromosom zweiarmig, x-Chromosom klein, metacentrisch.

Lebensraum und Lebensweise. Erdferkel sind Bewohner offener Landschaften und bevorzugen Savannen. Sie fehlen in Wüstengebieten und meist auch im dichten Regenwald. In W-Afrika (Kamerun bis Zaire) wurde kürzlich das Vorkommen im Regenwald festgestellt. Unbedingte Voraussetzung für das Vorkommen ist die Anwesenheit von Termiten. (Über die Art der Nahrung s. S. 883, 888.) Neben Termiten und Ameisen werden gelegentlich andere Insekten (Käferlarven, Heuschrecken) und ganz selten kleine Wirbeltiere genommen. Erdferkel nehmen Wasser auf. Das Fressen der Früchte von *Cucumis* (s. S. 888) mag der Deckung des Flüssigkeitsbedarfes in Trockenzeiten dienen.

Erdferkel leben gewöhnlich solitär. Weibliche Jungtiere können einige Zeit die Mutter begleiten. Männliche Jungtiere werden im Alter von etwa 6 mon selbständig. Aktivität nocturn, der Bau wird erst nach Eintritt der Dunkelheit verlassen. Nächtlicher Bewegungsradius zur Nahrungssuche 10 bis 30 km. Die selbst gegrabenen Erdbaue haben eine Länge von mehreren m und enden in einer rundlichen Wohnkammer von 1 – 2 m Durchmesser und 80 cm Höhe. Die Gänge können aber auch beträchtliche Länge erreichen, sich mehrfach verzweigen und mehrere Kessel in Abständen von 3 – 4 m aufweisen. Der Durchmesser der Gänge ist am Eingang am geringsten (40 – 50 cm). Sie führen schräg abwärts. KINGDON (1971) berichtet von einem Gang, der in eine Tiefe von 6 m führte. Ein Gangsystem hat oft einen Ausgang, kann aber auch bis zu 10 Öffnungen besitzen. Hat das Tier sich bei seiner Nahrungssuche weit von seinem Wohnbau entfernt, so kann es kurze, temporäre Schlafbaue anlegen. Die Grabarbeit mit den Vordergliedmaßen ist überaus rasch und effizient. Eine Tunnelstrecke von 1 m Länge kann in 5 min gegraben werden. Ist der Bau befahren, so wird die Öffnung unvollständig durch Sand verschlossen. Unklar ist, wie der O_2-Bedarf beim längeren Aufenthalt in den tiefen Gängen gedeckt werden kann. Atmungs,- Kreislauf- und Stoffwechselfunktionen sind noch nicht untersucht. Mittlere Körpertemperatur 34,5°. Die Stoffwechselaktivität ist äußerst niedrig.

Lautäußerungen: Schnauben und Grunzen bei der Nahrungssuche und beim Betreten des Baues, lautes Blöcken bei Gefahr. In einer von Erdferkeln bewohnten Gegend finden sich massenhaft verlassene Baue, die als Unterschlupf für zahlreiche Wirbeltiere (*Proteles*, Warzenschweine, Hyänen, Schleichkatzen, Varane usw.) dienen und denen damit eine ökologische Bedeutung zukommt. Als Predator von Termiten sind Erdferkel dem Menschen von Nutzen.

Herkunft und Systematik der Tubulidentata. Eine Anzahl von Plesiomorphien weisen darauf hin, daß *Orycteropus* ein Relikt einer sehr frühen Abspaltung von archaischen Eutheria ist und einen langen Eigenweg durchlaufen hat (geringe Entfaltung des Neopallium, großes Riechhirn, Vorkommen eines Mesethmoids, Paukenhöhle). Die Stammgruppe ist nicht sicher bekannt. Eine Reihe von Merkmalen weisen auf Verwandtschaft mit primitiven Huftieren hin (Muster der Hirnfurchen, Muskulatur, Bau des Auges) (FRICK 1956, SONNTAG 1925, WOOLARD 1925, LE GROS CLARK). Frühentwicklung und Placentation zeigen Anklänge an die Befunde bei Equidae (MOSSMAN 1987). Dieses altertümliche Bild der Organisation wird weitgehend durch gruppenspezifische Adaptationen an die myrmekophage Ernährungsweise überprägt (röhrenförmige Schnauze, Zunge, Speicheldrüsen, Grabklauen, Gebißstruktur, vor allem durch die excessive Hypertrophie aller mit dem Riechsinn verbundener Strukturen).

Das Entstehungscentrum der Tubulidentata dürfte in Afrika zu suchen sein (Paleozaen). Der älteste Fossilfund eines Tubulidentaten († *Myorycteropus*) stammt aus dem älteren Miozaen (O-Afrika). Er weicht vor allem in der Spezialisation der Gliedmaßen von *Orycteropus* ab. Bereits im späten Miozaen tritt die Gattung *Orycteropus* auf. † *Orycteropus gaudryi* (Europa-Mittelmeergebiet, W-Asien) war etwas größer als die rezente Form. Alle miozaenen Arten haben 7 (statt 5) Backenzähne. † *Leptorycteropus* (Pliozaen, Afrika) hat eine wenig verlängerte Schnauze und besitzt noch Eckzähne. † *Plesiorycteropus* (Pleistozaen, subfossil, Madagaskar) ist Vertreter einer Seitenlinie mit stärkerer Adaptation an reine Myrmekophagie.

Orycteropus gehört zur altafrikanisch autochthonen Fauna (Miozaen, Pliozaen). Alle Funde aus Europa und Asien sind relativ jung (Pliozaen). Sie belegen, daß die Ordnung eine, wenn auch geringe, Radiation durchgemacht hat.

Rezent 1 Genus, 1 Species, *Orycteropus afer*. (Charakterisierung s. bei Beschreibung der Ordnung, S. 884f.) Im Schrifttum werden 19 Unterarten genannt. Von diesen dürften allerdings nur 5–6 Bestand haben.

Ordo 19. † Pantodonta

Die † Pantodonta aus dem Paleozaen bis Oligozaen von N-Amerika, Europa, Asien vereinigen neben zahlreichen Plesiomorphien vor allem Spezialisationen am Vordergebiß. Basale Merkmale sind der primitive Bau des Gehirns und die Fünfstrahligkeit der Finger. In dieser Stammesreihe treten bereits früh Großformen auf. Die Molaren der älteren Formen sind tribosphenisch. Später finden sich Übergänge zu selenodonten und lophodonten Kronenmuster. † *Hypercoryphoden* aus dem Mitteloligozaen besaß eine Schädellänge von 80 cm. Die Extremitäten sind relativ kurz und plump. Die Zehen tragen bei † *Titanoides* (Paleozaen) Klauen, bei den jüngeren Formen Hufen. Tendenz zur Verlängerung der Canini.

Ordo 20. † Dinocerata

Die † Dinocerata stehen den Pantodonta nahe und wurden mit diesen früher als † Amblypoda (COPE) vereinigt. Die Ähnlichkeiten beruhen aber vielfach auf Symplesiomorphien (Hirn, Fußstruktur) oder auf Konvergenzen (Gebiß), so daß Herkunft aus gemeinsamer Wurzel nicht wahrscheinlich ist (SIMON 1960, THENIUS 1979). Fossilfunde liegen in großer Zahl aus dem Paleozaen bis Eozaen von N-Amerika und Asien vor. Hirnbau, Extremitätenbau und trigonodonte Struktur der oberen Molaren bleiben primitiv. Spezialisationen finden sich im Vordergebiß (Reduktion der I, Vergrößerung der C) und im Bau des Cranium, besonders bei den späteren Riesenformen, bei denen besonders im Nasen-Stirnbereich Knochenauswüchse (Höcker und Protuberanzen) auftreten. Sie erlöschen im Jungeozaen mit † *Uintatherium,* † *Eobasileus* und † *Gobiatherium.*

Ordo 21. † Pyrotheria

Die † Pyrotheria sind ein eigener Stamm, der im frühen Paleozaen einen Eigenweg einschlug und im Oligozaen erlischt. Sie sind nur aus S-Amerika bekannt und werden von einigen Autoren in stammesgeschichtliche Beziehung zu den † Notoungulata gebracht. Backenzähne bilophodont. Obere und untere Incisivi stoßzahnartig vergrößert. Extremitäten sind Säulenbeine mit relativ kurzen Unterarmen und Unterschenkeln. Sie sind im Körperbau eine bemerkenswerte Parallelerscheinung zu den Proboscidea † *Colombitherium* im Eozaen, † *Pyrotherium* im Altoligozaen.

Ordo 22. † Xenungulata

† Xenungulata (1 Art) sind eine kleine, nur aus dem jüngeren Paleozaen Südamerikas bekannte Gruppe († *Carodnia*). Vormals wegen der Bilophodontie mit den Pyrotheria vereinigt, werden sie von PAULA COUTO wegen Spezialisationen des Vordergebisses (große Canini, meißelförmige I) und der schlanken Gliedmaßen als eigene Ordnung den übrigen s-amerikanischen Paenungulata gegenübergestellt.

Ordo 23. † Desmostylia

Die † Desmostylia sind eine eigenartige Gruppe von Abkömmlingen der Condylarthra, die nur aus Küstenregionen des N-Pazifik von Japan bis Kalifornien bekannt wurden (Jung-Oligozaen bis Miozaen). Auf Grund der zunächst isoliert vorliegenden Funde von Schädelteilen wurde vermutet, daß die Desmostylia mit den Sirenia verwandt wären. Diese Annahme mußte revidiert werden, als postcraniale Skelete und Extremitäten gefunden wurden. † Desmostylia sind hoch spezialisierte, semiaquatile, herbivore Küstenbewohner, denen eine Sonderstellung zukommt. Auch die Zuordnung zu den Tethytheria (MCKENNA 1977, s. S. 882) ist kaum berechtigt.

Die Kronenform der Backenzähne zeigt eine oligo- bis polybunodonte Struktur und schien die Verwandtschaft zu den Sirenen zu stützen. Die Tendenz zur Bildung stoßzahnartiger Incisivi-Canini weist aber auf die Eigenständigkeit der Desmostylia. Zahnformel der basalen Formen $\frac{3\ 1\ 3\ 3}{3\ 1\ 4\ 3}$ mit zunehmender Reduktion bei den evolvierten Arten: $\frac{0\ 1\ 3\ 3}{0\ 1\ 3\ 3}$. Die Symphyse des Unterkiefers war stark verlängert, das Schädeldach sehr flach. Die Gliedmaßen der † Desmostylia sind kräftig, von mittlerer Länge und enden mit typischen Händen (Füßen), sind also nicht nach Art der Sirenen zu spezialisierten Paddeln umgebildet. Hand und Fuß waren vierstrahlig und relativ breit. Die Kenntnis des ganzen Skeletes rechtfertigt die Annahme, daß † Desmostylia eine amphibische Lebensweise in der Nähe flacher Küstengewässer führten und sich von Wasserpflanzen (Algen) ernährten. Der Anpassungstyp dürfte dem der Flußpferde ähnlich gewesen sein.

5–6 Genera können unterschieden werden, die 2 Stammesreihen zugeordnet werden können: † Cornwallidae mit † *Benemotops,* † *Cornwallius* und † *Paleoparadoxia* (Oligozaen bis Alt-Miozaen) und † Desmostylidae mit † *Desmostylus* (Miozaen).

Ordo 24. Proboscidea

Die Proboscidea, Rüsseltiere, sind eine formenreiche Ordnung (24 fossile, 2 rezente Genera) großer Pflanzenfresser, die seit dem Eozaen bis heute nachweisbar ist. Ihr Ursprung lag in Afrika. Ihre Stammesgeschichte (s. S. 896 f.) ist durch zahlreiche Fossilfunde, besonders aus dem Jungtertiär und Pleistozaen, gut belegt, da sich die großen und harten, sehr charakteristischen Zähne gut erhalten haben. Mehrfach haben Ausbreitungen nach Eurasien und N- und S-Amerika stattgefunden (sie fehlen nur in Australien, Arktis und Antarktis). Eine Reihe von Stammeslinien sind nachweisbar. Von diesen haben mindestens zweimal umfangreiche Radiationen (Mastodonten und Elefanten) ihren Ausgang genommen.

Herkunft, Stammesgeschichte und Großgliederung. Die Stammform der Proboscidea und archaischen Huftieren ist nicht bekannt. Das Vorkommen gemeinsamer, nicht adaptiver Merkmale mit den Sirenia läßt auf gemeinsame Herkunft schließen (Abb. 493).

Die Gattung †*Moeritherium*, mit sechs Arten aus dem Mittel-Eozaen bis Oligozaen NO- und W-Afrikas, wurde lange Zeit hindurch als gemeinsame Stammgruppe der Sirenia und Proboscidea angesehen. Es handelte sich um etwa tapirgroße Tiere mit der Tendenz zur Vergrößerung der Schneidezähne und einer Hirnform, die in der Gestalt des Pallium Ähnlichkeiten zum Gehirn der Elefanten aufweist, sich von diesen allerdings durch sehr große Riechbulbi unterscheidet. Der Facialteil des Schädels ist verkürzt, die Nasalia sind kurz und breit, der Hirnschädel lang und schmal. Zahnformel: $\frac{3\ 1\ 3\ 3}{2\ 0\ 3\ 3}$, C ist klein, die M brachyodont, bunodont (4 Höcker mit Tendenz zur Jochbildung). P einfach, nicht molarisiert. Nasenöffnung erscheint normal, also keine Rüsselbildung. Orbita, äußere Ohröffnung und Nasenöffnung liegen hoch und in einer Ebene, so daß eine wahrscheinlich aquatile Lebensweise anzunehmen ist (Abb. 473, 474). Neue Funde eines postcranialen Skeletes (SIMONS 1968) haben eine Reihe von Spezialisationen aufgedeckt (erheblich verlängerter Rumpf, kurze Extremitäten, fünf Finger, kurzer Schwanz), wodurch sie als Stammgruppe jüngerer Proboscidea nicht in Frage kommen. Die Mehrzahl der neueren Autoren sieht in ihnen einen frühen Seitenzweig der Proboscidea und deutet sie als Schwestergruppe (THENIUS 1969). TOBIEN (1971, 1976) vermutet engere Beziehungen zu Sirenia.

Die Annahme einer sehr basalen gemeinsamen Wurzel von Sirenen und Rüsseltieren und ihre Zusammenfassung als **Tethytheria** (MCKENNA 1975) bleibt, unabhängig von der Einordnung der †Moeritheria, bestehen (Abb. 493).

Eine früh abgespaltene Seitenlinie der Proboscidea, die †Deinotherioidea, treten im älteren Miozaen der Alten Welt auf. Die Gruppe ist durch Zunahme der Körpergröße bis zum Pliozaen (*Deinotherium gigantissimum* übertrifft rezente Elefanten erheblich an Größe) ausgezeichnet. Sie erlöschen in Eurasien mit Ende des Tertiärs, erhalten sich aber in Afrika bis ins frühe Pleistozaen. Amerika wird nicht erreicht. Oberkieferstoßzähne fehlen Deinotherium. Im Unterkiefer sind lange, abwärts gebogene Stoßzähne ausgebildet. Gebiß: $\frac{0\ 0\ 2\ 3}{1\ 0\ 2\ 3}$. Backenzähne bilophodont. Schädel flach, Nasenöffnung reicht weit orbitalwärts, wahrscheinlich Rüssel ausgebildet. Säulenbeine mit 4 Zehen. Die †Barytherioidea mit †*Barytherium* aus dem Jung-Eozaen Ägyptens und Libyens werden mit den Deinotheria in engere Verwandtschaft gebracht.

Die **Elephantoidea** (= Elephantidae, †Mastodontidae) sind im Alttertiär in Afrika entstanden, haben noch im Tertiär Asien besiedelt, erreichten über die Bering-Brücke auch Amerika und breiteten sich bis nach S-Amerika aus. Mehrere Radiationen sind festzustellen. Als älteste Form ist †*Palaeomastodon* (= †*Phiomia*) (Abb. 473) aus dem Alt-Oligozaen festzustellen, das noch zeitgleich mit †*Moeritherium* vorkam.

896 Subcl. Theria, Infracl. Eutheria

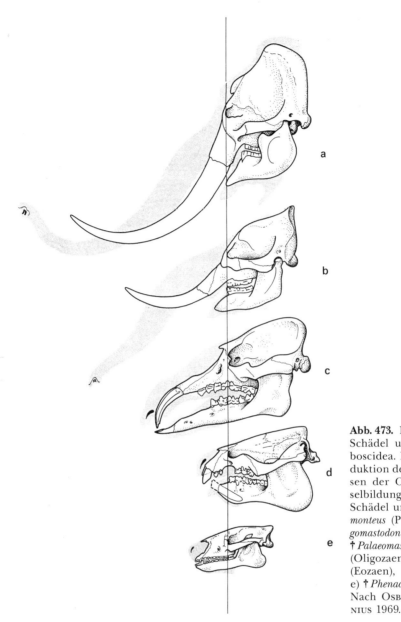

Abb. 473. Formwandel von Schädel und Gebiß bei Proboscidea. Fortschreitende Reduktion der Nasalia, Vorwachsen der Oberlippe und Rüsselbildung. Gestaltwandel von Schädel und Gebiß. a) † *Mammonteus* (Pleistozaen), b) † *Stegomastodon* (Pleistozaen), c) † *Palaeomastodon* (= *Phiomia*) (Oligozaen), d) † *Moeritherium* (Eozaen), e) † *Phenacodus* (Paleozaen). Nach OSBORN, GREGORY, THENIUS 1969.

† *Palaeomastodon* ist etwa tapirgroß. Facialschädel mäßig verlängert, Hirnschädel kurz und hoch. Zahnformel: $\frac{1\ 0\ 3\ 3}{1\ 0\ 2\ 3}$. Die oberen und unteren Incisivi stoßzahnartig verlängert. Molaren mit niedriger Krone, bunodont (6 Höcker) und Tendenz zur Bildung von Querjochen. Bewegliche und verlängerte Oberlippe, offenbar keine Rüsselbildung. Ihre Stellung als vermutliche Stammform der Mastodonten ist nicht gesichert. Im Miozaen setzt eine erste Radiation der Elephantoidea ein und führt alsbald zu einer erheblichen Formenfülle. Als Ausgangsform für die Aufspaltung in die Familien Mastodontidae und Elephantidae dürfte † *Gomphotherium* (= *Mastodon*) *angustidens* (Europa) anzu-

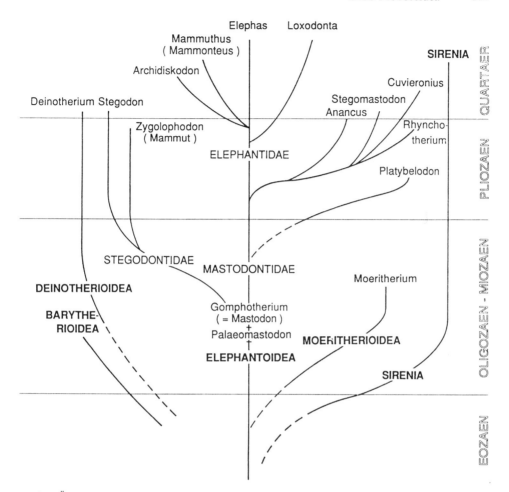

Abb. 474. Übersicht über die Stammesgeschichte der Proboscidea.

sehen sein. Vergrößerung der oberen Stoßzähne. Unter den Gomphotheria ist nun ein schrittweiser Reduktionsprozeß der unteren Stoßzähne mit paralleler Ausbildung eines Rüssels festzustellen. Unter den jungtertiären Formen kann eine bunodonte und eine zygodonte Linie unterschieden werden. Schließlich treten im Pliozaen Formen mit kurzem Kiefer und langem Rüssel auf († *Anancus*), deren Kopf elefantenähnlich erscheint. Die Zähne behalten ihren bunodont-zygodonten Charakter; hochkronige Lamellenzähne treten erst spät bei Elephantidae im Pleistozaen auf. Weitere Abkömmlinge der Mastodontidae sind † Stegodontidae (Afrika, Asien bis Japan, Philippinen, Celebes) die in SO-Asien Zwergformen hervorgebracht haben. Es sind Abkömmlinge der zygodonten Mastodontidae. Ein Seitenast des Mastodontenstammes mit † *Platybelodon* (Asien, N-Amerika) besitzt schaufelförmige Stoßzähne im Unterkiefer (Funktion?). Rhynchotherien im nordamerikanischen Jungtertiär (Pleistozaen) sind bis S-Amerika vorgedrungen. † *Cuvieronius* hat offenbar noch gleichzeitig mit frühen menschlichen Einwanderern gelebt (Darstellung auf Mayaskulpturen).

Eine weitere formenreiche Radiation hat im späten Miozaen mit den † Stegotetrabelodonten in Afrika die Stammgruppe der Elephantidae hervorgehen lassen (MAGLIO 1978, THENIUS 1969).

Diese Entwicklung ist zunächst gekennzeichnet durch Übergang der Molaren zu Subhypsodontie, Reduktion der unteren I, Verkürzung der Unterkiefersymphyse und Vermehrung der Zahl der Joche auf den M. Im Kronenbereich kommt es zur Zementeinlagerung zwischen den Jochen (Abb. 478). Die Radiation der Elephantidae beginnt im späten Pliozaen und erfährt im Pleistozaen eine erhebliche Ausweitung. Diese Entfaltung wird durch zunehmende Ausbildung der Hypsodontie der Molaren und Umgestaltung der Joche zu echten Lamellen mit Einlagerung von Zement deutlich. Aus dem bunodont-brachyodonten Mahlzahn der † Gomphotheria entsteht nunmehr der hypsodonte Lamellenzahn der Elefanten (Abb. 478, 480).

Von spät-miozaenen Formen († *Primelephas*), von Afrika ausgehend, lassen sich drei Hauptstammeslinien der Elephantidae unterscheiden (Abb. 474). Die *Loxodonta*-Gruppe führt über † *L. adaurora* (Jung-Pleistozaen) zum heutigen Afrikanischen Elefanten (*Loxodonta africana*). Die † *Archidiskodon/Mammuthus*-Gruppe hat als einzige Stammeslinie die kalten Gebiete der n. Palaearctis erreicht († *M. primigenius*) und über die Bering-Straße auch N-Amerika († *M. columbi*) besiedelt. Gebiß und Überreste des Mageninhaltes weisen *Mammuthus* als spezialisierten Gras- und Kräuterfresser aus, der an das Leben in der Kaltsteppe angepaßt war. Mammute sterben in der Alten und Neuen Welt am Ende des Pleistozaen aus. Kadaver mit gut erhaltenen Resten des Fells und der Weichteile sind wiederholt in Gebieten mit Dauerfrostböden (Sibirien, Kanada) gefunden worden (s. S. 916).

Die *Elephas*-Gruppe war im Pleistozaen mit mehreren Linien in Afrika und Eurasien weit verbreitet († *Elephas ekorensis*, Pliozaen, Afrika). Die Gruppe stirbt mit † *E. iolensis* in Afrika und mit † *E. namadicus* (= *E. antiquus*) in S-Europa aus. Der Indische Elefant (*E. maximus*) entstand über † *E. planifrons* und † *E. hysudricus* in Asien. Er war vormals bis Vorderasien verbreitet. Aus dieser Gruppe sind mehrfach Zwergformen hervorgegangen (Mittelmeerinseln, Sizilien, Malta, Kreta, Cypern, Rhodos). Ihr Überleben bis ins Neolithikum wird vermutet.

Integument. Die Haut der Elefanten gilt allgemein als dick („Dickhäuter"). In der Tat bedingen Flächenausdehnung und Massigkeit des Körpers Strukturanpassungen auch im Bereich des Integumentes, ohne daß die normalen Leistungen der Haut eines terrestrischen Säugetieres (Temperaturregulation, Sekretion, Beweglichkeit) eingeschränkt werden dürfen. Der histologische Bau der Elefantenhaut läßt erhebliche Struktur- und Dicken-Differenzen zwischen verschiedenen Körperregionen erkennen (HORSTMANN 1966). Sie ist am dicksten am Rücken, an den Flanken, den Schenkeln und am Vorderkopf (max. Dicke bis 30 mm). Sie ist dünn an der Außenseite der Vorderarme und besonders an den Ohren (Temperaturregulation). Die Oberfläche hat eine borkige Beschaffenheit durch zahllose Furchen. Jungtiere zeigen oft ein auffälliges Haarkleid an Kopf und Rücken. Auch bei älteren Tieren finden sich in den meisten Körperregionen Haare, doch sind diese kurz-borstenartig, stehen in den Furchen der Haut und werden leicht übersehen. Längere Haare erhalten sich stets an der Ohröffnung, am äußeren Gehörgang, an den Mundrändern und an der Wurzel des Rüssels. Dicke, drahtartige Haare finden sich am terminalen Drittel des Schwanzes (bis 75 cm lang) und sind hier in Strängen angeordnet. Die Farbe der Epidermis ist grau bis bräunlich, gelegentlich fast schwarz. In freier Wildbahn ist sie kaum erkennbar, da sie meist mit Bodenstaub bedeckt ist. Ältere Individuen von *Elephas* zeigen oft Pigmentverlust an den Ohrrändern und der Wurzel des Rüssels. Die sogenannten „Weißen Elefanten" sind Teilalbinos mit hellgrauer Epidermis (Iris rötlich-grau). Sie sind nur von *Elephas*, nicht von *Loxodonta* bekannt.

Hautdrüsen. Talgdrüsen kommen am ganzen Körper an den Bälgen der Borstenhaare vor. Das Vorkommen tubulöser Hautdrüsen ist bisher, abgesehen von der Schläfendrüse (s. u.), nicht nachgewiesen, doch wird angegeben, daß Elefanten schwitzen können (SIKES 1971). Ein großes Drüsenorgan, die Schläfen- oder Temporaldrüse, findet sich sowohl bei *Elephas* wie auch bei *Loxodonta* zwischen Ohransatz und Orbitalrand (SCHNEIDER 1956). Es hat die Form einer flachen Scheibe, ist kompakt und in Läppchen gegliedert (Gew. meist um 250 g, max. bei einem alten ♂: 1590 g; JOHNSON & BUSS 1967).

Das Temporalorgan der Elefanten ist eine monoptyche Drüse mit Läppchenbau und apokriner Sekretausstoßung (EALES 1925, v. EGGELING 1901, SCHNEIDER 1956). Epithelmuskelzellen sind nachgewiesen. Die sezernierenden Zellen enthalten reichlich Lipoidtröpfchen (mit Sudanschwarz anfärbbar). Intra- und interlobulär verzweigte Gänge werden von indifferentem Epithel ausgekleidet. Talgdrüsen finden sich nur außerhalb der derben Drüsenkapsel. Über die Funktion der Drüse bestehen Meinungsdifferenzen.

Während der unregelmäßig auftretenden Aktivitätsphasen wird reichlich zähes, schwärzliches Sekret ausgeschieden, das über die Wangen als dunkler Streifen abwärts fließt. Die ursprüngliche Annahme, daß die Sekretionsphase mit der Brunst zusammenfällt, hat sich, zumindest für den Afrikanischen Elefanten, nicht bestätigt. Die Geschlechtsreife tritt bei Elefanten im 9.–10. a ein. Die Absonderung aus der Temporaldrüse kann aber auch bei Jungtieren von 1–2 Jahren bereits beobachtet werden (HEDIGER 1950). Andererseits sind bei Gefangenschaftstieren immer wieder Kopulationen beobachtet worden, sowohl bei Tieren mit aktiven wie bei Tieren mit völlig inaktiven Temporaldrüsen. Es muß darauf hingewiesen werden, daß genaue Angaben nur für *Loxodonta* vorliegen. Obgleich der Drüsenbau zwischen *Elephas* und *Loxodonta* keine Unterschiede aufweist, besteht keine Klarheit darüber, ob es nicht funktionelle Unterschiede zwischen beiden Arten gibt (HEDIGER).

Der eigenartige, als „Musth" beschriebene, phasenweise auftretende Zustand erhöhter Reizbarkeit und Aggressivität bei erwachsenen ♂♂, der nicht mit der Brunst identisch ist, scheint in der Regel mit erhöhter Drüsenaktivität gekoppelt zu sein. So wird erhöhte Sekretausscheidung als Ausdruck von Belastung und Streß gedeutet. Einige Beobachtungen lassen auch an eine Bedeutung im Markierungsverhalten (v. EGGELING 1901) oder in der innerartlichen Kommunikation denken.

Die **Mammardrüsen** sind paarig und liegen axillar zwischen den Vorderbeinen.

Hufe. *Elephas* und *Loxodonta* haben vorn 5 und hinten 4 meist als Hufen bezeichnete Horngebilde. Es handelt sich um Hornplatten, die wenig vorragen und von einem Falz begrenzt werden. Beim Foetus setzen sie sich in einer Platte auf die Sohle fort, die aber wieder rasch verschwindet. Die Fußsohle ist nur von normal verhornter Epidermis überkleidet und von individuell variablen Fissuren durchzogen. Die Nägel an den Randstrahlen (vorn am V, hinten am I) können verkümmert oder abgerieben sein, werden aber meist angelegt und hinterlassen bei Abstoßung eine Narbe. Die im Schrifttum vielfach anzutreffende Definition verschiedener Unterarten nach Varianten der Zahl der Hufe hat sich als fehlerhaft erwiesen (FRADE 1955, SIKES 1971). Die Ausbildung eines klobigen Fußes, dessen Zehen nicht frei gegeneinander beweglich sind, ist eine Anpassung an die große Belastung durch das KGew. Bei Foeten ragt die Zehe III noch etwas vor (Perissodactylie). Im Zusammenhang mit den mechanischen Bedingungen ist die Ausbildung eines aus Fettgewebe und kollagenen Faserzügen bestehenden druckelastischen „Sohlenpolsters" (s. S. 907) zu verstehen. Elefanten sind digitigrad, nicht plantigrad. Die „Fußsohle" ist im Grunde nur eine „Fingersohle".

Schädel. Das Cranium der Elefanten ist in seiner Form und Konstruktion erheblich gegenüber dem der meisten Eutheria abgeändert (Abb. 475). Hierfür sind eine Reihe von Faktoren verantwortlich. Zunächst sei darauf hingewiesen, daß die äußere Form und die Form des Endocranium, die Wandung des Hirncavum, außerordentlich verschieden sind. Diese Diskrepanz findet ihre Erklärung in der Tatsache, daß bei Zunahme der absoluten Körpergröße die Größenzunahme des Gehirns nicht im gleichen Maß erfolgt, wie die des übrigen Körpers (neg. Allometrie, s. S. 106 f.). Die Zunahme der am Schädel angreifenden Muskulatur erfordert eine Vergrößerung der Insertionsfelder am Cranium und eine Verstärkung der tragenden Konstruktionsteile. Die durch die Größenunterschiede von Exo- und Endocranium auftretende Zwischenschicht, entspre-

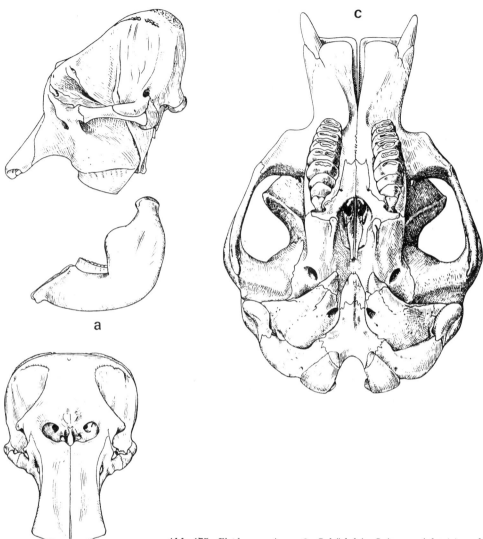

Abb. 475. *Elephas maximus*, ♀, Schädel in Seitenansicht (a) und Frontalansicht (b), c) *Loxodonta africana*, ♀, 1 1/2jährig, Schädel in Basalansicht.

chend der Diploe, wird extrem dick. Dies wird erreicht durch eine Pneumatisation, die den ganzen Hirn- und Kieferschädel betrifft und nur einen Teil der centralen Basis frei läßt. Die Pneumatisation geht von der Nasenhöhle aus. Die Luftkammern kommunizieren untereinander. Zwischen ihnen verbinden kräftige, vorwiegend senkrecht zu Tabula externa und interna stehende Knochenlamellen diese beiden kompakten Knochenschichten (Abb. 476). Die Dicke des Frontale erreicht bei alten ♂♂ bis 40 cm. Ergänzend sei hervorgehoben, daß auch die Verankerung des schweren Rüssels mit seiner Muskulatur und das außergewöhnlich differenzierte Gebiß (Stoßzähne und sehr große Backenzähne) für die konstruktive Gestaltung des Schädels eine ganz wesentliche Rolle spielen. Auch die Knochen des Kieferskeletes (Praemaxillare, Maxillare, Palatina, Nasalia, Vomer, nicht aber das Jugale) werden in die Pneumatisation einbezogen. Mit der postnatalen Ausdehnung der Lufträume schwinden die Nähte zwischen den Einzelkno-

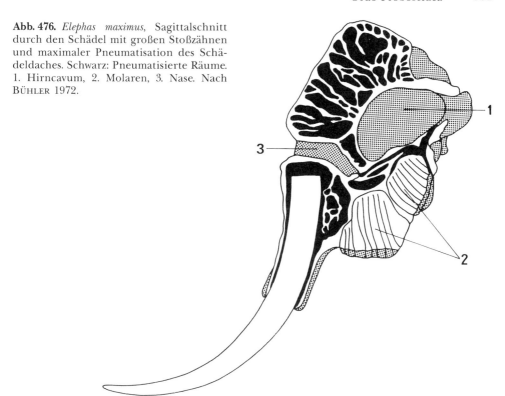

Abb. 476. *Elephas maximus*, Sagittalschnitt durch den Schädel mit großen Stoßzähnen und maximaler Pneumatisation des Schädeldaches. Schwarz: Pneumatisierte Räume. 1. Hirncavum, 2. Molaren, 3. Nase. Nach BÜHLER 1972.

chen relativ früh. Nur der mediale Teil des Supraoccipitale wird nicht pneumatisiert. Dadurch entsteht am Hinterhaupt eine tiefe mediane Grube, in der das entsprechend dem hohen Gewicht des Kopfes außerordentlich kräftige Lig. nuchae inseriert.

Die Kieferregion des Schädels ist relativ kurz. Dadurch wird die äußere Nasenöffnung nach hinten-oben verlagert (Abb. 475), ein Vorgang, der durch die Ausbildung des Rüssels verständlich wird. Die Nasengänge gelangen dabei aus der horizontalen Verlaufsrichtung in eine schräge, in einem Winkel von etwa 45° absteigende Richtung. Der Unterkiefer besitzt eine knöcherne Symphyse und einen hohen Ramus (hohe Lage des Kiefergelenkes).

Schläfengruben und Orbitae stehen in weit offener Verbindung. Obere Postorbitalfortsätze vorhanden. Hirnschädel sehr breit und hoch. Das Petrosum („Mastoid") erreicht nicht die äußere Schädeloberfläche. Die Bulla tympanica ist flächenhaft ausgedehnt, aber abgeplattet. Sie läuft nach rostral spitz aus und überdeckt teilweise das Alisphenoid und Pterygoid. Hinten wird die Bulla vom Exoccipitale bedeckt. Das Tympanicum ist früh mit dem Petrosum knöchern verbunden, bleibt aber vom Squamosum getrennt. Es begrenzt eine kurze mediale Strecke des äußeren Gehörganges. Dieser wird durch einen Meatus acusticus spurius ergänzt, indem sich der Proc. posttympanicus squamosi von hinten her gegen den Proc. postglenoicheis squamosi anlegt (Abb. 477) und bei älteren Individuen mit diesem verschmilzt. Das Tympanicum ist bei *Elephas* und *Loxodonta* zwischen Petrosum und Exoccipitale an der Innenseite des Cavum cranii sichtbar (Abb. 38). Der Can. caroticus führt durch die mediale Bullawand, N. XII tritt durch For. metoticum aus.

Das Kiefergelenk der Elefanten (STÖCKER 1957) (Abb. 479) liegt mit seinem Drehpunkt erheblich höher als die Kaufläche der Molaren. Die funktionelle Bedeutung eines

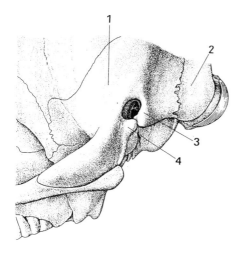

Abb. 477. *Loxodonta africana*, juv. (1 1/2 a), Tympanalregion mit falschem Gehörgang. 1. Squamosum, 2. Exoccipitale, 3. Proc. posttympanicus squamosi, 4. Proc. postglenoidalis squamosi.

„hohen Kiefergelenkes" ist darin zu sehen, daß beim Öffnen und Schließen anstelle des Hebens und Senkens des Kiefers ein rhythmisches Vor- und Rückwärtspendeln zustande kommt, das eine erhebliche Energieersparnis zuläßt. Es ist daher für Formen mit langanhaltender Kautätigkeit, vor allem für Herbivoren, kennzeichnend (MARINELLI 1929, STÖCKER 1957). Die Gelenkpfanne ist relativ flach und wird nur vom Squamosum gebildet. Das Jugale bleibt außerhalb der Kapsel. Das Gelenkköpfchen hat eine ovoide Form. Der Discus articularis besteht bei Proboscidea ausschließlich aus straffen Kollagenfaserbündeln.

Gebiß. Das Gebiß der beiden rezenten Elefanten ist durch Ausbildung der I^2 zu Stoßzähnen, durch hypsodonte Backenzähne mit Querlamellen auf der Kaufläche und durch horizontalen Zahnwechsel gekennzeichnet. Die Lamellen bestehen aus Dentin und sind von Schmelz eingefaßt. Zwischen den Lamellen ist Zement abgelagert. Da die drei Hartsubstanzen verschieden widerstandsfähig sind, werden sie unterschiedlich rasch abgeschliffen und behalten stets eine scharfe Reibekante.

Die Zahnformel lautet $\frac{1\ 0\ 3\ 3}{0\ 0\ 3\ 3}$. Die Stoßzähne haben einen Milchvorläufer, der im Alter von etwa 1 a ausfällt. Die Praemolaren gehören dem Milchgebiß an. Im Backzahngebiß ist immer nur 1 Zahn in jeder Kieferhälfte in Funktion (evtl. 1 Zahn + 1 Teilzahn). Der **horizontale Zahnwechsel** erfolgt von hinten nach vorne, d. h. der erste Praemolar pd 2 wird durch pd 3, dieser durch pd 4, dieser durch M 1 usw. ersetzt. Es existieren keine Dauerpraemolaren, wie beim vertikalen Zahnwechsel der übrigen Säuger (außer Sirenia). Der zu wechselnde Zahn wird von mesial her abgebaut.

Zahnausfall bei *Elephas*: pd 2 im 2. a, pd 3 im 6. a, pd 4 im 12. a, M 1 im 20. a, M 2 etwa im 25. a, M 3 nach dem 35. a.

Nach Verlust von M 3 ist keine Nahrungsverarbeitung mehr möglich. Das Tier vergreist und geht zugrunde (Höchstes Lebensalter nicht über 70 a).

Die Stoßzähne besitzen an der Spitze einen dünnen Schmelzüberzug z. Z. des Durchbruchs. Dieser wird sehr früh abgeschliffen. Der Stoßzahn besteht dann nur aus Dentin (Elfenbein) im freien Abschnitt. Der im Knochen verankerte Teil ist von Zement bedeckt. Die Pulpahöhe ist offen. Stoßzähne haben permanentes Wachstum. Der jährliche Zuwachs beträgt etwa 15−20 cm bei *Elephas*. In der Ausbildung der Stoßzähne besteht eine deutliche Sexualdifferenz. Beim Indischen Elefanten tragen die Kühe oft keine Stoßzähne. In einigen Populationen kommen auch stoßzahnlose Bullen vor. Bei *Loxodonta* können die Stoßzähne bei alten Bullen beträchtliche Dimensionen erreichen. Als Rekordlänge werden 3,02 m mit einem Gewicht von über 117 kg angegeben. Das Durch-

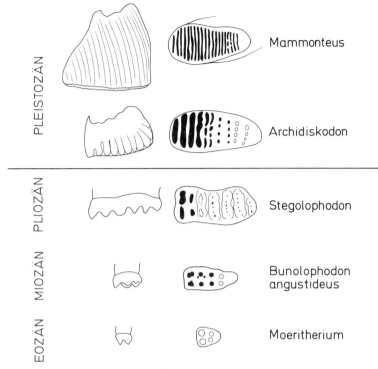

Abb. 478. Phylogenese der Molarenform bei Proboscidea. Vereinfacht nach THENIUS 1969.

schnittsgewicht des Stoßzahnes weiblicher Tiere beträgt 7 kg (max. 20 kg). Wegen der hemmungslosen Jagd auf Elfenbein erreichen heute kaum noch Bullen ein Lebensalter, das ein Wachstum der Stoßzähne zu derart maximalen Ausmaßen zuläßt. Durchschnittsgewichte von 15 bis max. 50 kg sind heute die Regel. Die Form der Stoßzähne ist variabel, gestreckt oder bogenförmig ausladend. Individuell kommen Seitenvarianten vor. In der Funktion soll der Zahn einer Seite bevorzugt werden.

Der Rüssel (Proboscis). Der Rüssel der Elefanten (BOAS-PAULLI 1908) ist eine greiffähige Verlängerung des Rhinarium, in deren basalen Abschnitt auf der Ventralseite die Oberlippe einbezogen ist. Bei jungen Embryonen (*Loxodonta* 60 mm SSL.) wurde eine gegen den Rüssel scharf abgesetzte Oberlippe als Mundbegrenzung nachgewiesen (M. FISCHER 1987) die, entgegen älterer Angaben, nur an der Bildung der ventralen Rüsselwand des basalen Abschnittes des Rüssels beteiligt ist. Der ganze Rüssel besteht aus Weichteilen. Ein Nasenknorpel liegt unmittelbar vor der Nasenöffnung des Cranium. Das Septum zwischen den beiden Nasengängen, die den Rüssel durchziehen, bleibt frei von Hartsubstanzen. Es endet bereits kurz vor der Rüsselspitze, die damit frei für Präzisionsbewegungen bleibt. An der Dorsalseite endet der Rüssel in einem fingerartigen greiffähigen und sensiblen Fortsatz, der auch bei *Mammuthus* gefunden wird. *Loxodonta* besitzt zusätzlich einen kürzeren ventralen Fingerfortsatz (Abb. 481).

Die Haut des Rüssels ist in enger Folge mit Ringfalten versehen, in denen Tasthaare stehen. Die Bezirke zwischen den Ringfalten zeigen eine Anzahl längsgerichteter Hautwülste. Der Rüssel wird sensibel innerviert von dem hypertrophierten N. infraorbitalis (N. V_2). Die sehr kräftige und hoch spezialisierte Muskulatur des Rüssels (Abb. 479a) ist ein Derivat der mimischen Muskulatur (N. VII), insbesondere des M. nasalis. Sie besteht aus Längsmuskeln, die vom Os frontale entspringen und bis zum Fingerfortsatz in

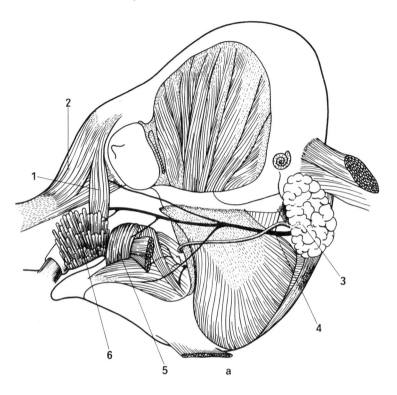

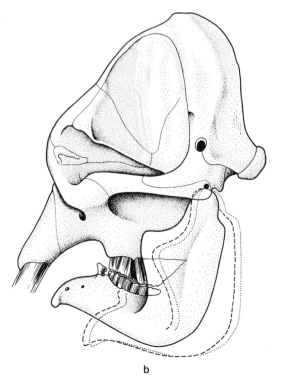

Abb. 479. a) Kopfmuskulatur von *Elephas maximus*.
1. M. nasolabialis, 2. M. longitudinalis, 3. Gld. parotis, 4. N. facialis, 5. M. buccinator, 6. M. nasalis, b) Öffnungs-Schließungsbewegung des Kiefers von *Elephas*. Nach STÖCKER 1957.

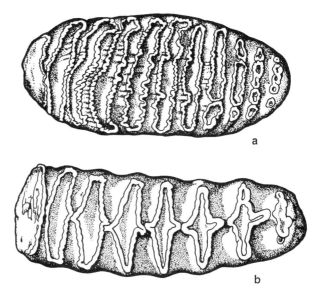

Abb. 480. Kronenmuster eines oberen Molaren.
a) *Elephas maximus*, b) *Loxodonta africana*. Nach R. OWEN aus M. WEBER 1928.

oberflächlicher Schicht verlaufen. Sie krümmen den Rüssel aufwärts (M. levator proboscidis). Als Antagonist wirkt der M. depressor proboscidis, der von der Vorderfläche des Os praemaxillare entspringt und schräg abwärts verläuft. Von ihm dringen Abspaltungen in tiefere Schichten. Als Dilatator wirkt der in drei Portionen gegliederte M. nasalis lat. Die längs und quer verlaufende Muskulatur wird durch zahlreiche radial verlaufende Faserbündel durchsetzt, die in der Haut inserieren. Der Rüssel ist ein vielseitig verwendbares Organ mit hohem kinematischen Freiheitsgrad, das dank seiner kräftigen Muskulatur erhebliche mechanische Leistungen vollbringen kann (Tragen von Lasten), aber auch zu präzisen Feinbewegungen befähigt ist (gute Kontrolle durch Nervensystem). Der Rüssel spielt eine wesentliche Rolle beim Sammeln und Aufnehmen der Nahrung und bei deren Transport zum Munde.

Elefanten saugen beim Trinken Wasser in den Rüssel ein, befördern dies aber nicht direkt aus den Nasengängen in den Pharynx, sondern füllen den Rüssel nur bis zu einer Höhe von 40–50 cm (etwa 10 l) und spritzen sich sodann den Rüsselinhalt in den

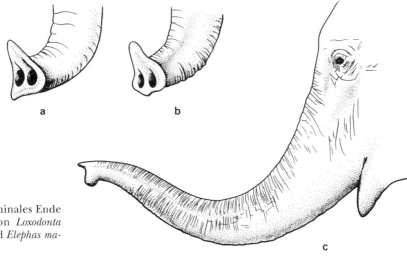

Abb. 481. Terminales Ende des Rüssels von *Loxodonta africana* (a) und *Elephas maximus* (b, c).

Mund. Beim Saugen der Kälber wird der Rüssel nie genutzt. Der Saugakt läuft wie bei anderen Säugetieren ab, indem die Milch mit dem Mund gesaugt wird.

Der Rüssel dient auch als Ausdrucks- und Verteidigungsorgan. Bei Alarm wird er gehoben und über den Kopf bis zu den Schultern rückwärts gekrümmt. Beim Angriff wird er gesenkt, der Stoß erfolgt mit den Stoßzähnen und mit der Stirn.

Zur Hautpflege überspritzen Elefanten den Körper mit Wasser oder Staub. Tauchen Elefanten beim Baden, so wird der Rüssel senkrecht hochgestreckt und dient als Schnorchel. Ein Teil der innerartlichen, akustischen Kommunikation erfolgt durch Töne (Pfeiflaute), die über den Rüssel ausgestoßen werden. Wahrnehmung von Geruchsreizen kann nur über den Rüssel erfolgen. Mit erhobenem Rüssel wird Luft eingesogen und auf Geruchsstoffe, die Lokalisation von Geruchsquellen und die Windrichtung getestet.

Postcraniales Skelet. Gliederung der Wirbelsäule
Elephas: Cl: 7, Thl: 19−20, Ll: 3−5, Sl: 3−5
Loxodonta: Cl: 7, Thl: 20−21, Ll: 3−6, Sl: 3−6
Die Zahl der Schwanzwirbel variiert von 28 bis 33.

Die Halswirbelsäule ist verkürzt, ihre Wirbelkörper sind abgeplattet und leicht opisthocoel. Sie bildet bei normaler Ruhehaltung mit der Brustwirbelsäule einen nach dorsal offenen Winkel von 115−125°. Dem Unterschied in der Rückenkontur − sie ist in Rumpfmitte bei *Elephas* konvex, bei *Loxodonta* konkav (Abb. 484) − entsprechen Gattungsdifferenzen in der Struktur der Wirbelsäule in der Scapularegion und im Ansatzbereich des Lig. supraspinosum. *Elephas* besitzt von Cl 7 an caudalwärts sehr lange und rückwärts geneigte, etwa gleichlange Dornfortsätze. Bei *Loxodonta* werden die Procc. spinosi hinter Vert. Cl 7 − Thl 2 schrittweise kürzer bis etwa Th 11/12. Vom 17. Wirbel an caudalwärts nehmen die Dornfortsätze an Länge und Massivität zu und sind senkrecht aufgerichtet (Antiklinie). Das Fehlen einer Antiklinie bei *Elephas* und ihre weit caudale Lage bei *Loxodonta* bei erheblicher Körpergröße stehen im Einklang mit der Bogen-Sehnentheorie (KUMMER 1959; s. S. 29, 32). Eine Analyse der Rückenmuskeln und ihrer Funktion steht für Proboscidea noch aus.

Von den 20 Rippenpaaren sind 6−7 unmittelbar mit dem Sternum verbunden. Costae 8−14 gehen in knorplige Verbindungen zum Brustbein über. Die restlichen enden frei in der Rumpfwand.

Extremitäten. Eine Clavicula fehlt. Die Scapula besitzt ein kräftiges Acromion. Der Proc. coracoideus ist reduziert. Die Fossa infraspinata ist etwa 2,5−3 mal größer als die Fossa supraspinata.

Das Becken weist eine erhebliche Verbreiterung der Darmbeinschaufeln auf. Die Crista ilica ist konvex gebogen und reicht bis dicht an den unteren Thoraxrand. Die Längsachse des Beckens ist senkrecht orientiert, so daß das Acetabulum direkt abwärts gerichtet ist.

Die Ausbildung der freien Gliedmaßen als „Säulenbein" bei Elefanten ist eine Konsequenz der absoluten Körpergröße, besonders des Gewichtes. Ein Säulenbein ist dadurch gekennzeichnet, daß es beim Stand und Gang gestreckt bleibt. Dementsprechend sind die langen Röhrenknochen alle gerade gestreckt, so daß die druckübertragenden Gelenkflächen centrisch übereinander liegen. Sie sind sehr massiv, besitzen aber, entgegen einer weit im Schrifttum verbreiteten Angabe, wie alle Säugetiere eine freie Markhöhle, die Fettmark enthält. Die Bewegungen erfolgen im wesentlichen in der Sagittalebene. Die Abduktionsfähigkeit ist eingeschränkt. Elefanten bewegen sich vorwiegend im Paßgang, können dabei aber eine beachtliche Geschwindigkeit erreichen (große Schrittweite, normale Marschgeschwindigkeit = 5−7 km/h). Galopp und Springen sind unmöglich. Die Vorderfüße sind digitigrad-semidigitigrad, die Hinterfüße semiplantigrad. Dies ist nur möglich, weil hinter dem Skelet von Mittelhand und Fingern ein

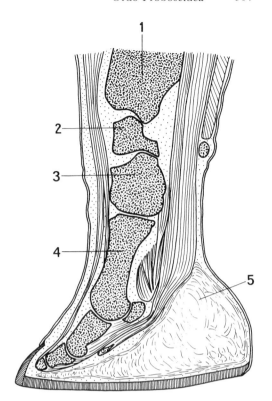

Abb. 482. Längsschnitt durch die Hand von *Elephas* (III. Strahl).
1. Ulna, 2. Lunatum, 3. Capitatum (Carpale III), 4. Metacarpale III, 5. Elastisches Polster der Fingersohle. Nach WEBER 1928.

mächtiges druckelastisches Polster ausgebildet ist, welches die Druckkräfte abfangen kann und die Bildung einer großflächigen Sohle („Fingersohle", s. S. 899) als Auftrittsfläche ermöglicht.

Das Polster (Abb. 482) besteht aus Fettgewebe mit derber kollagenfasriger Verschnürung. Am Skelet sind die 5 Finger-(Zehen-)strahlen ausgebildet. Diese sind nicht frei, sondern Hand und Fuß bilden den kompakten Abschluß der Tragsäule. Radius und Ulna stehen überkreuzt in Pronationsstellung, sind aber unbeweglich gegeneinander fixiert. Knöcherne Verwachsung kommt nur bei sehr alten Individuen vor.

Im Carpus wird ein Centrale angelegt, verschmilzt aber später mit dem Scaphoid. Bemerkenswert ist die taxeopode (= seriale) Anordnung der Carpalia und Tarsalia, d. h. die Knochen der proximalen Reihe liegen genau über denen der distalen Reihe. Diese Anordnung wird im allgemeinen gegenüber der alternierenden (diplarthralen), wie sie bei den evolvierten Artiodactyla die Regel ist, als primitiv angesehen. Keinesfalls darf der seriale Zustand als Anpassung an die hohe Druckbelastung gedeutet werden, denn die Belastungsfähigkeit hängt ausschließlich von der Größe der belasteten Fläche, also vom Querschnitt der Tragsäule ab und ist bei serialer und alternierender Anordnung der Carpalia (Tarsalia) gleich. Alternierende Anordnung der Knochen bewirkt eine Einschränkung des Bewegungsumfanges durch Verzahnung der Einzelelemente.

Bei Indischen Arbeitselefanten wird regelmäßig eine koordinierte Zusammenarbeit zwischen Rüssel und Vorderfuß festgestellt. Bei *Loxodonta* fehlt dieser Synergismus.

Nervensystem und Sinnesorgane. Gehirn. Elefanten sind hoch encephalisiert. Die beträchtliche Hirngröße steht in Korrelation zur absoluten Körpergröße und zur progressiven Ausbildung des Großhirns (Neencephalisation, s. S. 908). *Elephas maximus* ♂: HirnGew.: bis 4,5 kg, KGew.: 2–4,5 t. *Loxodonta africana* ♀: HirnGew.: 4,3 kg, KGew.: 2 t. *Loxodonta* ♂: HirnGew. bis 5,4 kg, KGew.: 5–7,5 t.

Die Makromorphologie des Gehirns zeigt eine Reihe von Besonderheiten*).

Die mächtige Entfaltung des Neopallium (Abb. 483), besonders im temporalen und frontalen Bereich, und dessen Ausdehnung auf die Basalseite zeigen deutlich den hohen Neencephalisationsgrad. Der neopalliale Index beträgt: *Equus* 25,5, *Pan* 49, *Elephas* 104, *Homo* 170.

Die Oberfläche zeigt ein durch zahlreiche Sekundär- und Tertiärfurchen kompliziertes Muster. Die Breite des Endhirns übertrifft in der Schläfenregion bei weitem dessen Länge, verursacht durch die erhebliche Größe des Temporallappens (Abb. 483). Dieser liegt dem hinteren Teil des Frontallappens an, weist mit dem Pol nach rostral und ist vom Stirnlappen durch eine tiefe Fiss. lateralis getrennt. Er wölbt sich im Ganzen weit nach lateral vor nach SPATZ: (sog. „Rotation" von Stirn- und Schläfenlappen um eine quere durch die Fiss. lateralis verlaufende Achse). Das Gehirn bekommt durch die Verbreiterung des Temporallappens Herzform (Abb. 483). Der Occipitallappen ist demgegenüber gering entwickelt. Das Cerebellum bleibt völlig unbedeckt. Die Annahme liegt nahe, daß die Dominanz des Gehörsinnes, incl. des akustischen Lernvermögens, über den Gesichtssinn in diesen Proportionen der Hirnteile ihr strukturelles Korrelat hat.

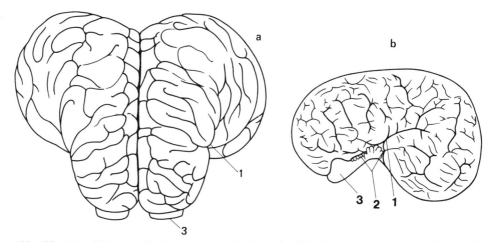

Abb. 483. a) Großhirn von *Elephas* von dorsal, b) linke Großhirnhemisphaere von *Loxodonta*. 1. Fiss. lateralis, 2. Palaeopallium, 3. Bulbus olfactorius. Nach A. P. MAYER 1847, a).

Der Bulbus olfactorius ist groß und gestielt, wird aber ganz vom Forntallappen überwachsen. Der gleichfalls umfangreiche Palaeocortex zeigt eine Reihe parallelverlaufender Furchen und Windungen, liegt aber verborgen zwischen Stirn- und Schläfenlappen.

Der Hypophysenstiel ist lang. Die mamillären Kerngebiete wölben sich äußerlich nicht als Corpora mamillaria vor. Das Cerebellum der Elefanten ist, relativ zum Großhirn größer als bei irgend einem anderen Eutherier. Die Vergrößerung beruht auf Zunahme der neocerebellaren Anteile, Hemisphaeren und Lobus anterior. Auch die Brücke und die Pedunculi cerebri sind sehr stark ausgeprägt.

An den Hirnnerven ist die enorme Dicke des N. V und VII (Rüsselinnervation, Oralsinn) bemerkenswert.

Eine Epiphysis cerebri konnte bisher nicht gefunden werden.

Sinnesorgane. Unter den Sinnessystemen dominieren Riech- und Hörsinn. Das Sehvermögen sollte dabei allerdings nicht unterschätzt werden.

---

*) Die folgende Darstellung beruht auf Befunden an *Loxodonta* (STEPHAN & JANSSEN 1956 an 4 Ind., eigene Befunde an 1 Ind.). Cytoarchitektonische Befunde fehlen bisher.

Riechorgan. Der Rüssel, als Derivat der äußeren Nase, enthält die durch ein skeletfreies Septum getrennten Nasengänge (s. S. 903).

Im Bereich der knöchernen Nase wird das Septum vom Mesethmoid und vom Vomer gebildet. Das Cavum nasi wird durch die Verkürzung des Facialschädels, den schrägen Verlauf (s. S. 901) der Nasengänge und durch die Umformung von Praemaxillare und Maxillare als Sockel der Stoßzähne in seiner Form und Topographie betroffen, zeigt aber den gruppenspezifischen Bau makrosmatischer Säugetiere. Ein Maxilloturbinale ist unkompliziert und nicht eingerollt. Das Nasoturbinale ist kurz und liegt dicht vor dem Ethmoturbinale I. 5 Ethmoturbinalia bilden 7–8 Riechwülste. Nach lateral schließen sich 19 Ectoturbinalia an (PAULLI, ANTHONY & COUPIN 1925). Die Riechschleimhaut überkleidet die Endoturbinalia und greift auf das Septum über. Sinus parietofrontalis, maxillaris und praemaxillaris kommunizieren dicht unter dem Nasoturbinale mit dem Cavum nasi. Ein Sinus sphenoidalis ist ausgebildet. Elefanten besitzen ein Vomeronasal-Organ.

Gehörorgan. Das äußere Ohr entsteht als riesige Integumentalfalte. Größe und Form der Pinna sind bei *Elephas* und *Loxodonta* artspezifisch verschieden. Beim Afrikanischen Elefanten ist das Ohr wesentlich größer als beim Indischen oder beim Mammut. Größe und Form des Ohres von *Loxodonta* sind außerordentlich variabel (Abb. 485)*).

Bei besonders großohrigen Individuen können sich rechte und linke Pinna im adduzierten Zustand in der dorsalen Mittellinie berühren. Sie überlagern nach caudal die Gegend des Schultergelenkes. Das äußere Ohr der Elefanten dient nicht nur als Schallfänger, sondern spielt eine wesentliche Rolle im Ausdrucksverhalten (s. S. 912, Abspreizen um 90° nach lateral) und als Organ der Temperaturregelung. Die Haut des Ohres ist relativ dünn, die Vaskularisation durch zahlreiche, radiär verlaufende Gefäße, die in enge Geflechte übergehen, sehr intensiv. Diese Gefäße liegen auf der Medialseite (Rückseite) der Pinna unmittelbar unter der Epidermis, dabei laufen die Venen oberflächlicher als die Arterien. Zur Abkühlung wedelt der Elefant in kurzen Perioden mit den Ohren. Die Temperatur des Venenblutes liegt deutlich tiefer als die des Arterienblutes.

Im Mittelohr ist der Malleus, der keinen Proc. gracilis besitzt, frei schwingend und nicht mit dem Tympanicum verwachsen (FLEISCHER 1973). Die Ossicula auditus sind außergewöhnlich leicht, da sie aus spongiösen Knochen bestehen. Das Tympanicum bildet den Boden der Paukenhöhle und ist ganz vom Squamosum überwachsen (Bildung eines „falschen" äußeren Gehörganges, s. S. 902, Abb. 477).

Hörbereich: 140–4000 Hz, wahrscheinlich tiefer. Indische Arbeitselefanten zeigen ein hervorragendes akustisches Lernvermögen und Gedächtnis. Im allgemeinen werden 21–27 Lautkommandos deutlich unterschieden, und zwar beruht das Unterscheidungsvermögen allein auf akustischer Wahrnehmung nur nach der Tonhöhe, ohne begleitende Gesten oder optische Zeichen (RENSCH 1957).

Das **Auge** der Elefanten ist relativ klein, etwa von der Größe eines Rinderauges (⌀: 40 mm). Die Sehschärfe soll im Schatten besser sein als bei starker Belichtung. Bewegungssehen bis 40–50 m sehr gut. Besonders leicht werden reflektierende Objekte wahrgenommen. Farbsehen ungewiß. Ein Stratum lucidum fibrosum ist vorhanden. Nickhaut 4:1 cm. Große Hardersche Drüse mündet auf der Nickhaut. Tränendrüse sehr klein, Punctum lacrimale und Tränennasengang fehlen.

Darmkanal und Ernährung. Die Mundöffnung ist außerordentlich klein, der Raum der Mundhöhle begrenzt. Die embryonal deutlich angelegte Oberlippe (s. S. 903) ist bei

---

*) Im Schrifttum sind allein aufgrund der Ohrform etwa 20 Unterarten, meist nur an Einzelindividuen, unterschieden worden. Von diesen werden heute gewöhnlich nur 2 anerkannt, der Spitzohr- oder Savannenelefant, *L. africana africana*, vorwiegend ö. der Grenze des C-afrikanischen Regenwaldes und *L. africana cyclotis*, der Rundohr- oder Waldelefant in W-Afrika. Auch diese Unterscheidung ist umstritten, denn beide Formen kommen nebeneinander in der gleichen Herde vor und verbastardieren sich. Zwischenformen sind häufig. Ohrgröße und -form korrespondieren oft nicht in der angenommenen Weise (BACKHAUS 1958).

Erwachsenen völlig in die Basis des Rüssels einbezogen. Ihre Greiffunktion wird vom Rüssel übernommen. Reste eines Vestibulum wurden als kleine Recessus beschrieben. Die Kauflächen der Molaren beider Körperseiten liegen in der Horizontalebene. Als Kaubewegungen sind nur antero-posteriore Reibebewegungen möglich.

Die lange, fleischige **Zunge** ist schmal. Der lange Wurzelteil trägt hinten jederseits 4—6 Papillae vallatae. Der Zungenrücken ist dicht mit Fadenpapillen und spärlich mit Pilzpapillen bedeckt. Am seitlichen Zungenrand sind etwa 30 Lamellen (Papillae foliatae) ausgebildet. Der freie Spitzenteil der Zunge ist kurz (etwa 7 cm) und kann nicht über den Kieferrand vorgestreckt werden. Der Gaumen besitzt keine Uvula. Der Übergang vom Cavum oris in den Rachen ist sehr stark durch die Gaumenbögen eingeengt. Bei Erwachsenen findet sich, in offenbar individuell variabler Ausbildung, eine Bursa nasopharyngea, d.h. eine sackförmige, rückwärts gerichtete Ausweitung des Nasenrachenraumes, die vom Rand des weichen Gaumens, vom Arcus palatopharyngeus und der hinteren Rachenwand begrenzt wird. Sie entspricht nicht der Bursa pharyngea. Rachentonsillen sind gut entwickelt.

Der **Magen** ist ein ungekammerter Sack (Hauptachse 1—1,5 m, Breite 40 cm), der in einen spitz-konischen Recessus übergeht. Die Schleimhaut ist im ganzen Organ gleichmäßig samtartig. Das oesophageale Plattenepithel endet an der Cardia mit scharfer Grenzlinie. Haupt- und Pylorusdrüsen sind nachgewiesen. An der kleinen Kurvatur befindet sich in der Nähe der Cardia ein Streifen mit Spezialdrüsen. Eine Pylorusfalte fehlt. Die Hauptachse des Magens ist vorwiegend vertikal ausgerichtet. Der Mageninhalt beträgt bei Tieren von 3000 kg KGew. nach Grasnahrung etwa 100 kg, die Trinkwassermenge pro 24 h 70—100 l (SIKES 1971). Die Länge des Darmkanales beträgt etwa 25 m (davon Dünndarm 15 m, Colon 6 m, Rectum 4 m).

Elefanten ernähren sich rein vegetabil. Die Nahrung besteht vor allem aus Laub, Gras und Bambus, daneben Früchte und Rinde. Laubnahrung dürfte die primäre sein. Geäst wird vorwiegend in einer Höhe von etwa 2 m, doch kann auch Laub aus größerer Höhe aufgenommen werden, wobei das Tier sich auf die Hinterbeine aufrichten kann. Bei einigen Populationen steht Gras als Nahrung im Vordergrund, offenbar sekundär erzwungen durch Änderung des Angebotes bei Biotopwandel. Die Ausnutzung der Nahrung erfolgt höchstens zu 50%.

Aufgenommene Nahrungsmenge (Frischnahrung, Laub) pro 24 h bei *Loxodonta*: ♀ 150 kg, ♂ 170 kg. Tägliche Kotmenge 80—110 kg. Genutzt werden vor allem die Proteine, Stärke und Zucker aus der Nahrung. Die Fähigkeit zur Cellulose-Verdauung ist auffallend gering. Alloenzymatische Cellulosespaltung in mäßigem Umfang findet im Caecum, das bis 1,5 m lang sein kann, statt.

Die Verweildauer der Nahrung im Darm beträgt 24—48 h. Die Leber (Gew.: ♀ 35—45 kg, ♂ 60—70 kg) besitzt 3 Lappen (rechter, linker und kleiner Central-Lappen). Eine Gallenblase fehlt. Der etwa 15 cm lange Gallengang mündet gemeinsam mit dem Ductus pancreaticus in den Anfangsteil des Duodenum. Das gelappte Pankreas liegt im Mesoduodenum (Gew.: 1,5—2 kg, Länge: 50 cm bei *Loxodonta*, n. SIKES 1971).

Atmungsorgane. Die wulstige Epiglottis liegt gewöhnlich subvelar. Die Platten des Thyroidknorpels sind am caudalen Ende durch eine tiefe Incisura thyreoidea inf. getrennt, eine obere Incisur fehlt. Elefanten besitzen kräftige, elastische Plicae vocales und, im Gegensatz zu den meisten Ungulata, auch Plicae ventriculares. Zwischen beiden befindet sich ein kleiner Ventriculus laryngis, der nicht in einen Kehlsack übergeht.

Die Trachea (Lge.: 30 cm, ⌀: 5—7 cm) ist relativ kurz wegen der Ausdehnung des Larynx nach caudal und relativ hoher Lage der Aufgabelung in die Bronchien.

Die Lungen sind äußerlich einheitlich, ihre Ränder abgerundet. Ein Lobus infrapericardiacus ist vorhanden. Den intrapulmonaren Bronchien fehlen die Knorpeleinlagerungen. Die Größe der Alveolen überschreitet die Dimensionen terrestrischer Säuger von geringerer Körpergröße nur wenig. Die Lungenform ist abhängig vom Thoraxraum.

Da das Zwerchfell außerordentlich schräg orientiert ist, die Zwerchfellkuppel reicht ventral bis in die Höhe der 3.—4. Rippe, liegt der größte Teil des Organs zwischen Wirbelsäule und Zwerchfell. Die Facies diaphragmatica ist sehr ausgedehnt. Außergewöhnlich ist das Fehlen einer Pleurahöhle, an deren Stelle eine Schicht elastischen Bindegewebes die Organoberfläche mit der Innenseite der Brustwand und dem Zwerchfell verbindet (ein ähnlicher Befund wird für Nashörner angegeben). Die Verwachsung kommt sekundär zustande, Embryonen besitzen eine freie Pleurahöhle.

Das Problem der Mechanik der Atmung bei Elefanten ist keineswegs geklärt. Nach älteren Angaben (TODD 1913, WEBER 1928, FRADE 1955) sollen Elefanten vorwiegend Zwerchfellatmung zeigen. Diese Angabe beruht aber auf Rückschlüssen aus morphologischen Befunden. Nach SIKES (1971) atmen Elefanten fast ausschließlich durch Rippenbewegungen. Diese Deutung stützt sich vor allem auf die Tatsache, daß Elefanten bei Druck auf die Flanken in Seitenlage oder bei Einklemmung zwischen zwei Wänden sehr rasch in Atemnot geraten und ersticken können.

Kreislauforgane. Das HerzGew. (*Loxodonta*) beträgt 0,5% des KGew. (BENEDICT 1936). Neonate ♂♂: 1,5 kg, Jung-adulte: 15 kg bei KGew. von 3000 kg, 25 kg bei KGew. von 5000 kg, Maximum bei ♂♂ mit 27,5 kg bei 5070 kg; (SIKES 1971). Das Herz liegt, entsprechend dem Hochstand des sternalen Zwerchfellabschnittes, weit rostral im Thorax. Seine Längsachse steht nahezu senkrecht zur Wirbelsäulenachse. Als Besonderheit des Herzens der Proboscidea und Sirenia wird angegeben, daß die Spitze verdoppelt sei. Der Sulcus longitudinalis vent. endet mit einer Incisur zwischen beiden Ventrikeln. Die individuelle und altersbedingte Variabilität dieses Merkmals ist sehr groß. Bei Juvenilen ist die Incisur sehr flach, bei alten Tieren meist deutlich ausgeprägt. Das äußere Bild hängt offenbar auch vom jeweiligen Herzmuskeltonus ab.

Elefanten besitzen, wie Sirenen, zwei vordere Vv. cavae. Blutzellen: Erythrocyten: 3,2—3,8 Mio pro ml, Leukocyten: 9,0—12,0 Tausend pro ml (SIKES 1971). ⌀ der roten Blutzellen relativ hoch: 0,5—9,6 µm. Das Haemoglobin hat ein höheres O_2-Bindungsvermögen als das der meisten Eutheria.

Herzfrequenz: in Ruhe stehend 28 pro min, im Liegen 35 pro min.

Exkretionsorgane. Die Nieren liegen retroperitoneal in Höhe des Überganges von der Brust- zur Lumbalwirbelsäule. NierenGew.: *Elephas* 20jährig: 3 und 4,3 kg (SCHULTE 1937) *Loxodonta* 30jährig für 1 Niere: 9,2 kg (PETTIT 1907). Bei jungen Elefanten ist die Niere gelappt (bis zu 10 Lobuli). Mit zunehmendem Alter verschwindet die Lappung bis auf einige Restfurchen.

Die Niere der Elefanten ist eine Recessus-Niere, besitzt also keine Kelche und Papillen. Das Nierenbecken geht in 4—5 weite schlauchförmige Recessus (Tubi maximi) über, in welche die Sammelrohre aus dem Parenchym unmittelbar einmünden (ähnlich bei Sirenia und Perissodactyla, hier aber nur 2 Recessus). Harnblase ohne Besonderheiten (Lumen: 30 × 25 cm). Harnmenge des Erwachsenen pro Entleerung ca. —50 l/d.

Weibliche Geschlechtsorgene (BUSS & SMITH 1966, 1986, PERRY 1964). Die Ovarien liegen, im Vergleich zu den meisten Eutheria, sehr hoch und berühren das untere Drittel der Niere. Eine partielle Bursa ovarica wird von der Mesosalpinx gebildet. Das abdominale Tubenostium legt sich eng der Ovaroberfläche an. Ungeklärt ist das Vorkommen zahlreicher akzessorischer Corpora lutea neben dem primären Gelbkörper. Sie dürften sekundär während der Gravidität entstehen. Der Uterus ist zweihörnig. Die Cornua legen sich eng aneinander und verschmelzen äußerlich, so daß das Corpus in seinem oberen Anteil noch 2 Lumina enthält. Bemerkenswert ist die außerordentliche Länge des Urogenitalkanals (Vestibulum vaginae), die um ein beträchtliches die Länge der Vagina übertrifft. Die Mündung der Urethra liegt in seiner ventralen Wand, außerordentlich hoch. Hymenalfalten sind bei Juvenilen beschrieben worden. Der Urogenitalkanal verläuft in einem cranialwärts offenen Bogen, so daß die Öffnung der Vulva vor den Extremitäten liegt und bei der Kopulation zurückgezogen werden muß. Die Clitoris ist penisartig entwickelt (Länge 35–50 cm), besitzt ein Corpus spongiosum und eine Glans und ist mit zwei Crura am Os pubis verankert.

Männliche Geschlechtsorgane. Die Hoden machen bei Proboscidea keinen Descensus durch und behalten ihre primäre Lage intraabdominal in Höhe der Nieren (Dimensionen beim adulten ♂: 17 × 15 cm, Gew.: bis 3 kg; SIKES 1971). Sie sind durch ein Mesorchium verschieblich mit der hinteren Bauchwand verbunden.

Etwa 12 Ductuli efferentes verlassen am Hilus den Hoden und sammeln sich im Ductus deferens. Sie verlaufen im lockeren Bindegewebe ohne, wie bei den meisten Säugetieren, zu einem kompakten, organartigen Nebenhoden zusammengeschlossen zu sein. Der Ductus deferens liegt in zahlreichen, eng gepackten Windungen medial des Ureters und verläuft bis vor die Glandulae vesiculares, um sich vor der Einmündung in den Ductus ejaculatorius zu einer Ampulla (10 cm lang, 6 cm breit) zu erweitern. Die Gldl. vesiculares erreichen im leeren Zustand ein Gewicht von 1 kg. Die Prostata liegt unmittelbar dorsal und distal der Bläschendrüse in der hinteren Wand der Urethra und umgreift, in der Regel mit paarigen Lappen, die Harnröhre. Paarige Bulbourethraldrüsen liegen in der Muskulatur des Beckenbodens, unmittelbar neben der Urethra. Der Penis ist von beträchtlicher Länge. Ein Baculum oder knorplige Strukturen fehlen. Die Glans ist äußerlich nicht gegen den Schaft abgegrenzt. Kavernöse Strukturen und Muskulatur sind ohne Besonderheiten.

Lebensraum und Sozialverhalten. Der Lebensraum der Elefanten ist primär recht vielseitig und reicht vom Regenwald bis zur Savanne und von der Ebene bis in Höhen von mehr als 4000 m ü. NN. Bei *Loxodonta* werden Waldelefanten, besonders im Westen, und Savannen-Elefanten im Osten als Unterarten unterschieden, doch sind Übergänge häufig (s. S. 909). *Elephas* ist heute weitgehend auf Restareale zurückgedrängt und lebt im Busch- und Dornwald, der durch offene Grasflächen aufgelockert ist. Unbedingt notwendig ist die Nähe von Wasser und die Möglichkeit, schattige Plätze für die heißen Mittagsstunden zu finden. Wanderungen werden zwecks Suche nach neuen Nahrungsquellen unternommen. *Loxodonta* wandert bei Beginn der Trockenzeit aus ariden Gebieten in die Nähe von Wasserläufen oder Küsten und kehrt mit der Regenzeit in die Savanne zurück. Dabei werden Entfernungen von mehreren 100 km zurückgelegt. *Elephas* wandert zur Futtersuche etwa 30–40 km, bedingt durch die Struktur des Lebensraumes. Eine strenge Territorialität besteht nicht.

Elefanten bilden Mutter-Familien, die aus einer Leitkuh, ihren Töchtern und Jungbullen (bis zum 8. Lebensjahr) bestehen. Alte Bullen besuchen eine Herde nur dann, wenn sich in dieser eine Kuh im Oestrus befindet.

Eine Familiengruppe besteht in der Regel aus bis zu 20 Ind., doch können sich mehrere Familiengruppen zeitweise zu größeren Herden zusammenschließen, die bei *Loxodonta* mehrere Hundert Tiere umfassen können. Jungbullen wandern spätestens im 8. Lebensjahr ab und bilden eigene Verbände. Altbullen leben meist als Einzelgänger. Elefanten sind schlechte Futterverwerter. Daher entfallen etwa 75% der 24 Stunden auf Nahrungsaufnahme, 12% auf Wanderungen und 12% auf Ruhe und Baden (EISENBERG 1980 für *Elephas*).

Elefanten verfügen über ein reiches Ausdrucksvermögen, das der Kommunikation dient, vor allem Ohr-, Rüssel- und Schwanzbewegungen (DOUGLAS & HAMILTON 1976). Es wird ergänzt durch ein Repertoire von Lautäußerungen. Mindestens 8 verschiedene Lautäußerungen können bestimmten Funktionen zugeordnet werden. Lautes Trompeten bedeutet Alarm. Tiefe, weithin hörbare Laute dienen dem Zusammenhalt der Herde. Tiefe, kurze Laute werden hervorgebracht, wenn ein Vorgang oder eine Veränderung in der Umgebung die Aufmerksamkeit erregt. Oft beschrieben ist ein leises Rumpeln und Kollern, das meist als Darmgeräusch gedeutet wurde. Nach neueren Untersuchungen werden diese Laute jedoch im Kehlkopf erzeugt (BUSS 1986), und zwar vor allem, wenn sich die Tiere ungestört im Herdenverband befinden. Sie dürften als Kontaktlaute zu deuten sein.

Jungtiere liegen beim Schlafen. Erwachsene legen sich nachts für kurze Zeit (1−2 h), ruhen aber vorwiegend im Stand.

Fortpflanzungsbiologie. Elefanten sind polyoestrisch. Der Oestrus dauert 3−4 d, das Intervall 18−22 d. Die Geschlechtsreife tritt im Alter von 8−12 Jahren ein. ♂♂ erreichen die volle Körpergröße aber erst mit 20 Jahren. Der Paarung geht ein Treiben der Kuh durch den Bullen mit Rüsselkontakten voraus. Die Kopulation dauert nur wenige Sekunden. Die Tragzeit beträgt 22 (17−23) mon. In der Regel wird nur 1 Junges geboren (sehr selten Zwillinge). GeburtsGew. *Loxodonta*: 90−135 kg, *Elephas*: 60−115 kg. Das Neugeborene ist ausgereift (Nestflüchter) und folgt der Mutter nach wenigen Stunden.

Die Nachgeburt wird in der Regel von der Mutterkuh gefressen. Paarungen und Geburten können zu jeder Jahreszeit vorkommen. Während des Geburtsvorganges gruppieren sich häufig einige Mitglieder der Herde um die Gebärende, helfen beim Zerreißen der Eihäute und beim Aufrichten des Neugeborenen. Auch bei der weiteren Aufzucht des Jungen übernehmen Geschwister Aufsicht und Schutz der Jungen, wenn die Mutter frißt, und spielen mit ihm. Die Laktation dauert 18−20 mon.

Zusammensetzung der Milch (n. SIKES 1971): H_2O 82%, Protein 4%, Fett 7%, Lactose 6,5%, Mineralstoffe 0,5%.

Das Intervall zwischen 2 Geburten beträgt 2−4,5 a. Nachzucht von Elefanten in der Zoohaltung ist nicht selten gelungen, spielt aber bei den Arbeitselefanten in S-Asien keine Rolle. Diese sind stets gezähmte Wildtiere, also nicht domestiziert. Regelmäßige Zucht ist nicht möglich unter den gegebenen Haltungsbedingungen (Anketten der Tiere in der Ruhezeit, unberechenbares Verhalten zuchtfähiger Bullen in der Haltung).

Maximale Lebenserwartung: 60−70 a, in der Wildbahn weniger.

Ontogenie. (AMOROSO & PERRY 1964, PERRY 1953, 1965, 1974). Die Frühstadien der Ontogenese sind nur unzureichend bekannt. *Loxodonta* und *Elephas* zeigen, soweit bekannt, kaum nennenswerte Unterschiede. Die Nidation erfolgt central und ist superficiell. Orientierung des Dottersackes mesometrial, der Embryonalanlage antimesometrial. Choriovitellinplacenta temporär, ausgedehnt. Amnionbildung durch Faltung. Placentarform: unvollständig gürtelförmig mit antimesometrialer Unterbrechung. Placentatyp: labyrinthär. Struktur der interhaemalen Membran: endotheliochorial. Bei *Loxodonta* kleine, zottentragende Bezirke auf dem glatten Allantochorion. Allantois groß, vierlappig. Kleine Randhaematome vorhanden.

Ähnlichkeiten im Ontogeneseablauf bestehen zwischen Proboscidea, Sirenia und Hyracoidea.

Karyologie. Bei beiden Elefanten-Genera beträgt die Chromosomenzahl $2n = 56$. Autosomen: 1 groß, subtelocentrisch, 4 klein, metacentrisch, der Rest vorwiegend akrocentrisch; y-Chromosom kurz, x-Chromosom lang, metacentrisch. Inwieweit strukturelle Unterschiede zwischen den Chromosomen beider Arten bestehen, ist noch unklar (HUNGERFORD et al. 1966).

Parasiten. Einzelangaben über Vorkommen von Endoparasiten bei Elefanten finden sich reichlich im Schrifttum, doch ist das Material noch nicht ausreichend, um allgemeingültige Angaben über Häufigkeit, Anfälligkeit, Epidemiologie und Erkrankungsart zu machen. Die Mehrzahl der gefundenen Parasiten gilt als streng wirtsspezifisch. Eine umfangreiche Artenliste von Eingeweideparasiten bei wildlebenden Afrikanischen Elefanten findet sich bei SIKES (1971). Wir beschränken uns hier auf Angaben der nachgewiesenen Familien.

Trematodes: Zahlreiches und häufiges Vorkommen von Leberegeln. Artengliederung noch unklar.

Cestodes: Bandwurmcysten wurden mehrfach bei *Elephas* in der Leber gefunden, bisher nicht bei *Loxodonta*.

Nematodes: Ascaridae, Oxycuridae, Strongylidae bei *Loxodonta* 3 Gen. mit 23 Spec. Ancylostomidae: 2 Gen., 3 Spec. bei *Loxodonta*.

Filarioidea sehr häufig und zahlreich, *Loxodontofilaria* in der Aortenwand.

Protozoa: im Blut von *Loxodonta* wurden *Babesia*, *Trypanosoma* und *Piroplasma* gefunden, doch ist nichts über deren pathogene Wirkung bekannt.

Ectoparasiten: Arthropoda. Zahlreiche Zecken (Ixodidae) kommen auf Elefanten vor. Für *Loxodonta* sind 8 *Amblyomma*-Arten, *Dermacentor*, 1 *Haemophysalis* und 10 *Rhipicephalus*-Arten beschrieben. Die meisten Zecken kommen auch auf anderen Säugern, vor allem bei Artiodactyla, aber auch bei *Rhinoceros*, Großkatzen u. a. vor. *Dermacentor* wird als Überträger von *Nuttallia loxodontis* angesehen.

Phthiraptera, Anoplura: Die Elefantenlaus, *Haematomyzus elephantis*, kommt sowohl auf Indischen wie auf Afrikanischen Elefanten vor. Die Gattung ist, als Spezialist für „Dickhäuter", mit einer Reihe von Sonderanpassungen ausgestattet (H. WEBER 1939).

Diptera: Elefanten werden häufig von Bremsen (*Tabanus*) befallen, die als Überträger von Protozoen und Filarien anzusehen sind. Oestridae (*Hypoderma*, Dasselfliegen, Rachenbremsen) legen die Eier an der Haut, vor allem an Haaren ab. Die Larven durchbohren die Haut und können im Unterhautbindegewebe oder in den Organen Entzündungsherde und Abszesse hervorrufen. *Pharyngobolus africanus*-Larven finden sich oft in großer Zahl in Nase, Rachen, Oesophagus und Rüssel und können langdauernde Prozesse erzeugen. Oestridenbefall wird auch in der Haut der Fußsohlen beschrieben (SIKES). Blutsaugende Fliegen (*Stomoxys, Glossina, Haematobia*) finden sich in bestimmten Gegenden häufig als Blutsauger an dünnen Hautstellen (Ohren) von Elefanten und nehmen von diesen Blutparasiten (Trypanosomen) auf. Die Bedeutung der Elefanten als Reservoir von vieh- oder menschenpathogenen Trypanosomen ist noch nicht geklärt.

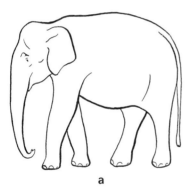 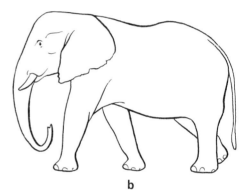

a b

Abb. 484. a) *Elephas maximus*, b) *Loxodonta africana*. Beachte die artlichen Unterschiede der Rückenlinie und der Ohrgröße.

Systematik und Verbreitung der rezenten Proboscidea. Die beiden rezenten Gattungen der Proboscidea, Asiatischer (*Elephas*) und Afrikanischer Elefant (*Loxodonta*), sind durch zahlreiche morphologische Merkmale (Schädel, Gebiß) deutlich unterschieden.

Tab. 53 Einige Unterschiede zwischen beiden Genera (Abb. 484)

	Elephas	*Loxodonta*
Ohrmuscheln	mäßig groß	extrem groß
Kopfform	mit Stirnhöcker, steiles Profil	flache Stirn
Rückenlinie	konvex	gestreckt bis konkav
Rüsselende	mit dorsalem Finger	mit dorsalem und ventralem Finger
Backenzähne	mit parallelen Schmelzfalten	rautenförmige Schmelzleisten (Abb. 480)

Anzahl der Zehen variabel, ist kein zuverlässiges Kriterium.

Elephas maximus, asiatischer (Indischer) Elefant. KRL.: 5,5 – 6,4 m. SchwL.: 1,50 m. Schulterhöhe: 2,50 – 2,90 m. KGew.: bis 4,5 t.

Habitat: Savanne und Waldlichtungen. Reviergröße: 50 – 200 km². Familienverbände (20 bis max. 100 Ind.). Bullen meist Einzelgänger. ♀♀ ohne Stoßzähne, gelegentlich auch ♂♂. Oft im Alter helle pigmentfreie Flecken, besonders an Ohrrändern und Rüsselansatz. Von alters her als Arbeitselefant genutzt (Dressur, keine Domestikation). „Musth" (s. S. 899) bei alten Bullen mit Fortpflanzungsperiode korreliert.

Verbreitung: ursprünglich von Mesopotamien, Iran durch S-Asien bis S-China, heute beschränkt auf Vorderindien, Sri Lanka, Burma, Thailand, Malaysia, Indochina, Sumatra. Eine kleine Population in N-Borneo soll auf Importe (um 1750) zurückgehen, doch wurden subfossile Backenzähne auf Borneo gefunden (Pleistozaen, HOOIJER 1967). Das Vorkommen von Elefanten in Indien ist heute durch Zerstörung des Lebensraumes bereits stark zersplittert und reduziert. Die Art ist bedroht.

Die Mehrzahl der zahlreichen, benannten Unterarten hat keinen Bestand. Außer der Nominatform kann *E. m. sumatranus* anerkannt werden.

Loxodonta. 2 Arten. *Loxodonta africana*, Afrikanischer Elefant. Bei dieser Art können zwei Formen unterschieden werden, die meist als Subspecies benannt werden, *L. a. africana,* der Savannenelefant, und *L. a. cyclotis,* der Rundohr- oder Waldelefant. Beide Formen unterscheiden sich durch die Form der Ohren (Abb. 485), die beim Waldelefanten einen abgerundeten unteren Rand besitzen, beim Savannenelefanten besonders groß sind und unten vorn in eine Spitze auslaufen. Zwischenformen und Übergänge kommen vor, auch können beide Typen, jedenfalls in einer breiten Zone in C-Afrika, in der gleichen Herde auftreten (BACKHAUS 1958). Waldelefanten überwiegen in den Regenwaldgebieten in W- und C-Afrika, Spitzohrelefanten in den östlichen Savannen. Da beide sympatrisch vorkommen und offensichtlich genetisch nicht getrennt sind, sollte man von Ökotypen statt von Unterarten sprechen.

Lebensraum: Regen- bis Bergwald, Buschland, Savanne bis Halbwüste, im Gebirge bis 5000 m ü. NN.

Verbreitung: früher ganz Afrika von der Mittelmeerküste bis zum Kap. Durch menschliche Besiedlung und durch Jagd und Wilderei stark reduziertes und vielfach zerrissenes Verbreitungsareal. Heutige Nordgrenze etwa 13° n.Br. (S-Mauretanien, S-Sudan bis S-Somalia), Südgrenze s. Wendekreis. Restbestände in S-Afrika: Knysna Forest, Addopark, Krueger National Park.

Savannenelefant: KRL. (incl. Rüssel) ♂♂: 6 – 7,50 m, ♀♀: 6 – 6,5 m, SchwL. ♂♂: 1,30 – 1,50 m, ♀♀: 1 – 1,50 m, Schulterhöhe ♂♂: bis 3,50 m, ♀♀: 2 – 2,80 m, KGew. ♂♂: bis 7000 kg, ♀♀: bis 2500 kg.

Waldelefanten sind in allen Maßen geringer. KRL.: 4,5 – 5,5 m, SchwL.: 0,9 – 1,10 m, Schulterhöhe: 2,5 – 3 m, KGew.: 2000 – 3500 kg. Beide Geschlechter tragen Stoßzähne, die bei alten Bullen erhebliche Länge und Gewicht erreichen können (s. S. 903). Familiengruppen, Gruppen juv. ♂♂, geschlechtsreife ♂♂ meist Einzelgänger. „Musth" weitgehend unabhängig von Fortpflanzung, tritt schon periodisch bei juv. ♂♂ auf.

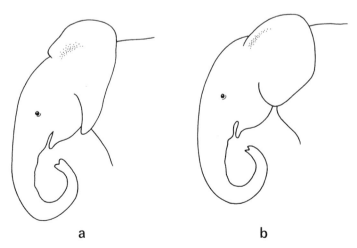

Abb. 485. Ohrform bei afrikanischen Elefanten. a) *oxyotis-*, b) *cyclotis-*Form.

Hannibal verwendete offenbar nordafrikanische Elefanten in den Kriegen mit den Römern. Elefanten fanden in Afrika aber keine Verwendung als Arbeitselefanten. Sie galten lange Zeit hindurch als nicht zähmbar. Dressurversuche, die Leopold II seit 1910 ausführen ließ, zeigten jedoch, daß kein prinzipieller Unterschied in Zähmbarkeit und Dressurfähigkeit zwischen Afrikanischen und Indischen Elefanten besteht. Offenbar fehlen den Afrikanern Erfahrungen mit dem Tier, die bei indischen Mahouts besonders kultiviert sind.

Loxodonta pumilio, Afrikanischer Zwergelefant. Das Vorkommen einer zweiten *Loxodonta*-Art war lange umstritten. Kleinwüchsige Elefanten wurden gelegentlich beschrieben (Körpergröße bis 2 m, KGew.: 900 – 1 500 kg). Diese Tiere besaßen Stoßzähne von 60 – 120 cm Lge. und waren geschlechtsreif (ein ♀ mit geburtsreifem Fetus ist bekannt). Die Ohrform ist variabel aber meist *cyclotis*-ähnlich. Der Rüssel besitzt die 2 Finger, doch ist der dorsale auffallend lang. Einige Autoren sahen in dieser Zwergform eine eigene Art (NOACK 1906 *L. pumilio*, HALTENORTH 1977, ROEDER 1970). Nach anderer Auffassung (DORST & DANDELOT 1973, GRZIMEK 1972 u. a.) soll es sich um einzelne Kümmerlinge des Waldelefanten oder um Jungtiere handeln. In neuerer Zeit (ROEDER 1970, 1975; EISENTRAUT & BÖHME 1989, 1990) dürfte die Streitfrage zu Gunsten der Anerkennung als eigene Species entschieden sein. Es handelt sich sicher nicht um Jungtiere von Waldelefanten, da Geschlechtsreife und Alterung am Gebiß nachgewiesen sind. Zwergelefanten kommen im gleichen Biotop wie Waldelefanten, also sympatrisch vor, gehen sich aber strikt aus dem Wege, wenn sie sich treffen (durch Film belegt). Zwergelefanten bilden eigene Herden, alte ♂♂ sind solitär. Das sympatrische Vorkommen beider Formen macht die Annahme getrennter Arten zwingend. Morphologische Unterschiede bestätigen diesen Schluß, zumal eine Deutung als Allometriefolge bei einigen Merkmalen ausgeschlossen ist.

Maße (aus EISENTRAUT & BÖHME nach den genannten Autoren): Widerristhöhe: 160 – 200 cm, KGew.: 900 – 1 500 kg, StoßzahnGew.: 1 – 15 kg, StoßzahnLge.: 40 – 120 cm, Trittsiegel: ⌀ 25 – 30 cm (bei Waldelefanten: 43 – 45 cm).

Haut von *L. pumilio* samtartig, mit feinen Falten. Unterkieferäste sehr niedrig und flach. Stirn stärker abgeflacht.

Schädel in Parieto-Occipitalgegend auffallend breit. For. occipitale magnum, trotz geringer Schädelmaße, sehr weit, in den absoluten Maßen oft größer als bei Waldelefanten.

Lebensraum: Sumpfiger Regenwald, Galeriewälder.

Verbreitung: von Sierra Leone bis S-Zaire.

Im Anschluß an die rezenten Elefanten sei kurz auf die **Mammut**-Gruppe eingegangen (s. S. 898), die im ganzen Pleistozaen weit verbreitet war, also noch mit dem palaeolithischen Menschen zusammen gelebt hat (von England bis Japan, von N-Norwegen und den sibirischen Inseln bis Spanien, Italien, China, in Alaska und Kanada) und durch zahlreiche Funde mit teilweise erhaltenen Weichteilen aus den Dauerfrostböden Sibiriens gut bekannt ist. Außerdem gibt es eine Fülle von Ritzzeichnungen, Höhlenbildern und Kleinplastiken, deren Auswertung zuverlässige Informationen über Aussehen und Körperbau des Wollhaarigen Mammut († *Mammuthus* [*mammonteus*] *primigenius*) vermitteln (GARRUT 1964, O. ABEL 1914). Biologisch interessant ist dieser letzte Vertreter einer einst formenreichen Gruppe als einziger Proboscidier, der an das Leben in der n. Kaltsteppe (Tundra) angepaßt war.

† *Mammuthus primigenius*: größte Rumpfhöhe 2,50 – 3,50 m, also entgegen verbreiteten Vorstellungen nicht größer als bei Elefanten, denen sie auch im KGew. gleich gewesen sein dürften. Rumpf etwas länger, Gliedmaßen etwas kürzer als bei *Elephas*. Schädel verkürzt und stark überhöht durch Scheitelhöcker. Rückenkontur: Konkaver Sattel unmittelbar hinter dem Kopf, im Thoracalbereich deutliche Höckerbildung (kein Fett- oder Muskelhöcker). Diese ist bedingt durch Verlängerung der vorderen Dornfortsätze und zunehmender Verkürzung der Procc. spinosi ab Thl 7 caudalwärts. Kein antikliner Wirbel. Stoßzähne sehr groß, spiralig gewunden; zunächst abwärts, dann auswärts gewunden, Spitzenteil nach medial gerichtet, so daß sich die Spitzen beider Zähne sehr nahe kommen. Maximale Länge 3 m. Durchmesser an der Basis 15 cm. Gew. eines Einzelzahnes 150 kg (GARRUT 1964). Deutliche Größendifferenz der Geschlechter. Mammut-Elfenbein wurde in großen Mengen gesammelt und spielte eine Rolle im Handel. Die Ohren von mindestens 2 Individuen waren gut erhalten. Sie sind kleiner als die des Indischen Elefanten, denen sie in der Form gleichen (Ohrhöhe: 38 cm, gr. Breite: 17 cm). Rüssel etwas dicker und kürzer als bei *Elephas*, am Ende mit dorsalem Finger und breiter, schaufelförmiger Lippe ventral. Unmittelbar unter der Schwanzwurzel war eine lippenförmige breite Analklappe ausgebildet. Nahrungsreste zwischen den Zähnen und Mageninhalt ergaben, ebenso wie Pollenanalysen, ausschließlich Gramineen und

Seggen. Dies und die Fundumstände deuten auf eine Lebensweise in offenem Gelände, außerhalb der Waldzone. Mammuts waren mit einem dichten Haarkleid, Wolle und langen Deckhaaren, bekleidet. Diese bildeten an der Schulter und an den Flanken eine lange Mähne (HaarLge. bis 50 cm), waren an den Kopfseiten und den Extremitäten kürzer. Die Färbung wird als dunkelbraun bis gelbbraun, am Kopf auch als nahezu schwarz beschrieben, doch ist anzunehmen, daß die Fellfärbung durch die lange Lagerung im Boden gegenüber dem Zustand im Leben verändert war. Bemerkenswert ist, daß die Carpalia im Gegensatz zu den Elefanten eine alternierende (diplarthrale) Anordnung zeigen. Das Aussterben des Mammuts am Ende der Pleistozaenperiode oder kurz danach dürfte mit der Ausbreitung der Nadelwälder im Zusammenhang stehen.

Ordo 25. † Embrithopoda

Aus dem Unter-Oligozaen des Fayum (Ägypten) wurde eine Gruppe von eigenartigen Pflanzenfressern von erheblicher Körpergröße (Größe eines Nashorns) geborgen und als †*Arsinoitherium zitteli* (nur 1 Gattung) beschrieben. Ihre phylogenetische Stellung war lange umstritten. Sie vereinigen mit basalen Huftiermerkmalen eine Reihe eigenartiger Spezialisationen und wurden meist der Sammelgruppe „Paenungulata" zugeordnet. Gebiß sehr vollständig mit 44 Zähnen, $\frac{3\ 1\ 4\ 3}{3\ 1\ 4\ 3}$. Die Zähne sind hypsodont und stehen sehr eng. Kronenmuster der Molaren bilophodont mit 2 V-förmigen Querleisten. Auffallendes Merkmal sind zwei riesige Knochenzapfen auf den Nasalia, die an ihrer Basis miteinander verschmolzen sind. Hinter diesen stehen zwei kleine, frontale Knochenzapfen. Der Endocranialausguß ist auffallend schmal, das Telencephalon ist lissencephal. Die Riechlappen sind groß, der Ausguß der Kleinhirngruben relativ breit. Die Gliedmaßen sind plump und fünfzehig. Neuerdings werden Zahnfunde aus dem Eozaen/Oligozaen O-Europas und Anatoliens den † Embrithopoda zugeordnet, doch reichen diese kaum zu einer zuverlässigen Bestimmung aus. Andererseits finden sich im Bau der Ohrkapsel (For. perilymphaticum) sehr charakteristische Synapomorphien mit Sirenia und Proboscidea (M. FISCHER 1992, s. S. 894), die eine Zusammenfassung dieser drei Gruppen als „Tethytheria" rechtfertigen würden.

Ordo 26. Sirenia

Sirenia, Seekühe, sind an rein aquatile Lebensweise angepaßte Abkömmlinge ancestraler Huftiere („Paenungulata"). Sie erinnern in der Körpergestalt an Cetaceen, mit denen sie allerdings überhaupt nicht verwandt sind. Sie bewohnen Küstengewässer, Brackwasser, große Flüsse und deren Mündungsgebiet, sind aber nicht pelagisch, vermeiden also die Hochsee. Sirenen gehen nicht wie Robben zeitweise an Land. Geburt und Aufzucht der Jungen erfolgen im Wasser. Sie sind reine Pflanzenfresser (Seegras, Tang, Algen) und stehen, wie Fossilfunde und morphologische Merkmale zeigen, den Proboscidea stammesgeschichtlich nahe (horizontaler Zahnwechsel, brustständige paarige Milchdrüsen, Bau der Region um das For. perilymphaticum, Zahnstruktur, Nase, Larynx, Genital, Hufrudimente, Niere, großes Caecum, Placenta, serologische Daten).

Spezifische Gruppenmerkmale sind: Bau der Lippen, hornige Gaumenplatte, multilokulärer Magen, Pachyostose (s. S. 921). Bemerkenswert ist der außerordentlich geringe Grad der Hirnentfaltung (Encephalisationsquotient) bei erheblicher Körpergröße. Die Hirngestalt weist einige Ähnlichkeiten mit basalen Huftieren auf, zeigt aber auch gruppenspezifische Besonderheiten (s. S. 925). Schon fossile Sirenen weisen eine Tendenz zur Ausbildung eines hohen KGew., ohne gleichzeitige Zunahme des HirnGew. auf (O'SHEA & REEP 1990).

Als Anpassung an die aquatile Lebensweise sind hervorzuheben: die walzenförmige Körpergestalt (Abb. 486) mit Reduktion des äußeren Ohres, die Rückbildung der hinteren Gliedmaßen, Bildung einer horizontalen Schwanzflosse, Rückbildung des Haarkleides und Struktur der Haut, Lidapparat des Auges.

2 Familien, 3 Gattungen, 5 Arten, davon eine Gattung, *Rhytina*, seit der zweiten Hälfte des 18. Jh. ausgerottet. Größte Form: †*Rhytina stelleri*, bis 7,5 m KRL. KGew. bis 4000 kg. *Manatus* und *Dugong*: KRL.: 2,5–4 m, KGew.: 300–600 kg.

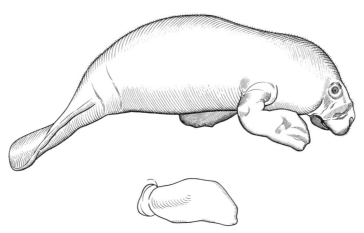

Abb. 486. *Manatus* (*Trichechus*) *inunguis*, Amazonas Seekuh (Sirenia). Habitusbild, darunter Brustflosse.

Herkunft, Stammesgeschichte und Großgliederung der Sirenia. Die ältesten Funde von Sirenen stammen aus dem Mittel-Eozaen, †*Prorastomus* aus Jamaica und †*Sirenavus* aus Ungarn, also aus Küstenregionen des Tethys-Meeres. Sie besaßen noch das vollständige Gebiß mit Zahnformel: $\frac{3\ 1\ 5\ 3}{3\ 1\ 5\ 3}$. Das Cranium war gestreckt, Rostrum und Unterkiefer nicht abgeknickt. Die Nasenöffnungen waren auf die Dorsalseite verlagert. Schneidezähne nicht vergrößert. Ohrregion (Ohrkapsel, Petrotympanicum) der von Condylarthra ähnlich. Beginnende Pachyostose am Hirnschädel. Die Knochenverdickung greift bei oligozaenen Sirenen auf das postcraniale Skelet über und erreicht im Oligozaen und Miozaen (†*Halitherium*) bereits ein hohes Ausmaß (s. S. 921).

Die eozaenen Sirenen waren bereits, wenn auch in geringerer Weise als die jüngeren Formen, an das Wasserleben adaptiert, besaßen aber noch freie Hinterbeine. Das Becken von †*Eotherium* hatte noch ein For. obturatum und ein typisches Acetabulum mit deutlicher Gelenkfläche, muß also noch einen Femur und wahrscheinlich Elemente des Stylo- und Autopodium besessen haben (O. ABEL 1905). Bei oligozaenen Sirenen (†*Eosiren*, †*Halitherium*, †*Metaxytherium*) verschwindet zunächst das For. obturatum durch Rückbildung der vorderen Spange des Os pubis. Ein Acetabulum bleibt noch erhalten, Reste des Femur und gelegentlich auch einer Tibia wurden nachgewiesen. Bei holozaenen Arten fehlt auch das Acetabulum. Die Beckenrudimente erreichen nicht mehr die Körperoberfläche, sondern bleiben in der Muskulatur der Rumpfwand verborgen. Sie sind bei *Dugong* mit der Wirbelsäule noch ligamentös verbunden und können eine Länge von 20 cm erreichen. Die rezenten Sirenen sind sicher monophyletischen Ursprungs, doch ist die Aufspaltung in zwei Familien, Dugongidae (incl. Rhytinidae) und Manatidae (Trichechidae), sehr früh (Alt-Eozaen) erfolgt. Im Posteozaen waren Sirenen weit verbreitet und zeigten eine beachtliche Radiation in mehrere Stammeslinien, und zwar vom Atlantik bis zum Indik. Im Oligozaen: †*Halitherium*, †*Anomothe-*

rium, im Miozaen/Pliozaen: † *Metaxytherium* von der Mediterraneis über Atlantik und durch die zu jener Zeit offene Panamastraße im N-Pazifik. Aus dieser Radiation sind neben weiteren Genera († *Felsinotherium*) die Dugongidae hervorgegangen. *Rhytina* ist eine spät (Plio-/Pleistozaen) abgespaltene Kälteform.

Die Stammesgeschichte der Trichechidae (Manatis) ist im Gegensatz zu der Herkunft der Dugongidae ungeklärt. † *Potamosiren magdalenensis* aus dem Mittel-Miozaen von Kolumbien ist der älteste bekannte Vertreter der Trichechidae, kommt aber als unmittelbare Ahnenform der rezenten Manatis nicht in Frage. Eine gewisse Radiation in S-Amerika deutet auf ein Differenzierungscentrum im Amazonasbecken hin. Unklar ist derzeit vor allem die Frage, wie *Manutus* nach Afrika gelangt ist.

Integument. Hier sei zunächst die Hautstruktur der rezenten Warmwasserformen (*Manatus* und *Dugong*) besprochen. Anschließend bedarf die Haut von *Rhytina*, die eine Reihe von Besonderheiten zeigt, einer besonderen Betrachtung (s. S. 930).

Die Hautfärbung ist matt-grau, besonders im trockenen Zustand. Nach dem Eintauchen in Wasser erscheint nach einiger Zeit ein leicht bläulich-violetter Schimmer, einhergehend mit einer leichten Schleimabsonderung (Vosseler 1924, 1930), die auf Quellung der oberflächlichen Epidermiszellen oder flächenhafte Sekretion zurückgeht, denn Drüsen fehlen, soweit bekannt. Das Haarkleid ist weitgehend rückgebildet mit Ausnahme der Borsten um die Mundöffnung und einzelner, verstreut stehender kurzer Haare am Rumpf, besonders bei *Dugong*.

Die Epidermis ist dünn, die Cutis sehr derb und dick, Sirenen besitzen eine dicke Speckschicht, die, abweichend von den Cetacea, kompakt ist.

Die Milchdrüsen befinden sich in axillarer Lage.

Rudimentäre, hufartige Nägel kommen bei *Manatus manatus* und *M. senegalensis* (2–4) vor.

Schädel. Der Schnauzenteil des Cranium bildet ein langes, schmales Rostrum, das von den Praemaxillaria, die nicht miteinander verschmelzen, und hinten seitlich vom Maxillare gebildet wird. Bei den frühen Formen († *Protosiren*, Abb. 488) liegt es gestreckt in der Längsachse des Schädels, zeigt aber bei geologisch jüngeren Formen eine sehr auffallende Abknickung schräg-abwärts, die bei *Dugong* (Abb. 488) und *Rhytina* einem rechten Winkel nahe kommt.

Alte ♂♂ von *Dugong* besitzen im Praemaxillare einen Stoßzahn (I), der 6–7 cm weit aus der Alveole vorragt. Auf der Gaumenseite ist das Rostrum von einer mit Querleisten besetzten Hornplatte bekleidet, der eine entsprechende Bildung auf der Unterkiefersymphyse gegenübersteht. Aufgenommene Pflanzenteile können zerrieben werden. Die Praemaxillaria erreichen hinten die Frontalia. Die Nasalia sind weitgehend rückgebildet und fehlen bei *Dugong*. Die Interparietalnaht verschmilzt früh. Das Supraoccipitale ist ausgedehnt, schiebt sich aber nicht zwischen die Parietalia. Interparietale mit dem Parietale verschmolzen. Nasenöffnung am Schädel weit und nach dorsal verschoben. Nasoturbinale fehlt. Maxilloturbinale bei *Manatus* knorplig angelegt. Das Perioticum ist gegenüber dem Hirnschädel weitgehend isoliert, mit dem Tympanicum verschmolzen, welches aber seine Ringform behält. Kein knöcherner äußerer Gehörgang und keine Bulla tympanica. Proc. posttympanicus squamosi vorhanden. Perioticum erreicht die Schädeloberfläche (sog. „Mastoid"). Jochbogen sehr kräftig, ausgedehntes Jugale bildet den Boden der Orbita im rostralen Bereich. Lacrimale klein und ohne Foramen (Tränen-Nasengang fehlt), hat Kontakt zum Jugale. Aufteilung des For. perilymphaticum wie bei Proboscidea (s. S. 927, Fischer 1992). A. carotis int. und N. V$_{2,3}$ verlaufen durch das For. lacerum. For. N. XII kann mit For. metoticum zusammenhängen. Unterkiefer, entsprechend dem Rostrum, ventralwärts abgeknickt und mit sehr ausgedehnter unbeweglicher Symphyse. Pneumatisierte Räume fehlen.

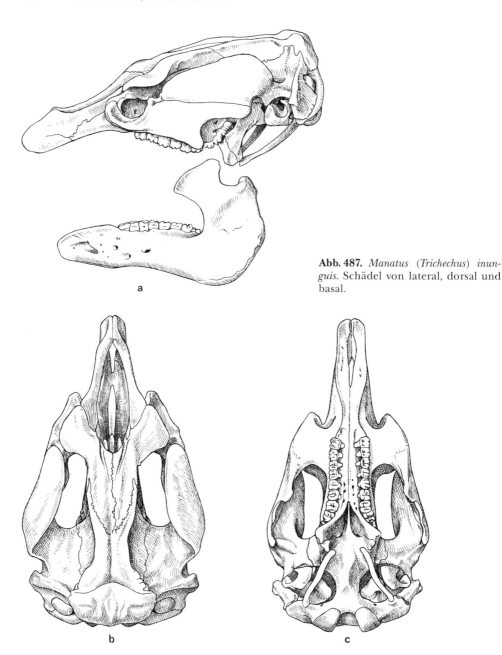

Abb. 487. *Manatus* (*Trichechus*) *inunguis.* Schädel von lateral, dorsal und basal.

Postcranial-Skelet. Da die Sirenen keine Hintergliedmaßen besitzen, fehlt auch ein Sacrum. Das Beckenrudiment ist ligamentös an den Querfortsätzen eines Einzelwirbels befestigt. Dieser wird daher als Sacralwirbel gezählt. Die Zahl der Halswirbel, die nicht untereinander verschmelzen, beträgt bei *Manatus*, abweichend von der Form bei Eutheria, nur 6 (sonst nur bei dem Faultier *Choloepus hoffmanni*, s. S. 1097). Für *Dugong* wird die Zahl 7(8) angegeben. *Manatus* besitzt 17 Rippenpaare, *Dugong* 18–19, *Rhytina* 17. Die Thoracalwirbel sind durch Zygapophysen verbunden und besitzen an den Centra Gelenkfacetten für die Rippen-Köpfchen, abweichend von den Cetacea. *Manatus* hat 2

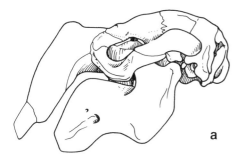 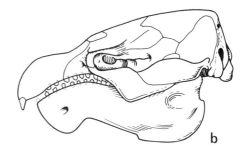

Abb. 488. Schädel in Seitenansicht. a) *Dugong* (*Halicore*) *dugon*, b) †*Protosiren* (Eozaen). Beachte Differenzierung des Gebisses und Abknickung des Rostrum. Nach FREUND 1908.

(selten 3), *Dugong* 4—5 Lumbalwirbel. Die Anzahl der Schwanzwirbel beträgt bei *Manatus* 22—24, bei *Dugong* 28—29. Das Brustbein ist kurz und plattenförmig. Mit ihm treten bei *Manatus* und *Dugong* 2—3, bei *Rhytina* 5 Rippenpaare in Verbindung.

Eine Clavicula fehlt den Sirenia. Die Scapula ist dreieckig (*Manatus*) bis sichelförmig (*Dugong*). Spina scapulae nur in der lateralen Hälfte ausgebildet. Acromion kurz, Proc. coracoides höckerförmig. Die freie Extremität ist ein gestieltes Paddel (Abb. 486), in das alle Fingerstrahlen eingeschlossen sind. Von der Flosse der Cetacea (Abb. 377) unterscheidet sie sich einmal dadurch, daß Ellenbogengelenk und Vorderarm nicht in die Rumpfwand einbezogen werden, so daß Bewegungen im Ellenbogengelenk möglich sind, zum anderen dadurch, daß das Skelet nach Zahl und Anordnung der Einzelknochen dem der tetrapoden Landsäuger prinzipiell gleicht. 5 Fingerstrahlen sind typisch ausgebildet. Überzählige Strahlen und Hyperphalangie kommen nicht vor. Der erste Fingerstrahl ist schwach, der 5. verstärkt und abduziert. Die Carpalia sind in zwei Reihen angeordnet. Proximal verschmelzen Radiale und Intermedium. Knöcherne Verwachsung mit dem Ulnare und Pisiforme kommt bei alten Tieren vor. Distal verschmelzen bei *Dugong* die Carpalia I—IV. Das Intercarpalgelenk und die Fingergelenke behalten eine gewisse Beweglichkeit. Radius und Ulna sind unbeweglich, straff miteinander verbunden und können bei alten Individuen distal miteinander knöchern verwachsen. Pro- und Supination im Ellenbogengelenk sind nicht möglich, wohl aber Beugung und Streckung.

Sirenen sind träge und langsame Tiere. Die Extremitäten haben im wesentlichen die Funktion der Steuerung und Balance, werden aber auch zum Scharren beim Aufnehmen von Wasserpflanzen benutzt. Die Lokomotion erfolgt im wesentlichen durch die Schwanzflosse und durch Rumpfbewegungen (lange Rückenmuskeln).

Die bereits erwähnte **Pachyostose** (s. S. 917) ist eine sehr auffällige, aber physiologisch normale Ausbildung des Knochengewebes, vor allem in den Röhrenknochen, den Rippen und im Schädel. Sie darf nicht mit der pathologischen Pachyostose, die bei Mensch und Haustieren vorkommen kann, identifiziert werden. Der Mechanismus ihrer Entstehung und ihr adaptiver Wert sind nicht geklärt. Sie findet sich bereits bei tertiären Sirenen († *Halitherium*). Die Umwandlung des Knochengewebes beginnt stammesgeschichtlich am Cranium und breitet sich dann zunächst bis zur Mitte des Thorax aus, ergreift aber schon bei miozaenen Formen das ganze Skelet. Die Veränderung besteht in einer erheblichen Verdickung des ganzen Knochens mit bedeutender Gewichtszunahme.

Gleichzeitig kommt es zu einer Umstrukturierung des Knochengewebes mit Reduktion der Haversschen Kanäle und einer Verdichtung („Eburnisation") der Compacta-Substanz. Die Markhöhle in den Röhrenknochen verschwindet. Vermutet wird, daß die Sirenen, die sich vorwiegend auf Seegraswiesen in flachen Küstengewässern aufhalten und die tieferen Seegebiete meiden, durch den Zugewinn an KGew. den Auftrieb herabsetzen können. Rasche Flucht ist nicht erforderlich, da sie in ihrem natürlichen Habitat, außer dem Menschen, keine Feinde haben. Gefährdet sind sie gelegentlich nur durch Großhaie, deren Angriffen sie in den flachen Gewässern relativ selten ausgesetzt sind. Häufig kommen sie durch Taifune um. Starkem Wellenschlag weichen sie aus durch Aufsuchen geschützter Buchten oder größerer Wassertiefe. Stark gejagt wird vor allem der Dugong an allen Küsten des Indik, da Fleisch und Fett hoch geschätzt sind (das Fleisch ist den Muslimin seitens ihrer Religion erlaubt). Die Haut wird zum Bootsbau gebraucht. Die Gefahren für den Dugong sind also die gleichen, die bereits zur Ausrottung der Stellerschen Seekuh geführt haben (s. S. 930). Ein Teil der Dugongs kommt in den heutzutage verwendeten Nylon-Treibnetzen der Fischer um.

Gebiß. Eozaene Sirenen besaßen noch das vollständige Gebiß und waren diphyodont (s. S. 918). Die rezenten Formen zeigen erhebliche Abweichungen von allen übrigen Eutheria. Bei *Manatus* sind die Antemolaren vollständig reduziert, die Molaren vermehrt. Im Milchgebiß werden 3 id, cd, 3 pd noch angelegt, aber vor Durchbruch resorbiert. Bei *Dugong* kommt ein I zur Ausbildung, dem ein id vorausgeht. Der persistierende Schneidezahn (I^2) wird beim ♂ zu einem Stoßzahn, der bis zu 7 cm aus der Alveole herausragt. Beim ♀ bleibt er in der Alveole verborgen. Das Backzahngebiß besteht aus 2 Praemolaren (mit Milchvorläufer) und 3 Molaren. Die vorderen Backenzähne fallen früh aus. Den Backenzähnen fehlt der Schmelzüberzug, die Wurzeln sind offen. Ursprünglich sind zwei Querjoche ausgebildet, die bald abgeschliffen werden. Es bleibt ein mit Zement überwachsener Stiftzahn. Schließlich bleibt nur der letzte M erhalten. *Rhytina* ist zahnlos.

Bei *Dugong* sind zu einem Zeitpunkt nie mehr als 4 Backenzähne in jeder Kieferhälfte in Funktion, bei *Manatus* 5−6 (max. 8). Der Zahnwechsel läuft kontinuierlich während des ganzen Lebens ab, und zwar in der Weise, daß der vorderste Zahn abgenutzt und die Wurzel resorbiert wird, sodann der Rest abgestoßen wird. Gleichzeitig rückt die Zahnreihe rostralwärts vor durch Bildung eines neuen Zahnes am distalen Ende. Die Alveolen folgen dieser Verschiebung, indem an der Rückseite des interalveolären Septum Knochenresorption, an der Vorderseite Neuanlagerung von Knochengewebe erfolgen. Es resultiert also ein **horizontaler Zahnwechsel**, ähnlich demjenigen, den man bei Proboscidea findet, ein wichtiges Argument für die Annahme früher, stammesgeschichtlicher Verwandtschaft beider Ordnungen. Während aber bei Elefanten die Zahl der Molaren begrenzt ist (6), erfolgt die Neubildung von Backenzähnen bei *Manatus* unbegrenzt (20−30 in jedem Kiefer).

Ernährung und Ernährungsorgane. Die Sirenia sind reine Pflanzenfresser, die ihre Nahrung ausschließlich im Wasser finden und aufnehmen. Pflanzen benötigen Sonnenlicht und kommen daher in großen Mengen nur in flachen Gewässern (Seegras-Wiesen des Litoral; *Zostera*, Kelp/Tange, Phaeophyceen) oder an der Wasseroberfläche vor. Seekühe tauchen kaum tiefer als 12 m. Da der Nährwert der Pflanzen sehr gering ist (bis zu 90% Wassergehalt), müssen sehr große Nahrungsmengen aufgenommen werden. Die täglich aufgenommene Menge beträgt für *Manatus* etwa 5−11% des KGew., bei großen Individuen bis zu 100 kg. Entsprechend verbringen die Tiere bis zu 8 h täglich mit der Nahrungsaufnahme. Der hohe Silikat-Gehalt der Pflanzen und die unvermeidliche Aufnahme von Sandkörnern erklärt die rasche Abnutzung der Zähne und die besondere Art des Zahnwechsels (s. o.).

Manatus lebt im Süßwasser und im Meer. Für die Manatis von Florida gibt D. HARTMAN (1979) 32 Gattungen von Gefäßpflanzen an, unter denen submerse Arten als Nahrung offenbar bevorzugt werden. Aber auch Oberflächenpflanzen (*Eichhornia*, *Nymphaea* etc.) werden verzehrt. In Gefangenschaft werden Gras, Gemüsepflanzen (Kohl, Salat) ohne Schwierigkeiten angenommen. Im Gegensatz dazu ist *Dugong* ein reiner Meeresbewohner, der sich ausschließlich von marinen Grünalgen und Seegras (*Zostera* u. a.) ernährt.

Die sehr wulstigen, muskularisierten Lippen (Abb. 489) sind dreigeteilt und mit derben Borsten besetzt. Ihre beiden Seitenabschnitte können unabhängig voneinander bewegt werden und vermögen Pflanzenteile zwischen die Hornplatten zu schieben, die den Gaumenanteil des Praemaxillare und die Symphysengegend des Unterkiefers bedecken. Die Mundhöhle ist lang und schmal (Abb. 489). Dem entspricht die Form der Zunge, die nur wenig vorgestreckt werden kann. Ihr Vorderabschnitt ist mit verhornten Papillae filiformes bedeckt. Im hinteren Abschnitt sind einige verstreute Wallpapillen und seitlich Papillae foliatae ausgebildet. Geschmacksknospen sind nur spärlich nachweisbar.

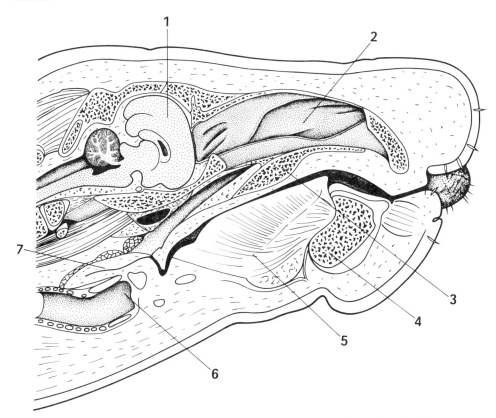

Abb. 489. *Manatus (Trichechus) inunguis*, paramedianer Längsschnitt durch den Kopf.
1. Großhirn, 2. Nasoturbinale, 3. Palatum durum, 4. Unterkiefer, 5. Zunge, 6. Larynx, 7. Oesophagus.

Gliederung und Bau des Magens (Abb. 490) der Sirenia sind eigenartig und ohne Parallele bei anderen Säugetieren (LANGER 1988, PERNKOPF 1937). Bei äußerlicher Betrachtung scheint der Magen aus zwei etwa gleichgroßen Abteilungen zu bestehen, die gewöhnlich als Hauptmagen (Labmagen, PERNKOPF) und Pars pylorica bezeichnet wurden. Nun hat sich jedoch herausgestellt (LANGER), daß der als Pars pylorica gedeutete Abschnitt eine enorm vergrößerte Ampulla duodeni ist und daß der Pylorus auf der Grenze der beiden Kompartimente liegt (Abb. 490). Der Magen der Sirenia ist also einkammrig (unilokulär), ohne Vormagen und ohne Einrichtungen zur alloenzymatischen Verdauung (s. S. 181). Der Hauptmagen ist sackförmig und besitzt am Fundus einen fingerförmigen, dickwandigen Anhang (cardiales Divertikel, große Magendrüse). Hier finden sich stark verzweigte Drüsen, die in einen engen Vorraum einmünden und ihrem

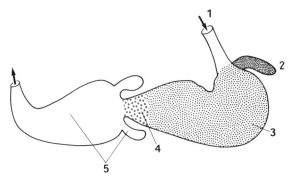

Abb. 490. *Manatus* (*Trichechus*), Magen. 1. Oesophagus, 2. Labmagendivertikel mit Hauptdrüsen, 3. Labmagen (Cardiadrüsen), 4. Pylorusdrüsen, 5. Ampulla duodeni mit Divertikeln.

Zellcharakter nach als Hauptzellen anzusprechen sind, Belegzellen kommen nach der Oberfläche hin vor. In der Nähe des Pylorus, also an der Einschnürung vor der Ampulla duodeni, finden sich zwei Divertikel (Pylorus-Divertikel). Der Hauptmagen wird von relativ niedriger, weicher Schleimhaut mit typischen tubulösen Drüsen (Haupt- und Belegzellen) ausgekleidet, ebenso die Pylorusanhänge. Die Tunica muscularis im Hauptmagen ist außerordentlich dick.

Das Duodenum bildet die erwähnte birnenförmige Ampulla (Abb. 490), in die der Gallengang ausmündet, und geht schließlich in einen Abschnitt von normaler Darmstruktur (Tubus) über. Die funktionelle Bedeutung ist nicht sicher geklärt. Im Magen werden offensichtlich leicht verdauliche Zellbestandteile bereits aufgeschlossen. Die Ampulla dient als Speicher, in dem die Vorverdauung weiter geht. Die alloenzymatische Verdauung der Cellulose erfolgt in dem langen Colon und Caecum.

Die Darmlänge ist bei Sirenen beträchtlich, sie beträgt bei *Dugong* das 15fache, bei *Rythina* (STELLER 1753) das 20fache der Körperlänge (bei den rezenten Gattungen also 10–20 m). Bemerkenswert ist, daß das Colon bei beiden Dugongidae den Dünndarm erheblich an Länge übertrifft, bei Manatidae nur wenig kürzer als der Dünndarm ist. Das Caecum (*Manatus*) ist sackförmig und besitzt zwei fingerförmige, spitz endende Fortsätze direkt neben dem Übergang ins Ileum.

Atmung, Respirationsorgane. Die Nasenlöcher sind halbmondförmig und werden nur beim Atmen geöffnet. In den Atempausen werden sie, wie bei Robben, geschlossen (s. S. 857). Die Atemfrequenz beträgt bei jungen Manatis (bis zu 1 1/2 a) etwa 1 Inspiration pro min (E. MOHR 1957), schwankt aber bei älteren Individuen zwischen 1 und 5 min Dauer der Atempause.

Der Larynx (*Manatus, Dugong*) ragt nicht über das Velum palatinum wie bei Cetacea. Sein Eingang beginnt unmittelbar hinter dem Gaumensegel (Abb. 489). Die Epiglottis ist klein, wulstförmig ohne Knorpeleinlagerung (SCHNEIDER 1963). Der Aditus laryngis ist schlitzartig und wird durch die Plicae aryepiglottis sehr schmal. Die Platte des Cricoid ist relativ groß und zeigt oft Ossifikationen. Die Arytenoidknorpel bilden die Begrenzung für den größten Teil der Stimmritze. Die Plica vocalis ist nur als sehr flaches Gebilde an der Schleimhaut erkennbar. Sie verläuft in einem Winkel von 45° zur Längsachse des Kehlkopfes. Der Abschluß des Respirationstraktes erfolgt, ähnlich wie bei Pinnipedia, durch Kontraktion der kräftigen, inneren Larynxmuskulatur.

Die Trachea ist äußerst kurz und teilt sich dicht hinter dem Cricoid in die beiden Bronchien. Die Länge des Zwerchfells ist sehr flach, so daß es zum großen Teil parallel zur Wirbelsäule verläuft. Dadurch kommt ein großer Teil der Pleurahöhle in eine Lage dorsal vom Cavum abdominale. Diese reicht caudal bis zur unteren Lumbalgegend. Die Lungen passen sich dieser Gestaltung an. Sie bilden recht schmale, aber lange Säcke, die bis in die Analgegend reichen. Im allgemeinen wird vermutet, daß durch diese Besonderheit eine Sicherung der horizontalen Lage des Körpers erleichtert wird. Andererseits bleibt zu beachten, daß eine ähnliche Horizontallage des Zwerchfells mit Caudalverlängerung des Pleurasackes bereits bei Elefanten trotz abweichender Form des Thorax zu beobachten ist. Eine Lappenbildung der Lunge ist bei Sirenen nur bei *Manatus* schwach angedeutet. Untersuchungen über den Feinbau der Lunge fehlen bisher.

Kreislauforgane. Das Herz liegt sehr weit cranial und ragt mit der Basis aus der oberen Thoraxapertur heraus, ähnlich wie bei kleinen Walen. Angaben über das HerzGew. und Herzverhältnis fehlen oder beschränken sich auf die Feststellung, daß das Herz im Verhältnis zur Körpergröße relativ klein sei (geringer Energieaufwand, keine Fluchtreaktion). Das Herz zeigt eine tiefe Incisura interventricularis im Spitzenbereich, ähnlich bei Proboscidea, besonders ausgeprägt bei *Dugong*. Die beiden Vv. cavae craniales münden über ein kurzes, gemeinsames Endstück in den rechten Vorhof. Arterielle Wundernetze werden für das Gebiet der A. infraorbitalis und die Hals-Brustregion erwähnt. Reich entfaltet sind epidurale, venöse Geflechte im Schädel und Wirbelkanal. Da Sirenia nicht tief tauchen und in sehr kurzen Zeitabständen atmen, sind die Adaptationen an das Tauchen wesentlich geringer ausgebildet als bei Cetacea. So fehlt ihnen beispielsweise der O_2-Speicher des Myoglobins; Sirenen haben helles Fleisch.

Nervensystem. (DEXLER 1913, JELGERSMA 1934, O'SHEA et al. 1990; Abb. 491). Struktur und Massenentfaltung des CNS der Sirenia zeigen ein erstaunlich basales Niveau. Die Hirnform ist nahezu viereckig, Frontal- und Temporallappen sind breit. Die Gesamtlänge des Telencephalon übertrifft die Bihemisphaerenbreite nur um ein Geringes. Die Colliculi tecti caud. und das Cerebellum sind nicht bedeckt. Die wenigen bekannten quantitativen Daten (JELGERSMA 1934, O'SHEA & REEP 1990) ergeben folgende Encephalisationsindices:
Manatus manatus: 0,27 (0,13 – 0,37, n = 13); *Dugong dugon*: 0,38; † *Rhytina stelleri* (geschätzt): 0,12 – 0,19; zum Vergleich Cetacea (35 Spec.): 1,07, Pinnipedia (13 Spec.): 0,55.

Tab. 54. Beziehung zwischen Körpergewicht und Hirngewicht bzw. Hirnschädelgröße bei Sirenia. Nach O'SHEA & REEP 1990, JELGERSMA 1934

	KGew. [kg]	absolutes HirnGew. [g]	Volumen des Hirncavum [cm^3]
Manatus manatus			
(O'SHEA et al.)	756 (449 – 1 620)	364 (309 – 455)	
(n = 13)			
(n. JELGERSMA)	300 – 400	240	
Dugong dugon			
(O'SHEA et al.)	262	250	
(n = 2)	300	282	
† *Rhytina stelleri* †			1 225
(3 Schädel)	–	–	1 150
			1 100

Das Großhirn ist nahezu lissencephal. Eine Fiss. lateralis ist deutlich ausgeprägt. An der Konvexität können einige sehr flache und individuell variable Furchen sichtbar sein. An der Medialseite ist ein Sulcus cinguli vorhanden (Abb. 491). Bei einem *Manatus*, mit einem HirnGew. von 240 g, entfielen auf das Großhirn 185 g und auf Hirnstamm und Kleinhirn 55 g. Das Ventrikelsystem im Großhirn ist, einzigartig unter Säugetieren, außergewöhnlich weit (JELGERSMA 1934, STARCK 1982). Sirenen haben, wie gezeigt, einen sehr niederen Progressionsgrad ihres Gehirns bei erheblicher Körpergröße. Diese Differenz wirkt sich am Schädel aus, denn die tragenden Strukturen müssen in Abhängigkeit von mechanischen Faktoren (Körpermasse, Nase, Kieferapparat) den einwirkenden

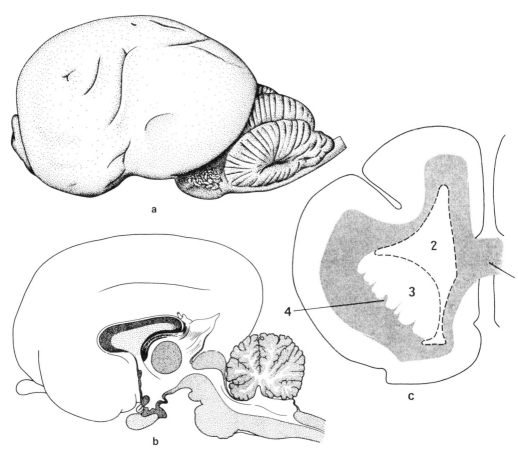

Abb. 491. Gehirn von *Manatus* spec. (Sirenia). a) Linke Seitenansicht, b) Medianschnitt. Beachte: Nahezu lissencephales Gehirn bei einem Säuger beträchtlicher Köpergröße, Cerebellum freiliegend, c) Querschnitt durch eine Hemisphaere von *Manatus latirostris*. Sehr weitlumiger Seitenventrikel (2). 1. Corpus callosum, 3. Basalganglion, 4. Capsula interna. a, b nach L. EDINGER 1911, c nach JELGERSMA 1934.

Kräften entsprechen, so daß es zu einer erheblichen Divergenz in der Gestalt des Exocranium und des Endocranium kommt. Diese wird bei den meisten Säugern durch Ausbildung pneumatisierter Räume zwischen Exo- und Endocranium ausgeglichen. Sirenen besitzen keine pneumatisierten Nebenräume (Pachyostose). Die Adaptation des Endocranium an den vergrößerten Außenschädel erfolgt nun dadurch, daß das Gehirn durch die Ventrikelausweitung gleichsam aufgebläht wird („physiologischer Hydrocephalus") und dadurch die Wand des Endocranium sich von innen her dem Exocranium annähert.

Die Bulbi olfactorii sind von mittlerer Dimension und wölben sich praefrontal etwas dorsalwärts. Tractus olfactorius und N. opticus sind relativ dünn. Auffallend gering ist die Entfaltung der Hippocampusregion. Im Hirnstamm ist das Trigeminussystem dominierend. Die Cytoarchitektur des Cortex ist bisher nicht analysiert.

Sinnesorgane. Unter den Sinnessystemen der Sirenen (*Manatus*, D. S. HARTMAN 1979) scheinen Hörsinn und Tastsinn von Bedeutung zu sein. Seekühe sind zwar nicht mikrosmatisch, doch zeigt das olfaktorische System Hinweise auf beginnende Reduktion, und die Leistungen des Sehorgans spielen, zumindest bei Manatis, die sich oft in trüben Gewässern aufhalten, nur eine geringe Rolle. Der Bau des **Auges** weicht wenig von dem terrestrischer Säuger ab. Die Linse ist abgeplattet, der M. ciliaris reduziert. Die Cornea ist relativ dick, Ciliarfortsätze sind mäßig entwickelt. Die Ora serrata reicht außergewöhnlich weit nach vorne. Die Chorioidea ist stark pigmentiert, die Iris dunkelbraun. Ein Tapetum lucidum fehlt, jedenfalls bei Erwachsenen. Sirenen besitzen eine große Nickhaut, die wie Proboscidea einen Knorpel enthält. Zahlreiche Liddrüsen sondern ein muköses Sekret zum Schutz der Cornea ab. Tränendrüse und Hardersche Drüse fehlen, ebenso der Ductus lacrimalis.

Ohr. Die winzige, äußere Ohröffnung liegt weit caudal in einer vom lateralen Augenwinkel ausgehenden Horizontalen. Ohrmuscheln fehlen vollständig. Das Tympanicum ist knöchern an beiden Enden des 3/4-Ringes mit dem Petrosum verschmolzen und steht bei Erwachsenen fast vertikal. Das Petrotympanicum bleibt gegen Schädelbasis und Squamosum durch Bindegewebe isoliert und bildet nur das Dach der Paukenhöhle. Der Boden der Paukenhöhle bleibt membranös. Ein Proc. posttympanicus squamosi legt sich dem Exoccipitale an. Der Proc. postglenoideus ist rudimentär. Ein sehr großer Rec. epitympanicus ist vorhanden. Sein Dach wird bei *Manatus* nur vom Tegmen tympani, bei *Dugong* zusätzlich vom Squamosum gebildet. Das Trommelfell ist straff gespannt, besitzt aber keine Einziehung.

Die Gehörknöchelchen der Sirenen (FLEISCHER 1973) sind die größten und massigsten unter denen aller Theria. Der Gelenkteil des Malleus ist rostral stark aufgetrieben und besitzt unter dem Caput einen kleinen Fortsatz, der mit dem Tympanicum verbunden ist (Goniale?). Auch der Incus ist schwer und massiv. Sein Crus breve verwächst mit dem Petrosum. Der kompakte Stapes läßt noch die beiden, gegeneinander verwundenen Crura erkennen, die nur durch ein winziges For. intercrurale voneinander getrennt sind.

Ein knöchern begrenzter Canaliculus cochleae fehlt den Sirenia wie den Proboscidea.

Manatus verfügt über eine Reihe von Lautäußerungen, die im Frequenzbereich zwischen 0,6 bis 6 kHz und mehr liegen. Sie dienen der Kommunikation zwischen Artgenossen (Mutter und Kind, Geschlechtspartner), nicht der Orientierung (SCHEVILL & WATKINS 1965).

Riechorgan. Die Nase der Sirenia (GENSCHOW 1934, MATTHES 1912) (Abb. 489) dürfte als Riechorgan wenig leistungsfähig sein, ist aber keineswegs anosmatisch. Die äußeren Nasenlöcher werden automatisch geschlossen und bilden dann einen sichelförmigen Schlitz. Die Öffnung erfolgt aktiv durch Muskeltätigkeit in der Atemphase. Eine Besonderheit der Sirenen ist die Umbildung des an die Nasenlöcher anschließenden Vestibulum nasi zu einem gestreckten Schlauch, in dessen Wand Schleimhautfalten (*Dugong*) oder Bodenpolster (*Manatus*) zur Sicherung des Abschlusses auftreten. Das Maxilloturbinale fehlt beiden rezenten Gattungen. Zwar ist eine Einrollung des Unterrandes der Nasenseitenwand vorhanden, doch zieht die Schleimhaut glatt über diese hinweg. Das Nasoturbinale fehlt *Dugong*, ist aber bei *Manatus* (Abb. 489) recht ausgedehnt.

Zwei Ethmoturbinalia sind im Rec. ethmoturbinalia ausgebildet, zwischen ihnen können 2 Ectoturbinalia auftreten. Ein Rec. frontalis, der maximal 3 Ectoturbinalia enthalten kann und ein Rec. lateralis inferior (nur bei *Manatus*) werden angelegt. Die gemeinsame Öffnung in das Cavum nasi liegt hinter dem Nasoturbinale und wird von der Crista semicircularis begrenzt. Can. lacrimalis und Can. incisivus fehlen. Das am knöchernen Schädel weite For. incisivum wird völlig von Knorpel ausgefüllt.

Das **Vomeronasal-Organ** (JACOBSON) wird bei Sirenen früh vollständig ohne Reste zurückgebildet (anders lautende Angaben von STANNIUS haben sich als Irrtum erwiesen). Bei Feten ist ein stabförmiger Paraseptalknorpel zwischen Lamina transversalis ant. und Mitte des Septumunterrandes vorhanden.

Exkretionsorgane. Die Nieren von *Dugong* (FREUND 1910, RIHA 1911) sind länglich-cylindrisch mit glatter Oberfläche. Die Niere wird durch ein bindegewebiges Querband in der Mitte in zwei Hälften geteilt, die nur an der Rinde zusammenhängen. Von dem kleinen Nieren-Becken geht ein Längsband zu beiden Nierenpolen. Von diesem ziehen senkrecht zur Längsachse primäre Septen aus, die das Parenchym in 14 Kompartimente unterteilen, die jeweils 2–3 Pyramiden enthalten. Diese münden in jeder Hälfte in einen Längsgang aus. Sie ähneln den Tubi maximi in der Equiden-Niere. Nach den Angaben von STELLER (1751, 1753) scheint die Niere von *Rhytina* ähnlich strukturiert gewesen zu sein. Die Niere von *Manatus* ist kurz und breit. Flache Furchen der Oberfläche können vorkommen, sind aber nicht die Regel. Die Papillen münden in Recc. terminales des Nierenbeckens. Das Parenchym bildet eine zusammenhängende äußere Gewebsschicht.

Geschlechtsorgane. Das große Ovar liegt nahe dem unteren Pol der Niere und lateral des Ureters in einer peritonealen Bursa. Es ist relativ breitflächig an die Bauchwand angeheftet. Die Tubae ovaricae beginnen mit einem kleinen abdominalen Ostium an der Bursa ohne eigentlichen Trichter (HILL 1943, MOSSMAN 1973) und liegen, ohne Mesosalpinx, direkt der Bauchwand an. Sie treten erst unmittelbar vor ihrem Übergang in den Uterus in das Lig. latum ein. Der Uterus ist zweihörnig. Beide Hörner bleiben im kurzen Corpus durch ein Septum getrennt. Die Vagina ist lang. Die äußere Genitalöffnung ist schlitzförmig, seitlich von Wülsten begrenzt. Die Clitoris ist vorhanden.

Sirenia sind, wie die Proboscidea, primäre Testiconda, d.h. die Hoden behalten ihre ursprüngliche Lage in der Nachbarschaft der Nieren und sind nur an ihrer Ventralseite von Peritoneum überzogen. Sie besitzen aber ein männliches Lig. latum (Plica urogenitalis), in der die Ductus deferentes verlaufen (FREUND 1910, RIHA 1911). Glandulae vesiculares und Prostata sind ausgebildet, Cowpersche Drüsen fehlen. Die Mm. ischiocavernosi und bulbocavernosi sowie der M. levator penis entspringen von dem Beckenrudiment. Das terminale Ende des Penis (Glans) ist kegelförmig und abwärts gebogen.

Lebensraum und Sozialverhalten. Rezente Sirenen sind Bewohner flacher Gewässer (Binnengewässer, Meeresküsten), und zwar kommt *Manatus* in Süß-, Brack- und Salzwasser vor, während *Dugong* und †*Rhytina* ausschließlich Meeresbewohner sind. *Manatus* und *Dugong* kommen nur in warmen Gewässern (>20°) vor, während †*Rhytina* (s. S. 930) eine Kälteform war. Während *Manatus* in warmen Gebieten (Amazonas, Orinoko) relativ ortstreu ist, suchen die Manatis im nördlichen Teil ihres Verbreitungsgebietes (Florida) während des Winters regelmäßig Gewässer mit warmen Quellen auf, u.a. auch Kühlwasserabflüsse von Industrieanlagen, und können sich hier in größerer Individuenzahl zusammenfinden (bis zu 200 Tiere). Unabhängig davon sind Manatis Einzelgänger, haben keine Rangordnung und kein festes Territorium, sind also wenig sozial, abgesehen von der Mutter/Kindbindung, die etwa 2 Jahre dauert und der Ansammlung mehrerer Männchen bei einer im Oestrus befindlichen Kuh (sog. „Oestrus-Herde" s. S. 929). Manatis sind nicht stumm, wie oft behauptet, sondern verfügen über verschiedene Lautäußerungen und können über mäßige Entfernungen (60 m) miteinander lautlichen Kontakt haben. Über das Sozialverhalten der Dugongs liegen kaum Freilandbeobachtungen vor. Gelegentlich finden sich Angaben über das Vorkommen individuenreicher Herden (ostafrikanische Küste, Rotes Meer, N-Australien). Wahrscheinlich handelt es sich um Ansammlungen an ergiebigen Weideplätzen, die transitorisch sind. Wanderungen zwischen Weideplätzen und geschützten Ruheplätzen außerhalb der Brandungszone sind von Dugong bekannt.

Fortpflanzungsbiologie, Aufzucht der Jungen und Entwicklung. Seekühe haben keine saisonal gebundene Fortpflanzungszeit. Genauere Beobachtungen (D. S. HARTMANN 1979) liegen nur für *Manatus* in Florida vor. Kommt ein ♀ in Oestrus, so sammeln sich mehrere ♂♂ aus der Umgebung und begleiten die Kuh für 2–4 Wochen. Die Kopulation erfolgt unter Wasser, ventrale gegen ventrale Seite in horizontaler Lage. Die ♀♀ sind polyandrisch und kopulieren mit mehreren ♂♂. Die Dauer des Oestrus ist unbekannt. Gelegentlich kommt aggressives Verhalten zwischen ♂♂ vor, doch halten sich diese Aggressionen in Grenzen.

Tab. 55. Reproduktionsbiologische Daten bei Sirenia. Nach EISENBERG 1981

	Graviditätsdauer [d]	Geburtsgewicht [kg]	Laktationsdauer [mon]	Geschlechtsreife [a]
Manatus	385–400	11–27	18	3–4
Dugong	ca. 400	?	?	?

Die Jungen kommen mit offenen Augen zur Welt und haben eine Körperlänge von ca. 100 cm. Festnahrung wird schon früh während der Laktationsperiode zusätzlich aufgenommen.

Es wird stets nur 1 Junges geboren, das Geburtsintervall beträgt in der Regel 36 mon. Das Jungtier bleibt 2 Jahre bei der Mutter.

Embryonalentwicklung ist nur sehr lückenhaft bekannt. Frühstadien sind bisher nicht untersucht. Implantation offenbar central und superficiell. Placenta gürtelförmig. Bei *Manatus* haemochoriale (endotheliochoriale?) Labyrinthplacenta. Ausgedehntes glattes Allantochorion, resorptiver Trophoblast an Zottenspitzen (WISLOCKI 1935). *Dugong* hat gleichfalls eine gürtelförmige Placenta. Diese ist villös (kurze, wenig verzweigte Zotten) und hat offenbar eine epitheliochoriale Interhaemalmembran (MOSSMAN 1973).

Parasiten. Endoparasiten: Im Schrifttum liegen Einzelangaben über Endoparasiten bei Sirenen vor. Die Einzeldaten sind von HARTMAN (1979) und von DAILEY & BROWNELL (1977) zusammengefaßt. Bei *Dugong* wurden 10 Arten von Trematoden und 2 Arten von Ascariden nachgewiesen. Im Darmtrakt von *Manatus* wurden 2 Trematoden-Species (*Chiorchis fabaceus, Opisthotrema cochleotrema*) gefunden. Ein juv. *Manatus manatus* wies im Darm einen Massenbefall mit einem Rundwurm (*Plicalolabia hagenbecki*) auf (DAILEY et al.).

Ectoparasiten und Kommensalen: Echte und spezifische Ectoparasiten wurden auf der Haut freilebender Manatis nicht gefunden. Gelegentlich auftretende Ostracoden und Gastropoden dürften transitorische Kommensalen sein.

In den Flüssen Floridas treten gelegentlich, besonders im Herbst, Manati auf, deren Haut mit Seepocken (*Balanomorpha*) besetzt ist, ein Hinweis darauf, daß einzelne Tiere sich zeitweise im Meer aufgehalten haben. Die Seepocken fallen nach einiger Zeit im Süßwasser ab. Auch Schiffshalter (*Remora*) werden gelegentlich von Manatis aus der See in die Flüsse mitgebracht (HARTMAN 1979).

Über Hautparasiten der Stellerschen Seekuh († *Rhytina*) sind wir durch ausführliche Berichte des Entdeckers, G. W. STELLER (1749–1753), aber auch durch erhalten gebliebene Hautstücke in einigen Museen (St. Petersburg, Hamburg) gut unterrichtet. Die Hautoberfläche ist besonders am Rücken sehr uneben und schwärzlich. Überall finden sich trichterförmige Einsenkungen mit scharfen Rändern von verschiedener Tiefe und Weite. Diese Gruben sind vom parasitischen Amphipoden (*Cyamus rhytinae* BRANDT) ausgenagt. Eingetrocknete Reste der Krebschen sind in den erhaltenen Hautresten noch zu finden. Die Hautoberfläche wird durch diesen Parasiten derart modelliert, daß sie wie die Borke eines Baumes aussieht (daher der Name „Borkentier" für *Rhytina*). Außerdem wird die Hautoberfläche von Rankenfüßern (Seepocken, *Tubicinella balascarum* CUVIER) besiedelt. Diese auch bei Cetacea vorkommenden Parasiten treten oft in Gruppen auf und bilden festwandige Röhren, die die Haut bis in die tiefsten Schichten durchbohren können. Zur Struktur der Haut von Rhytina s. S. 930.

Systematik und geographische Verbreitung der Sirenia. 2 Familien, 3 Genera, 5 Species.
Fam. 1. Manatidae (Trichechidae), Lamatins, Rundschwanz-Seekühe.
Gebiß besteht nur aus Molaren, die sich hintereinander im horizontalen Zahnwechsel ersetzen (20 – 30 Einzelzähne in jedem Kiefer). Kronenstruktur tuberkulär – zweijochig. Die horizontale Schwanzflosse ist abgerundet. Lacrimale rudimentär. Intermaxillare nur wenig abwärts gebogen. Oberlippe durch zwei tiefe Furchen dreigeteilt, Seitenteile sehr beweglich. 6 Halswirbel. Vorderflossen mit oder ohne Nagelrudimente. Gürtelförmige Labyrinthplacenta.

Manatus (Trichechus) manatus: Karibik, Guayana, N-Küste S-Amerikas, Florida. Küstengewässer und untere Flußläufe (Orinoko). Unterart *M. m. latirostris* in Küstenflüssen von North Carolina bis Mexiko. KLge.: 2,50 – 4 m, KGew.: 200 – 600 kg.

Manatus inunguis: nur im Süßwasser (Amazonas, Orinoko, Rio Madeira).

Manatus senegalensis: Küstengewässer W-Afrikas vom 16° n.Br. bis 10° s.Br., Gambia, Senegal, Cess River, Sanaga, Tschad-See.

Fam. 2. Dugongidae, Gabelschwanz-Seekühe. Vordere Schnauzenpartie stark abwärts gebogen. Die Intermaxillaria tragen beim ♂♂ 1 Paar Stoßzähne mit Dauerwachstum, die 6 – 7 cm weit aus der Alveole hervorragen, bei ♀♀ aber in der Alveole verborgen bleiben. Backenzähne schmelz- und wurzellos, in der Regel nur 6 in jeder Kieferhälfte, davon nur 3 gleichzeitig in Funktion. Oberlippe weniger tief gefurcht als bei *Manatus*. 7 – 8 Halswirbel. Schwanz in 2 Spitzen auslaufend.

Dugong (Halicore) dugong, Gabelschwanz-Seekuh. KLge.: 2,5 – 3,5 m, KGew.: 150 – 300 kg. An allen tropischen Küsten des Indischen Ozeans, soweit Seegras- und Algenwiesen vorhanden. Rotes Meer, O-Afrika bis Delagoabai, Persischer Golf, Madagaskar, Sri Lanka, kleine tropische Inseln des Indik, bis N-Australien, Neuguinea, Neukaledonien, rein marin.

†*Rhytina stelleri* (= *Hydrodamalis gigas*), Stellersche Seekuh, Borkentier. †*Rhytina* war eine hochnordische, an Kälte angepaßte Gattung, die den Dugongidae zuzuordnen ist. Die Art wurde erst 1741 von G. W. STELLER entdeckt und beschrieben, aber bereits 1768 ausgerottet. Das letzte Individuum wurde von einem gewissen POPOFF erschlagen.

Kennzeichen der Gattung sind die erhebliche Körpergröße und die Haut-Struktur. KLge.: bis 8 m, KGew.: 5000 – 8000 kg. *Rhytina* ist offensichtlich spät (Plio-/Pleistozaen) im N-Pazifik entstanden. Fossile Reste sind von Kalifornien, Aleuten bis Japan nachgewiesen. Zur Zeit der Beschreibung existierte nur noch ein kleiner Bestand von etwa 1000 – 2000 Tieren auf den Kommodorsky-Inseln, halbwegs zwischen Aleuten und Kamtschatka (Bering-Insel und Kupferinsel, zwischen 54° 3′ und 55° 22′ n.Br. und 165° 40′ bis 168° 9′ ö.L.). *Rhytina* lebte rein marin bei den ausgedehnten Algenwiesen an der felsigen Küste. Die Schwanzflosse war gegabelt, das Gebiß völlig rückgebildet. Neben wenigen Skeletten werden in einigen Museen Hornplatten des Gaumens und Hautstücke bewahrt.

Die Epidermis (STELLER 1753, v. HAFFNER 1956, MOHR 1957) war 5 cm, stellenweise bis 7,5 cm dick, elastisch und sehr fest. Auf die Besiedlung mit parasitischen Crustaceen war bereits hingewiesen worden (s. S. 929). Sie war ausgezeichnet geeignet, vor mechanischen Verletzungen an der felsenreichen Brandungsküste zu schützen. Die Cutis (Lederhaut) war hingegen auffallend dünn (5 – 10 mm), fest und weißlich, ähnlich wie die Lederhaut der Cetacea. Die Abgrenzung gegen die fettgewebsreiche, etwa handbreite Subcutis-Schicht war, wie bei Cetacea, unscharf. Offenbar war der bei weitem breiteste Teil der Cutis sekundär durch Einlagerung von Fettgewebe der Subcutis zugeschlagen worden (MATTHES 1928).

Ordo 27. Hyracoidea

Hyracoidea, Schliefer. (Abb. 492). 1 Familia, 3 Genera, 7 Species. Schliefer sind kurzbeinige, herbivore und sozial lebende (außer *Dendrohyrax*) Säugetiere mit kurzen Ohren und sehr kurzem Schwanz. In Körpergröße und Habitus werden sie oft mit mittelgroßen Nagern (*Cavia, Marmota*) verglichen. Sie sind heute in Afrika und im Vorderen Orient (Palästina, Arabien) verbreitet und sind seit dem Altertum bekannt.*)

---

*) Im Alten Testament werden sie mehrfach erwähnt (z.B. 3. Buch Mose 11,6). Das hebräische „Sapan" übersetzte LUTHER, der die Tiere nicht kannte, mit „Kaninchen". Da sie keine gespaltenen Hufe haben und angeblich wiederkauen, galten sie als unrein.

Abb. 492. *Procavia capensis*, Klippschliefer.

Die systematische Stellung der Hyracoidea war bis in die neuere Zeit heftig umstritten und wird auch heute noch diskutiert. Ursprünglich wurden sie bis ins 19. Jh. meist als Nagetiere angesehen, gelegentlich aber auch mit anderen Gruppen in Beziehung gebracht. Ursache hierfür waren Ähnlichkeiten im ökologischen Verhalten und die Gestalt der Frontzähne. Schliefer besitzen an der Hand 4 Finger, am Fuß 3 Zehen. Der Hallux fehlt, vom 5. Strahl ist nur das Metapodium erhalten. An der 2. Zehe ist eine Putzkralle ausgebildet. Die nagelartigen Hufe (s. S. 933) ähneln denen der Elefanten. Sie sind digiti-plantigrad. Die Sohle ist als Haftorgan reich mit Drüsen ausgestattet. Die Schnauze ist kurz. Gebiß (s. S. 937) $\frac{1\ 0\ 4\ 3}{2\ 0\ 4\ 3}$ mit Spezialisationen im vorderen Bereich. Caecum zweizipflig mit akzessorischem Blindsack. Placenta zonaria.

Cuvier (1800) stellte die Schliefer zu einer Gruppe der Pachydermata in die Nähe von Tapiren und Nashörnern. De Blainsville (1816) unterschied Paarhufer und Unpaarhufer und faßte in der letztgenannten Gruppe die „Pachydermen", Hyraciden und Equiden zusammen.

Die heute noch übliche Trennung der Huftiere in Artiodactyla und Perissodactyla (R. Owen 1847) bringt die Auflösung der „Pachydermata" von Cuvier, beläßt aber die Hyracoidea, neben Tapiren, *Rhinozeros* und Equidae, in der Ordo Perissodactyla. Milne Edwards (1845) grenzte die Hyracoidea wegen der abweichenden Placentarstruktur als eigene Ordnung aus den Perissodactyla aus. Folgerichtig stellte Huxley (1869) die Schliefer in die Nachbarschaft der Proboscidea, da auch diese eine Gürtelplacenta besitzen.

Seither werden die Hyracoidea als eigenständige Ordnung der Eutheria geführt. Es besteht auch Konsens darüber, daß sie in die Stammesgruppe der „Huftiere" einzuordnen sind. In der Diskussion ist heute die Frage der Stellung der vier Ordnungen: Proboscidea, Sirenia, Hyracoidea und Mesaxonia zueinander (M. Fischer 1986, 1989), also die Frage, ob die Hyracoidea verzwergte Verwandte der Elefanten sind oder als Schwestergruppe der Mesaxonia aufgefaßt werden müssen. In diesem Zusammenhang muß auf das Problem der Bewertung der Paenungulata (Subungulata) und Tetytheria zurückgekommen werden (s. S. 894, 917).

Die Erkenntnis, daß Proboscidea, Sirenia und Hyracoidea eine engere phylogenetische Einheit bilden, wurde bereits von Gill (1870) ausgesprochen. Erst Flower und Lydekker (1891) faßten diese drei Ordnungen zugleich mit einigen fossilen Gruppen († Condylarthra, † Pantodonta, † Dinocerata) in einer Divisio „Subungalata" zusammen und stellten sie den „Ungulata vera" gegenüber. Da der Name Subungulata bereits 1811 von Illiger für eine Nagergruppe (Caviamorpha) benutzt war, ersetzte Simpson (1945) den Terminus Subungulata durch **Paenungulata**.[*]

Während einige Autoren die Hyracoidea als eine eigene archaische Gruppe den Prot-

---

[*] Die wechselvolle Geschichte der Systematik der hier diskutierten Gruppen in den letzten 200 Jahren kann hier nicht im Detail besprochen werden. Es wird auf ausführliche Behandlung des Themas bei Simpson (1945) und M. Fischer (1991) verwiesen.

ungulata zuordnen (MATTHEWS, LAVOCAT, VAN VALEN 1971, u.a.), hält eine große Anzahl bisher am Paenungulaten-Konzept fest (Abb. 493), faßt also Proboscidea, Sirenia und Hyracoidea zu einem engeren Verwandtschaftskreis zusammen (SCHLOSSER, WEBER 1928, SIMPSON 1945, THENIUS 1969–1980, NOVAČEK 1986).

Die Monophylie der Sirenen und Elefanten ist durch eine große Zahl von Synapomorphien gesichert. Es erweist sich als nützlich, diese als Superordo **Tethytheria** zusammenzufassen. Der Begriff Tethytheria wurde, allerdings zunächst in etwas umfassenderer Definition, von MCKENNA (1977) eingeführt.

Neuere Untersuchungen der Schliefer durch M. FISCHER (1986–1991) machen es wahrscheinlich, daß diese die Schwestergruppe der Mesaxonia sind und daß beide als Subordines in der Ordo Perissodactyla zusammengefaßt werden können. Diese Hypothese (Abb. 493) stützt sich auf folgende Synapomorphien, denen besonderes Gewicht beigemessen wird: 1. Bewegungsapparat, Scapula, mehrere Muskelbefunde, tridactyler Fuß, Phalangenstruktur. 2. Vorkommen eines Divertikels der Tuba auditiva mit Bildung eines Recessus. Extracranialer Verlauf der A. carotis interna. Die Artcric verläuft in der medialen Wand des Luftsackes und tritt durch das For. lacerum medium in die Schädelhöhle ein. 3. Das Maxillare bildet den Boden der Orbita und das Tuber maxillare persistiert beim Erwachsenen. Die Konsequenz ist, daß die Hyracoidea aus den „Paenungulata" auszuschließen sind und die verbleibenden Gruppen bereits als Tethytheria gekennzeichnet sind. Serologische Daten und Untersuchungen der Aminosäuresequenz-Analyse sind nicht eindeutig (Spezialisationsüberkreuzungen und Plesiomorphien) und tragen wenig zur Klärung der phylogenetischen Probleme bei (M. FISCHER 1992).

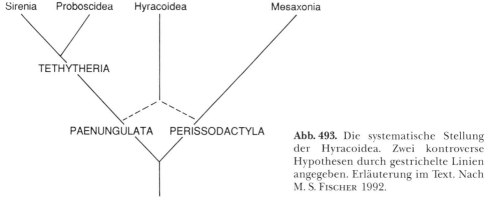

Abb. 493. Die systematische Stellung der Hyracoidea. Zwei kontroverse Hypothesen durch gestrichelte Linien angegeben. Erläuterung im Text. Nach M. S. FISCHER 1992.

Fossil sind Hyracoidea seit dem Mittel-Eozaen/Oligozaen N-Afrikas bekannt. Die Stammform unter den †Condylarthra ist bisher nicht nachgewiesen. Bereits im Oligozaen existieren zwei Stämme, die †Geniohyoidea (langschnauzig) und die †Saghaterhriidae (kurzschnauzig). Die †Geniohyoidea verschwinden im Miozaen. Im Tertiär traten mehrfach Riesenformen (bis Tapir-Größe) auf. *Procavia* ist seit dem Alttertiär aus S-Afrika bekannt. Großformen (†*Pliohyrax*) hatten sich seit dem Miozaen/Pliozaen bis nach S-Europa und O-Asien ausgebreitet. Die rezenten Hyracoidea sind sekundär verzwergte Reliktformen, die von Lauftieren offener Graslandschaften abstammen (Entwicklung der Extremitätenproportionen s. S. 77f., 937, lange Tragzeit, geringe Zahl der Neonati und deren fortgeschrittener Reifezustand). Die Arboricolie von *Dendrohyrax* dürfte eine tertiär erworbene Lebensweise sein.

Integument. Fellstruktur und Färbung: Das Fell ist bei Schliefern aus ariden Gebieten, vor allem bei *Procavia* und *Heterohyrax*, kurzhaarig, beim Waldschliefer (*Dendrohyrax*) oder bei Populationen der anderen Gattungen aus höheren Gebirgslagen deutlich langhaariger. Außer den Vibrissen am Kopf (supra- und infraorbital, submental, labial und jugal) sind am ganzen Rumpf Tasthaare in regelmäßiger Anordnung zu finden. Sie sitzen in Längsreihen (1 mediane Dorsalreihe und paarige Lateral- und Ventral-Reihen). Sie ermöglichen den Schliefern die Orientierung in den häufig aufgesuchten, engen Felsspalten. Die Fellfärbung ist außerordentlich variabel und z. T. umweltabhängig. Tiere aus regenarmen Gebieten sind heller als solche aus feuchten Regionen. Auch helle und dunkle Farbphasen in einer Population können vorkommen. Vorherrschend sind braune Farbtöne (hellbraun bis schwarz). Die ventrale Seite ist oft aufgehellt (grau—weißlich).

Alle Hyracoidea besitzen in der hinteren Gegend des Rückens (bei Thl 14—18) ein **Dorsalorgan (= Rückenfleck).**

Es besteht aus einer großen Duftdrüse, deren Ausführungsgänge auf einem, mit weißen, kurzen Haaren bedeckten Feld münden. Dies „nackte" Feld kann maximal 15—70 mm groß werden. Die Randhaare um den Fleck sind länger als die Rumpfhaare und zeigen meist eine von diesen abweichende Färbung. Sehr deutlich sind sie bei *Dendrohyrax* (gelb-orange), am schwächsten bei *Heterohyrax*. Bei *Procavia* ist der Rückenfleck etwas kürzer, die Färbung weißlich, gelb oder schwarz. Die Rückendrüse besteht aus tubulösen Drüsen mit a-Sekretion und hat Läppchenbau. Ihr Sekret ist stark duftend und lipoidreich. Das Rückenorgan dient als olfaktorischer und optischer Signalgeber in der innerartlichen Kommunikation (Mutter/Kindbeziehung, Sexualverhalten), nicht aber zur Territorialmarkierung.

Die Haare des Rückenorgans können in verschiedenem Ausmaß aufgerichtet werden. Sexualdifferenzen in der Ausbildung des Dorsalorgans bestehen nicht.

Zehen-Endorgan. Die Endphalangen der Finger und Zehen tragen Horngebilde, deren Einordnung als Nagelhufe, Hufe oder Plattnägel im Schrifttum eine beträchtliche Verwirrung ausgelöst hat. Nach neueren Untersuchungen (M. FISCHER 1986, 1991) stehen diese Gebilde in einer Reihe von Subtilmerkmalen den Hufen der Mesaxonia nahe. Vor allem ist wichtig, daß die Unterseite der Hornplatten verhornte Leisten besitzt. Diese sind in der Medianen vergrößert und miteinander verschmolzen. Diese als Sporn bezeichnete Struktur kommt nur bei Hyracoidea und Mesaxonia vor und bedingt einen medianen Einschnitt an der Endphalange. Das terminale Fingerende wird von der „Krallensohle", nicht wie beim Nagel typisch, vom Ballen gebildet (WEBER 1928, FISCHER 1992).

Das Zehen-Endorgan der Zehe II ist zu einer Putzkralle umgebildet. Die Krallenplatte ist asymmetrisch und überragt das Zehenende erheblich. Es ist ventral und medial geöffnet.

Schädel. Das Schädeldach der Hyracoidea ist flach (Abb. 494). Die Hinterhauptsschuppe steht vertikal. Schliefer besitzen einen massiven Kieferteil. Der Schnauzenabschnitt ist verkürzt und seitlich zusammengedrückt. Auf dem Parietale sind Temporalleisten ausgebildet, die in einen Postorbitalfortsatz übergehen. Ungewöhnlich ist, daß dieser Fortsatz ganz, oder mit mehr oder weniger ausgedehnter Beteiligung des Frontale, vom Os parietale gebildet wird. Der Abschluß der Orbita, durch Kontakt zwischen dem Fortsatz des Scheitelbeins mit dem Jugale, kommt regelmäßig bei *Dendrohyrax* (Abb. 494) zustande. Das Dach der Orbita wird von den Frontalia gebildet; diese stoßen rostral an die breiten, aber kurzen Nasalia. Dadurch wird ein Kontakt der Frontalia mit den Praemaxillaria ausgeschlossen. An der Bildung des Bodens der Orbita sind Maxillare und Palatinum beteiligt. Das Lacrimale liegt am inneren Winkel des Orbitalrandes und kann eine Sutur mit dem Jugale und Maxillare bilden. Die Öffnung des Tränenkanals liegt orbital. Interparietalia werden in variabler Form und Größe angelegt. Das Praemaxillare (Os incisivum) ist relativ kurz und begrenzt in seinem Gaumenteil das For. incisivum, abgesehen von dessen caudalem Rand. Das Tuber maxillare bleibt auch nach Durchbruch von M^3 erhalten und grenzt mit einem Fortsatz an das Alisphenoid.

934 Subcl. Theria, Infracl. Eutheria

Das Orbitosphenoid grenzt an das Parietale, Alisphenoid und Palatinum. Es wird vom For. opticum durchbohrt und begrenzt von rostral her die Fiss. 3 phenoorbitalis. Das Alisphenoid beteiligt sich nur geringfügig an der Bildung der Schädelseitenwand. Es wird vom For. rotundum durchbohrt. Das For. ovale verschmilzt gewöhnlich mit dem

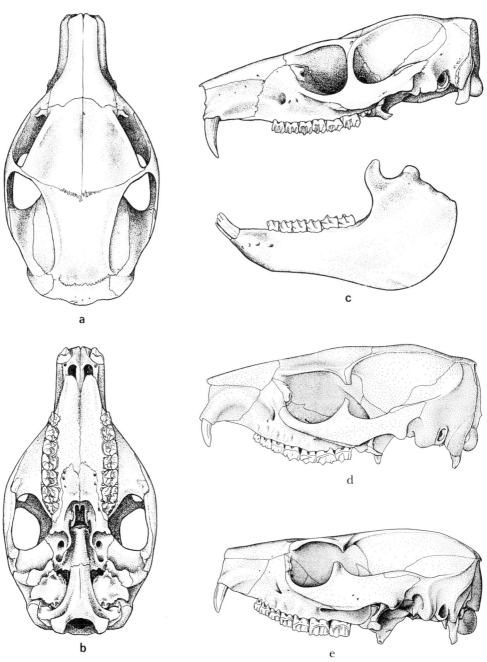

Abb. 494. Schädel der Hyracoidea. a—c) *Dendrohyrax dorsalis silvestris* (Liberia) in drei Ansichten, d) *Heterohyrax brucei*, e) *Procavia capensis*. (d) und (e) nach M. S. Fischer 1992.

For. lacerum medium. Die Pterygoide sind sehr zart und erstrecken sich weit nach hinten bis in die Höhe der Sutura sphenooccipitalis. Ein Alisphenoidkanal ist ausgebildet. Ein Dorsum sellae an der Hypophysengrube fehlt.

Der Jochbogen wird vorne und ventral vom Maxillare, in der Mitte nur vom Jugale gebildet. Dieses erstreckt sich occipitalwärts bis an die Gelenkgrube des Kiefergelenks und beteiligt sich mit einer kleinen Facette (Abb. 494b) an der Bildung der Gelenkfläche. Der Proc. zygomaticus squamosi ist sehr kurz. Eine Beteiligung des Alisphenoids an der Bildung der Pfanne des Kiefergelenkes existiert, entgegen älteren Angaben, nicht.

Tympanalregion. Der äußere Gehörgang wird von den kräftigen Proc. postglenoidalis und dem Proc. posttympanicus umfaßt. Der letztgenannte wächst praenatal ventralwärts aus und verschmilzt mit dem Proc. paroccipitalis. Dadurch wird die Labyrinthkapsel (sog. „Pars mastoidea") von der Oberfläche abgedrängt und von den Nachbarknochen überdeckt (amastoider Zustand). Die Bulla tympanica ist relativ klein und basalwärts nicht aufgebläht. Ihr Boden liegt über dem Niveau der Schädelbasis. Das Dach der Paukenhöhle besteht aus Petrosum, Tympanicum und Squamosum. Der Boden der Bulla wird vom Tympanicum und Entotympanicum, die mediale Wand vom Petrosum und Entotympanicum gebildet. Das Tympanicum wird in der üblichen Form eines nicht völlig geschlossenen Ringes angelegt. Es verwächst vorn, medial früh mit dem Petrosum. Postnatal wächst ein kurzer, weiter knöcherner Gehörgang aus. Eine ventrale Knochenleiste bildet sich lateral des Trommelfells, zwischen Rec. meatus acust. ext., und postnatal auswachsendem Gehörgang aus (M. FISCHER 1992).

Das Entotympanicum tritt als einheitlicher Knorpel bei Embryonen von 33 mm KopfLge. auf und steht mit der Anlage des Tubenknorpels im Zusammenhang. Ein Goniale fehlt den Hyracoidea. Der Malleus wird über das Tympanicum am Squamosum verankert und ist nicht frei schwingend (M. FISCHER).

Unterkiefer und Kiefergelenk. Am Unterkiefer ist der rostrale, incisiventragende Teil schmal (Abb. 494). Aufsteigender Ast und Angulusbiet sind sehr breit und hoch. Der Proc. muscularis ist relativ schmal und leicht rückwärts gebogen.

Das Gelenkköpfchen bildet eine quergestellte Walze. Die Gelenkfläche setzt sich nach medial in einen schmalen Fortsatz fort. Das Gelenk liegt etwas höher als die Occlusionsebene.

Der Gelenkdiskus ist rein fibrös. In der Kaumuskulatur überwiegt bei weitem an Masse und durch Komplexität des inneren Baues der M. masseter, besonders dessen Pars superficialis. Der M. temporalis tritt dem gegenüber erheblich zurück. Der M. digastricus ist einbäuchig (doppelt innerviert?). Der Kauakt erfolgt stets einseitig mit periodischem Seitenwechsel. Die Kaubewegung ist durch kraftvolles Vorstoßen des Unterkiefers und nachfolgende Mahlbewegung in medio-lateraler Richtung charakterisiert.

Das **Zungenbein** der Hyracoidea weicht in einer Reihe von Merkmalen von dem der übrigen Eutheria ab. Bereits bei Jungtieren ist der proximale (tympanale) Anteil des Hyalbogens nur bindegewebig mit dem Corpus-Anteil (Basi- mit Hypo- und Thyreohyale) verbunden. Der proximale Abschnitt besteht aus einem kurzen, zapfenförmigen Element, das mit der Vorderseite der Procc. posttympanicus und paroccipitalis verbunden ist. Es entspricht dem Stylohyale (FISCHER). Durch frühontogenetische Umbildungsprozesse am Reichertschen Knorpel (Stadium von 6 mm KopfLge.) kommt es zu einer Veränderung der Lagebeziehungen des N.VII vom pro- zum opisthotrematischen Zustand. Dem unpaaren Corpus hyale sitzen lateral zwei Paar Hörner an (Cornu hyale und Cornu branchiale I). Vom Hypohyale (Keratohyale) geht ein ossifizierender Fortsatz, Proc. lingualis, aus, der in den Zungengrund vordringt. Dieser ist dem Entoglossum der Mesaxonia und Bovidae nicht homolog, denn er wird vom Basihyale gebildet.

Postcraniales Skelet und Lokomotion. Die Wirbelsäule der Schliefer ist durch die hohe Zahl der Brustwirbel und durch eine relativ lange Lendenregion bei Reduktion des Schwanzes gekennzeichnet. Wirbelzahl: 45 (43−48), davon Cl: 7, Thl: 21 (19−22), Ll: 7 (6−9), Sl: 6 (5−7), Cl: 5 (4−10). Antiklin ist der 13. und 14. Thl. Das Iliosacralgelenk wird von 2−3 Sacralwirbeln gebildet. Die übrigen sind ligamentös mit dem Darmbein verbunden. Von den Rippen sind 6−8 mit dem Sternum verbunden. Dieses besteht aus 6−8 Knochenstücken und einem lang ausgezogenen, spatelförmigen Xiphisternum.

Schultergürtel und freie Extremität. Eine Clavicula fehlt. Die Scapula ist dreieckig, ähnelt der von Artiodactylen. Ihre Dorsalseite trägt eine hohe Spina scapulae, die gegen das Collum hin verstreicht, ein Acromion fehlt.

Das Becken ist durch bedeutende Verlängerung des präacetabulären Abschnittes gekennzeichnet. Die Iliosacralverbindung liegt weit rostral. Unmittelbar vor dem Becken ist eine Beugungszone im Bereich der Lumbalwirbelsäule ausgebildet (M. FISCHER).

Der Humerus ist um etwa 20% länger als der Unterarm. Ein For. entepicondyloideum fehlt. Im Ellenbogengelenk sind nur Streck-Beugebewegungen möglich, Drehung wird durch straffe Band- und Knochenführung gehemmt. Die Vorderarmknochen sind in leichter Pronationsstellung fixiert (Knochenverschmelzung nur bei sehr alten Tieren), so daß keine Supination möglich ist, ein unerwarteter Befund bei einem Tier, das in Fels, Klippen und auch auf Bäumen geschickt klettern kann. M. FISCHER (1986, 1992) konnte zeigen, daß die fehlende Supinationsfähigkeit durch Bewegungen im Intercarpalgelenk kompensiert werden kann. Dem entspricht der Bau des Intercarpalgelenkes. Die proximale Carpalreihe bildet eine konkave Gelenkfläche für die proximalwärts konvexe Reihe der distalen Carpalia, deren Anordnung serial (taxeopod) ist. Scaphoid und Lunatum sind nicht verschmolzen, ein kleines Centrale ist nachgewiesen. Die Finger, an der Hand 4, am Fuß 3, sind durch Interdigitalhäute verbunden und daher nicht frei gegeneinander beweglich. Die Reduktion des ersten Strahles beginnt bereits in der frühen Ontogenese. Bei der als „Praepollex" angesprochenen Anlage, ventral vom Os naviculare, dürfte es sich um eine sekundäre Bildung handeln. Die Procaviidae sind, bei langsamer Fortbewegung und beim Klettern plantigrad, gehen aber bei beschleunigter Lokomotion zu semidigitigrader bis digitigrader Stellung der Fingerstrahlen über.

Die Hinter-Gliedmaße der Schliefer ist etwas länger als die vordere. Das Femur besitzt einen mächtigen Trochanter major (Ansatz des M. glutaeus med.) und liegt in der Ruhestellung nahezu horizontal. Tibia und Fibula sind gegeneinander unbeweglich fixiert (syndesmotisch oder knöchern). Der Fuß wirkt im Vergleich mit der Hand lang und schmal; er ist dreizehig. Die 2. Zehe trägt eine Putzkralle (s. S. 933) und wird im Bewegungsablauf nicht aufgesetzt. Ihre Endphalange zeigt besonders deutlich den erwähnten Spalt. Die Tarsalia sind taxeopod angeordnet (der Talus artikuliert nur mit dem Naviculare, der Calcaneus nur mit dem Cuboid). Beide Gelenke liegen in einer Ebene und bilden eine funktionelle Einheit. Sie ermöglichen ausgiebige Drehbewegungen (bis etwa 180°), ähnlich wie das Intercarpalgelenk. Der Bewegungsablauf auf ebenem Boden ist nach Geschwindigkeit, Schrittfolge und Symmetrie-Verhalten der Gliedmaßen außerordentlich variabel in Anpassung an den unregelmäßig strukturierten Boden des Habitats und der Dominanz des Fluchtverhaltens der relativ kleinen Tiere. Schliefer besitzen, als einzige „Huftiere", ein ausgezeichnetes Klettervermögen. *Dendrohyrax* ist vorwiegend arboricol. *Procavia* und *Heterohyrax* klettern in ihrem steinigen Lebensraum geschickt in Felswänden, können aber auch zur Nahrungssuche Baumstämme ersteigen. Nur *Dendrohyrax* klettert abwärts mit dem Kopf voran. Voraussetzung für das Klettervermögen sind die Sohlenpolster als Hilfen beim Haften und die Drehfähigkeit im Intercarpalgelenk und im proximalen Tarsalgelenk. (Ausführliche Analyse der Biomechanik der Fortbewegung bei Schliefern KUTTER, 1991.)

Im Gegensatz zu älteren Angaben im Schrifttum können die Befunde der Morphologie und der Funktion des Bewegungsapparates der Hyracoidea nicht als Plesiomor-

phien gedeutet und unmittelbar von basalen Huftieren (Condylarthra) abgeleitet werden. Der Anpassungstyp der Schliefer muß über langbeinige Lauftiere offener Graslandschaften als Ahnenformen entstanden sein (THENIUS 1969, FISCHER 1986, KUTTER 1991). Diese Aussage wird durch folgende Einzeldaten begründet:
1. Ontogenese der Extremitätenproportionen (BÖKER 1935), Verzögerung des Längenwachstums in der Spätontogenese.
2. Mesaxonischer Fuß, Rückbildung der Randstrahlen.
3. Tendenz zur semidigitigraden Stellung bei terrestrischer Fortbewegung. Sekundärer Kletterfuß und sekundäre Plantigradie.
4. Nagelhufe und deren Feinbau mit gespaltenen Endphalangen. Echte Hufbildung bei miozaenen Formen. Keine Krallen trotz Fähigkeit zum Klettern.
5. Rückbildung der Clavicula.
6. Fehlende Fähigkeit zur Abduktion im Schulter- und Hüftgelenk. Bewegung der freien Extremität in einer parasagittalen Ebene.
7. Ausbildung der Extremitätenmuskeln wie bei großen Huftieren.
8. Verlust der Fähigkeit zu Pro- und Supination. Kompensation durch Umkonstruktion von Intercarpal- und proximalem Tarsal-Gelenk.
9. Sehr lange Tragzeit, geringe Wurfgröße (meist 1–2). Zustand der Neonati als extreme Nestflüchter.

Gebiß, Zähne. Das Gebiß der Hyracoidea ist gekennzeichnet durch den Besitz von seleno-lophodonten Molaren, die denen basaler Huftiere ähneln, bei spezifischer Abänderung des Vordergebisses, besonders der oberen I und Reduktion der C. Zwischen den Schneidezähnen und dem C besteht ein Diastema.

Der id^1 ist ein Wurzelzahn, der durch einen dauernd wachsenden Zahn ohne Wurzel ersetzt wird. id^2 und id^3 werden angelegt, sind aber sehr klein und haben keinen Nachfolger. Der I^1 ist gebogen, prismatisch, mit Längskante auf der labialen Fläche, die von Schmelz bedeckt ist. Die Kante ist bei ♂♂ deutlich stärker als bei ♀♀ ausgebildet. Die

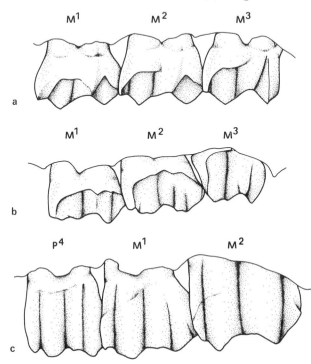

Abb. 495. Buccalansicht der oberen Molaren. a) *Dendrohyrax dorsalis*, b) *Heterohyrax brucei*, c) $P^4 - M^2$ von *Procavia capensis johnstoni*. Nach ATLAERTS, THYS VAN DEN AUDENARDE, VAN NEER aus M. S. FISCHER 1992.

beiden unteren I sind meißelförmig und schräg nach vorne gerichtet. Ursprünglich als Nagezähne gedeutet, veranlaßten sie die Einordnung der Schliefer bei den Rodentia. Die besprochenen Merkmale zeigen, daß es sich um eine eigene, nur dieser Ordo eigentümliche Sonderbildung handelt. Auch funktionell dienen sie nicht zum Nagen, sondern sie haben eine schneidende Funktion.

Die C sind sehr klein und hinfällig, besonders der untere. Das Kronenmuster der Postcanini zeigt oben ein Außenjoch und zwei Querjoche, unten 2 nach innen gewandte Querjoche.

Die Deutung der Zahnformel war lange Zeit umstritten und wurde meist wie folgt angegeben $\frac{1\ 1(cd)\ 4\ 3}{2\ 0\ 4\ 3}$. Nach den Arbeiten von LUKETT (1990) fehlt jedoch der P 1 im Gebiß der Procaviidae und der C ist praemolarisiert, so daß die Zahnformel lautet: $\frac{1\ 1\ 3\ 3}{2\ 1\ 3\ 3}$. Formel des Milchgebisses $\frac{3\ 1\ 3}{3\ 1\ 3}$.

Innerhalb der Hyracoidea sind *Dendrohyrax* und *Heterohyrax* brachyodont, während *Procavia* hypsodonte Molaren besitzt (Abb. 495).

Nervensystem und Sinnesorgane. Das **Gehirn** von *Procavia* und *Dendrohyrax* (*Heterohyrax* bisher nicht untersucht) entspricht in seiner äußeren Form dem basaler Huftiere. Die Bulbi olfactorii sind von mittlerer Größe und ragen mit ihrem Pol unter dem Stirnhirn vor. Das Riechhirn ist ausgedehnt und bildet einen Pseudotemporalpol auf dem neencephalen Temporallappen. Die Fiss. palaeoneencephalica liegt relativ basal. Die Hemisphaeren (Abb. 496) sind langgestreckt und zeigen eine einfache Furchung mit wenigen, meist longitudinal verlaufenden Sulci. Das Inselfeld ist nicht operkularisiert, bildet aber eine flache Mulde. Die Fiss. lateralis fehlt. Slc. splenialis, Slc. coronalis, Slc. lateralis und Slc. suprasylvius können abgegrenzt werden (Abb. 496). Die individuelle Variabilität ist groß. Kennzeichnend ist der gebogene Verlauf des Slc. suprasylvius und das Fehlen eines Slc. ectosylvius. Das Cerebellum liegt zum größten Teil dorsal frei, das Tectum ist vollständig verdeckt (Abb. 496). Im Bereich des somatosensiblen Rindenfeldes ist der Kopf, speziell die periorale Region, erheblich überproportioniert. Das optische Areal ist bei der tagaktiven *Procavia* ausgedehnter und höher differenziert als bei dem nachtaktiven *Dendrohyrax*, bei dem die rhinencephalen Bezirke ausgedehnter sind. Die akustischen Centren in Hirnstamm und Cortex zeigen die Dominanz dieses Sinnessystems. Die Pyramidenbahn soll ungekreuzt verlaufen (VERHAART 1967).

Angaben über das HirnGew. und den Encephalisationsgrad sind spärlich und bedürfen der Ergänzung durch umfangreicheres Material. HirnGew. von *Procavia*: ±19−20 g, bei einem KGew. von etwa 2 000 g.

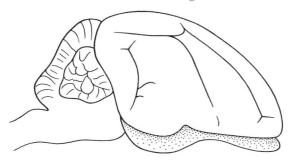

Abb. 496. Gehirn von *Procavia capensis* in rechter Seitenansicht. Riechhirn incl. Palaeopallium punktiert.

Sinnesorgane. Ein **Organon vomeronasale** ist vorhanden. Sein Ausführungsorgan verläuft parallel mit dem Ductus nasopalatinus und mündet kurz vor dessen Öffnung zur Mundhöhle in diesem. Der Nasengaumengang mündet unmittelbar hinter den Schneidezähnen mit einem länglichen Schlitz in das Cavum oris.

Die **Nasenhöhle** entspricht im Aufbau dem Befund basaler Säugetiere. Die Anzahl der Ethmoturbinalia beträgt 4 (= 5 Riechwülste). Nasoturbinale und Maxilloturbinale sind einfach eingerollt. Vier Ectoturbinalia sind ausgebildet. Unter dem Nasoturbinale liegt die Öffnung einer großen, paranasalen Höhle, von der aus Maxillare, Frontale und Nasale pneumatisiert werden. Der frontale Sinusabschnitt steht nur über den Maxillarsinus mit der Nasenhöhle in Verbindung.

Der hintere Abschnitt der Nasenhöhle setzt sich bis in das Praesphenoid fort und bildet beim erwachsenen Tier einen Sinus sphenoidalis. Reste der Cupula post. des Chondrocranium sind bei Jungtieren nachweisbar.

Die Epiglottis liegt bei Schliefern intranasal.

Auge. Das Auge von Procavia ist relativ groß. Die Pupille ist queroval (4 × 2 mm). Ein Stratum lucidum fehlt. Als Besonderheit der Hyracoidea sind die Irisanhänge (Operculum pupillare, Umbraculum) zu nennen. Es handelt sich um stark pigmentierte Bildungen der Pars ciliaris retinae, die bis an den Pupillenrand heranreichen und in die Pupille hineinragen. Sie können, funktionsbedingt, bis an die Mitte der Pupille vorspringen. Verschiebungen des Umbraculum werden durch einen Sphincter, der seinem Rand anliegt, ermöglicht. Die Irisfortsätze selbst bleiben frei von Muskulatur (FRANZ 1934), enthalten aber Blutgefäße. Vergleichbare Gebilde sind die „Traubenkörner" im Auge der Equidae. Über die Funktion ist nichts Gesichertes bekannt (Schutzeinrichtung bei starker Sonneneinstrahlung?). Schliefer besitzen eine umfangreiche Nickhaut, der eine Hardersche Drüse anliegt. Tränendrüsen sind im Bereich des Conjunctivalsackes ausgebildet.

Gehörorgan. Das äußere Ohr zeigt keine auffälligen Besonderheiten. Die Ohrmuschel ist abgerundet. Ohrtaschen kommen nicht zur Ausbildung. Die knöchernen Strukturen der Tympanalregion wurden im Zusammenhang mit dem Cranium besprochen (s. S. 935). Bemerkenswert ist die Ausbildung eines Tubendivertikels (Luftsack), den die Hyracoidea mit den Tapiridae und Equidae gemein haben. Es handelt sich um dünnwandige, ventrale Ausstülpungen der Tuba auditiva (BRANDT 1869, FISCHER 1986), die sich in den Raum zwischen Schädelbasis, hinterer Pharynxwand und Atlas einschieben und bei Erwachsenen die Wand der knöchernen Bulla von ventral und medial her bedecken. Die A. carotis int. wird dabei von der Bullawand abgedrängt und verläuft extrabullar an der medialen Fläche des Luftsackes. Die Luftsäcke beider Seiten kommen sich in der Mittelebene recht nahe, verschmelzen aber nicht.

Das Labyrinthorgan zeigt keine Besonderheiten. Der Schneckengang bildet 3 1/2 Windungen.

Nahrung, Verdauungsorgane. Die Schliefer sind Pflanzenfresser, und zwar bevorzugen alle drei Genera Blätter von Sträuchern und Bäumen, bei einzelnen Populationen Moos. Der Anteil von Gräsern ist erstaunlich niedrig (höchstens 25%). Die Liste der nachgewiesenen Nahrungspflanzen umfaßt etwa 100 Arten. Im Einzelfall richtet sich die Nahrung naturgemäß nach dem lokalen Angebot und ist von geographischen, klimatischen und jahreszeitlichen Bedingungen abhängig. Auch die jeweilige Besiedlungsdichte spielt eine Rolle. Aufnahme von Gräsern kommt vor allem zu Beginn der Regenzeit vor. Die tägliche Nahrungsmenge beträgt beim erwachsenen Klippschliefer 600–800 g (davon 11 g Protein) (M. FISCHER 1992), *Dendrohyrax* ernährt sich von Laub, jungen Trieben und Blüten. Am Mt. Kenya werden Lobeliaceen und *Senecio*-Arten bevorzugt. Die Pflanzenteile werden bei abgewinkelter Kopfhaltung mit den Backenzähnen abgebissen. Die Incisivi dienen zum Heranziehen der Pflanzen. Kotfressen kommt nicht vor.

Bereits im alten Schrifttum findet sich gelegentlich die Angabe, daß die Schliefer **Wiederkäuer** seien. HENDRICHS (1963, 1965) glaubte diese Annahme bestätigen zu können. Neuere Beobachtungen an Zootieren und in freier Wildbahn (SALE 1966, 1970,

HOEK 1978, 1982, MELTZER 1971, FISCHER 1986) brachten keine Bestätigung. Offenbar lag eine Fehldeutung vor, denn Schliefer zeigen oft ohne vorherige Nahrungsaufnahme einige Kauschläge im Leerlauf als Übersprungbewegung bei Störungen. Der Bau des Magens, der ungekammert ist, spricht gleichfalls für diese Deutung.

Morphologie der Verdauungsorgane (Abb. 497). Am Munddach besitzen Schliefer 8–14 Gaumenfalten („Staffeltyp" n. EISENTRAUT s. S. 45, 507), die im rostralen Bereich alternierend angeordnet sind. Die dicke, wulstige Zunge trägt auf dem Dorsum eine tiefe Querfurche zwischen Corpus und Radix. Papillae vallatae fehlen, Papillae fungiformes und foliatae sind im Randbereich der Zungenwurzel ausgebildet und tragen Geschmacksknospen. Papillae filiformes finden sich auf dem Zungenrücken. Sie sind kurz und haben verhornte Spitzen.

Die Speicheldrüsen sind säugertypisch ausgebildet. Die Gld. parotis und Gld. submandibularis sind sehr ausgedehnt und erstrecken sich am Halse weit abwärts.

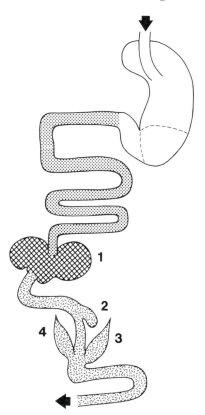

Abb. 497. Gliederung des Magen-Darm-Kanals von *Procavia*, schematisch. 1. Caecum, 2. akzessorisches Caecum, 3, 4. paarige Colondivertikel.

Magen-Darm-Trakt (Abb. 497). Die Länge des Darmtraktes beträgt mit ca. 3 m etwa das 6fache der KRL. Der Magen der Hyracoidea ist ungekammert. Er ist U- bis retortenförmig und bildet links von der Cardia einen sackförmigen Abschnitt. Eine Unterteilung wird äußerlich durch eine Incisur vor allem an der kleinen Kurvatur angedeutet. Ihr entspricht im Inneren eine Grenzfalte, die den drüsenfreien Saccus/Corpus-Abschnitt vom drüsentragenden Teil trennt. Der drüsenfreie Magenteil umfaßt etwa 2/3 des Organs und ist von mehrschichtigem, leicht verhorntem Plattenepithel ausgekleidet. Der distal der Grenzfalte gelegene Abschnitt besitzt ein sehr kleines Feld mit Hauptdrüsen, nahe der großen Kurvatur, im übrigen hat die Schleimhaut enggestellte, tubulöse Pylorusdrüsen. Der Mageninhalt zeigt keinerlei Unterschied zwischen den verschiedenen Bezirken. Die Verweildauer im Magen soll relativ lang sein (24 h).

Nach Form, Struktur und Funktion ähnelt der Magen der Schliefer dem der Equiden.

Am Rumpfdarm sind Dünndarm und Dickdarm etwa gleich lang. Ein Mesenterium dors. commune ist ausgebildet.

Bemerkenswert ist die Ausbildung mehrerer Divertikel am Colon (RAHM 1980, FISCHER 1992, CLEMENS 1977; Abb. 497). Der Dünndarm geht in ein sehr großes Caecum über (Abb. 497.1), dessen Wand einige Querfalten und 2 (3?) Taenien aufweist und von zottenloser Colonschleimhaut ausgekleidet ist. Es dient als Fermentationskammer (alloenzymatische Verdauung). Im Bereich des ersten Colonabschnittes kommt bei *Heterohyrax* und *Dendrohyrax* regelmäßig, bei *Procavia* gelegentlich und individuell variabel ein Divertikel (Abb. 497.2) vor, das dünnwandig ist und mit dem Colon in offener Verbindung steht. Im caudalen Abschnitt des Colon ascendens findet sich eine sackartige Erweiterung, aus der zwei, meist spitz endende Divertikel (Abb. 497.3/4) hervorgehen. Ihre Funktion ist unbekannt. In ihrer Wand kommt lympho-epitheliales Gewebe vor. Unter den Säugetieren ist diese Bildung einzigartig.

Die Ausbildung dieser verschiedenen Divertikel war Anlaß zu Spekulationen, und von verschiedenen Autoren wurden die unterschiedlichen Divertikelbildungen als Homologon des echten Caecum der Mammalia gedeutet. Nach neueren Untersuchungen (RAHM 1980, FISCHER 1992, GORGAS) besteht aber kein Zweifel mehr, daß nur die erste der Anhangsbildungen dem Caecum entsprechen. Daher kann auch nur diese als Caecum bezeichnet werden. Folgende Befunde sichern diese Deutung: 1. Schleimhautstruktur, 2. Gefäßversorgung, 3. Ontogenese (BROMAN 1949).

Die Leber besteht aus zwei Hauptlappen, die in mehrere Einzellappen unterteilt sind. Ihre Ausführungsgänge münden in den gemeinsamen Ductus hepaticus, der ohne Bildung einer Papille in das Duodenum mündet. Eine Gallenblase fehlt.

Atmungsorgane. Der Larynx ist nur bei den Gattungen *Procavia* und *Dendrohyrax* (PETERS 1966, BACH 1974) untersucht. Die Epiglottis ist relativ groß, liegt supravelar und besteht bei *Procavia* aus elastischem Knorpel, bei *Dendrohyrax* aus derbfasrigem Bindegewebe. Die Lamina des Thyroidknorpels ist niedrig und zeigt ein kurzes Cornu superius und ein auffallend langes Cornu inferius. Eine Incisura thyreoidea findet sich an der dorsalen Kante bei *Dendrohyrax*. Der Arcus cricoidei ist hoch, so daß der Ringknorpel im Ganzen mit der gleichfalls hohen Lamina röhrenförmig erscheint. Der Querdurchmesser des Cavum laryngis verbreitert sich nach abwärts erheblich und zwar bei *Dendrohyrax* um etwa 50% mehr als bei *Procavia*. Der Arytaenoidknorpel besitzt kurze und gedrungene Procc. vocales und musculares. Die gebogenen Spitzenfortsätze (Proc. santorini) bestehen aus elastischem Knorpel. Die Fortsätze beider Seiten sind mit ihren Spitzen ligamentös verbunden. Plicae ventriculares und vocales zeigen keine Besonderheiten.

Die Knorpelspangen der Trachea sind dorsal offen. Nur bei *Dendrohyrax* ist der Anfangsteil der Luftröhre zu einem Bulbus tracheae erweitert.

Die Lungen liegen weit dorsal (Schrägstellung des Diaphragma). Die rechte Lunge hat gewöhnlich 4 Lappen, darunter ein Lob. infracardiacus, die linke Lunge besitzt 3 Lappen.

Blutgefäßsystem. Unsere Kenntnisse über das Blutgefäßsystem der Hyracoidea, besonders auch über Form- und Größenverhältnisse des Herzens, sind äußerst lückenhaft. Mehrfach wird im Schrifttum das Vorkommen arterieller Wundernetze erwähnt (HYRTL 1852, GÖPPERT, ZUCKERKANDL). Solche finden sich vor allem am Vorderarm aus Ästen der A. branchialis supf. und erstrecken sich bis auf den Handrücken. An der Bildung dieses Netzes sind, außer der A. branchialis supf., absteigende Äste der A. transversa cubiti, der A. collateralis ulnaris und ein Ast der A. brachialis beteiligt. Die Blutversorgung der Hand (Finger) stammt aus dem dorsalen Netz. Erwähnt wird auch das Vorkommen von Netzen an der hinteren Extremität und im Bereich der A. maxillaris int. Angaben über die Abdominal- und Beckengefäße finden sich bei SWART.

Exkretionsorgane. Die Nieren zeigen keine Lappung. Die rechte Niere liegt etwas weiter cranial als die linke. Wie bei Equidae, ist beim Erwachsenen nur eine Papille vorhanden, die durch Verschmelzung von 4 fetalen Papillen entstehen soll. Die Ureteren münden getrennt und relativ hoch in die Harnblase.

Klipp- und Buschschliefer leben in ariden Gebieten, von einer trockenen Kost, in einem warmen Klima. Sie sind so an diese Bedingungen angepaßt, daß sie einen außergewöhnlich geringen Wasserbedarf und eine sehr effiziente Rückresorptionsfähigkeit der Nieren haben, die einen hoch konzentrierten Urin ausscheiden. Procaviiden scheiden mit dem Harn $CaCO_3$ und K^+-Ionen aus (MALLOIY & SALE 1976).

An den langzeitlich von Schliefern bewohnten Felsen, den Kopjes, finden sich ausgedehnte, weiße Ablagerungen von eingetrocknetem Urin. Solche, mit Kotresten durchmischte Ablagerungen, bilden steinartige Brocken, die in der Eingeborenenmedizin eine Rolle spielen und auch als **Hyraceum** in der mittelalterlichen Pharmakopoe der Europäer eine Anwendung fanden.

Geschlechtsorgane. Weibliche Geschlechtsorgane. Schliefer besitzen einen Uterus bicornis, dessen Hörner in ein langes Corpus uteri münden. Der Übergang der Cornua in die Tubae ovaricae erfolgt allmählich. Das Ovar liegt etwa 20 mm caudal des unteren Nierenpols in einer weiten Bursa ovarica, die von der Mesosalpinx gebildet wird und nach caudo-medial offen ist. Der Mesenchymkern in der Medulla des Eierstocks ist auffallend groß. Ähnlich wie bei Equidae kommt es zu einer erheblichen Luteinisierung der Bindegewebszellen, besonders in der Theca folliculi int.

Äußere Geschlechtsöffnung und Anus werden von einer gemeinsamen Hautfalte umfaßt, sind aber durch ein deutliches Perineum voneinander getrennt. Es besteht also, entgegen älteren Angaben, keine Kloake (Bildung einer falschen Kloake).

Männliche Geschlechtsorgane. Hyracoidea sind primäre Testiconda (s. S. 214, 588) und gleichen darin den Proboscidea. Die Hoden liegen intraabdominal, etwa 1 cm caudal des unteren Poles der Niere (links etwas tiefer als rechts) und sind durch ein straffes Mesorchium mit der hinteren Bauchwand verbunden. Alle Anzeichen sprechen dafür, daß es sich um eine primäre Testicondie handelt. Scrotum und Leistenkanal fehlen, auch in der Anlage. Die Aa. spermaticae entstammen direkt der Aorta oder A. renalis und verlaufen gestreckt. Die Hodenvenen münden in die Nierenvenen ein. Der dem Hoden direkt anliegende Teil des Wolffschen Ganges entspricht nur dem Caput epididymidis. Der anschließende Abschnitt des Wolffschen Ganges, das Mittelstück, ist sehr lang, entspricht der Cauda und geht ohne scharfe Grenzen in den kurzen Ductus deferens über. Dieser ist in ein straffes Band eingeschlossen, überkreuzt den Ureter und mündet in den Urogenitalsinus.

Hyracoidea sind monoestrisch. Paarungen finden also jährlich nur einmal während einer Periode von etwa 2 mon Dauer statt (Zeit der sexuellen Aktivitätsphase geographisch unterschiedlich). Der Oestrus dauert 2–3 Wochen. Die Größe der Hoden wechselt im Jahrescyclus beträchtlich. Sie kann in der Fortpflanzungszeit das 20fache des Gewichtes in der Inaktivitätsphase erreichen.

Akzessorische Geschlechtsdrüsen. *Procavia* besitzt große, verästelte Gld. vesiculosae, die getrennt vom Ductus deferens, in dessen Nähe in den Urogenitalkanal einmünden. In unmittelbarer Nachbarschaft münden die paarigen Prostata-Drüsen. Ihr Drüsenkörper ist kleiner als die Bläschendrüse, liegt dieser aber eng an und ist durch Bindegewebe mit ihr verbunden. Er besteht aus zahlreichen, tubulösen Einzeldrüsen. Gld. bulbourethrales (COWPER) liegen als große, kuglige Gebilde in den Crura penis und münden, distal von den übrigen akzessorischen Drüsen, in den Bulbus des Urogenitalkanales. Alle diese Drüsen zeigen, wie die Testikel, während der sexuellen Aktivitätsphase eine erhebliche Hypertrophie.

Der Penis zeigt sehr deutliche Unterschiede bei den drei rezenten Gattungen (wichtig für die Gattungs-Diagnose!). Bei *Heterohyrax* liegt die Praeputialöffnung weit vor der Analöffnung (Distanz ca. 7 cm). Bei *Procavia* ist die Distanz erheblich geringer (ca. 2,5 cm). Bei *Dendrohyrax* liegt die Praeputialöffnung unmittelbar vor dem Anus. Der Penis gehört zum vaskulären Bautyp. Die Miktion erfolgt nach rückwärts. Kräftige Penismuskeln (Mm. ischiocavernosus) durchziehen den Penis und dürften als Retractor wirken. Ein Baculum fehlt bei dem Hyracoidea. Die Glans ist nicht durch eine Furche gegen den Schaft abgesetzt. Ein Proc. urethralis ist nur bei *Heterohyrax* ausgebildet.

Frühe Ontogenese und Placentation. Die Anzahl der Jungen in einem Wurf beträgt 1–6 (meist 2). Die Graviditätsdauer beträgt 7–8 mon, ist also sehr lang. Die Jungen kommen in sehr reifem Zustand mit offenen Lidspalten, voll behaart und mit durchgebrochenen Milchzähnen zur Welt. Die Neonati (*Procavia*) mit KRL. von etwa 200 mm und KGew. von 170–220 g erreichen also bereits 1/3 der Körpergröße der Mutter.

Die Implantation des Keimes erfolgt central und circumferentiell, aber nicht oberflächlich. Bereits frühzeitig kommt es rings um den Keim zur Epithelzerstörung durch den sehr invasiven Trophoblasten. Orientierung des Embryoblasten ist antimesometrial.

Die Uterusdrüsen entfalten ihre größte Aktivität, solange die Blastocyste noch frei im Cavum uteri liegt. Sie bilden sich rasch zurück, wenn der Trophoblast sich anheftet. Die Wucherung des Trophoblasten erfolgt zunächst ringsum. Am Trophoblasten sind zu unterscheiden eine äußere Schicht hoher, cylindrischer Zellen. Dieser Cytotrophoblast ist der Träger der invasiven Eigenschaften. Innen folgt eine dicke Cytotrophoblastschicht mit Lakunen, von labyrinthärem Charakter. Eine dünne Schicht des Syncytotrophoblast liegt innen dem Chorionmesoderm an. Materne Arterien und Venen durchsetzen die äußere Trophoblastschicht und werden von zweischichtigem Trophoblast umschlossen. Die fetale Vaskularisation erfolgt relativ spät. Im Bereich der Pole der Keimblase kommt es zur Rückbildung der Trophoblastwucherung, so daß der Placentarbezirk schließlich Gürtelform annimmt. Trotz äußerer Formähnlichkeit kann die Gürtelplacenta der Hyracoidea nicht mit der Placenta zonaria der Carnivora in Beziehung gebracht werden. In späten Stadien wird der Cytotrophoblast peripherwärts vorgeschoben. Die Zotten im labyrinthären Bereich bilden die Resorptionszone. Sie sind schließlich von einer dünnen Syncytiumlage überkleidet. Die Amniogenese erfolgt als Spaltamnion. Die Allantois ist sehr groß und wächst mit vier Lappen aus, bedingt durch die Verzweigung der Umbilicalarterien. Sie umhüllt schließlich den ganzen Keim mit dem Dottersack und bildet die Gefäßverbindung zwischen Keim und Placenta. Schliefer besitzen also eine Placenta haemochorialis labyrinthica zonaria. Sie ist, entgegen älteren Angaben, von Anfang an deciduat. Randhaematome fehlen.

Die Frühentwicklung und Placentation der Hyracoidea zeigt eine eigenartige Kombination plesiomorpher (centrale Implantation und große, gelappte Allantois) und apomorpher Merkmale. Hierher gehört der außerordentliche invasive Charakter des Trophoblasten. Darin liegt auch eine wesentliche Differenz zu den Proboscidea, deren Placenta endotheliochorial ist. Es sei hervorgehoben, daß Kleinformen häufiger kompakte, invasive Placenten besitzen als Großformen des gleichen Verwandtschaftskreises, die meist expansive Placenten ausbilden (STARCK 1959). Die Merkmale der Frühentwicklung und Placentation der Hyracoidea weisen auf die Eigenständigkeit der Gruppe und haben wenig Aussagewert für die Beurteilung stammesgeschichtlicher Zusammenhänge.

Schliefer zeigen keine langdauernde Paarbindung. Zur Zeit der Fortpflanzung (s. S. 942) entwickeln die aktiven ♂♂ ein Territorialverhalten und markieren durch spezielle Lautäußerungen die Grenzen ihres Bereiches. Mehrfach wurde festgestellt, daß sich ♀♀ während eines Oestrus mit verschiedenen ♂♂ paaren. Die Rolle der Rückendrüse im Sexualverhalten ist umstritten. Die Drüse zeigt bei beiden Geschlechtern zur Fortpflanzungszeit eine Aktivitätssteigerung und soll im Vorspiel und bei der Paarung von Bedeutung sein. Innerhalb einer Gruppe sind die Geburtstermine weitgehend synchronisiert. Die Geburt erfolgt in einer Geländespalte, ohne Nestbau. Die Nabelschnur reißt bei der Geburt und wird nicht von der Mutter durchgebissen. Die Neonati befreien sich aktiv aus den Fetalmembranen. Die Placenta wird nicht von der Mutter gefressen. Auffallend gering ist das Pflegeverhalten gegenüber den Jungen ausgebildet. Die Laktationsphase dauert ungefähr 4 Monate, oft weniger. Die Zahl der Zitzen beträgt bei *Dendrohyrax*: je 1 Paar pectoral und inguinal, *Procavia* und *Heterohyrax*: 1 Paar pectoral, 2 Paar inguinal. Die Jungtiere bevorzugen in der Regel die inguinalen Zitzen.

Feste Nahrung wird bereits wenige Tage nach der Geburt aufgenommen. Die Geschlechtsreife tritt bei ♀♀ im Alter von 16−17 mon, bei ♂♂ mit 28−29 mon (gelegentlich früher) ein.

Die Jungtiere sind vor allem durch Tagraubvögel (*Aquila verreauxii*) und Eulen gefährdet. Als Beutegreifer, auch an erwachsenen Klippschliefern, spielen alle Feliden (vom Leoparden bis zur Falbkatze), gelegentlich auch Schlangen, eine Rolle. Die weitgehende Ausrottung der Feinde hat in vielen Regionen, besonders in S-Afrika, zu einer explosionsartigen Vermehrung der Klipp- und Buschschliefer geführt, so daß diese vielfach als „Pest" angesehen wurden. Erhebliche Schäden durch Schliefer, etwa an der Schafweide, sind jedoch nicht bekannt.

Lebensraum und Sozialverhalten. Während Biologie und Verhalten von *Procavia* und *Heterohyrax* gut erforscht sind (FOURIE 1977, HOECK 1982, MELTZER 1971, MENDELSOHN 1965, SALE 1966, 1970), sind die Kenntnisse über *Dendrohyrax* (RAHM 1955, 1960) noch lückenhaft.

Gewöhnlich werden *Procavia* und *Heterohyrax* als sozial lebende Bewohner felsigen Geländes, *Dendrohyrax* als vorwiegend solitär lebende Regenwaldbewohner beschrieben. Neuere Forschungen (FOURIE 1977, HOECK 1982) ergaben ein differenziertes Bild in Hinblick auf die Habitatwahl und, in Abhängigkeit von dieser, im Sozialverhalten eine Flexibilität. Alle drei Gattungen können in verschiedener Höhenlage (von Meereshöhe bis über 4000 m ü. NN.) vorkommen. Die Populationsdichte hängt vor allem von der Zahl der Unterschlupfmöglichkeiten weniger von Nahrungsangebot und Predationsdruck ab (M. FISCHER 1992). *Procavia* bevorzugt steiniges Gelände, Felswände, Gesteinshalden, vorausgesetzt, daß horizontale Spalten und Höhlen als Unterschlupf vorhanden sind. Ein bevorzugtes Biotop von *Procavia* und *Heterohyrax* sind die Tafelberge in der Steppe O- und S-Afrikas, die Kopjes. Die Verbreitungsgebiete von *Procavia* und *Heterohyrax* überlappen sich weitgehend, doch sind die Areale beider Genera innerhalb dieses Bereiches meist getrennt, ohne daß bisher allgemeingültige Kriterien für die spezifischen Ansprüche der Genera erkennbar wären. Eine echte Sympatrie zwischen *Procavia* und *Heterohyrax* kommt hingegen in großen Teilen W-Tanzanias vor (Serengeti). Ein enger interspezifischer Kontakt ist vielfach beobachtet worden. Beide Arten bewohnen gemeinsam selbst einzelne Kopjes. Die Tiere nehmen gemeinsam Sonnenbäder, benutzen gleiche Schlafplätze, Nahrungsquellen, Kot- und Urinplätze und reagieren auf Warnrufe der Nachbarart. Jungtiere spielen gemeinsam. Aggression und Konkurrenzverhalten werden völlig unterdrückt, abgesehen von Extremsituationen beim Nahrungserwerb während einer Dürreperiode.

Dendrohyrax bewohnt meist die Kronenregion der Bäume im Regenwald und nutzt Astgabeln oder Baumhöhlen als Ruheplatz. In einzelnen Regionen werden aber auch Erdhöhlen oder Felsspalten bewohnt, z.B. in den Usambarabergen. Die Tiere haben feste Kotplätze und Wechsel. Am Ruwenzorigebirge lebt *Dendrohyrax arboreus* im Bergwald solitär, in der alpinen Zone jedoch in Sozialverbänden.

Die große Plastizität in Ökologie und Verhalten bei Schliefern kommt auch darin zum Ausdruck, daß Klippschliefer, nach der weitgehenden Reduktion der Beutejäger, dazu übergehen, aus dem Felsenbiotop in die Ebene abzuwandern und Erdbauten von Erdferkeln, Erdhörnchen u.a. als Unterschlupf und Schlafplatz aufzusuchen.

Procavia und *Heterohyrax* bilden stabile, polygyne Gruppen mit einem dominanten ♂. In solchen Gruppen können sich mehrere Familien zusammenschließen. Die Größe der Gruppe ist von der Art des Habitats abhängig. Eine Haremgruppe auf den Kopjes umfaßt bis zu 17 ♀♀. Jüngere Männchen besetzen die Randzonen der Gruppe. Vor Beginn der Geschlechtsreife wandern sie ab. In offenem Gelände können die Gruppen eine wesentlich höhere Anzahl von Individuen in sich überlappenden Familiengruppen (bis 80 Ind.) umschließen.

Angaben über die Sozialstruktur von *Dendrohyrax* sind zum Teil widersprechend. Offenbar bestehen regionale und artliche Unterschiede. *D. dorsalis* und *validus* leben solitär oder paarweise. Beobachtungen von Kotplätzen von *D. validus* in den Usambarabergen und auf Sansibar deuten auf das Vorkommen von Kleingruppen hin. *D. arboreus* ist an den bewaldeten Hängen des Ruwenzorigebirges solitär, nachtaktiv und arboricol. Auf den Geröllhalden ab 3000 m ü. NN. leben Populationen in Sozialverbänden (Familiengruppen?) und sind tagaktiv.

Bei *Procavia* und *Heterohyrax* ist im Freiland und im Labor eine, im Vergleich zu anderen Eutheria erhebliche **Thermolabilität** nachgewiesen worden, die in einer Temperaturdifferenz von bis zu 7 °C (32 – 39 °C) in Erscheinung tritt. Diese ist offenbar zum Teil endogen bedingt (Tagesrhythmus), zum Teil durch Außenfaktoren beeinflußbar. Überhitzung führt zu Feuchtigkeitsabgabe an den Sohlen. In der Regel weichen die Tiere bei starker Wärmeeinstrahlung in ihre Höhlen aus.

Hyracoidea haben eine sehr niedrige Stoffwechselrate. Sie trinken außerordentlich selten und entnehmen ihren Wasserbedarf der Nahrung. Die Konzentration des Harns ist hoch. Die Rückresorption von Wasser wird in Trockenperioden durch die Niere, aber auch durch den Darm erhöht.

Karyologie. Untersuchungen über den Karyotyp liegen vor für *Procavia capensis* (HUNGERFORD & SNYDER 1969), für *Heterohyrax brucei* und *Dendrohyrax arboreus* (PRINSLOO & ROBINSON). Die Chromosomenzahl beträgt bei allen drei Gattungen 2n = 54. Bei *Procavia* sind 21 Paare akrocentrisch, 2 submetacentrisch und 3 kleine metacentrisch. Das x-Chromosom ist das längste im Karyotyp, das y-Chromosom sehr kurz. Für *Heterohyrax* werden 20 akrozentrische, 2 subtelocentrische, 2 submetacentrische und 2 metacentrische beschrieben. Die entsprechenden Befunde für *Dendrohyrax* ergeben 15 akrocentrische, 5 subtelocentrische, 5 submetacentrische und 1 metacentrisches Chromosom. Bei *Dendrohyrax* zeigt das Autosomenpaar 6 Heteromorphie des einen Partners. Beim Vergleich der 3 Genera untereinander ergeben sich z. Z. noch große Schwierigkeiten in der Homologisierung einiger Chromosomenpaare, da eine Untersuchung der Querbanden erhebliche Unterschiede in der Verteilung des Heterochromatins zeigt. Diese werden von PRINSLOO & ROBINSON auf paracentrische Inversion und reziproke Translokation zurückgeführt. Fusion von Chromosomen oder Chromosomenarmen wurde nicht festgestellt.

Parasiten. Alle Arten der Procaviidae werden von einer sehr großen Anzahl von Ekto- und Endoparasiten befallen. Eine systematische Liste der Parasiten findet sich bei M. FISCHER (1992).

Protozoa. Hervorzuheben ist, daß Schliefer Träger von *Leishmania* sein können (Äthiopien, Kenia). Schliefer sind auch mehrfach als Reservoir von *Babesia* nachgewiesen worden. Mindestens 15 Arten von **Nematoden** wurden bei Procaviidae gefunden. Vielfach sind bis zu 100% der Erwachsenen befallen, vor allem mit *Nouvelnema* und *Theileriana*, in geringerer Anzahl von *Trichuris*. Darmkanal und Gallenwege werden sehr häufig von **Cestoden** (etwa 25 Arten beschrieben), die auch bei Artiodactyla und Primates vorkommen können, parasitiert. Sehr hoch ist die Zahl der **Acari**-Arten, die bei Schliefern gefunden wurden. Unter diesen besiedelt eine blutsaugende Art, *Pneumonyssus procavians*, die Lungen.

Insecta. Außerordentlich hoch ist die Zahl der auf Procaviidae parasitierenden **Mallophagen, Anoplura** und **Siphonaptera**. Die Parasitenliste umfaßt allein 58 Species von Mallophagen, von denen viele wirtsspezifisch sind. Bis zu 8 verschiedene Arten wurden auf einem Individuum gefunden. Rückschlüsse auf taxonomisch-phylogenetische Beziehungen der Schliefer aus parasitologischen Daten sind bisher nicht gelungen.

Wirtschaftliche Nutzung und Artenschutz. Das Fleisch von Schliefern wird gelegentlich von einigen Bantus zur Nahrung genutzt, wird aber aus religiösen Gründen von Mohammedanern, Juden und Christen abgelehnt. Das **Hyraceum** (s. S. 942) findet heute nur gelegentlich in der Heilkunde und Kosmetik der Hottentotten in S-Afrika Anwendung. Es spielte in der europäischen Heilkunde bis in die Mitte des 19. Jh. eine Rolle.

Felle von *Procavia* und *Dendrohyrax* wurden zeitweise in Tansania zur Herstellung von Decken für den Handel mit Touristen verwendet. Bis zu 7000 Baumschliefer sollen pro Jahr in der Gegend des Kilimandjaro angefallen sein. Die Bestände an Klipp- und Buschschliefern sind zur Zeit nicht gefährdet. Hingegen besteht für Baumschliefer (*Dendrohyrax*) eine erhebliche Gefährdung durch Zerstörung des Biotops (Vernichtung der Regenwälder), vor allem für die östliche Species (*D. validus*) am Kilimandjaro und auf Sansibar.

Systematik und geographische Verbreitung der Hyracoidea. 1 Familie, 3 Genera, 5(8) Arten. Die Gattungs- und Artsystematik der Hyracoidea befand sich lange in einem verwirrenden Zustand und ist auch heute keineswegs stabilisiert. Während bis ins erste Drittel des 20. Jh. die typologische Systematik auf Grund minimaler Einzelmerkmale, oft an einzelnen Individuen, die Zahl der bekannten „Species" dauernd ansteigen ließ und schließlich mit BRAUER (1934) 79 Arten umfaßte, setzte mit der Konzeption eines biologischen Artbegriffs, mit der Analyse der innerartlichen Variationsbreite, des Polymorphismus, der Populationsgenetik und des Begriffes der geographischen Subspecies eine Umkehr ein.

Durch die Revision der Taxonomie der Hyracoidea durch H. HAHN (1934, 1959) wurde die Zahl der Arten auf 8 zurückgeführt. Allerdings führte der Autor noch 75 Subspecies auf.

Der heutige Stand der Taxonomie kann wie folgt umrissen werden: Die meisten Autoren erkennen 3 Genera an: *Dendrohyrax, Procavia, Heterohyrax*. Die Sonderstellung von *Dendrohyrax* ist unbestritten. Diskutiert wird die Frage, ob die generische Abtrennung von *Heterohyrax* von *Procavia* berechtigt sei (ELLERMAN & MORRISON-SCOTT 1951, ELLERMAN, MORRISON-SCOTT, HAYMAN 1953, SALE 1960). Wir folgen hier der heute von den meisten Autoren akzeptierten Gliederung und unterscheiden drei Gattungen, *Dendrohyrax* (3 Arten), *Heterohyrax* (monospezifisch), *Procavia* (4 Arten). Dieses System geht im Wesentlichen auf das Konzept von HAHN zurück. Es sei aber betont, daß wir noch weit von einer definitiven Klärung entfernt sind und insbesondere das Artproblem in der Gattung *Procavia* noch einer endgültigen Klärung bedarf. Unklar bleibt, inwieweit die einzelnen Populationen genetisch gegeneinander isoliert sind.

Die Schliefer bilden eine phänologisch sehr einheitliche Ordnung. Generische und spezifische Diagnosen bereiten daher Schwierigkeiten und stützen sich vorwiegend auf craniologische und odontologische Merkmale.

Dendrohyrax, Baumschliefer: Der Postorbitalbogen (Abb. 494) ist früh meist vollständig geschlossen. Das Interparietale verwächst mit dem Parietale oder Supraoccipitale und wird nie vom Parietale überwachsen. Die Temporalleisten sind kräftig, wulstig und verlaufen gestreckt, mit weitem Abstand. Gebiß (Abb. 495): Länge von $M^1 - M^3 < C + P^{2-4}$. Die M sind lophoselenodont. Die oberen P sind, mit Ausnahme von P^1 (C), molarisiert. Der Abstand der Praeputialöffnung vom Anus ist sehr kurz, der Penis ist unkompliziert. Sohlen hell-fleischfarben. Zitzenzahl: variabel, meist 2 Paare, gelegentlich 4 Paare. Lebensraum: Regenwald, im Hochgebirge. Über 3000 m ü. NN. lebt *Dendrohyrax* terrestrisch, tagaktiv und bildet soziale Verbände (s. S. 944). 3 Arten. *Dendrohyrax dorsalis*, Westform: W- und C-Afrika. *D. arboreus*, Südform: Von Zaire, Angola, Kenya bis S-Afrika. *D. validus*, Ostform: Kenya, Tanzania, Sansibar. KRL.: 300–500 mm, KGew.: 2,5–4 kg.

Heterohyrax, Buschschliefer. Monospezifisch, *Heterohyrax brucei* (Abb. 494d): Ägypten bis Somalia und N–S-Afrika. Postorbitalbögen meist nicht geschlossen. Temporalleisten einander genähert. Interparietale früh mit Parietale verwachsen, von diesem nicht überwachsen. Zahnkronen brachyodont (Abb. 495). Länge $M^1 - M^3 = P^1(C) - P^4$. Zitzenpaare: 1 (0)–2. Abstand Anus–Praeputialöffnung sehr groß. Penis mit abgesetzter Glans und Urethralfortsatz. KRL.: 320–470 mm, KGew.: 1,3–2,4 kg.

Procavia, Klippschliefer (Abb. 494 e). Nach HAHN (1958) soll die sehr weit verbreitete Gattung *Procavia* 4 Species umfassen (*P. capensis, johnstoni, habessinica, ruficeps*). Nach neueren Untersuchungen (ELLERMAN, MORRISON-SCOTT 1951, CORBET u. a. 1978) sind die zugrunde liegenden Unterscheidungsmerkmale (Zahl der Wurzeln am unteren C, Färbung des Rückenflecks, Fellfärbung) variabel und zeigen weitgehende Überlappungen. Beim heutigen Kenntnisstand kann es daher vertreten werden, alle Klippschliefer in einer Großart, *Procavia capensis*, zusammenzufassen. Die Verbreitung umfaßt nahezu ganz Afrika mit Ausnahme großer Teile der Sahara, außerdem Palästina, Libanon, Oman und Yemen. KRL.: 440–540 mm, KGew.: 1,8–5,4 kg. Kronen der Backenzähne hypsodont (Abb. 495). Postorbitalbogen nicht geschlossen. Temporalleisten kommen einander sehr nahe oder stoßen zusammen. Geringe Schnauzenbreite (obere I eng beieinanderstehend). Länge $M^1-M^3 > P^1(C)-P^4$. Abstand Anus–Praeputialöffnung kurz. Penis ohne Komplikationen. Zitzen 1(0) Paar pectoral, 2 Paare inguinal.

Weitere Vorbemerkungen über „Huftiere" s. str.
(Ordo 28, 29; s. S. 369). Im Vorausgehenden war darauf hingewiesen worden, daß in der Stammesreihe der Mammalia, parallel zu den insectivoren und carnivoren Nahrungsspezialisten, mehrfach Formenkreise auftreten, die zur Pflanzennahrung übergegangen sind. Drei relativ alte Ordnungen († Multituberculata, Rodentia, Lagomorpha) wurden, vor allem auf Grund von Spezialisationen des Gebisses und des Kauapparates im Ganzen, früh als eigenständige Ordnungen erkannt. Der verbleibende große Formenkreis, die „Huftiere" oder „Ungulata", erwies sich als heterogen; er umfaßt die Ordnungen 14–29 unseres Systems (s. S. 369); unter diesen sind 6 rezente Ordnungen: die Tubulidentata, Sirenia, Proboscidea, Hyracoidea und Perissodactyla (Mesaxonia) sowie die Paraxonia (Artiodactyla). Der Begriff „Ungulata" kennzeichnet also keine monophyletische Einheit und erscheint im modernen, wissenschaftlichen System nicht mehr. Zahlreiche Parallelentwicklungen erschweren die Aufklärung der phylogenetischen Beziehungen. Die heute übliche Unterscheidung von Ordnungen ist gut begründet, da diese durch eindeutige Apomorphien gekennzeichnet sind. Das schließt allerdings nicht aus, daß eine gemeinsame, archaische Stammgruppe im frühen Mesozoikum, † Condylarthra oder deren Ahnen, in mehreren Radiationen und in verschiedenen Untergruppen das Zentrum der phylogenetischen Herkunft bildete.*)

Anpassungen, die in verschiedener Weise zu ähnlichen Resultaten bei Perissodactyla und Artiodactyla geführt haben, sind:

1. Anpassungen, die die Gefahr durch Beutegreifer herabsetzen, vor allem durch Spezialisation der Gliedmaßen zur Erhöhung der Geschwindigkeit.

2. Die Fähigkeit zu alloenzymatischer Celluloseverdauung (s. S.146–149).

Im Zusammenhang mit dieser Ernährungsweise kam es zu erheblichen, konstruktiven Neubildungen am Darmkanal und am Gebiß. Die Backenzähne sind primär bunodont, brachyodont und mit zementfreier Krone. Aus diesem Ausgangszustand entwickelt sich alsbald ein bunolophodontes – lophodontes Molarengebiß (Tapire). Weitere Entwicklungstrends führen schließlich zur Hypselodontie, Zementablagerung auf der Krone, Schmelzfältelung und Selenolophodontie. Bei den Paraxonia findet sich bei den basalen Gruppen (Suidae) noch ein bunodontes Gebiß, das schließlich bei den Ruminantia (Wiederkäuern) ein Kronenmuster mit halbmondförmigen Leisten (Selenodontie, s. S. 167 f.) entstehen läßt. Der Magen der Perissodactyla ist unilokulär. Alloenzymatische Celluloseverdauung findet im Colon/Caecum statt, das durch seine Länge und sein Fassungsvermögen, beim Pferd etwa 90 l, durch Schlingenbildung und Sacculierung der Wand, ausgezeichnet ist. Paraxonia besitzen als Gärungskammern einen multilokulären Magen (s. S. 177 f.). Schweineartige haben den primären, omnivoren Ernährungstyp beibehalten (Knollen, Wurzeln, Pilze, Früchte, Samen, Fleisch). Die Entstehung herbivorer Stämme bei den Eutheria geht parallel dem Auftreten offener Savannenlandschaften und Gräsländer, welches eine Loslösung vom Waldbiotop ermöglichte.

3. Der neue Ernährungstyp und die Geschwindigkeitszunahme bei der Lokomotion sind mit einer Tendenz zur Zunahme der Körpergröße korreliert.

4. Kennzeichnend für die großen Herbivoren ist weiterhin die Tendenz zur Bildung großer Sozialverbände (Herdenbildung) und ein gruppenspezifisch hoch differenziertes Sozialverhalten.

5. Hervorzuheben ist die lange Tragzeit. Meist wird nur 1 Jungtier, das in reifem Zustand (precocial, Nestflüchter) zur Welt kommt, geboren.

---

*) Der Nachweis verwandtschaftlicher Beziehungen von † Condylarthra zu Urraubtieren († Arctocyonidae, † Mesonychidae) war Anlaß, beide Stämme in der Kohorte „Feroungulatae" (SIMPSON 1945) zusammenzufassen.

Ordo 28. Perissodactyla (Mesaxonia)

Die **Perissodactyla** (Mesaxonia, Unpaarhufer) (Abb. 498, 499) sind eine monophyletische Gruppe, deren rezente Vertreter zwei Subordines, Ceratomorpha (Tapire und Nashörner) und Hippomorpha (Pferdeartige) umfassen. Rezent sind 3 Familien, dazu sind 12 fossile bekannt.

Kennzeichnend ist, daß die Hauptachse von Hand und Fuß durch den dritten Fingerstrahl verläuft und die Hauptlast des Körpers trägt. Charakteristisch sind ferner die Struktur des Gebisses und die Spezialisation des Colon (s. S. 952f.). Magen ungekammert. Die Niere ist nach dem Recessustyp gebaut, äußerlich glatt oder leicht gefurcht. Die Testes liegen inguinal, gelegentlich scrotal. Uterus bicornis. Nur ein Junges. Expansive, diffuse Placenta mit großen, verzweigten Zotten. Struktur der fetomaternellen Grenzschicht: epitheliochorial. Allantoissack groß und persistiered. 2 inguinale Zitzen.

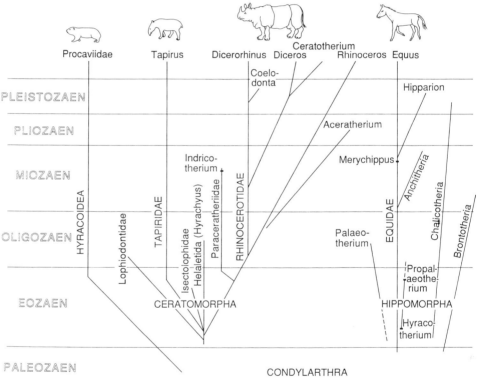

Abb. 498. Stammesgeschichtliche Übersicht über die Perissodactyla, einschließlich der Hyracoidea.

Das **Integument** zeigt Unterschiede bei den verschiedenen Familien der Unpaarhufer. Das Fell der Pferdeartigen (Hippomorpha) besitzt, wie die meisten Säugetiere, Woll- und Grannenhaare, ist glatt und kurzhaarig. Das Wollhaarkleid, in kalten Gebieten im Winter ausgebildet, wird im Sommer reduziert. Lange Haare bilden den Schopf am Kopf, die Nackenmähne und den Schwanz. Die Haut der Tapire ist dicker als die der Pferde und sehr derb. Das Haarkleid ist dünn und kurzhaarig, oft reduziert, besonders am Kopf. Kopf-/Halsmähne kurzhaarig, bei *Tapirus bairdii* meist fehlend.

Ordo Perissodactyla 949

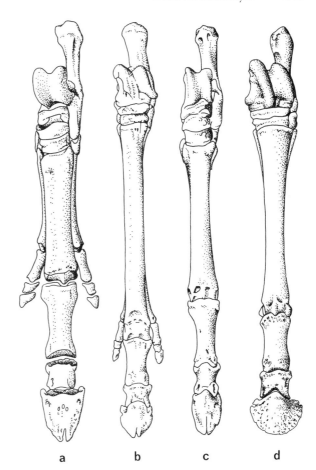

Abb. 499. Entwicklung von der Tridactylie zur Monodactylie. Konvergente Entwicklung bei † Litopterna und Perissodactyla. a) † *Diadiaphorus* (Litopterna, Miozaen), b) † *Merychippus* (Perissodactyla, Miozaen), c) † *Thoatherium* (Litopterna, Miozaen), d) *Equus* (Perissodactyla, Quartär). Nach OSBORN, SIMPSON 1951 aus THENIUS 1969.

Rhinocerotidae haben eine stark verdickte Haut, die bei einigen Arten große, starre und nicht verformbare Panzerplatten bildet (Abb. 509, besonders bei *Rhinoceros*).*)

Die Platten haben eine artlich spezifische Form (Abb. 509) (vgl. *Rh. unicornis* mit *Rh. sondaicus*). Die nahezu unbeweglichen Schulter-, Rumpf- und Schwanzplatten sind durch Zonen dünner Haut verbunden, welche Verschiebungen erlauben, so daß die Körperbewegungen nicht behindert werden. Das Haarkleid der Nashörner ist weitgehend reduziert, am stärksten bei *Ceratotherium*, am wenigsten bei *Dicerorhinus sumatrensis*. Das am Ende der Eiszeit ausgestorbene Wollnashorn, † *Coelodonta antiquitatis* (Jungpleistozaen, Eurasien), besaß ein dichtes Haarkleid, ähnlich dem Mammut.

Die Hornbildungen der Nashörner sind rein epidermale Bildungen (KEMNITZ, PUSCHMANN et al. 1991, RYDER 1962). Es handelt sich, im Gegensatz zu den Hörnern der Rinder, die aus einer Hornscheide auf einem Knochenzapfen bestehen, um massive Horngebilde. Ihr Feinbau zeigt, ähnlich wie der Huf der Perissodactyla, einen Aufbau aus dicht gepackten Hornröhrchen mit einer vergleichsweise geringen, intertubulären Hornsubstanz (Abb. 500). Keinesfalls handelt es sich, wie im älteren Schrifttum angegeben, um

---

*) Die alte, volkstümliche Bezeichnung „Dickhäuter, Pachydermata", stellt einige Großsäuger mit besonders widerstandsfähiger dicker Haut und reduziertem Haarkleid zusammen (Nashörner, Elefanten, Flußpferde), die drei verschiedenen Ordnungen angehören (Parallelbildungen). Der Begriff ist ohne Bedeutung für die Systematik.

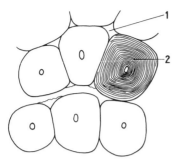

Abb. 500. Struktur des Hornes eines Nashorns. Nach RYDER 1962. 1. Interlaminäres Horn, 2. Hornlamellen.

verklebte Haare, wie auch ontogenetisch zu keiner Zeit Beziehungen zu Haaranlagen bestehen.

Hufbildungen sind an den Enden der Fingerstrahlen aller Perissodactyla ausgebildet (über ihren Bau s. S. 13).

Bei den Hippomorpha kommen ovale Horngebilde (Kastanien, Hornschwielen, Hornwarzen) an der Innenseite der Gliedmaßen vor. Sie bestehen aus stark verdickter Hornschicht über dünner Epidermis und hohen Lederhautpapillen, sind haarlos und in der Größe variabel. Sie liegen an der Vorderextremität über dem Carpalgelenk, hinten unmittelbar unter der Ferse. Sie fehlen bei Eseln und Zebras am Hinterbein, individuell auch bei Pferden. Ihre morphologische und funktionelle Bedeutung ist unbekannt. Offensichtlich handelt es sich um in Rückbildung begriffene Gebilde (einer Carpaldrüse?). Beziehungen zur Rückbildung von Fingerstrahlen bestehen nicht.

Hautdrüsen: Zusammengesetzte Drüsenkomplexe wurden bei Tapiridae und Rhinocerotidae bisher nicht nachgewiesen.

Bei *Tapirus* werden Talgdrüsen und a-Drüsen in der nackten Haut um die Nasenlöcher erwähnt (WEBER 1928, SCHAFFER 1940). Bei *Rhinoceros unicornis* erwähnt OWEN an der Beugeseite von Carpus und Tarsus das Vorkommen von Drüsen. Diese sollen den afrikanischen Nashörnern fehlen. Umfangreichere Untersuchungen liegen für das Hauspferd vor. In der behaarten Haut der Oberlippe liegt eine Schicht dicht geknäuelter a-Drüsen, an die sich weiter nach innen große Talgdrüsen anschließen. Beide Drüsenarten treten in der Anal- und Circumanalregion auf. In der Perinealregion bilden sie ein kompaktes, dickes Drüsenorgan. Am inneren Blatt des Praeputium findet sich gleichfalls ein zusammengesetztes Drüsenorgan, mit pigmentierten Epithelzellen. Ferner sind am Augenlid und am Warzenhof Drüsen erwähnt worden. Perissodactyla besitzen 2 inguinale Zitzen.

Schädel. Schädel der rezenten Perissodactyla mit langem, kräftigen Facialteil. Hirnschädeldach gestreckt. Weit offene Kommunikation zwischen Orbita und Temporalgrube. Procc. postglenoidalis und paroccipitalis lang und kräftig. Tympanicum von länglich abgeänderter Ringform, bildet nur bei Equidae einen kurzen, knöchernen Gehörgang. Proc. postglenoidalis und Proc. posttympanicus squamosi legen sich bei *Rhinoceros unicornis* und *sondaicus* mit ihren distalen Enden eng aneinander und verschmelzen bei älteren Individuen. Auf diese Weise entsteht, ähnlich wie bei Elefanten (Abb. 508), ein falscher äußerer Gehörgang. Gleichzeitig gewinnt das Squamosum Verbindung zum Exoccipitale und verdrängt das Petrosum („sog. Mastoid") von der Schädeloberfläche. Eine Tendenz zur Reduktion der Praemaxillaria, die außer bei den Equidae ihren Kontakt zu den Nasalia verlieren, ist festzustellen. Der Ramus mandibulae ist breit und hoch. Hohe Lage des Kiefergelenkes.

Postcraniales Skelet. Die Zahl der thoracolumbalen Wirbel beträgt nie unter 22. *Tapirus*: 18 Thl, 4 Ll. *Rhinoceros*: 19(20) Thl, 3(4) Ll. Equidae: 18(19) Thl, 5(6) Ll. Zahl der Sacralwirbel *Tapirus*: 6, *Rhinoceros*: 4, *Equus*: 5. Die Körper der Cervicalwirbel 3–7 und, nach caudal abnehmend, der Thoracalwirbel sind opisthocoel, besonders bei Equidae (Rotationsfähigkeit des Halses).

Die Scapula ist lang und schmal, ein Acromion fehlt. Der Proc. coracoideus ist klein, die Spina niedrig. Eine Clavicula fehlt. Humerus kurz, ohne For. entepicondyloideum. Der proximale Gelenkkopf springt nicht vor. Im Ellenbogengelenk sind nur Bewegungen in einer Ebene (Winkelbewegungen) möglich. Radius und Ulna unbeweglich miteinander verbunden. Bei Equidae verschmilzt die Ulna mit dem Radius im mittleren Bereich. Das distale Gelenkende der Ulna wird in die Gelenkfläche des Radius aufgenommen.

Perissodactyla sind unguligrad. Der Übergang von der Digitigradie zum unguligraden Zustand kann noch bei Tapiridae beobachtet werden. Die Hauptachse von Hand und Fuß verläuft durch den mittleren (III) Strahl (Mesaxonie), der verstärkt und allein funktionell ist. Die Randstrahlen der ursprünglich fünffingrigen Gliedmaßen werden schrittweise rückgebildet. In der Stammesgeschichte verschwindet zunächst der I, dann der Finger V. Schließlich folgen Finger II und IV, so daß bei Equidae Monodactylie erreicht wird (Abb. 499). Metacarpalia und Metatarsalia werden als Griffelbeine knöchern differenziert. An deren distales Ende schließt sich frühembryonal noch ein Phalangenblastem an, das bei Pferden gelegentlich zur Ausbildung überzähliger Fingerstrahlen führen kann. Die Anzahl der persistierenden Finger beträgt bei Tapiren vorn 4, hinten 3, bei Nashörnern vorn und hinten je 3, bei Equidae vorn und hinten 1, doch ist bei Tapiridae und Rhinocerontidae nur der 3. Strahl funktionell.

Mit der Aufrichtung der Finger und der Reduktion der Randstrahlen kommt es zu einer Verschiebung der Carpalia in eine sekundär seriale Anordnung. Die besonders bei Equidae beschriebene Einschränkung der Bewegungen manifestiert sich deutlich an den Carpalgelenken, in denen ausschließlich Bewegungen um eine quere Achse ausgeführt werden können. Die Flexionsfähigkeit im Carpus ist gesteigert. Die proximale Carpalreihe schließt sich eng an den Radius an und bildet vorn (dorsal) einen quergestellten Cylinder, der in entsprechenden Rinnen am Radius und der distalen Carpalia-Reihe artikuliert. Die distale Carpalreihe schließt sich funktionell eng an den Metacarpus an. Die Flexionsfähigkeit ist besonders im Intercarpalgelenk ausgeprägt.

Während bei Tapiridae und Rhinocerotidae die typischen 8 Carpalia ausgebildet sind, verkümmert beim hochspezialisierten Laufbein der Pferde meist das Trapezium, und das Trapezoid wird hinter das große Capitatum verschoben.

An der hinteren Gliedmaße ist das Becken langgestreckt und zeigt wulstige Kämme. Die lange, von Os pubis und Ischium gebildete Symphyse kann mit zunehmendem Alter verknöchern. Das Caput femoris sitzt direkt dem Schaft auf. Ein deutlicher Trochanter tertius ist charakteristisch.

Die Fibula besitzt bei Perissodactyla keine Artikulationsfläche mit dem Calcaneus; sie ist bei Tapiren und Nashörnern vollständig als schmale Spange ausgebildet, bei den Equiden ist ein griffelförmiges, proximales Rudiment vorhanden (Abb. 499, 510). Ihr distaler Abschnitt ist mit der Tibia verschmolzen und bildet den Malleolus lateralis. Im Tarsus sind die 7 typischen Knochen vorhanden, doch verschmelzen bei Pferden meist Meso- und Entocuneiformes. Der Talus hat eine, bei Equiden tief gefurchte, cylindrische Gelenkrolle für die Tibia. Die distale Articulation zeigt eine große Gelenkfläche für das Naviculare und eine kleine für das Cuboid (Artiodactyla besitzen zwei gleichgroße distale Gelenkflächen am Talus). Das distale Ende der Metapodien besitzt einen Gelenkkiel, der bei den monodactylen Equiden stärker hervortritt.

Gebiß und Zähne. Die Stammformen der Perissodactyla aus dem Alteozaen haben geschlossene Zahnreihen und die basale Zahnformel der Eutheria: $\frac{3\ 1\ 4\ 3}{3\ 1\ 4\ 3}$. Die Praemolaren sind zunächst nicht oder nur geringfügig molarisiert. Die Spezialisierung des Gebisses der Unpaarhufer steht im Zusammenhang mit dem Übergang von der Folivorie zur Grasnahrung (Hippomorpha) und zeigt in der großen, fossil gut belegten Ordnung verschiedene Differenzierungstrends im Vorder- und im Molarengebiß. Die Zahnformel ist, besonders bei Tapiridae und Equidae, außerordentlich konservativ (basale Zahnzahl mit 44 Zähnen). Reduktionen zeigt das Vordergebiß vieler Rhinocerotidae, die bei *Diceros* zum vollständigen Verlust führt. *Diceros*: $\frac{0\ 0\ 4\ 3}{0\ 0\ 4\ 3}$. Das Molarengebiß ist bei den primitiven Gruppen brachyodont und bunodont bis bunolophodont.

Mit der Zunahme der Länge des Facialschädels kommt es zur Ausbildung eines längeren Diastems zwischen C und P. Bei Nashörnern wird dies im Zusammenhang mit der Reduktion des Vordergebisses und der Verankerung des Nasenhorns wieder verschwinden.

Der Gestaltwandel der Molaren beim Übergang zur Grasnahrung führt vom bunodonten Zahn (4 abgerundete, gleichhohe Höcker im Viereck angeordnet, s. S. 167f. Abb. 107) zunächst zur Verschmelzung von je 2 Höckern zu zwei, transversal gestellten Leisten (Bilophodontie, Abb. 108). Diese Leisten (Joche) stehen im rechten Winkel zum Ectoloph, einer Leiste am buccalen Rand der Zahnkrone. Protoloph (vordere Leiste) und Metaloph können bei Equiden in der Mitte miteinander verschmelzen, so daß schließlich ein kompliziertes Faltenmuster entsteht. Ein derartiger Zahn wird als selenolophodont bezeichnet. Durch Abschliff, besonders an den hypsodonten Molaren der Pferde, entsteht schließlich ein Relief von gewundenen Schmelzleisten, zwischen denen Zement und Dentin freiliegen. Durch zusätzliche Pfeiler (Styli) vom Buccalrand der Krone entsteht ein plicidentes Kronenrelief.

Von den Schmelzleisten umschlossene Reste der ursprünglichen Quertäler zwischen Protoloph und Metaloph werden als „Marken" oder „Kunden" bezeichnet.

Parallel zu den besprochenen Umbildungen ist eine zunehmende Annäherung des Reliefs der Praemolaren-Krone an die der Molaren gebunden (Molarisation). Durch diesen Prozeß wird die einheitliche Zahnbatterie durch sinnvolle Anpassung zur Bewältigung größerer Mengen von Pflanzenteilen befähigt. Die Hypsodontie (Abb. 105–107, s. S. 166, 167) wirkt dem verstärkten Abschliff des Zahnes durch die silikatreiche Nahrung entgegen.

Postdentaler Darmtrakt. Eine bemerkenswerte Besonderheit der rezenten Perissodactyla ist die Ausbildung großer, paariger Divertikel an der Tuba auditiva. Die Tuba mündet mit einer weiten, schlitzförmigen Öffnung in den Nasenrachenraum. Von ihrem distalen Endteil stülpen sich jederseits paarige Schleimhautsäcke nach medial aus. Die Säcke können mit ihren Wänden in der Mittelebene verschmelzen, kommunizieren aber nicht. Ihr Volumen kann bis zu 450 cm³ erreichen. Die Muskulatur der Pharynxwand greift auf die Divertikel über.

Bei *Tapirus* setzt der M. stylopharyngeus in der Divertikelwand an. Die Luftsäcke füllen den Raum zwischen Schädelbasis, oberen Halswirbel und Rückwand des Pharynx aus. Das Organ ist dem für Hyracoidea beschriebenen (s. S. 932) homolog und entspricht ihm in allen Einzelheiten. Erkenntnisse über die Funktion liegen nicht vor.

Eine Papilla incisiva fehlt beim erwachsenen Pferd. Der Zungenrücken ist mit Papillae filiformes und conicae bedeckt. *Equus* besitzt ein Paar Pap. vallatae, der Tapir 10 und das *Rhinoceros* jederseits etwa 30. Ein Randorgan mit Papillae foliatae ist bei Tapir und Pferd beschrieben. Bei Pferden kommt eine knorplige Lyssa im Bindegewebe der Zungenmitte vor.

Der Magen der Perissodactyla ist retortenförmig, ungekammert, wie bei Hyracoidea (s. S. 940). Der nach links ausgedehnte Magensack und der anschließende Teil des Corpus wird von oesophagealem Plattenepithel ausgekleidet. An ihn schließt ein schmaler Streifen mit Cardiadrüsen an, der sich bis zur kleinen Kurvatur erstreckt. Der Hauptabschnitt des Corpus bis zur großen Kurvatur besitzt Fundusdrüsen (Hauptdrüsen). Pylorusdrüsen finden sich im unmittelbar vor dem Ausgang gelegenen Viertel des Magens.

Der Darmkanal ist sehr lang, beim Pferd bis zu 26 m, davon entfallen 3,5 – 4 m auf das Colon. Kennzeichnend ist weiterhin die Spezialisierung des Caecum. Es ist sacculiert, besitzt Taenien und bildet eine große Schlinge mit 2 parallelverlaufenden Schenkeln (Fassungsvermögen beim Pferd etwa 90 l). Die Spitze des Caecum ist beim Pferd nach vorne gerichtet, nicht aber bei den Ceratomorpha. Beim Tapir ist das Ende des Caecum abgerundet und sackförmig. Das postcaecale Colon kann eine große Schlinge bilden (Grimmdarm). Es ist zur Resorption der Monosaccharide, die beim alloenzymatischen Abbau der Cellulose im Caecum entstehen, befähigt.

Die Leber besitzt zwei große Seitenlappen und zwei kleine Centrallappen. Eine Gallenblase fehlt den Unpaarhufern.

Atmungsorgane. Larynx. Die Epiglottis liegt stets retrovelar (intranasal). Neuere Untersuchungen, besonders an den Ceratomorpha, fehlen. Beim Pferd bilden die Plicae epiglotticae lat. eine zusätzliche zweite äußere Umrandung für den Kehlkopfeingang. Die Stimmbänder liegen hoch, nahe der Basis der Epiglottis. Morgagnische Taschen sind ausgebildet. Außerdem wird ein kleiner, bei Pferden unpaarer, beim Tapir paariger, medianer Kehlsack beschrieben. Die Lunge ist nur durch seichte Furchen jederseits in einen vorderen Spitzenlappen und einen größeren, unten – hinten gelegenen Hauptlappen gegliedert. Ein medialer Lobus impar ist an der rechten Lunge ausgebildet. Ältere Angaben über Rückbildung des Pleuraspaltes bei den Ceratomorpha konnten nicht bestätigt werden.

Exkretionsorgane. Die Nieren sind glatt, das Nierenbecken ist kaum verzweigt. Es bildet einen centralen Teil, von dem bei Equidae längliche Recc. in das Parenchym in Richtung auf die beiden Nierenpole auswachsen. In diese münden die Sammelrohre, ohne daß es zur Bildung von Nierenpapillen kommt (Recessusniere). Beim Tapir gehen terminal von jedem Rec. noch einige Endäste aus. Beim Rhinoceros kommen 4 – 5 Recc. vor.

Genitalorgane. Die Testikel liegen inguinal, subcutan, neben der Peniswurzel. Bei Equiden ist die Haut über den Testes zu einem Scrotum differenziert. Ein solches fehlt den Ceratomorpha. Reich differenziert sind die akzessorischen Geschlechtsdrüsen, Gld. vesiculares, Gld. vasis deferentis und Gld. prostaticae, kommen vor. Gld. urethrales und Gld. bulbourethrales sind als Einzeldrüsen mit zahlreichen Ausführungsgängen differenziert.

Die Ovarien liegen in einer gegen die Peritonealhöhle weit offenen Bursa. Bei den Equidae bildet die oogene Rindenschicht des Ovars eine große centrale Masse, ist also gleichsam in das Innere des Organs eingestülpt (KÜPFER 1920, MOSSMAN 1973), die von der becherförmigen Bindegewebsschicht umhüllt wird. Im Bereich einer länglichen Rinne bleibt die ursprüngliche Rinde im Kontakt mit dem Keimepithel (Ovulationsrinne).

Der Eileiter (Tuba ovarica) beginnt am gegen die Bauchhöhle offenen Ostium abdominale mit Fimbrien. An dieses schließt eine Erweiterung (Ampulla) an, die in den dünnen und stark gewundenen Isthmusteil übergeht. Der Uterus ist zweihörnig (Uterus bicornis). Die freien Hörner scheinen recht kurz, das Corpus uteri lang.

Die obere Hälfte des einheitlich erscheinenden Corpus wird durch ein Septum im Inneren unterteilt, entspricht also einem Abschnitt der miteinander verwachsenen Cornua. Die beiden Abschnitte des Corpus uteri gehen äußerlich ohne Grenze ineinander über. Das Corpuslumen mündet über den Cervixkanal mit dem Ostium externum auf einer Portio vaginalis uteri.

Frühentwicklung und Placentation. Die Vorgänge der Frühentwicklung und der Bildung der Fetalmembranen sind bei Hippomorpha gut bekannt (SCHAUDER 1912, 1915, EWART 1915, GINTHER u. a. 1979). Ungenügend sind unsere Kenntnisse über Ceratomorpha, besonders über Nashörner. Das wenige, was bekannt ist (SCHAUDER bei Tapiridae) zeigt aber, daß der Ontogeneseablauf dieser Familien keine grundsätzlichen Abweichungen von den Equidae erkennen läßt.

Die Blastocyste des Pferdes heftet sich erst sehr spät (8.—10. Woche) an. Zwischen Endometrium und Chorion befindet sich zunächst reichlich Histiotrophe. Die Ausbildung der Chorioallantoisplacenta beginnt in einer ringförmigen, aequatorialen Zone der Keimblasenwand. Orientierung des Dottersackes mesometral, der Keimanlage antimesometral. Nidationstiefe: superficiell. Das Uteruslumen ist in der 14. Woche ausgefüllt. Amnionbildung erfolgt durch Faltung und ist in der 3. Woche abgeschlossen. Die Amnionhöhle wächst bis zur Mitte der Gravidität, im gleichen Maß wie die Allantois. Danach bleibt sie erheblich gegenüber der Allantois zurück. Diese hat bereits am Ende der 4. Woche das Amnion ganz umschlossen. Es gibt also keine Verschmelzungszone zwischen Amnion und Chorion. Der distale Teil des Nabelstranges wird von Allantois umfaßt. Das Allantochorion ist sehr ausgedehnt und besitzt überall, mit Ausnahme der beiden Enden des Chorionsackes und des cervicalen Bereichs, Zotten. Diese stehen dicht in Cotyledo-artigen Büscheln, zwischen denen zottenfreie Streifen liegen. Sie dringen mit ihren Verzweigungen in Krypten des Endometrium ein. Chorionzotten und Kryptenwand sind reich vaskularisiert. Das endometriale Epithel bleibt erhalten. Die Placenta ist also epitheliochorial und nahezu diffus. Nach der Mitte der Gravidität treten im Endometrium Degenerationsherde auf („Krater", „endometrial cups"), die Histiotrophe enthalten. Das Chorion über ihnen ist zottenfrei. In ihnen ist reichlich gonadotrophes Hormon nachweisbar. Sie verschwinden nach dem 6. mon; das Uterusepithel schließt sich vor der Geburt. Im Allantoislumen des Pferdes finden sich freie Körper, Hippomanes.

Sie können bis zu 10 cm Durchmesser erreichen und enthalten eingedicktes Uterinsekret, reichlich Harnsäure, Gewebedetritus und Fett. Sie sollen aus den kraterförmigen Einsenkungen stammen (SCHAUDER) und nicht aus eingedickter Allantoisflüssigkeit bestehen. Die kraterförmigen Endometrialeinsenkungen fehlen dem Tapir.

Fortpflanzungsbiologie. Die Fortpflanzung erfolgt bei den Perissodactyla während des ganzen Jahres, doch beobachtet man, zumindest bei Equidae, eine saisonale Häufung der Geburten (Regenzeit, Frühjahr). Alle Unpaarhufer gebären jeweils nur 1 Junges (Zwillinge sind extrem selten), das behaart und mit offenen Augen zur Welt kommt und wenige Stunden nach der Geburt bereits der Mutter folgt. Nur bei Tapiren wird das Neugeborene für wenige Tage zunächst im Lager verbleiben. Neugeborene Tapire besitzen eine Tarnfärbung. Ihre Fellfärbung ist dunkelbraun mit weißen, längsverlaufenden Fleckenreihen (Abb. 506), die ab 5. mon zu verschwinden beginnen. Graviditätsdauer bei Tapiridae: 380—400 d, Rhinocerotidae, soweit bekannt: 400—490 d, Equidae: ungefähr 1 Jahr (Grévyzebra 390 d).

Lebensraum. Tapire leben im Buschwald bis zum Regenwald, meist gebunden an Wasserläufe. Nur der Flachlandtapir ist flexibel in der Habitatwahl und kommt auch in relativ wasserarmen Gebieten vor, der Bergtapir nur in höheren Lagen der Anden.

Die beiden afrikanischen Nashornarten sind Steppentiere (Savanne bis Halbwüste) und meiden feuchte und heiße Gegenden. Sie fehlen im W- und C-afrikanischen Regenwald. *Rhinoceros sondaicus* und *Dicerorhinus sumatrensis* sind ökologisch reine Waldbewohner. Dort, wo sich ihr Vorkommen einst überlappte, bevorzugte *Rh. sondaicus* die Schwemmlandschaften der Flußtäler, während *Dicerorhinus* höher liegende Wälder vorzog. *Rh. unicornis* bewohnte ursprünglich die Anschwemmungszonen von Indus, Ganges und Brahmaputra; es lebte in offenen Sumpf- und Wiesenlandschaften bis feuchtem Buschwald, fehlte jedoch im Regenwald. Die beiden *Rhinoceros*-Arten zeigen also, trotz großer morphologisch-taxonomischer Ähnlichkeit, erhebliche Unterschiede in ihren ökologischen Ansprüchen.

Alle Equidae sind rasch laufende Bewohner offener Landschaften. Die Steppenzebras (*E. quagga*) sind Steppen- bis Savannenbewohner, bilden Herden und sind nicht territorial, ähnlich wie die Wildpferde. Grévyzebras, Wildesel und Halbesel leben in kleinen, territorialen Familiengruppen in ariden Steppen und Halbwüsten.

Sozialverhalten. Tapire und Nashörner leben solitär, abgesehen von den Phasen der Fortpflanzung und von der Mutter-Kindbindung. Nashörner können gelegentlich an Wasserstellen oder Suhlen zu Kleingruppen zusammentreffen, ohne feste Gruppierungen zu bilden.

Unter den Equidae haben sich zwei komplexe Verhaltenssysteme herausgebildet (KLINGEL 1972, 1977, EISENBERG 1981). Die savannen- und steppenbewohnenden Formen (Steppenzebras, Bergzebras, Wildpferde) bilden große Herden und besitzen kein verteidigtes, festes Territorium. Die Grundeinheit ist ein kleiner Familienverband mit individualisierter Rangordnung (♂ − ♀ − juv.). Die Marschordnung entspricht der Rangordnung. Das ranghohe ♀ führt. Die Fohlen gehen hinter der Mutter, das jüngste als erstes, die ♂♂ am Ende der Gruppe. In unsicherem Gelände kann das dominante ♂ die Führung übernehmen. Die Rangordnung wird von den ♂♂ überwacht, die Gruppe der ♀♀ von ihnen zusammengehalten. Zebras drohen mit den Hufen oder Zähnen und kämpfen. Im allgemeinen herrscht in der Gruppe eine starke Bindung und soziale Toleranz.

Die zweite Gruppe umfaßt Bewohner ausgeprägt arider Gebiete, Trockensteppe und Halbwüste. Hierher gehören das Grévyzebra, die afrikanischen Wildesel und die asiatischen Halbesel. Sie sind territorial und besitzen Reviere. Adulte ♂♂ sind dominant, die Rangordnung ist weniger streng als bei der zuvor besprochenen Gruppe, die Marschordnung locker. Die Führung kann wechseln. Die einzige kohärente Bindung besteht zwischen Mutter und Kind. Die adulten ♂♂ haben saisonal Territorien, die verteidigt werden und mit Dung und Urin markiert werden. Subadulte und nicht-territoriale ♂♂ wandern frei. Kämpfe der ♂♂ werden um Stuten oder um das Territorium geführt (wechselseitiges Umkreisen, Beißen vor allem nach den Hinterbeinen, Halskämpfe).

Zwischenartliche Kontakte und Bastardierungen kommen in freier Wildbahn nicht vor, obgleich sich geographische Überschneidungen der Lebensräume finden, so in der Etoschapfanne zwischen Hartmanns Bergzebra und Damara-Steppenzebra, in N-Kenya zwischen Grévyzebra und Böhms Steppenzebra, in der Danakilwüste zwischen Grévyzebra und Somali-Wildesel und in der Gobi zwischen Przewalskis Wildpferd und Halbesel. In der Domestikation und Gefangenschaft sind Art- und Gattungsbastarde erzielt worden (Zebroid: Kreuzung zwischen Pferd und Zebra, Maulesel zwischen Pferd-♂ und Esel-♀, Maultier zwischen Esel-♂ und Pferd-♀).

Karyologie. (BENIRSCHKE 1965, GROVES & GOULD 1987). Tapiridae (nur von *Tapirus terrestris* bekannt): $2n = 80$, davon 78 akrocentrisch, 2 metacentrisch, x: submetacentrisch, y: akrocentrisch.

Rhinocerotidae besitzen die höchste bekannte Chromosomenzahl unter den Eutheria: *Rhinoceros unicornis* $2n = 82$, *Ceratotherium simum* $2n = 82$, *Diceros bicornis* $2n = 84$. Equidae: *Equus przewalskii*: $2n = 66$, nf = 94. Hauspferd: $2n = 64$, nf = 94. *E. asinus*: $2n = 62$, nf = 104 (40 metacentrisch, 20 akrocentrisch). *E. hemionus*: $2n = 54$ (55, 56), nf = 102 (Polymorphismus?). *E. quagga* (Steppenzebra): $2n = 44$, nf = 82 (x metacentrisch und 6 akrocentrisch). *E. zebra* (Bergzebra): $2n = 32$, nf = 60 (26 + x metacentrisch und 4 acrocentrisch). *E. grévyi* (Grévyzebra): $2n = 46$, nf = 78 (30 metacentrisch, 14 akrocentrisch, x metacentrisch).

Die Tatsache, daß Wildpferd und Hauspferd unterschiedliche Chromosomenzahlen aufweisen, haben Zweifel aufkommen lassen, ob tatsächlich Hauspferde vom mongolischen Wildpferd abstammen. Beurteilung der Artzugehörigkeit, allein aus der Zahl der Chromosomen, ist nicht hinreichend, denn ein Differieren ist noch kein Beweis für das Fehlen engerer Verwandtschaft.

Ein derartiger Polymorphismus kann auf Chromosomenfusion beruhen und bedeutet dann keine Änderung des genetischen Inhaltes (HERRE & RÖHRS 1990). Der Ablauf der Phylogenese läßt sich nicht aus der Chromosomenzahl ablesen. Chromosomenzahlen allein können nur unsichere Hinweise für Phylogenie und Taxonomie geben. Innerartliche Änderung der Chromosomenzahl ohne phänologische Änderung sind von vielen Säugetieren bekannt (*Sorex, Spalax* u. a.). Andererseits sind vielfach, trotz großer morphologischer Differenzen, keine Unterschiede im Karyotyp faßbar.

Stammesgeschichte der Perissodactyla. Die rezenten Perissodactyla (2 Subordines, 3 Familien) sind eine monophyletische Gruppe, deren Herkunft in phenacoiden Condylartra zu suchen ist, wenn auch die wirkliche Stammform nicht bekannt ist.

    Ordo Perissodactyla
        Subordo Ceratomorpha
            Fam. Tapiridae
            Fam. Rhinocerotidae
        Subordo Hippomorpha
            Fam. Equidae

Auf die Wahrscheinlichkeit, daß die Perissodactyla als Schwestergruppe der Hyracoidea zu bewerten sind, war zuvor hingewiesen worden (s. S. 931 f., Abb. 493 u. 498).

Die ältesten Vertreter der Tapiroidea sind aus dem frühen Eozaen N-Amerikas bekannt. † *Homogalax* ist ein Vertreter der primitivsten Tapiridae, der † Isectolophidae, aus denen auch die † Helaletidae und die Rhinocerotidae hervorgegangen sind. Es waren kleine Formen mit vollständigem Gebiß: $\frac{3\ 1\ 4\ 3}{3\ 1\ 4\ 3}$, ohne Diastem und ohne die für Tapire typischen Spezialisationen (Vordergebiß, Nasenregion). Die Extremitäten waren funktionell dreistrahlig. Bei den jüngeren Formen († *Protapirus*, Mitteloligozaen Europas und N-Amerikas) sind bereits Spezialisationen der rezenten Tapire (Erweiterung der Nasenöffnung, Gebiß) nachweisbar. Tapire bildeten eine reiche Radiation; noch im Jungtertiär waren sie in Amerika und Europa weit verbreitet. Die rezenten Tapire mit disjunkter Verbreitung in SO-Asien und S-Amerika sind Relikte dieser einst weit angesiedelten Familie. In Europa verschwinden die Tapire im ältesten Quartär, in N-Amerika erst im Pleistozaen. S-Amerika haben Tapire spät, im Pleistozaen, über die Panamabrücke erreicht. Die Stammgruppe der Tapire war im Eozaen Europas durch zahlreiche Gattungen vertreten, von denen hier nur † *Lophiodon* und † *Helaletes* genannt seien.

Die **Rhinocerotidae** lassen sich, wie erwähnt, auf die gleiche Stammgruppe wie die Tapiridae, die Isectolophidae, im frühen Eozaen zurückführen. Am Anfang der Stammeslinie, die zu den Nashörnern führt, stehen kleine, hornlose Formen mit schlanken Gliedmaßen († *Caenopus*, † *Subhyracodon*) mit vollständigem Gebiß. Kennzeichnend ist die beginnende Molarisierung der Praemolaren und das Kronenmuster der M (2 Querjoche und 1 Außenjoch). Bereits im frühen Tertiär setzt eine Radiation mit mehreren Stammeslinien ein, in denen meist die Tendenz zur Reduktion des Vordergebisses und zur Bildung hypsodonter Mahlzähne auftritt. Aus dieser frühen Radiation sollen hier nur die riesigen Paraceratherien († *Paraceratherium*, † *Indricotherium*, † *Baluchitherium*) genannt werden, unter denen sich die größten Landsäugetiere befanden († *Baluchitherium*: 5 m Schulterhöhe). Es waren langhalsige Formen mit relativ schlanken Säulenbeinen. Sie starben im mittleren bis späten Tertiär aus. Unter den rezenten Nashörnern ist *Dicerorhinus sumatrensis*, das Sumatranashorn, das Relikt eines alten tertiären Stammes, welches Primitivmerkmale bewahrt hat (keine Reduktion des Vordergebisses, Backenzähne brachyodont). Das Wollnashorn, † *Coelodonta antiquitatis*, steht diesem Formenkreis nahe. Es war eine stark spezialisierte Kälteform mit dichtem Haarkleid und beginnender Reduktion der Vorderzähne, die bis zum Pleistozaen in Eurasien überlebt hat.

Die rezenten, asiatischen Panzernashörner (*Rhinoceros sondaicus* und *Rh. unicornis*) können bis zum Miozaen auf die Hauptstammeslinie († *Caenopus*) zurück verfolgt werden. Die beiden Genera der afrikanischen Nashörner gehen auf eine Abspaltung von der Stammeslinie im Oligo-/Miozaen zurück. Praemaxillare und Vorderzähne sind rückgebildet, das Nasenseptum nicht verknöchert. Ähnlichkeiten zwischen *Ceratotherium* und † *Coelodonta* beruhen auf Konvergenz. Das Breitmaulnashorn (*Ceratotherium*) ist ein spezialisierter Grasfresser. Das Spitzmaulnashorn (*Diceros*) äst im wesentlichen Laub und Zweige.

Die Hauptstämme der **hippomorphen Mesaxonia, Equidae, Brontotheria und Chalicotheria** gehen auf eine gemeinsame, paleozaene Stammform zurück, die †*Hyracotherium* sehr nahe stand. Das Urpferdchen, †*Hyracotherium* (= †*Eohippus*) (Abb. 501), N-Amerika und Europa, läßt sich zwanglos von phenacoiden Condylarthra ableiten, wenn auch die wirkliche Zwischenform bisher nicht bekannt ist. Die Hyracotherien waren katzen- bis schäferhundgroß und hatten brachyodonte Höckerzähne. Das Gebiß ist vollständig, ein Diastem nur kurz, Praemolaren nicht molarisiert. Vorn 4, hinten 3 Fingerstrahlen. Radius und Ulna nicht verwachsen, Fibula in ganzer Länge ausgebildet. In der Körperform ähneln sie kleinen Duckerantilopen (Abb. 501), so daß auf ähnliche Lebensweise als Buschschlüpfer geschlossen werden kann. Von den Hyracotherien gehen bereits im Eozaen einige Stammeslinien aus, in denen ein gewisser Trend zur Größenzunahme festzustellen ist. Diese Formengruppe (Palaeotheriidae) hat Europa erreicht, erlischt aber bereits im späten Eozaen bis Früh-Oligozaen. Hierher gehört das Urpferdchen aus der Grube Messel bei Darmstadt, †*Propalaeotherium* mit 2 Arten (Abb. 501).

Eine weitere, von den Hyracotheriidae ausgehende Stammeslinie, die zunächst auf N-Amerika beschränkt bleibt, führt im Jungeozaen über †*Orohippus* und †*Epihippus* (Abb. 502, 510) sowie über †*Mesohippus* und †*Miohippus* zur *Anchitherium*-Gruppe, die erneut Europa erreicht und mit †*Hypohippus* im Pliozaen erlischt. Eine Seitenlinie dieses Stammes trennt sich bereits im Oligozaen vom Hauptstamm und führt über †*Parahippus* im Miozaen zu †*Merychippus*, dem eine centrale Position im Stammbaum zukommt, denn von hier nehmen weitere Stammeslinien, die schließlich zu den monodactylen Equidae führen, ihren Ausgang.

Die Stammesgeschichte der Hippomorphen gilt als die am reichhaltigsten durch Fossilfunde belegte unter den Säugetieren. Die Umformung gewisser Merkmale (Zahl der Fingerstrahlen, Gebiß) konnte schrittweise vom Eozaen bis zum Holozaen belegt werden und führte zunächst zu der Vorstellung, daß die Stammesgeschichte der Pferde als kontinuierliche, geradlinige Reihe rekonstruiert werden müsse und als orthogenetische, auf ein Ziel gerichtete Entwicklung verstanden werden könne („Paradepferd der Palaeontologie"). Die enorme Zunahme der Fossilfunde tertiärer Equiden in N-Amerika und im Pleistozaen Europas hat zu einer Revision dieses Bildes in den letzten 100 Jahren geführt. Von einer orthogenetischen Stammesentwicklung der Pferde kann keine Rede mehr sein. In der Stammesgeschichte der Equidae treten zahlreiche Verzweigungen in divergierende Stammeslinien auf, in denen vielfach ähnliche Entwicklungstendenzen zu beobachten sind. Die meisten dieser Linien sind Seitenzweige, die nach gewisser Zeit wieder ohne Nachkommen erlöschen (Abb. 502). Unter diesen Merkmalskomplexen sind zu nennen: Größenzunahme des Körpers, Reduktion der Zehenzahl, die schließlich zur Monodactylie führt und Umkonstruktion der ganzen Extremität, vor allem der Gelenke (Abb. 504). Am Gebiß kann der Übergang vom bunodonten Höckerzahn (†*Hyracotherium*) über bunoselenodonte und lophoselenodonte Zwischenformen zu hochkronigen (hypsodonten) Säulenzähnen mit Schmelzfältelung beobachtet werden. Damit im Zusammenhang kommt es zu einer Verlängerung des Facialschädels und des Diastemas (Abb. 503). Dieser Gestaltwandel kennzeichnet zugleich den Übergang vom basalen Laub- und Beerenfresser (bei †*Propalaeotherium* konnte der Mageninhalt analysiert werden, FRANZEN & RICHTER 1988) zum Grasfresser, und damit auch vom Waldbiotop zum Savannenleben. Der Entfaltungsgrad des Gehirns der Ausgangsformen (†*Hyracotherium*, †*Propalaeotherium*) entspricht dem niederer Insectivora (*Tenrec*). Im Oligozaen (†*Mesohippus*, †*Miohippus*) wird Huftierniveau erreicht.

Erst mit †*Merychippus* im Miozaen läßt das Gehirn Merkmale des Pferdegehirns erkennen (T. EDINGER 1948).

958 Subcl. Theria, Infracl. Eutheria

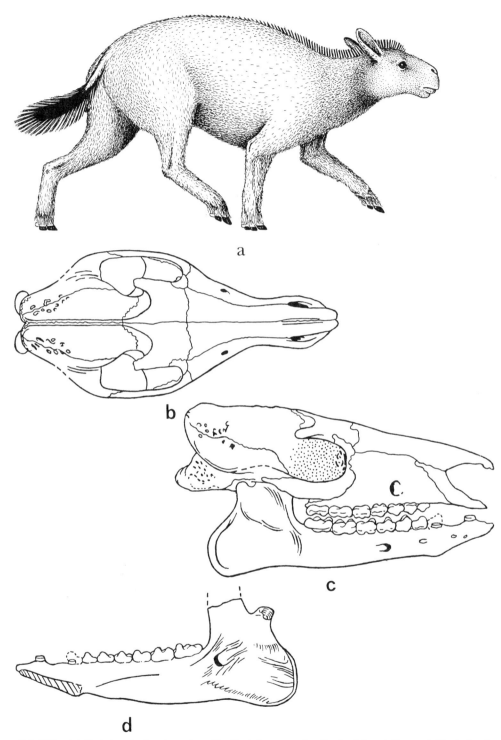

Abb. 501. a) † *Propalaeotherium parvulum*, Urpferdchen, aus der Grube Messel (Eozaen). Nach Schäfer, Franzen 1988. b, c, d) † *Hyracotherium* spec. Nach G. G. Simpson 1952.

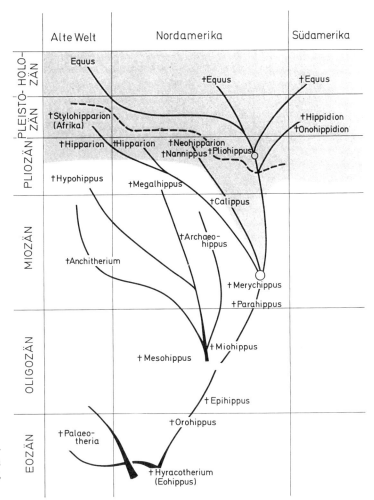

Abb. 502. Stammesgeschichtliche Radiation der Equidae. In Anlehnung an SIMPSON, THENIUS 1951, 1969.

Die Entwicklung der erwähnten Merkmalskomplexe erfolgte keineswegs synchron und in den verschiedenen Stammeslinien nicht im gleichen Tempo. Die Entwicklungsgeschwindigkeit wechselt in den jeweiligen Stammeslinien und Phasen erheblich. Die Phylogenese der Pferde ist daher ein überzeugendes Beispiel für den mosaikartigen Ablauf. Sie verläuft nicht gerichtet im Sinne einer Orthogenese.

Bereits die Hyracotherien besitzen vorn 4 und hinten 3 Zehen. Ihr Gebiß ist noch brachyodont, das Gehirn sehr primitiv. Die progressive Entwicklung mit † *Orohippus* und *Epihippus* (Jungeozaen) (vorn 4, hinten 3 Zehen) führt über † *Mesohippus* und † *Miohippus* (vorn und hinten 3 Zehen) im Oligozaen zu † *Anchitherium* und endet im Jungtertiär (3/3 Zehen). In dieser Stammeslinie ist schon eine gewisse Größenzunahme und eine beginnende Tendenz zu mäßigem Höhenwachstum der Molarenkronen festzustellen, ohne daß bereits echte Hypsodontie erreicht wird.

Von † *Miohippus* nimmt ein Seitenzweig seinen Ausgang, der zu † *Merychippus* (3/3) im Miozaen führt. In diese Phase fällt der Übergang vom Laub- zum Grasfresser. Eine weitere Radiation führt zu mehreren Stämmen, aus denen einerseits die † Hipparionen (3/3), andererseits † *Pliohippus* (1/1) und die echten Pferde hervorgehen. Die Monodactylie wird also mit † *Pliohippus* und *Equus* erreicht. Als einzige Gruppe haben die Equidae mit 1(4) Gattungen (6 Arten) bis heute überlebt. Dieses Überleben ist offenbar auf die

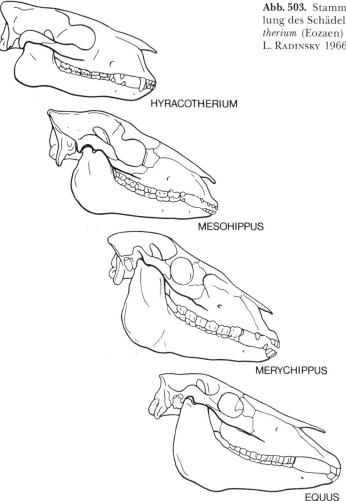

Abb. 503. Stammesgeschichtliche Entwicklung des Schädels bei Equidae von † *Hyracotherium* (Eozaen) bis *Equus* (Quartär). Nach L. RADINSKY 1966, 1969.

Spezialisation zur Celluloseverdauung im Caecum zurückzuführen, die dem Konkurrenzdruck durch die Artiodactyla (Magenfermentation) bis zu einem gewissen Grade widerstanden hat. Der evolutive Erfolg der Gruppe mit alloenzymatischer Magenverdauung unter den großen Herbivoren der rezenten Fauna gegenüber den Caecum/Colon-Verdauern wird deutlich beim Vergleich der Artenzahl (P. LANGER 1988). Den Hippomorpha mit 1(4) Genera und 6 Species stehen die Neoselenodontia (Ruminantia) mit 75 Genera und 170 Species gegenüber.

Die zu † *Hipparion* und *Equus* führende Stammesgruppe hat in N-Amerika ihre erste Entfaltung erfahren. Von hier aus sind beide Genera über die Beringbrücke nach Eurasien und schließlich nach Afrika eingewandert. Allein in der Alten Welt haben Equidae überlebt. † *Hipparion* ist im Pleistozaen völlig erloschen. *Equus* starb in Amerika im Pleistozaen/frühen Holozaen aus. Alle heute in Amerika freilebenden Pferde (Mustangs), sind Abkömmlinge domestizierter, von den Spaniern importierter Tiere. Zweimal haben Pferdeartige († *Hippidion* und *Equus*) S-Amerika erreicht, sind aber auch hier im Pleistozaen ausgestorben (Abb. 502).

Im Anschluß an die Equidae muß erwähnt werden, daß zwei nur fossil bekannte

Ordo Perissodactyla 961

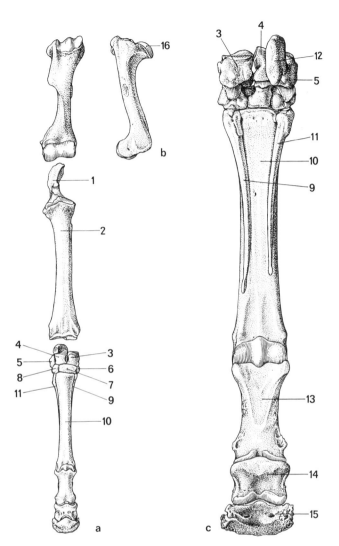

Abb. 504. *Equus quagga chapmani*, Chapmans Steppenzebra. a) Skelet des rechten Armes von ventral, b) Humerus von medial-hinten, c) Handskelet von dorsal. Nach STARCK 1979.
1. Olecranon der Ulna, 2. Radius, 3. Scaphoid, 4. Lunatum, 5. Triquetrum, 6. Carpale II, 7. Carpale III, 8. Carpale IV, 9. Metacarpale II (Griffelbein), 10. Metacarpale III, 11. Metacarpale IV, 12. Accessorium, 13. Phalanx I (Fesselbein), 14. Phalanx II (Kronenbein), 15. Phalanx III (Hufbein), 16. Caput humeri.

Überfamilien (oder Subordnungen) während des Tertiärs eine Entfaltung erfuhren, die †**Brontotheriidae** (= †**Titanotheriidae**) und die †**Chalicotheriidae** (= †**Ancylopoda**).

Die †Brontotheriidae (= †*Titanotheriidae*) erscheinen im Eozaen mit †*Lambdotherium* und erfahren rasch eine Radiation in N-Amerika und Eurasien. Die basalen Formen sind Unpaarhufer (vorn 4, hinten 3 Zehen) mit vollständigem bunoselenodontem Gebiß. Sie ähneln in Größe und Gestalt den Palaeotherien und lassen sich zwanglos von †*Hyracotherium* ableiten. Die †Titanotheria bleiben in Hinblick auf das Gebiß und die Extremitäten konservativ; es kommt nicht zur Reduktion der seitlichen Zehenstrahlen. Eine progressive Hirnentfaltung unterbleibt in der ganzen Gruppe. Hingegen ist eine Zunahme der Körpergröße festzustellen, die schließlich im Oligozaen die Maße von Elefanten erreichen kann (†*Brontops*). Die Molaren bleiben brachyodont. Bei den späten Großformen kommt es zunehmend zur Ausbildung knöcherner Schädelaufsätze. Die Brontotheria erlöschen plötzlich im Oligozaen.

Eine weitere formenreiche Gruppe mesaxoner Huftiere wird gewöhnlich den Hippomorpha als Superfamilie angeschlossen. Die Chalicotheria werden gelegentlich als eigene Ordo † Ancylopoda eingestuft und als Schwestergruppe der Perissodactyla gedeutet. Die Stammform ist nicht bekannt. Es handelt sich um große, langbeinige Formen, die im Jungeozaen N-Amerikas und O-Asiens erscheinen, aber auch im Tertiär Europas und Afrikas vorkamen.

Schädel und Gebiß ähneln denen der † Titanotheria. Bereits im Oligozaen kommt es zu einer Aufspaltung des Stammes in eine brachyodonte und eine hypsodonte Reihe († *Eomoropus*, † *Grangeria* N-Amerika sind brachyodont, † Schizotheriinae mit Trend zur Hypsodontie). Kennzeichnend für die † Chalicotheriidae sind Spezialisationen der Extremitäten. Die vorderen Gliedmaßen sind länger als die hinteren. Die kräftigen Endphalangen der evolvierten Chalicotheriinae sind tief gespalten und seitlich komprimiert. Sie trugen eigenartig modifizierte Hufkrallen, deren Funktion ungeklärt ist. Es wird vermutet, daß die Tiere sich biped aufrichten konnten und mit den krallenartigen Fingern Äste und Laub herabzogen. Mit † *Nestoritherium* in Asien starben die † Chalicotherien im Pleistozaen aus.

Systematik und geographische Verbreitung der rezenten Perissodactyla Subordo Ceratomorpha

Fam. 1. Tapiridae. 1 Gattung, 4 Species, davon 3 Species in C- und S-Amerika, 1 Species in SO-Asien. Diese disjunkte Verbreitung weist darauf hin, daß die rezenten Tapire Relikte einer einst weit verbreiteten Familie waren, wie auch Fossilfunde bestätigen (s. S. 956). Sie erreichen etwa die Größe eines Ponys: Standhöhe (Schulter): 750–1200 mm, KRL.: 1750–2400 mm, KGew.: 180–350 kg. Der Rumpf ist plump und massig (Abb. 506). Extremitäten relativ schlank, Hand mit 4, Fuß mit 3 Fingerstrahlen (funktionell dreistrahlig). Endglieder mit Hufen. Schwanz sehr kurz. Beweglicher Rüssel, von Nase und Oberlippe gebildet, greiffähig; nackter Hautstreifen auf der Ventralseite (Rhinarium). Nasalia verkürzt aber frei vorspringend (Abb. 505), Nasenöffnung weit.

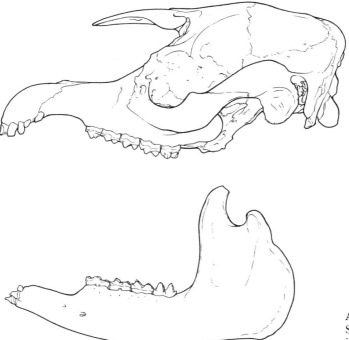

Abb. 505. *Tapirus indicus*, Schabrackentapir. Schädel in Seitenansicht.

Praemaxillaria nicht in Kontakt mit Nasalia. Schädel gestreckt, mit flachem Dach. Hirnkapsel erhöht. Orbita offen gegen Temporalgrube. Sehr kräftige Procc. postglenoidalis, posttympanicus und paroccipitalis. Die beiden letztgenannten in engem Kontakt, kein falscher Gehörgang. Zähne: bunolophodont, brachyodont. Zahnformel: $\frac{3\ 1\ 4\ \ 3}{3\ 1\ 4(3)\ 3}$. $\overline{M}$ mit zwei Querjochen, Para- und Metaconus durch Ectoloph verbunden. $\overline{M}$ bilophodont. Ulna und Fibula vollständig.

Tapirus terrestris, Amerikanischer Tapir: S-Amerika, ö. der Anden, N-Columbien bis S-Brasilien, N-Argentinien und Paraguay. KRL.: 1800 – 2000 mm, SchwL.: 50 – 100 mm, KGew.: 180 – 250 kg. Rumpf, Kopf und Beine einheitlich dunkelbraun, Kehle und Brust oft heller. Kurze Mähne vom Vorderkopf bis zur Schulterregion. Fell glatt, kurzhaarig. Tragzeit 385 – 412 d, 1 Junges. Geburts-Gew.: 4 – 7 kg. Nestflüchter. Kryptische Juvenilfärbung (Abb. 506). Lebensraum: Meist in der Nähe von Gewässern, Uferwald, feuchtes Buschland. Wandert über weite Strecken, auch durch wasserarme Regionen. Nahrung: vegetabil, Kräuter, Laub, Früchte, Gras. Lebensweise: solitär, vorwiegend nocturn. Status: Gefährdet in Gebieten, wo es bejagt wird (als Fleischlieferant). In großen Teilen des sehr ausgedehnten Verbreitungsgebietes noch gesichert.

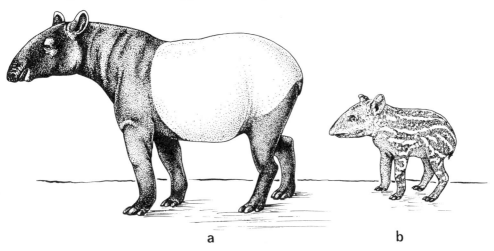

Abb. 506. a) *Tapirus indicus*, Schabrackentapir, b) *Tapirus terrestris*, neonat. mit juveniler Streifenzeichnung.

Tapirus (Subgen. *Pinchacus*) *pinchaque*, Bergtapir: columbianische Anden, Ecuador, Peru, W-Venezuela(?). In Höhen zwischen 2000 und 4000 m ü. NN. KRL.: 1800 mm, SchwL.: 50 – 100 mm, KGew.: 225 kg. Das Bergtapir ist wenig kleiner als die übrigen Tapir-Arten. Dichtes Fell mit Unterwolle und längeren Deckhaaren. Weißer Lippensaum, oft auch an den Ohrrändern. Flaches Schädeldach. Scheint in der Nahrungswahl stärker spezialisiert zu sein als die übrigen Arten. Status: gefährdet.

Tapirus (Subgen. *Tapirella*) *bairdii*, Mittelamerikanischer Tapir: von S-Mexico, Yucatan bis Columbien und Ecuador w. der Anden, s. bis Bucht von Guayacil. KRL.: 2000 mm, SchwL.: 70 – 150 mm, Standhöhe: bis 1200 mm, KGew.: bis 300 kg. Rüssel länger als bei den beiden anderen amerikanischen Tapiren. Fell ähnlich *T. terrestris*, aber aufgehellter Kehl-Brustbereich weiter ausgedehnt. Mähne kürzer, oft reduziert. Status: gefährdet.
Kennzeichnend ist das verknöcherte Nasenseptum, das weit über die Nasalia bis an die äußeren Nasenlöcher vorspringt.

Tapirus (Subgen. *Acrocodia*) *indicus*. Schabrackentapir: Burma, Thailand, malayische Halbinsel, Sumatra, vormals bis S-China. Größte Tapirart. KRL.: 1800 – 2400 mm, SchwL.: 50 – 100 mm, KGew.: 250 – 320 kg. Fell glatt anliegend, relativ kurzhaarig. Der Rumpf zwischen den Extremitäten ist weiß, Vorder- und Hinterkörper einschließlich der Extremitäten schwarz (Abb. 506). Mähne und Nackenkamm fehlen. Die Neonati (GeburtsGew: bis 10 kg) zeigen das gleiche kryptische Färbungsmuster wie die amerikanischen Tapire. Status: stark gefährdet durch Zerstörung des Lebensraumes und durch Bejagung.

964   Subcl. Theria, Infracl. Eutheria

Fam. 2. Rhinocerotidae. Nashörner sind schwere, plumpe Tiere mit relativ kurzen Säulenbeinen. An der Hand 3 oder 4, am Fuß 3 Fingerstrahlen. Hufe mit schmaler basaler, horniger Sohlenplatte. 1 oder 2 massive Hörner auf Rugositäten der Nasalia bzw. Frontalia. Das Horn besteht aus massiver Hornmasse, ohne Knochenzapfen und ist aus Hornröhrchen, nicht aus Fasern, aufgebaut (s. S. 950, Abb. 500). Schädel langgestreckt, Hirnteil etwa gleich lang wie Facialteil. Tendenz zur Reduktion des Vordergebisses. Zahnformel (incl. Fossilformel): $\frac{2\ (-0)\ 1(0)\ 4(3)\ 3}{1\ \ (0)\ \ 0\ \ 4(3)\ 3}$. P molarisiert $\underline{M}$ mit dickem, gefaltetem Ectoloph und Querjochen, $\underline{M}$ teilweise selenodont. $\overline{M}$3 dreiseitig.

Orbita weit offen gegen Temporalgrube (Abb. 507). Praemaxillaria reduziert, ohne Verbindung zu den Nasalia. Hinterhaupt mit hoher Occipitalcrista. Procc. postglenoidalis und posttympanicus können sich berühren (Abb. 508).

Nach der Lebensweise können Waldnashörner (*Dicerorhinus* und *Rhinoceros sondaicus*) von Savannen-Nashörnern († *Ceratoterium*, *Diceros*; in gewissem Grad auch *Rhinoceros unicornis*) unterschieden werden. Die erst genannten sind Laubäser und haben brachyodonte Molaren, die zweite Gruppe umfaßt Grasäser mit hypsodonten Molaren.

Dicerorhinus sumatrensis, Sumatranashorn (Abb. 509): Burma, Thailand, Malayische Halbinsel, Sumatra, Borneo. Heute an vielen Orten ausgerottet. Restbestände noch auf der Malayischen Halbinsel, Sumatra und Borneo. Die Zahl der Überlebenden dürfte 300–500 nicht übersteigen. Die größten Bestände finden sich in einigen Reservaten auf Sumatra (N. J. van Strien 1986). *Dice-*

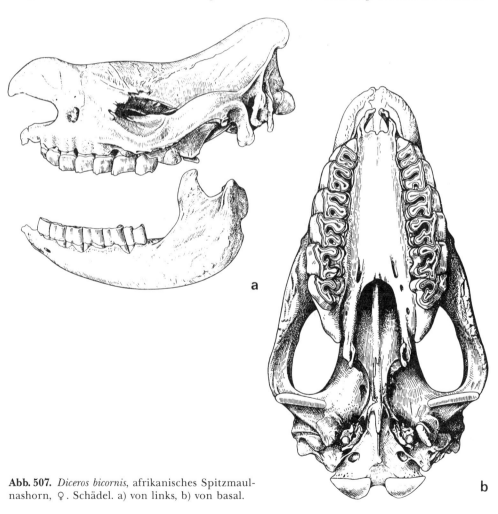

Abb. 507. *Diceros bicornis,* afrikanisches Spitzmaulnashorn, ♀. Schädel. a) von links, b) von basal.

Ordo Perissodactyla 965

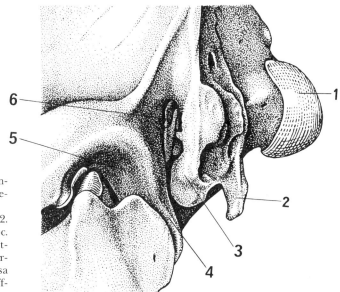

Abb. 508. *Diceros bicornis*, Tympanalregion, von links her gesehen. 1. Condylus occipitalis, 2. Proc. paroccipitalis, 3. Proc. posttympanicus, 4. Proc. postglenoidalis (3 und 4 verschmelzen im Alter), 5. Fossa articularis, 6. äußere Ohröffnung (Gehörgang).

rorhinus ist das kleinste, rezente Nashorn und zugleich das primitivste. KRL.: 2,60 m, SchwL.: 50 cm, Schulterhöhe: 1,35 m, KGew.: 800 kg. Neonati: 35 kg, Tragzeit: 400 d. Die Art ist ein Relikt einer alten, selbständigen Stammeslinie. Als basale Merkmale sind zu werten, daß das Vordergebiß nur gering reduziert ist (2/1 I) und die M brachyodont sind. Das Haarkleid ist weniger reduziert als bei anderen Nashörnern. Die Haut ist nicht so dick und bildet nur niedrige Falten und keine „Panzerplatten". Färbung dunkelbraun. Nur ein Horn von mäßiger Länge. Meist solitär.

Die Stammeslinie der Halbpanzernashörner, deren letzter Nachkomme *Dicerorhinus* ist, läßt sich bis in das Oligozaen zurückverfolgen. Erwähnt sei die schrittweise Ausbildung eines verknöcherten Nasenseptum. Das Mercksche Nashorn, † *Dicerorhinus kirchbergensis*, aus dem älteren und mittleren Pleistozaen (Eurasien) war eine Waldform. Die jungpleistozaenen Fellnashörner waren Steppenformen, die an kaltes Klima adaptiert waren. † *Coelodonta antiquitatis* ist von Funden aus Dauerfrostböden (Sibirien) und von Höhlenzeichnungen her bekannt; es war eine hoch spezialisierte Sonderform mit hypsodontem Gebiß (Grasfresser) und starb am Ende der Eiszeit aus.

Die Panzernashörner *Rhinoceros*, rezent 2 Arten in S- und SO-Asien, treten im unteren und mittleren Miozaen der Siwalikschichten (Pakistan) mit † *Gaindatherium* auf und waren im Pliozaen in S-Asien weit verbreitet (Abb. 509).

Rhinoceros unicornis, Indisches Panzernashorn: Ursprünglich in den Alluvialebenen der großen Ströme Indiens weit verbreitet, ist ihr Vorkommen heute auf Reservate in Nepal und Assam beschränkt (Bestand z. Z. etwa 1 500 Ind.). KRL.: ♂ 3,55 m, ♀ 3,40 m, SchwL.: 70 cm, Standhöhe: ♂: 1,85 m, ♀: 1,70 m, KGew.: ♂: 2,2 t, ♀: 1,7 t. Tragzeit: 480 d, Neonatii Gew.: 70 kg. Größte rezente Nashornart. Ein nasales Horn. Die Haut ist dick und zeigt ein fixiertes Faltenmuster (Abb. 509), bei dem der Halsschild dorsal kontinuierlich in die Schulterplatte übergeht. Warzenartige Knoten in Schulter-, Oberarm- und Oberschenkelgegend. Nasalia vorn zugespitzt. Proc. postglenoideus und Proc. posttympanicus miteinander verbunden. Hinterhaupt steil ansteigend. 2 untere I hauerartig differenziert. M zeigen bereits Übergang zur Hypsodontie. Ectoloph niedrig. Kronenzement vorhanden. Nahrung: Gras, Schilf, Wasserpflanzen. Kräuter werden mit der Oberlippe ergriffen. Keine strikte Territorialität. Mutter-Kindgruppe bleibt bis zur folgenden Geburt beisammen, Geburtsintervall 3 Jahre. *Rhinoceros* markiert mit Carpaldrüsen und Kot.

Rhinoceros sondaicus, Javanashorn (Abb. 509): Ursprüngliche Verbreitung von Bangladesh, Burma, Thailand, Laos, Vietnam, S-China (?), Malayische Halbinsel, Sumatra, Java. Heute bis auf kleinen Restbestand (40–60 Tiere) im Reservat Udjung Kulon an der Westspitze Javas ausgerottet. KRL.: 3,50 m, SchwL.: 60 cm, Standhöhe: 1,50 m, KGew.: 1,4 t. Kleiner als die indische Art. Der Halsschild ist dreieckig und vom Schulterschild durch eine durchlaufende Falte getrennt (Abb. 509). Mosaikartige Hautfelderung. Ein nasales Horn.

966 Subcl. Theria, Infracl. Eutheria

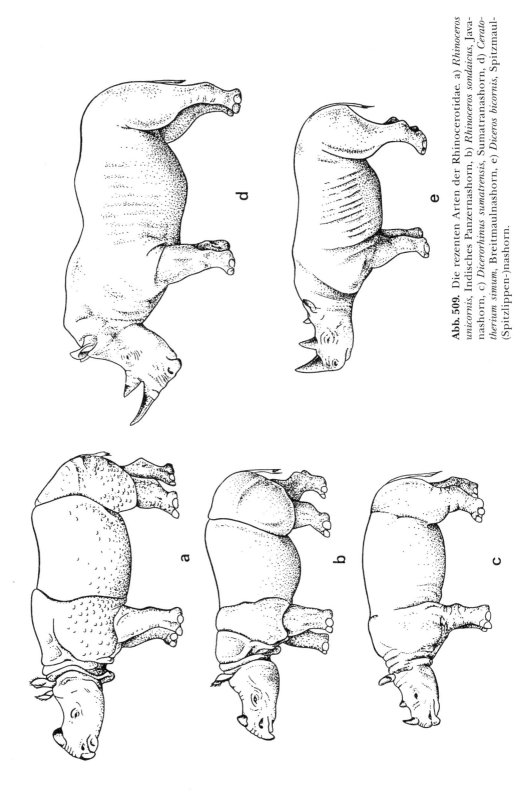

Abb. 509. Die rezenten Arten der Rhinocerotidae. a) *Rhinoceros unicornis*, Indisches Panzernashorn, b) *Rhinoceros sondaicus*, Javanashorn, c) *Dicerorhinus sumatrensis*, Sumatranashorn, d) *Ceratotherium simum*, Breitmaulnashorn, e) *Diceros bicornis*, Spitzmaul-(Spitzlippen-)nashorn.

Morphologisch sind die beiden Rhinocerosarten sehr ähnlich, ökologisch aber ist *Rh. sondaicus* eine Waldform, die dem Sumatranashorn näher steht. In Gebieten, in denen vormals Sumatra- und Javanashorn gemeinsam vorkamen (Sunderbans, Malaysia, Sumatra) lebte das Javanashorn in den Flußniederungen, das Sumatranashorn in den Wäldern des Hügellandes. Hervorgehoben sei, daß Java (*Rh. sondaicus*) und Borneo (*Dicerorhinus*) jeweils nur von einer Nashornart besiedelt wurden (pleistozaene Ausbreitung vom Festland her).

Die beiden Nashorngattungen Afrikas sind Savannenbewohner. Sie gehören verschiedenen Stammeslinien an, die mindestens seit dem Jungtertiär getrennt sind. Während *Ceratotherium* ein Grasfresser ist, äst *Diceros* vorwiegend Laub und Zweige. Beide sind überwiegend Einzelgänger. Außer Mutter-Kindgruppen trifft man gelegentlich Ansammlungen von bis zu 20 Einzeltieren an, vor allem an Suhlen oder Salzlecken. Diese Gruppen sind nicht beständig und stehen nur in losem Kontakt. Der Heimbereich ist beschränkt. Bildung größerer Herden kommt nicht vor. Im Orientierungsverhalten spielt der Geruchssinn die wichtigste Rolle. Markieren erfolgt durch Kot, der mit den Füßen verbreitet wird und Leitwege kennzeichnet. Carpaldrüsen fehlen.

Beide Gattungen sind durch völlige Reduktion des Vordergebisses und den Besitz von 2 Hörnern gekennzeichnet.

Diceros bicornis, Spitzlippennashorn (Abb. 509): KRL.: 3,20 m, SchwL.: 60 cm, Standhöhe: 1,50 m, KGew.: 1,5 t. Ursprüngliche Verbreitung: N-Grenze etwa 10° n.Br., Tschadsee bis S-Sudan, Somalia, Angola bis Kapland in geeignetem, offenen Gelände, nicht im Regenwald oder feucht-heißen Gebieten. In den meisten Gebieten ausgerottet. Fehlt im s. Viertel des ursprünglichen Areals überlebte aber in Reservaten. Heutige S-Grenze am Sambesi. Gesamtbestand nicht mehr als 10 000 Ind. Bestände stark rückläufig (s. u.).

Haut dick, ohne persistierende Falten. Oberlippe mit medianem Fortsatz, der Äste und Laub greifen kann. Nasalia vorn abgerundet. Die Praemaxillaria berühren sich median nicht mehr. Proc. postglenoidales und Proc. posttympanicus unvollständig getrennt. Zahnformel: $\frac{0\ 0\ 4\ 3}{0\ 0\ 4\ 3}$. Molaren brachyodont. Tragzeit: 450 d, KGew. des Neonaten 50 kg. Nashörner gehen im ostafrikanischen Bergland bis 2 900 m ü. NN.

Ceratotherium simum, Breitmaul- oder Breitlippennashorn, sog. „Weißes Nashorn" (Abb. 509).*) KRL.: ♂ 3,75 m, ♀ 3,50 m, SchwL.: 70 cm, Standhöhe: ♂ 1,90 m, ♀ 1,75 m, KGew.: ♂ 2,3 t, ♀ 1,8 t. Ursprünglich weit verbreitet in NO-Afrika, in geeignetem Biotop zwischen Weißem Nil und Tschad-See, in S-Afrika bis zum Oranje. Die n. Population ist bis auf Einzelindividuen (Lado, Sudan) durch die Kriege im Grenzgebiet zwischen Sudan und Kongo ausgerottet. Die s. Population war am Anfang des Jhs. weitgehend erloschen. Durch strenge Schutzmaßnahmen hat sie sich aber erholt und dürfte jetzt stabil sein. Der Bestand beträgt etwa 4 000 Ind. (SCHENKEL).

Äußere Kennzeichen der Art: Bedeutende Körpergröße, sehr langer Schädel. Ausbildung eines mächtigen muskulären Nackenhöckers. Breites Maul, Oberlippe ohne Greiffinger. Occipitalkamm springt weit vor. Zahnformel: $\frac{0\ 0\ 4\ 3}{0\ 0\ 3\ 3}$. Backenzähne hypselodont, mit dicker Lage von Kronenzement. Proto- und Metaloph schräg verlaufend. Lebensraum offene Graslandschaften mit lichtem Baumbestand. Sozialverhalten deutlicher als bei den anderen Rhinocerotiden. Mutter-Kindgruppen. Dominante Bullen haben Territorien, die verteidigt werden. Kleine Gruppen nicht dominanter Bullen bilden gleichfalls Territorien. Die Heimbereiche der Kühe können sich mit mehreren Bullen-Territorien überlappen. Paarungsbereite Kühe besuchen das Territorium der dominanten ♂♂.

Gefährdung, Artenschutz. Alle Nashorn-Arten sind extrem gefährdet. Ursache hierfür ist ausschließlich der Mensch. Die gnadenlose Verfolgung durch Wilderer konnte bisher kaum eingedämmt werden. Schuld daran sind die enorm hohen Preise, die im Orient, vor allem in O-Asien für das Horn erzielt werden, besonders in chinesischen Apotheken. Der alte Aberglaube, der geraspeltes Horn für ein unfehlbares Aphrodisiakum hält, ist offenbar nicht auszurotten. Dem Horn wird ebenso wie einigen Organen des Rhinoceros heilende Wirkung bei zahlreichen Krankheiten zugesprochen. Das Horn dient auch zur Anfertigung von Trinkbechern und, vor allem im Jemen, zur Herstellung von Dolchgriffen. Die beiden SO-asiatischen Arten stehen kurz vor dem Aussterben.

---

*) Die Bezeichnung „Weißes" Nashorn ist eine Verballhornung des Wortes „wide", das im Afrikaans der Buren „weit" bedeutet. Die beiden afrikanischen Nashornarten unterscheiden sich nicht in ihrer einheitlich grauen Hautfarbe.

968 Subcl. Theria, Infracl. Eutheria

Subordo Hippomorpha

Fam. 3. Equidae. 1 Gattung, 6(7) Arten. Equidae sind heute auf die Alte Welt beschränkt (C- und Vorderasien: Halbesel, Wildpferd; Afrika: Wildesel, Zebra). Wie die reichen Fossilfunde ausweisen (s. S. 957f.), handelt es sich um Relikte einer aus N-Amerika stammenden, monophyletischen Gruppe (Subfamilie), die im Tertiär eine beträchtliche Radiation mit vielen Seiten- und Nebenlinien erfahren hatte und schließlich gegenüber den erfolgreicheren Paarhufern in extreme

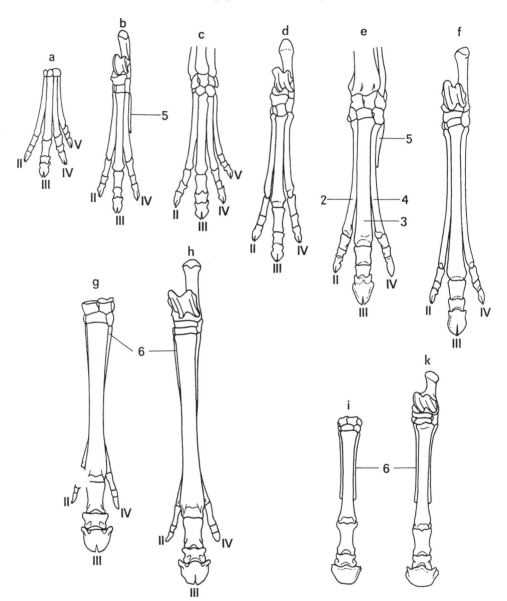

Abb. 510. Stammesgeschichtliche Wandlung von Hand- und Fußskelet in der Equiden-Reihe. a, b) †*Eohippus* (Eozaen), c, d) †*Orohippus* (Eozaen), e, f) †*Mesohippus* (Oligozaen), g, h) †*Neohipparion* (Pliozaen), i, k) *Equus* (rezent). Nach LULL 1907. 2., 3., 4., 5. Metacarpalia (Metatarsalia), 6. rudimentäre Griffelbeine = Metacarpalia (Metatarsalia) II und IV, II—V Fingerstrahlen.

Nischen (aride Gebiete) weichen mußte. Die frühen Radiationen im Alttertiär waren Laubfresser. Der Übergang zur Grasnahrung läßt sich im Miozaen/Pliozaen nachweisen (Abb. 502).

Pferdeartige sind relativ große Tiere mit langen, schlanken, monodactylen Beinen. Der dritte Fingerstrahl allein ist funktionell. Vom 2. und 4. Strahl bleiben nur rudimentäre Metapodien erhalten (Abb. 510). Die Monodactylie wurde im Pliozaen mit † *Pliohippus* erreicht. Die *Hipparion*-Gruppe (Pliozaen) bleibt dreizehig. Die terminale Phalange trägt den hochspezialisierten Huf (s. S. 11 f.). Pferdeartige sind hervorragend an schnelles Laufen angepaßt und als Lauftiere Bewohner offener Lebensräume. Schädel (Abb. 511) mit verlängertem Facialteil und schmalen spitzen, vorspringenden Nasalia. Bulla tympanica relativ klein. Orbita klein und durch breiten Postorbitalfortsatz geschlossen. Lacrimalia mit Facialteil. **Gebiß:** $\frac{3\ 1(0)\ 3(4)\ 3}{3\ 1(0)\ 3\ \ \ 3}$, I breit, schneidend. C

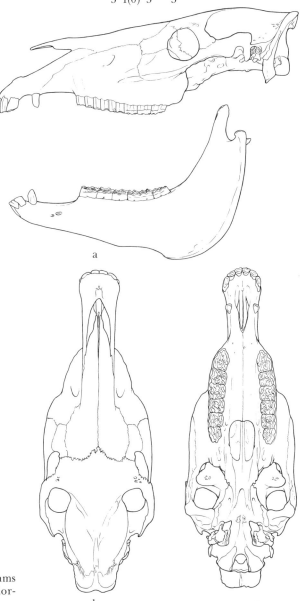

Abb. 511. *Equus quagga böhmi*, Böhms Steppenzebra. Schädel von lateral, dorsal und basal.

klein und variabel, durch Diastema vom I3 und P1 getrennt. P und M extrem hypsodont mit Dauerwachstum. P molarisiert. Kronenrelief selenolophodont. Dabei nehmen die Haupthöcker halbmondförmige Gestalt an, deren Konkavität an den oberen M buccalwärts, an den unteren lingualwärts gerichtet ist. Die Halbmonde sind in der Längsrichtung des Kiefers angeordnet und stehen in den Ober- und Unterkieferzähnen alternierend. Vordere und hintere Halbmonde können durch Querjoche verbunden sein. Beide Paare stehen oft mit einer äußeren Längsleiste, dem Ectoloph, in Verbindung. Durch Abschliff entsteht schließlich ein kompliziertes Kronenrelief von Schmelzleisten, zwischen denen Streifen von Dentin und Zement freiliegen. Durch zunehmende Faltung der Schmelzleisten, und durch zusätzlich auftretende Pfeiler (Styli) von der Außenwand der Krone her, treten, im Gegensatz zu selenodonten Kronenmustern, die queren Reliefstrukturen in den Vordergrund; ein Vorgang, der mit einer differenzierten Kaubewegung, bei der Transversal- und Rückwärtsverschiebungen vorkommen, in Beziehung zu bringen ist.

Integumentale Strukturen: Neben den Hufen sind hier die Kallositäten („Kastanien", s. S. 13) zu nennen. Kennzeichnend für Equidae ist die Ausbildung einer Mähne an Stirn und Nacken, die als kurzhaarige Stehmähne oder als langhaarige, hängende Mähne auftreten kann. Der mäßig lange Schwanz ist meist bis an die Wurzel mit langen, dichtstehenden Haaren besetzt. Bei Halbeseln und Zebras bleibt das proximale Anfangsstück des Schwanzes frei von der Haarquaste. Pferde besitzen paarige Milchdrüsen in inguinaler Lage.

Den Besitz von Recessusbildungen an der Tuba auditiva haben Pferde mit den übrigen Perissodactyla und den Hyracoidea gemein. Der Magen ist einfach mit sackförmigem, kardialem Abschnitt, der mit Plattenepithel ausgekleidet ist. An diese Zone schließt ein schmaler Streifen mit Cardialdrüsen an. Die Schleimhaut des Corpus enthält Hauptdrüsen und im Endteil Pylorusdrüsen. Eine Gallenblase fehlt.

Das Organon vomeronasale ist gut entwickelt und mündet in die Nasenhöhle. Die Verbindung zur Mundhöhle (Canalis incisivus) ist aber beim erwachsenen Pferd durch einen Epithelpfropf verschlossen.

Pferde sind, wie alle Perissodactyla, Caecum-Fermentierer und besitzen daher ein langes, voluminöses Caecum. Die gesamte Darmlänge beträgt ca. 15 – 20 m, davon entfallen etwa 1/3 auf das Colon. Die Niere zeigt eine glatte Oberfläche und ist eine Recessusniere (s. S. 953). Die Testes liegen in einem Scrotum. Ovar mit Ovulationsrinne und Verlagerung der Rinde in das Innere (s. S. 953).

Systematik und geographische Verbreitung der rezenten Equidae. In der Klassifikation der rezenten 6(7) Arten der Pferde vertreten die Anhänger von zwei verschiedenen Forschungsrichtungen konträre Ansichten. Ausgehend von der Tatsache, daß es sich um eine monophyletische Familie handelt, deren Bauplan, als Gesamtbild der Morphologie bei ähnlichem Anpassungstyp und im Prinzip vergleichbaren Verhaltensweisen, außerordentlich einheitlich ist, wird nur 1 Genus (*Equus*) anerkannt. Wir folgen dieser Vorgehensweise (ebenso ANDERSON & JONES 1967, HONACKI & KINMAN 1982, KOEPPL 1982, u.a.).*)

Ältere Autoren unterschieden auf Grund äußerer Merkmale (Fellfärbung, Streifenmuster, Kallositäten, Chromosomenzahl u.a.) bis zu 7 Genera, sodaß jede Species als eigene Gattung geführt wird. Eine derartige Aufsplitterung ist mit einer praktisch brauchbaren Klassifikation nicht vereinbar und gibt auch keinen Gewinn für die Theorie der Systematik. Das schließt nicht aus, daß einige Arten zu Artengruppen zusammengefaßt werden, etwa Zebras und Halbesel, und als Subgenera geführt werden.**)

Equus przewalskii, Przewalski-Pferd, mongolisches Wildpferd (Abb. 512): KRL.: 210 cm, SchwL.: 90 cm, Standhöhe: 140 cm, KGew.: 350 kg. Verbreitung: rezente Restpopulation in SW-Mongolei, Sinkiang, bis Kansu. Wahrscheinlich in freier Wildbahn ausgestorben. In menschlicher Obhut etwa 700 Ind. In historischer Zeit waren Wildpferde durch die ganze eurasiatische Steppenzone bis Polen verbreitet. In diesem riesigen Areal gab es im Sinne des biologischen Speziesbegriffes nur eine Art des Wildpferdes, in der auch den Stammform des Hauspferdes zu suchen ist. Die Art ist variabel und zeigt geographische Differenzen, sodaß im älteren Schrifttum eine Aufsplitterung in mehrere Arten zu finden ist. Weit verbreitet ist die Annahme einer eigenen Art, *Equus gmelini*, des Tarpans***) in der südrussischen Steppe, deren letzter Vertreter Mitte des 19. Jhs. erlegt wurde.

---

*) In dieser Diagnose sind nur die rezenten Wildformen berücksichtigt.

**) Die domestizierten Equiden, Hauspferd und Hausesel, werden in Kapitel 5, 4 (Domestikation, s. S. 1103) besprochen.

***) „Tarpan" bedeutet im Russischen „Wildpferd" und galt nicht nur für eine bestimmte Spezies.

Ordo Perissodactyla 971

Abb. 512. Rezente Equidae. a) *Equus asinus*, Somali-Wildesel, b) *Equus grévyi*, Grévyzebra, c) *Equus hemionus*, Halbesel, d) *Equus przewalskii*, Mongolisches Wildpferd.

Wildpferde sind in Knochenbau und Gebiß so ähnlich, daß aus den Relikten keine Abgrenzung verschiedener Artzugehörigkeit zu rechtfertigen ist. Wildpferde waren in prähistorischer Zeit bis nach W-Europa verbreitet und finden sich häufig auf steinzeitlichen Höhlenmalereien dargestellt. Diese Malereien stellen die großen Jagdtiere in sehr realistischer Weise dar. Sie zeigen gewöhnlich deutlich erkennbar das Erscheinungsbild des Przewalski-Pferdes. Die wenigen erhaltenen Skeletreste der letzten russischen Tarpane legen die Vermutung nahe, daß es sich um verwilderte Hauspferde gehandelt hat. Als Schlußfolgerung ergibt sich, daß alle eurasiatischen Wildpferde zu einer Großart, *Equus przewalskii*, gehören (HERRE & RÖHRS 1990, HEPTNER 1966), die weit verbreitet war und wahrscheinlich mehrere geographische Unterarten aufwies.

HEPTNER unterscheidet neben der östlichen Wildform, *Equus p. przewalskii*, dem dsungarischen oder mongolischen Wildpferd, eine etwas kleinere, westliche, russische Steppenform, *E. p. gmelini*, und eine nordwestliche Waldform, *E. p. silvaticus* VETULANI, in Litauen und Polen. Auch die zahlreich beschriebenen, diluvialen Wildpferdreste berechtigen nicht zu grenzenloser Artbenennung. NOBIS (1962) bezeichnet die Vertreter der Großform als *Equus ferus* und betrachtet das Przewalski-Pferd als Subspecies, *Equus ferus przewalskii*. Die korrekte Bezeichnung für das Hauspferd wäre *Equus przewalskii f. caballus*. Zur Zeit der Domestikation des Hauspferdes hat nur eine Art des Wildpferdes in Eurasien existiert. Die ältesten *Equus*-Funde in Europa sind als †*Equus mosbachensis* beschrieben worden. Es waren relativ große Tiere, die sich aber morphologisch kaum sicher gegen *E. przewalskii* abgrenzen lassen. Große Wildpferde unter verschiedenen Namen († *E. abeli*, † *E. tauchbachensis*) sind neben mittelgroßen Formen bis in das Pleistozaen nachweisbar. Die innerartliche Variationsbreite ist bei Wildpferden groß und erfährt in der Domestikation noch eine Steigerung. Die Annahme, die verschieden großen Zuchtschläge des Hauspferdes auf verschiedene Ahnenarten zurückführen zu können, ist widerlegt (HERRE & RÖHRS 1990). Extrem große („Kaltblüter") oder kleine Pferde (Pony) sind späte Spezialzüchtungen aus Stämmen normaler Wuchsform.

In Amerika waren Equiden vor Ankunft der Europäer ausgestorben. Alle heute in Amerika freilebenden Pferde, die Mustangs in N-Amerika, die Cimarones in Argentinien, sind verwilderte Nachkommen der nach 1492 von Europäern importierten Hauspferde. Das mongolische Wildpferd ist von mittlerer Größe (120–140 cm Standhöhe) und von kräftiger, gedrungener Gestalt mit relativ kurzen Extremitäten. Der Kopf ist lang und kastenförmig. Stehmähne ohne Stirnlocke und schmaler Aalstrich. Fellfärbung gelblich bis rötlich-braun, ventral aufgehellt. Schnauze mit weißem Fleck am Rostralende. Schwanzhaare schwarz, das obere Drittel nur kurz behaart. Kallositäten an Vorder- und Hinterbeinen.

Beobachtungen von Wildpferden in freier Natur sind spärlich. Sie bilden kleine Herden (bis zu 20 Ind.) ohne feste Territorien. Die Grundeinheit sind Mutter/Kindgruppen mit starker Bindung und sozialer Toleranz (KLINGEL 1972). Die Herde wird von einer dominanten Stute geführt. Ein dominanter Hengst überwacht die Einhaltung der Rangordnung in der Herde. Lebensraum semiaride Steppe bis Halbwüste. Nahrung: vorwiegend wenig nährstoffreiches Gras. Tagsüber Rückzug in hügliges Gelände.

Kontaktverhalten, Lautäußerungen: Equiden verfügen als Herdentiere über ein reiches Repertoire von Kommunikationsmöglichkeiten und Ausdrucksmitteln, die in mannigfacher Weise kombiniert werden können. Erwähnt sei das Drohen durch Heben der Oberlippe, Zurückziehen der Mundwinkel, Zurücklegen der Ohren. Auch Schwanzbewegungen dienen der Verständigung untereinander. Lautäußerungen, wie das Schnauben (kurz als Warnlaut, lang als Ausdruck des Wohlbefindens) sind vielen Equidae gemeinsam. Hingegen kommen aber auch artspezifische Lautgebungen vor. Die im Sprachgebrauch üblichen Bezeichnungen charakterisieren recht gut die spezifischen Besonderheiten dieser Lautäußerungen: Pferde wiehern, Esel und Halbesel schreien, Steppenzebras bellen, Bergzebras pfeifen und Grévyzebras röhren (KLINGEL 1977).

Equus (Subgen. *Asinus*) *africanus*, Wildesel (Abb. 512) KRL.: 200 cm, SchwL.: 45 cm, Standhöhe: 110–140 cm, KGew.: bis 275 kg.

Rezent 1 Art mit 2, fast erloschenen Populationen (Subspec.). Ursprünglich weit verbreitet von Marokko, Algier, ganz N-Afrika bis Palästina, Syrien. Diese Population ist in historischer Zeit erloschen. Die nw. Form ist von römischen Mosaiken und Knochenresten bekannt und als † *Equus africanus atlanticus* beschrieben. Wildesel haben bis heute überlebt in küstennahen Gebieten des Roten Meeres, in SO-Ägypten und Eritrea als *Equus africanus africanus*, nubischer Wildesel. Relativ klein, Standhöhe 110–120 cm, mit Schulterkreuz und ohne Beinstreifung. In N-Äthiopien (Danakil-Ebene) und N-Somalia als *Equus africanus somalicus*. Der Somali-Wildesel, ohne Schulterkreuz und mit Beinstreifung, Schulterhöhe um 125 cm, wies im Jahre 1970 noch etwa 3 000 Tiere auf (Zählung vom Flugzeug, KLINGEL). Bei der, als *E. a. taeniopus* beschriebenen, intensiver gefärbten Form aus dem Küstengebiet des Roten Meeres handelt es sich wahrscheinlich um Bastarde zwischen Wild- und Hauseseln. Der heute weltweit verbreitete Hausesel *E. africanus f. asinus* ist ein Abkömmling N-afrikanischer Wildesel.

Kennzeichnung der Esel: Relativ kleine Equiden, mit schmalen Hufen und sehr langen, spitzen Ohren, nur vordere Carpal-Kallosität ausgebildet. Quastenschwanz, im proximalen Drittel nur kurzhaarig. For. infraorbitale tiefer als beim Pferd, etwa in der Mitte zwischen Rand des Os nasale und Kieferrand. Muster der Schmelzschlingen beim Esel vereinfacht. Fellfärbung hellgrau.

Die zuvor als Kennzeichen der Unterarten erwähnten Zeichnungselemente, Schulterkreuz und Streifenmuster der Beine, sind offenbar genetisch fixierte, alte Merkmale, die bei einzelnen Vertretern aller Unterarten, auch bei Hauseseln gelegentlich auftreten können. Wildesel bewohnen aride Gebiete und sind gut an das Leben in der Halbwüste angepaßt. Ihre magere Nahrung besteht im wesentlichen aus Gras und Rinde. Ihr Wasserbedarf ist gering, doch müssen Wasserstellen regelmäßig aufgesucht werden, mindestens in Abständen von 2 Tagen. Zu diesem Zweck werden Wanderungen über weitere Strecken unternommen. Im übrigen sind Wildesel territorial. Hengste bilden, ähnlich wie das Grévyzebra, Paarungsterritorien, die verteidigt und durch Kothaufen markiert werden (20–40 km^2). Am Tage können sich mehrere Gruppen zu größeren Herden (bis zu 50 Ind.) vereinen. Nachts lösen sich diese lockeren Verbände gewöhnlich auf.

Fortpflanzung ganzjährig mit Bevorzugung der Regenzeit. Tragzeit 1 a. Gewicht der Neonati 25 kg.

Equus hemionus, Halbesel (Abb. 512) sind von Syrien bis China in Wüsten- und Steppengebieten verbreitet. Durch Isolation einzelner geographisch ursprünglich zusammenhängender Lebensräume ist die Art in mindestens 6 Subspecies aufgespalten. Die Unterart, *E. h. hemippus*, kam in Syrien bis O-Türkei vor und wurde Anfang des 20. Jh. ausgerottet. Es war die kleinste Form (Schulterhöhe 100 cm). Die restlichen Formen sind gefährdet und überleben teilweise in Reservaten.

E. h. onager bewohnt die iranischen Salzwüsten (Dasht i Lust), *E. h. kulan* Turkmenistan (Badchys-Reservat). Von den beiden letztgenannten gibt es einige Zuchtgruppen in menschlicher Obhut. Die vorderindische Form, *E. h. khur*, ist sehr gefährdet und heute auf das Grenzgebiet zwischen Pakistan und Indien (Rann of Kutch) beschränkt. Über den Status der ö. Unterarten, *E. h. hemionus*, den Dschiggetai (S-Mongolei, Sinkiang, W-China) und den Kiang, *E. h. kiang*, von Tibet und Ladakh ist wenig bekannt. Die Subspecies unterscheiden sich in der Körpergröße (Größenzunahme von W nach O) und in der Fellfärbung. Im Pleistozaen waren Halbesel bis nach Europa verbreitet.

KRL bis 210 cm, SchwL.: 50 cm, Schulterhöhe: 100−140 cm, KGew.: ca. 250 kg. Tragzeit 1 Jahr. KGew. des Neonaten: 25 kg.

Halbesel sind äußerlich den Wildeseln ähnlich: Relativ lange Ohren, Schwanzwurzel kurz behaart, Beinstreifung und dunkler Aalstrich, schmale Hufe. Fellfärbung: gelblich-grau, rötlich. Unterseite hell. Kennzeichnend für die Art sind relativ kurze Stylopodien (Humerus und Femur) und die Proportionen des Cranium, besonders des Facialteiles. Im Verhalten der Halbesel bestehen Ähnlichkeiten mit Wildeseln und Grévyzebras. Dominante ♂♂ bilden Paarungsterritorien. Territorialgröße etwa 20 km^2. Lockerer Zusammenschluß zu kleinen Herden. Lautäußerungen, ähnlich denen der Esel, ein lautes Schreien.

Eine weitere Stammeslinie der Equidae, die gestreiften Pferde oder Zebras (Abb. 512, 513), ist seit dem Pliozaen in Savannengebieten Afrikas verbreitet. Vom Kap bis Somalia verbreitet, fehlen sie aber in den feuchten Waldgebieten. Die Aufspaltung in drei gute Arten dürfte bereits früh (Pliozaen?) erfolgt sein. In der heutigen Fauna werden drei Arten der Zebras unterschieden, Grévyzebras, Steppenzebras (6−7 Unterarten) und Bergzebras (2 Subspec.). Alle Zebras sind durch das Streifenmuster, Stehmähne und Quastenschwanz gekennzeichnet. Das Zeichnungsmuster zeigt abwechselnd weiße und schwarze (braune) Streifung an Hals, Kopf, meist auch am ganzen Rumpf, hier ist es vertikal gerichtet, und häufig mit Querstreifung der Beine. Trotz dieser Ähnlichkeiten im Erscheinungsbild ist die Verwandtschaft der drei Arten untereinander nicht sehr eng (auf Unterschiede in Körperbau, Verhalten und Anpassungstyp wird in den systematischen Kapiteln verwiesen, s. S. 974f.). Zwischenartliche Kontakte sind selten und nicht dauerhaft.

Equus (Subgen. *Hippotigris*) *zebra*, Bergzebra. Nominatform *E. zebra zebra*, Echtes Bergzebra mit KRL.: 200−220 cm, SchwL.: 75−80 cm, Schulterhöhe: 120 cm, KGew.: 220−250 kg. *E. zebra hartmannae*, Hartmanns Bergzebra mit KRL.: bis 260 cm, Schulterhöhe bis 150 cm. Das Echte Bergzebra kam ursprünglich im S-Kapland vor und ist bis auf Restbestände in den Reservaten Craddock und de Hoop (etwa 170 Ind.) ausgerottet. Das etwas größere Hartmannzebra lebt in S-Angola und Namibia (etwa 5000 Ind.). Kopf groß, Hals breit mit Kehlwamme. Schnauze schwarz. Querstreifung von mittlerer Breite, Beinstreifung bis zu den Fesseln. Streifung auf den Keulen bogenförmig. Schwanzwurzel gestreift. Zwischen der Rumpfstreifung und der Keulenstreifung liegt in der Kruppengegend ein kennzeichnendes Feld mit Gitterzeichnung (ANTONIUS 1951). Lebensraum Hügel- und Bergland (5−20 km^2). Kleine Familiengruppen (4−10 Tiere) mit 1 ♂ und Gruppen nicht dominanter ♂♂. Ausschließlich Grasnahrung. Trinken muß täglich möglich sein.

Equus (Subgen. *Quagga*) *quagga*, Steppenzebra. Steppenzebras sind unter den Wild-Equiden die erfolgreichste Gruppe. Sie besiedeln die weiten Savannengebiete vom Kapland bis zum Sudan und S-Äthiopien und haben in diesem riesigen Gebiet mindestens 6−7 Unterarten ausgebildet (Abb. 513).

Die südlichste Form, das landläufig als „Quagga" bezeichnet wird, *Equus qu. quagga*, ist bereits seit 1883 ausgerottet. Quaggas unterschieden sich von anderen Zebras durch die braune Grundfarbe und die Reduktion der Streifung. Diese war an Kopf und Hals ausgeprägt, im Brustbereich verwaschen. Am Hinterkörper fehlten Streifen. Die Beine waren von gelblicher Grundfarbe mit Resten von Streifung. Die individuelle Variabilität der Färbung und Streifung war beträchtlich. Wegen dieser Besonderheiten wurde das Quagga lange als eigene Art angesehen. Die Form wird heute zu den Steppenzebras gestellt, da fließende Übergänge zwischen den Unterarten vorkommen, Morphologie und Verhalten identisch sind und da Untersuchungen der Proteine keinerlei Unterschiede ergaben.*)

An das Verbreitungsareal des Quaggas grenzte nördlich die Heimat des Burchell-Zebras, *Equus quagga burchelli* (Abb. 513). Es besitzt gelbliche Grundfärbung, breite, braune Streifung mit weiten Abständen und Zwischenstreifen. Beine ungestreift, die Streifenzeichnung fehlt auch auf den Keulen oder ist stark reduziert. Das Burchellzebra galt als ausgestorben, doch konnten noch

---

*) Die Untersuchungen wurden an getrockneten Geweberesten, die an Museumsstücken erhalten waren, durchgeführt.

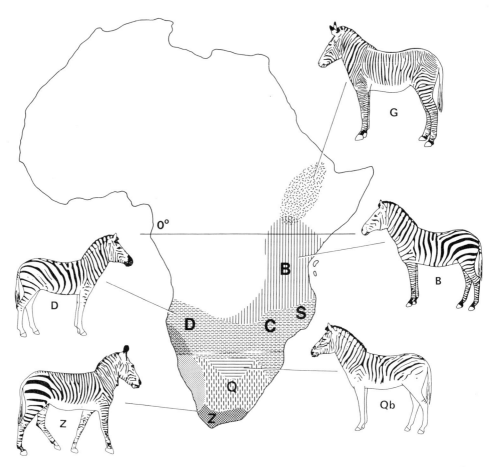

Abb. 513. Verbreitung der rezenten Zebraarten. B = *Equus quagga böhmi*, C = *Equus quagga chapmani*, D = *Equus quagga antiquorum*, dazu Damara-Z., G = *Equus grévyi*, Q = † *Equus quagga quagga*, (ausgerottet), Qb = *Equus quagga burchelli*, S = *Equus selousi*, Z = *Equus zebra zebra*, Bergzebra.

einige kleine Restpopulationen in Botswana nachgewiesen werden. Während also die südlichen Zebraformen bis auf minimale Reste ausgerottet wurden, ist der Status der nördlichen Steppenzebras gesichert. Herden von über 1000 Tieren können auch heute noch beobachtet werden.

Allgemeine Kennzeichnung der Steppenzebras: Kopf mittelgroß, Hals kurz und breit. Ohren relativ kurz. Stehmähne, lange Schwanzquaste, Beine schlank. Abgesehen von *E. qu. quagga* und *burchelli* ist die Grundfarbe weiß, die Streifenfarbe schwarz. KRL.: 190–250 cm, SchwL.: 43–55 cm, Standhöhe: 120–140 cm, KGew.: 175–350 kg. Die Unterscheidung der Unterarten erfolgt auf Grund des Zeichnungsmusters unter Berücksichtigung der geographischen Herkunft. Näheres s. Antonius 1951, 1957, Kingdon III B 1979, da die individuelle Variabilität sehr groß ist und Übergänge vorkommen, so daß im Einzelfall eine Diagnose unmöglich sein kann. Im folgenden sollen die anerkannten Subspecies nur genannt und ihre geographische Verbreitung angegeben werden.

Equus quagga antiquorum, Damara-Zebra, S-Angola, N-Namibia, teilweise sympatrisch mit *E. zebra hartmannae*. Im O Übergänge zu *E. quagga chapmani*, N-Transvaal bis S-Moçambique, Botswana. *E. quagga selousi*, N-Moçambique, Sambia, Malawi.

E. quagga boehmi (= *granti*), Böhms Zebra, N-Moçambique bis S-Sudan und S-Äthiopien.

Equus (Subgen. *Dolichohippus*) *grévyi*, Grévyzebra. Größte Zebraart. KRL: 250–275 cm, SchwL.: 70–75 cm, Schulterhöhe: 150–155 cm, KGew.: 350–420 kg. Verbreitung: Von N-Kenya (Tanafluß) bis Somalia, nur östlich des Westabhanges des Grabeneinbruches (Rudolfsee, Omofluß, Hauaschfluß). Bestand noch stabil, wenn auch gefährdet. Kopf lang und schmal, Ohren sehr groß und abgerundet, Stehmähne bis Widerrist. Hufe steil. Schwarze Streifung am Kopf sehr schmal und eng, am Hals breiter, an Schulter und Rumpf wieder eng und schmal. Beine bis zu den Hufen eng gestreift. Bauch weiß. Lebensraum: Trockene Steppe bis Halbwüste. Nahrung: Gras. Trinken meist täglich. Sozialverhalten dem der Wildesel ähnlich. Im Gegensatz zu Pferd und Steppenzebra sind Grevýzebras territorial. Adulte ♂♂ bilden saisonale Territorien, die verteidigt werden. Markierung durch Dung und Harn. Einzige eng gebundene Gruppen sind die Mutter/Kindgruppen. Lose Zusammenschlüsse ohne engere Bindung zu Herden bei der Wanderung (bis 500 Ind.), Rangordnung kann wechseln, keine feste Marschordnung. Nicht dominante und subadulte ♂♂ wandern solitär oder in Kleingruppen. Bei der Verteidigung der Territorien gegen Rivalen kommt es zu Kämpfen der Hengste (Umkreisen, Bisse in die Beine, Halskämpfe). Das Verbreitungsgebiet der Grevýzebras überschneidet sich mit dem der Böhm-Steppenzebras, ohne das es zu Kontakten kommt.

Die biologische Bedeutung der Zebrastreifung ist umstritten. Sie dient sicher der Tarnung in buschigem Gelände und der Individualerkennung. Minimalvariationen der Zeichnung sind so spezifisch für ein Individuum wie die Fingerleisten beim Menschen. Experimentell wurde festgestellt, daß Zebras deutlich weniger häufig von Glossinen angeflogen werden, als einfarbige Pferde (KLINGEL 1977).

Ordo 29. Artiodactyla (Paraxonia)

Artiodactyla, Paarhufer (Abb. 514), sind „Huftiere", die sich grundsätzlich durch ihren Fußbau von den Perissodactyla unterscheiden. Sie bilden eine einheitliche Ordnung. Die Körperlast wird von den Finger-(Zehen-)Strahlen III und IV getragen. Bei basalen Artiodactyla (Suidae, Hippopotamidae) sind Strahl II und V noch funktionell, berühren aber in Ruhestellung nicht den Boden. Diese Strahlen erfahren bei den übrigen Familien eine mehr oder weniger weite Rückbildung. Sie sind bei Giraffidae und Tylopoda, mit Ausnahme eines winzigen Restes des Metacarpale V bei *Okapia* (Abb. 519) vollständig zurückgebildet. Die untere Gelenkfläche des Talus (Astragalus) ist zweigeteilt. Carpalia alternierend. Calcaneus artikuliert mit der Fibula oder deren Rudiment. Ursprüngliche Zahnformel $\frac{3\ 1\ 4\ 3}{3\ 1\ 4\ 3}$. Obere I, C und P1 werden vielfach reduziert und können verschwinden. Untere C bleiben meist erhalten, nehmen aber Form der I an. Backenzähne bunodont (sekundär: neobunodont) oder selenodont. Magen meist multiloculär (alloenzymatische Verdauung). Zwei oder mehr inguinale Zitzen. Testes in Scrotum mit Ausnahme der Hippopotamidae. Placenta diffusa cotyledonaria epitheliochorialis.

Im Gegensatz zu den Perissodactyla stehen die Artiodactyla heute in einer Blütephase (75 Genera, 170 Species, s. S. 960).

Abb. 514. Kopfwaffen bei Artiodactyla. Von links nach rechts: *Giraffa camelopardalis* (Giraffe), *Cervus elaphus* (Rothirsch), *Syncerus caffer* (Kaffernbüffel), *Antilocapra americana*.

Die Neugeborenen kommen in einem reifen Zustand zur Welt (precocial, Nestflüchter). Die meisten Gattungen bilden größere Herdenverbände und zeigen ein kompliziertes Sozialverhalten. Sie sind, mit Ausnahme Australiens, weltweit verbreitet.

Herkunft und Großgliederung der rezenten Paarhufer. In der Beurteilung des Systems der Artiodactyla gibt es Meinungsdifferenzen. Im älteren Schrifttum werden gewöhnlich zwei Hauptstämme, die Nonruminantia (Nichtwiederkäuer) und die Ruminantia (Wiederkäuer) unterschieden. Diese Klassifikation hat sich für den Aufbau eines rationellen Systems als kaum geeignet erwiesen, denn sie versagt bei Einbeziehung der fossilen Gruppen. Es hat sich weiterhin gezeigt, daß das Wiederkauen zweimal unabhängig voneinander in verschiedenen Subordines, bei Tylopoda und Pecora (Abb. 515), entstanden ist und daß ein zweigliedriges System nicht ausreicht, die Formenmannigfaltigkeit eindeutig zu erfassen. Daher fallen die Bezeichnungen „Nonruminantia" und „Ruminantia" in der modernen Klassifikation weg. Sie mußten aber hier genannt werden, da sie als Kennzeichnung ernährungsphysiologischer Verhaltensmuster in Gebrauch blieben.

Der Stamm der Artiodactyla bildet eine phylogenetische Einheit, der seit dem Frühtertiär eine bemerkenswerte Formenvielfalt hervorgebracht hat. Die Wurzelgruppe ist unter den † Condylarthra zu suchen, ohne daß bisher eine bestimmte Gruppe angegeben werden könnte. Die Entwicklungstendenzen der Fußstruktur und des Gebisses verliefen bei den bekannten Fossilfunden zunächst nicht synchron.

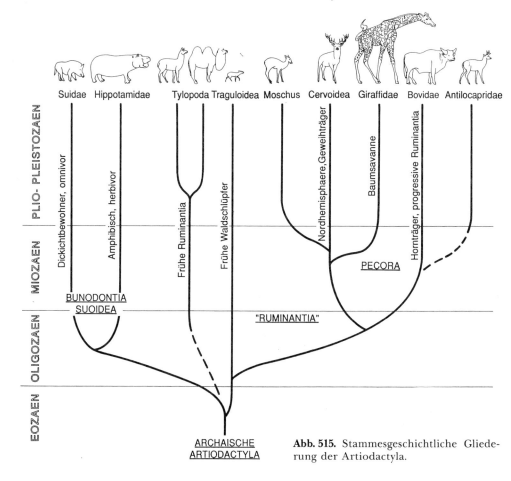

Abb. 515. Stammesgeschichtliche Gliederung der Artiodactyla.

Bereits im Eozaen haben sich drei Stammeslinien voneinander getrennt, die Subordines Neobunodontia (Suoidea, Suina), aus denen die Suidae und die Hippopotamidae hervorgehen und die Tylopoda (Camelidae), ein früher Eigenweg der schließlich eine spezielle Form des Wiederkauens erreicht.

Eine weitere formenreiche Stammeslinie führt einerseits zu den Traguloidea, andererseits zu den Pecora (Cervidae, Giraffidae, Bovidae, Antilocapridae). Traguloidea und Pecora sind Wiederkäuer im engeren Sinne („Ruminantia", Abb. 515).

Unter den progressiven, rezenten Artiodactyla, die im Gegensatz zu den Perissodactyla noch heute eine große Formenmannigfaltigkeit aufweisen und deren Radiation in voller Entfaltung steht, haben sich viele Spezialisationen herausgebildet, auf die im systematischen Teil eingegangen wird. Hier sei hervorgehoben, daß die Tragulidae als primitive Waldschlüpfer eine Sonderstellung einnehmen. Auf den stammesgeschichtlichen Eigenweg der Tylopoda war bereits verwiesen worden. Generell sei hervorgehoben, daß die stammesgeschichtlichen Änderungen in Richtung auf beschleunigte Lokomotion und Effizienz der Verwertung vegetabiler Nahrung hinzielen. Darüber hinaus spielt die Ausbildung und Verwendungsweise der Kopfwaffen bei den Pecora eine wichtige Rolle. Die basalen Paarhufer (Suoidea) sind durch Ausbildung der C zu Hauern gekennzeichnet. Verlängerte obere C spielen auch bei den Traguloidea und den Moschinae, außerdem, als einzigem Cerviden, bei *Hydropotes* noch eine Rolle. Die Muntiacinae haben neben vergrößerten C bereits ein einfaches Geweih. Bei allen übrigen Pecora sind entweder Hörner oder Geweihe (oft sexuell different) als Stirnwaffen ausgebildet. Danach sind Geweihträger (= Cervidae) und Hornträger (= Bovidae) zu unterscheiden.

Geweihträger, **Cervidae**	Hornträger, **Bovidae**
Geweih (Knochen von Bast bedeckt), kann nicht unbegrenzt wachsen.	Echtes Horn auf Knochenzapfen. Kann unbegrenzt wachsen, wird nicht gewechselt
Geweihwechsel, hoher Energieaufwand.	(Abb. 514, 515)

Pecora

Keine Schädelwaffen.
Differenzierung der oberen
Canini zu dolchartigen Waffen.
(Tragulina, Moschidae)

Die Kennzeichnung der einzelnen Subordines und Familien wird im systematischen Teil (s. S. 1000 f.) erfolgen. Die Einheit der **Artiodactyla** ergibt sich aus den eingangs skizzierten Kennzeichen, die im folgenden zunächst ergänzt werden sollen.

Integument. Das Haarkleid ist bei den kurzbeinigen Nonruminantia (Schweine und Flußpferde) modifiziert. Es ist bei den Suidae spärlich und borstenartig. Zwischen den Borsten können kurze, feine Haare vorkommen. Bei den amphibischen Hippopotamiden ist das Haarkleid weitgehend rückgebildet. Beim Neonatus sind im Kopfbereich zunächst Haare entwickelt. Einzelne dickere Borsten erhalten sich bei Erwachsenen. Es handelt sich dabei stets um Sinushaare, die dem Tastsinn dienen.

Die Epidermis ist, wie bei anderen aquatilen Arten (Cetacea, Sirenia), bei Flußpferden verdickt.

Im Brustbereich geschlechtsreifer ♂♂ von *Sus scrofa* liegt unter der Epidermis eine ausgedehnte Platte, der Schutzschild (E. MOHR 1960); sie besteht aus verflochtenen, kollagenen Faserbündeln und wird von Cutis und Subcutis gebildet. Fettgewebe fehlt in diesem Bereich. Das Gebilde dürfte als Schutzpanzer bei Rivalenkämpfen zu deuten sein.

Das Haarkleid der Ruminantia ist, ähnlich der Tylopoda, dicht und häufig wollig. Neben markhaltigen, dicken Haaren kommen meist feinere, marklose Nebenhaare vor. Anordnung zu Gruppen ist vielfach festzustellen. Besonders bei den primitiven Tragulidae treten die dicken Haare in Dreiergruppen auf.

In Anpassung an die laufende Fortbewegungsweise tragen die Endglieder der Finger und Zehen Hufen, ähnlich den Perissodactyla. An diesen sind Hufplatte, Hufsohle und Hufballen zu unterscheiden (s. S. 12, Abb. 8). Diese drei Bestandteile sind bei Suidae deutlich getrennt. Bei einigen Cervidae ist der Ballen stärker verhornt und schwer gegen die Hufsohle abzugrenzen. Bei Tylopoda bildet der Ballen ein ausgedehntes Sohlenpolster (Fingersohle).

Hautdrüsen sind bei Paarhufern außerordentlich reichlich entwickelt und zeigen spezifische Besonderheiten der Familien und Gattungen. Einige Beispiele sollen hier genannt werden. Spezialisierungen finden sich häufig bei aquatilen Säugern, so auch bei *Hippopotamus*. Im Bereich der Lippen und weiter Bezirke der allgemeinen Körperdecke liegen relativ weitlumige, tubuloalveoläre Drüsen, die ein seröses, zuweilen auch als viskös beschriebenes Sekret absondern. Die Zellstruktur der Drüsen entspricht aber dem Bild der Schleimdrüsen in der Mucosa anderer Säuger. Häufig wird angegeben, daß das Sekret rötlich gefärbt sei („roter Schweiß"). Eine biochemische Untersuchung des Sekretes liegt noch nicht vor. Ähnliche Schleimdrüsen finden sich in der Rüsselscheibe, besonders bei jungen Schweinen. Viele kleine Pecora (Antilopen und Hirsche) besitzen Antorbitaldrüsen (Voraugendrüsen, Praeorbitaldrüsen, fälschlich gelegentlich als „Tränensäcke" beschrieben). Es handelt sich um ein kompaktes, aus a-Drüsen und polyptychen Drüsen zusammengesetztes Organ, das bei bestimmten Arten reichlich mit Melanin beladene Bezirke aufweist (RICHTER 1971, 1973, STARCK 1971). Dieses entsteht nicht autochthon, sondern wird aus Melanoblasten abgelagert. Formen, die eine Antorbitaldrüse besitzen, haben am Facialteil des Schädels eine tiefe Antorbitalgrube (Abb. 539), die, ebenso fälschlich, als „Tränengrube" bezeichnet wurde. Das komplexe Antorbitalorgan mündet mit 10—15 Einzelgängen auf einem schmalen, haarlosen Hautstreifen. Das Sekret der Antorbitaldrüse hat einen stechenden Geruch und wird an Ästen und Zweigen abgestreift. Es dient zur Territorialmarkierung. Eine große Rückendrüse, (ähnlich wie bei *Dendrohyrax*), kommt bei den Tayassuidae (Pekaris) vor. Im übrigen finden sich komplexe Drüsenorgane in vielen Körperregionen, so am Kopf (Hinterkopfdrüse bei Camelidae am Nacken), vor allem bei geschlechtsreifen ♂♂, als großer unpaarer Drüsenkörper, der aus schlauchförmigen a-Drüsen und Talgdrüsen in Verbindung mit Haarbälgen besteht. Sie dürften, ähnlich wie die Brunstfeigen der Gemsen (*Rupicapra*), zwei unmittelbar hinter der Hornbasis gelegene Drüsen, mit dem Sexualverhalten in Beziehung stehen. In mannigfacher Ausbildung kommen bei Paarhufern Drüsenorgane an den Enden der Gliedmaßen (Carpaldrüsen bei *Sus*, Interdigitaldrüsen), in der Perigenitalregion (Praeputialdrüsen) und am Schwanz (Pericaudalorgan) vor.

Die Zitzen liegen meist in der Inguinalregion (2—4). Bei Suidae ist ihre Zahl beträchtlich größer (8—18). Sie liegen abdominal und sind nach dem Eversionstyp gebaut (s. S. 23f.). Hingegen besitzen die Ruminantia extreme Proliferationszitzen mit langem Strichkanal.

An weiteren Hautbildungen seien hier noch eine herabhängende Hautfalte am Hals, die Wamme, ein Brustlappen, bei Rindern und einigen Antilopen, genannt. Zwei kleine gestielte Hautbeutelchen, die Glöckchen oder Berlocken, hängen bei Ziegen, Schafen, manchmal bei Schweinen, seitlich von der Kehle herab. Sie enthalten einige Fasern des Hautmuskels und meist ein Stück elastischen Knorpels (Reste des Branchialskelets?).*)

Schädel. Das Gesamtbild des Cranium zeigt bei Paarhufern eine außerordentliche Mannigfaltigkeit der Formen, da eine Reihe von gruppenspezifischen Sonderbildungen und Spezialanpassungen das Erscheinungsbild prägen. Hier sei verwiesen auf unterschiedliche Ausbildung des Gebisses (Hippopotamidae, Suidae), an Besonderheiten von Nase und Orbita bei aquatiler Anpassung (*Hippopotamus*), an Unterschiede im Cerebralisationsgrad (Tragulidae-Cervidae) und an die mannigfache Ausbildung der Kopfwaffen (Abb. 514, 515). Erwähnt werden sollen die Bildungen von Hörnern („Hornträger" = Bovidae) und Geweihen („Geweihträger" = Cervidae), auf die im systematischen Teil (s. S. 18) zurückzukommen ist.

Abgesehen von diesen oft extremen Anpassungen finden sich aber viele Merkmale, die allen Artiodactyla gemeinsam sind und die es gestatten, die klassifikatorische und stammesgeschichtliche Einheit der Ordnung zu begründen. Diese Synapomorphien werden im folgenden zunächst betrachtet.

Die Nasalia sind nicht nach hinten verbreitert und laufen rostral in eine Spitze aus. Postorbitalfortsätze sind am Frontale und Jugale ausgebildet und bilden meist einen geschlossenen Postorbitalbogen (Abb. 528, 533) zwischen Orbita und Temporalgrube. Das Lacrimale besitzt bei den Ruminantia einen etwa gleich großen facialen und orbitalen Anteil. Bei den Suoidea ist der faciale Anteil größer als der orbitale. Der faciale Anteil ist bei Horn- und Geweihträgern meist stärker ausgedehnt und membranartig verdünnt, so daß schließlich eine Lücke am knöchernen Schädel zwischen Maxillare, Nasale und Frontale entstehen kann, die Ethmoidallücke, in der die Ectoturbinalia unbedeckt von Knochen bleiben. Bei Formen mit sehr großer Antorbitaldrüse (s. S. 978) liegt diese in einer flachen Mulde, die sich bis auf die Nachbarknochen des Lacrimale ausdehnen kann (einige *Cephalophus*-Arten). Postnatal kommt es, besonders bei Bovidae, zu einer Deklination des Gesichtsschädels (Abknickung nach ventral gegenüber der hinteren Schädelbasis). Gleichzeitig wächst das Frontale nach hinten aus. Dabei werden die Parietalia zurückgedrängt. Bei Bovidae sind die Scheitelbeine zu schmalen Knochenstreifen reduziert (Abb. 34), die ganz auf den vertikalen Occipitalabschnitt des Cranium verschoben werden. Sie verschmelzen früh miteinander. Das Interparietale ist recht ausgedehnt und verschmilzt mit dem Supraoccipitale. Das Squamosum wird durch diese Prozesse zunehmend nach basal gedrängt, und der Anteil von Orbito- und Alisphenoid an der Bildung der Schädelseitenwand wird geringer. Das Basioccipitale aller Paarhufer ist, im Gegensatz zu dem schmalen Element bei Perissodactyla, breit und quadratisch. Eine Crista sagittalis kommt nur bei Tragulidae und Tylopoda vor. Foramina optica, rotundum und ovale bleiben getrennt. Der Canalis alisphenoideus fehlt. Die Fossa ectopterygoidea ist nur bei Suidae ausgebildet. Das Pterygoid verschmilzt mit der Lamina pterygoidea des Alisphenoid.

Das Petrosum ist relativ klein und bleibt ringsum frei. Das Tympanicum bildet einen knöchernen Gehörgang, der zwischen Proc. posttympanicus und Squamosum, das sich an seiner Bildung beteiligt, eingekeilt ist. Die Bulla tympanica wird von Tympanicum gebildet, ein Entotympanicum kommt nur den Suidae zu. Die Bulla ist bei Cervidae, Giraffidae und Bovidae hohl; bei Tylopoda, Tragulidae und Neobunodontia von spongiösen Knochen mit zahlreichen radiären Bälkchen angefüllt.

Das Petrosum erreicht mit der Pars mastoidea nur bei Ruminantia die Oberfläche des Schädels (Abb. 547). Bei den Nichtwiederkäuern wird es vom Squamosum, das sich mit dem Exoccipitale verbindet, von der Oberfläche ausgeschlossen.

Der Gaumen ist lang, das Intermaxillare entsprechend der Rückbildung der Schneide-

---

*) Höcker und Buckelbildungen (Kamele, Rinder): s. systematischer Teil S. 263.

980   Subcl. Theria, Infracl. Eutheria

zähne nur schwach entwickelt. Bei Schweinen kann das knorplige Skelet des Rüssels durch sekundäre Knochenbildung (Os praenasale, Rüsselknochen) versteift sein.

Das Riechorgan der Paarhufer ist gut entwickelt. Es weist meist 6—8 Riechwülste auf. Die Zahl der Ectoturbinalia kann sehr hoch sein (bei Cervidae bis 20). Die Pneumatisation ist, besonders im Zusammenhang mit Geweih- und Hornbildungen, sehr ausgedehnt.

Die Gelenkgrube des Kiefergelenkes liegt auf der Wurzel der Proc. zygomaticus squamosi. Sie ist flach und in der transversalen Richtung verbreitert. Bei Rumination sind ausgiebige Seitenverschiebungen des Gelenkköpfchens möglich. Ihr hinterer Rand ist verdickt und kann zu einem Proc. postglenoideus auswachsen. Die Mandibula ist, abge-

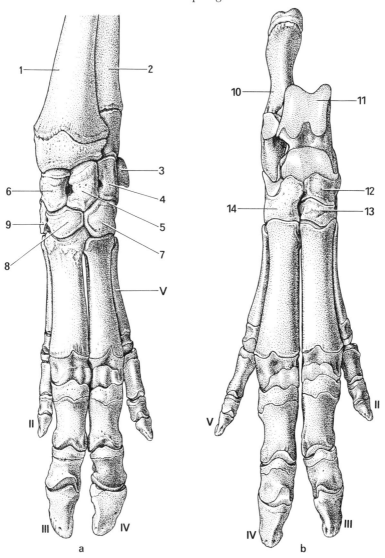

Abb. 516. *Sus scrofa* f. dom., Hausschwein. a) Skelet der rechten Hand, b) Skelet des linken Fußes. 1. Radius, 2. Ulna, 3. Pisiforme, 4. Triquetrum, 5. Lunatum, 6. Scaphoid, 7. Carpale IV und V, 8. Carpale III, 9. Carpale II, 10. Calcaneus, 11. Astragalus, 12. Naviculare, 13. Cuneiforme III, 14. Cuboid, II—V = Fingerstrahlen. Nach STARCK 1979.

sehen von *Hippopotamus*, schlank und hat einen hohen Ramus. Der Proc. muscularis ist bei den Ruminantia lang und schmal, bei Neobunodontia niedrig und abgerundet.

Die Unterkiefersymphyse bleibt in der Regel knorplig. Sie verknöchert bei Hippotamiden und Suidae.

Postcraniales Skelet. Die Zahl der thoracolumbalen Wirbel beträgt 19 (18–20), die Zahl der Sacralwirbel meist 4 (3–6). Caudalwirbel sehr verschieden. Halswirbelkörper III–VII opisthocoel, besonders bei Tylopoda, Cervidae und Bovidae.

Die Clavicula fehlt und ist auch in der embryonalen Anlage nur selten gefunden worden.

Die Ausbildung des distalen Abschnittes der Extremitäten ist spezifisch für die Ordnung. Es sind 2 oder 4 Zehenstrahlen ausgebildet (Abb. 516–519). Die Körperlast ruht auf den Strahlen III und IV, zwischen denen die Hauptachse verläuft. Die Finger (Zehen) liegen in spiegelbildlicher Ausbildung jederseits neben der Extremitätenachse, sind also paraxon. Die Trennung in Unpaarhufer und Paarhufer ist bis ins ältere Tertiär nachweisbar. Der paraxone Fuß leitet sich von der fünfstrahligen Gliedmaße ab. Reste des ersten Strahles sind außerordentlich selten. Rudimente seiner Anlage sind bei *Sus* und *Bos* im mesenchymatischen Stadium nachgewiesen.

Die Notwendigkeit, hohe Geschwindigkeiten der Lokomotion zu erreichen, hat bei Artiodactyla zu ähnlichen Umkonstruktionen wie bei Unpaarhufern geführt. Die Geschwindigkeit eines Tieres ergibt sich aus der Länge eines Bewegungscyclus der Extremitäten (Schrittlänge) und aus der Zahl der Schritte in der Zeiteinheit. Große Tiere (Giraffen) haben oft eine große Schrittweite bei niederer Schrittrate. Kleinere Tiere (z. B.

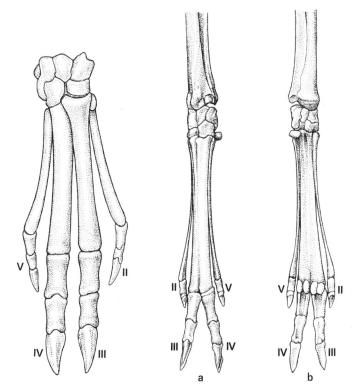

Abb. 517. *Hyemoschus aquaticus*, rechte Hand von dorsal, II–V: Fingerstrahlen. Nach CARLSSON 1926.

Abb. 518. *Tragulus javanicus* (Kleinkantchil). Linke Hand von a) dorsal, b) ventral. Die Metacarpalia II und V erstrecken sich noch über die ganze Länge des Metapodium, sind aber reduziert und sehr dünn. Nach STARCK 1979.

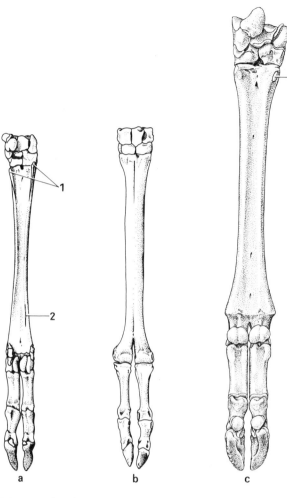

Abb. 519. a) *Cervus nippon hortulorum*, Dybowsky-Hirsch. Beispiel eines plesiometacarpalen Cerviden. Hand von ventral, Metacarpalreste nur proximal (1) und in Spuren distal (2). b) *Lama guanicoë*, Guanako (Tylopoda), linke Hand von dorsal. Beachte tiefe Spaltung distal am Metapodium und Zweiteilung der Gelenkfläche, c) *Okapia johnstoni*, Okapi, rechte Hand von ventral, winziges Rudiment des Metacarpale V (3). Nach STARCK 1979.

Warzenschweine) mit kurzer Schrittweite bei geringerer Länge der Gliedmaßen haben oft eine hohe Schrittrate und erreichen damit einen ähnlichen Effekt. Beide Bewegungstypen kommen unter den Paarhufern vor, doch ist, abgesehen von den Suidae, bei der Mehrzahl der Gattungen ein Trend zur Verlängerung der Extremitäten festzustellen.

Bei basalen Säugetieren beträgt das Verhältnis der Längen von Stylopodium zu Zeugopodium und Autopodium etwa 1:1:1.

In der Anpassungsreihe vom Schreiten zum Laufen und Rennen kommt es zunehmend zu einer Verlängerung der distalen Extremitätenabschnitte, besonders der Metapodien. Die parallel gehende Abhebung von Carpus und Tarsus vom Boden, bereits beim Schreiten angedeutet, führt schließlich dazu, daß nur noch die Fingerspitzen den Boden berühren (extreme Digitigradie = Unguligradie bei Equidae und Artiodactyla).

Die Reduktion der Randstrahlen erfolgt schrittweise bei den Paarhufern. Der 2. und 5. Finger-(Zehen-)strahl ist bei Suidae und Tragulidae noch entwickelt und kann unter Umständen den Boden noch erreichen (Abb. 516). Die Metapodien III und IV liegen parallel zueinander und sind starr verbunden. Bei den Pekaris kann es im Alter bereits zu einer knöchernen Verwachsung dieser Knochen kommen. Eine Verschmelzung beider Metapodien ist bei den übrigen Artiodactyla die Regel, doch kann die doppelte Anlage des „Kanonenbeines" noch durch ein Knochenseptum in der Markhöhle (Tylopoda) erkannt werden. Im Gegensatz zu den Pecora bleiben die beiden distalen Gelenkflächen bei Tylopoda noch deutlich voneinander getrennt.

Die Persistenz von Rudimenten der Randstrahlen (II und V) in Form der Griffelbeine in den verschiedenen Familien zeigt Unterschiede, die von systematischer Bedeutung sind (s. systematischer Teil, S. 980f.). Sie sind noch vollständig, wenn auch stark verdünnt, bei *Tragulus* (Abb. 517, 518). Bei telemetacarpalen Hirschen (Reh, Ren, Elch) sind die Metacarpalia proximal verschwunden, distal aber noch mit den Fingergliedern ausgebildet. Bei den plesiometacarpalen Hirschen (*Cervus, Dama, Axis*) verschwinden Strahl II und V distal völlig, bleiben aber proximal als Griffelbeine erhalten (Abb. 519a). Bei der Giraffe verschwinden die Rudimente von II und V völlig, bei *Okapia* erhält sich ein winziges Rudiment von Metacarpale V proximal (Abb. 519c). Bei Bovidae sind die Randstrahlen bis auf kleine proximale Rudimente meist verschwunden.

Die Anpassung an hohe Geschwindigkeiten erfordert eine Reihe von weiteren Umkonstruktionen. Von Bedeutung ist vor allem die Einschränkung der Bewegungsfähigkeit auf eine Ebene. Die Gliedmaßen werden ausschließlich in einer parasagittalen Ebene bewegt, führen also nur Scharnierbewegungen (Flexion-Extension) in allen Gelenken aus. Die Fähigkeiten zu Rotation, Abduktion und Adduktion gehen verloren. Dies wird erreicht durch Umbildung der Gelenkform (Kielbildungen, Reduktion der Ulna abgesehen vom proximalen Ende mit Olecranon, straffe Seitenbänder) und durch entsprechende Anordnung der Muskulatur. Der gleichsinnige Bewegungsablauf in allen Extremitätengelenken trägt zur Steigerung der Geschwindigkeit bei. Durch den Erwerb der Digitigradie gewinnt die Extremität funktionell ein zusätzliches Gelenk, das Metacarpophalangeal-Gelenk. Im Bereich der Muskulatur kommt es zu einer Umgruppierung zugunsten der Flexoren und Extensoren. Die Hauptmasse der Muskeln konzentriert sich proximal um Schultergelenk und Stylopodium. Die Muskeln entsenden lange Sehnen in die freien Gliedmaße und entlasten diese vom Muskelgewicht. Außergewöhnliche Zunahme der Körpergröße geht mit einer unproportionalen Vermehrung der Muskelmasse einher, denn diese wächst bei Größenzunahme des Tieres in der 3. Potenz und kann dann zu Verlust des schlanken, sehnigen Baues der Extremität führen (Elefanten).

Solche Tiere verlieren die Fähigkeit zum Rennen und Springen, kompensieren diesen Verlust aber durch Vergrößerung der Schrittlänge.

Die Elemente von Carpus und Tarsus zeigen bei Artiodactyla die diplarthrale Anordnung, doch kommt es synchron mit der Spezialisierung des distalen Extremitätenabschnittes und der Einschränkung auf Bewegungen in der Sagittalebene vielfach zu Verminderung der Zahl von Einzelelementen und Verschmelzungen. Bewegungen erfolgen im wesentlichen im Intercarpalgelenk. Das Trapezium, das bei Suoidea noch vorhanden ist, verschwindet bei den Pecora. Trapezoid und Capitatum verschmelzen (Ausnahme: Tylopoda). Im Tarsus (Abb. 520) sind bei Suidae die typischen Tarsalknochen

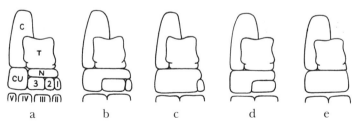

Abb. 520. Rechter Tarsus der Artiodactyla, Schema der progressiven Fusion der tarsalen Skeletelemente. a) Viele Suidae, b) Typische Tylopoda und Pecora, c) *Tragulus, Muntiacus*, d) *Giraffa*, e) *Okapia*.
C = Calcaneus, T = Talus (Astragalus), CU = Cuboid, N = Scaphoid (Naviculare), 1, 2, 3 = Cuneiformia, I−V = Metatarsalia. Nach HOWELL 1944.

noch frei. Bei den Pecora und Tylopoda verschmelzen Cuboid und Naviculare („Scaphocuboid") und ebenso Cuneiformes II und III. Bei *Tragulus* und *Muntiacus* (Cervidae) verschmelzen, außer Cuneiforme I, alle distalen Tarsalia. Bei *Giraffa* synostosieren Cuboid und Naviculare einerseits und Cuneiforme I–III andererseits (Abb. 520). Bei *Okapia* schließlich verschmelzen alle distalen Tarsalia untereinander knöchern.

Gebiß. Das Gebiß der Artiodactyla zeigt eine große Mannigfaltigkeit nach Zahnformen und Zahnzahl. Die ursprüngliche Zahnformel basaler Eutheria: $\frac{3\ 1\ 4\ 3}{3\ 1\ 4\ 3} = 44$ findet sich noch bei der Gattung *Sus*. Die Zähne bilden eine geschlossene Zahnreihe ohne Diastem und sind brachyodont und bunodont, mit geschlossenen Wurzeln und ohne Kronenzement. Bereits bei den übrigen Genera der Suidae treten verschiedenartige Spezialisationen auf: Reduktionen der oberen I, Vergrößerung der C zu Hauern, Diastem durch Verlängerung der Schnauze, beginnende Tendenz zur Ausbildung der Hypsodontie, Reduktion der Molarenzahl bei Vergrößerung von M3 (z.B. bei *Phacocoerus*) (Abb. 524). Schließlich kommt es zu einer Vermehrung der Zahnhöcker am M3, die sich zu Dentinpfeilern umbilden.

Eine zweite Entwicklungsreihe, die gleichfalls von bunodonten Zahnformen ausgeht, führt schließlich zur Differenzierung des hypselodonten, selenodonten Zahnes, wie wir ihn bei den rezenten Tylopoda und Pecora finden. Die vier Haupthöcker des bunodonten Zahnes nehmen die Form von V-förmigen Leisten an. Vordere und hintere Joche können durch Leisten untereinander verbunden sein (s. S. 167f., Abb. 108). Die Krone der hypsodonten, selenodonten Zähne ist zunächst von Zement überkleidet. Dies wird durch die silikatreiche Nahrung (harte Gräser) abgeschliffen, so daß schließlich Schmelz und Dentinleisten freigelegt werden, zwischen denen Zementstreifen übrig bleiben. Dauerwachstum des Zahnes bleibt durch die Hypselodontie gesichert (Abb. 105, 106).

Bei Tragulidae und Pecora (Abb. 533, 538) verschwinden die oberen Incisivi vollständig. Die oberen C fehlen bei vielen Pecora. Im Unterkiefer nehmen sie bei diesen Gruppen die Form von Schneidezähnen an und schließen sich dem I_3 seitlich an. Bei den geweihlosen *Moschus* und *Hydropotes* (Cervidae) sind die oberen C als lange Hauer ausgebildet, besonders im männlichen Geschlecht (Abb. 535, 539). Reduktion der P kommt bereits bei Suidae (*Babyrussa*) vor. Ruminantia besitzen nur 3 P in Ober- und Unterkiefer.

Centralnervensystem. Der großen Anzahl der Gattungen und Arten der Artiodactyla und den Differenzen in Evolutionshöhe, Körpergröße, Lebensweise und Anpassungstyp entspricht eine erhebliche Formenmannigfaltigkeit des Gehirns. Im folgenden beschränken wir uns auf einige Hinweise zur Morphologie des Großhirns, da nur für dieses ausreichende Daten für eine vergleichende Betrachtung vorliegen.

Alle rezenten Paarhufer besitzen Furchen und Windungen des Pallium. Allerdings kommen in den verschiedenen Unterordnungen und Familien erhebliche Unterschiede im Reichtum der Gyri und Sulci in der Furchentiefe und im Auftreten von Sekundär- und Tertiär-Furchen vor. Eingehende Untersuchungen der Makromorphologie des Gehirns liegen vor bei BRAUER & SCHOBER (1970, 1975), OBOUSSIER (1979, 1984) und RADINSKY (1976). Ähnlich wie bei den Hippomorpha (Perissodactyla, s. S. 957f.) erfolgt in der Stammesgeschichte die progressive Entfaltung des Großhirns nicht synchron mit dem Auftreten gruppenspezifischer Merkmale an den Extremitäten und Zähnen, sondern sehr spät, seit dem Miozaen. Einen relativ basalen Status haben die Tragulina bewahrt.

Das Gehirn von *Tragulus* kann daher als Modell für die Ausgangsstufe des Gehirns der Artiodactyla dienen. Das Großhirn von *Tragulus* (Abb. 521) ist in Dorsalansicht birnenförmig, d.h. die Breitenentfaltung betrifft die temporo-parietale Region, während der Frontallappen sehr schmal bleibt. Bulbus olfactorius und Palaeopallium sind recht ausgedehnt. Die Fiss. palaeo-neocorticalis ist von lateral her im unteren Bereich der

Hemisphaere vollständig sichtbar. Eine Opercularisation des Inselfeldes fehlt. Im Bereich des Neopallium sind die Sulci suprasylvius, praesylvius und splenialis meist deutlich. Der letztgenannte liegt auf der Dorsalseite, seitlich vom Hemisphaerenspalt. Ein Sulcus lateralis fehlt.

Die weitere progressive Entfaltung des Gehirns bei den Suina, Tylopoda und Pecora zeigt ähnliche Tendenzen, wie sie bei zunehmender absoluter Körpergröße und fortschreitender Neencephalisation auch in anderen Ordnungen (Carnivora, Primates) zu beobachten sind.

Die Massenzunahme des Neencephalon zeigt sich in einer stärkeren Aufwölbung nach dorsal, lateral und occipital. Dadurch wird das Tectum, das bei *Tragulus* nach dorsal wie das ganze Kleinhirn unbedeckt bleibt, bei den übrigen Artiodactyla vom Hinterhauptslappen überlagert, das Cerebellum ist allerdings nur in der vorderen Hälfte bedeckt (Abb. 521). Die weitere Formbildung des Großhirns unterliegt bei den

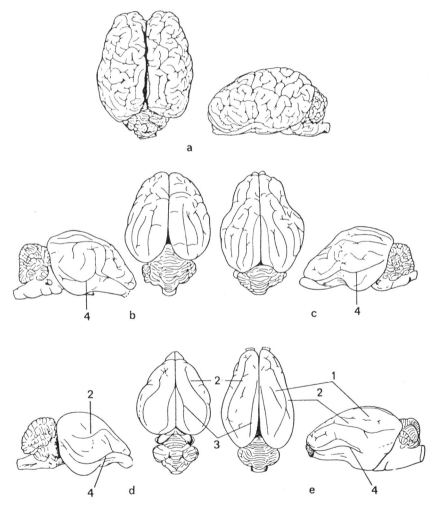

Abb. 521. Gehirne von Artiodactyla verschiedener Körpergröße und verschiedenen Encephalisationsgrades, jeweils in Ansicht von dorsal und lateral. a) *Okapia*, b) *Sylvicapra*, c) *Madoqua*, d) *Tragulus*, e) *Moschus*. Nicht maßstäblich.
1. Sulcus lateralis, 2. Sulcus suprasylvius, 3. Sulcus splenialis, 4. Fiss. palaeoneocorticalis. Nach STARCK 1975.

Artiodactyla ähnlichen Faktoren und Zwängen wie bei den Carnivora und Primates (Zunahme der Körpergröße, Massenentfaltung des Neocortex).

Daher ist verständlich, daß das Endresultat, also Großhirnform und Furchenmuster, gewisse Ähnlichkeiten zu den Fissipedia aufweist. Dennoch läßt sich ein ordnungsspezifisches Grundmuster des Gehirns der Artiodactyla erkennen. Seine Hauptkennzeichen sind folgende: Die Gesamtform des Großhirns wird wesentlich durch eine Tendenz zum Längenwachstum bestimmt. Dadurch unterbleibt die starke Vorwölbung nach dorsal, die bei Carnivora und Primates zu einer Verrundung führt, die nahezu eine Kugelform des Großhirns bedingen kann. Es fehlt also der Vorgang, der meist als „Stauchung" (s. S. 105f.) beschrieben wurde. Die Opercularisation des Inselfeldes erfolgt nicht durch einzelne Opercula, sondern durch einen längsverlaufenden Wulst. Das Grundmuster der Furchen ist in den drei verglichenen Ordnungen identisch (Slc. pseudosylvius, Slc. suprasylvius und weitere Bogenfurchen), doch bleibt ein longitudinaler Verlauf dieser Furchen erkennbar. Der Slc. splenialis wird durch die Massenentfaltung des Parietallappens mehr und mehr auf die mediale Hemisphaerenseite verdrängt und ist von dorsal nicht mehr sichtbar.

Unter den Cervidae, Giraffidae und Bovidae erreichen viele Genera einen sehr hohen Encephalisationsgrad bei erheblicher Körpergröße. Entsprechend finden wir eine bedeutende Komplikation des Furchenreliefs durch Auftreten von sekundären und tertiären Furchen.

Hierzu sei hervorgehoben, daß die gesamte Zunahme der neopallialen Rinde nicht allein aus dem Reichtum an Furchen erkannt werden kann. H. OBOUSSIER (1979, 1984) hat nachgewiesen, daß für die quantitative Beurteilung der Großhirnrinde auch die Tiefe der Furchen berücksichtigt werden muß, denn diese kann bei verschiedenen Gruppen sehr unterschiedlich sein.

So konnte gezeigt werden, daß bei afrikanischen Antilopen aus verschiedenen Subfamilien, trotz ähnlicher Körpergröße und Lebensweise, *Neotragus* ein stark gefurchtes Gehirn mit vielen flachen Furchen, *Cephalophus* aber ein wenig gefurchtes Gehirn mit sehr tiefen Furchen besitzt. Im Vergleich besaß *Cephalophus* eine deutlich größere Rindenoberfläche als *Neotragus*. Der Befund zeigt, daß die deskriptive Betrachtung des Furchenreichtums allein noch keine Schlüsse über den Neencephalisationsgrad zuläßt und daß ein gleicher Effekt, in diesem Beispiel die relative Vermehrung der neencephalen Neuronenmasse, in verschiedenen Stammeslinien auf differente Weise erreicht werden kann. Derartige Überlegungen können für die Beurteilung der systematischen Stellung von erheblicher Bedeutung sein.

Tab. 56. Einige Beispiele für Hirn- und Körpergewicht bei Artiodactyla. Nach BRAUER & SCHOBER 1970

	HirnGew. [in g]	KGew. [in g]
Sus scrofa f.dom.	67–145	57 000–150 000
Tayassu tayacu	109	25 000
Camelus bactrianus	400	400 000
Moschus moschiferus	55	13 500
Cervus dama	220	90 000
Bison bonasus	367	900 000
Cephalophus spec.	33	65 000
Antilope cervicapra	112	25 000
Ovis ammon f. dom.	140	40 000

Postdentaler Darmtrakt. Der Ductus nasopalatinus mündet auf der Gaumenpapille in die Mundhöhle. Sie liegt bei Ruminantia im Bereich einer derben Gaumenschwiele, gegen welche die Unterkieferincisivi beim Abschneiden des Grases wirken. Quere Gaumenleisten sind zahlreich (*Sus* bis 20, meist 12–18). Sie werden nach hinten zu flacher und unregelmäßiger. Oft sind sie am Rande gezähnelt. Der Nasenrachenraum ist häufig (*Sus*, einige Cervidae) als Tasche (Bursa nasopharyngea), die sich occipitalwärts ausdehnen kann, ausgebildet. Die Bursa ist, gegenüber dem Kehlkopfeingang gelegen, zum Rachenraum offen.

Die Lippen sind stark muskularisiert und spielen eine wichtige Rolle bei der Nahrungsaufnahme. Bei Kamelen und Giraffen ist die Oberlippe als Greiforgan tätig. Die Oberlippe ist meist haarlos (Ausnahme *Alces, Rangifer*) und reich mit Drüsen ausgestattet. Dieses Rhinarium (Flotzmaul, Nasenspiegel, Muffel) kann sich bis zu den Nasenlöchern erstrecken. Rüsselartig verlängert ist die Oberlippe bei *Saiga* und *Pantholops*, mit endständiger Lage der Nasenlöcher. Die Schleimhaut von Lippen und Wangen ist bei Wiederkäuern mit zahlreichen spitzen, gelegentlich verhornten, schlundwärts gerichteten Papillen besetzt, die als Schutz gegen mechanische Insulte durch harte Pflanzenteile gedeutet werden.

Bei den Wiederkäuern fehlen die oberen I. Bei ihnen hat die Zunge die Funktion als Greiforgan beim Abreißen von Ästen, Laub und Gräsern übernommen. Sie ist lang und kann weit vorgestreckt werden. Ihr freies Ende ist zugespitzt und mit derber Schleimhaut überzogen. Der Zungenrücken und die Spitze sind mit meist verhornten, spitzen Papillae filiformes und mit Papillae fungiformes bedeckt. Am Übergang zur Zungenwurzel finden sich zahlreiche Papillae vallatae (bei Cervidae und Bovidae 10 – 40 in zwei Reihen, bei Tylopoda 3 – 4 sehr große Wallpapillen in einer Reihe). Bei den Suidae findet sich jederseits nur eine Wallpapille. Die Papillae foliatae sind bei Schweinen sehr groß, bei Ruminantia aber stark reduziert.

Der **Magen** der Artiodactyla weist eine große Formen- und Funktionsmannigfaltigkeit auf. Gliederung, Funktion, Anpassung an die Art der Nahrung sind bereits im allgemeinen Teil beschrieben worden (s. S. 177 – 179, Abb. 114, 116, 117). Daher seien hier nur die wichtigsten Besonderheiten bei Paarhufern hervorgehoben und auf die stammesgeschichtlich bedeutsamen Differenzierungen in den verschiedenen Familien und Anpassungsreihen verwiesen.

Unter den omnivoren Suidae besitzt das Warzenschwein noch einen unilokulären, sackförmigen Magen, während bei *Sus* und *Babyrussa* bereits ein deutlich abgegrenztes Diverticulum am Fornix ventriculi auftritt. Die Sonderstellung der Tayassuinae gegenüber den Suinae wird durch die Ausbildung von zwei Blindsäcken, eines Magensackes und eines komplizierten Faltensystems zwischen diesen Abschnitten bei der erstgenannten Familie deutlich (LANGER 1988). Beide Arten der Hippopotamidae (*Hippopotamus* und *Choeropsis*) besitzen, als reine Pflanzenfresser, einen plurilokulären Magen mit zwei großen Blindsäcken und komplexer Faltenbildung im Inneren des Verbindungsstückes zwischen diesen (LANGER 1988).

Der Magen der Tragulidae (Abb. 114, 116) ist multilokulär und besteht aus drei Hauptkammern (Rumen, Reticulum und Abomasum). Ein Omasum fehlt (sekundär ?, ein Rudiment soll nach einigen Autoren nachweisbar sein). Der Ösophagus mündet in das Reticulum. Am Rumen finden sich drei divertikelartige Säcke.

Der Magen der Tylopoda weicht in Form und Struktur erheblich von dem anderer Paarhufer ab und ist damit ein wichtiges Argument für die frühe Trennung (Alttertiär) und eine unabhängige, parallele Evolution; eine Auffassung, die auch durch weitere Befunde (Gliedmaßen, Gebiß, Gefäßsystem) bestätigt wird (s. S. 148, 179, 1012, Abb. 116). Am Rumen finden sich bei Tylopoden zwei Wandbezirke, die mit Drüsensäcken besetzt sind. Sie wurden früher als „Wasserzellen" gedeutet; eine Hypothese, die aufgegeben werden muß, denn ihre Wand ist mit Drüsen besetzt, die im Bau den Pylorusdrüsen ähneln. Der Inhalt der Zellen besteht in der Regel aus Ballen grober Pflanzenteile. Auch am Reticulum kommen ähnliche Drüsensäckchen vor.

Ein Blättermagen fehlt. Auf das Reticulum folgt ein schlauchförmiger Tubus gastricus (Drüsenmagen), an welchen sich ein kleiner Hintermagen (Pars pylorica) anschließt (LANGER 1988).

Die höchste Differenzierungsstufe haben die Pecora erreicht (s. S. 179f., Abb. 116, 117). An diesem Magen sind drei Hauptabschnitte zu unterscheiden. 1. Vormagen (Rumen = Pansen) und Reticulum (Netzmagen = Haube). In den Pansen mündet der Oesophagus. 2. Mittelmagen (Omasum = Blättermagen, Psalterium) mit hohen parallel angeordneten Schleimhautfalten. Die beiden genannten Hauptabschnitte (1. und 2.) sind mit mehrschichtigem Plattenepithel ausgekleidet. In ihnen finden die Durchmischung und die alloenzymatischen Verdauungsprozesse (s. S. 146, 149) statt. 3. Hintermagen (Abomasum, Lab- oder Drüsenmagen und Pars pylorica). Der 3. Abschnitt ist von einschichtigem Zylinderepithel ausgekleidet und enthält Hauptdrüsen mit Haupt- und Belegzellen. Der Endabschnitt besitzt verzweigte, tubulöse Pyloruszellen. Eiweißverdauung findet nur im Hintermagen statt.

Der Darmkanal der Artiodactyla ist ausnahmslos sehr lang, wobei die längste Strecke auf den Dünndarm fällt.

Tab. 57. Darmlänge bei einigen Artiodactyla [in m]. Nach WEBER 1928

	Ges. Darmlänge	Dünndarm	Colon
Hippopotamus	50	–	–
Sus	19	16	3
Camelus	36	–	–
Bos	54	45	9

Das Colon ist gewöhnlich gemeinsam mit dem Dünndarm in Form einer „Darmscheibe" spiralig aufgerollt. Das Caecum der Suidae ist sehr kurz und fehlt den Hippopotamidae. Die Leber ist bei Tylopoda einfach, bei den Pecora viellappig. Eine Gallenblase fehlt bei den meisten Cerviden und gelegentlich, individuell bei Giraffen.

Atmungsorgane. Der Larynx der Artiodactyla zeigt nur geringe Abweichungen vom Grundtyp des Eutherier-Kehlkopfes. Eine fixierte, dauernd retrovelare Lage des Larynx besteht offensichtlich nicht, mit funktionell bedingten Unterschieden (Lautgebung) muß gerechnet werden. Bei den meisten Artiodactyla sind die seitlichen Partien der Epiglottis schwach ausgebildet. Hier erfährt die Begrenzung des Aditus laryngis durch die Plicae aryepiglotticae eine Ergänzung durch Plicae epiglotticae lat., besonders bei Suidae. Zwischen beiden Falten kommt es zur Ausbildung eines Recessus. Bei Tylopoda sind die seitlichen Teile der Epiglottis gut entwickelt. Anhangsgebilde (Recessus) fehlen den meisten Artiodactyla. Kleine, obere Kehlsäcke zwischen Thyroid und Epiglottis wurden bei *Rangifer, Hyemoschus*, einigen Antilopen und *Tayassu* beschrieben.

Die Trachea gibt meist einen rechten eparteriellen Bronchus zum rechten Ober-(Vorder-)Lappen der Lunge ab. Die rechte Lunge besteht meist aus 4–5, die linke aus 3 Lappen. Tylopoda besitzen auch einen linken eparteriellen Bronchus. Bei *Hippopotamus* bestehen jederseits ein kleiner Vorderlappen und ein großer Hinterlappen.

Kreislauforgane. Das Herz der Paarhufer, besonders der Ruminantia, ist länglich, schlank und zugespitzt. Die vom linken Ventrikel gebildete Spitze weist nach links. Der Anulus fibrosus zwischen Atrien und Ventrikel enthält bei Suidae eine Knorpeleinlagerung, bei vielen Ruminantia (*Bos, Capra* u.a.) in der Nachbarschaft des Aortenursprunges einen Sekundärknochen (Ossiculum cordis, Herzknochen).

Im peripheren Arteriensystem ist auf das Vorkommen von arteriellen Wundernetzen im Bereich der Aa. carotides int. hinzuweisen. Ihre Bedeutung als Schutzeinrichtungen vor Schädigung durch hohen arteriellen Druck zeigt eindrucksvoll das Beispiel der Giraffe, da die große hydrostatische Differenz bei dem langhalsigen Tier überwunden werden muß (s. S. 1042). In den Hirnarterien beträgt der Druck, wie bei kurzhalsigen Tieren, etwa 160 mm Hg. Der Druckabfall wird durch Einschaltung von Wundernetzen in die Carotiden erreicht.

Exkretionsorgane, Harnorgane. Die Niere ist meist glatt und ungelappt. Bei Suidae finden sich mehrere Warzen, bei kleinen Ruminantia hingegen besteht nur eine Papille. Bei Zunahme der Körpergröße (Bovidae) kommt es zur Gliederung der Niere in zahlreiche Lappen. Die Furchung ist bei Hippopotamidae nur oberflächlich (s. S. 251).

Geschlechtsorgane, Fortpflanzung. Die Hoden liegen bei Paarhufern außerhalb der Bauchhöhle in einem Scrotum, nur bei *Hippopotamus* subintegumental. Unterschiede zwischen den Familien bestehen in der Ausbildung der akzessorischen Geschlechtsdrüsen. Bei den Suoidea kommen Gldl. vesiculares, urethrales, prostaticae und bulbourethrales vor. Während bei den Tylopoda sich ein Teil der Urethraldrüsen zu einer großen Gld. prostatica differenziert, fehlt den Pecora diese Drüse.

Der Penis ist lang und liegt in der Ruhe in einer S-förmigen Schlinge. Die Praeputialöffnung liegt gewöhnlich ventral und ist nach vorn gerichtet (Ausnahme Tylopoda und Hippopotamidae). Stets fehlt ein Os penis. Der Penis der Artiodactyla entspricht dem fibroelastischen Typ (SLIJPER 1938). Vielfach besitzen Artiodactyla einen langen, dünnen Urethralfortsatz, der von der Harnsamenröhre durchbohrt wird und asymmetrisch (meist links) von der Glans penis ausgeht (Proc. filiformis) (Abb. 534).

Das Ovar ist ovoid bis mandelförmig und besitzt eine dünne Tunica albuginea und ein großes Rete. Die Oberfläche ist meist glatt, ungelappt. Es liegt in Höhe des Vert. L VI. Die Bursa umhüllt das Ovar nur partiell und besitzt eine weite Öffnung.

Die Ovulation erfolgt bei Rind und Schaf spontan, bei Kamelen provoziert.

Der Uterus ist stets zweihörnig (Uterus bicornis).

Deutlich ausgeprägt ist bei Paarhufern gewöhnlich die Sexualdifferenz, vor allem in der Körpergröße. Fast immer sind die ♂♂ größer als die ♀♀ (Ausnahme: *Cephalophus maxwelli*). Das Geweih der Cerviden ist ein Attribut des männlichen Geschlechtes. Als einzige Ausnahme besitzt das weibliche Ren (*Rangifer*) ein Geweih, das dem des Männchens an Größe kaum nachsteht. Die Verhältnisse bei Bovidae sind sehr wechselnd. Gemsen und Verwandte besitzen in beiden Geschlechtern gleichstarke Hörner. Die meisten Hornträger besitzen im weiblichen Geschlecht schwächere Hörner als die ♂♂. Den ♀♀ fehlen die Hörner bei *Saiga tatarica* und gelegentlich bei einigen Duckerarten. Bei weiblichen Gabelböcken (*Antilocapra*) bleiben die Hörner ungegabelt.

Sexualunterschiede in der Färbung des Fells kommen bei einigen Antilopen (*Hippotragus, Antilope cervicapra*) und Rindern (*Bibos banteng*) vor. Als sekundäre Sexualmerkmale sind der Bart der Ziegenböcke (*Capra*) und die Mähne des Mähnenschafes (*Ammotragus lervia*) zu nennen.

Die nicht mit Stirnwaffen ausgestatteten Artiodactyla haben hauerartig verlängerte Eckzähne (Suidae, Tragulidae, Moschidae, *Hydropotes*), die bei ♂♂ stärker als bei ♀♀ sind. Die am Kopf einiger Schweine-Arten (*Phacochoerus, Sus verrucosus*) auftretenden Hornwarzen (Tuberkel) zeigen gleichfalls Sexualdimorphismus.

Das Auftreten von Hörnern, Geweihen und Hauern als Waffen gegen Beutegreifer und in Rivalenkämpfen erklärt nicht die vielfach exzessiven Strukturen mit offenbar ornamentaler Bedeutung. Mit zunehmender Differenzierung des Geweihs der Hirsche und der Eckzähne beim Hirscheber (*Babyrussa*) werden die Waffen zu Rangzeichen, Imponierorgan und zu Turnierwaffen im Ritualkampf. Ein Geweih ist umso ungefährlicher, je ornamentaler es ist (LEUTHOLD 1977).

Die Suidae sind polyoestrisch. *Sus scrofa* (Wildschwein) wirft nach einer Graviditätsdauer von 115 d 3−5 Junge (die Würfe können bei Hausschweinen erheblich größer sein), die in reifem Zustand mit offenen Augen und ausgebildetem Juvenil-Haarkleid geboren werden und etwa 10 d in einer einfachen, mit Laub ausgekleideten Nestmulde verbringen. Im Alter von 10−14 d folgen sie der Mutter bei der Nahrungssuche.

Tragulidae haben eine Tragzeit von 120 d (*Tragulus javanicus*) bis 160 d (*Tr. napu*) und werfen 1 reifes Jungtier.

Die Tragzeit bei *Moschus* beträgt 160 d (1−2 Neonati). Als einziger Cervide hat das Wasserreh (*Hydropotes*) eine Wurfgröße von 1−5. Alle übrigen Pecora (Cervidae, Giraffidae, Bovidae und Tylopoda) werfen jeweils nur 1 Junges. Die Tragzeit beträgt 150−420 d.

Tab. 58. Tragzeit. Nach Asdell 1964, Eisenberg 1981, Niethammer 1979 u. a. (s. Tab. 24, S. 241)

Capra, Ovis	150 d
Madoqua	174 d
Pudu	210 d
Axis	210−225 d
Cervus	250 d
Camelus bactrianus	406 d
Giraffa	420 d

Zwillingsgeburten kommen gelegentlich bei einigen Cervidae und beim Hausschaf vor.

Die Jungen werden in ausgebildetem Zustand (precocial) geboren und folgen der Mutter bei den Selenodontia sofort nach der Geburt.

Beim Reh (*Capreolus*) kommt eine embryonale Diapause (Keimruhe, verzögerte Implantation, s. S. 454) vor. Die Brunst erfolgt im VII−VIII, die Geburt im V. Bischoff (1857) konnte bei einer großen Zahl von Rehen im XI und XII freie Blastocysten in utero entdecken. Die Implantation erfolgt erst im I. Das Corpus luteum bleibt während der Ruhephase aktiv. Als Ursache dieses Phänomens werden kalte Außentemperaturen vermutet.

Zusammenfassend kann festgestellt werden, daß bei Paarhufern erhebliche Differenzen im Modus der Fortpflanzung vorkommen.

Die meisten Suidae sind gekennzeichnet durch kürzere Tragzeit, größere Würfe und Anlegen von Geburtsnestern. Hierin ist eine Tendenz zur r-Selektion (s. S. 228) zu erkennen. Damit im Zusammenhang steht die relativ hohe Sterberate während des ersten Lebensjahres. Bei Wildschweinen überleben meist weniger als 50% der Nachkommen das erste Lebensjahr. Übergänge zur k-Selektion deuten sich an im frühaktiven (precocial) Zustand der Jungtiere, die nur kurze Zeit an den Aufenthalt im Lager gebunden sind.

Die Hippopotamidae bilden als aquatile Großformen einen Sonderfall, denn bei ihnen ist eine k-Strategie erreicht. Die Tragzeit ist relativ lang (240 d bei *Hippopotamus amphibius*). Es wird stets nur 1 Junges geboren, das frühaktiv ist, denn die Geburt findet im Wasser statt, und das Neugeborene muß gleich zum Atmen auftauchen können. Die sofortige koordinierte Funktion des Lokomotionssystems ist lebenswichtig. Eine enge Bindung zwischen Mutter und Kind besteht mindestens für 1 a. Beim Zwergflußpferd (*Choeropsis*) erfolgt die Geburt an Land in einer Nestmulde.

Der Trend zur ausgeprägten k-Strategie ist bei den Selenodontia festzustellen. Dies entspricht dem Habitat, den Umweltbedingungen und der Tendenz zur Zunahme der Körpergröße in vielen Familien. Die Tragzeit ist relativ lang (s. S. 241, Tab. 24). Meist wird nur 1 Junges geworfen, das in weitgehend reifem Zustand zur Welt kommt, sofort nach der Geburt der Mutter folgt und im Schutz der Herde bleibt.

Ontogenie, Embryonalentwicklung, Placentation. Ausreichende Kenntnisse der frühen Ontogenese liegen von den domestizierten Paarhufern (Schwein, Schaf, Rind) und von einigen Cervidae und Bovidae vor. Andere Genera sind unzureichend erforscht; häufig sind nur einige Placentarstadien bekannt. Dies gilt vor allem für Hippopotamidae, Tragulidae, Tylopoda. Dennoch sind einige Aussagen über gemeinsame Ontogenese-Merkmale in der ganzen Ordnung Artiodactyla möglich. Stets erfolgt die erste Anheftung der Blastocyste mesometrial und der Dottersack ist mesometrial orientiert.

Die Implantation erfolgt superfiziell, die Amniogenesis durch Bildung von Amnionfalten. Die Placenta ist epitheliochorial, Paarhufer sind adeciduat (MOSSMAN 1977, AMOROSO 1952, STARCK 1959).

Spezifische Merkmale der einzelnen Familien betreffen vor allem Bau und Beschaffenheit der Placenta. Vor allem ist festzuhalten, daß es, ausgehend von einer diffusen, villösen Placentation fortschreitend zu einer Lokalisation der für Resorption und Atmung wichtigen Bezirke in Gestalt von Placentomen kommt, deren Anzahl und Struktur erhebliche Unterschiede bei den differenten Gattungen aufweist. Die zottenfreien Bezirke zwischen den Placentomen dienen allenfalls histiotropher Ernährung.

Bei Suidae wächst die Keimblase während der ersten 2–3 Wochen zu einem langen Schlauch (bis 1,5 m) aus, der in vielen Windungen liegt und in der Mitte seiner Wand die Embryonalanlage enthält. Im weiteren Verlauf der Entwicklung atrophieren die beiden Enden des Schlauches. Die Anheftung erfolgt in der 3. Woche. Das Amnion wird durch die sich ausdehnende Allantois von innen gegen die Keimblasenwand gepreßt und verwächst mit dem Chorion, doch bleibt ein Bezirk des Amnio-Chorion bis zum Ende der Gravidität erhalten, wird also nicht von der Allantois umwachsen. Der Dottersack ist relativ klein und bildet sich vor der Geburt zurück. Er hat für kurze Zeit eine Verbindung zum Chorion. Die Oberfläche der Keimblase bildet Falten, auf denen Zotten sitzen. Diese sind mit Trophoblast, der zellig bleibt, bedeckt. Der zunächst weite Spalt zwischen Trophoblast und Uterusepithel enthält Histiotrophe. Im Laufe der Gravidität kommt es an den Zottenspitzen zu einer Verankerung mit dem Uterusepithel und zu einer engen Verzahnung beider Grenzschichten. Diese löst sich kurz vor der Geburt ohne Verletzung des Uterusepithels. Die Placenta ist adeciduat, diffus, villös und epitheliochorial. Die strukturell differenten Bezirke dürften einer funktionellen Differenzierung entsprechen. Zwischen den Zottenbasen und in sogenannten Areolae findet Resorption von Histiotrophe statt. An der Zottenbasis wird aus dem materen Blut resorbiert (haemotrophe Ernährung). Hier findet auch Exkretion statt. Die durch intraepitheliale Kapillaren ausgezeichneten Zottenbezirke sind Orte des Gasaustausches.

Von *Hippopotamus* und *Choeropsis* liegen nur einige Angaben über den Bau der Placenta vor (AMOROSO 1952, STARCK 1959, TEUSCHER 1937), die eine große Übereinstimmung in der Placentarstruktur zwischen Flußpferden und Schweinen aufzeigen.

Placenta und Fetalmembranen der Pekaris (Tayassuidae) gleichen vollständig denen der Suidae (WISLOCKI & DEMPSEY 1946), abgesehen davon, daß die Enden des Chorionsackes bei ihnen nicht atrophieren.

Die Placenta der Tylopoda ist diffus und epitheliochorial (LENNEP 1961, 1963, MORTON 1961, STEVEN 1980). Die Zotten sind kurz und mäßig verzweigt. Zottenfreie Bezirke fanden sich auf der mesometrialen Seite beim Lama. Intraepitheliale Kapillaren finden sich reichlich im Trophoblast und im Uterusepithel.

Besonderes Interesse dürfen die Befunde über die Placentation der Tragulidae beanspruchen (STRAHL 1905, MOSSMAN 1987), denn sie ähneln durch den Besitz einer diffusen, epitheliochorialen Placenta mehr den Suoidea als den Pecora; ein weiterer Hinweis auf die frühe Abspaltung der Familie und auf deren Sonderstellung. Tragulidae besitzen stets nur 1 Junges. Der Chorionsack erstreckt sich in das nicht gravide Horn und bildet auch hier Zotten. Die Allantois ist ausgedehnt und persistent. Ein zottenfreies Feld findet sich antimesometrial. Der Übergang in das zottentragende Placentarfeld erfolgt graduell, indem zunächst Inseln von Zotten auftreten.

Die Placenta der Pecora (Cervidae, Giraffidae, Bovidae) ist dadurch gekennzeichnet, daß die Zotten auf bestimmte Bezirke der Chorionoberfläche beschränkt und durch zottenfreies Chorion voneinander getrennt sind. Diese hoch differenzierten Zottenbezirke werden als Cotyledonen bezeichnet. Ihnen entspricht jeweils ein, bereits im nichtgraviden Uterus vorgebildeter Schleimhautbezirk der Uteruswand, die Caruncula. Cotyledo und Caruncula bilden gemeinsam das Placentom. Anzahl, Form und Größe der Placentome wechselt erheblich bei den Familien und Gattungen. Die Placenta wird daher als Placenta cotyledonaria oder multiplex bezeichnet. Sie ist epitheliochorial.

Die Placenta multiplex wird bei Pecora als Placenta diffusa angelegt, die auf der ganzen Oberfläche kleine Zotten besitzt, welche sich nicht am Endometrium verankern (Rind, 3. Woche). Die Carunculae scheinen die weitere Ausbildung zu Cotyledonen zu induzieren. Zwischen den Cotyledonen bilden sich die Zotten sekundär zurück.

Bei Cervidae ist die Zahl der Placentome relativ niedrig (4–12). Sie sind rundlich, knopfförmig und stets konvex. Gelegentlich sitzen sie bei den telemetacarpalen Hirschen auf einem kleinen Stiel. Bei plesiometacarpalen Cervidae sind die Placentome flach, nie gestielt und in Reihen angeordnet. Die Giraffe besitzt bis zu 180 Placentome, die in Reihen angeordnet sind. Bei einem Okapi fand NAAKTGEBOREN (1970) 47 Placentome. Die Zahl der Placentome ist bei Bovidae recht hoch, weist aber eine beachtliche Variabilität auf (bei *Bos taurus* 70–142). Sie beträgt bei Rindern, Schafen, Ziegen und einigen großen Antilopen (*Taurotragus, Hippotragus*) etwa 100. Bei *Rhynchotragus, Madoqua, Sylvicapra* finden wir den oligocotyledonären Zustand (6 bei *Sylvicapras grimmia*, 28 bei *Madoqua*). Große Unterschiede bestehen in der Form der Placentome und der Art der Zottenverzweigung. Konvexe, pilzförmige, gestielte Placentome finden sich bei *Bos*. Flache, linsenförmige Placentome kommen bei vielen Antilopen vor. Bei Schafen sind die Placentome napfförmig, konkav, d. h. der Rand der Caruncula ist wallartig aufgeworfen und Zotten dringen nur vom Centrum aus in die Caruncula ein.

Oft findet sich bei Rind und Schaf dunkles Pigment in der Uterusmucosa. Es handelt sich um echtes, an Melanophoren gebundenes Melaninpigment, nicht, wie oft vermutet, um Reste von Extravasaten (Haemosiderin).

Über die Struktur der fetomaternellen Grenzmembran der Pecora gibt es noch Kontroversen. Für Cervidae und viele Bovidae (Antilopen, Rinder) dürfte die epitheliochoriale Struktur der Grenzmembran gesichert sein. Für Schafe wird mehrfach angegeben, daß es in späten Phasen zum Abbau von maternem Epithel wenigstens stellenweise käme, daß also ein syndesmochorialer Zustand erreicht würde.

In der Ordnung Artiodactyla sind, wie gezeigt wurde, zwei Wege der Differenzierung der fetalen Anhangsorgane und der Placenta nachzuweisen. Ausgehend von einer diffusen Zottenplacenta kommt es bei Suidae, Tylopoda und Tragulidae bei Beibehalten der epitheliochorialen Grundstruktur bereits zur Ausbildung funktionell verschiedener Bezirke (Zottenspitze: haemotroph, Gasaustausch, Zottenbasis und zwischen den Zotten: histiotrophe Ernährung). Bei den Pecora kommt es zur Differenzierung von Placentomen. Das bedeutet eine Konzentration der atmungsaktiven und haemotrophen Bezirke zu hoch strukturierten Teilorganen, während an der Zottenbasis im intercotyledonären Bereich histiotrophe Ernährung persistiert. Experimentelle Befunde über den Ort der Exkretion in der Placenta cotyledonaria fehlen bisher (intercotyledonär?).

Der Nachweis von Orten differenter Leistung bereits in der epitheliochorialen, diffusen Placenta entspricht einer hohen Spezialisierung und Effektivität dieses Organs und zeigt deutlich, daß die Schematisierung auf Grund der gruppenspezifisch verschiedenen Invasionskraft des Trophoblasten (Grossers Placentartypen) nicht ausreicht, um die evolutive Wertigkeit, die Besonderheiten der Placentarmorphologie zu erfassen. Die funktionellen Aspekte müssen berücksichtigt werden.

Ökologie und Sozialverhalten. Entsprechend der umfangreichen Radiation rezenter Artiodactyla sind die ökologischen Anpassungen und die Strukturen des Sozialverhaltens außerordentlich unterschiedlich. Die Darstellung muß bei der Vielfalt der Erscheinungen auf wenige Extremfälle beschränkt bleiben. Verwiesen wird auf den systematischen Teil und die monographischen Darstellungen von EISENBERG, GEIST, SCHALLER, WALTHER.

Abgesehen von den meist omnivoren Suidae und Tayassuidae sind die übrigen Paarhufer rein herbivor. *Phacochoerus* (Warzenschwein) ist auf Knollen und Wurzeln spezialisiert. Bei einigen Cephalophinae wurde gelegentlich Aufnahme von Fleisch oder Aas als Zusatznahrung festgestellt. Auch Rothirsche und Schafe, besonders bei Populationen auf Inseln mit karger Vegetation, sollen Nester plündern und Jungvögel fressen (Deckung des Ca-Defizits?).

Flußpferde (*Hippopotamus*) sind Grasfresser, die nachts zur Nahrungsaufnahme an Land gehen. Sie bilden große Gruppen von ♀ ♀ und Jungtieren, die eine lange Uferstrecke als Territorium, das von einem Bullen verteidigt wird, beanspruchen. Das westafrikanische Zwergflußpferd (*Choeropsis*) bewohnt Regenwald mit Flußläufen und ist in der Nahrungswahl weniger spezialisiert als die Großform. Nahrung: Schilf, Laub, Gras, Früchte. Keine Herdenbildung. Es lebt solitär und ist semiaquatil.

Die amerikanischen Nabelschweine (Tayassuidae) sind omnivor, doch ist ihr Nahrungsspektrum offenbar enger als das der Suidae. Das Halsbandpekari (*Tayassu tajacu*) bildet große Herden (> 100 Ind.), die meist von einem alten ♀ geführt werden. Alle drei Pekari-Arten kommen in einigen Gebieten sympatrisch vor. Weißlippen- und Chaco-Pekari bilden nur kleine Gruppen. Ihre Nahrung ist bisher nicht bekannt.

Unter den Cervidae und Bovidae können zwei extreme Adaptationstypen unterschieden werden, der Waldtyp (silvicol) und der Savannentyp.

a) Waldtyp: Typische Silvicole sind Tragulidae, Moschinae, südamerikanische Mazama- und Puduhirsche sowie Duckerantilopen (Cephalophinae). Es handelt sich um kleine Hirsche des Buschschlüpfertyps (s. S. 77) mit konvexem Rücken und ohne Geweihbildung, oder bei den Duckern um solche mit kurzen, flach rückwärtsgerichteten Hörnern. Sie sind Laub- und Fruchtfresser und bilden einfache Sozialstrukturen (solitär oder kleine Familienverbände). Hier wäre das altweltliche Reh (*Capreolus*) anzuschließen.

Während die Ducker in den afrikanischen Waldgebieten, in denen keine Cerviden vorkommen, eine erhebliche Artenaufsplitterung (14 Arten) erfahren, fehlen Vertreter dieses ökologischen Typs in N-Amerika.

Die großen Hirscharten, z. B. *Cervus elaphus* in Eurasien, *Cervus canadensis* in N-Amerika, sind primär silvicol. Sie sind Laubäser oder gemischt Laub-Grasäser.

Mit dem Auftreten offener Landschaften und grasartiger Pflanzen zeigt sich unter den Cerviden ein Trend, die Randbezirke offener Landschaften in den Lebensraum einzubeziehen und Gräser und krautige Pflanzen als Nahrung zu nutzen (*Cervus elaphus*). Offene Landschaften mit lockerem Baumbestand, Parklandschaften, werden zum bevorzugten Habitat (Axishirsch, Damhirsch und Sikahirsch). Edelhirsch und Wapiti sind in einzelnen Regionen ihres großen Verbreitungsgebietes vollständig in offene Parklandschaften übergegangen. Im Vorderen Orient ist *Cervus dama mesopotamica* ein Bewohner offener Landschaften. Die Radiation der Cerviden nimmt ihren Ausgang aus den Waldgebieten der N-Hemisphaere. Von hier aus erfolgten Vorstöße nach S-Amerika und nach S-Asien, die vielfach eine erhebliche Flexibilität in der Anpassung an neue Lebensräume fanden.

Erwähnt sei, daß in mehreren Linien unabhängig eine Anpassung an feuchte Biotope, Sumpf- und Marschlandschaften vorkam, so bei *Blastoceros* (S-Amerika), *Cervus duvauceli* (N-Indien) und wahrscheinlich auch bei dem in freier Wildbahn ausgestorbenen Davidshirsch (*Elaphurus*) in China.

Einen Sonderfall bilden Rentiere (*Rangifer*), die circumpolar in subarktischen Gebieten leben und saisonale Wanderungen (Sommer – Winter) mit großen Herden ausführen.

b) Der Übergang zum „Savannentyp" ist gewöhnlich korreliert mit dem Trend zur Bildung großer Herden und zur Grasnahrung. Herden führen gewöhnlich weite saisonale Wanderungen entsprechend dem Nahrungsangebot aus. Gleichzeitig bedeutet Herdenbildung eine Verbesserung des Schutzes gegen Beutegreifer. Es besteht also eine Korrelation zwischen der Natur des Lebensraumes und dem Sozialverhalten. Diese Bindung ist meist selektiv fest fixiert. Doch kann auch eine gewisse Plastizität des Verhaltens in Abhängigkeit von der Umwelt vorkommen. Einige S-amerikanische Cervidae bilden in den Llanos von Venezuela, die periodisch überflutet werden, kleine Gruppen (*Blastoce-*

rus, *Odocoileus*), während in trockenen Regionen von Texas große Herden von *Odocoileus* auftreten (EISENBERG). Häufig ist bei Hirschen Herdenbildung der ♀♀ mit Harembildung gekoppelt. Harembildung liegt dann vor, wenn eine ♀♀-Herde von einem adulten ♂ verteidigt wird und ausschließlich dieses zur Begattung zugelassen wird. In diesen Fällen (Rothirsch, Wapiti, Ren u. a.) besteht stets eine Synchronie des Oestrus aller weiblichen Tiere. Das dominante ♂ führt hartnäckige Abwehrkämpfe gegen Versuche von Rivalen, in die Herde einzudringen. Diese Kämpfe führen beim Rothirsch relativ oft zum Tode des Schwächeren (bei *Cervus elaphus* etwa 5%).

Das Konfliktverhalten der Paarhufer zeigt bedeutende, gruppenspezifische Unterschiede (V. GEIST 1971), bedingt durch die spezifische Ausstattung mit Waffen und Schutzstrukturen. Primär spielen eine wesentliche Rolle seitliche Angriffe, die den Gegner bedrängen (Suidae, „Schildbildung" s. S. 978) und Bisse nach den Beinen. Aus diesem Verhalten ist der stark ritualisierte Halskampf (*Giraffa*) abzuleiten. Hornbildungen bei Bovidae sind zweifellos als Abwehrwaffen gegen Raubfeinde entstanden und werden bei Rindern als solche und bei intraspezifischen Auseinandersetzungen benutzt. Bei Antilopen tritt der Charakter der Hörner als Sexualkennzeichen und als Ornament stärker in den Vordergrund. Kämpfe werden nicht wie bei Rindern durch massive, frontale Angriffe durchgeführt, sondern durch Verwinden der Hörner und Niederdrücken des Gegners. Bei Schafen und Ziegen tritt die Rolle der Hörner im Rivalenkampf ganz zurück. In dieser Gruppe ist das Schädeldach enorm verdickt und pneumatisiert. Beim Rivalenkampf schlagen die verdickten Stirnpartien des Schädels mit großer Kraft aufeinander.

Karyologie. Angaben zur Karyologie der Artiodactyla sind noch lückenhaft und fehlen für viele Gruppen. Die Variabilität (häufiger Polymorphismus) ist groß. Zahlreiche Probleme bedürfen noch weiterer Klärung.

Tab. 59. Chromosomenzahlen einiger Artiodactyla. Nach BENIRSCHKE 1969, HSU 1963, EPPSTEIN 1971, MATTHEY 1969, KRAPP & NIETHAMMER 1987, WURSTER & BENIRSCHKE u. a. 1969

	2 n		2 n
Sus scrofa scrofa	36 (37, 38)	*Hippotragus*	60
Sus sc. f. dom.	38	*Connochaetes*	58
Tayassu pecari	26	*Aepyceros melampus*	60
T. tajacu	30	*Litocranius walleri*	60
Catagonus wagneri	20	*Antidorcas marsupialis*	56
Camelus bactrianus	74 (70 EPPSTEIN)	*Rhaphiceros campestris*	30
C. dromedarius	74	*Rhynchotragus kirkii*	46
Lama guanicoe	74	*Antilope cervicapra*	30
L. guanicoe (glama) f. dom.	74	*Bos primigenius* f. dom.	
Tragulus javanicus und *Tr. napu*	32	(incl. *Zebu*)	60
Muntiacus reevesi	46	*Bubalus arnee*	48
M. muntjac	6 (−9)	*Bubalus arnee* f. dom.	50
Cervus elaphus	68	*Bos grunniens* f. dom.	60 (62)
C. nippon	64	*Bison* (*bonasus* und *bison*)	60
C. dama	68	*Synceros caffer*	52
Hydropotes inermis	70	*Oyibos moschatus*	48
Capreolus	70	*Rupicapra rupicapra*	58
Alces alces	68 (Europa), 70 (N-Amerika)	*Ovis orientalis*	58
		Ovis musimon	54
Rangifer tarandus	70	*Capra aegagrus* f. dom.	60
Odocoileus virginianus und *O. hemionus*	70	*Capra ibex*	60
		Ammotragus lervia	58
Giraffa camelopardalis	30	*Hemitragus jemlahicus*	48
Sylvicapra grimmia	50	*Antilocapra americana*	56
Kobus	50		

Die bisher vorliegenden Befunde an Chromosomensätzen lassen kaum Rückschlüsse genereller Art zu. Suidae haben niedrigere Anzahl von Chromosomen als Cervidae, Bovidae und Tylopoda. *Tragulus* steht mit seinen niederen Werten (2 n = 32) den Suidae näher als den Pecora. Dies läßt einen Rückschluß auf Plesiomorphie der geringen Zahl von Chromosomen zu.

Sus sc. scrofa zeigt im allgemeinen 2 n = 35, Hausschweine aber 2 n = 38. Regional sind aber Populationen des Wildschweins bekannt, die 38 Chromosomen besitzen (im jugoslawischen Raum und in Japan). Da die ursprüngliche Anzahl der Ausgangspopulationen nicht bekannt ist, ist eine Deutung bisher nicht möglich.

Hingewiesen sei auf die Uniformität nach Chromosomenzahl und -struktur bei alt- und neuweltlichen Camelidae trotz erheblicher Unterschiede in Habitus und Morphologie. Im Gegensatz dazu steht der außerordentliche karyologische Unterschied zwischen den beiden Arten der Gattung *Muntiacus* (*M. reevesi* 2 n = 46, *M. muntjac* 2 n = 6 (− 9). Beide Arten sind im Körperbau außerordentlich ähnlich. Bastarde sind bekannt. Diese sind nicht fertil und oft nicht lebensfähig. Eine überzeugende Erklärung dieses Befundes steht z. Zt. noch aus.

Nutzung der Paarhufer durch den Menschen und wirtschaftliche Bedeutung. In Anbetracht der Tatsache, daß eine beachtliche Zahl von Artiodactyla dem Menschen als Nahrungsquelle (Protein) und zur Beschaffung wichtiger Rohstoffe dienen (Felle, Leder), spielen diese in Vergangenheit und Gegenwart eine erheblichere Rolle als Jagdtiere. Aus einer Vielzahl von ihnen sind durch Domestikation Haustiere hervorgegangen. Die Abstammung der Haustierformen und die biologische Beurteilung des Domestikationsvorganges werden zusammenfassend in einem eigenen Abschnitt (Kap.: 5.4, S. 1100) behandelt. Die Bedeutung der Haustierwerdung für menschliche Zivilisation und Kultur kann nicht hoch genug bewertet werden. Hier sollen zunächst die zu den Artiodactyla zuzuordnenden Haustiere und die Art ihrer Nutzung genannt werden. (Verwiesen wird auf die Monographie von HERRE & RÖHRS 1990.)

Hausschwein: Aufspüren von Trüffeln, Fleisch, Fett, Leder, Borsten.
Lama, Alpaka: Arbeitskraft, Wolle, Fleisch.
Kamele: Reit- und Tragtier, Fleisch, Milch, Leder.
Hausren: Arbeitskraft, Fleisch, Fell, Leder.
Hausbüffel: Arbeitskraft, Fleisch, Milch, Leder, Horn.
Rinder: Arbeitskraft, Fleisch, Milch, Leder.
Hausyak, Gayal, Balirind: wie Hausrind.
Hausschaf: Arbeitskraft, Wolle, Fell, Fleisch, Fett, Milch, Leder.
Hausziege: Fleisch, Milch, Fell, Haare, Horn.
Getrockneter Dung von Kamel, Rindern, Schafen und Ziegen dient in holzarmen Gegenden als Brennmaterial. Frischer Dung wird zum Düngen verwendet.

Stammesgeschichte der Artiodactyla. Die monophyletische Herkunft der Artiodactyla und ihre Abstammung von † Condylarthra wurde begründet (s. S. 976 f.), ebenso wie die Gliederung der rezenten Paarhufer in drei Subordines. Rezent sind 70 Genera und etwa 180 Species bekannt. Die klare Großgliederung der rezenten Formen wird bei Berücksichtigung der Fossilformen erheblich komplizierter, da umfangreiche Radiationen bereits im Tertiär nachzuweisen sind. Die alttertiären Formen zeigen vielfach Plesiomorphien und Übergangsformen, so daß die Klärung der Phylogenese noch viele offene Fragen läßt. Daher müssen mindestens drei fossil bekannte Unterordnungen angenommen werden († Palaeodonta, † „Ancodonta", † Oreodonta, THENIUS 1979, CARROLL 1987).

Die ältesten Paarhufer sind die † **Palaeodonta**, die durch zahlreiche Plesiomorphien ausgezeichnet sind und bereits eine erste Radiation aufweisen (sie umfassen 6 Familien). Da sie eine große Zahl von Plesiomorphien zeigen, ist ihre Systematik vorerst umstritten. Die ältesten bekannten Artiodactyla stammen aus dem Paleozaen († *Diacodexis*, † *Protodichobune*) N-Amerikas und Europas. Es sind kleine, etwa kaninchengroße Tiere mit vollständigem, brachyodontem, tribosphenischem Gebiß. Extremitäten 4−5strahlig; im Tarsus sind Cuboid und Naviculare nicht knöchern verwachsen. Die Metapodien sind noch nicht zu einem Kanonenbein verschmolzen. Vertreter dieser Subordo haben bis zum Miozaen überlebt.

Die **Suina** umfassen die schweinartigen (Suoidea) und die flußpferdartigen (Hippopotamoidea) Artiodactyla. In der rezenten Fauna sind zwei Familien der Suoidea, die altweltlichen Suidae und die neuweltlichen Tayassuidae (Nabelschweine, Pekaris) zu unterscheiden.

Beide Familien gehen wahrscheinlich auf eine gemeinsame altweltliche Stammgruppe zurück, haben sich aber bereits im Eozaen voneinander getrennt. Während die Suidae auf die Alte Welt beschränkt blieben, haben Angehörige der Tayassuidae im Mittel- und Jungmiozaen von N-Amerika aus Eurasien erreicht und sind aus dem Jungtertiär O- und S-Afrikas mit † *Pecarichoerus* nachgewiesen. Im Pleistozaen ist noch eine Radiation der Tayassuidae in N-Amerika zu konstatieren. Aus dieser Gruppe wurde schließlich S-Amerika besiedelt. Die Tayassuidae sind in der Alten Welt erloschen. In der rezenten Form persistieren sie mit 2 Gattungen in N- und S-Amerika.

Tayassuidae sind gekennzeichnet durch geringe Spezialisation des Vordergebisses (s. S. 1004) bei Molarisation der P und durch Spezialisation des Verdauungstraktes, des Schädels und der Hautdrüsen.

Charakteristisch für die altweltlichen Suinae ist die sexualdimorphe Spezialisation des Vordergebisses mit Verdrehung (Torsion) der oberen C und eine Verlängerung der M 3.

Die Suidae sind rezent durch drei Subfamilien vertreten, die Suinae mit *Sus, Potamochoerus* und *Hylochoerus*, die Phacochoerinae und Babyrussinae.

Suidae treten zunächst mit † *Hyotherium* im Jung-Oligozaen Europas auf. Im Miozaen (Asien) erscheint † *Chleuastochoerus*.

† Hyotherien aus dem Oligozaen/Miozaen erfuhren eine Radiation, aus der im Jung-Miozaen/Pleistozaen neben mehreren, heute erloschenen Stammreihen die rezenten Suinae hervorgingen. Problematisch ist die Herkunft der Warzenschweine (Phacochoerinae). Sie waren mit mehreren Gattungen im Pleistozaen Afrikas verbreitet. Die einzige rezente Art, *Phacochoerus*, ist eine hochspezialisierte Savannenform (s. S. 1002).

Die Bunodontie der Schweine (*Sus*) geht nicht unmittelbar auf primitive Höckerzähne zurück, sondern ist eine sekundäre Differenzierung, die von einem Stadium beginnender Selenodontie abgeleitet wird. Man benennt die Subordnung daher Neobunodontia.

Die **Hippopotamidae**, Flußpferde, heute vertreten durch *Hippopotamus* und *Choeropsis* (beide Afrika) stehen zweifellos den Suina (Suoidea) nahe, doch ist ihre genaue stammesgeschichtliche Herkunft noch umstritten. Die Möglichkeit einer Abstammung von † Anthracotheria wird diskutiert (COLBERT 1938). Ihre Urheimat ist Afrika. Fossilfunde liegen aus dem Jung-Miozaen Afrikas und S-Europas vor († *Hexaprotodon* = *Hippopotamus siculus, H. primaevus*). Sie waren im Pleistozaen in Afrika, Europa und S-Asien verbreitet und kamen noch im Neolithikum in Vorderasien vor. Ihre Anpassung an die aquatile Lebensweise war noch unvollkommen. Die südasiatischen Arten († *H. sivalensis*, † *H. namadicus*) waren, im Gegensatz zu den rezenten Formen, noch hexaprotodont.*) Im Plio-/Pleistozaen traten in Afrika tetraprotodonte Formen auf († *H. protamphibius*, † *H. imagun*-

---

*) Die ancestralen Hippopotamiden waren hexaprotodont, d.h. sie besaßen in jeder Unterkieferhälfte 3 proodonte Schneidezähne. Zahnformel $\frac{3\ 1\ 4\ 3}{3\ 1\ 4\ 3}$. Die afrikanischen und europäischen *Hippopotamus*-Arten waren tetraprotodont. Zahnformel $\frac{2\ 1\ 4\ 3}{2\ 1\ 4\ 3}$, aber im Milchgebiß wurden oben und unten noch je 3 Incisivus angelegt.

Bei Diprotodontie (*Choeropsis*) ist im Unterkiefer nur je 1 Incisivus vorhanden. Zahnformel $\frac{2\ 1\ 4\ 3}{1\ 1\ 4\ 3}$.

cula). Madagaskar wurde, wie zahlreiche Fossilfunde beweisen, im Pleistozaen von einer Flußpferdart, † *Hippopotamus lemerlei*, bewohnt. Diese Art ist etwas kleiner als *H. amphibius* und wird daher gelegentlich fälschlich als „Zwergflußpferd" bezeichnet. Sie stammt wahrscheinlich von der ostafrikanischen Art *H. imaguncula* ab und ist nicht mit dem rezenten westafrikanischen Zwergflußpferd, dem diprotodonten *Choeropsis*, verwandt. Die Herkunft von *Choeropsis* ist nicht geklärt. Die Art ist semiaquatil und in vielen Merkmalen primitiver als *Hippopotamus*, ist aber im Hinblick auf das Vordergebiß progressiver (s. S. 996, 1008).

† *H. lemerli* ist deutlich kleiner als das afrikanische Flußpferd. Eine weitere, größere *Hippopotamus*-Art, die dem afrikanischen Flußpferd ähnelt, ist durch Schädelfunde auf Madagaskar (Pleistozaen) belegt.

Tylopoda (Schwielensohler), ursprünglich mit den Pecora als „Ruminantia, Wiederkäuer" zusammengefaßt, bilden eine eigene Unterordnung der Artiodactyla, in der das Wiederkauen als Parallelerscheinung sekundär und unabhängig von den Pecora erworben wurde. Als Analogie sind auch Rückbildung der oberen Schneidezähne und die Ausbildung eines Kanonenbeines zu deuten. Die Sonderstellung der Tylopoda gründet sich auf der unterschiedlichen Differenzierung eines multilokulären Magens, auf Ausbleiben der Verschmelzung von Cuboid und Centrale tarsi, auf Unterschiede in der Differenzierung des distalen Gelenkendes am Metapodium sowie im Vordergebiß, auf unterschiedlichem Verlauf der Äste des Aortenbogens (Abb. 531) und auf der differenten Struktur der Placenta. Die Dichotomie zwischen Tylopoda und Pecora ist sehr früh (Eozaen) erfolgt. Als Stammgruppe werden die † Protoceratoidea oder die † Xiphodontoidea († *Xiphodon* aus Eozän/Oligozaen, Europa) diskutiert.

† Xiphodontidae aus dem Mittel-Eozaen Asiens weisen eine Reihe von Synapomorphien mit Tylopoda an Merkmalen des Basicranium auf (DECHASSEAUX 1962). Erste Camelidae stammen aus dem Jungeozaen N-Amerikas († Oreomerycinae, † *Protylopus*, † *Poëbrodon*). Sie erlöschen bereits im Oligozaen. Ihr Gebiß war vollständig, die Extremitäten zweistrahlig und lang, Hals verlängert. Metapodien noch nicht verschmolzen. Ein Sohlenpolster (Fingersohle) wie bei rezenten Kamelen war, nach der Struktur der Phalangen zu urteilen, noch nicht ausgebildet. In N-Amerika erfuhren die Camelidae eine beachtliche Radiation. Mehrere Linien, so die † Stenomylini mit † *Stenomylus* und † *Rakomylus* und die langhalsigen Giraffenkamele († *Alticamelus*) starben im Jung-Tertiär aus. Nur die Camelini, aus denen im Jung-Miozaen die Lamas und die Kamele hervorgegangen sind, haben bis heute überlebt, allerdings nicht in ihrer Heimat N-Amerika. Sie gelangten im Plio-/Pleistozaen mit † *Paracamelus* und *Camelus* über die Beringbrücke nach Eurasien und weiter nach Afrika. Über die Panamabrücke wurde mit † *Palaeolama* und *Lama* S-Amerika erreicht. Die letzten Camelidae N-Amerikas († *Titanotylopus*, † *Camelops*, † *Tanupolama*) starben im Pleistozaen aus. Die Schwielensohle (Tylopodie) und der Paßgang wurden erst im Mittel-Miozaen mit dem Übergang zu offenen Landschaften erworben.

Die **Tragulina (Traguloidea),** Zwerghirsche, sind mit 2 Genera, 4 Species in der rezenten Fauna eine Reliktgruppe primitiver Artiodactyla, die ursprünglich weit verbreitet war und heute ein disjunktes Vorkommen zeigt (*Tragulus* in S- und SO-Asien, *Hyemoschus* in W-Afrika).

Eine frühe Stammgruppe, die dem Ursprung der Tragulina und der Pecora nahe stehen dürften, sind die † Amphimerycidae und † Gelocidae († *Lophiomeryx,* † *Gelocus*) aus dem Eozaen bis Miozaen Eurasiens und die neuweltlichen † Leptomerycidae und † Hypertragulidae; sie erlischt im Miozaen. Im Spät-Tertiär ist ein Rückgang der Tragulina festzustellen. Es folgt ein Rückzug der altweltlichen Formen in tropische Waldgebiete infolge einer Klimaänderung. Aus diesem resultiert die disjunkte Verbreitung der rezenten Arten. Die Trennung der Tragulina von der Stammgruppe, die zu den Pecora führt, erfolgte sehr früh, lange vor dem Auftreten von Cerviden und Boviden.

Die ältesten Tragulina waren kleine Paarhufer, ohne Geweih mit brachyodonten M

(Zahnformel von † Gelocus $\frac{0\ 1\ 3\ 3}{3\ 1\ 4\ 3}$). Hand und Fuß tetradactyl, Metapodien nicht verschmolzen. Die rezenten Tragulidae haben zahlreiche Primitivmerkmale bewahrt (JARVIS 1984) und werden daher oft als lebende Fossilien bezeichnet. Es darf aber nicht übersehen werden, daß die rezenten Arten hoch spezialisiert als Buschschlüpfer eine Nische fanden und Spezialanpassungen an diese entwickelt haben. Als Primitivmerkmale sind zu werten: Basicranium mit breitem Mastoidteil, Form der ersten Halswirbel, fehlende Geweihbildung, Tetradactylie, unvollkommene Verschmelzung der Metapodien, Placenta epitheliochorialis diffusa (ähnlich der Placenta der Suidae), langer schmaler Astragalus. Als progressive Merkmale sind zu werten: Ausbildung sehr langer, dolchartiger oberer C im männlichen Geschlecht (Waffe bei intraspezifischen Auseinandersetzungen), Ausbildung einer postorbitalen Spange, Fusion von Cuboid und Naviculare tarsi, Ausbildung eines multilokulären Magens (s. S. 1018 f.), der aber noch nicht die Komplexität der Fermentationskammern der Pecora erreicht (Nahrung: protein reiche Kräuter, keine grobfasrigen Pflanzenteile, gelegentlich Kleintiere).

Die Fossilgeschichte der Tragulina ist bis zum Früh-Eozaen kontinuierlich belegt. Als Stammgruppe können die Hypertragulidae, die bereits im Oligozaen eine Radiation erfahren, angesehen werden, die zugleich als Ursprungsgruppe der Pecora (Abb. 522) gedeutet werden kann. Einzelheiten der stammesgeschichtlichen Beziehungen, insbesondere die reale Stammform, können verständlicherweise nicht genannt werden, da die große Formenfülle und das Vorkommen zahlreicher Spezialisationskreuzungen dies bisher nicht zulassen. Das Beispiel einer basalen Form mag, gleichsam als Modell einer Stammform, durch † *Archaeomeryx optatus* aus dem Jung-Eozaen Asiens veranschaulicht werden (Abb. 522): Postorbitalbogen noch unvollständig, vor allem vom Jugale gebildet, Gebiß $\frac{3\ 1\ 3\ 3}{3\ 1\ 4\ 3}$, $\underline{C}$ und $\overline{P}1$ caniniform, $\overline{C}$ incisiviform, Molaren brachyodont, mit einfachem, selenodonten Muster, Metapodien frei, Tetradactylie, langer Schwanz, Cuboid mit Naviculare verschmolzen. † *Dorcatherium* aus dem Miozaen/Pleistozaen Afrikas und Eurasiens ist bereits eine Tragulide und steht dem rezenten *Hyemoschus* sehr nahe.

Cervidae existieren bereits seit dem unteren Oligozaen. Die älteste Form ist † *Eumeryx* aus der Mongolei (LEINDERS 1979, 1984, HEINTZ 1963, 1980). Die Abgrenzung der Cervidae von den Bovidae erfolgt nach der Struktur der Molaren und der hinteren Metapo-

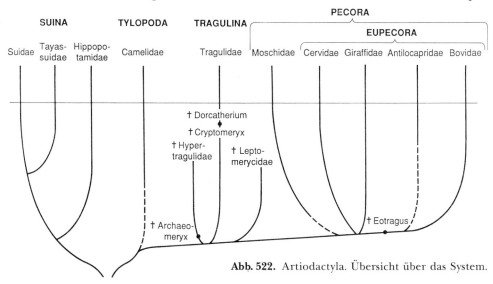

Abb. 522. Artiodactyla. Übersicht über das System.

dien. Rezente Hirsche sind durch den Besitz eines Geweihs gekennzeichnet. Die Herkunft der **Giraffidae** ist umstritten. Die zahlreichen Fossilfunde (Miozaen/Pleistozaen) zeigen eine große Formenmannigfaltigkeit. Als ältere Form gilt † *Zarafa* (= † *Canthumeryx*) aus dem Alt-Miozaen N-Afrikas. Im Jung-Miozaen treten Giraffidae († *Palaeotragus*, † *Giraffokeryx*) in Eurasien auf. Neben diesen Kurzhalsformen erscheinen etwa gleichzeitig langhalsige Giraffen als Savannenbewohner († *Honianotherium* in Afrika, Eurasien). Im Jungtertiär tritt eine weitere Stammeslinie der Giraffidae in Eurasien und Afrika auf, die Sivatheriidae mit † *Helladotherium*, † *Sivatherium* u. a. Es waren Tiere mit schwerem, rinderartigem Körperbau und mit geweihartig verzweigten Knochenzapfen, die bis ins Pleistozaen überlebten.

In der rezenten Fauna sind Giraffidae durch zwei Arten vertreten, die langhalsige *Giraffa camelopardalis*, als Savannenanpassung mit 8 Unterarten und das Okapi (*Okapia johnstoni*), eine kurzhalsige Waldgiraffe, deren silvicole Anpassung wahrscheinlich sekundär erworben wurde (s. S. 1042).

Giraffidae stehen offensichtlich den Cerviden näher als den Boviden. Daher fassen eine Reihe von Autoren Hirsche und Giraffen in einer Überfamilie „Cervoidea" zusammen (s. Abb. 515, 522, LEINDERS 1984, THENIUS 1979).

Die stammesgeschichtliche Stellung der Moschustiere ist noch in der Diskussion. Sie wurden in der Regel wegen verschiedener Merkmale, die sie mit den Tragulidae gemeinsam haben (geweihlos, vergrößerte obere C, Fehlen der Praeorbitalgrube) als primitive Typen den Cervidae zugeordnet, mit denen sie durch einige Synapomorphien verbunden sind (Magen, Extremitäten, Placenta) (HEPTNER 1966, 1974, HONACKI 1982). Nach dem Bau der Tränenwege (nur 1 Tränenkanälchen statt 2) und dem Fehlen der Praeorbitaldrüse werden sie (FLEROV 1952, 1960, CORBET 1978, HILL 1980) als eigene Familie geführt.

Die **Bovidae** (Hornträger) bilden unter den rezenten Paarhufern die formenreichste Gruppe (etwa 120 Arten), die stammesgeschichtlich jung (Pleistozaen) und gegenwärtig in voller Entfaltung begriffen sind. Zahlreiche Parallelentwicklungen und Konvergenzen erschweren die Einsicht in das natürliche System und haben viele Klassifikationsversuche hervorgebracht. Keiner von diesen kann als definitiv angesehen werden. Dies muß bei der Behandlung der im folgenden benutzten Klassifikation beachtet werden.

Insbesondere ist die Form der Hörner oder ihrer Knochenzapfen, die oft bei Fossilfunden als wichtigstes Merkmal gewertet werden, nicht als Grundlage für ein System geeignet, denn Parallelentwicklungen sind im Bereich der Stirnwaffen sehr häufig. Andererseits sind Formenunterschiede der Hörner zwischen verwandten Arten festzustellen, entsprechend der Funktion als Artkennzeichen und Imponierorgan.

Die monophyletische Herkunft der Bovidae ist gesichert durch die generelle Struktur der Stirnwaffen: unverzweigte von einer Hornscheide bedeckte Knochenzapfen (Abb. 544) und durch Strukturmerkmale des Gehirns, des Schädels und der Placentation (Placenta cotyledonaria epitheliochorialis). Ein Wechsel der Hornscheide kann gelegentlich bei jugendlichen Boviden vorkommen (E. MOHR 1952).

Die Metapodien sind stets zu einem Kanonenbein verschmolzen, die Randstrahlen rückgebildet und berühren nicht den Boden. Eine Postorbitalspange ist ausgebildet.

Zahnformel: $\dfrac{0\ \ 0\ \ 3(2)\ \ 3}{3\ \ 1\ \ 3(2)\ \ 3}$. 1 – 2 Zitzenpaare.

Die erdgeschichtlich ältesten Bovidae stammen aus dem Alt-Miozaen Europas († *Eotragus*). Sie waren etwa von der Größe eines Rehes und besaßen kurze, gestreckte Hornzapfen. Das Molarengebiß war brachyodont bis subhypsodont. Praeorbitalgruben waren vorhanden. Sie werden als Stammgruppe aller Bovidae angesehen (THENIUS 1969). Die Aufspaltung in mindestens 11 Subfamilien (s. S. 1044, Systematischer Teil) erfolgte im Jung-Miozaen bis Pliozaen.

Unklar ist derzeit noch die Herkunft der **Antilocapridae** (Gabelböcke). Sie sind heute nur durch 1 Art, *Antilocapra americana* (Abb. 549), vertreten. Ihre isolierte Stellung gründet sich auf den Besitz gegabelter Knochenfortsätze, deren Hornscheide periodisch gewechselt wird, auf serologische Befunde und anatomische Merkmale an Hirn, Muskulatur und Schädel. Aus dem Pliozaen bis Pleistozaen N-Amerikas sind eine Reihe von Formen mit gegabelten Hornzapfen bekannt († *Merycodus*, † *Meryceros* u.a.), die zu den Antilocapridae gestellt werden. Die rezenten Gabelböcke sind Relikte einer einst in N-Amerika verbreiteten Gruppe von Paarhufern, deren Herkunft von Cerviden angenommen wird. Gabelböcke haben neuweltlich die ökologische Rolle eingenommen, die in der Alten Welt von Antilopen besetzt wurde. Diskutiert wird andererseits auch die Herkunft von basalen Boviden.

Systematik und geographische Verbreitung der rezenten Artiodactyla. Bei den Artiodactyla können vier Subordines unterschieden werden, deren Abgrenzung gegeneinander bei den rezenten Gruppen nicht umstritten ist:
1. Suina (= Suiformes, Schweine und Flußpferde)
2. Tylopoda (Kamele)
3. Tragulina (Hirschferkel, Kantschils)
4. Pecora (Moschustiere und Eupecora-Hirsche, Giraffen, Hornträger und Gabelböcke, Abb. 522).

Subordo Suina (Suiformes)

Fam. 1. Suidae. Die Suidae (echte Schweine) sind wahrscheinlich in Eurasien entstanden (THENIUS 1970) und heute nur altweltlich verbreitet. Die Trennung von den neuweltlichen Tayassuidae (Fam. 2) erfolgte bereits im Oligozaen. Suidae sind relativ kurzbeinig, von massivem Körperbau mit kurzem Hals. Hand und Fuß sind vierstrahlig, die Metapodien verschmelzen nicht. Die tragenden Hauptstrahlen (III und IV) sind kräftig. Die Seitenstrahlen (II und V) sind schwächer, aber vollständig. Sie können beim Laufen noch den Boden berühren. Der Kopf ist langgestreckt und die Schnauze trägt eine nackte, drüsenreiche Rüsselscheibe, auf der die Nasenöffnungen liegen. Sie wird durch einen Rüsselknochen oder Knorpel gestützt. Orbita und Temporalgrube gehen ineinander über (keine geschlossene Postorbitalspange). Die Haut ist sehr derb, das Fell besteht aus dichten, borstigen Haaren. Einige Arten sind fast nackt.

Gebiß: Zahnformel bei *Sus* $\frac{3\ 1\ 4\ 3}{3\ 1\ 4\ 3}$. Die Canini sind als Hauer ohne Wurzeln ausgebildet (sexualdimorph). Die oberen C wachsen nach auswärts und biegen sich aufwärts. Tendenz zur Verlängerung der M3. Die Molaren sind bunodont. Diese Kronenform ist sekundär (neobunodont), denn die Ahnenformen besaßen selenobunodonte M.

Der **Magen** ist einfach, Ernährung omnivor. Rezent: 5 Genera, 8 Species. Vorkommen: Afrika incl. Madagaskar, Europa außer Großbritannien und Skandinavien, Vorder-, S- und C-Asien bis Borneo, Sulawesi, Philippinen.

Sus scrofa, Wildschwein (Abb. 524). Verbreitung: ursprünglich ganze Palaearktis bis Japan, N-Grenze etwa 60° n.Br., N-Afrika, Vorder- und S-Asien bis Bali. Ausgerottet in Großbritannien, Skandinavien, Dänemark, Libyen und Ägypten. In Skandinavien, Sundainseln ö. von Java, N-Amerika, Argentinien ausgesetzt. Die „Wildschweine" im Sudan waren verwilderte Hausschweine. Erheblicher Rückgang der Bestände in Europa im 19.Jh. durch Jagd. Im 20.Jh. erneute, bedeutende Zunahme und Ausbreitung der Bestände. KRL.: 90–200 cm, SchwL.: 15–40 cm, KGew.: 54–300 kg. Maße weiblicher Tiere um etwa 10% geringer als bei männlichen Tieren. Die Variabilität ist erheblich. Im allgemeinen klinale Größenzunahme von SW nach O und NO (kleine Form auf Sardinien). 8 Unterarten wurden benannt, doch beruhen diese im wesentlichen auf Differenzen der Längenmaße und Gewichte und sind daher kaum gesichert. Die Schwankungen in den Maßen sind stark von Umweltbedingungen, Klima, Habitat und Nahrung, aber auch von individuellen Faktoren abhängig. Innerhalb geographisch einheitlicher Populationen kommen große und kleine Individuen vor. Auch wurden verschiedene Wuchsformen (Lang- und Breitschädel) beschrieben (HERRE 1986).

Habitus: vgl. Beschreibung der Familie. Fellfärbung saisonal wechselnd. Nach dem Haarwechsel im Frühjahr (bis VI) silbergraue Haarspitzen, hellgrauer Anflug. Nach Abstoßung der Spitzen braun, schließlich im Winter schwarz. Im Winter erheblich höhere Haardichte (Wollhaare). Am vorderen Rücken sind die Haare zu einem aufrichtbaren Kamm verlängert. Extremitäten dunkelgefärbt. Hautdrüsen: Nachgewiesen sind Metacarpaldrüsen und Lippendrüsen (beim Hausschwein) und eine Praeputialtasche, deren Wand drüsenfrei ist. Nur um den Eingang in den Praeputialsack finden sich Anhäufungen von Talg- und Schlauchdrüsen. Das Vorkommen einer Kinndrüse (Interramaldrüse) ist umstritten. Der typische Ebergeruch beruht auf einem Steroid im Speichel der Gld. submandibularis (PATTERSON 1968).

Zitzenzahl: 5 (6) Paare.

Biotop: In Europa meist Laub- oder Mischwälder, oft mit Unterwuchs, in den Mittelmeerländern Macchie.

Ernährung: omnivor, Nahrung wird vom Boden aufgenommen oder durch Wühlen mit der Schnauze in oberflächlichen Lagen freigelegt. Kräuter, Wurzeln, Zwiebeln, Knollen, Feldfrüchte (Mais); bevorzugt werden Eicheln und Bucheckern (Herbstmast). Carnivore Nahrung: Kleintiere, Fallwild ca. 15%).

Fortpflanzung: Geschlechtsreife mit 8–10 mon. Fortpflanzung beginnt bei ♀♀ im 2. Lebensjahr, bei ♂♂ im 4.–5. Paarung vorwiegend im XI–I. Geburten: meist (65%) im III–IV. Tragzeit ca. 115 d. Wurfgröße: 1–10 (abhängig vom Alter der Bache). Die Jungen kommen mit funktionsfähigen Sinnesorganen und weitgehend behaart zur Welt. Geburt in einem Nest (Kessel), den sie nach wenigen Tagen verlassen. Wildschweine sind sekundäre Nesthocker. Neugeborene Frischlinge haben ein gelbliches Fell mit braun-schwarzen Längsstreifen. Die Juvenilzeichnung beginnt mit 2 mon zu verschwinden, Farbwechsel ist mit 4–5 mon abgeschlossen.

Wildschweine sind in Mitteleuropa vorwiegend nachtaktiv, in wenig bejagten Regionen tagaktiv.

Sozialverhalten: Die ♀♀ bilden Rotten (bis zu 30 Ind.). Dies sind Mutterfamilien, in denen sich mehrere ♀♀ (Schwestern) mit ihren Nachkommen zusammenschließen. Die männlichen Jungtiere (Überläufer) werden im Alter von 1 a verjagt, bilden zunächst Juvenilverbände und werden schließlich zu Einzelgängern. In der Rotte besteht eine Rangordnung, die durch Rangordnungskämpfe, bereits bei Jungtieren, etabliert wird.

Sinnesleistungen: Wildschweine sind Makrosmaten. Sie besitzen unter allen Säugern das größte Riechfeld und die (absolut) meisten Riechzellen. Riechleistungen spielen eine wesentliche Rolle bei der Nahrungssuche und der sozialen Kommunikation. Auch der Gehörsinn ist sehr gut ausgebildet. Das Sehvermögen ist schwach entwickelt. Wildschweine sind außerordentlich lernfähig (Anteil des Neocortex am Gesamthirn 57%, HERRE & RÖHRS 1990).*)

Sus salvanius, Zwergwildschwein. KRL.: 55–70 cm, SchwL.: 22–30 mm, KGew.: 6,5–11 kg, kleinste rezente Schweine-Art. Verbreitung: ursprünglich Grasland am S-Rand des Himalaya von Nepal bis Assam. Heute bis auf einen winzigen Restbestand (etwa 100 Tiere) in Assam durch Jagd und Vernichtung des Lebensraumes ausgestorben. Biotop: Elefantengras-Dschungel. Zwergwildschweine bauen gedeckte Grasnester, die dauernd benutzt werden. Tragzeit etwa 100 d, Wurfgröße 4–6. Zitzen: 3 Paar. Neugeborene grau, nach 11 d juvenile Streifenzeichnung. Junge verlassen das Nest bereits am 2. Lebenstag. Nahrung: omnivor. Mutter/Kindverbände (4–6 Ind.). ♂♂ solitär, nur zur Paarungszeit (XII) bei der Gruppe.

Sus barbatus, Bartschwein. KRL.: 100–160 cm, SchwL.: 20–30 cm, KGew.: 150 kg. Schlanker und hochbeiniger als *S. scrofa*, Langgestreckter Kopf. Zwei Paare Gesichtswarzen. Fellfärbung dunkelbraun, langhaariger Backenbart heller. Verbreitung: Malayische Halbinsel, Sumatra, Cebu,

---

*) Im älteren Schrifttum wird häufig das Bindenschwein („*Sus vittatus*") als eigene Art angeführt und als Stammform S- und SO-asiatischer Hausschweine genannt. Es handelt sich um Angehörige der biologischen Art *Sus scrofa*, mit der sie eine unbeschränkte Fortpflanzungsgemeinschaft bilden. Die angegebenen Differenzmerkmale (Form des Os lacrimale, heller Halsstreifen) sind variabel und kommen auch bei nördlichen Wildschweinen vor (KELM 1938/39, HERRE 1990). Offensichtlich handelt es sich auch nicht um eine Subspecies von *scrofa*, sondern um eine Zusammenfassung mehrerer s-asiatischer Unterarten.

Bangka, Palawan, Philippinen. In vielen Gebieten bereits selten. Biotop: Regenwald, Mangrove, Sekundärwald. Wurfgröße: 2—8. Führt gelegentlich weite Wanderungen aus.

Sus verrucosus, Pustelschwein. KRL.: 90—190 cm, SchwL.: 70—90 cm, KGew.: 50—150 kg. Verbreitung: Java, Madura, Flores, Sulawesi, Halmahera, Ceram, Philippinen. Die Form von Sulawesi wird gelegentlich als selbständige Art (*Sus celebensis*) geführt. Fellfärbung: gelblich bis schwarz-braun, sehr variabel. Drei Gesichts- und Wangenwarzen. Biotop: Wald, Gras- und Sumpflandschaften. Zitzenzahl: 5 Paare. Wurfgröße: 4—6. Baut großes Wurfnest. Die Frischlingsfärbung der Jungen zeigt nur ein verwaschenes Streifenmuster.

Potamochoerus porcus, Buschschwein, Pinselohrschwein (Abb. 523). KRL.: 100—150 cm, SchwL.: 30—45 cm, KGew.: 100—250 kg. Verbreitung: Afrika s. der Sahara (mit Ausnahme Namibias), Madagaskar, Komoren. ♂♂ mit Knochenwülsten am Oberkiefer. Zwei kleine Gesichtswarzen. Praemolaren reduziert, $\frac{3\ 1\ 3(4)\ 3}{3\ 1\ 2(3)\ 3}$. Bunte, schwarz-weiße Gesichtszeichnung, Körperfarbe rot oder gelblich-schwarz. Weißliche Hals-Rückenmähne. Färbung sehr variabel. Die rote Farbe in W- und C-Afrika vorherrschend, zunehmende Verdunclung nach O, in Uganda kommen rote und schwarze Tiere nebeneinander vor. Die Färbung ist kein Kriterium für taxonomische Gliederung (13 Unterarten sind benannt). Ohren lang und spitz, mit Haarbüscheln an der Spitze (Pinselohrschwein). Die Art ist außerordentlich anpassungsfähig und z. T. Kulturfolger. Biotop: Wald, Buschdickicht, Sumpfland, Savanne. Nahrung: omnivor. Gruppen von 2—12 Tieren mit 1 ♂. Größere Rottenbildung kann vorkommen. Tragzeit: 120 d, Wurfgröße meist 1—4.

Abb. 523. *Potamochoerus porcus*, Pinselohrschwein.

Hylochoerus meinertzhageni, Riesenwaldschwein. Größte, rezente Schweineart; KRL.: 130—210 cm, SchwL.: 25—45 cm, KGew.: bis 275 kg. Behaarte Rüsselscheibe bis 16 cm breit. Verbreitung: Liberia, Kamerun, N-Zaire, W- und C-Kenya, N-Tanzania, SW-Äthiopien.

Das Riesenwaldschwein wurde erst 1904 entdeckt. Es besitzt große, scheibenförmige Unteraugenwarzen, besonders bei ♂♂, und eine lange, schwarze Behaarung. *Hylochoerus* bildet gemischte Gruppen bis zu 10 Ind., darunter gelegentlich mehrere erwachsene ♂♂. Lebensraum: Wald, gelegentlich auch Savanne. Nahrung: omnivor. Tragzeit etwa 150 d, meist 2—4 Junge. Der Bestand wurde durch Rinderpest stark reduziert.

Phacochoerus aethiopicus, Warzenschwein (Abb. 524, 525). KRL.: 105—150 cm, SchwL.: 35—50 cm, KGew.: 50—150 kg. Rezent nur 1 Art in Afrika s. der Sahara, fehlt in w. Küstenregionen und im s. Kapland. Gekennzeichnet durch große prae- und suborbitale und mandibulare Warzen, vor allem bei ♂♂. Augen liegen sehr hoch (Abb. 524). Zahnformel: $\frac{1\ 1\ 3\ 3}{2(3)\ 1\ 2\ 3}$, C sehr groß, bei ♂♂ bis 60 cm lang. $M\frac{1}{1}$- und $M\frac{2}{2}$- brachyodont. $M\frac{3}{3}$- sind hypsodont und verlängert, Haupthöcker als Pfeiler ausgebildet. Alle I, P und oft M1 fallen frühzeitig aus.

Dunkle Hals- und Rückenmähne, die oft im Alter abgerieben ist. Körper fast nackt, nur spärliche Borsten, Färbung grau, weißliche Haare an Unterkiefer und Lippen.

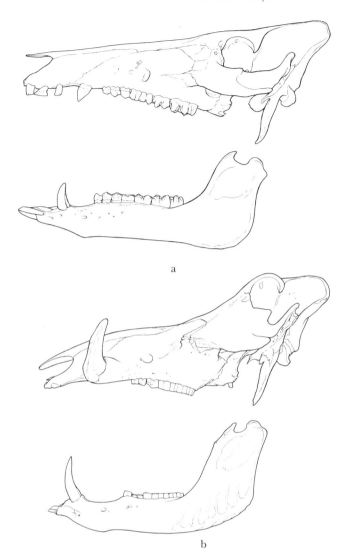

Abb. 524. Schädel in linker Seitenansicht. a) *Sus scrofa*, Wildschwein, ♀, b) *Phacochoerus aethiopicus*, Warzenschwein.

Tragzeit: 170–175 d. Wurfgröße 1–4. Juvenilfell: grau. Warzenschweine benutzen Erdbauten (selbstgegraben oder verlassene Baue von *Orycteropus*) als Ruhe- und Wurfplätze. Sie bilden Familienrotten, bestehend aus Elternpaar mit bis zu 4 Jungtieren. Gelegentlich loser Zusammenschluß mehrer Rotten. Alte ♂♂ oft solitär.

Ernährung: omnivor, relativ wenig Gras. Beim Graben nach Knollen und Wurzeln lassen sich die Tiere auf die Carpalgelenke nieder, die Hand wird nach hinten eingeschlagen. In der Carpalgegend sind derbe Hautschwielen dorsal bereits bei Neugeborenen ausgebildet.

Warzenschweine sind hoch spezialisierte Savannentiere, die einzigen Suiden, die an offenes, arides Gelände adaptiert sind. Sie waren im Plio-/Pleistozaen in Afrika mit mehreren Genera († *Metridiochoerus* u. a.) weit verbreitet. Die Stammform ist nicht bekannt.

Babyrousa babirussa, Hirscheber (Abb. 525, 526). KRL.: 85–110 cm, SchwL.: 20–35 cm, KGew.: 40–100 kg. Verbreitung: N- und C-Sulawesi, Buru und Sulu Islands, Togian-Archipel. Hirscheber nehmen in vieler Hinsicht eine Sonderstellung unter den Suidae ein, vor allem durch die Kombination von Plesiomorphien mit hoch evolvierten Merkmalen. Daher dürften sie relativ früh von der Hauptstammeslinie der Suidae abgezweigt sein.

Plesiomorphe Merkmale: niederer Encephalisationsgrad, Kronenstruktur der Molaren, kleine

Abb. 525. a) *Phacochoerus aethiopicus*, Warzenschwein, b) *Pecari tayacu*, Halsband-Pekari, c) *Babyrousa babirussa*, Hirscheber.

Rüsselscheibe. Spezialisiert: Gestalt der Canini beim ♂, multilokulärer Magen. Gestalt schlank, relativ hohe und schlanke Extremitäten. Die Tiere erscheinen fast nackt, die hellen Borsten sind spärlich und kaum sichtbar. Hautfarbe grau, ventral oft aufgehellt. Biotop: Primär- und Sekundärwald, Schilfbestände, meist in Gewässernähe. Hirscheber sind gute Schwimmer. Schwanzquaste reduziert (bei der Subspecies von den Togian-Inseln ausgebildet).

Das Hauptkennzeichen der Gattung *Babyrousa* sind die Eckzähne der ♂♂ (Abb. 526). Der Zahnsockel mit der Alveole des C schiebt sich lateralwärts vor und biegt nach aufwärts um. Der Zahn wächst zunächst gerade aufwärts und dann im Bogen rückwärts. Er kann schließlich das Nasendach berühren und bei alten Ebern in den Knochen einwachsen. Die Eckzähne sind sehr spröde und brechen leicht. Sie sind als Waffe und Werkzeug ganz unbrauchbar und dienen als Imponier- und Schmuckorgan, dem Geweih der Hirsche vergleichbar. Die $\overline{C}$ sind lang und schleifen sich nicht an den oberen Zähnen ab, können als Waffen genutzt werden. Zahnformel: $\frac{2\ 1\ 2\ 3}{3\ 1\ 2\ 3}$.

Hirscheber wühlen nicht im Boden. Nahrung: Früchte, Blätter, Nüsse, Pilze und Insekten.

Babyrousa besitzen 4 Zitzen. Zahl der Jungen im Wurf 1−2 (3). Tragzeit etwa 150 d. Die Jungen sind nicht gestreift. Die Art ist zwar geschützt, aber dennoch durch Zerstörung des Lebensraumes und durch Wilderei gefährdet.

Fam. 2. Tayassuidae. Die Tayassuidae, Pekaris oder Nabelschweine vertreten die Suina in der Neuen Welt. Sie ähneln im äußeren Erscheinungsbild altweltlichen Schweinen, zeigen aber neben einigen Plesiomorphien eine Reihe von Spezialisationen, die auf die frühe Dichotomie der beiden Familien hinweisen (Oligozaen, s. S. 996). Sie sind von geringer Größe, relativ hochbeinig und kurzschnauzig; ihre Fossa mandibularis squamosi ist nach ventral und unten verschoben (Abb. 526). Dem Os lacrimale fehlt der Facialteil. Die $\underline{C}$ sind gerade abwärts gerichtet und spitz. Die mesiale Kante ist am unte-

Ordo Artiodactyla 1005

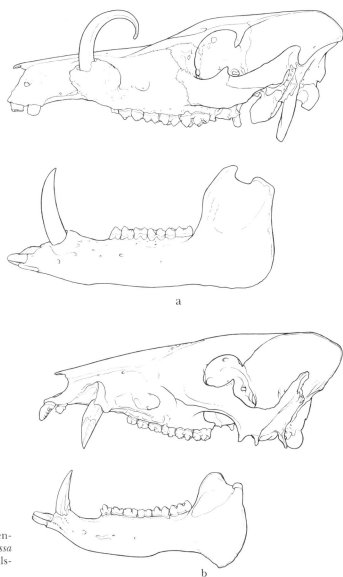

Abb. 526. Schädel in Seitenansicht. a) *Babyrousa babirussa frosti*, b) *Pecari tayacu*, Halsbandpekari.

ren C abgeschliffen und bildet eine scharfe Schneide (Bißwaffe). P 3 und P 4 molarisiert. M nicht verlängert, zeigen noch deutlich hintere Halbmonde. Zahnformel $\frac{2\ 1\ 3\ 3}{3\ 1\ 3\ 3}$.

Strahl II und V tragen eine Afterklaue an der vorderen Gliedmaße. Am Hinterfuß fehlt bei *Tayassu* die Afterklaue am Strahl V. Bei allen 3 Arten sind die Metatarsalia III und IV proximal verschmolzen, bleiben aber distal getrennt. Bei *Tayassu pekari* partielle Verschmelzung auch der Metacarpalia III und IV.

Der Magen ist vierteilig, mit 2 Blindsäcken (alloenzymatische Verdauung).

Der Schwanz ist stummelförmig.

Kennzeichnend und namensgebend für die Tayassuidae ist das Vorkommen eines komplexen, auf dem Unterrücken über dem hinteren Teil des Sacrum gelegenen

Drüsenorgans (Rücken- oder Sacraldrüse). Es mündet mit einem zitzenartigen Gebilde auf einem nackten Hautfleck. Das Organ liegt in der Subcutis und enthält eine zentrale Sammelzisterne, die von einer dicken Lage von Talgdrüsen umgeben ist. Peripher von diesen findet sich eine Zone von Läppchen, die aus tubulösen a-Drüsen bestehen (SCHAFFER 1940). Dimension der Drüse etwa 10 mal 5 cm, Dicke 1,5 cm. Die Drüse sendet einen sehr intensiven Bisamgeruch aus. Das Sekret dient zur Abwehr und zur Gruppen- und Individualerkennung.

Fortpflanzung das ganze Jahr über mit Geburtenhäufung im Spätherbst. Tragzeit: etwa 5 mon (140 – 170 d). Wurfgröße: 1 – 2 (3). Es werden nie mehr als 2 Jungtiere aufgezogen. Die Zahl der Zitzen wird verschieden angegeben, meist 2 Paar. Die Neugeborenen sind Nestflüchter (precocial). Sie folgen der Mutter wenige Stunden nach der Geburt. Sie zeigen keine Streifenmuster, Grundfärbung braun mit dunklem Aalstrich. Im Gegensatz zu den Suidae liegt also typische k-Selektion vor (s. S. 228). Laktationsperiode etwa 1 mon. Die Jungen saugen im Stehen von der Seite her an der stehenden Mutter (bei Suidae liegt die Mutter beim Saugakt auf der Seite).

Lebensraum: *T. pecari* (Abb. 525, 526) ist ein Waldbewohner und bildet, was für Waldbewohner ungewöhnlich ist, große Gruppen von 10 – 300 Ind. Die Gruppe wird von einem dominanten ♀ geführt. ♂♂ sorgen für den Zusammenhalt der Gruppe und haben Wächterfunktion. Territorien, meist 100 – 300 ha, werden mit Sekret der Rückendrüse markiert. Horden bei *T. tayacu* und *Catagonus* kleiner (10 – 20 Ind.). Alle drei Arten sind omnivor. Sie kommen in entsprechenden Regionen sympatrisch vor und vermeiden Kontakte durch verschiedene Aktivitätszeiten (*Catagonus* tagaktiv, die beiden übrigen Arten nachtaktiv, bzw. morgens und abends aktiv).

Die Radiation der Tayassuidae erfolgte im Frühtertiär in N-Amerika. Im Mittel- und Jung-Miozaen haben mehrfach Abkömmlinge wieder Eurasien erreicht und auch Afrika besiedelt († *Pecarichoerus*). Dieser Zweig ist im Spättertiär erloschen; 2 rezente Genera, 3 Species.

Tayassu pecari, Weißbartpekari, Bisamschwein (= *Dicotyles torquatus*). KRL.: 95 – 120 cm, SchwL.: 3 – 6 cm, KGew.: 25 – 40 kg. Verbreitung: C-Mexiko, W-Ecuador, Brasilien, N-Argentinien. Vorwiegend silvicol. Fellfärbung: braun-schwarz, weißer Bart an Unterkiefer und Kehle.

Tayassu tayacu, Halsbandpekari. KRL.: 80 – 105 cm, SchwL.: 2 – 4 cm, KGew.: 14 – 30 kg. Verbreitung: N-Argentinien, N-Peru, Brasilien, bis New Mexico, Texas, Arizona. Lebensraum: Steppe, Halbwüste, Buschwald. Fellfärbung: schwarz-grau gesprenkelt, gelblich-weißer Halsstreifen.

Catagonus wagneri, Chacopekari. Die Art war seit 1904 subfossil aus Patagonien bekannt und wurde 1972 im Chaco von WETZEL lebend entdeckt. KRL.: 96 – 115 cm, SchwL.: bis 10 cm, KGew.: 30 – 45 kg. Verbreitung: Gran Chaco, im Grenzgebiet zwischen Bolivien, Argentinien und Paraguay. Im Habitus dem Halsbandpekari ähnlich, aber größer; längere Beine, längere Schnauze. Große Paranasalsinus, hohe Lage der Orbita, M hypsodont. Vorwiegend in ariden Gebieten, tagaktiv. Freilebend wenig bekannt.

Nutzung: Pekaris werden in relativ großer Zahl gejagt. Das Fleisch ist nach Entfernung der Rückendrüse als Nahrung beliebt. Fell (Leder) wird exportiert für Herstellung feiner Lederwaren (Taschen, Handschuhe etc.).

Fam. 3. Hippopotamidae. Die Hippopotamidae, Flußpferde, heute nur noch 2 Genera, 2 Species in Afrika. Ihre stammesgeschichtliche Herkunft ist umstritten. Sie werden entweder von † Anthracotherioidea, einer sehr frühen Abspaltung der Stammeslinie der Suina (Eozaen), oder von primitiven Stammformen der Suidae (Oligozaen) abgeleitet (s. Abb. 515, 522).

Älteste Fossilfunde von Hippopotamidae stammen aus dem Miozaen Europas und Afrikas († *Hexaprotodon siculus*). Der Ursprung dürfte in Afrika gelegen haben. Von hier haben sie sich nach S-Europa und S-Asien ausgebreitet. In Asien sind sie bis ins Pleistozaen nachweisbar. Die europäischen und asiatischen Formen haben das hexaprotodonte Stadium $\left(I\frac{3}{3}\right)$ nie überschritten.

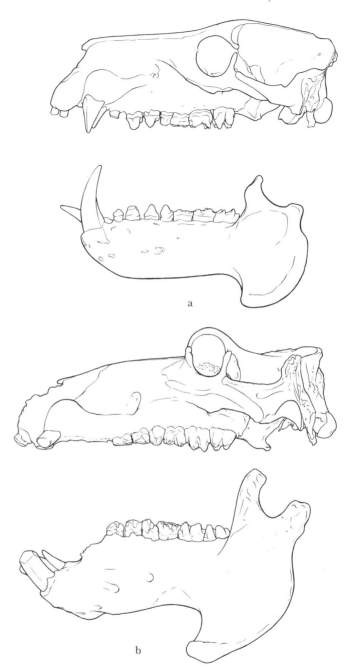

Abb. 527. a) *Choeropsis liberiensis*, Zwergflußpferd, ♂, b) *Hippopotamus amphibius* (nicht maßstabgleich). Schädel in Seitenansicht.

Flußpferde sind große Paarhufer von plumpem Körperbau mit kurzen Extremitäten und kurzem Schwanz. Der Kopf ist massig, abgerundet und mit breiter Schnauze. Haut fast nackt, Nasenlöcher verschließbar. Ohren und Augen klein, hochliegend, besonders bei *Hippopotamus*. Sie zeigen eine Reihe von Anpassungserscheinungen an semiaquatile Lebensweise. Das Zwergflußpferd, *Choeropsis*, ist gegenüber dem Flußpferd eher an terrestrische Lebensweise gebunden und zeigt im Körperbau, abgesehen vom Vordergebiß, basalere Merkmale. Seine Herkunft ist umstritten.

Flußpferde sind gute Schwimmer und Taucher (Tauchdauer gewöhnlich bis 5 min, maximal bis 15 min).

Der Schädel ist breit und massiv, besonders verdickt im Bereich der Sockel für die vergrößerten C und I. Die Schädelknochen sind nicht pneumatisiert. Die Bulla tympanica ist klein. Postorbitalspangen werden vom Frontale und Jugale gebildet. Sie bilden bei *Hippopotamus* mit dem Orbitalrand eine knöcherne, röhrenförmige Verlängerung um die Orbitalöffnung (Abb. 527). Der Facialteil des Os lacrimale ist schmal zwischen Frontale und Maxillare, erreicht aber bei *Hippopotamus* Kontakt mit dem Nasale. Ruhig im Wasser liegende Flußpferde exponieren Nasenlöcher, Augen und Ohren über der Oberfläche.

Postcraniales Skelet: 26 praesacrale Wirbel (7 Cl, 15 Thl, 4 Ll), dazu 6 Sl und 12–13 Cdl-Wirbel. Ulna und Fibula sind vollständig ausgebildet. 4 vollständige Zehen-(Finger-)Strahlen. II und V kürzer, sind aber noch voll funktionell und werden aufgesetzt. Die Strahlen werden basal durch kurze Schwimmhäute verbunden. An sie schließt sich ein mächtiges Sohlenpolster an. Die Aufrichtung der Finger und Zehen ist nur mäßig ausgeprägt.

Gebiß: Bei den pleistozaenen Flußpferden Europas und Asiens bleibt der hexaprotodonte Zustand (oben und unten 3 I) bewahrt. Reduktion der Zahl der unteren I bei den rezenten Formen. *Hippopotamus* $\frac{2\ 1\ 4\ 3}{2\ 1\ 4\ 3}$ = tetraprotodont, *Choeropsis* $\frac{2\ 1\ 4\ 3}{1\ 1\ 4\ 3}$ = diprotodont. Im Milchgebiß werden alle 3 I angelegt. Der persistierende Schneidezahn ist I 1. Untere I und C stark vergrößert. Die I liegen nahezu horizontal und springen nach vorn vor. M mit Kleeblatt-Muster.

Integument: Haut schiefergrau, mit bräunlichem Anflug, nahezu nackt. Borstenartige Haare an den Lippen, spärlich an Kopf, Rücken und Schwanz, oft gespalten. Drüsen s. S. 978. Die rötliche Färbung des Sekretes der Hautdrüsen beruht nicht, wie früher angenommen, auf Anwesenheit von Blutfarbstoffen. Flußpferde besitzen 1 Paar inguinaler Zitzen. Kein subcutanes Fettgewebe, statt dessen eine dicke Schicht schwammigen Bindegewebes.

Darmtrakt, Ernährung: Der sehr große Magen ist plurilokulär und läßt 4 Abschnitte erkennen (LANGER 1988). Links finden sich zwei große Blindsäcke. Der parietale Sack grenzt an die linke Bauchwand. Der viscerale Sack, in den der Oesophagus einmündet, ist gegen die übrigen Bauchorgane gerichtet. Beide Blindsäcke gehen in ein Verbindungsstück (Vormagen) über, das sich über die Mittelebene nach rechts fortsetzt und in den Drüsenmagen übergeht. Die Gliederung der Magenabschnitte weicht von der Kompartimentierung bei Tylopoda und Pecora völlig ab und ist zweifellos unabhängig entstanden. Der Darmkanal von *Hippopotamus* hat eine Länge von 50–60 m. Ein Caecum fehlt beiden Gattungen. Beide Arten sind rein herbivor. *Hippopotamus* ist reiner Grasfresser. Die Tiere halten sich tagsüber im Wasser auf, und gehen nachts an Land und weiden mit dem breiten Maul das Gras in breiten Streifen. *Choeropsis* ist ein nachtaktiver Einzelgänger, der sich von Blättern, Kräutern, Früchten und wenig Gras ernährt. Biotop: *Choeropsis* lebt im westafrikanischen Regenwald in Sumpfgebieten und in der Uferregion von Gewässern. *Hippopotamus* kam ursprünglich in ganz Afrika in geeigneten Flüssen und Seen vor. Es fehlte nur in Wüstengebieten und im Inneren der Waldzone.

Sozialverhalten: *Hippopotamus* lebt gesellig. Tagsüber ruhen sie meist in flachem Wasser oder auf Sandbänken. Die zugeordneten Uferstreifen müssen flach sein und den nächtlichen Ausstieg zum Weideplatz ermöglichen. Bevorzugt sind mäandrierende und buchtenreiche, ruhige Gewässer. Die Flußpferde bilden Gruppen (bis zu 100 Ind.) von rasch wechselnder Zusammensetzung und ohne feste Sozialbindungen. Die Gruppe wird von einem dominaten ♂ bewacht. In reichlich besiedelten Gebieten beansprucht eine Gruppe ein Territorium von 250–500 m Uferstrecke. Die Uferterritorien bleiben über Jahre von der gleichen Gruppe besetzt. Auf den Weideplätzen besteht keine strenge Territorialität, sie werden nicht verteidigt. Rivalenkämpfe kommen zwischen adulten ♂♂ vor und können, wenn auch selten, tödlich enden. Meist erfolgt nur Drohen mit weit aufgerissenem Maul und Brüllen. Bei der Kieferöffnung kann der Unterkiefer bis zu 90° abgesenkt werden. Verletzungen, die selbst die dicke Haut durchdringen können, erfolgen durch wiederholtes Hochschlagen des Unterkiefers durch die unteren Vorderzähne.

Zwischen Flußpferden und dem Knochenfisch *Labeo velifer* kommt eine Putzsymbiose vor (HEDIGER 1946).

Fortpflanzung: Paarung findet bei *Hippopotamus* im Wasser statt. Tragzeit bei *H.*: etwa 250 d, bei *Ch.*: 180–205 d. KGew. der Neonati: *H.*: 50 kg, *Ch.*: 4,5–6 kg. Stets nur 1 Junges. Die Geburt erfolgt im seichten Wasser, gelegentlich auch auf dem Land in einem unkomplizierten Grasbett. Die Jungen werden in reifem Zustand geboren, sie müssen unmittelbar nach der Geburt selbständig auftauchen können.

In den ersten 14 d nach der Geburt sondern sich Mutter und Junges von der Gruppe ab (Prägungsphase). Die enge Mutter/Kindbindung bleibt über Monate erhalten. Geschlechtsreife mit 4−6 Jahren.

Ontogenie: Ähnelt dem Ablauf bei Suidae. Implantation: superficiell. Placenta diffusa epitheliochorialis. Das Chorion ist ganz mit Zotten besetzt. Allantois sehr groß.

Flußpferde besitzen eine gelappte Niere.

Nutzung und Bestand: Flußpferde werden als Fleischlieferanten gejagt. Die Haut ist als Leder kaum brauchbar. Die Zähne (C und Ī) werden für Elfenbein-Arbeiten verwendet. Sie besitzen eine Schmelzschicht, die abgelöst werden muß. Bestand *Hippopotamus* gesichert, *Choeropsis* bedroht (kleines Verbreitungsgebiet, Habitatvernichtung).

Choeropsis liberiensis, Zwergflußpferd (Abb. 527). KRL.: 140−155 cm, SchwL.: 28 cm, KGew.: 180−250 kg. Standhöhe: 75−85 cm. Vorkommen: Diskontinuierlich im W-afrikanischen Regenwald, Sierra Leone, Liberia, Elfenbeinküste, Nigeria? Silvicole, solitäre Art. Diprotodontie im Alter und individuell. Die plio-/pleistozaenen Kleinflußpferde S-Europas und Madagaskars sind nicht näher mit *Choeropsis* verwandt, sondern stehen *Hippopotamus* näher. *Choeropsis* zeigt vielfach basale Merkmale, ist aber spezialisiert im Vordergebiß.

Hippopotamus amphibius, Flußpferd, Nilpferd (Abb. 527). KRL.: 450 cm, SchwL.: 35 cm, KGew.: 3 200 kg. Standhöhe: 165 cm. Beschreibung s. Familie (s. S. 1006). Verbreitung: ursprünglich in den Flußsystemen und Seen in ganz Afrika s. der Sahara und im Nil bis zum Delta. Das Vorkommen im unteren Nil ist seit etwa 1830 (KOCK 1970) erloschen. Ein Restvorkommen im Delta ist seit etwa 200 Jahren verschwunden. Heutige N-Grenze: S-Äthiopien, Blauer und Weißer Nil weit s. von Khartum. S-Grenze Mozambique und N-Namibia. Im Kapland ausgerottet.

Vorkommen von Hippopotamidae auf Madagaskar († *H. lemerli*) nur subfossil.

Subordo Tylopoda, Schwielensohler

Fam. 1. Camelidae. Die Zusammenfassung der Tylopoda mit den Pecora als Ruminantia im älteren Schrifttum beruhte auf der beiden gemeinsamen Fähigkeit zum Wiederkauen, also auf einer physiologischen Eigenschaft und konnte daher nicht als Kriterium naher Verwandtschaft gewertet werden, zumal als sich zeigte, daß die Hypothese nicht durch Fossilfunde erhärtet wird. Morphologische und ethologische Befunde an rezenten Tylopoden zwangen, eine neue Subordo der Artiodactyla anzuerkennen (SIMPSON 1945, LAVOCAT 1958, BOHLKEN 1960, MORTON 1961, H. J. MÜLLER 1962). Die den Tylopoda und Pecora gemeinsamen Merkmale, Verlust der oberen I und Bildung des Kanonenbeines, erwiesen sich als Parallelbildungen (s. S. 1012 f.).

Hier sei ergänzend auf gruppenspezifische Charakteristika (Synapomorphien) der rezenten Tylopoda hingewiesen:
1. Eigene Gliederung und Struktur des multilokulären Magens
2. Unterschiedliche Differenzierung des Vordergebisses
3. Fehlende Verschmelzung von Cuboid und Centrale tarsi
4. Schwielensohle
5. Ovale Erythrocyten
6. Fehlen eines peripheren Stammes des N. XI, Innervation der Trapeziusgruppe durch Cervicalnerven
7. Sonderform des Kanonenbeins mit centralem Septum in der Markhöhle und tiefe Spaltung der metacarpo-carpalen Gelenkenden
8. Placenta diffusa epitheliochoriales (wie bei Suina und Tragulina)
9. Beugung der Gliedmaßen unter den Rumpf bei Ruhelage
10. Wegfall der Spannfalte zwischen Oberschenkel und Rumpf (Abb. 56), Bevorzugung des Paßganges beim normalen Schreiten
11. Bau des Penis und Kopulationsstellung.

Bei den alttertiären Vorfahren der Camelidae waren eine Reihe von Merkmalen der rezenten Formen (Verschmelzung der Metapodien, Sohlenpolster und wahrscheinlich auch die Rumination) noch nicht ausgebildet. Diese erscheinen erst im Jungtertär; mit der Trennung der Camelidae in Kamele und Lamas (s. S. 1017 f.).

Integument. Das zweimal jährlich gewechselte Haarkleid besteht aus rauhen Deckhaaren und einem beträchtlichen Wollhaarkleid. An speziellen Drüsenbildungen sind vor allem die Hinterhaupts- oder Nackendrüsen der Kamele zu nennen. Es handelt sich um große Hautdrüsenkomplexe, die sich unmittelbar an das Schädeldach anschließen. Sie sind sexual dimorph (beim Dromedar-♂ in der Brunst 80 mm breit, 50 mm lang) und sondern, vor allem in der Paarungszeit, ein penetrant riechendes, dunkles, schleimiges Sekret ab. Histologisch findet sich eine dünne Schicht von Talgdrüsen, die in Haarbälge münden. In der Tiefe folgt eine dicke Lage von dicht gedrängt liegenden Schlauchdrüsen mit weitem Lumen. Nach der Cutis zu werden die Schläuche enger und münden zu vielen in einzelne Zisternen. Es handelt sich eindeutig um a-Drüsen (einschichtiges Epithel, Zellkuppen, Epithelmuskelzellen). Diese Drüsenzellen enthalten muzikarmin-positive Schleimtropfen (SCHAFFER 1940).*)

Lama besitzt eine mächtige Metatarsaldrüse, die vorwiegend aus a-Drüsen besteht. Praeorbitaldrüsen fehlen den Camelidae. Zwei inguinale Zitzen.

Die Hornbekleidung der terminalen Enden der Gliedmaßen besteht aus Nägeln, deren leicht gebogene Platte nur dorsal ausgebildet ist. Sie sind also nicht als Hufe zu bezeichnen. Die Fingersohle wird vom Ballen gebildet. Die 3 Phalangen werden gleichzeitig aufgesetzt. Da die distalen Gelenkenden der Metapodien leicht divergieren, ist eine gewisse Spreizung bei Belastung möglich, die der Verbreiterung der Sohle dient (Anpassung an sandiges Gelände). Die Sohle enthält unter einer dicken Epidermis ein druckelastisches Polster.

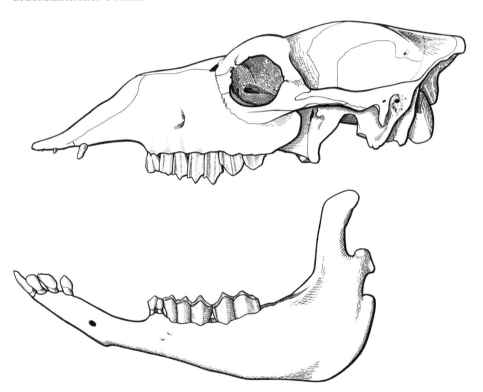

Abb. 528. *Camelus bactrianus*, zweihöck-riges Kamel, Schädel in Seitenansicht.

---

*) Auch bei *Hippopotamus* wurde Schleimbildung in a-Drüsen der Haut nachgewiesen (SCHUMACHER 1917).

Ordo Artiodactyla 1011

Der Höcker der Kamele. Der in der äußeren Gestalt des Körpers so auffällige Höcker, bei *Camelus bactrianus* in der Zweizahl, bei *Camelus dromedarius* in der Einzahl, ist eine integumentale Bildung und besteht aus subcutanem Fettgewebe. Auch beim Dromedar wird ein zweiter, kleiner, vorderer Höcker embryonal angelegt, aber bereits in der Embryonalphase in den Haupthöcker einbezogen. Er kann aber noch beim Erwachsenen deutlich durch einen Bindegewebsstreifen abgegrenzt werden. Bastarde von Kamel und Dromedar besitzen einen Höcker, der im Vergleich mit beiden Ausgangsformen niedriger und langgestreckter ist. Größe und Straffheit des Höckers schwanken erheblich und sind von Nahrungs- und Wasserzufuhr abhängig. Funktionell ist der Höcker ein Speicher für Energiereservestoffe, mit Sicherheit kein Wasserreservoir (s. S. 1015).

Schädel (Abb. 528, 529). Achse der Schädelbasis gestreckt. Orbita, in der Mitte zwischen Facial- und Cerebralschädel, von einem kräftigen Postorbitalbogen gegen die Temporalgrube abgegrenzt. Facialteil (Gaumen) stark verschmälert gegen den Hirnschädel. Das Os praemaxillare hat einen langen Proc. nasalis, der das Frontale nicht erreicht, da das ausgedehnte Os maxillare eine lange Nahtverbindung zum Os nasale besitzt. Jugale schwach ausgebildet. Lacrimale mit kleinem Facialteil. Das Parietale wird durch die Schuppe des Squamosum zurückgedrängt. Os supraoccipitalis an Bildung des Schädeldaches beteiligt. Eine Crista sagittalis kann im Alter vorkommen. Die Bulla

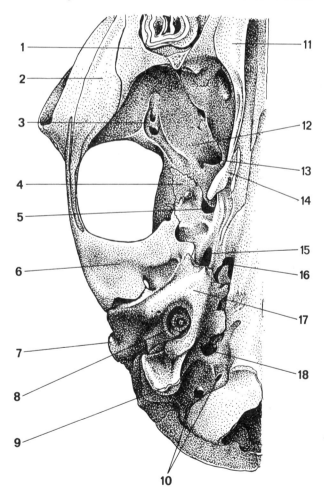

Abb. 529. *Lama guanicoë*, Guanako. Schädelbasis, Ansicht von basal auf die rechte Orbito-temporal- bis Occipitalregion.
1. Maxillare, 2. Zygomaticum, 3. Can. supraorbitalis, 4. Alisphenoid, 5. For. orbitorotundum, 6. Facies articularis, 7. Porus acusticus ext., 8. Proc. styloides, 9. Proc. paroccipitalis, 10. Can. N. XII. 11. Palatinum, 12. Orbitosphenoid, 13. For. opticum, 14. Pterygoid, 15. Incisura ovalis, 16. For. lacerum med., 17. Bulla tympanica, 18. For. metoticum.

tympanica (Abb. 529) ist von spongiösen Knochenbälkchen, die sich bis in die Wand des äußeren Gehörganges erstrecken können, ausgefüllt. Das Tympanohyale wird von diesem pneumatisierten Knochen umgeben. Hoher Proc. postglenoidalis. Procc. paroccipitalis und posttympanicus unbedeutend. Der Mastoidteil des Petrosum bleibt, auch beim Adulten, an der Schädeloberfläche unbedeckt. Ein Can. alisphenoideus fehlt. Der Condylus des Unterkiefers ist, abweichend von den Pecora, kuglig und nicht transversal verbreitert.

Der Aufbau der Nasenhöhle ähnelt weitgehend dem der Pecora (5 Endoturbinalia, Ethmoturbinale I mit 2 Riechwülsten). Pneumatisation im Fronto-Orbitalbereich ausgedehnt, gering im verschmälerten Maxillargebiet. Unterkiefersymphyse knöchern verwachsen.

Postcraniales Skelet. Tylopoda besitzen 30 praecaudale Wirbel (7 Cl, 12 Thl, 7 Ll, 4 Sl) und 13–20 Schwanzwirbel. Die Procc. transversi der Halswirbel besitzen kein For. transversum, so daß die A. vertebralis einen eigenartigen Verlauf nimmt. Das Gefäß durchbohrt bei Vert. C VII–II die Wurzel des Proc. spinosus im vorderen Teil und verläuft jeweils streckenweise im Wirbelkanal (DE BURLET in WEBER 1927).

Radius und Ulna verschmelzen distal, vielfach auch proximal. Die Fibula ist weitgehend reduziert mit Ausnahme des distalen Gelenkendes, das mit dem Calcaneus artikuliert. Besonderheiten von Hand und Fuß s. S. 982, 983!

Gebiß. Zahnformel: *Camelus* $\frac{1\ 1\ 3(2)\ 3}{3\ 1\ 3(2)\ 3}$ (Abb. 528), *Lama* $\frac{1\ 1\ 2\ 3}{3\ 1\ 1\ 3}$. Tylopoda zeigen bereits eine Reduktion des Vordergebisses und sind darin primitiver als die Pecora, denn die oberen drei I werden angelegt. Im Dauergebiß persistiert nur $\underline{I}$. $\underline{C}$ ist ausgebildet, bleibt aber relativ kurz und hakenförmig. Er ist vom $\underline{I}$ 3 durch ein kleines Diastem getrennt. Der untere $\overline{C}$ bleibt stiftförmig und wird nicht, wie bei den Pecora, incisiviform. Zwischen $\overline{I}$ und $\overline{C}$ bleibt ein schmaler Spalt. Die Größe und Anzahl der P ist bei *Lama* reduziert. Die Kronen der Molaren sind hypsodont und typisch selenodont, mit 4 Halbmonden an den oberen und 2 Halbmonden an den unteren Zähnen.

Darmkanal. Der multilokuläre Magen weicht im Bau und in der Struktur vom Magen der Pecora ab. Beide scheinen unabhängig voneinander aus einer frühtertiären gemeinsamen Stammform entstanden zu sein. Besonderheiten des Cameliden-Magens (Abb. 116, 530; s. S. 179, 1013) sind die Ausbildung von zwei Reihen kammerartiger Recessus am großen Rumen. Diese sind mit Drüsen ausgestattet und enthalten meist groben Nahrungsbrei, sind also keine Wasser-Zellen, wie vormals vermutet. Ein Blättermagen fehlt. Der Drüsenmagen bildet einen schlauchförmigen Tubus gastricus.

Das Caecum ist kurz und unkompliziert. Eine Gallenblase fehlt.

Weitere gruppenspezifische Besonderheiten. Vorkommen eines Sekundärknochens im Zwerchfell. Die Erythrocyten sind, einmalig bei Mammalia, oval. Ihre Anzahl ist außerordentlich hoch (14 000 000 pro ml bei *Lama*, 19 000 000 pro ml bei *Camelus bactrianus* (FRECHKOP in GRASSÉ 1958).

Glandulae vesiculares fehlen, Gld. urethrales und Gld. prostatica kommen vor. Die Praeputialöffnung ist nach hinten gerichtet, so daß die ♂♂ retromingent urinieren.

Der Ursprung der A. subclavia sin. und des Truncus brachiocephalicus (Abb. 531) zeigt einen intermediären Zustand zwischen Suidae und Pecora.

Besonderheiten der peripheren Halsnerven bei Tylopoda. Tylopoda unterscheiden sich von anderen Mammalia unter anderem durch ein sehr merkwürdiges Verhalten der peripheren Nerven am Halse (SCHUMACHER 1902, LESBRE 1903, H. J. MÜLLER 1952).

Der im folgenden beschriebene Zustand kann bisher nicht befriedigend erklärt werden, ist aber als Argument für die Einordnung der Tylopoda in eine eigene Subordo von Interesse (Abb. 531 b).

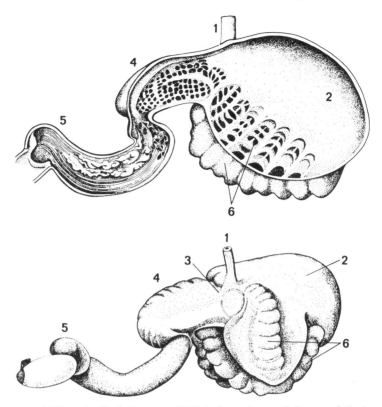

Abb. 530. Magengliederung bei Tylopoda. Nach BOHLKEN 1958. 1. Oesophagus, 2. Rumen, 3. Reticulum, 4. Omasum, 5. Abomasum, 6. Drüsenkammern.

1. Der N. accessorius (N. XI) teilt sich unmittelbar nach dem Austritt in zahlreiche feine Äste auf, die sich vor allem dem N. vagus anschließen, und bildet keinen peripheren Nervenstamm. Die bei den Säugern im allgemeinen vom N. XI und zum geringen Teil von Cervicalnerven innervierte Muskelgruppe (M. trapezius, M. sternocephalicus) wird bei Kamel und Lama ausschließlich von motorischen Ästen der Cervicalnerven (C. I–III, für den M. cleidocervicalis: C. V–VII) versorgt. Embryologische Untersuchungen über die Herkunft der Muskeln fehlen.

2. Die Innervation der inneren Larynxmuskeln erfolgt bei Tylopoda nicht, wie bei allen anderen Säugern, über einen N. recurrens, sondern über einen Ramus descendens N. X, der vom Vagusstamm direkt zum Kehlkopf verläuft. Zwar läßt sich ein feiner rückläufiger Vagusast auch bei Tylopoda nachweisen, doch verliert sich dieser, nach Umschlingung der Arterien, in perivaskulären und bronchialen Geflechten und erreicht nicht den Kehlkopf. Eine experimentelle Analyse der Faserkomponenten dieser Nerven fehlt aus verständlichen Gründen.

Vermutungen, daß die besonderen Innervationsbefunde am Hals der Tylopoda eine Folge der Halslänge seien, sind nicht haltbar, denn Untersuchungen an Giraffen (ANGERMEYER 1966) ergaben, daß bei diesen, trotz der extremen Länge ihres Halses, die Innervation der Hals- und Larynxmuskeln nach dem bei Säugern allgemein verbreiteten Typ erfolgen. Sie besitzen also einen peripheren N. XI, der den Trapezius-Komplex innerviert, und einen N. recurrens vagi, der die innere Larynxmuskulatur versorgt.

Anpassungen der Kamele an Bedingungen einer ariden und heißen Umwelt. Die Fähigkeit der Kamele (besonders des Dromedars), die hohen Tagestemperaturen und

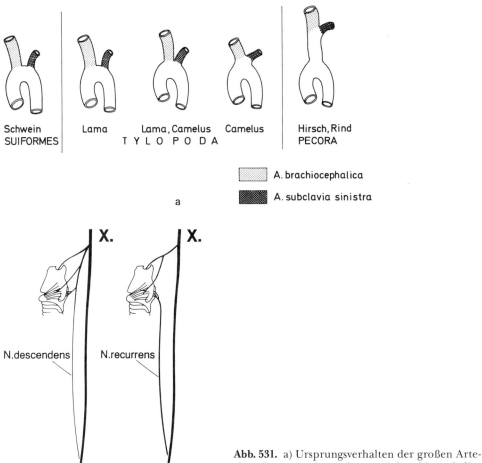

Abb. 531. a) Ursprungsverhalten der großen Arterienstämme am Aortenbogen (A. brachiocephalica und A. subclavia sin.) bei Suidae, Tylopoda und Pecora, b) Innervation des Larynx durch N. descendens vagi (Tylopoda, links) oder N. recurrens vagi (Pecora, rechts) X = N. vagus. a und b nach H. J. MÜLLER 1962.

den Wassermangel in der Wüste und Halbwüste zu ertragen und notfalls bis zu 8 Tagen ohne Wasseraufnahme durchzuhalten, ist allgemein bekannt und war Anlaß zur Domestikation als Lastenträger und Reittier bei den Bewohnern der Wüsten N-Afrikas und Vorderasiens. Die physiologischen Mechanismen dieser Anpassung wurden vor allem am Dromedar untersucht (SCHMIDT-NIELSEN 1979, WILSON 1989, YAGIL 1983, 1985).

Die Körperwärme kann aus zwei Quellen stammen, durch Zufuhr aus der Umwelt und durch Wärmeproduktion im eigenen Stoffwechsel (endogen). Zwischen der Größe der Körperoberfläche und der Hitzetoleranz besteht ein Zusammenhang, denn Hitzebelastung kann durch Evaporation an der Körperoberfläche kompensiert werden. Diese ist von ausreichender Wasserzufuhr abhängig. Hitzebelastung ist bei kleinen Tieren größer als bei Großtieren, denn kleine Tiere besitzen eine relativ größere Körperoberfläche als große. Kleine Säugetiere vermeiden daher in der Regel Überhitzung aus der Umwelt durch Nachtaktivität und durch Rückzug in subterrane Räume während der heißen Stunden des Tages.

Die erhebliche Körpergröße des Kamels ist bereits eine wichtige Voraussetzung für einen vorteilhaften Wärmehaushalt. Ein Mensch verliert beispielsweise unter Wüstenbedingungen durch Schwitzen 1 l Wasser in der Stunde (0,6 l pro m²); Kleinsäuger würden sogar 15–30% des KGew. verlieren, um die Normaltemperatur aufrecht zu erhalten. 10–20% Gewichtsminderung durch Wasserverlust sind aber für Säugetiere im allgemeinen lebensbedrohend. Ein Tier von der Größe eines Kamels verliert auf Grund der relativ kleinen Körperoberfläche jedoch nur etwa die Hälfte der Wassermenge wie der Mensch.

Nun regelt ein Kamel die Körpertemperatur nicht nur durch Evaporation, sondern verfügt über mehrere Mechanismen. Die wichtigsten dieser gattungsspezifischen Anpassungen an das Leben in der Wüste seien im folgenden genannt:

a) Die physiologischen täglichen Schwankungen der Körpertemperatur beim Kamel betragen bis zu 7°C (34°C nachts bis 40°C am Spätnachmittag). Es kommt also über Tag zu einer Hitzespeicherung und nachts zu einer Abkühlung des Körpers auf 34°C durch Konvektion und Radiation.

Die Evaporation eines Kamels, das getrunken hat, beträgt während den heißesten 10 Stunden 9 l, beim gleichen Tier im Durstzustand aber nur 2,8 l (SCHMIDT-NIELSEN 1979).

b) Durch die Fähigkeit zur Hitzespeicherung (Wärmetoleranz bis 40°C Körpertemperatur) ergibt sich bei Steigerung der Umgebungstemperatur automatisch eine Reduktion des Temperaturgefälles von Außentemperatur zur Körpertemperatur. Dies vermindert die Evaporation und damit den Wasserbedarf.

c) Schließlich bildet der Pelz eine effiziente Isolationsschicht des Körpers gegen Hitzezufuhr von außen. Der Wasserbedarf eines geschorenen Kamels ist um 50% höher als der eines ungeschorenen.

Kamele besitzen eine hohe Toleranz gegen Wasserverlust. Diese beträgt bis zu 25% des KGew.; der Mensch verträgt maximal einen Verlust von 10–12%. Beim Trinken kann das Kamel bis zu 30% des KGew. an Wasser aufnehmen. Dieses Wasser dient aber nicht zum Auffüllen irgendwelcher Wasserspeicher, sondern ersetzt ausschließlich den Wasserverlust in den Geweben, denn Kamele besitzen keine Wasserreservoire, die im voraus gefüllt würden, wie im älteren Schrifttum oft vermutet. Die kammerartigen Nebenräume des großen Pansen (s. S. 179, Abb. 116) sind keine „Wasserzellen". Sie enthalten grobfasriges Nahrungsmaterial, doch nie Flüssigkeit und besitzen Drüsen in ihrer Schleimhaut.

Ein Wassergewinn durch Fettverbrennung (Höcker) wäre ineffizient, denn die Oxidation setzt erhöhten O_2-Verbrauch voraus. Durch die damit verbundene Intensivierung der Atmung würde der Gewinn an Wasser durch erhöhte Evaporation vollständig verbraucht.

Einsparung von Wasser ist auch bei den Ausscheidungen (trockener Kot, konzentrierter Urin) festzustellen.

Die **Niere** der Kamele besitzt vorwiegend lange Henlesche Schleifen und hat damit in stärkerem Maße die Möglichkeit, Wasser rückzuresorbieren. Die täglich ausgeschiedene Urinmenge ist gering. Sie übersteigt selbst beim getränkten Tier nicht 5 l. Bei Wasserentzug wird die Exkretion von Primärharn am Glomerulum reduziert, die Rückresorption in der Henleschen Schleife und in den Sammelrohren erhöht. Mit dem Wasser wird auch stets eine gewisse Menge von Harnstoff resorbiert. Die Nierenfunktion wird hormonal gesteuert (Vasopressin, Aldosteron, R. T. WILSON 1989).

Bemerkenswert ist die Tatsache, daß Kamele im Speichel und im Vormagensekret Harnstoff ausscheiden können. Dabei bleibt die Funktion des Darmtraktes aufrechterhalten und durch Nutzbarmachung des Harnstoffes kann der Stickstoffbedarf, besonders bei Proteinmangel, gedeckt werden.

Die Bakterien des Vormagens können den Stickstoff des Harnstoffes zur Proteinsynthese nutzen. Sie gelangen in den Dünndarm, gehen dort zugrunde und werden vom

Kamel als Protein genutzt und seinem eigenen Stoffwechsel wieder zugeführt. Die Flüssigkeit des Darminhaltes wird in den hinteren Darmabschnitten resorbiert.

Fortpflanzung und Entwicklung. Die Paarungsstellung bei Tylopoda ist ungewöhnlich und weicht von der anderer Artiodactyla ab, ähnelt aber dem Verhalten der Felidae. Die Stute liegt mit der Bauchseite dem Boden auf, während der Hengst auf den Keulen sitzt. Der Uterus ist zweihörnig (U. bicornis). Der Penis gehört zum fibroelastischen Typ (s. S. 1021, nach SLIJPER 1938). Sein terminales Endstück ist abwärts gebogen und besitzt eine ventrale Wulstbildung. Der Urethralfortsatz ist asymmetrisch, linksseitig. Er ist kurz und erreicht das Penisende nicht. Das Corpus cavernosum gabelt sich in zwei Äste zur Penisspitze und in den Urethralfortsatz (Abb. 534).

Tylopoda sind polyoestrisch. Die Cyclusdauer beträgt 10 – 20 d, die Dauer der Brunst 3 d. Die Tragzeit beträgt bei *Camelus bactrianus* durchschnittlich 406 d. Sie ist bei *Camelus dromedarius* in der Regel um 4 Wochen kürzer. Beim Guanako und Lama beträgt sie 345 – 360 d, beim Vikugna 330 d.

Es wird gewöhnlich nur 1 Junges geboren, Zwillinge kommen gelegentlich beim Lama vor. Die Neugeborenen sind ausgereift (precocial).

Embryonalentwicklung und Placentation der Tylopoda sind unzureichend erforscht. Frühstadien sind unbekannt. Die Implantation dürfte superficiell und central erfolgen, die Amnionbildung durch Faltung. Der Allantoissack ist groß und persistiert. Die Placenta ist diffus, circumferentiell und erstreckt sich über beide Hörner des Uterus. Die Zotten sind kurz und verzweigt. Die Struktur der fetomaternellen Grenzmembran ist epitheliochorial. Die Placenta ähnelt also der Suiden-Placenta eher als dem Organ der Pecora (MORTON 1961).

Karyologie. Die Chromosomenzahl beträgt bei *Camelus bactrianus* und *Camelus dromedarius* 2n = 74(70), bei Lama, Guanako und Vikugna 2n = 74.

Fertile Kreuzungen zwischen Kamel und Dromedar sind, entgegen älteren Angaben (GRAY 1954, HILZHEIMER 1909) möglich. Bastarde werden in einigen Gegenden gezüchtet. Sie besitzen nur einen, relativ niedrigen Höcker, der aber in der Längsrichtung ausgedehnter ist als beim Dromedar.

Bemerkungen zum Sozialverhalten. Dromedar und zweihöckriges Kamel kommen heute nur im domestizierten Zustand zur Beobachtung, denn die Wildform vom Dromedar exisitert nicht mehr (s. S. 1102) und die des Kamels ist ausgestorben oder überlebt höchstens als kleine Restgruppe von etwa 100 Tieren. Alle Beobachtungen über das Verhalten von Dromedaren in freier Wildbahn beruhen auf Studien an verwilderten Tieren in Australien. Dromedare waren im vergangenen Jh. als Transporttiere nach Australien importiert worden und wurden nach erfolgter Motorisierung überflüssig. Aus diesem Bestand hat eine Gruppe in C-Australien überlebt und sich als Population etabliert. Sie bildet dort Familiengruppen von bis zu 20 Ind., bestehend aus einem Hengst, mehreren Stuten und Jungtieren. Außerdem kommen Juvenilgruppen vor, denen sich gelegentlich überzählige Hengste anschließen können. Oft bleiben die Hengste solitär. Hengstkämpfe finden statt und enden nicht selten tödlich, indem der Sieger den Unterlegenen zu Boden drückt und erstickt. In Vorderasien werden Schaukämpfe domestizierter Dromedare veranstaltet, aber gewöhnlich unterbrochen, wenn die Situation gefährlich für ein Tier wird.

Die Hinterhauptdrüse findet sich bei beiden Geschlechtern, zeigt aber in der Brunst bei ♂♂ gesteigerte Aktivität. Erwähnt sei, daß Dromedarhengste bei Erregung einen etwa 35 cm langen Lappen seitlich aus dem Mundwinkel vorstülpen, die „Dulaa". Es handelt sich um ein Divertikel im vorderen Teil des weichen Gaumens, nicht um die Zunge. Die Vorstülpung erfolgt nach einer Inspiration von Luft, während die Zunge zurückgezogen und der Übergang zum Nasopharynx durch Muskelwirkung geschlossen wird.

Nutzung und Domestikation. Aus den beiden Gattungen der Tylopoda sind in verschiedenen Regionen der Erde Haustiere hervorgegangen. In S-Amerika ist das Guanako (*Lama guanicoe*) die Stammform von Lama und Alpaka (HERRE & RÖHRS 1990). Das Lama ist auch heute noch in den Andenländern als Lastenträger unentbehrlich. Daneben spielt es als Fleischlieferant eine geringere Rolle. Das Alpaka, eine kleinere Zuchtform aus der gleichen Wildart, ist Lieferant besonders hochwertiger Wolle (3 Mio Alpakas in Peru). Das Vikugna (*Lama vicugna*) ist hingegen nie domestiziert worden (s. S. 1102). Sein besonders feines und hoch gewertetes Haarkleid wird aber seit den Zeiten der Inkakultur genutzt, indem Rudel wildlebender Vikugnas in Abständen von 2 Jahren zusammengetrieben, geschoren und danach wieder die Tiere freigelassen werden.

Kamele sind seit dem Pleistozaen in C-Asien nachgewiesen und wahrscheinlich auch dort zunächst domestiziert worden. Die Wildform des zweihöckrigen Kamels (*Camelus bactrianus*) hat mindestens bis in die 50er Jahre des 20. Jh. in sehr kleinen Beständen in der Wüste Gobi, im Grenzgebiet zwischen Mongolei, Tibet und China überlebt (BANNIKOV 1957). Über den derzeitigen Status der Art ist nichts bekannt, sie gilt vielfach als ausgestorben. Auch Museumsmaterial ist überaus spärlich. Als domestizierte Form hat sich das Kamel von C-Asien im ganzen asiatischen Trockengürtel von China bis Vorderasien ausgebreitet und dient vor allem als Lasttier.

Der Dromedar, *Camelus dromedarius*, existiert nur als domestizierte Form. Die Wildform ist nicht bekannt. Unter prähistorischen Felsbildern der Sahara gibt es eine Darstellung, die als Jagd auf wilde Dromedare gedeutet wird. Hierauf stützt sich die Annahme einer eigenen Wildart, die südlicher, in wärmeren Regionen, als das Kamel vorkam (Arabien? N-Afrika?). Morphologisch und ethologisch sind beide Formen sehr ähnlich. Sie paaren sich freiwillig und zeugen fertile Bastarde. Daher wird auch die Meinung vertreten, daß Kamel und Dromedar auf die gleiche Stammform zurückzuführen sind. Diese Frage muß zunächst offen bleiben. Dem Sprachgebrauch folgend, werden hier beide Formen klassifikatorisch als Arten geführt. Das Dromedar ist vor allem in N- und NO-Afrika und Vorderasien verbreitet.

Dromedare sind, dank ihrer physiologischen Anpassungen und Eigenschaften (s. S. 1013 f.), vielseitig nutzbare Haustiere geworden, die dem Menschen das Leben in den Trockenzonen ermöglicht haben und für die „Dromedarnomaden" lebenswichtig sind. Hier seien nochmals ihre Toleranz gegen hohe Temperaturen und die Mechanismen der Regulation ihres Wärme- und Wasserhaushaltes, vor allem die Sicherung gegen Wasserverlust und die Genügsamkeit ihrer Ansprüche an die Nahrung hervorgehoben. Sie dienen als Lastenträger und als Reittiere; als Milch- und Fleischlieferanten tragen sie zur Sicherung der Ernährung bei. Die vielseitigen Möglichkeiten der Nutzung haben dazu geführt, daß eine Reihe von besonderen Schlägen durch zielbewußte Züchtung herausgebildet wurden. Erwähnt seien die schlanken, hochbeinigen Reitkamele (Mehharis) der Araber.

Systematik und geographische Verbreitung der Tylopoda. 1 Familie, 2 Genera, 4(3?) Spezies, 4 domestizierte Formen. Camelidae sind heute aus ihrer ursprünglichen Heimat N-Amerika verschwunden, doch haben je ein Zweig Asien über die Beringbrücke und S-Amerika über die Panamabrücke erreicht. Die neuweltlichen Kamele haben mit zwei Arten, Guanako und Vikugna, bis heute überlebt. Vom altweltlichen Zweig ist nur eine Wildform, das zweihöckrige mongolische Wildkamel, bekannt, wenn auch die letzten Vertreter dieser Art vor dem Aussterben stehen. Das Dromedar existiert nur im Domestikationszustand, eine wilde Stammart ist nicht bekannt.

Lama guanicoe, Guanako. KRL.: 153−200 cm, SchwL.: 22−25 cm, KGew.: 80−120 kg. Verbreitung: Anden von S-Peru bis Patagonien (Peru, Bolivien, Chile, Argentinien). Das Guanako lebt in kleinen Familienverbänden, die von einem ♀ geführt werden. Die Territorien werden durch Kothaufen markiert und verteidigt. Die Gruppen sind relativ offen, d. h. Zu- und Abwanderung von ♀♀ kommt vor. Nahrung rein herbivor, aber vielseitig (Gräser, Kräuter, Blätter, Triebe). Trinken kann einige Tage ausgesetzt werden. Das Guanako ist die Stammform der domestizierten Formen Lama und Alpaka (beide benannt: *Lama guanicoe* f. lama, s. S. 1102).

Lama vicugna, Vikuña. Vikugna. KRL.: 140–150 cm, SchwL.: 22–24 cm, KGew.: 45–55 kg. Verbreitung: S-Peru, N-Chile, W-Bolivien, NW-Argentinien. Heute auf Bereiche in Höhen von 3 700 bis 5 500 m ü. NN beschränkt (RÖHRS 1958). Fossil auch aus dem Tiefland bis in Küstennähe nachgewiesen. Gestalt kleiner und zierlicher als Guanako, schlanke Beine, kurzschnauzig. Fell hellbraun, sandfarben, ventral weiß. Weiße Brustmähne bei Adulten. Das Fell ist dicht und weich, sehr feine Wolle. Die Grannenhaare sind sehr gleichmäßig verteilt und ähneln den Wollhaaren. Vikugnas wurden nicht domestiziert, aber die Haare der Wildtiere wurden genutzt (s. S. 1102). Verhalten gleicht dem der Guanakos, doch müssen Vikugnas täglich trinken.

Camelus bactrianus, zweihöckriges Kamel, Trampeltier. Wildkamele kamen noch bis in die Mitte des 20. Jh. in der Mongolei (Wüste Gobi, Tarimbecken) vor. 2 Restpopulationen wurden 1956 von BANNIKOV beobachtet. Seither keine sicheren Beobachtungen mehr. Vermutlich waren gelegentlich beobachtete Einzeltiere verwilderte Hauskamele. KRL.: etwa 300 cm, SchwL.: 50 cm, KGew.: 600–1 000 kg. Domestizierte Kamele vor allem in Iran, Afghanistan, russisches C-Asien, Mongolei, China, also im centralasiatischen Trockengürtel mit kaltem Winter. Stämmiger und kurzbeiniger als das Dromedar, mit dem es sich fertil kreuzt.

Camelus dromedarius, Dromedar, einhöckriges Kamel. Auf den unsicheren Art-Status wurde zuvor (s. S. 1017) aufmerksam gemacht. Dromedare sind nur als domestizierte Form bekannt. Abstammung entweder von *Camelus bactrianus* oder von einer unbekannten Wildart, die in Arabien oder N-Afrika vermutet wird. KRL.: etwa 300 cm, SchwL.: 50 cm, KGew.: 600–1 000 kg.

Haltung von Dromedaren in den Trockengebieten N- und NO-Afrikas, Arabien, Vorderasien bis Pakistan. Eingeführt in den Mittelmeerländern, Australien, Namibia, C-Amerika, Argentinien. Verwilderte Restbestände vor allem in C-Australien.

Im alten Ägypten waren Dromedare seit frühdynastischen Zeiten bekannt (wenige Kleinplastiken), wurden aber offenbar nicht als Haustiere gezüchtet, denn Darstellungen auf den Grabmalereien fehlen. Das Dromedar wurde wahrscheinlich erst in der Ptolemäerzeit in Ägypten als Haustier genutzt (BOESSNECK 1988).

Subordo Tragulina

Fam. 1. Tragulidae. Die Tragulina wurden gewöhnlich als Infraordo den „Ruminantia" zugeordnet (SIMPSON 1945), weil sie Wiederkäuer sind. Hier sollen sie als Subordo aus folgenden Gründen geführt werden: Tragulina lassen sich bis ins Eozaen zurückverfolgen († Hypertragulidae) und existierten lange vor den Cervidae und Bovidae. Sie erfuhren im Jungtertiär eine beträchtliche Radiation in Eurasien, Afrika und in N-Amerika (Oligozaen). Sie haben mit 2 Gattungen (4 Arten) bis heute in Restarealen (W-Afrika, SO-Asien) persistiert. Sie dürfen als Schwestergruppe der Pecora aufgefaßt werden und sollten daher der gleichwertigen systematischen Kategorie zugewiesen werden. Frühtertiäre Tragulina († Hypertragulidae) können als Modell einer gemeinsamen Stammgruppe verstanden werden.

Die rezenten Tragulidae sind Reliktformen, die viele plesiomorphe Merkmale bewahrt haben. Die beiden rezenten Genera, *Hyemoschus* in W-Afrika und *Tragulus* (Abb. 532) (3 Arten) in SO-Asien, haben aber auch eine große Anzahl von Spezialisationen erworben, die sie als vorzüglich angepaßte Buschschlüpfer ausweisen.

Als plesiomorphe Merkmale der Tragulidae sollen hervorgehoben werden: Sehr geringer Neencephalisationsgrad. Ontogenesetyp mit diffuser Placenta epitheliochorialis (ähnlich den Suidae und Tylopoda), große Allantois, Metapodien oft nicht zum Kanonenbein verschmolzen. Seitliche Metapodien (II und V) vollständig und kräftig (besonders bei *Hyemoschus*), Ulna frei, primitiver Bau der Tympanalregion (s. S. 979), Ruhelage mit eingebeugten Vorder- und Hinter-Gliedmaßen (wie Tylopoda).

Die geringe Körpergröße und die Körperform mit dorsal konvexer Rückenlinie, im Bereich der Hinterbeine überbaut, sind mit der Anpassung als Buschschlüpfer korreliert. Ähnliches gilt für die Form des Kopfes (kurze, spitze Schnauze) und das Fehlen auffälliger Kommunikationsmittel. Traguliden sind solitär und meist nachtaktiv. Das Fehlen von Stirnwaffen ist bei Traguliden primär.

Abb. 532. a) *Tragulus javanicus*, Kleinkantchil, b) *Moschus moschiferus*.

a   b

Spezialisiert ist die Ausbildung der oberen C als lange, säbelartige Hauer bei ♂♂ und die Ausbildung einer hochkomplexen Kehldrüse.

Der Magen ist multilokulär und unterscheidet sich deutlich in Gliederung und Aufbau von dem der Pecora, dürfte also unabhängig in der eigenen Stammeslinie entstanden sein.

Integument. Fell glatt und eng anliegend. Färbung kryptisch, dunkelbraun mit weißer Ventralseite bei *Tragulus javanicus* und *napu*, mit weißer Fleckenzeichnung an Rücken und Körperseite bei *Tragulus meminna* und *Hyemoschus*.

Spezialisierte Hautdrüsen im Mundboden- und Kehlbereich (Intermandibulardrüse). Diese sind bei *Tragulus napu* und *Tr. javanicus* voll ausgebildet und fungieren im Sexual- und Territorialverhalten, sind aber bei *Tr. meminna* und *Hyemoschus* reduziert, wenn auch in der Anlage nachweisbar (SCHAFFER 1940). Dimension der Drüse bei *Tragulus javanicus* 20 zu 8 mm, Dicke 2 mm. Die Drüse besteht aus einer dichten Schicht großer subepithelialer Talgdrüsen, die genetisch an Haarbälge gebunden sind und am Grund einer Grube ausmünden. An sie schließt basal eine Schicht von a-Drüsen an, deren Ausführungsgänge die Schicht der Talgdrüsen durchsetzen. Auf diese folgt cutiswärts eine kompakte Schicht verzweigter Schlauchdrüsen, die von SCHAFFER als modifizierte a-Drüsen gedeutet wurden.

Tragulidae besitzen 4 inguinale Zitzen.

Schädel (Abb. 533). Der Kopf der Tragulidae ist klein und relativ kurzschnäuzig. Die auffallend großen Orbitae liegen in der Mitte zwischen Facial- und Hirnschädel. Das Praemaxillare hat bei *Hyemoschus* keinen Kontakt zum Nasale, wohl aber bei *Tragulus*. Das Supraoccipitale reicht auf das Schädeldach, das Parietale ist relativ lang, das Frontale kurz. Eine Sagittalcrista kommt bei alten ♂♂ vor. Die Foramina optica verschmelzen in der Medianebene zu einer einheitlichen Öffnung.

Praeorbitalgrube und Ethmoidallücke fehlen. Die Basis des Cranium ist gestreckt (orthocran). Stirnwaffen fehlen primär. Entsprechend gering ist die Pneumatisation. Die Nasenhöhle ist ausgedehnt und besitzt 6 Riechwülste (5 Endoturbinalia).

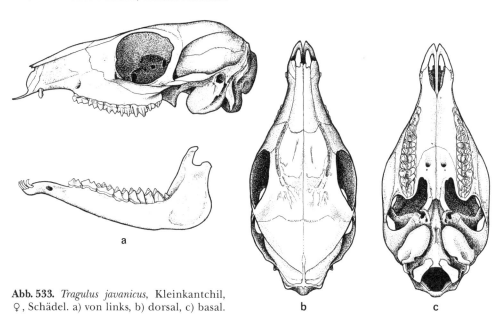

Abb. 533. *Tragulus javanicus*, Kleinkantchil, ♀, Schädel. a) von links, b) dorsal, c) basal.

Die nur vom Tympanicum gebildete Bulla ist von mäßiger Größe und seitlich komprimiert. Sie ist mit spongiösem Knochen angefüllt und steht nur durch eine kleine Öffnung mit dem Cavum tympani in Verbindung. Das Tympanicum ist nur bindegewebig mit den Nachbarknochen verbunden. Es bildet einen kurzen knöchernen Gehörgang. Die äußere Fläche des Petrosum (sog. „Mastoid") bleibt von den Nachbarknochen unbedeckt.

Postcraniales Skelet. Die Procc. spinosi der Halswirbel sind gut entwickelt. Der Dens axis ist abgeplattet, wie bei Suidae. Wirbelzahlen: Cl 7, Thl 13, Ll 6, Sl 5, Cdl bis 13. Sekundäre Knochenbildung kommt bei Tragulidae (und Moschinae) in der Fascia lumbalis vor und kann eine dünne Knochenplatte über dem Sacrum bilden. Radius und Ulna bleiben frei. Die Fibula ist in ganzer Länge ausgebildet. Der laterale Malleolus verschmilzt mit der Tibia. Die Metapodien III und IV verschmelzen meist nicht vollständig zum Kanonenbein. Bei *Hyemoschus* verschmelzen nur die Metatarsalia. Die seitlichen Metapodien (II und IV) sind vollständig, bei *Hyemoschus* stärker als bei *Tragulus* (Abb. 517). Im Carpus verschmelzen Capitatum und Trapezoid (evt. auch das Trapezium). Im distalen Tarsus bleibt nur das Entocuneiforme frei. Naviculare, Cuboid, Meso- und Ectocuneiforme synostosieren. Die hinteren Extremitäten sind im ganzen verlängert gegenüber den vorderen.

Centralnervensystem. Unter allen Artiodactyla besitzen die Tragulidae den geringsten Grad der Entfaltung des Großhirns. Die Hemisphaeren sind niedrig und flach. Die Hirnachse ist gestreckt. Die hinteren Hügel des Tectum liegen dorsal noch frei (Abb. 521). In der Seitenansicht ist die Fiss. palaeoneocorticalis im ganzen Verlauf sichtbar und damit auch ein großer Teil des Palaeopallium zu überblicken. Die Opercularisation des Inselfeldes und die Fiss. pseudosylvia fehlen. Die Oberfläche des Neopallium zeigt nur eine sehr geringe Ausbildung von Furchen. Deutlich ausgebildet sind zwei in der Längsrichtung verlaufende Sulci, der Sulcus suprasylvius und der Sulcus splenialis. Der letztgenannte liegt nahezu in seiner ganzen Verlaufsstrecke auf der Dorsalseite des Neopallium, während er bei der Mehrzahl der Paarhufer durch die Entfaltung der parietalen Integrationsgebiete auf die Medialseite der Hemisphaere verdrängt wird (s. S. 985, Abb. 521).

Unter den Sinnessystemen sind Riechorgan und Auge mit ihren Centralgebieten dominant. Die äußeren Ohren sind von mittlerer Größe, abgerundet und dünn behaart.

Gebiß. Zahnformel der rezenten Genera $\frac{0\ 1\ 3\ 3}{3\ 1\ 3\ 3}$. †*Dorcatherium* unterscheidet sich von *Hyemoschus* durch $P\frac{3}{4}$. Der obere C ist beim ♂ vergrößert und ragt über die Lippen vor. Beim ♀ bleibt er stiftförmig. Der unter C ist, wie bei Cervidae, incisiviform und schließt sich den Schneidezähnen eng an. Die P sind einfach, mit Schneidekante. Die M sind brachyodont und selenodont, ohne 5. Höcker.

Darmkanal. Der Magen der Tragulidae ist dreikammrig, ein Blättermagen (Omasum) fehlt. An seiner Stelle findet sich ein kurzer Isthmusabschnitt. Das Caecum ist einfach und von mäßiger Größe. Traguliden sind Wiederkäuer. Ihre Nahrung besteht aus vielseitigen Vegetabilien (Früchte, Laub, Triebe, Kräuter). Daneben kommt Carnivorie vor (Kleintiere als Zusatznahrung aufgenommen). Eine Gallenblase ist vorhanden.

Geschlechtsorgane und Entwicklung. Uterus bicornis. Das Scrotum ist anliegend. Der Penis läuft in ein korkenzieherartiges, spiraliges Endstück aus (ohne Urethralfortsatz) und besitzt basal lappenartige Anhänge (Abb. 534). Die Frühentwicklung ist kaum bekannt, dürfte sich aber wenig von der bei Cerviden unterscheiden. Tragulidae besitzen

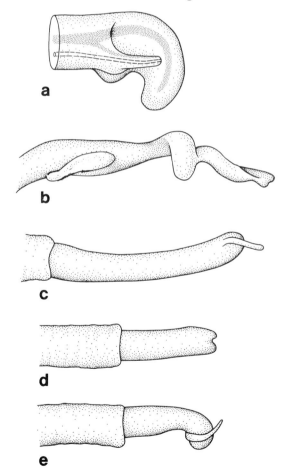

Abb. 534. Artiodactyla, terminales Endstück des Penis. a) *Camelus bactrianus*, b) *Tragulus javanicus*, c) *Moschus moschiferus*, d) *Cervus elaphus*, e) *Giraffa camelopardalis*. Punktierte Bereiche in (a) = Corpus fibrosum, gestrichelte = Urethra.

eine diffuse, epitheliochoriale Placenta und stehen in diesem Merkmal den Suina und Tylopoda näher als den Pecora.

Nach einer Tragzeit von 4,5 – 5 mon bei *Tragulus*, von 6 – 9 mon bei *Hyemoschus* wird 1 (selten 2) Junges in ausgereiftem Zustand geboren. Das Junge wird in den ersten Tagen in einem Versteck abgelegt und von der Mutter nur zum Säugen besucht. Die Mutter steht beim Säugen.

Lebensraum und Lebensweise. *Hyemoschus* lebt in feuchten Wäldern mit dichtem Unterbewuchs, vorausgesetzt, daß Gewässer in der Nähe sind. Flieht bei Gefahr ins Wasser. Ausschließlich nachtaktiv. *Tragulus* lebt, soweit bekannt, in gebüschreichem Wald, oft an Waldrändern und in kleinen Waldstücken, ist aber weniger stark an Wasser gebunden wie *Hyemoschus*. Traguliden leben solitär. Keine feste Paarbindung, nur Mutter/Kindbindung. ♀♀ sind territorial, markieren mit Kot, Urin und Drüsensekret überall im Territorium, keine festen Markierungsplätze. Bilden keine Sozialverbände. Wohnbereiche der ♂♂ größer als die der ♀♀. Rivalenkämpfe zwischen ♂♂ kommen vor (Stoßen und Beißen). Bei Erregung trommelt *Tragulus* mit den Beinen auf den Untergrund. Wegen der versteckten, solitären Lebensweise in schwer zugänglichem Gelände ist die Lebensweise im Freileben noch unzureichend untersucht.

Karyologie. Bei *Tragulus javanicus* und *Tragulus napu* beträgt die Chromosomenzahl 2n = 32.

Spezielle Systematik und geographische Verbreitung der Tragulidae.

Die Tragulidae haben mit den Cervidae und Bovidae die incisiviformen unteren C und das Cubonaviculare tarsi als Synapomorphien gemeinsam. Die Sonderstellung der Tragulina (Synapomorphien), ihre frühe Entstehung und Radiation, war zuvor erwähnt (s. S. 997). Als Stammgruppe gelten die † Gelocidae (Eozaen/Oligozaen, Eurasien, Afrika). Die Tragulidae waren zusammen mit † Dorcatherium, das *Hyemoschus* sehr nahe steht, im Mittel-Miozaen Europas und Afrikas verbreitet. Die rezenten Tragulidae sind disjunkt verbreitete Reliktformen (W-Afrika, SO-Asien), die eine Reihe von plesiomorphen Merkmalen (s. S. 1018) bewahrt haben. 2 Genera, 4 Species. *Hyemoschus aquaticus*, Hirschferkel. KRL.: 80 cm, SchwL.: 10 – 15 cm, KGew.: 10 – 15 kg. W- und C-Afrika (Sierra Leone bis Gabun, Zaire, Uganda), in geeignetem Lebensraum (feuchte Wälder mit Wasserläufen). Nacktes Rhinarium, Ohren kurz. Fellfärbung oliv-rot-braun. Bauch und Keulen aufgehellt. Rücken mit mehreren Reihen weißer Flecken. Flanken und Halsgegend mit weißen Längsstreifen.
Tragulus javanicus, kleiner malayischer Kantschil (syn. *Tragulus kanchil*). KRL.: 50 cm, SchwL.: 5 cm, KGew.: 1,5 – 2 kg. HFL.: 110 – 125 mm. Indochina, Thailand, Yünnan, Malaysia, Sumatra, Java, Borneo. Fell: rotbraun, weißer Kehl-Schulterstreifen.
Tragulus napu, großer malayischer Kantschil (syn. *Tr. „javanicus"* auct., nec Osbeck) KRL.: 70 – 75 cm, SchwL.: 8 – 10 cm, KGew.: 4 – 8 kg. Fußlänge 135 – 150 mm. Vorkommen: Burma, Thailand, Malaysia, Borneo, Sumatra, Balabac Islands (Philippinen), fehlt auf Java! Fellfärbung dunkelbraun. Kopfzeichnung ähnlich *Tr. javanicus*.
Tragulus meminna, Fleckenkantschil. (Subgenus „*Moschiola*"). KRL.: 50 cm, SchwL.: 5 cm, KGew.: 2,5 kg. Verbreitung: von Nepal durch Vorderindien bis Sri Lanka in geeigneten Lebensräumen. Fell: dunkelbraun mit weißer Flecken- und Streifenzeichnung am Rücken und an den Flanken. Freilandbeobachtungen fehlen.

Subordo Pecora
Infraordo Moschina

Fam. 1. Moschidae. Moschidae, Moschustiere, sind Vertreter einer Reliktgruppe, die seit dem Jungtertiär kaum verändert sind. Sie wurden im älteren Schrifttum den Cervidae als Subfamilie untergeordnet, stehen den echten Hirschen zweifellos nahe, unterscheiden sich aber von diesen durch zahlreiche Plesiomorphien und durch einige Spezialisationen. Heute sieht man in ihnen die Schwestergruppe der Cervidae und damit der Eupecora (Abb. 522, 532).

Als Familie von FLEROV (1960), CORBET, THENIUS (1969) eingestuft, werden sie von GROVES, HALTENORTH (1963) und HONACKI et al. (1982) als Subfamilie der Cervidae geführt. 1 Genus, 1 Species in C- und O-Asien. Die Moschidae sind, wie die Tragulidae, primär geweihlos und stehen diesen durch ihren niederen Encephalisationsgrad nahe. Ihre Ontogenie ist leider unzureichend bekannt. Wenn sich die Angabe bestätigt, daß sie eine diffuse, epitheliochoriale Placenta besitzen (WELDON 1884), würde dies die hier vertretene Sonderstellung gegenüber den Cervidae, die alle eine Placenta cotyledonaria aufweisen, bestätigen. Praeorbitalgruben fehlen, am Lacrimale nur eine Öffnung. Spezialisiert, aber auf basalem Evolutionsniveau, ist die Ausbildung der oberen C zu langen, säbelförmigen Hauern bei ♂♂. Ebenfalls spezialisiert, und völlig abweichend von den Cervidae, ist die Gestalt des terminalen Penisabschnittes (Abb. 534) und die Ausbildung des Praegenitalorgans (Moschusbeutel, modifizierte Praeputialdrüse, der ♂♂.

Integument. Färbung am ganzen Körper dunkelbraun bis grau, ventral aufgehellt; bei den Lokalformen etwas wechselnd. Relativ langhaarig. Die Haare sind außerordentlich brüchig, das Fell daher als Handelsware nahezu nutzlos.

Drüsen. Für die Familie kennzeichnend ist die Bildung eines großen Moschusbeutels, der zwischen Nabel und Praeputialöffnung gelegen ist. Er mündet in eine Hauttasche dicht vor der Praeputialöffnung.

Der Beutel ist 5−8 cm lang und 3−5 cm breit. Seine Wand ist muskularisiert und enthält Talgdrüsen sowie a-Drüsen (SCHAFFER 1940). Die Sekretion beginnt im Alter von 8−10 mon. Sein Gewicht beträgt in voll entwickeltem Zustand 50−70 g, davon gehen 20−32 g auf den Inhalt, den Moschus. Die Bildung des Sekretes ist keineswegs völlig geklärt. Umstritten ist die Frage, inwieweit eine flächenhafte Sekretion der Oberfläche (s. S. 22, 23) nach Art der Smegmabildung beteiligt ist. Das bräunliche Sekret hat eine breiige, wachsartige Beschaffenheit und enthält Lipide, Cholesterin und zur Brunstzeit Sexualhormone. Die Öffnung des Beutels ist von dicht gelagerten Drüsen umgeben. Moschussekret dient zur Territoriumsmarkierung und zur Stimulierung in der Brunst.

Moschus spielte eine Rolle in der chinesischen Medizin und gewann als Trägersubstanz in der Parfümindustrie an Bedeutung. Die Tiere wurden ausschließlich zur Moschusgewinnung stark bejagt. Heute ist Moschus durch synthetische Substanzen ersetzt. Zeitweise existierten Moschustier-Farmen mit bis zu 100 Tieren, denen jährlich 3mal das Sekret entnommen werden konnte.

Moschustiere besitzen kombinierte Drüsen an der Unterseite und an der Seite des Schwanzes, die denen der Cervidae ähneln. Außerdem ist eine Cruraldrüse an der caudo-lateralen Seite des Unterschenkels, in Höhe der Mitte der Tibia, beschrieben worden. Auch diese Drüse kommt nur den ♂♂ zu. Sie ist von Haaren bedeckt (1,5:2,5 cm) und sondert ein geruchloses Sekret, dessen Bedeutung unbekannt ist, ab. *Moschus* besitzen 2 Zitzen.

Schädel (Abb. 535). Keine Sagittalcrista. Vorderrand der Orbita in der Mitte des Schädels. Ossa praemaxillaria schieben sich weit zwischen Nasale und Maxillare ein, erreichen aber nicht das Frontale. Lacrimale mit großem Facialteil, nur 1 For. lacrimale auf der Innenseite. Postorbitalspange dünn, aber vollständig. Bulla tympanica klein und nicht vorgewölbt, grenzt an Squamosum und Proc. paroccipitalis, erreicht aber nicht das Basioccipitale. Die Paukenhöhle enthält, im Gegensatz zu Tragulidae, aber in Übereinstimmung mit den Cervidae, keinen spongiösen Knochen. Der äußere Gehörgang verläuft nach hinten-oben. Er wird vom Tympanicum rinnenförmig umfaßt und von den kleinen Procc. postglenoidalis und posttympanicus des Tympanicum oben geschlossen. Der Mastoidteil des Petrosum liegt nicht frei an der Oberfläche.

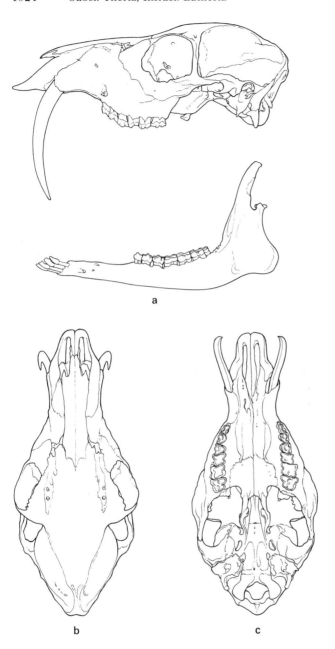

Abb. 535. *Moschus moschiferus*, ♂, Schädel von links, dorsal und basal. Beachte die Länge der Canini.

Postcraniales Skelet, Lokomotion. Die Gestalt des Moschustieres (Abb. 532) ist ungewöhnlich unter den Paarhufern durch die außerordentlich kräftige Ausbildung der hinteren Körperhälfte gegenüber der vorderen. Zugleich ist die Rückenlinie stark konvex. Die Hinterbeine sind länger als die Vordergliedmaßen, *Moschus* ist stark „überbaut" und zeigt damit Anpassungserscheinungen im Sinne des Buschschlüpfertyps. Im Vergleich mit Tragulidae ist allerdings die erhebliche Größe von *Moschus* zu berücksichtigen. *Moschus* ist etwa rehgroß und offenbar an eine wesentlich gröbere Strauchvegetation angepaßt als *Tragulus*. Außerdem sind Moschustiere, im Gegensatz zu *Tragulus*,

Bewohner gebirgigen Geländes und haben im Bau ihrer Gliedmaßen deutliche Anpassungen an steinigen Untergrund.

Die Metapodien II und V sind nur als schmale distale Rudimente ausgebildet („telemetacarpal"), tragen aber relativ kräftige Phalangen, die auf entsprechendem Untergrund den Boden berühren und damit eine große Sohlenfläche bilden können. Finger und Zehen sind weit spreizbar und dienen damit der Schrittsicherung in gebirgigem Gelände. *Moschus* kann hervorragend springen (bis 6 m) und ist außerordentlich wendig.

Lebensraum und Lebensweise. In seinem riesigen Verbreitungsgebiet, das von Afghanistan bis Korea und von Sibirien bis in die Himalaya-Länder reicht, kommt er natürlich nur fleckenweise in geeigneten Biotopen vor. Der eigentliche Lebensraum liegt in Gebirgswäldern zwischen 1000 und 3000 m ü. NN. Im N des Verbreitungsgebietes herrscht der Gebirgscharakter vor, im S bewohnt *Moschus* hügliges Gelände mit dichterem Unterwuchs. Wie bei allen Buschschlüpfern, bildet die Gattung keine größeren Sozialverbände, sondern lebt solitär oder in kleinen Familiengruppen und ist nocturn. ♂♂ bewohnen ein Territorium von etwa 300 ha. Dies umschließt gewöhnlich 3 ♀♀ Territorien von jeweils 50 ha. Die Nahrung ist rein vegetabil. Im N sind Moschustiere im Winter auf Baumflechten und Koniferen angewiesen.

Gehirn. Das Gehirn steht durch seinen geringen Neencephalisationsgrad dem der Tragulidae näher als dem der Cervidae. HirnGew. (♂ adult): 55 g, (bei 13,5 kg KGew.).

Die Großhirnhemisphaeren (Abb. 521) sind flach und birnenförmig. Der Occipitallappen verdeckt das Tectum und überlagert den Vorderrand des Cerebellum. Die Furchen- und Windungsbildung ist nur wenig ausgeprägter als bei *Tragulus*, entsprechend der größeren Körpermasse. Der Sulcus splenialis ist mit seinem Rostralende auf die mediale Hemisphaerenseite verlagert („Pronation", s. S. 985). Die Fiss. palaeoneocorticalis ist in ihrer rostralen Hälfte in Seitenansicht deutlich, im hinteren Bereich aber weitgehend verstrichen.

Gebiß. Zahnformel $\frac{0\ 1\ 3\ 3}{3\ 1\ 3\ 3}$. Die C sind bei ♂ sehr lang (7 cm, max. bis 10 cm) und hauerartig (Abb. 535), mit scharfer Schneidekante auf der Rückseite. Sie sind wurzellos. Bei ♀♀ sind sie als kurze Stiftzähne ausgebildet. Die M sind typisch selenodont. Das Talonid von M_3 ist zweihöckrig. Die Vorderzähne im Unterkiefer bilden ein Schabegebiß ohne Verbreiterung der Zahnkrone.

Darmtrakt. Der Magen ist vierteilig wie bei Pecora. Eine Gallenblase ist, im Gegensatz zu den Cervidae, vorhanden.

Geschlechtsorgane und Entwicklung. Uterus bicornis. Der Penis weicht im Bau seines Endstückes von dem der Tragulidae und Cervidae durch den Besitz eines Urethralfortsatzes (Abb. 534) ab und ähnelt dem der Giraffen und der Boviden. Die Placenta soll diffus und acotyledonär sein (s. S. 991). Nach einer Tragzeit von 160 – 190 d wird 1 (selten 2) Junges geboren. Es trägt ein kryptisches Juvenilkleid mit weißen Flecken und Längsstreifen. Geschlechtsreife mit 18 mon.

Spezielle Systematik und geographische Verbreitung der Moschina. 1 Genus, 1 Species, *Moschus moschiferus*, Moschustier (Abb. 532). In dem sehr großen Verbreitungsgebiet des Moschustieres wurden 3 weitere Formen als „gute Arten" beschrieben (FLEROV 1960), die jedoch, im Sinne des biologischen Artbegriffs, als geographische Subspecies gewertet werden müssen. KRL.: 85–100 cm, SchwL.: 4–6 cm, KGew.: 13–18 kg. Vorkommen: O-Sibirien, Sachalin, Mongolei, China w bis Kansu, Afghanistan, Tibet, Himalaya (Nepal, Sikkim, Bhutan). Im S bis Setchuan und N-Vietnam. Status im S des Verbreitungsgebietes stark gefährdet, im N noch gesichert.

Subcl. Theria, Infracl. Eutheria

Infraordo Eupecora

Fam. 1. Cervidae. Cervidae, Hirsche, sind als einzige Säugetiere durch den Besitz eines Geweihs gekennzeichnet. Das Geweih ist ein solider, knöcherner Auswuchs des Os frontale, der auf den von Haut bedeckten Trägern, den Rosenstöcken, gebildet wird und, mit Ausnahme von *Rangifer*, nur dem männlichen Geschlecht zukommt. Nur eine monotypische Gattung, *Hydropotes*, das chinesische Wasserreh, ist in beiden Geschlechtern geweihlos (primär?), muß aber wegen der gesamten Merkmalskombination den Cervidae zugeordnet werden. Einzelheiten der Geweihbildung s. u.

Orbita und Temporalgrube sind durch eine, vom Frontale und Jugale gebildete Postorbitalspange getrennt. Cervidae besitzen zwei Foramina lacrimalia für die Tränenröhrchen. Diese liegen auf dem Orbitalrand oder auf dem Facialteil des Os lacrimale. Bulla tympanica entweder aufgebläht und seitlich komprimiert oder flach mit unregelmäßiger Oberfläche. Metacarpalia und Metatarsalia III und IV zum Kanonenbein verschmolzen. Praeorbitalgrube und Ethmoidallücke stets vorhanden.

Gebiß: Zahnformel $\frac{0\ 0\ (1)\ 3\ 3}{3\ 1\ \ \ \ 3\ 3}$. $\underline{C}$ bei *Hydropotes* und *Muntiacus* vergrößert (Abb. 539), sonst meist rudimentär (Granteln beim Rothirsch) oder fehlend. P und M selenodont und brachyodont.

Magen mit 4 Kammern. Gallenblase meist fehlend. Penis ohne Urethralfortsatz. Placenta cotyledonaria epitheliochorialis.

Integument. Haarkleid meist rauh, gelegentlich Halsmähne. Hautdrüsen mannigfach und bei den einzelnen Genera (s. S. 978) in wechselnder Kombination. Allgemein kommen Praeorbitaldrüsen vor. Daneben meist auch Interdigitaldrüsen, in einigen Genera auch Metacarpal-, Frontal- und Caudaldrüsen.

Geweihbildungen kommen unter rezenten Säugetieren nur bei Cerviden vor, und zwar mit Ausnahme des Rens (*Rangifer*) nur im männlichen Geschlecht. Sie fehlen beidgeschlechtlich der Gattung *Hydropotes*. Das Geweih ist ein aus Knochengewebe bestehender Auswuchs des Os frontale, der auf dem von Haut überzogenen Rosenstock synostotisch verankert ist, seine volle Ausbildung zur Fortpflanzungszeit besitzt und nach deren Beendigung, also einmal jährlich, abgeworfen wird. Vor dem Abwurf wird die Verbindung zwischen Rosenstock und Geweihstange durch Aktivität von Osteoklasten abgebaut. Unmittelbar nach dem Abwurf beginnt die Entwicklung einer neuen Stange (s. S. 15, 18, 19, Abb. 12, 13). Das Geweih ist eine integumentale Bildung und zwar eine Gemeinschaftsleistung von subepidermalem und periostalem Bindegewebe. Hierbei kommt dem Periost eine determinierende Wirkung zu (HARTWIG 1967, 1968). Ersetzt man im Transplantationsversuch die Haut über dem Frontale durch Rumpfhaut, so entsteht ein Geweih (Experimente an *Capreolus*). Entfernt man das Periost des Rosenstockes, so unterbleibt die Geweihbildung, auch wenn die normale Haut der Region erhalten bleibt. Verpflanzung von Periost des Stirnbeins auf den Hinterkopf oder auf Gliedmaßen führt zu Stangenbildung am fremden Ort.

Das Wachstum des Geweihs ist von äußeren Einflüssen (Klima, Nahrung), von der Konstitution und vom Hormonhaushalt (Somatotropin) abhängig. Wesentlich ist vor allem der Testosteronspiegel. Der Testosterongehalt ist hoch während der Wachstumsphase des Geweihs, während des Fegens und während der Funktionsperiode. Beim Absinken des Spiegels wird das Geweih abgeworfen. In Ostasien finden Bastgeweihe medizinische Anwendung. Die Bastgeweihe werden bei Gefangenschaftstieren abgenommen und kommen getrocknet in den Handel (Panten). Kastration von jungen Hirschen vor der Bildung des ersten Geweihs führt zu lebenslanger Geweihlosigkeit. Bei erwachsenen Hirschen bleibt das Geweih nach Kastration oder Hodenverletzungen erhalten, zeigt aber eine fortdauernde Wucherung schwammigen Knochengewebes (sogen. Perücken-

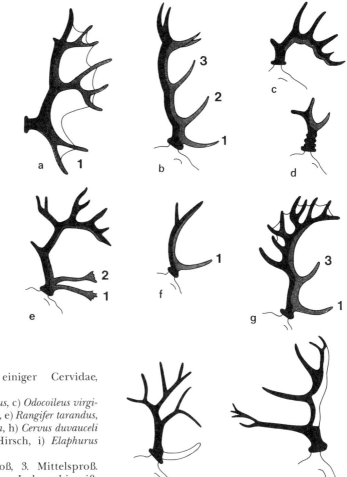

Abb. 536. Geweihformen einiger Cervidae, schematisch.
a) *Alces alces*, b) *Cervus elaphus*, c) *Odocoileus virginianus*, d) *Capreolus capreolus*, e) *Rangifer tarandus*, f) *Cervus axis*, g) *Cervus dama*, h) *Cervus duvauceli schomburgki*, Schomburgk-Hirsch, i) *Elaphurus davidianus*, Milu.
1. Augensproß, 2. Eissproß, 3. Mittelsproß. Schwarz: Achse und Sprossen. In h und i weiß: vordere Stangenhälfte mit Vordersprossen. Nach BENINDE 1937.

geweih). Die Verhältnisse bei *Rangifer*, deren Weibchen (auch Kastraten) gleichfalls Geweihträger sind, sind weitgehend ungeklärt und dürften somit grundsätzliche Unterschiede im Hormonhaushalt gegenüber den übrigen Cerviden aufweisen.

Die sich entwickelnde Geweihstange ist zunächst von normaler Haut, dem Bast, überzogen. Nach Abschluß des Wachstums trocknet die Haut ein und wird abgerieben. Das Geweih wird „gefegt". Das fertige Geweih besteht also ausschließlich aus Knochengewebe. Zu dieser Zeit sind die Gefäße im Geweihknochen weitgehend rückgebildet. Der Geweihknochen ist also totes Gewebe, das nur über eine beschränkte Zeit getragen werden kann. Nach Abwurf des Geweihs wird der Rosenstock von Haut überwachsen, und die Neubildung der Stange kommt erneut in Gang.

Form und Verzweigungsmodus des Geweihs sind artspezifisch und dienen daher in der Systematik als wichtiges Merkmal. Innerhalb des Arttypus besteht eine erhebliche individuelle Variabilität. Über die Determination des artlichen Geweihmusters ist wenig Sicheres bekannt.

Das Wachstum des Geweihs geht von der Basis, dem Rosenstock, aus. Gewöhnlich kommt es zur Ausbildung zunächst von zwei Spitzen, deren Wachstumsintensität unterschiedlich ist. Die stärker wachsende Spitze wird zur Stange, die schwächere zur Sprosse. Die Wachstumsdifferenz beider bedingt, daß die Achse nach einer Dichotomie ihren Verlauf ändert (Abb. 536). Die Stange biegt sich, gegenüber der primären Stangenachse, zurück. Unterbleibt dieser Richtungswechsel, so entsteht ein Bogengeweih, wie es unter natürlichen Bedingungen bei *Odocoileus* der Fall ist (Abb. 536).

Typologie der Geweihformen. Unter rein deskriptiven, typologischen Gesichtspunkten werden folgende Verzweigungsformen unterschieden (BENINDE 1937 u.a.): 1. Rein dichotome Verzweigung (*Capreolus*). 2. Sprossenbildung vorwiegend aus der Vorderseite der Stange (*Cervus, Alces*). 3. Sprossen aus der Hinterseite der Stange gebildet (*Odocoileus, Elaphurus*). 4. Sprossen wachsen in beiden Richtungen aus - kaum gegen 1 abgrenzbar (*Capreolus, Rangifer, Cervus dama*; Abb. 536). Unverzweigte Geweihe (Jugendformen, *Muntiacus*) werden als Spieße bezeichnet. Schaufelgeweihe (Elch, Damhirsch) sind durch Verbreiterung der Stange zu plattenförmigen Gebilden im Bereich des Ursprunges der Sprossen gekennzeichnet.

Beim Rothirsch endet die Stange mit einer zweisprossigen Gabel oder, bei älteren Tieren, mit einer mehrsprossigen Krone. Die sehr variable Kronenbildung kommt nur beim eurasischen Rothirsch, nicht beim Wapiti vor.

Herkunft, Großgliederung und Anpassungstypen der Cervidae. Die Trennung der Tragulina/Pecora von den Tylopoda erfolgte bereits im Eozaen (Abb. 522). Synapomorphien der Pecora sind die incisiviformen C und die Verschmelzung von Cuboid und Naviculare tarsi (THENIUS). Als gemeinsame Ursprungsgruppe der Pecora werden gewöhnlich die †Hypertragulidae des Eozaen in N-Amerika und C-Asien betrachtet († *Archaeomeryx*, † *Leptotragulus*: ohne Stirnwaffen, vollständiges Gebiß, Metapodien zunächst noch nicht verschmolzen, Cubonaviculare vorhanden). Die Cervidae und die Giraffidae dürften im Miozaen in Eurasien aus primitiven, geweihlosen Hirschen († Palaeomerycidae) abzuleiten sein.

Seit dem Pliozaen ist eine breite Radiation der Cervidae erfolgt, aus der die rezenten Formen hervorgegangen sind; sie besitzen außer *Hydropotes* alle ein Geweih, das periodisch abgeworfen und neu gebildet wird. Frühe Versuche, die Mannigfaltigkeit taxonomisch und phylogenetisch zu ordnen, stützen sich auf die Differenzierung der seitlichen Metacarpalia (II und V). Bei den **Plesiometacarpalia** sind die seitlichen Metapodien nur mit ihrem proximalen Ende als freie Knochen ausgebildet (Griffelbeine). Bei den **Telemetacarpalia** sind an den Seitenstrahlen der Vorderextremität nur die distalen Anteile und Fingerrudimente erhalten (Abb. 519). In beiden Fällen fehlen Reste der seitlichen Metatarsalia. Zu den plesiometacarpalen Hirschen gehören die primitiven Muntiacinae (Muntjaks) und die Cervinae. Diese bilden wahrscheinlich eine phylogenetische Einheit und sind altweltlicher Herkunft. Als einziger Cervine hat der Wapiti (*Cervus elaphus canadensis*) im Pleistozaen über die Beringbrücke N-Amerika erreicht. Die Telemetacarpalia sind alt- und neuweltlich, bilden aber wahrscheinlich keine phylogenetische Einheit. Zu dieser heterogenen Gruppe gehören vor allem die Odocoileini (Trughirsche) Amerikas, aber auch *Capreolus* (Reh), *Hydropotes* (Wasserreh), *Alces* (Elch) und *Rangifer* (Rentier), deren systematische Stellung noch diskutiert wird. Die Unterscheidung von Plesio- und Telemetacarpalia betrifft daher keine taxonomische Kategorien, sondern ist nur als deskriptiv-pragmatische Kennzeichnung eines Einzelmerkmals verwendbar. Daran ändert auch die Zuordnung von *Alces* und *Rangifer* zu den Odocoileini (GEIST 1974) nichts. Beim derzeitigen Stand der Systematik ergibt sich damit eine Gliederung der Familie Cervidae in 7 Subfamilien:

1. Muntiacinae
2. Cervinae
3. Capreolinae
4. Hydropotinae
5. Odocoileinae
6. Alcinae
7. Rangiferinae

Anpassungstypen. Hirsche waren ursprünglich über die meisten Kontinente verbreitet. Sie fehlen primär in Australien, Afrika (außer der mediterranen Küstenzone), Madagaskar und den indopazifischen Inseln. Verschiedene Arten (*Cervus elaphus, C. timorensis, C. dama, C. axis, C. nippon, Hydropotes* und *Muntiacus*) sind aber vom Menschen als Jagdwild in ihnen ursprünglich nicht zugänglichen Regionen ausgesetzt worden, so daß das heutige Faunenbild erheblich verfälscht wurde.

Silvicole Lebensräume und Äsen von Laub, auch Früchte und Samen, überwiegen bei den Cervidae und sind als primär anzusehen. Viele waldbewohnende Arten sind klein und entsprechen dem Typ des Buschschlüpfers. Beispiel sind *Mazama* und *Pudu* in S-Amerika, *Muntiacus* in S- und SO-Asien, *Capreolus* in Eurasien. In N-Amerika fehlt dieser Anpassungstyp unter den Cerviden. In afrikanischen Waldgebieten wird eine vergleichbare ökologische Rolle von den Duckerantilopen (Cephalophinae, Bovidae) übernommen. In beiden Gruppen sind eine Reihe von Analogien im Körperbau und im Verhalten deutlich erkennbar. Hervorgehoben sei vor allem die Tendenz zur Territorialität und die Bildung von Kleingruppen. Es besteht ein Trend zum Übergang in offene Landschaften. Bereits beim Edelhirsch und Wapiti ist diese Tendenz in vielen Regionen nachweisbar. Beim Übergang in offene Parklandschaften kommt es zur Herdenbildung. EISENBERG (1981) weist darauf hin, daß bei euryöken Arten eine Korrelation zwischen der Bildung sozialer Verbände und der Natur des jeweiligen Lebensraumes bestehen kann. So bildet *Odocoileus* im trockenen Texas größere Herden, während die gleiche Art in den periodisch überfluteten Llanos von Venezuela in Kleingruppen auftritt.

Eine ähnliche Flexibilität des Sozialverhaltens kommt beim europäischen Reh (*Capreolus*) in der Kulturlandschaft Mitteleuropas vor. KURT (1991) unterscheidet zwischen Wald- und Feldrehen mit unterschiedlicher Größe der sozialen Gruppen. Bewohner offener Parklandschaften sind *Cervus dama* in Vorderasien, *Cervus axis* in Indien, *Cervus nippon* in O-Asien. Feuchte Marschlandschaften sind der Lebensraum für *Blastocerus, Cervus duvauceli* und *Elaphurus* (?).

Rentiere, *Rangifer*, sind Bewohner der offenen, arktischen Tundra. Sie führen periodische saisonale Wanderungen aus und bilden individuenreiche Herden, die einen gewissen Schutz gegen Raubfeinde bilden. Hirsche in offenem Gelände sind vorwiegend Grasfresser.

Fortpflanzungs- und Sozialbiologie in ihrer Abhängigkeit vom Jahreszyklus.

Fortpflanzungs- und Sozialverhalten sollen im folgenden in Anbetracht der großen Zahl der Gattungen und ihrer Mannigfaltigkeit nur an Hand von drei Beispielen besprochen werden. Dabei stehen neben einer tropischen Art (a) zwei Arten aus der gemäßigten Klimazone der Alten Welt (b und c) im Vordergrund, da bei diesen die saisonale Phänomene deutlich werden.

a) Die primitiven, tropischen Muntjak-Hirsche sind streng territorial. Männliche und weibliche Territorien überschneiden sich zur Brunstzeit, die nicht jahreszeitlich gebunden ist. Die Territorien werden durch Sekret der Praeorbitaldrüsen markiert und gegen eindringende geschlechtsreife ♂♂ mit gefegtem Geweih verteidigt.

Nach einer Tragzeit von 6 mon werden 1 (2) Junge (Nestflüchter) geboren, die etwa 1/2 Jahr bei der Mutter bleiben.

b) „*Cervus*-Typ". Groß-Hirsche in halboffenem bis offenen Gelände, Beispiel *Cervus elaphus*. Die Art ist an verschiedenartige Lebensräume anpassungsfähig.

Meeresküste bis zur Baumgrenze (2800 m ü. NN). In Schottland auch in baumloser Moor- und Heidelandschaft. Außerhalb der Brunstperiode bildet der Rothirsch lockere Familienverbände, die von einer älteren Kuh geleitet werden. Die Gruppen können sich vorübergehend zu lockeren, größeren Herden zusammenschließen. Die jungen ♂♂ bilden ab dem 3. Lebensjahr eigene Verbände. Nur ganz alte ♂♂ bleiben solitär.

Ab IX lösen sich die Rudel auf. Die ♂♂ wandern einzeln zu den Brunstplätzen ab und gesellen sich zu den Familienverbänden. Am Brunstplatz, der durch akustische Signale

(Brunstschrei, Röhren) und olfaktorisch markiert wird, kommt es zu Haremsbildung. Voraussetzung hierfür ist die Herdenbildung der ♀♀, bei der alle Tiere gleichzeitig in Oestrus kommen. Der Harem wird von einem ♂ verteidigt (GEIST 1960). Begattungen ausschließlich durch den Haremsbesitzer (Platzhirsch). In den Rangordnungskämpfen mit Rivalen spielt optisches und akustisches Imponierverhalten eine wesentliche Rolle (Umkreisen der Rivalen mit gebundenen Geweihen). Der Rang ist abhängig von der Geweihgröße und vom Alter. Bei Abwurf des Geweihes kommt es zu akutem Rangverlust. ♂♂ kommen vor dem 5. Lebensjahr kaum zur Fortpflanzung. Brunstplätze und Einstände sind meist über längere Zeiträume konstant. Wanderungen zwischen Sommer- und Wintereinständen sind abhängig vom Nahrungsbedarf und -angebot und variieren je nach den örtlichen Bedingungen (Streifgebiet 40–100 ha).

Der Abwurf der Geweihstangen erfolgt in C-Europa im II–III. Unmittelbar im Anschluß daran beginnt das Kolbenwachstum unter der Haut. Größe und Endform des Geweihs werden nach 100 d erreicht. Ab Ende VII beginnt das Fegen des Bastes. Die Dauer der Geweihbildung beträgt also 5 mon. In dieser Zeit bleibt das Geweih funktionslos. Die Zeitspanne zwischen Abschluß des Fegens und Beginn der Brunst wird als Feistzeit bezeichnet. Das Geweih ist nicht nur eine Waffe, sondern Imponierorgan und dient zur Kennzeichnung der Ranghöhe wie wahrscheinlich auch der Individualerkennung.

Die Hirschbrunst dauert in C-Europa von Mitte IX bis Mitte X (20.IX. bis 10.X.), liegt aber im NW (Schottland) etwas später, im SO (Donauauen) etwas früher. Die Tragzeit beträgt 34 Wochen (230 – max. 260 d). Die Geburten liegen im V/VI. Wurfgröße 1 (selten 2). Die Neugeborenen sind extreme Nestflüchter und können bereits wenige h nach der Geburt laufen. Sie tragen ein kryptisches Juvenilkleid mit weißen Flecken und Streifen. In den ersten Lebenswochen bleiben die Jungtiere im Lager und sind hervorragend getarnt (Somatolyse), wenn sie sich drücken. Mit Überwachsen des Sommerhaares verschwindet das Juvenilkleid im Alter von 2 mon. Die Säugezeit dauert 1/2 Jahr (Ende XI.).

Spermiogenese ist vom VII bis II nachweisbar, findet also während der Zeit statt, zu der das Geweih funktionstüchtig ist. Die Embryonalentwicklung verläuft stetig und ohne Keimruhe.

Placenta cotyledonaria epitheliochorialis mit 6–10 großen, flachen, ungestielten Placentomen, deren Lokalisation mesometrial. Implantation superficiell.

c) „*Capreolus*-Typ". Das Reh hat sich in C-Europa in der Kulturlandschaft an verschiedenartige, kleinräumige Habitate angepaßt. Das zeigt Auswirkungen auf das Sozialverhalten. Waldrehe bilden höchstens kleine Familienverbände (3 Tiere), während bei Feldrehen deutlich der Beginn von Herdenbildung zu beobachten ist. Größere lockere Verbände (bis 30 Ind.) kommen auch im Winter vor. Einzelne ♂♂ bleiben solitär.

Die Brunst liegt in C-Europa im VII und der ersten Hälfte VIII, bei *Capreolus pygargus* in Sibirien etwas später (IX). Die Spermiogenese hört bald nach der Brunst auf, doch können funktionsfähige Spermien im Nebenhoden bis zum XI/XII gefunden werden. Das ungefleckte Winterkleid ist im X gebildet. Die Böcke markieren mit der Frontaldrüse die Territorien der ♀♀ (8–12 ha) nur, wenn sie das nachgebildete Gehörn gefegt haben. Die Tragzeit dauert 10 mon, davon entfallen je 5 mon auf die Vortragzeit und auf die Austragzeit. Während der Vortragzeit ist die Entwicklung des Keimes extrem verlangsamt, kommt aber nicht zum Stillstand.

Die Geburt erfolgt im V. Das Muttertier zieht sich für etwa 3–4 Wochen zurück und bleibt in der Nähe des Jungtieres, bis dessen Fluchtreaktion ausgereift ist. Die Neugeborenen sind sehr früh aktiv und saugen bereits in der ersten halben Stunde nach der Geburt. Im Gegensatz zu den meisten Paarhufern muß aber die Bindung zwischen Mutter und Kind in einem längeren Zeitraum, während der Lagerphase, erlernt werden. Wurfgröße meist 1, selten Zwillinge, die immer zweieiig sind. Geschlechtsreife der ♀♀ mit 1 Jahr, der ♂♂ mit 1–2 Jahren. Placenta epitheliochorialis mit 6–12 gestielten Cotyledonen.

Karyologie. Die Chromosomenzahl beträgt sowohl bei echten Hirschen wie bei Trughirschen sehr einheitlich 2n = 70, in wenigen Fällen 2n = 64 oder 68 (s. Tab. 59 S. 994). Der ganz abweichende Zustand bei Muntiacini (s. S. 995) ist bisher nicht erklärt.

Spezielle Systematik und geographische Verbreitung der rezenten Cervidae

Subfam. Muntiacinae. Kleine Hirschartige vom Körperbau des Buschschlüpfers. Obere C bei ♂ vergrößert. Rosenstöcke außergewöhnlich lang (Abb. 537), Geweih (nur bei ♂) einfache Spieße mit Andeutung eines Augensprosses. Geweih und Rosenstöcke verlaufen flach, in der Ebene des Stirnprofils nach hinten. 2 Genera, 3 Species. Beschrieben wurden 6 Arten, von denen aber wahrscheinlich nur 3 valide sind (HALTENORTH 1963).

Muntiacus muntjak, Muntjakhirsch. Burma, Thailand, Indonesien, Borneo, Sumatra, Java, Lombok, Indien, Sri Lanka. KRL.: 90–130 cm, SchwL.: 13–23 cm, KGew.: 15–35 kg. Große Praeorbitaldrüsen. Obere C bei ♂ ♂ hauerartig, bis 25 mm lang, beim ♀ stiftförmig, bis 5 mm. Fell glatt, gelbbraun bis rotbraun.

Muntiacus reevesi, chinesischer Muntjak. S-China, Shensi, Kansu, Taiwan. KRL.: 90 cm, KGew.: 11–16 kg. Dem indischen Muntjak sehr ähnlich, nur kleiner. Beachte die Chromosomenverhältnisse (s. S. 99, 995). Eingeführt in Mittelengland.

Elaphodus cephalophus, Schopfhirsch. S- und C-China, N-Burma, SO-Tibet, KRL.: 110–160 cm, SchwL.: 7–15 cm, KGew.: 30–50 kg. Körperbau ähnlich wie *Muntiacus*, aber Rosenstöcke kurz, Geweih unscheinbar, nur kurze, 1–3 cm lange Spieße, die in einem dichten Haarschopf verborgen sind. Fell dunkelbraun-schwarz.

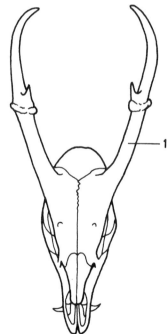

Abb. 537. *Muntiacus muntiac*, ♂. Beachte die langen Rosenstöcke (1). Nach KRAPP, NIETHAMMER 1981.

Subfam. Cervinae, Echthirsche. Genera: 1 (2). Subgenera: 6, Species: 15. Die Cervinae sind eine Gruppe mittelgroßer bis großer Hirsche, die eine monophyletische Einheit bilden. Verbreitung: Europa, Asien, N-Afrika, N-Amerika (hier nur 1 Subspecies als später Einwanderer, der Wapiti). ♂ ♂ tragen ein Geweih, das auf kurzen Rosenstöcken sitzt, mit langer Geweihstange, oft vielendig, oder dichotome Gabelung, teilweise Stangenverbreiterung zum Schaufelgeweih. Praeorbitalgrube und Ethmoidallücke mittelgroß (Abb. 538). Intermaxillare erreicht meist das Nasale, Bulla tympanica klein bis mittelgroß. Zwei Foramina für Tränenkanälchen in der Orbita. Nasenspiegel nackt, gefeldert. Ohren lang und spitz. Handskelet stets plesiometacarpal. Fell glatt, Haare oft dick und starr. Fellfärbung: hell ockerbraun, grau bis dunkelbraun, schwärzlich. Einige Arten mit weißer

1032 Subcl. Theria, Infracl. Eutheria

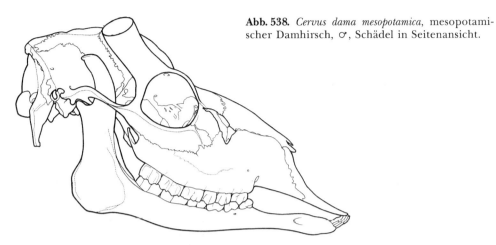

Abb. 538. *Cervus dama mesopotamica*, mesopotamischer Damhirsch, ♂, Schädel in Seitenansicht.

Fleckenzeichnung, als persistierendes Juvenilkleid (*C. porcinus, C. axis, C. nippon, C. dama*). Die Gegend um den Analpol, die Subcaudalregion, Kruppe und Keulen der Hirsche besitzt eine artspezifische, weiße Zeichnung, den Spiegel. Musterbildung und Ausdehnung sind wichtige Signalgeber und Erkennungszeichen bei der Flucht oder beim ziehenden Rudel. Sie können auch in der taxonomischen Wertung benutzt werden. Meist sozial, kleine Rudel bis große Herden (s. S. 992). Brunstzeit saisonal bei Arten in gemäßigten Regionen, in den Tropen oft über das ganze Jahr. Lebensraum äußerst vielseitig.

Gebiß $\frac{0\ 0(1)\ 3\ 3}{3\ 1\ \ 3\ 3}$. Obere C oft rudimentär vorhanden.

Die Anzahl der beschriebenen Gattungen der Cervinae im Schrifttum ist sehr hoch (6). Von diesen können nur zwei als valide anerkannt werden (*Cervus, Elaphurus*). Die übrigen werden als Subgenus (in Klammern) geführt.

Cervus (Hyelaphus) procinus, Schweinshirsch. KRL.: 105−115 cm, SchwL.: 20 cm, KGew.: 30−50 kg. Indien bis Vietnam, S-China (Yünnan), Sri Lanka, Bawean, Calamian Islands (Philippinen). Kopf kurz, Rumpf gedrungen, relativ kurzbeinig. Geweih leierförmig, Stangen bis 50 cm. Fell braundunkelbraun, Unterseite dunkler, schwach gefleckt. Schädel und Gebiß wie bei Axishirsch. Lebensraum lichte Wälder, Grasland mit Strauch- und Baumbestand. Nähe von Flußufern. Nocturn.

Cervus (Axis) axis, Axishirsch, Chital. KRL.: 110−140 cm, SchwL.: 20−30 cm, KGew.: 75−100 kg. Indien, Nepal, Sikkim, Sri Lanka. Eingeführt auf Neuguinea, Hawai, Neuseeland. Kopf kurz, Rumpf langgestreckt, Beine mittellang. Schwanz langhaarig. Fell gefleckt. Geweih leierförmig, breit ausladend, meist 6 (bis 8) Enden. Ethmoidallücke und Facialteil des Lacrimale groß, Praemaxillare in breitem Kontakt mit Nasale. Bulla aufgetrieben, aber seitlich zusammengedrückt. Vomer kurz. Lebensraum: lichter Wald, Parklandschaft, Nähe von Wasserläufen notwendig. Mehrere Unterarten. *Cervus (Axis) kuhlii*, von Bawean Islands (zwischen Java und Borneo) wird auch als eigene Art geführt, jetzt ausgestorben.

Cervus (Dama) dama: Damhirsch. KRL.: 130−160 cm, SchwL.: 16−19 cm, KGew.: 30−85 kg. Im Interglazial in ganz Europa, nacheiszeitlich zurückgedrängt nach Kleinasien, von dort als Park- und Gatterwild in historischer Zeit durch den Menschen in Europa eingeführt, auch in N-Amerika, Argentinien, Chile, Australien, N- und S-Afrika, Madagaskar und Neuseeland ausgesetzt. Kleine Restbestände der ursprünglichen Wildform heute noch an 3 Stellen im S der Türkei (KUMMERLÖWE 1958). Umstritten ist die Frage, ob der mesopotamische Damhirsch als eigene Art (HALTENORTH 1961) oder als Subspecies (CORBET 1978 u.a.) zu beurteilen ist. Wir folgen der Mehrzahl der neueren Autoren und führen den mesopotamischen Damhirsch als Subspecies, *Cervus dama mesopotamica*. Ursprüngliches Verbreitungsgebiet Iran, Mesopotamien, vielleicht bis NO-Afrika (?). Ein Restbestand lebte bis in die Mitte des 20. Jh. in SW-Persien (Chusistan, Arabistan, in den Galeriewäldern der Flüsse Dez, Karun und Karcheh; HALTENORTH 1961). Es ist unwahrscheinlich, daß dieser Restbestand die Kriegsereignisse in der Golfregion überlebt hat. 1990 lebten noch etwa 20 Tiere, die aus Gefangenschaftsnachzuchten stammten, in 4 Zoos. Die Unterschiede von *C. d. dama* und *C. d. mesopotamica* (Abb. 538) betreffen vor allem die Körpermaße

(*C. d. mesopotamica* ist größer als *C. d. dama*), die Fellfärbung und Einzelheiten der Geweihbildung (Stangenlänge bis 65 cm, sehr kurze Augensprosse, Mittel- und Wolfsproß sehr kräftig, um diese Stangenverbreiterung, dazu häufiges Auftreten der Rückschaufel am oberen Stangenende). Die Merkmalskombination ist kaum geeignet, *C. d. mesopotamica* als selbständige Art abzugrenzen, zumal die Anzahl der untersuchten Individuen gering und die Variationsbreite unbekannt ist.

Cervus elaphus, Edelhirsch, Rothirsch. KRL.: 165–250 cm, SchwL.: 12–15 cm, KGew.: ♂ 100–280 kg, ♀ 70–150 kg.

Verbreitung: ganz Europa in geeignetem Biotop, bis zum Kaukasus, C-Asien, N-China, Ussuri-Region, Korsika, Sardinien. N-Afrika (O-Algerien, W-Tunis), N-Amerika von Britisch Kolumbien bis Kalifornien, New Mexico, Louisiana. Im O der USA erloschen. Eingeführt in Neuseeland und S-Amerika.

Mittelgroß bis sehr groß. Lange Läufe. Schwanz kurz. Haarkleid grob, struppig, wenig Unterwolle. Fellfärbung graubraun bis rotbraun, dunkelbraun. Beim ♂ gut ausgebildete Halsmähne. Schädel meist langgestreckt mit geradem Profil. Geweih vielendig (8–66), mit Endgabel oder mehrsprossiger Endkrone. Variabilität der Geweihform beträchtlich (vgl. die Darstellung im allgemeinen Teil, S. 14, 15, dort auch über Sozialverhalten, Fortpflanzung und Lebensweise).

Vom Edelhirsch wurden 12 Unterarten beschrieben. Von diesen seien hier genannt: *C. e. scoticus* (Schottland) *C. e. barbarus*, Atlashirsch (Algier und Tunis), *C. e. maral* (Kaukasus, Krim, Kleinasien, Persien), *C. e. hippelaphus* (Mitteleuropa), *C. e. affinis* Hangul (Kaschmir, W-Himalaya), *C. e. bactrianus*, Bucharahirsch (Becken des Amu Darja und Syr Darja, früher von Turkmenistan bis Tadschikistan, heute weitgehend ausgerottet).

C. e. xanthpygus, Isubra (Mandschurei, Amur-Ussuri-Gebiet, N-China), *C. e. sibiricus* (Altai-Baikalsee, Mongolei), *C. e. canadensis*, Wapiti (N-Amerika).

Cervus nippon, Sikahirsch. KRL.: 105–150 cm, SchwL.: 10–30 cm, KGew.: 25–110 kg. O-Sibirien, Mandschurei, Korea, O-China, Vietnam, Taiwan, Japan und einige Inseln. 13 Subspecies.

Der Sikahirsch gilt unter den *Cervus*-Arten als basale Form, die dem pliozaenen † *C. perrieri* sehr nahe steht (FLEROV 1960). Kopf relativ kurzschnäuzig, Geweih als Gabelstange mit 4–5 Sprossen. Sommerfell glatt, hellbraun, meist mit Fleckenzeichnung, die im Winterfell schwach ausgeprägt sein kann.

Cervus (Przewalkium) albirostris, Weißlippenhirsch. KRL.: 190–200 cm, SchwL.: 10–12 cm, KGew.: 130–140 kg. Verbreitung: Tibet, Kansu, Setchuan. Von der Größe eines Rothirsches. Extremitäten lang, aber kräftig. Nebenhufe besonders kräftig und lang. Schädel mit relativ kurzem und breitem Schnauzenteil. Geweih mit 10–12 Enden, keine Kronenbildung. Stangenlänge bis 140 cm. Fell dicht und grob, graubraun bis schwarzbraun (im Winter), ohne Unterwolle. Lippen, Kehle, vorderer Nasenrücken weiß. Große Praeorbitalgrube, Facialteil des Lacrimale groß. Lebensraum felsiges Gelände, Gebirge und Hochsteppe, im Sommer in 3000–5000 m ü. NN. Nahrung: Kräuter und Gras. Rudelbildung (5–50 Ind.). Lebensweise wenig bekannt. Die Art ist relativ selten und gefährdet.

Cervus (Rusa) unicolor, indischer Sambar, Pferdehirsch, Aristoteleshirsch. KRL.: 170–250 cm, SchwL.: 22–35 cm, KGew.: 100–300 kg. Indien bis Borneo, Sumatra und S-China, Hainan, Taiwan, Philippinen, Guam, Sri Lanka. Geweih kräftig, meist einfach, sechsendig. Stangenlänge bis 130 cm. Fellfarbe braun–schwarzbraun, auch Ventralseite dunkel. Lebensraum von der Ebene bis ins Gebirge, sehr wechselnd. Parklandschaften, Wald, Buschdschungel, Mangrove. Im Gebirge bis 4000 m ü. NN. Ernährung: Laub-, Grasfresser – je nach Lebensraum.

Der gleichen Untergattung, *Rusa*, werden zwei weitere Arten zugerechnet, *C. (Rusa) timorensis* und *C. (Rusa) mariannus*.

C. timorensis, Mähnenhirsch. Sundainseln bis Molukken von Java bis Celebes und Neuguinea. Eingeführt: Celebes, Mauritius, Komoren, Madagaskar. *C. (Rusa) mariannus* von den Philippinen und Guam.

Zwei südasiatische Hirscharten werden im Subgenus *Rucervus* zusammengefaßt, die Zackenhirsche oder Barasinghas (*C. duvauceli*) und die Leierhirsche (*C. eldi*), jeweils mit 2–3 Unterarten. Der Schomburgk-Hirsch wird oft als dritte Art (*C. schomburgki*) geführt, von HALTENORTH (1956, 1963) und POHLE aber als Subspecies zu *C. duvauceli* gestellt. Die Systematik beruht im wesentlichen auf Unterschieden der Geweihbildung. Alle besitzen sehr kräftige, vielendige Geweihe (bis 20 Enden) mit vorspringender Augensprosse (Abb. 536), die bei *C. d. schomburgki* oft gegabelt ist. Fellfärbung hell bis dunkelbraun, im Winter dunkler. Meist mit Aalstrich. Geweih korbartig ausladend beim Schomburghirsch. Stangenlänge 90–105 cm. Beim Schomburgkhirsch gabelt sich die Stange bereits sehr tief. Lebensraum: Parkland, lichte Wälder, Sümpfe, an Wasserläufe gebunden. *Cervus (Rucervus) duvauceli*, Barasingha. N. und s. Unterart in Indien. Beide bis auf Reste reduziert.

C. duvauceli schomburgki aus S-Thailand gilt seit 1932 als ausgestorben.
Cervus (Rucervus) eldi, Leierhirsche. Assam (Manipur), Siam, Laos, Kambodscha, Burma. Die Manipur, Leierhirsche (*C. e. eldi*), galten als ausgestorben. Ein in den 50er Jahren entdeckter Restbestand ist heute zusammengebrochen. *C. eldi siamensis* ist in Thailand verschwunden, Restbestände in Laos, Kambodscha und Vietnam. Die Unterart aus Burma (*C. e. thamini*) dürfte noch existieren.
Elaphurus davidianus, Davidshirsch, Milu. KRL.: 180−190 cm, SchwL.: 50 cm, KGew.: 135−200 kg. Aus freier Wildbahn nicht bekannt, wahrscheinlich C-China, Sumpfgebiete der großen Flüsse, im Pleistozaen Mandschurei und S-Japan. Die Gattung wurde in einem kaiserlichen Jagdpark 1865 durch Père A. DAVID entdeckt. Der Bestand wurde in den Boxerkriegen (1895) ausgerottet, doch waren zuvor einige Tiere nach England gebracht worden. Mit diesen wurde eine Herde in Woburn Abbey durch den Herzog von Bedford aufgebaut, aus der Tiere in verschiedene Zoos gelangten. Heutiger Bestand etwa 500 Tiere.

Rumpf lang, hochbeinig, Schwanz lang herabhängend. Schädel lang und schmal. Große Ethmoidallücke und Praeorbitalgrube. Vomer kurz. Breiter Kontakt zwischen Praemaxillare und Nasale. Fellfarbe im Winter blaß−graubraun, im Sommer hellbraun, mit Aalstrich. Hufe groß und weit spreizbar, Nebenhufe können den Boden berühren. Kennzeichnend und unter Cerviden einmalig ist die Ausbildung des Geweihs (Abb. 536). Die Stange (bis 87 cm lang) besitzt nur rückwärts gerichtete Sprossen. Die bis zu 6 Rücksprossen nehmen von unten nach dem Ende hin an Länge ab. Sie verlaufen horizontal, fast parallel zur Rückenlinie. Bei Rivalenkämpfen muß der Kopf tief geneigt werden, um die Sprossen in Aktion zu bringen.

Subfam. Capreolinae, Rehe. 1 Genus, 2 Arten. Klein bis mittelgroß, KGew.: 20−60 kg, langbeinig, mit kurzem Kopf und relativ langem Hals, Telemetacarpal. Geweih kurz (Stangenlänge erreicht CBL oder ist etwas länger). Kleine Praeorbitalgrube. Bei ausgewachsenen ♂♂ meist nur drei Sprossen. Rückenlinie zur Kruppe ansteigend (Schlüpfertyp). Frontaldrüse zwischen den Rosenstöcken, Metatarsaldrüsen (Laufbürste) und Interdigitaldrüsen an der Hinterextremität. Spiegel bei ♂♂ herzförmig, bei ♀♀ oval. Schwanz äußerlich nicht sichtbar.

Schädel: Facialteil kurz, Hirnschädel abgerundet, CBL bis 20 cm. Facialteil des Lacrimale sehr kurz. Nasalia vorne zweispitzig. Praemaxillare berührt bei *C. capreolus* das Nasale nicht oder nur in ganz kleinem Bereich. Dieser Kontakt ist bei *C. pygargus* deutlich verbreitert.

Capreolus capreolus, europäisches Reh. KRL.: 100−140 cm, SchwL.: 1−2 cm, Schulterhöhe 75−90 cm, KGew.: 20−40 kg. Verbreitung ursprünglich ganz C- und S-Europa. Heute überall in C-Europa, im mediterranen Gebiet sehr im Rückgang (fehlt in Griechenland und dem größten Teil Portugals). In Großbritannien vor allem in N-England und Schottland. Fehlt in Irland und den Mittelmeerinseln. In Skandinavien und Rußland in Ausbreitung begriffen. In Vorderasien Vorkommen in der Türkei, Transkaukasien und Iran. Früher auch bis Syrien, Palästina.

Capreolus pygargus, Sibirisches Reh. KRL.: (♂) 123−150 cm, (♀) 119−147 cm, Schulterhöhe (♂) 84−100 cm, (♀) 80−96 cm, KGew.: bis 60 kg (nach FLEROV 1960). Verbreitung: Waldzone Sibiriens vom Ural, Altai, Baikal-Region bis Amur, O des europäischen Rußland, N-Mongolei. Heute sind die Habitate durch eine breite Zwischenzone, in denen keine Rehe leben, getrennt. Nach HEPTNER u. a. (1966) soll *Capreolus pygargus* früher bis an die Wolga vorgekommen sein.

Zur Taxonomie: Die beiden *Capreolus*-Formen unterscheiden sich vor allem durch die verschiedenen Körpermaße, durch geringfügige Schädelmerkmale (Nasale-Praemaxillare-Kontakt) und durch die Ausbildung des Geweihs, das bei *C. pygargus* erheblich stärker ist als bei *C. capreolus* und beim erstgenannten die doppelte CBL der Stangen erreichen kann. Diese Merkmale rechtfertigen nicht die Abgrenzung beider Rehe als selbständige Arten. Entscheidend für die Trennung ist das disjunkte Verbreitungsgebiet und die Tatsache, daß Bastardierungen sehr schwierig sind. Die F_1-♂♂ und die R_1-♂♂ sind steril (v. LEHMANN & SÄGESSER 1986 in NIETHAMMER & KRAPP 1987).

Die Chromosomenzahl bei beiden Arten ist $2n = 70$, doch sollen bei *C. pygargus* eine Anzahl von zusätzlichen Mikrochromosomen gefunden worden sein.

Subfam. Hydropotinae, Wasserrehe. 1 Genus, 1 Species. *Hydropotes inermis,* chinesisches Wasserreh. KRL.: 75−100 cm, SchwL.: 6−7,5 cm, KGew.: 10−15 kg.

Verbreitung: O-China, Auwälder und Sumpfgebiete entlang des Jangtsekiang bis Korea. Ausgesetzt in England (Woburn) und C-Frankreich (Limoges).

Das Wasserreh ist der einzige geweihlose Cervine. ♂♂ besitzen verlängerte C (bis 8 cm, bei ♀♀ 0,5 cm, Abb. 539). M brachyodont. Telemetacarpal. Körperform des Buschschlüpfertyps mit konvexer Rückenlinie. Schwanz kurz, keine Spiegelbildung um Analpol. Praeorbital- und Interdigitaldrüsen vorhanden, außerdem, einmalig unter Cervinae, paarige Inguinaldrüsen.

Schädel: Stirnlinie konkav. Ethmoidallücke und Praeorbitalgrube klein, aber tief. Nasalia breit und lang, reichen bis zum Orbitalrand. Deutliche Naht zwischen Praemaxillare und Nasale. Bulla tympanica groß und aufgebläht. Proc. paroccipitalis lang und spitz. Vomer kurz, Choane ungeteilt. Fellfarbe sandfarben bis braun, bei Juv. mit weißen Flecken.

Lebensweise: in Kleingruppen, offenbar Territorien der ♂♂, die gegenüber Rivalen verteidigt werden. Nahrung: Gräser und Wurzeln. Fortpflanzung: Brunst im XII, Geburten im V-Anfang VI. Tragzeit: 180 – 210 d. Bemerkenswert ist die für Cervidae hohe Wurfgröße. In der Regel werden 2 – 4 Junge geworfen. Bis zu 8 Feten wurden in utero gefunden.

Subfam. Odocoileinae. Die Odocoileinae, Trughirsche, sind eine auf N- und S-Amerika beschränkte Gruppe telemetacarpaler Hirsche, die eine bedeutende Radiation in der Neuen Welt erfahren haben. In der Systematik der rezenten Formen werden 6 Gattungen und 12 Species mit zahlreichen Unterarten anerkannt. Von der Körpergröße eines Hasen bis zur Rothirschgröße. Geweih lang und komplex (s. S. 975, 1026 f.) oder Spieße. Obere C fehlend oder stark reduziert. Vomer lang, bildet eine Scheidewand bis in die Choanen. Bulla tympanica meist klein. Facialschädel lang.

Vordergliedmaße telemetacarpal. Im Tarsus sind Naviculare und Cuboid verschmolzen, das Ectocuneiforme bleibt frei (Ausnahme: *Pudu* mit ancylosiertem Naviculocuboid und Ectocuneifome).

Odocoileus virginianus, Weißwedelhirsch. KRL.: 170 – 195 cm, SchwL.: 25 cm, KGew.: 65 – 90 kg. Ohren mittellang. W-Kanada, USA bis Bolivien, N-Brasilien.

Odocoileus hemionus, Schwarzwedel- oder Maultier-Hirsch. Schwanz kurz (18 cm), Ohren sehr lang. Mexico, Baja California, USA bis Minnesota. Geweih von *Odocoileus* im Bogen nach vorn geschwungen, mit einer unteren Innensprosse und mehreren Sprossen auf der Rückfläche.

Blastoceros dichotomus, Sumpfhirsch. KRL.: 180 – 195 cm, SchwL.: 10 – 15 cm, KGew.: 70 – 110 kg, C-Brasilien, Paraguay, N-Argentinien. Zehen lang und spreizbar. Fell rotbraun, Beine schwarz. Junge einfarbig. Lebensraum: Sumpfwald, Dschungel, in der Nähe von Gewässern.

Ozotoceros bezoarticus, Pampashirsch. KRL.: 110 – 130 cm, SchwL.: 10 – 15 cm, KGew.: 35 – 40 kg, Brasilien, N-Argentinien, S-Bolivien, Paraguay, Uruguay. Rumpf schlank, langbeinig.

Pampashirsche sind mittelgroße Bewohner offener Graslandschaften mit geringem Sexualdimorphismus. Das Geweih der ♂♂ ist dreizackig, dem der Rehe ähnlich. Fellfärbung hellbraun, einfarbig, ventral aufgehellt. Schwanz kurz und mit buschigen Haaren. Spiegel groß und mit abspreizbaren Haaren besetzt. Gebiß: Übergang zur Hypsodontie (Grasnahrung), C fehlen, selten sehr kleine Rudimente. Praeorbital- und Tarsaldrüsen klein, aber große Interdigitaldrüsen, die ein stark riechendes Sekret absondern. Sehr lange Tragzeit (210 – 230 d). Nur 1 Junges, geflecktes Juvenilkleid. Kleingruppen (2 – 6 Ind.), nicht nach Geschlechtern getrennt. Keine Revier- oder Harem-Verteidigung. Gelegentlich Zusammenschluß zu größeren Gruppen in weiträumig offenem Gelände.

Hippocamelus, Andenhirsch, Huemul. 2 sehr ähnliche Arten. *H. antisiensis*, in höheren, trockenen Gebirgslagen von Ecuador bis N-Chile. *H. bisulcus*, S-Form, bewohnt dichte, feuchte Regenwälder in S-Chile und S-Argentinien. KRL.: 150 – 170 cm, SchwL.: 11,5 – 13 cm, KGew.: 45 – 65 kg. Geweih klein, mit meist nur einer Gabelung. C ragen bei beiden Geschlechtern nicht über die Lippenränder. Fell: braungrau, schwarze Gesichtszeichnung. Lebensweise: solitär oder in kleinen Familienverbänden. Bestand gefährdet, besonders die Südform.

Mazama, Spießhirsch, mindestens 4 Arten, darunter *M. americana*, großer Roter Spießhirsch und *M. gouazoubira*, Grauer Spießhirsch. KRL.: 70 – 130 cm, SchwL.: 8 – 15 cm, KGew.: etwa 25 kg. Verbreitung: *M. americana* von S-Mexico bis S-Bolivien, N-Argentinien, Paraguay. Fehlt in Chile. Die übrigen Arten im NW von S-Amerika, von Yucatan und Venezuela bis Peru und N-Argentinien. Gestalt schlank, mit konvexem Rücken, Beine schlank. Geweih ohne Sprossen, einfache Spieße von artlich wechselnder Länge, wird unregelmäßig gewechselt. Fellfärbung einheitlich, graubraun bis leuchtend rotbraun, je nach Species. Unterseite des Schwanzes weiß. Brunstzeit nicht saisonal gebunden. Tragzeit etwa 200 d. Juvenilkleid gefleckt. Praeorbitaldrüsen mittelgroß – klein, Interdigitaldrüsen stets vorhanden, Tarsaldrüsen kann fehlen. Lebensraum: Wald mit Unterwuchs, Buschland, Savanne. Tag- und dämmerungsaktiv, meist solitär.

Pudu, Zwerghirsche, 2 Arten: *Pudu pudu*, Südpudu. S-Chile bis S-Argentinien. *Pudu mephistophiles*, Nordpudu, Anden, von Columbien und Ecuador. *Pudu pudu*, KRL.: 85 cm, SchwL.: 8 cm, KGew.: 9 – 15 kg. Schulterhöhe: etwa 35 cm. In den Maßen um etwa 20% kleiner als die Nordform. Kleinster rezenter Cervide. Steht taxonomisch dem Genus *Mazama* recht nahe. Kopf kurz und schmal, Hals kurz, konvexer Rücken (Buschschlüpfertyp), Beine grazil. Geweih kurze Spieße (bis 5 cm lang), wird in Chile im VII abgeworfen und ist im XI gefegt. Brunst IV – VI. Große Praeorbital-

1036 Subcl. Theria, Infracl. Eutheria

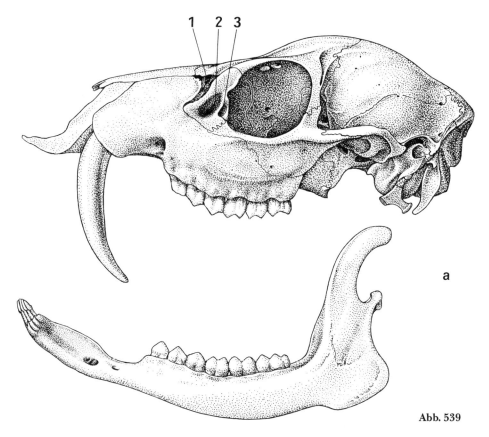

Abb. 539

drüsen und Interdigitaldrüsen. Tarsal- und Metatarsaldrüsen fehlen. Naviculo-Cuboid ist mit Ectocuneiforme knöchern verschmolzen. Ohren kurz und abgerundet. Haarkleid dicht. Fellfärbung bei *P. pudu* dunkelrotbraun im Sommer, graubraun im Winter, bei *P. mephistophiles* schwarzbraun. Tragzeit etwa 180 d, 1 Junges im gefleckten Juvenilkleid. Lebensraum von *Pudu pudu* Regenwälder der gemäßigten Zone. Buschdickicht von der Küste bis ins Gebirge, bei *P. mephistophiles* Anden in 2000 – 3000 m ü. NN, Hochebenen. Bestandgröße z. Zt. nicht bekannt, da Pudus sehr scheu sind und versteckt leben. Offenbar durch Abholzen der Wälder stark gefährdet.

Subfam. Alcinae, Elche. Elchhirsche (Abb. 540) sind die größten, rezenten Cerviden. Nur eine Art, *Alces alces*, mit 7 Unterarten. KRL.: 240 – 310 cm, SchwL.: 5 – 12 cm, KGew.: 200 – 800 kg. Schulterhöhe: 180 – 235 cm. Körpergröße je nach Herkunft sehr variabel. Die größten Elche kommen in Alaska und O-Sibirien vor. Größenabnahme von N nach S. Kleinste Unterart aus der Mandschurei. Deutlicher Sexualunterschied (KGew. ♂ >600 kg, ♀ bis 450 kg). Verbreitung: Skandinavien, Finnland, Balticum, Polen, Rußland. In Sibirien zwischen 50° und 70° n. Br. SW-Grenze folgt heute etwa dem Verlauf der Weichsel, nach O s. des 50° Breitengrades. Der Bestand im n. Ostpreußen hat sich nach 1945 regeneriert. Früheres Vorkommen in Europa bis zu den Pyrenäen, n. Alpenrand, Kaukasus. In N-Amerika von der N-Baumgrenze, Britisch Columbien, Alaska, Kanada bis N-Dakota, Minnesota, Michigan.

Alces alces ist gekennzeichnet durch den sehr langen Kopf mit weit herabhängender breiter Oberlippe. Weiter Abstand der Nasenlöcher. Rhinarium dicht mit Tasthaaren besetzt, außer einem kleinen, nackten Mittelfeld. Hals kurz, Beine sehr lang. Elche sind gute Läufer. Die Beine werden als Waffe eingesetzt (Ausschlagen gegen Wölfe). Große Wamme am Hals alter ♂♂. Schaufelgeweih, Stange sehr kurz, nach lateral gerichtet. Die Schaufelbildung entsteht phylogenetisch und ontogenetisch aus einem Stangengeweih. Bis zu 44 Endsprossen.

Fellfärbung beim europäischen Elch dunkelbraun, Beine weiß. Beim ♀ erstreckt sich die helle Beinfärbung bis zum Perineum, beim ♂ endet sie am Oberschenkel. Beim amerikanischen Elch

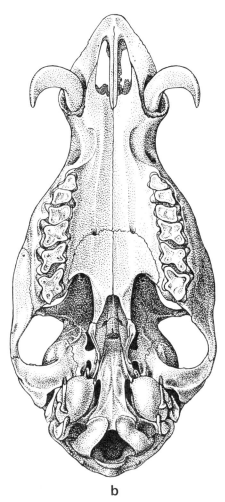
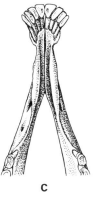

Abb. 539. *Hydropotes inermis*, chinesisches Wasserreh, ♂. Beachte die langen oberen Canini bei der geweihlosen Art. a) Ansichten des Schädels von links, b) von basal. c) Ansicht des Vorderendes der Mandibula von oben. Der I_1 ist groß, der C ist incisiviform.
1. Ethmoidallücke zwischen Os maxillare, Nasale und Lacrimale, 2. Praeorbitalgrube, 3. For. lacrimale.

ist die Körperfärbung dunkler, fast schwarz, mit Ausnahme eines hellen Sattels; Beinfärbung hellbraun.

Schädel (Abb. 540) mit langem schmalen Facialteil. Zwei Tränenkanälchen in der Orbita. Nasale sehr breit und kurz, kein Kontakt zwischen Nasale und Praemaxillare; Vomer lang und niedrig. Tympanalbulla klein. Obere C fehlen. Vorderextremität telemetacarpal, Zehen spreizbar. Naviculocuboid nicht mit Ecto- und Mesocuneiforme verwachsen. Praeorbital-, Tarsal- und Interdigitaldrüsen sind ausgebildet, Metatarsaldrüsen variabel. Gallenblase fehlt.

Karyologie. Amerikanischer Elch $2n = 70$, europäischer Elch $2n = 69$ (Robertsonsche Fusion?).

Lebensraum: Laub- und Mischwald, Ränder von Mooren und Sümpfen, Ufer von Flüssen und Seen. Nahrung: Blätter, Zweige, Wasserpflanzen, Aufsuchen von Salzlecken.

Sozialverhalten, Fortpflanzung: Lebensweise meist solitär. Neben Imponierkämpfen kommen bei Elchhirschen relativ häufig echte Rivalenkämpfe mit Todesfolge (3%) vor. Nach der Brunst bilden sich Männchen-Rudel, die nach dem Abwurf (XII) der Schaufeln auseinandergehen. Fegen des Geweihs im VII/VIII. Brunst Anfang IX, Höhepunkt Ende IX, während der Brunst meist Paarbindung. Bei großer Populationsdichte (Alaska) auch Haremsbildung. Tragzeit: 224–243 d. 1–2 Junge (Zwillinge häufig). Geburten im IV–V. Kalb ist einfarbig hellbraun und wird nicht abgelegt, sondern folgt stets der Mutter.

Der Elchbestand ist gesichert. Bestand in Europa (außer Rußland) 500000–700000 Ind. (NYGRÉN in NIETHAMMER & KRAPP 1987).

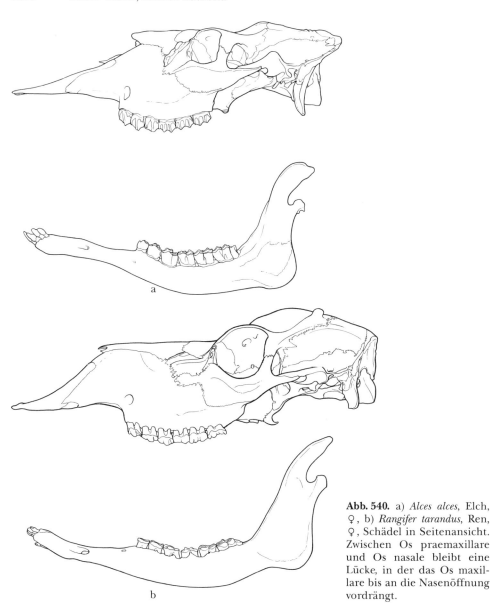

Abb. 540. a) *Alces alces*, Elch, ♀, b) *Rangifer tarandus*, Ren, ♀, Schädel in Seitenansicht. Zwischen Os praemaxillare und Os nasale bleibt eine Lücke, in der das Os maxillare bis an die Nasenöffnung vordrängt.

Subfam. Rangiferinae, Ren, Rentiere, Karibu. 1 Gattung, eine Art, *Rangifer tarandus*, mit 9 Unterarten (davon 3 in Europa). Mittelgroße bis große Hirsche der borealen Region. Kopf sehr lang, Rumpf lang. Beide Geschlechter geweihtragend. KRL.: 120–220 cm, SchwL.: 7–20 cm, KGew.: 60–315 kg, ♂♂ meist bedeutend schwerer als ♀♀.

Verbreitung des Wildrens: Ursprünglich (Würmeiszeit) ganz N- und C-Europa bis zu den Pyrenäen und N-Grenze der Alpen, einschließlich Großbritannien und Irland. Im O Südgrenze etwa bis 45° n.Br. Heutiges Restvorkommen: Spitzbergen, Norwegen (Fjällregion) und im finnisch-russischen Grenzgebiet. In N-Rußland, Sibirien bis zur Mongolei und Amurgebiet (49° n.Br.). In N-Amerika bis zum 45° n.Br. (Michigan, N-Idaho), Grönland. Das Verbreitungsgebiet ist heute stark aufgesplittert. Das Wildren ist in allen Gebieten verdrängt, in denen domestizierte Rene gehalten werden. Das Wildren war häufig Jagdbeute des neolithischen Menschen in Europa. Lebensraum: Tundra-Taiga-Gürtel der Holarktis.

Hals mit Mähne, Rückenlinie gerade verlaufend. Extremitäten relativ kurz und schlank. Zehen stark spreizbar, Seitenzehen berühren den Boden. Fell sehr dicht mit langen Grannenhaaren (im Winter bis 10 cm am Rücken, am Kopf kürzer). Färbung im Winter: Grundfarbe grau bis graubraun. Bauch, Mähne, Schwanzunterseite und Wangengegend weiß. Dunkelbrauner Streifen an den Flanken. Beine und Ohren dunkelbraun. Im Sommer wird das Fell dunkler und erscheint im Ganzen weniger bunt.

Praeorbitaldrüse wesentlich für Duftmarkierung. Außerdem relativ kleine Tarsal- und Interdigitaldrüsen und eine Subcaudaldrüse. 4 Zitzen.

Schädel (Abb. 540): Nasenkapsel langgestreckt, Hirnschädel flach. Die Schädelkontur ist in der Gegend des vorderen Orbitalrandes, zwischen Nasal- und Frontalregion, scharf geknickt (Abb. 540). Der Vomer ist hoch und lang und reicht bis an das Basioccipitale. Choane dadurch geteilt. Der hohe und weite Nasenraum dürfte dem Vorwärmen der Atemluft dienen. Rand der Orbitae röhrenartig nach lateral vorspringend. Bulla tympanica klein, äußerer Gehörgang lang. Zwei Foramina lacrimalia in der Orbita. Praemaxillare und Nasale nicht in Kontakt.

Geweih: Im Gegensatz zu allen anderen Cervidae tragen beide Geschlechter relativ große Geweihe. Auch Kastraten haben Geweihe, fegen diese aber nicht. Die Geweihform ist sehr variabel und zeigt oft auffallende Seitenasymmetrien. Die Rosenstöcke sind kurz und stehen nahe beieinander. Die Stangen sind lang (75 – 160 cm), bei Waldrenen meist kürzer und weniger ausladend als bei Tundrarenen. Verlauf der Hauptstange zunächst aufwärts, dann nach hinten, schließlich aufwärts und nach vorne gerichtet, kreisbogen – lyraförmig. Augen-, Eis- und Endsprosse oft mit Schaufel. Hauptstange häufig mit Rücksprossen, die sich gabeln können.

Extremitäten telemetacarpal. Die distalen Gelenkenden der Metapodien durch Spalt getrennt. Zehen weit spreizbar, Hufe breit mit abgerundetem Seitenrand. Hufe der Nebenstrahlen (II – V) berühren den Boden. Naviculocuboid nicht mit Ecto- und Mesocuneiforme verwachsen.

Larynx mit Kehlsack, Gallenblase fehlt. Penis ohne Urethralfortsatz.

Nahrung: im Sommer Kräuter, Gräser, Blätter und Triebe von Laubhölzern, Flechten. Im Herbst auch Beeren und Pilze. Im Winter spielen Flechten (*Cladonia*, *Cetraria*) eine größeren Rolle (50 – 75%) und werden unter dem Schnee freigescharrt. Zu keiner Zeit sind Flechten die einzige Nahrung. Der Proteinbedarf wird häufig durch Carnivorie (Mäuse, Lemminge, Bastreste) ergänzt.

Sozialverhalten und Fortpflanzung. Nach den ökologischen Bedingungen des Lebensraumes besteht eine erhebliche Variationsbreite der Lebensweise. Hierauf beruht die Unterscheidung in Waldren und Tundraren. Rene bilden soziale Verbände, beim Waldren kleine Rudel (15 – 20 Ind.), beim Tundraren große Herden (mehrere hundert Ind.), die von ♀♀ geführt werden. Brunst im IX – XI, in Skandinavien von Ende IX bis Mitte X. Abwurf der Geweihe bei den ♂♂ nach der Brunst im XI, bei den ♀♀ nach der Geburt im V. Junge ♂♂ (bis 2. Lebensjahr) werfen im II/III ab, ♀♀ tragen also im Winter allein ein Geweih und haben dadurch einen dominanten Status in dieser Jahreszeit. Im Sommer bestehen meist nur kleine Gruppen. Bei Beginn der Brunst im Herbst werden gemischte Rudel gebildet, und die ♂♂ beginnen sich einen Harem von 8 – 12 ♀♀ an den Brunstplätzen zusammenzutreiben. Nach der Brunst lösen sich die Verbände auf und schließen sich zu großen Herden zusammen. In vielen Gebieten, besonders in N-Amerika, führen die Großverbände jahreszeitliche Wanderungen durch. Aus den Sommergebieten in Küstennähe wandern die Herden im Herbst weit, über mehrere hundert km ins Binnenland, vielfach auf Wanderstraßen, die seit vielen Generationen genutzt werden. Ab Ende IV lösen sich die großen, gemischten Herden wieder auf. In einigen Gebieten Kanadas und Finnlands ist das Waldren standorttreu und wandert kaum.

Einige Bemerkungen zur Phylogenie der rezenten Hirsche. Fossilfunde von Cervidae sind reichlich, doch handelt es sich meist um Stangen oder Stangenfragmente. Diese erlauben die Deskription einer Typologie des Geweihes, sagen aber kaum etwas aus zur Phylogenie, wenn nicht Gebiß-, Schädel- oder Extremitätenbefunde den Geweihformen zugeordnet werden können. Im allgemeinen sind pleistozaene Vorfahren der rezenten Arten bekannt, doch besteht weithin Unklarheit über die frühe Stammesgeschichte. Wir verzichten daher auf die Aufzählung benannter Formen (vgl. Lehrbücher der Paläontologie) und erwähnen nur kurz die Gruppe der pliozaen-pleistozänen Riesenhirsche († *Megaloceros*, † *Megaceros*), die seit dem Pliozaen eine eigene, gut dokumentierte Stammeslinie bilden (Europa bis Japan). Es waren telemetacarpale Hirsche mit riesigen Geweihen, die bis über 3 m Ausladung erreichten. Ihr letzter Vertreter, † *Megaloceros giganteus ibernicus*, ist durch Funde ganzer Skelete in den irischen Mooren gut bekannt. Er hat bis in die Würm-Zwischeneiszeit gelebt und war Jagdobjekt des neolithischen Menschen. Sein Schaufelgeweih war Anlaß zu Spekulationen über die verwandtschaftliche Beziehung zu der *Dama*-Gruppe. Diese

Hypothese ist nicht haltbar. Schaufelbildungen der Geweihe sind sehr späte Entwicklungen (KAHLKE 1956, THENIUS 1969, 1979), die unabhängig in mehreren Gattungen aus Stangengeweihen entstanden. Die Träger der Riesengeweihe waren Bewohner offenen Geländes, die offenbar als schnelle Läufer spezialisiert waren.

Nutzung der Cervidae durch den Menschen. Die meisten Cervidae, darunter alle europäischen Arten, waren seit alten Zeiten Objekte der Jagd. Die Nutzung von Fleisch und Fellen waren für den Steinzeitjäger lebenswichtig, wie heute noch für den Rentierzüchter. Geweihe als Rohstoffe zur Herstellung von Werkzeugen spielten daneben eine gewisse Rolle. In neuerer Zeit ist die Trophäenjagd stärker in den Vordergrund getreten. Die Domestikation des Rens in Eurasien ist eine relativ späte Entwicklung, die dazu geführt hat, daß die Rentierzüchter, in Anpassung an die Lebensweise des Rens, zu Nomaden wurden (HERRE & RÖHRS 1990).

Das Bastgeweih der Sikahirsche wird in China zur Gewinnung eines Heil- und Stimulationsmittels (Panten, Pantocrin) verwendet. Die Hirsche werden in Herden gehalten und die Bastgeweihe regelmäßig amputiert. Sie kommen in großen Mengen in getrocknetem Zustand in den Handel. Über die Wirksamkeit der Panten ist wenig bekannt.

Fam. 2. Giraffidae

Subfam. Giraffinae. Rezent 2 Gattungen, 2 Arten. Aus primitiven, geweihlosen Verwandten der Hirsche († Palaeomerycidae, Miozaen, Europa) leitet sich eine Stammeslinie ab, die als Stammgruppe der Giraffenartigen betrachtet wird, die † Palaeotraginae. Die älteste bekannte Form, † *Zarafa* aus N-Afrika (älteres Miozaen), weist auf den Ursprung der Familie in Afrika. Im Mittel-Jung-Miozaen treten Giraffen in Eurasien auf († *Palaeotragus,* † *Giraffokeryx*). Es waren zunächst kurzhalsige Savannenbewohner. Der Großteil der tertiären Radiation erlischt im Pliozaen oder im frühen Pleistozaen. Erwähnt sei insbesondere † *Sivatherium* (Pleistozaen Asien, Afrika), eine große, schwere Form mit relativ kurzen Beinen. † *Sivatherium* besaß im männlichen Geschlecht mehrere (meist 2 Paar) verzweigte, geweihähnliche Stirnwaffen, die offenbar nicht gewechselt wurden. Kurzhalsig ist die rezente Waldgiraffe, *Okapia,* die seit dem Pleistozaen nachgewiesen ist. Das Okapi ist nicht, wie vermutet wurde, eine basale Form, sondern stammt von Savannenformen ab und ist sekundär zum Urwaldbewohner geworden. Hinweis dafür ist der im Vergleich zu *Giraffa* hohe Encephalisationsgrad und die weitgehende Reduktion der Seitenstrahlen an Hand und Fuß. Langhals-Giraffen erscheinen in Afrika, S-Asien und Europa im Miozaen, erfahren im Pliozaen eine Radiation und haben sich in ganz Afrika in den offenen Savannenlandschaften weit verbreitet. Mit der Austrocknung des Savannengürtels wurde ihr Verbreitungsgebiet auf Afrika s. der Sahara eingeschränkt.

Giraffidae sind Paarhufer mit relativ kurzem Rumpf, langem bis sehr langem Hals und langen Beinen. Vorderbeine länger als Hinterbeine. Kopf gestreckt mit sehr schmaler Schnauzenpartie. Oberlippe behaart und muskularisiert. Zunge sehr lang und weit vorstreckbar. Augen groß, Lider mit Wimpernhaaren, Pupille rund.

Seitenzehen (II und V) rückgebildet bis auf winzige, proximale Reste der Metapodien. Keine Spannhaut zwischen Rumpf und Oberschenkel (Paßgänger).

Schädel (Abb. 541, 542). Sehr schlanker, langer Facialteil. Basis leicht ventralwärts geknickt. Breite Naht zwischen Nasale und Praemaxillare. 1 oder 2 Tränenkanälchen. Lacrimale groß. Bulla tympanica groß, aber schmal und zusammengedrückt. Proc. paroccipitalis kurz, dreieckig. Vomer sehr lang und niedrig. In Fortsetzung der Choanen findet sich eine lange Nasopharyngealrinne, die vom Basioccipitale seitlich begrenzt wird. Der Schädel ist weitgehend pneumatisiert. Auf dem Frontale bei *Okapia* 2, bei *Giraffa* 2−5 mit Haut überzogene Knochenzapfen (sog. „Hörner, Vellericornua"). In diesen verschmilzt ein oberflächlicher Deckknochenkern in einer epiphysenartigen Zone mit der Knochenapophyse des Schädeldaches. Die freien Enden der „Hörner" sind jeweils mit einer kleinen Hornplatte bedeckt. Bei Giraffen findet sich am Vorderrand des Frontale ein gewölbter Knochenbuckel, der bei alten ♂♂ auswachsen und auch Knochenzapfen

Ordo Artiodactyla 1041

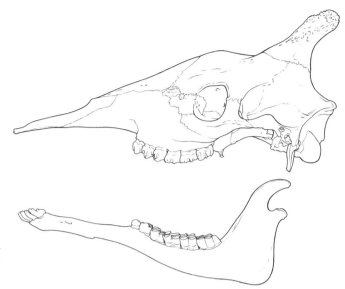

Abb. 541. *Giraffa camelopardalis*, ♀, Schädel in Seitenansicht.

Abb. 542. *Okapia johnstoni*, ♀, Schädel in a) Seitenansicht, b) Basalansicht.

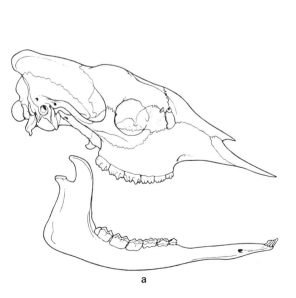

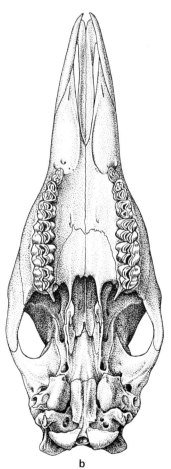

a b

tragen kann („5hörnige Giraffen"). Postorbitalbogen geschlossen. Ethmoidallücke bei Neonaten vorhanden, wird aber postnatal von den Nachbarknochen überwachsen. Keine Praeorbitalgrube. Condyli occipitales weit vorspringend. Knöcherner, vom Tympanicum gebildeter äußerer Gehörgang bei *Giraffa* lang, bei *Okapia* kurz.

Gebiß: $\frac{0\ 0\ 3\ 3}{3\ 1\ 3\ 3}$. Obere C fehlen vollständig. Untere C incisiviform, breiter als I_3 mit Einkerbung in der Mitte des Schneiderandes. P und M brachyodont.

Eine Gallenblase fehlt, wird aber bei *Giraffa* embryonal angelegt und persistiert bei einzelnen Individuen. Penis mit kurzem Urethralfortsatz (Abb. 534).

Integument: Haut sehr derb und dick. Haare glatt, straff und kurz. Färbungsmuster vgl. spez. Abschnitt, S. 1043. An Hautdrüsen sind nur Interdigitaldrüsen an Vorder- und Hinterfüßen bekannt. Zahl der Zitzen bei *Giraffa* 2 oder 3, bei *Okapia* 4.

Anpassungstyp und Lebensweise. Die beiden rezenten Arten der Giraffidae zeigen gegensätzliche Anpassungen an Lebensraum und Lebensweise. Giraffen sind an Baumsavannen (Akazien) gebunden. Okapis bewohnen den C-afrikanischen Regenwald. Beide Arten ernähren sich rein vegetabil von Laub und jungen Trieben; Okapis daneben von Gras, Kräutern und Früchten. Giraffen sind befähigt, mittels ihres langen Halses das Laub von Bäumen mittlerer Höhe zu äsen und können daher diese Nahrungsnische nutzen, die nicht von kurzhalsigen Huftieren erreicht werden kann.

Die Verlängerung des Halses (Standhöhe 5 – 6 m, Halslänge 3 – 3,5 m) beruht auf Verlängerung der einzelnen Halswirbel, deren Anzahl (7) die gleiche ist, wie bei kurzhalsigen Säugern. Die große Halslänge stellt besondere Anforderungen an die Haemodynamik. Um beim stehenden Tier die normale Blutversorgung der Kopforgane zu gewährleisten, muß das Blut vom Herzen über 3 m hoch gepumpt werden. Dazu ist es nötig, daß der Blutdruck in den herznahen Gefäßen etwa dreimal so hoch ist, wie bei kurzhalsigen Huftieren. Der Blutdruck beträgt bei Giraffen in herznahen Arterien 260 – 300 mm Hg gegenüber 100 – 130 mm Hg bei der Mehrzahl der Huftiere. Dieser Druck ist nötig, um die große hydrostatische Differenz zwischen Herz und Kopf beim stehenden Tier zu überwinden. Das HerzGew. einer erwachsenen Giraffe beträgt etwa 11 kg. Die Muskelwand der linken Herzkammer ist außerordentlich dick.

Alle großen **Arterien des Halses** (Aa. carotides) besitzen eine dicke, widerstandsfähige sekundäre Gefäßwand (s. S. 202). Der Blutdruck in den Hirnarterien beträgt im Gegensatz zu den herznahen Arterien etwa 100 – 130 mm Hg. Es müssen also Sicherungen zwischengeschaltet sein, die das Hirngewebe vor dem hohen arteriellen Druck in den Halsgefäßen schützen. Die Regulation erfolgt durch Gefäßverengung und Ausweichen des Blutes in arterielle Wundernetze (s. S. 206, 988). Erhebliche Druckschwankungen sind zu erwarten bei Änderungen der Körperhaltung (Senken und Heben des Kopfes). Steuerung der Druckanpassung setzt exakt arbeitende Regulationsmöglichkeiten voraus. Reflektorische Anpassung des Schlagvolumens des Herzens sind ein wesentlicher Faktor in diesen Mechanismen.

Giraffen können 2 – 3 d dursten, sind dann aber auf Wasseraufnahme angewiesen. Um die Wasseroberfläche zu erreichen, nimmt die Giraffe eine sehr charakteristische Spreizstellung der langen Vorderbeine ein.

Lokomotion. Paßgang, gelegentlich Galopp auf kurzen Strecken. Dabei wirft die Giraffe den Kopf nach hinten, um bei gleichzeitigem Vorsetzen der Vorderbeine den Körper im Gleichgewicht zu halten.

Unter den Sinnesorganen steht das Auge als wichtigstes vor Geruchs- und Gehörorgan.

Giraffen sind nicht territorial. Sie bilden kleine Gruppen, die weite Wanderungen ausführen (Streifgebiet etwa 120 km^2). Mehrere Gruppen können sich vorübergehend zu offenen Herden (6 bis 50 Ind.) zusammenschließen und sind häufig mit Zebras und Antilopen vergesellschaftet.

Fortpflanzung. Tragzeit 450 – 465 d. 1(2) Junge, das nach 1/2 h aufstehen kann. Die Geburt erfolgt meist an besonderen Plätzen, gelegentlich auch in der Herde. Laktation 15 – 17 mon. Feste Nahrung wird bereits im Alter von 3 Wochen aufgenommen. Placenta polycotyledonaria epitheliochorialis mit bis zu 180 Cotyledonen, die in Reihen stehen. Einzelne Zottenbüschel zwischen den Cotyledonen. Große Allantois.

Okapis, als echte Waldbewohner, sind in allen relevanten Merkmalen des Körperbaus echte Giraffidae (s. S. 1040), ohne die Spezialanpassungen der Savannengiraffen an den Lebensraum aufzuweisen. Entsprechend stehen Adaptationen an ein geschlossenes Habitat im Vordergrund. Waldgiraffen sind ebenfalls vorwiegend Laubäser, nutzen aber niedere Sträucher und Kräuter. Ihr Hals ist zwar nicht extrem verlängert, kann aber nicht als kurz bezeichnet werden.*)

Da im Inneren des Regenwaldes der Bestand an Bodenvegetation recht gering ist, wird der Nahrungserwerb an den Rändern lichter Waldwiesen bevorzugt. Unter den Sinnessystemen spielen Geruch und Gehör (große Ohren) eine wichtigere Rolle als bei *Giraffa*. Okapis bilden keine Herden, sondern leben, abgesehen von der Paarungszeit, solitär. In der Regel gelten die basalen Formen unter den Paarhufern als silvicol, die großen Savannenbewohner als sekundäre Zuwanderer in die offene Landschaft. So wird vielfach im Schrifttum auch das *Okapia* gegenüber *Giraffa* als Primitivform gedeutet. Diese Auffassung erwies sich als unhaltbar, denn zahlreiche Merkmale des Okapis legen die Annahme nahe, daß dieses Genus Nachfahre von Steppentieren ist und als Rückwanderer in das Waldbiotop gedeutet werden muß (Körpergröße, weitgehender Schwund der Seitenstrahlen an den Extremitäten, höhere Cerebralisation von *Okapia* gegenüber *Giraffa*, AMAT MUNOZ 1959, THENIUS 1992).

Fortpflanzung. Tragzeit etwa 400 d. 1 Junges in reifem Geburtszustand (KGew.: 20 kg). Beginn selbständigen Fressens ab 6. Woche. Hörner der ♂♂ werden im 2. – 3. Lebensjahr gebildet. Okapis leiden unter einer Vielzahl von Enteroparasiten (über 30 Wurmarten). Gemeinsam ist beiden Gattungen der gefährliche Hakenwurm *Monodontella giraffae*.

Spezielle Systematik und geographische Verbreitung der rezenten Giraffidae. *Giraffa camelopardalis*, Savannengiraffe, Langhalsgiraffe (Abb. 541). Eine Art mit 7 – 8 Unterarten, darunter *G. c. reticulata*, Netzgiraffe von NO-Afrika, *G. c. tippelskirchi*, Massaigiraffe von O-Afrika. *G. c. rothschildi*, Ugandagiraffe. KRL.: 300 – 400 cm, SchwL.: 90 – 110 cm, KGew.: 500 – 800 kg. Scheitelhöhe (mit Hörnern): 450 – 580 cm. Verbreitung: Afrika s. der Sahara mit Ausnahme der Waldgebiete, des s. Kaplandes und der abessinischen Hochländer. Bestand: Im Osten des Verbreitungsgebietes noch häufig, in W-Afrika gefährdet.

Integument: Am ganzen Körper ein sehr kennzeichnendes Muster dunkler Flecken (dunkelbraun – rotbraun), die durch helle Zwischenzonen (weiß – gelb) getrennt werden. Die Flecken sind je nach Herkunft und Subspecies sehr variabel. Bei der Netzgiraffe sind die Flecken groß, glattrandig und durch sehr schmale helle Zonen getrennt. Bei der Massaigiraffe sind die hellen Zonen breiter, die Flecken sternförmig. (Farbtafel der Musterbildung bei KINGDON, IIIB 1979). Die Flecken sind am Kopf und an den Beinen erheblich kleiner als am Rumpf. Fell glatt und kurzhaarig, eine Mähne aus kurzen, steifen, dunklen Haaren am Hals bis zu den Schultern. Auf der Stirn 1 Paar Zapfen („Hörner") die von Haut bedeckt sind. Deutliche Sexualdifferenz (bei ♂♂ größer). Häufig ein zweites kleineres Zapfenpaar scheitelwärts, gelegentlich Stirnbuckel zwischen beiden Zapfenpaaren (Unterscheidung von 3-, 4-, oder 5-Horngiraffen).

Als Waffen dienen die Hufe (Ausschlagen mit den Hinterbeinen zur Abwehr). Im Rivalenkampf kommt es zu Schädelschlägen. Kommentkampf durch Umschlingen der Hälse und Bedrängen.

Karyologie. 2 n = 30 für *Giraffa*

Okapia johnstoni (Abb. 542), 1 Art, keine Subspecies. Okapi, Waldgiraffe. KRL.: 210 cm, SchwL.: 30 – 40 cm, KGew.: ca. 250 kg. Scheitelhöhe 170 – 180 cm. Verbreitung: Nur im äquatorialen Regenwald in Zaire (Ituri, Uelle, Aruwimi), stellenweise bis Uganda. Fell kurz, glatt. Halsmähne nur bei juv., später fast völlig reduziert auf kurze Stehhaare.

---

*) Die Bezeichnung als „Kurzhalsgiraffe" ist daher irreführend und soll nur den Unterschied zu den Langhalsgiraffen hervorheben.

Färbung: dunkelkastanienbraun, Kopf heller. Auf Keulen, Ober- und Unterschenkel weiße Querstreifen (jeweils 7 − 20). Juvenilkleid gleicht dem der Erwachsenen. Nur 1 Paar kleiner frontaler Hornzapfen im männlichen Geschlecht (Lebensweise s. S. 1043). Genaue Zahlenangaben über den Bestand liegen nicht vor, da der Lebensraum schwer zugänglich ist. Der Bestand scheint vorläufig gesichert, solange der C-, O- und S-Teil des Kongoregenwaldes erhalten bleibt.

Fam. 3. Bovidae. Die Familie Bovidae, Hornträger, bildet die artenreichste Familie der Artiodactyla (Abb. 522). Sie ist geologisch jung und offensichtlich heute noch in voller Radiation begriffen. Sie umfaßt 42 Genera mit 99 Species, davon allein 72 in Afrika. Die Bovidae sind eine monophyletische Einheit, haben aber eine große Anzahl von verschiedenen Lebensräumen besiedelt, von der Küste bis zum Hochgebirge, von Sumpfgebieten bis zur Wüste, und entwickelten Anpassungen an verschiedene Klimazonen und Nahrung, wenn auch stets auf pflanzlicher Grundlage. Die Körpergröße variiert zwischen Hasengröße (KGew.: 2 kg) bis zur Büffelgröße (KGew.: bis 800 kg). Bovidae tragen auf der Stirn 2 Knochenzapfen als Kern einer Hornscheide, die in der Regel (s. *Bison* S. 1063) nicht gewechselt wird. Einzig die indische Vierhornantilope (*Tetraceros quadricornis*) besitzt ein zweites, kleines, vorderes Hornpaar. Bei vielen Arten sind die ♀♀ hornlos. Die zahlreichen savannenbewohnenden Arten zeigen Herdenbildung und komplexes Sozialverhalten. Die silvicolen Arten leben solitär oder in Kleingruppen. Bovidae sind stets plesiometacarpal. Die Endglieder der Randstrahlen II und V, und damit die Afterzehen, fehlen oft.

Gebiß: $\frac{0\ 0\ 3\ 3}{3\ 1\ 3(2)\ 3}$. Keine Rudimente der C. Postcanini brachyodont (*Boselaphus*) bis hypsodont. Entfaltungsgrad des Gehirns in den verschiedenen Subfamilien sehr unterschiedlich.

Wegen der großen Zahl an Arten und deren Formenreichtum besteht heute noch kein Konsens über die Taxonomie der Familie und die Systemvorschläge in der neueren Literatur divergieren (WEBER 1928, SIMPSON 1945, OBOUSSIER 1984, SOKOLOW 1953, HALTENORTH 1963), wenn auch in den Grundzügen Einmütigkeit besteht. Schwierigkeiten in der Bewertung der Fossilformen ergeben sich, ähnlich wie bei den Geweihträgern (s. S. 1039) daraus, daß vielfach nur Knochenzapfen oder Fragmente von solchen vorliegen, da für eine Analyse der Stammesgeschichte innerartliche Erkennungs- und Imponierorgane ungeeignet sind.

Die im folgenden gebotene Systemübersicht der Subfamilien ist ein Kompromiß, der in Einzelheiten Abänderungen erfahren wird, aber geeignet sein dürfte, eine geordnete Übersicht über die Formenmannigfaltigkeit der Boviden zu geben.

Bovidae

Subfamilien
1. Cephalophinae
2. Boselaphinae
3. Bovinae
4. Tragelaphinae
5. Reduncinae
6. Hippotraginae
7. Alcelaphinae
8. Antilopinae (Gazellinae) incl. Neotraginae
9. Saiginae
10. Rupicaprinae
11. Caprinae

Integument. Je nach Habitat sehr differente Fellstruktur. Sonderbildungen: Hals-, Rücken-, Bauch-Mähnen, Bartbildung, Schopf, Manschetten. Die Hornbildungen sind von großer Mannigfaltigkeit (Länge, Form, Richtung, verschiedenartige Drehung in der Längsachse) und werden im Rahmen der speziellen Kapitel besprochen (s. S. 1045f.), da sie als Artmerkmale von großer Bedeutung sind. Farbmuster oft sexualdimorph und besonderes Juvenilkleid. Hautdrüsen in wechselnder Kombination (vgl. Species). Praeorbitaldrüse kann fehlen.

Schädel. Facialteil länger als Hirnschädel, Basis mäßig dekliniert. Lacrimale groß. Ein For. lacrimale innen vom Orbitalrand. Ethmoidallücke meist klein oder fehlend. Parietale schmal, oft nach caudal auf die vertikale Hinterhauptspartie verschoben. Schädeldach und Oberkieferregion vielfach stark pneumatisiert. Praemaxillare im Kontakt mit Nasale. Bulla tympanica vom Tympanicum gebildet, kann mit Petrosum knöchern verwachsen. Sie kann, wie bei Cervidae, sehr flach oder stark vorgewölbt sein, ist aber immer seitlich zusammengedrückt. Ihre laterale Wand bildet eine Rinne für das Tympanohyale. Diese kann sich zum Kanal schließen. Proc. posttympanicus verwächst mit dem freiliegenden Teil des Petrosum („Mastoid"). Der knöcherne äußere Gehörgang ist oft rinnenförmig, kann jedoch auch zu einer Röhre geschlossen sein. Er entspricht dem allgemeinen Bild bei Säugern, ist aber deutlich länger als bei den übrigen Pecora. Zwischen ihm und dem kleinen Proc. postglenoidalis liegt stets das For. jugulare spurium. Proc. paroccipitalis von mittlerer Größe.

Choanen sehr wechselnd, breit bis schmal und hoch. Die Länge des Vomer ist gleichfalls nicht einheitlich.

Postcraniales Skelet. Wirbelsäule 7 Cl, 11–15 Thl, 4–8 Ll, 3–6 Sl, 5–22 Cdl.

Die Seitenstrahlen II und V an Hand und Fuß weitgehend rückgebildet, Plesiometacarpalie (s. S. 981 f.). Metapodien III und IV vollständig oder wenigstens proximal zu Kanonenbein verschmolzen. Zehen bei Bewohnern feuchten Geländes (Sumpfantilope, *Tragelaphus scriptus speki*) spreizbar. Gallenblase kann fehlen. Penis meist mit kurzem Urethralfortsatz.

Buckelbildung kommt gelegentlich bei Bovidae vor (Buckelrinder, Zebu), ist aber nicht, wie bei Camelidae, ein Fettbuckel. Er beruht auf einer Hypertrophie der Mm. trapezius und rhomboidei (SLIJPER 1951) und geht meist mit einer Spaltung der Dornfortsätze der oberen Brustwirbel einher.

Herkunft und Stammesgeschichte der Bovidae: Die Bovidae stammen aus Eurasien und sind heute verbreitet in Europa, Asien, Afrika ohne Madagaskar und N-Amerika. Nach S-Amerika, Neuseeland und Hawaii sind sie durch den Menschen eingeführt worden. Als Haustiere (Hausrind, Schaf, Ziege, Hausbüffel, Yak) sind sie weltweit verbreitet worden. Die geologisch ältesten, echten Bovidae stammen aus dem Alt-Miozaen Europas († *Eotragus*). Sie waren von der Größe eines Rehs und besaßen kurze, meist gerade Hornzapfen sowie große Praeorbitalgruben. Das Backenzahngebiß war brachyodont, M breiter als lang. Extremitäten schlank, seitliche Metapodien reduziert. Als Stammform dürfte † *Archaeomeryx* (Eozaen) mit vollständigem oberen Vordergebiß anzusprechen sein (THENIUS 1969, 1979). Im Jung-Miozaen und vor allem im Pliozaen setzt bereits eine beträchtliche Radiation ein (Europa, Afrika, Asien). † *Eotragus* oder nahestehende Formen sind zunächst Stammgruppe der Bovinae und Boselaphinae, dann auch aller übrigen Subfamilien der Bovidae. Amerika wurde spät (Pleistozaen) und nur von wenigen, meist kälteangepaßten Formen (Moschusochse, Schneeziege, Bison) erreicht. Die Panamabrücke nach S-Amerika wurde nie überschritten.

Karyologie s. Tabelle S. 914. Die Chromosomenzahl 2n liegt meist zwischen 50 und 60. Bei *Antilope cervicapra* und *Raphiceros campestris* 2n = 30.

Fortpflanzung. Paarungszeit meist nicht saisonal gebunden. Tragzeit 5–11 mon. Meist 1 Junges, das in reifem Zustand zur Welt kommt. Implantation superficiell. Placenta cotyledonaria epitheliochorialis. Anzahl der Placentome sehr verschieden, bei *Bos* bis 142, bei *Sylvicapra* 6 (s. S. 992).

Spezielle Systematik und geographische Verbreitung der Bovidae

Subfam. Cephalophinae. 2 Genera, 14 Species (Abb. 543). 13 Arten (*Cephalophus*) der Duckerantilopen leben silvicol und entsprechen dem Typ des Buschschlüpfers, 1 Art

1046   Subcl. Theria, Infracl. Eutheria

(*Sylvicapra*) ist sekundär zum Leben in Buschland und Savanne übergegangen. Die waldbewohnenden Arten zeigen konvexe Rückenkontur. Schwanz kurz. Die Hörner der ♂♂ sind flach, kurz und rückwärts geneigt. Das Fell ist dicht. Die Ernährung vielseitig (Laub, Früchte, gelegentlich Carnivorie). Die Sozialstrukturen sind einfach (solitär oder kleine Familienverbände), Territorialität.

Die Mehrzahl der Cephalophinae sind klein (KGew.: 20 kg). Kleinste Art ist *Cephalo-*

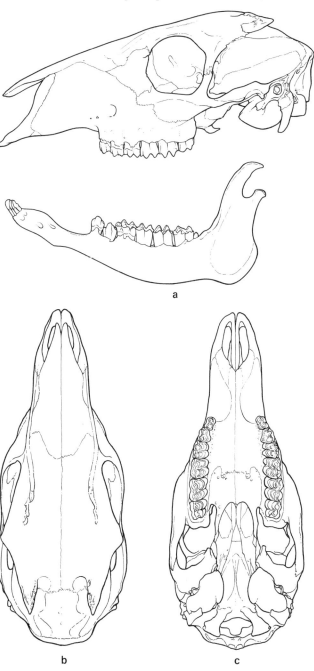

Abb. 543. *Cephalophus zebra*, Zebraducker, ♀ (Liberia). Schädel a) von links, b) von dorsal, c) Basalansicht.

phus monticola (Blauducker) mit KGew. 4 – 10 kg. Der Gelbrückenducker (*C. sylvicultor*) und der Jentinkducker (*C. jentinki*) erreichen ein KGew. von 45 – 80 kg.

Bei den meisten Duckerarten tragen beide Geschlechter Hörner, die bei ♀♀ kleiner sind als bei ♂♂ und oft in einem Stirnschopf verborgen sind. Der Hornansatz liegt nicht über der Orbita, sondern ist occipitalwärts verschoben (Abb. 543). Neben den Praeorbitaldrüsen sind stets Interdigitaldrüsen und Inguinaldrüsen ausgebildet, selten auch Tarsal- und Carpaldrüsen.

2 Zitzenpaare. Facialschädel nur wenig länger als der Hirnschädel.

Das Furchenbild des Großhirns der Cephalophinae zeigt, im Vergleich zu den meisten Bovidae, ein sehr einfaches Furchungsbild. Da ein solches gemeinhin als Ausdruck einer geringen Neencephalisation gedeutet wird, wurden die Ducker oft als sehr basale Gruppe innerhalb der Bovidae aufgefaßt. Nun hat eine sorgfältige Analyse der Hirne von Hornträgern (H. OBOUSSIER 1966, 1979, 1984) gezeigt, daß die Furchen bei Duckern wesentlich tiefer sind, als bei anderen Bovidae und daß damit die entscheidende Struktur, der Cortex cerebri, auch eine wesentlich größere Ausdehnung hat, als zunächst vermutet wurde. Die Flächenausdehnung der Rinde und damit die Anzahl der Neurone erreicht ähnliche Werte wie bei Antilopinae, nur auf anderem Wege als diese. Zweifellos nehmen die Cephalophinae hierdurch, als auch aus weiteren Gründen, eine Sonderstellung ein und haben früh einen eigenen Entfaltungsweg eingeschlagen. Sie sollten nicht mehr als basale Gruppe der Bovidae, sondern als ein hochspezialisierter Zweig betrachtet werden, der in Afrika die silvicole Nische einnimmt, da hier die Konkurrenz durch andere Paarhufer, vor allem durch Cervidae, fehlt.

Cephalophus. In der Gattung *Cephalophus* (Abb. 543) werden die 13 Species der silvicolen Duckerantilopen zusammengefaßt. Diese sind nach Körperbau und Lebensweise sehr ähnlich und werden im folgenden gemeinsam besprochen. Die meisten Arten sind klein, nur 2 Species, *C. sylvicultor* und *C. jentinki* überschreiten die durchschnittlichen Maße erheblich und erreichen bis 80 kg KGew.

Cephalophus monticola, Blauböckchen. KRL.: 55 – 90 cm, SchwL.: 7 – 13 cm, KGew.: 2 – 9 kg.
C. spadix, Abbotts Ducker. KRL.: 100 – 120 cm, SchwL.: 8 – 12 cm, KGew.: 50 kg.
C. sylvicultor, Riesenducker. KRL.: 115 – 145 cm, SchwL.: 11 – 20 cm, KGew.: 45 – 80 kg.

Die Fellfärbung ist im allgemeinen schlicht, grau, braun, rötlich, oft mit schwarzen Zeichnungselementen an Kopf, Beinen oder Rücken (vgl. Farbtafel bei KINGDON, III C 1982). Der Riesenducker, *C. sylvicultor*, ist an Kopf, Körper und Extremitäten dunkel graubraun gefärbt und besitzt einen langen hellgelben, keilförmigen Rückenfleck, der vom Schwanzende, sich verschmälernd bis in die Schulterregion reicht. Der Rückenfleck erscheint in der Ruhe als heller Strich, kann aber durch Aufrichten und Spreizen der Haare in der Erregung breit exponiert werden und hat zweifellos Signalwirkung im Sozialleben. Soweit bekannt, finden sich in dieser Region keinerlei spezialisierte Hautdrüsen.

Unter den Hautdrüsen spielt das Antorbitalorgan bei Duckern eine wesentliche Rolle und zeigt erhebliche artspezifische Differenzen.

Die Drüse zeigt stets komplexen Bau und mündet auf einen nahezu haarlosen Hautstreifen, der bei einigen Arten (*C. monticola*) nicht am Augenwinkel beginnt, sondern nach rostroventral auf den Oberkiefer verlagert ist. In diesem Bereich münden bis zu 20 Drüsengruppen jeweils mit einem Porus. Die Gesamtdrüse besitzt eine derbe Kapsel, die fest mit dem unterlagernden Knochen verbunden ist. Die Drüse erreicht bei *C. sylvicultor* eine Länge von 70 mm, 42 mm Breite und 20 mm Dicke. Entsprechend ausgedehnt ist die Praeorbitalgrube am Schädel. Hier sind Maxilla, Lacrimale und Nasale mit einbezogen. Artspezifische Differenzen betreffen vor allem die histologische Struktur der Drüse, den Pigmentreichtum und die Pigmentverteilung des centralen Drüsenteiles (RICHTER 1971, 1973). Meist sind eine Markzone mit holokriner (meroholokriner) Sekretion und eine periphere Zone mit apokrinen Schlauchdrüsen zu unterscheiden. Das Sekret der Praeorbitaldrüsen wird an Zweigen von Sträuchern im Territorium abgestreift und dient der Territoriumsmarkierung.

In Anbetracht der großen Artenzahl und der Ähnlichkeit der verschiedenen Arten im Anpassungstyp dürfte die geographische Verbreitung und die Verteilung auf verschiedene Lebensräume von Interesse sein. Dies soll Tabelle 60 verdeutlichen.

Tab. 60. Verbreitung waldbewohnender Ducker (Cephalophinae) in bestimmten Habitaten

1. Guinea-Regenwald, im wesentlichen zwischen Senegal und Niger. *Cephalophus zebra, C. jentinki, C. niger, C. ogilbyi* bis Kamerun.
2. Congo-Regenwald, mit Ausläufern bis S-Kamerun und W-Kenya, Uganda. *C. callipygus, C. nigrifrons, C. leucogaster.*
3. O-Afrika, Tief- und Hügelland, von S-Somalia bis Natal. *C. natalensis.*
4. Hochgebirge in Kenya, Tansania. *C. spadix* (Abbott Ducker) bis 4000 m ü. NN.

Unterarten von *C. monticola* besiedeln die Inseln Fernando Poo, Pemba und Sansibar.

Sylvicapra grimmia, Steppen- oder Kronen-Ducker. 1 Species, 19 Subspecies. KRL.: 80–115 cm, SchwL.: 10–22 cm, KGew.: 10–20 kg, ♀♀ schwerer als ♂♂, Schulterhöhe 45–55 cm.

Verbreitung: Afrika s. der Sahara, von Äthiopien und Senegal bis zum Kapland mit Ausnahme der Regenwaldgebiete und Wüste. Gestalt ähnlich den *Cephalophus*-Arten, aber hochbeiniger, Rücken weniger konvex. Fell sandfarben. ♀♀ gelegentlich mit kurzen Hörnern. Praeorbital- und Inguinaldrüsen vorhanden. Die Voraugendrüse ist groß und hat, unter allen Duckern, die komplizierteste Struktur (RICHTER 1963, 1973). ♂♂ verteidigen ein Territorium. Lebt in verschiedenen Landschaftstypen, auch in der Kulturlandschaft. Geht im Gebirge bis 4500 m ü. NN. Hauptaktivität in der Morgen- und Abenddämmerung. Feste Wechsel, Ruhe- und Kotplätze. Mit Ausnahme der Paarungszeit solitär. Tragzeit 200–220 d. 1 Laufjunges.

Subfam. Boselaphinae. 2 Genera, 2 Species. *Boselaphus tragocamelus,* Nilgau-Antilope. KRL.: 180–200 cm, SchwL.: 40–45 cm, KGew. ♂: 240, ♀: 120 kg. Die Hörner der ♂♂ sind leicht nach vorne gebogen (Länge 15–30 cm). Rückenlinie bei ♂♂ nach caudal abfallend. Nasenspiegel nackt. Sexualdimorphismus der Fellfärbung (♂♂ graublau, ♀♀ gelbbraun). Verbreitung: Früher ganz Vorderindien, heute s. des Himalaya bis etwa auf die Breite von Bombay. Bestand rückläufig. Ausgesetzt in Wildparks in USA. Lebensraum: Gras- und Buschland, trockene lichte Wälder, nicht an Wasser gebunden. Kleine Herden (4–20 Ind.), alte Bullen auch solitär. Territorialverhalten wird vermutet, ist aber nicht nachgewiesen. Paarungszeit saisonal festliegend, aber regional verschieden? Tragzeit 8 mon, meist 2 Junge.

Tetracerus quadricornis, Vierhornantilope. KRL.: 90–110 cm, SchwL.: 10–15 cm, KGew.: 15–25 kg. ♂♂ mit 2 Hornpaaren, das vordere Paar über der Mitte der Orbita (3–4 cm lang), das hintere, ähnlich wie bei Duckern, hinter der Orbita, aber steil gestellt, gestreckt, 8–10 cm lang, ♀♀ hornlos. Praeorbital- und Leisten-Drüsen vorhanden, außerdem eine große Drüse am Hinterfuß. Fellfarbe: gelbbraun bis dunkelbraun. Vorkommen: Vorderindien, Nepal. Lebensraum: offener Wald und Parklandschaften, Nähe von Wasser erforderlich. Keine Sozialverbände, solitär oder paarweise. Freileben wenig bekannt. Tragzeit 183 d, Zahl der Jungen 1–3.

Die kleine Subfam. Boselaphinae steht den echten Rindern (Bovinae) sehr nahe und wird von einigen Autoren (THENIUS 1969) diesen zugeordnet. Die ältesten Bovidae († *Eotragus,* s. S. 999, 1046) aus dem Altmiozaen Eurasiens und Afrikas werden heute als Stammgruppe der Boselaphinae und Bovinae angesehen. Boselaphinen waren im Jungtertiär in Europa, Asien und Afrika mit mehreren Gattungen verbreitet († *Protogocerus,* † *Miotragocerus,* † *Tragocerus* u. a.). Die Bovinae haben sich über † *Parabos* und † *Leptobos* in Eurasien im Plio-/Pleistozaen entwickelt. Ihre Entfaltung reicht bis ins Holozaen. Sie haben mit der Gattung *Syncerus* Afrika besiedelt. Die Gattung *Bubalus* ist asiatisch, *Bos* und *Bison* waren im gemäßigten Eurasien weit verbreitet. *Bison* hat im Pleistozaen N-Amerika erreicht. *Bos* ist mit † *B. bunnelli* im Jungpleistozaen für Alaska nachgewiesen.

Subfam. Bovinae. Rezent 4(3) Genera, 9 Species. Bovinae, echte Rinder, sind mittelgroße bis sehr große Paarhufer mit tonnenförmigem Rumpf mit kräftigen, mittellangen Beinen. Widerrist bei ♂♂ oft durch Muskelkamm erhöht. Breiter, nackter Nasenspiegel. Schwanz meist lang, mit Endquaste. Beide Geschlechter horntragend. Hörner der ♀♀ bedeutend schwächer als bei ♂♂. Oberfläche der Hörner glatt, ihr Verlauf unkompliziert, meist seitwärts geschwungen (Abb. 544). Antorbitaldrüsen fehlen. Komplexe Drüsenorgane sind nicht bekannt, doch wird für *Bos* das Vorkommen von tubulösen Drüsen und Talgdrüsen in der Umgebung des Euters erwähnt. 4 Zitzen.

Ordo Artiodactyla 1049

Abb. 544. *Bos banteng*, Banteng-Rind, ♂, Schädel von lateral (a) und basal (b).

Schädel: Facialteil sehr lang. Frontale weit nach occipital ausgedehnt, Parietale schmal (Abb. 34), oft ganz auf die vertikale Schuppenfläche beschränkt. Gesichtsteil des Lacrimale groß, viereckig. Ethmoidallücke fehlt. Bulla tympanica aufgebläht und seitlich zusammengedrückt. Die Hornzapfen liegen weit hinter den Orbitae, seitlich auf einem breiten Knochenkamm im Bereich des occipitalwärts vorgeschobenen Frontale. Die Parietalia sind verschmälert (Abb. 544) und können mit Interparietale und Supraoccipitale verschmelzen. Das Schädeldach einschließlich der Hornzapfen ist in ausgedehntem Bereich pneumatisiert. Die Basisachse des Schädels ist erheblich abgeknickt (Deklination des Facialschädels).

Gebiß: $\frac{0\ 0\ 3\ 3}{3\ 1\ 3\ 3}$, P und M sind hypsodont.

Verbreitung: Eurasien, Afrika, N-Amerika. Lebensraum: Wald, besonders Waldränder, Grasland, Sumpfgebiete, Steppen, Hochgebirge (*Bos mutus* bis über 5000 m ü. NN). Nicht territorial. Sozialverbände meist in kleinen Gruppen, die sich bei einigen Arten (*Bison*) zu offenen, großen Herden zusammenschließen können. Ernährung rein vegetabil, Gras, Laub. Fortpflanzung: Tragzeit 250–350 d. Implantation superficiell, Amnionbildung durch Falten. Allantois groß. Placenta polycotyledonaria (100–200 Placentome) epitheliochorialis. Zahl der Jungen, die in reifem Zustand geboren werden, 1, selten 2.

Mindestens 5 Arten von Wildrindern sind domestiziert worden und zu den wichtigsten Haustieren geworden (Milch, Fleisch, Leder, Horn, außerdem als Zug- und Tragtiere). Das Hausrind, *Bos primigenius* f. taurus (s. S. 1102), ist Abkömmling des ausgestorbenen Auerochsen. Der Banteng wurde als Haus-Bangteng (Balirind), *Bos* (*Bibos*) *javanicus* f. domestica (Abb. 544), domestiziert. Die domestizierte Form des Gaur wird als Gayal, *Bos* (*Bibos*) *gaurus* f. frontalis, bezeichnet. Der Haus-Yak, *Bos* (*Poëphagus*) *mutus* f. grunniens stammt vom Wildyak ab. Der Hausbüffel, *Bubalus arnee* f. bubalis ist die domestizierte Form des Wasserbüffels.

Genus *Bos* (incl. Subgen. *Bos, Bibos, Novibos, Poëphagus, Anoa*).

† *Bos primigenius*, Auerochse, Ur. KRL.: 250–310 cm, SchwL.: 110–140 cm, KGew.: ♂ 800–1000 kg, ♀ 600–700 kg. Hörner glatt, spitz endend, zuerst seitwärts, dann aufwärts gebogen, oft dann leicht abwärts, variabel, auch seitenasymmetrisch. Rückenlinie gerade. Färbung ♂ schwarzbraun, schwarz bis rotbraun. Jungtiere und ♀♀ hell rotbraun. Hörner weißgrau mit schwarzer Spitze. Stirnwulst zwischen den Hornansätzen. Verbreitung: ursprünglich Europa (außer N- und C-Skandinavien, Schottland), im gemäßigten Asien bis Sibirien, N-Indien, N-Afrika. Der letzte Ur starb in Europa 1627 in Polen, in Asien hat er etwa 100 Jahre länger überlebt.

Buckelrinder, Zebus sind eine Zuchtrasse, die gleichfalls auf die *Primigenius*-Stammform zurückgehen.

In der Untergattung „*Bibos*" werden die südasiatischen Dschungelrinder zusammengefaßt. Kennzeichnend sind ein Rückenkamm, der durch verlängerte Dornfortsätze (Thl III–XI) und Muskulatur gebildet wird, mäßig lange Hörner und eine konstrastreiche Fellfärbung: weiß-gelbliche Gliedmaßen bis zu den Carpal-(Tarsal-)Gelenken gegen eine schwarze bis schwarzbraune Färbung des Körpers.

Bos (*Bibos*) *javanicus*, Banteng. Breiter weißer Spiegel. Hörner halbkreisförmig (Abb. 544), weiter Spitzenabstand. Kühe deutlich kleiner als Bullen, Jungtiere gelb-braun. KRL.: 190–220 cm, SchwL.: 65–70 cm, KGew.: 600–800 kg. Verbreitung: ursprünglich Burma, Thailand, Indochina, Malaysia, Java, Borneo. Als Wildform vielerorts ausgerottet (Java). Lebensraum Wälder, Bambusdschungel. Im Freileben kaum erforscht.

Bos (*Bibos*) *gaurus*, Gaur. KRL.: 250–300 cm, SchwL.: 70–100 cm, KGew.: ♂ bis 950 kg, ♀ bis 700 kg, Schulterhöhe bis 200 cm. Indien, NO-Pakistan, Thailand, Burma, Vietnam, malayische Halbinsel, Kambodscha, bis SW-China. Heute nur noch in einzelnen Gruppen im ehemaligen Verbreitungsgebiet. Die Art ist äußerst gefährdet. Größtes, rezentes Wildrind. Hörner bei ♂ bis 80–100 cm lang, Hornumfang an der Basis 25–70 cm, seitlich ausladend und dann aufwärts gebogen. Fell der ♂♂ schwarz, Jungtiere und ♀♀ dunkelbraun. Beine hell. Lebensraum: Wald mit Lichtungen.

Bos („*Novibus*") *sauveli*, der Kouprey, ist erst 1937 entdeckt worden. Seine systematische Stellung ist umstritten. KRL.: 180–220 cm, SchwL.: 90–100 cm, KGew.: 500–900 kg. ♂♂ bedeutend schwerer als ♀♀. Hochbeinig und relativ schlank. Aalstrich in beiden Geschlechtern. Muskelkamm am Vorderrücken, sehr große Wamme, kein heller Spiegel auf den Keulen. Hörner-Länge ♂ 80 cm, ♀ 40 cm, Verlauf erst seitwärts, dann im Bogen aufwärts, Spitzen einwärts gebogen. Vorkommen: NO-Kambodscha, Laos, Vietnam, w. und ö. des Mekong, zwischen 12° und 14° n. Br. Der sehr geringe Bestand ist gefährdet, möglicherweise durch Kriegsereignisse bereits ausgerottet. Die Frage, ob der Kouprey tatsächlich eine eigenständige Art ist oder ob es sich um eine seit langer Zeit verwilderte Bastardpopulation zwischen einem Primigeniusabkömmling und einer *Bibos*-Art handelt, bleibt z. Zt. noch offen (BOHLKEN 1961, HALTENORTH 1963).

Bos (Poëphagus) mutus, Wild-Yak. KRL.: ♂ 200–325 cm, ♀♀ 200–220 cm, SchwL.: 70–100 cm, Standhöhe: 150–200 cm, KGew.: 325–1000 kg. Der Wildyak ist eine an kaltes Klima angepaßte Art, die im Pleistozaen von N-Sibirien bis W-China (Tsinhai) verbreitet war. Um 1900 war ihr Areal bereits erheblich geschrumpft und wurde seither durch übermäßige Bejagung auf die Hochsteppen S-Tibets in etwa 4500 m ü. NN eingeengt. Die domestizierte Form des Yak ist in C-Asien in den Gebirgsländern vom Pamir und Karakorum bis Nepal, Bhutan, Tibet, Altai und in den Gebirgsländern der Mandschurei verbreitet. Er wird als Tragtier und als Lieferant von Milch, Fleisch und Haar genutzt. Beim Wildyak sind Schultern, Bauch und der Hals dicht behaart und schwarz, der übrige Körper ist dunkelbraun. Um das Maul weiße Zeichnung. Körperbau massiv, mit relativ kurzen Beinen. Die ♀♀ sind erheblich kleiner als die ♂♂. Ausgeprägter Schulterbuckel. Kopf breit und herabhängend. Hornlänge 50–90 cm. Hüfte breit, die Afterzehen können auf den Grund gesetzt werden als Sicherung im Gebirge.

Anoa, Zwergbüffel. Die Zwergbüffel sind mit 2 Arten auf Sulawesi (Celebes) beschränkt und werden von vielen Autoren als Subgenus der Gattung *Bubalus* zugeordnet. Fossilreste vom Kontinent sind nicht bekannt, werden aber für Java angegeben, so daß ihre Entstehung auf den Inseln wahrscheinlich ist. Da die Gestalt und einige Formmerkmale größenabhängig und damit Folgen der Verzwergung sind, stützt sich die taxonomische Zuordnung im wesentlichen auf Hornmerkmale und Fellfärbung und bleibt daher umstritten.

Anoa (Bubalus) depressicornis, Tieflandanoa. KRL.: bis 180 cm, SchwL.: 40 cm, KGew.: bis 300 kg. N-Sulawesi.

Anoa (Bubalus) fergusoni (incl. *quarlesi*) Berganoa. KRL.: 150 cm, SchwL.: 25 cm, KGew.: 150 kg. Centrales Bergland. Kopf schlank. Hörner (Länge 25 cm) gerade und spitz, flach nach hinten gestreckt, an der Basis breiter Frontalwulst. Fell einheitlich schwarz–dunkelbraun (bei *A. fergusoni* etwas heller). Weiße Abzeichen an Kopf, Hals und Füßen. Beine schlank, Ohren kurz. Lebensweise sehr versteckt im Regenwald (Buschschlüpfertyp) und wenig bekannt. Keine größeren Sozialverbände. ♂♂ Einzelgänger, Mutter/Kindgruppen oder kleine Trupps von juv. ♂♂. Beide Arten sind äußerst bedroht durch Sportjagd und vor allem durch Kultivierung des Lebensraumes.

Bubalus, asiatische Büffel. *Bubalus arnee*, asiatischer Büffel, Wasserbüffel, Arni. KRL.: 240–280 cm, SchwL.: 60–85 cm, KGew.: ♂♂ 1200 kg, ♀♀ 800 kg. Ursprünglich von Vorderasien bis Indochina und SW-China verbreitet, ist das Vorkommen der Wildform heute nur noch auf einige Sumpfgebiete Vorderindiens beschränkt. Die domestizierte Form, *Bubalus arnee* f. *bubalis*, ist heute weit verbreitet (S- und SO-Asien, N-Afrika, S-Europa, S-Amerika). Vielfach in S-Asien bis Indonesien vorkommende Büffel sind im wesentlichen verwilderte Hausbüffel oder Mischlinge von solchen mit Wildbüffeln. Der Hausbüffel soll besser als andere Rinder an tropisches Klima angepaßt sein und ist heute vor allem das Haustier der Reisbauern. Körper sehr groß, mit gerader Rückenlinie, Nacken-Rückenkamm mit nach vorn gerichteten Haaren.

Färbung einheitlich aschgrau, bei der domestizierten Form oft mit weißen Abzeichen und Flecken. Hörner lang, in einer horizontalen Ebene sichelförmig nach hinten und oben gebogen. Auslage bei ♂ bis 2 m, dorsoventral zusammengedrückt. Vomer lang, unterteilt die Choane.

Lebensraum: Sumpfland, Schilf- und Grasdschungel, Buschland, kaum in dichtem Wald, gelegentlich in offenem Grasland, stets in Wassernähe. Nahrung: Gras, Kräuter, Wasserpflanzen. Abend- und nachtaktiv. Tagsüber meist ruhend im Sumpf oder Wasser, untergetaucht bis auf den Kopf. Tragzeit: 300–340 d. Paarungs- und Satzzeit saisonal nicht festgelegt. Gesellig in kleinen Trupps, gelegentlich größere Herden. 6 Unterarten, darunter der Zwergbüffel von den Philippinen, *Bubalus arnee mindorensis*, Tamarau, Mindorobüffel. Früher als eigene Art in die Verwandtschaft der Anoas gestellt, ist durch BOHLKEN (1961, 1964) der Nachweis der Verwandtschaft zum Wasserbüffel gelungen. Der Tamarau ist mehr und mehr zur nocturnen Lebensweise übergegangen. Er lebt sehr versteckt in dichten Wäldern. Sein Bestand ist durch Jagd und Rinderpest erheblich zurückgegangen.

Die **afrikanischen Büffel** werden auf Grund zahlreicher Merkmalsdifferenzen von den asiatischen Büffeln abgegrenzt und einer eigenen Gattung, *Syncerus*, zugeordnet. 1 Art mit 3 Unterarten.

Syncerus caffer, Kaffernbüffel, afrikanischer Büffel. KRL.: 170–265 cm, SchwL.: 50–60 cm, KGew.: 250–800 kg. Die ♀♀ schwächer wie die ♂♂, aber beide Geschlechter horntragend. Hörner meist lateral verlaufend, dann aufwärts gebogen, aber sehr variabel. Bei der Steppenform sind die Hörner an der Basis zu einem dicken Wulst verschmolzen. Die westafrikanischen Büffel (Rotbüffel, Waldbüffel) sind kleiner als die Steppenbüffel. Vorkommen: Afrika, s. der Sahara, vom Senegal und S-Äthiopien bis zum Kapland. Bei ♂♂ großer Muskelhöcker. Fell schlicht, bei alten ♂♂ oft geringe Behaarung. Färbung meist schwarz, vor allem bei der s-afrikanischen Steppenform (Schwarzbüffel). Dunkelbraun bis rot bei den westafrikanischen Waldbüffeln (Rotbüffel), Kälber sind heller. Breites Flotzmaul, große Ohren. Afterzehen gut ausgebildet. Schädel mit dickem Frontalwulst. Vomer kurz, Choane nicht geteilt.

Zwischen den verschiedenen Formen (Subspecies) afrikanischer Büffel existieren Übergänge, die zwischen den Extremen, Rot- und Schwarzbüffel, vermitteln. Alle sind bastardierbar, die Nachkommen sind fruchtbar. Hingegen sind *Syncerus* und Rinder der *Bos*-Gruppe nicht kreuzbar. Afrikanische Büffel sind bisher nie domestiziert worden.

Die folgenden Angaben zur Lebensweise und zum Sozialverhalten beziehen sich ausschließlich auf den Steppenbüffel (Schwarzbüffel). Der Waldbüffel (Rotbüffel) dürfte Besonderheiten entwickelt haben (z.B. keine Großherden), doch liegen wegen der schwierigen Zugänglichkeit des Lebensraumes kaum Freilandbeobachtungen vor.

Kaffernbüffel bilden große Herden (meist 50 Ind., aber auch Großgruppen von mehreren Hundert), die aus Mutter-Kind-Familien bestehen. Männliche Jungtiere bleiben bis zum 2. (3.) Lebensjahr bei der Herde. Bullen bilden kleinere Trupps, die aus Jungbullen und einigen alten Bullen bestehen. Alte Bullen können auch als Einzelgänger auftreten. Die ♂♂ gesellen sich in der Fortpflanzungszeit zu den Herden. Jetzt kann sich eine Rangordnung herausbilden, Rivalenkämpfe kommen oft vor. Kaffernbüffel sind bezüglich der Nahrung sehr anpassungsfähig und anspruchslos. Sie sind gute Futterverwerter. Die Nahrung besteht aus Gräsern, Kräutern, Laub und Zweigen. In Notzeiten (Trockenzeit) werden Wanderungen ausgeführt, eine Territorialität besteht nicht. Kaffernbüffel sind auf Wasser angewiesen und benötigen Suhlen in schlammigen Gewässern. Dies dient nicht nur zur Abkühlung, sondern vor allem zum Schutz vor Insekten. Bemerkenswert ist das Zusammenspiel mit verschiedenen Vogelarten (*Bubulcus ibis*, Kuhreiher; *Buphagus*, Madenhacker), die Ectoparasiten von der Haut der Büffel absammeln und zwar ohne Abwehrreaktionen der Wirte. Starke Gefährdung durch die Rinderpest, die 1890 und 1896 über 90% des Büffelbestandes vernichtet hatte. Nach 30 Jahren hat sich der Bestand gut erholt.

Bison. In der Gattung Bison werden eine amerikanische und eine eurasiatische Art zusammengefaßt. Beide sind nahe verwandt und werden häufig als Unterarten geführt. Die Unterscheidung von zwei „guten Arten" beruht auf dem deutlichen Unterschied in Körperbau, Schädelform und Lebensweise der Extremformen, dem amerikanischen Prärie-Bison und dem europäischen Wisent. Es muß aber vermerkt werden, daß es eine heute nahezu ausgerottete Subspecies des amerikanischen Bisons, den Waldbison, *Bison bison athabascae*, gibt, der im Körperbau sehr dem europäischen Wisent ähnelt. Beide Arten sind unbegrenzt kreuzbar.*)

Die Bisonten sind wahrscheinlich in Eurasien entstanden und hatten im Pleistozaen bereits Alaska erreicht. In Amerika erfuhren sie eine große Formenmannigfaltigkeit, darunter auch Riesenformen und langhörnige Steppenformen († *Bison priscus*, † *Bison latifrons*). Diese Arten sind jedoch nicht die Stammgruppe der amerikanischen Bisons, die erst sehr spät als Abkömmlinge eurasischer Arten nach Amerika gelangt sind.

Bison bison, amerikanischer Bison: KRL.: 350 cm, SchwL.: 90 cm, KGew.: ♂♂ 800–1000 kg, ♀♀ geringer. Schulterhöhe bis 195 cm. Körperbau gedrungen, Beine relativ kurz im Vergleich zum Wisent. Der Vorderkörper erscheint viel wuchtiger als der Hinterteil. Dies wird durch die dichte, lange (bis 50 cm) Behaarung des Vorderkörpers verstärkt. Der Kopf ist sehr massiv und breit und wird tief getragen. Die Hörner sind klein, nach hinten und oben gebogen. Verbreitung bis ins 19. Jh. von Alaska, Kanada durch N-Amerika bis N-Mexiko. Der Bison wurde von den Indianern gejagt und lieferte ihnen Fleisch, Felle, Wolle und Hörner. Er war eine lebenswichtige Grundlage ihrer Kultur und wurde durch diese Jagd in seinem Bestand nie bedroht. Mit dem Vordringen der

---

*) Die Trennung in 2 Arten wird hier nur aus praktischen Gründen beibehalten, um die Unterschiede in Gestalt, Lebensweise und Verbreitung deutlich zu machen.

weißen Siedler im 19. Jh., besonders mit dem Ausbau der Eisenbahnlinien, setzte eine gnadenlose und sinnlose Vernichtung der Bisonbestände ein. Man rechnet mit etwa 60 Mio abgeschossener Bisons. Am Ende des 19. Jh. war der Bestand auf etwa 850 Tiere zusammengeschmolzen. Die nun einsetzenden rigorosen Schutzmaßnahmen hatten Erfolg. Heute dürfte es wieder etwa 50 000 Bisons in N-Amerika geben. In Kanada hat sich sogar ein kleiner Bestand des erwähnten Waldbisons erhalten.

Bisons sind Steppenwanderer, die mit riesigen Herden saisonale NS-Wanderungen durchführten. Die Herden bestehen aus Muttergruppen. Die juvenilen ♂♂ bleiben bis zum 2. Lebensjahr bei ihnen. Die älteren ♂♂ halten sich meist am Rande der Gruppe auf und sichern diese. Die Herde soll gewöhnlich von einem ♀ geführt werden. In den großen Herden ist nach bisherigen Kenntnissen nur eine sehr verschwommene Rangordnung nachweisbar. Tragzeit 270–300 d. Kreuzung von Bison mit Hausrind bringt sterile Nachkommen.

Bison bonasus, Wisent, europäischer Bison. KRL.: 290 cm, SchwL.: 80 cm, Schulterhöhe: bis 190 cm, KGew.: ♂♂ 800–1 000 kg, ♀♀ geringer. Der Vorderkörper wirkt erheblich schwächer als beim Bison. Hingegen ist der hintere Körperabschnitt breiter und massiver. Der Kopf ist breit und wird gewöhnlich nicht abwärts geneigt getragen. Die Hörner sind klein, seitlich abwärts gerichtet und nach innen gebogen. Beine länger als beim amerikanischen Bison. Fell dunkelbraun. Kinn und Kehle bis zur Brust mit Bartbildung.

Beim Wisent wurde ein eigenartiger Prozeß der Hornbildung als einmaliger Hornwechsel beschrieben. Das juvenile Horn nutzt sich allmählich ab, bei ♀♀ im Alter von 4 bis 6, bei ♂♂ von 10 bis 11 Jahren (E. MOHR 1965). Das neu gebildete Horn durchstößt zunächst das Juvenilhorn an der Spitze. Dieses blättert allmählich ab. Gelegentlich kann auch das Juvenilhorn, besonders bei ♀♀, im ganzen abgeschoben werden. Dieser „Hornwechsel" ist ein rein epidermales Geschehen, das in keiner Weise mit dem Geweihabwurf der Cervidae vergleichbar ist. Der Knochenzapfen bleibt, abgesehen von den normalen Wachstumsprozessen, ganz unbeteiligt. Verbreitung: In praehistorischer Zeit von W-Europa, Großbritannien, durch Waldgebiete C- und S-Europas, bis Kaukasus und bis in das gemäßigte Asien. In frühhistorischer Zeit bereits sehr zurückgedrängt. In Pommern sollen im 12. Jh. noch Wisente gelebt haben. In Ostpreußen wurden die letzten Wisente 1755 gewildert. In Siebenbürgen haben sie sich bis 1790 gehalten. Schließlich lebten sie nur noch in Polen, Rußland und im Kaukasus in freier Wildbahn. In Polen wurden die letzten freilebenden Wisente 1919 im Wald von Bialowieza gewildert, im Kaukasus 1926. Die Art überlebte nur in Gattern und Gehegen. Durch planmäßige Zucht und Kontrolle konnten die Bestände wieder soweit vermehrt werden, daß Wiedereinbürgerungen in Waldgebieten Polens und Rußlands möglich wurden. Ein Teil des heutigen Bestandes lebt wieder in 25 Herden in freier Wildbahn, darunter auch in Bialowieza. 1978 betrug der gesamte Bestand an Wisenten etwa 2 000 Ind., davon 40% in freier Wildbahn (PUCEK 1986).

Wisentbestände sind mehrfach durch Seuchen (Maul- und Klauenseuche, Pasteurellose) dezimiert worden. In Bialowieza ist der Große Leberegel (*Fasciola hepatica*) weit verbreitet und gefährdet vor allem die Kälber.

Wisente leben in Familiengruppen oder in Bullen-Gruppen, deren Individuenzahl meist 20 nicht übersteigt. Sie sind relativ standorttreu. Wanderungen kommen in Abhängigkeit von Nahrungsangebot und Klima (Höhe der Schneedecke) vor und waren vor allem beim Kaukasuswisent bekannt.

Die Brunst fällt in die Monate VIII–X. Die Tragzeit beträgt 254–252 d. Die Geburten erfolgen im V bis VIII.

Die im folgenden zu besprechenden Hornträger, Subfam. 4–9, zeigen eine außerordentliche Formenmannigfaltigkeit und erleben in der Jetztzeit eine Formenradiation. Allein in Afrika kommen mehr als 50 Arten vor. In der älteren Systematik wurden diese Subfamilien zunächst als „Antilopen" zusammengefaßt, zumeist aufgrund weniger, äußerlicher Merkmale. Genauere Kenntnis der Morphologie und des Verhaltens führten zu der Einsicht, daß es sich nicht um eine monophyletische Einheit handelt, sondern daß verschiedene Stammeslinien, die heute als Subfamilien geführt werden, unterschieden werden müssen.[*]

---

[*] Der Begriff „Antilopen" in diesem allgemeinen Sinne entfällt daher heute in der wissenschaftlichen Systematik und kann höchstens als Sammelbezeichnung in der Umgangssprache benutzt werden. In der Systematik wird der Terminus „Antilopinae" in einem sehr eingeschränkten Sinne als Benennung einer einzigen Subfamilie, der Gazellenartigen, verwendet.

Die Analyse der verschiedenen Stammeslinien und die sich daraus ergebenden Rückschlüsse für die Unterscheidung mehrerer Verwandtschaftsgruppen als Subfamilien fand eine wesentliche Bestätigung durch die Berücksichtigung der Hirnmorphologie (H. Oboussier 1970, 1979, 1984) und des Ernährungs- und Sozialverhaltens (Estes 1974, Hofmann 1972, Leuthold 1977, Walther 1968, 1979).

Subfam. Tragelaphinae, Drehhornantilopen. 1 Genus, 10 Species. Reh-Rindergröße. Paarhufer, die nach Körpergestalt, Schädelbau, Färbungs- und Zeichnungsmuster einen geschlossenen Komplex darstellen, der Buschböcke, Sitatungas, Kudus, Nyalas, Elenantilopen und Bongos umfaßt. Hörner leierförmig oder gestreckt, schräg nach hinten gerichtet, Länge 30 – 70 cm, mit 1/2 – 2 1/2 Windungen um die Längsachse. Hörner in beiden Geschlechtern (Elen, Bongo) oder nur ♂♂ (Kudu, Buschböcke, Nyalas). Interdigitaldrüsen und Praeorbitaldrüsen fehlen. Inguinaldrüsen vorhanden bei Kudu, Elen und Bongo. 4 Zitzen. Beine lang und schlank. Schwanz mittellang, buschig. Bulla tympanica gebläht.

Tragelaphus scriptus, Buschbock, Schirrantilope. KRL.: 125 – 185 cm, SchwL.: 25 – 35 cm, KGew.: 45 – 80 kg. Es sind mehr als 20 Unterarten beschrieben worden, von denen einige kaum Bestand haben dürften. Die Art ist geographisch und individuell sehr variabel. Verbreitung: Afrika s. der Sahara von Senegal und Äthiopien bis zur Kapprovinz mit Ausnahme von Teilen Transvaals, des Oranje Freistaats und Namibias. Färbung von gelbbraun bis rotbraun und dunkelbraun. Meist weiße Flecken und Streifenzeichnung. Hörner mit 1 – 1 1/2 Windungen um die Längsachse, Länge bis 30 cm. ♀♀ hornlos, gelegentlich als Ausnahme horntragend. Lebensraum sehr wechselnd, Buschwald, Galeriewälder, Dickicht, aber auch Savanne. Sehr anpassungsfähig, im Gebirge bis 4 000 m ü. NN. Beide Geschlechter solitär.

Tragelaphus (Limnotragus) spekii, Sumpfantilope, Sitatunga. Ähnelt im Habitus dem Buschbock, ist aber hochbeiniger. Haupthufe sehr lang (10 cm) und spreizbar. Vorkommen: Von Gambia und S-Äthiopien bis Angola und Botswana, aber bereits in vielen Gegenden ausgerottet. Nur die ♂♂ tragen Hörner, die länger und kräftiger als bei *Tr. scriptus* sind. Lebensraum: Sumpflandschaften, Flußufer, Sumpfwald. Sitatungas sind gute Schwimmer.

Tragelaphus angasi, Nyala, Tiefland-Nyala. KRL.: 150 – 195 cm, SchwL.: 45 – 55 cm, KGew.: ♂♂ 100 – 140 kg, ♀♀ 55 – 90 kg. ♂♂ schiefergrau bis braunschwarz, mit 8 bis 12 weißen Querstreifen und einigen Flecken, Unterseitenmähne von der Kehle bis zu den Weichen. Kurze Rückenmähne. ♀♀ und juv. rotbraun. Hörner ähnlich *Tr. spekii*, aber länger und kräftiger, 1,5 – 2 Windungen. ♀♀ hornlos. Verbreitung: S-Afrika, von Nyassaland bis Mozambique, O-Transvaal, Zululand. Fast nur noch in Reservaten. Lebensraum: Buschland, Wald in Wassernähe. Kleine Trupps, können sich in der Trockenzeit bis zu 30 Ind. vereinigen. Alte ♂♂ solitär.

Tragelaphus buxtoni, Berg-Nyala. KRL.: ♂♂ 240 – 260 cm, ♀♀ 190 – 200 cm, SchwL.: 20 – 25 cm, KGew.: 200 – 250 kg. Rückenlinie gerade. Hörner ähnlich *Tr. angasi*. Haarkamm (10 cm Haarlänge) vom Nacken bis zur Schwanzwurzel. Haarkleid glatt, aber etwas länger als bei *Tr. angasi*. Färbung ♂♂ dunkelgraubraun, mit weißen Abzeichen an Kopf und Beinen, wenige Rumpfstreifen. ♀♀ rotbraun, juv. hellbraun. Lebensraum: Bergheiden über der Waldzone, um 3 500 m ü. NN. Verbreitungsgebiet sehr beschränkt, S-Äthiopien, Provinzen Arussi, Sidamo, Wollega (Cillalo-Gebirge, Bale-Bergland, Tschercher Berge), ö. des Rift Valley.

Tragelaphus strepsiceros, Groß-Kudu (Abb. 546g). KRL.: ♂♂ 215 – 245 cm, ♀♀ 185 – 235 cm, SchwL.: 35 – 55 cm, KGew.: ♂♂ 225 – 315 kg, ♀♀ 180 – 215 kg. Lange Extremitäten, Rückenlinie gerade. Kurze Nacken-Schultermähne, beim ♂ Mähne an der Ventralseite des Halses. Fellfärbung: blaugrau – braungrau, 5 – 12 weiße Rumpfquerstreifen. Weiße Abzeichen an Kopf und Beinen. Hörner nur bei ♂♂, schraubig gewunden mit 2 – 2 1/2 Windungen, 2 Längskiele. Hornlänge bis 168 cm. Verbreitung: Tschad-Region, Eritrea, Somalia, S-Äthiopien, Kenya, Tansania bis Angola und Kapprovinz. Verbreitungsgebiet heute zersplittert. Lebensraum: Buschwald mit schattenspendenden Baumgruppen, Flach- und Hügelland. Meist in kleinen Trupps (bis zu 12 Tieren, mit 1 ♂). Auch ♂♂-Gruppen und ♂♂ als Einzelgänger.

Tragelaphus imberbis, Kleiner Kudu. Im Habitus dem Großen Kudu ähnlich, nur erheblich kleiner. KRL.: 110 – 140 cm, KGew.: 85 – 105 kg. Verbreitung: Danakil, Arussi, Ogaden, SO-Sudan bis Tansania, bis 8° s. Br. und 35° ö. L. Vorkommen im S-Jemen wurde 1967 nachgewiesen (Harrison, Kingdon).

Tragelaphus (Boocerus) euryceros, Bongo. KRL.: 170 – 200 cm, SchwL.: 45 – 65 cm, KGew.: 150 – 220 kg. Körperform ähnlich Buschbock, aber massiger. Rücken leicht konvex, hinten überbaut. Hörner in beiden Geschlechtern, massiv und lang (bis 100 cm), leierförmig, eng beieinanderstehend (Abb. 546), 1 1/2 Windungen, bei ♀♀ oft gleichlang oder länger als bei ♂♂, aber schwächer. Fellfärbung beim ♂ kastanienbraun mit weißem Zeichnungsmuster, ♀ heller. Verbreitung: W- und C-afrikanische Waldgebiete von Sierra Leone bis S-Äthiopien, bis Kenya und Tansania, vor allem in Bergwäldern (Mt. Elgon, Mt. Kenya, Aberdare Mountains), fehlt in Nigeria. Lebensraum dichter Wald, Buschwald mit Wasser. Nahrung: Laub, Früchte, Wurzeln, Schößlinge, Bambussprosse, wenig Gras. Offenbar territorial. Kleingruppe, ♂ meist solitär. Der Bongo flüchtet, mit in den Nacken geworfenem Kopf, also nicht wie die Ducker, sondern wie Savannenbewohner (Hinweis auf sekundäre Silvicolie?).

Tragelaphus (*Taurotragus*) *oryx*, Elen, Elenantilope. Sehr groß, aber nicht plump wirkend, von rinderähnlicher Gestalt. KRL.: 250–350 cm, SchwL.: 60–90 cm, KGew.: ♂ 600–1 000 kg, Schulterhöhe 150–180 cm. Rückenlinie gerade mit leichter Aufwölbung des Widerristes. Beide Geschlechter mit Hörnern, diese gerade, gestreckt nach hinten-oben, mit 1 Kiel und 1–1 1/2 Windungen. Hornlänge ♂♂ bis 112 cm, ♀♀ 66 cm. Kehlwamme, besonders ausgeprägt bei alten ♂♂. Fell glatt, mit Stirnschopf und Wammenbart. Dichte Schwanzquaste. Haarkamm auf dem Rücken bis zum Widerrist. Körperfarbe hell graubraun, bei den Unterarten variierend (*Tr. oryx derbianus* dunkler, braun). Weiße Abzeichen um Maul und Fuß. Querstreifung des Rumpfes sehr variabel, bei n. Formen deutlich, nach S hin verschwindend. Vorkommen: In geeigneten Biotopen s. der Sahara und s. Äthiopiens bis Südafrika, Senegal. Fehlt in reinen Waldgebieten und Wüsten. Lebensraum: Steppe, Halbwüste. Bestände sind vielerorts, besonders in W-Afrika, durch Jagd und Rinderpest vernichtet. Versuche zur Herdenhaltung, Halbdomestikation zur Milch- und Fleischproduktion scheinen erfolgversprechend. Nahrung: Laub und Gras, bei Steppenelen vorwiegend Bodenäsung. Kleine Trupps, die sich zu großen Herden (mehr als 100 Ind.) vereinigen können. Die Herden werden von mehreren erwachsenen ♂♂ begleitet. Keine Territorialität. Wanderungen je nach Nahrungsangebot. Von den 5 Unterarten sind die nördlichen bereits weitgehend reduziert. Riesenelen (*Tr. oryx derbianus* und *Tr. o. gigas*) nur noch in Restbeständen in N-Kamerun erhalten.

In der folgenden Besprechung der Subfamilien 5–9 der Bovidae kann, wegen der außerordentlich großen Zahl der beschriebenen Formen, nur eine Übersicht über die Gattungen und einzelne, ausgewählte und besonders wichtige Species gegeben werden. Im übrigen sei auf die Arbeiten von ALLEN 1939, ANSELL 1968, HALTENORTH 1968, OBOUSSIER 1984 und auf die zahlreichen Bildbände (z.B. BERVE 1970) sowie auf den umfangreichen Katalog der Ungulaten von LYDEKKER 1913–1916 verwiesen.

Subfam. Reduncinae. Die Subfam. Reduncinae umfaßt die Riedböcke, Wasserböcke und die Rehantilope mit 3 Genera, 8 Arten und über 40 Unterarten.

Mittelgroße bis große Paarhufer, in Afrika, s. der Sahara weit verbreitet. Hörner nur bei ♂♂, einfach oder gebogen, leierförmig. Schädelbasis stark geknickt. Kleine Ethmoidallücke. Bulla tympanica groß. Praeorbitaldrüsen fehlend oder rudimentär. Inguinaltaschen vorhanden. P 2 sehr klein oder fehlend (*Redunca*) (Abb. 545).

Redunca, Riedbock, 3 Arten (*R. redunca*, *R. arundinum*, *R. fulvorufula*). Unter dem Ohr eine kleine Hautdrüse, die auf einem nackten, pigmentierten Fleck mündet. Kleingruppen, 1 ♂ mit 1–5 ♀♀, territorial. Revier 15–50 ha, werden vom ♂ markiert und gegen Rivalen verteidigt. Lebensraum: offenes Gelände, Buschwald, stets in Wassernähe.

Kobus (*Adenota*), Wasserböcke und Moorantilopen, 4 Arten mit zahlreichen Unterarten.

Kobus ellipsiprymnus, Wasserbock. Von Sudan und Äthiopien bis Transvaal und Angola, Namibia. Hirschgroß und von massivem Körperbau.

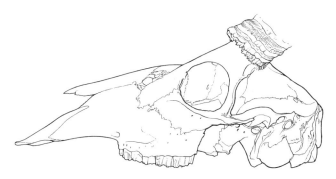

Abb. 545. *Redunca redunca cottoni*, ♂, Schädel in Seitenansicht.

Hörner mit 20 – 38 Ringwülsten, nach hinten-oben gerichtet, Spitzen leicht, nach vorne offen, gebogen. Spiegel weißlich, bei so-afrikanischer Unterart dunkel mit heller Umrandung (Ellipse). Territorial, Trupps von mehreren ♀♀ und juv. mit 1 ♂, oder ♂♂-Trupps und ♀♀-Trupps.
Kobus leche, Moorantilope, Litschi-Wasserbock. SO-Zaire, Sambia, N-Botswana.
Kobus megaceros, Weißnacken-Moorantilope, Mts. Grays Lechwe, S-Sudan, im Gebiet des Weißen Nils und seiner Zuflüsse.
Pelea, Rehantilope, nur 1 Art; *Pelea capreolus*. Rehgroß, Fell weich und wollig, blaßgrau mit bräunlichem Anflug. Hörner kurz, nahestehend und gerade mit leichter nach vorn offener Krümmung. Basal einige schwache Hornringe. Vorderes Drittel der Zunge, Innenseite des Praeputium und Endstück des Penis schwarz pigmentiert. An Praeputium und Penis flächenhafte Absonderung einer schwarzen Schmiere, die dem Harn beigemischt ist und diesen schwärzt. Verbreitung SO-Kapprovinz in Küstennähe.

Subfam. Hippotraginae. Die Hippotraginae, Pferdeantilopen, Spießböcke und Mendesantilope mit 3 Genera und 6 Species, sind große (bis Pferdegröße) Hornträger, die ursprünglich die trockenen bis ariden Gebiete Afrikas und Vorderasiens (Syrien bis Arabien) bewohnten. Heute ist 1 Art bereits ausgerottet (Blaubock), 3 weitere Arten sind gefährdet und auf Restareale zurückgedrängt. Beide Geschlechter tragen lange Hörner, die bei *Oryx* gerade bis leicht gebogen (Spießböcke und Säbelantilope), bei *Addax* 1 1/2 bis 3 große, flach verlaufende Schraubenwindungen aufweisen, bei *Hippotragus* in weitem Bogen nach hinten verlaufen und Ringwülste zeigen. Mehrere Arten sind an Wüstenhabitat angepaßt (*Addax*, *Oryx dammah* und *Oryx gazelle leucoryx*) und besitzen sehr helle Fellfärbung. Fell glatt, gelegentlich Hals- oder Nackenmähne. Interdigitaldrüsen vorhanden. Praeorbitaldrüsen fehlen oder sind als flache Gebilde nachweisbar, ohne Grube am Knochen. Molaren hypsodont.
Addax nasomaculatus, Mendesantilope, Addax. KRL.: 150 – 170 cm, SchwL.: 30 – 35 cm, KGew.: 80 – 120 kg. Hörner mit 1 1/2 – 3 flachen Schraubenwindungen. Hornlänge 60 – 100 cm. Die Hörner sind relativ dick und haben zahlreiche Hornringe. Stirnschopf von der Hornbasis bis zu den Augen, dunkelbraun. Rumpf im Winter graugelb, im Sommer heller. Verbreitung: Ursprünglich in der ganzen Sahara von Mauretanien bis Ägypten. Heute bis auf kleinen Restbestand an der Grenze der Sahelzone zur Wüste (zwischen Mauretanien, Mali und Tschad) ausgerottet.
Oryx, 2 Arten. *Oryx gazelle*, Spießbock, „Gemsbock" der Südafrikaner. Vorkommen einst in ganz Afrika s. der Sahara (abgesehen von dichten Waldgebieten und feuchten Regionen), von Arabien, vom S bis Sinai, Syrien, Israel. Heute vielerorts ausgerottet. Vorkommen noch von Eritrea, S-Abessinien bis Tansania, Uganda, Sudan und in Namibia, SW-Angola bis zur Kapprovinz. Die arabische Unterart (*O.g. leucoryx*) ist in Freiheit bereits ausgerottet. Sie überlebte in kleinen Zuchtgruppen in USA und Europa. Die Wiedereinbürgerung ist in Oman und in den Emiraten begonnen worden.
6 Unterarten, darunter *Oryx gazelle gazella* in S-Afrika, *O.g. beisa* in Eritrea und Somalia. KRL.: 160 – 235 cm, SchwL.: 49 – 90 cm, KGew.: 80 – 200 kg. *O.g. leucoryx* ist etwas kleiner. Körper schlank, hochbeinig, mit gerader Rückenlinie. Hörner gerade gestreckt in Verlängerung der Gesichtsschädel-Tangente, mit bis zu 30 Ringwülsten. Hornlänge 50 – 135 cm. Färbung bei den afrikanischen Unterarten wechselnd, von grau-braun bis gelb-braun und rötlich-braun. Schwarzbraune Abzeichen an Kopf, Hals und Beinen sehr variabel. Bei einer Unterart (*O.g. callotis*) von S-Kenya, N-Tansania Ohrbüschel ausgebildet. Lebensraum: offene Landschaften, Baumsavanne, Grasland, Steppe bis Halbwüste. Paarweise oder kleine Herden (bis 30 Ind.), Muttertiere und Juv. meist von 1 alten ♂ geführt und verteidigt.
Oryx dammah, Säbelantilope. Noch bis Ende des 19. Jh. In ganz N-Afrika von Rio de Oro und Senegal bis zum Nil. N-Grenze und S-Rand des Atlas, S-Grenze bei etwa 15° n.Br. Heute bis auf einen Restbestand am S-Rand der Sahara ausgerottet. Fell hellbräunlich mit schwachen dunklen Abzeichen. Hörner in weitem Bogen, säbelförmig.
Hippotragus, Pferdeantilopen. Das Genus *Hippotragus* ist mit 3 Arten in Savannengebieten Afrikas s. der Sahara weit verbreitet gewesen, heute aber weitgehend ausgerottet. Eine Art, der Blaubock (*H. leucophaeus*), der auf das Kapland beschränkt war, ist seit 1799 ausgestorben.
Hippotragus equinus. Pferdegroß, mit steil ansteigenden, gebogenen Hörnern mit Ringwülsten. KRL.: 240 – 265 cm, SchwL.: 60 – 70 cm, KGew.: 220 – 300 kg. Nackenmähne. Färbung des Rumpfes gelbbraun-rötlichbraun, Unterseite hell. Schwarz-weiße Gesichtsmaske. Sehr standorttreu, Wanderungen nur in der Trockenzeit. Wohngebiet 50 – 100 km². Vom ♂♂ verteidigtes und markiertes Territorium von 30 – 50 ha. Bei der Flucht führt ein altes ♀, das ♂ folgt zum Schluß des Trupps. In der Trockenzeit Zusammenschluß zu größeren Herden.

Hippotragus niger, Rappenantilope. Ist der Pferdeantilope sehr ähnlich im Körperbau, um weniges kleiner. Körperfarbe dunkelbraun−schwarz, Bauch hell, Gesichtsmaske. C- und SO-Afrika, Kenya, bis O-Transvaal, Botswana, bis S-Angola.

Subfam. Alcelaphinae. Alcelaphinae, Kuhantilopen, Hartebeest, Gnus. 3 Genera, 6 Species mit etwa 26 Unterarten in Afrika. 1 Unterart, die nordafrikanische Kuhantilope (*Alcelaphus b. buselaphus*), war vormals bis Palästina und N-Arabien verbreitet. Etwa von der Größe eines Rothirsches. Rückenlinie leicht abfallend. Langbeinig. Hörner in beiden Geschlechtern, Hornform (Abb. 546) sehr variabel, leierförmig, hakenförmig, geknickt bis S-förmig. Der Facialschädel ist lang und schmal, 1/2 bis 1/4 der Länge des Gesamtschädels. Basisachse dekliniert. Praeorbital- und Interdigitaldrüsen vorhanden. 2 Zitzen.

Alcelaphus (Bubalis) buselaphus, Kuhantilope (Abb. 546). KRL.: 175−245 cm, SchwL.: 45−70 cm, KGew.: 120−200 kg. Die zahlreichen, meist ursprünglich als Arten beschriebenen Formen werden heute als Subspecies aufgefaßt, da die Unterscheidung nur auf Merkmalen der Fellfärbung und der Hornform beruhte und auch in diesen Merkmalen Übergangsformen vorkommen. Verbreitung heute nur s. der Sahara bis Oranje Freistaat und Transvaal, abgesehen von reinen Waldgebieten. Das Areal ist stark aufgesplittert, weil vielerorts bereits ausgerottet. Die n-afrikanisch-arabische Nominatform ist zwischen 1920 und 1950 vollständig vernichtet worden.

Lebensraum: Busch- oder Baumsavanne mit offenen Flächen. Meist standorttreu. Territorien der ♀♀ mit Jungen und der juv. ♂♂. Bildung von Großherden in der Trockenzeit.

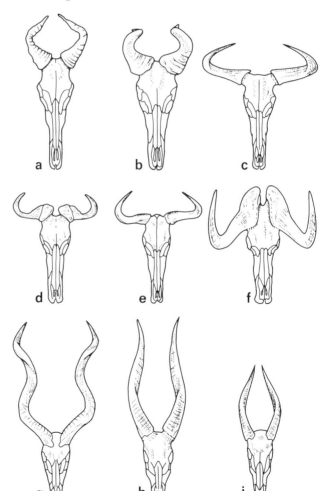

Abb. 546. Ausbildung des Gehörns bei verschiedenen Antilopen.
a, b) *Alcelaphus buselaphus lichtensteini* (a ♂, b ♀), c, d, e) *Connochaetes taurinus,* Streifengnu, (c, d ♂♂, e ♀), f) *Connochaetes gnu,* Weißbartgnu, ♂, g) *Tragelaphus strepsiceros,* Groß-Kudu, ♂, h, i) *Tragelaphus (Booceros) euryceros,* Bongo (h ♂, i ♀). Nach CH. LENZ 1952.

Damaliscus. 3 Arten: *Damaliscus dorcas,* Bleßbock (incl. Unterart *D. dorcas phillipsi,* Buntbock), *Damaliscus lunatus,* Leierantilope (incl. Unterart *D. l. korrigum,* Topi) und *Damaliscus hunteri* (von HALTENORTH 1963 als Unterart zu *D. lunatus* gestellt).
   Hörner bei allen drei Arten nach hinten-oben gerichtet, schwach leierartig gebogen, nur mit 10−20 Querwülsten, Spitzen glatt. Bleß- und Buntbock kamen im s. Kapland vor und sind in Freiheit ausgerottet. Kleine Bestände in Reservaten.
   Damaliscus lunatus, Leierantilope. Verbreitung: Senegambien, N-Nigeria bis W-Äthiopien, Somalia, O-Afrika, Kenya, Tansania, im Süden bis S-Angola, Mozambique, Transvaal. Areal ist stark aufgesplittert.
   Damaliscus hunteri, Hunters Leierantilope (Artstatus ist umstritten). S-Somalia, Juba bis Kenya, Tanafluß.
   Connochaetes, Gnu (Abb. 546). Die beiden Arten der Gnus sind gekennzeichnet durch die eigenartige Kopfform mit breitem Flotzmaul und langer Gesichtsbehaarung. Gestalt rinderartig. Schwanz mit langer Quaste („Pferdeschwanz"). Praeorbital- und Interdigitaldrüsen an der Vordergliedmaße. Bart und Nackenmähne.
   Connochaetes gnou, Weißschwanzgnu. Hörner an der Basis sehr breit und eng stehend, abwärts und dann in sehr engem Winkel steil aufwärts gebogen (Abb. 546). Rückenlinie gerade. Fellfärbung dunkelbraun, Schwanzquaste weiß. KRL.: 185−220 cm, SchwL.: 80−100 cm, KGew.: 160−180 kg. Verbreitung im s. Kapland, n. bis zum Vaalfluß. In Freiheit heute ausgerottet. Restbestände werden auf einigen Wildfarmen gehalten.
   Connochaetes (Gorgon) taurinus, Streifen- oder Weißbartgnu, Blue Wildebeest. Ähnelt in Gestalt dem Weißschwanzgnu, ist aber etwas größer, Rückenlinie leicht abfallend. Hörner zunächst nach lateral, dann aufwärts und leicht rückwärts gerichtet. Fellfärbung des Rumpfes blaugrau−graubraun, schieferfarben, mit verwaschener Querstreifung. Schwanzquaste und Gesichtsmaske schwarz. Verbreitung Kenya, Tansania, Mosambique, Botswana bis O-Namibia. Lebensraum: Offenes Gras- und Buschland.
   Kleine Trupps, Harembildung. Die Kleingruppen schließen sich in der Trockenzeit zu riesigen Herden zusammen und führen saisonal, abhängig vom Nahrungsangebot, weite Wanderungen durch, z. B. wandern in der Serengeti etwa 400 000 Gnus.

Subfam. Antilopinae (= Gazellinae) incl. Neotraginae. In der Subfam. Antilopinae werden mindestens 13 Genera mit mehr als 30 Species zusammengefaßt, die durch Habitus, geringe Körpergröße, Hautdrüsen und Hornform, also durch äußerliche Merkmale gekennzeichnet werden. Die taxonomische Einheit dieser Gruppe ist nicht gesichert und hat viele Autoren zu einer Aufspaltung in 5 oder mehr Subfamilien veranlaßt. Wenn hier die Subfam. Antilopinae beibehalten wird, ist der Grund darin zu finden, daß dem ganzen Formenkreis ein gleicher Encephalisationsgrad und ein nahezu identisches Furchungsmuster des Großhirns (OBOUSSIER 1984) zukommt, eines Merkmalkomplexes von phylogenetischer Bedeutung (Synapomorphie). Dennoch kann dieses System nur ein vorläufiges sein. Die große Formenvielfalt − hinzu kommt, daß viele Unterarten mit unsicherem Status beschrieben sind − verbietet es, hier eine lückenlose Übersicht über alle Species zu bringen. Wir beschränken uns auf eine zusammenfassende Übersicht, ohne Vollständigkeit anzustreben.
   Eine große Gruppe kleiner und mittelgroßer Antilopen, die in den Wüsten und Steppen Afrikas und Asiens leben und meist eine helle, sandfarbene Färbung aufweisen, werden im allgemeinen Sprachgebrauch als „Gazellen" bezeichnet, ein Terminus, der in der wissenschaftlichen Nomenklatur für eine, allerdings umfangreiche, Gruppe als Genusname übernommen wurde.
   Gazella. Mindestens 12 Arten mit zahlreichen Unterarten. Afrika, Vorder- und S-Asien. Mittelgroße, langbeinige Paarhufer. Hörner in beiden Geschlechtern, bei einigen Arten nur beim ♂. Die Hörner sind von mäßiger Länge, schlank, glatt oder quergewulstet, gerade, hakenförmig oder leierförmig. Gelegentlich sind sie spiralig um die Längsachse gedreht. Rhinarium fehlt oder ist sehr klein. Schwanzlänge verschieden. Schädel relativ kurzschnauzig, wenig pneumatisiert. Die Hornzapfen sind massiv. Parietale in der Längsrichtung ausgedehnt, Frontale verkürzt. Lacrimale niedrig mit Praeorbitalgrube, Ethmoidallücke meist vorhanden. Krone des I_1 so breit, wie die der I_2, I_3 und C zusammen. M hypsodont, mit scharfkantigen Schmelzsäulen. Ausstülpbare Praeorbitaldrüsen, Carpal-, Interdigitaldrüsen, oft auch Praeputialdrüsen und Inguinaltaschen vorhanden. KRL.: 90−160 cm, SchwL.: 20−105 cm, KGew.: 20−80 kg, Standhöhe: 50−100 cm.
   Lebensraum: Wüste, Savanne bis Baumsteppe. Kleine Trupps, Familienverbände, die sich zu großen Herden zusammenschließen können.

Drei Großformen des Genus *Gazella* werden im Subgenus *Nanger* zusammengefaßt: *G.* (*Nanger*) *granti* von S-Äthiopien bis Tansania, *G.* (*Nanger*) *dama* vom Senegal bis Ägypten, heute stark gefährdet und *G.* (*Nanger*) *soemmeringi* von Eritrea, Somalia, Äthiopien bis Sudan. Aus dem Formenkreis der kleinen *Gazella*-Arten sind *Gazella dorcas* und *G. gazella* in N-Afrika und Vorderasien beheimatet. *G. dorcas saudiya* wahrscheinlich bereits ausgerottet. *Gazella thomsoni* von S-Sudan bis Tansania. *Gazella* (*Trachelocele*) *gutturosa* ist eine asiatische Species (Vorderasien, Armenien, O-Küste des Kaspimeeres bis Mongolei). ♀♀ hornlos, bei den ♂♂ vergrößert sich der Kehlkopf zur Brunstzeit.

Antidorcas marsupialis, Springbock, Sonderstellung gründet sich auf Gebiß (unten nur 2 P) und auf die längliche, ausstülpbare Hinterrückendrüse, die von erigierbaren, weißen Haaren umgeben wird. Während der Fortpflanzungszeit territorial. Beide Geschlechter horntragend, Hochsprünge (Prellsprünge) aus dem Stand bei Erregung und Flucht, kombiniert mit Kopfbewegungen. Verbreitung: S-Afrika, Namibia, Angola.

Procapra, Mongolische Gazelle, 3 Arten. *Procapra gutturosa*, Mongolische Gazelle. Gestalt gazellenartig. Kehlkopf sehr groß, kropfartige Schwellung bei ♂♂ zur Brunstzeit. Hautdrüsen rudimentär oder fehlend. Vorkommen: Mongolei, Altai bis Amurgebiet, Tibet. *Procapra* ist ein spezialisierter Abkömmling von *Gazella*.

Litocranius, Giraffengazelle, Gerenuk (Abb. 547). *Litocranius walleri* (2 Unterarten) KRL.: 150–160 cm, SchwL.: 25–35 cm, KGew.: 30–50 kg. Verbreitung: Äthiopien (Danakil, Ogaden), Somalia und Kenya bis Tansania, W-Grenze ist der W-Rand des Grabenbruchs. Zierliche Gestalt, sehr langbeinig, stark verlängerter Hals. Neigung zu bipedem Stand beim Äsen vom Laub mittelhoher Bäume (H. J. RICHTER 1970). Lebensraum: Busch-Baumsteppe. Territorial, paarweise oder kleine Familiengruppen (1 ♂ mit 3–5 ♀♀ und juv.) Gelegentlich Trupps juv. ♂♂ (30–40 Ind.).

Ammodorcas, Lamagazelle, Dibatag. *Ammodorcas clarkei*, Vorkommen nur in beschränktem Gebiet in Somalia. Langbeinig, Hals dünn und lang, wenn auch kürzer als bei *Litocranius*. Die Gattung ist wenig bekannt, die systematische Stellung umstritten.

Antilope. *Antilope cervicapra*, Hirschziegenantilope. Einzige Art der Gattung. KRL.: 120–150 cm, SchwL.: 10–17 cm, KGew.: 25–40 kg. Verbreitung: ursprünglich ganz Vorderindien, Pakistan von Nepal bis Assam und Cap Comorin. Heute gefährdet und in vielen Gegenden ausgerottet. Hörner nur bei ♂♂, schräg nach hinten, oben und außen gerichtet, in weiten oder engeren Windungen um die Längsachse gedreht, mit engstehenden Rillen (20–40 Ringe). Hornlänge 35–70 cm. Praeorbital-, Carpal-, Interdigitaldrüsen, diese vorne und hinten, Inguinaltaschen vorhanden. Körperfärbung bei alten ♂♂ dunkelbraun bis schwarz. Kinn, Augenring, Kehle, Ventralseite und Innenseite der Beine weiß. Juv. und ♀♀ gelbbraun bis graubraun mit weißen Zeichen. Gesellig, in kleinen Trupps (10–30 Ind.), gelegentlich Zusammenschluß zu großen Herden. Lebensraum: offenes Grasland, Felder.

Aepyceros, Schwarzfersenantilope, Impala. 1 Art mit mehreren Unterarten, *Aepyceros melampus*. Erreicht fast die Größe einer Rothirschkuh. Hörner quergewulstet lang, leierförmig oder S-förmig geschwungen, ♀♀ hornlos. Nebenhufe fehlen. ♂♂ besitzen auf der Stirn ein Drüsenfeld, mit dessen Sekret das Territorium markiert wird. Im übrigen kommen nur Metatarsaldrüsen vor, über denen, an der Rückseite des Metatarsus, ein Bezirk mit schwarzen Haaren liegt. Fellfarbe: Kopf und Rücken hellbraun, an den Flanken aufgehellt, ventral weiß. Intermaxillaria liegen den Nasalia an. Kleine Ethmoidallücke, große Rostrallücke zwischen Maxillare und Praemaxillare. Verbreitung: O- und S-Afrika, von Uganda bis n. Kapprovinz. Regionenweise ausgerottet, in anderen Gegenden mit Erfolg angesiedelt. Lebensraum: Lichter Buschwald, Savanne. Territorial, Wohngebiet eines Rudels 2,5–6 km^2. Impalas sind gesellig und bilden oft zusammen mit anderen Huftieren größere Herden. Während der Brunstzeit nehmen alte ♂♂ im Wohngebiet Territorien von 0,2–0,9 km^2, in denen sich mehrere ♀♀ aufhalten. Verteidigung der Brunstterritorien gegenüber anderen ♂♂ durch Wachestehen, Imponierhaltung, Markieren mit Sekret der Stirndrüse und Kothaufen.

Die bisher besprochenen Genera der Antilopinae bilden eine, wahrscheinlich monophyletische Einheit. Die Gattung *Gazella* läßt sich bereits im Jung-Miozaen in Eurasien und N-Afrika nachweisen und zeigt im Quartär eine frühe Radiation. Anschließend sollen 6 weitere Genera kleiner, antilopenartiger Hornträger erwähnt werden, deren taxonomische Stellung noch diskutiert wird. Ihre Einbeziehung in die Antilopinae ist berechtigt, bleibt aber vorerst provisorisch.

Neotragus (3 Arten), *Neotragus pygmaeus*, Kleinstböckchen, Royal Antilope. Hasengroßer Busch-

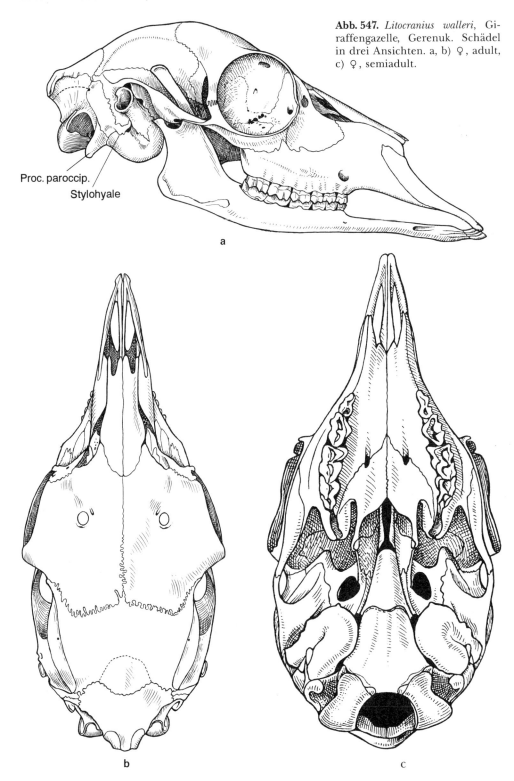

Abb. 547. *Litocranius walleri*, Giraffengazelle, Gerenuk. Schädel in drei Ansichten. a, b) ♀, adult, c) ♀, semiadult.

schlüpfertyp. Lebensraum: Wälder mit dichtem Unterwuchs, Feuchtwälder. Regional in W-, C- und O-Afrika.

Madoqua, Windspielantilopen, Dik Diks (Abb. 55). 1 Genus, 5 Arten. Alle 5 Arten in NO-Afrika, O-Abessinien, Eritrea, Somalia, eine Art (*M. kirki*) mit disjunkter Verbreitung, Somalia bis Tanganyika und zugleich Angola bis Namibia. Windspielantilopen sind hochbeinige, zierliche Tiere. KRL.: 55−60 cm, Schwanz stummelförmig, Hörner nur bei ♂♂, kurz (10 cm) und gerade. Schulterhöhe etwa 30−40 cm. Stirnschopf. Lebensraum: trockener, sandiger oder steiniger Boden, Buschsteppe bis Halbwüste.

2 Arten mit rüsselartig verlängerter Schnauzenpartie (Untergattung *Rhynchotragus. M. kirki* und *M. guentheri*). Praeorbitaldrüsen auf nacktem Fleck und Interdigitaldrüsen vorhanden. Standorttreu. Revier wird markiert durch Voraugensekret und Kothaufen. Lebenslange Paarbindung. Im relativ kleinen Territorium nur 1 Paar mit Jungtier.

In den nicht von *Madoqua* bewohnten Teilen Afrikas s. der Sahara wird der Buschschlüpfertyp durch 2 Genera (3 Species) etwa rehgroßer Antilopen vertreten, *Raphicerus campestris,* Steinböckchen, *R. melanotis,* Griesbock, und *Ourebia ourebi,* Bleichböckchen. *Ourebia* besitzt unmittelbar unter den Ohren eine Subauriculardrüse, deren Mündung durch einen Fleck nackter, schwarzer Haut sehr auffällig ist. Das Sekret soll durch Wedeln der Ohren verteilt werden.

Dorcotragus megalotis, Beira. KRL.: 80−85 cm, SchwL.: 7 cm, Standhöhe: 50−60 cm. Praeorbitaldrüse, Interdigitaldrüsen vorhanden. Enges Verbreitungsgebiet in N-Somalia. Die Art ist wenig bekannt. Sie steht offenbar *Oreotragus* relativ nahe.

Oreotragus oreotragus, Klippenspringer. KRL.: 75−115 cm, SchwL.: 7−12 cm, KGew.: 10−18 kg, ♀ etwas schwerer als ♂♂. Meist Hörner nur bei ♂♂. Voraugendrüse vorhanden, Interdigitaldrüse und Inguinaltaschen fehlen. Facialschädel kurz. Nackter Nasenspiegel. Schwanz stummelartig. Nebenhufe groß, Haupthufe lang, sie werden mit den meist abgenutzten Spitzen aufgesetzt und sind weit spreizbar. Haarkleid ohne Wollhaar, Einzelhaar starr, raschelt beim Abspreizen. Färbung gelbgrau bis olivfarben. Verbreitung von Nigeria bis Äthiopien, Somalia und bis Kapland und Namibia. Fehlt in Feuchtgebieten und im Regenwald. Lebensraum: Savanne, Buschsteppe, Halbwüste. Notwendig ist das Vorkommen von Felsklippen, Kuppen, Kopjes. Wohnraum um eine derartige Steinkuppe. Auftreten gewöhnlich paarweise.

Subfam. Saiginae. *Saiga,* 1 Art, *Saiga tatarica* mit 2 Unterarten. S-Rußland, Kalmückensteppe, Kasachstan, bis W-Mongolei, Sinkiang, früher im W bis Polen. In Körperbau und Größe ähnelt die Saiga den Gazellen. KRL.: 110−140 cm, SchwL.: 8 cm, KGew.: 25−40 kg. Das Genus ist durch Besonderheiten der Nase und des Schädels gekennzeichnet. Der Kopf ist groß mit deutlicher Ramsnase. Die Oberlippe überragt die Unterlippe um etwa 2 cm. Ein nackter Nasenspiegel fehlt. Die ovalen Nasenlöcher stehen in der Ruhe in der Vorderfläche der behaarten Muffel. Die Nasenöffnung des Schädels ist sehr groß. Die Ossa nasalia sind bis auf minimale Reste rückgebildet. Vor der knöchernen Nasenöffnung liegt das stark vergrößerte Vestibulum nasi in der Fortsetzung der beiden Nasenhöhlen in dem nur von Weichteilen bedeckten Rüssel, der aufgeblasen werden kann. Gewöhnlich sind nur die ♂♂ horntragend. Die Hörner stehen senkrecht, leicht divergierend und zeigen an der Vorderseite des basalen Abschnittes einige Querwülste, Hornlänge 20−30 cm. Lebensraum: primär Grassteppen bis 1000 m ü. NN, vielfach abgedrängt in Halbwüste und Wüste. Kleine Trupps, können sich zu riesigen Herden zusammenschließen, die, abhängig von Witterung und Nahrungsangebot, im Frühjahr und Herbst Wanderungen ausführen. Ein relativ hoher Prozentsatz (bis 25%) des Bestandes geht infolge von Frost und Schnee im Winter zugrunde. Saigas wurden von den Kirgisen hemmungslos bejagt. Fell, Fleisch und Hörner, letztere als „Medizin" genutzt. Um 1919 waren die Bestände bis auf wenige hundert Tiere vernichtet. Durch konsequentes Jagdverbot (Schutzgebiet Askania Nova) haben sie sich inzwischen gut erholt, so daß heute wieder beschränkte Nutzung möglich ist.

Pantholops. Nur 1 Art, *Pantholops hodgsoni,* Tibetantilope, Tschiru. Steht der Saigaantilope nahe. Ähnelt den Gazellen, aber etwas plumper, besonders der Kopf. Nasalia vollständig ausgebildet, keine Rüsselbildung. Vorkommen: Tibetanische Hochebene, 4500 m ü. NN.

Subfam. Rupicaprinae, Gemsenartige. Als Rupicaprinae, Gemsenartige, werden 5 Genera (6 Species) zusammengefaßt, die zwischen Antilopenartigen und Ziegenartigen vermitteln. Die europäische Gemse *Rupicapra* und die N-amerikanische Schneeziege, *Oreamnos,* bilden einen näheren Verwandtschaftskreis, sind als Hochgebirgsbewohner allerdings auch durch Ähnlichkeiten im Anpassungstyp enger verbunden als die SO-asiatischen Waldgemsen, *Nemorrhaedus* (Goral) und *Capricornis* (Serau, 2 Arten), die dem basalen Ausgangstyp näher stehen dürften. *Budorcas* (Takin), eine fast rindergroße Gattung, ist wenig bekannt und wird den Rupicaprinae provisorisch angereiht, vorbehaltlich neuerer Einsichten.

Rupicaprinae sind fossil erstmals aus dem Jung-Miozaen O-Asiens († *Pachygazella*) nachgewiesen. Aus dem Pleistozaen sind mehrere Gemsenartige aus N-Afrika und Europa bekannt, darunter eine kurzbeinige Inselform († *Myotragus*) von den Balearen. *Oreamnos* ist die einzige Gattung der Rupicaprinae, die Amerika erreicht hat.

Rupicapra rupicapra, Gemse. KRL.: 110–130 cm, SchwL.: 10–15 cm, KGew.: 20–50 kg. Verbreitung: Pyrenäen, Cantabrisches Gebirge, Alpen, Abruzzen, Karpaten, Balkangebirge, Kaukasus, Pontusgebirge, früher auch im Taurus (Anatolien). Hörner in beiden Geschlechtern, hinter den Orbitae, gerade aufsteigend und im Enddrittel hakenförmig nach hinten gebogen. Großer nackter Nasenspiegel. Kleine Ethmoidallücke. Große Postcornualdrüse (Brunstfeige) unmittelbar hinter den Hörnern, bei beiden Geschlechtern. Keine Praeorbitaldrüsen. Färbung saisonal wechselnd, im Sommer rotbraun bis rehbraun, im Winter dunkelbraun bis schwarz. Weißgraue Gesichtszeichnung und aufgehellte Ventralseite. Haarkamm auf Widerrist-Kruppe (= Gamsbart). Praemaxillaria erreichen die Nasalia nicht, ebenso bei den übrigen Rupicaprinae. Lebensraum: Mittel- und Hochgebirge Almen, Bergwiesen, Bergwald, Hänge bei 1000–4000 m ü. NN. Gesellig, kleine Trupps und größere Rudel, nicht nach Geschlechtern getrennt.

Gemsen sind hervorragende Kletterer. Die Hufe sind länglich und besitzen eine relativ weiche, verformbare Sohle, die sich Unebenheiten des Bodens anschmiegt. Die Hufränder bestehen aus härterem Horn und stehen leicht vor. Sie dienen als Gleitschutz. Die beiden Hauptzehen sind weitgehend unabhängig voneinander beweglich und können daher den Stand in unsicherem Gelände sichern. Die Nebenhufe sind groß und berühren an Hängen auch den Grund.

Oreamnos americanus, Schneeziege, Mountain goat. KRL.: 140–150 cm, SchwL.: 10 cm, KGew.: 60–70 kg. Schneeziegen wirken plump durch ihr zottiges dichtes, rein weißes Haarkleid. Beine stämmig und kräftig. Hörner kurz und zugespitzt. Im Schädelbau *Rupicapra* sehr ähnlich, mit denen sie auch Postcornualdrüsen gemeinsam haben. Lebensraum: Hochgebirge, meist über der Waldgrenze. Verbreitung: SO-Alaska, Yukon, Britisch Kolumbien, Montana, Idaho.

Waldgemsen (2 Genera, 3 Species), *Nemorhaedus* und *Capricornis* sind ziegengroße Paarhufer, die den Gemsen nahestehen, ohne deren Spezialanpassungen an das Leben im Hochgebirge aufzuweisen.

Nemorhaedus goral, Goral.: Habitus und Größe gemsenähnlich. Verbreitung: Himalaya bis S-Sibirien, China, Korea, Nepal, Kaschmir. Hörner in beiden Geschlechtern, kurz, flach rückwärts verlaufend, leicht gebogen. Lebensraum von 0–2000 m ü. NN. Trupps von 20–30 Ind., Territorium etwa 100 ha.

Capricornis crispus, Serau, von Japan, Taiwan. *Capricornis sumatraensis* von N-Indien, China, Burma, Thailand, Malayische Halbinsel bis Sumatra. Dem Goral, dessen Verbreitungsgebiet sich mit dem des Seraus teilweise überlappt, sehr ähnlich. *Capricornis* hat sehr lange Ohren. Praeorbitaldrüsen und große Antorbitalgrube. *Nemorhaedus* fehlen die Praeorbitaldrüsen. Interdigitaldrüsen finden sich bei beiden Genera der Waldgemsen.

Budorcas, 1 Art, *Budorcas taxicolor*, Rindergemse, Takin. KRL.: 180–220 cm, SchwL.: 15–20 cm, KGew.: ♂ 300 kg, ♀ 200 kg, Schulterhöhe: 100–130 cm. Körperbau rinderartig, plump mit großem Kopf und relativ kurzen Beinen, Vorderbeine sehr kräftig, stämmig. Rückenlinie leicht konvex. Ramsnase, breite nackte Muffel. Hörner bei beiden Geschlechtern, an der Basis nahe an die Mittellinie reichend, zunächst lateralwärts, dann in flachem Bogen aufwärts und rückwärts gerichtet, basal mehrere Wülste. Hornlänge bis 50 cm. Füße mit breiten Hufen, Hauptzehen spreizbar. Nebenhufe kräftig und tief ansetzend. Fell zottig, langhaarig. Färbung nach geographischer Unterart wechselnd hellgelb, strohfarben bis braun. Hautdrüsenorgane sollen fehlen (?). Verbreitung: Assam, Bhutan, S-Tibet, China (Schensi, Szechwan, Kansu, N-Yünnan). Lebensraum dicht unter der Baumgrenze, 2000–4000 m ü. NN. Buschdickicht, Bambuswald. Nahrung: Laub, Kräuter, Gras, bevorzugt Bambussprossen. Meist in kleinen Familientrupps. Beobachtungen über das Freileben sind überaus spärlich.

Der Takin nimmt systematisch eine Sonderstellung ein. Fossilfunde liegen aus dem Plio-/Pleistozaen O-Asiens vor und deuten auf einen langen Eigenweg. Da ihnen eine gewisse Zwischenstellung zwischen Rupicaprinae und Caprinae zukommt, werden sie von einigen Autoren den letztgenannten zugeordnet oder als eigene Subfamilie geführt.

Subfam. Caprinae, Ziegen, Schafe, Mähnenspringer, Moschusochsen. Die Caprinae stehen in näherer phylogenetischer Beziehung zu den Saiginae und Rupicaprinae. Als Stammformen treten im Mittelmiozaen primitive, antilopenartige Paarhufer auf († *Oioceros*, † *Benicerus*), aus denen im

Jung-Miozaen eine erste Radiation hervorgeht, die zu den Caprini und den Ovibovini überleitet. Im Jung-Miozaen erscheinen mit †*Tossunoria* und †*Pachytragus* Asiens die ersten Caprinae (THENIUS 1969, 1979). Die Radiation der rezenten Schafe und Ziegen erfolgte im Pleistozaen. Die Systematik der rezenten Caprinae war Anlaß zu Kontroversen, besonders hinsichtlich der Caprini und Ovini. Eine sehr große individuelle und geographische Variabilität in Körpergröße, Ausformung der Hörner und Fellfärbung war Anlaß zur Benennung übermäßig vieler Formen und ihrer Bewertung als Species. Die Anerkennung des biologischen Artbegriffes und die korrekte Beurteilung der Variabilität ermöglichte eine Eindämmung der Überzahl an Artnamen, zumal Übergänge zwischen den Formen bereits bei lokalen Populationen vorkamen und Fertilität der Bastarde besteht. Beispielsweise führte die Reduktion dazu, daß von 17 beschriebenen Arten des Wildschafes nur noch 2 als „gute Arten" anerkannt werden müssen (KESPER 1953, HERRE & RÖHRS 1990).

Heute werden unter den rezenten Caprinae 6 Genera (unter Einschluß der Moschusochsen, *Ovibos*) mit insgesamt 9(10) Arten unterschieden: *Capra* 4(1) Arten, *Hemitragus* (1), *Ammotragus* (1), *Pseudois* (1), *Ovis* 2(1) und *Ovibos* (1).

Capra, Wildziegen, Steinböcke. Wildziegen sind mittelgroße, stämmig gebaute Gebirgsbewohner, die in beiden Geschlechtern Hörner tragen. Die Hörner der Böcke sind auffallend durch ihre Größe und artlich charakteristische Form. Sie können in weitem Bogen geschwungen oder in spiraligen Windungen um ihre Längsachse gewunden sein. Nach der Drehrichtung werden gleichsinnige oder homonyme und gegensinnige, heteronyme Gehörne unterschieden*).

Die Hörner sind im Querschnitt birnenförmig oder rund. Die Schmalseite ist oft als Kiel ausgebildet. Dieser liegt bei *Capra aegagrus* und *C. ibex* auf der Vorderseite, bei *C. falconeri* aber nackenwärts. Rinnenbildungen und Knoten nehmen mit dem Alter zu („Jahresringe").

Der Schädel (Abb. 548) ist kurz und stark aufgewölbt, im Stirnbereich sehr breit, Schnauze spitz. Schädeldach verdickt, pneumatisiert. Basisachse scharf geknickt (dekliniert). Frontale ausgedehnt, Parietale auf die vertikale Hinterhauptsfläche verschoben. Lacrimale länglich, viereckig. Intermaxillare in Kontakt mit Nasale. Kleine Ethmoidallücke. Die Hörner wurzeln über dem occipitalen Teil der Orbita und kurz hinter dieser (Abb. 548).

Ohren kurz, Nasenspiegel schmal, Hals mäßig lang und kräftig. Rückenlinie gerade. Praeorbitaldrüsen fehlen. Postcornualdrüse vorhanden. Schwanz meist kurz mit Subcaudaldrüse bei ♂♂ (Bocksgeruch). Färbung meist einfarbig mit schwarzen und weißen Zeichnungselementen an den Beinen. 2 Zitzen. Häufig bei ♂♂ Kehlbart und Nacken-Brustmähne. Lebensraum: Hochgebirge, steiniges Gelände mit geringem Pflanzenwuchs. Ernährung anspruchslos, Moose, Flechten, Kräuter, Laub (rauhfaserig). Wildziegen sind hervorragende Kletterer selbst in steilem Gelände. Die Hufe sind schmal und länglich, birnenförmig. Nebenhufe klein und eng anliegend. Gesellig, in kleinen Rudeln oder Trupps (bis maximal 100 Ind.); ♂♂, jahreszeitlich solitär oder in Kleingruppen. Das Vorkommen der Wildziegen ist im Verbreitungsgebiet inselartig auf Hochgebirgszüge oder Bergkuppen beschränkt und begünstigt dadurch die Bildung von geographischen Lokalformen (Unterarten).

Capra aegagrus, Bezoarziege. KRL.: 120–160 cm, SchwL.: 15–20 cm, KGew: ♂ 35–40 kg, ♀ 25–35 kg. Hörner nach oben und hinten geschwungen im Halb- bis Dreiviertelkreis. Hornquerschnitt birnenförmig, Schmalkante nach vorn gerichtet. Jahresringe in einigem Abstand voneinander. Bei alten Böcken Knoten auf der Vorderseite, stets über den Jahresringen. Hornlänge: 80–150 cm, bei ♀♀ kürzer. ♂♂ mit langem Kinnbart. Fellfärbung: ♀♀ und juv. hellbraun; ausgewachsene ♂♂ sehr kontrastreich, Kopf, Bart, Ventralseite von Hals, Brust, Aalstrich und Streifen zwischen Bauch und Flanken dunkelbraun bis schwarz. Verbreitung: In Europa existiert eine kleine Population unvermischter Bezoarziegen nur auf W-Kreta (Weiße Berge, etwa 100 Ind.). Vorkommen auf Aegaeischen Inseln und Monte Cristo (Thyrennis); eingeführte Tiere in Griechenland und Mähren bestehen aus Mischlingen kretischer Bezoarziegen mit Hausziegen oder aus verwilderten Hausziegen. In Asien von Anatolien (Taurus) bis Kaukasus, Turkestan, Iran, Belutschistan bis NW-Indien. Die persische Population erstreckte sich bis N-Irak. Ein isoliertes Vorkommen wird für Oman dokumentiert (HARRISON 1964). Von der arabischen Halbinsel fehlen im übrigen Nachweise.

---

*) Ist, bei der Betrachtung von der Spitze her, das rechte Horn rechtsherum, das linke Horn linksherum gedreht, so liegt homonyme Drehung vor (die meisten Rinder, Ziegen und Schafe). Heteronyme, gegensinnige Drehung liegt vor, wenn das linke Horn rechtsherum und das rechte Horn linksherum verwunden ist (die meisten Antilopen, Markhor).

Capra aegagrus ist die einzige Stammform der Hausziege (*Capra aegagrus* f. dom.). Die Annahme einer eigenen wilden Stammform der Hausziege („† *Capra prisca*") nach ADAMET (1926) hat sich als Fehldeutung erwiesen (RÖHRS & HERRE 1990). Hausziegen wurden vielfach auf ozeanischen Inseln als Nahrungsreserve für Schiffsbesatzungen ausgesetzt und haben Populationen verwilderter Hausziegen gebildet (Juan Fernandez-Ziege).

Capra ibex, Steinbock (Abb. 548). KRL.: 150–170 cm, SchwL.: 10–20 cm, KGew.: 35–150 kg. Hörner säbelförmig, etwas flacher geschwungen als bei der Bezoarziege. Vorderseite nicht mit Kiel, Querschnitt viereckig. Knoten zwischen den Jahresringen (1–3). Hornlänge: 70–140 cm. Kurzer Kinnbart. Fellfärbung uniform, braun bis graubraun, Bauchseite heller. Einige Unterarten mit schwarz-weißen Beinstreifen. Die im folgenden zu nennenden Unterarten sind geographisch getrennt und wurden vielfach als eigene Species beschrieben. Offensichtlich handelt es sich um Isolate, die als Arten in statu nascendi angesehen werden dürfen, zwischen denen noch keine Fortpflanzungsschranke besteht und die im Sinne des biologischen Artbegriffes zusammengefaßt werden (HERRE & RÖHRS 1990).

Capra ibex ibex, Alpensteinbock. Ursprünglich in den ganzen Alpen bis Tatra verbreitet, war die Art um die Mitte des 19. Jh. bis auf einen Restbestand von 50 Tieren im Gran Paradiso (NW-Italien) ausgerottet. Der Restbestand konnte durch Schonung und bewußte Zuchtmaßnahmen auf über 1000 Tiere vermehrt werden, so daß die Unterart heute gesichert ist und in den schweizerischen, deutschen und österreichischen Alpen sowie in der Hohen Tatra ausgewildert werden konnte. W-kaukasischer Steinbock, *Capra ibex sewertzovi* und O-kaukasischer Steinbock, *C. ibex cylindricornis*, Tur, unterscheiden sich durch die Hornform, zeigen aber im C-Kaukasus Übergänge und Mischpopulationen.

Capra ibex sibirica, Sibirischer Steinbock. Verbreitung C-asiatische Gebirge bis Karakorum und Himalaya.

Capra ibex nubiana: NO-Afrika, Ägypten ö. des Nils (heute dort erloschen), Eritrea, Küstengebirge, Sinai, Palästina, w. Randgebirge Arabiens, S-Arabien, Oman.

Capra ibex walie, Abessinischer Steinbock, NO-Äthiopien (nur im Simien-Gebirge nö. des Tanasees). Alte ♂♂ mit Nasen-Stirnbuckel (NIEVERGELT 1981).

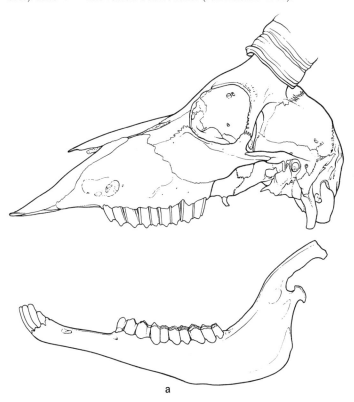

a   Abb. 548

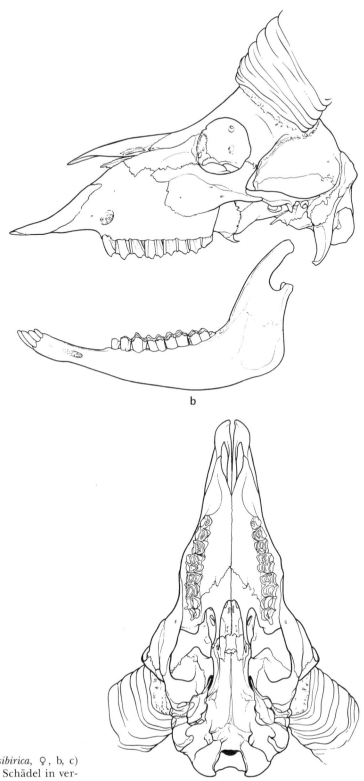

Abb. 548. a) *Capra ibex sibirica*, ♀, b, c) *Ovis ammon musimon*, ♂. Schädel in verschiedenen Ansichten.

Capra pyrenaica, Pyrenäensteinbock. Hörner ausgewachsener Tiere leierförmig. Zunächst aufwärts und leicht nach hinten geneigt, dann auswärts und schwach aufwärts, schließlich einwärts gerichtet. Das Horn ist um die Längsachse gedreht und besitzt eine schmale Vorder- und Hinterkante. Der Iberische Steinbock ist offenbar bereits lange gegenüber *Capra ibex* isoliert und hat 4 lokale Unterarten hervorgebrcht, die im wesentlichen auf Differenzen der Hornform beruhen. Die artliche Abgrenzung gegen *Capra ibex* ist problematisch. Vorkommen ursprünglich in allen Gebirgen der iberischen Halbinsel, von den Pyrenäen bis Gibraltar. Die Bestände in den Pyrenäen gelten als gefährdet, die Unterart *C.p. lusitanica* in N-Portugal ist ausgestorben. Durch gezielte Schutzmaßnahmen haben sich die Restbestände, heute an 8 Standorten (Sierra de Gredos, Sierra Morena, Sierra Nevada), relativ gut erholt (Gesamtbestand etwa 10 000 Ind.).

Capra falconeri, Schraubenziege, Markhor. KRL.: 125–150 cm, SchwL.: 15–20 cm, KGew.: 40–110 kg. Hörner eng gestellt, V-förmig gestreckt, nach hinten-oben gerichtet. Hinterseite meist mit Kiel. Das Einzelhorn ist, je nach Unterart, in engen oder weiten Schraubenwindungen um seine Längsachse gedreht. Hornlänge, entlang der korkzieherartigen Spirale bei ♂♂ bis 160 cm, bei ♀♀ 25 cm. Haarkleid im Sommer glatt, im Winter lang, mit Unterwolle. Kinnbart in beiden Geschlechtern, bei ♂♂ lang und in Hals-Brustmähne übergehend. Rückenkamm und Behang an den Unterschenkeln. Fellfarbe graubraun bis dunkelbraun. Trennstreifen an den Flanken, Unterseite hellgrau. *Capra falconeri* ist ein Hochgebirgsbewohner, vorwiegend in der Zone der Baumgrenze. Verbreitung: In den Gebirgen von S-Usbekistan, Tadshikistan, Afghanistan bis N-Pakistan, N-Indien, Kaschmir. Das Verbreitungsgebiet schiebt sich zwischen das der Bezoarziege im W und des Sibirischen Steinbocks im N und O ein. Hier Überlappungszone mit *Capra ibex sibirica* (keine Bastarde). Auf den verschiedenen Gebirgsstöcken lokale Populationen mit unterschiedlichen Hornformen; führten zur Abgrenzung von 7 Unterarten.

Da bei Hausziegen gelegentlich Schraubengehörne vorkommen, wurde Einkreuzung von *C. falconeri* in Hausziegenzuchten angenommen. Es liegen aber keinerlei objektive Befunde über Einbeziehung von *C. falconeri* in die Domestikation vor. Auch ist die Wuchsform des Gehörns äußerst variabel und ohne phylogenetische Bedeutung. Somit besteht kein Grund zu bezweifeln, daß die Bezoarziege die einzige Stammform von Hausziegen ist (HERRE & RÖHRS 1990), zumal die Schraubenbildung bei diesen im einzelnen von der bei *C. falconeri* abweicht.

Ammotragus lervia, Mähnenspringer, „Mähnenschaf". Mähnenspringer stehen dem Genus *Capra* deutlich näher als *Ovis*, daher ist die vielfach benutzte Benennung als „Mähnenschaf" unzweckmäßig. Ziegenähnlich sind Habitus, Hautdrüsen (Subcaudaldrüse, Fehlen der Praeorbitaldrüsen und Interdigitaldrüsen), Hufbildung, Einzelheiten des Skeletes und der Proportionen der Extremitäten. Charakteristisch für *Ammotragus* ist die Form der Hörner, die in flachem Bogen nach außen und hinten verlaufen und schließlich einwärts biegen. Schwacher Kiel an der Vorderseite. Die ganze Hornaußenseite ist quergeringelt durch sehr dicht stehende, niedrige Ringwülste. Hornlänge 40–80 cm. Haarkleid mit harten Grannen (ziegelartig) und dichter Unterwolle. Lange mähnenartige Behaarung an Kinn, Hals-Ventralseite bis Vorderbrust und bis zu den Ellenbogen, Manschettenbildung. Verbreitung: Vom Atlasgebirge und Mauretanien, Tunis, Libyen durch die Sahara (Hoggar, Air, Tassili, Tibesti) bis Kordofan, Dongola, Ägypten, Palästina. Vielerorts, so in Ägypten und Palästina, bereits ausgerottet.

Hemitragus. *Hemitragus jemlahicus*, Thar. KRL.: etwa 150 cm, SchwL.: 10–20 cm, KGew.: 100 kg. Gedrungener Körperbau, Kopf kurzschnauzig, Praeorbitaldrüsen fehlen. Schmaler Nasenspiegel, Ohren kurz. Hörner eng stehend, parallel oder V-förmig verlaufend, in flachem Bogen. Hornoberfläche mit kleinen Knötchen und Kiel an der Vorderseite. Hornlänge 30–40 cm. Hufe und Schwanz ziegenartig. Kragenmähne an Hals, Schultern, Brust; Beinmanschetten bei alten ♂♂. Färbung: Hellbraun bis dunkel schwarzbraun. Unterseite und Innenseite der Beine heller. Verbreitung: 4 Unterarten. Himalaya bis Kaschmir, Nepal, Sikkim, Vorderindien (Nilgiri-Berge), SO-Arabien (Oman). In Neuseeland eingeführt.

Pseudois, Blauschaf, Bharal. *Pseudois nayaur*, 2 Unterarten. KRL.: 110–165 cm, SchwL.: 10–20 cm, KGew.: 25–80 kg. Blauschafe zeigen, wie *Ammotragus*, eine Kombination von Ziegen- und Schaf-Merkmalen und dürften Abkömmlinge einer gemeinsamen Stammesgruppe sein. Hörner nach lateral und hinten ausladend, Spitzen auswärts oder aufwärts gebogen. Schädel mit kurzem Hirnteil, gleich hinter den Hörnern steil abfallend. Hornlänge bei ♂ bis 80 cm, ♀ bis 20 cm, mit eng gestellten Querwülsten. Schädeldach stark pneumatisiert. Ziegenartig ist der breite Kontakt zwischen Praemaxillare und Nasale, die Form und nackte Unterseite des Schwanzes (kein Bocksgeruch) und die schwarzweiße Beinzeichnung. Fellfärbung der ad. ♂♂ schiefergrau, blaugrau mit

Gesichtsmaske. Vorkommen: Himalaya, Nepal, Ladakh, Kaschmir, O-Tibet (nicht auf der tibetanischen Hochebene), bis W-China, Mongolei.

Ovibos, Moschusochsen, mit 1 Art, *Ovibos moschatus*, sind fast rindergroße, an das Leben in arktischen Regionen angepaßte Wiederkäuer, die im äußeren Habitus Rindern ähneln und morphologisch und serologisch den Caprinae anzuschließen sind. Nähere Verwandtschaft zu *Budorcas* wird angenommen. Mehrere Genera der Ovibovini sind aus Europa seit dem Jung-Miozaen bekannt. Diese waren nicht kälteadaptierte Steppenformen. *Ovibos* tritt in Europa und Asien während des Pleistozaen auf und hatte im Würm seine weiteste Verbreitung nach S, bis S-Frankreich und Ungarn. Mit dem Rückgang der Tundren und der Ausbreitung der Wälder setzte der Rückzug nach N ein. In Alaska ist die Gattung seit dem Pleistozaen (entsprechend des Riss-Glazial) belegt und war nach S im Pleistozaen bis Ohio, Nebraska verbreitet. Heutiges Vorkommen N-Kanada und arktische Inseln, NW-, N- und NO-Küste von Grönland. Eingeführt in Alaska, auf Spitzbergen, in Norwegen und Schweden.
KRL.: 180–245 cm, SchwL.: 10 cm, KGew.: 200–300 kg, ♀♀ geringer. Die Hörner stehen an der Wurzel eng beieinander, sind an der Basis stark verdickt und verbreitert. Sie verlaufen dicht am Schädel abwärts, sind dann hakenförmig aufwärts gerichtet und spitz endend. Schädel sehr massig mit röhrenförmig vorspringenden Orbitalrändern. Lacrimale groß, mit flachen Praeorbitalgruben. Frontale lang. Kein Kontakt zwischen Praemaxillare und Nasale, keine Ethmoidallücke. Parietale auf die vertikale Occipitalfläche verdrängt. Beine kurz und stämmig. Hufe breit und kurz, Nebenhufe groß. Praeorbitaldrüsen vorhanden, Interdigitaldrüsen (?). Schulterbuckel bei alten Tieren. Fell: Sehr dichte, weiche Unterwolle und lange Deckhaare (bis 45–60 cm). Mähne vom Kopf bis zum Widerrist, verdeckt die Ohren und reicht bis zu den Hufen. Fellfarbe: dunkelbraun, Sattel und Füße hellbraun. Lebensraum: offene, arktische Tundra. Nahrung: Kräuter, Gras, Weiden an Flußläufen. Moschusochsen vertragen den arktischen Winter und finden ihre Nahrung durch Freischarren unter dem Schnee. Geburten im Frühjahr, Brunst im VII–VIII. Gesellig in gemischten Herden (etwa 100 Ind.), die sich im Sommer zu Kleingruppen auflösen (10 Tiere). Zur Verteidigung und Abwehr von Raubfeinden (Wolf, Eisbär) bildet der Trupp enggeschlossene Ketten oder Kreise, in denen die Tiere mit dem Gesicht gegen den Angreifer gerichtet stehen und diesen meist erfolgreich abwehren können. Die Kälber werden im Centrum der Gruppe geschützt.
Ovis, Wildschafe (Abb. 548). Schafe unterscheiden sich von Ziegen durch folgende Merkmale: Hörner bei ♂♂ homonym, nach hinten und außen spiralig zu einer Schneckenform gedreht. Vorderfläche flach. Die Hornschnecke liegt dem Schädel seitlich an oder kann nach außen gerichtet sein. Ringförmige Querwülste. Hornlänge bei ♂♂ entlang der konvexen Seite 50–150 cm, bei ♀♀ erheblich kürzer oder Hörner fehlend. Querschnitt des Hornzapfens dreiseitig. Nasalia breit und gewölbt. Lacrimale mit Praeorbitalgrube. For. lacrimale innen vom Orbitalrand. Ethmoidallücke fehlt. Dem ♂ fehlen Subcaudaldrüse und Kinnbart. Hufe schmal und länglich, birnenförmig. Nebenhufe klein und eng anliegend.
Die Systematik der Gattung *Ovis* war lange umstritten. Im älteren Schrifttum wurden bis zu 30 Formen, davon 10 als echte Arten beschrieben. Nachdem aus dem riesigen Verbreitungsgebiet, das von S-Europa durch das ganze gemäßigte Asien bis N-Amerika (Alaska bis Mexiko) reicht, ausreichendes Untersuchungsgut zur Verfügung stand, erwies sich eine erhebliche geographische und individuelle Variabilität, deren Glieder durch Übergänge verbunden sind und untereinander fruchtbare Bastarde bilden. Neuere Autoren (ZALKIN 1950, 1951, 1991, KESPER 1953, HALTENORTH 1963, HERRE & RÖHRS 1990) nehmen nur noch 2 Arten, *Ovis ammon* und *Ovis canadensis*, an und verweisen die Mehrzahl der benannten Formen in die Kategorie von Unterarten. Das Verbreitungsgebiet der Schafe schließt n. an das der Ziegen an. Das Hausschaf, als ältestes domestiziertes Säugetier, geht auf w. Unterarten von *Ovis ammon* zurück.
Ovis ammon, Wildschaf (Abb. 548). Unter dieser Art werden u. a. folgende Unterarten geführt: *Ovis ammon musimon*, Mufflon, von Sardinien und Korsika, heute in seinem ursprünglichen Areal gefährdet, aber in vielen Ländern Europas ausgewildert. *O. a. anatolica* im Taurus und Antitaurus. *O. a. arkal* ö. des Kaspisees. *O. a. cycloceros*, Afghanistan. *O. a. vignei*, Ladhak, Kaschmir. *O. a. polii*, Pamir. *O. a. ammon*, Argali oder Pamir-Wildschaf. Weitere Unterarten in C-Asien, Iran, Sibirien bis Transbaikalien.
Ovis ammon musimon, KRL.: 100–150 cm, SchwL.: 10–12 cm, KGew.: 35–100 kg. *Ovis ammon ammon*, Argali, Riesenschaf, KRL.: 120–200 cm, SchwL.: 15 cm, KGew.: 65–180 kg.
Wildschafe sind außerordentlich anpassungsfähig in Ansprüchen an den Lebensraum und die Nahrung. Vorkommen bevorzugt in offenem Gelände, Hochgebirge, aber auch im Hügelland,

1068   Subcl. Theria, Infracl. Eutheria

300−4800 m ü.NN. *O. a. musimon* auch in Wäldern. Nahrung: Kräuter, Laub, im Winter auch Zweige. Wildschafe sind gesellig und bilden unter natürlichen Bedingungen große Herden. Die Widder bilden eigene Herden und gesellen sich im VIII−IX zu den Herden der ♀♀. Hochbrunst im XI. Geburten im Frühjahr. Schneckengehörn. Färbung des Fells sehr wechselnd von gelbbraun bis dunkelbraun. Europäische Mufflons dunkelbraun mit hellem Sattel bei ♂♂. Ventralseite und Beine weiß. Einige Unterarten (*O. a. arkal*) mit Hals-Brustmähne. Der Bestand der asiatischen Wildschafe ist rückläufig; Mufflon in Europa gesichert.

Die Großform der Wildschafe, *Ovis ammon ammon*, das Argali aus C-Asien (Pamir bis S-Mongolei), kann eine Schulterhöhe von 122 cm erreichen. Die Endwindung der Hornschnecke ist aufwärts und auswärts gerichtet (Hornlänge an der Konvexität bis 190 cm). Fellfärbung variabel, kein Sattel. Rudel nach Geschlechtern getrennt in der längsten Zeit des Jahres. Rivalenkämpfe in den ♂♂-Trupps zur Festlegung der Rangordnung. Bei den Kämpfen gehen zwei ♂♂ biped (beim Mufflon quadruped) aufeinander zu und schlagen frontal mit den Köpfen im Bereich der Hornwurzeln aufeinander (Rammstoßkämpfe). Argalis sind langbeinige Schnelläufer und fliehen gewöhnlich durch Laufen in der Ebene und nicht, wie Ziegen, in unzugängliche Bergregionen.

Ovis canadensis, Bergschaf, Dickhornschaf. Seit dem Pleistozaen hat sich in N-Amerika eine Gruppe von Wildschafen entwickelt, die sich von den eurasischen, langbeinigen Wildschafen durch kürzere Beine und stämmigen Körperbau unterscheidet und als gute Kletterer in N-Amerika die biologische Rolle der dort fehlenden Wildziegen übernimmt. Das Dickhornschaf, *Ovis canadensis*, ist von British Columbia, Canada (Alberta) bis C-Mexiko verbreitet. Kennzeichnend ist die massive Ausbildung der Hörner (Schädel- + HornGew. 10−15% des KGew.) und die Ausbildung eines ausgedehnten weißen Spiegels auf der hinteren Körperfläche. Sozial- und Kampfverhalten ähnelt dem der Argalis. Abkömmlinge der amerikanischen Bergschafe haben im Pleistozaen über die Beringstraße Ostsibirien erreicht und besiedeln geeignete Regionen von Kamtschatka bis zum Baikalsee (*Ovis canadensis nivicola*). Das Sibirische Schneeschaf hat schwächere Hörner als die kanadische Subspecies. Der Spiegel am Caudalpol ist weniger ausgedehnt. In Alaska und N-Britisch Columbia lebt eine weitere Unterart des Bergschafes, *Ovis canadensis dalli*, das Dallschaf, das durch die weiße Fellfärbung und durch schwächere Hornbildung („Dünnhornschaf") charakterisiert ist.

Fam. 4. Antilocapridae. Die N-amerikanischen Antilocapridae, Gabelböcke (Abb. 549), (rezent 1 Genus, 1 Species) nehmen eine isolierte Stellung unter den Artiodactyla ein. *Antilocapra* erscheint im Pleistozaen N-Amerikas gemeinsam mit einer Reihe weiterer Gattungen († *Merycodontia*, † *Sphenophalos*, † *Capromeryx* u. a., s. THENIUS 1969, 1979). Sie sind seit dem Mio-/Pliozaen nachweisbar und brachten eine beachtliche Formenradiation hervor, die im älteren Tertiär die ökolo-

Abb. 549. *Antilocapra americana*, Gabelbock.

gische Rolle in Amerika spielte, welche in der Alten Welt von den Antilopenartigen s.l. vertreten wurde. *Antilocapra* ist also Relikt einer eigenen Stammeslinie, die unabhängig von den Bovidae aus primitiven, neuweltlichen Verwandten basaler Cervidae hervorgegangen ist.*)

Antilocapra americana, Gabelbock, Pronghorn (Abb. 549). Ein etwas übergroßer, langbeiniger Paarhufer, der in den Prärien N-Amerikas heimisch ist. KRL.: 115–140 cm, SchwL.: 10–15 cm, KGew.: 45–65 kg. Kennzeichnend sind die Stirnwaffen. Es handelt sich um Hörner, die auf einem spitzen, unverzweigten und nicht pneumatisierten Knochenzapfen über der Orbita sitzen. Hornlänge bis 32 cm (gemessen über die äußere Kurve). Die Hörner sind aufwärts leicht divergierend gerichtet und biegen im Endteil hakenartig nach innen und unten um. Sie besitzen bei ♂♂ einen massiven Vorderrand-Sproß, in den der Knochenzapfen nicht eindringt.

Hörner der ♀♀ wesentlich schwächer, ohne Randsproß, oft fehlend. Einzigartig ist, daß bei Gabelböcken das Horn und nicht der Knochenzapfen im jährlichen Cyclus gewechselt wird. Das Horn wird nach der Brunst (IX–X) abgestoßen. Zu dieser Zeit ist das neue Horn bereits als Schuppe an der Spitze des Knochenzapfens vorhanden, bleibt aber unter den verlängerten Haaren der Umgebung verdeckt. Das neue Horn wächst vom Rande der Schuppe abwärts und schiebt sich gleichzeitig aufwärts vor. Die Bildung des neuen Horns ist im II–III abgeschlossen. Fellfärbung: isabellfarben bis hellbraun; Bauch, Flanken, Füße, ein großer Spiegel auf den Keulen und 2 halbmondförmige Halsstreifen weiß. Nasenregion bei ♂♂ schwarz, weiße Gesichtszeichnung. Hautdrüsen: Praeorbitaldrüsen fehlen. Etwa 5 cm unter dem Ohr mündet eine Subauriculardrüse. Paarige Caudaldrüsen neben der Schwanzwurzel. Rückendrüse über dem Sacrum, von aufrichtbaren Haaren umgeben. Interdigitaldrüsen an allen Gliedmaßen, Tarsaldrüse nur hinten. Obere C fehlen stets, M hypsodont. Penis ohne Urethralfortsatz.

Schädel: Langgestreckt und schmal im Facialteil. Nasenkapsel ausgedehnt. Ethmoidallücke und breiter Praemaxillar-Nasal-Kontakt vorhanden. Lacrimale groß. Zwei Foramina lacrimalia am inneren Orbitalrand. Orbita sehr groß, vom Knochen röhrenförmig umfaßt. Hirnschädel kurz, Parietalia dehnen sich auf die Schädeloberseite aus, die kaum pneumatisiert ist. Basisachse stark geknickt.

Extremitäten kräftig, lang, ohne Nebenhufen, plesiometacarpal. Gabelböcke sind schnelle Läufer, die die von Geparden erreichte Geschwindigkeit nahezu erreichen (Durchschnitt 40 km/h, Maximum auf kurzen Strecken bis 95 km/h). Verbreitung: w.N-Amerika von S-Kanada (Alberta) bis Nieder-Kalifornien und C-Mexiko, im W bis Dakota.

Lebensraum: offene Grassteppe, Prärie. Nahrung: Kräuter, Gräser, bevorzugt *Salvia*-Arten. Im Sommer kleine Trupps (♀♀ und juv.), ♂♂ zum Teil solitär. Im Winter schließen sich die Trupps, einschließlich der ♂♂, zu großen Herden zusammen. Gabelböcke sind nicht territorial und führen große Wanderungen zu neuen Weideplätzen durch. Durch unmäßige Bejagung war der Bestand von *Antilocapra* auf wenige Tausend Ind. zurückgegangen. Strenge Schutzbestimmungen seit 1915 haben zu einer Erholung geführt. Der Bestand wird heute auf mehr als 500000 geschätzt.

Liste der rezenten Artiodactyla Europas, in Klammern ausgewilderte Arten

Sus scrofa, Wildschwein
(*Muntiacus reevesi*, Muntjak)
Cervus elaphus, Rothirsch
Cervus dama,, Damhirsch
(*Cervus nippon*, Sikahirsch)
Alces alces, Elch
Rangifer tarandus, Rentier
(*Odocoileus virginianus*, Weißwedelhirsch)
Capreolus capreolus, Reh

(*Hydropotes inermis*, Wasserreh)
Bison bonasus, Wisent
Rupicapra rupicapra, Gemse
Ovibos moschatus, Moschusochse
Capra aegagrus, Bezoarziege
Capra ibex, Alpensteinbock
Capra pyrenaica, Iberischer Steinbock
Ovis ammon musimon, Mufflon

---

*) Die Ähnlichkeit der Gabelböcke im äußeren Habitus mit Antilopen (Gazellen) darf nicht dazu verleiten, sie als Subfam. den Bovidae anzuschließen, wie oft versucht wurde, da erhebliche morphologische, ethologische und palaeontologische Unterschiede dem entgegenstehen.

Ordo 30. Xenarthra (Edentata)

Als „Edentata" wurden seit Beginn des 19. Jh. eine Reihe von Säugetiergruppen zusammengefaßt.

Im Laufe der Zeit erbrachte die genauere Erforschung dieser Tiere den Nachweis, daß es sich keineswegs um eine einheitliche Ordnung handeln könne, da Gemeinsamkeiten der in Frage kommenden Gruppen (es handelte sich um die Tachyglossidae, Xenarthra, Pholidota und Tubulidentata) nicht auf eine stammesgeschichtliche Einheit schließen lassen, sondern daß entweder Plesiomorphien, also vielen Ordnungen gemeinsame altertümliche basale Merkmale vorlagen, oder, daß es sich um ähnliche Anpassungen an gleichartige Ernährungsweise (Gebißreduktion − Gebißverlust, Insectivorie) handelte.*)

Es besteht heute Konsens darüber, die rezent nur in C- und S-Amerika vorkommenden Gürteltiere, Faultiere und Ameisenfresser zusammenzufassen. Diese Gruppe ist wahrscheinlich in S-Amerika entstanden und hat im Tertiär eine erhebliche Radiation erfahren. Über den Einzelfund eines fossilen Ameisenfressers, † *Eurotamandua joresi*, aus Europa (G. STORCH 1981, 1992), der der rezenten *Tamandua* sehr nahe steht, wird zu berichten sein (s. S. 1073).

Die phylogenetische Einheit der Xenarthra erweist sich, trotz differenter Anpassungen (terrestrisch, grabend, semiarboricol, arboricol), auf Grund vieler Synapomorphien. Als solche seien das regelmäßige Vorkommen von Nebengelenken an den unteren Brustwirbeln und den Lumbalwirbeln (s. S. 1074), Os nasiale (Os septomaxillare), Bau der Placenta, Besonderheiten des Chondro- und Osteocranium und die Zahnstruktur, sofern das Gebiß nicht völlig reduziert ist, genannt.

Großgliederung der Xenarthra. Vielfach verwendet wird eine Gliederung der Xenarthra in zwei Infraordines: **Pilosa** (= † Megalonychidae, † Megatheriidae, † Mylodontidae, Myrmecophagidae, Bradypodidae) und **Cingulata** ILLIGER 1811 = **Loricata** OWEN 1842 (Dasypodidae, † Glyptodontidae). Die Zusammenfassung der Familien Bradypodidae und Myrmecophagidae in einer Infraordo „Pilosa" beruht allein auf dem gemeinsamen Besitz eines Haarkleides, eines plesiomorphen Merkmales, das für alle Mammalia kennzeichnend ist. Außerdem sind Haare auch bei den meisten panzertragenden Formen ausgebildet. Andererseits hat die neuere, vergleichend morphologische Forschung erhebliche Differenzen zwischen Bradypodidae und Myrmecophagidae festgestellt. Die sehr frühe Abspaltung der Myrmecophagidae von der gemeinsamen Stammgruppe (Paleozaen oder früher) wird durch die Fossilfunde bestätigt. Damit ergibt sich die Großgliederung der Xenarthra in 3 Subordines:

Cingulata (Fam. Dasypodidae)
Tardigrada HOFFSTETTER 1954, 1958 (Fam. Bradypodidae)
Vermilingua (Fam. Myrmecophagidae) (Abb. 550)

---

*) Bereits früh wurde die Zuordnung von *Tachyglossus* zu den Monotremata (BONAPARTE 1838) erkannt. Seit 1870 wird die Sonderstellung der Tubulidentata und Pholidota als eigene Ordnungen diskutiert (HUXLEY, GILL 1872). Die Loslösung der Tubulidentata als Abkömmlinge primitiver Huftiere († Condylarthra) war um 1900 allgemein akzeptiert (WEBER 1904). Damit verblieben Pholidota und Xenarthra allein als Edentata. Die Trennung dieser beiden Gruppen war durch die *Manis*-Monographie von M. WEBER (1891) begründet. WEBER billigte beiden den Status einer Ordnung zu, behielt aber zunächst die Kategorie „Edentata" als Überordnung für Pholidota und Xenarthra bei. Die Annahme einer sehr basalen, gemeinsamen Stammgruppe (mesozoisch?) für Pholidota und Xenarthra schien noch durch die Entdeckung der † Palaeanodonta (WORTMAN 1896, 1903) gestützt, bis schließlich der Nachweis erbracht wurde (EMRY 1970), daß die Palaeanodonta in naher Verwandtschaft zu den Pholidota, nicht aber zu den Xenarthra stehen. Damit entfällt die Bezeichnung „Edentata" in der neueren Klassifikation und die Ordo Xenarthra umfaßt die S-amerikanischen Familien, einschließlich der fossilen Fam. † Megalonychidae, † Mylodontidae, † Megatheridae und † Glyptodontidae (über den Fund von † *Eurotamandua* aus dem Eozaen von Messel s. S. 1073).

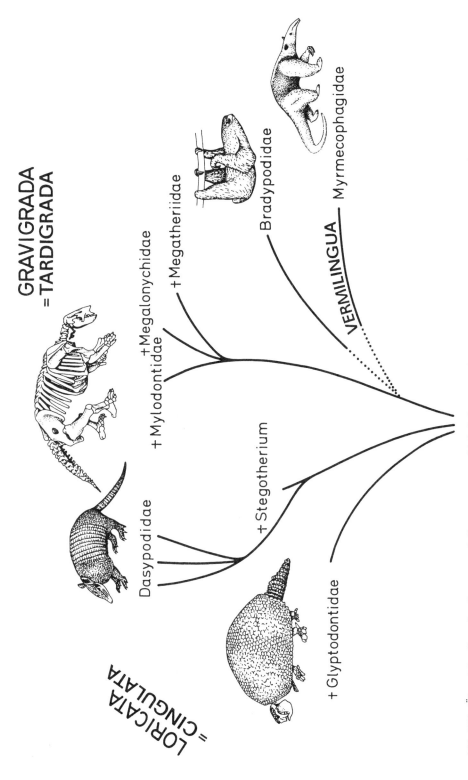

Abb. 550. Übersicht über das System und die stammesgeschichtlichen Beziehungen der Xenarthra. Nach STARCK 1978.

Zweifellos sind die Xenarthra eine sehr alte Gruppe der Eutheria, die sich im Mesozoikum, kurz nach der Dichotomie in Meta- und Eutheria von Protoinsectivoren abgespalten hat. Die isolierte Stellung der Xenarthra war sogar Anlaß, sie aus den Eutheria auszuschließen und allen übrigen Eutheria als Schwestergruppe „Epitheria" gegenüberzustellen (McKenna 1974). Diese weitgehende Spekulation ist nicht haltbar, denn die Xenarthra sind ohne Zweifel echte Eutheria. Sie haben mit diesen die entscheidende Merkmalskombination gemeinsam, wie die gleiche Struktur des Genitalapparates und der Mammarorgane, also Ontogenese und Brutpflegemodus (Fetalmembranen, Placentarstruktur).

Herkunft der Xenarthra. Die ältesten Funde, die der Ordnung zuzuordnen sind, stammen aus dem Paleozaen Amerikas. Die vielfach als Ahnen angesehenen † **Palaeanodonta** aus dem Eozaen scheiden als Vorfahren aus.*) Als ältester Fossilfund von Xenarthra gilt † *Utaetus* aus dem Jung-Paleozaen S-Amerikas, der als primitiver Vertreter der Dasypodidae (Gürteltiere) gedeutet wird (Gebiß vereinfacht, aber noch mit Schmelz; Vorkommen von Hautossifikationen).

Die Aufspaltung der Xenarthra in drei Hauptstammeslinien ist nach neueren Erkenntnissen sehr früh (Paleozaen oder bereits mesozoisch) erfolgt. Die Dasypodidae (Gürteltiere), heute 9 Genera, 21 Species, lassen bereits im Eozaen eine erste Radiation erkennen. Unter diesen sind Vertreter der Euphractinae, Dasypodinae und Priodontinae bereits nachweisbar. Die Ernährungsweise dieser frühen Formen war omnivor – insectivor. Im Quartär haben Dasypodiden über C-Amerika auch N-Amerika erreicht. Im Mittel-Eozaen haben sich von den Dasypodiden die **Riesengürteltiere**, † Glyptodontidae (Abb. 550), abgespalten und in einer zweiten Radiation ebenfalls N-Amerika (Texas, Oklahoma) erreicht († *Glyptodon*, † *Glyptotherium*, † *Brachyostracon* u.a.). Sie sind noch im Pleistozaen mit riesigen Formen (KLge.: 2–3 m) vertreten. Es waren Pflanzenfresser, die in Steppenlandschaften lebten und offenbar durch das Vordringen der Huftiere verdrängt wurden. Kennzeichnend für Glyptodonten waren der unbewegliche, starre Knochenpanzer und die Verknöcherung der Wirbelverbindungen, eine tütenartige, starre Knochenhülse des Schwanzes, die extreme Verkürzung der Schnauze, möglicherweise mit Weichteilrüssel, die hohe Lage des Kiefergelenkes, wurzellose, dreiteilige Molaren und hufartige Endphalangen.

Eine weitere Gruppe der Xenarthra, die Riesenfaultiere, Gravigrade, war in S-Amerika mit etwa 50 Gattungen im Tertiär weit verbreitet und hat im Plio-/Pleistozaen N-Amerika (Alaska) und im Quartär mit einigen Formen die Antillen (Kuba, Haiti, Curacao) erreicht. Es handelt sich um terrestrische Formen mit Haarkleid. Drei Hauptstämme werden unterschieden: † Mylodontidae, † Megatheriidae, † Megalonychidae.

Die ältesten Vertreter der Gravigrada stammen aus dem Oligozaen († *Orophodon*) und aus dem Pliozaen († *Holomegalonyx*, † *Hapaloides*). Riesenformen waren im Pleistozaen weit verbreitet. Genannt seien als Beispiele † *Mylodon* (Mylodontidae) im Pleistozaen von Patagonien bis N-Amerika, † *Notrotherium* und † *Megatherium* (Pleistozaen, Megatheriidae) und † *Megalonyx* (Megalonychidae). Einige Megatheriidae haben bis zum Holozaen überlebt (bis 8500 Jahre vor heute) und waren Zeitgenossen des Menschen. Höhlenfunde ganzer, wohlerhaltener Skelete mit Fellresten und Kotballen gaben Hinweise darauf, daß die Megatherien vom Menschen gejagt wurden. Analyse der Kotballen erbrachte den Nachweis, daß es sich um Pflanzenfresser handelte.

Die rezenten Faultiere (2 Gattungen, 6 Species), die **Bradypodidae**, sind hochspeziali-

---

*) Palaeanodonta († *Metacheiromys*, † *Epoicotherium*, † *Palaeanodon*) wurden in diesem Rahmen diskutiert, weil sie eine Reduktion des Gebisses, einfache Stiftzähne ohne Schmelz und Grabanpassungen der Gliedmaßen, also Konvergenzen zu den Gürteltieren, aufwiesen. Eine Ableitung der Xenarthra von Palaeanodonta ist wegen des jüngeren geologischen Alters und des Fehlens von Spezialhomologien (den Palaeanodonta fehlen die xenarthralen Gelenke und die doppelte sacrocoxale Verbindung; keine Hautossifikationen) nicht möglich.

sierte Relikte der Gravigrada, die eine Fülle von Anpassungen (s. S. 1072) an ein rein arboricoles Leben aufweisen im Zusammenhang mit dem Lebensraum in periodisch überfluteten Tropenwäldern (Amazonien), in Analogie zu den platyrrhinen Affen und vielen Insekten, unter denen rein terrestrische Formen fehlen.

Die Ameisenfresser, Myrmecophagidae (3 Genera, 4 Species), sind teils terrestrisch (*Myrmecophaga*), teils semiarboricol (*Tamandua*) oder rein arboricol (*Cyclopes*). Sie sind, ähnlich den Pholidota, einseitig spezialisierte Ameisen-Termitenfresser (s. S. 1097f.) und wurden vielfach als junge Abkömmlinge der Gravigrada gedeutet. Bedenken gegen diese Hypothese ergaben sich aus der Tatsache, daß eine Abstammung myrmecophager Formen von differenzierten Herbivora höchst unwahrscheinlich ist. Gewißheit brachte der sensationelle Fund (G. STORCH 1981, 1992) eines Ameisenfressers, *Eurotamandua joresi* aus dem Eozaen der Grube Messel (bei Darmstadt). † *Eurotamandua* steht *Tamandua* sehr nahe und weist alle Schlüsselmerkmale auf (Schädel, Ohrregion, Wirbelsäule, Handskelet), die eine sehr enge Verwandtschaft zu den s-amerikanischen Myrmecophagidae belegen. Dieser Status war also erreicht, lange bevor die Gravigrada erschienen und zwingt zur Einsicht einer sehr frühen Abspaltung der Myrmecophagidae von den übrigen Xenarthra und bestätigt die Errichtung einer eigenen Subordo **Vermilingua** ILLIGER 1811 (HOFFSTETTER 1954, 1958; STORCH 1981, 1992). † *Eurotamandua* ist der einzige Fund eines Xenarthren in Europa.*)

Diese tiergeographische Besonderheit wirft Fragen auf. Der Reichtum an fossilen Xenarthra und die Verbreitung der rezenten Formen läßt keinen Zweifel daran, daß das Entstehungscentrum in S-Amerika liegt. Eine Ausbreitung über N-Amerika und O-Asien nach Westen über die Beringbrücke ist unwahrscheinlich, da entsprechende Fossilfunde aus N-Amerika und O-Asien fehlen. STORCH und SCHAARSCHMIDT (1988) nehmen an, daß die Vermilingua vor Aufbrechen des Atlantik im alten Südkontinent Gondwana entstanden seien und von hier aus sowohl S-Amerika als auch W-Afrika erreicht hätten. Die Ausbreitung von W-Afrika nach W-Europa auf dem Landwege wäre denkbar. Das Problem ist zur Zeit nicht definitiv lösbar, zumal die große Fundlücke (W-Afrika und S-Europa) offen bleibt. Immerhin sei auf die Analogie bei der Ausbreitung der Didelphiden (s. S. 314) verwiesen, die in Europa fossil nur im Pariser Becken und in Messel nachgewiesen sind, für die aber der Wanderweg durch Zahnfunde in N-Afrika wahrscheinlich geworden ist.

System der rezenten Xenarthra

Ordo Xenarthra
        Subordo Cingulata (= Loricata), Gürteltiere
                Fam. Dasypodidae
                      Subfam. Dasypodinae
                              Euphractinae
                              Chlamyphorinae
                              Totypeutinae
                              Priodontinae
        Subordo Tardigrada FORSTER, Faultiere
                Fam. Bradypodidae
                      Subfam. Bradypodinae
                              Choloepodinae
        Subordo Vermilingua
                Fam. Myrmecophagidae, Ameisenfresser
                    Subfam. Myrmecophaginae
                              Cyclothurinae

---

* † *Ernanodon* aus dem Paleozaen Chinas wird in die Verwandtschaft der Bradypodiden gestellt, doch ist die Zuordnung nicht gesichert.

Diagnose der Xenarthra, Zusammenfassung. Die Xenarthra sind Eutheria (s. S. 1070), nehmen aber eine Sonderstellung gegenüber allen übrigen Ordnungen innerhalb dieser Infraclassis ein. Die drei Subordines sind im Habitus, Anpassungstyp und Lebensweise gar nicht ähnlich. Ihre Zusammenfassung in einer Ordnung und ihre Sonderstellung innerhalb der Eutheria gründet sich auf eine Reihe von Synapomorphien, also auf Merkmale, die ihnen gemeinsam sind und Vertretern anderer Ordnungen fehlen. Zu nennen ist in diesem Zusammenhang das Auftreten von Nebengelenken am letzten Brustwirbel und den Lumbalwirbeln (Abb. 551). Außer den normalen Gelenkfortsätzen, Prae- und Postzygapophyse (s. S. 28–30, normarthraler Zustand) besitzen die Xenarthra (= Nebengelenktiere) noch 4 (bis 6) weitere Artikulationsflächen, die auf vom Wirbelbogen ausgehenden Knochenfortsätzen lokalisiert sind. Die cranial gerichtete (!) Metapophyse trägt 2 (3) derartige Nebengelenkflächen, desgleichen die caudal gerichtete Anapophyse. Die funktionelle Deutung dieser Strukturen ist noch unbekannt. Abhängigkeiten zur Lokomotions- und Lebensweise sind bisher nicht erkennbar, denn grabende, terrestrisch laufende, semiarboricole und arboricole Arten sind Träger des gleichen Merkmalskomplexes.*) (Abb. 551).

Andeutungen von Met- und Anapophysen kommen auch bei anderen Eutheria (Artiodactyla) vor.

Die stammesgeschichtliche Einheit der Xenarthra gründet sich weiter auf das regelmäßige Bestehen einer doppelten Verbindung zwischen Becken und Wirbelsäule. Neben der typischen ileo-sacralen Verbindung existiert eine ossifizierte ischio-sacrale Verbindung (Abb. 554).

Das Vorkommen eines Os septomaxillare ist eine Plesiomorphie. Der Trend zur Gebißreduktion ist eine Anpassung an myrmecophage Ernährung und als solche phylogenetisch nicht verwertbar, ebenso das Vorkommen einer lang vorstreckbaren, wurmförmigen Zunge und spezialisierter Speicheldrüsen bei den myrmecophagen Arten (Vermilingua). Schließlich wird die Einheit der Xenarthra durch die Fossilfunde gesichert.

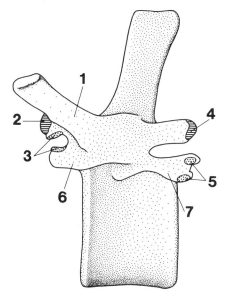

Abb. 551. Lumbalwirbel eines Ameisenbären (*Myrmecophaga*) von links, leicht schematisiert, linke Bildseite cranial.
1. Proc. transversus, 2. Praezygapophyse, 3. craniale akzessorische Gelenkflächen, 4. Postzygapophyse, 5. caudale akzessorische Gelenkflächen, 6. Metapophyse, 7. Anapophyse.
Punktiert: Akzessorische Gelenkflächen, gestrichelt: typische (normarthrale) Gelenkflächen.

Integument. Myrmecophagidae und Bradypodidae besitzen ein dichtes Haarkleid, das bei den Faultieren durch strukturelle Besonderheiten des Haares (Marklosigkeit,

---

*) Eine exakte, biomechanische Analyse unter Berücksichtigung der Muskulatur fehlt bisher und ist dringend erwünscht.

Oberflächenschuppen, Besiedlung mit Algen bei Bradypodidae, s. S. 1094) spezialisiert ist. Dasypodidae tragen einen Hautpanzer, der aus epidermalen Hornschuppen und dermalen Knochenschuppen (Osteodermen) besteht (s. S. 1089 f.). Gürteltiere besitzen Haare zwischen den Schuppen. Auch die Umwachsung von Einzelhaaren durch die Knochenschuppe kann vorkommen. Hautdrüsen: Gürteltiere besitzen eine Rückendrüse, die in der Mediane über dem Sacrum liegt. Es handelt sich um zahlreiche, kleine Einzeldrüsen, die in Aussparungen im Knochen der Schuppen liegen und mit zahlreichen Poren auf deren Oberseite münden. Sie bestehen aus a-Drüsen und wenigen kleinen Talgdrüsen und bilden insgesamt ein komplexes Drüsenorgan, das ein stark riechendes Sekret absondert. Bei Bradypodiden wird das Vorkommen von Rückendrüsen vermutet (SCHAFFER 1940; histologischer Nachweis fehlt). Analbeutel werden für Myrmecophagidae und Dasypodidae erwähnt, sollen aber bei Faultieren fehlen.

Die Zitzen sind bei Myrmecophagidae und Bradypodidae pectoral, bei *Cyclopes* existiert ein zusätzliches abdominales Paar. Gürteltiere haben im allgemeinen ein Paar abdominaler Zitzen. *Dasypus* hat ein weiteres inguinales Zitzenpaar.

Die Endglieder der Finger tragen Krallen, die bei den grabenden und termitophagen Arten zu mächtigen Scharrkrallen, bei den Faultieren zu gebogenen Haken zum Aufhängen des Körpers im Geäst umgewandelt sind. Die Hinterfüße sind semiplantigrad bis plantigrad und tragen, abgesehen von den Faultieren, einfache Krallen.

Schädel. Der Schädel ist im Hirnteil flach. Facialschädel und Hirnkapsel sind bei Dasypodidae etwa gleichlang. Bei den Vermilingua ist der Gesichts-Nasenteil zu einer langen Röhre umgewandelt. Bei *Myrmecophaga* erreicht sie die doppelte Länge der Hirnkapsel (Abb. 563). Die Parietalia sind sehr ausgedehnt und bilden den Hauptteil der Seitenwand, an dem die Schuppe des Squamosum nur geringen Anteil hat. Das Interparietale soll, nach den Angaben im Schrifttum, fehlen, doch ist bei Neonaten von *Myrmecophaga* ein relativ großes Interparietale noch deutlich vom Supraoccipitale getrennt. Die Verwachsung zur einheitlichen Hinterhauptsschuppe erfolgt sehr früh. Auch für Bradypodidae ist ein Interparietale nachgewiesen (R. SCHNEIDER 1955).

Einen geschlossenen Jochbogen besitzen nur die Gürteltiere. Er fehlt bei *Vermilingua* bis auf den Rest eines Jugale, das mit dem Proc. jugalis des Os maxillare verschmilzt. Bei Bradypodidae ist das Os jugale recht groß, bleibt aber durch eine breite Lücke vom Proc. zygomaticus squamosi getrennt. Das Jugale besitzt einen breiten absteigenden Fortsatz (Abb. 561), der auch bei einigen *Gravigrada* auftritt. Seine funktionell-konstruktive Bedeutung ist nicht bekannt.

Bei *Myrmecophaga* und *Tamandua* entspricht der Verlängerung der Schnauze eine erhebliche Verlängerung des knöchernen Gaumens, an dessen Bildung Gaumenfortsätze der Pterygoide teilnehmen (Abb. 563). Diese verschmelzen in einer medianen Naht, so daß die Choane weit nach hinten bis in die Ohrregion und bis dicht vor das For. occipitale magnum verlagert werden. Bei *Cyclopes* (Abb. 564) sind die seitlichen Leisten der Pterygoide gleichfalls verlängert, doch kommt es nicht zur Verschmelzung und Beteiligung der Pterygoida an der Bildung des Gaumens, der aboral tief gespalten bleibt. Bei Bradypodidae sind die Pterygoide von der Nase her pneumatisiert.

Das Tympanicum (Abb. 552, 553) wird halbringförmig angelegt, kann bei einigen Arten auswachsen und sich an der Begrenzung des Cavum tympani und eines Rec. meatus beteiligen (Myrmecophagidae). Es verwächst gewöhnlich mit dem Squamosum und der Pars mastoidea. Ein Entotympanicum kommt in allen 3 Subordines vor, ist aber nur bei Bradypodidae von erheblicher Größe. Die Paukenhöhle besitzt bei *Myrmecophaga*, *Tamandua* und † *Eurotamandua*, nicht bei *Cyclopes*, eine vordere Nebenkammer, die vom Pterygoid und Alisphenoid begrenzt wird (Abb. 563). Die Tubenmündung ist bei *Vermilingua* weit nach hinten verlagert und mündet von hinten in die Paukenhöhle. Bei Dasypodidae (Abb. 553) sind For. rotundum und For. sphenoorbitale verschmolzen. Der Austritt der N. V_3 erfolgt bei Bradypodidae durch eine Lücke zwischen Alisphenoid, Squamosum und Pterygoid.

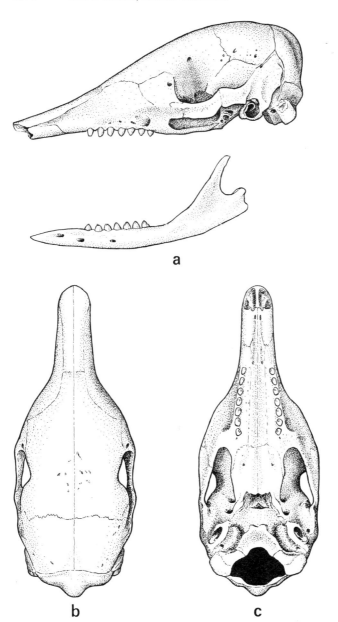

Abb. 552. *Dasypus novemcinctus*, Neunbinden-Gürteltier, Schädel in drei Ansichten.

Das Praemaxillare aller Xenarthra ist sehr klein (Verlust des Incisivengebisses). Der Facialteil des Lacrimale ist bei Myrmecophagidae groß, bei den übrigen Familien klein.

Bei Dasypodidae und *Choloepus*, nicht bei *Bradypus*, ist ein Os septomaxillare (= Os nariale) nachgewiesen, ein paariger Deckknochen, der auf der Unterseite der Lamina transversalis entsteht und mit einem Fortsatz bis in die Nasenhöhle vorragt (auch bei Monotremen und einigen Nichtsäugern). Das Os praenasale (Abb. 561) ist als unpaarer Deckknochen auf dem Vorderende des Septum nasi ausgebildet (bei *Bradypus* paarig angelegt?).

Unterkiefer und Kiefergelenk zeigen erhebliche Unterschiede je nach dem Ernährungstyp. So besitzen die zahnlosen Vermilingua einen spangenförmigen, dünnen

Unterkiefer (Abb. 563), während phytophage Formen (Bradypodidae) einen kräftigen Unterkiefer mit typischer Ausbildung der Fortsätze und hoher Lage des Kiefergelenkes besitzen. Omnivore Dasypodidae verhalten sich intermediär. Das Kiefergelenk ist stets einkammrig, besitzt also keinen Diskus und hat bei einigen Arten (*Dasypus*) den Charakter einer Syndesmose (LUBOSCH 1907).

Als gemeinsames Merkmal der Xenarthra sei auf das Vorkommen eines M. pterygotympanicus (versorgt durch N. V$_3$) verwiesen. Der Muskel zieht vom Pterygoid zum

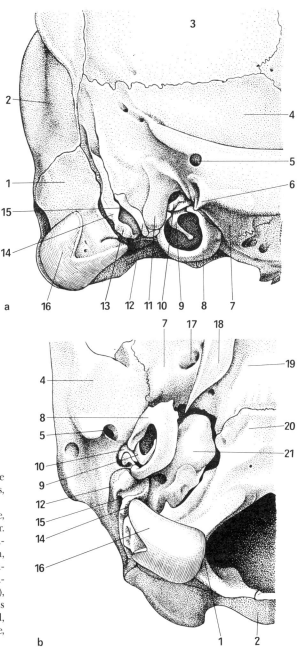

Abb. 553. *Dasypus novemcinctus*, rechte Otico-Occipitalregion des Schädels, a) von lateral, b) von basal.
1. Exoccipitale, 2. Supraoccipitale, 3. Parietale, 4. Squamosum, 5. For. postglenoidale, 6. Proc. retroglenoidalis, 7. Alisphenoid, 8. Tympanicum, 9. Malleus, 10. Incus, 11. Proc. posttympanicus, 12. Stylohyale, 13. Proc. mastoideus, 14. Petrosum („Mastoid"), 15. For. stylomastoideum, 16. Condylus occipitalis, 17. For. ovale, 18. Pterygoid, 19. Basisphenoid, 20. Basioccipitale, 21. Petrosum.

Tympanicum und wird als Derivat des M. adductor post. der Nichtsäuger gedeutet. Er kommt auch bei Monotremata und Pholidota vor und muß daher als Plesiomorphie und damit als Hinweis auf die frühe Abspaltung und Sonderstellung der Xenarthra verstanden werden.

Postcraniales Skelet, Wirbelsäule. Als auffälliges, ordnungsspezifisches Kennzeichen ist die Bildung von akzessorischen Gelenken am letzten Thoracal- und den Lumbalwirbeln bereits bei der Kennzeichnung der Ordo Xenarthra besprochen worden (s. S. 1074). Weiterhin muß hervorgehoben werden, daß Abweichungen von der sehr konstanten Anzahl von 7 Halswirbeln nur bei Bradypodidae vorkommen (abgesehen von sekundären Verschmelzungen bei Cetacea, Springmäusen und grabenden Arten wie *Notoryctes* und Talpidae).

Tab. 61. Übersicht über die Wirbelzahlen bei rezenten Xenarthra

Vertebrae	cervic.	thorac.	lumbal.	sacr.	caudales
Bradypodidae	8–9	14–16	3–4		9–10
Choloepidae	6	24–25	3–4		5–6
Myrmecophagidae	7	17–18	2–3	5–6	25–32
Dasypodidae	7	9–12	3–5	8–13	

Bei *Bradypus* trägt der 8. und 9. Wirbel eine frei endigende Halsrippe. Bei den Cingulata ergeben sich Besonderheiten aus der Beziehung zwischen Wirbelsäule und Hautpanzer.

Die † Glyptodontidae besitzen einen in sich starren Panzer, vergleichbar dem Carapax der Schildkröten. Die Halswirbelsäule ist entsprechend der Notwendigkeit die Beweglichkeit des Kopfes zu gewährleisten, hoch spezialisiert. Sie besteht aus 3 Skeletelementen, dem frei beweglichen Atlas, dem Os mesocervicale, das aus den untereinander ancylosierten Cervicalwirbeln II–VI besteht und dem Os trivertebrale (Cl 7 + Thl 1 und 2). Diese eigenartige Gliederung und Knickung läßt nur Bewegungen in der Sagittalebene zu, und zwar bei Streckung ein Niederbeugen des Kopfes bei der Nahrungsaufnahme und bei Flexion ein Zurückziehen des Kopfes unter den Panzer, ähnlich den cryptodiren Schildkröten. Leichte Drehbewegungen sind nur zwischen Atlas und Os mesocervicale möglich.

Im Rumpfbereich verschmelzen die Thoracalwirbel vom 2. bis zum letzten und die Lumbal- mit Sacralwirbeln zu zwei Knochenröhren. Bei rezenten Dasypodidae kann es zur Bildung eines mesocervicalen Knochens kommen. Das Sacrum ist durch Assimilation von Lumbal- und Caudalwirbeln (Pseudosacralwirbel) verlängert und stabil. Die biologische Bedeutung des Schwanzes bei Xenarthra ist vielseitig und sehr verschieden. Der lange Schwanz bei Ameisenfressern ist bei *Tamandua* und *Cyclopes* als echter Wickelschwanz ausgebildet, der bei den arboricolen Gattungen zur Sicherung im Geäst dient. *Cyclopes* hat auf der Unterseite des Schwanzes ein haarloses Tastfeld. Bei *Myrmecophaga* trägt der Schwanz eine breite Fahne aus langen Haaren und kann der Körperseite angelegt werden. Er dient als Erkennungssignal und zur Tarnung, wenn er das ruhende Tier zudeckt, vor allem wenn es ein Jungtier auf dem Rücken trägt. Er dient als Stütze bei bipeder Aufrichtung (Angriffshaltung). Die Wirbelkörper der Myrmecophagidae tragen Haemapophysen. Bradypodidae sind äußerlich schwanzlos. Bei Gürteltieren verhält es sich unterschiedlich. Meist besitzt der Schwanz eine Schuppenpanzerung, die bei † *Glyptodonta* als geschlossene Knochenröhre ausgebildet ist und bei † *Doedicurus* in einer mit Stacheln besetzten Endkeule endet. Der Schwanz von *Cabassus* ist nackt.

Rippen und Sternum. Zahl der Rippen s. Tabelle 61. Die Rippen sind an ihrer unteren Kante verbreitert und können sich (*Cyclopes*) überdecken. Bemerkenswert ist, daß sich bei Myrmecophagidae der Rippenknorpel an seinem sternalen Ende gabelt und mit zwei Kontaktflächen an die Sternebrae anlagert. Die Verbindungen zwischen Prosternum, den mesosternalen Knochenelementen und dem Xiphisternum sind bei allen Xenarthra als Spaltgelenke (Diarthrosen) ausgebildet. Ameisenfresser besitzen einen sehr langen Proc. xiphoides als Ansatz für die Retraktormuskeln der Zunge. Eine Besonderheit der Myrmecophagidae unter allen Eutheria ist die regelmäßige Ossifikation der Rippenknorpel.

Extremitäten, Lokomotion. Lebens- und Lokomotionsweise ist bei den drei Subordines der rezenten Xenarthra und selbst innerhalb dieser sehr verschieden. Kurz zusammengefaßt, können unterschieden werden: Dasypodidae: terrestrisch laufend, Scharr- und Grabanpassung. Bradypodidae: Extreme Arboricolie mit Ausbildung aller vier Gliedmaßen als langarmige Hebelsysteme, die als Greifhaken beim Hangeln im Geäst dienen. Die Extremitäten der Gürteltiere und Ameisenfresser sind relativ kurz, die der Faultiere sehr lang, bei letzteren sind die Arme länger als die Beine.

Alle Xenarthra besitzen eine Clavicula. Diese ist rudimentär, ohne das Sternum zu erreichen, bei Myrmecophagidae (besonders *Cyclopes*) und bei *Bradypus*, nicht aber bei *Choloepus* trotz gleicher Lokomotionsform. Die Scapula aller Xenarthra ist sehr groß. Die Fossa infraspinata ist flächenmäßig vergrößert und trägt, parallel zur Spina, eine weitere Knochenleiste („zweite Spina scapulae", Ansatz der Retraktoren des Humerus, M. teres major, M. infraspinatus). Besonders kräftig ist die Muskulatur der Vorderextremität bei *Myrmecophaga* (Grabefunktion, Abwehrwaffe). Das Acromion ist bei allen Xenarthra groß. Es trägt bei einigen Dasypodidae eine Gelenkfläche für den Humeruskopf (akzessorisches Schultergelenk). Bei Myrmecophagidae und Bradypodidae verbindet sich das Acromion knöchern mit dem praescapularen Rand und überbrückt die Incisura scapulae, die so zum For. coracoscapulare geschlossen wird.

Der Humerus aller Xenarthra hat ein For. entepicondyloideum, mit Ausnahme der meisten Bradypodidae (es ist nur bei *Br. torquatus* vorhanden). Radius und Ulna sind nicht verwachsen. Dennoch ist kaum eine Pro- und Supinationsbewegung möglich, abgesehen von einer geringen Drehfähigkeit bei Faultieren.

Die Hand der Dasypodidae weicht vom Ausgangstyp am wenigsten ab. Meist sind 5 Finger ausgebildet. Finger I und II sind schlank, III−V besitzen kurze, aber breite Krallenglieder mit Tendenz zur Unterdrückung der proximalen Phalangen. Bei *Dasypus* sind die Finger II und III länger als I und IV. Finger III ist meist verstärkt. Bei *Tolypeutes* sind Finger I und V zurückgebildet. Gürteltiere sind meist plantigrad, nur *Tolypeutes* läuft auf den Fingerspitzen (digitigrad).

Bei den Myrmecophagidae sind die Carpalia typisch ausgebildet. Ein Centrale carpi findet sich nur bei der erwachsenen *Tamandua*. Entsprechend der Verstärkung von Finger III ist das Hamatum bei *Myrmecophaga* und *Cyclopes* verbreitert.

Myrmecophaga besitzt 5 Finger; I ist rudimentär. Der Finger III ist stark vergrößert und trägt die mächtige Grabkralle. Finger II und IV erreichen nahezu die Länge von III, sind aber dünner. Finger V ohne Kralle. Der Große Ameisenbär ist ein terrestrischer Läufer, der gelegentlich in Galopp fallen kann und gut schwimmt. Beim Lauf wird die Hand in Supinationsstellung mit einer Schwiele am ulnaren Rand aufgesetzt und die Krallen II und III werden nach innen eingeschlagen. Zur Abwehr von Angriffen richtet sich *Myrmecophaga* auf, gestützt auf Hinterbeine und Schwanz, sucht den Gegner mit den Armen zu umfassen und kann durch die Krallen erhebliche Verletzungen setzen.

Bei *Cyclopes* sind alle distalen Carpalia zu einem Großknochen verschmolzen, der in ganzer Breite den außerordentlich vergrößerten Finger III trägt. Der Finger II liegt dem III eng an, die übrigen sind rückgebildet.

Die Hand der Bradypodidae (Abb. 59) ist schmal und lang. Bei *Choloepus* sind Finger II und III lang und ihre Endphalangen mit großen Hakenkrallen ausgestattet. Finger I und IV sind nur als rudimentäre Metacarpalia erhalten, V fehlt. Bei *Bradypus* sind

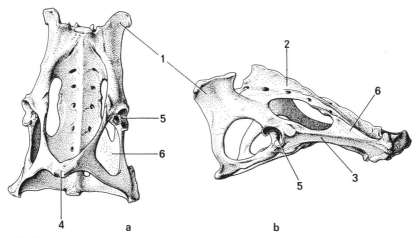

Abb. 554. *Chaetophractus villosus*, Borstengürteltier. Becken. a) etwas schräg von ventral, b) von links. Nach STARCK 1979.
1. Ilium, 2. Sacrum, 3. Ischium, 4. Symphysis ossis pubis (verknöchert), 5. Acetabulum, 6. Synostose zwischen Ischium und Sacrum.

Finger II – IV als Haken ausgebildet und I und V nur als rudimentäre Metacarpalia erhalten. Stark verkürzt ist die Grundphalanx, die mit dem entsprechenden Metacarpale ancylosieren kann. Die proximalen Enden der Metacarpalia (und Metatarsalia) verschmelzen knöchern miteinander. Sowohl *Bradypus* als auch *Choloepus* besitzen am Fuß 3 syndactyle Zehen mit Hakenkrallen.

Faultiere hängen im Geäst an den Extremitäten mit abwärts gerichteter Rückenseite und bewegen sich auch hangelnd in dieser Stellung. In der Ruhe sitzen sie gelegentlich abgestützt in einer Astgabel. In Anpassung an die ungewöhnliche Körperhaltung hat das Fell einen Scheitelstrich auf der Bauchseite mit dorsal gerichtetem Haarstrich.

Topographische Besonderheiten der Brust-/Bauchorgane werden gleichfalls als Anpassung der Körperhaltung gedeutet (s. S. 183 f., 1083). Faultiere suchen den flachen Boden sehr selten auf, etwa beim Wechsel des Nahrungsbaumes, und bewegen sich dabei höchst ungeschickt auf dem Bauch rutschend.

Das Becken aller Xenarthra ist, unabhängig von Lokomotionsart und Lebensweise, charakterisiert durch Assimilation von Pseudosacralwirbeln (s. S. 31) und durch Ausbildung einer zweiten Knochenverbindung, neben der iliosacralen, zwischen Ischium und Sacrum (Abb. 554). Die beiden Becken-Sacrum-Verbindungen ossifizieren, so daß ein völlig geschlossener Beckenring entsteht und an Stelle einer Incisura ischiadica ein knöchern umrahmtes For. sacroischiadicum zustande kommt. Die Ossa ilei sind kurz und verbreitert.

Ein Trochanter tertius fehlt bei Bradypodidae und bei Myrmecophagidae und wird bei den letztgenannten und den † Gravigrade durch eine Muskelleiste ersetzt. Er ist bei † Glyptodonta und Dasypodidae kräftig entwickelt.

Tibia und Fibula verschmelzen nur bei Dasypodidae und † Gravigrada am proximalen und distalen Ende.

Am Fuß kommt es zu Verschmelzungen von Tarsalia und Metatarsalia bei Bradypodidae. Abgesehen von *Cyclopes* ist der Fuß bei den übrigen Xenarthra pentadactyl, von gewöhnlichem Bau und plantigrad.

Bei *Cyclopes* ist der Fuß, ähnlich der Hand, als spezialisiertes Greiforgan ausgebildet. Die Fußsohle ist mit 2 dicken Kissen versehen, die durch eine Furche getrennt sind. Das mediale, verhornte Kissen wird durch das Tuber calcanei und ein vergrößertes Sesambein gestützt und wird beim Greifen gegen die lateralen 4 Zehen gepreßt.

Gebiß. Das Gebiß der rezenten Xenathra zeigt mannigfache Reduktionserscheinungen. Diese betreffen die Anzahl, die Form und die Struktur der Zähne. Vollständiger Zahnverlust ist bei allen Myrmecophagidae eingetreten. Selbst embryonale Zahnanlagen wurden bisher nicht gefunden. Bei Gürteltieren geht die Vereinfachung der Zahnform mit einer Vermehrung der Zahnzahl einher (*Priodontes* hat insgesamt etwa 100 Zähne, vgl. die analoge Erscheinung am Gebiß vieler Odontoceti). Die Zähne der Dasypodidae sind einfache Stiftzähne mit offener Wurzel (Dauerwachstum). Das Gebiß ist homodont. Schmelz fehlt, obgleich embryonal Schmelzglocken angelegt werden. Diese bilden keinen Schmelz mehr. Der Zahn besteht aus Dentin, das um die einheitliche Pulpahöhle herum den Charakter von Vasodentin hat, aber außen von hartem Durodentin umgeben wird. Der Zahn ist, abgesehen von der flachen oder leicht bunodonten Kronenfläche, mit Zement umkleidet. Bei *Dasypus* sind eine Generation von Milchzähnen, die zweiwurzlig sind, und ein Zahnwechsel nachgewiesen, doch scheint allgemein eine Tendenz zur Monophyodontie zu bestehen. Schneidezähne fehlen fast immer (Ausnahme *Chaetophractus villosus*). Entsprechend ist das Os praemaxillare stark reduziert oder fehlt völlig (*Bradypus*).

Zahnformel: *Dasypus* $\frac{0\ 1\ 7}{0\ 1\ 7}$, *Chlamyphorus* $\frac{8}{8}$, *Tolypeutes* $\frac{9}{8-9}$, *Priodontes* $\frac{24-26}{22-24}$ (nach THENIUS). Die Vereinfachung der Zahnstruktur ist mit der Insectivorie korreliert. Bei der Polyodontie (*Priodontes*) ragen die Zähne nur wenig über die Fläche des Zahnfleisches vor und sind höchstens geeignet, einen Quetschdruck zu erzeugen.

Auch die phytophagen Bradypodidae zeigen die gleiche Zahnstruktur wie die Gürteltiere. Allerdings sind die Zähne erheblich größer, bleiben aber auch ohne Schmelz. Offenbar ist die Phytophagie der Bradypodidae von insectivoren Ahnenformen abzuleiten, die bereits die Fähigkeit zur Schmelzbildung verloren hatten und den Übergang zur harten Pflanzennahrung durch Vergrößerung der Einzelzähne und beschleunigtes Wachstum kompensieren konnten. Bei *Choloepus* (Abb. 561) ist der vorderste Zahn verlängert und dolchartig spitz (Heterodontie) und stellt eine wirksame Waffe dar. Bei *Bradypus* ist der vorderste Zahn kleiner als die folgenden. Zahnformel: *Choloepus* $\frac{5}{4} = \frac{0\ 1\ 4}{0\ 0\ 4}$, *Bradypus* $\frac{5}{4}$. Der Reduktion des Gebisses bei Xenarthra entspricht die Vereinfachung des Kiefergelenkes (s. S. 51) und der Kaumuskulatur.

Nervensystem und Sinnesorgane. Der Bau des Gehirns entspricht im Evolutionsniveau dem basaler Eutheria. Ausreichende quantitative Daten fehlen noch.

Myrmecophaga tridactyla ♂: KGew.: 20 000 g, HirnGew.: 22 g, *Dasypus sexcinctus* ♂: KGew.: 6 000 g, HirnGew.: 12 g, nach BRAUER & SCHOBER 1970/76.

Xenarthra sind makrosmatisch. Gegenüber dem Riechsinn, der allein bei der Nahrungssuche wichtig ist, treten Seh- und Hörsinn an Bedeutung zurück. Dementsprechend sind alle Hirnabschnitte, die mit dem Olfactoriussystem in Verbindung stehen, stark entwickelt.

Das Pallium grenzt an das Cerebellum, das ganz unbedeckt bleibt. Das Tectum opticum ist sehr klein und wird vollständig von Großhirn und Cerebellum verdeckt. Die Bulbi olfactorii sind sehr groß und sessil. Sie liegen unmittelbar vor dem Frontalpol. Das Pallium ist flach und im occipitalen Bereich etwas verbreitert. Die neo-palaeopalliale Grenze (Fissura rhinica) ist bei Ameisenbären geknickt, aber durchlaufend, bei Dasypodiden ist sie äußerlich unscharf. Sie liegt bei *Dasypus* außerordentlich hoch. Das Palaeopallium bildet einen „Pseudotemporallappen". *Myrmecophaga* besitzt einen neopallialen Temporallappen, auf dessen Pol noch das Palaeopallium übergreift.

Die Oberfläche des Neopallium besitzt einige schwach ausgebildete Furchen, die im wesentlichen in der Longitudinalen verlaufen und bei Myrmecophagidae (Körpergröße!) deutlicher als bei Dasypodidae sind. In der Hirnentfaltung zeigt sich eine deutliche Rangabstufung, an deren unteren Ende die Gürteltiere, am oberen Ende die Myrmecophagidae stehen. Das korreliert mit Lebendbeobachtungen in Zoos. Die Ausbildung des peripheren **Geruchsorgans** entspricht der bereits am Gehirn deutlichen Dominanz des Geruchssinnes. Dies gilt besonders für Gürteltiere, deren Lamina cribrosa nahezu ein Drittel der Schädelbasis einnimmt.

Dasypus besitzt am Chondrocranium 8 Ethmoturbinalia, 5 Frontoturbinalia und 1 Nasoturbinale. Bei *Bradypus* finden sich 5 Ethmo- und 4 Frontoturbinalia. Das Maxilloturbinale ist doppelt eingerollt, bei *Myrmecophaga* nur einfach. Ethmoturbinale I und II bilden je 2 Riechwülste. Sinus maxillaris und frontalis sind an die Pars lateralis gekoppelt und vom Sinus frontoturbinalis getrennt. Das **Organon vomeronasale** kommt bei Dasypodidae vor, ist aber bei *Bradypus* (R. SCHNEIDER 1955) rückgebildet. Eine stabförmige Cartilago paraseptalis verbindet bei *Bradypus* kontinuierlich Lamina transversalis ant. und post. Die Verhältnisse bei Myrmecophagidae sind unbekannt. Ein Os septomaxillare (Os nariale, WEGNER) ist bei Gürteltieren und *Choloepus*, nicht bei *Bradypus* vorhanden.

Das **Auge** der Xenarthra ist relativ klein. Ein Tapetum lucidum wird nicht ausgebildet. Die Retina besitzt nur Stäbchen (*Dasypus*). Bei *Dasypus* soll die Cornea bis ins Centrum vascularisiert sein.

Bei *Bradypus* (PIGGINS & MUNTZ 1985) ist die Cornea stark gewölbt, die Linse sehr groß und dick. Die Retina besitzt ausschließlich Stäbchen, die Zahl der Ganglienzellen ist außergewöhnlich niedrig. Das Auge ist myop, die Akkomodationsfähigkeit gering. Eine Fovea centralis fehlt. Das Faultierauge ist an geringe Lichtintensität und an das Sehen in der näheren Umgebung angepaßt. Neue Untersuchungen zur Morphologie und Physiologie des Auges bei Xenarthra sind dringend erwünscht.

Die Gürteltiere (außer *Chlamyphorus*) haben, trotz grabender Lebensweise, große, äußere **Ohren**, während diese bei terrestrischen bis arboricolen Ameisenfressern und Faultieren relativ klein sind und bei Bradypodidae meist im Fell verborgen sind. Äußerer Gehörgang und Mittelohr wurden bereits im Schädelkapitel besprochen (s. S. 1075). Hier sei nur das taxonomisch wichtige Vorkommen einer akzessorischen, vorderen Bulla bei Myrmecophaginae erwähnt. Die Cochlea besitzt bei *Dasypus* 2, bei den anderen Subfamilien 2 1/2 Windungen. Das For. stapediale kann stark verengt sein.

Nahrung, Ernährung, Organe der Nahrungsverarbeitung. Die rezenten Xenarthra sind teils myrmecophag (termitophag bis insectivor), teils phytophag. Alle drei Gattungen der Myrmecophagidae sind reine Ameisen-Termitenfresser. Die Nahrungsaufnahme erfolgt, nachdem mit den vergrößerten Krallen die Erdbauten freigelegt wurden, durch sehr rasches Vorstrecken und Rückziehen der Zunge. Beim Großen Ameisenbären sind bis zu 160 Zungenstöße pro min beobachtet worden; die Zunge kann bis zu 55 cm vorgestreckt werden (W. MÖLLER 1968). Neben Form und Beweglichkeit der Zunge sind die enge Mundöffnung, die röhrenförmige Mundhöhle mit dem extrem langen Gaumen, der Zahnverlust und die Hypertrophie der Speicheldrüsen Elemente in der komplexen Konstruktion des Apparates für eine hochspezialisierte Nahrungsaufnahme und Verarbeitung. Die aufgenommenen Insekten werden in der Mundröhre höchstens zerquetscht. Eine weitere mechanische Zerkleinerung erfolgt im Pylorusteil des Magens, der zumindest bei *Myrmecophaga* und *Tamandua* eine Art Triturationsorgan bildet.

Diese Umkonstruktion des „Kiefer-Mundhöhlen-Komplexes" gegenüber den gewöhnlichen Verhältnissen bei Säugetieren hat Konsequenzen für den Saugakt. Junge Ameisenbären betätigen beim Saugen nur Lippen-, Wangen- und Mundbodenmuskulatur, nicht die Zunge. Diese hängt seitlich im Mundwinkel beim Saugen schlaff herab. Die Motorik der Zunge erfolgt vor allem durch die Aktion der Mm. geniohyoidei (Protraktoren) und der Mm. sternoglossii, die am Thorax weit caudad verlaufen und am verlängerten Proc. xiphoides ansetzen (Retraktoren). Die eingezogene Zunge liegt in einer eigenen Zungenscheide, ein einzigartiges Gebilde, das bereits mehrfach bei Sektionen Anlaß zu kuriosen Verwechslungen gab. Die Speicheldrüsen bilden einen mächtigen Komplex, der sich bis zu den Schultern und bis auf den Thorax ausdehnt und im wesentlichen von den Gld. submandibulares und Gld. parotides gebildet wird. Die Zunge trägt dünne, rückwärtsgebogene, verhornte Papillen und wenige Geschmacksorgane. Gaumenfalten fehlen den Myrmecophagidae, kommen aber bei Dasypodidae vor. Zwei Papillae circumvallatae sind ausgebildet. Die Dasypodidae sind vorzugsweise myrmecophag, aber keineswegs derart weitgehend an diese Ernährung angepaßt wie die Myrmecophagidae. Einige Arten, vor allem *Dasypus*, nehmen auch größere Insekten, Würmer, Schnecken und gelegentlich Aas auf. Rein myrmecophag sind *Cabassus* und *Priodontes*. Die Zunge der Gürteltiere ist wurmförmig, aber keineswegs derart lang wie bei Ameisenfressern. Ihre Speicheldrüsen sind aber gleichfalls vergrößert.

Die Bradypodidae sind sekundär zu reinen Pflanzenfressern geworden, wie bereits bei Besprechung des Gebisses (s. S. 1081) erwähnt wurde. Form und Struktur der wenigen Pflasterzähne ohne Schmelz sind nur zu verstehen, wenn man die Abstammung von einem Gebißtyp annimmt, der bereits zur Reduktion der Schmelzbildung geführt hatte. Die Zunge der Faultiere ist wie die der meisten Eutheria gebaut. Die Nahrung der Faultiere besteht aus Laub, Sprossen und Zweigen. Bemerkenswert ist die träge Stoffwechselaktivität. Die Abstände zwischen zwei Darmentleerungen können bis zu 8 d betragen.

Der Magen der insektenfressenden Xenarthra (Myrmecophagidae und Dasypodidae) ist sackförmig und gleicht dem basaler Eutheria. Er ist im Bereich der Pars pylorica bei Myrmecophagiden schlauchförmig und mit sehr verstärkter Muskulatur versehen. Dieser Abschnitt dient als Triturationsorgan. Die Tiere bedürfen unbedingt der Aufnahme von Sand und kleinen Steinchen in geringer Menge zur mechanischen Verarbeitung der Termiten im Magen.

Die Bradypodidae besitzen einen multilokulären Magen (Abb. 114) im Zusammenhang mit der rein phytophagen Ernährung (LANGER 1988). Der sehr umfangreiche Fundus läßt drei, unvollkommen abgegrenzte Kammern erkennen, die mit verhorntem Plattenepithel ausgekleidet sind. In diesen Teil mündet links oben der Oesophagus ein. Die größte, rechte Kammer setzt sich in einen konischen Blindsack fort, dessen Schleimhaut ausschließlich Cardiadrüsen enthält. An die dritte, linke Kammer schließt sich der U-förmig gebogene Pylorusabschnitt an. Dieser läßt zwei, durch eine enge Öffnung verbundene Kammern erkennen, den Pepsinmagen mit Hauptdrüsen und den eigentlichen Pylorusabschnitt mit derben Papillen und Leisten, der von verhorntem Plattenepithel bedeckt ist, eine dicke Muscularis besitzt und an das Triturationsorgan der übrigen Xenarthra denken läßt. Der multilokuläre Magen der Faultiere (Abb. 114b) ist eine einmalige Neubildung, die selbständig entstanden ist und in seiner Gliederung und Struktur nicht mit dem Magen der Wiederkäuer verglichen werden darf, wie es im Schrifttum wiederholt versucht wurde. Die Analogie besteht im Grunde nur in der Tatsache der Untergliederung in mehrere Kammern und wahrscheinlich im Vorkommen alloenzymatischer Verdauung.

Die Darmlänge beträgt bei Bradypodidae und ebenso bei den insectivoren Xenarthra das 7 — 9fache der Körperlänge (M. WEBER) und ist für Pflanzenfresser relativ kurz. Das Caecum ist kurz oder fehlt. Ein kleines Caecum kommt bei einigen Gürteltieren und *Tamandua* vor. Bei *Chlamyphorus* ist ein kurzes Caecum zweigeteilt. *Cyclopes* besitzt 2 kurze Caeca.

Sehr eigenartig ist die Topographie der Bauchorgane der Faultiere abgeändert. Der Magen erstreckt sich weit nach rechts. Dabei wird die auffallend kleine Leber von der vorderen Bauchwand abgedrängt und liegt rechts hinten der dorsalen Bauchwand an. Häufig wird von einer Rotation der Oberbauchorgane, bei der auch die Lage der Milz und des Pankreas einbezogen wird, gesprochen und diese in Zusammenhang mit der Körperhaltung mit abwärts gerichteter Rückenseite gebracht, doch ist ein solcher Drehungsprozeß nicht beobachtet worden. Offenbar ist der entscheidende Faktor der Lageveränderungen in der ontogenetisch frühen enormen Raumentfaltung des Magens zu sehen. Im Endzustand liegt der linke Leberrand auf der rechten Körperseite.

Atmungsorgane. Die Morphologie der oberen Atemwege bedarf dringend einer Untersuchung. Hervorgehoben sei die große Ausdehnung der Nasenhöhle bei Ameisenfressern und die Verlagerung der Choanen bis in die Occipitalregion, als Folge der Verlängerung des Gaumens und der Ausbildung einer Schleuderzunge. Im Zusammenhang damit sei nochmal die außergewöhnlich weit nach hinten verschobene Lage des Aditus laryngis hervorgehoben.

Die Lungen entsprechen im Bau bei Dasypodidae dem gewöhnlichen Verhalten, sie sind gelappt (links 3 Lappen, rechts 3 Lappen und Lobus azygos). Bei Ameisenfressern ist die Abgrenzung von Lappen weniger deutlich. Die Kenntnisse über die Mechanik der Atmung bei den panzertragenden Formen, insbesondere bei den † Glypotodonta mit ungegliedertem starren Panzer, sind unzureichend erforscht. Offenbar erfolgt die Atmung, wie bei anderen Eutheria, durch Rippenbewegungen und Zwerchfellaktivität, denn eine feste Verbindung zwischen Wirbelsäule und Panzer besteht nur in der Sacralregion.

Ungeklärt sind die Verhältnisse bei Bradypodidae. Ihre Lungen sind auffallend klein, ungelappt und liegen weit dorsal. Ungewöhnlich ist das Verhalten der Pleura. Diese geht am ventralen Lungenrand nicht auf die mediastinaele Fläche der Lunge über, sondern schlägt sich hier bereits auf die vordere Brustwand (Pleura costalis) um. Die mediastinale Lungenfläche ist nicht von Pleura bedeckt, sondern grenzt unmittelbar an das Perikard.

Ungewöhnlich ist auch der Verlauf der Luftröhre bei Bradypodidae. Diese verläuft vor der Wirbelsäule abwärts bis zum Zwerchfell, biegt in einer scharfen Biegung nach cranial um und verläuft rückläufig bis in Höhe der V. pulmonalis. Schließlich biegt sie erneut nach dorsal um und entsendet die Bronchien am Hilus in die Lunge. Eine morphologische und funktionelle Deutung dieser Besonderheit steht noch aus. Zusammenhänge mit der sekundären Verlängerung des Brustkorbes und der außerordentlichen Bewegungsfähigkeit der Halswirbelsäule (SIMON 1902) wurden vermutet, konnten aber bisher nicht verifiziert werden.

Kreislauforgane. Herz der Bradypodidae: Das relative HerzGew. beträgt 0,3 % des KGew., das ist etwa die Hälfte des Wertes vergleichbarer Eutheria (GRASSÉ 1955). Die Herzfrequenz beträgt bei *Bradypus* 60–110, bei *Choloepus* 70–130 Schläge pro min.

Am peripheren Gefäßsystem ist das Vorkommen von ausgedehnten, arteriellen Wundernetzen am Arm und an den Schenkeln bemerkenswert. Sie kommen bei allen Xenarthra vor, sind aber bei den arboricolen Arten (Bradypodidae, *Cyclopes*) umfangreicher als bei den terrestrischen. In diesem Zusammenhang sei erwähnt, daß die Bradypodidae nur rote, die Dasypodae nur weiße Muskulatur besitzen.

Am Venensystem sind stets 2 Vv. cavae im postrenalen Bereich ausgebildet, die aus den Becken-Plexus entspringen und sich in Höhe des Nierenhilus zu einem Stamm vereinigen. Bei den Bradypodidae ist das Lumen der praerenalen V. cava post. erheblich enger als das der beiden postrenalen Venenabschnitte. Dies wird durch die Tatsache erklärt, daß die beiden Vv. cavae caud. im Lumbalbereich serial angeordnete Vv. basiventrales abgeben, die durch paarige Foramina an der Ventralseite den Wirbelkörper durchsetzen und in den Wirbelkanal eintreten, wo sie sich in einem, innerhalb der Rückenmarkshäute im Wirbelkanal gelegenen Venenstamm (V. intraarachnoidea), vereinigen. Dieser Venenstamm ist so umfangreich, daß er das Rückenmark zur Seite drängt. Der intravertebrale Venenstamm steht in Verbindung mit den intervertebralen Venen der Körperwand und leitet durch diese einen Teil des Blutes aus der unteren Körperhälfte zum Herzen.

Urogenitalorgane. Die **Niere** der Xenarthra hat eine glatte Oberfläche. Sie besitzt eine einfache Papille; das Nierenbecken geht in zwei Recessus über. Bei Gürteltieren ist die Lage der Nieren die gewöhnliche, während sie bei Myrmecophagidae und Bradypodidae weit caudalwärts bis in die Beckenhöhle verlagert sind. Der hohe Ursprung der Nierengefäße aus Aorta (bzw. V. cava) zeigt, daß diese Verlagerung sekundär erfolgt ist.

Männliche Geschlechtsorgane. Die Lage der Hoden wird meist als abdominal beschrieben, doch darf nicht übersehen werden, daß erhebliche Unterschiede zwischen Gürteltieren einerseits und Faultieren und Ameisenbären andererseits bestehen. Bei den letztgenannten mit caudal verlagerten Nieren erstreckt sich jederseits von der hinteren Bauchwand neben der Niere eine bandartige Peritonealfalte, das Urnierenband, abwärts. Hier bildet sich eine quere Bauchfellfalte zwischen Rectum und Harnblase durch Verschmelzung der Ligamente beider Seiten, in deren Rückfläche die Hoden, Nebenhoden und Ductus deferentes liegen. Dieses Zustandsbild entspricht einer echten, primären Testicondie, modifiziert durch die Verschiebung der Nachniere. Ein Leistenkanal an der vorderen Bauchwand fehlt auch in Spuren. Hingegen liegen die Hoden bei Dasypodidae unmittelbar hinter der vorderen Bauchwand, an der Leistenband, Leistenring, ein rudimentärer Proc. vaginalis und Cremasterreste noch nachweisbar sind. Dieser Befund weist darauf hin, daß die intraperitoneale Lage der Hoden bei Gürteltieren ein sekundärer Zustand ist, dem ein vollständiger Descensus vorausgegangen sein dürfte.

Der Penis ist bei Bradypodidae sehr klein, sein cavernöses Gewebe nur mäßig entwickelt. Die Harnsamenröhre mündet an seiner Basis. Vor dieser Mündung findet sich auf der Unterseite eine Rinne. Mm. retractores sind ausgebildet. Myrmecophagidae weichen im Bau der männlichen Organe kaum von dem der Bradypodidae ab, abgesehen von den Größenverhältnissen. Ein Baculum fehlt allen Xenarthra. Bei den Dasypodidae ist der Penis lang; cavernöses Gewebe ist entsprechend der Ausbildung eines Beckenpanzers in gewöhnlicher Weise entwickelt. Akzessorische Drüsen sind vor allem als diffuse Urethraldrüsen ausgebildet. Cowpersche Drüsen lassen sich bei einigen Dasypodidae und *Myrmecophaga* abgrenzen. Gld. prostaticae wurden nur für *Myrmecophaga* beschrieben. Gld. vesiculares besitzen Myrmecophagidae und Dasypodidae.

Weibliche Geschlechtsorgane. Alle rezenten Xenarthra besitzen einen Uterus simplex. Bei *Dasypus* ist im Juvenilstadium noch ein Uterus bicornis ausgebildet, dessen Hörner früh in das einheitliche Corpus einbezogen werden. Weitere Besonderheiten im weiblichen Geschlecht betreffen die distalen Abschnitte des Genitaltraktes. Die weibliche Genitalöffnung liegt unmittelbar vor dem Anus, bleibt aber durch ein schmales Perineum von diesem getrennt. Da beide Ostien von einer gemeinsamen Hautfalte umgeben werden und in diese zurückgezogen werden können, kann das Bild einer Kloake vorgetäuscht sein („Pseudokloake"). Die Geschlechtsöffnung führt in einen relativ langen Kanal, das Vestibulum urogenitale, das als Vagina funktioniert, denn der Penis wird nur in diesen Abschnitt eingeführt. In den oberen Teil des Vestibulum mündet die Harnblase und in annähernd gleicher Höhe die echte Vagina mit zwei Öffnungen, die bei Bradypodidae in zwei, durch ein Septum getrennte Kanäle führen (Vagina duplex). Dieses Septum tritt vorübergehend auch bei den übrigen Xenarthra auf, schwindet aber nach der ersten Geburt. Im allgemeinen wird das Vorkommen einer doppelten Vagina als unvollständige Verschmelzung der Müllerschen Gänge im unteren Abschnitt des Genitaltraktes gedeutet. Zweifel ergaben sich aber an dieser Auffassung, da der Uterus simplex kontinuierlich und ohne Bildung einer Cervix in den zur Diskussion stehenden Kanal übergeht. Andererseits liegt die Angabe von FERNANDEZ (1909, 1914) vor, daß zwischen Uterus und anschließendem Kanal eine scharfe Strukturgrenze der Schleimhaut liegt. Nun kann nicht bezweifelt werden, daß eine histologische Strukturgrenze nicht unbedingt ein Kriterium zur Entscheidung von Homologiefragen sein muß. Das Problem ist also nicht geklärt und bedarf neuer Überprüfung auf breiterer Basis, vor allem an embryologischem Material.

Fortpflanzungsbiologie. Mit Ausnahme des Genus *Dasypus* werfen die Xenarthra nur 1 Junges. Dieses wird bei Myrmecophagidae und Bradypodidae in relativ reifem Zustand (praecocial) geboren und besitzt ein gut ausgebildetes Haarkleid, doch sind Gehörgang und Augen zunächst geschlossen. Augenöffnung bei *Myrmecophaga* am 6. d. Der Fetus von Bradypodidae ist bis kurz vor der Geburt von einem Epitrichium, also einer epidermalen Schicht, umkleidet, die nicht mit einer echten Fetalmembran verwechselt werden darf. Die Jungtiere werden nicht in einem Nest abgelegt, sondern von der Mutter am Körper getragen. Beim Großen Ameisenbären reiten sie, bis sie etwa die Hälfte des KGew. der Mutter erreicht haben, auf ihrem Rücken. Die Mutter legt das Junge ab, ohne daß ein Nest gebaut würde, wenn sie auf Nahrungssuche geht. Das Tragen des Jungen wird also zeitweise unterbrochen, während die Tragefunktion bei Faultieren eine kontinuierliche ist. Der Körper der Mutter dient gleichsam als Nest (EISENBERG). Die ♂♂ beteiligen sich nicht an der Brutpflege.

Gürteltiere, soweit bekannt (*Dasypus, Euphractus, Chaetophractus*), graben durch Scharren mit den Händen Gänge von etwa 6 m Länge und bis zu einer Tiefe von 2 m, die in einer Nestkammer enden. Diese wird mit Gras, Stroh oder ähnlichem Material ausgepolstert. Gelegentlich führen mehrere Nebengänge in die Nestkammer. Die Jungen verlassen das Nest im Alter von etwa 4—6 Wochen. Die Laktationsdauer beträgt 60 d. Die Haut der neugeborenen Gürteltiere besitzt dünne Hornschuppen und ist weich und rosig. Die Bildung der dermalen Knochenschuppen des Panzers setzt unmittelbar nach der Geburt ein. Öffnung der Augen am 20. bis 25. d.

Ontogenese. Während sich der Ontogeneseablauf aller Xenarthra, abgesehen von den Vertretern des Genus *Dasypus*, prinzipiell wie bei allen übrigen Eutheria verhält, unterscheiden sich die Weichgürteltiere durch das regelmäßige Vorkommen von eineiigen Mehrlingen (s. unten).

Die Implantation erfolgt superficiell im Fundus des Uterus simplex. Dottersack und Allantois sind klein und werden früh rückgebildet; Amnionbildung erfolgt, soweit bekannt, als Spaltamnion (Schizamnion).*)

Beachtenswert und von erheblicher theoretischer Bedeutung ist, daß bei der Gattung *Dasypus* aus einer Keimblase, die aus einer befruchteten Eizelle stammt (monoovulatorisch), stets 4 gleichgeschlechtliche Embryonen hervorgehen. Entsprechend ist auch nur ein Corpus luteum vorhanden. Diese **Polyembryonie** entsteht auf folgende Weise: Am Boden der Amnionhöhle, die sich durch Spaltung entwickelt, bildet sich eine Keimanlage (innere Zellmasse). Dieser Keimschild verdünnt sich in der Mitte, während aus den beiden seitlichen Randbezirken zwei vollständige Embryonalanlagen hervorgehen. Der Vorgang wiederholt sich an den eineiigen Zwillingskeimen, so daß Vierlinge entstehen. Bei *Dasypus sabanicola* bilden sich gleichfalls 4, bei *Dasypus hybridus* in weiteren Teilungsschriften 8 bis 12 Embryonen. Die Mehrlinge liegen in einem gemeinsamen Chorionsack. Die Amnionhöhle ist zunächst einheitlich. Das gemeinsame Cavum amnii bildet sich mehr und mehr zurück. Schließlich bilden sich sekundär individuelle Amnionhöhlen für die einzelnen Geschwisterkeime durch Faltenbildung aus. Diese stehen zunächst mit dem Rest der gemeinsamen Amnionhöhle durch Amnionkanäle in Verbindung. Anschließend obliterieren die Amnionkanäle, so daß jeder Fetus ein eigenes Cavum amnii besitzt. Bemerkenswert ist die Tatsache, daß aus einer Keimblase, die aus einer Zygote hervorgeht, durch sukzessive Teilungen des Keimes vollständige Ganzbildungen (Individuen) entstehen, daß also die Potenzen zur Bildung eines Ganzen noch in derart späten

---

*) Die Frühentwicklung von Myrmecophagidae und Bradypodidae ist erst lückenhaft bekannt, abgesehen vom Bau der reifen Placenta. Umfangreiche Untersuchungen liegen vor von *Dasypus novemcinctus, Chaetophractus* und *Euphractus*.

Stadien (nach Beginn der Amnionhöhlenbildung) in allen Zellen einer Embryonalanlage enthalten sein müssen. Ursache und selektiver Vorteil der Polyembryonie sind im Zusammenhang mit Fragen der Soziobiologie (gegenseitige Hilfe der Geschwister, Altruismus, Gruppenverhalten) diskutiert worden, ohne daß es zu einer plausiblen Erklärung des Phänomens gekommen wäre. Das Sozialverhalten der *Dasypus*-Geschwister unterscheidet sich nicht von dem mehreiiger Mehrlinge von Nagetieren (EISENBERG 1981, FERNANDEZ 1909, 1914, NEWMAN & PATTERSON 1910, GALBREATH 1985, WETZEL & MONDOLFI 1979).*)

Tab. 62. Dauer der Tragzeit in Tagen

Myrmecophaga	180 – 190
Tamandua	160
Bradypus	170 – 180
Choloepus	270
Dasypus novemcinctus	bis 140
Euphractus	60 – 65
Chaetophractus	60

Die Graviditätsdauer bei *Dasypus* ist also deutlich länger als bei anderen Gürteltiergattungen gleicher Körpergröße. Allerdings kommt es bei Weichgürteltieren zu einer verzögerten Implantation.

Die **Placentation** ist bei Vertretern aller drei Subfamilien der Xenarthra bekannt (Bradypodidae: WISLOCKI 1925, 1926, 1927, 1928, 1929, HEUSER & WISLOCKI 1935, BECHER 1921. Myrmecophagidae: BECHER 1931, WISLOCKI 1928. Dasypodidae: FERNANDEZ 1909, 1914, 1915, NEWMAN & PATTERSON 1912, ENDERS 1960, 1962, 1964).

Bei den Bradypodidae ist in den Frühstadien die Placenta diffus und viellappig. Diese erfährt im Laufe der Ontogenese erhebliche Umbildungen. Zunächst kommt es zur Rückbildung der Läppchen in einem ventralen streifenförmigen Bezirk und im Bereich der cervixnahen Teile. Diese Placenta wird glockenförmig und umgibt mit 2 Lappen die Fruchtblase. Gegen Ende der Gravidität formen sich die beiden gewölbten Lappen zu flachen Scheiben um unter Rückbildung von Cotyledonen im Zwischenbereich. Die Placenta wird bidiskoidal. Die Feinstruktur ist labyrinthär. Der Cytotrophoblast verschwindet früh. Das Syncytium drängt eng an die Wand der fetalen Kapillaren heran und verdünnt sich erheblich. Das mütterliche Endothel bleibt erhalten und zeigt Hypertrophie. So entsteht schließlich eine endotheliochoriale Placenta, allerdings nach einer langen syndesmochorialen Zwischenperiode. *Choloepus* verhält sich ähnlich wie *Bradypus*.

Bei Myrmecophagidae (untersucht sind vor allem *Tamandua* und *Cyclopes*), bildet der Trophoblast nur im Bereich der primären Anheftungsstelle Zotten. Ameisenfresser besitzen also ein primäres Chorion laeve. Die Trophoblastwucherung dringt in die Decidua ein. Bei den jüngeren untersuchten Stadien besteht die Placenta aus einer mächtigen, vom Cytotrophoblasten gebildeten Ectoplacenta und einem vaskularisierten Allantochorion. Der eindringende Trophoblast eröffnet materne Gefäße. Dadurch entsteht ein buchtenreicher Blutraum, dessen Spalten vielfach untereinander kommunizieren. Die Placenta ist also gleichsam eine Zwischenform zwischen labyrinthärer und villöser Placenta („trabekulärer Typ" der amerikanischen Autoren). Die Ectoplacenta wird rückgebildet. Der Form nach ist die Placenta diskoidal und formt sich, mit zunehmendem

---

*) Alle Angaben über Fortpflanzungsbiologie und Entwicklungen bei *Dasypus novemcinctus* beruhen auf Untersuchungen an Labortieren in Gefangenschaft. Freilandbeobachtungen, z.B. an markierten Geschwistertieren, waren bisher nicht durchführbar wegen der Schwierigkeit, die solitär in gedecktem Gelände lebenden Tiere beobachten zu können.

Wachstum des Uterus, zu einem schalen- oder glockenförmigen Gebilde um. Die fetomaternelle Grenzmembran ist haemo-chorial. Die Angaben über Dasypodidae beruhen vorwiegend auf Untersuchungen an *Dasypus novemcinctus* und *D. hybridus*, also auf Arten mit regelmäßiger Polyembryonie. Sie werden daher im folgenden im Vordergrund stehen. Die Implantation der einzigen Blastocyste erfolgt superficiell im Fundus uteri. Trotz oberflächlicher Einnistung beginnt die Amnionbildung als Spaltamnion (sonst nur noch bei Dermoptera). Im Endresultat entsteht eine Placenta olliformis haemochorialis, die Anklänge an die Affen-Placenta zeigt. Zweifellos ist dies durch konvergente Entwicklung völlig unabhängig in beiden Ordnungen entstanden, ebenso wie die Ähnlichkeit der frühzeitigen Dottersackinversion mit Schwund der äußeren Dottersackwand bei Rodentia. Unterschiede sind nicht zu übersehen, wie etwa die abweichende Orientierung der ersten Anheftungsstelle der Keimblase und die vielen strukturellen Besonderheiten der Placenta.

Die Anheftung der Blastocyste erfolgt an einem ringförmigen Trophoblastbezirk der Ectoplacenta. Der Dottersack ist zunächst vollständig, die Amnionhöhle weit und für alle Embryonen gemeinsam. Später spalten sich Amnionkammern für die inzwischen abgegliederten einzelnen Keimanlagen unter Faltenbildung ab, bleiben aber durch die Amnionkanäle mit dem Rest der gemeinsamen Höhle in Verbindung. Die einzelnen Embryonen sind durch Haftstiele mit der Placenta verbunden. Die entodermale Allantois ist nur ein kleines Divertikel.

Die Amnionkanäle können schließlich obliterieren. Die Placenta ist zunächst scheibenförmig. Sie teilt sich sekundär in so viele Einzelplacenten bei Arten mit Polyembryonie auf, wie Embryonen vorhanden sind. Mit zunehmendem Wachstum können die Einzelplacenten wieder aufeinander zuwachsen und sich zu einem unregelmäßigen, lappigen Gebilde vereinigen. Die reife Placenta der Gürteltiere, dies gilt auch für die Genera ohne Polyembryonie, ist eine haemochoriale Zottenplacenta mit einem großen intervillösen Raum. Dieser dringt sehr tief in das Endometrium ein und ist den Einzelplacenten gemeinsam. Er wird zunächst durch eine Decke von Deciduagewebe gegen die Amnionhöhle abgedeckt. Der intervillöse Raum wird durch persistierende Balken von Endometriumgewebe mit Drüsenresten unterteilt. Diese schwinden gegen Ende der Gravidität.

Karyologie. Angaben über Chromosomenzahlen liegen von Vertretern aller drei Subfamilien aber keineswegs von allen Genera vor (Hsu & Benirschke 1971 ff., Jorge 1971). Die Werte für 2n liegen zwischen 50 und 80. Zur Erläuterung einige Beispiele:

Tab. 63. Anzahl und Typisierung der Chromosomen bei Xenarthra

	2n	n. f.
Dasypus novemcinctus	64	82–88
Dasypus hybridus	64	86
Cabassus centralis	62	(14 meta-submetacentrisch, 46 akrocentrisch, x submetacentrisch, y metacentrisch)
Euphractus sexcinctus	58	102 (42 meta-/submetacentrisch, 14 akrocentrisch, x submetacentrisch, y akrocentrisch)
Chaetophractus villosus	60	90 (22 meta- und submetacentrisch, 36 akrocentrisch, x und y akrocentrisch)
Zaedyus pichiy	62	94 (30 metacentrisch, 30 akrocentrische Autosomen)
Choloepus didactylus	49	18 metacentrisch, 30 akrocentrisch
Myrmecophaga tridactyla	60	
Tamandua tetradactyla	54	alle Autosomen metacentrisch

Ordo Xenarthra 1089

Systematik und geographische Verbreitung der rezenten Xenarthra

Diagnose und Großgliederung s. S. 1073, 1074. Ordo Xenarthra, 3 Subordines.

Subordo Cingulata (= Loricata) Gürteltiere

Eine Familie: Dasypodidae. 5 Subfam., 7 Genera, 20 Species. Vorkommen C- und S-Amerika und s. N-Amerika.

Kurzbeinige, terrestrische Säugetiere mit plumpem, äußerem Habitus (Abb. 555), mit kräftigen Klauen, besonders an den Händen (Grabanpassung) und gegliedertem, dorsalen Panzer (Horn- und Knochenschuppen). Kopfschild mit artlich spezifischem Schuppenmuster. Der Rumpfpanzer besteht aus dem Schulter- und dem Beckenschild, zwischen denen eine bewegliche Mittelzone liegt. Diese besteht aus mehreren (Anzahl artspezifisch) gürtel- oder bindenartigen Streifen gepanzerter Haut, die durch schmale Zonen weicher, schuppenloser Haut verbunden werden. Der Rückenpanzer geht am unteren Rand der Flanken in normale weiche Haut über. Schuppenbildung findet sich auf den Gliedmaßen und auf dem Schwanz. Die größeren Schuppen am Körper entwickeln sich häufig durch Verschmelzung von primären Schuppen und können dann Haare umwachsen und im Endzustand von einem Foramen durchbohrt sein. Auch Einschluß eines Hautdrüsenkomplexes ist möglich (s. S. 1075). Das Schuppenmuster, besonders des Kopfschildes, ist taxonomisch verwertbar. 1 – 2 Paar pectoraler und abdominaler Zitzen.

Das Gebiß ist diphyodont. Incisivi fehlen, entsprechend ist das Praemaxillare klein. Die Zähne sind schmelzlos und gleichförmig (Homodontie). Zahnvermehrung (Polyodontie) kommt vor (*Priodontes*). Das Schädeldach ist flach. Der Jochbogen ist kräftig und geschlossen. Die Bulla tympanica wird vom verbreiterten, ringförmigen Tympanicum und vom Entotympanicum gebildet. Im Naseneingang kommt ein Os septomaxillare (Nariale) vor. Ein knöchern begrenzter Meatus acusticus ext. findet sich nur bei *Chlamyphorus*. Clavicula vorhanden. Scapula mit zweiter, sekundärer Spina. Unter dieser liegt der großflächige Ansatz des M. teres major. Acromion kräftig und weit vorspringend, trägt häufig (*Priodontes*) akzessorische Gelenkfläche für den Humeruskopf. Kein For. coracoscapulare.

Ilium und Ischium knöchern mit Sacrum verwachsen (For. sacroischiadicum, s. S. 1080, Abb. 554). Pubis-Symphyse knöchern verwachsen und schmal.

Lage des Hoden intraabdominal an der vorderen Bauchwand. Uterus simplex. Urogenitalkanal (Vestibulum) verlängert, Vagina rückgebildet.

Fam. 1. Dasypodidae

Subfam. Dasypodinae (Abb. 555). Artengruppe Dasypodini, Weichgürteltiere, 6 Arten. *Dasypus novemcinctus*, Armadillo, Neunbindengürteltier. KRL.: 35 – 57 cm, SchwL.: 25 – 45 cm, KGew.: 2,7 – 6,2 kg. N-Argentinien bis Guayana, Venezuela, Mexico. Die Art ist seit etwa 100 Jahren (Vernichtung der Raubfeinde?) im Vordringen nach N begriffen und hat z. Zt. N-Kansas – S-Carolina erreicht. Kommt auch auf einigen der kleinen Antillen vor. Anpassungsfähig, aber temperaturempfindlich. Lebensraum: Bevorzugt offenes Gelände mit Sträuchern und kleinen Waldstücken auf sumpfigen Böden. Nahrung: Insekten, Pilze, Früchte. Schnauzenregion lang und schmal. Von den 8 Zähnen in jeder Kieferhälfte haben 7 zweiwurzelige Milchvorläufer. Regelmäßig kommt Polyembryonie (4 eineiige, gleichgeschlechtliche Junge, s. S. 1086) vor. *Dasypus hybridus*, Mulita. S-Brasilien bis S-Argentinien, Paraguay. Weitere *Dasypus*-Arten in W-Brasilien, in den Llanos von Venezuela und Ecuador bis Peru.

Subfam. Euphractinae. Euphractinae, Borstengürteltiere, 3 Genera (*Euphractus, Chaetophractus, Zaedyus*), 5 Arten (Abb. 555, 556).

Euphractus sexcinctus, Sechsbindengürteltier. KRL.: 40 – 50 cm, SchwL.: 12 – 20 cm, KGew.: 6 – 8 kg. Brasilien, N-Argentinien, Uruguay, Paraguay, SO-Bolivien. Größte Art unter den Borstengürteltieren. Spärliche, gelbliche Haare zwischen den Schuppen, 6 – 8 Gürtelbänder. Schädel bei allen Euphractinae mit kürzerem, aber kräftigem Kieferabschnitt, Kopf keilförmig. Gebiß: $\frac{9}{10}$.

Panzer breiter und flacher als bei Weichgürteltieren. Graben tiefe Gänge. Tag- und nachtaktiv. Lebensraum: Savanne und Waldränder. Nahrung: Insekten, Kleintiere, Aas, Wurzeln, Früchte. Tragzeit: 60 – 65 d, 1 – 3 Junge (keine Polyembryonie).

1090 Subcl. Theria, Infracl. Eutheria

Chaetophractus villosus, Braunes Borstengürteltier. KRL.: 32–45 cm, SchwL.: 12 cm, KGew.: 1,8 kg. Verbreitungsgebiet schließt s. an das von *Euphractus* an. Ohren mittelgroß und weit hinten stehend. Unterscheidung von 3 Arten beruht im wesentlichen auf äußeren Merkmalen und auf Größendifferenzen. Körperbau und Lebensweise sehr ähnlich. Diphyodontie ist nachgewiesen. Meist 1 Junges.

Zaedyus pichiy, Zwerggürteltier. KRL.: 25 cm, SchwL.: 9–12 cm. Vorkommen: Argentinien, Mendoza–Buenos Aires und s. bis Rio Santa Cruz, Anden-Grasland Chile s. der Magellanstraße. Ist die

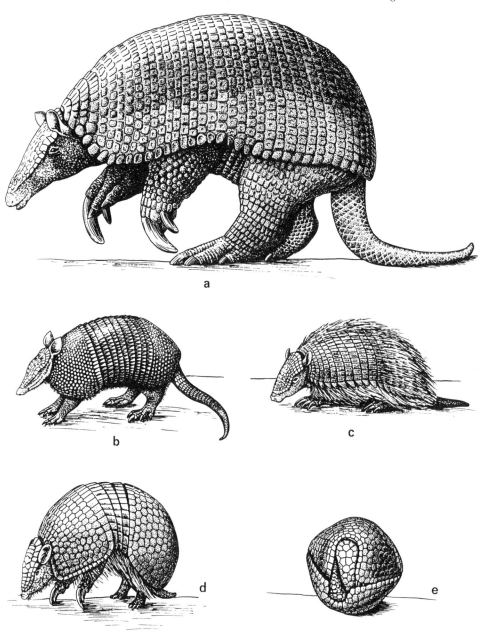

Abb. 555. Gürteltiere. a) *Priodontes giganteus*, b) *Chaetophractus villosus*, c) *Dasypus novemcinctus*, d, e) *Tolypeutes tricinctus*. Nach verschiedenen Aufn. aus GRASSÉ 1955.

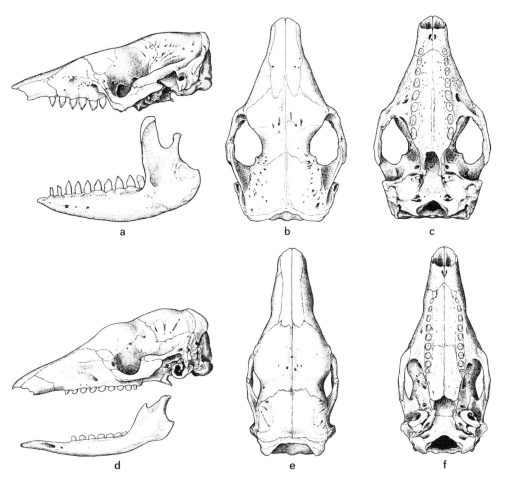

Abb. 556. *Chaetophractus villosus* (a–c), *Cabassus unicinctus* (d–f). Schädel in verschiedenen Ansichten.

kleinste Art der Gürteltiere. Die Gattung ist durch kürzerer Ohren, schmalen Kopfschild und Merkmale der Beschuppung gekennzeichnet.

Subfam. Priodontinae. 2 Genera (*Priodontes*, 1 Art, *Cabassus*, 4 Arten).

Priodontes maximus, Riesengürteltier (Abb. 555, 557). KRL.: 80–100 cm, SchwL.: 50 cm, KGew.: 50 kg. Vorkommen: S-Amerika ö. der Anden von Venezuela, Guayana, Columbien bis N-Argentinien (Chaco). 11–13 bewegliche Rückenbänder. Schwanz gepanzert. Pentadactyl, der Finger III trägt eine kräftige, gebogene, bis 20 cm lange Grabkralle. Hinterfüße: Zehen syndactyl mit kurzen Krallen. Lange, wurmförmige Zunge. Gebiß polyodont: $\frac{25}{25}$, Zähne sehr klein, ragen nicht über die Gingiva vor. Rein termitophag. Tympanicum ringförmig. Vorwiegend nocturn und solitär. Bei Abwehr Aufrichten auf die Hinterbeine und Abstützen auf den Schwanz. Beim Laufen werden vorn die Krallen aufgesetzt, hinten die ganze Sohle.

Cabassus, Nacktschwanzgürteltiere. 4 Arten, die von Honduras, Guatemala bis S-Brasilien, N-Argentinien, Paraguay und Uruguay verbreitet sind. Sie unterscheiden sich von *Priodontes* durch geringere Körpergröße, durch breiteren Abstand der Ohren und durch den nackten Schwanz, der allerdings nicht vollständig nackt ist, sondern dünne und unregelmäßig angeordnete Hornplättchen trägt.

Cabassus tatouay, (= *C. unicinctus*) (Abb. 556). KRL.: 35–45 cm, SchwL.: 15–20 cm, KGew.: 4,5–6,5 kg.

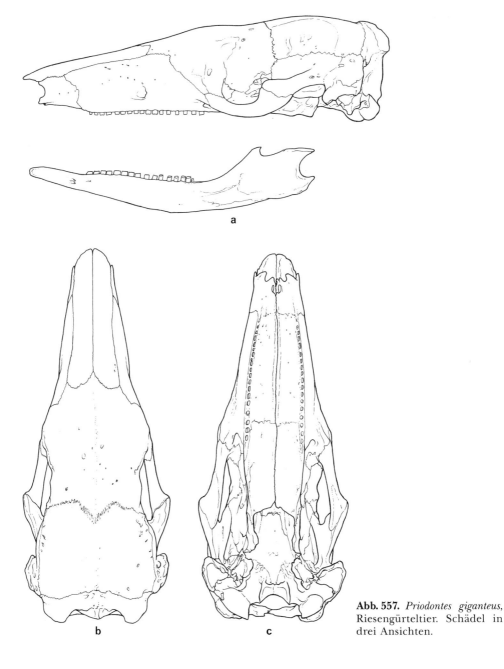

Abb. 557. *Priodontes giganteus*, Riesengürteltier. Schädel in drei Ansichten.

Subfam. Tolypeutinae

Tolypeutes, Kugelgürteltiere (Abb. 555), 2 Arten. *Tolypeutes matacus*: SO-Bolivien, S-Brasilien bis S-Argentinien. *Tolypeutes tricinctus*, NO-Brasilien, s. des Amazonas. KRL.: 35–45 cm, SchwL.: 9 cm. Gebiß: $\frac{8}{8}$. 3–4 bewegliche Gürtel. Schulter- und Becken-Panzer haben die Gestalt von Kugelsegmenten, sind stark gewölbt und ermöglichen dem Tier, sich zu einer ringsum gepanzerten Kugel einzurollen, an deren Abschluß Kopf- und Schwanzpanzer beteiligt sind. Die Extremitäten werden innerhalb der Kugel verborgen (Abb. 555). Die Hautmuskulatur ist, in Anpassung an den Einrollmechanismus, hoch spezialisiert (ZEIGER 1925, 1927, 1929). Tympanicum ringförmig.

Subfam. Chlamyphorinae, Gürtelmulle. Die Chlamyphorini nehmen unter den Dasypodidae eine Sonderstellung ein. Sie sind ein offenbar junger Seitenzweig aus der Stammeslinie der Euphractinae. Gürtelmulle leben in trockenen, sandigen, regenarmen Steppengebieten und verlassen ihre Gänge im Erdreich sehr selten. Es sind die kleinsten unter den Dasypodidae, die im Habitus Konvergenzen zu den Beutelmullen (*Notoryctes*) erkennen lassen (Abb. 171). Über ihre Lebensweise ist wenig bekannt. Es sind typische Erdgräber mit sehr versteckter Lebensweise und relativ kleinem Verbreitungsgebiet am Ostfuß der Anden mit Centrum in der Provinz Mendoza (Argentinien).

Chlamyphorus truncatus, s. Gürtelmull (Abb. 558, 559): KRL.: 11,5–15 cm, SchwL.: 2,5–3 cm, KGew.: 90 g.

Chlamyphorus retusa, n. Gürtelmull (= „*Burmeisteria*"). KRL.: 16,5–19 cm, SchwL.: 3,5–4 cm, KGew.: 100 g. Dem Panzer fehlen die beweglichen Gürtel. Er besteht aus Bändern zarter Hornplättchen mit sehr geringer Bildung von Knochenschuppen. Das Hinterende des Körpers wird von einem abgesetzten, vertikal stehenden Beckenschild bedeckt (Sicherung des Tieres in der Grabröhre), der mit dem Becken verwachsen ist. Bauchseite und Extremitäten mit dichtem weißlichem Haarkleid, ebenso die Grenzzone zwischen Rückenpanzer und Beckenschild. Der relativ weiche und in sich bewegliche Rückenpanzer liegt in einer Hautduplikatur (*Chl. truncatus*). Die behaarte Flankenhaut dringt unter dem Panzer bis nahe an die Mittellinie vor. Bei *Chl. retusa* liegt der Panzer, wie bei anderen Gürteltieren, in der nicht gefalteten Rückenhaut. Augen und äußere Ohren sehr klein. Schädel sehr dünnwandig. Hirnschädel breit, Kieferteil stark verschmälert. Stirnhöcker vor der Orbita (Abb. 559). Ventraler Fortsatz am Jochbogen kaum angedeutet. Blasig aufgetriebene Bulla tympanica. Gebiß $\frac{8}{8}$. Nahrung: Insekten, Würmer. Extremitäten kurz, pentadactyl. Finger I und V der Hand verkümmert.

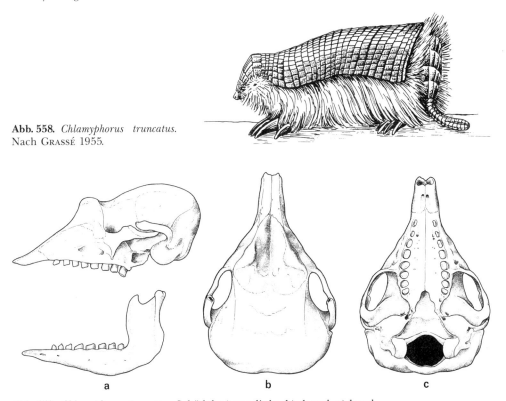

Abb. 558. *Chlamyphorus truncatus.* Nach GRASSÉ 1955.

Abb. 559. *Chlamyphorus truncatus*, Schädel. a) von links, b) dorsal, c) basal.

Subcl. Theria, Infracl. Eutheria

Subordo Tardigrada, Faultiere

Fam. Bradypodidae. 2 Subfamilien, 2 Genera, 5 Arten.

Faultiere sind weitgehend an arboricole Lebensweise angepaßte, phytophage Spezialisten, die von terrestrischen † Gravigrada abstammen und ihre Lebensform im Zusammenhang mit dem Auftreten periodisch überfluteter Regenwälder (s. S. 1073) entwickelt haben. Die beiden rezenten Subfamilien, Bradypodinae und Choloepodinae, zeigen viele Ähnlichkeiten in den Anpassungserscheinungen an das gleiche Milieu, unterscheiden sich aber andererseits in sehr vielen morphologischen Merkmalen, die als unabhängig vom Anpassungstyp zu bewerten sind, so daß im neueren Schrifttum beiden der Rang einer selbstständigen Familie eingeräumt wird und Zweifel an der Monophylie der Gruppe geäußert wurden (GUTH 1956, 1961, THENIUS 1969). Da die Abstammung der Bradypodidae im Einzelnen bisher nicht gesichert ist, wird hier die Zusammenfassung in einer Familie beibehalten, wenn auch vorbehaltlich zukünftiger neuerer Einsichten.

Als allen Tardigrada gemeinsame Kennzeichen seien genannt: Langes dichtes Haarkleid mit Besonderheiten des Haarstriches. Lange, dünne Gliedmaßen mit kräftigen, langen Krallen an den mittleren Fingern. Schädel mit verkürztem Kieferteil, Os praemaxillare reduziert. Jochbogen kräftig, aber nicht geschlossen, mit großem ventralen Fortsatz. Kräftige Kaumuskulatur. Gebiß meist $\frac{5}{4}$. Homodontie der Molaren. Gekammerter Magen. Große Ähnlichkeit der Placenta in Form und Struktur bei beiden Subfamilien (MOSSMAN 1987).

Unterschiede betreffen die Zahl der Cervical- und Thoraco-Lumbalwirbel sowie das Vorkommen eines Os praenasale (nur bei *Choloepus*), Unterschiede in der Tympanalregion, in Details am Extremitätenskelet und Differenz in der Zahl der verlängerten Krallen an der Hand. Genannt werden ferner Unterschiede im Feinbau der Haare. Da die unterschiedlichen Merkmale meist quantitativer Natur sind, dürften sie weniger Gewicht haben, als die Ähnlichkeiten zwischen beiden Subfamilien. Insbesondere sind die nahezu identischen Phänomene bei der Placentation, die von der der Dasypodidae erheblich abweicht, von Bedeutung. Hingewiesen sei auch auf die Persistenz eines Epitrichium bei geburtsreifen Feten (s. S. 1086) und die in beiden Subfamilien vorkommende Assoziation mit Kleinschmetterlingen (s.u.).

Integument. Die Haare sind bei Choloepodinae länger und weicher als bei Bradypodinae. Entsprechend der vorwiegend hängenden Körperhaltung findet sich ein deutlicher Scheitel auf der Ventralseite. Die Haare sind rückenwärts gerichtet. Die Gesichtsbehaarung ist bei *Bradypus* kurzhaariger als die Rumpfbehaarung. Die Haare von *Bradypus* sind relativ steif und wirken strohig. Dem liegt die ungewöhnliche Struktur des Einzelhaares zugrunde. Das Haar ist marklos und mit einer Cuticula-artigen Deckschicht aus Schuppen bedeckt. Diese stehen vielfach horizontal vom Haarschaft abgespreizt und bilden dazwischen Schuppen, Rillen und Furchen auf der Oberfläche des Haares, in denen sich Algen ansiedeln (s.u.). Auf der Bauchseite sind die Haare weich und ohne die aufgerauhte Deckschicht.

Männchen von *Bradypus* tragen einen artlich verschieden gefärbten Rückenschild, der bei *Choloepus* fehlt. Rhinarium nackt. Sohlen bis auf eine schmale Hornschwiele behaart. 2 pectorale Zitzen. Ohren klein und im Fell verborgen.

Assoziation mit Algen und Insekten im Fell der Bradypodidae. In den Furchen und Rillen zwischen den Schuppen des einzelnen Deckhaares, besonders bei *Bradypus*, siedeln sich im feuchten Regenwaldmilieu des natürlichen Habitats blaugrüne Algen (*Trichophilus*, *Cyanoderma*) an, die dem Tier einen grünen Schimmer verleihen und damit in den Baumwipfeln eine wirksame Tarnung ermöglichen. Es handelt sich damit um eine echte Symbiose.

Baumfaultiere sind Wirtstiere zahlreicher blutsaugender Arthropoda (Diptera, Hemiptera etc., kleine Anoplura) und unterscheiden sich darin nicht von anderen vergleichbaren Eutheria. Sie können zu Trägern human-pathogener Erreger werden (Leishmaniose, infektiöse Viren). Davon abgesehen gibt es bei Bradypodidae eine Assoziation mit Lepidoptera und Coleoptera, deren Larven coprophag sind, sich also vom Kot ihrer Wirte ernähren. Dieses Phänomen ist unter Säugetieren sehr selten. Bereits BATES (1877) hatte im Pelz von *Bradypus* Kleinschmetterlinge gefunden. Lange Zeit herrschte die Meinung vor, daß die Motten ihre Eier im Pelz ablegten und die Larven sich von den symbiontischen Algen ernähren würden. Durch umfangreiche

Untersuchungen von WAAGE et al. (1985) konnte die Assoziation von Faultieren mit Kleinschmetterlingen überraschend aufgeklärt werden. Es zeigte sich, daß im Pelz der Bradypodidae nie Eier, Maden oder Kokons der Bewohner vorkamen und daß die Imagines nicht von den Algen oder vom Gewebsmaterial des Wirtes zehrten, sondern daß die Schmetterlinge ihre Eier nur auf den Kothaufen der Faultiere ablegten, während diese defäzierten. Die Larven entwickeln sich im frischen Kot. Das Faultier dient nur als Transportmittel und als Aufenthaltsort der Imagines. Es handelt sich also um eine Form von Kommensalismus, dessen Vorteil für das Insekt in folgendem zu suchen ist: Kot von Faultieren findet sich nur lokal am Fuß von Faultier-Bäumen; er ist kaum sichtbar, da meist von Laub verdeckt, und duftet kaum. Wenn sich die Schmetterlinge auf dem Wirtskörper aufhalten, ist das Auffinden frischer Kothaufen erleichtert, zumal der Nutznießer sich sofort an der Quelle einfinden kann. Außerdem finden die Kommensalen offenbar im Pelz des Trägers Schutz vor Raubfeinden. Die Imagines halten sich gewöhnlich nie an der Oberfläche des Pelzes auf, sondern sitzen in der Tiefe zwischen den Haaren. Die ♀♀ verlieren hier wenigstens zum Teil ihre Flügel.

Bisher sind mindestens 6 Pyraliden-Arten an Bradypodidae beschrieben worden (*Bradypodicola hahneli* SPULER 1906, *Cryptotes*, 3 Arten, *Bradypophila*, 2 Arten). Die Phorese (Transport der Kommensalen) kommt bei beiden Subfamilien vor, teilweise durch die gleichen Arten, doch ist die Besiedlung bei *Bradypus* umfangreicher als bei *Choloepus*. Maximal fanden sich auf 1 *Bradypus* bis zu 120 Pyraliden-Individuen.

Faultiere können auch Träger von coprophagen Coleopteren sein (Scarabaeidae der Gattungen *Trichilium*, *Uroxys* u. a.). Die Käfer halten sich (oft mehrere Hundert) in den Gelenkbeugen und in der Analregion der Faultiere auf, ihre Larven leben im Kot. Ein analoges Verhältnis scheint bei *Macropus* (Känguruh) vorzukommen, deren Pelz von einer *Ontophagus*-Art bewohnt wird, deren Larven im Kot heranwachsen.

Bei den Bradypodiden ist der Schwanz sehr kurz. Die Zunge ist breit und von gewöhnlicher Form. Ein Caecum fehlt.

Genus *Bradypus*, Dreifingerfaultier, Ai. 3 Arten (WETZEL 1982) (Abb. 560). Finger II, III und IV mit kräftiger Hänge-Kralle und vollständig. Am Fuß ebenfalls drei verlängerte, syndactyle Zehen. Clavicula schwach, erreicht das Sternum nicht. For. entepicondyloideum nur bei *Br. torquatus*. Pterygoide nicht pneumatisiert (außer bei *Br. torquatus*). Praemaxillare sehr klein und durch lockere Naht mit Maxillare verbunden. Der erste Zahn der geschlossenen Reihe ist der kleinste. Wirbel-

Abb. 560. *Bradypus tridactylus*, Dreizehenfaultier.

zahlen: C: 9, Th: 14—16, L: 4—8, Cd: 9—10. *Bradypus tridactylus*, Dreifingerfaultier. KRL.: 45—55 cm, SchwL.: 6—7 cm, KGew.: 3—5 kg. Männchen mit orangefarbenem Schulterfleck. Vorkommen: Columbien, Venezuela, Guyana, Brasilien s. bis zum Amazonas, ö. bis zum Rio Negro.

Bradypus variegatus, Braunes Faultier. KRL.: 50—70 cm, SchwL.: 4—9 cm, KGew.: 2,5—5, 5 kg. Von Honduras, Guatemala bis SO-Brasilien, N-Argentinien. Männchen mit Schulterfleck. Braune Kehlzeichnung. *Bradypus torquatus*, Kragenfaultier. Küstenwälder SO-Brasiliens, Bahia, Rio. Verlängertes Fell, mähnenartig an Nacken und Schultern. Nur bei dieser Art sind die Pterygoide aufgebläht und ein For. entepicondyloideum ist vorhanden. In diesen beiden Merkmalen ist die Art den Choloepodinae genähert.

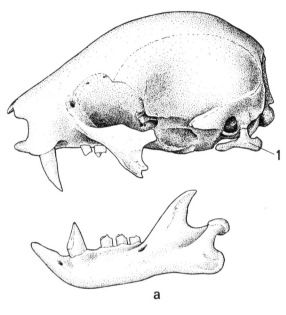

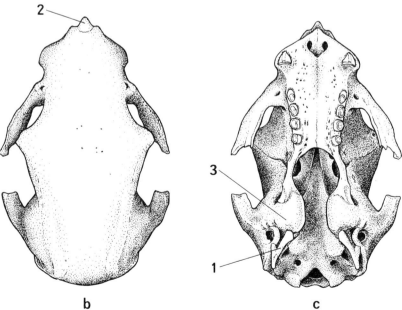

Abb. 561. *Choloepus didactylus*, Zweizehenfaultier, Schädel in drei Ansichten. 1. Zungenbein, 2. Os praenasale, 3. Bulla tympanica.

Genus *Choloepus*, Zweifingerfaultier, 2 Arten (Abb. 561). *Choloepus didactylus*, Unau. KRL.: 60 – 85 cm, SchwL.: 1,5 – 3 cm, KGew.: 4 – 8 kg. Verbreitung: Guayana, Venezuela, Orinokobecken, Brasilien und Amazonasbecken in Ecuador, Peru und Columbien. Haare an Kehle und Hals einheitlich dunkelbraun. Wirbelzahlen: Meist 7 Cl, 24 – 25 Thl und 4 – 8 Ll. Bei beiden *Choloepus*-Arten sind an der Hand nur Finger II und III vergrößert und als Haken funktionell, am Fuß aber 3 Zehen. Regelmäßiges Vorkommen eines kleinen Os praenasale (Abb. 561). Praemaxillare früh knöchern mit dem Os maxillare verschmolzen (Bildung einer „Maxilla"). Der erste Zahn in der Reihe ist groß und hat die Gestalt eines Caninus (Abb. 561). Die Clavicula ist vollständig und erreicht das Sternum. Der Humerus hat ein For. entepicondyloideum. Pterygoide pneumatisiert. *Choloepus hoffmanni*. Etwas kleiner als die vorgenannte Art, Gesichts- und Kehlfärbung hellbraun – gelblich. Vorkommen von Nicaragua bis S-Amerika, w. der Anden, Ecuador, ö. der Anden bis Peru und Brasilien (Mato Grosso). Nur 6 Halswirbel, 24 – 25 Thoracalwirbel.

Faultiere haben eine sehr variable *Körpertemperatur*, die sich in Abhängigkeit von der Umgebungstemperatur zwischen 24° und 33°C bewegt.

Subordo Vermilingua

Fam. Myrmecophagidae. 2 Subfamilien, 3 Genera, 4 Species, termitophag, teils terrestrisch, teils arboricol. Kieferschädel lang gestreckt und röhrenförmig. Die Pterygoide bilden einen großen Teil des knöchernen Gaumens, der sehr verlängert ist. Die Choanen liegen weit hinten, dicht unter dem For. occipitale magnum. Jugale sehr klein, als Rudiment am Maxillare. Jochbogen fehlend. Os praemaxillare sehr klein, Os lacrimale groß. 18 – 20 Thoracalwirbel. Schwanz lang. Clavicula reduziert, klein oder gar nicht vorhanden. Hand pentadactyl mit enormer Vergrößerung des Fingers III, der eine mächtige Grabkralle trägt. I und V in Rückbildung. Fuß gleichfalls pentadactyl, jedoch mit einfachen Krallen an allen Zehen.

Abb. 562. Rezente Vermilingua. a) *Myrmecophaga tridactyla*, Großer Ameisenbär, b) *Tamandua tetradactyla*, Mittlerer Ameisenbär, c) *Cyclopes didactylus*, Zwergameisenbär.

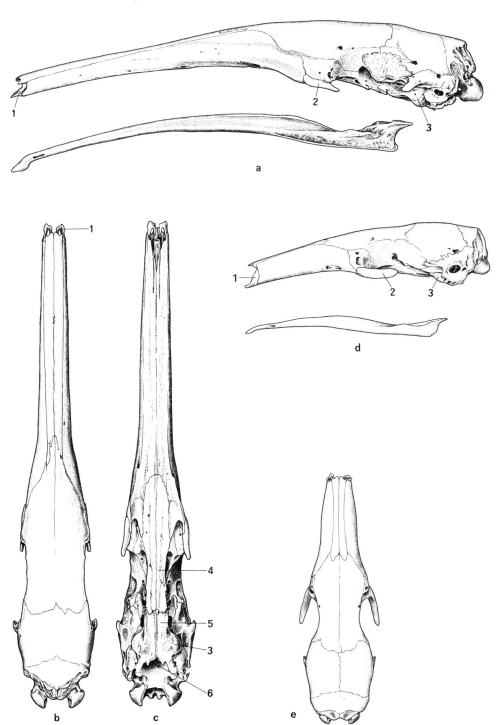

Abb. 563. Schädel von *Myrmecophaga jubata* (a–c) und von *Tamandua tetradactyla* (d–e). 1. Os praemaxillare, 2. Os zygomaticum, 3. Rec. ant. der Bulla tympanica, 4. Palatinum, 5. Pterygoid, 6. Choanen.

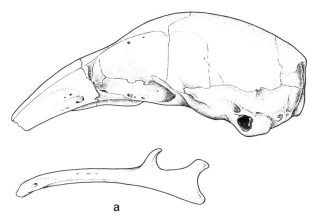

Abb. 564. *Cyclopes didactylus.*
1. Choane, 2. Palatinum, 3. Gaumenleiste des Pterygoid, 4. offene Spalte des knöchernen Gaumens.

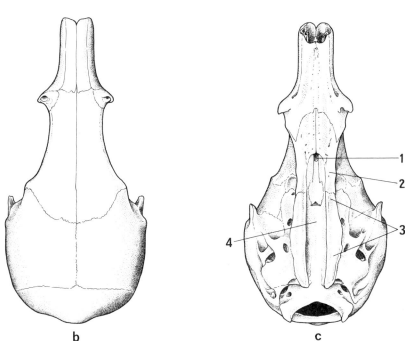

Beim Laufen werden Finger II und III eingeschlagen, die Hand wird mit dem äußeren (ulnaren) Rand aufgesetzt. Der Fuß ist plantigrad. Scapula mit For. coracoscapulare und akzessorischer Spina. Humerus mit For. entepicondyloideum.

Zähne fehlen, auch in der Anlage. Mundöffnung sehr klein. Zunge wurmförmig, weit vorstreckbar. Vergrößerte Speicheldrüsen (Gld. submandibularis und parotis). Nasenmuscheln einfach eingerollt. Magen einfach, sackförmig. Caecum bei *Tamandua* einfach, bei *Cyclopes* doppelt. Hoden abdominal, Penis sehr kurz.

Dichtes Haarkleid am ganzen Körper, mit verlängerter Schwanzfahne, die bei *Myrmecophaga* über den Körper gelegt werden kann. 2 pectorale Zitzen, bei *Cyclopes* außerdem inguinale Zitzen. Die Placenta ist glockenförmig, von trabekulärem Typ und haemochorial (s. S. 1087).

Subfam. Myrmecophaginae (Abb. 562, 563). Lange Röhrenschnauze. Die Pterygoide beteiligen sich an der Bildung des harten Gaumens mit Palatinalfortsätzen. Akzessorische vordere Nebenkammer der Bulla tympanica.

Myrmecophaga tridactyla (= *jubata*). Großer Ameisenfresser, Ameisenbär. KRL.: 100–130 cm,

SchwL.: 65–90 cm, KGew.: 30–35 kg. ♀♀ deutlich kleiner als ♂♂. Vorkommen: S-Belize, Guatemala bis S-Amerika, w. der Anden bis N-Ecuador, ö. der Anden bis Mato Grosso, Gran Chaco, Bolivien, Argentinien, Uruguay, Paraguay. Rein terrestrisch. Graue Behaarung mit weiß gesäumtem, schwarzen Kehl-Brustfleck. Ausgedehnte Schwanzfahne. 1 Tragjunges (s. S. 1086).

Tamandura, Mittlerer Ameisenbär. 2 sehr ähnliche Arten. KRL.: 50–68 cm, SchwL.: 40–65 cm, KGew.: 3,5–6 kg.

Tamandua tetradactyla. S- und O-Form, gelbbraune Grundfärbung, in Venezuela einfarbig, nach S und O zunehmend mit schwarzer Kehl-Brustzeichnung.

Tamandua mexicana, W- und N-Form. Von Mexico bis NW-Venezuela und N-Peru. Schädel etwas schmaler und kürzere Ohren als bei *T. tetradactyla*. Ausgedehnte Schwarzfärbung, sehr variabel bis zu total schwarzer Körperfärbung. Übergänge des Färbungstyps im Amazonasbecken. Lebensweise beider Arten identisch, semiaboricol. Der lange Greifschwanz ist mit Schuppen besetzt, kurzhaarig und hat auf der Unterseite ein nacktes Hautfeld. Schwanzfahne fehlt.

Subfam. Cyclothurinae. 1 Gattung, 1 Art. *Cyclopes didactylus*, Zwergameisenbär (Abb. 562, 564). KRL.: 16–23 cm, SchwL.: 16,5–29,5 cm, KGew.: 300–500 g. Verbreitung: von S-Mexiko bis S-Amerika, w. der Anden bis N-Peru (?), ö. der Anden in Venezuela, bis Bolivien und C-Brasilien. Rein arboricol, insectivor. Pelz dicht und seidig, weich. Gelb-braun bis silbergrau. Schädel im Profil konvex, Schnauze, auch relativ, viel kürzer als bei den Myrmecophaginae (Abb. 564). Der lange Wickelschwanz ist bis auf die Spitze und ein nacktes Hautfeld auf der Ventralseite dicht behaart. Der harte Gaumen wird nur vom Maxillare und Palatinum gebildet. Die Pterygoide bilden zwar Gaumenleisten, doch verschmelzen diese nicht in der Mittellinie (Abb. 564). Der Gaumen ist in der hinteren Hälfte gespalten. Clavicula gut entwickelt. Hand und Fuß sind hochspezialisierte Greiforgane (s. S. 1080). An der Hand sind nur der Finger II und III ausgebildet; diese eng aneinander geschlossen. Finger III trägt eine große Kralle. Distale Carpalia teilweise verschmolzen. Fuß zum spezialisierten Greif- und Kletterfuß umgewandelt mit Greifschwiele und 4 etwa gleich großen Zehen mit Krallen. 2 Caeca.

5.4. Säugetiere als Haustiere

Eine ausführliche Darstellung der Haussäugetiere entspricht nicht der Zielsetzung dieses Buches. In Anbetracht der außerordentlichen Bedeutung der Haustiere für den Menschen in praktischer Hinsicht, aber auch mit Rücksicht auf theoretische Aspekte (Grundfragen der Phylogenie und Taxonomie, Form- und Artwandel) soll im folgenden ein kurzer Überblick über Herkunft, Stammarten und systematische Bewertung der Haus-Säugetiere gegeben werden.

Der Mensch begann vor etwa 10 000 Jahren, Wildtiere, darunter auch eine begrenzte Zahl von Säugetieren, in seine Obhut zu übernehmen. Die Haltung dieser Tiere bei den Siedlungen kann gleichsam als eine neue, vom Menschen geschaffene ökologische Nische verstanden werden. Erst sekundär treten züchterische Bestrebungen hervor, durch zielgerichtete Bemühungen, durch Selektion, unter Ausnutzung der natürlichen Variabilität, Gestalt und Leistung der Tiere zum Nutzen des Menschen zu verändern (HERRE & RÖHRS 1990).[*]

Im Sinne des biologischen Artbegriffes sei hervorgehoben, daß in allen Tiergruppen eine innerartliche Variabilität vorkommt. Im allgemeinen ist diese bei Haustieren größer als bei Wildtieren. Unterschiede in Gestalt und Leistung können erheblich sein. In der älteren Systematik wurden Haustiere gegen Wildtiere scharf abgegrenzt. Sie wurden als eigene Arten betrachtet und mit eigenen Species-Namen benannt. Die Forschung der letzten 70 Jahre hat zu einem grundsätzlichen Wandel geführt.

---

[*] Zur Geschichte des Domestikationsbegriffs und zur umfassenden Darstellung der Domestikationsforschung, die in diesem Rahmen nur angedeutet werden kann, sei nachdrücklich auf HERRE, W. & RÖHRS, M.: „Haustiere zoologisch gesehen" 2. Aufl. Stuttgart – New York (G. Fischer) 1990, verwiesen.

Heute besteht weitgehend Konsens darüber, daß Haustiere jeweils von einer einzigen Wildart abstammen und mit ihrer Stammform eine unbeschränkte Fortpflanzungsgemeinschaft bilden können. Haustiere sind also keine eigenen Arten, sondern bilden eine eigene Unterkategorie, die auch nicht mit dem Subspeciesbegriff identisch ist, denn sie können nicht geographisch definiert werden. BOHLKEN (1961) hat vorgeschlagen, Haustiere mit dem wissenschaftlichen Namen der Stammart und mit dem Zusatz „**forma**" zu benennen, dem der alte Name der Haustierart folgt.

Beispielsweise würde die Hauskatze als *Felis libyca* forma (f.) catus zu bezeichnen sein. Die Bezeichnung der Haustierform wird zur Abgrenzung vom Artnamen vereinbarungsgemäß nicht kursiv geschrieben. Fehlt ein eigener Name der Haustierform, so lautet der Zusatz „f. domestica".

Von den Haustieren zu unterscheiden sind jene Tiere, die zwar vom Menschen auch als Arbeitstiere gehalten, aber stets von neuem aus dem Wildbestand entnommen werden. Sie werden also nicht in Gefangenschaft gezüchtet und auch nicht der Selektion durch den Menschen unterworfen. Wir sprechen von Nutztieren. Ein Beispiel ist der Indische Elefant.

Herkunft, Stammform und Nutzungsart der Haustiere

Als älteste Haustiere werden heute meist Schaf und Ziege angenommen. Als der neolithische Mensch vor etwa 11 – 10 000 Jahren seßhaft wurde und den Ackerbau einführte, entstanden gleichzeitig diese ersten Haustiere im Vorderen Orient, wahrscheinlich zunächst zur Nutzung von Fleisch und Milch, später auch zur Gewinnung von Wolle. Das Hausschaf, *Ovis ammon* f. aries, stammt von w. Unterarten des Wildschafes ab. Die Hausziege, *Capra aegagrus* f. hircus, entstand im Bereich des ö. Mittelmeerraumes aus der Bezoarziege.

Canis lupus f. familiaris, der Haushund, ist vor etwa 9 000 Jahren im Orient nachweisbar. Die Verhältnisse liegen weniger klar, da zu Beginn der Domestikation eine Beurteilung der Knochenfunde sehr schwierig ist. Ein zweites frühes Domestikationscentrum für den Haushund wird in W- und N-Europa vermutet. Umstritten ist auch die Ursache für die Domestikation des Wolfes. Nach der Meinung einiger Autoren sollen einzelne Wölfe sich bei den Siedlungen dem Menschen angeschlossen und an den Abfallgruben gefressen haben. Wölfe sind Rudel-Tiere und erkennen gegebenenfalls den Menschen als „α-Tier" an. Es würde sich also um eine Art Selbstdomestikation gehandelt haben. Der Mensch dürfte früher halbzahme Wölfe als Jagdbegleiter genutzt haben. Nutzung als Zugtier (Schlittenhunde im N) oder als Fleischtier (in O-Asien) kamen erst später hinzu.

Der Zeitpunkt der Domestikation des Hausschweines ist nicht bekannt. Sie dürfte auf die des Hundes gefolgt sein. Jedenfalls gehört das Schwein zu den älteren Haustieren. Die einzige Stammform ist das Wildschwein, *Sus scrofa*, das in Eurasien eine sehr weite Verbreitung mit mehreren Unterarten hat. Es ist nicht unwahrscheinlich, daß Schweine an verschiedenen Stellen aus verschiedenen Unterarten in Eurasien und O-Asien in den Hausstand übernommen wurden. Das Hausschwein, *Sus scrofa* f. domestica, wurde früh zum wichtigsten Fleisch- und Fettlieferanten.

Mehrfach sind aus der Subordo Tylopoda Haustiere hervorgegangen; in der Alten Welt die Kamele, in der Neuen Welt die Lamas. Beide wurden und werden in erster Linie als Trag-Tiere, daneben auch als Fleisch- und Milch-Lieferanten genutzt. Das Hauskamel, *Camelus ferus* f. bactriana, dürfte um 3 – 2 000 v. Chr. in der n. Steppenzone in C-Asien domestiziert worden sein. Seine Stammform, das Wildkamel, *Camelus ferus*, kam in der Wüste Gobi bis ins 20. Jh. vor und gilt heute als ausgestorben. Das vorwiegend weiter s., in trockenen und warmen Gegenden gehaltene einhöckrige Kamel oder Dromedar ist zwar weit verbreitet und spielt auch heute noch bei allen Wüstennomaden Afrikas und Vorderasiens eine wichtige Rolle, doch ist seine Stammart nicht bekannt. Die Annahme einer eigenen einhöckrigen Wildform läßt sich naturwissenschaftlich nicht verifizieren. Felsbilder in der Sahara (1 100 v. Chr.) werden als Jagdszenen auf Dromedare gedeutet. Nach anderer Meinung ist auch das Dromedar ein Abkömmling des *Camelus ferus*. Dafür spricht die Möglichkeit, fruchtbare Bastarde zwischen beiden Kamelformen zu erzielen.

Sollte sich die Zugehörigkeit beider Kamele zur gleichen Stammart bestätigen, so würde die korrekte Bezeichnung für das Dromedar heißen: *Camelus ferus* f. dromedarius. Dromedare werden heute nur in südlichen, heißen und ariden Gebieten gezüchtet, während baktrische Kamele in nördlicheren Regionen mit kalten Wintern gehalten werden.

Von den beiden S-amerikanischen Tylopoden-Arten ist das Vicuña, *Lama vicugna*, nie domestiziert worden. Es wurde aber von den Inkas wegen der hohen Qualität seines Vlieses genutzt. Die Rudel wurden im Abstand von 2 Jahren zusammengetrieben, geschoren und danach wieder in die freie Wildbahn entlassen. Die zweite Tylopoden-Art, das Guanako (*Lama guanicoe*), ist die Stammart von 2 Haustierformen, dem Lama (*Lama guanicoe* f. lama) und dem Alpaka. Das Lama war das einzige und daher lebenswichtige Transporttier in den Andenländern. Auch heute noch dient es in breitem Umfang als Lastenträger. Nutzung als Fleischlieferant spielt eine geringere Rolle. Das Alpaka ist ein Zuchtschlag des Lamas von geringerer Körpergröße, das wegen der Wollproduktion gezüchtet wird.*)

Die oft vertretene Annahme, daß das Alpaka ein domestizierter Abkömmling des Vicuñas sei, ist aufgrund morphologischer Befunde und von Haemoglobinanalysen widerlegt worden (Lit. s. HERRE & RÖHRS). Während Guanako, Lama und Alpaka eine Fortpflanzungsgemeinschaft bilden, kommen Bastardierungen aus der Guanako-Gruppe mit Vicuñas unter natürlichen Bedingungen nicht vor.

Das Ren, *Rangifer tarandus*, nimmt als einzige domestizierte Hirsch-Art unter den Haustieren eine Sonderstellung ein. Die Domestikation des Wildrens ist in Sibirien für das 7. Jh. v. Chr. nachgewiesen. Das Besondere der Ren-Haltung liegt darin, daß die Tiere in großen Herden, entsprechend den natürlichen Sozialverbänden, gehalten werden und relativ frei in ihrem natürlichen Habitat äsen und wandern. Der Mensch folgt den Herden und wird dabei selbst zum Nomaden.

Das Fortpflanzungsverhalten wird vom Züchter gesteuert, denn er selektiert durch Kastration die zur Zucht ungeeigneten ♂♂. Insofern liegt echte Domestikation vor. Die Unterschiede zwischen Wild- und Hausren sind relativ gering, doch ist die Variabilität (Körpermaße, Fellfärbung) beim Zuchtren größer. Genutzt werden vor allem das Fleisch und die Felle.

Die ökonomisch bedeutendsten Haustiere stammen aus der Subfamilie Bovinae (Rinder). In verschiedenen geographischen Regionen sind unabhängig voneinander Wildrinder domestiziert worden. Es sind dies: a) der Wasserbüffel *Bubalus arnee*, in Indien domestiziert als Hausbüffel (*Bubalus arnee* f. bubalis), belegt für das 3. Jh. v. Chr. in Indien; b) der Banteng (*Bos javanicus*), er wurde wahrscheinlich auf Java-Bali in den Hausstand übernommen als Balirind (*Bos javanicus* f. dom.); c) der Gaur, *Bos gaurus*, wird als Stammart des Gayals (*Bos gaurus* f. frontalis) angesehen (Hinterindien). In den Hochländern C-Asiens ist in relativ junger Zeit (d) der Wild-Yak (*Bos mutus*) in den Hausstand überführt worden (*Bos mutus* f. grunniens). Der Hausyak ähnelt seiner Stammform, abgesehen von der geringeren Körpergröße.

Die heute weltweit in vielen Schlägen und Rassen gehaltenen Hausrinder (einschließlich Zebu, Watussi-Rind u. v. a.) sind ausschließlich Abkömmlinge des Ur (*Bos primigenius*), dessen Wildform seit dem Ende des 17. Jh. ausgerottet ist (s. S. 1050). Die Annahme mehrerer Stammarten (RÜTIMEYR 1867, ADAMETZ 1925) ist heute widerlegt (HERRE 1990, LA BAUME 1950, V. LENGERKEN 1953), zumal zur Zeit der Domestikation des Hausrindes

---

*) Zuchtschläge, als Nachkommen von Haustieren aus einer Stammart, erhalten keinen nomenklatorisch validen Namen, sondern werden mit dem Trivialnamen benannt.

(9000 – 8000 v. Chr.) im Verbreitungsgebiet des Ures kein weiteres Wildrind existierte und das Hausrind (*Bos primigenius* f. taurus) eine erhebliche Variabilität aufweist.

Hausrinder sind heute an Individuenzahl die größte Haustiergruppe. Sie dienen vor allem der Fleisch- und Milchversorgung, außerdem liefern sie Leder und Horn. In mäßigem Umfang dienen sie als Trag- und Zugtiere.

Älteste Funde von Hauspferden sind aus dem 8. Jtsd. v. Chr. nachgewiesen. Als Domestikationscentren werden SO-Europa, Sibirien und C-Europa vermutet. Als einziges echtes Wildpferd hat *Equus przewalskii*, das mongolische Wildpferd, bis heute überlebt (s. S. 970 f.). Es ist das letzte Relikt einer polytypen Art, die im Pleistozaen weite Teile Eurasiens besiedelt hat. Nach neueren Forschungen (HERRE & NOBIS 1961) bildeten die Unterarten eine Fortpflanzungsgemeinschaft, die im Sinne der neueren Systematik als biologische Species aufgefaßt werden muß. Hauspferde stammen zweifellos aus dieser Groß-Art und wurden vielleicht in mehreren Centren aus verschiedenen Unterarten gezüchtet. Das Hauspferd ist als *Equus przewalskii* f. caballus zu benennen. Auf die Mannigfaltigkeit und die Systematik wurde zuvor eingegangen (s. S. 970 f.). Das Pferd wurde primär als Trag- und Reittier, bei einzelnen Völkern auch als Fleisch- und Milchlieferant genutzt.

Im frühmittelalterlichen Iran wurden große und schwere Schläge als Reittier für die schwerbewaffneten Panzerreiter (Kataphracten) gezüchtet. Als Zugtier vor Wagen, vor allem Kampfwagen, und vor dem Pflug wurde es bald zu einem unentbehrlichen Helfer des Menschen.

Wildesel, *Equus africanus*, waren vor 10000 Jahren in N-Afrika und Syrien/Palästina verbreitet. Sie sind heute, bis auf zersprengte Restgruppen in Nubien und N-Somalia, ausgerottet. Der Hausesel, *Equus africanus* f. asinus, wurde in frühhistorischer Zeit in Ägypten als Tragtier domestiziert und als solches in allen Kontinenten verbreitet.

Gelegentlich wurde auf Grund archäologischer Funde angegeben, daß von den Sumerern der Halbesel (*Equus hemionus*) domestiziert, die Zucht aber später aufgegeben worden sei (HANČAR 1956). Naturwissenschaftliche Forschungen (DUCOS 1975, HERRE & RÖHRS 1990) konnten keine Hinweise für diese Hypothese erbringen. Gelegentliche Haltung von Onagern in Gefangenschaft ist damit nicht ausgeschlossen.

Hauskatzen sind etwa um 2000 v. Chr. in Ägypten nachgewiesen. Wie bereits geschildert (s. S. 841 f.), stammt die Hauskatze von der Falbkatze ab und wird als *Felis libyca* f. catus bezeichnet. *Felis libyca* ist mit der Wildkatze, *F. silvestris*, nahe verwandt und wird vielfach auch zu dieser als Subspecies gestellt. Hauskatzen nehmen eine Sonderstellung ein, weil im Gegensatz zu allen bisher besprochenen Haustieren Wildkatzen keine Sozialverbände bilden und solitär sind. Außerdem wird bei Hauskatzen kaum in die Fortpflanzung eingegriffen. (Über Ursachen und Wege der Domestikation s. S. 1100 f.)

Das Hauskaninchen, *Oryctolagus cuniculus* f. dom., ist ein Abkömmling des Wildkaninchens (*Oryctolagus cuniculus*), das vor der Eiszeit in Europa und N-Afrika weit verbreitet war. Durch die Klimaveränderungen wurde das Verbreitungsgebiet auf S-Europa und N-Afrika eingeschränkt. Die Domestikation geht auf die Siedlungen der Phönizier in S-Spanien zurück, die es als Fleischtier nutzten und verbreiteten. Nutzung als Pelztier erfolgte später. C-Europa wurde erst im Mittelalter erreicht.

Unter den Rodentia sind Meerschweinchen, Wanderratte und Hausmaus domestiziert worden, die beiden Muridenarten als viel genutzte Labortiere. Über ihre Herkunft s. S. 650 f. Das Meerschweinchen, *Cavia aperea*, diente bereits als Fleischlieferant und wurde von den indianischen Ureinwohnern S-Amerikas gezüchtet. Aus ihm ist das Haus-Meerschweinchen, *Cavia aperea* f. porcellus, zunächst als Heimtier, seit dem 19. Jh. als Labortier hervorgegangen.

Das Frettchen ist ein Abkömmling des Iltis, *Mustela putorius*. Es wurde bereits 400 v. Chr. in S-Europa als Helfer bei der Kaninchenjagd domestiziert. *M. putorius* f. furo unterscheidet sich von der Stammform durch Fellfärbung und einige Schädelmerkmale (REMPE 1970).

6. Literatur

Zur Benutzung des Schrifttumsverzeichnisses

Das Schrifttumsverzeichnis ist in 5 Abschnitte gegliedert: 1. Allgemeine Werke über Säugetiere, 2. Funktionelle und vergleichende Morphologie, Physiologie, Morphogenese, 3. Palaeontologie, Herkunft der Säugetiere, Mesozoische Säugetiere, 4. Geographische Verbreitung, Regionale Säugetierfaunen, 5. Systematischer Teil. Das Schrifttum des Speziellen Teiles (5) ist, entsprechend dem Text, nach den 30 Ordnungen gegliedert, um das Aufsuchen des Schrifttums für einzelne Gruppen dem Benutzer zu erleichtern.

Die Abschnitte 1−4 gelten für den Allgemeinen und den Speziellen Teil, also für den ganzen Band.

Allgemeine Werke und zusammenfassende Darstellungen über Mammalia

ABEL, O.: Die vorzeitlichen Säugetiere. Jena 1914.
ANDERSON, S., J. K. JONES (eds.): Orders and families of recent mammals of the world. New York 1984.
BENTON, M. J. (ed.): The phylogeny and classification of the Tetrapods. 1, 2. Oxford 1988.
BOURLIÈRE, F.: The natural history of mammals. New York 1954.
DAVIS, D. E., F. B. GOLLEY: Principles in mammalogy. New York, London 1963.
EISENBERG, J. F.: The mammalian radiations. London 1981.
GILL, TH.: Arrangement of families of mammals with analytical tables. Smithson. misc. coll. 11., 1−98 (1872).
GRASSÉ, P. P. (ed.): Traité de Zoologie. Mammifères. XVI 1−7; XVII 1−2. Paris 1955/1973.
GREGORY, W. K.: The orders of mammals. I, II. Bull. Amer. Mus. Nat. Hist. 27. 1910.
GRZIMEK, B. (ed.): Grzimeks Tierleben, Säugetiere X−XIII. Zürich 1968.
− Grzimeks Enzyklopädie, Säugetiere 1−5 u. Reg.bd. München 1988/89.
HALTENORTH, TH.: Das Großwild der Erde und seine Trophäen. München, Wien 1956.
HARPER, F.: Extinct and vanishing mammals of the old world. New York 1945.
HARRISON-MATTHEWS, L.: The life of mammals. London, I. 1969; II. 1971.
HERRE, W., M. RÖHRS: Haustiere zoologisch gesehen. (2. Aufl.) Stuttgart, New York 1990.
HONACKI, J. H., K. F. KINMAN, J. W. KOEPPI (eds.): Mammal species of the world. Lawrence, Kansas 1982.
HUXLEY, TH. H.: On the application of the laws of evolution to the arrangement of the vertebrata and more particularity of the mammalia. Proc. zool. Soc., 649 - 662, London 1880.
ILLIGER, C.: Prodromus systematis mammalium et avium. Berlin 1811.
KRUMBIEGEL, I.: Biologie der Säugetiere. Krefeld, I. 1953; II. 1955.
McKENNA, M. C.: Towards a phylogenetic classification of the Mammals. In: Phylogeny of the Primates (Ed. LUCKETT & SZALAY) 21−46, New York, London 1975
NIETHAMMER, J.: Säugetiere. Stuttgart 1979.
OGNEW, S. I.: Säugetiere und ihre Welt. Ed. H. DATHE. Berlin 1959.
POOLE, A. J.: The number of forms of recent mammals. J. Mammal. **17**, 282. 1936.
SEBEOK, T. A. (ed.): How animals communicate. Bloomington, London 1977.
SIMPSON, G. G.: The principles of classification and a classification of mammals. Bull. Amer. Mus. Nat. Hist. **85**, 1−350. 1945.
SLIJPER, E. J.: Riesen und Zwerge im Tierreich. Hamburg, Berlin 1967.
THENIUS, E.: Stammesgeschichte der Säugetiere. Hdb. d. Zool. VIII. Berlin 1969.
− Grundzüge der Verbreitungsgeschichte der Säugetiere. Jena 1972.
− H. HOFER: Stammesgeschichte der Säugetiere. Berlin, Göttingen, Heidelberg 1960.

VAUGHAN, T. H.: Mammalogy. Philadelphia, London, Toronto 1972.
WALKER, E. P.: Mammals of the world. I–III. Baltimore 1964.
WEBER, M.: Die Säugetiere I; II. Jena 1928.
WENDER, L.: Animal encyclopaedia. Mammals, 1–266. London 1948.
WILSON, E. O. (ed.): Ecology, evolution and population biology. San Francisco 1974.
WINGE, H.: Pattedyr slaegter. I, II. Kopenhagen 1923/1924.
YOUNG, J. Z.: Life of mammals. Oxford 1957.

Allgemeine Morphologie
Morphogenese, Physiologie, Karyologie

AHMED, A. A., M. KLÍMA: Zur Entwicklung und Funktion der Lendenwirbelsäule bei der Panzerspitzmaus *Scutisorex somereni*. Z. Säugetierkunde **43**, 1978
AMOROSO, E. C.: Placentation. In Marshalls Physiology of Reproduction. 3. ed. London, New York, Toronto 1952.
ARIENS KAPPERS, C. U., G. C. HUBER, E. C. CROSBY: The comparative anatomy of the nervous system of Vertebrates. I, II. New York 1936.
ASDELL, S. A.: Patterns of Mammalian Reproduction. Ithaca, New York 1946; 2. ed. 1964.
BARGMANN, W., K. FLEISCHHAUER, A. KNOOP: Über die Morphologie der Milchsekretion II. Z. Zellforsch. 53, 545–568 (1961).
BARRY, T. H.: On the epipterygoid-alisphenoid transition in therapsida. Ann. South Afric. Mus. **48**, 399–426. 1965.
BECCARI, N.: Neurologia comparata. Firenze 1943.
BEER, G. R. DE: The development of the vertebrate skull. Oxford 1937.
BENDER, M. A., CHU, E. H. Y.: The chromosomes of Primates in BUETTNER-JANUSCH, Evolutionary and genetic biology of Primates 1.261–310. New York, 1963.
– L. E. METTLER: Chromosome studies of Primates. Science **128**, 185–190. 1958.
BENIRSCHKE, K. (ED.): Comparative Mammalian Cytogenesis. New York 1969.
BENSLEY, B. A., E. H. CRAIGIE: Practical anatomy of the rabbit. Philadelphia 1948.
BLUNTSCHLI, H.: Die Sublingua und Lyssa der Lemuriden-Zunge. Biomorphosis 1. 127–149 (1938).
BOAS, J. E. V.: Äußeres Ohr. Hdb. vergl. Anat. Wirbeltiere II/2. 1433–1444, Berlin, Wien (1934).
BÖKER, H.: Die Entstehung der Wirbeltiertypen und der Ursprung der Extremitäten. Z. Morphol. Anthrop. **28**, 1–58. 1926.
– Einführung in die vergleichende biologische Anatomie der Wirbeltiere. Bd. 1: Jena 1935; Bd. 2: Jena 1937.
BOLK, L., E. GÖPPERT, E. KALLIUS, W. LUBOSCH (eds.): Handbuch der vergleichenden Anatomie der Wirbeltiere, Bd. 1–6 u. Reg.bd. Berlin, Wien 1931–1939.
BOPP, P.: Schwanzfunktionen bei Wirbeltieren. Rev. Suisse Zool. **61**, 83–151. 1954.
BORGAONKAR, D. R.: A list of chromosome numbers in Primates. The J. of heredity **57**, 60–61. 1966.
BRADLEY, O. C., T. GRAHAME: Topographical anatomy of the dog. New York 1943.
BRAUER, K., W. SCHOBER: Katalog der Säugetiergehirne. I. II. Jena 1970/1976.
BRESSLAU, E.: Die Entwicklung des Mammarapparates der Monotremen, Marsupialier und einiger Placentalier. Semon, Zool. Forschungsreisen, IV. 2. Denkschrift Med. Natw. Ges. Jena 1912.
BRINKMANN, A.: Die Hautdrüsen der Säugetiere (Bau und Sekretionsverhältnisse). Ergeb. Anat. u. Entwg. **201**, 173–1231. 1911.
BRODMANN, K.: Vergleichende Lokalisationslehre der Großhirnrinde. Leipzig 1909.
BROOM, R.: Some further points on the structure of the mammalian basicranial axis. Proc. Zool. Soc. London, 233–244 (1927).
BRUNNER, H., B. CEMAN: The identification of mammalian hair. Melbourne (Inkata Press) 1974.
BUGGE, J.: The evolution of the cephalic arterial system in mammals. In: Functional Morphology in Vertebrates (Ed. DUNCKER & FLEISCHER) 405–408, 1985.
CEI, G. M.: La différenciation de la glande nyctitante et sa signification phylétique chez les insectivores et les Rongeurs. Mammalia 11. Paris 1947.
CRAIGIE, E. H.: Bensley's practical anatomy of the rabbit. (8. Aufl.) 1949.
CROMPTON, A. W.: The origin of the tribosphenic molar. In: Early mammals. Ed. KERMACK, 65–87, London 1971.
DANEEL, R., N. WEISSENFELS: Die Herkunft der Melanoblasten in den Haaren des Menschen und ihr Verbleib beim Haarwechsel. Biol. Zbl. 72, 630–643 (1953).
DARCY THOMPSON, W.: On growth and form. Cambridge 1917.

DAVIS, D. D.: The giant Panda. A morphological study of evolutionary mechanisms. Fieldiana: Zoology Memoirs 3. Chicago 1964.
DAVISON, A.: Mammalian anatomy with special reference to the Cat. London 1903.
DISSELHORST, R.: Akzessorische Geschlechtsdrüsen der Wirbeltiere. Wiesbaden 1897.
DOLLO, L.: La paléontologie éthologique. Bull. soc. Belg. Géol.-Paléontol.-Hydrol. Mémoires 23. Bruxelles 1909.
DORAN, G. A.: Review of the evolution and phylogeny of the mammalian tongue. Acta Anatomica 91, 118–129. 1975.
DREES, H.: Vergleichende anatomische und ökologische Betrachtungen über die Ortsbewegung der Landsäugetiere unter besonderer Berücksichtigung des Paßganges. Naturw. Diss. Hamburg 1937.
DUNCKER, H. R.: General morphological principles of amniotic lungs. In: PIJPER, J. (ed.), Respiratory functions in birds, adult and embryonic. Berlin, Heidelberg, New York 1978.
– Coelomgliederung der Wirbeltiere. Verh. Anat. Ges. **72**, 91–112. 1978.
– Funktionsmorphologie des Atemapparates. Coelomgliederung bei Reptilien, Vögeln und Säugern. Verh. Dt. Zool. Ges. 1978, 99–132. 1978.
ECONOMO, KOSKINAS: Die Cytoarchitektonik der Hirnrinde des erwachsenen Menschen. Wien, Berlin 1925.
EDINGER, L.: Vorlesungen über den Bau der nervösen Zentralorgane der Tiere und des Menschen. Leipzig 1908–1911.
EDINGER, T.: Die fossilen Gehirne. Erg. Anat. Entwg. 28, 1–246 (1929).
EDINGER, T.: Evolution of the horse brain. Mem. Geol. Soc. Am. 25, 1–177 (1948).
EISENTRAUT, M.: Der Winterschlaf mit seinen ökologischen und physiologischen Begleiterscheinungen. Jena 1956.
– Das Gaumenfaltenmuster der Säugetiere und seine Bedeutung für stammesgeschichtliche und taxonomische Untersuchungen. Bonner Zool. Monograph. Nr. 8, Zool. Forschungsinst. u. Mus. A. Koenig. Bonn 1976.
ELLENBERGER-BAUM: s. ZIETZSCHMANN, O.
ELLERMAN, J. B.: The subterranean mammals of the world. Trans. R. Soc. S.Africa 35, 11–20 (1956).
ESTES, R. D.: The role of the vomeronasal organ in mammalian reproduction. Mammalia 36, 315–341 (1972).
FLEISCHER, G.: Studien am Skelett des Gehörorgans der Säugetiere einschließlich des Menschen. Säugetierkdl. Mitt. 21, 131–239 (1973).
FLOWER, W. H.: An introduction to the osteology of mammals. London 1885.
FRANZ, V.: Vergleichende Anatomie des Wirbeltierauges. Hd. vgl. Anat. d. Wirbeltiere (Ed. BOLK) II/2, 989–1294, Berlin/Wien (1934).
FRICK, H.: Morphologie des Herzens. Hdb. d. Zool. VIII, 7. 1956.
GAUPP, E.: Beiträge zur Kenntnis des Unterkiefers der Wirbeltiere. I.–III. Anat. Anz. 39.. 1911.
– Die Reichertsche Theorie (Hammer-, Amboß-, Kiefergelenkfrage). Arch. Anat. Entwg. Suppl. 1912.
GEGENBAUR, C.: Beiträge zur Morphologie der Zunge. Morph. Jhrb. 11, 566 - 606 (1886).
– Vergleichende Anatomie der Wirbelthiere. I. II. Leipzig, 1898/1901.
GOODRICH, E. S.: Studies on the structure and development of vertebrates. London 1930.
GORGAS, M.: Vergleichend-anatomische Untersuchungen am Magen-Darm-Kanal der Sciuromorpha, Hystricomorpha und Caviamorpha (Rodentia). Z. wiss. Zool. **175**, 237–404. 1967.
GRAY, A.: Mammalian hybrids. Farnham 1954.
GREENE, E. C.: Anatomy of the rat. Transact. Am. Phil. Soc. N.S. 27, 1–370. 1937.
GREGORY, W. K.: The bridge that walks. Nat. Hist. 39, 33–48 (1937).
GREGORY, W. K.: Evolution emerging. I., II. New York 1951.
HAFFERL, A.: Das Arteriensystem. Hdb. Vgl. Anat. d. Wirbeltiere 6, 563–684, Berlin / Wien (1933).
HALATA, Z., B. L. MUNGER: Sensory nerve endings in Rhesus monkey sinus hair. J. comp. Neurol. **192**, 645–553. 1980.
HANKEN, I., B. K. HALL (eds.): The Skull, I–III. Chicago 1993.
HARTMAN, C. G., W. L. STRAUS: The anatomy of the Rhesus monkey. Baltimore 1933.
HEDIGER, H.: Wildtiere in Gefangenschaft. Basel 1942.
HENE, R.: Herzgewicht. Hdb. Physiol. (Ed. BETHE & BERGMANN) 7.1, 132–140 (1926).
HESSE, R.: Herzgewicht. Zool. Jrb. Physiol. 38, 243–364 (1921).
HILDEBRAND, M.: Analysis of the symmetrical gaits of Tetrapods. Acta Biotheoretica **6**, 1–22. 1955.
– How animals run. Sci. Amer. **202**, 148–157. 1960.

- Further studies on the locomotion of the cheetah. J. Mammal. **42**, 84 – 91. 1961.
- Analysis of the Vertebrate structure. New York, London, Sydney, Toronto 1974.

HIIMAE, K.: Masticatory function in the mammals. J. Dental Res. 46, 883 – 893 (1967).
HOWELL, A. B.: Aquatic mammals. Springfield, Baltimore 1930.
- Morphogenesis of the shoulder architecture. V (Monotremata) et VI (Theria). Quart. Rev. Biol. **12**, 191 – 205 u. 440 – 463. 1937.
- Speed in animals. New York, London 1965.

HUXLEY, TH. H.: An introduction to the classification of animals. London 1869.
IHLE, J. E. W., P. N. VAN KAMPEN, H. F. NIERSTRASZ, J. VERSLUYS: Vergleichende Anatomie der Wirbeltiere. Berlin 1927.
JAKOBSHAGEN, E.: Mittel- und Enddarm. Hdb. Vgl. Anat. d. Wirbeltiere 3, 563 – 724, Berlin/Wien (1937).
KAMPEN, O. N. VAN: Die Tympanalgegend des Säugetierschädels. Morph. Hb. **34**, 321 – 722. 1905.
KAUDERN, W.: Studien über die männlichen Geschlechtsorgane von Insectivoren und Lemuriden. Zool. Jrb. Anat. 31, 1 – 106 (1910).
KEIDEL, W. D., W. D. NEFF (eds.): Handbook of sensory physiology. Auditor. System, Anatomy, Physiology (Ear) V, 1. Berlin, Heidelberg, New York 1974.
VAN DER KLAAUW, – .: Functional components of the skull. I – IV, Arch. Nederland. Zool. IV b, 1 – 581 (1952).
KLAUER, G.: Die Mechanorezeptoren in der Haut der Wirbeltiere; Morphologie und Klassifizierung. Z. mikr. anat. Forschg. **100**, 273 – 289. 1986.
KLEINSCHMIDT, O.: Arten oder Formenkreise. J. Ornith. 48, 134 – 139 (1900).
KLÍMA, M.: Die Frühentwicklung des Schultergürtels und des Brustbeins bei den Monotremen (Mammalia, Prototheria). Advances in Anatomy (Erg. d. Anat.) **47**, 2, 1 – 80. 1973.
KNAPPE, H.: Zur Funktion des Jakobsonschen Organs (Organon vomeronasale Jacobsoni). Zool. Garten N.F. 28, 188 – 194 (1964).
KRAUSE, W.: Anatomie des Kaninchens. (2. Aufl.) Leipzig 1884.
KRÜGER, W.: Der Bewegungsapparat. Hdb. d. Zool. Bd. 8: Säugetiere (1958).
KUHN, H. J.: Die Entwicklung und Morphologie des Schädels von *Tachyglossus aculeatus*. Abh. Senck. Natf. Ges. Frankfurt/M. **528**, 1 – 224. 1971.
KUMMER, B.: Bauprinzipien des Säugetierskelettes. Stuttgart 1959.
- Biomechanik des Säugetierskelettes. Hdb. d. Zool. VIII, 21. 1959.
- Funktionelle Anpassung und Praeadaptation. Zool. Anz. **169**, 50 – 67. 1962.
- Das mechanische Problem der Aufrichtung auf die Hinterextremität in Hinblick auf die Evolution der Bipedie des Menschen. In: HEBERER, G. (ed.), Fortschr. d. Anthropogenese, 227 – 248. Jena 1965.
- Biomechanik fossiler und rezenter Wirbeltiere. Natur u. Museum **105**, 156 – 167. 1976.

LANGER, P.: The mammalian herbivor stomach. Stuttgart, New York 1988.
LOCHTE, TH.: Atlas der menschlichen und tierischen Haare. Leipzig (Schöps) 1938.
LUBOSCH, W.: Das Kiefergelenk der Edentaten und Marsupialier. Semons Zool. Forschungsreisen 4, Jenaische Denkschrftn. 7 (1907).
LUDWIG, K. S.: Die Architektur der Muskelwand im Rattenuterus. Acta Anat. 15, 23 – 41 (1952).
LYMAN, C. P., J. S. WILLIS, A. MALAN, L. C. H. WANG: Hibernation and torpor in mammals and birds. Acad. Press 1982.
MAIER, W.: Morphology of the Interorbital Region of *Saimiri sciureus*. Fol. Primatol. **41**, 277 – 303. 1984.
MARINELLI, W.: Grundriß einer funktionellen Analyse des Tetrapodenschädels. Palaeob. 2, 128 – 142 (1929).
MARTIN, P.: Anatomie der Haustiere. Stuttgart 1912/1919.
MATTHEY, R.: Les chromosomes et l'évolution chromosomique des Mammifères. Traité de Zoolog. (Ed. P. P. GRASSÉ) 16.6, 855 – 909, Paris (1969).
MAYR, E.: Animal species and evolution. Cambridge/Mass. 1963.
MELTZER, A.: Heatregulation, metabolism and conductance in the *Hyrax* at different temperatures. Int. J. Biomet. 15, 90 (1971).
MILLER, M. E., G. C. CHRISTENSEN, H. E. EVANS: Anatomy of the dog. Philadelphia, London 1964.
MOSSMAN, H. W.: Vertebrate fetal membranes. Basingstoke, Hampshire, London 1987.
MYKYTOWICZ, R.: The behavioural role of the mammalian skin glands. Natw. **55**, 133 – 139. 1972.
NAAKTGEBOREN, G., E. J. SLIJPER .: Biologie der Geburt. Hamburg, Berlin 1970.
NAUCK, E. T.: Extremitaetenskelett der Tetrapoden. Hdb. Vgl. Anat. (Ed. BOLK, GÖPPERT, KALLIUS, LUBOSCH) Bd. V, 71 – 248 (1938).

NEUHAUS, W.: Über das Verhältnis der Riechschärfe zur Zahl der Riechrezeptoren. Verh. dt. Zool. Ges. Anz. Suppl. 21, 385–392 (1958).
NICKEL, R., A. SCHUMMER, E SEIFERLE (eds.): Lehrbuch der Anatomie der Haustiere. Bd. 1–5. Hamburg, Berlin 1982/1984.
ORTMANN, R.: Die Analregion der Säugetiere. Hbd. d. Zool. VIII, 26. 1960.
OWEN, R.: Odontography or a treatise on the comparative anatomy of the teeth. I, II. London 1840–1845.
PADGET, D. H.: The development of the cranial arteries in the human embryo. Contrib. Embryol. 32 (1948)
PAUWELS, F.: Gesammelte Abhandlungen zur funktionellen Anatomie des Bewegungsapparates. Berlin, Heidelberg, New York 1965.
PENZLIN, H.: Lehrbuch der Tierphysiologie. (5. Aufl.) Jena 1991.
PERNKOPF, E., J. LEHNER: Vorderdarm. In: Hdb. Vgl. Anat. d. Wirbeltiere (Ed. BOLK, GÖPPERT, KALLIUS, LUBOSCH) Bd. 3, 349–562, Berlin/Wien (1937).
PEYER, B.: Comparative odontography. Chicago 1968.
PLATZER, W.: Morphologie der Kreislauforgane (Peripheres Gefäßsystem der Säugetiere). Hdb. d. Zool. 8. Lfrg. 50, 1–106 (1974).
PORTMANN, A.: Die Tiergestalt. Basel 1948.
– Über die Evolution der Tragzeit bei Säugetieren. Rev. Suisse Zool. 72, 658–666 (1965).
PREUSS, F.: Untersuchungen zu einer funktionellen Betrachtung des Myometriums vom Rind. Morph. Jhb. 93, 193–319 (1954).
QUIRING, D. P.: Functional anatomy of the Vertebrates. New York 1950.
RATHS, P., E. KULZER: Physiology of hibernation and related lethargic states in mammals and birds. Bonner Zool. Monogr. 9. Bonn 1976.
RAUTHER, M.: Über den Genitalapparat einiger Nager und Insektivoren. Jen. Z. f. Natw. 37, 377–472 (1903).
REHKÄMPER, G.: Remarks upon Ebbeson's presentation of a parcellation theory of brain development. Z. Zool. Syst. Evolfg. 22, 321–327. 1984.
REMANE, A.: Skelettsystem I. Wirbelsäule u. ihre Abkömmlinge. In: BOLK (ed.), Hdb. d. vgl. Anat. d. Wirbeltiere. Berlin, Wien 1936.
RENFREE , M. B.: Ontogeny, Genetic Control and Phylogeny of Female Reproduction in Monotremain and Therian Mammals. In: Mammal Phylogeny. (Ed: SZALAY, NOVACEK, MC KENNA) 1. 4–20, New York, Berlin, Heidelberg 1992.
ROCHON-DUVIGNEAUD, A.: L'oeil et la vision. Traité de Zool. (Ed. GRANSÉ P. P.) XVI/$, 607–703, Paris 1972.
ROMER, A. S.: Vertebrate paleontology. Chicago 1933.
– S. Parsons : Vergleichende Anatomie der Wirbeltiere. Übers. v. H. FRICK. (5. Aufl.) Hamburg, Berlin 1983.
ROUX, G. H.: The cranial development of certain Ethiopian „Insectivores" and its bearing on the mutual affinities of the group. Acta Zool. 28, 185–397 (1947).
SCHAFFER, J.: Die Stützgewebe. In: MÖLLENDORFF, W. v. (ed.), Hdb. d. mikrosk. Anat. d. Menschen II, 2, 1–390. Berlin 1930.
– Die Hautdrüsenorgane der Säugetiere. Berlin, Wien 1940.
SCHAUDER, W.: Untersuchungen über die Eihäute und Embryotrophe des Pferdes. Arch. Anat. Physiol. 193–247; 259–302 (1912).
– Der gravide Uterus und die Placenta des Tapirs im Vergleich von Uterus und Placenta des Schweines und Pferdes. Morph. Jhb. 89, 407–456 (1975).
SCHIEFFERDECKER, P.: Die Hautdrüsen des Menschen und der Säugetiere. Zoologica 27, 1–154 (1922).
SCHEUNERT, A., A. TRAUTMANN (eds.): Lehrbuch der Veterinärphysiologie. Hamburg, Berlin 1986.
SCHLIEMANN, H.: Bau und Funktion der Haftorgane von Thyroptere u. Myzopoda (Vespertilionidea, Microchiroptera, Mammalia). Z. wiss. Zool. 181, 353–400. 1970.
SCHMIDT-EHRENBERG, E. C.: Die Embryogenese des Extremitätenskelettes der Säugetiere. Rev. Suisse Zool. 49, 35–131 (1942).
SCHMIDT-NIELSEN, K.: Desert animals, Physiological problems of heat and water. Oxford 1964.
– Physiologische Funktionen bei Tieren. Stuttgart 1975.
– Animal physiology, adaptation and environment. Cambridge, London, New York, Toronto 1978.
– L. BOLIS, C. R. TAILOR (eds.): Comparative Physiology: Primitive Mammals. Cambridge 1979.
SCHMITT-KITTLER, N., K. VOGEL (eds.): Constructional Morphology and Evolution. Berlin, Heidelberg 1991.

SCHNEIDER, R.: Morphologische Anpassungserscheinungen am Kehlkopf einiger aquatiler Säugetiere. Z. Säugetierkunde **28**, 257–267. 1963.
- Der Larynx der Säugetiere. Hdb. d. Zool. VIII, 35. Berlin 1965.
- H. J. D. KUHN, G. KELEMEN: Der Larynx des männlichen *Hypsignathus monstrosus*. Z. wiss. Zool. **175**, 1–53. 1967.

SCHOLANDER, P. F., V. WALTER, R. HOCK, L. IRVING: Body insulation of some arctic and tropical mammals and birds. Biol. Bull. 99, 225–236 (1950).

SCHULTZE-WESTRUM, T.: Innerartliche Verständigung durch Düfte beim Gleitbeutler, *Petaurus breviceps papuanus* Thomas (Marsupialia, Phalangeridae). Z. vgl. Physiol. **50**, 151–220. 1965.

SCHUMACHER, S.: Histologische Untersuchungen der äußeren Haut eines neugeborenen *Hippopotamus amphibius*. Anz. Akad. Wiss. Wien, Math.-Natw. Kl. 94, 1–52 (1971).

SEIDEL, F.: Geschichtliche Linien und Problematik der Entwicklungphysiologie. Nat.wiss. 42, 275–286 (1955).

SISSON, S.: Anatomy of the domestic animals. Ed. J. D. GROSSMANN. New York 1953.

SOKOLOV, V. E. (ed.): Mammal skin. Berkeley, Los Angeles, London 1982.

STARCK, D.: Ontogenie und Entwicklungsphysiologie der Säugetiere. In: Hdb. d. Zool. VIII, 9. Berlin 1959.
- Die Evolution des Säugetiergehirns. Sitzungsber. Wiss. Ges. Univ. Frankfurt/M. 1, 2, 7–44. 1962.
- Le crâne des mamifères. Traité de Zool. (Ed. P. P. GRASSÉ) XVI/1, 405–549. Paris 1967.
- Die Stellung der Hominiden im Rahmen der Säugetiere. In: HEBERER, G. (ed.), Die Evolution der Organismen III, 1131. (3. Aufl.) Stuttgart 1974.
- Embryologie. (3. Aufl.) Stuttgart 1975.
- Vergleichende Anatomie der Wirbeltiere auf evolutionsbiologischer Grundlage. I: 1978; II: 1979; III: 1982. Berlin, Heidelberg, New York 1978/1982.

STEINER, H.: Der Aufbau des Säugetiercarpus und -tarsus nach neueren embryologischen Untersuchungen. Rev. Suisse Zool. 49, 217–223 (1942).

STEPHAN, H.: Evolutionary trends in limbic structures. Neuroscience and Behavioral Reviews **7**, 367–374. 1983.
- G. BARON, H. D. FRAHM: Comparative brain research in mammals. 1. Insectivora. Berlin, Heidelberg, New York 1991.

STRAUSS, F.: Weibliche Geschlechtsorgane. In: Hdb. d. Zool. IX, 3. Berlin 1964.
- Der weibliche Sexualcyklus. In: Hdb. d. Zool. VIII, 55. Berlin 1986.

SZALAY, F. S., M. J. NOVACEK, M. C. MCKENNA (Eds.): Mammal Phylogeny. 1: Mesozoic Differentiation, Multituberculates, Monotremates, early Therians and Marsupials.; 2: Placentals. New York, Berlin, Heidelberg 1992; 1993.

TANDLER, J.: Zur vergleichenden Anatomie der Kopfarterien bei den Mammalia. Denksch. K. Akad. Wiss. Wien 69, 677–784 (1899).

THENIUS, E.: Zähne und Gebiß der Säugetiere. In: Hdb. d. Zool. VIII, 56. 1989.

v. TOLDT, C.: Der Winkelfortsatz des Unterkiefers beim Menschen und bei den Säugetieren. Abh. Akad. Wiss. Wien (Math.-Natw. Reihe) 114, 315–476 (1905).

VOIT, M.: Über einige Befunde der Gegend des Gelenkteiles des primordialen Unterkiefers der Wirbeltiere. Verh. Anat. Ges. 32, 68 (1923).

WALLS, G.: The Vertebrate eye and its adaptive radiations. New York, London 1963.

WEBER, M.: Die Säugetiere I, II. (2. Aufl.) Jena 1927/1928.

WELCKER, H.: Zur Lehre von Bau und Entwicklung der Wirbelsäule. Zool. Anz. 1 (1878).

WETZSTEIN, R., K. H. REUN: Untersuchungen zur Architektur des menschlichen Myometriums. Verh. Anat. Ges. 64, Anat. Anz. 126–599–600 (1970).

WICKLER, W.: Stammesgeschichte und Ritualisierung. München 1970.

WILSON, E. O. (ed.): Ecology, evolution and population-biology. San Francisco 1974.

WÜNNENBERG, W.: Physiologie des Winterschlafes. Mammalia Depicta 14. Hamburg 1990.

ZARNIK, T.: Vergleichende Studien über den Bau der Niere von *Echidna* und der Reptilienniere. Jena 1910.

ZELLER, U.: Die Gulardrüse von *Propithecus* (Indridae, Primates). Z. Säugetierkunde **51**, 1–15. 1986.
- Die Entwicklung und Morphologie des Schädels von *Ornithorhynchus anatinus*. Abh. Senck. Natf. Ges. **545**, 1–140. 1989.
- J. RICHTER, G. EPPLE, H. J. KUHN: Die Circumgenitaldrüse von Krallenaffen der Gattung *Saguinus*. Verh. Anat. Ges. **82**, 171–174. 1989.

ZIETZSCHMANN, O., E. ACKERKNECHT, H. GRAU (eds.): Hdb. d. Vgl. Anat. d. Haustiere (ELLENBERGER-BAUM). (18. Aufl.) Berlin 1943.

Palaeontologie, Herkunft der Säugetiere
Mesozoische Säugetiere

ABEL, O.: Palaeobiologie der Wirbeltiere. Stuttgart 1912.
- G. KYRLE (Ed.): Die Drachenhöhle bei Mixnitz. Speläol. Monogr. 7 – 9, 1 – 953 (1931).

BOETTGER, C. R.: Wo sind die Säugetiere entstanden? Sitzungsber. Ges. Natf. Freunde Berlin 1938, 24 – 30. 1938

BRINK, A. S.: Speculations on some advanced mammalian characteristics in the higher mammal-like reptiles. Palaeontologia Africana **4**, 77 – 96. 1956.
- The taxonomic position of the Synapsida. South Afr. J. **59**, 153 – 159. 1962.
- Two Cynodonts from the Ntawere formation of the Luangwa Valley of Northern Rhodesia. Pal. Afr. **8**, 77 – 96. 1963.
- Notes on some Diademodon specimens in the Bernard Price Institute. Pal. Afr. **8**, 97 – 111. 1963.

BROERS, C. J.: La phylogénie des Primates. Bull. de l'Assoc. Anat. 1963, 71 – 79.

BROILI, F.: Ein *Donygnathus* mit Hautresten. Sitzungsber. Bayer. Akad. Wiss., Math.-natw. Abt., Jhg. 1939, 129 – 132.
- Haare bei Reptilien. Anat. Anz. **92**, 62 – 68. 1941/1942.

BROOM, R.: Croonian lecture: on the origin of mammals. Phil. Trans. Roy. Soc. London B **206**, 1 – 50. 1914.
- On some new light on the origin of mammals. Proc. Linn. Soc. New South Wales **54**, 688 – 694. 1929.
- The mammal-like reptiles of South Africa and the origin of mammals. London 1932.
- The vomer-parasphenoid question. Ann. Transv. Mus. **18**, 1, 23 – 31. 1936.

BUTLER, P. M.: The teeth of the Jurassic mammals. Proc. Linn. Soc. London B **109**, 329 – 356. 1939.
- The skull of *Ictops* and the classification of the Insectivora. Proc. Zool. Soc. London **126**, 453 – 481. 1956.
- B. KREBS: A pantotherian milk dentition. Paläontol. Z. **47**, 256 – 258. 1973.

CARROLL, R.: Vertebrate palaeontology and evolution. New York 1988.

CLEMENS JR., W. A., P. M. LEES: A review of English early cretaceous mammals. In: KERMACK U. KERMACK (eds.), Early mammals, 117 – 130. London 1972.

COLBERT, E. H.: The ancestors of mammals. Scientif. Amer. **806**, 2 – 5. 1949.

CROMPTON, A. W.: A revision of the Scaloposauridae with special reference to kinetism in this family. Res. of the Mus. **1**, 7, 149 – 183. 1955.
- The cranial morphology of a new genus and species of Ictidosauran. Proc. Zool. Soc. London **130**, 183 – 216. 1958.
- On the lower jaw of Diarthrognathus and the origin of the mammalian lower jaw. Proc. Zool. Soc. London **140**, 697 – 753. 1963.
- A complete skull of a minute mammal. Zool. Soc. S. Africa News Bull. **4**, 25. 1964.
- A preliminary description of a new mammal from the upper triassic of South Africa. Proc. Zool. Soc. London **142**, 441 – 452. 1964.
- On the skull of *Oligokyphus*. Bull. Brit. Mus. Nat. Hist. Zool., Geology **9**, 4, 69 – 82. 1964.

DESCHASSEAUX, C.: Cerveaux d'animaux disparus, essai de paléoneurologie. Paris 1962.

EATON, T. H.: Adaptive features of the fore-limb in primitive Tetrapods and Mammals. Amer. Zool. **2**, 2, 157 – 160. 1962.

EDMUND, G. H.: Tooth replacement phenomena in the lower Vertebrates. Roy. Ontario Mus. Toronto. Life sci. ser No. **52**, 1 – 190. 1960.

EFREMOV, I. A.: Taxonomy and the geological record (russisch). Trd. Paleon. Inst. Acad. sci. USSR **24**, 1 – 176. 1950.
- Fauna of terrestrial vertebrates in the Permian copper sandstones of the Western Pre-Urals (russisch). Trd. Paleon. Inst. Acad. sci. USSR **54**, 1 – 416. 1954.
- Catalogue of localities of Permian and Triassic vertebrates of the territories of the USSR (russisch). Trd. Paleon. Inst. Acad. sci. USSR **46**, 1 – 185. 1955.

EISENBERG, J. F.: The mammalian radiations, an analysis of trends in evolution, adaptation and behaviour. London 1981.

ERBEN, H. K.: Die Entwicklung der Lebewesen. München 1975.

FINDLAY, G. H.: The role of the skin in the origin of mammals. South Afric. J. Sci. 1970, 277 – 283.

FOURIE, S.: Notes on a new Tritylodontid. Res. Nat. Mus. **2**, 7 – 9. 1962.

FOX, R. C.: Therian and Quasi-Mammals. Evolution **22**, 839 – 840. 1968.

FRICK, H., D. STARCK: Vom Reptil- zum Säugerschädel. Z. Säugetierkunde **28**, 6, 321–341. 1963.
FÜRBRINGER, M.: Zur Frage der Abstammung der Säugetiere. Festschr. Haeckel, Jen. Denkschr. XI. 1904.
GADOW, H.: The origin of the Mammalia. Z. Morphol. Anthrop. 1902, Bd. 4.
GAUPP, E.: Die Reichertsche Theorie. Arch. Anat. Entwg. 1912, Suppl. 1913.
GEIST, V.: An ecological and behavioural explanation of Mammalian characteristics, andt their implication of Therapsid evolution. Z. Säugetierkunde **37**, 1–15. 1972.
GINGERICH, P. D.: Patterns of evolution in the mammalian fossil record. In: HALLAM, A. (ed.), Patterns of Evolution, 469–500. Amsterdam 1977.
GOW, C. E.: The sidewall of the braincase in cynodont therapsids, and a note on the homology of the mammalian promontorium. South Africa J. of Zool. **21**, 136–148. 1986.
GREGORY, W. K.: Critique of recent work on the morphology of the Vertebrate skull, especially in relation to the origin of Mammals. J. Mammal. **24**. 1913.
– On the structure and relations of Northarctos. Mem. Amer. Mus. Nat. Hist. N. S. Vol. 3. 1920.
– C. L. CAMP.: Studies in comparative myology and osteology, III. Bull. Amer. Mus. Nat. Hist. **38**, 447–564. 1918.
GROSSER, O.: Zur Frage der Abstammung der Säugetiere. Ergebnisse der Anat. **33**, 1941.
– Zur Abstammung der Säugetiere vom Standpunkt der Entwicklungsgeschichte. Der Biologe, 307–315. 1941.
HAHN, G.: Beiträge zur Fauna der Grube Guimarota Nr. 3. Die Multituberculata. Palaeontographica **133**, Abt. A, 1–100. 1969.
– The dentition of the Paulchoffatiidae (Multituberculata, Upper Jurassic), Memória 17 (N.S.) dos Serviços Geolog. de Portugal, 1–39. Lisboa 1971.
– Neue Zähne von Haramiyiden aus der deutschen Ober-Trias und ihre Beziehungen zu den Multituberculaten. Palaeontographica **142**, Abt. A, 1–15. 1973.
– Neue Schädelreste von Multituberculaten (Mammalia) aus dem Malm Portugals. Geologica et Pelaeontol. **11**, 161–186. 1977.
– Das Coronoid der Paulchoffatiidae (Multituberculata, Ober-Jura). Paläont. Z. **51**, 246–253. 1977.
– Milch-Bezahnungen von Paulchoffatiidae (Multituberculata, Ober-Jura). N. J. Geol. Pal. Mh. 1978, 25–34.
– Die Multituberculata, eine fossile Säugetierordnung. Sonderbd. natw. Ver. Hamburg **3**, 61–95. 1978.
– Neue Unterkiefer von Multituberculaten aus dem Malm Portugals. Geol. et. Palaeontologica **12**, 177–212. Marburg 1978.
HENKEL, S.: Die Entstehungsgeschichte der Säugetiere. In: Paläontol. u. Evolfg. **7**, 3–29. 1973.
– B. KREBS: Der erste Fund eines Säugetierskelettes aus der Jurazeit. Umschau **77**, 217–218. 1977.
HOFER, H.: Die Paläoneurologie als Weg zur Erforschung der Evolution des Gehirnes. Naturw. **40**, 566–569. 1953.
– Das Gestaltwandelproblem der Säuger. Mitteil. d. Natf. Ges. Bern **18**, 81–87. 1961.
JENKINS JR., F. A.: Cynodont postcranial anatomy and the „protheotherian" level of mammalian organization. Evolution **24**, 230–252. 1970.
KEMP, T. S.: Mammal-like reptiles and the origin of mammals. London, New York 1982.
KERMACK, D. M., K. A. KERMACK (eds.): Early Mammals. London, New York 1971.
KERMACK, K. A.: Structure cranienne et évolution des mammifères mésozoïques: problèmes actuels de paléontologie. Coll. C.N.R.S. **104**, 311–317. 1962.
– The cranial structure of the Triconodontes. Phil. Trans. London B **246**, 83–103. 1963.
– D. M. KERMACK, F. MUSSETT: Specimens of new mesozoic mammals. Proc. Geol. Soc. London No. **1533**, 31–32. 1956.
– Z. KIELAN-JAWOROWSKA: Therian and non-therian mammals. early Mammals, Suppl. No. 1 to the Zool. J. of the Linnean Soc. **50**, 103–115. 1971.
– F. MUSSETT: The jaw articulation of the Docodonta and the classification of mesozoic mammals. Proc. Roy. Soc. London B **149**, 204–215. 1958.
– The jaw articulation in mesozoic mammals. XVth Internat. Congr. Zool. sect. V 8, 1–2. 1958.
– – H. W. RIGNEY: The skull of Morganucodon. Zool. J. Linn. Soc. London **71**, 1–158. 1981.
KIELAN-JAWOROWSKA, Z.: Results of the Polish-Mongolian Palaeontological Expeditions – Part. II. New Upper Cretaceous Multituberculate genera from Bayn Dzak, Gobi desert. Palaeontol. Polon. No. **21**, 35–49. 1969.

- Unknown structures in Multituberculate skull. Nature **226**, 974−976. 1970.
- Skull structure and affinities of the Multituberculata. Palaeontol. Polon. **25**, 1971.
- Multituberculate succession in the late Cretaceous of the Gobi desert (Mongolia). Palaeontol. Polon. **30**, 1974.
- Evolution of the Therian mammals in the late Cretaceous of Asia. I. Deltatheriidae. Palaeontol. Polon. **33**, 1975.
- Evolution and migrations of the late Cretaceous Asian mammals. Problèmes actuels de Paléontologie. Evolution des Vertébrés. C.N.R.S. Paris, Nr. **128**, 573−584. 1975.
- Results of the Polish-Mongolian expeditions. Part. VII. Evolution of the Therian mammals in the late Cretaceous of Asia. II. Postcranial skeleton in Kennalestes and Asioryctes. Palaeontol. Polon. **37**, 75−83. 1977.
- Pelvic structure and nature of reproduction in Multituberculata. Nature **277**, 402−403. 1979.
- A. V. Sochava: The first Multituberculate from the uppermost Cretaceous of the Gobi desert (Mongolia). Acta Palaeontol. Polon,. XIV, 355−371. 1969.

Koenigswald, W. v.: Die erste Beutelratte aus dem mitteleozänen Ölschiefer von Messel bei Darmstadt. Natur u. Museum **112**, 41−48. 1982.
- R. Heil (eds.): Fossilien der Messel-Formation. Hess. Landesmus. Darmstadt 1987.

Krebs, B.: Nachweis eines rudimentären Coronoids im Unterkiefer der Pantotheria (Mammalia). Palae. Z. **43**, 57−61. 1969.
- Zur frühen Geschichte der Säugetiere. Natur u. Museum **105**, 147−155. 1975.
- The skeleton of a Jurassic Eupantothere and the arboreal orogin of modern mammals. 4. Sympos. on Mesozoic ecosystems. Short Papers, 132−137. 1987.
- Mesozoische Säugetiere − Ergebnisse von Ausgrabungen in Portugal. Sitzungsber. Ges. natf. Freunde Berlin, N.F. **27**, 95−107. 1988.

Kühne, W. G.: On a triconodont tooth of a new pattern from a fissure-filling in South Glamorgan. Proc. Zool. Soc. London **119**, 345−350. 1949.
- The Liassic Therapsid Oligokyphus. London 1956.
- Rhaetische Triconodonten aus Glamorgan, ihre Stellung zwischen den Klassen Reptilia und Mammalia und ihre Bedeutung für die Reichertsche Theorie. Pal. Z. **32**, 197−235. 1958.
- The systematic position of Monotremes reconsidered (Mammalia). Z. Morph. Tiere **75**, 59−64. 1973.
- Marsupium and marsupial bone in mesozoic mammals and in the Marsupionta. Coll. internat. C.N.R.S. 218, Problèmes actuels de Paléontol., Evol. des Vertébrés, 585−590.. 1975.
- On the Marsupionta, a reply to Dr. Parrington. J. nat. Hist. **11**, 225−228. 1977.

Kulp, J. L.: Geological time scale. Bull. Geol. Soc. Amer. **70**, 2, 16−34. 1959.

Kurtén, B.: Pleistocene mammals of Europe. London 1968.

Lehman, J. P.: L'évolution des vertébrés inférieurs. Paris 1959.

Lessertisseur, J., D. Sigogneau: Sur l'acquisition des principales caracéristiques du squelette des mammifères. Mammalia **29**, 96−168. 1965.

Lillegraven, J. A.: Latest cretaceous mammals of upper part of Edmonton formation of Alberta. Canada and review of marsupial-placental dichotomy im mammalian evolution. Univ. Kansas palaeontol. contrib. 50. Vertebrates **12**, 1−122. 1969.
- Ordinal and familial diversity of Cenozoic mammals. Taxon **21**, 261−274. 1972.
- Biogeographical considerations of the marsupial-placental dichotomy. Ann rev. Ecol. Syst. **5**, 263−283. 1974.
- Biological considerations of the marsupial-placental dichotomy. Evolution **29**, 707−722. 1976.
- Z. Kielan-Jaworowska, W. A. Clemens: Mesozoic mammals, the first two-thirds of mammalian history. Berkeley, Los Angeles, London 1979.

Lull, R. S.: Evolution of the Horse family. Peabody Mus. nat. Hist., Guide N 1, Yale Univ., 1907.

Maglio, V. J., H. B. S. Cooke: Evolution of African mammals. Cambridge, Mass. 1978.

Matthew, W. D.: The arboreal ancestry of mammals. Amer. Naturalist. **38**, 1904.
- Carnivora and Insectivora of the Bridger Basin. Mem. Amer. Mus. Nat. Hist. **9**, 1909.

McKenna, M.: On the shoulder girdle of the mammalian subclass Allotheria. Amer. Mus. Novit. **2066**, 1−27. 1961.

Mellett, J. S.: Palaeobiology of North American Hyaenodon (Mammalia, Creodonta). Contrib. to Vertebrate evolution **1**, 1−134. 1977.

Müller, A. H.: Lehrbuch der Paläozoologie. III. Vertebrata. Jena 1970.

Olson, E. C.: Origin of mammals based upon the cranial morphology of therapsid suborders. Geol. Soc. Amer. Spec. Pap. **55**, 1944.

- The evolution of mammalian characters. Evolution **13**, 344–353. 1959.
- The food chain and the origin of mammals. Coll. Internat. sur l'évolution des Mammifères inférieurs et non spécialisés, 97–116. Bruxelles 1961.

OSBORN, H. F.: Evolution of the Amblypoda. Bull. Amer. Mus. Nat. Hist. **10**, 1898.
- Origin of the Mammalia. III. Occipital condyles of Reptilian tripartite type. Amer. naturalist, 1900 A. Vol. 34.

PARRINGTON, F. R.: On the evolution of the mammalian palate. Phil. Trans. Roy. Soc. London B 571, **230**, 305–355. 1940.
- The evolution of the mammalian femur. Proc. Zoll. Soc. London **137**, 2, 285–298. 1961.

PATTERSON, B.: Early cretaceous mammals from Northern Texas. Amer. J. Sci **249**. 1951.
- Early cretaceous mammals and the evolution of mammalian molar teeth. Fieldiana Geol. **13**, 1–105. 1956.

PIVETEAU, J.: Traité de Paléontologie. VI. Mammifères (2 Bde.) VII. Primates. Paris 1957/1961.

REED, CH. A.: Polyphyletic or monophyletic ancestry of mammals; what is a class? Evolution **14**, 314–322. 1960.
- W. D. TURNBULL. The mammalian genera Arctoryctes and Cryptoryctes. From the Oligocene and Miocene of North America. Geology **2**, 99–170. 1965.

ROMER, A. S.: The locomotor apparatus of certain primitive and mammal-like reptiles. Bull. Amer. Mus. Nat. Hist. **46**, 517–606. 1922.
- The osteology of the reptiles. Chicago 1956.
- Synapsid evolution and dentition. Coll. Internat. sur l'évolution des Mammifères inférieurs et non spécialisés, 9–56. Bruxelles 1961.
- Notes and comments on Vertebrate palaeontology. Chicago, London 1968.
- Cynodont reptile with incipient mammalian jaw articulation. Science **166**, 881–882. 1969.
- The Brazilian Triassic Cynodont reptiles Belesodon and Chiniquodon. Breviora **332**, 1–16.. Mus of Comp. Zool. 1969.
- The Chanares (Argentina) Triassic reptile fauna. V. A new Chiniquodontid Cynodont, Probelesodon lewisi – Cynodont ancestry. Breviora **333**, 1–24. Mus of Comp. Zool. 1969.
- Topics in Therapsid evolution and classification. Bull. Indian Geologists Assoc. **2**. 1/2, 15–26. 1969.
- L. W. PRICE: Review of the Pelycosauria. Geol. Soc. of America, Spec. Papers No. **28**, 1–538. 1940.

SCHAAL, ST., W. ZIEGLER (eds.): Messel, ein Schaufenster in die Geschichte der Erde und des Lebens. Frankfurt/M. 1988.

SCHAEFFER, B.: The origin of a mammalian ordinal character. Evolution **2**, 164–175. 1948.

SIMONETTA, A.: Sull'esistenza di giunti cinetici nel carnio di alcuni insettivori (Myosorex, Talpa) e sul loro possibile significato. Monit. Zool. Ital. **64**, 4, 172–180. 1957.

SIMPSON, G. G.: Mesozoic mammalia IX. The brain of Jurassic mammals. Amer. J. Science, **5**, ser. 14. 1927.
- A catalogue of the Mesozoic Mammalia in the geological department of the British Museum. London 1928.
- The first mammals. Quart. Rev. Biol. **10**, 154–180. 1935.
- Studies of the earliest mammalian dentitions. The Dental Cosmos **78**, 791–800; 940–953. 1936.
- Tendances actuelles de la systématique des mammifères. Mammalia **18**, 337–357. 1954.
- Mesozoic mammals and the polyphyletic origin of mammals. Evolution **13**, 405–414. 1959.
- The nature and origin of supraspecific Taxa. Cold Spring Harbor Symp. on quantitative biology 1959, XXIV, 255–271.
- Diagnosis of the classes Reptilia and Mammals. Evolution **14**, 388–391. 1960.
- Evolution of mesozoic mammals. Coll. Internat. sur l'évolution des Mammifères inférieurs et non spécialisés, 57–95. Bruxelles 1961.
- H. O. ELFTMAN: Hind limb musculature and habits of a paleocene Multituberculata. Amer. Mus. Novit. **333**, 1–19. 1928.

STARCK, D.: Das evolutive Plateau-Säugetier – Eine Übersicht unter besonderer Berücksichtigung der stammesgeschichtlichen und systematischen Stellung der Monotremata. Sonderbd. d. natw. Ver. Hamburg **3**, 7–33. 1978.

STORCH, G.: Die Säugetiere von Messel: Wurzeln auf vier Kontinenten. Spektrum d. Wiss. **6**, 48–65. 1986.
- A. M. LISTER: *Leptictidium nasutum*, ein Pseudorhyncocyonide aus dem Eozaen der Grube „Messel" bei Darmstadt (Mammalia, Proteutheria). Senck. Lethaea **66**, 1–37. 1985.

SWAIN, T.: Angiosperm-reptile coevolution. In: BELLAIRS, A. D'A., C. B. COX (eds.), Morphology and biology of Reptiles, 107–122. London 1976.
SZALAY, F. S.: First evidence of tooth replacement in the subclass Allotheria (Mammalia). Amer. Mus. Novit. **2226**, 2–12. 1965.
- Origin and evolution of function of the Mesonychid Condylarth feeding mechanism. Evolution **23**, 703–720. 1969.
- Late Eocene Amphipithecus and the origins of Catarrhine Primates. Nature **227**, 355–357. 1970.
- The European Adapid Primates Agerina and Pronycticebus. Amer. Mus. Novit. **2466**, 1–19. 1971.
- Phylogenetic relationships and a classification of the Eutherian Mammalia. In: HECHT, M. K., P. C. GOODY, B. M. HECHT (eds.), Major patterns in Vertebrate evolution, 315–374. New York, London 1976.
- M. C. MCKENNA: Beginning of the Age of Mammals in Asia: The late Paleocene Gashato fauna, Mongolia. Bull. Amer. Mus. Nat. Hist. **144**, 269–318. 1971.
- M. J. NOVACEK, MC KENNA, M. C. (eds.): Mammal Phylogeny I, II. New York, Berlin, Heidelberg 1992.
THENIUS, E.: Die Herkunft der Säugetiere. Natw. u. Medizin. 4. Jhg., **17**, 39–53.. 1967.
- Über einige Probleme der Stammesgeschichte der Säugetiere. Ergebnisse und Methoden der modernen Verwandtschaftsforschung. Z. Zool. Syst. Evolfg. **7**, 157–179. 1969.
- Stammesgeschichte der Säugetiere. Hdb. d. Zool. VIII. Berlin 1969.
- Zum gegenwärtigen Verbreitungsbild der Säugetiere und seiner Deutung in erdgeschichtlicher Sicht. Nat. u. Mus. **101**, 185–196. 1971.
- Die Evolution der Säugetiere. Stuttgart, New York 1979.
- H. HOFER: Stammesgeschichte der Säugetiere. Berlin, Göttingen, Heidelberg 1960.
TOBIEN, H.: Zur Gebißentwicklung tertiärer Lagomorphen (Mammalia) Europas. Notizbl. Hess. Landesamt Bodenfg. **91**, 16–35. 1963.
VALEN, L. VAN: Therapsids as mammals. Evolution **14**, 304–313. 1960.
VANDERBROEK, G.: Recherches sur l'origine des mammiféres. Extrait des Annales de la Soc. Roy. Zool de Belgique **94**, 117–160. 1964.
- Evolution des vertébrés de leur origine à l'homme. Paris 1969.
VIALLETON, L.: Membres et ceintures des Vértébrés Tétrapodes. Paris 1924.
WATSON, D. M. S.: Further notes on the skull, brain, and organs of special sense of Diademodon. Ann. Mag. Nat. Hist. ser. 8, vol. **12**, 217–228. 1913.
- The evolution of the Tetrapod shoulder-girdle and forelimb. J. Anat. **52**, 1–62. 1917.
- On Seymouria, the most primitive known reptile. Proc. Zool. Soc. London 1918, 267–301.
- On the skeleton of a Bauriamorph reptile. Proc. Zool. Soc. London 1931, 1163–1205.
- The evolution of the mammalian ear. Evolution **7**, 157–177. 1953.
WORTMAN, J. L.: On some hitherto unrecognized reptilian characters in the skull of the Insectivora and other mammals. Proc. US Nat. Mus. **57**, no. 2304, 1–52. 1920.

Geographische Verbreitung
Regionale Säugetierfaunen

AHARONI, J.: Die Säugetiere Palästinas. Z. Säugetierkunde **5**, 327–343, 1930
ALLEN, G. M.: The mammals of China and Mongolia. I. II. Am. Mus. of Nat. Hist. New York, 1908.
- A checklist of African Mammals. Bull. Mus. comp. Zool. **83**, 1–763. 1939.
ANSELL, W.: Mammals of Northern Rhodesia. The Government Printer, Lusaka 1960.
ATANASSOV, N., Z. PESCHEV: Die Säugetiere Bulgariens. Säugetierkundl. Mitt. **11**, 101–112. 1963.
AUL, H., H. LING, K. PAAVER: Die Säugetiere der Estnischen SSR. Akad. d. Wiss. d. Estn. SSR. Tallin 1957.
AUSTIN JR., O. L., T. H. HACHISUKA, N. KURODA: Japanese ornithology and mammalogy during World War II (an annotated bibliography). G. H. Q. Natural Resources Sect. Report **102**, 1–48. Tokyo 1948.
BAUER, K.: Die Säugetiere des Neusiedlersee-Gebietes (Österreich). Bonner Zool. Beiträge **11**, 2/4, 141–345. 1960.
BAUMANN, F.: Die freilebenden Säugetiere der Schweiz, Bern 1949.

BEAUX, O. DE: Mammiferi dell'Abissinia raccolti dal Signor Ugo Ignesti addetto alla R. agenzia commerciale di Gondar. Atti soc. ital. sci. nat. e del Museo civ. stor. nat. Milano **64**, 196–218. 1925.
BLUNTSCHLI, H.: In den Urwäldern auf Madagaskar. Umschau 1–38 (1933).
BRINK, F. H. VAN DEN: Die Säugetiere Europas. 2. Aufl. Hamburg, Berlin 1972.
BURT, W. H., R. P. GROSSENHEIDER: A field guide to the Mammals. (Nordamerika). Boston 1956.
CABRERA, A.: Fauna ibérica. Mamíferos. Madrid 1914.
– Los mamíferos de Marruecos. Trabajos del museo nacional de ciencias naturales, Ser. Zoologica N. 57. Madrid 1932.
– Catálogo de los mamíferos de America del Sur. I. II. Revista del Museo Argentino de Ciencias Naturales „Bernardino Rivadavia", Cienc. Zool. **4**, 1/2. Buenos Aires 1957/1961.
– J. YEPES: Mamíferos Sud-Americanos (Vida, costumbres y descripción). Tucuman, Buenos Aires 1940.
CAHALANE, V. H.: Mammals of North America. New York 1947.
CORBET, G. B.: The Mammals of the palearctic region. London, Ithaca 1978.
DA CRUZ LIMA, E.: Mammals of Amazonia, vol. 1. General introduction and primates. Rio de Janeiro 1945.
DA GAMA, M.: Mamíferos de Portugal. (Chaves para a sua determinação). Memorias e Estudos do Museo Zoologico da Universidade de Coimbra Nr. 246. 1957.
DAVIS, D. D.: Mammals of the lowland rain-forest of North Borneo. Bull. of the Nat. Museum, State of Singapore, No. **31**, 1–129. 1962.
DIDIER, R., P. RODE: Les mammifères de France. Arch. d'hist. nat. 1935.
DORST, J., P. DANDELOT: Säugetiere Afrikas. Hamburg, Berlin 1970.
EISENBERG, J. F.: Mammals of the Neotropics I. The Northern Neotropics. Chicago, London 1989.
– (ed.): Vertebrate ecology in the Northern Neotropics. Nat. Zool. Park. Smithson. Publ. Washington 1979.
– s. auch REDFORD, K. H.
EISENTRAUT, M.: Die Wirbeltiere des Kamerungebirges. Hamburg–Berlin 1963.
– Die Wirbeltierfauna von Fernando Poo und Westkamerun. Bonner Zool. Monogr. 3, 1973.
ELLERMANN, J. R., T. C. S. MORRISON-SCOTT: Checklist of palaearctic and Indian mammals 1758–1946. Brit. Mus. Nat. Hist. London 1951.
– – R. W. HAYMAN: Southern African mammals 1758–1951. A reclassification. Brit. Mus. Nat. Hist. London 1953.
EMMONS, L. H., F. FEER: Neotropical rainforest mammals. Chicago, London 1990.
ENGELMANN, CH.: Über die Großsäuger Szetschwans, Sikongs und Osttibets. Z. Säugetierkunde **13**, Sonderheft, 1–76. 1938.
FELTEN, H., G. STORCH: Insektenfresser und Nagetiere aus N-Griechenland und Jugoslavien. Senck. Biol. **46**, 341–367. 1965.
– Kleinsäuger von den italienischen Mittelmeer-Inseln Pantelleria und Lampedusa (Mammalia). Senck. Biol. **51**, 159–173. 1970.
FERNANDO, C. H. (ed.): Ecology and biogeography in Sri Lanka. Monographiae Biologicae 57. The Hague, Boston, Lancaster 1984.
GROVES, C. P.: The origin of the mammalian fauna of Sulawesi (Celebes). Z. Säugetierkunde **41**, 201–216. 1976.
GYLDENSTOLPE, N.: Zoological results of the Swedish zoological expeditions to Siam, 1911–1912 and 1914–1915. V. Mammals II. Kungl. Svenska Vetenskapsakademiens Handlingar, Band **57**, No. 2, 3–59. 1916.
HAGEN, B.: Zur Kleinsäugerfauna Siziliens. Bonner Zool. Beiträge **5**, 1–15. 1954.
HAINARD: Les mammifères sauvages d'Europe Insectivores-Chéiroptères-Carnivores. With general Introduction by J. L. Perrot. Neuchâtel, Paris 1948.
HALL, E. R., K. R. KELSON: The mammals of North America I. II. New York 1959.
HALTENORTH, TH., H. DILLER: Säugetiere Afrikas und Madagaskars. München, Bern, Wien 1977.
HAMILTON, W. J.: American mammals. Their lives, habits and economic relations. 1939.
HARRISON, D. L.: The Mammals of Arabia. I–III. London 1964.
HATT, R. T.: The Mammals of Iraq. Misc. Publ. Mus. Zool. Michigan No. 106. Ann Arbor 1959.
HEPTNER, V. G., N. P. NAUMOV (eds.): Die Säugetiere der Sowjetunion I, II. (noch unvollständig). Jena 1966/1974.
HERSHKOVITZ, PH.: A geographical classification of neotropical mammals. Fieldiana Zoology **36**. 6, Chicago Nat. Hist. Mus. 1958.

HILL, J. E., T. D. CARTER: The Mammals of Angola, Africa. Bull. Amer. Mus. Nat. Hist. **78**, 1–211. 1941.

HUTTON, F. W., J. DRUMMOND: The animals of New Zealand. Wellington 1923.

KEAST, A. (ed.). Ecological biogeography of Australia. Monogr. biol. 41. I, II, III. The Hague, London 1981.

– F. C. Erk, B. Glass: Evolution, mammals and southern continents. Albany 1972.

KINGDON, J.: East African mammals. An atlas of evolution in Africa. I–III D (7 Bde.). London, New York 1971/1982.

– Island Africa – The evolution of Africas rare animals and plants. London 1990.

– Arabian mammals. State of Bahrain, London, San Diego 1990.

KÖNIG, C.: Wildlebende Säugetiere Europas. Stuttgart 1969.

KRAPP, F. F., J. NIETHAMMER (eds.): Handbuch der Säugetiere Europas. Wiesbaden, 1.: 1978; 2.1: 1982; 3.1.: 1990; 3.2.: 1992.

KUMMERLOEVE, H.: Die Säugetiere (Mammalia) der Türkei. Die Säugetiere (Mammalia) Syriens und des Libanon. Veröff. Zool. Staatssammlung München **18**, 69–225. 1975.

LARGEN, M. J., D. KOCK, D. W. YALDEN: Catalogue of the mammals of Ethiopia. 1. Chiroptera. Monit. Zool. Ital. N.S. **8**, Suppl. V, 221–298. 1974.

LAURIE, E. M. C., J. E. HILL: List of land mammals of New Guinea, Celebes and adjacent islands. Trustees of the Brit. Mus. 1954.

LEAKEY, L.: The wild realm: Animals of East Africa. National Geographic Soc., Washington 1969.

MAGLIO, V. D., H. B. S. COOKE: Evolution of African mammals. Harvard Univ. Press, Cambridge, Mass. 1978.

MARES, M. A., H. H. GENOWAYS (eds.): Mammalian biology in South America. Spec. publ. ser. Pymatuning Lab. Ecology 6. Pittsburgh 1982.

MEESTER, J., H. W. SETZER: The mammals of Africa. An identification manual. Washington 1971.

MILLER, J. S.: Catalogue of the mammals of Western Europe in the collection of the British Museum. London 1912.

– KELLOG, R.: List of North American recent mammals. US Nat. Mus. Bull. **205**, I–XII, 1–945. 1955.

MISONNE, X.: Analyse zoogéographique des mammifères de l'Iran. Inst. Roy. des sci. nat. de Belgique, 2e sér. fasc. 59. 1959.

MOHR, E.: Die Säugetiere Schleswig-Holsteins. Altona 1931.

NIETHAMMER, J.: s. KRAPP, F.

OGNEV, S. I.: Mammals of Eastern Europe and Northern Asia I–VII, IX. Jerusalem 1962/1967.

ONDRIAS, J. C.: Die Säugetiere Griechenlands. Säugetierkundl. Mitt. **13**, 109–127. 1965.

OSBORN, D. J., I. HELMY: The contemporary land mammals of Egypt (including Sinai). Fieldiana Zool. Chicago 1980.

PALMER, R. S.: The mammal guide. Mammals of North America, north of Mexico. Garden City, N.Y. 1954.

PEENEN, P. F. D. VAN, F. RYAN, R. H. LIGHT: Preliminary identification manual of South Vietnam. US Nat. Mus., Smithson. Inst. Washington 1969.

PRATER, S. H.: The book of Indian animals. Indian Nat. Hist. Ser. vol. II. Bombay 1948.

RAVEN, H. C.: Wallace's line and the distribution of Indo-Australian mammals. Bull. Amer. Mus. Nat. Hist. **68**, 179–293. 1935.

REDFORT, H., J. F. EISENBERG: Mammals of the Neotropics II. The Southern cone. Chicago, London 1992.

RIDE, W. D. L.: A guide to the native mammals of Australia. Oxford Univ. Press 1970.

ROBERTS, A.: The Mammals of South Africa. South Africa 1951.

ROSEVEAR, D. R.: Checklist and atlas of Nigerian mammals. The Government Printer, Lagos 1953.

– The bats of West Africa. London 1965.

– The rodents of West Africa. London 1969.

– The Carnivores of West Africa. London 1974.

SANDERSON, I. T.: The Mammals of the North Cameroons forest area. Percy Sladeb Exped. Transact. Zool. Soc. London **24**, 623–725. 1940.

SETZER, H. W.: Mammals of the Anglo-Egyptian Sudan. Proc. US Nat. Mus. **106**, 447–587. 1956.

SIMPSON, G. G.: History of the fauna of Latin America. Amer. Scientist **38**, 361–389. 1950.

STARCK, D.: Die Säugetiere Madagaskars, ihre Lebensräume und ihre Geschichte. Sitzungsber. Wiss. Ges. Univ. Frankfurt **11**, 3, 1–62. 1974.

STEIN, G.: Eine Forschungsreise nach Niederländisch-Ostindien. 1. Neuguinea. J. f. Ornithologie **81**, 253–310. 1933.
STRAHAN, R.: Complete book of Australian mammals. London, Sydney, Melbourne 1983/1984.
TATE, G. H. H.: Results of the Archbold Expeditions No. 66. Bull. Amer. Mus. Nat. Hist. **98**, 563–616. 1952. (Mammals of the Cape York peninsula with notes on the occurrence of rain forest in Queensland).
THENIUS, E.: Biogeographie in der Sicht der Erdwissenschaften. Die Paläogeographie als Grundlage einer historischen Biogeographie. Verh. Dt. Zool. Ges. **67**, 358–372. 1975.
– Biogeographie auf „neuen" Wegen. Ergebnisse der Paläogeographie und ihre Bedeutung für die Verbreitung von Pflanzen und Tieren. Schriften Ver. Verbr. naturwiss. Kenntnisse Wien **116**, 69–110. 1975/1976.
– Grundzüge der Faunen- und Verbreitungsgeschichte der Säugetiere. Stuttgart, New York 1980.
TOSCHI, A., B. LANZA: Fauna d'Italia. Mammalia (Generalità, Insettivori, Chirotteri). Bologna 1959.
TROUGHTON, E. L. G.: Australian mammals: Their past and future. J. Mammals. **19**, 401–411. 1938.
– Furred animals of Australia. Sydney, London 1954.
UDVARDY, M.: Dynamic Zoogeography. New York 1969.
WEBER, M.: Der Indo-australische Archipel und die Geschichte seiner Tierwelt. Jena 1902.
WILLIAMS, J. G.: Säugetiere und seltene Vögel in den Nationalparks Ostafrikas. Hamburg, Berlin 1967.
WOOD-JONES, F.: The mammals of South Australia. I, II, III. Adelaide 1923, 1924, 1925.
XIMENEZ, A., A. LANGGUTH, R. PRADERI: Lista sistemática de los mamíferos del Uruguay Anales d. Mus. Nac. de Hist. Nat. de Montevideo, 2a Ser., VII, 1–49. 1972.
YALDEN, D. W., M. J. LARGEN, D. KOCK: Catalogue of the mammals of Ethiopia. 2. Insectivora and Rodentia. Monit. Zool. Ital. N. S. Suppl. VIII, 1–118. 1976.
ZIMMERMANN, K.: Zur Säugetier-Fauna Chinas. Ergebnisse der Chinesisch-Deutschen Sammelreise durch Nord- u. Nordost-China 1956. Mitt. Zool. Mus. Berlin **40**, 87–152. 1964.

Monotremata

AITKIN, L. M., B. M. JOHNSTONE: Middle-ear function in a Monotreme, the Echidna (*Tachyglossus aculeatus*). J. exp. Zool. **180**, 245–250.
ANDRES, K. H., M. VON DÜRING: The platypus bill, a structural and functional model of a pattern-like arrangement of different cutaneous sensory receptors. In: „Sensory receptor mechanisms". Intern. Symposium Hongkong, Sept. 1983, 81–89. World Science, Singapore 1984.
– Comparative anatomy of vertebrate electroreceptors. Progress in Bain Research **74**, 113–131. 1988.
ARCHER, M., T. F. FLANNERY, A. RITCHIE, R. E. MOLNAR: First mesozoic mammal from Australia – an early cretaceous Monotreme. Nature **318**, 363–366. 1985.
– P. MURRAY, S. HAND, H. GOOTHALP: Reconsideration of Monotreme relationships based on skull and dentition of the Miocene *Obdurodon dicksoni*. In SZALAY, F. et al., Mammal Phylogeny I. 75–94. New York, Berlin, Heidelberg 1993.
AUGEE, M. L., E. H. M. EALEY, I. P. PRICE: Movements of echnidas, *Tachyglossus aculeatus*, determined by marking-recapture and radio tracking. Austral. Wildlife Res. **2**, 93–101, 1975.
BEMMELEN, F. R. VAN: Der Schädelbau der Monotremen. In: SEMON, R. (ed.), Zool. Forschg. in Australien **3**, II (1), Denkschr. med. natw. Ges. Jena VI (1), 729. Jena 1901.
BICK, Y. A. E., C. MURTAGH, G. B. SHARMAN: Cytobios **7**, 233–243. 1973.
– G. B. SHARMAN: Cytobios **14**, 17–28. 1975.
BOHRINGER, R. C., M. J. ROWE: The organization of the sensory and motor areas of cerebral cortex in the Platypus (*Ornithorhynchus anatinus*). J. comp. Neurol. **174**, 1–14. 1977.
BRATTSTROM, B. H.: Social and maintenance behavior of the echnida, *Tachyglossus aculeatus*. J. Mammal. **54**, 50–71. 1973.
BRESSLAU, E.: Die Entwicklung des Mammarapparates der Monotremen, Marsupialier und einiger Placentalier, ein Beitrag zur Phylogenese der Säugetiere II. Semon, Zoolog. Forschungsreisen IV, 2. Denschr. med. nat. Ges. Jena 1912.
BURLET, H. M. DE: Vergleichende Anatomie des statoakustischen Organs. In: BOLK/GÖPPERT/KALLIUS/LUBOSCH (eds.), Handbuch d. Vgl. Anatomie d. Wirbeltiere, II, 2, 1293–1432, Urban & Schwarzenberg, Wien 1934.
BURRELL, H.: The Platypus. Sydney (Angus u. Robertson) 1927.

DOBRORUKA, L. J.: Einige Beobachtungen an Ameisenigeln, *Echnida aculeata* SHAW (1972). Z. Tierpsychol. **17**, 178–181. 1960.
CLEMENS, W. A.: Notes on the Monotremata. In: LILLEGRAVEN/KIELAN/JAWOROWSKA/CLEMENS (eds.), Mesozoic Mammals, 309–311. Berkeley 1979.
EADIE, W. R.: The life and habits of the Platypus. (Stillwell & Stephens), Melbourne 1935.
FEWKES, J. W.: *Tachyglossus*, Zunge. Bill. Essex Inst. Salem **9**, 111–137. 1877.
FLEAY, D.: We breed the platypus. (Robertson & Mullens), Melbourne 1944.
FLEISCHER, G.: Studien am Skelett des Gehörorgans der Säugetiere, einschließlich des Menschen. Säugetierkundl. Mitt. **21**, 131–239. 1973.
FLYNN, T. T., J. P. HILL: The development of the Monotremata IV. Growth of the ovarian ovum, maturation, fertilization and early cleavage. Transac. Zool. Soc. London **24**, 445–622. 1939.
– The development of the Monotremata VI. The later stages of cleavage and the formation of the primary germ-layers. Transac. Zool. Soc. London **24**, 1, 1–151. 1947.
GAUPP, E.: Zur Entwicklungsgeschichte und vergleichenden Morphologie des Schädels von *Echidna aculeata* var. typica. Semon, Zoolog. Forschungsreisen in Australien **6**, 539–788. 1908. Dnkschr. med. nat. Ges. Jena 6. (G. Fischer).
GREEN, H. L. H. H.: The development and morphology of the teeth of Ornithorhynchus. Transact. Roy. Phil. Soc. London B, **228**, 367–420. 1937.
GREGORY, J. E., A. IGGO, A. K. MACINTYRE, U. PROSKE: Electroreceptors in the platypus. Nature **326**, 386–387. 1987.
GREGORY, W. K.: The Monotremes and the Palimpsest theory. Bull. Amer. Mus. Nat. Hist. **88**, 1–48. 1947.
– Evolution emerging. Vol. 1, 2. New York (Mac Millan) 1951.
GRIFFITHS, M.: Echnidas. Oxford/London/New York (Pergamon Press) 1968.
– The biology of the Monotremes. New York (Acad. Pressd) 1978.
– Das Schnabeltier. Spectr. d. Wiss. **7**/1988, 78–83. 1988.
HANSTRÖM, B., K. G. WINGSTRAND: Comparative anatomy and histology of the pituitary in the egg-laying mammals, the Monotremata. Kungl. Fysiograf. Sällsk. Handl. Lund. Acta Univ. Lund. N.F. **62**, 1–39. 1951.
HECK, L.: Echnida Züchtung im Berliner zoologischen Garten. Sitzungsb. Ges. Natf. Freunde Berlin, 187–189. 1908.
HENSON JR., O. W.: Comparative anatomy of the middle ear. In: KEIDEL, W. D./W. D. NEFF (eds.), Handbook of Sensory Physiology, V, 1, 39–110. Berlin/Heidelberg/New York (Springer) 1974.
HILL, J. P., G. R. DE BEER: The development and structure of the eggtooth and the caruncle in the Monotremes and the occurrence of vestiges of the eggtooth and caruncle in Marsupials. Transac. Zool. Soc. London **26**, 503–544. 1950.
– J. B. GATENBY: The Corpus luteum of the Monotremata. Proc. Zool. Soc. London **47**, 715–763. 1926.
HINES, M.: The brain of *Ornithorhynchus anatinus*. Phli. Trans. Roy. Soc. London B, **217**, 155–287. 1929.
HOCHSTETTER, F.: Beiträge zur Anatomie und Entwicklungsgeschichte des Blutgefäßsystems der Monotremen. Denkschr. Med. Natw. Ges. Jena **5**, 191–243. 1896.
HOLMES, CH. H.: Australias patchwork creature, the platypus. Nat. Geogr. Magazine **76**, 2. 13 Abb. 1939.
HUGHERS, R. L.: Structural adaptations of the eggs and the fetal membranes of monotremes and marsupials for respiration and metabolic exchanges. In: SEYMOUR (ed.), Respiration and metabolism of embryonic vertebrates, 389–421. Dordrecht (Junk) 1984.
IGGO, A., U. PROSKE, A. K. MCINTYRE, J. E. GREGORY: Cutaneous electroreceptors in the platypus: a new mammalian receptor. Progress in Brain Research **74**, 133–138. 1988.
JENKINS JR., F. A.: Cynodont postcranial anatomy and the „protootherian" level of mammalian organization. Evolution **24**, 230–252. 1970.
JERISON, H. J.: Evolution of the brain and intelligence. New York/London (Academic Press) 1973.
KERMACK, K. A., Z. KIELAN-JAWOROWSKA: Therian and nontherian Mammals. Early Mammals. Zool. Journ. of the Linn. Soc. London **50**, Suppl No. 1, 103–115. 1971.
KOLMER, W.: Zur Organologie von Proechidna. Z. w. Zool. 1925.
KUHN, H. J.: Die Entwicklung und Morphologie des Schädels von *Tachyglossus aculeatus*. Abh. Senckenberg. Natf. Ges. Frankfurt/M. **528**, 1–224. 1971.
KÜHNE, W. G.: The Systematic Position of Monotremes reconsidered (Mammalia). Z. Morph. Tiere **75**, 59–64. 1973.

LANG, E. M.: Neues vom Schnabeligel (*Echidna aculeata*). Freunde des Kölner Zoo **10**, H. 4, 119–121. 1967/68.
LENDE, R. A.: Representation in the vertebral cortex of a primitive Mammal. J. Neurophysiol. **27**, 37–48. 1964.
LILLEGRAVEN, J. A., Z. KIELAN-JAWOROWSKA, W. A. CLEMENS (eds.): Mesozoic Mammals, the first Two-Thirds of Mammalian History. Berkeley/Los Angeles/London (Univ. of California Press) 1979.
LUCKETT, P. W., U. ZELLER: Developmental evidence for dental homologies in the monotreme Ornithorhynchus, and its systematic implications. Z. Säugetierkunde **54**, 193–204. 1989.
MANVILLE, R. H.: Concerning platypuses. J. Mammal. **39**, 582–583. 1958.
MÜLLER, F.: Ontogenetische Indizien zur Stammesgeschichte der Monotremen. Verhandl. Naturf. Ges. Basel **79**, 113–160. 1968.
MURRAY, P.: The monotremes. Aust. Mus. Mag. **12**, No. 9, 286. 1958.
SCHARRER, E.: Das Zentralnervensystem. Allgem. Teil. Spez. Teil: Monotremata, Marsupialia. In: Bronns Klassen und Ordnungen des Tierreichs 6, V. Säugetiere 3, 1, 1–169. Leipzig (Akad. Verl.ges.) 1936.
SCHEICH, H., G. LANGNER, C. TIDEMANN: Electroreception and electrolocation in platypus. Nature **319**, 401–402. 1986.
SEMON, R.: Zur Entwicklungsgeschichte der Monotremen. Zoolog. Forschungsreisen in Australien. Denkschr. med. natw. Ges. Jena **5**, 3–15; 19–58; 61–74. Jena (G. Fischer) 1894.
SIMPSON, G. G.: Osteography of the ear region in monotremes. Am. Mus. Novit. Nr. 978. 1938.
STARCK, D.: Ontogenie und Entwicklungsphysiologie der Säugetiere. In: HELMCKE/V. LENGERKEN/STARCK (eds.), Handbuch der Zoologie VIII, 9, 1–283. Berlin (De Gruyter) 1959.
– Das evolutive Plateau Säugetier. Eine Übersicht unter besonderer Berücksichtigung der stammesgeschichtlichen und systematischen Stellung der Monotremata. Sonderbd. Natw. Ver. Hamburg **3**, 7–33. Hamburg/Berlin (Parey) 1978.
STRAHAN, R. (ed.): Complete book of Australian Mammals. London/Sidney/Melbourne 1983.
– D. E. THOMAS: Courtship of the platypus *Ornithorhynchus anatinus*. Australian Zool. **18**, 165–178. 1975.
TEMPLE-SMITH, P. D.: Seasonal breeding biology of the platypus, *Ornithorhynchus anatinus* with special reference to the male. Ph. D. Thesis, Australian National Museum. Canberra 1974.
WAGNER, H. O.: Gefangenschaftshaltung des Schnabeltieres (*Ornithorhynchus anatinus*). Zool. Garten, N. F. 11. 1939.
WATSON, D. M.: The monotreme skull: A contribution to mammalian morphogenesis. Phli. Trans. Roy. Soc. London B **207**, 311. 1916.
WILSON, J. T., J. P. HILL: Observations on the development of *Ornithorhynchus*. Phli. Trans. Roy. Soc. London 1907, 31–168. London 1907.
– The embryonic area and so called „primitive knot" in the early Monotreme egg. Quart. J. mic. sci. **61**, 15–25. 1915.
ZELLER, U.: The Lamina cribrosa of *Ornithorhynchus* (Monotremata, Mammalia). Anat. Embryol. **178**, 513–519. 1988.
– Die Entwicklung und Morphologie des Schädels von *Ornithorhynchus anatinus* (Mammalia: Prototheria: Monotremata). Abh. Senckenberg. natf. Ges. **545**, 1–188. 1989.
– The braincase of *Ornithorhynchus*. In: Trends in Vertebrate Marphol. 2nd Internat. Symposium Wien 1986. Fortschr. Zool. **35**, 386–391. 1989.
ZIEHEN, T.: Das Centralnervensystem der Monotremen und Marsupialier I. Makrosk. Anat. In: SEMON (ed.), Zoolog. Forschgsreisen 3, 1: Denkschr. med. nat. Ges. Jena 6, 1. Jena (G. Fischer) 1897.
– Das Centralnervensystem der Monotremen und Marsupialier II. Mikrosk. Anat. In: SEMON (ed.), Zoolog. Forschgsreisen 3, 1: Denkschr. med. nat. Ges. Jena 6. Jena (G. Fischer) 1908.

Marsupialia

ABBIE, A. A.: Some observations on the major subdivisions of the Marsupialia with special reference to the position of the Peramelidae and Caenolestidae. J. of Anat. **71**. 1937.
ARCHER, M.: Carnivorous Marsupials. I. II. Roy. zool. soc. New South Wales. Mosman N. S. W. 1982.
AUGUSTINY, G.: Die Schwimmanpassung von Chironectes. Z. Morph. Ökol. **39**, 276. 1943.
AUSTAD, ST.: Das Opossum. Spect. d. Wiss. 104–109. 1988.
BARBOUR, R. A.: Anatomy of Marsupials. In: STONEHOUSE, B., D. GILMORE (eds.), The Biology of Marsupials, 237–272. Baltimore/London (Univ. Park Press) 1976.

BARNES, R. D.: The special anatomy of *Marmosa robinsoni*. In: HUNSAKER, D. (ed.), The Biology of Marsupials II, 387–413. New York/London (Acad. Press) 1977.
BARNETT, J. L.: A stress response in *Antechninus stuartii* (Macleay). Austral. J. Zoll. **21**, 501–513. 1973.
BENSLEY, B. A.: On the evolution of the Australian Marsupialia. Transact. Linn. Soc. London **9**, 82–217. 1903.
BOLLIGER, A.: Functional relations between scrotum and pouch and the experimental production of a pouch-like structure in the male of *Trichosurus vulpecula*. J. Proc. Roy. Soc. N. S. Wales **76**, 283–293. 1943.
– An experiment on the complete transformation of the scrotum into a marsipial pouch in *Trichosurus vulpecula*. Med. J. Austr. **11**, 56–58. 1944.
– A. J. Tow: Late effects of castration and administration of sex hormones on the male *Trichosurus vulpecula*. J. Endocrin. **5**, 32–42. 1946.
BOURNE, G. H.: Unique structure in the adrenal of the female opossum. Nature **134**, 664–665. 1934.
– The Mammalian Adrenal Gland. Oxford (Univ. Press) 1949.
BRAITHWAITE, R. W.: An ecological study of *Antechinus stuartii* (Marsupialia, Dasyuridae). M. Sc. Thesis, Univ. of Queensland. Brisbane 1973.
– Behavioural changes associated with the population cycle in *Antechinus stuartii* (Marsupialia). Austral. J. Zool. **22**, 45–62. 1974.
– Social organisation of *Antechinus stuartii* (Marsupialia). Austral. J. Zool. 1976.
– A. K. LEE: A mammalian sample of semelparity. Am. Natural. Manusc.. zit nach LEE, A. K. 1977.
CALABY, J. H., L. K. CORBETT, G. B. SHARMAN, P. G. JOHNSTON: The chromosomes and systematic position of the marsupial mole, *Notoryctes typhlops*. Austral. J. Biol. sci. **27**, 529–532. 1974.
CARLSSON, A.: Zur Anatomie des *Notoryctes typhlops*. Zool. Jhrb. Abt. Anat. **20**, 1. 1904.
CLEMENS, W. A.: Origin and early evolution of marsupials. Evolution **22**, 1–18. 1968.
– Phylogeny of Marsupials. In: STONEHOUSE, B., D. GILMORE (eds.), The Biology of Marsupials, 51–68. Baltimore/London (Univ. Park Press) 1977.
CROCHET, J. Y.: La „Sarigue fossile" de Montmartre. Actes, Sympos, paléont. Georges Cuvier, Montbeliard 1982, 99–106. 1983.
– *Kasserinotherium tunisiense* nov. gen. nov. spec. troisième marsupial découvert en Afrique (Eocène du Tunésie). C. rend Acad. sci. Paris 302, ser. II, no. 14, 923–926. 1986.
– Le berceau des marsupiaux. La Recherche No. 174. 1986.
– B. SIGÉ: Les Mammifères montiens de Hainin (Paléocène moyen de Belgique), Part III. Marsupiaux. Palaeovertebrata, Montpellier 13. 51–64. 1983.
DATHE, H.: Eine Beobachtung des Känguruhgeburtsaktes. Zool. Garten **7**, 223. 1934.
DOLLO, L.: Les Ancêtres des Marsupiaux étaient-ils arboricoles? Trav. Stat. Zool. Wimereux **7**, 188–203. 1899.
DORSCH, M.: A preliminary study of the cytology of the adenohypophysis of the brush-tailed opossum (*Trichosurus vulpecula*) with particular emphasis on the special cytology of the pars anterior. Thesis University of Adelaide, 1974.
DRÄSEKE, J.: Schädel und Gehirn von *Phascolomys latifrans*. Zool. Garten. N. F. **4**, 364–370. 1931.
– Zur vergleichenden Anatomie der Marsupialier, *Phascolomys ursinus* SHAW. Anat. Anz. **87**, 390–397. 1939.
ENDERS, A. C., R. K. ENDERS: The placenta of the four eyed opossum (*Philander opossum*). Anat. Rec. **165**, 431–450. 1969.
ENDERS, R. K.: Attachment, nursing and survival of young in some Didelphids. Symp. Zool. Soc. London **15**, 195–203. 1966. (Comparative Biology of reproduction in Mammals)
FRANZ, V.: Das Sehorgan des Schwimmbeutlers (Chironectes; Mammalia, Didelphyidae). Deutsche Zool. Z. **1**, 139–141. Berlin 1951.
GANSLOSSER, U.: Vergleichende Untersuchungen zur Kletterfähigkeit einiger Baumkänguruharten (*Dendrolagus*, MÜLLER 1839) II. Raum-zeitlicher Ablauf des Stemmkletterns. Zool. Anz. **206**, 62–86. 1981.
– Some quantitative data on social behaviour of Rufous Rat Kangaroos (*Aepyprymnus rufuescens* GRAY, 1837) (Mammalia, Potoroiddae) in captivity. Zool. Anz. **220**, 300–312. 1988.
GARDNER, A. L.: The systematics of the genus *Didelphis* (Marsupialia, Didelphidae) in North and Middle America. Spec. Publ. Mus. Texas Tech. Univ. **4**, 1–81. 1972.
GEWALT, W.: Kleine Beobachtungen an selteneren Beuteltieren im Berliner Zoo. Zool. Garten **28**, 213–225. 1964.

GILL, E. D.: The problem of extinction with special reference to australian marsupial. Evolution 9, 87–92. 1955.
GORGAS, M.: Über die Känguruharten im Kölner Zoo. Freunde des Kölner Zoo, 11, Hd., 49–54. 1968.
GREGORY, W. K.: On the Habitus and Heritage of Caenolestes. J. Mammal. 3, 106–114. 1922.
GRIGG, G., P. JARMAN, I. HUME (eds): Kangaroos, Wallabies and Rat-Kangaroos. I, II. Proceedings of Australian Mammal Society Meeting 1988. 1989.
HANSTRÖM, B.: The hypophysis in a Wallabi, two Treeshrews, a Marmoset and an Orang-Utan. Arkiv f. Zoologi 6, 97–154. 1954.
HARTMAN, C. G.: Studies in the development of the Opossum, *Didelphis virginiana* L. I. History of the early cleavage. II. Formation of the Blastocyst. J. Morph., Philadelphia 27, 1–82. 1916.
– Studies in the development of the Opossum, *Didelphis virginiana* L. III. Description of new material on maturation, cleavage and entoderm formation. IV. The bilaminar blastocyst. J. Morph., Philadelphia 32, 1–140. 1919.
– Studies in the development of the Opossum, *Didelphis virginiana* L. V. The phenomena of parturition. J. Morph., Philadelphia 19, 1–11. 1920.
– Studies in the development of the Opossum, *Didelphis virginiana* L. Philadelphia (Wistar Inst.) 1920.
– The breeding season of the opossum (*Didelphis virginiana*), and the rate of intrauterine and postnatal development. J. Morphol. Physiol. 46, 143–215. 1928.
– Possums. Austin (Univ. Texas Press) 1952.
HAYMAN, D. L.: Chromosome number-constancy and variation. In: STONEHOUSE/GILMORE (eds.), 27–48. 1977.
HEDIGER, H.: Verhalten der Beuteltiere (Marsupialia). Handb. Zoologie 8, 18, 1–28. Berlin (De Gruyter) 1958.
HILL, J. P.: The early development of the Marsupialia, with special reference to the native cat (*Dasyurus viverrinus*). Quarterly J. Micr. Sci. 56, 1–134. 1910.
– W. C. OSMAN: Observations on marsupials in the royal Scottish Museum, with special reference to the foetal material. Transact. Roy soc. Edinburgh LXII, 1–5. 1951.
HOFER, H.: Über das gegenwärtige Bild der Evolution der Beuteltiere. Zool. Jb. Anat. 72, 365–437. 1952.
HOFFSTETTER, R.: Les Marsupiaux et l'histoire des Mammifères. Aspects phylogéniques et chronologiques. Colloq. Internat. C.N.R.S. no. 218, Paris, 1973, Problèmes actuels de Paléontologie-évolution des Vertébrés, 591–610. Paris 1975.
HUGHES, R. L.: Structural adaptations of the eggs and the fetal membranes of monotremes and marsupials for respiration and metabolic exchange. In: SEYMOUR, R. S. (ed.), Respiration and metabolism in embryonic vertebrates, 389–421. Dordrecht (Junk) 1984.
– L. S. HALL: Structural adaptations of the new born Marsupial. In: TYNDALE-BISCOE/JANSSENS (eds.), The developing Marsupial, 8–27. Berlin/Heidelberg/New York (Springer) 1988.
HUNSAKER, D. (ed.): The Biology of Marsupials. New York/London (Acad. Press) 1977.
HUSSON, A. M.: Notes on the genus *Pseudocheirus* OGILBY (Mammalia, Marsupialia) from New Guinea. Zool. Mededel. Leiden 39, 555–572. 1964.
JOHNSON, J. I.: Central nervous system of Marsupials. In: HUNSAKER, D. (ed.), The Biology of Marsupials, 157–278. New York/London (Acad. Press) 1977.
– Vollständiges Lit.verzeichnis zu Neurologie der Marsupialia. In: HUNSAKER, D. (ed.), The Biology of Marsupials, 264–278. New York/London (Acad. Press) 1977.
KAISER, W.: Die Entwicklung des Scrotums bei *Didelphis aurita* WIED. Morph. Jb. 68, 391–433. 1931.
KEAST, A.: Historical biogeography of the marsupials. In: STONEHAUSE/GILMORE (eds.), 69–95. 1977.
– F. C. ERK, B. GLASS: Evolution, Mammals and Southern Continents. Albany (State of New York Univ. Press) 1972.
KIRSCH, J. A. W.: Biological aspects of the Marsupial-Placental dichotomy; a reply to Lillegraven. Evolution 31, 898–900. 1977.
KLIMA, M.: Early development of the shoulder girdler and sternum in Marsupials (Mammalia, Metatheria). Adv. in Anat., Embryol. and Cell Biol. 109, 1–91. 1987.
– G. C. BANGMA: Unpublished drawings of Marsupial embryos from the Hill-Collection and some problems of Marsupial onotogeny. Z. Säugetierkunde 52, 201–211. 1987.
LANGER, P.: The mammalian herbivore stomach. Stuttgart/New York (G. Fischer) 1987.
LEE, K. A. K., A. J. BRADLEY, R. W. BRAITHWAITE: Corticosteroid levels and male mortality in *Antechinus stuartii*. In: STONEHOUSE/GILMORE (eds.), 209–220.

LENDE, R. A.: Sensory representation in the cerebral cortex of the Opossum (*Didelphis virginiana*). J. comp. Neurol. **121**, 395−403. 1963. (a)
− Motor representation in the cerebral cortex of the Opossum (*Didelphis virginiana*). J. comp. Neurol. **121**, 105−115. 1963. (b)
− Cerebral Cortex. A sensomotor amalgam in the Marsupialia. Science **141**, 730−732. 1963.
− A comparative approach to the neocortex. Localization in monotremes, marsupials and insectivores. Ann. N. Y. Acad. Sci. **167**, 262−276. 1969.
LOO, Y. T. W.: The forebrain of the Opossum, *Didelphis virginiana* I. Gross anatomy. J. comp. Neurol. **51**, 13−64. 1930.
− The forebrain of the Opossum, *Didelphis virginiana* II. Histology. J. comp. Neurol. **52**, 1−148. 1931.
LÖRCHER, U.: Beitrag zur Anatomie des Brutbeutels und der Leistenregion der Beuteltiere (Marsupialia). Med. Diss. Univ. Frankfurt/M. 1981. 58 S.
LOWRANCE, E. W.: Variability and growth of the opossum skeleton. J. Morph., Philadelphia **85**, 1949.
LYNE, A. G.: The systematic and adaptive significance of the vibrisses in the Marsupials. Proc. Zool. Soc. London **133**, 79−133. 1959/60.
MCCRADY jr., E.: The embryology of the Opossum. The Americ. Anat. Mem. **16**, 1−226. 1938.
MCMANUS, J. J.: *Didelphis virginiana*. Mammalia Species Nr. 40, 1−6. 1974.
MAHBOUBI, M., R. AMEUR, J. Y. CROCHET, J. J. JAEGER: Implications paléobiogéographiques de la découverte d'une nouvelle localité éocène à vertébrés continentaux en Afrique nordoccidentale: El Kohol (Sud Oranais, Algérie). Geobios **17**, 5, 625−629. 1984.
MAIER, W.: The ontogenetic development of the orbitotemporal region in the skull of *Monodelphis domestica* (Didelphidae, Marsupialia) and the problem of the mammalian alisphenoid. Manuskr. 1985.
− Der Processus angularis bei *Monodelphis domestica* (Didelphidae, Marsupialia) und seine Beziehungen zum Mittelohr. Eine ontogenetische und evolutionsbiologische Untersuchung. Manuskr. 1986.
− The ontogenetic development of the orbitotemporal region in the skull of *Monodelphis domestica* (Didelphidae, Marsupialia) and the problem of the mammalian alisphenoid. Mammalia Depicta, Morphogenesis of the mammalian skull, 71−90. Hamburg 1987.
− Morphologische Untersuchungen am Mittelohr der Marsupialia. Z. zool. Syst. Evolfg. **27**, 149−168. 1989.
MARSHALL, L. G.: *Dromiciops australis*. Mammalian Species No. 99, 1−5. 1978.
MARTIN, P. G.: Marsupial biogeography and plate tectonics. In: STONEHOUSE/GILMORE (eds.). 97−115.
MEISSNER, K.: Ein kurzer Überblick über die Jugendentwicklung der Doppelkammschwanzbeutelmaus. (*Dasyuroides byrnei* SPENCER, 1896) im Familienverband. Z. d. Kölner Zoo **28**, 73−78. 1985.
MINCHIN, K.: Notes on the Weaning of a young Koala (*Phascolarctus cinereus*). Rec. South Australian Mus. **6**. 1937. 2 Tafeln.
MOELLER, H.: Zur Frage der Parallelerscheinungen bei Metatheria und Eutheria. Vergleichende Untersuchungen an Beutelwolf und Wolf. Z. wiss. Zool. **177**, 284−392. 1968.
− *Sarcophilus harrisi* (Dasyuridae). Gebrauch der Vorderbeine bei Beuteerwerb und Fressen, E 1834/1972. Beutefang und Fressen, E 1835/1972. Fressen von Eiern, E 1836/1972. Encycl. cinemat. Göttingen 1972.
− Die Evolutionshöhe des Marsupialiergehirns. Zool. Jb. Anat. **91**, 434−448. 1973.
− Zur Kenntnis der Schädelgestalt großer Raubbeutler (Dasyuridae WATERHOUSE, 1838). Eine allometrische Formanalyse. Zool. Jb. Anat. **91**, 257−303. 1973.
− Sind die Beutler den plazentalen Säugern unterlegen? Säugetierkundl. Mitt. **23**, 19−29. 1975.
MOELLER, H. F.: Sind die Marsupialia spezialisiert oder höherentwickelt? Sonderbd. naturw. Ver. Hamburg **3**, 35−40. 1978.
− Growth depending changings in the skeleton proportions of *Thylacimus cynocephalus* (Harris, 1808). Säugetierkundl. Mitt. **28**, 62−69. 1980.
MOHR, E.: Einiges über Wombat-Formen und Marsupialia-Beutel. Zool. Garten, N. F. **14**, 1/2. 1942.
MOSSMAN, H. W.: Vertebrate fetal membranes. New Brunswick NJ (Rutgers Univ. Press/Macmillan) 1987.
MÜLLER, F.: Zum Vergleich der Ontogenese von *Didelphis virginiana* und *Mesocricetus auratus*. Rev. Suisse de Zool. **74**, 607−613. 1967.

- Die transitorischen Verschlüsse in der postnatalen Entwicklung der Marsupialia. Acta Anatomica **71**, 581–624. 1968.
OBENCHAIN, J. B.: The Brain of *Caenolestes obscurus*. Trans. Illinois State Academy of Science, Vol. **XVI**, 100–106. 1923.
- The Brain of *Caenolestes obscurus*. Anat. Rec. Vol. **XXV**, 145. 1923.
- The Brain of the South American Marsupials Caenolestes and Orolestes. Field Museum of Natural Hist. Publication 224. Zool. series Vol. **XIV**, No. 3. 1925.
PADYKULA, H. A.: Cytological differentiation of the uterine endometrium of the Opossum (*Didelphis marsupialis virginiana*) during the estrous cycle and in pregnancy. Anat. Rec. **166**, 359. 1970.
- Marsupial placentation and its evolutionary significance. J. Reprod. Fertil. Suppl. **31**, 95–104. 1982.
- J. M. TAYLOR: Ultrastructural evidence for loss of the trophoblastic layer in the chorioallantoic placenta of Australian Bandicoots (Marsupialia, Permelidae). Anat. Rec. **186**, 357–386. 1976.
POCOCK, R. I.: The external characters of Thylacinus, Sarcophilus and some related Marsupials. Proc. Zool. Soc. London 1926. S. 1037. (Bilder von Myrmecobius)
POURNELLE, G. H.: Matschie's Baumkänguruhs im San Diego Zoo. Freunde des Kölner Zoo **8**, H. 3, 96–97. 1965.
RANDALL, D., B. GANNON, S. RUNCIMAN, R. V. BAUDINETTE: Gas transfer by the neonate in the pouch of the tammar wallaby, *Macropus eugenii*. In: SEYMOUR (ed.), Respiration and metabolism of embryonic vertebrates, 423–436. Dordrecht (Junk) 1984.
REID, I. A.: Some aspects of renal physiology in the brush-tailed possum, *Trichosurus vulpecula*. In: STONEHOUSE, B. / D. GILMORE (eds.), The Biology of Marsupials, 393–410. Baltimore/London (Univ. Park Press) 1976.
RENFREE, M. B., P. FLETCHER, D. R. BLANDEN, P. R. LEWIS, G. SHAW, K. GORDON, R. V. SHORT, E. PARER-COOK, D. PARER: Physiological and behavioral events around the time of birth in macropodid Marsupials: In: GRIGG / JARMAN (eds.), Kangaroos, Wallabies and Rat-Kangaroos, 323–337. New South Wales 1989.
RIDE, W. D. L.: A guide to the native mammals of Australia. Melbourne/London (Oxford Univ. Press) 1970.
RIGGS, E. S.: Preliminary description of a new marsupial sabertooth from the Pliocene of Argentina. Publ. Field Mus. Nat. Hist. geol. ser. vol. **6**, 61–66. 1933.
- A new marsupial sabertooth from the Pliocene of Argentina and its relationships to other South American predaceous marsupials. Transact. Am. Phil. Soc. new ser. vol. **24**, 1–31. 1934.
RÖSE, C.: Über die Zahnentwicklung der Beutelthiere. Anat. Anz. 7, 693–707 (1892).
ROWLANDS, I. W. (ed.): Comparative Biology of reproduction in Mammals. Symposia of the Zool. soc. of London 15. London (Acad. Press) 1966.
SAILER, O.: Beobachtungen bei der Geburt eines Känguruhs. Zool. Garten. N. F. **16**, 1/2. 1944.
SCHNEIDER, CH.: Beitrag zur Kenntnis des Gehirns von *Notoryctes typhlops*. Anat. Anz. **123**, 1–24. 1968.
SCHNEIDER, J.: Beobachtung einer Geburt bei Hübschgesicht-Känguruhs (*Macropus parryi*) in einer Zoo-Gruppe. Zeitschrift d. Kölner Zoo **28**, 63–68. 1985.
SCHNEIDER, L. K.: Marsupial chromosomes, cell cycles and cytogenetics. In: HUNSAKER, D. (ed.), The Biology of Marsupials II, 51–83. New York/London (Acad. Press) 1977.
SCHNEIDER, R.: Der Larynx der Säugetiere. In: HELMCKE/V. LENGERKEN/STARCK/WERMUTH (eds.), Handbuch der Zoologie 8, Lfg. 35. Berlin (De Gruyter) 1964.
SCHULTZE-WESTRUM, T.: Innerartliche Verständigung durch Düfte beim Gleitbeutler *Petaurus breviceps papuanus* Thomas (Marsupialia, Phalangeridae). Zeitschr. f. vergl. Physiol. **50**, 151–220. 1965.
SCHÜRER, U.: Das Moschusratten-Känguruh, *Hypsiprymnodon moschatus*. Beobachtungen im Freiland und Gehege. Zool. Garten, N. F. **55**, 257–267. 1985.
SHARMAN, B. G.: Studies on marsupial reproduction 2–4. Austr. J. Zoll. **3**, 44; 56; 156. 1955.
- The mitotic chromosomes of marsupials and their bearing on taxonomy and phylogeny. Austral. J. Zool. **9**, 38. 1961.
- Delayed implantation in Marsupials. In: ENDERS (ed.), Delayed Implantation. (Univ. of Chicago Press) 1963.
- The effects of suckling on normal and delayed cycles of reproduction in the Red Kangaroo. Z. Säugetierkunde **30**, 10–20. 1965.
- J. H. CALABRY, W. E. POOLE: Patterns of reproduction in Female Diprotodont. Marsupials. Sympos. zool. Soc. London 15 (Comparative Biology of reproduction in Mammals), 205–232. 1966.

SHORTRIDGE, G. C.: An account of the geographical distribution of the Marsupials and Monotremes of South West Australia, having special reference to the specimens collected during the Balston Expedition 1904–07. Proc. Zool. Soc. London 1909, 545–952. 1909.

SIMPSON, G. G.: The affinities of Borhyaenidae. Amer. Mus. Novit., No. 1118, 1–6. 1941.

SMITH, G. E.: On a pecularity of the cerebral commissures in certain Marsupialia, not hitherto recognized as a distinctive feature of the Diprotodontia. Zool. Anz. **25**. 1902.

STONEHOUSE, B., D. GILMORE (eds.): The Biology of the Marsupials. Baltimore (Univ. Park Press) 1977.

STRAHAN, R.: Complete book of Australian Mammals. London/Sydney/Melbourne (Angus & Robertson Publ.) 1983/84.

SWEET, G.: Contribution to our knowledge of the anatomy of *Notoryctes typhlops* STIRLING. I. Nose with organon of Jacobson and associated parts. II. Blood vascudlar system. III. The eye. Quart. J. Microsc. Sci. N. S. **50**, 547–572. 1904, 1906.

TYNDALE-BISCOE, C. H.: The marsupial birth canal. Sympos. zool. soc. London **15**, 233–250. 1966.
– Life of Marsupials. London (Arnold) 1973.
– JANSSENS: The developing Marsupial. Berlin/Heidelberg/New York (Springer) 1988.
– M. RENFREE: Reproduktion Physiology of Marsupials. Cambridge (Univ. Press) 1987.

VOSSELER, J.: Zur Fortpflanzung des Känguruhs. Zool. Garten **3**, 1/3. 1930.

WEBER, R.: Transitorische Verschlüsse von Fernsinnesorganen in der Embryonalperiode bei Amnioten. Rev. Suisse Zool. **57**, 16–108. 1950.

WISLOCKI, G. B.: Pecularities of the cerebral blood vessels of the opossum diencephalon, Area postrema and retina. Anat. Rec. **78**, 119–137. 1940.
– A. C. P. CAMPBELL: The unusual manner of vascularisation of the brain of the Opossum (*Didelphis virginiana*). Anat. Rec. **67**, 177–191. 1937.

WOOD, D. H.: An ecological study of *Antechinus stuartii* (Marsupialia) in a South-east Queensland rain forest. Austral. J. Zool. **18**, 185–207. 1967.

WOOD JONES, F.: The mammals of South Australia. Adelaide, Government Printer, 458. 1923/25.
– The study of a generalized marsupial (*Dasycercus cristicauda* KEFFT). Transac. Zool. Soc. London **26**. 1949.

ZIEGLER, A. C.: Evolution of New Guineas marsupial fauna in response to a forested environment. In: STONEHOUSE / GILMORE (eds.), 117–138. 1977.

ZIEHEN, T.: Über die motorischen Rindenregionen von *Didelphis virginiana*. Zbl. Physiol. **11**, 457–461. 1897.
– Zur vergleichenden Anatomie der Pyramidenbahn. Anat. Anz. **16**, 447–452. 1899.
– Das Centralnervensystem der Monotremen und Marsupialier. I. II. Denkschr.. med. naturw. Ges. Jena. Semon, Forschungsreisen. I: Bd. 6, 1, 187. 1897. II. Bd. 6, 677–728. 1901.

Insectivora

AHMED, A. A.: Die Entwicklung der Lendenwirbelsäule bei der Panzerspitzmaus *Scutisorex somereni* (Thomas, 1910). Med. Diss. Frankfurt/Main 1976. (1978).
– M. KLIMA: Zur Entwicklung und Funktion der Lendenwirbelsäule bei der Panzerspitzmaus *Scutisorex somereni*. Z. Säugetierkunde **43**. 1978.

ALLEN, G. M.: *Solenodon paradoxus*. Memoirs of the Mus. of comp. Zool., Harvard College **40**, 1–55. 1910–1915.

ALLEN, J. A.: Notes on *Solenodon paradoxus*. Bull. Amer. Mus. Nat. Hist. **24**. 1908.
– The American Museum Congo Expedition collection of Insectivora. Bull. Amer. Mus. Nat. Hist. **47**, 1–38. 1922.

ANDERSON, J.: On the osteology and dentition of *Hylomys*. Transact. Zool. Soc. London **8**, 453–469. 1872.

BARABSCH-NIKIFOROW: Die Desmane. Neue Brehmbücherei 474. Wittenberg Lutherstadt (Ziemsen) 1975.

BAUCHOT, R., C. BUISSERET, Y. LEROY, P. B. RICHARD: L'équipement sensoriel de la trompe du Desman des Pyrénées (*Galemys pyrenaicus*, Insectivora, Talpidae). Mammalia **37**, 17–24. 1973.
– H. STEPHAN: Le cerveau de *Setifer setosus* (Schreber) (Insectivora, Tenrecidae). Mém. Inst. scientif. de Madagascar, A. **13**, 139–148. 1959.
– STEPHAN, H.: Morphologie comparée de l'encephale des Insectivores Tenrecidae. Mammalia **34**, 514–541. (1970).

- Etude quantitative de quelques structures comissurales du cerveau des Insectivores. Mammalia **25**, 314–341. 1961.
- Le poids encéphalique chez les Insectivores Malgaches. Acta Zool. **45**, 63–75. 1964.
- Donnéees nouvelles sur l'encéphalisation des Insectivores et des Prosimiens. Mammalia **30**, 160–196. 1966.
- Encéphales et moulages endocraniens de quelques Insectivores et Primates actuels. In: Problèmes actuels de Paléontologie. Evolution des Vertébrés, 575–587. Paris (CNRS) 1967.
- Etude des modifications encéphaliques observées chez les Insectivores adaptés à la recherche de nourriture en milieu aquatique. Mammalia **32**, 228–275. 1968.

BARBOUR, TH.: The Solenodons of Cuba. Proc. New England Zool. Club **23**, 1–8. 1944.

BOLLER, N.: Untersuchungen am Gehirn von *Solenodon paradoxus*, Brandt 1833 (Insectivora, Solenodontidae), Hirnform und Bestimmung des Neocortex-Index. Morph. Jb. **113**, 346–374. 1969.

BOROWSKI, ST., A. DEHNEL: Materialy do biologii Soricidae. Ann. Univ. M. Curie Skl. Lublin, sect. C **7**, 305–448. 1952.

BOVEY, R.: Les chromosomes des Chiroptères et des Insectivores. Rev. Suisse Zool. **56**, 371–460. 1949.

BRAMBELL, F. W. R.: Reproduction in the common shrew (*Sorex araneus*). Phil. Transac. B **225**, 1. 1935.
- K. HALL: Reproduction of the lesser shrew (*Sorex minutus* Linn.). Proc. Zool. Soc. London **IV**, 957. 1936.
- J. S. PERRY: The development of the embryonic membranes of the Shrews *Sorex araneus* Linn. and *Sorex minutus* Linn. Proc. Zool. Soc. London **113**, 251. 1945.

BRANDT, J. F.: De Solenodonte. Mém. de l'Acad. des sciences, St. Pétersbourg, Bd. 2. 1833.

BROOM, R.: On the structure of the skull in Chrysochloris. Proc. Zool. Soc. London 1916.
- Some new and some rare golden Moles. Ann. Transv. Mus. 20/4. 1946.

BUCHALCZYK, T.: Die Feldspitzmaus, *Crocidura leucodon* Hermann in den nordöstlichen Gebieten Polens. Acta Theriol. **2**, 55–70. 1958.

BUTLER, P. M.: Studies of the mammalian dentition. Differentiation of the post-canine dentition. Proc. Zool. Soc. London B **109**, 1–36. 1939.
- On the evolution of the skull and teeth in the Erinaceidae, with special referencc to fossil material in the British Museum. Proc. Zool. Soc. London **118**, 446–500. 1943.

CABON, K.: Untersuchungen über die saisonale Veränderlichkeit des Gehirns bei der Kleinen Spitzmaus (*Sorex m. minutus* L.). Ann. Univ. Marie Curie, Lublin X. 93–115. (1956).

CEI, G.: Morfologia degli organi della vista negli Insettivori. Arch. Italiano Anatom. Embriol. **52**, 1–42. 1946.

CHEN, J. T. F.: A descriptive key of the shrews of China. Quart. J. Taiwan Mus. **1**, 1. 1948. (Chinesisch).

CLARK, W. E. LE GROS: The brain of the Insectivora. Proc. Zool. Soc. London 1932. 975–1013.

CORBET, G. B.: The family Erinaceidae. A synthesis of its taxonomy, phylogeny, ecology and zoogeography. Mammals Rev. **18**, 117–172. 1988.

CROWCROFT, P.: The life of the shrew. London (M. Reinhardt) 1957.

DALLMAN, A. A.: The mole. Northwestern Nat. arbroath **22**, 1–2. 1947.

DAVIS, D. D.: The lesser Gymnure, *Hylomys suillus*. Malay. Nat. Journ. **19**, 147–148. 1965.

DECHAMBRE, E.: A propos de la Pachyure étrusque. Mammalia **3**, 17–18. 1939.

DEHNEL, AU.: Badania nad rodzajem *Sorex* L. (Studies on the genus *Sorex* L.). Ann. Univ. M. Curie Skl. Lublin, sect. C **4**, 17–102. 1949.

DISSELHORST, R.: Die akzessorischen Geschlechtsdrüsen der Wirbeltiere mit besonderer Berücksichtigung des Menschen. Wiesbaden 1897.

DOBSON, G. E.: A monograph of the Insectivora, systematic and anatomical, I, II. 1–192. London (Van Voorst) 1882–1890.

EADIE, W. R.: The male accessory reproductive glands of Conylura with notes on an unique prostatic secretion. Anat. Rec. Philad. **101**. 59–79. 1948.

EISENBERG, J. F., E. GOULD: The behavior of *Solenodon paradoxus* in captivity, with comments on the behavior of other Insectivora. Zoologica New York **51**, 48–59. 1966.
- The Tenrecs. A study in mammalian behaviour and evolution. Smithsonian Contributions to zoology No. 27. Washington 1970. 138 S.

EISENTRAUT, M.: Beobachtungen über den Stachelwechsel bei Igeln. Jahrb. Ver. vaterl. Naturkde. Württemberg, **108**, 62–65. Stuttgart 1953.
- Das Gaumenfaltenmuster der Säugetiere u. seine Bedeutung für stammesgeschichtliche u. ta-

xonomische Untersuchungen. Bonner Zool. Monographien N. **8**, 1−213. Bonn (Zool. Inst. u. Museum Alex. König) 1978.
EVANS, F. G.: The osteology and relationships of the Elephant shrews (Macroscelididae). Bull. Amer. Mus. Nat. Hist. **80**, art. 4, 85−125. 1942.
FAWCETT, E.: The primordial cranium of *Erinaceus europaeus*. J. Anat. Br. **52**, 1918.
FIRBAS, W., W. PLATZER: Über die Cochlea der Insectivora. Anat. Anz. **124**, 233−243. 1969.
− W. PODUSCHKA: Beitrag zur Kenntnis der Zitzen des Igels, *Erinaceus europaeus* Linné, 1758. Säugetierkundl. Mitt. **19**, H. 1, 39−44. 1971.
FLEISCHER, G.: Studien am Skelett des Gehörorgans der Säugetiere, einschließlich des Menschen. Säugetierkundl. Mitt. **21**, 131−239. 1973.
FOMS, R.: Heutige Insektenesser. In: Grzimeks Enzyklopädie Säugetiere I, 425−519. München 1988.
FORCART, L.: Beiträge zur Kenntnis der Insektivorenfamilie Chrysochloridae. Rev. Suisse Zool. **49**, 1942.
FRANCKE, H.: Gefangenschaftsbeobachtungen an *Hemicentetes semispinosus*. Sitzungsber. Ges. naturf. Freunde, Berlin, N. F. **1**, 118−123. 1962.
FRECHKOP, S.: A propos de nouvelles espèces de Potamogalinés. Mammalia **21**, 226−234. 1957.
FRIANT, M.: Catalogue raisonné et déscriptif des collections d'ostéologie du service d'Anatomie comparée du Muséum National d'Historie Naturelle. Mammifères II. Insectivora, Erinaceidae, 56. 1943.
− L'Echinops, Insectivore malgache. Rev. Zool. Bot. Afr. Tervueren **40**. 1947.
− Sur la systématique des Musaraignes (Soricidae) d'Europe. Bull. Soc. Zool. France, Paris **71**. 1947.
− Les formules dentaires déciduales et permanente d'un Insectivore de Madagascar, l'Ericule (E. setosus). Rev. Zool. Bot. Afr. Tervueren **40**. 1947.
− Sur les insectivores (Erinacéidés) des genres Erinaceus et Palerinaceus. C. R. Acad. Sci. Paris **230**. 1950.
− On the Évolution of the teeth in the Erinaceidae. Proc. Zool. Soc. London **119**, 821. 1950.
GABIE, V.: The early embryology of *Eremitalpa granti* (Broom). J. Morph. **104**, 181−204. 1959.
− The placentation of *Eremitalpa granti* (Broom). J. Morph. **107**, 61−78. 1960.
GAUGHRAN, G. R. L.: A comparative study of the osteology and myology of the cranial and cervical regions of the shrew *Blarina brevicauda* and the mole *Scalopus aquaticus*. Misc. Publ. Mus. Zool. Univ. Michigan No. 80, 1−82. Ann. Arbor 1954.
GILL, TH.: Arrangement of the families of mammals with analytical tables. Smithsonian Misc. Coll. **11**, 1−98. Washington 1872.
− Insectivora. In: KINGSLEY, J. ST. (ed.), Standard natural history, 134−158. Boston (Carsino) 1884.
GODET, R.: évolution comparées des voies génitales mâles chez les insectivores Lipotyphla. C. R. Acad. Sci. Paris **231**/20. 1950.
GODFREY, G., P. CROWCROFT: The life of the mole. London (Museum Press) 1960.
GOULD, E., J. F. EISENBERG: Notes on the biology of the Tenrecidae. J. Mammal. **47**, 660−686. 1966.
GOULD, J.: Evidence for echolocation in the Tenrecidae of Madagascar. Proc. Amer. Phil. Soc. **109**, 352−360. 1965.
− N. NEGUS, A. NOVICK: Evidence for echolocation in shrews. J. exp. Zool. **156**, 19−34. 1964.
GRASSÉ, P. P., H. HEIM DE BALSAC, F. BOURLIÈRE: Ordre des Insectivores. In: GRASSÉ, P. P. (ed.), Traité de Zoologie XVII, 2, 1574−1712. Paris (Masson) 1955.
GREGORY, W. K.: The order of mammals. Bull. Amer. Mus. Nat. Hist. **27**, 240. 1910.
− On the structure and relations of *Notharctus*, an America Eocene Primate. Mem. Amer. Mus. Nat. Hist. N. S. **3**, 49−243. 1920.
GUTH, CH., H. HEIM DE BALSAC, M. LAMOTTE: Recherches sur la morphologie de *Micropotamogale lamottei* et l'évolution des Potamogalinae I. Mammalia **23**, 423−447. 1959.
HAECKEL, E.: Generelle Morphologie der Organismen II. Berlin (G. Reimer) 1866.
HAUCHECORNE, F.: Ökologisch-biologische Studien über die wirtschaftliche Bedeutung des Maulwurfs (*Talpa europaea*). Z. Morph. Ökol. Tiere **9**, 439−571. 1927.
HEANEY, L. R., G. S. MORGAN: A new species of Gymnure, Podogymnura (Mammalia, Erinaceidae) from Dinagat Island, Philippines. Proc. Biol. Soc. Wash. **95**, 13−26. 1982.
HEIM DE BALSAC, H.: La réserve naturelle intégrale du Mont Nimba XIV. Mammifères insectivores. Mém. d l'Institut Français d'Afrique Noire No. 53, 301−337. Ifan-Dakar 1958.
− Insectivores. In: BATTISTINI, R., G. RICHARD-VINDARD (eds.), Biogeography and ecology in Madagascar, 629−660. The Hague (Junk) 1972.
− s. GRASSÉ, P. P.

- V. AELLEN: Les soricidae de basse Côte-d'Ivoire. Rev. Suisse Zool. **65**, 921–956. 1958.
- HELLWING, S.: The postnatal development of the white toothed shrew *Crocidura russula monacha* in captivity. Z. Säugetierkunde **38**, 257–270. 1973.
- Sexual receptivity and the oestrus in the white toothed shrew, *Crocidura russula monacha*. J. Reprod. Fert. **45**, 469–477. 1975.
- HERTER, K.: Die Biologie der europäischen Igel. In: Monogr. d. Wildäugetiere V. Leipzig 1938.
- Die Insektenesser. In: Grzimeks Tierleben 10, 183–263. München/Zürich 1967.
- HOCHSTETTER, F.: Über die harte Hirnhaut und ihre Fortsätze bei den Säugetieren. Denkschr. Akad. d. Wissensch. Wien 106, 2. Wien 1942.
- HOFER, H. O.: Anatomy of the oro-nasal region of some species of Tenrecidae and considerations of Tupaiids and Lemurids. Morph. Jb. **128**, 588–613. 1982.
- Observations of the Proboscis and of the Ductus nasopalatinus and Ductus vomeronasalis of *Solenodon paradoxus* Brandt, 1833. Morph. Jb. **128**, 826–859. 1982.
- HOPKINS, G. H. E.: „Moles" in Uganda. Uganda J. Kampala 11/2. 1947.
- HORST, C. J. VAN DER: Some early embryological stages of the golden mole, Eremitalpa granti (Broom). Rob. Broom Commemor. Vol., 225–234. 1948.
- KAIKUSALO, A.: Beobachtungen an gekäfigten Knirpsspitzmäusen, *Sorex minutissimus* Zimmermann 1780. Z. Säugetierkunde **32**, 301–306. 1967.
- KAUDERN, W.: Studien über die männlichen Geschlechtsorgane von Insectivoren und Lemuriden. Zool. Jb. Abt. Anat. **31**. 1910.
- KINDAHL, M.: The embryonic development of the hand and foot of *Eremitalpa* (*chrysochloris*) *granti* (Broom). Acta Zool., Stockholm **30**/1–2. 1949.
- Notes on the tooth development in *Talpa europaea*. Arkif för Zoologi, Stockholm, N. S. **11**, 187–191. 1958.
- KINGDON, J.: Insectivores. In: East African Mammals II, 5–109. London/New York (Acad. Press) 1974.
- KRESS, A., J. MILLIAN: The female genital tract of the shrew, *Crocidura russula*. Adv. Anat. Embryol., Cell Biol. **101**, 1–76. 1987.
- KUHN, H. J.: Zur Kenntnis von *Micropotamogale lamottei* Heim de Balsac 1954, Z. Säugetierkunde **29**, 152–173. 1964.
- LAMPMAN, B. H.: A note on the predaceous habit of the water shrew. J. Mammal. Baltimore **28**. 1947.
- LECHE, W.: Zur Anatomie der Beckenregion bei Insectivora. Vat. Akad. Handl. Stockholm **XX**, 1–113. 1883.
- Zur Entwicklungsgeschichte des Zahnsystems der Säugetiere I. Zoologica **15**, 37, 1–103. 1902.
- Zur Entwicklungsgeschichte des Zahnsystems der Säugetiere II. Zoologica **20**, 49, 1–157. 1907.
- LEHMANN, I.: Die Paravaginaldrüse von Hemicentetes. Bio-Morphosis, vol. **1**, 202–227. 1939.
- MCDOWELL, S. B.: The greater Antillean Insectivores. Bull. Amer. Mus. Nat. Hist. **115**, art. 3, 117–214. 1958.
- MACPHEE, R. D. E.: Auditory regions of Primates and Eutherian Insectivores. Contrib. to Primatol. vol. 18, 284 S.
- Systematic status of *Dasogale fontoynonti* (Tenrecidae, Insectivora). J. of Mammal. **68**, 133–135. 1987.
- NOVACEK, M. J.: Definition and Relationships of Lipotyphla. In: Mammal Phylogeny. (Eds. SZALAY, NOVACEK, MCKENNA) 2, 13–31, New York, Berlin, Heidelberg 1993.
- MALASSINÉ, A., R. LEISER: Morphogenesis and fine structure of the near term placenta of *Talpa europaea*. 1. Endotheliochorial labyrinth. Placenta **5**, 145–158. 1984.
- MALEC, F., G. STORCH: Der Wanderigel *Erinaceus algirus* Duvernoy u. Lereboullet, 1842 von Malta und seine Beziehungen zum nordafrikanischen Herkunftsgebiet. Säugetierkundl. Mitt. **20**, 146–151. 1972.
- MALZY, P.: Un mammifère aquatique de Madagascar, le Limnogale. Mammalia **29**, 400–411. 1965.
- MEESTER, J.: A systematic revision of the shrew genus Crocidura in southern Africa. Transv. Museum, Pretoria, Mem. **13**, –127. 1963.
- MEISTER, W., D. D. DAVIS: Placentation of a primitive Insectivore, *Echinosorex gymnura*. Fieldiana, Zoology **35**, 11–26. 1953.
- MENZEL, K. H.: Morphologische Untersuchungen an der vorderen Nasenregion von *Solenodon paradoxus* (Insectivora). Med. dent. Diss. Frankfurt/Main 1979. 51 S.
- MOHR, E.: Biologische Beobachtungen an *Solenodon paradoxus* Brandt in Gefangenschaft. I.: Zool. Anz. **113**, 116; III.: Zool. Anz. **116**, 65; II.: Zool. Anz. **117**, 233; IV.: Zool. Anz. **122**, 132. 1938.
- Solenodon, der „Rinnenzahn". Zool. Anz. **126**. 1939.

- Alterstod und Zahnverhältnisse beim Schlitzrüssler, *Solenodon paradoxus* Brandt. Zool. Anz. **141**. 1943.
- Schlitzrüssler. Natur u. Volk **79**, 295 – 300. 1949.

MORRIS, B.: The yolksac placenta of the mole *Talpa europaea*. Proc. Zool. Soc. London **131**, 367 – 387. 1958.

MORRISON-SCOTT, T. C. S.: The insectivorous genera Microgale and Nesogale (Madagascar). Proc. Zool. Soc. London **118**, 817 – 822. 1948.

MOSSMANN, H. W.: Vertebrate fetal membranes. Houndmills, London (Rutgers Univ. Press) 1987.

MULLER, J.: The orbitotemporal region of the skull of the Mammalia. Arch. Neerland. Zool. **1**, 118 – 259. 1935.

NAUCK, E. TH.: Beiträge zur Kenntnis des Skeletts der paarigen Gliedmaßen der Wirbeltiere. VI. Das Schlüsselbein der Säugetiere und die Coracoprocoracoidplatte. Morph. Jb. (Maurer-Festschrift I), 203 – 242. 1929.

NIETHAMMER, G.: Zur Größenvariation alpiner Maulwürfe. Bonner Zool. Beiträge **13**, 249 – 255. 1962.

- Beobachtungen am Pyrenäen-Desman, *Galemys pyrenaica*. Bonner Zool. Beiträge **21**, 157 – 182. 1970.
- J. NIETHAMMER: Der Zwergmaulwurf, ein neues Relikt aus Spanien. Naturwiss. **51**, 148 – 149. 1964.

NIETHAMMER, J.: Ein Beitrag zur Kenntnis der Kleinsäuger Nordspaniens. Z. Säugetierkunde **29**, 193 – 220. 1964.

- Zur Kenntnis der Igel (Erinaceidae) Afghanistans. Z. Säugetierkunde **38**, 271 – 276. 1973.

OGNEV, S. I.: Über die Igel (Erinaceidae) des Fernen Ostens. Bjul. moskov. Obšč. Ispyt. Pir. N. S. Otdel. Biol. **56**, 1951. (Russisch)

- Mammals of Eastern Europe and Northern Asia. I. Insectivora and Chiroptera. Jerusalem 1962.

PEARSON, O. P.: The submaxillary glands of shrews. Anat. Rec. **107**, 161 – 169. 1950.

PETERS, W.: Über die Säugetiergattung *Solenodon*. Abh. d. Akad. d. Wiss. Berlin 1803.

PEYER, B.: Comparative Odontology. Chicago (Univ. Press) 1968.

PIECHOCKI, R.: Über die Entdeckung und das Vorkommen des Kuba-Schlitzrüsslers, *Solenodon cubanus* Peters (Insectivora, Mammalia). Zool. Garten, N. F. **57**, 241 – 256. 1987.

PLATZER, W.: Zur vgl. Anatomie der Cochlea bei *Talpa europaea*, *Sorex araneus* und *Sorex alpinus*. Anat. Anz. **115**, 113 – 118. 1969.

PODUSCHKA, W.: Ergänzungen zum Wissen über *Erinaceus e. roumanicus* und kritische Überlegungen zur bisherigen Literatur über europäische Igel. Z. Tierpsychol. **26**, 761 – 804. 1967.

- Über die Wahrnehmung von Ultraschall beim Igel, *Erinaceus europaeus roumanicus*. Z. vergl. Physiol. **61**, 420 – 426. 1968.
- Einbeziehung von Bauen des Igels (*Erinaceus europaeus*) in die Wühltätigkeit von Wanderratten (*Rattus norvegicus*). Säugetierkundl. Mitt. **19**, H. 2, 171 – 177. 1971.
- Augendrüsensekretionen bei den Tenreciden *Setifer setosus* (Froriep, 1806), *Echinops telfairi* (Martin, 1838), *Microgale dobsoni* (Thomas, 1918) und *Microgale talazaci* (Thomas, 1918). Z. Tierpsychol. **35**, 303 – 319. 1974.
- Das Paarungsverhalten der großen Igel-Tenrek (*Setifer setosus*, Froriep 1806) und die Frage des phylogenetischen Alters einiger Paarungseinzelheiten. Z. Tierpsychol. **34**, 345 – 358. 1974.
- Fortpflanzungseigenheiten und Jugenaufzucht des großen Igel-Tenrek *Setifer setosus* (Froriep 1806). Zool. Anz. **193**, 145 – 180. 1974.
- Die bisher bekannte Verständigung der Insektivoren. Ricerche di Biologia delle selvaggina **7**, Suppl. 1, 595 – 648. Bologna 1976.
- Notes on the giant golden mole *Chrysopalax trevelyani* Günther 1875 (Mammalia, Insectivora) and its survival chances. Z. Säugetierkunde **45**, 193 – 204. 1980.
- The giant golden mole. Oryx **16**, 232 – 234. 1982.
- Noch mehr gefährdet und der Ausrottung näher: der Pyrenäen-Desman. Säugetierschutz Nr. 15, 1 – 8. 1985.
- Hilfe für den Igel. Lebensweise, Eigenheiten, Schutz, Hilfsmaßnahmen. Greven (Kilda Vlg.) 1987.
- W. FIRBAS: Das Selbstbespeicheln des Igels, *Erinaceus europaeus* Linné, 1758, steht in Beziehung zur Funktion des Jacobsonschen Organes. Z. Säugetierkunde **33**, 160 – 172. 1968.
- CH. PODUSCHKA: Die taxonomische Zugehörigkeit von *Dasogale fontononti* G. Grandidier, 1928. Sitzungsber. Österr. Akad. d. Wiss., Math.-Natw. Kl. I, **191**, 253 – 264. 1982.

- The taxonomy of the extant Solenodontidae. Sitzungsber. Österr. Akad. d. Wiss., Math.-Natw. Kl. I, **192**, 225–238. 1983.
- Zahnklassifizierung und Gaumenfalten bei *Geogale aurita*, Milne-Edwards u. Grandidier, 1872 (Insectivora, Tenrecidae). Biol. Rdsch. **21**, 357–361. 1983.
- Beiträge zur Kenntnis der Gattung *Podogymnura* Mearns, 1905 (Insectivora, Echinosoricinae). Sitzungsber. Österr. Akad. d. Wiss., Math.-Natw. Kl. I, **194**, 1–21. 1985.
- Fortpflanzung und Jugendentwicklung bei *Hemiechinus auritus* Fitzinger 1866 (Insectivora, Erinaceinae). Zool. Jb. Physiol. **90**, 501–535. 1986.
- B. RICHARD: Hair types in the fur of the Pyrenean Desman (*Galemys pyrenaica* Geoffroy 1811). Sitzungsber. Österr. Akad. d. Wiss., Math.-Natw. Kl. I, **194**, 39–44. 1985.
- The Pyrenean desman – an endangered insectivore. Oryx **20**, 230–232. 1986.
- CH. WEMMER: Observation on chemical communication and its glandular sources in selected Insectivora. In: DUVAL, MÜLLER-SCHWARZE, SILVERSTEIN (eds.), Chemical signals in Vertebrates. New York (Plenum) 1986.

PRASAD, M. R. N., H. W. MOSSMAN, G. L. SCOTT: Morphogenesis of the fetal membranes of an American mole, *Scalopus aquaticus*. Amer. Journ. Anat. **155**, 31–68. 1979.

PRICE, M.: The reproductive cycle of the water-shrew Neomys fodiens bicolor Shaw. Proc. Zool. Soc. London **128**, 599–621. 1953.

PRUITT JR., W.: A survey of the mammalian Family Soricidae (Shrews). Säugetierkundl. Mitt. **5**, 18–27. 1957.

PUCEK, Z.: Untersuchungen über die Veränderlichkeit des Schädels im Lebenscyklus von *Sorex araneus araneus* L. Ann. Univ. M. Curie Skl. Lublin sect. C **9**, 163–211. 1955.
- Some biological aspects of the sex-ratio in the common shrew (*Sorex araneus araneus* L.). Acta Theriol. **3**, 43–73. 1959.
- Sexual maturation and variability of the reproductive system in young shrews (*Sorex* L.) in the first calendar year of life. Acta Theriol. **3**, 269–296. 1960.
- Seasonal changes in the braincase of some representatives of the genus *Sorex* from the palearctic J. Mammal. **44**, 523–536. 1963.
- Morphological changes in shrews kept in captivity. Acta Theriol. **8**, 137–166. 1964.

RAHM, U.: Note sur les spécimens actuellement connus de *Micropotamogale* (Mesopotamogale) ruwenzorii et leur répartition. Mammalia **24**, 511–515. 1960.
- Beobachtungen an der ersten in Gefangenschaft gehaltenen *Mesopotamogale ruwenzorii* (Mammalia, Insectivora). Rev. Suisse Zool. **67**, 73–90. 1960.

RAUTHER, M.: Über den Genitalapparat einiger Nager und Insectivoren, insbesondere die accessorischen Genitaldrüsen derselben. Jen. Z. f. Natw. **8**. 1903.
- Über den männlichen Genitalapparat von *Solenodon paradoxus*. Zool. Anz. **123**. 1938.

REED, CH. A.: Locomotion and appendicular skeleton in three Soricoid Insectivores. The Amer. Midld. Naturalist **45**, 513–671. 1951.

REHKÄMPER, G., H. STEPHAN, W. PODUSCHKA: The brain of *Geogale aurita* Milne-Edwards and Grandidier 1872 (Tenrecidae, Insectivora). J. Hirnfg. **27**, 391–399. 1986.

REPPENING, CH. A.: Subfamilies and genera of Soricidae. Classification, historical zoogeography and temporal correlations of the shrews. Geolog. Survey, Professional Paper 565. Washington (U.S. Govt. Printing Office) 1976.

RICHARD, P. B.: Le Desman des Pyrénées (*Galemys pyrenaicus*). Mammalia **37**, 1–16. 1973.
- Extension en France du Desman des Pyrénées et son environnement. Bull. Ecol. **7**, 327–334. 1976.
- A. VALETTE-VIALLARD: Le Desman des Pyrénées (*Galemys pyrenaica*). Premières notes sur sa biologie. La terre et la vie **23**, 225–245. Paris 1969.
- Le Desman des Pyrénées. Le Courrier de la Nature **22**. 1972.

ROBERTS, A.: Description of numerous new subspecies of mammals. Ann. Transv. Mus. **20/4**. 1946. (Chrysochl., Eleph.)

ROUX, G. H.: The cranial development of certain ethiopian „Insectivores" and its bearing on the mutual affinities of the group. Acta Zool. **28**. 185–397 (1947).

SCHUBARTH, H.: Zur Variabilität von *Sorex araneus araneus* L. Acta Theriol. **2**, 175–202. 1958.

SIIVONEN, L.: Über die Größenvariationen der Säugetiere und die *Sorex macropygmaeus* Mill. – Frage in Fennoskandien. Ann. Acad. sci Fennicae A IV, Biologica 21. Helsinki 1954.

SIMONETTA, A. M.: A new golden mole from Somalia with an appendix on the taxonomy of the family Chrysochloridae (Mammalia, Insectivora). Ricerche sulla Fauna della Somalia. Monitor. Zoo. Ital. **2**, 27–55. 1968.

SOWERBY, A. DE C.: The insectivores of China and neighbouring regions, pt. 1 and 2. China J., Shanghai 33. 1940.
SPATZ, H., H. STEPHAN: Adaptive Konvergenz von Schädel und Gehirn bei „Kopfwühlern". Zool. Anz. **166**, 402–423. 1961.
SPITZENBERGER, F.: Zur Verbreitung und Systematik türkischer Soricinae (Insectivora, Mammalia). Ann. Naturhist. Mus. Wien, **72**, 273–289. 1968.
– Suncus etruscus. In: Hdb. d. Säugetiere Europas (ed. NIETHAMMER, KRAPP). 3.1., 375–392. 1990.
STARCK, D.: Ontogenie u. Entwicklungsphysiologie der Säugetiere. In: HELMCKE, V. LENGERKEN, STARCK (eds.), Handb. d. Zool. VIII, 9. Berlin (de Gruyter) 1959.
– W. PODUSCHKA: Über die Ventraldrüse von Solenodon paradoxus Brandt, 1833 (Mammalia, Insectivora). Z. Säugetierkunde **47**, 1–12. 1982.
STEIN, G. H. W.: Größenvariabilität und Rassenbildung bei Talpa europaea L. Zool. Jb. Abt. System., Ökol. u. Geogr. **79**. 1950.
– Schädelallometrien und Systematik bei altweltlichen Maulwürfen (Talpinae). Mitt. Zool. Museum Berlin **36**, 1–48. 1960.
STEPHAN, H.: Vergleichend-anatomische Untersuchungen an Insektivorengehirnen. I.: Morph. Jb. **97**, 77–122. 1956; II.: Morph. Jb. **97**, 123–142. 1956; III.: Morph. Jb. **99**, 853–880. 1959; IV.: mit H. SPATZ, Morph. Jb. **103**, 108–174. 1961; V.: Acta Anatomica **44**, 12–59. 1961.
– Zur Entwicklungshöhe der Insektivoren nach Merkmalen des Gehirns und die Definition der „Basalen Insektivoren". Zool. Anz. **179**, 177–199. 1967.
– O. J. ANDY: Quantitative comparisons of brain structures from Insectivores to Primates. Am. Zoologist **4**, 59–74. 1964.
– G. BARON, H. D. FRAHM: Insectivora, Compar. brain res. in Mammals. 1. Berlin/Heidelberg (Springer) 1991.
– R. BAUCHOT: Le cerveau de Galemys pyrenaicus Geoffroy, 1811 (Insectivora, Talpidae) et ses modifications dans l'adaption à la vie aquatique. Mammalia **23**, 1–18. 1959.
– Les cerveaux de Chlorotalpa stuhlmanni (Matschie, 1894) et de Chrysochloris asiatica (Linné, 1758) (Insectivora, Chrysochloridae). Mammalia **24**, 495–510. 1960.
– Gehirn und Endocranialausguß von Desmana moschata (Insectivora, Talpidae). Morph. Jb. **112**, 213–225. 1968.
– Vergleichende Volumenuntersuchungen an Gehirnen europäischer Maulwürfe (Talpidae). J. f. Hirnfg. **10**, 247–258. 1968.
– KABONGO KA MUBALAMATA, M. STEPHAN: The brain of Micropotamogale ruwenzorii (de Witte and Frechkop, 1955). Z. Säugetierkunde **51**, 193–204. 1986.
– H. J. KUHN: The brain of Micropotamogale lamottei Heim de Balsac, 1954. Z. Säugetierkunde **47**, 129–142. 1982.
STRAHL, H.: Untersuchungen über den Bau der Placenta V. Die Placenta von Talpa europaea. Anat. Hefte **1**, 113–161. 1892.
STRAUSS, F.: Die Befruchtung und der Vorgang der Ovulation bei Ericulus aus der Familie der Centetden. Biomorphosis **1**, 281–312. 1939.
– Die Bildung des Corpus luteum bei Centetden. Biomorphosis **2**, 489–544. 1939.
– Vergleichende Beurteilung der Placentation bei den Insectivoren. Rev. Suisse Zool. **42**, 269–282. 1942.
– Die Placentation von Ericulus setosus. Rev. Suisse Zool. **50**, 17–87. 1943.
– Die Implantation des Keimes, die Frühphase der Placentation und der Menstruation im Lichte der vergleichend-embryologischen Erfahrungen. Bern (Haupt) 1944.
– Ein Deutungsversuch des uterinen Zyklus von Ericulus. Rev. Suisse Zool. **53**, 511–517. 1946.
– Das Problem des Befruchtungsortes des Säugetiereies. Bull. Schweiz. Akad. Med. Wiss. **10**, 230–248. 1954.
– Probleme der Ovoimplantation bei Säugetieren. Z. Säugetierkunde **46**, 65–79. 1981.
TOBIEN, H.: Insectivoren aus dem Mitteleozaen (Lutetium) von Messel. Notizbl. Hess. Lanst. f. Bodenforschung **90**, 7–47 (1962).
VARONA, L. S.: Remarks on the biology and zoogeography of Solenodon (Atopogale) cubanus Peters, 1861 (Mammalia, Insectivora). Bijdragen tot de Dierkunde **53**, 93–98. 1983.
VESEY-FITZGERALD, B.: Watching a water shrew. Field London 190. 1947.
VLASAK, P.: The biology of reproduction and postnatal development of Crocidura suaveolens (Pallas, 1821) under laboratory conditions. Acta Univ. Carolinae, Biol. 1970. 207–292. 1972.
VOGEL, P.: Beobachtungen zum intraspezifischen Verhalten der Hausspitzmaus (Crocidura russula, Hermann, 1870). Rev. Suisse Zool. **76**, 1079–1086. 1969.

- Note sur le comportement arboricole de *Sylvisorex megalura*. Mammalia 38, 171–176 (1974).
- Occurrence and interpretation of delayed implantation in Insectivores. J. Reprod. Fert. Suppl. 29, 51–60. 1981.
- Contribution à l'écologie et à la zoogéographie de *Micropotamogale lamottei* (Mammalia, Tenrecidae). Rev. Ecol. (Terre-Vie) 38, 37–49. 1983.
- N. ODARCHENKO, J.-D. GRAF: Formule chromosomique de *Micropotamogale lamottei* (Mammalia, Tenrecidae). Mammalia 41, 81–84. 1977.

WEBER, M.: Die Säugetiere I, II. Jena (Fischer) 2. Aufl. 1928.

WIEGAND, M.: Morphologische Untersuchungen an der Nasenregion von *Erinaceus europaeus* (Insectivora). Med. dent. Diss. Frankfurt/Main, 1–46. 1980.

WISLOCKI, G. B.: The placentation of *Solenodon paradoxus*. Amer. Journ. Anat. 66, 497–531. 1940.

WÖHRMANN-REPENNING: Vergleichend-anatomische Untersuchungen am Vomeronasalkomplex und am rostralen Gaumen verschiedener Mammalia I, II. Morph. Jb. 130, 501–530; 609–637. 1984.

ZIPPELIUS, H. M.: Die Karawanenbildung der Feld- und Hausspitzmaus. Z. Tierpsychol. 30, 305–320. 1972.

Macroscelididae

BROOM, R.: Note on the premolars of the Elephant shrew. Ann. Transv. Mus. 19, 251–252. 1938.

CORBET, G. B., J. HANKS: A revision of the Elephant-Shrews, family Macroscelididae. Bull. Brit. Mus. Nat. Hist. Zool. 16, 47–106. 1968.

EVANS, F. G.: The osteology and relationships of the elephant shrews (Macroscelididae). Bull. Amer. Mus. Nat. Hist. 80, 85–125. 1942.

FRECHKOP, S.: Note préliminaire sur la dentition et la position systématique des Macroscelididae. Bull. Mus. Roy. d'Hist. nat. de Bel. VII, No. 6, 1–11. 1931.

HILL, J. E.: Notes on the dentition of a jumping shrew (*Nasilio brachyrhyncha*). J. Mammal. 19, 465–467. 1938.

HOESCH, W.: Zur Jugendentwicklung der Macroscelididae. Bonner Zool. Beiträge 10, 263–265. 1959.
- Elefanten-Spitzmäuse in Freiheit und in Gefangenschaft. Natur und Volk, 89, 53–59. 1959.

HORST, C. J., VAN DER: Early stages in the embryonic development of *Elephantulus*. S. Afr. J. Med. Sci 7, Suppl. Biol., 55–65. 1942.
- Further stages in the embryonic development of *Elephantulus*. S. Afr. J. Med. Sci 9, Suppl. Biol., 29–59. 1944.
- Remarks on the systematics of *Elephantulus*. J. Mammal. 25, 77. 1944.
- Some remarks on the biology of repdroduction in the female of *Elephantulus*. Transact. R. Soc. S. Africa 31, 181–199. 1946.
- The placentation of *Elephantulus*. Transact. R. Soc. S. Africa 32, 435–629. 1950.
- J. GILLMAN: Extreme polyovulation and the factors determining the survival of single embryos in each uterus horn in *Elephantulus*. S. Afr. J. Sci. 37, 249. 1940.

KINDAHL, M.: Some observations on the development of the tooth in *Elephantulus myurus jamesoni*. Arkiv för Zoologi, Stockholm, N. S. 11, 21–29. 1958.

RATHBUN, G. B.: The ecology and social structure of the elephant shrews *Rhynchocyon chrysopygus* Günther and *Elephantulus rufescens* Peters. Thesis Ph. D. Univ. Nairobi 1976.
- The social structure and ecology of elephant shrews. Z. Tierpsychol. 20, 1–77. 1979.

SAUER, E. G. F., E. M. SAUER: Die kurzohrige Elefantenspitzmaus in der Namib. Namib und Meer 2, 5–43. 1971.
- Zur Biologie der kurzohrigen Elefantenspitzmaus. Z. Kölner Zoo 15, 119–139. 1972.

STARCK, D.: Ein Beitrag zur Kenntnis der Placentation bei den Macroscelididen. Z. Anat. Entwg., 114, 319–339. 1949.

STORCH, Z. G.: Male genital system and reproductive cycle of Elephantulus. Phil. Trans. Roy. Soc. London B 238, 99–126. 1954.

Dermoptera

BEEBE, W.: The flying Lemur. Bull. New York zool. Soc. 16, 952–954. 1913.

CABRERA, A.: Genera Mammalium II. Insectivora. Galeopithecia. Madrid (Museo Nac. de Ciencias nat.) 1925.

CHAPMAN, H. C.: Observations upon *Galeopithecus volans*. Proc. Acad. Nat. Sci. Philadelphia 1902.
CHASEN, F. N.: A Handlist of Malysian mammals. Bull. Raffles Mus. Singapore No. **15**, 1–209. 1940.
– K. C. BODEN: Notes on the flying Lemurs (*Galeopterus*). Bull. Raffles Mus. Singapore No. **2**, 12–22. 1929.
DEPENDORF, TH.: Zur Entwicklung des Zahnsystems des *Galeopithecus*. Jen. Zeitschr. f. Natw., N.F. **23**. 1896.
DUNN, F. L., O. E. EYLES, F. YAP: *Plasmodium sandoshami* sp. nov., a new species of malaria parasite from the Malayan flying Lemur. Ann. Trop. Med. Paras. **57**, 75–81. 1963.
HALBSGUTH, A.: Das Cranium eines Foeten des Flattermaki *Cynocephalus volans* (*Galeopithecus volans*) (Mammalia, Dermoptera) von 63 mm SchStlge. Med. Diss. Univ. Frankfurt/M. 1973. 96 S.
HARRISON, J. L.: Defaecation in the flying Lemur, *Cynocephalus variegatus*. Proc. Zool. Soc. London **133** (2), 179–180. 1959.
HENCKEL, K. O.: Die Entwicklung des Schädels von *Galeopithecus temmincki* WATERH. und ihre Bedeutung für die stammesgeschichtliche und systematische Stellung der Galeopithecidae. Morph. Jb. **62**, 179–205. 1929.
HERSHKOVITZ, PH.: Comments on *Cynocephalus* Boddaert versus *Galeopithecus* Pallas Z. N. (S.) 1792. Bull. zool. Nomencl. **6**, 202–203. 1969.
KLIMA, M.: Das Vorkommen des Brustbeinkammes bei dem Flattermaki *Cynocephalus* BODDAERT, 1786 (Dermoptera) und seine Entwicklung im Laufe der Embryogenese. Zoolog. Listy **17**, 141–148. 1968.
LANGE, D. DE: Früheste Entwicklungsstadien und Placentation von *Galeopithecus*. Verh. Kon. Akad. van Wete. Amsterdam (2) **16**, 6. 1919.
LECHE, W.: Über die Säugetiergattung *Galeopithecus*. Kgl. Svenska Vetensk. Akad. Handl. **21**, 11. 1889.
LIM BOO LIAT: Observations on the food habits and ecological habitat of the Malaysian flying Lemur, *Cynocephalus variegatus*. Internat. Zoo Yearbook **7**, 196–197. 1967.
POCOCK, R. I.: The external characters of the flying Lemur (*Galeopterus temmincki*). Proc. Zool. Soc. London 1926. S. 429.
SCHULTZ, W.: Der Magen-Darm-Kanal des Pelzflatterers *Cynocephalus volans* L. (Ordnung Dermoptera) im Vergleich mit dem anderer gleitfliegender oder fliegender Säugetiere. Z. wiss. Zool. Leipzig, **183**, 350–364. 1972.
SHUFELDT: The skeleton in the flying Lemurs, Galeopteridae (s. Galeopithecidae). The Philipp. J. Sci. **6**. 1911.
STARCK, D.: Ontogenie und Entwicklungsphysiologie der Säugetiere. In: HELMCKE/V. LENGERKEN/STARCK (eds.), Handbuch der Zoologie VIII. 9, 1–283. 1959.
WHARTON, C. H.: Notes on the life history of the flying Lemur. J. Mammal. **31**, 269–273. 1950.
WOOD, W. S.: Habits of the flying Lemur (*Galeopterus peninsulae*). J. Bombay Nat. Hist. Soc. **32**, 372. 1927.

Chiroptera

AELLEN, V.: Les chauves-souris du Jura Neuchâtelois et leurs migrations. Bull. de la soc. des sci. nat. Neuchâtel **72**. 1949.
– Baguement des chauves-souris dans le Jura Suisse. L'Ala, 49., 1952.
– Contributation à l'étude des Chiroptères du Cameroun. Mém. de la soc. des sci. nat. Neuchâtel **8**, 1–121. 1952.
– Speleologica africana. Chiroptères des grottes de Guinée. Bull. Inst. Fr. Afr. Noire, A **18**, 884–894. 1956.
– Contribution à l'étude de la faune d'Afghanistan. 9. Chiroptères. Rev. Suisse Zool. **66**, 353–386. 1959.
– Sur une petite collection de chiroptères du nord-ouest du Pérou. Mammalia **4**, 564–571. 1965.
– Les chauves-souris cavernicoles de la Suisse. Intern. Journ. of Speleology **1**, 270–278. 1965.
– Notes sur *Tadarida teniotis* (Raf.) (Mammalia, Chiroptera). I. Systématique, paléontologie et peuplement, répartition géographique. Rev. Suisse Zool. **73**, 119–159. 1966.
– P. STRINATI: Liste des Chiroptères de la Tunisie. Rev. Suisse Zool. **76**, 421–430. 1969.
ALLEN, G. M.: Bats. Cambridge, Mass. 1940.
– Bats. New York (Dover Publications) 1962.
ALLEN, J. A., H. LANG, J. P. CHAPIN: The American Museum Congo Expedition collection of bats. Bull. Amer. Mus. Nat. Hist. **37**. 405–563. 1917.

ANDERSEN, K.: Catalogue of the Chiroptera in the collection of the British Museum. Vol. 1. Megachiroptera London (Brit. Mus. nat. Hist.) 1912.
ANGULO, L. N.: Observaciones ecologicas sobre algunos Quiropteros espanoles. Boletin de la Real Sociedad Española de Historia Natural. Consejo superior de Investigaciones científicas, Tomo XLIV, Num. 7−8. Madrid 1946.
ANTHONY, R., H. VALLOIS: Considérations anatomiques sur le type adaptif primitif des Microchéiroptères. Internat. Monatsschr. f. Anat. u. Physiol., Bd. **XXX**, 169−225. 1914.
ASDELL, S. A.: Patterns of mammalian reproduction. Ithaca 1946.
BAKER, R. J.: Karyotypic trends in bats. In: WIMSATT, W. (ed.), Biology of Bats I, 65−96. New York, London 1970.
− Karyotypes of bats of the family Phyllostomatidae, and their taxonomic implications. Southwestern Nat. **12**, 407−428. 1967.
− Z. BAKER: The seasons in a tropical rain forest (New Hebrides) pt. 3. Fruit bats (Pteropidae). The Journ. of the Linn. Soc. of London, Vol. **XL**, No. 269, 123−142. 1936.
− T. F. BIRD: The seasons in a tropical rain forest (New Hebrides) pt. 4. Insectivorous bats (Vespertilionidae and Rhinolophidae). The Journ. of the Linn. Soc. of London. Vol. **XL**, No. 269, 143−1661. 1936.
− M. W. HAIDUK, L. W. ROBBINS, A. CADENA, B. F. KOOP: Chromosomal studies of South American bats and their systematic impljications. In: MARES, M. A., H. H. GENOWAYS (eds.), Mammalian Biogeography in South America, 303−327. 1982.
− J. KNOX-JONES JR., D. C. CARTER (eds.): Biology of bats of the New world. Family Phyllostomatidae. Spec. Publications of the Museum, No. 10, 1976−13, 1977; No. 16, 1978. Lubbok, Texas Techn. Press.
BARBOUR, R. W., W. H. DAVIS: Bats of America. Univ. of Kentucky Press, 1969.
BHATNAGAR, K. P., F. C. KALLEN: Morphology of the nasal cavities and associated structures in *Artibeus jamaicensis* and *Myotis lucifugus*. Amer. Journ. Anat. **139**, 167−190. 1974.
BLOCK, G. DE: Sur une maternité de Sérotines Eptesicus serotinus près de Wawre (Brabant). Mammalia **23**, 374−377. 1959.
BOAS, J. E. V.: Äußeres Ohr. In: BOLK, L., E. GÖPPERT, E. KALLIUS, W. LUBOSCH (eds.), Handbuch d. vergl. Anatomie d. Wirbeltiere II, 2, 1433−1444. Berlin, Wien 1934.
BOPP, P.: Zur Lebensweise einheimischer Fledermäuse. I. Säugetierkundl. Mitt. 6, 11−13. 1958; II. Säugetierkundl. Mitt. 19, 103−108. 1962.
BOYEY, R.: Les chromosomes des Chiroptères et des Insectivores. Rev. Suisse Zool. **56**, 371−460. 1949.
BRADBURY, J. W.: Lek mating behavior in the hammer-headed bat. Z. Tierpsychol. **45**, 225−255. 1977.
− Social organization and communication. In: WIMSATT, W. (ed.), Biology of Bats II, 2−73. New York 1977.
− L. H. EMMONS: Social organization of some Trinidad bats. Z. Tierpsychol. **36**, 137−183. 1974.
− S. L. VEHRENCAMP: Social organization and foraging in emballonurid bats. I. Field studies. Behavior, Ecol. Sociobiol. **1**, 337−381. 1976.
BRADSHAW, G. V. R.: Le cycle de reproduction de *Macrotus californicus* (Chiroptera, Phyllostomatidae). Mammalia **25**, 117−119. 1961.
BROSSET, A.: Remarques sur le comportement des chiroptères pendant la période de reproduction. Mammalia **17**, 85−88. 1953.
− La biologie des Chiroptères. Paris 1966.
BRUNS, V.: Peripheral auditory tuning for fine frequency analysis by the CF-FM Bat *Rhinolophus ferrumequinum*. 1. Mechanical specialisations of the cochlea. J. comp. Physiol. **106**, 77−86. 1976.
− Peripheral auditory tuning for fine frequency analysis by the CF-FM Bat *Rhinolophus ferrumequinum*. 1. Frequency mapping in the cochlea. J. comp. Physiol. **106**, 87−97. 1976.
− Functional anatomy as an approach to frequency analysis in the mammalian cochlea. Verh. Dtsch. Zool. Ges. 1979, 141−154.
− Basilar membrane and its anchoring system in the cochlea of the greater Horseshoe Bat. Anat. Embryol. **161**, 29−50. 1980.
− M. GOLDBACH: Hair cells and tectorial membrane in the cochlea of the greater Horseshoe Bat. Anat. Embryol. **161**, 51−63. 1980.
− E. SCHMIESZEK: Cochlear innervation in the greater Horseshoe Bat. Demonstration of an acoustic fovea. Hearing Res. **3**, 27−43. 1980.

CHEKE, A. S., J. F. DAHL: The status of bats on Western Indian Ocean Islands, with special reference to *Pteropus*. Mammalia **45**, 205–238. 1981.
COOPER, J. G., K. P. BHATNAGAR: Comparative anatomy of the vomeronasal organ complex in bats. J. Anat. **122**, 571–601. 1976.
CUNHA VIEIRA, C. O. DA: Ensaio monografico sobre os Quiropteros do Brazil. Arquivos de Zool. do Estado de São Paulo **3**, 219–471. 1942.
DALQUEST, W. W.: The genera of the chiropteran family Natalidae. J. Mammal. **31**, 436–443. 1950.
– Observations on the sharp-nosed bat, *Rhynchiscus nasio* (Maximilian). The Texas J. of Sci. **9**, 219–226. 1957.
– American bats of the genus *Mimon*. Proc. Biol. Soc. Washington **70**, 45–48. 1957.
DESCHASEAUX, C.: Moulages endocraniens naturels de Microchiroptères fossiles. Ann. Paléontol. **42**, 119–137. 1956.
DIDIER, R.: Etude systématique de l'os penien des Mammifères (Pteropodidae). Mammalia **29**, 331–342. 1965.
DIJKGRAAF, S.: Die Sinneswelt der Fledermäuse. Experientia **2**, 438–448. 1946.
– Spallanzani und die Fledermäuse. Experientia **5**, 90. 1949.
– Spallanzanis unpublished experiments on the sensory basis of objects perception in bats. Ibis **51**, 163. 1960.
DOBAT, K., TH. PEIKERT-HOLLE: Blüten und Fledermäuse, Bestäubung durch Fledermäuse und Flughunde (Chiropterophilie). Senckenberg Buch 60. Frankfurt/Main 1985.
DOBSON, G.: On secondary sexual characters in the Chiroptera. Proc. Zool. Soc. London 1873, 241–251.
– A monograph of the genus *Taphozous*. Proc. Zool. Soc. London 1875. 546–556.
– Catalogue of the Chiroptera in the British Museum. London (Brit. Museum Nat. Hist.) 1878.
DORST, J., R. DE NAUROIS: Présence de l'Oreillard (Plecotus) dans l'achipel du Cap-Vert et considérations biogéographiques sur le peuplement de ces îles. Mammalia **30**, 292–301. 1966.
DULIC, B.: Etude écologique des Chauves-souris cavernicoles de la Croatie occidentale (Yougoslavie). Mammalia **27**, 385–436. 1963.
EISENBERG, J. F.: The mammalian radiations. London 1981.
EISENTRAUT, M.: Zur Fortpflanzungsbiologie der Fledermäuse. Z. Morph. Ökol. **31**, 27–63. 1936.
– Die Wirkung niederer Temperaturen auf die embryonale Entwicklung von Fledermäusen. Biol. Zbl. **57**. 1937.
– Beiträge zur Ökologie Kameruner Chiropteren. Mitt. aus d. zool. Mus. Berlin **25**. 1942.
– Zehn Jahre Fledermausberingung. Zool. Anz. 1943.
– Biologie der Flederhunde (Megachiroptera) nach einem hinterlassenen Manuskript von Dr. Heinrich JANSEN. Biol. generalis **18**, H. 3. 1945.
– Beobachtungen über Lebensdauer und jährliche Verlustziffern bei Fledermäusen, insbesondere bei *Myotis myotis*. Zool. Jb. **78**. 1949.
– Beobachtung über Begattung bei Fledermäusen im Winterquartier. Zool. Jb. Abt. Syst. Ökol. **78**, 3. 1949.
– Die Ernährung der Fledermäuse (Microchiroptera). Zool. Jb. System., Ökol. u. Geogr. **79**, 1/2. 1950.
– Beobachtungen über Jagdroute und Flugbeginn bei Fledermäusen. Bonner Zool. Beiträge **3**, 211–220. 1953.
– Beiträge zur Chiropteren-Fauna von Kamerun (Westafrika). Zool. Jb. Abt. System. **84**, 505–540. 1956.
– Der Langzungen-Flughund, *Megaloglossus woermanni*, ein Blütenbesucher. Z. Morph. Ökol. **45**, 107–112. 1956.
– Aus dem Leben der Fledermäuse und Flughunde. Jena 1957.
– Der Rassenkreis *Rousettus aegyptiacus* E. Geoffr. Bonner Zool. Beiträge **10**, 218–235. 1959.
– Zur Kenntnis der westafrikanischen Flughundgattung *Scotonycteris*. Bonner Zool. Beiträge **10**, 298–309. 1959.
– Zwei neue Rhinolophiden aus Guinea. Stuttgarter Beitr. Natkde. Nr. **39**, 1–7. 1960.
– La faune de chiroptères de Fernando-Poo (1). Extrait de Mammalia 1964, No. 4, 529–552.
– Die Fledertiere. In: Grzimeks Tierleben 11, 89–161. Zürich 1969.
ELIAS, H.: Zur Anatomie des Kehlkopfes der Mikro-Chiropteren. Morph. Jb. **37**, 70–119. 1908.
ENGLÄNDER, H.: Beobachtungen an kleinen Hufeisennasen (*Rhinolophus hipposiderus*) in Gefangenschaft. Zool. Garten **10**. 1939.

- Beiträge zur Fortpflanzungsbiologie und Ontogenese der Fledermäuse. Bonner Zool. Beiträge **3**, 221–230. 1953.
FAWCETT, E.: The primordial-cranium of *Miniopterus schreibersi* at the 17 mm total length stage. J. Anat. (Br.) **53**. 1919.
FELTEN, H.: Von Flughunden und Vampiren. Natur und Volk **82**, H. 3. 1952.
- Fledermäuse (Mammalia, Chiroptera) aus El Salvador 1.–5. Senckenbergiana Biologica **36**, 271–285. 1955; **37**, 69–86. 1956; **37**, 179–212. 1956; **37**, 341–367. 1956; **38**, 1–22. 1957.
- Zur Taxonomie indo-australischer Fledermäuse der Gattung *Tadarida* (Mammalia, Chiroptera). Senck. Biol. **45**, 1–13. 1964.
- Flughunde der Gattung *Pteropus* von Neukaledonien und den Loyalty-Inseln (Mammalia, Chiroptera). Senck. Biol. **45**, 671–683. 1964.
- Fledermausschutz bedeutet Pflanzenschutz. Natur u. Museum **110**, 33–43. 1980.
FIRBAS, W.: Über anatomische Anpassungen des Hörorgans an die Aufnahme bei hohen Frequenzen. Mschr. Ohrenheilkunde **106**, 105–156. 1972.
FISCHER, H., H. J. VÖMEL: Der Ultraschallapparat des Larynx von *Myotis myotis*. Morph. Jb. **102**, 200–226. 1961.
FLEISCHER, G.: Studien am Skelett des Gehörorgans der Säugetiere, einschließlich des Menschen. Säugetierkundl. Mitt. **21**, 131–239. 1973.
FLEMING, T. H., E. T. HOOPER, D. E. WILSON: Three Central American bat communities structure, reproductive cycles and movement patterns. Ecology **53**, 555–569. 1972.
FLÖSCH, D.: Vor- und Nachgeburtsphasen bei drei Flughundgeburten *Pteropus giganteus* (Brunnich, 1782). Z. Säugetierkunde **6**, 375–377. 1967.
FRANZ, V.: Höhere Sinnesorgane. Vergleichende Anatomie des Wirbeltierauges. In: BOLK, L., E. GÖPPERT, E. KALLIUS, W. LUBOSCH (eds.), Handbuch d. vgl. Anatomie d. Wirbeltiere 2, 2, 989–1292. Berlin 1934.
FRECHKOP, S.: Sur la présence en Belgique de *Rhinolophus euryale* avec remarque sur la feuille nasale des Rhinolophidés. Bull. du Musée royal d'Histoires naturelles de Belgique **XIX**, no. 37. 1943.
FRIANT, M.: La dentition temporaire, dite lactéale, de la Roussette (*Rousettus leachi* A. Sm.) Chiroptère frugivore. C. R. Acad. Sci. Paris **233**. 1951.
FRICK, H.: Die Entwicklung und Morphologie des Chondrocraniums von *Myotis* Kaup. Stuttgart 1954.
- Morphologie des Herzens. In: Handb. d. Zool. 8. Lfg., 71–84. Berlin 1956.
GALAMBOS, R., D. R. GRIFFIN: The supersonic cries of bats. Anat. Rec. **78**, 95. 1940.
- Obstacle avoidance by flying bats; the cries of bats. J. exper. Zool. **89**, 475–490. 1942.
GARCÍA, P., E. MUÑIZ, C. RÚA, L. JIMÉNEZ. Estudio comparado del ovario de Microquiropteros durante la hibernacion. Anales de Anatomia **32**, 379–386. 1983.
GRASSÉ, P. P., F. BOURLIÈRE: Ordre des Chéiroptères. In: GRASSÉ, P. P. (ed.), Traité de Zoologie XVII, 2, 1729–1853. Paris 1955.
GRAY, J. E.: On the genus *Saccopteryx* of Illiger. Ann. Mag. Nat. Hist. **16**, 279–280. London 1845.
GREENHALL, A. M., G. JOERMANN, U. SCHMIDT: *Desmodus rotundus*. Mammalian Species No. 202. 1983.
GRIFFIN, D. R.: Listening in the dark. The acoustic orientation of bats and men. Yale Univ. Press. New Haven 1958.
- Echo-Ortung der Fledermäuse, insbesondere beim Fangen fliegender Insekten. Natw. Rundschau **15**, 169–173. 1962.
- The fishing bats of Trinidad. Animal Kingdom **66**, 152–158. 1963.
- Echo-Orientierung und Fledermausflug. Natur u. Museum **27**, 3–13. 1969.
- s. auch GALAMBOS, R.
GRIFFITHS, TH. A.: Muscular and vascular adaptations for nectar-feeding in the glossophagine bats Monophyllus and Glossophaga. J. Mammal. **59**, 414–418. 1978.
- Modifications of cricothyroideus and the larynx in the Mormoopidae, with reference to amplification of high frequency pulses. J. Mammal. **59**, 724–730. 1978.
- Comparative laryngeal anatomy of the big brown bat, *Eptesicus fuscus*, and the moustached bat, *Pteronotus parnellii*. Mammalia **47**, 377–394. 1983.
GROSSER, O.: Zur Anatomie und Entwicklungsgeschichte des Gefäßsystems der Chiropteren. Anat. Hefte **55**. 1901.
- Zur Anatomie der Nasenhöhle und des Rachens der einheimischen Chiropteren. Morph. Jb. **29**, 1–77. 1902.

HARRISON, D. L.: Some systematic notes on the long-eared bats of the genus *Miniopterus* Bonaparte occuring in South Africa and Madagascar. Durban Mus. Novitates, Durban **4**, 65–75. (Afrikaans)
- A note on the occurrence of the Forest Bat, *Kerivoula smithi* Thomas, 1880, in Kenya. Mammalia **27**, 307–310. 1963.
- D. V. DAVIES: A note on some epithelial structures in Microchiroptera. Proc. Zool. Soc. London **119**, 351–357. 1949/50.
HARRISON, J. L.: Insect-eating bats. Malay Nat. Jl. Kuala Lumpur **7**, 191–195. 1953.
HAYMAN, R. W.: Notes on some African bats, mainly from Belgian Congo. Rev. Zool. Botan. Afr. **50**, 277–295. 1954.
HELVERSEN, D. VON, O. VON HELVERSEN: *Glossophaga soricina* (Phyllostomatidae). Flug auf der Stelle. Encyclopaedia cinematographica. Göttingen 1975.
HENSON JR., O. W.: The central nervous system. In: WIMSATT, W. (ed.), Biology of bats II, 58–152. New York 1970.
- The ear and audition. In: WIMSATT, W. (ed.), Biology of bats II, 181–264. New York 1970.
HERBERT, H.: Echoortungsverhalten des Flughundes *Rousettus aegyptiacus* (Megachiroptera). Z. Säugetierkunde **50**, 141–152. 1985.
HILL, J. E.: Indo-Australian bats of the genus *Tadarida*. Mammalia **25**, 29–56. 1961.
- A revision of the genus *Hipposideros*. Bull. Brit. Mus. Nat. Hist. Zool. **11**, 1, 1–129. 1963.
- The status of *Pipistrellus regulus* Thomas (Chiroptera, Vespertilionidae). Mammalia **30**, 302–307. 1966.
- S. SMITH: *Craseonycteris thonglongyai* Hill, 1974. Mammalian Species **160**, 1–4. 1981.
HOCK, R. J.: The metabolic rates and body temperatures of bats. Biol. Bull. **101**, 289–299. 1951.
HOLLMANN, H. E.: Die Orientierungsmusik der Fledermäuse. Naturwiss. **39**. 1952.
HSU, T. C., K. BENIRSCHKE: An atlas of mammalian chromosomes. I. Berlin 1967.
ISSEL, B., W. ISSEL: Zur Verbreitung und Lebensweise der gewimperten Fledermaus, *Myotis emarginatus* (Geoffroy 1806). Säugetierkundl. Mitt. **1**, 4, 145. 1953.
ISSEL, W.: Ökologische Untersuchungen an der kleinen Hufeisennase (*Rhinolophus hipposideros*) (Bechstein) im mittleren Rheinland und im unteren Altmühltal. Zool. Jb. Abt. System. Ökol. u. Geogr. **79**. 1950.
ITO, T., Y. SAITO: Studies on the method of keeping bats in the laboratory. Japan. Jl. Sanit. Zool. Tokyo **3**, 72–77. 1952.
JÄCKEL, A. J.: Die zitzenförmigen Anhängsel an der Vulva unserer beiden einheimischen Rhinolophusarten. Kor. Bl. d. zool. mineral. Ver. zu Rgb. 1856.
JACKSON, H. H. T.: Our flying mammals of the night. Audubon Magazin New York **55**, 74–77. 1953.
JEPSEN, G. L.: Bat origin and evolution. In: WIMSATT, W. A. (ed.), Biology of bats I, 1–64. New York 1970.
JOERMANN, G., U. SCHMIDT: Obstacle avoidance in the common Vampire bat (*Desmodus rotundus*). Myotis. Proc. 1st Europ. Symposion on Bat Research, 142–148. 1980/81.
- Echoortung bei der Vampirfledermaus, *Desmodus rotundus* II. Lautaussendung im Flug und Korrelation zum Flügelschlag. Z. Säugetierkunde **46**, 136–146. 1981.
JULLIEN, R.: Interprétation des surfaces articulaires du coude des Chiroptères. Mammalia **33**, 659–665. 1969.
KALLEN, F. C.: The cardivoscular systems of bats. Structure and function. In: WIMSATT, W. A. (ed.), Biology of bats III, 292–484. New York 1977.
KALLEN, F. C., C. GANS: Mastication in the little brown bat *Myotis lucifugus*. J. Morph. 136, 385–420 (1972).
KÄMPER, R., U. SCHMIDT: Die Morphologie der Nasenhöhle bei einigen neotropischen Chiropteren. Zoomorphol. **87**, 3–19. 1977.
KARFUNKEL: Untersuchungen über die sogenannten Venenherzen der Fledermaus. Arch. Anat. Physiol. Anat. Abt. **29**, 538–546. 1905.
KINGDON, J.: East African Mammals II. A. Insectivores and bats. London, New York 1974.
KLEESATTEL, C.: Zur Ultraschall-Orientierung der Fledermäuse. Naturwiss. **39**, 574. 1952.
KLEIMANN, D. G., T. M. DAVIES: Ontogeny and maternal care. In: BAKER, R. J., J. KNOX-JONES JR., D. C. CARTER (eds.): Biology of bats of the New world. Family Phyllostomatidae. Spec. Publications of the Museum, No. 16, 387–402. Lubbok, Texas Techn. Press. 1978.
KLEMMER, K.: Ein bemerkenswertes Vorkommen von Zwergfledermäusen. Natur u. Volk **83**, 177–181. 1953.

KLÍMA, M.: Die Entwicklung des Brustbeinkammes bei den Fledermäusen. Z. Säugetierkunde **32**, 276–284. 1967.
– J. GAISLER: Study on growth of juvenile pelage in bats I. Verspertilionidae. Zoologické Listy **16**, 111–124. 1967.
– Study on growth of juvenile pelage in bats II. Rhinolophidae, Hipposideridae. Zoologické Listy **16**, 343–354. 1967.
– Study on growth of juvenile pelage in bats III. Phyllostomitidae. Zoologické Listy **17**, 1–18. 1968.
– Study on growth of juvenile pelage in bats IV. Desmodontidae, Pteropidae. Zoologické Listy **17**, 211–220. 1968.
KOCK, D.: Eine bemerkenswerte neue Gattung und Art. Flughunde von Luzon, Philippinen. Senck. Biol. **50**, 329–338. 1969.
– Eine neue Gattung und Art cynopteriner Flughunde von Mindanao, Philippinen (Mammalia, Chiroptera). Senck. Biol. **50**, 319–327. 1969.
– Die Fledermaus-Fauna des Sudan (Mammalia, Chiroptera). Abh. Senck. Natf. Ges. **521**, 1–238. 1969.
– Körper-Vibrissen bei Bulldogg-Fledermäusen, eine Anpassung an das Tagesquartier. Natur u. Museum **107**, 274–279. 1977.
– Fledermausfliegen im Iran (Insecta. Diptera. Streblidae, Nycteribiidae). Senck. Biol. **63**, 167–180. 1983.
KOLB, A.: Beiträge zur Biologie einheimischer Fledermäuse. Zool. Jb. Abt. System., Ökol. u. Geogr. **78**. 1950.
– Biologische Beobachtungen an Fledermäusen. Säugetierkundl. Mitt. **2**, 15–26. 1954.
– Aus einer Wochenstube des Mausohrs, *Myotis m. myotis* (Borkhausen 1797). Säugetierkundl. Mitt. **5**, 10–18. 1957.
– Über die Nahrungsaufnahme einheimischer Fledermäuse vom Boden. Verh. zool. Ges. **22**, 162–168. 1958.
– Sinnesleistungen einheimischer Fledermäuse bei der Nahrungssuche und Nahrungsauswahl auf dem Boden und in der Luft, Z. vgl. Physiol. **44**, 550–564. 1961.
– Geburtsvorgang bei *Myotis myotis* (Borkhausen, 1797) und anschließendes Verhalten von Mutter und Jungen. Bijdragen tot de Dierkunde **36**, 69–73. 1966.
– Die Geburt einer Fledermaus. Image Nr. **49**, 5–13. 1972.
– W. PISKER: Über das Riechepithel einiger einheimischer Fledermäuse. Z. Zellfg. mikrosk. Anat. **63**, 673–681. 1964.
KOLMER, W.: Über ein Säugetierauge mit papillär gebauter Netzhaut und Chorioidea. Zbl. Phys. **23**, 177–180. 1909.
– Zur Kenntnis des Auges der Macrochiropteren. Z. wiss. Zool. **97**, 91–105. 1910.
– Zur Frage nach der Anatomie des Macrochiropterenauges. Anat. Anz. **40**, 626–629. 1912.
– Über die Augen der Fledermäuse. Z. ges. Anat. **73**, 645–658. 1924.
– Die Netzhaut, In: MÖLLENDORFF, W. v. (ed.), Hdb. d. mikr. Anat. d. Menschen 3, 2295. Berlin 1936.
KÖNIG, C.: Äußere Merkmale zur Bestimmung der lebenden Fledermäuse Europas. Säugetierkundl. Mitt. **7**, 101–110. 1959.
– I. KÖNIG: Zur Ökologie und Systematik südfranzösischer Fledermäuse. Bonner Zool. Beiträge **12**, 189–228. 1961.
KOOPMAN, K. F.: Biogeography of the bats of South America. In: MARES, M. A., H. H. GENOWAYS (eds.), Mammalian Biogeography in South America, 273–302. Pittsburgh 1982.
– Chiroptera. Systematics. Hdb. Zool. (NIETHAMMER, SCHLIEMANN, STARCK) **8**, p. 60 Berlin, New York 1994.
– COCKRUM, E. L.: Bats. In: ANDERSON, S., J. KNOX JONES JR (eds.), Recent mammals of the world, 109–150. New York 1967.
– J. KNOX JONES JR.: Classification of bats. In: SLAUGHTER, B. H., D. W. WALTON (eds.), About bats; A chiropteran biology Symposium, 23–38. Dallas 1970.
KRAPP, F.: Der erste Fund des Grauen Langohrs (*Plecotus a. austriacus* (Fischer, 1829)) in Freiburg. Bull. de la Soc. Fribourgeoise des Sci. Nat. **54**, 10–13. 1964.
KRAUSS, F.: Über die Beutelfledermaus aus Surinam. Wiegmanns Arch. Naturgesch. **12**, 178. 1846.
KRUTZSCH, PH. H.: Additional data on the os penis of Megachiroptera. J. Mammal. **43**, 34–42. 1962.
KÜRTEN, L.: Haltung und Zucht der neotropischen Fledermaus *Carollia perspicillata*. Z. d. Kölner Zoo **26**, 53–57. 1983.

- U. Schmidt: Die Nasengruben der Vampirfledermaus *Desmodus rotundus:* Sinnesorgane zur Wahrnehmung von Wärmestrahlung. Z. Säugetierkunde **47**, 193−197. 1982.
- Warm and cold receptors in the nose of the Vampire bat (*Desmodus rotundus*). Naturwiss. **71**, 327−328. 1984.

Kuhn, H. J.: *Scotonycteris zenkeri* Matschie in Liberia. Bonner Zool. Beiträge **10**, 231−234. 1961.
- Über die Innervation des Kehlkopfes einiger Flughunde (Pteropodidae, Megachiroptera, Mammalia). Zool. Anz. **181**, 168−181. 1968.

Kulzer, E.: Über die Biologie der Nilflughunde. Natur u. Volk **91**, 219−228. 1951.
- Über die Orientierung der Fledermäuse. Aus der Heimat **65**, 132−139. 1957.
- Physiologische u. morphologische Untersuchungen über die Erzeugung der Orientierungslaute von Flughunden der Gattung *Rousettus.* Z. vgl. Physiol. **43**, 231−268. 1960.
- Fledermäuse aus Tanganyika. Z. Säugetierkunde **27**, 164−181. 1962.
- Ostafrikanische Fledermäuse. Natur u. Museum **92**, 115−126. 1962.
- Über die Jugendentwicklung der Angola-Bulldogfledermaus, *Tadarida* (*Mops*) *condylura* (A. Smith, 1833) (Molossidae). Säugetierkundl. Mitt. **10**, 116−124. 1962.
- Sind die Großfledermäuse wechselwarme Tiere oder Warmblütler? Umschau **63**, 689−692. 1963.
- Temperaturregulation bei Fledermäusen (Chiroptera) aus verschiedenen Klimazonen. Z. vgl. Physiol. **50**, 1−34. 1965.
- Die Geburt bei Flughunden der Gattung *Rousettus* Gray (Megachiroptera). Z. Säugetierkunde **3**, 226−233. 1966.
- Die Herztätigkeit bei lethargischen und winterschlafenden Fledermäusen. Z. vgl. Physiol. **56**, 63−94. 1967.
- Der Flug des afrikanischen Flughundes *Eidolon helvum.* Natur u. Museum **98**, 181−194. 1968.
- Das Verhalten von *Eidolon helvum* (Kerr) in Gefangenschaft. Z. Säugetierkunde **34**, 129−148. 1969.
- Nektar-Lecken beim afrikanischen Langzungen-Flughund *Megaloglossus woermanni* Pagenstecher, 1885. Bonner Zool. Beiträge **33**, 151−164. 1982.

Langguth, A., F. Achával: Notas ecologicas sobre el Vampiro *Desmodus rotundus rotundus* (Geoffroy) en el Uruguay. Neotropica **18**, 45−53. 1972.

Löhrl, H.: Fledermaus-Fliegen. Natur u. Volk **83**, 182−185. 1953.

McNab, B. K.: The structure of tropical bat faunas. Ecology **52**, 352−358. 1971.

Maisonneuve, P.: Traité de l'ostéologie et de la myologie du Vespertilio murinus. Paris 1878.

Mann, G.: Biologia del vampiro. Biologia 12/13, 1−20. Santiago 1950.

Marcus, H.: Lungen. In: Bolk, L., E. Göppert, E. Kallius, W. Lubosch (eds.), Handbuch d. vgl. Anatomie d. Wirbeltiere III, 909−988. Berlin, Wien 1937.

Matthey, R.: Les chromosomes des Vertébrés. Lausanne 1949.
- Les chromosomes des Mammifères eutheriens. Liste critique et essai sur l'évolution chromosomique. Arch. Jul. Klaus Stiftung 33. 1958.

Mertens, R.: Zoologische Eindrücke von einer Kamerunreise. 3. Der Hammerkopfflughund. Natur u. Volk **68**, 594−597. 1938.

Miller, G. S.: The families and genera of bats. US Nat. Mus. Bull. **57**. Washington 1907.

Miller, R. E.: The reproductive cycle in male bats of the species *Myotis lucifugus lucifugus* and *Myotis grisescens.* J. Mammal. **64**, 267−295. 1939.

Mislin, H.: Über die Venenperistaltik der Chiroptera. Rev. Suisse Zool. **48**, 563−568. 1941.
- Zur Biologie der Chiroptera. Rev. Suisse Zool. 1942.
- H. Helfer: Vergleichende quantitativ anatomische Untersuchungen an glatten Muskelzellen der Flughautgefäße (Chiroptera). Rev. Suisse Zool. **65**, 384−389. 1958.
- M. Kaufmann: Beziehungen zwischen Wandbau und Funktion der Flughautvenen (Chiroptera). Rev. Suisse Zool. **54**, 240−245. 1947.

Möhres, F. P.: Zur Funktion der Nasenaufsätze bei Fledermäusen. Naturwissenschaften **37**. 1950.
- Über Haltung und Pflege von Fledermäusen. Zool. Garten, N. F. **18**, 5/6, 217. 1951.
- Die Ultraschallorientierung der Fledermäuse. Naturwiss. **39**, 12, 273. 1952.
- Über die Ultraschallorientierung der Hufeisennasen (Chiroptera, Rhinolophinae). Z. vgl. Physiol. **34**, 547−589. 1952.
- Jugendentwicklung des Orientierungsverhaltens bei Fledermäusen. Naturwiss. **40**, 298−299. 1953.
- Ultraschallorientierung auch bei Flughunden (Macrochiroptera, Pteropodidae). Naturwiss. **40**, H. 20, 536. 1953.

- E. KULZER: Megaderma, ein konvergenter Zwischentyp der Ultraschallpeilung bei Fledermäusen. Naturwiss. **44**, H. 1, 21–22. 1957.
- G. NEUWEILER: Die Ultraschallorientierung der Großblatt-Fledermäuse (Chiroptera, Megadermatidae). Z. vgl. Physiol. **53**, 195–227. 1966.

MOHR, E.: Haltung und Aufzucht des Abendseglers (*Nyctalus noctula* Schreb.) Zool. Garten **5**, 4/6. 1932.

MOSSMAN, H. W., K. L. DUKE: Comparative morphology of the mammalian ovary. Madison 1973.

NATTERER: In: SCHREBER, J. C. D v., J. A. WAGNER (eds.), Die Säugthiere in Abbildungen nach der Natur mit Beschreibungen. Erlangen 1774–1855.

NELSON, J. E.: Vocal communication in Australian flying foxes (Pteropodidae, Megachiroptera). Z. Tierpsychol. **27**, 857–870. 1964.
- Movements of Australian flying foxes (Pteropodidae, Megachiroptera). Austral. J. Zool. **13**, 53–73. 1965.
- Behavior of Australian Pteropodidae (Megachiroptera). Anim. Behavior **13**, 544–557. 1965.

NEUWEILER, G.: Bau und Leistung des Flughundauges (*Pteropus giganteus gig.* Brünn.). Z. vgl. Physiol. **46**, 13–56. 1962.
- Interaction of other sensory systems with the sonar system. In: BUSNEL, R. G. (ed.), Les systèmes sonars animaux. Jouy en Josas. Lab. physiol. acoust. 1967.
- Neurophysiologische Untersuchungen zum Echoortungssystem der großen Hufeisennase *Rhinolophus ferrumequinum*. Z. vgl. Physiol. **67**, 273–306. 1970.
- Frequenzdiskriminierung in der Hörbahn von Säugern. Verh. deutsch. Zool. Ges., **66**. Jahresvers., 168–176. 1973.
- Die Echoortung der Fledermäuse. Umschau u. W. u. T. **76**, 237–243. 1976.
- Echoortung. In: HOPPE, W., W. LOHMANN, H. MARKL, H. ZIEGLER (eds.), Biophysik. Berlin, Heidelberg 1977.
- Echoortung der Fledermäuse. Rhein.-Westf. Akad. d. Wiss., Vorträge N. **272**, 57–82. 1978.
- Foraging, echolocation and audition in bats. Naturwiss. **71**, 446–455. 1984.

NOVICK, A.: Laryngeal muscles of the bat and production of ultrasonic sounds. Amer. J. Physiol. 183 (1955).
- Orientation in neotropical bats I. Natalidae and Emballonuridae. J. Mammal. **43**, 449–455. 1962.
- Orientation in neotropical bats II. Phyllostomatidae and Desmodontidae. J. Mammal. **44**, 44–56. 1963.
- Acoustic orientation., In: WIMSATT, W. (ed.), Biology of Bats II, 74–289. New York 1977.
- D. R. GRIFFIN: Laryngeal mechanisms in bats for the production of orientation sounds. J. exp. Zool. **148**, 125–145. 1961.

OBST, C., U. SCHMIDT: Untersuchungen zum Riechvermögen von *Myotis myotis* (Chiroptera). Z. Säugetierkunde **41**, 101–108. 1976.

PARADISO, J. L.: A review of the wrinkle-faced bats (*Centurio senex* Gray) with description of a new subspecies. Mammalia **31**, 595–604. 1967.

PARK, H., E. R. HALL: The gross anatomy of the tongues and stomachs of eight new world bats. Trans. Kans. Acad. Sci. **54**, 64–72. 1951.

PATHAK, S.: Chromosomes of Megachiroptera, *Pteropus giganteus giganteus* Brunnich. Mammalian Chromosomes Newsletter **17**, 81. 1965.

PETERS, W. C. H.: Über die zu *Vampyrus* gehörigen Flederthiere. Mber. K.-Preuss. Akad. Wiss. 503–524, Berlin 1865.

PIETERS, D.: Het een en ander over Kalongs en andere sorten vleermuizen. Trop. Natuur, Bogor **32**, 99–107. 1953.

PIRLOT, P., J. R. LÉON: Chiroptères de l'Est du Venezuela I. II. Mammalia **29**, 367–389. 1965.
- H. STEPHAN: Encephalization in Chiroptera. Canad. J. Zool. **48**, 433–444. 1970.

PÜSCHER, H.: Über die Schultertaschen von *Epomophorus* (Epomophorini, Pteropodidae, Megachiroptera, Mammalia). Z. Säugetierkunde **37** 154–161. 1972.

PIYE, A.: The structure of the Cochlea in Chiroptera. I. Microchiroptera: Emballonuroidea and Rhinolophoidea. J. Mammal. **118**, 495–510. 1966.

RASWEILER, J. J.: Maintaining and breeding neotropical frugivorous, nectarivorous and pollenivorous bats. Intern. Zoo. Yearbook 1975. **15**, 18–30. 1975.

REEDER, W. G.: The decidous dentition of the fish eating bat, *Pizonyx vivesi*. Occas. Pap. Mus. Zool. Univ. Michigan No. **545**, 1–5. 1953.

REINHARDT, J. F.: Description of a bag-shaped glandular apparatus on a Brazilian bat. Ann. Mag. Nat. Hist. ser. 2. **3**, 386. 1849.

- Beschreibung eines beutelförmigen drüsigen Apparates an einer brasilianischen Fledermaus, der *Emballonura canina* des Prinzen Max von Neuwied. Frorieps Tagesber. **1**, 253. 1850.
REISER, C.: Konstruktionsmorphologische Untersuchungen am Gebiß insectivorer Fledermausarten der Neotropen (*Macrophyllum macrophyllum, Lonchorhina aurita, Mimon crenulatum* u. *Pteronotus personatus*). Med. Diss. Frankfurt/Main 1987.
REVILLIOD, P.: A propos de l'adaptation au vol chez les Macrochiroptères. Verh. Natf. Ges. Basel **27**. 1916.
ROBIN, M. H. A.: Recherches anatomiques sur les mammifères de l'ordre de Chiroptères. Ann. sci. nat. (Zool.) **12**, 1–180. 1881.
- Sur l'époque de l'accouplement des chauves-souris. Bull. Soc. Philomatique Paris, 1881. 1–3.
ROCHON-DUVIGNEAUD, A.: Les yeux et la vision des vertébrés. Paris 1943.
RODE, P.: Les chauves-souris de France. Paris 1947.
ROER, H.: Zur Ernährungsbiologie von *Plecotus auritus* L. (Mammalia, Chiroptera). Bonner Zool. Beiträge **20**, 378–383. 1969.
ROSENBAUM, R. M.: Urinary system. In: WIMSATT, W. (ed.), Biology of Bats I, 331–387. New York, London 1970.
- A. MELMAN: Cytochemical differences, Kidneys, winterhibernating bats (*Myotis lucifugus*). J. Cell Biol. 21, 325–337 (1964).
ROSEVEAR, D. R.: A review of some African species of Eptesicus rafinesque. Mammalia **26**, 4, 457–477. 1962.
- The bats of West Africa. London (Brit. Mus. Nat. Hist.) 1965.
ROTHER, G., U. SCHMIDT: Der Einfluß visueller Information auf die Echoortung bei *Phyllostomus discolor* (Chiroptera). Z. Säugetierkunde **47**, 324–334. 1982.
ROWLATT, U.: Functional anatomy of the heart of the fruit-eating bat *Eidolon helvum* Kerr. J. Mammal. **123**, 213–230. 1967.
RYBERG, O.: Studies on bats and bats parasites. Stockholm 1947.
SAALFELD, E. V.: Untersuchungen der Fledermaus-Atmung. Z. vgl. Physiol. **26**. 1939.
SAILER, H., U. SCHMIDT: Die sozialen Laute der gemeinen Vampirfledermaus *Desmodus rotundus* bei Konfrontation am Futterplatz unter experimentellen Bedingungen. Z. Säugetierkunde **43**, 249–261. 1978.
SAINT GIRONS, H., A. BROSSART, M. C. SAINT GIRONS: Contribution à la connaissance du cycle annuel de la Chauve-souris *Rhinolophus ferrumequinum* (Schreber 1774). Mammalia **33**, 357–468. 1969.
SANBORN, C. C.: American bats of the subfamily Emballonurinae. Field Museum Nat. Hist. Zool. ser. **20**, no. 24, 1937.
SCHIPP, R., D. VOTH, I. SCHIPP: Feinstrukturelle Besonderheiten und Funktion autonom-kontraktiler Vertebratengefäße. Z. Anat. Entwg. **134**, 81–100. 1971.
SCHLIEMANN, H.: Bau und Funktion der Haftorgane von Thyroptera und Myzopoda (Vespertilionoidea, Microchiroptera, Mammalia). Z. wiss. Zool. **181**, 353–398. 1970.
- Die Haftorgane von Thyroptera und Myzopoda (Microchiroptera, Mammalia) – Gedanken zu ihrer Entstehung als Parallelbildungen. Z. Zool. Syst. Evolfg. **9**, 61–80. 1971.
SCHLOSSER-STURM, E.: Zur Funktion und Bedeutung des sekundären Schultergelenks der Microchiropteren. Z. Säugetierkunde **47**, 253–255. 1982.
SCHLOTT, M.: Zur Kenntnis heimischer Fledermäuse. Zool. Garten, N.F. **14**, 1/2. 1942.
SCHMIDT, U.: Olfactory treshold and odour discrimination of the Vampire bat (*Desmodus rotundus*). Periodicum Biologorum, Zagreb **75**, 89–92. 1973.
- Die Tragezeit der Vampirfledermäuse (*Desmodus rotundus*). Z. Säugetierkunde **39**, 129–132. 1974.
- Vergleichende Riechschwellenbestimmungen bei neotropischen Chiropteren (*Desmodus rotundus, Artibeus lituratus, Phyllostomus discolor*). Z. Säugetierkunde **40**, 269–298. 1975.
- Vampirfledermäuse. Neue Brehmbücherei. Wittenberg-Lutherstadt 1978.
- Olfacation in bats(?). In: BROWN, MCDONALD (eds.), Social odours in Mammals. Oxford (im Druck).
- A. M. GREENHALL, W. LOPEZ FORMENT: Vampire bat control in Mexiko. Bijdr. Dierkunde **40**, 74–76. 1970.
- – Ökologische Untersuchungen der Vampirfledermäuse (*Desmodus rotundus*) im Staate Puebla, Mexiko. Z. Säugetierkunde **36**, 360–370. 1971.
- – – R. F. CRESPO: Rückfunde beringter Vampirfledermäuse. Z. Säugetierkunde **43**, 70–75. 1978.
- G. JOERMANN: Echoortung bei der Vampirfledermaus, *Desmodus rotundus* I. Charakteristika der

Ruhelaute einer kolumbianischen und einer mexikanischen Population. Z. Säugetierkunde **46**, 120–136. 1981.
- – C. SCHMIDT: Struktur und Variabilität der Verlassenheitslaute juveniler Vampirfledermäuse (*Desmodus rotundus*). Z. Säugetierkunde **47**, 143–149. 1982.
- U. MANSKE: Die Jugendentwicklung der Vampirfledermäuse. Z. Säugetierkunde **38**, 14–33. 1973.
- Thermopräferenz bei der gemeinen Vampirfledermaus (*Desmodus rotundus*). Z. Säugetierkunde **47**, 118–120. 1982.
- C. SCHMIDT: Echolocation performance of the vampire bat (*Desmodus rotundus*). Z. Tierpsych. **45**, 349–358. 1977.
- Olfactory tresholds in four microchiropteran bat species. Proc. fourth Intern. Bat Res. Conf. Nairobi 1978.
- – W. LOPEZ-FORMENT, R. F. CRESPO: Rückfunde beringter Vampirfledermäuse (*Desmodus rotundus*) in Mexiko. Z. Säugetierkunde **43**. 65–70. 1978.
- – U. MANSKE: Observations of the behavior of orphaned juvenils in the common vampire bat (*Desmodus rotundus*). In: WILSON, D. E., A. E. GARDNER (eds.), Proc. 5. Internat. Bat Res. Conf., 105–111. Lubbok, Texas, 1980.
- K. VAN DE FLIERDT: Innerartliche Aggression bei Vampirfledermäusen (*Desmodus rotundus*) am Futterplatz. Z. Tierpsychol. **32**, 139–146. 1973.

SCHNEIDER, H.: Die Ohrmuskulatur von *Asellia tridens* Geoffr. (Hipposiderinae) und *Myotis myotis* Kaup (Vespertilionidae) (Chiroptera). Zool. Jb. Abt. Anat. u. Ontog. **79**. 1961.
- Die Sinushaare der Großen Hufeisennase *Rhinolophus ferrumequinum* (Schreber, 1774). Z. Säugetierkunde **28**, 342–349. 1963.
- F. P. MÖHRES: Die Ohrbewegungen der Hufeisenfledermäuse (Chiroptera, Rhinolophidae) und der Mechanismus des Bildhörens. Z. vgl. Physiol. **44**, 1–40. 1960.

SCHNEIDER, R.: Morphologische Untersuchungen am Gehirn der Chiroptera (Mammalia). Abh. Senck. Natf. Ges. **495**, 1–92. Frankfurt/Main 1952.
- Der Larynx der Säugetiere. Handbuch der Zoologie VIII, 1–128. Berlin 1964.
- Das Gehirn von *Rousettus aegyptiacus* (E. Geoffroy 1810) (Megachiroptera, Chiroptera, Mammalia). Abh. Senck. Natf. Ges. **513**. Frankfurt/Main 1966.
- H.-J. KUHN, G. KELEMEN: Der Larynx des männlichen *Hypsignattus monstrosus* Allen, 1861 (Pteropodidae, Megachiroptera, Mammalia). Ein Unikum in der Morphologie des Kehlkopfes. Z. wiss. Zool. **175**, 1–53. 1967.

SCHNITZLER, H. U.: Die Ultraschall-Ortungslaute der Hufeisen-Fledermäuse (Chiroptera, Rhinolophidae) in verschiedenen Orientierungssituationen. Z. vgl. Physiol. **57**, 376–408. 1968.
- Die Echoortung der Fledermäuse und ihre hörphysiologischen Grundlagen. Fortschr. Zool. **21**, 136–189. 1973.
- Control of Doppler shift compensation in the greater horseshoe bat *Rhinolophus ferrumequinum*. J. comp. Physiol. **82**, 79–92. 1973.
- N. SUGA, J. A. SIMMONS: Peripheral auditory tuning for fine frequency analysis by the CF-FM bat *Rhinolophus ferrumequinum* III. Cochlear microphonics and auditory nerve responses. J. comp. Physiol. A. **106**, 99–110. 1976.

SCHÖNE, H.: Orientierung im Raum. Stuttgart 1980.

SCHULTZ, W.: Studien über den Magen-Darm-Kanal der Chiropteren. Ein Beitrag zur Homologisierung von Abschnitten des Säugetierdarms. Z. wiss. Zool. **171**, 240–391. 1965.

SETZER, H. W.: Albinism in bats. J. Mammal. **31/3**. 1950.

SHRIVASTAVA. R. K.: Contribution à l'étude du muscle deltoide des Chiroptères. Mammalia **26**, 4, 533–538. 1962.

SLUITER, J. W.: Sexual maturity in bats of the genus *Myotis*. II. Females of *M. mystacinus* and supplementary data on female *M. myotis* and *M. emarginatus*. Proc. Konink. Akad. Wetensch. Ser. C. **57**, 696–700. 1954.

SMITH, J. D., G. STROCH: New middle Eocene bats from „Grube Messel" near Darmstadt, W. Germany. Senck. Biol. **61**, 153–167. 1981.

SPILLMANN, F.: Beiträge zur Kenntnis des Fluges der Fledermäuse und der ontogenetischen Entwicklung ihrer Flugaparate. Acta Zool. **6**. 1925.

STARCK, D.: Beiträge zur Kenntnis der Morphologie und Entwicklungsgeschichte des Chiroptererencraniums. Das Chondrocranium von *Pteropus semindus* (= *Rousettus leschenaulti*). Z. Anat. Entwg. **112**, 588–633. 1944.
- Form und Formbildung der Schädelbasis bei Chiropteren. Verh. Ant. Ges. 50. Vers. Marburg 1952, 114–121. 1952.

- Beiträge zur Kenntnis der Armtaschen und anderer Hautdrüsenorgane von *Saccopteryx bilineata* Temminck 1838 (Chiroptera, Emballonuridae). Morph. Jb. **99**, 3–25. 1958.
- Ontogenie und Entwicklungsphysiologie der Säugetiere. In: Handb. d. Zool. VIII, Teil 9. Berlin 1959.
- „Freiligendes Tectum mesencephali" – ein Kennzeichen des primitiven Säugetiergehirns? Zool. Anz. **171**, 350–359. 1963.

STEPHAN, H.: Encephalisationsgrad südamerikanischer Fledermäuse und Makromorphologie ihrer Gehirne. Morph. Jb. **123**, 151–179. 1977.
- J. E. NELSON: Brains of Australian Chiroptera. I. Encephalization and Macromorphology. Austral. J. Zool. **29**, 653–670. 1981.
- – H. D. FRAHM: Brain size comparsion in Chiroptera. Z. Zool. Syst. Evolfg. **19**, 195–222. 1981.
- P. PIRLOT: Volumetric comparisons of brain structures in bats. Z. Zool. Syst. Evolfg. **8**, 200–236.

STILES, C. W., M. O. NOLAN: Key catalogue of parasites, reported for Chiroptera (Bats) with their possible public health importance. Inst. Health Bull. Washington No. **155**, 603–742. 1931.

STRAUSS, F.: Weibliche Geschlechtsorgane. In. Handb. d. Zool. VIII, Säugetiere; 1: Lfg. 36. Berlin 1964; 2: Lfg. 40. Berlin 1966.

STRICKLER, T. L.: Functional osteology and myology of the shoulder in the Chiroptera. Contr. to Vertebr. Evolution 4. Basel, Karger 1978.

STRINATI, P.: Note sur les Chauves-souris du Maroc. Mammalia, Extrait de Laboratoire de Zoologie des Mammifères, Muséum d'Histoire naturelle, Tome XV. Paris 1951.
- Campagne d'exploration spéléologique au Maroc (1950). Stalactite Z. d. schweizerisch. Ges. f. Höhlenfg. Nr. 2. 1951.

STRUHSAKER, T. T.: Morphological factors regulating flight in bats. J. Mammal. **42**, 151–159. 1961.

SUGA, N.: Neuronale Verrechnung: Echoortung bei Fledermäusen. Spectrum d. Wiss. **90**, H. 8, 98–106. 1990.

SUTHERS, R. A.: Vision, Olfaction, Taste. In: WIMSATT, W. (ed.), Biology of Bats II, 265–310.. New York, London 1970.

SWANSON, G., C. EVANS: The hibernation of certain bats in Southern Minnesota. J. Mammal. **17**, 39–43. 1936.

TATE, G. H. H.: Results of the Archbold ecpeditions No. 39. Review of *Myotis* of Eurasia. Bull. Amer. Mus. Hist. **78**, 537–565. 1941.
- Results of the Archbold expeditions No. 35. A Review of the genus *Hipposideros* with special reference to Indoaustralian species. Bull. Amer. Mus. Nat. Hist. **78**, 353–393. 1941.
- Results of the Archbold expeditions No. 40. Notes on Vespertilionid bats. Bull. Amer. Mus. Nat. Hist. **78**, 567–597. 1941.

TENIUS, K.: Riesenfledermaus im Harz. Großohrfledermaus = Langohrfledermaus Wochenstuben. Gartenschläfer im Harz. Beitr. Naturk. Niedersachsens, Osnabrück **6**, 26. 1953.

TRIMMEL, H.: Das Fledermauswinterquartier Hermannshöhle 1951/52, Höhlenkundl. Mitt. Wien **8**, H. 1. 1952.
- Fledermausfunde im Winterquartier, Höhlenkundl. Mitt. Wien **8**, H. 2. 1952.

VAUGHAN, T. A.: Unusual concentration of hoary bats. J. Mammal. **34**, 256. 1953.
- Functional morphology of three bats *Eumpos, Myotis, Macrotus*. Univ. Kansas Publ. Mus. Nat. Hist. 12, 1959.
- The skeletal system. In: WIMSATT, W. (ed.), Biology of Bats I, 97–138. New York, London 1970.
- The muscular system. In: WIMSATT, W. (ed.), Biology of Bats I, 139–194. New York, London 1970.

VERSCHUREN, J.: Ecologie, biologie et systématique des Chéiroptères. Expl. Parc. Nat. de la Garamba VII. 1957. Inst. des Parcs Nat. de Congo Belge.

VESTJENS, W. J. M., L. S. HALL: Stomach contents of forty-two species of bats from the Australasian region. Austral. Wildlife Res. **4**, 25–35. 1977.

VIEIRA, C., O. DA CUNHA: Ensaio monográfico sobre os Quirópteros do Brazil. Arquivos de Zoologia do Estado de São Paulo **3**, 219–471. 1942.

VOLLANDT, W.: Der Einfaltmechanismus bei Fledermausflügeln und seine Bedeutung für die Umkonstruierbarkeit anatomischer Konstruktionen. Morph. Jb. **79**, 522–546. 1937.

VORNATSCHER, I.: Über das Vorkommen der großen Hufeisennase (*Rhinolophus ferrumequinum*) in Niederösterreich. Natur und Land Wies **39**, 24. 1953.

WASSIF, K.: Trident bat (*Asellia tridens*) in the Egyptian oasis of Kharga. Bull. Zool. Soc. Egypt. **8**. 1949.

WERNER, H. J., W. W. DALQUEST, J. H. ROBERTS: Histological aspects of the glands of the bat *Tadarida cynocephala* (Le Conte). J. Mammal. **31**, 395–399. 1950.

– – Facial glands of the tree bats *Lasiurus* and *Dasypterus*. J. Mammal. **33**, 77–80. 1952.
WILKINSON, G. S.: Soziales Blutspenden bei Vampiren. Spectrum d. Wiss. 1990, H. 4, 100–107. 1990.
WILLE, A.: Muscular adaptation of the nectar eating bats (sub-family Glossophaginae). Trans. Kansas Acad. Sci. **57**, 315–325. 1954.
WILSON, D. E.: Reproduction in neotropical bats. Period. Biol. **75**, 215–217. 1973.
– Bat faunas, a trophic comparison. System. Zool. **22**, 14–29. 1973.
WIMSATT, W. A. (ed.): Biology of Bats, voll. I, II, II. New York, London 1970–1977.
– F. C. KALLEN: Anatomy and histophysiology of the penis of a vespertilionid bat, *Myotis lucifugus lucifugus*, with particular reference to its vascuflar organisation. J. Mammal. **90**, 415–465. 1952.
– H. TRAPIDO: Reproduction and the female reproductive cycle in the tropical American vampire bat, *Desmodus rotundus murinus*. Amer. Journ. Ant. **91**, 415–446. 1952.
– B. VILLA-R.: Locomotor adaptations in the disc-winged bat *Thyroptera tricolor*. I. Functional organization of the adhesive discs. Amer. Journ. Anat. **129**, 89–120. 1970.
ZELLER, U.: Zur Kenntnis des Stimmapparates der Epauletten-Flughunde (Epomophorinii, Pteropodidae, Megachiroptera). Z. Säugetierkunde **49**, 1984.
ZINGG, P. E.: Erster Nachweis einer Wochenstubenkolonie von *Myotis brandti* in der Schweiz. Z. Säugetierkunde **49**, 190–191. 1984.

Scandentia (Tupaiidae)

ALTNER, G.: Histologische und vergleichend-anatomische Untersuchungen zur Ontogenie und Phylogenie des Handskeletts von *Tupaia glis* (Diard 1820) und *Microcebus murinus* (J. F. Miller 1777). Diss. natw. Fak. Gießen 1968.
AUTRUM, H. J.: Soziale Stressoren und Geburtenregelung bei Säugetieren (*Tupaia*). Bayer. Akad. Wiss., math.-natw. Kl. **8**, 12. 1967.
– D. VON HOLST: Sozialer „Stress" bei Tupajas (*Tupaia glis*) und seine Wirkung auf Wachstum, Körpergewicht und Fortpflanzung. Z. vgl. Physiol. **58**, 347–355. 1968.
BENDER, M. A., E. H. Y. CHU : The chromosomes of Primates. In: Evolutionary and Genetic Biology of Primates. (Ed. BUETTNER-JANUSCH) 1, 261–310, New York 1963.
– L. E. METTLER: Chromosome Studies of Primates. Science **128**, 185–190 (1958).
BROERS, C. J.: La position taxonomique de Tupaia parmi les primates, basée entre autres sur la structure de sa caisse du Tympan. Bull. de l'Assoc. Anat. **48**, 362–375. 1962.
BROOM, R.: On the organ of Jacobson and its relations in the Insectivora. Proc. Zool. Soc. London 1915.
BUTLER, P. M.: The problem of insectivore classification. JOYSEY-KEMP: Studies in vertebrate evolution, 253–265. Edinburgh 1972.
CAMPBELL, C. B. G.: Taxonomic status of tree shrews. Science **153**, 436. 1966.
– The relationship of the tree shrews. The evidence of the nervous system. Evolution **20**, 276–281. 1966.
– On the phyletic relationships of the tree shrews. Mammal. Rev. **4**, 125–143. 1974.
– Nervous system. In: LUCKETT, W. P. (ed.), Comparative biology and evolutionary relationchips of tree shrews, 219–242. New York 1980.
– J. A. JANE, D. YASHON: The retinal projections of the tree shrew and the hedgehog. Brain Res. **5**, 406-418. 1967.
CARLSON, A.: Über die Tupaiidae und ihre Beziehungen zu den Insectivoren und den Prosimiae. Acta Zool. **3**, 227–270. 1922.
DAVIS, D. D.: Notes on the anatomy of the tree shrew of the genus *Dendrogale*. Zool. Ser. Field Mus. Nat. Hist. **20**, 383–404. 1938.
DAIMOND, I. T., M. SNYDER, H. KILLAKEY, J. JANE, W. C. HALL: Thalamo-cortical projections in the tree shrew (*Tupaia glis*). J. comp. Neurol. **139**, 273-306. 1970.
EGOZCUE, J., B. CHIARELLI, M. SARTI-CHIARELLI, F. HAGEMENAS: Chromosome polymorphism in the tree shrew (*Tupaia glis*). Folia Primatol. **8**, 150–158. 1968.
ELLIOT, O.: Bibliography of the tree shrews 1780–1969. Primates **12**, 323–414. 1971.
ESCOLAR, J.: Topografía encefálica considerada ontogénica y filogeneticamente (una aproximación de las bases topográficas en la estereotaxis encefálica y experimental). An. de Anat. **11**, No. 23, 213–280. 1962.
FRAHM, H., H. STEPHAN: Vergleichende Volumenmessungen an Hirnen von Wild- und Gefangenschaftstieren des Spitzhörnchens (*Tupaia*). J. Hirnfg. **17**, 449–462. 1976.

GLICKSTEIN, M.: Laminar structure of the dorsal lateral geniculate Nucleus in the tree shrew (*Tupaia glis*). J. comp. Neurol. **131**, 93–102. 1967.
GOODMAN, M.: Phyletic position of tree shrews. Science **152**, 1550. 1966.
GREGORY, W. K.: The orders of mammals. Bull. Amer. Mus. Nat. Hist. **27**. 1910.
– Relationship of the Tupaiidae and of Eocene Lemurs, espec. Notharctus. Bull. Geol. Soc. America **24**. 1913.
HENCKEL, K. O.: Das Primordialcranium von *Tupaia* und der Ursprung der Primaten. Z. Anat. Entwg. **86**, 1928.
– Studien über das Primordialcranium und die Stammesgeschichte der Primaten. Morph. Jb. **59**. 1928.
HILL, J. P.: On the placentation of *Tupaia*. J. Zool. **146**, 278–304. 1965.
HOFER, H.: Über das Spitzhörnchen. Natur u. Volk **87**, 145–155. 1957.
– W. SPATZ: Studien zum Problem des Gestaltwandels des Schädels der Säugetiere, insbesondere der Primaten. II. Über die Kyphosen fetaler und neonataler Primatenschädel. Z. Morphol. Anthrop. **53**, 29–52. 1963.
HOLST, D. VON: Sozialer Streß bei Tupajas (*Tupaia belangeri*). Die Aktivierung des sympathischen Nervensystems u. ihre Beziehung zu hormonal ausgelösten ethologischen u. physiologischen Veränderungen. Z. vgl. Physiol. **63**, 1–58. 1969.
– Die Nebenniere von *Tupaia belangeri*. J. comp. Physiol. **78**, 274–288. 1972.
– Renal failure as the cause of death in *Tupaia belangeri* exposed to persistent social stress. J. comp. Physiol. **78**, 236–273. 1972.
– Die Funktion der Nebennieren männlicher *Tupaia belangeri*. Nebennierengewicht, Ascorbinsäure und Glucocorticoide im Blut bei kurzem und bei andauerndem sozialpsychischem Streß. J. comp. Physiol. **78**, 289–306. 1972.
– E. THENIUS: Spitzhörnchen. In: Grzimeks Enzyklopädie, Säugetiere 2, 1–12. München 1988.
HUBRECHT, A. A. W.: Spolia nemoris. Quarterly J. mic. Sc. Vol. **36**. 1894.
– Über die Entwicklung der Placenta von *Tarsius* und *Tupaia*, nebst Bemerkungen über deren Bedeutung als haemopoetische Organe. Proc. Internat. Congr. Zool., Cambridge 1898.
HUXLEY, T. H.: A manual of the anatomy of vertebrated animals. Appleton, New York 1872.
KLADETZKY, J., H. KOBOLD: Das Teres minor-Problem, der Nervus axillaris und die Hautrumpfmuskulatur bei *Tupaia glis* (Diard 1820). Anat. Anz. **119**, 1–29. 1966.
KLAUER, G.: Zum Bau und zur Innervation des Nasenspiegels von *Tupaia glis* (Diard 1820). Diplomarbeit Biol., Univ. Gießen 1976.
KUHN, H. J., K. KOLAR, E. THENIUS: Spitzhörnchen, Primaten, Halbaffen. Grzimeks Enzyklopädie, Säugetiere 2, 4–40. München 1987.
– G. LIEBHERR: The early development of the heart of *Tupaia belangeri*, with reference to other mammals. Anat. Embryol. **176**, 53–63. 1987.
– A. SCHWAIER: Implantation, early placentation and the chronology of embryogenesis in *Tupaia belangeri*. Z. Anat. Entwg. **142**, 315–340. 1973.
– D. STARCK: Die Tupaia-Zucht des Senckenbergischen Anatomischen Institutes. Natur u. Museum **96**, 263–271. 1966.
LAEMLE, L. K.: Retinal projections of *Tupaia glis*. Brain Behav. Evol. **1**, 473–499. 1969.
LAUDERN, W.: Über einige Ähnlichkeiten zwischen *Tupaia* und den Halbaffen. Anat. Anz. **37**, 1910.
LECHE, W.: Zur Anatomie der Beckenregion bei Insectivora. Vet. Akad. Handl. 20. Stockholm 1883.
LEGROS CLARK, W. E.: On the myology of *Tupaia minor*. Proc. Zool. Soc. London 1924.
– On the brain of *Tupaia minor*. Proc. Zool. Soc. London 1924.
– The visual cortex of Primates. J. Anat. **59**. 1925.
– On the skull of *Tupaia*. Proc. Zool. Soc. London 1925.
– On the anatomy of the pentailed tree shrew (*Ptilocerus lowii*). Proc. Zool. Soc. London 1926. 1179–1309.
– Early forerunners of Man. London 1934.
– The antecedents of Man. An introduction to the evolution of Primates. Chicago (3. Aufl.) 1971.
LEISTER, C. W.: The Malayan tree shrew. Bull. zool. soc. New York **41**, 37–39. 1938.
LORENZ, G. F.: Über Ontogenese und Phylogenese der Tupaiahand. Morph. Jb. **58**, 1927.
LUCKETT, W. P.: Morphogenesis of the placenta and fetal membranes of the tree shrews (Family Tupaiidae). Amer. Journ. Anat. **123**, 385–427. 1968.
– Evidence for the phylogenetic relationships of tree shrews (Fam. Tupaiidae), based on the placenta and fetal membranes. J. Reprod. Fertility, suppl. **6**, 419–433. 1969.

- The comparative development and evolution of the placenta in Primates. Contrib. to Primatol. **3**, 140–234. Basel, New York 1974.
- (ed.): Comparative biology and evolutionary relationships of tree shrews. New York, London 1980.

LYON, M. W.: Tree shrews, an account of the mamm. fam. Tupaiidae. Proc. US Nat. Mus. Washington **45**, 1–188. 1913.

MARTIN, R. D.: Reproduction and ontogeny in tree shrews (*Tupaia belangeri*) with reference to their general behaviour and taxonomic relationships. Z. Tierpsychol. **25**, 409–532. 1968.
- Towards a new definition of primates. Man **3**, 377–401. 1968.
- Primates, a definition. In: WOOD, MARTIN, ANDREWS (eds.), Major topics in primate and human evolution, 1–31. Cambridge 1986.

ROHEN, J.: Sehorgan. In: HOFER, SCHULTZ, STARCK (eds.), Primatologia II, 1, Lfg. 6, 1–210. Basel 1962.

SCHLOTT, M.: Beobachtungen an Tanas (*Tupaia tana* R.). Zool. Garten **12**, 2/3. 1940.

SHRIVER, J. E., C. R. NOBACK: Color vision in the tree shrew (*Tupaia glis*). Fol. Primat. **6**, 161–169. 1967.
- Cortical projections to the lower brain stem and spinal cord in the tree shrew (*Tupaia glis*). J. comp. Neurol. **130**, 25–51. 1967.

SNEDIGAR, R.: Breeding of the Philippine tree shrew, *Urogale everetti* Thomas. J. Mammal. **30**, 194–195. 1949.

SORENSON, M. W., C. H. CONAWAY: The social and reproductive behavior of *Tupaia montana* in captivity. J. Mammal. **49**, 502–512. 1968.

SPATZ, W. B.: Beitrag zur Kenntnis der Ontogenese des Cranium von *Tupaia glis* (Diard 1820). Morph. Jb. **106**, 321–416. 1964.
- Zur Ontogenese der Bulla tympanica von *Tupaia glis* Diard 1820 (Prosimiae, Tupaiiformes). Fol. Primat. **4**, 26–50. 1966.
- Die Ontogenese der Cartilago Meckeli und der Symphysis mandibularis bei *Tupaia glis* (Diard 1820). Fol. Primat. **6**, 180–203. 1967.

SPRANKEL, H.: Fortpflanzung von *Tupaia glis* Diard 1820 (Tupaiidae, Prosimiae) in Gefangenschaft. Naturw. **46**, 338. 1959.
- Zucht von *Tupaia glis* Diard 1820 (Tupaiidae, Prosimiae) in Gefangenschaft. Naturw. **47**, 213. 1960.
- Über Verhaltensweisen und Zucht von *Tupaia glis* (Diard 1820) in Gefangenschaft. Z. wiss. Zool. **165**, 186–220. 1961.
- Histologie und biologische Bedeutung eines jugulo-sternalen Duftdrüsenfeldes bei *Tupaia glis* Diard 1820. Verh. Dt. Zool. Ges. Saarbrücken 1961, 198–206.
- K. RICHARZ: Nicht-reproduktives Verhalten von *Tupaia glis* Diard, 1820 im raumzeitlichen Bezug. Z. Säugetierkunde **41**, 77–101. 1976.

STARCK, D.: Die Stellung der Hominiden im Rahmen der Säugetiere. In: HEBERER, G. (ed.), Die Evolution der Organismen **3**, 1–131. Stuttgart 1974.
- The development of the chondrocranium in Primates. In: LUCKETT, W. P., F. S. SZALAY (eds.), Phylogeny of the Primates, 127–155. New York 1975.
- Vergleichende Anatomie der Wirbeltiere auf evolutionsbiologischer Grundlage I. Berlin, Heidelberg 1978.

STEINBACHER, G.: Beobachtungen am Spitzhörnchen und Panda. Zool. Garten, N.F. **12**, 1. 1940.

STEINER, H.: Die vergleichend-anatomische und ökologische Bedeutung der rudimentären Anlage eines selbständigen fünften Carpale bei *Tupaia*. Israel J. Zool. **14**, 221–233. 1965.

TIGGES, J.: Untersuchungen über den Farbensinn von *Tupaia glis* (Diard 1820). Z. Morphol. Anthrop. **53**, 109–123. 1963.
- Ein experimenteller Beitrag zum subkortikalen optischen System von *Tupaia glis*. Fol. Primatol. **4**, 103–123. 1966.
- B. A. BROOKS, M. R. KLEE: ERG recording of primate pure cone retina (*Tupaia glis*). Vision Res. **7**, 553–563. 1967.
- T. R. SHANTA: A stereotaxic Brain-Atlas of the tree shrew (*Tupaia glis*). Baltimore 1969.

VALEN, L. VAN: Tree shrews, primates and fossils. Evolution **19**, 137–151. 1965.

VERHAART, W. J. C.: The pyramidal tract of *Tupaia*, compared to that in other primates. J. comp. Neurol. **1**, 43–50. 1966.

VERMA, K.: Notes on the biology and anatomy of the Indian tree shrew, *Anathana wroughtoni*. Mammalia **29**, 289–330. 1965.

WILLIAMS, H. W., M. W. SORENSON, P. THOMPSON: Antiphonal calling of the tree shrew *Tupaia palawanensis*. Fol. Primat. **11**, 200 – 205. 1969.
WOOD JONES, F.: The genitalia of *Tupaia*. J. Anat. 1916. 551.
WOOLLARD, H. H.: Notes on the retina etc. Brain **49**. 1926.
ZELLER, U.: Die Ontogenese und Morphologie des Craniums von *Tupaia belangeri* (Tupaiidae, Scandentia, Mammalia). Med. Diss. Göttingen 1983.
— The systematic relations of tree shrews. Evidence from skull morphogenesis. Int. J. Primatol. **5**, 393. 1984.
— Die Ontogenese und Morphologie der Fenestra rotunda und des Aquaeductus cochleae von *Tupaia* u. anderen Säugern. Morph. Jb. **131**, 179 – 204. 1985.
— The systematic relations of tree shrews. Evidence from skull morphogenesis. Proc. 10th Congress Int. Primat. Nairobi 1984, 273 – 282. Cambridge 1986.
— Ontogeny and cranial morphology of the tympanal region of the Tupaiidae, with special reference to Ptilocercus. Fol. Primat. **47**, 61 – 80. 1986.
— The ontogeny of the mammalian skull with special reference to Tupaia. Mammalia depicta **13**, 17 – 50. Hamburg 1987.
— J. RICHTER: The monoptychic glands of the jugulo-sternal scent gland field of *Tupaia*, a TEM and SEM study. Br. J. Anat. **172**, 25 – 38. 1990.

Primates

(Für das ältere Schrifttum vor 1940 vgl. RUCH/FULTON, Bibliotheca primatologica)

ABEL, O.: Vorgeschichte der Tarsioidea. In: WEBER, M. (ed.), Die Säugetiere. Jena 1928 (2. Aufl.).
ALTMANN, ST. A., J. ALTMANN: Baboon ecology, African field research. Chicago, London 1970.
ANKEL, F.: Morphologie von Wirbelsäule und Brustkorb. Primatologia IV, 4. Basel 1967.
— Einführung in die Primatenkunde. Stuttgart 1970.
ANTHONY, J.: Morphologie externe du cerveau des Platyrrhiniens. Ann. sci. nat. Zool. Paris **8**, 1 – 149. 1947.
APPLETON, A. B.: The genital region of *Tarsius spectrum*. Proc. Cambridge Phil. Soc., Vol. **20**, Pt. 4. 1921.
ASHLEY-MONTAGU, F.: The tarsian hypothesis. J. Roy. Anthrop. Soc. Great. Brit. and Irel. **60**, 4, 335 – 362. 1960.
AVRIL, C.: Kehlkopf und Kehlsack des Schimpansen, *Pan troglodytes* Blumenbach 1799 (Mammalia, Primates, Pongidae). Morph. Jb. **105**, 74 – 129. 1963.
AYER, A. A.: The anatomy of *Semnopithecus entellus*. Thesis, Madras 1948.
BARTMANN, W.: Bei Brasiliens seltenen Muriqui-Affen (*Brachyteles arachnoides*). Z. d. Kölner Zoo **32**, 53 – 57. 1989.
BAUCHOT, R., H. STEPHAN: Encephalisation et niveau évolutif chez les Simiens. Mammalia **33**, 225 – 275. 1969.
BERNSTEIN, H.: Über das Stimmorgan der Primaten. Abh. Senck. Natf. Ges. **38**, 105 – 128. 1923.
BIEGERT, J.: Die Ballen, Leisten, Furchen und Nägel von Hand und Fuß der Halbaffen. Z. Morphol. Anthrop. **49**, 316 – 409. 1959.
— Volarhaut der Hände und Füße. Primatologia II, 1, 1 – 326. Basel, New York 1961.
— The evaluation of characteristics of the skull, hands and feet for Primate taxonomy. In: WASHBURN, S. L. (ed.), Classification and human evolution, 116 – 145. Chicago 1963.
BLUNTSCHLI, H.: Die Arteria femoralis und ihre Äste bei den niederen catarrhinen Affen. Morph. Jb. **36**, 276 – 461. 1906.
— Die Kaumuskulatur des Orang-Utan und ihre Bedeutung für die Formung des Schädels. Morph. Jb. **63**, 531 – 606. 1929.
— Ein eigenartiges, an Prosimierbefunde erinnerndes Nagelverhalten am Fuß von platyrrhinen Affen. Roux Arch. Entw. mech. **118**, 1 – 10. 1929.
— Die Sublingua und Lyssa der Lemuridenzunge. Biomorphosis **1**, 127 – 149. 1938.
BOER, L. E. M. DE (ed.): The Orang Utan, its biology and conservation. The Hague, Boston, London 1979.
BORGAONKAR, D. R.: Primate Chromosome Bibliography. Mam. Chromosome News Letter 17; 18, 135 – 137; 184 – 185 (1965).
BORGAONKAR, D. R.: A List of Chromosome Numbers in Primates. J. of Heredity 57, 60 – 61 (1966).
BOURNE, G. H. (ed.): The Chimpanzee I – VI. Basel, New York 1969/1973.

BRANDES, G.: Die Bedeutung des Orang-Kehlsackes. Z. Säugetierkunde **4**, 81–83. 1929.
- Buschi, vom Orang-Säugling zum Backenwülstler. Leipzig 1939.
BRANDES, R.: Über den Kehlkopf des Orang-Utan in verschiedenen Altersstadien, mit besonderer Berücksichtigung der Kehlsackfrage. Morph. Jb. **69**, 1–61. 1932.
BURMEISTER, H.: Beiträge zur näheren Kenntnis der Gattung *Tarsius*. Berlin 1846.
CARPENTER, C. R.: Naturalistic behavior of nonhuman Primates. Univ. Park, Pennsylv. 1964.
CARTMILL, M.: Arboreal adaptations and the origin of the order Primates. In: TUTTLE, R. (Ed.): The function and evolutionary biology of Primates. 97–122, Chicago 1972.
- Strepsirhine basicranial structures and the affinities of Cheirogaleidae. In: LUCKETT, W. P., S. F. SZALAY (eds.), Phylogeny of the Primates, 313–354. New York, London 1975.
CASTENHOLZ, A.: The eye of *Tarsius*. In: NIEMITZ, C. (ed.), Biology of Tarsiers, 303–318. Stuttgart, New York 1984.
CATCHPOLE U. FULTON: The oestrus cycle in *Tarsius*. J. Mammal. **24**, 1943.
CHARLES-DOMINIQUE, P.: Ecology and behavior of nocturnal Primates. Prosimiens of Equatorial West-Africa. London 1977.
- (ed.): Nocturnal Malagassy Primates. Ecology, physiology and behavior. New York, London 1980.
CHASEN, D.: A small Tarsier from the Natuna Islands. Bull. Raffles Mus. **15**, 86–87. Singapore 1940.
CHIARELLI, B.: Comparative morphometric analysis of Primate chromosomes II. The chromosomes of the genera *Macaca, Papio, Theropithecus*, and *Cercocebus*. Caryologia **15**, 401–420. 1962.
- Marked chromosome in Catarrhine monkeys. Folia Primat. **4**, 74–80. 1966.
- Caryology and taxonomy of the catarrhine monkeys. Amer. J. Phys. Anthropol. **24**, 155–170.. 1966.
- Evolution of Primates. New York 1973.
CHIVERS, D. J. (ed.): Malayan forest primates. New York 1980.
- B. A. WOOD, A. BILSBOROUGH (eds.): Food acquisition and processing in Primates. New York, London 1984.
CHU, E. H. Y., M. A. BENDER: Chromosome cytology and evolution in Primates. Science **133**, 1399–1405. 1961.
- Cytogenetics and evolution in Primates. Ann. N.Y. Acad. Sci. **102**, 253–266. 1962.
CIOCHON, R. L., A. B. CHIARELLI (eds.): Evolutionary biology of the new world monkeys and continental drift. New York, London 1979.
CLUTTON-BROCK, T. H. (ed.): Primate ecology. Studies of feeding and ranging behaviour in lemurs, monkeys, and apes. London, New York 1977.
COOK, N.: Notes on captive *Tarsius carbonarius*. Am. J. Mammal. **20**. 1939.
COPPENS, Y.: L'hominien du Tchad. C. R. Acad. Sci. Paris, 260 D, 2869–2871 (1965).
CRONIN, J. E., V. M. SARICH: Molecular systematics of the New World Monkeys. J. Human Evol. **4**, 357–375. 1975.
- - Y. RUMPLER: Albumin and transferrin evolution among the Lemuriformes. Amer. J. Phys. Anthrop. **41**, 473–474. 1974.
DA CRUZ LIMA, E.: Mammals of Amazonia I. General introduction and Primates. Belém do Pará – Rio de Janeiro 1945.
DANDELOT, P.: Order of Primates. In: MEESTER, J., H. W. SETZER, The mammals of Africa – an identification manual, 1–45. Washington 1971.
DEAG, J. M.: The status of the Barbary Macaque, *Macaca sylvanus* in captivity and factors influencing its distribution in the wild. In: Prince RAINIER III, G. H. BOURNE (eds.), Primate conservation, 268–285. New York 1977.
- J. H. CROOK: Social behavior and „agonistic buffering" in the wild Barbary macaque, *Macaca sylvanus* L. Folia Primatol. **15**, 183–200. 1971.
DE BOER, L. E. M. (ed.): The Orang Utan, its biology and conservation. The Hague 1982.
- Karyological problems in breeding owl monkeys. Internat. Zoo. Yearbook **22**, 119–224. 1983.
DELSON, E.: Evolutionary history of the Cercopithecidae. Contrib. to Primatol. **5**, 167–217. Basel 1975.
- Fossil Macaques, phyletic relationships and a scenario of deployment. In: LINDBURG, D. G. (ed.), The Macaques: Studies in ecology, behavior, and evolution, 10–30. New York, London 1980.
- (ed.): Ancestors, the hard evidence. New York 1985.
- J. TATTERSALL: Primates. Encyclop. of Sci. and Technol., 259–264. New York 1987.
DEVORE, I. (ed.): Primate behavior. Field studies of monkeys and apes. New York, Chicago, London 1965.

DIDIER, R., P. RODE: Mammifères, étude systématique par espèces. II. *M. sylvanus*. Paris 1936.
DOYLE, G. A.; Behavior of Prosimians. In: SCHRIER, A. M., F. STOLLNITZ (eds.), Behavior of non human Primates. Vol. 5. New York 1974.
— R. D. MARTIN: The study of Prosimian behavior. New York, London 1979.
DUTRILLAUX, B., M. LOMBARD, J. B. CAROLL, R. D. MARTIN: Chromosomal affinities of *Callimico goeldii* (Platyrrhini) and characterization of a Y-Autosome translocation in the male. Folia Primatol. **50**, 230 – 236. 1989.
ECKSTEIN, P.: Reproductive organs. A. Internal reproductive organs. In: Primatologia III, 1, 542 – 629. Basel, New York 1958.
ELLIOT, D. G.: A review of the Primates. I – III. New York 1912.
EVANS, C. S.: Maintenance of the Philippine Tarsier, *Tarsius syrichta*, in a research colony. Internat. Zoo Yearbook **7**, 201 – 202. 1967.
FA, J. E. (ed.): The Barbary Macaque, a case study in conservation, New York, London 1982.
FICK, R.: Vergleichend-anatomische Studien an einem erwachsenen Orang-Utan. Arch. Anat. Physiol., Anat. Abt. 1895.
FIEDLER, W.: Übersicht über das System der Primates. In: Primatologia I, Basel, New York 1956.
— Die Meerkatzen und ihre Verwandten. In: Grzimeks Tierleben, Enzyklopädie des Tierreiches 10, 420 – 482. Zürich 1967.
FISCHER, G.: Anatomie der Maki und der ihnen verwandten Tiere. Frankfurt/M. 1804.
FLEAGLE, J. G., D. W. POWERS, G. C. CONROY, J. P. WATTERS: New fossil Platyrrhines from Santa Cruz Province, Argentina. Folia Primatol. **48**, 65 – 77. 1987.
FLEISCHER, G.: Studien am Skelett des Gehörorgans der Säugetiere, einschließlich des Menschen. Säugetierkundl. Mitt. **21**, 131 – 239. 1973.
FLOWER, W. H.: Notes on the dissection of a species of Galago. Proc. Zool. Soc. London **20**, 73 – 75. 1852.
FOGDEN, M. P. L.: A preliminary field study of the Western Tarsier. Zitat: NIEMITZ 1974.
FOODEN, J.: Taxonomy and evolution of the Primates, of monkeys of Celebes (Primates, Cercopithecidae). Biblioth. Primatol. **10**, 1 – 148. 1969.
— Provisional classification and key to living species of Macaques (Primates, Macaca). Folia Primatol. **25**, 225 – 236. 1976.
— Classification and distribution of living Macaques (*Macaca* Lacépède, 1799). In: LINDBURG, D. G. (ed.), The Macaques: Studies in ecology, behavior, and evolution, 1 – 9. New York, London 1980.
FORD, D. M., E. M. PERKINS: The skin of the chimpanzee. In: Bourne (ed.), The Chimpanzee, vol. 3, 82 – 119. Basel, München, New York 1970.
FRICK, H.: Das Herz der Primaten. In: Primatologia III, 2, 163 – 272. Basel 1960.
GALLICO, P.: Die Affen von Gibraltar. Hamburg 1963.
GARDNER, B. T., R. A. GARDNER: Two comparative psychologists look at language acquisition. In: NELSON, K. (ed.), Childrens language 2, 331 – 369. New York 1980.
GARDNER, R. A., B. T. GARDNER: Teaching sight language to a chimpanzee. Science **165**, 664 – 672. 1969.
— Comparative psychology and language acquisition. In: SALZINGER u. DENMARK (eds.), Psychology, the state of the art, 37 – 76. New York 1987.
GEISMANN, TH.: Systematik der Gibbons. Z. d. Kölner Zoo **37**, 65 – 77. 1994.
GERVAIS, F. L. P.: Zoologie et paléontologie française. Paris (2. Aufl.) 1859.
GIESELER, W.: Die subhumane Abstammungsgeschichte des Menschen. In: HEBERER, G. (ed.), Die Evolution der Organismen III, 132 – 170. Stuttgart 1974.
— Die Fossilgeschichte des Menschen. In: HEBERER, G. (ed.), Die Evolution der Organismen III, 171 – 517. Stuttgart 1974.
GOODALL, J.: The chimpanzees of Gombe. Patterns of behavior. Cambridge (Mass.), London 1986.
— s. a. LAWICK-GOODALL, J. v.
GOODMAN, M.: Protein sequences and immunological specificity. Their role in phylogenetic studies of Primates. In: LUCKETT, W. P., S. F. SZALAY (eds.), Phylogeny of the Primates, 219 – 248. New York, London 1975.
GRAND, T. I., R. LORENZ: Functional analysis of the hip joint in *Tarsius bancanus* (Horsfield, 1821) and *Tarsius syrichta* (Linnaeus, 1758). Folia Primatol. **9**, 161 – 181. 1968.
GRETHER, W. V.: Chimpanzee color vision. I – III. J. comp. Psychol. **29**, 167 – 177; 179 – 186; 187 – 192. 1940.
GROVES, C. P.: Systematics and phylogeny of Gibbons in RUMBAUGH, D. M. (ed.) Gibbon and Siamang, 1. 1 – 89. 1972.

- Speciation in Macaca. The view from Sulawesi. In: LINDBURG, D. G. (ed.), The Macaques, 84−124. New York, London 1980.
- A theory of Human and Primate Evolution. Oxford 1989.
- I. TATTERSALL: Geographical variation in the fork-marked Lemur, *Phaner furcifer* (Primates, Cheirogaleidae). Folia Primatol. **56**, 39−49. 1991.

HEIM DE BALSAC, H.: Biogéographie des Mammifères et des oiseaux de l'Afrique du Nord. Bull. biol. Fr. Belg. suppl. **21**. 1936.

HAFEZ, E. S. E. (ed.): Comparative reproduction of nonhuman Primates. Springfield, Ill. 1971.

HARCOURT, A. H., S. A. HARCOURT: Insectivory by Gorillas. Folia Primatol. **43**, 229−233. 1984.

HARRISON, B.: Orang-Utan. London 1962.

HARTH, I.: Zyklusabhängige Veränderungen der Geschlechtsorgane weiblicher *Procolubus badius*. Med. Diss. Frankfurt/M., 1−91. Frankfurt 1978.

HARTMANN, C. G., W. L. STRAUS JR. (eds.), The anatomy of the Rhesus monkey (*Macaca mulatta*). Baltimore 1933.

HEBERER, G.: Homo − unsere Ab- und Zukunft. Stuttgart 1965.
- Chromosomen des Menschen. Humangen. 1, 145−193 (1968).

HELTNE, P. G. (ed.): The lion-tailed macaque, status and conservation. New York 1985.

HERSHKOVITZ, P.: Mammals of northern Columbia. Preliminary report no. 4. Monkeys (Primates) with taxonomic revision of some forms. Proc. US Nat. Mus. **98**, 323−427. 1949.
- Living New World Monkeys (Platyrrhini) I. Chicago, London 1977.

HILL, C. A.: The immense Tarsier baby. Labor. Primates Newsletter **12**, 3, 15. 1973.

HILL, J. P.: The developmental history of the Primates. Phil. Trans. Roy. Soc. London B **221**, 45−178. 1932.
- J. FLORIAN: Development of the primitive streak, head process and annular zone in *Tarsius*, with comparative notes on *Loris*. Biblioth. Primat. **2**, 1−90. 1963.

HILL, W. C. O.: Epigastric gland of *Tarsius*. Nature **167**. 1951.
- Note on the taxonomy of the genus *Tarsius*. Proc. Zool. Soc. London **123**, 1, 13−16. 1953.
- Primates. Comparative anatomy and taxonomy I−VII. Edinburgh 1953−1970.
- Caudal cutaneous specializations in *Tarsius*. Proc. Zool. Soc. London **123**, 1, 17−26. 1953.
- External genitalia. In: Primatologia III, 1, 630−704. 1958.
- The anatomy of *Callimico goeldii* (Thomas), a primitive American Primate. Transact. Am. Phil. Soc. N.S. **49**, 1−116. 1959.
- A. PORTER: The natural history, endoparasites and pseudoparasites of the Tarsiers (*Tarsius carbonarius*) recently living in the Society's gardens. Proc. Zool. Soc. London **122**, 1, 79. 1952.

HLADIK, A., C. M. HLADIK: Rapports trophiques entre végétation et primates das le forêt de Barro Colorado (Panama). Terre et vie 1, 25−117 (1969).

HOCHSTETTER, F.: Entwicklungsgeschichte der Ohrmuschel und des äußeren Gehörganges des Menschen. Denkschr. Österr. Akad. d. Wiss., math.-natw. Kl. **109**, 1−26. 1955.

HOFER, H.: Über Gehirn und Schädel von *Megaladapis edwardsi* G. Grandidier (Lemuroidea) nebst Bemerkungen über einige airorhynche Säugerschädel und die Stirnhöhlenfrage. Z. wiss. Zool. **157**, 220−284. 1953.
- Der Gestaltwandel des Schädels der Säugetiere und Vögel, nebst Bemerkungen über die Schädelbasis. Verh. Anat. Ges., 50. Vers., 102−113. 1953.
- Zur Kenntnis der Kyphosen des Primatenschädels. Verh. Anat. Ges., 54. Vers., 54−76. 1957.
- Studien zum Problem des Gestaltwandels des Schädels der Säugetiere, insbes. der Primaten. Z. Morphol. Anthrop. **50**, 299−316. 1960.
- Die morphologische Analyse des Schädels des Menschen. In: HEBERER, G. (ed.), Menschliche Abstammungslehre, Fortschritte der Anthropogenie 1863−1964, 145−226. Stuttgart 1965.
- On the organon sublinguale in *Callicebus* (Primates, Platyrrhini). Folia Primatol. **11**, 268−288. 1969.
- On the sublingual structures of *Tarsius* (Prosimiae, Tarsiiformes) and some Platyrrhine monkeys (Platyrrhina, Simiae, Primates) with casual remarks on the histology of the tongue. Folia Primatol. **27**, 297−314. 1977.
- Microscopic anatomy of the apical part of the tongue of *Lemur fulvus* (Primates, Lemuriformes). Morph. Jb. **127**, 343−363. 1981.
- A. H. SCHULTZ, D. STARCK (eds.): Primatologia, Handbuch der Primatenkunde. Basel, New York 1958.
- H. TIGGES: Studien zum Problem des Gestaltwandels des Schädels der Säugetiere, insbesondere

der Primaten. III. Zur Kenntnis der Hirnkyphose der Primaten. Z. Morphol. Anthrop. **54**, 115–126. 1963.

HOFFSTETTER, R.: Phylogénie des Primates. Confrontation des résultats obtenus par les diverses voies d'approche du problème. Bull. Mém. Soc. Anthrop. Paris. t. 4, sér. XIII, 327–346. 1977.

– Relations phylogéniques et position systématique de *Tarsius*, nouvelles controverses. C. R. Acad. Sci. Paris **307**, sér. II, 1837–1840. 1988.

HOHMANN, G.: Freilandbeobachtungen am Bartaffen (*Macaca silenus*). Z. des Kölner Zoo **31**, 2, 47–56. 1988.

HOWELL, F. C.: Hominidae. In: MAGLIO-COOKE, Evolution of African Mammals, **10**, 154–248. Cambridge (Mass.), London 1978.

HUBRECHT, A. A. W.: Die Keimblase von *Tarsius*, ein Hilfsmittel zur schärferen Definition gewisser Säugetiere. Festschrift C. Gegenbaur, 147–178. Leipzig 1896.

– Über die Entwicklung der Placenta von *Tarsius* und *Tupaia* nebst Bemerkungen über deren Bedeutung als haemopoetische Organe. Proc. 5. Intern. Congr. Zool. Cambridge, 343–411. 1899.

– Furchung und Keimblattbildung bei *Tarsius spectrum*. Verh. Koninkl. Akad. van. Wetensch. 8 sect. 2, No. 6, 1–113. Amsterdam 1902.

ISAAC, G. L., E. R. MCCOWN (eds.): Human origins, Louis Leakey and the East African evidence. Menlo Park, Calif. 1976.

ITANI, J.: Parental care in the wild Japanese monkey, *Macaca fuscata fuscata*. Primates **2**, 61–93. 1959.

IWANO, T., C. IWAKAWA: Feeding behaviour of the Aye-Aye (*Daubentonia madagascariensis*) on nuts of Ramy (*Canarium madagascariensis*). Folia Primatol. **50**, 136–142. 1988.

JANTSCHKE, F.: Orang-Utans in zoologischen Gärten. München 1962.

JAY, P. C. (ed.): Primates, studies in adaptation and variability. New York, Chicago, London 1968.

JENKINS JR., F. A. (ed.): Primate locomotion. New York, London 1974.

JOHANSON, D. C., M. TAIEB, Y. COPPENS: Pliocene hominids from the Hadar Formation (Ethiopia 1973–1977). Amer. J. Phys. Anthrop. 57, 373–402 (1982).

JOLEAUD, L.: Etude de zoologie géographique sur la Berbérie. Les primates. Le Magot. Congr. Internat. Géograph., Sect. III. Paris 1931.

JOLLY, A.: The evolution of Primate behavior. New York, London 1972.

JUNGERS, W. L. (ed.): Size and scaling in Primate biology. Advances in Primatology. New York, London 1984.

KÄLIN, J.: Über die Extremitätenkonstruktion und den Lokomotionstypus der Primaten. Verh. Dt. Zool. Ges. 333–337 (1958).

KAUMANNS, W.: Verhaltensbeobachtungen an Schnurrbarttamarinen (*Saguinus m. mystax*). Z. Kölner Zoo **25**, 107–117. 1982.

– J. WILDE, M. SCHWIBBE, J. HINDAHL, H. KLENSANG: Zur Haltung von Bartaffen (*Macaca silenus*). Z. Kölner Zoo **31**, 3, 87–106. 1988.

KEIBEL, F.: Tarsius spectrum. In: HUBRECHT, A. A. W., F. KEIBEL, Normentafeln zur Entwg. des Koboldmaki (*Tarsius spectrum*) u. d. Plumplori (*Nycticebus tardigradus*). Normentafeln z. Entwg. d. Wirbeltiere 7, 8. Jena 1907/08.

KIESEL, U.: Vergleichend-morphologische und histologische Untersuchungen an Integument des Schwanzes von *Tarsius syrichta* (L., 1758) und *Tarsius bancanus* Horsfield, 1821. Folia Primatol. **9**, 182–215. 1968.

KINGDON, J.: The Primates. In: East African Mammals I, 99–327. London, New York 1971.

KINSKY, M.: Quantitative Untersuchungen an äthiopischen Säugetieren II. Absolute u. relative Gewichte der Hoden äthiopischer Affen. Anat. Anz. **108**, 65–82. 1960.

KLEIMANN, D. G. (ed.): The biology and conservation of the Callitrichidae. Washington 1977.

KLINGER, H. P.: The somatic chromosomes of some primates. Cytogenetics **2**, 140–151. 1964.

KOEHLER, A.: Intelligenzprüfungen und Werkzeuggebrauch bei Primaten. In: Kindlers Enzyklopädie „Der Mensch" I, 589–643. Zürich 1982.

KOEHLER, W.: Intelligenzprüfungen an Anthropoiden. Berlin 1915.

v. KOENIGSWALD, G. H. R.: Neue Pithecanthropus-Funde 1936–1938. Wetensch. Meded. Ost Ind. 28, 1–232, Weltefreden 1940.

– The fossil hominids of Java. Geol. of Indonesia. 1, Den Haag 1949.

– Gigantopithecus blacki v. Koenigsw., a giant fossil hominid from the Pleistocene of Southern China. Anthr. Pap. Am. Mus. Nat. Hist. 43, 291–326 (1952).

KOLMER, W.: Histologische Studien am Labyrinth mit besonderer Berücksichtigung des Menschen, der Affen und der Halbaffen. Arch. mikr. anat. **74**, 259–310. 1909.

– Zur Kenntnis des Auges der Primaten. Z. Anat. Entwg. **93**, 679–722. 1930.

- H. LAUBER: Das Auge. In: V. MÖLLENDORFF (ed.), Handb. d. mikr. Anat. d. Menschen III, 2. Berlin 1936.
KORTLANDT, A.: New perspectives on Ape and human evolution. Amsterdam 1972.
KUHN, H. J.: Zur Kenntnis von Bau und Funktion des Magens der Schlankaffen (Colobinae). Folia Primatol. **2**, 193 – 221. 1964.
- Zur Systematik der Cercopithecidae. Neue Ergebn. d. Primatol. (1. Congr. of Internat. Primatol. Soc. Frankfurt/M.). Stuttgart 1966.
- Parasites and the phylogeny of Catharrhine Primates. In: CHIARELLI, B.. (ed.), Taxonomy and phylogeny of old world Primates with reference to the origin of man, 187 – 191. Torino 1968.
- H. W. LUDWIG: Die Affenläuse der Gattung *Pedicinus*. I. Z. Zool. Syst. Evolfg. **5**, 144 – 256; II. Z. Zool. Syst. Evolfg. **5**, 257 – 297. 1967.
- E. THENIUS: Herrentiere oder Primaten. Grzimeks Enzyklopädie Säugetiere 2, 14 – 30. München 1988.
KUMMER, H.: Social organization of *Hamadryas baboon*. Bibliotheca Primatol. 6. Basel, New York 1968.
- Sozialverhalten der Primaten. Berlin, Heidelberg, New York 1971.
- Primate societies. Chicago, New York 1971.
- W. GOETZ, W. ANGST: Cross-species modifications of social behavior in Baboons. In: NAPIER, J. R., P. H. NAPIER (eds.), Old Words Monkeys, 352 – 363. New York, London 1970.
KURTH, G., I. EIBL-EIBESFELD (eds.): Hominisation und Verhalten. Stuttgart 1975.
LAHIRI, R. K., C. H. SOUTHWICK: Parental care in *Macaca sylvana*. Folia Primatol. **4**, 257 – 264. 1966.
LAMPERT, H.: Zur Kenntnis des Platyrrhinenkehlkopfes, Morph. Jb. **55**, 607 – 654. 1926.
LASINSKI, W.: Äußeres Ohr. In: Primatologia II, 1, Lfg. 5, 41 – 74. Basel 1960.
LAWICK-GOODALL, J. V.: Wilde Schimpansen. Reinbek b. Hamburg 1971.
LEAKEY, L. S. B.: Adams ancestors. London 1953.
LEAKEY, M. G.: Cercopithecidae of the East Rudolph Successions. In: Earliest man an environment in the Lake Rudolph Bassin (Eds. COPPENS, HOWELL, ISAAC, R. E. F. LEAKEY) Chicago 1976.
LEAKEY, R. E. F.: Hominids in Africa. Amer. Sci. 64, 174 – 178 (1976).
LE GROS CLARK, W. E.: Notes on the living Tarsier. Proc. Zool. Soc. London 1924.
- The visual cortex of Primates. J. anat. **59**, 350 – 357. 1925.
- The problem of the claw in Primates. Proc. Zool. Soc. London 1929, 1 – 24.
- Early forerunners of man. Baltimore 1934.
- The antecedents of man. Chicago 1960.
LIM BOO LIAT: Food and weights of small animals from the first division, Sarawak. Sarawak Mus. J. **12**, Nos. 25 – 26, 369. Kuching 1965.
LINDBURG, D. G. (ed.): The Macaques: Studies in ecology, behavior, and evolution. New York, London 1980.
LUCKETT, P.: The uses and limitations of embryological data in assessing the phylogenetic relationships of *Tarsius* (Primates, Haplorhini). Géobiol. Mém. spécial **6**, 289 – 304. Lyon 1982.
LUCKETT, W. P., F. S. SZALAY (eds.): Phylogeny of the Primates. A multidisciplinary approach. New York 1975.
MCKINNON, J.: In search of the red ape. London 1974.
MCPHEE, R. D. E., M. CARTMILL, P. D. GINGERICH: New Palaeogene primate basicrania and the definition of the order Primates. Nature **301**, 509 – 511. 1983.
MAGLIO, V. J., H. B. S. COOKE (eds.): Evolution of African Mammals. Cambridge (Mass.), London 1978.
MAIER, W.: Vergleichend und funktionell-anatomische Untersuchungen an der Vorderextremität von *Theropithecus gelada* (Rüppel 1835). Abh. Senck. natf. Ges. **527**, 1 – 284. 1971.
- Konstruktionsmorphologische Untersuchungen am Gebiß der rezenten Prosimiae (Primates). Abh. Senck. natf. Ges. **538**, 1 – 158. 1980.
- Zur evolutiven und funktionellen Morphologie des Gesichtsschädels der Primaten. Z. Morphol. Anthrop. 79, 279 – 299 (1993).
- C. ALONSO, A. LANGGUTH : Field observations on *Callithrix jacchus jacchus*. Zt. Säugetierkd. 47, 334 – 346 (1982).
MARTIN, R. D.: Adaptive radiation and behaviour of the Malgasy Lemurs. Phil. Trans. Roy. Soc. London **264** B, 295 – 352. 1972.
- G. A. DOYLE, A. C. WALKER (eds.): Prosimian Biology. London 1974.
MEDWAY, LORD J.: Mammals of Borneo. Field keys and annotated checklist. Malaysian Branch Roy. Asian Soc. Singapore 1965.

MEIER, B.., R. ALBIGNAC: Rediscovery of *Allocebus trichotis* Günther 1875 (Primates) in North-East Madagascar. Folia Primatol. **56**, 57–63. 1991.
– – A. PEYRIÉRAS, Y. RUMPLER, P. WRIGHT: A new specvies of hapalemur (Primates) from South East Madagascar. Folia Primatol. **48**, 211–215. 1987.
MENZEL JR., E. W.: Patterns of responsiveness in chimpanzees, reared through infancy under conditions of environmental restriction. Psychol. Forsch. **27**, 337–365. 1964.
– Leadership and communication in chimpanzee community. In: MENZEL JR., E. W. (ed.), Precultural Primate behaviour, 192–225. Basel 1973.
MERZ, E.: Beziehungen zwischen Gruppen von Berberaffen (*Macaca sylvana*) auf La Montagne des Singes. Z. Kölner Zoo **19**, 59–67. 1976.
MEYER, A. B.: Säugetiere vom Celebes- und Philippinen-Archipel. Abh. u. Ber. K. Zool. u. Anthrop.-Ethnol. Museum Dresden Nr. 6, 9–10. 1896/97.
MILNE-EDWARDS, H., J. DENIKER, R. BOULART, E. DE POUSARGES, F. DELISLE: Observations sur deux Orang-Outans adultes morts à Paris. Nouv. Arch. u. Muséum d'histoire nat., 3ème sér. 1–118. Paris 1895.
MITTERMEIER, R. A., B. RYLANDS, A. F. COIMBRA-FILHO, G. A. B. DU FONSECA (eds.): Ecology and behavior of Neotropical Primates. Washington, D. C. 1988.
MILVART, ST.: On Lepilemur and Cheirogaleus and on the zoological rank of the Lemuroidea. Proc. Zool. Soc. London 1837, 484–510.
MOLLISON, T.: Die Körperproportionen der Primaten. Morph. Jb. **42**, 79–304. 1911.
MONTAGNA, W.: The structure and function of skin. New York, London (2. Aufl.) 1962.
– R. A. ELLIS: New approaches to the study of the skin of primates. In: BUETTNER-JANUSCH (eds.), Evolutionary and genetic biology of primates, vol. I. 179–196. London 1963.
MORRIS, R., D. MORRIS: Men and apes. London 1967.
– Der Mensch schuf sich den Affen. München, Basel, Wien 1968.
MOYNIHAN, M.: The New World Primates. Adaptive radiation and the evolution of social behavior, language and intelligence. Princeton, NJ 1976.
NAPIER, J. R., P. H. NAPIER: A Handbook od living Primates. London, New York 1967.
– – (eds.): Old world monkeys, evolution, systematics and behaviour. New York, London 1970.
– A. C. WALKER: Vertical climbing and leaping. Folia Primatol. **6**, 204–219. 1967.
NAPIER, P. H.: Catalogue of Primates in the British Museum (Nat. Hist.). I. Callitrichidae and Cebidae. London 1976.
– Catalogue of Primates in the British Museum and elsewhere in the British Isles. II. Family Cercopithecidae, subfam. Cercopithecini. London 1981.
NÉMAI, J.: Das Stimmorgan der Primaten. Z. Anat. Entwg. 1926. 657–672.
NIEMITZ, C.: Puzzle about *Tarsius*. Sarawak Mus. J. **20**, Nos. 40–41 new ser., 329–337. 1972.
– Field research on *Tarsius bancanus* at Sarawak Museum. Borneo Res. Bull. **5**, 2, 61–63. 1973.
– *Tarsius bancanus* (Horsfild's Tarsier) preying on snakes. Labr. Primates Newsl. **12**, 4, 18–19. 1973.
– Bericht über eine zoologische Forschungsexpedition nach Borneo. Gießner Univ. Blätter **2**, 102–125. 1974.
– A contribution to the postnatal behavioural development of *Tarsius bancanus* (Horsfield 1821), studied in two cases. Folia Primatol. **21**, 250–276. 1974.
– Zur Biometrie der Gattung *Tarsius* Storr, 1780 (Tarsiiformes, Tarsiidae). Nat. wiss. Diss. Gießen 1974.
– Zur Funktionsmorphologie und Biometrie der Gattung *Tarsius* Storr, 1780. Courier Forschungsinst. Senckenberg **25**. 1977.
– Zur funktionellen Anatomie der Papillarleisten und ihrer Muster bei *Tarsius bancanus borneanus* Horsfield 1821. Z. Säugetierkunde **42**, 321–346. 1977.
– (ed.): Biology of Tarsiers. Stuttgart, New York 1984.
– Review on the phylogenetic relationships among Primates with special reference to Calitrichidae. In: NEUBERT, MERKER, HENDRIKX (eds.), Non human Primates development and toxicology, 1–14. Wien, Berlin 1988.
– Risiken und Krankheiten als Evolutionsfaktoren. Eine Untersuchung am Beispiel von *Tarsius*. Zool. Garten, N.F. **59**, 1–12. 1989.
– A. NIETSCH, S. WARTER, Y. RUMPLER: *Tarsius dianae*: A new Primate species from Central Sulawesi (Indonesia). Folia Primatol. **56**, 105–116. 1991.
OPPENHEIMER, W.: Die Zunge des Orang-Utan. Morph. Jb. **69**, 62–97. 1932.
OWEN, R.: Monograph on the Aye-Aye (*Chiromys madagascariensis*, Cuvier). London 1863.
OXNARD, CH. E.: Fossils, teeth and sex. New perspectives on human evolution. Hong Kong 1987.

PANOUSE, J.: Les Mammifères du Maroc. Primates, carnivores, pinnipèdes, artiodactyles. Trav. de l'Inst. scientif. chérifien, sér. zool. no. 5. 1957.
PETTER, J. J.: Contribution à l'étude du Aye Aye. Naturaliste malgache XI. 153–164. 1959.
— L'observation des Lémuriens nocturnes dans les forêts de Madagascar. Utilisation des rayons I. R. Naturaliste malgache XI, 165–173. 1959.
— R. ALBIGNAC, Y. RUMPLER: Mammifères Lémuriens (Primates, Prosimiens). Faune de Madagascar 44. Paris 1977.
— A. PETTER: The Aye-Aye of Madagascar. In: ALTMANN, ST. A. (ed.), Social communication among primates, 195–205. 1967.
— A. PEYRIERAS: Nouvelle contribution à l'étude d'un Lémurien malgache, le Aye-Aye (*Daubentonia madagascariensis* E. Geoffroy). Mammalia **34**, 167–193. 1970.
PILBEAM, D.: The ascent of Man. An introduction to human evolution. New York, London 1972.
POCOCK, R. I.: On the external characters of the Lemurs and of *Tarsius*. Proc. Zool. Soc. London 1918, 19–53.
PREMACK, D., A. PREMACK: The mind of an ape. New York 1983.
PREUSCHOFT, H.: Muskeln und Gelenke der Hinterextremität des Gorillas (*Gorilla gorilla* Savage et Wymann, 1847). Morph. Jb. **101**, 432–540. 1961.
— Muskeln und Gelenke der Vorderextremität des Gorillas (*Gorilla gorilla* Savage et Wymann, 1847). Morph. Jb. **107**, 99–183. 1965.
— D. J. CHIVERS, W. Y. BROCKELMANN, N. CREEL (eds.): The lesser Apes. Evolutionary and behavioral biology. Edinburgh 1984.
RADINSKY, L.: The fossil evidence of Prosimian brain evolution. Advances in Primatol. I, 209–224. 1970.
RAMIREZ, J. F., C. H. FREESE, C. J. REVILLA : Feeding ecology of the pygmy marmoset *Cebuella pygmaea* . *In:* KLEIMAN : The biology and conservation of the Callitrichidae. Washington 1977.
RAVEN, H. C., W. K. GREGORY: The anatomy of the Gorilla. New York 1950.
REMANE, A.: Zähne u. Gebiß. In: HOFER, H., A. SCHULTZ, D. STARCK (eds.), Primatologia III, 637–846. Basel 1960.
REYNOLDS, V.: The Apes. London 1968.
ROHEN, J. W.: Sehorgan. In: HOFER, H., A. H. SCHULTZ, D. STARCK (eds.), Primatologia II, 1, 6, 1–208. 1962.
— Zur Histologie des Tarsiusauges. Albrecht v. Graefes Arch. klin. exp. Ophthal. **169**, 299–317. 1966.
ROONWAL, M. L., S. M. MOHNOT: Primates of South Asia, ecology, sociobiology and behavior. Cambridge (Mass.), London 1977.
ROSENBLUM, L. A., R. W. COOPER (eds.): The squirrel monkey. New York, London 1968.
ROTHE, H.: Beobachtungen, Analysen und Experimente zum Handgebrauch von *Callithrix jacchus* Erxl. 1777. Math.-natw. Diss. Kiel, 1–279. 1968.
— H. J. WOLTERS, J. P. HEARN (eds.): Biology and behaviour of Marmosets. Göttingen 1977.
RUCH, T. C., J. F. FULTON: Bibliographia primatologica. Springfield, Baltimore 1941.
RÜPPELL, E.: Neue Wirbelthiere zu der Fauna von Abyssinien gehörig. Frankfurt/M. 1835/40.
RUMBAUGH, D. M. (ed.): Gibbon and Siamang. Vol. I–IV. Basel 1972/76.
— T. V. GILL: Lanas acquisition of language skills. In: RUMBAUGH, D. M. (ed.), Language learning by a chimpanzee, the Lana project, 165–192. New York 1977.
SARICH, K.: Immunological time scale for hominid evolution. Science 158, 1200 (1968).
SCHALLER, G. B.: The year of the Gorilla. Chicago 1964.
SCHILLING, A.: L'organe de Jacobson du Lemurien Malgache *Microcebus murinus* (Miller, 1777). Mém. du Muséum National d'histoire naturelle. N.S., A. Zool. **61**, 4, 203–280. 1970.
— Olfactory communication in Prosimians. In: The study of Prosimian behavior, 461–542. New York, London 1979.
SCHNEIDER, R.: Vestibulum oris und Cavum oris. In: HOFER, H., A. SCHULTZ, D. STARCK (eds.), Primatologia III, 1, 5–40. Basel 1957.
— Zunge und weicher Gaumen. In: HOFER, H., A. SCHULTZ, D. STARCK (eds.), Primatologia III, 1, 61–126. Basel 1957.
SCHREIBER, G. R.: A note on keeping and breeding the Philippine Tarsier at Brookfield Zoo Chicago. Zoo Yearbook **8**, 114–115. 1968.
SCHULTZ, A. H.: The skeleton of the trunk and limbs of higher Primates. Human Biology 2, 303–438. 1930.
— Age changes and variability in Gibbon. Amer. J. Phys. Anthrop., N.S. **2**, 1–129. 1944.

- Palatine ridges of Primates. Contrib. Embryol. 33, 43−66 (1949).
- Studien über die Wirbelzahlen und die Körperproportionen von Halbaffen. Viertelj.schr. natf. Ges. Zürich **99**, 39−75. 1954.
- The life of Primates. New York 1956.
- Palatine ridges. In: Primatologia III/1, 127−138 (1958).
- Vertebral column and thorax. In: Hofer, H., A. Schultz, D. Starck (eds.), Primatologia IV, 5, 1−66. Basel 1961.
- Form und Funktion der Primatenhände. In: Rensch, B. (ed.), Handgebrauch und Verständigung bei Affen und Frühmenschen, 9−30. Bern, Stuttgart 1968.
- The skeleton of the chimpanzee. In: Bourne (ed.), The chimpanzee, 50−103. Basel 1969.
- The comparative uniformity of the Cercopithecoidea. Wenner Green Foundat. Sympos. 43, 1−10. 1969.
- The skeleton of the Hylobatidae and other observations on their morphology. In: Rumbaugh, D. M. (ed.), Gibbon and Siamang. Vol. II, 1−54. Basel 1973.
- W. L. Straus jr.: The number of vertebrae in Primates. Proc. Amer. Phil. Soc. **89**, 601−626. 1945.

Schwalbe, G.: Beiträge zur Kenntnis des äußeren Ohres der Primaten. Z. Morphol. Anthrop. **19**, 545−668. 1916.

Schwartz, J. H. (ed.): Orang-Utan Biology. New York, Oxford 1988.

Simson, E. L.: Primate evolution. An introduction to man's place in nature. New York, London 1972.
- A new species of Propithecus (Primates) from Northeast Madagascar. Folia Primatol. **50**, 143−151. 1988.
- E. Delson: Cercopithecidae and Parapithecidae. In: Maglio, V. J., H. B. S. Cooke (eds.), Evolution of African Mammals, 100−119, Cambridge (Mass.), London 1978.

Sonntag, C. F.: The comparative anatomy of the tongues of the Mammalia. I−VI. Proc. Zool. Soc. London 1920: 115−129; 1921: 1−29; 277−322; 497−594; 741−755; 757−767.

Spatz, W. B.: Die Bedeutung der Augen für die sagittale Gestaltung des Schädels von *Tarsius* (Prosimiae, Tarsiiformes). Folia Primatol. 9, 22−40. 1968.
- An interpretation of the sagittal shape of the skull of higher primates, based on observations on the skull of *Tarsius*. Proc. 2nd Internat. Congr. Primatol. 2, 187−191. 1969.
- Binokuläres Sehen und Kopfgestaltung. Ein Beitrag zum Problem des Gestaltwandels des Schädels der Primaten, insbes. der Lorisidae. Acta Anatomica **75**, 489−520. 1970.

Sperino, G.: Anatomia del Cimpanzè. Torino 1897.

Spiegel, A.: Der zeitliche Ablauf der Bezahnung und des Zahnwechsels bei Javamakaken (*Macaca irus mordax* Th. u. Wr.). Z. wiss. Zool. **145**, 711−732. 1934.

Sprankel, H.: Untersuchungen an *Tarsius*. I. Morphologie des Schwanzes nebst ethologischen Bemerkungen. Folia Primatol. **3**, 153−188. 1965.
- Zur vergleichenden Histologie von Hautdrüsenorganen im Lippenbereich bei *Tarsius bancanus borneanus* Horsfield 1821 und *Tarsius syrichta corbonarius* Linnaeus 1758. Proc. 3rd Internat. Congr. Primat. Zürich 1970, 1, 189−197. Basel 1971.

Starck, D.: Die Kaumuskulatur der Platyrrhinen. Morph. Jb. **72**, 212−285. 1933.
- Morphologische Untersuchungen am Kopf der Säugetiere, besonders der Prosimier. Ein Beitrag zum Problem des Formwandels des Säugetierschädels. Z. wiss. Zool. **157**, 169−219. 1953.
- Primativentwicklung und Placentation der Primaten. In: Primatologia I, 723−886. Basel, New York 1956.
- Bauchraum und Topographie der Bauchorgane. In: Primatologia III, 1, 446−506. Basel 1958.
- Ontogenie und Entwicklungsphysiologie der Säugetiere. In: Handb. d. Zool. VIII, 9, 1−283. Berlin 1959.
- Das Cranium eines Schimpansenfetus (*Pan troglodytes* Blumenbach 1799) von 71 mm SchStlge. nebst Bemerkungen über die Körperform von Schimpansenfeten. Morph. Jb. **100**, 559−647. 1960.
- Das Cranium von *Propithecus* spec. (Prosimiae, Lemuriformes, Indriidae). Bibl. Primatol. I, 163−196. 1962.
- Die Evolution des Säugetiergehirns. Sitzungsber. Wiss. Ges. Frankfurt/M. 1, 23−60. 1962.
- Die Neencephalisation (Die Evolution zum Menschenhirn). In: Heberer, G. (ed.), Menschliche Abstammungslehre, 103−144. Stuttgart 1965.
- Die zirkumgenitalen Drüsenorgane von *Callithrix* (*Cebuelle*) *pygmaea* (Spix, 1823). Zool. Garten, N.F. **36**, 312−326. 1969.

- Die Stellung der Hominiden im Rahmen der Säugetiere. In: HEBERER, G. (ed.), Die Evolution der Organismen III. Stuttgart (3. Aufl.) 1974.
- The nasal cavity and nasal skeleton of *Tarsius*. In: NIEMITZ, C. (ed.), Biology of Tarsiers, 275–290. Stuttgart, New York 1984.
- Ordnung Primates. Cercophithecidae. *Macaca sylvanus*. In: NIETHAMMER-KRAPP (eds.), Hdb. Säugetiere Europas 3, 1, 485–508. Wiesbaden 1990.
- R. SCHNEIDER: Respirationsorgane. A. Larynx. In: Primatologia III, 2, 423–587. Basel 1960.

STEPHAN, H.: Methodische Studien über den quantitativen Vergleich architektonischer Struktureinheiten des Gehirns. Z. wiss. Zool. **164**, 143–172. 1960.
- Quantitative Vergleiche zur phylogenetischen Entwicklung des Gehirns der Primaten mit Hilfe von Progressionsindices. Mitt. Max-Planck-Ges. 1967, 263–286. 1967.
- Zur Entwicklungshöhe der Primaten nach Merkmalen des Gehirns. Neue Ergebn. d. Primatol., 108–119. Stuttgart 1967.
- Morphology of the brain in *Tarsius*. In: NIEMITZ, C. (ed.), Biology of Tarsiers, 319–344. Stuttgart, New York 1984.
- O. J. ANDY: Quantitative comparsions of brain structures from Insectivores to Primates. Amer. Zool. **4**, 59–74. 1964.
- Quantitative comparative neuroanatomy of Primates. Ann. New York Acad. Sci. **167**, 370–387. 1969.
- R. BAUCHOT: Hirn-Körpergewichtsbeziehungen (Prosimii). Acta Zool. **46**, 209–231. 1965.

STRAUS JR., W. L.: The posture of the great apes hand in locomotion and its phylogenetic implications. J. Phys. Anthr. 27, 199–207 (1940).
STRAUS JR., W. L., J. A. ARCADI: Urinary system. In: Primatologia III, 1, 507–541. Basel 1958.
STRUHSAKER, TH. T.: The red Coobus monkey. Chicago, London 1975.
SUSMAN, E. W. (ed.): Primate ecology. New York 1979.
- (ed.): The Pygmy Chimpanzee, evolutionary biology and behavior. New York, London 1984.

SWINDLER, D. R., CH. D. WOOD: An atlas of Primate gross anatomy – Baboon, Chimpanzee and Man. Seattle, London 1973.
SZALAY, F.: THE beginning of Primates. Evolution **22**, 19–36. 1968.
- Phylogeny of Primate higher taxa, the basicranial evidence. In: LUCKETT, W. P., S. F. SZALAY (eds.), Phylogeny of the Primates, 91–125. New York, London 1975.
- Phylogeny, adaptations and dispersal of the Tarsiiform Primates. In: LUCKETT, W. P., S. F. SZALAY (eds.), Phylogeny of the Primates, 357–404. New York, London 1975.

SZALAY, S., E. DELSON: Evolutionary history of the Primates. New York, London 1979.
TAPPEN, N. C.: Genetics and systematics in the study of Primate evolution. Symp. Zool. Soc. London **10**, 267–276. 1963.
TATTERSALL, J.: The Primates of Madagascar. New York 1982.
- Die Lemuren Madagaskars, Repraesentanten früher Primaten. Spectrum d. Wiss. 1993, 58–65. 1993.
- J. H. SCHWARTZ: Craniodental morphology and the systematics of the malagassy lemurs (Primates, Prosimii). Anthropol. Pap. Amer. Mus. Nat. Hist. **52**, 139–192. New York 1974.
- R. W. SUSSMAN (eds.): Lemur Biology. New York 1975.

TAUB, D. M.: Geographic distribution and habitat diversity of the Barbary Macaque *Macaca sylvanus* L. Folia Primatol. **27**, 108–132. 1977.
- Female choice and mating strategies among wild Barbary Macaques (*Macaca sylvanus* L.). In: LINDBURG, D. G. (ed.), 287–344. 1980.

TOBIAS, P. V.: New developments in hominid paleontology in South and East Africa. Ann. Rev. Anthr. 2, 311–334 (1973).
TUTTLE, R. (ed.): The functional and evolutionary biology of Primates. Chicago, New York 1972.
- Functional and evolutionary biology of Hylobatid hands and feet. In: RUMBAUGH, D. M. (ed.): Gibbon and Siamang. Vol. I, 137–206. Basel 1972.

ULMER, F. A. JR.: Observations on the Tarsier in captivity. Zool. Garten. N.F. **27**, 106–121. 1963.
VALEN, L. V.: Treeshrews, primates and fossils. Evolution **19**, 137–151. 1965.
VALLOIS, H.: Orde des Primates. In: GRASSÉ, Traité de Zoologie XVII, 1854. Paris 1955.
VOGEL, CH.: Soziale Organisationsformen bei catarhinen Primaten. In: KURTH, G., I. EIBL-EIBESFELD (eds.), Hominisation und Verhalten, 159–200. Stuttgart 1975.
- Die Hominisation, ein singulärer Sprung aus dem Kontinuum der Evolution. Nova Acta Leopold. N.F. **62**, Nr. 270, 141–154. 1989.

WAGNER, J. A.: Die Affen und Flederthiere. In: SCHREBER, J. C. D.: Die Säugethiere. Erlangen 1840.

Walker, A. C.: Primate locomotor evolution and its bearing on the evolution of human behaviour. In: Olembo, R. J., Human adaptation in tropical Africa.. E. Africa Acad. Nairobi 1968.
Walter, S., Randrianasolo, B. Dutrillo, Y. Rumpler: Cytogenetic study of a new subspecies of *Hapalemur griseus*. Folia Primatol. **48**, 50 – 55. 1987.
Weidenreich, F.: Der Menschenfuß. Z. Morph. Anthr. 22, 51 – 282 (1921).
Werner, C. F.: Mittel- und Innenohr. In: Primatologia II, 1, Lfg. 5, 1 – 40. Basel 1960.
Wislocki, C. B.: Placentation in the marmoset (*Oedipomidas geoffroyi*) with remarks on twinning in monkeys. Anat. Rec. **52**, 381 – 400. 1932.
– H. S. Bennett: The histology and cytology of the human and monkey placenta, with special reference to the trophoblast. Amer. Journ. Anat. **73**, 335 – 449. 1943.
Wood-Jones, F.: Man's place among the mammals. London 1929.
Woollard, H. H.: The anatomy of *Tarsius spectrum*. Proc. Zool. Soc. London 1925. 1071 – 1184.
– The differentiation of the retina in the primates. Proc. Zool. Soc. London 1927, 1 – 17.
Yerkes, R. M., A. W. Yerkes: The great apes, a study of anthropoid life. Newhaven, London 1945.
Zapfe, H.: Lebensbild von *Megaladapis edwardsi* (Grandidier). Ein Rekonstruktionsversuch. Folia Primatol. **1**, 178 – 187. 1963.
Zeller, U., G. Epple, I. Küderling, H. J. Kuhn: Anatomy of the circumgenital scent gland of *Saguinus fuscicollis* (Callitrichidae, Primates). J. Zool. **214**, 141 – 156. 1988.
Zuckermann, S.: The menstrual cycle of the primates. Part IV. Lemuroidea and Tarsoidea. Proc. Zool. Soc. London 1932, 1067 – 1069.

Rodentia

Abou-Harb, N., M. Abou-Harb: Particularités histologiques et histochimiques de l'appareil génital male et femelle de *Lemniscomys striatus* (Rongeurs. Muridés). Mammalia **30**, 343 – 349. 1966
Agrawal, V. Ch.: Systematics and ecology of rodents (Mammalia). Ph. D.-Thesis Benares Hindu University. Varanasi 1963.
Aharoni, B.: Die Muriden von Palästina und Syrien. Z. Säugetierkunde **7**, 166. 1932.
Aisenstadt, D. S.: Die Wechselbeziehungen zwischen Hausratte (*Rattus rattus* L.) und Wanderratte (*Rattus norvegicus* Bork.). Sowjetwiss. Naturw. Beiträge 1960. 290 – 301.
Allen, J. A.: Review of the South American Sciuridae. Bull. Amer. Mus. Nat. Hist. **34**, 147 – 306. 1915.
– Sciuridae, Anomaluridae and Idiuridae collected by the Americ. Museum Congo Expedition. Bull. Amer. Mus. Nat. Hist. **47**, 39 – 71, 1 Tafel. 1922.
Alston, E. R.: On the classification of the order Glires. Proc. Zool. Soc. London 1876, 61 – 98.
Altner, H.: Biometrische Untersuchungen an der Kurzohrmaus *Pitymys subterraneus*. De Selys-Longchamps, 1836. Zool. Anz. **160**, 135 – 146.
Amtmann, E.: Biometrische Untersuchungen zur introgressiven Hybridisation der Waldmaus (*Apodemus sylvaticus* Linné, 1758) und der Gelbhalsmaus (*Apodemus tauricus* Pallas, 1811). Z. zool. syst. Evolfg. **3**, 103 – 156. 1965.
– Zur geographischen Farbvariation des afrikanischen Riesenhörnchens *Protoxerus stangeri* (Waterhouse 1842). Eine quantitative Untersuchung zur Glogerschen Regel. Z. Morph. Ökol. Tiere **55**, 515 – 529. 1965.
Argyropoulo, A. I.: Die Gattung und Arten der Hamster (Cricetinae Murray 1866) der Palaearktik. Z. Säugetierkunde **8**. 1933.
Armitage, P., B. West, K. Steedman: New evidence of black rat in Roman London. The London Archeologist **4**, 375 – 383. 1984.
Asibey, E. O. A.: The Grascutter, *Thryonomys swinderianus* Temminck, in Ghana. Sympos. zool. soc. London **34**, 161 – 170. 1974.
– Reproduction in the Grascutter (*Thryonomys swinderianus* Temminck) in Ghana. Sympos. zool. soc. London **34**, 251 – 263. 1974.
Auffray, J. C., E. Tchernov, F. Bonhomme, G. Heth, S. Simson, E. Nevo: Presence and ecological distribution of *Mus „spretoides"* and *Mus musculus* domesticus in Israel. Circummediterranean vicariance in the genus Mus. Z. Säugetierkunde 1988.
Avery, D. M.: The dispersal of brown rats, *Rattus norvegicus*, and new specimens from the 19th century Cape Town. Mammalia **49**, 573 – 576. 1985.
Bailey, V.: Revision of the pocket gophers of the genus *Thomomys*. N. Amer. Fauna No. **39**, 1 – 136. 1915.

BARNETT, S. A.: Damage to wheat by enclosed populations of *Rattus norvegicus*. J. Hyg. Camp. **49**, 1, 22−25. 1951.
BARNETT, BATHARD, SPENCER: Rat populations and control in two English villages. Ann. appl. Biol. **38**, 444−463. 1951.
BAUER, K.: Zur Kenntnis von *Microtus oeconomus méhelyi* EHIK. Zool. Jb. Syst. **82**. 1953.
BEAUFORT, F. DE: Présence de *Deomys ferrugineus* (Muridae, Deomyniae) dans Ouest du Bassin du Congo. Mammalia **26**, 4, 574−575. 1962.
− Les Cricétinés des Galapagos. Valeur du genre Nesoryzomys. Mammalia **27**, 338−340. 1963.
BECKER, K.: Zur Frage Rudelbildung und Revierabgrenzung bei der Wanderratte. Z. hyg. Zool. u. Schädlingsbek. München **39**, 3, 81−91. 1951.
− Schlußwort zur Diskussion über das Revierverhalten bei der Wanderratte. Z. hyg. Zool. u. Schädlingsbek. München **40**, 137−138. 1952.
− H. KEMPER: Der Rattenkönig, eine monographische Studie. Beihefte d. Z. f. angewandte Zoologie 2. Berlin (Duncker u. Humblot) 1964.
BITTERA, J. VON: Einiges über die männlichen Copulationsorgane der Muriden und deren systematische Bedeutung. Zool. Jb. Abt. Syst. **41**, 399−418. 1918.
BOCK, M.: Histochemische Untersuchungen über die Enzymaktivität in den Zellen der großen Speicheldrüsen verschiedener Arten der Rodentia Bowdich, 1821. Eine vergleichende Betrachtung. Z. wiss. Zool. **172**, 229−304. 1965.
BOHMANN, L.: Die großen einheimischen Nager als Bewegungstypen. Z. f. Morph. Ökol. d. Tiere **35**, 317−388. 1939.
BOLLER, N.: Untersuchungen an Schädel, Kausmuskulatur und äußerer Hirnform von *Cryptomys hottentotus* (Rodentia, Bathyergidae). Z. wiss. Zool. **181**, 1−65. 1970.
BONHOMME, F., J. CATALAN, S. GERASIMOV, PH ORSINI, L. THALER: Le complex d'espèces du genre Mus en Europe centrale et orientale. Z. Säugetierkunde **48**, 78−85. 1983.
BREITWIESER, B.: Untersuchungen zur innerartlichen Variabilität des Schädels von *Bathyergus suillus suillus* (Schreber, 1782, Mammalia, Rodentia, Bathyergidae). Z. Säugetierkunde **34**, 321−347. 1969.
BRYLSKI, P., B. K. HALL: Ontogeny of a macroevolutionary phenotype; the external cheek patches of geomyoid rodents. Evolution **42**, 391−395. 1988.
BUGGE, J.: The contribution of the stapedial artery to the cephalic arterial supply in muroid rodents. Acta Anatomica **76**, 313−336. 1970.
− The cephalic arterial system im molerats (Spalacidae) bamboo rats (Rhizomyidae), jumping mice and jerboas (Dipodoidae) and dormice (Glirioidea) with special reference to the systematic classification of rodents. Acta Anatomica **79**, 165−180. 1971.
− The Cephalic Arterial System in Insectivores, Primates, Rodents and Lagomorphs, with Special Reference to the Systematic Classification. Acta Anatomica **87**, 1−129. 1974.
BURDA, H.: Reproductive Biology (behaviour, breeding and postnatal development) in subterranean mole-rats, *Cryptomys hottentotus* (Bathyergidae). Z. Säuget.kde **54**, 360−374. 1989.
− Relationship among rodent taxa as indicated by reproductive biology. Z. zool. syst. Evolfg. **27**, 49−57. 1989.
BÜRGER, M.: Eine vergleichende Untersuchung über Putzbewegungen bei Lagomorpha und Rodentia. Zool. Garten, N.F. **24**, 434−506. 1959.
CAPANNA, E.: A re-statement of the problem of chromosomal polymorphism of Rattus rattus (L.). Sympos. Theriol. II. Proc. Internat. Sympos. Species Zoogeography European Mammals, 223−235. 1971.
COLLINS, L. R., J. F. EISENBERG: Notes on the behaviour and breeding of *Pacarana* in captivity. Internat. Zoo. Yearb. **12**, 108−114. 1972.
CURRY-LINDAHL, K.: The irruption of Norway Lemming in Sweden during 1960. J. Mammal. **43**, 171−184. 1962.
DALQUEST, W. W., V. B. SCHEFFER: Distribution and Variation in Pocket gophers. *Thomomys talpoides*, in the State of Washington. The Americ. Natural. **78**, 308−333; 423−450. 1944.
DATHE, H.: Über den Bau des männlichen Kopulationsorganes beim Meerschweinchen und anderen hystricomorphen Nagetieren. Morph. Jb. **80**, 1−65. 1937.
− Vom Harnspritzen des Ursons (*Erethizon dorsatus*). Z. Säugetierkunde **28**, 369−375. 1963.
DAVIS, D. E.: The relation between the level of population and the prevalence of *Leptospira*, *Salmonella*, and *Capillaria* in Norway rats. Ecology **32**, 465−468. 1951.
− The relation between level of population and pregnancy of Norway rat. Ecology **32**, 459−461. 1951.

- The relation between level of population and size and sex in Norway rat. Ecology **32**, 462–464. 1951.
DECHASEAUX, C.: Encéphales de Simplicidentés fossiles. In: PIVETEAU (ed.), Traité de Paléontologie VI, 2, 819–821. Paris 1958.
DHALIWAL, S. S.: Studies on body measurements and skeletal variations of two taxa of *Rattus rattus* in Malaya. J. Mammal. **43**, 249–261. 1962.
DIETERLEN, F.: Beiträge zur Biologie der Stachelmaus, *Acomys cahirinus dimidiatus* CRETZSCHMAR. Z. Säugetierkunde **26**, 1–13. 1961.
- Geburt und Geburtshilfe bei der Stachelmaus, *Acomys cahirinus*. Z. Tierpsychol. **19**, 191–222. 1962.
- Zur Kenntnis der Kreta-Stachelmaus *Acomys* (*cahirinus*) *minous* BATE. Z. Säugetierkunde **28**, 47–57. 1963.
- Jahreszeiten und Fortpflanzungsperioden bei den Muriden des Kivusee-Gebietes (Congo). Z. Säugetierkunde **32**, 1–44. 1967.
- Ökologische Populationsstudien an Muriden des Kivugebietes (Congo), Teil I. Zool. Jb. Syst. **94**, 369–426. 1967.
- Die afrikanische Muridengattung *Lophuromys* PETERS, 1874. Vergleich an Hand neuer Daten zur Morphologie, Ökologie und Biologie. Stuttgarter Beiträge zur Naturkde. **285**, 1–96. 1967.
- Zur Kenntnis der Gattung *Otomys* (Otomyinae; Muridae; Rodentia). Beiträge zur Systematik, Ökologie und Biologie zentralafrikanischer Formen. Z. Säugetierkunde **33**, 321–352. 1968.
- Aspekte zur Herkunft und Verbreitung der Muriden. Z. zool. syst. Evolfg. **7**, 237–242. 1969.
- Zur Kenntnis von *Delanymys brooksi* Hayman 1962 (Petromyscinae; Cricetidae; Rodentia). Bonn. zool. Beitr., H. 4, 384–395. 1969.
- Beiträge zur Systematik, Ökologie und Biologie der Gattung *Dendromus* (Dendromurinae, Cricetidae, Rodentia), insbesondere ihrer zentralafrikanischen Formen. Säugetierkundl. Mitt. 19 Jhg., H. 2, 97–132. 1971.
- Bemerkungen über *Leicacomys büttneri* MATSCHIE, 1893 (Dendromurinae, Cricetidae, Rodentia). Säugetierkundl. Mitt. **24**, 224–228. 1976.
- Zur Systematik, Verbreitung und Ökologie von *Colomys golsingi* THOMAS & WROUGHTON, 1907 (Muridae, Rodentia). Bonner zool. Beitr. **34**, 73–106. 1983.
- B. STATZNER: The African rodent *Colomys golsingi* THOMAS & WROUGHTON, 1907 (Rodentia, Muridae), a predator in limnetic eco-systems. Z. Säugetierkunde **46**, 369–383. 1981.
DJOSHKIN, W. W.: Die gegenwärtige Verbreitung der Biber in Eurasien. Sowjetwiss. Naturw. Beiträge, 1961 T., 704–717.
DOBSON, G. E.: On the Myology and viceral Anatomy of *Capromys melanurus* with a description of the species. Proc. Zool. Soc. London 1884.
DOLLMAN, G.: On *Arvicanthis abyssinicus* and allied East African species with description of four new forms. Ann. Mag. Nat. Hist. **8**, 334–353. 1911.
DONGEN, L. G. R. VAN: The gross morphology and arterial supply of the brain of the grey rodent-mole (*Cryptomys*). S. Afric. J. Sci. **39**, 164–1175. 1943.
DUBOST, G.: Un Muridé arboricole du Gabon, *Dendromus pumilo* WAGNER, possesseur d'un cinquième orteil opposable. Biol. Gabonica 1965, 188–190.
DULIC, C., G. FELTEN: Säugetiere (Mammalia) aus Dalmatien. I. Die Schläfer (Rodentia, Gliridae). Senckenbergiana Biol. **43**, 417–423. 1962.
ECKARDT, H.: Mutationen beim Chinchilla. Chinchilla-Zucht **1**, 36. Hannover 1958.
EHIK, G.: The occurrence of the root vole (*Microtus oeconomus* PALL.) at the Kisbalaton. Ann. Hist. nat. Mus. Nat. Hung. (S. n.) **3**. 1953.
EIBL-EIBESFELDT, I.: Beobachtungen zur Fortpflanzungsbiologie und Jugendentwicklung des Eichhörnchens (*Sciurus vulgaris* L.) Z. Tierpsychol. **8**, 370–400. 1951.
- Gefangenschaftsbeobachtungen an der persischen Wüstenmaus (*Meriones persicus persicus* Blanford): Ein Beitrag zur vergleichenden Ethologie der Nager. Z. Tierpsychol. **8**, 400–423. 1951.
- Das Verhalten der Nagetiere. In: HELMCKE, V. LENGERKEN, STARCK (eds.), Handb. Zoologie 8, Lfg. 11, 1–88. Berlin 1958.
EISENTRAUT, M.: Gefangenschaftsbeobachtungen an *Rattus* (*Praomys*) *morio* (TROUESSART). Bonner Zool. Beiträge **12**, 1–21. 1961.
- Die Hörnchen (Sciuridae) von Fernando Poo. Bonner Zool. Beiträge Jg. 14, 177–186. 1963.
- Die *Hylomyscus*-Formen von Fernando Poo. Z. Säugetierkunde **3**, 213–219. 1966.
- Das Gaumenfaltenmuster bei westafrikanischen Muriden. Zool. Jb. Syst. Bd. **96**, 478–490. 1969.

- F. Dieterlen: Kreuzungsversuche mit den beiden Stachelmaus-Arten *Acomys dimidiatus* Cretzschmar und *Acomys minous* Bate (Muridae, Rodentia). Zool. Beiträge **15**, 2/3, 329–346. 1969.
Ellermann, J. R.: Families and genera of living rodents. 3 Bde. London (British Museum Nat. History) 1940/41, 1949.
- A key to the Rodentia inhabiting India, Ceylon and Burma based on collections in the British Museum. J. Mammal. **28**, I: 249–278; II: 357–387. 1947.
Eloff, G.: Orientation in the mole-rat *Cryptomys*. Brit. J. Psychol. **42**, 134–145. 1951.
Elton, Ch.: Voles, mice and lemmings. Oxford (Clarendon Press) 1942. Nachdruck: Weinheim (Cramer) 1965.
Fahlbusch, V.: Populationsverschiebungen bei tertiären Nagetieren. Eine Studie an oligozaenen und miozaenen Eomyidae Europas. Bayer. Akad. Wiss. Math. Natw. Kl., Abh. N.F. No. 145, 1–136. 1970.
Felten, H., G. Storch: Eine neue Schläfer-Art, *Dryomys laniger* n. sp. aus Kleinasien (Rodentia, Gliridae). Senckenbergiana Biologica **49**, 429–435. 1968.
Fields, R. W.: Hystricomorph Rodents from the late Miocene of Colombia, South Amerika. Univ. of Calif. Publ. in Geol. Sci. **32**, 273–404. 1957.
Fitch, H. S.: Ecology of the California ground squirrel on grazing lands. The Am. Midland Naturl. **39**, 513–596. 1948.
Foster, J. B.: Life history of the *Phenacomys vole*. J. Mammal. **42**, 181–198. 1961.
Frahnert, S., D. Heidecke: Kraniometrische Analyse eurasischer Biber (Rodentia, *Castor fiber* L.). Semiaquat. Säugetiere. Wiss. Beiträge Univ. Halle-Wittenberg 1993.
Frank, F.: Untersuchungen über den Zusammenbruch von Feldmausplagen (*Microtus arvalis* Pallas). Zool. Jb. Abt. Syst. **82**, 95–136. 1953.
- Zur Entstehung übernormaler Populationsdichten im Massenwechsel der Feldmaus *Microtus arvalis* Pallas. Zool. Jb. Syst. **81**, 610–624. 1953.
- Wesen und Rhythmik der Mäuseplagen im Hinblick auf ihre Bekämpfung. Der prakt. Desinfektor H. 2/3, 1953.
- Zucht und Gefangenschaftsbiologie der Zwergmaus (*Micromys minutus subobscurus* Fritsche). Z. Säugetierkunde **22**, 1–44. 1957.
Freye, H. A.: Bemerkungen zum Genitalsystem des männlichen Bibers *Castor fiber* L. Wiss. Z. Martin-Luther-Univ. Halle-Wittenberg **2**, 911–915. 1953.
- Eine Differenzierungsmethode zur Spezies-Determination, dargestellt am Beispiel der Castoridae. Symp. Theriologic. 1960. Prag 1962.
Frick, Ch.: A new genus and some new species and subspecies of Abyssinian rodents. Ann. Carnegie Mus. **9**, 7–28. 1913/15.
Frick, H.: Zur Entwicklung des Knorpelschädels der Albinomaus. Nova Acta Leopoldina N.F. **58**, Nr. 262, 305–317. 1986.
Gemmeke, H., J. Niethammer: Zur Taxonomie der Gattung *Rattus* (Rodentia, Muridae). Z. Säugetierkunde **49**, 104–116. 1984.
George, W.: Notes on the ecology of *Gundis* (F. Ctenodactylidae). Sympos. zool. Soc. London **34**, 143–160. 1974.
Gewalt, W.: Beobachtungen über die Aufzucht von Eichhörnchen (*Sciurus vulgaris*) in der Gefangenschaft. Zool. Garten **19**, 26. 1952.
Girard, L.: Port habituel de la tête, et fonction vestibulaire. Mammalia 1947.
Goldman, E. A.: Remarks on pocket geophers, with special reference to *Thomomys talpoides*. J. Mammal. **20**, 231–244. 1939.
Gorgas, M.: Vergleichend-anatomische Untersuchungen am Magen-Darm-Kanal der Sciuromorpha, Hystricomorpha und Caviomorpha (Rodentia). Z. wiss. Zool. **175**, 237–404. 1967.
Grassé, P. P., P. L. Dekeyser: Ordre des rongeurs. In: Grassé (ed.), Traité de Zoologie 17, 2, 1321–1525. Paris 1955.
Greene, E. C.: Anatomy of the rat. Americ. Phil. soc. Philadelphia, 1935.
Gropp, A., H. Winking: Robertsonian translocations: Cytology, Meiosis, Segregation patterns and biological consequences of heterozygoty. Symp. zool. soc. London No. **47**, 141–181. 1981.
Hagemann, E., G. Schmidt.: Ratte und Maus. Versuchstiere in der Forschung. Berlin (de Gruyter) 1960.
Hagen, B.: Die Rötelmaus und die Gelbhalsmaus vom Monte Gargano, Apulien. Z. Säugetierkunde **23**, 49–65. 1958.
Hamar, M., M. Schutowa: Neue Daten über die geographische Veränderlichkeit und die Entwick-

lung der Gattung *Mesocricetus* NEHRING 1898 (Glires, Mammalia). Z. Säugetierkunde **31**, 237–251. 1966.
HATT, R. T.: Lagomorpha and Rodentia, other than Sciuridae, Anomaluridae and Idiuridae, collected by the American Museum Congo expedition. Bull. Amer. Mus. Nat. Hist. **76**, 457–604. 1940.
HEDIGER, H.: Die Jugendentwicklung des Hamsters (*Cricetus cricetus* L.). Ciba Ztschrft. Nr. 93. 1944.
– Gefangenschaftsgeburt eines afrikan. Springhasen *Pedetes caffer.* Zool. Garten **17**, 1/5. 1950.
– Zum Fortpflanzungsverhalten des kanadischen Bibers (*Castor fiber canadensis*). forma et functio **2**, 336–351. 1970.
HERÁŇ: Über die Schwimmfähigkeit der Schermaus (*Arvicola terrestris* L.). Zool. Garten, N.F. **29**, 8–13. 1964.
HEROLD, W.: Bemerkungen zur Waldmausfrage. Zool. Garten, N.F. **18**, 234. 1951.
– J. NIETHAMMER: Zur systematischen Stellung des südafrikanischen *Gerbillus paeba* Smith, 1834 (Rodentia, Gerbillinae) auf Grund seines Alveolenmusters. Säugetierkundl. Mitt. **11**, 49–58. 1963.
– K. ZIMMERMANN: Molaren-Abbau bei der Hausmaus (*Mus musculus* L.). Z. Säugetierkunde **25**, 81–88. 1960.
HERSHKOVITZ, PH.: A. Systematic review of the neotropical water rats of the genus *Nectomys* (Cricetinae). Misc. Publ. Museum Zool. Univ. Michigan No. 58. Univ. Michigan Press 1944.
– On the cheek pouches of the tropical American Paca, *Agouti paca* (L., 1766). Säugetierkundl. Mitt. **3**, 67–70. 1955.
– Evolution of Neotropical Cricetine Rodents (Muridae) with special reference to the phyllotine group. Fieldiana Zool. **46**, 1–524. 1962.
– South American Swamp and Fossorial Rats of the Scapteromyine Group (Cricetinae, Muridae) with Comments on the Glans Penis in Murid Taxonomy. Z. Säugetierkunde **31**, 81–149. 1966.
HILL, J. E.: The retractor muscle of the pouch in Geomyidae. Science N.S. **81**, 160. 1935.
– The cranial foramina in rodents. Am. J. Mammal. **16**, 121–128. 1935.
– Morphology of the pocket gopher. Mammalian genus *Thomomys*. Univ. California publ. Zoo. **42**, 81. 1937.
HILL, W. C. O., A. PORTER, R. T. BLOOM, J. SEAGO, M. D. SOUTHWICK: Field and laboratory studies on the naked mole rat, *Heterocephalus glaber.* Proc. Zool. Soc. London **128**, 455–514. 1957.
HINTON, M. A. C.: Mongraph of the voles and lemmings (Microtinae), living and extinct. British Museum London **1**, 1–488. 1926.
HINZE, G.: Der Biber. Körperbau, Lebensweise, Verbreitung und Geschichte. Berlin 1950.
HOESCH, W.: Beobachtungen an Springhasen (Pedetidae). Natur und Volk **90**, 69–74. 1960.
HOLLIGER, C. D.: Anatomical adaptations in the thoracic limb of the Califonia pocket gropher and other rodents. Univ. Calif. Publ. Zool. **13**, 447–494. 1916.
HOWELL, A. B.; On the alimentary tracts of squirrels with diverse food habits. J. Washingt. Acad. Sci. **15**, 145–150. 1925.
– Anatmomy of the wood rat. Comparative anatomy of the subgenera of the American wood rat (genus *Neotoma*). Baltimore (Williams & Willkins) 1926. 225 S.
– The saltatorial rodent *Dipodomys:* The functional and comparative anatomy of its muscular and osseous systems. Proc. Amer. Acad. Arts and Sciences **67**, 377–536. 1932.
– Speed in animals. Chicago (Univ. of Chicago Press) 1944.
HUBERT, B., F. ADAM, A. POULET: Liste préliminaire des rongeurs du Sénégal. Mammalia **37**, 76–87. 1973.
HÜCKINGHAUS, F.: Zur Nomenklatur und Abstammung des Hausmeerschweinchens. Z. Säugetierkunde **26**, 108–111. 1961.
– Vergleichende Untersuchungen über die Formenmannigfaltigkeit der Unterfamilie Caviinae MURRAY 1886. Z. wiss. Zool. **166**, 1–98. 1961.
HURD, R.: The alimentary canal of the chinchilla. Fur trade Jl. Canada **30**, H. 10, 15–18. 1953.
JARVIS, J. U. M.: The breeding season and litter size of African mole-rats, J. Reprod. Fert. Suppl. **6**, 237–248. 1969.
– Eusociality in a Mammal: cooperative breeding in naked mole-rat colonies. Science **212**, 571–573. 1981.
– J. B. SALE: Burrowing and burrow patterns of East-African mole-rats, *Tachyoryctes, Heliophobius* and *Heterocephalus.* J. Zool. London **163**, 451–479. 1971.
– s. auch SHERMAN, R. M.
– Energetics of survival in *Heterocephalus glaber* (RÜPPELL), the naked mole-rat (Rodentia, Bathyergidae). Bull. Carnegie Mus. Nat. Hist. No. **6**, 81–87. 1978.

Jepsen, G. L.: A Paleocene rodent, *Paramys atavus*. Proc. Amer. Phil. Soc. **78**, 291–301. 1937.
Kästle, W.: Die Jugendentwicklung der Zwergmaus *Micromys minutus soricinus* (Herm. 1780). Säugetierkundl. Mitt. **1**, 49–59. 1953.
Kahmann, H., O. von Frisch: Zur Ökologie der Haselmaus (Muscardinus avellanarius) in den Alpen. Zool. Jb. Abt. System., Ökol. u. Geogr. **78**, 1950.
– J. Halbgewachs: Beobachtungen an der Schneemaus, *Microtus nivalis* Martins, 1842, in den Bayrischen Alpen. Säugetierkundl. Mitt. **10**, 64–82. 1962.
Kalas, K.: Beobachtungen bei der Handaufzucht eines kanadischen Bibers, *Castor canadensis* Kuhl, 1820. Säugetierkundl. Mitt. **24**, 304–316. 1976.
Keast, A. (ed.): Ecological biogeography of Australia. I–III. The Hague/Boston/London 1981.
Kennerly jr., Th. E.: Contact between the ranges of two allopatric species of Pocket Gophers. Evolution **13**, 247–263. 1959.
Kingdon, J.: East African Mammals II. b. Hares and rodents. London/New York 1974.
Kock, D., H. W. Schomber: Beitrag zur Kenntnis der Lebens- und Verhaltensweisen des Gundi, *Ctenodactylus gundi* (Rothmann, 1776). Säugetierkundl. Mitt. **9**, 165–166. 1961.
König, C.: Eine neue Wühlmaus aus der Umgebung von Garmisch-Partenkirchen (Oberbayern): *Pitymys bavaricus* (Mammalia, Rodentia). Senckenberg. Biol. **43**, 1–10. 1962.
– I. König: Zur Kenntnis der Mediterranen Kleinwühlmaus *Pitymys duodecimcostatus* (de Selys-Longchamps 1839) in der Provence. Zool. Anz. **166**, 32–42. 1961.
Koenig, L.: Das Aktionssystem des Siebenschläfers (*Glis glis* L.). Z. Tierpsych. **17**, 427–505. 1960.
Kolar, H.: Einiges über Stachelmäuse (*Acomys cahirinus dimidiatus*). Die Pyramide **8**, 111–112. 1960.
Krampitz, H. E.: Neuere Gesichtspunkte der Epidemiologie, Prophylaxe und Therapie der Pest. D. med. Wschft. **87**, 1853–1860. 1962.
Krapp, F.: Die Zwergmaus *Micromys minutus* (Pallas, 1778), ein für die Westschweiz neues Säugetier. Bull. de la Société Fribourgeoise des Sciences Naturelles **54**, 5–9. 1964.
– Schädel und Kaumuskeln von *Spalax leucodon* (Nordmann, 1840) (Rodentia, Mammalia). Z. wiss. Zool. **173**, 1–71. 1965.
Kratochvíl, J.: Der Baumschläfer, *Dryomys nitedula* und andere Gliridae-Arten in der Tschechoslowakei. Zoologické Listy **16**, 99–110. 1967.
– Das Vibrissenfeld der europäischen Arten der Gattung *Apodemus* Kaup, 1829. Zoologické Listy **17**, 193–209. 1968.
Krieg, H.: Zur Ökologie der großen Nager des Gran Chao und seiner Grenzgebiete. Z. Morph. Ökol. d. Tiere **15**. 1929.
– Gedanken um ein Gleitflughörnchen. Naturw. **31**, 435. 1943.
Kubik, J.: *Micromys minutus* Pall. w Bialowieslim Parku Narodowym. Ann. Univ. M. Curie Skl. Lubin sect. C, **7**, 449–494. 1952.
Landry, S. O.: The relationship of *Petromys* to the Octodontidae. Am. J. Mammal. **38**, 351–361. 1957.
– The interrelationships of the New and Old world hystricomorph rodents. Univ. Calif. Publ. Zool. **56**, 1–118. 1957.
Landry jr., St. O.: The status of the theory of the replacement of the *Multituberculata* by the Rodentia. J. Mammal. **46**, 280–286. 1965.
Langer, W. L.: The black death. Scientif. American **619**. 1964. 7 S.
Langguth, A.: Las especies Uruguayas del genero *Oryzomys* (Rodentia, Cricetidae). Com. Zool. del Museo de Hist. Natural de Montevideo **7**, No. 99, 1–19. 1963.
Lavocat, R.: Le parallelisme chez les rongeurs et la classification des porcs-épics. Mammalia **15**, 32–38. 1951.
– Quelques progrès récents dans la connaissance des rongeurs fossiles et leurs conséquences sur divers problèmes de systématique, de peuplement et d'évolution. In: Problèmes actuels de Paléontol., Colloque internat. C.N.R.S., Paris 1955. 77–85.
– Réflexions sur la classification des rongeurs. Mammalia **20**, 49–56. 1956.
– Etudes systématiques sur la dentition des Muridés. Mammalia **26**, 107–127. 1962.
– What is an Hystricomorph? Sympos. zool. Soc. London No. **34**, 7–20. 1974.
Lee, A. K., P. R. Baverstock, C. H. S. Watts: Rodents, the late invaders. In: Keast, A., Ecological biogeography of Australia (Monogr. Biol. ed. J. Illies). III., 1521–1553. The Hague/Boston/London 1981.
Leger, J. St.: A key to the families and genera of African Rodentia. Proc. Zool. Soc. London 1931, 957–997.
Lehmann, E. v.: Eine Kleinsäugeraufsammlung von Etruskischen Apennin und den Monti Picen-

tini (Kampanischer Apennin). Suppl. alle Ric. di Zool. appl. alla Caccia, Università di Bologna, **3**, 40 – 46. 1969.

LETELLIER, F., F. PETTER: Reproduction en captivité d'un rongeur de Madagascar, *Macrotarsomys bastardi*. Mammalia **26**, 132 – 133. 1962.

LUCKETT, W. P., J.-L. HARTENBERGER (eds.): Evolutionary relationships among Rodents. A multidisciplinary analysis. Nato ASI series, Life Sciences. New York/London (Plenum Press) 1984.

– F. SCHRENK, W. MAIER: On the occurrence of abnormal deciduous incisors during prenatal life in African „Hystricomorphous" rodents. Z. Säugetierkunde 1988.

LUPPA, H.: Histologische Untersuchungen über die Auskleidung des Basiocciptiale des Bibers (*Castor fiber albicus* Matschie 1909). Säugetierkundl. Mitt. **8**, 46 – 50. 1960.

MCNAB, B. K.: The metabolism of fossorial rodents. A study of convergence. Ecology **47**, 712 – 733. 1966. (Heterocephalus)

MARES, M. A., R. A. OJEDA: Patterns of diversity and adaptation in South American Hystricognath Rodents. In: MARES, M. A., H. H. GENOWAYS (eds.), Mammalian Biology in South America, 393 – 432. Pittsburgh (Pymatuning Publ. 6) 1982.

MATTHEW, W. D.: On the osteology and relationships of *Paramys* and the affinities of the Ischyromyidae. Bull. Amer. Mus. Nat. Hist. **28**, 43 – 72. 1910.

MATTHEY, R.: Cytologie chromosomique comparée et systématique des Muridae. Mammalia **20**, 93 – 123. 1956.

MEHELY, L. VON: Die Streifenmäuse (Sicistinae) Europas. Ann. Mus. Nat. Hungar. **11**, 220 – 256. 1913.

MEHL, S.: Beiträge zur Anatomie und Entwicklungsgeschichte der Bisamratte. Arb. Bayer. Landesanst. Pflanzenbau u. Pflanzenschutz **9**, 1 – 60. (o. J.).

MERRIAM, C. H.: Monographic revision of the pocket gophers, family Geomyidae, exclusive of the species of *Thomomys*. N. Amer. Fauna **8**, 1 – 213. 1895.

MILLER, G. S., J. W. GIDLEY: Synopsis of the supergeneric groups of rodents. J. Washington Acad. Sci. **8**, 431 – 448. 1918.

MIRAND, E. A., A. R. SHADLE: Gross anatomy of the male reproductive system of the porcupine. Am. J. Mammal. **34**, 210 – 220. 1953.

MISONNE, X.: Repartition geographique actuelle de *Rattus rattus* L., 1758 et de *Rattus norvegicus* Berckenhout, 1769 en Iran. Inst. roy. sci. nat. Belg. Bull. **32** (49), 1956. 11 S.

– Les Rongeurs du Ruwenzori et des régions voisines. Exploration du Parc National Albert, 2. sér. fasc. 14. Bruxelles (Inst. des parcs nationaux du Congo et du Rwanda) 1963. 461 S.

– African and Indo-Australian Muridae. Evolutionary trends. Mus. roy. Afrique Centrale Tervuren Belg. Ann. ser. IN-8 Sci. Zool. No. **172**, 1969. 219 S.

MIVART, ST. G.: Notes on the anatomy of *Erethizon dorsatus*. Proc. Zool. Soc. London 1882, 271 – 286. 1882.

MOHR, E.: Die Säugetiere Schleswig-Holsteins. Altona (Natw. Ver. Altona) 1931. (Kühlhausmäuse).

– Zur Lebensweise von *Spalax monticola*. Zool. Garten, N.F. **4**, 280 – 281. 1931.

– Vom Pacarana (*Dinomys branickii* Peters). Zool. Garten **9**, 204. 1937.

– Die Baum- und Ferkelratten-Gattungen *Capromys* Desmarest (sens. ampl.) und *Plagiodontia* Cuvier. Mitt. Hamburger Zool. Mus. u. Inst. **48**, 48 – 118. 1939.

– Die Gattung *Dolichotis* Desmarest 1820. Zool. Anz. **140**, 109 – 125. 1942.

– Einiges vom Großen und vom Kleinen Mara (*Dolichotis patagonum* Zimm. und *salinicola* Burm.). Zool. Garten **16**, 3/4. 1949.

– Die freilebenden Nagetiere Deutschlands. Jena (Fischer) 1938. 2. Aufl. 1950.

– Die Körperbedeckung der Stachelschweine. Z. Säugetierkunde **29**, 17 – 33. 1964.

– Die altweltlichen Stachelschweine. Neue Brehmbücherei 330. Wittenberg 1965.

MOODY, P. A., D. C. DONIGER: Serological light on porcupine relationships. Evolution **10**, 47 – 55. 1956.

MOORE, J.: The natural history of the Fox Squirrel, *Sciurus niger shermani*. Bull. Amer. Mus. Nat. Hist. **113**, 1 – 71. 1957.

– Relationships among living Squirrels of the Sciurinae. Bull. Amer. Mus. Nat. Hist. **118**, 157 – 206. 1959.

– Geographic Variation in some reproductive characteristics of Diurnal Squirrels. Bull. Amer. Mus. Nat. Hist. **122**, 1 – 32. 1961.

– The spread of existing diurnal Squirrels across the Bering and Panamanian Land bridges. Americ. Museum Novitates **2044**, 1 – 26. 1961.

MORLOK, W. F.: Vergleichende und funktionell-anatomische Untersuchungen an Kopf, Hals und

Vorderextremität subterraner Nagetiere (Mammalia, Rodentia). Courier Forschgsinst. Senckenberg **64**, 1–237. Frankfurt/M. 1983.

MOSSMAN, H. W., J. W. LAWLAH, J. A. BRADLEY: The male reproductive tract of the Sciuridae. Amer. Journ. Anat. **51**, 89–155. 1932.

NASSET, E. S.: Gastric secretion in the beaver (*Castor canadensis*). Am. J. Mammal. **34**, 204–209. 1953.

NEUHÄUSER, G.: Die Muriden von Kleinasien. Z. Säugetierkunde **11**. 1936.

NEUMANN, O., H. J. RÜMMLER: Beiträge zur Kenntnis von *Tachyoryctes* Rüpp. Z. Säugetierkunde **3**, 295–306. 1938.

NIETHAMMER, J.: Nagetiere und Hasen aus der zentralen Sahara (Hoggar). Z. Säugetierkunde **28**, 350–369. 1963.
- Die Flughörnchen (Petauristinae) Afghanistans. Bonner Zool. Beiträge **18** H. 1/2, 2–14. 1967.
- Zur Taxonomie und Ausbreitungsgeschichte der Hausratte (*Rattus rattus*). Zool. Anz. **194**, 405–415. 1975.
- Versuch der Rekonstruktion der phylogenetischen Beziehungen zwischen einigen zentralasiatischen Muriden. Bonner Zool. Beiträge **28**, 236–248. 1977.
- Rötelmäuse (*Clethrionomys*) in Gewöllen der Sperbereule (*Surnia ulula*). Säugetierkundl. Mitt. **31**, 171–177. 1984.
- Die Zahl der Zitzen der kleinen Bandikutratte, *Bandocota bengalensis* Gray et Hardwicke, 1833. Z. Säugetierkunde **49**, 377–378. 1984.
- Über griechische Nager im Museum A. Koenig in Bonn. Ann. Nathist. Museum Wien 88/89 B, 245–256. 1986.
- J. MARTENS: Die Gattungen *Rattus* und *Maxomys* in Afghanistan und Nepal. Z. Säugetierkunde **40**, 325–355. 1975.
- G. NIETHAMMER, M. ABS: Ein Beitrag zur Kenntnis der Cabreramaus (*Microtus cabrerae* Thomas, 1906). Bonner Zool. Beiträge **15**, 127–148. 1964.

ONDRIAS, J. C.: Status taxonomique actuel des Rongeurs en Grèce. Mammalia **25**, 22–28. 1961.

ORSINI, P. PH., F. BONHOMME, J. BRITTON-DAVIDIAN, H. CROSET, S. GERASIMOW, L. THALER: The complex of species of genus *Mus* in Central and Oriental Europe II. Criteria for identification, distribution and ecological characteristics. Z. Säugetierkunde **48**, 86–95. 1983.

PATTERSON, B.: Affinities of the Patagonian fossil mammal Necrolestes. Breviora Mus. Comp. Zool. No. **94**, 1–14. 1958.

PEARSON, O.: A taxonomic revision of the rodent genus *Phyllotis*. Univ. Calif. Publ. Zool. **56**, 391–496. 1958.

PETTER, F.: Remarques sur la systématique des *Rattus* africains et description d'une forme nouvelle de l'Air. Mammalia **21**, 125–132. 1957.
- Evolution du dessin de la surface d'usure des molaires des Gerbillidés. Mammalia **23**, 304–315. 1959.
- Repartition géographique et écologie des rongeurs désertiques (du Sahara occidental à l'Iran oriental). Mammalia **25** suppl. spec., 1–222. 1961.
- Monophylétisme ou polyphylétisme des Rongeurs malgaches. In: Problèmes actuels de Paléontol. (Evolution des vertébrés) Paris 1961. Colloque internat. C.N.R.S. No. 104, 301–310. Paris 1962.
- L'origine des Muridés. Plan cricétin et plans murins. Mammalia **30**, 205–225. 1966.
- *Dendroprionomys rousseloti* gen. nov., sp. nov., rongeur nouveau du Congo (Cricetidae, Dendromurinae). Extr. de Mammalia **1**, 129–137. 1966.
- Affinités des genres *Beamys*, *Saccostomus* et *Cricetomys* (Rongeurs, Cricetomyinae). Annales du Musée Royal de l'Afrique Centr. Tervuren, Belgique, 8, Sciences Zoolog. **144**, 13–25. 1966.
- B. SEYDIAN, P. MOSTACHFI: Donnés nouvelles sur la répartition des Gerbillidés et de quelques autres Rongeurs en Iran et en Irak. Mammalia **21**, 110–120. 1957.

PETZSCH, H.: Der vegetabilische und animalische Nahrungsbereich des Hamsters (*Cricetus cricetus* L.). Anz. Schädlingskunde **22**. 1949.
- U. PETZSCH: Neue Beobachtungen zur Fortpflanzungsbiologie von gefangengehaltenen Feldhamstern (*Cricetus cricetus* L.) und daraus ableitbare Schlußfolgerungen für die angewandte Zoologie. Zool. Garten **35**, 256–269. 1968.

PIECHOCKI, R.: Die Todesursachen der Elbe-Biber (*Castor fiber albicus* Matschie 1907) unter besonderer Berücksichtigung funktioneller Wirbelsäulenstörungen. Nova Acta Leop. N.F. 158, Bd. 25, 1–75. 1962.

PILLERI, G.: Zum Verhalten der Aplodontia in Gefangenschaft. Z. Säugetierkunde **25**, 30–34. 1960.
- Zum Verhalten der Paka (*Cuniculus paca* L.). Z. Säugetierkunde **25**, 107–111. 1960.

Pocock, R. I.: On the external characters of the beaver (Castoridae) and of some squirrels (Sciuridae). Proc. Zool. Soc. London **2**, 1171–1212. 1922.
— The classification of the Sciuridae. Proc. Zool. Soc. London 1923, 209–246.
— The external characters of the Jamaican Hutia (*Capromys browni*). Proc. Zool. Soc. London 1926, 413.
Poduschka, W.: Zur Kenntnis des nordafrikanischen Erdhörnchens, *Atlantoxerus getulus* (F. Major). Zool. Garten, N. F. **40**, 211–226. 1971.
Prasad, M. R. N.: The male genital tract of two genera of Indian Squirrels. J. Mammal. **35**, 471–485. 1954.
— Male genital tract of the Indian and Ceylonese palm squirrels and its bearing on the systematics of the Sciuridae. Acta Zool. **38**, 1–26. 1957.
Pucek, Z.: Untersuchungen über Nestentwicklung und Thermoregulation bei einem Wurf von *Sicista betulina* Pallas. Acta Theriol. **2**, 11–54. 1958.
— Przypadek Polidaktylii u *Apodemus flavicollis* (Melchior, 1834). Acta Theriol. **10**, 232–233. 1965.
Quay, W. B.: Apocrine sweat glands in the angulus oris of Microtine rodents. Am. J. Mammal. **43**, 303–310. 1962.
Radtke, M., J. Niethammer: Zur Stellung der Pestratte (Nesokia indica) im System der Murinae. Säugetierkundl. Mitt. **32**, 13–16. 1984/85.
Rahm, U.: Beobachtungen an *Atherurus africanus* an der Elfenbeinküste. Acta Tropica **13**, 86–94. 1956.
— L'élevage et la reproduction en capitivité de l'*Atherurus africanus* (Rongeurs, Hystricidae). Mammalia **26**, 1–9. 1962.
Ranck, G. W.: The rodents of Libya. Taxonomy, Ecology and zoogeographical relationships. Bull. U. S. Nat. hist. Soc. **275**, 1–264. Washington 1967.
Rausch, R. L.: The specific status of the narrow-skulled vole (Subgenus *Stenocranius* Kashchenko) in North America. Z. Säugetierkunde **29**, 343–358. 1964.
Rauschert, K.: Sexuelle Affinität zwischen Arten und Unterarten von Rötelmäusen (*Clethrionomys*). Biol. Zbl. **82**, 653–664. 1963.
Ray, C. E.: Fusion of cervical vertebrae in the Erethizontidae and Dinomyidae. Breviora, Mus. comp. Zool. **97**, 1–13. 1958.
Reed, Ch. A.: Observations on the burrowing rodent Spalax in Iraq. Am. J. Mammal. **39**, 386–389. 1958.
Reichstein, H.: Beiträge zur Biologie eines Steppennagers, *Microtus* (*Phaeomys*) *brandti* (Radde, 1861). Z. Säugetierkunde **27**, 146–163. 1962.
— Untersuchungen zum Körperwachstum und zum Reproduktionspotential der Feldmaus *Microtus arvalis* (Pallas 1779). Z. wiss. Zool. **170**, 112–222. 1964.
— Populationsstudien an steppenbewohnenden Nagetieren Ostafrikas. Z. Säugetierkunde **32**, 309–313. 1967.
— D. Reise: Zur Variabilität des Molaren-Schmelzschlingenmusters der Erdmaus, *Microtus agrestis* (L.). Z. Säugetierkunde **30**, 36–47. 1965.
Reumer, J. W. F.: Note on the spread of the black rat, Rattus rattus. Mammalia 50, 118–119. 1986.
Ride, W. D. L.: A guide to the native mammals of Australia. Melbourne/London 1970.
Rinker, G. C.: The comparative myology of the mammalian genera *Sigmodon*, *Oryzomys*, *Neotoma* and *Peromyscus* (Cricetinae), with remarks on their intergeneric relationships. Misc. publ. Mus. Zool. Univ. Michigan No. **83**, 1–124. 1954.
Rodenwaldt, E.: Die Pest in Venedig 1575–1577. Heidelberg (Akad. d. Wiss.) 1953.
Rowlands, L. W., B. J. Weir (eds.): The biology of Hystricomorph Rodents. Sympos. Zool. Soc. London 34. London (Academic Press) 1974.
Rosevear, D. R.: The rodents of West Africa. Brit. Museum Nat. Hist. Publ. 677. 1969.
Saint Girons, M.-Ch.: A propos de l'hybridisation eventuelle entre mulot gris, *Apodemus sylvaticus* (L. 1758) et mulot fauve, *Apodemus flavicollis* (Melchior, 1834). Säugetierkundl. Mitt. **10**, 25. 1962.
— P. J. H. van Bree: Recherches sur la répartition et la systématique de *Apodemus sylvaticus* (L., 1758) en Afrique du Nord. Mammalia **26**, Nr. 4, 478–488. 1962.
Sanborn, C. C.: Notes on *Dinomys*. Publ. Field Mus. Nat. Hist. **18**, 148–163. 1931.
Savić, I. R.: Familie Spalacidae Gray, 1821 — Blindmäuse. In: Niethammer, J., F. Krapp (eds.), Handbuch der Säugetiere Europas Bd. 2/I, Nagetiere II, 539–584. Wiesbaden 1982.
Savić, I., M. Mikes: Zur Kenntnis des 24-Stunden-Rhythmus von *Spalax leucodon* Nordmann 1840. Z. Säugetierkunde **32**, 233–238. 1967.

- B. SOLDATIVIĆ: Die Verbreitung der Karyotypen der Blindmaus (*Spalax* (*Mesospalax*)) in Jugoslavien. Arh. Biol. Nauka **26**, 115–122. Beograd 1974.
- Distribution range and evolution of chromosomal forms in the Spalacidae of the Balkan Peninsula and bordering regions. J. Biogeography **6**, 363–374. London 1979.

SCHAUB, S.: Die hamsterartigen Nagetiere des Tertiärs und ihre lebendigen Verwandten. Abh. Schweiz. paleont. Ges. **45**, No. 3, 1–114. 1925.
- Fossile Sicistidae. Schweiz. Paleont. Ges. Eclog. Geol. Helvet. **23**, 616–637. 1930.
- Über einige fossile Simplicidentaten aus China und der Mongolei. Abh. Schweiz. paleont. Ges. **54**, 1–42. 1934.
- Remarks on the distribution and classification of the „Hystricomorpha". Verh. Naturf. Ges. Basel **64**, 389–400. 1953.
- La trigonodontie des rongeurs simplicidentés. Ann. Paléontol. **39**, 29–57. 1953.
- Simplicidentata (= Rodentia). In: PIVETEAU, Traité de Paléontol. VI, 2, 659–818. Paris 1958.
- s. auch STEHLIN

SCHRENK, F.: Zur Schädelentwicklung von *Ctenodactylus gundi*. Courier Forschges.inst. Senckenberg 1988.

SCHWARZ E., H. K. SCHWARZ: The wild and commensal stocks of the house mouse *Mus musculus* L. J. Mammal. **24**, 59–72. 1943.

SHERMAN, P. W., J. JARVIS, M. JARVIS, R. D. ALEXANDER (eds.): The biology of the naked Mole-Rat. Princeton (Univ. Press) 1991.

SHORTEN, M.: Squirrels. New. Nature. London 1954. 212 S.

SHOTWELL, J. A.: Evolution and Biogeography of the Aplodontid and Mylagaulid Rodents. Evolution **12**, 451–484. 1958.

SIMPSON, G. G.: A giant rodent from the Oligocene of South Dakota. Americ. Mus. Novita. **1149**, 1–16. 1941.
- Historical zoogeography of Australian mammals. Evolution **15**, 431–446. 1961.

SPUHLER, V.: Das Skelett von *Cavia porcellus* (L.). Morph. Jb. **81**, 1938.

STARCK, D.: Beobachtungen an *Heterocephalus glaber* Rüppell 1842 (Rodentia, Bathyergidae) in der Provinz Harar. Z. Säugetierkunde **22**, 50–56. 1957.

STEHLIN, H. G., S. SCHAUB: Die Trigonodontie der simplicidentaten Nager. Schweiz. Paleontol. Abh. **67**, 1–385. 1951.

STEIN, G. H. W.: Biologische Studien an deutschen Kleinsäugern. Arch. f. Naturgesch. N.F. **7**, 477–513. 1938.
- Über Fortpflanzungscyklus, Wurfgröße und Lebensdauer bei einigen kleinen Nagetieren. Schädlingsbekämpfung **42**, 1950.
- Über das Zahlenverhältnis der Geschlechter bei der Feldmaus, *Microtus arvalis*. Zool. Jb. Syst. **82**. 1953.
- Die Feldmaus. Neue Brehmbücherei, H. 225. Wittenberg Lutherstadt 1958.

STEINIGER, F.: Biologische Beobachtungen an freilebenden Wanderratten auf der Hallig Norderoog. Verh. dtsch. Zool. vom 24.–28. 8. 1948 in Kiel, 152–156. Kiel 1949.
- Farbvarietäten der freilebenden Hausratte (*Mus rattus* L.). Biol. Zbl. **68**. 1949.
- Rattenbiologie und Rattenbekämfung. Stuttgart (Enke) 1952.

TATE, G. H. H.: Random observations on South American Mammals. Am. J. Mammal. **10**, 176–178. 1931.
- Results of the Archbold expeditions. No. 65. The rodents of Australia and New Guinea. Ibid., vol. **97**, 183–430. 1951.

TODOROVIĆ, M.: Variability of the endemic genus *Dolomys* Nehring (Microtinae, Rodentia). Arh. Biol. Nauka **8**, 1/2, 93–109. Beograd 1958.

TULLBERG, T.: Ueber das System der Nagetiere, 512 S. Upsala 1899.

VAUGHAN, T. A.: Reproduction in the plains pocket Gopher in Colorado. J. Mammal. **43**, 1–13. 1962.

VOIPIO, P.: Some remarks on the taxonomy of Finnish Squirrels. Archiv. Soc. Zool. Botan. Fennicae ‚Vanamo', **11**, 97–107. 1956.

VOLAT, J. F.: Le Chinchilla et son élevage. Ed. Jep. Paris. 126 S.

WÖHRMANN-REPENNING, A.: The relationships between Jacobson's organ and the oral cavity in a Rodent. Zool. Anz. **204**, 391–399. 1980.
- Vergleichend anatomische Untersuchungen an Rodentia. Phylogenetische Überlegungen über die Beziehungen der Jacobsonschen Organe zu den Ductus palatini. Zool. Anz. **209**, 33–46. 1982.

Wood, A. E.: Evolution and relationship of the Heteromyid Rodents with new forms from the Tertiary of Western North America. Ann. Carnegie Mus. **24**, 73–262. 1935.
- The mammalian fauna of the White River Oligocene by W. B. Scott and G. L. Jepsen. Pt. II. Rodentia. Transact. Am. Phil. Soc. N. S. **28**, 155–269. 1937.
- Parallel radiation among the geomyid rodents. J. Mammal. **18**, 171–176. 1937.
- Rodents – a study in evolution. Evolution **1**, 154–162. 1947.
- A new Oligocene rodent genus from Patagonia. Americ. Mus. Novitates No. 1435, 1–54. 1949.
- Porcupines, paleogeography and parallelism. Evolution **4**, 87–98. 1950.
- Comments on the classification of rodents. Breviora Mus. Comp. Zool. No. 41, 1–9. 1954.
- A revised classification of the rodents. J. Mammal. **36**, 165–187. 1955.
- Eocene radiation and phylogeny of the rodents. Evolution **13**, 354–361. 1959.
- The early tertiary rodents of the family Paramyidae. Transact. Am. Phil. Soc. **52**/1. 1962. 261 S.
- The juvenile tooth patterns of certain African rodents. J. Mammal. **43**, 310–322. 1962.
- Grades and clades among Rodents. Evolution **19**, 115–130. 1965.
- The evolution of the old world and new world Hystricomorphs. Sympos. zool. soc. London 1974, No. 34, 21–60. London 1974.
- B. Patterson: The rodents of the Deseadan Oligocene of Patagonia and the beginnings of South American rodent evolution. Bull. Museum Comp. Zool. at Harvard College **120**, 281–428. 1959.
- Relationships among hystricognathous and hystricomorphous Rodents. Mammalia **34**, 628–639. 1970.
- R. R. White: The myology of the chinchilla. J. Mammal. **86**, 547–598. 1950.
- R. W. Wilson: A suggested nomenclature for the cusps of the cheek teeth of rodents. J. Paleontol. **10**, 388–391. 1936.

Wood, Ch. A.: Comparative myology of jaw, hyoid, and pectoral appendicular regions of new and old world hystricomorph Rodents. Bull. Amer. Mus. Nat. Hist. **147**, 119–192. 1972.
- The history and classification of South American Hystricognath rodents: Reflections on the far away and long ago. In: Mares, M. A., H. H. Genoways (eds.), Mammalian biology in South America, 377–392. Pittsburgh (Pymatuning Publ. 6) 1982.

Yalden, D. W., M. J. Largen, D. Kock: Catalogue of the mammals of Ethiopia. 2. Insectivora and Rodentia. Monit. Zool. Ital. N. S. Suppl. VIII, 1–118. 1976.

Zegeren, K. van, G. A. van Oortmerssen: Frontier disputes between the West- and East-European house mouse in Schleswig-Holstein, West Germany. Z. Säugetierkunde **46**, 337–400. 1981.

Zima, J., B. Král: Karyotypes of European Mammals I. Acta Sc. nat. Brno **18**, 1–51. 1984.

Zimmermann, K.: Zur Kenntnis von *Microtus oeconomus* Pallas. Arch. f. Naturgesch. N. F. **11**, 1942.
- Zur Kenntnis der mitteleuropäischen Hausmäuse. Zool. Jb. Abt. System., Ökol. u. Geogr. **78**. 1949.
- Die Randformen der mitteleuropäischen Wühlmäuse. Syllegomena biol. Festschr. Kleinschmidt. 1950.
- Die Untergattungen der Gattung *Apodemus* Kaup. Bonner Zool. Beiträge 1962, 198–208.

Zippelius, H. M., F. Goethe: Ethologische Beobachtungen an Haselmäusen (*Muscardinus a. avellanarius* L.). Z. Tierpsychol. **8**, 348–367. 1951.

Zumpt, F.: Über Rückfallfieber, Tampans, Warzenschweine und Wildratten. Zur Geschichte einer afrikanischen Seuche. Natur u. Museum **92**, 315–321. 1962.

Lagomorpha

Angermann, R.: Beiträge zur Kenntnis der Gattung *Lepus* (Lagomorpha, Leoporidae) I. Abgrenzung der Gattung *Lepus*. Mitt. Zool. Mus. Berlin, H. 1, 127–144. 1966
- Beiträge zur Kenntnis der Gattung *Lepus* (Lagomorpha, Leporidae) II. Der taxionomische Status von *Lepus brachyurus* Temminck und *Lepus mandshuricus* Radde. Mitt. Zool. Mus. Berlin **42**, 321–336. 1966.

Bantje, O.: Über Domestikationsveränderungen am Bewegungsapparat des Kaninchens. Zool. Jb. Abt. allgem. Zool. Phys. **68**, 204–260. 1958.

Becht, G.: Comparative biologic-anatomical researches on mastication in some Mammals I. Koninkl. Akad. van Wetensch. Amsterdam, Proc. Ser. C **56**, No. 4. 1953.

Bemmelen, J. F. van: Über den Unterschied zwischen Hasen- und Kaninchenschädeln. In: Onderzoekingen verricht in het zoölogisch Laboratorium der Rijksuniversiteit Groningen, I. 1909.

BENSLEY, B. A.: Anatomy of the rabbit. The Blackiston Comp. Philadelphia. 1944.
BRAMBELL, F. W. R.: Intrauterine mortality of the wild rabbit, *Oryctolagus cuniculus* L. Proc. royal Soc. B. **130**, 462. 1942.
- The reproduction of the wild rabbit, *Oryctolagus cuniculus* L. Proc. Zool. Soc. London **114**, 1. 1944.
CAMP, C. L., A. E. BORELL: Skeletal and muscular differences in the hind limbs of *Lepus*, *Sylvilagus* and *Ochotona*. J. Mammal. **18**, 315–326. 1937.
DECHASEAUX, C.: *Lagomorpha* (= *Duplicidentata*). Piveteau, Traité de Paléontologie VI, 2, 648–658. Paris 1958.
DUBRUL, E. L.: Posture, locomotion and the skull in *Lagomorpha*. Amer. Journ. Ant. **87**, 277–313. 1950.
GERHARDT, U.: Das Kaninchen. Leipzig 1909.
GIDLEY, J. W.: The lagomorphs, an independent order. Science N. S. **36**, 285–286. 1912.
HEDIGER, H.: Die Zucht des Feldhasen (*Lepus europaeus* PALLAS) in Gefangenschaft. Physiol. comp. et Oecologia **1**. 1948.
HOTH, J., H. GRANADO: A preliminary report on the breeding of the Volcano rabbit *Romerolagus diazi* at the Chapultepec Zoo, Mexico City. Internat. Zoo Yb. **26**, 261–265. 1987.
KRAUSE, W.: Die Anatomie des Kaninchens. Leipzig 1884.
LEVINE, P.: Certain aspects of the growth pattern of the rabbits skull revealed by alizarine and metallic implants. Unpubl. Masters Thesis, University of Illinois. Univ. of Illinois Medical Ldibrary.
LUCKETT, W., P. HARTENBERGER (eds.): Evolutionary relationships among Rodents. New York/London (Plenum Press) 1984.
LYON, M. W.: Classification of the hares and their allies. Smithsonian Miscell. Coll. **45**, 321–447. 1903.
MEINERTZ, TH.: Die Trigeminusmuskulatur beim Kaninchen. Zool. Jhrb. Abt. Anat. **68**, 415–440. 1944.
MONTAGNA, W.: The brown inguinal glands of the rabbit. Amer. Journ. Anat. **87**. 1950.
MOODY, P. A., V. A. COCHRAN, H. DRUGG: Serological evidence on lagomorph relationships. Evolution **3**, 25–33. 1949.
PETTER, F.: Eléments d'une révision des lièvres africains du sous-genre *Lepus*. Mammalia **23**, 41–67. 1959.
- Nouveaux éléments d'une révision des lièvres africains. Mammalia **27**, 238–255. 1963.
- H. GENEST: Variation morphologique et repartition géographique de *Lepus capensis* dans le Sud-Ouest africain. *Lepus salai* = *L. capensis salai*. Mammalia **4**, 572–576. 1965.
ROBINSON, T. J., F. B. ELDER, J. A. CHAPMAN: Karyotypic conservatism in the genus *Lepus*. Canad. J. genét. et de cytol. **25**, 540–544. 1983.
STOHL, G.: Über die Stellung der Lagomorpha im System der Säugetiere. Zool. Anz. **161**, 309–316. 1958.
TEGTMEYER, M.: Kaninchenzucht. In: Handb. d. Landwirtschaft, Bd. IV, 373–396. Berlin/Hamburg (Parey) 1953.
TOBIEN, H.: Zur Gebißentwicklung tertiärer Lagomorphen (Mammalia) Europas. Notizbl. Hess. Landesamt Bodenfg. Wiesbaden **91**, 16–35. 1963.
- *Lagomorpha* (Mammalia) im Unter-Miozän des Mainzer Beckens und die Altersstellung der Fundschichten. In: Festschr. f. H. Falke. Abh. Hess. L.-Amt Bodenfg. **56**, 13–36. 1970.
WOOD, A. E.: The mammalian fauna of the white river Oligocene by W. B. Scott and G. L. Jepsen. Pt. III. Lagomorpha. Trans. Amer. Phil. soc. N. S. **28**, 271–362. 1940.
- Notes on the Paleocene lagomorph, *Eurymylus*. Am. Mus. Nov. No. 1162, 1–7. 1942.
- What, if anything, is a rabbit? Evolution **11**, 417–425. 1957.

Cetacea

ANDERSEN, H. T.: The Biology of Marine Mammals. New York/London (Academ. Press) 1969.
ANTHONY, R.: Les affinités des Cétacés. Amnnales de l'Inst. océanograph. t. **3**, f. 2. 1926.
- F. COUPIN: Recherches anatomiques sur le vestibule de l'appareil respiratoire (Poche gutturale-Hyoide-Larynx) du Mesoplodon. Memorias del Instituto español de Oceanografia. Mem. XIV. Madrid 1930.
ARVY, G., G. PILLERI: The Cetacean umbilical cord. Investig. on Cetacea **7**, 91–103. 1976.

ASH, C. E.: Weights od Antarctic humpback whales. Norsk Hvalfangst Tidende, Sandefjord **42**, 387–391. 1953.
BEERMANN, G., M. KLIMA: Knorpelstrukturen im Vorderkopf des Pottwals *Physeter macrocephalus*. Z. Säugetierkunde **50**, 347–356. 1985.
BOENNINGHAUS, G.: Der Rachen von *Phocaena communis* L. Zool. Jb. Anat. **17**. 1903.
– Das Ohr des Zahnwales. Zool. Jb. Anat. **19**, 1–172. 1903.
BOOLOOTIAN, R. A.: Notes on a specimen of *Phocaena vomerina* (Gill.) the Harbour Porpoise. Zool. Garten, N. F. **23**, 227–229. 1957.
BOSCHMA, H.: Maxillary teeth in specimens of *Hyperoodon rostratus* (Müller) and *Mesoplodon grayi* von Haast stranded on the Dutch coasts. Proc. K. nederl. Akad. Wet. **53/6**. 1950.
BRESCHET, G.: Histoire anatomique et physiologique d'un organe de nature vasculaire dans les Cétacés. Paris (Bechet Jeuene) 1837.
BURLET, H. M. DE: Zur Entwicklungsgeschichte des Walschädels. 1. Morph. Jb. **45**, 523–556.. 1913. 2. Morph. Jb. **47**, 645–676. 1913. 3. Morph. Jb. **49**, 119–178. 4. Morph. Jb. **49**, 393–406. 1916. 5. Morph. Jb. **50**, 1–18. 1916.
BURNE, R. H.: In: PARKER, H. W., F. C. FRASER (eds.), Handbook of R. II. Burne's Cetacean Dissections. London (Brit. Mus. Nat. Hist.) 1952.
CHITTLEBOROUGH, R.: The breeding of the female Humpback Whale Megaptera nodosa (Bonnaterre). Aust. Jl. Mar. Fesh. Res. **9**, N. 1, 1. 1958.
CLARKE, M. R.: Der Kopf des Pottwals. Spektrum d. Wissensch. 1979, H. 3, 20–28.
DEIMER, P.: Der rudimentäre hintere Extremitätengürtel des Pottwals (*Physeter macrocephalus* L., 1758), seine Variabilität und Wachstumsallometrie. Z. Säugetierkunde **42**, 88–101. 1977.
– Das Buch der Wale. Hamburg 1984.
DRUZHININ, A. N.: Ein Beitrag zum Problem des Baues, der Funktion und der Herkunft des vorderen Gürtels von *Delphinus delphis*. Rev. zool. Russe. **4**, 64–261. 1924.
DUGUY, R.: Quelques données nouvelles sur un cétacé rare sur les côtes d'Europe: le Cachalot à tête courte, *Kogia breviceps* (Blainville, 1838). Mammalia **30**, 259–269. 1966.
EDINGER, T.: Hearing and smell in Cetacean history. Monatsschrift Psych. Neurol. **129**, 37–58. 1955.
ESSAPIAN, F. S.: Some observations on body flexibility of bottle-nosed dolphins, *Tursiops truncatus*, in captivity. Z. Säugetierkunde **30**, 136–144. 1965.
FLOWER, W. H.: Description of the skeleton of *Inia geoffroensis* and the skull of *Pontoporia blainvilli* with remarks on the systematic position of these animals in the order Cetacea. Trans. zool. soc. **6**, 87–116. 1867.
FRASER, F. C., P. E. PURVES: Fractured ear bones of blue whales. Scott. Nat. **65**, 154–156. 1953.
– The „Blow" of Whales. Nature **176**, 1221–1222. 1955.
– Hearing in Whales. Endeavour **18**, 93. 1959.
– Hearing in Cetacea. Evolution of the accessory air sacs the structure and function of the outer and middle ear in recent Cetaceans. Bull. Brit. Mus. Nat. Hist. Zool. **7**, 1–140, 1960.
FUIINO, K.: On the blood groups of the sei-, find-, blue and humpback-whales. Proc. Japan. Acad. Tokyo **29**, 183–190. 1953.
GEWALT, W.: Erste Duisburger Delphinerfahrungen an *Tursiops truncatus* Mont. Zool. Garten **36**, 268–311. 1969.
– E. THENIUS: Waltiere. Grzimeks Enzyklopaedie Säugetiere 4, 326–438. München 1987.
GRABERT, H.: Migration and speciation of the South American Iniidae (Cetacea, Mammalia). Z. Säugetierkunde **49**, 334–341. 1984.
HARRISON, R. J.: Observations on the female reproductive organs of the Caing whale *Globicephala melaena traill*. J. of Anat. **83**. 1949.
HERSHKOVITZ, PH.: Catalog of living Whales. Bull. Smithson. Institution, Washington No. **246**, 1–259. 1966.
HONIGMANN, H.: Bau und Entwicklung des Knorpelschädels vom Buckelwal. Zoologica, 1917, 691.
HOWELL, A. B.: Contribution to the anatomy of the Chinese finless Porpoise *Neomeris phocaenoides*. Proc. US nat. Mus. **70** art. 13. 1927.
– Myology of the narwhal (*Monodon monoceros*). Amer. Journ. **46**. 1930.
– Aquatic mammals. Springfield, III. (C. C. Thomas) 1930. 338 S.
JANSEN, J., J. K. S. JANSEN: The nervous system of Cetacea. In: ANDERSEN, H. T. (ed.), The Biology of Marine Mammals, 175–252. New York/London (Academ. Press) 1969.
JELGERSMA, G.: Das Gehirn der Wassersäugetiere. Leipzig (J. A. Barth) 1934.
JONSGAARD, A.: Whales in aquarium. Norsk Hvalfangst Tidende, Sandefjord, **43**, 309–321. 1953.

KANWISHER, J. W., S. H. RIDGWAY: Wale und Delphine: Anpassung ans Meer. Spektrum d. Wiss. 1983 H. 8, 56−64.
KLIMA, M.: Comparison of early development of sternum and clavicula in striped Dolphin and in Humpback whale. Sc. rep. of the Whales Res. Inst. No. 30, 253−269. 1978.
− P. J. H. VAN BREE: Überzählige Skelettelemente im Nasenschädel von *Phocoena phocoena* und die Entwicklung der Nasenregion bei den Zahnwalen. Morph. Jb. **131**, 131−178. 1985.
− H. A. OELSCHLÄGER, D. WÜNSCH: Morphology of the pectoral girdle in the Amazon Dolphin, *Inia geoffrensis*, with special reference to the shoulder joint and the movements of the flippers. Z. Säugetierkunde **45**, 288−309. 1980.
− M. SEEL, P. DEIMER: Die Entwicklung des hochspezialisierten Nasenschädels beim Pottwal (*Physeter macrocephalus*). T. 1: Morph. Jb. **132**, 245−284. 1986, T. 2: Morph. Jb. **132**, 349−374. 1986.
KÜKENTHAL, W.: Vergleichend anatomische und entwicklungsgeschichtliche Untersuchungen an Walthieren. Denkschr. Med. Natw. Ges. Jena 3. 1889−1893.
− Über Rudimente von Hinterflossen beim Embryonen von Walen. Anat. Anz. **10**, 534. 1895.
− Untersuchungen an Walen II. Jen. Zschr. Natwiss. **51**, 1. 1914.
LACOSTE, A., A. BAUDRIMONT: Sur un dispositif vasculaire fonctionnel de la paroi des voies aérophores chez *Phocoena communis* Less. C. rend. Ass. Anat. **27**. 1932.
LAYNE, J.: Observations on freshwater dolphins in the upper Amazon. J. Mammal. **39**, 1−22. Lawrence 1958.
LENNEP, E. W. VAN, W. L. UTRECHT: Preliminary report on the study of the mammary glands of whales. Norsk Havalfangst Tidende, Sandefjord **43**, 249−258. 1953.
LOMBARDINI, G.: Derma e tessuto sottocutaneo in feti di *Delphinus delphis* L. Contributo alla miglior conoscenza della struttura della pelle dei Cetacei. Arch. ital. Anat. e Embriol. **54**. 1950.
McBRIDE, A. F., H. KRITZLER: Observations on pregnancy, parturition and postnatal behaviour in the Bottlenose Dolphin. J. Mammal. **32**, 3, 251−266. 1951.
MACKINTOSH, N. A.: The marking of whales. Nature **169**. London 1952.
MERTENS, R.: Wale im Aquarium. Natur und Volk **80**, H. 1/2, 8. 1950.
MIRANDA RIBEIRO, A. DE: *Inia geoffrensis*. Arg. Mus. nac. Rio de Jan. **37**, 23−58. 1943.
MOORE, J.: New Records of the Gulf-Stream Beaked Whale, *Mesoplodon gervaisi*, and Some Taxonomic Considerations. Americ. Museum Novitates, 1193, 1−35. 1960.
− Recognizing Certain Species of Beaked Whales of the Pacific Ocean. The Americ. Midland Naturalist **70**, 396−428. 1963.
− Relationships Among the Living Genera of Beaked Whales. With Classifications, Diagnoses and Keys. Fieldiana: Zoology **53**, 209−294. 1968. Field Mus. of Nat. Hist.
MORIS, F.: Étude anatomique de la région céphalique du Marsouin, *Phocoena phocaena* L. (Cétacé Odontocète). Mammalia **33**, 666−705. 1969.
NISHIWAKI, M.: On the age and the growth of teeth in a dolphin (*Prodelphinus coeruleoalbus*). Sci. Rep. Whales Res. Inst. Tokyo **8**, 133−146. 1953.
NORMAN, J. R., F. C. FRASER: Riesenfische, Wale und Delphine. Hamburg/Berlin (Parey) 1963.
OELSCHLÄGER, H. A.: Pakicetus inachus and the origin of whales and dolphins (Mammalia, Cetacea). Morph. Jb. **133**, 673−685. 1987.
OGAWA, T.: On the presence and disappearance of the hind limb in the cetacean embryos. Sci. Rep. Whales Res. Inst. Tokyo **8**, 127−132. 1953.
PARRY, D. A.: The swimming of whales and a discussion of Gray's paradox. J. of exper. Biol. **26**. 1949.
PEDERSEN, A.: Die Schwanzflosse des Narwals. Z. Säugetierkunde **28**, 42−43. 1963.
PIKE, G. R.: Preliminary report on the growth of finback whales from the coast of British Columbia. Norsk Hvalfangst Tidende, Sandefjord **42**, 11−15. 1953.
PILLERI, G., A. WANDELER: Zur Entwicklung der Körperform der Cetacea (Mammalia). Rev. Suisse Zool. **69**, 737−758. 1962.
PRYOR, KAREN W.: Behavior and learning in porpoises and whales. Naturw. **60**, 412−420. 1973.
PURVES, P. E.: The structure of the flukes in relation to laminar flow in Cetaceans. Z. Säugetierkunde **34**, 1−8. 1969.
RAPP, W.: Die Cetaceen, zoologisch-anatomisch dargestellt. Stuttgart/Tübingen 1837.
REYSENBACH DE HAAN, F. W.: Hearing in whales. Acta Oto-laryngol. suppl. **134**, 1−114. 1957.
SCHNEIDER, R.: Morphologische Anpassungserscheinungen am Kehlkopf einiger aquatiler Säugetiere. Z. Säugetierkunde **28**, 237−267. 1963.
SCHULTE, H. VON: Anatomy of a foetus of *Balaenoptera borealis*. Mem. Amer. Mus. nat. hist. N. S. **1**, pt. 6, 38. 1916.

- M. D. F. Smith: The external characters, skeletal muscles and periferal nerves of *Kogia breviceps* (Blainv.). Bull. Amer. Mus. Nat. Hist. **38**, 7. 1918.
Schwerdtfeger, W. K., H. A. Oelschläger: Quantitative neuroanatomy of the brain of the La Plata dolphin, *Pontoporia blainvillei*. Anat. Embryol. **170**, 11 – 19. 1984.
Slijper, E. J.: Die Cetaceen vgl. anatom. u. systemat. In: Capita Zoologica, Bd. VII. Den Haag (Nijhoff) 1936.
- *Pseudorca crassidens* (Owen). Ein Beitrag zur vgl. Anatomie der Cetaceen. Zool. Mededelingen Rijksmus. Nat. Hist. Leiden **21**, 241. 1939.
- Organ weights and symmetry problems in porpoises and seals. Arch. néerland. Zool. **13**. Suppl., 97 – 113. 1958.
- Whales. London (Hutchinson) 1962.
Steven, G. A.: Swimming of dolphins. Sci. Progr. **38**. London 1950.
Stump, C. W., J. P. Robins, M. L. Garde: The development of embryo and membranes of the humpback whale, *Megaptera nodosa* (Bonnaterre). Austral. Marine Freshwater Res. **11**, 365 – 386. 1960.
Tomilin, A.: Besonderheiten des Verhaltens bei Walartigen. Priroda, Moskau, Jg. **1**, 108 – 110. 1958. (Russisch).
Walmsley, R.: Structure and significance of the rete mirabile in Cetacea. Proc. Anat. Soc., Journ. of Anatomy Vol. **72**, 142. 1938.
Watson, L.: Sea guide to the whales of the world. London (Hutchinson) 1981.
Weber, M.: Über *Choneziphius planirostris* (G. Cuv.) aus der Westerschelde. 1917.
- Die Cetaceen der Siboga Expedition. 1923.
Würsig, B.: Das Verhalten von Bartenwalen. Spektrum d. Wiss. **6**, 1988. 112 – 122.
Yagi, T.: On the age and the growth of teeth in a dolphin (*Prodelphinus coeruleo-albus*). Sci. Rep. Whales Res. Inst. Tokyo **8**, 133 – 145. 1953.
Yamada, M.: Contributions of the anatomy of the organ of hearing of whales. Sci. Rep. Whales Res. Inst. Tokyo **8**, 1 – 79. 1953.
Zemskij, V. A.: Zur Biologie der Vermehrung einiger Arten der Bartenwale der Antarktis. Bull. Soc. Naturalistes Moscou, Sér. Biol. **55**, 1950. (Russisch).

Carnivora, Fissipedia

Abel, O., G. Kyrle (eds.): Die Drachenhöhle bei Mixnitz. Speläol. Monogr. 7 – 9, 1 – 953, 1931.
Adamson, G. A. G.: Observations on lions in Serengeti National Park, Tanganyika. East Afr. Wildlife J. **2**, 160 – 1. 1964.
Adamson, J.: The Spotted Sphinx. London: Collins & Harvill Press, 1969.
Albignac, R.: Breeding the fossa, *Cryptoprocta ferox*, at Montpellier Zoo. Int. Zoo Yearbook **15**, 147 – 150. 1957.
- Naissance et élevage en captivité des jeunes *Cryptoprocta ferox*, viverrides malgaches. Mammalia **33**, 94 – 97. 1959.
- Mammifères carnivores. Faune de Madagascar **36**. Paris (ORSTOM, CNRS) 1973.
Allen, G. M.: Dog skulls from Nyak Bay, Kodiak Island. J. Mammal. **20**, 3, 336 – 340. 1939.
Allen, J. A.: Carnivora collected by the American Museum Congo Expedition. Bull. Amer. Mus. Nat. Hist. **47** art. 3. 1922/25.
Altmann, D.: Verhaltensstudien an Mähnenwölfen, *Chrysocyon brachyurus*. Zool. Garten, N.F. **41**, 278 – 298. 1972.
Antonius, O.: Über *Felis braccata* Cope u. andere Schönbrunner Kleinkatzen. Zool. Garten **6**. 1933.
- *Felis braccata* in Nordostparaguay. Zool. Garten **6**, 58. 1933.
- Bilder aus dem früheren und jetzigen Schönbrunner Tierbestand. II. Luchse. Zool. Garten, N.F. **10**, 1 – 2. 1938.
- Über einige Schönbrunner Wildhunde. Zool. Garten, N. F. **13**, 3/4. 1941.
Astre, G.: Ossements de *Felis silvestris* dans les fissures des calcaires d'Arbon (avec notes sur l'espèce aux Pyrénées). Mammalia **27**, 136 – 146. 1963.
Bährens, D.: Zur Methodik allometrischer Untersuchungen nach Studien an Musteliden. Zool. Anz. 1959.
Banfield, A. W. F.: Populations and movements of the Saskatchewan Timber wolf (*Canis lupus knightii*) in Prince Albert National Park, Sask., 1947 – 1951. Wildl. Mgmt. Bull. Can. (1) 4, 1 – 21. 1951.
Barabash-Nikiforov, I. I.: The Sea Otter (Kalan). Jerusalem (Israel Program. f. scientif. Translations) 1962.

- Der Seeotter oder Kalan. Neue Brehm-Bücherei, Wittenberg (Ziemsen) 1963.
BARTLETT, A. D.: Remarks on the habits of the Panda (*Aelurus fulgens*) in captivity. Proc. Zool. Soc. London 1870, 770–772.
BARTMANN, W., C. BARTMANN: Mähnenwölfe (*Chrysocyon brachyurus*) in Brasilien – ein Freiland Bericht. Z. d. Kölner Zoo **29**, 165–176. 1986.
BAUM, H., O. ZIETZSCHMANN: Handbuch der Anatomie des Hundes. 2. Aufl. Berlin 1936.
BECHTHOLD, G.: Einige Unterarten asiatischer Herpestiden. Z. Säugetierkunde **11**, 149–153. 1936.
- Die asiatischen Formen der Gattung *Herpestes*, ihre Systematik, Ökologie, Verbreitung u. ihre Zusammenhänge m. d. afrik. Arten. Z. Säugetierkunde **14**. 1940/41.
BEHM, U.: Aufzucht von Vielfraßen. Zool. Garten **20**. 1954.
BENSON, S. B.: Decoying Coyotes and deer. J. Mammal. Baltimore **29**. 1948.
BERGMAN, ST.: Zur Kenntnis des Kamtschatka-Bären. Zool. Garten, N. F. **14**, 1–2. 1942.
BIBIKOW, D. I.: Der Wolf. Neue Brehm-Bücherei, Wittenberg (Ziemsen) 1990.
BOBRINSKIJ, N.: Bemerkungen über einige Fuchsarten Asiens (*V. ferillata*, *V. rüppeli* et *V. cana*). Bull. Mosk. ob. isp. prirody **57**, H. 2, 54–57. 1952. (russisch)
BOSWELL, K.: On the „thorn" or „claw" in panthers tails. J. Bombay nat. hist. Soc. **47**. 1948.
BOURDELLE, E.: Les chats dorés d'Afrique et d'Asie. Compt. Rend. Som. Sé. Soc. de Biogéogr. **78**, 66–70. 1932.
- M. DEZILIÈRE: Notes ostéologiques et ostéométriques sur la tête de l'ours des Pyrénées dans le cadre de l'ours brun en général (*Ursus arctos* L.). Mammalia **13**, 125–127. 1949.
BRADLEY, O. C., T. GRAHAME: Topographical anatomy of the dog. Edinburgh, 1948. 319 S.
BREE, P. J. H. VAN, M. C. SAINT GIRONS: Données sur la répartition et la taxonomie de *Mustela lutreola* (Linnaeus, 1761) en France. Mammalia **30**, 270–291. 1966.
BREUER, R.: Zwei Fälle bemerkenswerter anatom. Befunde an Schädeln kleinerer Säugetiere. Anat. Anz. Leipzig 1943. (*V. vulpes* abnormal skull).
CABRERA, A.: Los Mamíferos de Marruecos. Trabajos del Museo Nacional de ciencias naturales, ser. Zoológica, nr. 57. Madrid 1932.
CARLSSON, A.: Über die systematische Stellung von *Eupleres goudati*. Zool. Jb. Abt. Syst. **26**. 1902.
- Über *Cryptoprocta ferox*. Zool. Jb. Abt. Syst. **30**. 1911.
- Über *Arctictis binturong*. Acta Zool. 1920. Bd. **I**, S. 337 ff.
- Über *Ailurus fulgens*. Acta Zool. 6, 269–305 (1925).
CHASE, W. H.: Alaska's Mammoth Brown Bears. Kansas City, 1–129. 1947.
CHORN, J., R. S. HOFFMANN: *Ailuropoda melanoleuca*. Mammalian Species No. **110**, 1–6. 1978. Amer. Soc. of Mammalogists., 1978.
COUTURIER, M.: L'ours brun, *Ursus arctos* L. Grenoble 1954.
DARGEL, B.: A bibliography of Viverrids. Mitt. Hamburger Zool. Inst. u. Museum. Erg.bd. zu **87**, 1–184. 1990.
DATHE, H.: Beobachtungen zur Fortpflanzungsbiologie des Braunbären, *Ursus arctos* L. Zool. Garten **25**, 235–249. 1961.
DAVIS, D. D.: The giant Panda, a morphological study of evolutionary mechanisms. Fieldiana, Zool. Mem. **3**. Chicago Nat. Hist. Museum, 1964.
DAVIS, M.: Hybrids of Polar and Kodiak bears. J. Mammal. **31**, 449–450. Baltimore 1950.
DEMMER, H.: Beobachtungen an dem jungen Bambusbären „Chi-Chi". Zool. Garten, N. F. **29**, 306–318. 1964.
DEORAS, P. J.: An observation of the Indian Lion. Mammalia **29**, 432–434. 1965.
DE VIS, C. W.: A wild dog from British New Guinea. Ann. Queensld. Mus. **10**, 19–20. 1911.
DITTRICH, L.: Milchgebißentwicklung u. Zahnwechsel beim Braunbären (*Ursus arctos* L.) und anderen Ursiden. Morph. Jb. **101**, 1–142. 1960.
- I. v. EINSIEDEL: Bemerkungen zur Fortpflanzung u. Jugendentwicklung des Braunbären (*Ursus arctos* L.) im Leipziger Zoo. Zool. Garten, N. F. **25**, 250–269. 1961.
DOBRORUKA, L. J.: Leoparden aus Hinterindien und den südlichen Provinzen Chinas. Z. Säugetierkunde **28**, 84–88. 1963.
- Der Hodgsons Panther, *Pantera pardus pernigra* HODGSON 1863. Zool. Garten **29**, 61–67. 1964.
- Zur Verbreitung des „Sansibar-Leoparden" *Panthera pardus adersi* POKOCK 1932. Z. Säugetierkunde **30**, 144–146. 1965.
- Zur Haltung des Erdwolfes, *Proteles cristatus* (SPARMAN 1783). Zool. Garten, N. F. **34**, 307–314. 1967.
DOLAN, J.: A description of two small Asiatic Felines: *Felis* (*Pardiofelis*) *marmorata* MARTIN 1836; *Felis* (*Prionailurus*) *planiceps* VIGORS u. HORSFIELD, 1827. Z. Säugetierkunde **31**, 233–237. 1966.

DOMICS, T., M. NEWMAN: „Die Bären der Welt". Braunschweig (G. Westermann) 1990.
DRESCHER, H. E.: Die Körper- u. Organproportionierung freilebender und domestizierter Mustelidae (Carnivora). Natw. Diss. Kiel 1974, 1–172.
DRÜWA, P.: Beobachtungen zur Geburt und natürlichen Aufzucht von Waldhunden (*Speothos venaticus*) in der Gefangenschaft. Zool. Garten. N. F. **47**, 109–137. 1977.
– Perro de grulleiro, der südamerikanische Waldhund, ein Rätsel für die Hundeforschung. Z. d. Kölner Zoo, **25**, H. 3, 71–90. 1982.
DUBUC, H. L.: Los felidos (familia Felidae). Mem. Soc. Cienc. nat. La Salle, Caracas, 2/3. 1942.
ÉHIK, J.: Was versteht man unter dem „Rohrwolf"? Zool. Garten **11**, H. 6. 1909.
EHRENBERG, K.: IV. Die Höhlenhyäne I. Schädel und Gebiß A. Das adulte Kopfskelett und das Dauergebiß pp. 24–79. B. Die Jugendstadien und ihre Entwicklung pp. 80–130. Abh. Zool. Bot. Ges. Wien **17**, 1. 1938.
EISENTRAUT, M.: The pattern of ridges on the hard palate in procyonids and bears. Bongo, Berlin, **10**, 185–196. 1985.
– Das Gaumenfaltenmuster bei einigem madagassischen Viverriden und ein Vergleich mit festländischen Vertretern. Bonner Zool. Beitr. **40**, 79–84. 1989.
EMMRICH, D.: Der abessinische Wolf, *Simenia rimensis* (Ruppel, 1835), Beobachtungen im Bale Gebirge. Zool. Garten, N. F. **55**, 327–340. 1985.
ENCKE, W.: Mähnenwölfe im Krefelder Tierpark. Freunde des Kölner Zoo **7**, 1, 33–34. 1964.
ERDBRINK, D. P.: A review fo fossil and recent bears of the old world with remarks on their phylogeny based upon their dentition. Proefschrift. Deventer 1953.
ERICKSON, A. W., W. G. YOUATT: Seasonal variations in the hematology and physiology of black bears. J. Mammal. **42**, 198–203. 1961.
ETHERIDGE, R.: The warrigal or dingo introduced or indigenous. Mem. Geol. surv. New South Wales thnol. ser. no. **2**, 43–54. 1916.
EVERTS, W.: Beitrag zur Systematik der Sonnendachse. Z. Säugetierkunde **33**, 1–19. 1968.
EWER, R. F.: The Carnivores. Ithaca/New York (Cornell Univ. Press) 1973.
FAUST, R., I. FRAUST: Bericht über Aufzucht und Entwicklung eines isolierten Eisbären, *Thalarctos maritimus* (PHIPPS). Zool. Garten. N. F. **25**, 143–165. 1959.
FEDDERSEN-PETERSEN, D.: Hundepsychologie, Wesen und Sozialverhalten. Stuttgart (Franckhsche Vg.) 1986.
FELTEN, H.: Der australische Wildhund. Natur und Volk **87**, 389–392. 1957.
FENGEWISCH, H.-J.: Großraubwild in Europas Revieren. München/Basel/Wien (BLVf) 1968.
FESTETICS, A. (ed.): Der Luchs in Europa. Verbreitung, Wiedereinbürgerung, Räuber-Beutebeziehung. Greven (Kilda-Verlag) 1978.
FETHERSTONHAUGH, A. H.: Two Malayan Bears. Malayan Nature j. **3**. 1948.
FISHER, E. M.: Habits of the southern sea otter. J. of Mammal. **20**. 1939.
FLOWER, W. H.: On the anatomy of *Aelurus fulgens*. Proc. Zool. Soc. London 1870. 752–769.
FOX, U. W. (ed.): The wild canids. Their systematics, behavioral Ecology and Evolution. London (Van Nostrand) 1975. 508 S.
FRANK, H. R.: Die Biologie des Dachses. Z. f. Jagdkunde **II**, 1/2. 1940.
FRANZ, O.: Gefangenschaftsbeobachtungen am Marderhund (*Nyctereutes procyonoides* Gray). Zool. Garten **17**, 1/5. 1950.
FREDGA, K.: Unusual sex chromosome inheritance in Mammals. Phil. Trans. B **259**, 15–36. 1970.
FRESE, R.: Zur Haltung u. Zucht des Zwergotters (*Amblyonyx cinerea*) im Zoo Berlin. Zool. Garten, N. F. **56**, 20–32. 1986.
FRIEDMAN, H.: The honey guides. U. S. Nat. Museum Bull. **208**, 1–279. 1955.
GANGLOFF, B.: Beitrag zur Ethologie der Schleichkatzen (Bänderlinsang, *Prionodon linsang* (Hardw.) und Bänderpalmenroller, *Hemigalus derbyanus* (Gray)). Zool. Garten, N. F. **45**, 329–376. 1975.
GELDER, R. G. VAN: A review of Canid classification. Americ. Mus. Nov. No. 646, 1–10. 1978.
GEWALT, W.: Über einige seltenere Nachzuchten im Zoo Duisburg 4. Fossa (*Cryptoprocta ferox* Benn.) Zool. Garten, N. F. **56**, 161–182. 1986.
GILBERT, P. W.: The origin and development of the extrinsic ocular muscles in the domestic cat. J. Morph., Philadelphia **81**. 1947.
GILES, EU.: Multivariate analysis of pleistocene and recent coyotes (*Canis latrans*) from California. Univ. Calif. Publ. in Geological sci. **36**, no. 8, 369–390. 1960.
GINGERICH, P. D.: Mimikry beim Erdwolf. Natw. Rundschau **28**, 376–377. 1975.
GITTLEMEAN, J. L. (ed.): Carnivor behavior, ecology and evolution. New York (Cornell Univ. Press) 1989. 620 S.

GOLDMAN, D., P. RATHNA GIRI, S. J. O'BRIEN: Moleculargenetic distance estimates among the Ursidae as indicated by one- and two-dimensional protein electrophoresis. Evolution **43**, 282−295. 1989.
GODMAN, ST. M., J. HELMY: The sand cat *Felis margarita* Loche, 1858 in Egypt. Mammalia **50**, 120−123. 1986.
GOODWIN, L. G. (ed.): Chi-Chi, the giant Panda, *Ailuropoda melanoleuca* at the London Zoo 1958−1972, a scientific study. Trans. zool. soc. London **33**, 77−171. 1976.
GREGORY, W. K.: On the phylogenetic relationship of the giant panda (*Ailuropoda*) to other arctoid Carnivora Am. Mus. Nov. 878. 1936. 29 S.
− M. HELLMAN: On the evolution and major classification of the Civets (Viverridae) and allied fossil and recent Carnivora: A phylogenetic study of the skull and dentition. Proc. Americ. Phis. Soc. Vol **81** No. 3, 309−392. 1939.
GROBBELAAR, C.: The brown Hyena. Ons Wild, Johannesburg **1**, 2, 37−42. 1958.
GUGGISBERG, C.: Simba. Bern (Hallwag) 1960. 320. S.
GUILDAY, J. E.: Supernumerary molars of *Otocyon*. J. Mammal. **43**, 455−462. 1962.
GUTH, CH.: Sinus veineux et Veines de l'Arrière-Crane de quelques Fossiles. Ann. d. Paléontologie, **50**, 1−13. 1964.
− A Propos de Miacis exilis des Phosphorites du Quercy. Mammalie, **28**, 359−365. 1964.
HALLER, H., U. BREITENMOSER: Zur Raumorganisation der in den Schweizer Alpen wiederangesiedelten Population des Luchses (*Lynx lynx*). Z. Säugetierkunde **51**, 289−311. 1986.
HALTHENORTH, TH.: Die verwandtschaftliche Stellung der Großkatzen zueinander. I. Z. Säugetierkunde **11**. 1936. II. dto. **12**. 1937/38.
− Die Wildkatzen der alten Welt. Leipzig (Akad. Vlg.ges.) 1953.
− Die Wildkatze. Neue Brehm-Bücherei, H. 189.
HARRINGTON, F. H., P. C. PAQUET (eds.): Wolves of the world. Park Ridge,. New Jersey (Noyes Publ.) 1982.
HARRIS, C. J.: Otters, a study of recent Lutrinae. London (Weidenfeld u. Nicolson) 1968.
HELVOORT, B. E. VAN, H. H. DE JONGH, P. J. H. VAN BREE: A Leopard skin and skull (*Panthera pardus* L.) from Kangoan island, Indonesia. Z. Säugetierkunde **50**, 182−184. 1985.
HEMMER, H.: Zur Systematic und Stammesgeschichte der Pantherkatzen (Pantherinae). Naturw. **51**, 643. 1964.
− Untersuchungen zur Stammesgeschichte der Pantherkatzen (Pantherinae). Veröff. Zool. Staatssammlg. München **11**, 1−121. 1966.
− Untersuchungen zur Kenntnis der Leoparden (*Panthera pardus*) des südlichen Afrikas. Z. Säugetierkunde **32**, 257−266. 1967.
− Untersuchungen zur Stammesgeschichte der Pantherkatzen II. Studien zur Ethologie des Nebelparders *Neofelis nebulosa* (GRIFFITH 1821) und des Irbis, *Uncia uncia* (SCHREBER 1775). Veröff. Zool. Staatssammlg. München **12**, 1968.
− Ausdrucksbewegungen der Pantherkatzen. Freunde d. Kölner Zoo **12**, 1, 25−30. 1969.
− Zur Stellung des Tigers (*Panthera tigris*) der Insel Bali. Z. Säugetierkunde **34**, 216−223. 1969.
− Studien zur Systematik und Biologie der Sandkatze (*Felis margarita* LOCHE, 1858). Z. Kölner Zoo **17**, 11−20. 1974.
− *Felis margarita scheffeli*, eine neue Sandkatzen-Unterart aus der Nushki-Wüste, Pakistan. Senckenberg. Biol. **55**, 29−34. 1974.
− P. GRUBB, C. P. GROVES: Notes on the Sand Cat, *Felis margarita* LOCHE, 1858. Z. Säugetierkunde **41**, 286−303. 1976.
− G. SCHÜTT: Ein Unterkiefer von *Panthera gombaszoegensis* (Kretzoi, 1938) aus den Moosbacher Sanden. Mz. Naturw. Arch. **8**, 90−101. 1969.
HEPTNER, W. G.: Über die morphologischen und geographischen Beziehungen zwischen *Mustela putorins* und *Mustele eversmanni*. Z. Säugetierkunde **29**, 321−330. 1964.
− Die turkestanische Sicheldünenkatze (Barchankatze), *Felis margarita thinobia* Ogn., 1926. Zool. Garten **39**, H. 1/6, 116−128. 1970.
HERRE, W., M. RÖHRS: Haustiere − zoologisch gesehen. Stuttgart/New York (G. Fischer), 2. Aufl. 1990.
HILDEBRAND, M.: An analysis of body proportions in the Canidae. Amer. Journ. Anat. **90**. 1925.
− Comparative Morphology of the body skeleton in recent Canidae. Univ. of California Publ. in Zoology, vol **52**, No. 5, 399−470. 1954.
HILZHEIMER, M.: Beitrag zur Kenntnis der nordafrikanischen Schakale. Zoologica **20**, H. 53. Stuttgart 1908.

HINTON, H. E., A. M. S. DUNN: Mongooses. Berkeley/Los Angeles (Univ. of California Press) 1967.
HOLZ, H.: Zur innerartlichen Variabilität und phylogenetischen Stellung des afrikanischen Hyänenhundes *Lycaon pictus*. Zoo. Anz. **184**, 363—395. 1965.
HOPWOOD, A. T.: Contributions to the study of some African mammals. VI. Notes on the interior of the skull of Lion, Leopard and Cheetah. J. Linn. Soc. London **41**. 1947.
HOUGH, J. R.: The auditory region in some members of the Procyonidae, Canidae und Ursidae. Bull. Amer. Mus. Nat. Hist. **92**, 71—118. 1948.
HUTZELSIDER, H. B.: Eine Malayenbärengeburt im Zoo Aaarhus. Zool. Garten, N. F. **12**, 2/3. 1940.
ILLAR MULL, BOO-LIAT LIM: Ecological and morphological observations of *Felis planiceps*. J. Mammal. **51**, 806—808. 1970.
INGEN VAN: Interesting shikar trophies: hunting Cheetah *Acinonyx jubatus* (Schreber). J. Bombay nat Hist. Soc. **47**. 1948.
INTYRE, G. T. M.: The Miacidae (Mammalia, carnivora). Part 1. The systematics of *Ictidopappus* and *Protictis*. Bull. Amer. Mus. Nat. Hist. **131**, 117—210. 1966.
IREDALE, T., E. LEG. TROUGHTON: A checklist of the mammals recorded from Australia. Mem. Australian Mus., no. 6, 1—122. 1934.
JACOBI, A.: Der Seeotter. Monogr. d. Wildsäugetiere VI. Leipzig (Schöps) 1938.
JOLICOEUR, P.: Multivariate geographical variation on the wolf, *Canis lupus* L. Evolution **13**, 283—299. 1959.
JONES, F. W.: The status of the dingo. Trans. Roy. Soc. South Astralia, vol. **45**, 254—263. 1921.
— The cranial characters of the Papuan dog. J. Mammal., vol. **10**, 329—333. 1929.
KABITZSCH, J. F.: Die Verwandtschaft von Löwen und Tiger, dargestellt in ihrem Gebiß unter Berücksichtigung der Gebisse von Jaguar und den zwei pleistozaenen Großkatzen *Felis spelaea* und *Felis atrox*. Säugetierkundl. Mitt. **8**, 103—140. 1960.
KAUFMANN, J. H.: Ecology and social behavior of the coati, *Nasua narica* on Barro Colorado Island, Panama. Univ. Calif. Publ. Zool. **60** no. 3, 95—222. 1962.
— A. KAUFMANN: Observations of the behavior of Tayras and Grisons. Z. Säugetierkunde **30**, 146—155. 1965.
KELLER, R.: Das Markierungsverhalten des kleinen Pandas (*Ailurus fulgens* CUVIER 1825). Zool. Garten, N. F. **52**, 269—392.
KEMNA, A.: Über eine Rückkreuzung eines Löwen-Tiger-Bastards mit einem Löwen in der zweiten Generation und tierärztlichen Beobachtungen bei der Aufzucht der empfindlichen Jungtiere. Zool. Garten **20**. 1954.
KINGDON, J.: Carnivores. East African Mammals III. A. London/New York (Acad. Press) 1977.
KIPP, H.: Beitrag zur Kenntnis der Gattung *Conepatus* Molina, 1782. I, 2. Z. Säugetierkunde **30**, 193—232. 1965.
KLÖS, H. G., H. FRÄDRICH: Proceedings of the International Symposium on the Giant Panda. Berlin, 28. Sept.—1. Oct. 1984. Bongo 10. 1985.
KOBY, F.: La dentition lactéale d'*Ursus spelaeus*. Rev. Suisse Zool. Genf **59**, 511—541. 1952.
— Note sur la main de l'Urside de Süssenborn. Ecolog. geol. Helvet. **45**, 333—335. 1953.
KOHTS, A. E.: The variation of colour in the common wolf and its hybrids with domestic dogs. Proc. Zool. Soc. London **117**. 1948.
KOMONEN, A.: Die Gewichte unserer Raubtiere. Metsästys ja Kalastus, Helsinki, **42**, 79—83. 1953 (Finnisch)
KOSTJAN, E. F.: Eisbären und ihr Wachstum. Zool. Garten **7**, 157. 1934.
KOZLOV, V.: Materialien zur Kenntnis der Biologie des Marderhundes (*Nyctereutes procyonides* Gray) im Gebiet von Gorkij. Zool. J. Moskau **31**, 761—768. 1952. (Russisch)
KRATOCHVIL, J.: History of the *Lynx* in Hungary. Acta sc. nat. Brno **2**, 33—34. 1968.
— The *Lynx* Population in Rumania. Acta sc. nat. Brno **2**, 65—70. 1968.
— The *Lynx* Population in Yugoslavia. Acta sc. nat. Brno **2**, 71—74. 1968.
— Changes in the Distribution of the *Lynx* and its Protection in Czechoslovakia. Acta sc. nat. Brno **2**, 4—16. 1968.
— Survey of the Distribution of the Populations of the Genus *Lynx* in Europe. Acta sc. nat. Brno **2**, 3—12. 1968.
— F. VALA: History of Occurrence of the *Lynx* in Bohemia and Moravia. Acta sc. nat. Brno **2**, 35—48. 1968.
KRETZOI, N.: Materialien zur phylogenetischen Klassifikation der Ailuroideen. 10. Int. Zool. Kongr. 1293—1355. Budapest 1929.

KRIEG, H.: Im Lande des Mähnenwolfes. Notizen von einem Standlager im Gran Chaco. Zool. Garten, N. F. **12**, 4/6. 1940.
— Im Lande des Mähnenwolfes (Katzen, Kugelgürteltiere, Sumpfhirsch). Zool. Garten, N. F. **13**, H. 5/6. 1941.
KROTT, P.: Der Vielfraß (*Gulo gulo* L. 1758). Monograph. d. Wildsäugetiere 13. Jena (G. Fischer) 1959.
— Beiträge zur Kenntnis des Alpenbären, *Ursus arctos* Linné 1758. Säugetierkundl. Mitt. **10**. Sonderheft, 1–33. 1962.
— Dichtung und Wahrheit über den Alpenbären. Kosmos **58**, 137–143. 1962.
KRUMBIEGEL, I.: Die Schneeleoparden (*Felis uncia* Schreeb.) des Dresdner Zoologischen Gartens. Zool. Garten **9**, 34. 1937.
KRUUK, H.: The spotted Hyena. Chicago/London (University of Chicago Press) 1972. 335 S.
KÜHLHORN, F.: Beitrag zur Systematik der südamerikanischen Caniden. Arch. Naturgesch. N. S. **7**, 29–45. 1938.
KÜHME, W.: Freilandbeobachtungen an Löwen und Hyänenhunden im Serengeti Nationalpark Tanganyika. Freunde des Kölner Zoo **7**, 106–108. 1964.
— Beobachtungen zur Soziologie des Löwen in der Serengetei-Steppe Ostafrikas. Z. Säugetierkunde **31**, 205–213. 1966.
KUHN, H. J.: Genetta (*Paragenetta*) *lehmanni*, eine neue Schleichkatze aus Liberia. Säugetierkundl. Mitt. **8**, 154–160. 1960.
— Zur Kenntnis der Andenkatze, *Felis* (Oreailurus) *jacobita*, 1865. Säugetierkundl. Mitt. **21**, 359–364. 1973.
KUMERLOEVE, H.: Zur Verbreitung des Leoparden (*Panthera pardus* L.) in Anatolien. Zool. Garten **22**, 154–162. 1955/59.
KURTÉN, B.: Sex dimorphism and size trends in the cave bear, *Ursus spelaeus*. Acta Zool. Fennic. **90**, 1–48. 1955.
— Life and death of the pleistocene cave bear. Acta Zool. Fennic. **95**, 1–59. 1958.
— The evolution of the Polar bear, *Ursus maritimus* PHIPPS. Acta Zool. Fennic. **108**, 3–30. 1964.
— The Carnivora of the Palestine Caves. Acta Zool. Fennic. **107**, 3–74. 1964.
— On the Evolution of the European Wild Cat, *Felis silvestris* Schreber. Acta Zool. Fennic. **111**, 1–29. 1965.
— Geographic origin of the Scandinavian *lynx* (Felis lynx L.). Arkiv Zool., **23**, 505–511. 1967.
— Pleistocene Mammals of Europe. London (Weidenfeld u. Nicolson) 1968.
LANGDALE-SMITH, W. K.: Man eater — Black Himalayan Bear. J. Bengal nat. Hist. Soc. **20**, 3. 1946.
LANGGUTH, A.: Sobre la Identidad de *Dusicyon culpaeolus* (Thomasf) y de *Dusicyon inca* (Thomas). Neotropica, Vol. **13**, No. 40, I–IV, 21–28. 1967.
— Die südamerikanischen Canidae unter besonderer Berücksichtigung des Mähnenwolfes *Chrysocyon brachyurus* ILLIGER (Morphologische, systematische und phylogenetische Untersuchungen). Z. wiss. Zool. **179**, 1–188. 1969.
— Una nueva clasificacion de los Canidos Sudamericanos. Act. IV Congr. Latin. Zool., **1**, 129–143. 1970.
— A. XIMNEZ: Introduccion al estudio de los Canidos de Uruguay. Bol. Soc. Zool. Uruguay, Montevideo, **1**, 50–52. 1971.
LANGKAVEL, B.: Über Dingos, Pariah, und Neuseeländische Hunde. Zool. Garten **33**, 33–38. 1892.
LEOPOLD, A. ST.: Weaning Grizzly Bears. A report on *Ursus arctos horribilis*. MUs. Vertebr. Zool., Univ. of California, 94–101. 1970.
LESEBLE, L.: Canis dingo. Bull. Soc. Acclimat., Vol. **37**, 681–684. 1890.
LEYHAUSEN, P.: Beobachtungen an Löwen-Tiger-Bastarden mit einigen Bemerkungen zur Systematik der Großkatzen. Z. Tierpsychol. **7**, 46–83. 1950.
— Verhaltensstudien an Katzen. Z. Tiepsychol. Beiheft 2, 1–120 (1956).
— Die Katze in der Nagetierbekämpfung. Zeitschr. Gesundheitswesen u. Desinfektion, **7**, 1–4. 1961.
— *Felis nigripes* — Katzenzwerg aus Südwestafrika. Umschau **62**, 768–770. 1962.
— Über südamerikanische Pardelkatzen. Z. Tierpsychol. **20**, 627–640. 1963.
— Cat behavior. New York 1979.
— Katzen, eine Verhaltenskunde. 6. Aufl. Hamburg, Berlin 1982.
LEYN, G. DE: Contributation à la connaissance des Lycaons du Parc National de la Kagera. Inst. P. N. Congo et Rwanda, Bruxelles. 1962. 33 S.
LINDEMANN, W.: Beobachtungen an wilden und gezähmten Luchsen. Z. Tierpsychol. **7**, 217–240. 1950.

- Zur Rassenfrage und Fortpflanzungsbiologie des karpatischen Braunbären, *Ursus arctos arctos* Linné 1758. Säugetierkundl. Mitt. **2**. 1954.
LLEWELLYN, M.: Growth rate of the raccon fetus. The Jl. Wildlife Management, Ithaca, **17**, 320 – 321. 1953.
LONG, CH. A.: The occurrence of supernumerary bones in skulls of North American Brown Bears, *Ursus arctos* L. Z. Säugetierkunde **30**, 30 – 36. 1965.
LÜPS, P., M. GRAD, A. KAPPELER: Möglichkeiten der Altersbestimmung beim Dachs, *Meles meles* L. Jhrb. Naturhist. Mus. Bern 1984 – 86, **9**, 185 – 200. Bern 1987.
MACDONALD, S. M., C. F. MASON, K. DE SMET: The otter (*Lutra lutra*) in North-central Algeria. Mammalia **49**, 215 – 219. 1985.
MÄKINEN, A., I. GUSTAFSON: A comparative chromosome banding study in the silver fox, the blue fox and their hybrids. Hereditas **97**, 289 – 297. 1982.
MARKL, H.: Evolution, Genetik und menschliches Verhalten. München (Piper) 1986.
MATHESON, C.: The grey wolf. Antiquity Gloucester **17**. 1943. Destructiveness and controll.
MATJUSCHKIN, E. N.: Der Luchs, *Lynx lynx*. Neue Brehm-Bücherei 517. Wittenberg (Ziemsen) 1978.
MATTHEW, W. D.: The phylogeny of dogs. J. of Mammal. Vol. **11** No. 2. 1930.
MATTHEWS, L. H.: Reproduction in the spotted Hyena *Crocuta crocuta* Erxl. Phil. Trans. Roy. Soc. London B. **230**, 1 – 78. 1939.
MAYR, E.: Uncertainty in science: is the giant panda a bear or a racoon! Nature **232**, 769 – 771. 1986.
MAZAK, V.: Notes on Siberian long haired Tiger, *Panthera tigris altaica* (TEMMINCK 1844), with a remark on Temminck's Mammal volume of the Fauna Japonica. Mammalia **31**, 537 – 573. 1967.
- Notes on the black-maned Lion of the Cape, *Panthera leo melanochaita* (CH. H. SMITH, 1842) and a revised list of the preserved specimens. Verh. konink. Akad. v. Wetensch. afd. Natk., tweede reeks, d. **64**, 1 – 44. 1975.
MEISSNER, H.-C.: Der Bali-Tiger – ein Märchen? Säugetierkundl. Mitt. **6**, 13 – 17. 1958.
MIKLOUHO-MACLAY, N. DE: On the convolutions of the brain of *Canis dingo*. Proc. Linnean Soc. New South Wales, vol. **6**, 624. 1882.
MILNE-EDWARDS, A.: Note sur quelques mammifères du Thibet oriental. Ann. Sci. nat. Zool. Ser. 5. 10. 1. 1870.
MITCHELL, E., R. BENVENISTE; (O'BRIEN, S. J., W. G. NASH, D. E. WILDT): A molecular solution to the riddle of the giant panda's phylogeny. Nature **317**, 140 – 144. 1985.
MOHR, E.: Vom Järv (*Gulo gulo* L.). Zool. Garten, N. F. **10**, H. 1/2. 1938.
- Bemerkungen über Hyänenkot und -koprolithen. Mitt. Hamburg. Zool. Mus. Inst. (Kosswig-Festschrift), 107 – 111. 1964.
MOREL, P., C. THIERY: Sur le larynx des mustélidés. Mammalia Paris **17**, 187 – 188. 1953.
MORRIS, D.: Der große Panda (*Ailuropoda melanoleuca*). Freunde d. Kölner Zoo **7**, 1, 10 – 13. 1964.
MÜLLER, H.: Beiträge zur Biologie des Hermelins, *Mustela erminea* LINNÉ, 1758. Säugetierkundl. Mitt. **18**, 293 – 380. 1970.
MÜLLER-USING, D.: Die Wildhunde Südwestafrikas. Mitt. SWA wiss. Ges. **XI/6**, 1 – 9. 1970.
MURIE, A.: The wolves of North America. Fauna nat. Park USA Fauna series **5**, 238. 1944.
MURIE, O. J.: Wonder Dog. Audubon Mag. New York **50**/2. 1948. *Canis latrans* status and economic position.
MUSIL, R.: *Ursus spelaeus* – Der Höhlenbär. Teil I. Weimar 1980.
MYERS, N.: The Leopard, *Panthera pardus*, in Africa. IUCN Monogr. No. 5, 1 – 79. 1976.
NEAL, E.: The badger. London (Harmondsworth) 1958.
NIETHAMMER, G., J. NIETHAMMER: Zur Variabilität der Kehlzeichnung beim Steinmarder, *Martes foina* (Erxleben, 1777). Z. Säugetierkunde **32**, 3, 185 – 187. 1967.
NIETHAMMER, J.: Das Streifenwiesel (*Poecilictis libyca*) im Sudan und seine Gesamtverbreitung. Bonn. zool. Beitr. **38**, 173 – 182. 1987.
NIEVERGELT, B.: A report on the Simien Fox (*Simenia simensis simensis*) in the Simien mountains. Characteristics, habitat and situation. Report to IUCN and WWF 1970. Manuscr.
NOVIKOV, S. A.: Fauna of the USSR. Predatory mammals of the USSR. (Transl. from Russian). 1962.
OGNEFF, S. J.: Übersicht der russischen Kleinkatzen. Z. Säugetierkunde **5**, 48 – 85. 1930.
ORLOV, J. A.: *Perunium ursogulo* Orlov, a new gigantic extinct Mustelid (A contribution to the morphology of the skull and brain and to the phylogeny of Mustelidae). Acta Zool. Stockholm **29**. 1948.
OWENS, M. u. D.: Der Ruf der Kalahari. München (Bertelsmann) 1987.
PEDERSEN, A.: Der Eisbär. Neue Brehm-Bücherei 201. 1957.
PERRY, R.: The world of the Tiger. London (Cassell & Co.) 1964.

Peters, G.: Das Schnurren der Katzen (Felidae). Säugetierkundl. Mitt. **29**, 30 – 37. 1981.
- W. Ch. Wozencraft: Acoustic communication by Fissiped Carnivores. In: Gittleman, J. L. (ed.), Carnivor Behavior, Ecology and Evolution, 14 – 56. Ithaca (Cornell Univ. Press) 1989.

Petter, G.: Le peuplement en Carnivores de Madagascar. Coll. Internat. CNRS No. 104. Problèmes actuels de Paléont. (Evolution des vertèbrés, Paris 1961), 331 – 342. 1962.
- Origine, Phylogenie et Systématique des Blaireaux. Mammalia **35**, 567 – 597. 1971.

Petzsch, D.: Kritisches über die neuentdeckte Iriomote-Wildkatze. Schriften f. Pelz- u. Säugetierkde. „Das Pelzgewerbe", Jg. **XX**, Nr. 5, 1 – 8. 1970.

Piechocki, R.: Die Wildkatze. Wittenberg (Ziemsen) 1990.

Pocock, R. I.: The external characters and classification of the Procyonidae. Proc. Zool. Soc. London 1921.
- Description of a new species of Cheetah (*Acinonyx*). Proc. roy. zool. soc. London, 245. 1927.
- The external characters of a Bush-Dog (*Speothos venaticus*) and of a Maned Wolf (*Chrysocyon brachyurus*) exhibited in the society's gardens. Proc. Zool. Soc. London 1927, 307.
- The geographical races of *Paradoxurus* and *Paguma* found to the East of the Bay of Bengal. Proc. Zool. Soc. London 1934, 613 – 680.
- The races of *Canis lupus*. Proc. Zool. Soc. London 1935, 647 – 686.
- The Asiatic Wild dog or Dhole (*Cuon javanicus*). Proc. Zool. Soc. London 1936, 33 – 35.
- The Oriental Yellow-throated marten (*Lamprogale*). Proc. Zool. Soc. London 1936, 531 – 553.
- The Polecats of the genus *Putoris* and *Vormela* in the British Museum. 1936, 691 – 723.
- The fauna of British India, Mammalia. II. Carnivora. London (Taylor and Francis) 1941. XII.
- The Panda and the giant Panda. Zoolife, London **1**. 1946.
- Catalogue of the genus *Felis*. London, British Museum Nat. Hist. 1951.

Poglayen-Neuwall: Beiträge zu einem Ethogramm des Wickelbären (*Potos flavus* Schreber). Z. Säugetierkunde **27**, 1 – 44. 1962.

Pohl, A.: Beiträge zur Ethologie und Biologie des Sonnendaches (*Helictis personata* Gray 1831) in Gefangenschaft. Zool. Garten, N. F. **33**, 225 – 247. 1967.

Pohle, H.: Die Familie der Lutrinae. Arch. Naturgesch. **85**. 1 – 247. 1919.

Prell, H.: Über doppelte Brunstzeit und verlängerte Tragzeit bei den europäischen Arten der Gattung *Ursus* Linné. Biol. Zentralbl. **50**, 1930.

Psenner, H.: Über die Haltung von Luchsen (*Felis lynx*) im Innsbrucker Alpenzoo. Zool. Garten **39**, H. 1/6, 232 – 239. 1970.

Raak, G.: Einige bemerkenswerte Zuchterfolge im Zoo Halle. Zool. Garten **16**, 1/2. 1944.

Räber, H.: Versuche zur Ermittlung des Beuteschemas an einem Hausmarder (*Martes foina*) und einem Iltis (*Putorius putorius*) Rev. Suisse Zool. **51**, 293 – 332. 1944.

Radinsky, L.: Are Stink Badgers Skunks? Implications of Neuroanatomy for Mustelid Phylogeny. J. of Mammal. **54**, 585 – 593, 1973.

Radinsky, L.: Brains of early carnivores. Paleobiology 3, 333 – 349 (1977).

Rahn, P.: Über die Haltung der Lippenbären (*Melursus ursinus*) und eine Handaufzucht. Zool. Garten, N. F. **56**, 33 – 42. 1986.

Rasa, O. A. E.: Aspects of social organization in captive dwarf mongooses. Am. J. Mammal. **53**, 181 – 185. 1972.
- Marking behaviour and its social significance in the African dwarf mongoose Helogale undulata rufula. Z. Tierpsychol. **32**, 293 – 318. 1973.
- The ethology and sociology of the dwarf mongoose. Z. Tierpsychol. **43**, 337 – 406. 1977.
- Zwergmungos mit großem Familiensinn. Forschung, Mitt. d. DFG **1**, 9 – 12. 1983.
- Die perfekte Familie. Leben und Sozialverhalten der afrikanischen Zwergmungos. Stuttgart 1984.

Rausch, R. L.: Notes on the black bear, *Ursus americanus* Pallas, in Alaska with particular reference to dentition and growth. Z. Säugetierkunde **26**, 77 – 107. 1961.

Reed, Th. H.: Mohini, the white tiger in the national zoological park Washington. Zool. Garten **27**, 126 – 127. 1963.

Reinberger, G.: Über das Vorkommen sogenannter Wölfe in Nordostafrika. Z. Säugetierkunde **13**, 243 – 245. 1938.

Remington, J. D.: Food habits, growth and behaviour of two captive pine-martens. J. Mammal. **33**, 66 – 70. 1952.

Rempe, U.: Über die Formenvermannigfaltigung des Iltis in der Domestikation. Z. Tierzüchtg. Züchtungsbiol. **77**, 299 – 233. 1962.
- Morphometrische Untersuchungen von Iltisschädeln zur Klärung der Verwandtschaft von

Steppeniltis, Waldiltis und Frettchen. Analyse eines Grenzfalles zwischen Unterart und Art. Z. wiss. Zool. **180**. 185 – 366. 1970.

RENSCH, B.: Beobachtungen an einem Fenek, *Megalotis zerda* Zimm. Zool. Garten **17**, 1/5. 1950.

REUTHER, G., A. FESTETICS (eds.): Der Fischotter in Europa, Verbreitung, Bedrohung, Erhaltung. Oderhaus Göttingen (Aktion Fischotterschutz) 1980.

REVENTLOW, A.: Remarks on American black bears. Zool. Garten **20**. 1954.

– The Kodiak Bear cub „Ursula". Zool. Garten, N. F. **20**, 279 – 282. 1954.

REVILLIOD, P.: Les elans et les ours dans le Jura des environs de Genève. Découvertes de nos spéléologues. Les Musées de Genève, Genf **10**, 3. 1953.

ROSEVEAR, D. R.: The Carnivores of West Africa. London (Brit. Museum Nat. Hist.) 1974.

ROTH, H. H.: Ein Beitrag zur Kenntnis von *Tremarctos ornatus* (CUVIER). Zool. Garten, N. F. **29**, 107 – 129. 1964.

ROTH, W. T.: A Re-evaluation of *Panthera pardus adusta* (POKOCK 1927). Zool. Garten, N. F. **29**, 283 – 284. 1964.

RUPPRICHT, W.: Beiträge zur Kenntnis der Extremitätenvenen von *Ursus arctos* nebst Bemerkungen über Muskeln u. Fascien, die zu ihrer Lage Beziehungen haben. Z. Anat. Entwg. **94**, 623. 1931.

SARICH, V. M.: The giant panda is a bear. Nature **245**, 218 – 220. 1973.

SCHÄFER, E.: Der Bambusbär (*Ailuropus melanoleucus* A. M Edw.). Zool. Garten **10**. 1/2. 1938.

SCHALLER, G. B.: The Deer and the Tiger. Chicago/London (Univ. of Chicago Press) 1967. 370 S.

– The Serengeti Lion. Chicago/London (Univ. of Chicago Press) 1972.

– Auf der Suche nach dem „seltenen Schatz". Pandaforschung in China. Das Tier, 1983 Nr. 7, 4 – 9. 1983.

– J. JINCHU, P. WENSCHI, Z. JING: The Giant Pandas of Wulong. Chicago (Univ. Press) 1985.

– et al.: The feeding ecology of Giant Pandas and Asiatic Black Bears in the Tangjiahe Reserve, China. In: GITTLEMAN, J. L. (ed.), Carnivore behavior, ecology and evolution, 121 – 241. Ithaca/New York (Cornell Univ. press) 1989.

SCHENKEL, R.: Ausdrucksstudien an Wölfen. Behaviour, Vol. **1**, 2. Leiden 1947.

– Problem der Territorialität und des Markierens bei Säugern – am Beispiel des Schwarzen Nashorns und des Löwens. Z. Tierpsychol. **23**, H. 5, 593 – 626. 1966.

SCHLOTT, M.: Zur Kenntnis der Jugendentwicklung des Baribals (*Euarctos americanus* Pall.). Zool. Garten **17**. 1/5. 1950.

SCHMID, E.: Variationsstatistische Untersuchungen am Gebiß pleistozäner und rezenter Leoparden und anderer Feliden. Z. Säugetierkunde **15**. 1940.

SCHMIDT, F.: Naturgeschichte des Baum- und Steinmarders. Monogr. d. einheim. Wildäuger, Bd. 10. Leipzig (Schöps) 1943.

SCHNEIDER, K. M.: Zur Aufzucht eines Eisbären. Zool. Garten, N. F. **5**, 168 – 170. 1932.

– Zur Jugendentwicklung eines Eisbären. Zool. Garten **6**, 156. 1933. Dto. II, 224.

– Einiges zum großen und kleinen Panda. Zool. Garten **11**. 1929. **12**, 1. 1940.

– Von der Fleckung junger Löwen. Zool. Garten, N. F. **20**, 127 – 150. 1953.

SCHÖNBERGER, D.: Beobachtungen zur Fortpflanzungsbiologie des Wolfes, *Canis lupus*. Z. Säugetierkunde **30**, 171 – 178. 1965.

SCHORGER, A. W.: Further records of the wolverine for Wisconsin and Michigan. J. Mammal. Baltimore **29**. 1948.

SCHUBEL, A.: Ein Beitrag zur Morphologie des Wolfsschädels. Wiss. Zschft. d. Univ. Greifswald, Jg. **3**, Math. naturw. Reihe 6/7. 1953/54.

SCHUHMACHER, U.: Quantitative Untersuchungen an Gehirnen mitteleuropäischer Musteliden. J. Hirnfg. **6**, 137 – 163. 1963.

SCHULTZ, W.: Zur Kenntnis des Hallströmhundes (*Canis hallstromi*, Troughton 1957). Zool. Anz. **183**, 47 – 72. 1969.

SCHUMACHER, S.: Über die Verfolgung der Fährte durch den Hund. D. dt. Jäger 46, München 1934.

SCHÜTT, G.: Revision der Cyon- und Xenocyon-Funde (Canidae, Mammalia) aus den altpleistozaenen Mosbacher Sanden (Wiesbaden, Hessen). Mz. Naturw. Arch. **12**, 49 – 77. 1973.

SCHWANGART, F.: Südamerikanische Busch-, Berg- und Steppenkatzen. Abh. Bay. Akad. d. Wiss., Math. natw. Kl., N. F. H. 49. 1941.

SEIFERT, S.: Einige Ergebnisse aus dem Zuchtgeschehen bei Großkatzen im Leipziger Zoo I. Zum Sibirischen Tiger (*Panthera tigris altaica* Temminck 1845). Zool. Garten **39**, H. 1/6, 260 – 270. 1970.

SICHER, H.: Masticatory apparatus in the giant Panda and the Bears. Field Mus., Pub. Chicago Zool. Soc. **29**/4. 1944.

SILLERO-ZUBIRI, C., D. GOTELLI: *Canis simensis*. Mamm. Spec. Washington Nr. 485, 1 – 6. 1994.

SIIVONEN, L.: *Supikoira (Nycterentes) ammutta* Aanuksessa. Luonnen Ystäva, Helsinki **47**. 1943.
SPRAGUE, J. M.: The hyoid region of the carnivora. Amer. Journ. Anat. Baltimore **74**/2. 1944.
STARCK, D.: Kaumuskulatur und Kiefergelenk der Ursiden. Morph. Jb.. **76**, 104–147. 1935.
– Über den Reifegrad neugeborener Ursiden im Vergleich mit anderen Carnivoren. Säugetierkundl. Mitt. **4**, 21–27. 1956.
– Über das Entotympanicum der Canidae und Ursidae (Mammalia, Carnivora, Fissipedia). Acta Theriol. **8**, 181–188. 1964.
STEFANIAK, V., E. LANDOWSKA-PLAZEWSKA: Die Entwicklung des Knochengerüstes der Extremitäten des Braunbären (*Ursus arctos* L.) im Anfangsstadium des Lebens außerhalb des Mutterleibes. Zool. Garten, N. F. **37**, 173–180. 1969.
STEINBACHER, G.: Beobachtungen am Spitzhörnchen und Panda. Zool. Garten **12**, 1. 1940.
– Luchs-Gewichte. Säugetierkundl. Mitt. **9**, 129. 1961.
STREULI, A.: Zur Frage der Artmerkmale und der Bastardierung von Baum- und Steinmarder. Z. Säugetierkunde **7**. 1932.
STROGANOV, S.: Carnivorous Mammals of Siberia. Akad. Verlag, Moskau 1962. Israel Program for Scientific Translations, Jerusalem 1969. 532 S.
SUENAGA, Y.: Morphological studies on the skull of the Yezo Brown Bear. I. Growth of the skull size. Japan. J. of Vet. Scien., **34**, 17–28. 1972.
SYKES, H. W.: Catalogue of the Mammalia of Dukhan (Deccan). Proc. Zool. Soc. London 1831, 99–105.
TATE, G. H. H.: Mammals of Cape York peninsula, with notes on the occurrence of rain forest in Queensland. Bull. Amer. Mus. Nat. Hist. **98**, 563–616. 1952.
TAYLOR, M. E.: Locomotion in some East African Viverrids. J. Mammal. **51**, 42–51. 1970.
– The functional anatomy of the hindlimb of some African Viverridae (Carnivora). J. Mammal. **148**, 227–254. 1976.
THENIUS, E.: *Ursavus ehrenbergi* aus dem Pont von Euboea (Griechenland). Anz. Akad. Wiss. Wien **84**. 1947.
– Gepardreste aus dem Altquartär von Hundsheim in Niederösterreich. Neues Jhrb. Geol. Palaeontol. Mh. Stuttgart **5**, 225–238. 1953.
– Zur Analyse des Gebisses des Eisbären *Ursus (Thalarctos) maritimus* Phipps 1774. Säugetierkundl. Mitt. **1**, 14–20. 1953.
– Zur Kenntnis der fossilen Braunbären (Ursidae, Mammal.). Sitzgbr. Österr. Akad. W., mat. nat. Kl., Abt. 1 Bd. **165**, 153–172. 1956.
– *Indarctos arctoides* (Carnivora, Mammalia) aus dem Pliozän Österreichs nebst einer Revision der Gattung. Neues Jb. Geol. Palaeont. **108**, 270–295. 1959.
– Ursidenphylogenese und Biostratigraphie. Z. Säugetierkunde **24**, 78–81. 1959.
– Zur Phylogenie der Feliden (Carnivora. Mammalia). Z. zool. Syst. Evolfg. **5**, 2, 129–143. 1967.
– Über das Vorkommen fossiler Schneeleoparden (Subgenus, *Uncia*, Carnivora, Mammalia). Säugetierkundl. Mitt. **17**, H. 3, 234–242. 1969.
– Zur systematischen und phylogenetischen Stellung des Bambusbären (*Ailuropoda melanoleuca* (David) Carnivora, Mammalia). Z. Säugetierkd. **44**. 1979.
– Zur stammes- und verbreitungsgeschichtlichen Herkunft des Bambusbären (Mammalia, Carnivora). Z. geol. Wiss. Berlin, **10**, 1020–1042. 1982.
– Molekulare und „adaptive" Evolution, Kladistik und Stammesgeschichte. Z. f. zool. Syst. u. Evolfg. **27**, 94–105. 1989.
TODD, N. B.: Karyotypic fissioning and canid phylogeny. J. theoret. Biol. **26**, 445–480.
– S. R. PRESSMAN: The karyotypa of the lesser Panda (*Ailurus fulgens*) and general remarks on phylogeny and affinities of the Panda. Carnegie genet. News. Letter **5**, 105–108. 1968.
TOSCHI, A.: On the races and the geographical distribution of the Eastafrica and Uganda Servals. J. E. Afr. Nat. Hist. Soc. **19**. 1946.
TRATZ, E. P.: Bestand des Alpenbären, *Ursus arctos arctos* L., 1758. Säugetierkundl. Mitt. **1**, H. 4, 174. 1953.
TROUGHTON, E.: An new native dog from the Papuan highlands. Proc. Roy. zool. Soc. of New South Wales 1955–1956, 93–94. 1957.
TURNBULL-KEMP, P.: The Leopard. Kapstadt (Howard Timmins) 1967. 268 S.
ULMER, F. A. W.: Do bears hibernate? Frontiers Philadelphia **12**, 5. 1948.
VASILIU, G. D., P. DECEI: Über den Luchs (*Lynx lynx*) der rumänischen Karpaten. Säugetierkundl. Mitt. **12**, 155–183. 1964.

VLASÁK, J.: Über künstliche Aufzucht eines Eisbären, *Thalarctos maritimus* PHIPPS. Zool. Garten, N. F. **16**, 159–179. 1950.
VOSSELER, J.: Beobachtungen am Fleckenroller, *Nandinia binotata* Gray. Z. Säugetierkunde **3**, 80–91. 1928.
— Beitrag zur Kenntnis der Fossa (*Cryptoprocta ferox* Benn.) und ihre Fortpflanzung. Zool. Garten **2**, 1/3. 1929.
— Vom Binturong (*Arctictis binturong* Raffl.). Zool. Garten **1**. 1929.
WEIGEL, I.: Das Fellmuster der wildlebenden Katzenarten und der Hauskatze in vergleichender und stammesgeschichtlicher Hinsicht. Säugetierkundl. Mitt. **9**, Sonderheft, 1–120. 1961.
WHITNEY, L. F., A. B. UNDERWOOD: The Racoon. Orange, Connecticut (Practical science Pub. Co.), 1–155. 1952.
WINDLE, PARSONS: The myology of the terrestrial Carnivora. I. Proc. Zool. Soc. London 1897, 370–409. II. Proc. Zool. Soc. London 1898, 152–186.
WOZENCRAFT, W. CH.: The phylogeny of the recent Carnivora. Appendix: Classification of the recent Carnivora. In: GITTLEMAN, J. L. (ed.), Carnivore behavior, ecology and evolution, 495–535 u. 569–593. Ithaca/New York (Cornell Univ. Press) 1989.
WRIGHT, P. L.: Breeding habits of captive longtailed Weasel (*Mustela frenata*). Amer. Midl. Nat. Notre Dame **39**/2. 1948.
WURSTER, D. H., K. BENIRSCHKE: Comparative cytogenetic studies in the order Carnivora. Chromosoma **24**, 336–382. 1968.
YOUNG, ST. P., E. A. GOLDMAN: The wolves of North America. Washington 1944. 636 S.
— The Puma, mysterious American cat. New York (Dover Publ.) 1946.
ZALKIN, V.: Über die Verbreitung der Wildkatze in historischer Zeit. Zool. J. Moskau **31**, 326–328. 1952. (Russisch)
ZARAPKIN, S. R.: Zur Frage der verwandschaftlichen Stellung der Großkatzen zueinander. Z. Säugetierkunde **14**. 1940/41.
ZIMEN, E.: Der Wolf. Wien/München (Meyster) 1978.
ZOLLITSCH, H.: Metrische Untersuchungen an Schädeln adulter Wildwölfe und Goldschakale. Zool. Anz. **182**, 153–182. 1969.
ZUKOWSKY, L.: Persische Panther. Zool. Garten, N. F. **24**, 329–344. 1959.

Carnivora, Pinnipedia

AMOROSO, E. C. (1), G. H. BOURNE (2), R. J. HARRISON (3), L. HARRISON MATTHEWS (4), L. W. ROWLANDS (5), J. C. SLOPER (6): Reproductive and endocrine organs of foetal, newborn and adult seals. J. Zool. **147**, 430–486. 1965.
BLESSING, M. H., G. PEITZ: Anisakisbefall in Gefangenschaft gehaltener mariner Säuger. Verhdl. des XI. Internat. Symposiums über die Erkrankungen der Zootiere, 283–286. Budapest 1970.
— A. HARTSCHEN: Beitrag zur Anatomie des Cavasphincters des Seehundes (*Phoca vitulina* L.). Anat. Anz. **124**, 105–112. 1969.
DAILEY, M. D., R. I. BROWNELL JR.: A checklist of marine Mammal Parasites. In: RIDGWAY, S. H. (ed.), Mammals of the sea, 528–589. Springfield (Thomas) 1972.
DAVIES, J. L.: The Pinnipedia, an essay in zoogeography. Geogr. Rev. **48**, 474–493. 1958.
DRÄSEKE, J.: Beitrag zur vgl. Anatomie der Medulla oblongata der Wirbeltiere, speziell mit Rücksicht auf die Medulla oblongata der Pinnipedier. Monatsschr. Psychiat. Neurol. **7**, 104–126; 200–224. 1900.
EHLERS, K.: Über zwei weitere Klappmützen (*Cystophora cristata* Erxl.) in den Tiergrotten Bremerhaven. Zool. Garten **32**, 1–19. 1966.
— W. SIERTS, E. MOHR: Die Klappmütze, *Cystophora cristata* Erxl. der Tiergrotten Bremerhaven. Zool. Garten, N. F. **24**, 149–210. 1958.
ESTES, J. A.: Adaptations for aquatic living by Carnivores. In: GITTLEMAN, J. L. (ed.), Carnivore behavior, ecology and evolution, 242–282. Ithaca, N. Y. (Cornell Univ. Press) 1989.
FAWCETT, E.: The primordial cranium of Poecilophoca wedelli (Wedells' seal) at the 27 mm cranial length. J. Anat. 52 (1918).
FAY, F. H.: Ecology and biology of the Pacific Walrus, *Odobenus rosmarus divergens*, Illiger. North American Fauna, 74, VI. 1982. 279 S.
— V. R. RAUSCH, E. T. FELTZ: Cytogenetic comparison of some Pinnipeds (Mammalia, Eutheria). Canadian J. Zool. **45**, 773–778. 1967.

Fiscus, C. H.: Growth in the Steller Sea Lion. J. Mammal. **42**, 218−223. 1961.
Fish, P. A.: The brain of the fur seal, *Callorhinus ursinus*, with a comparative description of those of *Zalophus californianus, Phoca vitulina, Ursus americanus* and *Monachus tropicalis*. In: Jordan, D. S. (ed.), The fur seals and fur seal islands of the North Pacific Ocean. **3**, 21−41. Washington 1899.
− The cerebral fissures of the Atlantic walrus. Proc. U. S. Nat. Museum **26**, 675−688. 1903.
Gambarian, P. P., W. S. Karapetjan: Besonderheiten im Bau des Seelöwen (*Eumetopias californianus*), der Baikalrobbe (*Phoca sibirica*) und des Seeotters (*Enhydra lutris*) in Anpassung an die Fortbewegung im Wasser., Zool. Jb. Anat. **79**, 123−148. 1961.
Harrison, R. J. (ed.): Functional anatomy of marine mammals. I. II. London/New York (Academic Press) 1972/74.
− R. Hubbard, R. Peterson, C. Rice, R. Schusterman: The behaviour and physiology of Pinnipeds. New York, N. Y. (Appleton-Century-Crofts, Division of Meredith Corp.) 1968. 411 S.
Harrison-Matthews, L.: Der See-Elefant. Zürich (Orell Füssli) 1955.
Howell, A. B.: Contribution to the comparative anatomy of the eared and earless Seals (Genera *Zalophus* and *Phoca*). Proc. U. S. Nat. Museum **75**, 1−142. 1928.
− Aquatic Mammals. Their adaptations to life in the water. Springfield (Ch. Thomas) 1930.
Jelgersma, G.: Das Gehirn der Wassersäugetiere. Leipzig (Barth) 1934.
Junker, H.: Die Aufzucht der Seehunde in den Tiergrotten der Stadt Wesermünde. Zool. Garten, N. F. **12**, 4/6. 1940.
Kenyon, K. W., D. W. Rice: Abundance and distribution of the Steller Sea Lion. J. Mammal. **42**, 223−234. 1961.
King, J. E.: Seals of the world. London (Brit. Mus. nat. Hist.) 1964.
Kiparsky, V.: L'histoire du Morse. Ann. Acad. sci. Fennicae Ser. B, Vol. **73**, 3. Helsinki 1952. 54 S.
Kükenthal, W.: Über die Anpassung von Säugetieren an das Leben im Wasser. Zool. Jb. Abt. Syst. **5**, 373−399. 1890.
− Entwicklungsgeschichtliche Untersuchungen am Pinnipediergebiß. Jen. Z. Natw. N. F. **21**, 76−118. 1893.
Kulu, D. D.: Evoulution and Cytogenetics. In: Ridgway, S. H. (ed.), Mammals of the Sea, 503−527. Springfield (Thomas) 1972.
Kummer, B., S. Neiss: Das Cranium eines 103 mm langen Embryos des südlichen Seeelefanten (*Mirounga leonina* L.). Morph. Jb. **98**, 288−346. 1957.
Laws, R. M.: Age determination of pinnipedes with specidal reference to growth layers in the teeth. Z. Säugetierkunde **27**, 129−146. 1962.
LeBoeuf, B. J., D. F. Costa, A. C. Huntley, S. D. Feldkamp: Continuous deep diving in female northern elephant seals, *Mirounga angustirostris*. Canadian H. Zool. 1988.
− − − G. I. Kooyman, R. W. Davis: Pattern and depth of dives in Northern Elephant seals, *Mirounga angustirostris*. L. Zool. **208**, 1−7. London 1986.
Lenfant, C., K. Johanson, J. D. Torrence: Gas transport and oxygene storage capacity in some Pinnipeds and the sea otter. Respiration physiol. **9**, 277−286. 1970.
Lorenz, R.: Zur Ethologie des Kalifornischen Seelöwen (*Zalophus californianus* Lesson 1828) und anderer Robben in Zoologischen Gärten. Zool. Garten **37**, 181−191. 1969.
McLaren, I. A.: A speculative overview of phocid evolution. Rapp. P. v. Réunion Commission Internat. exploration Mer. **169**. 1975.
Matthews, L. H.: Der Seeelefant. Zürich/Konstanz (Orell Füssli Vlg.) 1953.
Mohr, E.: Vom Seeleoparden, *Ogmorhinus leptonyx* Bl. Zool. Garten **11**, H. 6. 1909.
− Bemerkungen über Seehund, Ringel- und Kegelrobbe. Zool. Garten, N. F. **12**. 1940.
− Ein neuer westpazifischer Seehund. Zool. Anz. **133**. 1941.
− Tragzeitverhältnisse der Robben. Zool. Anz. **139**. 1942.
− Beiträge zur Kenntnis der Mähnenrobben. Zool. Garten **19**. 1952.
− Die Robben der europäischen Gewässer. Monographien d. Wildsäugetiere XII. Leipzig/Frankfurt 1952.
− Os penis und Os clitoridis der Pinnipedia. Z. Säugetierkunde **28**.. 1963.
− Beiträge zur Naturgeschichte der Klappmütze *Cystophora cristata* Erxl. 1777. Z. Säugetierkunde **28.** 1963.
Müller, E.: Zur Anatomie des Robbenherzens. Morph. Jb. **85**, 59−90. 1940.
Pedersen, A.: Rosmarus en Beretning om Hvalrossens Liv og. Historie. Kopenhagen 1951. 98 S.
Reventlow, A.: Observations on the walrus (*Odobenus rosmarus*) in captivity. Zool. Garten **18**, 5/6, 227. 1951.
Ridgway, S. H. (ed.): Mammals of the sea. Biology and medicine. Springfield (C. C. Thomas) 1972.

- R. J. Harrison (eds.): Handbook of marine mammals I, II. London/New York/Toronto/Sydney (Acad. Press) 1981.
Scheffer, V. B.: Seals, Sea Lions and Walruses. A review of the Pinnipedia. Stanford/London (Stanford Univ. Press u. Oxford Univ. Press) 1958.
- K. W. Kenyon: Baculum size in Pinnipeds. Z. Säugetierkunde **28**, 38 – 41. 1963.
Schliemann, H.: Notiz über einen Bastard zwischen *Arctocephalus pusillus* (Schreber, 1776) und *Zalophus californianus* (Lesson, 1828). Z. Säugetierkunde Bd. **33**, 42 – 45. 1968.
- Robben. In: Grzimek, B. et al. (ed.), Grzimeks Enzyklopädie Säugetiere, Bd. 4, 162 – 242. München (Kindler) 1987.
Schneider, K. M.: Zur Fortpflanzung u. Jugendentwicklung des kaliforn. Seelöwen. Zool. Garten **6**. 1933.
- Von südafrikanischen Zwergseebären (*Arctocephalus pusillus* Schreb.). Zool. Garten, N. F. **14**. 1942.
Schneider, R.: Vergleichende Untersuchungen am Kehlkopf der Robben (Mammalia, Carnivora, Pinnipedia). Morph. Jb. **103**, 177 – 262. 1962.
- - Der Kehlkopf der Klappmütze (*Cystophera cristata* Erxl. 1777). Anat. Anz. **112**, 54 – 68. 1963.
- Morphologische Anpassungserscheinungen am Kehlkopf einiger aquatiler Säugetiere. Z. Säugetierkunde **28**, 257 – 267. 1963.
Sierts, W.: Weitere Untersuchungen über Arbeitsweise und innere Mechanik von „Haube" und Nasenblase der männlichen Klappmütze. Zool. Garten **32**, 20 – 27. 1966.
Stott jr., K.: American fur seals. Zoolife London **3**. 1948.
Thenius, E.: Über die systematische u. phylogenetische Stellung der Genera *Promeles* u. *Semantor*. Sitzungsber. österr. Akad. d. Wiss., math.-natw. Kl. I, **158**, 799 – 810. Wien 1949.
Wagner, H.: Geburt und Jugendentwicklung bei Seehund (*Phoca vitulina* L.). Zool. Garten **8**, 258.. 1935.
Wünschmann, A.: Bericht über die Totgeburt eines südlichen See-Elefanten im Berliner Zoo. Freunde des Kölner Zoo **7**, 103 – 105. 1964.
Zeiger, K.: Beiträge zur Kenntnis der Hautmuskulatur der Säugetiere, IV. Die Rumpfmuskulatur aquatiler Formen und ihre konstruktive Gestaltung. Morph. Jb. **66**, 339 – 388. 1931.

Pholidota

Anthony, R.: Anatomie de la queue des Pangolins. Bull. Musée Hist. nat. **25**. Paris 1919.
Barlow, J. C.: Xenarthra and Pholidotes. In: Anderson, S., J. K. Jones (eds.), orders and families of recent mammals of the world, 219 – 239. New York 1984.
Beebe, C. W.: The pangolin or scaly anteater. Zool. Soc. Bull. New York **17**. 1914.
Bequaert, J.: The predaceous enemies of ants. Bull. Amer. Mus. Nat. Hist. **45**, 271 – 331. 1922.
Bigalke, R.: Beobachtungen an Smutsia temminckii (Smuts) in der Gefangenschaft. Zool. Garten **5**, 7 – 9. 1932.
Doran, G. A., D. B. Allebrook: The tongue and associated structures in two species of African Pangolins *Manis gigantea* and *Manis tricuspis*. Am. J. Mammal. **54**, 887 – 899. 1973.
Ehlers, E.: Der Processus xiphoideus und seine Muskulatur von *Manis macrura* Erxl. und *Manis tricuspis* Sundev. Zool. Miscel. Göttingen 34 S. 1894.
Eisentraut, M.: Das Weissbauch-Schuppentier (*Manis tricuspis* Raf.). Zool. Garten **23**, 50 – 54. 1957.
- Das Stammklettern bei Schuppentieren. Zool. Beiträge N. F. **5**, 313 – 518. 1960.
Emery, R. J.: A North American oligocene pangolin and additions to the Pholidota. Bull. Amer. Mus. Nat. Hist. **142**, 510. 1970.
Gärtner, E.: Beobachtungen an *Manis javanica*. Zool. Garten **8**, 226. 1935.
Gebo, D. L., D. T. Rasmussen: The earliest fossil pangolin (Pholidota, Manidae) from Africa J. Mammal. **66**, 538 – 541. 1985.
Grassé. P.: Ordre des Pholidotes. In: Grassé, P. (ed.), Traité de Zoologie XVII, 2, 1267 – 1284. 1955.
Haltenorth, Th.: Säugetiere Afrikas. BLV Bestimmungsbuch 19, 137 – 140. München (BLV) 1977.
Hänel, H.: Etwas vom Tengiling (*Manis javanica* Desm.). Zool. Garten **4**, 3 – 5. 1931.
Hauser, W.: Beobachtungen an einigen Tierformen Angolas in der Natur und nach dem Fang. II. Schuppentiere. Zool. Garten N. F. **16**, 1 – 2. 1944.
Heck, L.: Schuppentiere (Pholidota). Brehms Tierleben, 4. Aufl., 488 – 501. 1912.
Huisman, F. J., D. De Lange jr.: Tabellarische Übersicht der Entwicklung von *Manis javanica* Desm. Utrecht 1937.

JOLLIE, M.: The head skeleton of a new born *Manis javanica* with remarks of the ontogeny and phylogeny of the mammal head skeleton. Acta Zool. **49**, 227–305. 1967.
JONES, C.: Body temperatures of *Manis gigantea* and *Manis tricuspis*. J. Mammal. **54**, 263–267. 1973.
KRAUSE, J., C. R. LECSON: The stomach of the pangolin (*Manis pentadactyla*) with emphasis on the pyloric teeth. Acta Anatomica **88**, 1–10. 1970.
LANG, E. M.: Über das Steppenschuppentier. Zool. Garten **21**, 225. 1956.
LEHMANN, E.: Säugetiere aus Fukien. Bonner Zool. Beiträge **6**, 147. 1955.
MATSCHIE, P.: Die natürliche Verwandtschaft und die Verbreitung der Manis-Arten. Sitzungsber. Ges. Nat. Freunde Berlin **13**, 1–11. 1894.
MEESTER, J.: Order Pholidota. The Mammals of Africa, an identification manual, p. 4. Washington (Smithsonian Inst.) 1971.
MOHR, E.: Schuppentiere. Neue Brehm-Bücherei 284, Wittenberg-Lutherstadt (Ziemsen) 1961. 99 S.
OORDT, J. G. VAN: Early developmental stages of *Manis javanica* Desm. Verhandlgn. Koninkl. Akad. van Wetensch. Amsterdam p. 2, vol. **27**, 1–102. 1921.
PAGÈS, E.: Etude éthologique de *Manis tricuspis* par radio-tracking. Mammalia **39**, 613–641. 1975.
POCOCK, R. I.: The external characters of the Pangolins (Manidae). Proc. Zool. Soc. London 1924, 707–723.
– External characters of an adult female Chinese Pangolin. Proc. Zool. Soc. London 1926, 213–220.
RAHM, U.: Beobachtungen an den Schuppentieren *Manis tricuspis* und *Manis longicaudata* der Elfenbeinküste. Rev. Suisse Zool. **62**, 361–367. 1955.
– La Côte d'Ivoire, centre de recherches tropicales. Acta Tropica **11**. 1956. 73 S.
– Notes on Pangolins of the Ivory Coast. J. Mammal. **37**, 531–537. 1956.
– Das Verhalten der Schuppentiere (Pholidota). Hdb. d. Zoologie VIII, 2. 1960. 17 S.
– The Pangolins of West and Central Africa. Afr. Wild Life **14**, 270–272. 1960.
RAY CHAUDHURI, et al.: Chromosomes and the karyotype of the pangolin *Manis pentadactyla* L. (Pholidota, Mammalia). Experientia **25**, 1167–1168. 1969.
RIDLEY, J.: Mammals of the Malay Peninsula. Natural Science **7**. 1895.
ROBERTS, T. J., J. VIELLARD: Commentaires sur le grand pangolin indien. *Manis crassicaudata*. Mammalia **35**, 610–613. 1971.
RÖSE, C.: Über rudimentäre Zahnanlagen der Gattung *Manis*. Anat. Anz. **7**, 618–622. 1892.
STARCK, D.: Über die rudimentären Zahnanlagen und einige weitere Besonderheiten der Mundhöhle von *Manis javanica*. Anat. Anz. **89**, 305–336. 1940.
– Zur Morphologie des Primordialcraniums von *Manis javanica* DESM. Morph. Jb. **86**, 1–122. 1941.
– Le crâne des Mammifères. In: GRASSÉ, P. P. (ed.), Traité de Zoologie, T. XIV, 1, 405–549 u. 1095–1102. Paris (Masson) 1967.
STORCH, G.: Die Kaumuskulatur des Weißbauch-Schuppentiers, *Manis tricuspis* (Mammalia). Senckenberg. Biol. **49**, 423–427. 1968.
– *Eomanis waldi*, ein Schuppentier aus dem Mitteleozaen der „Grube Messel" bei Darmstadt (Mammalia, Pholidota). Senckenberg. Lethaea **59**, 503–529. 1978.
SWEENY, R. C. H.: Feeding habits of S. temmincki. Ann. Nat. Hist. **9**, 893. 1957.
UNDERWOOD, G.: Note on the Indian pangolin (*Manis crassicaudata*). J. Bombay Nat. Hist. Soc. **45**, 605–607. 1948.
WEBER, M.: Beitrag zur Anatomie und Entwicklung des Genus *Manis*. Zoolog. Ergebn. Reise Niederländ. Ostindien, vol. 2, 1–116. Leiden 1894.
– Die Säugetiere. 1. Aufl. Jena (G. Fischer) 1904. 2. Aufl. 1928.

Tubulidentata

ANTHONY, R. L. P.: Données nouvelles sur l'évolution de la morphologie dentaire et cranienne des Tubulidentata (*Orycteropus*). Bull. Soc. Zool. France, Paris **59**, 256. 1934.
– La dentition de l'Oryctérope. Ann. Sci. nat. Zool. Paris ser. **10** t. 17, 289. 1934.
BENIRSCHKE, K. D., H. WURSTER, R. J. LOW, N. B. ATKIN: The chromosome complement of the aardvark, *Orycteropus afer*. Chromosoma **31**, 68–78. 1970.
COLBERT, E. H.: A study of *Orycteropus gaudryi* from the Island of Samos. Bull. Amer. Mus. Nat. Hist. **78**, 305–351. 1941.

COUPIN, F.: Recherches sur les fosses nasales de l'Oryctérope. Archives du Muséum d'Hist. nat. **6**, 151. 1926.
FRANZ, V.: Das Auge von *Orycteropus afer*. Zool. Anz. **32**, 148–150. 1907.
FRECHKOP, S.: Notes sur les Mammifères XXI. Sur les extrémités de l'Oryctérope. Bull. Mus. Roy. Hist. nat. Belge. Brüssel, **13**. 1. 1937.
FRICK, H.: Über die Trigeminusmuskulatur und die tiefe Facialismuskulatur von *Orycteropus aethiopicus*. Z. Anat. Entwg. **116**, 202–217. 1951.
– Über die oberflächliche Facialismuskulatur von *Orycteropus aethiopicus*. Morph. Jb. **92**, 200–255. 1952.
– Zur Taxonomie der Tubulidentata. Säugetierkundl. Mitt. **4**, 15–17. 1956.
GEWALT, W.: Über einige seltenere Nachzuchten im Zoo Duisburg. 3. Erdferkel (*Orycteropus afer* (Pall.)). Zool. Garten, N. F. **52**, 321–341. 1982.
HATT, R. T.: The Pangolins and Aard-Varks, collected by the American Museum Congo Expedition. Bull. Amer. Mus. Nat. Hist. **66**, 643–672. New York 1934.
HEDIGER, H.: Observations sur la psychologie animale dans les Parcs Nationaux du Congo Belge. Inst. Parc. Nationaux du Congo Belge, Brussels, 1951. 194 S.
HORST, C. J. VAN DER: An early stage of placentation in the Aard Vark, *Orycteropus*. Proc. Zool. Soc. London **119**. 1949.
KEIMÈR, L.: L'oryctérope dans l'Egypte ancienne. In: Keimèr, L., Étud. d'Egyptol., Le Caire, Fasc. 6. 1944.
KINGDON, J.: Protoungulates. Tubulidentata. In: East African Mammals I, 376–387. London/New York (Acad. Press) 1971.
LÖNNBERG, E.: On a new *Orycteropus* from Northern Congo and remarks on the dentition of the Tubulidentata. Arkiv zool. Stockholm **3**, a. 1906.
LUBOSCH, W.: Das Kiefergelenk der Edentaten und Marsupialier. Jenaer Denkschr. **7**. 1907.
MOSSMAN, H. W.: The fetal membranes of the aardvark. Mitt. natf. Ges. Bern, N. F. **14**, 119–128. 1957.
– Vertrebrate fetal Membranes. London (Macmillan) 1987.
PATTERSON, B.: The fossil Aardvarks (Mammalia, Tubulidentata). Bull. Mus. comp. Zool. **147**, 185–237. 1975.
– Pholidota and Tubulidentata. In MAGLIO, V. J., H. B. S. COOKE (eds.), Evolution of African Mammals, 268–277. Cambridge (Harvard Univ. Press) 1978.
POCOCK, R. I.: The external characters of *Orycteropus afer*. Proc. Zool. Soc. London 1924. 697–706.
SHOSHANI, J., C. A. GOLDMAN, J. G. M. THEWISSEN: *Orycteropus afer*. Mammalian Species, Nr. 300, 1–5. Amer. Soc. Mammal. 1988.
SMITH, G. E.: The brain in the Edentata. Transact. Linn. Soc. **7**. London 1898.
SONNTAG, C. F.: The tongues of the Edentata. Proc. Zool. Soc. London 1923.
– A Monograph of *Orycteropus afer*. I. Anatomy except the nervous system, skin and skeleton. Proc. Zool. Soc. London 1925, 331.
– H. H. WOLLARD: A monograph of *Orycteropus afer*. II. Nervous system, sense organs and hairs. Proc. Zool. Soc. London 1925, 1185–1235.
TAVERNE, M. A. M., M. F. BAKKER SLOTBOOM: Observations on the delivered placenta and fetal membranes of the aardvark, *Orycteropus afer* (Pallas, 1766). Bijdr. Dierkde. Amsterdam **40**, 154–162. 1970.
THEWISSEN, J. G. M.: Cephalic evidence for the affinities of Tubulidentata. Mammalia **49**, 257–284. 1985.
TURNER, W.: On the placentation of the Cape Anteater (*Orycteropus capensis*). Journ. Anat. and Physiol. **10**, 693–706. 1876.
VIRCHOW, H.: Das Gebiß von *Orycteropus aethiopicus*. Z. Anat. Entwg. **103**, 594–730. 1935.
WOOLLARD, H. H.: s. SONNTAG, WOOLLARD, II. 1925.

Proboscidea

ABEL, O.: Die vorzeitlichen Säugetiere. Jena (Fischer) 1914
AMOROSO, E. C., J. S. PERRY: Fetal membranes and placenta of the African Elephant (*Loxodonta africana*). Transact. Zool. Soc. London **248**, 1–34. 1964.
ANTHONY, R., F. COUPIN: Nouvelles recherches sur les cavités nasales de l'éléphant d'Asie (*Elephas indicus* L.). Arch. d'Anat., d'Histol. Embryol. **4**, 107–147. 1925.

ARNOLD, R.: Das Verbreitungsgebiet der Elefanten zu Beginn der historischen Zeit. Z. Säugetierkunde **17**, 73–82. 1953.
ASSHETON, R., T. G. STEVENS: Notes on the structure and the development of the elephant's placenta. Quart. J. micr. sci. **49**, 1–37. 1905.
BACKHAUS, D.: Zur Variabilität der äußeren systematischen Merkmale des afrikanischen Elefanten (*Loxodonta* Cuvier 1825). Säugetierkundl. Mitt. **6**, 166–173. 1958.
BENEDICT, F. G.: The physiology of the elephant. Washington D. C. (Carnegie Inst.) 1936.
– R. C. LEE: Further observations on the physiology of the elephant. J. Mammal. **19**, 175–194. 1938.
BOAS, J. E. V., S. PAULLI: The elephant's head. I. Jena (G. Fischer) 1908.
BÖHME, W., M. EISENTRAUT: Zur weiteren Dokumentation des Zwergelephanten (*Loxodonta pumilio*). Z. d. Kölner Zoo **33**, 153–158. 1990.
BRESSOU, C., G. VANDEL: Mensurations d'un éléphant d'Asie à la naissance. Mammalia **3**, 49–52. 1939.
BUSS, I. O., N. S. SMITH: Observations on reproduction and breeding behaviour of the African Elephant. J. Wildlife Mang. **30**, 375–388. 1986.
COPPENS, Y., M. BEDEN: Moeritherioidea. In: MAGLIO, J., H. B. S. COOKE (eds.), Evolution of African Mammals, 333–335. Cambridge, Mass. (Harvard Univ. Press) 1978.
DITTRICH, L.: Beiträge zur Fortpflanzung u. Jugendentwicklung des Indischen Elefanten (*Elephas maximus*) in Gefangenschaft. Zool. Garten, N.F. **34**, 56–92. 1967.
DORST, J., DANDELOT: Säugetiere Afrikas. Dt. Übers. von H. BOHLKEN u. H. REICHENSTEIN. Hamburg 1973.
DOUGLAS-HAMILTON, J., O. DOUGLAS-HAMILTON: Unter Elefanten. München/Zürich (Piper) 1976.
EALES, N. B.: External characters, skin and temporal gland of a foetal African elephant. Proc. Zool. Soc. London 1925, 445–456.
– The anatomy of the head of a foetal African elephant (*L. africana*). Transact. Roy. Soc. Edinburgh **54**, 491–546. 1926.
– The anatomy of the head of a foetal African elephant (*Loxodonta africana*) III. The contents of the thorax and abdomen and the skeleton. Transact. Roy. Soc. Edinburgh **56**, 203–246.
EGGELING, H. v.: Über die Schläfendrüse des Elefanten. Biol. Zbl. **21**, 443–452. 1901.
EISENBERG, J. F.: Recent research on the biology of the Asiatic elephant (*Elephas m. maximus*) on Sri Lanka. Spolia Zeylanica **35**, 213–218. 1980.
– G. M. MCKAY, M. R. JAINUNDEEN: Reproductive behaviour of the Asiatic Elephant (*Elephas maximus maximus* L.). Behaviour **38**, 193–225. 1971.
EISENTRAUT, M., W. BÖHME: Gibt es zwei Elefantenarten in Afrika? Z. d. Kölner Zoo **32**, 61–68. 1989.
FIGULA, M.: Das Herz des Indischen Elefanten. Morph. Jb. **84**, 307–341. 1939; Anat. Ber. Bd. **49**, H. 11/12. 1940.
FISCHER, M. S.: Die Oberlippe des Elefanten. Z. Säugetierkunde **52**, 262–263. 1987.
FRADE, F.: Ordre des Proboscidiens. In: P. P. GRASSÉ (ed.), Traité de Zoologie XVII, 715–783.. 1955.
GARUTT, W. E.: Das Mammut. Wittenberg 1964.
HALTENORTH, T., H. DILLER: Säugetiere Afrikas und Madagaskars. München/Bern/Wien 1977.
HEDIGER, H.: La capture des éléphants au Parc National de Garamba. Bull. Inst. R. Colon. Belge Bruxelles **21**, 218–226. 1950.
HOOIJER, D. A.: Indo-australian insular Elephants. Genetica **38**, 143–162. 1967.
HORSTMANN, E.: Die Epidermis des Elefanten. Z. Zellfg. mikr. Anat. **75**, 146–159. 1966.
HUNGERFORD, D. A., H. SHARAT, R. L. SNYDER, F. A. ULMER: Chromosomes of elephants, two Asian (*Elephas maximus*) and one African (*Loxodonta africana*). Cytogenetics **5**, 243–246. 1966.
JANSSEN, P., H. STEPHAN: Recherches sur le cerveau de l'éléphant d'Afrique (*Loxodonta africana*). Acta neurol. et psych. Belgica, fasc. **11**; I. 731–757; II. 759–788; III. 789–812. 1956.
JOHNSON, O. W., I. O. BUSS: Molariform teeth of male African elephants in relation to age, body-dimensions and growth. J. Mammal. **46**, 373–384. 1967.
KLÖS, H. G.: Gefährte der Könige (weiße Elefanten). Freunde des Kölner Zoo **6**, 119–121. 1963.
KÜHME, W.: Die Rüsselsprache der Elephanten. Freunde des Kölner Zoo **67**, 90–93. 1963.
MAGLIO, V. J.: Origin and evolution of the Elephantidae. Transact. Am. Phil. Soc. N. S. **63**, 1–149. 1973.
– H. B. S. COOKE: Evolution of African Mammals. Cambridge, Mass./London (Harvard Univ. Press) 1978.
MEYER, A. F., J. C. MAYER: Beiträge zur Anatomie der Elephanten und der übrigen Pachydermen. Nova Acta Leopoldina 1847.

NOACK, T.: A dwarf form of the African Elephant. Ann. Mag. Nat. Hist. London **57**, 501 – 503. 1906.
PAVELKA, R.: Die peripheren Leitungsbahnen an der hinteren Extremität bei *Elephas macimus* Anat. Anz. **128**, 150 – 169. 1971.
PERRY, J. S.: The reproduction of the African Elephant *Locodonta africana*. Phil. Trans. Roy. Soc. London B No. 643, vol. **237**, 93 – 149. 1953.
– The structure and development of the reproductive organs of the female African Elephant. Phil. Trans. Roy. Soc. London **248** (B), 35 – 51. 1965.
– Implantation, fetal membranes and early implantation of the African Elephant, *Loxodonta africana*. Phil. Trans. Roy. Soc. London **269**, 109 – 135. 1974.
PETTIT, A.: Sur le rein de l'éléphant d'Afrique *Elephas* (*Loxodonta*) *africanus* Blumenb. Bull. Mus. Hist. Nat. Paris 1907, 235 – 237. 1907.
PFEFFER, P.: Sur la validité de formes naines de l'éléphant d'Afrique. Mammalia **24**, 556 – 576. 1960.
RENSCH, B.: The intelligence of elephants. Sci. Americ. **196**, 44 – 49. 1957.
– R. ALTEVOGT: Visuelles Lernvermögen eines indischen Elefanten. Z. Tierpsychol. **10**, 119 – 134. 1953.
ROEDER, U.: Beitrag zur Kenntnis des afrikanischen Zwergelefanten, *Loxodonta pumilio* (Noack, 1906). Säugetierkundl. Mitt. **18**, 197 – 215. 1970.
– Über das Zwergelefantenvorkommen im Südwesten des Kameruner Waldgebietes. Säugetierkundl. Mitt. **23**, 73 – 77. 1975.
SCHNEIDER, R.: Untersuchungen über den Feinbau der Schläfendrüse beim afrikanischen und indischen Elefanten, *Loxodonta africana* Cuvier und *Elephas maximus* Linn. Acta Anatomica **28**, 302 – 312. 1956.
SCHULTE, T. L.: The genito-urinary system of the *Elephas indicus* male. Amer. Journ. Anat. **61**, 131 – 157. 1937.
SEITZ, A.: Einige Feststellungen zur Lebensdauer der Elefanten in Zoologischen Gärten. Zool. Garten, N. F. **34**, 31 – 55. 1967.
– Weitere Daten zur Elefantenhaltung. Zool. Garten, N. F. **52**, 15 – 20. 1982.
SHOSHANI, J., J. EISENBERG: *Elephas maximus*. Mammalian Species No. 182. 1982.
SIKES, S. K.: The natural history of the African Elephant. London (Weidenfeld & Nicolson) 1971. 395 S.
SIMONS, E. L.: Early Cenozoic Mammalian faunas in Fayum province, Egypt. I. African Oligocene mammals, introduction, history of study and faunal succession. Bull. Peabody Mus. Nat. hist. **28**, 1 – 22. 1968.
STEPHAN, H. s. JANSSEN, P.
STÖCKER, L.: Trigeminusmuskulatur und Kiefergelenk von *Elephas maximus* L. Morph. Jb. **98**, 35 – 75. 1957.
TOBIEN, H.: *Moeritherium, Palaeomastodon, Phiomia* aus dem Paleogen Nordafrikas und die Abstammung der Mastodonten (Proboscidea, Mammalia). Mitt. Geol. Inst. Techn. Univ. Hannover **10**, 141 – 163. 1971.
– Zur palaeontologischen Geschichte der Mastodonten (Proboscidea, Mammalia). Mainz. geowiss. Mitt. **5**, 143 – 225. 1976.
TODD, W. T.: Notes on the respiratory system of the Elephant. Anat. Anz. **44**. 1913.
WEBER, H.: Beiträge zur Kenntnis der ÜO Psocoidea. 6. Lebendbeobachtungen an der Elefantenlaus H. Biol. Zbl. **59**. 1939. 5. Zur Eiablage u. Enter. Biol. Zbl. **59**. 1939. 7. Über ein neues Organ im Kopf der El. 7. Intern. Kongr. Entomol. Berlin 1938/39.

Sirenia

ABEL, O.: Die Sirenen der mediterranen Tertiärbildungen Österreichs. Abh. k. k. geol. Reichsanstalt **19**. 2. 1904.
– Über *Halitherium bellunense*, eine Übergangsform zur Gattung *Metaxytherium*. Jhb. geol. Reichsanstalt Wien **55**. 1905.
– Die eocaenen Sirenen der Mittelmeerregion. I. Der Schädel von *Eotherium aegyptiacum*. Palaeontographica **59**. 1913.
AOKI, B., S. R. TATEISHI, K. FURUHATA: Anatomical notes on the Dugong. Jl. Taiwan Mus. Ass. **6**, 5, 491 – 522. 1939.
BATRAWI, A.: The structure of the Dugong kidney. Publ. Mar. Biol. Stat. Al-Ghardaqa Red Sea, No. 9, 51 – 68. 1957.

COATES, CH. W.: Baby Mermaid — a Manatee at the Aquarium. Bull. New York Zool. Soc. **42**. 1939.
DAILEY, M. D., K. I. BROWNELL JR.: A checklist of marine mammal parasites. In: RIDGWAY, H. (ed.), Mammals of the sea, 528–589. Springfield (Thomas) 1977. 2.
DEKEYSER, P.: Note sommaire sur la température rectale du Lamantin (*Trichechus senegalensis* Link.). Bull. Mus. Hist. nat. Paris **24**, 243–246. 1953.
DEXLER, H.: Das Hirn von *Halicore dugong*. Morph. Jb. **45**. 1913.
— L. FREUND: Zur Biologie u. Morphologie von *Halicore dugong*. Arch. Naturgesch. **72**, H. 2. 1906.
DILG, C.: Beiträge zur Kenntnis der Morphologie und postembryonalen Entwicklung des Schädels bei *Manatus inunguis* Natt. Morph. Jb. **39**, 83–155. 1909.
DOSCH, F.: Bau und Entwicklung des Integumentes der Sirenen. Jena. Z. Naturw. **53**, H. 4. 1915.
FENART, R.: Note sur l'étude du crâne de *Halicore dugong* par la méthode vestibulaire. Mammalia **27**, 92–110. 1963.
FINSCH, O.: Der Dugong. Sammlg. gemeinverständl. Vorträge von Virchow-Holtzendorf. H. 359. 1901.
FREUND, L.: Der eigenartige Bau der Sirenenniere. Verh. 8. Internat. Zool. Kongr. 1910. 1912.
— Beiträge zur Morphologie des Urogenitalsystems der Säugetiere I. II. Der weibliche Urogenitalapparat von *Manatus*. Z. Morph. u. Ökol. d. Tiere **17**, 424–440. 1930.
GENSCHOW, J.: Über den Bau und die Entwicklung des Geruchsorgans der Sirenen. Z. Morphol. Ökol. **28**, 402–444. 1934.
GOHAR, H. A. F.: The Red Sea Dugong, *Dugong dugong* Erxl. subspec. *tabernaculi* (Rüppell). Publ. Mar. Biol. Stat. Al-Ghardaqa Red Sea, No. 9, 3–50. 1957.
HAFFNER, K. V.: Konstruktion und Eigenschaft der Haut der vor 188 Jahren ausgerotteten Stellerschen Seekuh (*Rhytina stelleri* Rez.). Verh. Dtsche. Zool. Ges. Hamburg 1956. 1957.
HARTLAUB, C.: Beiträge zur Kenntnis der Manatusarten. Zool. Jb. **1**, 1–112. 1886.
HARTMANN, D. S.: Ecology and behavior of the Manatee (*Trichechus manatus*) in Florida. Spec. Publ. No. 5. The American Soc. of Mammalogists. 1979.
HEPTNER, V. G., N. P. NAUMOV (ed): Die Säugetiere der Sowjetunion II. Seekühe und Raubtiere. Jena 1974.
HILL, W. C. O.: Notes on the dissection of two Dugongs. J. Mammal. **26**, 153–175. 1943.
HIRSCHFELDER, H.: Das Primordialcranium von Manatus latirostris. Z. Anat. Entwg. **106**, 497–533. 1936.
JELGERSMA, G.: Das Gehirn der Wassersäugetiere. Leipzig (J. A. Barth) 1934.
KAMIYA, T., P. PIRLOT, Y. HASEGAWA: Comparative brain morphology of miocene and recent Sirenians. In: DUNCKER/FLEISCHER (eds.), Functional morphology in Vertebrates. Fortschr. Zool. **30**, 541–544. Stuttgart (Fischer) 1985.
LANGER, P.: The Mammalian Herbivore Stomach. Stuttgart/New York 1988.
LEAKEY, L.: Dugongs. African Wild Life, Johannesburg **12**, 19–20. 1958.
MATTHES, E.: Zur Entwicklung des Kopfskeletts der Sirenen I. Die Regio ethmoidalis des Primordialcraniums von *Manatus latirostris*. Jen. Z. Natw. **48**, 489–514. 1912.
— Zur Entwicklung des Kopfskeletts der Sirenen II. Das Primordialcranium von *Halicore dugong*. Zool. Anz. **60**, 557–580. 1921.
— Die Dickenhältnisse der Haut bei den Mammaliern im allgemeinen, den Sirenen im besonderen. Z. wiss. Zool. **134**, 345–357. 1928.
MOHR, E.: Sirenen oder Seekühe. Die neue Brehm-Bücherei. Leipzig 1957.
MOSSMAN, H. W., K. L. DUKE: Comparative morphology of the mammalian ovary. Madison (Univ. Wisconsin Press) 1973.
O'SHEA, TH. J., R. L. REEP: Encephalisation quotiens and life history traits in the Sirenia. Amer. Journ. Mammal. **74**, 4, 534–543. 1990.
PARKER, G. H.: The breathing of the Florida Manatee. Am. J. of Mammal. **3**. 1922.
PETIT, G.: Notes sur les Dogongs des côtes de Madagascar. Bull. du Muséum nat. d'hist. nat. T. 30, 124. 1924.
— Recherches anatomiques sur l'appareil génito-urinaire mâle des Siréniens.. Arch. de Morphol. génér. et expér. **23**. Paris 1925.
— Ordre des Siréniens. *Sirenia* Illiger 1811. In: GRASSÉ, P. P. (ed.), Traité de Zoologie XVII. 1, 918–1001. 1955.
PFEFFER, P.: Remarques sur la nomenclature du Dugon, *Dugong dugong* (Erxleben) et son statut actuel en Indonésie. Mammalia **27**, 149–151. 1963.
QUIRING, D. P., CH. F. HARLAN: On the anatomy of the manatee. Am. J. Mammal. **34**, 192–203. 1953.

Riha, A.: Das männliche Urogentialsystem von *Halicore dugong* Erxl. Z. Morphol. Anthrop. **13**, 395–422. 1911.
Robineau, D.: Less osselets de l'ouie de la Rhytine. Mammalia **29**, 412–425. 1965.
Schevill, W., W. Watkins: Underwater calls of *Trichechus* (*Manatus*). Nature **205**, 373–374. London 1965.
Stejneger, L.: Contributions to the history of the Commander Islands. 1884.
– Georg Wilhelm Steller, the pioneer of Alaskan natural history. Cambridge, Mass. 1936.
Steller, G. W.: De bestiis marinis. Nova Acta petropolitana **1**. 1749–1751.
– Beschreibung des Manati oder der sogenannten Seekuh. Hamburger Magazin **1**, 132–187. 1753.
Vosseler, J.: Pflege und Haltung der Seekühe (*Trichechus*) nebst Beiträgen zu ihrer Biologie. Pallasia. Z. Wirbeltierkde, **2**, 1. 1924.
– Krankheit und Tod des Hamburger Sirenenpaares. Z. Säugetierkunde **5**, 362–364. 1930.
Wislocki, G. B.: On the placentation of the Manatee (*Trichechus latirostris*). Mem. Mus. comp. Zoology, Harvard Univ. **54**, 159–178. 1935.

Hyracoidea

Allaerds, W., D. Thys van den Audenaerde, W. van Neer, Dental morphology and the systematics of the Procaviidae (Mammalia, Hyracoidea). Ann. soc. r. zool. Belg. **112**, 217–225. 1982
Bach, St. M.: Kehlkopf und Zungenbein der Baumschliefer (*Dendrohyrax*) (Procaviidae, Hyracoidea, Mammalia). Med. dent. Diss. Frankfurt/Main, 1–57. 1974.
Bartholomew, G. A., M. Rainy: Regulation of body temperature in the rock hyrax, *Heterohyrax brucei*. Am. J. Mammal. **52** (1), 81–85. 1971.
Bothma, J.: Order Hyracoidea, 1–8. In: Meester, J., H. W. Setzter (eds.), The mammals of Africa. An identification manual. Pt. 12. Washington 1971.
Brauer, A.: Über die zur Unterscheidung der Arten der Procaviiden wichtigen Merkmale. Z. Säugetierkunde **9** (1–3), 198–206. 1934.
Broman, I.: Über die Embryonalentwicklung der Blinddärme bei *Procavia*. Acta Anat. **7** (1949).
Clemens, E. T.: Site of organic acid production and patterns of digesta movement in the gastrointestinal tract of the rock hyrax. Journal Nutr. **107** (11), 1954–1961. 1977.
Coetzee, C. G.: The relative position of the penis in Southern African Dassies (Hyracoidea) as a character of taxonomic importance. Zoologica Africana **2**, 223–224. 1966.
Dobroruka, L. J.: Yellow-spotted dassie *Heterohyrax brucei* (Gray, 1868) feeding on a poisonous plant. Säugetierkundl. Mitt. **21** (4), 365. 1973.
Fairall, N.: Growth and age determination in the hyrax *Procavia capensis*. South Afr. J. Zool. **15** (1), 16–21. 1980.
Fischer, M. S.: Die Stellung der Schliefer (Hyracoidea) im phylogenetischen System der Eutheria. Courier Forschg. Inst. Senckenberg **84**, 1–132. Frankfurt/Main 1986.
– Hyracoidea. In: Niethammer, J., H. Schliemann, D. Starck (eds.), Handb. Zool. VIII. Teilbd. 58, 1–169. Berlin 1992.
Fovrie, P. B.: Acoustic communication and social behaviour of the rock dassie, *Procavia capensis* (Pallas) in captivity. Occasional Bull. zool. south Afr. **1**, 75. 1977.
Gabe, M., J. Dragescu: Cantribution à l'histoire des glandes cutanées des hyracoides. Annales Fac. Sci. Univ. fed. Cameroun. 1981.
Grassé, P. B.: Orde des Hyracoides ou Hyraciens. Traité de Zoologie 17. 1955.
Hahn, H.: *Dendrohyrax arboreus braueri* subsp. nov. Z. Säugetierkunde **8**, 278–279. 1933.
– Von Baum-, Busch- und Klippenschliefern. Die Neue Brehmbücherei, Wittenberg (Ziemsen) o. J.
– Die Familie der Procaviiden. Z. Säugetierkunde **9**. 1934.
– Noch einmal die Familie Procaviidae! Z. Säugetierkunde **2** (3), 276. 1936.
Hanks, J.: Comparative aspects of reproduction in the male hyrax and elephant. In: Calaby, H. J., C. H. Tyndale-Biscoe (eds.), Reproduction and evolution, 155–164. Australian Academy of Science, Canberra 1977.
Hatt, R. T.: The Hyraxes collected by the American Museum Congo expedition. Bull. Amer. Mus. Nat. Hist. **72**, art. 4, 117–141. 1936.
Hoeck, H. N.: Hyrax social organisation. Annual Rep. Serengeti Res. Inst. 1975–1976, 135–138. 1976.

- *Heterohyrax brucei* (Procaviidae) – Fortbewegung und Nahrungsaufnahme (Freilandaufnahmen). Encyclopaedia Cinematographica Biol. 10/60, Film E 2266. 1977.
- „Teat order" in hyrax (*Procavia johnstoni* and *Heterohyrax brucei*). Z. Säugetierkunde **42** (2), 112–115. 1977.
- Systematics of the Hyracoidea: towards a clarification. Bull. Carnegie Mus. nat. Hist. no. 6, 146–151. 1978.
- Population dynamics, dispersal and genetic isolation in two species of *Hyrax* (*Heterohyrax brucei* and *Procavia johnstoni*) on Habita Islands in the Serengeti. Z. Tierpsychol. **59** (3), 177–210. 1982.
- Ethologie von Busch- und Klippschliefern. Publikationen zu wissenschaftlichen Filmen. Biol. 15/31, Film D 1338. 1982.
- Nahrungsökologie bei Busch- und Klippschliefern. Sympatrische Lebensweise. Publikationen zu wissenschaftlichen Filmen. Biol. 15/32, Film D 1371. 1982.
- H. KLEIN, P. HOECK. Flexible social organisation in *Hyrax*. Z. Tierpsychol. **59** (4), 265–299. 1982.

HORST, V. V. VAN DER: On the size of the litter and the gestation period of *Procavia capensis*. Science, N. S. **93** (2418), 430–431. Lancaster 1941.

HYRTL, J.: Über das Vorkommen von Wundernetzen bei *Hyrax syriacus*. Stzber. K. Akad. Wiss. Wien, math.-natw. Kl. 8, 462–466 (1852).

KAYANJA, F. I. B., W. B. NEAVES: The fine structure of the corpus luteum in hyrax. Z. Zellfg. mikrosk. Anat. **144** (4), 475–487. 1973.
- J. B. SALE: The ovary of rock hyrax of the genus *Procavia*. Journal Reprod. Fert. **33** (2), 223–230. 1973.

KINGDON, J.: East African Mammals, Vol. 1. Academic Press, 1971.

KUTTER, S.: Zur Fortbewegung von Klippschliefern (*Procavia capensis* Pallas 1769) (Mammalia, Hyracoidea). Dipl.schrift Fak. Biol. Tübingen, 1991.

KYOU-JOUFFROY, F.: Tarse du daman des arbres (*Dendrohyrax dorsalis*). Biologie gabon. **7**, 289–293. 1971.
- Musculature du membre pelvien chez le daman des arbres (*Dendrohyrax dorsalis*). Biologia gabon. **7**, 271–288. 1971.

LINDAHL, P. E.: Über die Entwicklung und Morphologie des Chondrocraniums von *Procavia capensis* Pall. Acta Zool. **29**, 281–376. 1948.

LOUWE, E., G. N. LOUWE, C. P. RETIEY: Thermolability, heat tolerance and renal function in the dassie or hyrac *Procavia capensis*. Zoologica Africana **7** (2), 451–469. 1972.

MALOIY, G. M., J. B. Y. SALE: Renal functions and electrolytic balance during dehydration in the Hyrax. Isrl. J. Med. Sci. 12, 852–853 (1976).

MILLAR, R. P.: Reproduction in the rock hyrax (*Procavia capensis*). Zoologica Africana **6** (2), 243–261. 1971.
- An unusual light-shidding structure in the eye of the dassie *Procavia capensis* Pall. (Mammalia, Hyracoidea). Annals Transv.-Mus. **28** (11), 203–205. 1973.
- T. D. GLOVER: Regulation of seasonal sexual activity in an ascrotal mammal, the rock hyrax, *Procavia capensis*. Journal Reprod. Fert. Suppl. **19**, 203–220. 1973.

MOLLARET, H. H.: Naissance de Damans en captivité. Mammalia Tome **26**, Nr. 4, 530–532. 1962.

OLDS, N., J. SHOSHANI: *Procavia capensis*. Mammalian Species No. 171, 1–7; The American Society of Mammalogists. 1982.

OWEN, R.: On the anatomy of the Cape Hyrax (*Hyrax capensis* Schreb). Proc. Comm. Sci. and Corres. Zool. Soc. London, pt. 2, 202–207. 1832.

PETERS, L. U.: Kehlkopf und Zungenbein des Klippschliefers, *Procavia capensis* Pall. 1766 (Procaviidae, Hyracoidea, Mammalia). Med. dent. Diss. Frankfurt/Main 1966. 35 S.

PUCKFORD, M., M. S. FISCHER: *Parapliohyrax ngororaensis*, a new hyracoid from the Miocene of Kenya with an outline of the classification of Neogene Hyracoidea. N. Jb. Geol. Palaeont. **175**, 207–235. 1987.

RAHM, S., J. FREWEIN: Zur Anatomie des Magen-Darm-Traktes beim Klipp-, Busch- und Baumschliefer (Hyracoidea). Zbl. Vet. Med. (C) **9** (4), 307–320. 190.

RAHM, U.: Der Baum- oder Waldschliefer, *Dendrohyrax dorsalis* (Fraser). Zool. Garten **23**, 67–74. 1957.
- Das Verhalten der Klippschliefer. In: Handb. d. Zoologie VIII, Lfg. 37, 1–21. 1965.

RIO, B., G. GALAT: Locomotion arboricole d'un *Dendrohyrax* (Temminck, 1853). Mammalia **46** (4), 449–456. 1982.

ROCHE, J.: Nouvelles données sur la reproduction des Hyracoides. Mammalia Tome **26**, Nr. 4, 517–529. 1962.

- Systématique du genre Procavia et des damans en gènéral. Mammalia **36** (1), 22 – 49. 1972.
RÜBSAM, K., R. HELLER, H. LAWRENZ, W. VON ENGELHARDT: Water and energy metabolism in the rock hyrax (*Procavia habessinica*). Journal comp. Physiol. **131** (4), 303 – 309. 1979.
SALE, J.: The Habitat of the Rock Hyrax. J. E. Afr. Nat. Hist. Soc. **25** (3), 205 – 214. 1966.
- Breeding season and litter size in Hyracoidea. J. Reprod. Fert. Suppl. **6**, 249 – 263. 1969.
- The behaviour of the resting rock Hyrax in relation to its environment. Zoologica Africana **5**, 1, 87 – 99. 1970.
- Unusual external adaptations in the rock hyrax. Zool. Afric. **5**, 101 – 113. 1977.
SCHIEFER, H. CH.: Die Morphologie der oberflächlichen Facialismuskulatur beim Klippschliefer, *Procavia capensis* Pallas 1766. Morph. Jb. **112**, 369 – 406. 1968.
SEIBT, U., H. N. HOECK, W. WICKLER: *Dendrohyrax validus* True, 1890 in Kenia. Z. Säugetierkunde **42** (2), 115 – 118. 1977.
SHOSHANI, J., M. GOODMAN, W. PRYCHODKO, K. MORRISON: A survey of the contemporary Paen-ungulata – an immunodiffusion approach. Congressus Theriol. Int. **2**, 75. 1978.
SONNTAG, F.: On the vagus and sympathetic nerves of *Hyrax capensis*. Proc. Zool. Soc. London pt. 1, 149 – 156. 1922.
STARCK, D.: Ontogenie und Entwicklungsphysiologie der Säugetiere. In: Handb. d. Zoologie VIII, 9, 1 – 283. 1959.
STURGESS, I.: The early embryology and placentation of *Procavia capensis*. Acta Zool. **29**, 393 – 479. 1948.
TAYLOR, C. R., J. B. SALE: Temperature relation in the Hyrax. Comp. Biochem. Physiol. **31**, 903 – 907. 1969.
WELKER, W. I., M. CARLSON: Somatic sensory cortex of *Hyrax* (*Procavia*). Brain, Behav. Evolut. **13** (4), 294 – 301. 1976.
WISLOCKI, G. B.: Placentation of *Hyrax* (*Procavia capensis*). J. Mammal. **9** (2), 117 – 126. 1928.
- P. VAN DER WESTHUYSEN: Placentation of *Procavia capensis* with a discussion of the placental affinities of the IIyracoidea. Carnegie Inst. Washington, Publ. no. 518 (Contrib. to Embryology, vol. 28, no. 171). 1940.

Perissodactyla

ANTONIUS, O.: Beobachtungen an Einhufern in Schönbrunn. I. Syrische Halbesel. Zool. Garten. N. F. **1**, 19. 1929.
- Beobachtungen an Einhufern in Schönbrunn. II. Mongol. Wildpferde. Zool. Garten, N. F. **1**, 87. 1929.
- Beobachtungen an Einhufern in Schönbrunn. III. Zebras, Burchell. Zool. Garten, N. F. **1**, 165. 1929.
- Beobachtungen an Einhufern in Schönbrunn. IV. Afrikan. Esel. Zool. Garten, N. F. **1**, 289. 1929.
- Beobachtungen an Einhufern in Schönbrunn. V. Bergzebra, Grevyzebra, Zebroide. Zool. Garten, N. F. **2**, 261. 1930.
- Beobachtungen an Einhufern in Schönbrunn. VI. Ponyfohlen. Zool. Garten, N. F. **4**, 158. 1931.
- Zur genaueren Kenntnis des echten Quaggas (*Equus quagga quagga* GM.). Zool. Garten, N. F. **4**, 3/5. 1931.
- Beobachtungen an Einhufern in Schönbrunn. VII. Halbesel. Zool. Garten, N. F. **5**, H. 10/12. 1932.
- Beobachtungen an Einhufern in Schönbrunn. VIII. Ponys u. Hausesel. Zool. Garten, N. F. **6**. 1933.
- Beobachtungen an Einhufern in Schönbrunn. IX. Zur gen. Kenntn. d. Wahlbergzebras. Zool. Garten, N. F. **7**. 1934.
- Beobachtungen an Einhufern in Schönbrunn. X. Zebroid u. Maulesel. Zool. Garten, N. F. **7**. 1934.
- Beobachtungen an Einhufern in Schönbrunn. XI. Über die zwei Schönbrunner Maulesel. Zool. Garten, N. F. **7**. 1934.
- Beobachtungen an Einhufern in Schönbrunn. XII. Über das Kladruber Pferd. Zool. Garten, N. F. **7**. 1934.
- Beobachtungen an Einhufern in Schönbrunn. XIII. Nachträge u. Berichtigungen. Zool. Garten, N. F. **8**. 1935.

- Beobachtungen an Einhufern in Schönbrunn. XIV. Über schwarzmäulige Esel. Zool. Garten, N. F. **8**, 111. 1935.
- Zur geographischen Verbreitung des Burchellzebras u. des echten Quaggas. Zool. Garten, N. F. **8**. 1935.
- Die Rückzüchtung des polnischen Wildpferdes. Zool. Garten, N. F. **8**, 190. 1935.
- Über Tiergarten-Exemplare von *Equus zebra frederici* Toiess. Zool. Garten, N. F. **9**, 145. 1937.
- Bilder aus dem früheren und jetzigen Schönbrunner Tierbestand. I. Nashörner. Zool. Garten, N. F. **9**, 18–26. 1937.
- Beobachtungen an Einhufern in Schönbrunn. XV. Ein Onagerzebroid. Zool. Garten, N. F. **12**, 2/3. 1940.
- Beobachtungen an Einhufern in Schönbrunn. XVI. Über das Damarazebra (*Equus quagga antiquorum*). Zool. Garten, N. F. **12**, 4/6. 1940.
- Beobachtungen an Einhufern in Schönbrunn. XVII. Halbeselbastarde. Zool. Garten, N. F. **16**, 1/2. 1944.
- Beobachtungen an Einhufern in Schönbrunn. XVIII. Ein interessanter Zebrabastard. Zool. Garten, N. F. **16**, 1/2. 1944.
- Beobachtungen an Einhufern in Schönbrunn. XIX. Ein „Wardzebra". Zool. Garten, N. F. **17**. 1950.
- Die Tigerpferde. Die Zebras. Monographien der Wildsäugetiere 11. Frankfurt/Main 1951.

BACKHAUS, D.: Zum Verhalten des nördlichen Breitmaulnashornes (*Diceros simus cottoni* Lydekker 1908). Zool. Garten, N. F. **29**, 93–107. 1964.

BANNIKOV, A. G.: Distribution géographique et biologie du cheval sauvage et du chameau de Mongolie (*Equus przewalskii* et *Camelus bactrianus*). Mammalia **22**, 152–160. 1958.

BARBOUR, TH., G. M. ALLEN: The lesser one-horned Rhinoceros. Am. J. Mammal. **13**, 144–149. 1932.

BONÉ, E. L., R. SINGER: Hipparion from Langebaanweg, Cap Province and a revision of the Genus in Africa. Ann. S. Afr. Mus. **48**, 273–397. 1965.

BOURDELLE, M. E.: Notes ostéologiques et ostéométriques sur les Hemiones. Bull. Mus. Nat. d'Hist. Nat. 2. sér. IV, No. 8. 1932.

- Notes ostéologiques et ostéométriques sur l'Onagre de l'Inde. Bull. Mus. Nat. d'Hist. Nat. VI. 1933.
- Notes ostéologiques et ostéométriques sur l'Hémippe de Syrie. Bull. Mus. Nat. d'Hist. Nat. V. No. 6. 1933.
- La morphologie extérieure du pied chez les équidés domestiques et sauvages. Mammalia **4**, 3/4, 73–87. 1940; Mammalia **5**, 1, 3–10. 1941.

BRAND, D. J.: Verbreitung und zahlenmäßige Aufteilung des südlichen weißen Nashorns (*Diceros simus* Burchell) und des schwarzen Nashorns (*Diceros bicornis* L.) in Südafrika. Freunde des Kölner Zoo **7**, H. 2, 67–69. 1964.

COENRAAD-UHLIG, V.: Vom Gefangenenleben eines jungen Nashorns. Zool. Garten, N. F. **6**, 114. 1933.

DITTRICH, L.: Geburt eines Spitzmaulnashorns im Zoo Hannover. Freunde des Kölner Zoo **8**, H. 3, 90–92. 1965.

DOLLMAN, J. G.: A young Sumatran rhinoceros. Nat. Hist. Mag. (Brit. Mus.) vol. **1**, no. 7, 255–258. 1928.

DUCOS, P.: A new find of an equid metatarsal bone from Tell Mureybit in Syria and its relevance of the identification of equids. Arch. Sci. 2, 71–73 (1975).

EWALT, J. C.: Studies on the development of the horse (I). Trans. Roy. Soc. Edinburgh 51, 287–329 (1915).

FRANZEN, J. L.: Messeler Paradepferde und andere Unpaarhufer. In: Messel, ein Schaufenster in die Geschichte der Erde. (ed. SCHAAF, ZIEGLER). 241–247, Frankfurt/M. 1988.

GEE, E. P.: The great Indian one-horned Rhinoceros. Zoo Life **3**. 1948.
- Further observations on the Indian one-horned Rhinoceros (*R. unicornis* L.). J. Bombay Nat. hist. soc. **51**. 1953.
- Report on a survey of the Rhinoceros area of Nepal March and April 1959. Oryx **5**, 55–85. 1959. Ausf. Ref. in. Zool. Garten, N. F. **25**, 413. 1961.

GINTHER, O. J.: Reproduction biology of the mare. Crossplaines 1979.

GRAY, J. E.: Observations on the preserved specimens and skeletons of the Rhinocerotidae in the collection of the British Museum and Royal College of Surgeons, including the description of three new species. Proc. Zool. Soc. London 1867, 1003–1032.

GROVES, C. P.: Description of a new subspecies of Rhinoceros, from Borneo, *Didermoceros sumatrensis harrisoni*. Säugetierkundl. Mitt. **13**, 128–131. 1965.

- Geographic variation in the black *Rhinoceros diceros bicornis* (L. 1758). Z. Säugetierkunde **32**, 267–276. 1967.
- On the Rhinoceroses of South East Asia. Säugetierkundl. Mitt. **15**, 221–237. 1967.
- V. Mazak: On some taxonomic problems of Asiatic wild asses; with the description of a new subspecies (Perissodactyla, Equidae). Z. Säugetierkunde **32**, 321–355. 1967.

Guggisberg, C. A. W.: SOS Rhino. London 1966.

Gyseghem, R. van: Observations on the ecology and behaviour of the Northern White Rhicoceros (*Ceratotherium simum cottoni*). Z. Säugetierkunde **49**, 348–358. 1984.

Hančar, F.: Das Pferd in prähistorischer und früher historischer Zeit. Wiener Beiträge Kulturgesch. u. Linguistik **11**, 1–651. Wien (Inst. f. Völkerkde.) 1956.

Heck, H.: Bemerkungen über die Mähne der Urwildpferde. Zool. Garten, N. F. **8**, 179. 1935.

Hediger, H.: Ein Nashorn mit Dürer-Hörnlein. Zool. Garten, N. F. Bd. **39**, H. 1/6, 101–106. 1970.

Heller, E.: The withe Rhinoceros. Smithsonian misc. coll. **61**, 1–77. 1913.

Heptner, V. G., A. A. Nasimović, A. G. Bannikov: Die Säugetiere der Sowjetunion. 1. Paarhufer und Unpaarhufer. Jena (Fischer) 1966.

Herre, W.: Beiträge zur Kenntnis der Wildpferde. Z. Tierzüchtg. u. Züchtungsbiol. **44**. 1939.
- Grundsätzliches zur Systematik des Pferdes. Z. Tierzüchtg. u. Züchtungsbiol. **75**, 57–78. 1961.

Hilzheimer, M.: Das Königsberger Quagga. Z. Säugetierkunde **5**, 86–95. 1930.

Hoogerwerf, A.: Ontmoetingen met Javaanse Neushoorns in het natuurpark Oedjong-Koelon (West-Java). In: Het Voetspoor, Wageningen, 359–370. 1949.
- Indrukken uit het wildreservaat Udjung Kulon, West Java. Mededel. Ned. Comm. Internat. Natuurbesch. **14**, 55–58. Bogor 1950.
- Over de uitwerpselen van *Rhinoceros sondaicus* Desm. in het natuurpark Udjung Kulon op Java. M.I.A.I. Nr. 1–2, 38–44. 1952.
- Udjung Kulon. The land of the last Javan Rhinoceros. Leiden (Brill) 1970. 512 S.

Hooijer, D. A.: Cornes de Rhinocéros truquées. Mammalia **23**, 316–317. 1959.

Hubback, Th.: The Asiatic two-horned Rhinoceros. J. of. Mammal. **20**. 1939.

Jentink, F. A.: On the rhinoceroses from the East Indian archipelago. Notes from Leyden Museum, vol. **16**, 231–233. 1894.

Kemnitz, P., W. Puschmann, M. Schröpel, D. Krause, R. Schöning: Feingewebliche Untersuchungen zur Struktur und Ontogenese des Hornes von Nashörnern, Rhinocerotidae. Zool. Garten, N. F. **61**, 177–199. 1991.

Klingel, H., U. Klingel: Die Geburt eines Zebras (*Equus quagga boehmi* Matschie). Z. Tierpsychol. **1**, 72–76. 1966.

Klingel, H.: Das Verhalten der Pferde (Equidae). Hdb. d. Zoologie 8/10/24, 1–68 (1972).
- Observations on social organisation and behaviour of African and Asiatic wild asses (*Equus africanus* and *E. hemionus*). Z. Tierpsychol. 44, 323–331 (1977).

Klös, H. G.: Über die Zeitdauer des Hornersatzes beim Breitmaulnashorn, *Ceratotherium simum*. Zool. Garten, N. F. **36**, 246–250. 1969.

Krumbiegel, I.: Beiträge zur Jugendentwicklung des Schabrackentapirs (*Rhinochorus indicus* Cuv.). Zool. Garten, N. F. **8**, 96. 1935.
- Die asiatischen Nashorne (*Dicerorhinus* Gloger und *Rhicoceros* Linné). Säugetierkundl. Mitt. **8**, 12–20. 1960.
- Quellenstudien über asiatische Nashorne. Säugetierkundl. Mitt. **10**, 1–2. 1962.
- Das Kopenhagener Sumatranashorn, *Didermoceros sumatrensis* (Fischer 1814). Säugetierkundl. Mitt. **13**, 97–100. 1965.

Kuipper, K., K. M. Schneider: Zur Gestalt des Nashorn-Penis. Zool. Garten, N. F. **12**, 4/6. 1940.

Lang, E. M.: Geburt eines Panzernashorns. 84. Jahresber. 1956 Zool. Garten Basel, 31–39. 1957. Ref. in: Zool. Garten, N. F. **24**, 307. 1958/59.
- Ein Sumatra-Nashorn im Basler Zoo. Säugetierkundl. Mitt. **7**, 177. 1959.

Lang, H.: Recent and historical notes on the square lipped Rhinoceros (*Ceratotherium simum*). J. Mammal. **4**, 155–163. 1923.
- Threatened extinction of the white Rhinoceros (*Ceratotherium simum*). Am. J. Mammal. **5**, 173–180. 1924.

Lundholm, B.: Abstammung u. Domestikation des Hauspferdes. Zool. Bidr. Uppsala **27**, 1–293. 1949.

Meadow, R. H., H.-P. Uerpmann: Equides in the ancient world. Beihefte z. Tübinger Atlas d. Vorderen Orients. Reihe A (Nat.wiss.) Nr. 19/2. Wiesbaden (Reichert) 1991.

MEUNIER, K.: Bemerkungen zur innerartlichen Systematik des Pferdes. Z. Tierzüchtg. u. Züchtungsbiol. **79**, 42 – 72. 1963.
– Schlußbemerkungen zu Skorkowskis Subspezies-Theorie. Z. Tierzüchtg. u. Züchtungsbiol. **80**, H. 3, 284 – 285. 1964.
MOHR, E.: Das Horn des indischen *Rhinoceros unicornis*. Zool. Garten, N. F. **23**, 37 – 45. 1957.
– Das Urwildpferd. Neue Brehmbücherei. 249. Wittenberg Lutherstadt 1959.
– Eine durch Hagenbeck importierte Herde des persischen Onagers, *Equus hemionus onager* Bodd. Equus, Prag 1961, 164 – 189.
– Ein Kiang vom Kuku Nor. Zool. Garten, N. F. **26**, 107 – 108. 1961.
– J. VOLF: Das Urwildpferd *Equus przewalski*. Neue Brehmbücherei 149. Wittenberg Lutherstadt (Ziemsen) 3. Aufl. 1984.
MOTOHASHI, H.: Craniometrical studies on skulls of wild asses from West Mongolia. Mem. Tottori Agricult. Coll. **1**, 1 – 62. 1930.
PFEFFER, P.: Situation actuelle de quelques animaux menacés d'Indonésie. La terre et la vie **105**, 128 – 145. (*Rhinoceros sondaicus, Rh. sumatrensis*) 1958.
PROTHERO, D. R., E. M. MANNING, M. FISCHER: The phylogeny of the Ungulates. In: BENTON, M. J. (ed.), The phylogeny and classification of the Tetrapods. 2. Mammals, 201 – 234. Oxford 1988.
RADINSKY, L. B.: The Perissodactyl Hallux. Am Mus. Novitates, No. 2 145, 2 – 8. 1963.
– Evolution of the Tapiroid Skeleton from Heptodon to *Tapirus*. Bull. of the Mus. of Comp. Zoology **134**, 69 – 106. 1965.
– Early Tertiary Tapiroidea of Asia. Bull. Amer. Mus. Nat. Hist. **129**, Art. 2, 185 – 162. 1965.
– The families of the Rhinocerotoidea (Mammalia, Perissodactyla). J. of Mammal. **47**, 631 – 639. 1966.
– A new Genus of early Eocene Tapiroid (Mammalia, Perissodactyla). J. Paleontol. **40**, 740 – 742. 1966.
– The adaptive radiation of the Phenacodontid Condylarths and the Origin of the Perissodactyla. Evolution **20**, 408 – 417. 1966.
– Hyrachyus, Chasmotherium, and the early evolution of Helaletid Tapiroids. Am. Mus. Novitates, No. 2 313, 1 – 23. 1967.
– A review of the Rhinocerotoid family Hyracodontidae (Perissodactyla). Bull. Amer. Mus. Nat. Hist. **136**, Art. 1, 5 – 43. 1967.
– The early evolution of the Perissodactyla. Evolution **23**, 308 – 328. 1969.
– Ontogeny and phylogeny in horse skull evolution. Evolution **38**, 1 – 15. 1984.
RIDGWAY, W.: Contributions to the study of the Equidae. On hitherto unrecorded specimens of *Equus quagga*. Proc. Zool. Soc. London 1909, 563.
RIPLEY, S. D.: Territorial and sexual behaviour in the great Indian Rhinozerus, a speculation. Ecology, NY **33**, 570 – 573. 1952.
ROOKMAAKER, C., R. J. REYNOLDS: Additional data on Rhinoceroses i in captivity. Zool. Garten, N. F. **55**, 129 – 158. 1985.
RYDER, M. I.: Structure of Rhinoceros horn. Nature, London **193**, 1199 – 1201. 1962.
RZASNICKI, A.: Beobachtungen an Chapman Zebras. Zool. Garten, N. F. **6**, 1/3. 1933.
– Zur Kenntnis u. zur Entdeckungsgeschichte des Grévy-Zebras. Zool. Garten, N.F. **8**, 283. 1935.
SCHÄFER, E.: Zur Kenntnis des Kiang (*Equus kiang* Moorcroft). Zool. Garten, N. F. **9**, 122. 1937.
SCHENKEL, R.: Zum Problem der Territorialität und des Markierens bei Säugern – am Beispiel des Schwarzen Nashorns und des Löwens. Z. Tierpsychol. **23**, H. 5, 593 – 626.. 1966.
– L. SCHENKEL-HULLIGER: The Javan Rhinoceros (*Rh. sondaicus* Desm.) in Udjung Kulon Nature Reserve. Its ecology and behaviour. Field study 1967 and 1968. Acta Tropica **26**, 98 – 133. 1969.
SCHNEIDER, K. M.: Zur Fortpflanzung, Aufzucht und Jugendentwicklung des Schabrackentapirs. Zool. Garten, N. F. **8**, 83. 1935.
SCHWARZ, E.: Ein südpersischer Wildesel im Berliner Zoolog. Garten. Zool. Garten, N. F. **2**, 85. 1930.
SCLATER, P. L.: Arrival of a Javan rhinoceros at the London Zoological Gardens. Proc. Zool. Soc. London 1874, 182 – 183. 1874.
– On the rhinoceroses now or lately living in the society's menagerie. Transact. Zool. Soc. London **9**, 645 – 660, pl. 95 – 99. 1876.
SHEBBEARE, E. O.: Status of the three Asiatic Rhinoceros. Oryx **2**, 141 – 149. 1954. Ref. in Zool. Garten **24**, 542.
SIMPSON, G. G.: Horses – The story of the horse family in the modern world and through sixty million years of history. New York 1951.

SLOB, A.: Beschouwingen over the Tarpan (*Equus przewalskii gmelini* Antonius 1912). Lutra **8**, 1–15. 1966.
SODY, H. J. V.: Das javanische Nashorn *Rhinoceros sondaicus*. Z. Säugetierkunde **24**, 109–240. 1959.
SONNE-HANSEN, R.: Observations on the Sumatran Rhino (*Dicerorhinus sumatrensis*) at Copenhagen Zoo. Zool. Garten, N. F. **42**, 296–303. 1972.
TONG, E.: Notes on the breeding of Indian Rhinoceros *Rhinoceros unicornis*, at Whipsnade Park. Proc. Zool. Soc. London **130**, 296–299. 1958.
ULLRICH, W.: Bemerkenswerte Aufnahmen eines jungen Sumatra-Nashorns (*Dicerorhinus sumatrensis* Cuv.). Zool. Garten, N. F. **22**, 29–33. 1955.
– Zur Biologie der Panzernashörner (*Rhinoceros unicornis*) in Assam. Zool. Garten, N. F. **28**, 225–250. 1964.
– Die Einhörner von Kaziranga. Freunde des Kölner Zoo **8**, H. 3, 98–100. 1965.
VETULJANI, T.: Das Tarpan-Problem im Lichte neuerer Arbeiten der Akad. der Wiss. der UdSSR über die Geschichte der Pferde der alten Welt. Zool. J. Moskau **31**, 727–735. 1952 (Russisch)
VOLF, J.: Le nombre des chevaux de Przewalski s'accroît. Mammalia **26** Nr. 4, 576–578. 1962.
ZUKOWSKY, L.: Die Systematik der Gattung *Diceros* Gray, 1821. Zool. Garten, N. F. **30**, 1–178. 1964.

Artiodactyla

ABEL, O.: Lebensweise von Chalicotherium. Acta Zool. **1.** 1920
ALLEN, J. A.: Mazama. Bull. American Museum 521–553, Nat. Hist. **34.** 1915.
AMAT-MUÑOZ, P.: Craniale Anatomie Giraffe/Okapi Morph. Jb. **100**, 213–264. 1959.
ANGERMEYER, M.: Halsmuskeln u. Halsnerven v. *Giraffa camelopardalis* L. Zool. Anz. **177**, 188–201. 1966.
ANSELL, W. F. H.: Rhodesian Ungulates. Mammalia **23**, 332–349. 1959.
ANTONIUS, O.: Rinder in Schönbrunn: II. Banteng, Gaur, Gayal. Zool. Garten **5**, 7–9. 1932.
– III. Ostsudanes. Büffel. Zool. Garten **6**. 1933.
– Schönbrunner Wildschafe. Zool. Garten **7**, 81. 1934.
– IV. Afrikan. Büffel. Zool. Garten **8**, 265. 1935.
– Schomburgks-Hirsch. Zool. Garten **9**, 209. 1937.
– Schönbrunner Tierbestand: I. Nashörner. Zool. Garten **9**, 18. 1937.
– III. Giraffen. Zool. Garten N. F. **11**, 4–5. 1939.
– V. Zebus. Zool. Garten N. F. **15**, 5–6. 1943.
ARNAUTOVIC, I., O. ABDALLA: Foot of camel. Acta Anat. **72**, 411–428. 1969.
BACKHAUS, D.: Anpassung Giraffengazelle. Säugetierkdl. Mitt. **8**, 43–45. 1960.
BANNIKOV, A. G.: Distribution géographique et biologie du Cheval sauvage et du chameau de Mongolie (*Equus przewalskii* et *Camelus bactrianus*). Mammalia **22**, 152–160. 1957.
– Die Saiga-Antilope (*Saiga tartarica* L.). Neue Brehm Bücherei 320. 1963.
BARBIERI, C.: Intorno alla placenta del *Tragulus meminna*. Anat. Anz. **28.** 1906.
BEMMEL, A. C. V. VAN: The concept of superspecies applied to Eurasiatic Cervidae. Z. Säugetierkunde **38**, 295–302. 1973.
BENINDE, J.: Zur Naturgeschichte des Rothirsches. Monographien d. Wildsäugetiere 4. Leipzig (Schöps) 1937. [Zugleich in „Kleintierkunde u. Pelztierkunde" XIII H. 10. 1937]
BERE, R.: Antilopes. Serie „The world of animals". Arthur Barker. London 1970. 96 S.
BISCHOFF, T. L. W.: Entwicklungsgeschichte des Rehes. Giessen 1854.
BOESNECK, J.: Die Tierwelt des alten Ägypten. München (Beck) 1988.
BÖTTGER, W.: Chinesische Quellen zum Milu. Zool. Garten N. F. **28**, 301–306. 1964.
BOETTICHER, H. V.: Bemerkungen zur Systematik der echten Schweine (Gattung *Sus* LINNE). Z. Säugetierkunde **13**, 246–254. 1938/39.
BOHLKEN, H.: Vergleichende Untersuchungen an Wildrindern (Tribus Bovini Simpson 1945). Zool. JB., Abt. Allgem. Zool. Phys. **68**, 113–202. 1958.
– Der Kouprey, *Bos* (*Bibos*) *sauveli* URBAIN 1937. Z. Säugetierkunde **26**, 193–254. 1961.
– Allometrische Untersuchungen an den Schädeln asiatischer Wildrinder. Z. Säugetierkunde **26**, 147–154. 1961.
– Probleme der Merkmalsbewertung am Säugetierschädel, dargestellt am Beispiel des *Bos primigenius* BOJANUS 1827. Morph. Jb. **103**, 509–661. 1962.
– Bemerkungen zu drei Schädeln des Kouprey, *Bos* (*Bibos*) *sauveli* Urbain, im Pariser Museum. Zool. Anz. **171**, 403–414. 1963.

- Vergleichende Untersuchungen an den Schädeln wilder und domestizierter Rinder. Z. wiss. Zool. **170**, 323–418. 1964.
- Beitrag zur Systematik der rezenten Formen der Gattung *Bison* H. SMITH 1827. Z. Syst. Evolfg. **5**, 54–110. 1967.

BOURLIÈRE, F., J. VERSCHUREN: Introduction à l'Ecologie des Ongulés du Parc National Albert. H. 1. Brüssel 1960. 158 S.

BRAUER, K., W. SCHOBER: Katalog der Säugetiergehirne. Jena (G. Fischer) 1970.
- s. auch SCHOBER, W.

BROOKE, V.: On Sclater's muntjac and other species of the *Cervulus*. Proc. Zool. Soc. London 1874, London 33–42.
- On the classification of the Cervidae with a synopsis of the existing species. Proc. Zool. Soc. London 1878, London, 883–928.

BROWN, L. H.: Observations on the status, habitat and behaviour of the Mountain Nyala *Tragelaphus buxtoni* in Ethiopia. Mammalia **33**, 545–597. 1969.

BUBENIK, A. B.: Taxonomy of Pecora in relation to morphophysiology of their cranial appendices. In: R. D. BROWN (ed.), Antler development in Cervidae. Caesar Kleberg Wildlife Research Inst., Kingsville, Texas, 163–185. 1983.

CAMPBELL, B.: The comparative myology of the forelimb of the Hippopotamus, pig, and tapir. Amer. Journ. Anat. **59**. 1936.
- The comparative anatomy of the dorsal interosseous muscles. Anat. Rec. **73**. 1939.
- The hindfoot musculature of some basic Ungulates. J. Mammal. **26**, 4. 1945.

CARLSSON, A.: Über die Tragulidae und ihre Beziehungen zu den übrigen Artiodactyla. Acta Zool. **7**, 69–100. 1926.

COLBERT, E. H.: The relationship of the Okapi. J. Mammal. **19**, 47–64. 1938.

COOLIDGE, H. J. JR.: The Indo-Chinese forest ox or Kouprey. Mem. Mus. Comp. Zool. Harv. Coll., Vol. LIV No. 6, 417–531, 11 Tafeln. 1940.

COUTURIER, MARCEL A. J.: Le Chamois, *Rupicapra rupicapra* (L.). I. II., 855 S. Grenoble (B. Arthaud) 1938.
- Le bouquetin des Alpes. Grenoble 1962.

DAGG, A. I.: The subspeciation of the Giraffe. J. Mammal. **43**, 550–552. 1962.
- The distribution of the Giraffe in Africa. Mammalia Tome **26**, No. 4, 497–505. 1962.

DAHL, S., W. GUSSEW, S. BEDNY: Über die Ökologie und die Vermehrung der Saigaantilope (*Saiga tatarica* L.). Zool. Jl. **37**, 3, Moskau, 447–456 (russisch). 1958.

DAHLSKOG, S.: Der Moschusochse. Sveriges Natur 2, Stockholm, 41–46; 75 (schwedisch). 1953.

DASMANN, R. F., A. S. MOSSMAN: Reproduction in some Ungulates in Southern Rhodesia. H. Mammal. **43**, 533–537. 1962.

DAVIS, D. D.: Notes on the anatomy of the Babirussa. Field Mus. Publ. Chicago zool. **22**, 363–411. 1940.

DEGERBØL, M.: The extinct reindeer of East-Greenland *Rangifer tarandus eogroenlandicus*, subsp. nov., compared with reindeer from other arctic regions. Acta Arctica **10**, 5–66. 1957.
- B. FREDSKILD: The Urus (*Bos primigenius* Bojanus) and Neolithic domesticated Cattle (*Bos taurus domesticus* Linné) in Denmark. With a revision of Bos-Remains from the Kitchen Middens. Zool. and Palynological Investigations. Biol. Skr. Dan. Vid. Selsk. **17**, 1, Kopenhagen. 234 S.
- H. KROG: The reindeer (*Rangifer tarandus* L.) in Denmark. Zool. and geological investigations of the discoveries in Danish pleistocene deposits. Biol. Skr. Dan. Vid. Selsk. **10**, 1–165. 1959.

DEHNEL, A. (ed.): Bisoniana I–V. Acta Theriol. **V**, 3–7, 45–97. 1961.

DEKEYSER, P.: Les chameaux. Bull. Indorm. A. O. F. No. **126**, 13–15. 1952.

DEMENTIEV, G. P., D. ZEVEGMID: Bemerkungen über das Wildkamel der Mongolei. Zool. Garten **26**, 298–305. 1962.

DITTRICH, L.: Erfahrungen bei der Gesellschaftshaltung verschiedener Huftierarten. Zool. Garten N. F. **36**, 96–106. 1968.
- Beitrag zur Fortpflanzungsbiologie afrikanischer Antilopen im Zoologischen Garten. Zool. Garten **39**, 1/6, 16–40. 1970.

DÖNHOFF, CHR. GRAF: Zur Kenntnis des afrikan. Waldschweines. Zool. Garten N. F. **14**, 4. 1942.

DOLAN, J. M. JR.: Additions to our knowledge of Jentink's Duiker, *Cephalophus jentinki* (THOMAS 1892). Z. Säugetierkunde **33**, 376–380. 1968.

DONKIN, R. A.: The Peccary, with observations on the introduction of pigs to the new world. Transact. Am. Phil. Soc. **75**, 5. 1985.

DORST, J. (ed.): Systeématique et biologie des Ongulés. Colloque „Mammalia", Paris 1956. Mammalia **22**, 1–354. 1957.

EISENTRAUT, M.: Über das Vorkommen des Chaco-Pekari, *Catagonus wagneri*, in Bolivien. Bonner Zool. Beitr. **37**, 43 – 47. 1986.

ELDREDGE, N., ST. M. STANLEY: Living fossils. New York, Berlin, Heidelberg (Springer) 1984.

EMPEL, W.: Morphologie des Schädels von *Bison bonasus* (LINNAEUS 1758) (Bisoniana VI). Acta Theriol. **6**, 54 – 111. 1962.

ESTES, R. D.: Social organisation of the African Bovidae. Calgary Symposion (eds.: GEIST, V., F. R. WALTHER). The behaviour of Ungulates and its relation to mangement. Morges. IUCN Publications, New Ser. No. 24. 1974.

EWART, J. C.: The fecundity and placentation of the Shanghai river deer. J. of Anat. a. Physiol. Vol. XII. 1878.

EWER, R. F.: Adaptive features in the skulls of African Suidae. Proc. Zool. Soc. London **131**, London, 135 – 155. 1958.

FITZINGER, L. J.: Kritische Untersuchungen über die Arten der natürlichen Familie der Hirsche (Cervi). S. B. Akad. Wiss. Wien **70/I**, 329 – 333. 1874.

FLEROV, K. K.: Fauna of USSR, Mammalia I, 2. Musk deer and deer (engl. Übersetzung). Washington (Smithsonian Institution) 1960.

FLOWER, W. H.: On the structure and affinities of the Musk-Deer (*Moschus moschiferus*, Linn.). Proc. Zool. Soc. London, 159 – 190. 1875.

FRÄDRICH, H.: Schweine als Zootiere. Zool. Garten N. F. **56**, 7 – 19. 1986.

FRECHKOP, S.: Des critères de la systématique des ongulés. Mammalia **22**, Paris 12 – 27. 1958.

– Remarques concernant l'Anoa et le Tamarao. Mammalia **30**, 333 – 336. 1966.

GAUTHIER-PILTERS, H.: Quelques observations sur l'écologie et l'éthologie du Dromadaire dans le Sahara Nord-occidental. Mammalia **22**, 294 – 316. 1958.

– Observations sur l'écologie du Dromadaire dans le Sahara Nord-occidental. Mammalia **25**, 195 – 280. 1961.

– A. I. DAGG: The camel, its evolution, ecology, behavior and relationship to man. Chicago (Chicago Univ. Press) 1981.

GEIGY, R.: Observations sur les Phacochères du Tanganyika. Rev. Suisse de Zool. **62**, 139 – 163. 1955.

GEIST, V.: Ethological observations on some north American cervids. Zool. Beiträge **12**, 219 – 250. 1960.

– Mountain sheep. Chicago (Chicago Univ. Press) 1971.

– s. ESTES 1974.

GENTRY, A. W., J. J. HOOKER: The phylogeny of the Artiodactyla. In: M. J. BENTON (ed.), The phylogeny and classification of Tetrapods II, 235 – 272. Oxford (Clarendon Press) 1988.

GEORGIADES, N. J., P. W. KAT, H. OKETCH: Allozyme divergence within the Bovidae. Evolution **44**, 2135 – 2149. 1990.

GIJZEN, AGATHE: Notice sur la reproduction de l'Okapi *Okapia johnstoni* (SCLATER) au Jardin Zoologique d'Anvers. Bull. Soc. Roy. Zool. d'Anvers No. 8. 1958.

– Das Okapi. Neue Brehmbücherei 231. Wittenberg Lutherstadt 1959.

GLENISTER, T. W.: Observations on the development and radiology of the Père Davids deer foetus (*Elaphurus davidianus*). Proc. Zool. Soc. London **123**, London, 757 – 763. 1954.

GRIMM, R.: Blauböckchen (*Cephalophus monticola* – Thunberg, 1798 – Cephalophinae, Bovidae) als Insektenfresser. Z. Säugetierkunde **35/6**, 357 – 362. 1970.

GROVES, C. P.: On the smaller Gazelles of the genus *Gazella* de Blainville, 1816. Z. Säugetierkunde **34**, 38 – 60. 1969.

GRZIMEK, B.: Über das Verhalten von Okapimüttern. Säugetierkundl. Mitt. **6**, Stuttgart 28 – 29. 1958.

GÜHLER, U.: Beitrag zur Geschichte von *Cervus* (*Rucervus*) *schomburgki*. Z. Säugetierkunde **11**, 20 – 31. 1936.

HALTENROTH, TH.: Das Großwild der Erde und seine Trophäen. Bonn, München, Wien (Bayer. Landw. Verlag) 1956.

– Lebensraum, Lebensweise und Vorkommen des mesopotamischen Damhirsches, *Cervus mesopotamicus* BROOKE, 1875. Säugetierkundl. Mitt. **9**, 15 – 39. 1961.

– Klassifikation der Säugetiere. Artiodactyla. Hdb. d. Zool. (ed. HELMCKE, LENGERKEN, STARCK, WERMUTH), 8. Lfg. 32. Berlin (de Gruyter) 1963.

HAMILTON, H.: Größe des Elchbestandes. Svenskt Jakt **6**, Stockholm, 204 – 206 (schwedisch). 1953.

HAPPOLD, D. C. D.: The present distribution and status of the Giraffe in West Africa. Mammalia **33**, 516 – 521. 1969.

HARTWIG, H.: Experimentelle Untersuchungen zur Entwicklungsphysiologie der Stangenbildung beim Reh (*Capreolus capreolus* L. 1758). Roux Arch. Entwicklungsmechanik **158**, 358–384. 1967.
- Verhinderung der Rosenstock- und Stangenbildung durch Periostausschaltung. Zool. Garten N. F. **35**, 252–255. 1968.
- J. SCHRUDDE: Experimentelle Untersuchungen zur Bildung der primären Stirnauswüchse beim Reh (*Capreolus capreolus* L.). Z. Jagdwiss. **20**, 1–13. 1974.

HECK, L.: Vom Elch. Zool. Garten **7**, 1. 1934.
- Der Deutsche Edelhirsch. Berlin 1935.
- Giraffenfang u. Giraffenzucht des Berliner Zoologischen Gartens. Zool. Garten **9**, 191. 1937.

HEDIGER, H.: Zur Elchgeburt im Berner Tierpark 1940. Zool. Garten N. F. 1/2. 1942.
- Die Basler Zwergflußpferd-Zucht. Zool. Garten Basel, 74. Jahresber. 1946.
- Die zweite Elchgeburt im Berner Tierpark (1941). Zool. Garten **16**, 3/4. 1949.
- The capture of Okapis. Zoo Life **4**, 2. 1949.
- Das Okapi als ein Problem der Tiergartenbiologie. Acta tropica **7**, 2. 1950.

HEINTZ, E.: La fenêtre ethmoidale chez *Oreotragus oreotragus* Zimmermann et sa valeur taxinomique. Mammalia Tome **26**, No. 4, 494–496. 1962.
- Les caractères distinctifs entre metatarses de Cervidae et Bovidae actuels et fossiles. Mammalia **27**, 200–209. 1963.
- The configuration of lacrimal orifices in Pecorans and Tragulids (Artiodactyla, Mammalia) and its significance for the distinction between Bovidae and Cervidae. Beaufortia **30**, 155–162. 1980.

HEPTNER, V. G., A. A. NASIMOCIĆ, A. G. BANNIKOV: Die Säugetiere der Sowjetunion, 1. Paarhufer und Unpaarhufer. Jena (Fischer) 1966.

HERRE, W.: Einiges vom Bison. Mittlg. aus dem Zoo. Garten Halle **33**, 10. 1938. (Skelett!)
- Das Ren als Haustier. Eine zoologische Monographie. Leipzig 1955.
- Rentiere. Neue Brehmbücherei 180. 1956.
- Einiges vom Vicuna, dem zierlichen Bergkamel. Freunde des Kölner Zoo **6**/1, 23–26. 1963.
- *Sus scrofa* LINNAEUS, 1758 – Wildschwein. Handb. d. Säugetiere Europas II/2 (eds. NIETHAMMER, J., F. KRAPP), 36–66. Wiesbaden (Aula) 1986.
- L. KAUP: Über Reste fossiler Tylopoden aus Mexiko. Z. Syst. Evolfg. **7**, 243–254. 1969.
- M. RÖHRS: Haustiere zoologisch gesehen. Stuttgart, New York (G. Fischer), 2. Aufl. 1990.

HESLOP, I. R. P.: The pigmy Hippopotamus in Nigeria. The Field **185**, 629–630. 1945. Ausführliche Besprechung in Zool. Garten **18**, 3/4. 1951.

HEYDEN, K.: Studien zur Systematik von Cephalophinae Brooke, 1876; Reduncini Simpson, 1945 und Peleini Sokolov, 1953 (Antilopinae Baird, 1857). Z. wiss. Zool. **178**, 348–436. 1969.

HOFMANN, R. R.: Zur funktionellen Morphologie des Subaurikularorgans des ostafrikanischen Bergriedbocks, *Redunca fulvorufula chanleri* (Rothschild, 1895). Berl. u. Mü. Tieräztl. Wochenschrift, 85. Jg., H. 24, 470–473. 1972.

IONIDES, C. J. P.: Notes on the yellow-backed Duiker. J. East Afric. Nat. Hist. **19**, 92. 1950.

JACOBI, A.: Das Rentier. Leipzig 1931.

JANIS, CH.: Tragulids as living fossils. In: ELDRIDGE, N., ST. M. STANLEY (eds.), Living Fossils, 87–94. New York, Heidelberg (Springer) 1984.

JANIS, CH. M., K. SCOT.: The Phylogeny of the Ruminantia (Artiodactyla, Mammalia). In: BENTON, M. J. (ed.), The phylogeny and classification of Tetrapods II, 273–282. Oxford (Clarendon Press) 1988.

JONES, F. W.: A contribution to the history and anatomy of Père David's Deer (*Elaphurus davidianus*). Proc. Zool. Soc. London **121**, London, 319–370. 1951.

KAHLKE, H. D.: Die Cervidenreste aus den Altpleistozeanen Ilm-Kiesen bei Weimar. 1–62, Berlin 1956.

KELM, M.: Die postembryonale Schädelentwicklung des Wild- u. Berkshire-Schweins. Z. Anat. Entwg. **108**, 499–550. 1938.
- Zur Systematik der Wildschweine. Z. f. Tierzüchtg. u. Züchtungsbiol. **43**, 362–369. 1939.
- Ein Pustelschwein von Sumatra. Zool. Anz. **125**, 219–224. 1939.

KESPER, K. D.: Phylogenetische und entwicklungsgeschichtliche Studien an den Gattungen *Capra* und *Ovis*. Diss. (Math. natw. Fak.) Kiel 1953.

KITTAMS, W. H.: Reproduction of yellowstone elk. The J. Wildlife Management Ithaca **17**, 177–184. 1953.

KLEINSCHMIDT, A.: Über die große mongolische Kropfgazelle (*Procapra gutturosa* PALLAS 1777). Stuttgarter Beitr. z. Naturkunde aus dem staatl. Mus. f. Natkde. in Stuttgart, Nr. **79**, 1–24. 1961.

KLINGEL, H.: Flußpferde. In: Grzimeks Enzyklopädie „Säugetiere" 5, 56 – 79. München (Kindler) 1988.
KOCK, D.: Die Verbreitungsgeschichte des Flußpferdes, *Hippopotamus amphibius* Linné 1758, im unteren Nilgebiet. Säugetierkundl. Mitt. **18**, 12 – 25. 1970.
– H. W. SCHOMBER: Beitrag zur Kenntnis der Verbreitung und des Bestandes des Altashirsches (*Cervus elaphus barbarus*) sowie eine Bemerkung zu seiner Geweihausbildung. Säugetierkundl. Mitt. **9**, 51 – 54. 1961.
KNORRE, E. P., E. K. KNORRE: Eigentümlichkeiten der Thermoregulation beim Elch *Alces alces* L. Zool. J. **32**, Moskau, 140 – 149. 1952.
KOENIGSWALD, W. V.: Beziehungen des pleistozaenen Wasserbüffels (*Bubalus murrensis*) aus Europa zu den asiatischen Wasserbüffeln. Z. Säugetierkunde **51**, 312 – 323. 1986.
KRIEG, H.: Das Reh in biologischer Betrachtung. Neudamm 1936.
– Der Schädel einer Giraffe. Naturw. **32**, 148. 1944.
– Das Hirschgeweih. Naturw. **33/6**. 1946.
KRUMBIEGEL, I.: Giraffenmischlinge. Zool. Garten **18**, 3/4, 109. 1951.
KUHN, H. J.: Der Jentink-Ducker. Natur u. Museum **98**, 17 – 23. 1968.
KUMMERLÖWE, H.: Vorkommen von Damwild in der Türkei. D. Dt. Jäger **87** (1958).
KURT, F.: Das Reh in der Kulturlandschaft. Hamburg (Parey) 1991.
LANDER, KATHLEEN F.: Some points in the Anatomy of the Takin (*Budorcas taxicolor whitei*). Proc. Zool. Soc. London 1919, 203.
LANGER, P.: The Mammalian Herbivore Stomach. Stuttgart, New York (G. Fischer) 1988.
LAVOCAT, R.: Classification des Ongulés d'après leur origine et leur évolution. Mammalia **22**, 28 – 40. 1958.
LEE, D. G., K. SCHMIDT-NIELSEN: The skin, sweat glands and hair follicles of the Camel (*Camelus dromedarius*). Anat. Rec. **143**, 71 – 78. 1962.
LEHMANN, E. V.: Entstehung und Auswirkung der Kontaktzone zwischen dem europäischen und sibirischen Reh. Säugetierkundl. Mitt. **8**, 97 – 102. 1960.
– Die Farbe des Haarkleides (Decke) beim Europäisch-Vorderasiatischen Reh als taxonomisches Hilfsmittel. Z. F. Jagdwiss. **12/1**, 5 – 11. 1966.
LEINDERS, J. J. M.: On the osteology and function of the digits of some ruminants and their bearing on taxonomy. Z. Säugetierkunde **44**, 305 – 318. 1979.
– Hoplitomerycidae, fam. nov. (Ruminantia, Mammalia) from neogene fissure fillings in Gargano (Italy). Pt. I. The cranial osteology of *Hoplitomeryx* gen. nov. and a discussion of classification of pecoran families. Scripta geol. **70**, 1 – 51. 1984.
LENGERKEN, H. V.: Ur, Hausrind, Mensch. Berlin 1953.
LENZ, CH.: Vergleichende Betrachtungen an Antilopen. Zool. Jb. Abt. allgem. Zool. u. Physiologie der Tiere, **63**, 403 – 476. 1952.
LESBRE, F. X.: Recherches anatomiques sur les Camélidés. Arch. Mus. Hist. Nat. Lyon **8**, 1 – 196. 1903.
LEUPOLD, J.: Die neuweltlichen Tylopoden. Dt. Tierärztl. Wschft. **74**, 1 – 4. 1967.
LEUTHOLD, W.: African Ungulates, comparative review of their ethology and behavioral ecology. Heidelberg (Springer) 1977.
LÜTTSCHWAGER, H.: Kritische Bemerkungen zur Unterscheidung der Gattung *Bison* und *Bos* an dem Astragalus-Knochen. Anat. Anz. **97**, 18 – 20. 1950.
LYDEKKER, R.: Wild Oxen, Sheep and Goats of all lands. London (Ward) 1898.
– The Deer of all Lands. London (Rowland Ward) 1898.
– Catalogue of the Ungulate Mammals in the British Museum (Nat. Hist.), 5 vols. London (British Mus. Nat. Hist.) 1913 – 1916.
MAYDON, H. C.: Simen, its heights and abysses. London (Witherby) 1925. 244 S. (Ibex Walia!)
MEYER, J. J., P. N. BRANDT: Identity, distribution and Natural History of the Pecaries, Tayassuidae. In: MARES, M. A., H. H. GENOWAYS (eds.), Mammalian Biology in South America. Pymatuning Publ. 6, 433 – 455. Pittsburgh 1982.
– R. M. WETZEL: *Catagonus wagneri*. Mammalian Species No. 259 (Amer. Soc. of Malalogists). 1986.
MEUNIER, K.: Zur Morphologie der Schädel und Geweihe der Cerviden. Verhandlg. d. Dt. Zoolog. Gesellsch. in Kiel 1964.
– Die Knickungsverhältnisse des Cervidenschädels. Mit Bemerkungen zur Systematik. Zool. Anz. **172**, 184 – 216. 1964.
MILNE EDWARDS, A.: Sur le Mi-lou ou Sseu-pou-siang, mammifère du nord de la Chine, qui constitue une section nouvelle de la famille des Cerfs. C. R. Acad. Sci. **63**, Paris, 1091. 1866.

- Note sur l'*Elaphurus davidianus*, espèce nouvelle de la Chine qui constitue une section nouvelle de la famille des Cerfs. Bull. Nouv. Arch. Mus. Hist. nat. 2, Paris, 27. 1866.
MOHR, E.: Vom Kambing oetan (*Capricornis sumatrensis* Bechst.). Zool. Garten **7**, 24. 1934.
- Weiteres vom Kambing oetan (*Capricornis sumatrensis* Bechst.). Zool. Garten **8**, 291. 1935.
- Ein hellfüßiger Langschwanz-Goral (*Nemorhaedus raddeanus* Heude) in Stellingen. Zool. Garten **9**, 39. 1937.
- Das Riesen-Waldschwein, *Hylochoerus meinertzhageni* Thos. Zool. Garten N.F. **14**, 4. 1942.
- Einiges über die Saiga, *Saiga tartarica* L. Zool. Garten N.F. **15**, 5/6. 1943.
- Die ehemalige Hamburger Zucht des Schomburgk-Hirsches *Rucervus schomburgki*. 4. Abb. Zool. Anz. **142**. 1943.
- Der Wisent. Die Neue Brehmbücherei. Leipzig 1952.
- Die Leipziger Wisentzucht. Aus: „Vom Leipziger Zoo", 65–71. Akad. Verlagsges. Leipzig 1953.
- Kleine Beobachtungen am Kopenhagener Okapi. Zool. Garten **20**. 1954.
- Zur Kenntnis des Hirschebers, *Babirussa babyrussa* Linné 1758. Zool. Garten N.F. **25**, 50–69. 1958.
- Die Füße des Halsband-Pekaris, *Dicotyles torquatus*. Zool. Anz. **163**, 64–67. 1959.
- Wilde Schweine. Neue Brehmbücherei. Wittenberg (Ziemsen) 1960.
- Besonderheiten an Cavicornier-Hörnern. Milu **2**, 21–47. 1965.
- Der Blaubock (*Hippotragus leucophaeus*, Pallas, 1766) Mamm. Depicta, Hamburg-Berlin, 1967.
- Haltungen und Zucht des Schomburgk-Hirsches *Rucervus schomburgki* BLYTH 1863. Zool. Garten N.F. **36**, 34–57. 1968.
MORTON, W. R. M.: Observations on the full-term fetal membranes of three members of the Camelidae (*Camelus dromedarius* L., *Camelus bactrianus* L. and *Lama glama* L.). J. Anat. **95**, 200–209. 1961.
MÜLLER, H. J.: Neuere Befunde zur Anatomie der Tylopoden und ihre Bedeutung für die Systematik. Zool. Anz. **168**, 124–129. 1962.
- Beobachtungen an Nerven und Muskeln des Halses der Tylopoden. Z. Anat. Entwg. **123**, 155–173. 1962.
NIETHAMMER, G.: Über den Klippspringer Deutsch Südwestafrikas. Zool. Garten N.F. **14**, 3. 1942. (Skelettphoto!)
NIETHAMMER, J., F. KRAPP (eds.): Handbuch der Säugetiere Europas 2/II. Paarhufer. Wiesbaden (Aula) 1987.
–, – Familie Cervidae GRAY 1821. Hirsche. In: NIETHAMMER/KRAPP (eds.), Hdb. d. Säugetiere Europas 2/II, 67–103. Wiesbaden (Aula) 1987.
NIEVERGELT, B.: Ibexes in an African Environment. Ecological Studies, No. 40. Berlin, Heidelberg. New York (Springer) 1981.
NOUVEL, J.: Remarques sur la fonction génitale et la naissance d'un Okapi. Mammalia **22**, Paris, 107–111. 1958.
OBOUSSIER, H.: Über die individuelle Variation innerhalb einer Population des Springbocks (*Antidorcas marsupialis angolensis* BLAINE 1922) unter besonderer Berücksichtigung des Hirns und der Hypophyse. Mitt. Zool. Inst. Mus. Hamburg. Kosswig-Festschrift, 119–132. 1964.
- Zur Kenntnis der Cephalophinae. Z. Morph. Ökol. d. Tiere **57**, 259–273. 1966.
- Beiträge zur Kenntnis der Alcelaphini (Bovidae, Mammalia) unter besonderer Berücksichtigung von Hirn und Hypophyse; Ergebnisse der Forschungsreisen in Afrika (1959–1967). Morph. Jb. **114**, 393–435. 1970.
- Beiträge zur Kenntnis der Pelea (*Pelea capreolus*, Bovidae, Mammalia), ein Vergleich mit etwa gleichgroßen anderen Bovinae (*Redunca fulvorufula*, *Gazella thomsoni*, *Antidorcas marsupialis*). Z. Säugetierkunde **35**, 342–353. 1970.
- Evolution of the brain and phylogenetic development of African Bovidae. S. Afric. Tydskr. Dierkund. **14** (3). 1979.
- Afrikanische Antilopen. 25 Jahre Forschung – Erlebnisse und Ergebnisse. Hamburg (photokop. Maschinenmskr.) o. Vlg. 1984. 145 S.
- H. SCHLIEMANN: Hirn-Körpergewichtsbeziehungen bei Boviden. Z. Säugetierkunde **31**, 464–471. 1966.
OELCKERS, F.: Beiträge zur Kenntnis der Zwergantilopen. Zool. Garten **17**, 1/5. 1950.
OLOFF, H. B.: Zur Biologie und Ökologie des Wildschweines. Beiträge zur Tierkunde und Tierzucht, Bd. 2. Berlin, Frankfurt (Schöps) 1951. 96 S.
OWEN, J.: Behaviour and Diet of a Captive Royal Antelope, *Neotragus pygmaeus* L. Mammalia **37**, 56–65. 1973.
PATTERSON, R. L. S.: Identification of 3 hydroxy-5 androst-16-ene as the musk odour component of

boar submaxillary salivary gland and its relationship to the sex odour taint in pork meat. J. Sci. F. Agric. **19**, 434−438. 1968.

PEDERSEN, A.: Der Moschusochs. Neue Brehmbücherei 215. 1958.

PETZSCH, H.: Zur Frage des Vorkommens ungefleckter albinotischer Giraffen. Zool. Garten **17**, 1/5. 1950.

− K. G. WITSTRUCK: Beobachtungen an daghestanischen Turen (*Capra caucasica cylindricornis* BLYTH) im Berg-Zoo. Halle. Zool. Garten N. F. **25**, 6−29. 1958.

PFEFFER, P.: Biologie et migration du sanglier de Bornéo (*Sus barbatus* MULLER 1869). Mammalia **23**, 277−303. 1959.

PILTERS, H.: Untersuchungen über angeborene Verhaltensweisen bei Tylopoden, unter besonderer Berücksichtigung der neuweltlichen Formen. Z. Tierpsychol. **11**, 213−303. 1954.

− Das Verhalten der Tylopoden. In: HELMCKE, STARCK, WERMUTH (eds.), Handb. d. Zool. 8, Lfg. 2 Berlin (de Gruyter) 1956.

− s. auch GAUTHIER-PILTERS, H.

POCOCK, R. I.: Preliminary note on a new point in the structure of the feet of the Okapi. Proc. Zool. Soc. London London, 583−586. 1936.

PORTENKO, L. A., B. A. TICHOMIROV, A. I. POPOV: Die ersten Ergebnisse der Ausgrabungen des Tajmyrmammuts und die Untersuchungen der Bedingungen seiner Lagerung. Zool. Z. **30**. 1951 (russisch).

PRELL, H.: Tragzeiten von Cerviden. Zool. Garten **11**, 182. 1939.

− Die Verbreitung des Elches in Deutschland zu geschichtlicher Zeit. Leipzig (Schöps) 1941.

PUCEK, Z.: *Bison bonasus* (LINNAEUS, 1758) − Wisent. In: NIETHAMMER, J., F. KRAPP (eds.), Hdb. d. Säugetiere Europas. Paarhufer. Bd. 2/II, 278−315. Wiesbaden (Aula) 1986.

RADINSKY, L. B.: † *Paleomoropus*, a New Early Eocene Chalocothere (Mammalia, Perissodactyla) and a Revision of Eocene Chalicotheres. Am. Mus. Novitates, No. 2179, 1−28. 1964.

− New evidence of Ungulate brain evolution. Chicago (Univ. Chicago Publications) 1976.

RADKE, R., C. NIEMITZ: Zu Funktionen des Duftdrüsenmarkierens beim Warzenschwein (*Phacochoerus aethiopicus*). Z. Säugetierkunde **54**, 111−122. 1989.

RAHM U.: Territoriumsmarkierung mit der Voraugendrüse beim Maxwell-Ducker (*Philantoba maxwelli*). Säugetierkundl. Mitt. **8**, 140−142. 1960.

REED, CH. A.: Imperial Sassanian Hunting of Pig and Fallow-Deer, and Problems of Survival of these Animals today in Iran. Postilla Peabody Museum of Natural History Yale Univ., New Haven, **92**, 2−23. 1965.

− H. A. PALMER: A late Quaternary goat (Capra) in North America? Z. Säugetierkunde **6**, 372−378. 1964.

REUTHER, R. T.: The Bongo (*Taurotragus eurycerus*) − with notes on captive animals. Zool. Garten N. F. **28**, 279−286. 1964.

RICHTER, J.: Die fakultative Bipedie der Giraffengazelle *Litocranius walleri sclateri* NEUMANN 1899 (Mammalia, Bovidae), ein Beitrag zur funktionellen Morphologie. Morph. Jb. **114**, 457−541. 1970.

− Untersuchungen an Antorbitaldrüsen von *Madoqua* (Mammalia, Bovidae). Z. f. Säugetierkd. 36, 334−342 (1971).

− Zur Kenntnis der Antorbitaldrüsen der Cephalophinae (Mammalia, Bovidae). Z. f. Säugetierkd. 38, 303−313 (1973).

ROBERTS, T.: A note on *Capra falconeri* (WAGNER, 1839). Z. Säugetierkunde **34**, 238−249. 1969.

SABER, A. S., R. R. HOFMANN: Comparative anatomical and topographical studies of the salivary glands of red deer (*Cervus elaphus*), fallow deer (*Cervus dama*) and Mouflon (*Ovis ammon musimon*) Ruminantia (Cervidae, Bovidae). Morph. Jb. **130**, 273−286. 1984.

SALEZ, M.: Notes sur la distribution et la biologie du cerf de Barbarie (*Cervus elaphus barbarus*). Mammalia **23**, 133−138. 1959.

SCHÄFER, E.: Über das osttibetische Argalischaf (*Ovis ammon* subsp.?). Zool. Garten **8**, 253. 1935.

− Der wilde Yak (*Bos, Poephagus grunniens mutus* Prez.). Zool. Garten **9**, 26. 1937.

− Über das Zwergblauschaf (*Pseudois* spec. nov.) und das Großblauschaf (*Pseudois nahoor* Hdgs) in Tibet. Zool. Garten **9**, 263. 1937.

− Über den Takin (Gattung *Budorcas*). Zool. Garten N. F. **11**, 4/5. 1939.

SCHALLER, G. B.: The deer and the tiger. Chicago (Chicago Univ. Press) 1967.

− Mountain monarchs, Wild sheep and goats of the Himalaya. Chicago (Univ. Chicago Press) 1977.

− Z. B. MIRZA: On the behavior of Kashmir Markhor (*Capra falconeri cashmiriensis*). Mammalia **35**, 548−566. 1971.

SCHMIDT-NIELSEN, K.: Animal Physiology. Adaptation and environment. Cambridge, London, New York (Cambridge Univ. Press) 2nd ed. 1979.
SCHNEIDER, K. M.: Näheres zur Geburt eines Zwergflußpferdes. Zool. Garten 5, 10 – 12. 1932.
– Einige Eindrücke vom Okapi, *Okapia johnstoni* Sclater. Zool. Garten 16, 5. 1950.
SCHOBER, W., K. BRAUER: Makromorphologie des Gehirns der Säugetiere. In: HELMCKE, STARCK, WERMUTH (eds.), Hdb. d. Zoologie VIII, 7. Berlin, New York (de Gruyter) 1974.
SCHULTZE-WESTRUM, TH.: Die Wildziegen der ägäischen Inseln. Säugetierkundl. Mitt. 11, 145 – 182. 1963.
SCHUMACHER, S.: Die Herznerven der Säugetiere. Sitzungsber. Akad. d. Wiss. Wien., Math.-Natw. Kl., Abt. III, 111, 133 – 235. 1903.
– Über die Kehlkopfnerven beim Lama (*Auchenia lama*) u. Vicunna (*Auchenia vicunna*). Anat. Anz. 28, 156 – 160. 1906.
SCHWARZ, E.: Das Okapi. Zoll. Garten 3, 4 – 8. 1930.
SCLATER, TH.: The book of Antelopes. London 1894.
SLIJPER, E. J.: Vergleichend anatomische Untersuchungen über den Penis der Säugetiere. Arch. néerland. Morph. 1. 375 – 418. 1938.
– On the hump of the Zebu and Zebucrosses. Hemera Zoa 63, 6 – 47 (1951).
SOKOLOW, J.: Versuch einer natürlichen Klassifikation der Rinder (Bovidae). Arb. Zool. Inst. Akad. Wiss. UdSSR 14, 1 – 205. Moskau, Leningrad (1953).
STARCK, D., R. SCHNEIDER: Zur Kenntnis, insbesondere der Hautdrüsen, von *Pelea capreolus* (FORSTER 1790) (Artiodactyla, Bovidae). Z. Säugetierkunde 36, 321 – 333. 1971.
STEINMETZ, H.: Beobachtungen über die Entwicklung junger Zwergflußpferde im Zoolog. Garten Berlin. Zool. Garten 9, 255. 1937.
STRAHL, H.: Zur Kenntnis der Placenta von *Tragulus javanicus*. Anat. Anz. 26. 1905.
SUTHERLAND, T.: Wapiti of New Zealand. Field London 191. 1948.
SWIEZYNSKI, K.: Skeletal musculature of the European bison, *Bison bonasus* (LINNAEUS 1758) (Bisobiana VIII). Acta Theriol. 6, 165 – 218. 1962.
SZALAY, F. S., ST. J. GOULD: Asiatic Mesonychidae (Mammalia, Condylarthra). Bull. Amer. Museum Natural History 2, 129 – 173. 1966.
TAYEB, M. A. F.: L'appareil glandulaire de la tête du chameau. Rev. Elev. 4, 151 – 155. 1950.
– La cavité buccale du chameau. Rev. Elev. 4, 157 – 160. 1950.
– Les cavités nasales, le larynx, les organes annexes de l'appareil respiratoire du chameau. Rev. Elevage Méd. Vét. Pays trop. 4/1. 1951.
– A study on the blood supply of the camel's head. Brit. Vet. J. 107/4. 1951.
TEUSCHER, H.: Anatomische Untersuchungen der Fruchthüllen des Zwergpflußpferdes (*Choeropsis liberiensis* Mort.). Z. Anat. Entwg. 107 (1937).
THENIUS, E.: Zur Evolution und Verbreitungsgeschichte der Suidae (Artiodactyla, Mammalia). Z. Säugetierkunde 35, 321 – 342. 1970.
– Sozialverhalten vorzeitlicher Schweine. Umschau in W. u. T., H. 7, 248. 1971.
– Das Okapi (Mammalia, Artiodactyla) von Zaire – „lebendes Fossil" oder sekundärer Urwaldbewohner? Z. Syst. Zool. Evolutionsfschg. 30, 163 – 179. 1992.
TOBIEN, H.: *Dorcatherium* Kp. und *Heteroprox* St. (Artiodactyla, Mammalia) aus der miozaenen Kieselgurlagerstätte von Beuren im Vogelsberg (Kr. Gießen). Notizbl. Hess. Landesamt f. Bodenfg. 91, 7 – 15, Wiesbaden 1963.
– *Kopidodon* (Condylarthra, Mammalia) aus dem Mitteleozän (Lutetium) von Messel bei Darmstadt (Hessen). Notizbl. Hess. L.-Amt f. Bodenfg. 97, 7 – 37. 1969.
THOMAS, H.: Anatomie cranienne et relations phylogénétiques du nouveau bovidé (*Pseudoryx nghetinhensis*). Mammalia 58, 453 – 481. 1994.
TRATZ, E. P.: Beiträge zur Kenntnis der embryonalen Entwicklung der Gemse (*Rupicapra rupicapra*). Zool. Garten N. F. 23, 194 – 220. 1957.
UECKERMANN, E., P. HANSEN: Das Damwild. 2. Aufl. Hamburg, Berlin (Parey) 1983.
ULLRICH, W.: Feststellungen über das Verhalten des Gaur (*Bos gaurus gaurus*) in den Reservaten von Bandipur und Mudumalai in Südindien. Zool. Garten N. F. 36, 80 – 89. 1968.
VALVERDE, J. A.: Description du jeune bouquetin d'Espagne (*Capra pyrenaica*). Mammalia 25, 112 – 116. 1961.
VANOLI, TH.: Beobachtungen an Pudus, *Mazama pudu* (Molina 1782). Säugetierkundl. Mitt. 15, 155 – 163. 1967.
VERHEYEN, R.: Monographie éthologique de l'hippopotame (*Hippopotamus amphibius* L.). Exploration du Parc Nat. Albert, Inst. des Parcs nationaux. Brüssel 1954. 94 S.

WAGNER, H. O.: Beitrag zur Biologie des mexikanischen Spießhirsches (*Mazama sartorii* SAUSSURE). Z. Tierpsychol. **17**, 358–363. 1960.

WALTHER, F.: Zum Kampf- und Paarungsverhalten einiger Antilopen. Z. Tierpsychol. **15**, 340–380. 1958.

— Verhaltensweisen im Paarungszeremoniell des Okapi (*Okapia johnstoni*, Sclater 1901). Z. Tierpsychol. **17**, 188–210. 1960.

— Zum Kampfverhalten des Gerenuk (*Litocranius walleri*). Natur u. Volk **91**, 313–321. 1961.

— Einige Verhaltensbeobachtungen am Dibatag (*Ammodorcas clarkei* THOMAS 1891). Zool. Garten N. F. **27**, 233–261. 1963.

— Zum Paarungsverhalten der Sömmeringsgazelle (*Gazella soemmeringi* CRETSCHMAR 1826). Zool. Garten **29**, 145–160. 1964.

— Verhalten der Gazellen. Wittenberg (Ziemsen) 1968.

— Ethologische Beobachtungen bei der künstlichen Aufzucht eines Blessbockkalbes (*Damaliscus dorcas philippsi* HARPER, 1939). Zool. Garten N. F. **36**, 191–215. 1969.

— Das Verhalten der Hornträger (Bovidae). In: HELMCKE, STARCK, WERMUTH (eds.), Hdb. d. Zoologie 8, Lfg. 54, 1–184. Berlin (de Gruyter) 1979.

— s. auch ESTES.

WELDON, W. F. R.: Note on Placentation of *Tetraceros quadricornis*. Proc. Zool. Soc. London 2–6, London 1884.

WETZEL, R. M., R. E. DUBOS, R. L. MARTIN, P. MYERS: Catagonus, an "extinct" Peccary, alive in Paraguay. Science **189**, 379–381. 1975.

WILLEMSE, J. J.: The innervation of the muscles of the Trapezius-Komplex in Giraffe, Okapi, Camel and Lama. Arch. néerland. Zool. **12**, 532–536. 1958.

WILSON, E. T.: Ecophysiology of the Camelidae and desert Ruminants. In: CLOUDSLEY-THOMPSON, J. L. (ed.), Adaptations of desert Organisms. Berlin, Heidelberg, New York (Springer) 1989.

WISLOCKI, B. G., E. W. DEMPSEY: Histochemical reactions of the placenta of the pig. Amer. J. Anat. 78 (1946).

WOOD JONES, F.: A contribution to the history and anatomy of Père David's. Deer. Proc. Zool. Soc. London **121**, 319–370. London 1951/52.

WURSTER, D. H., K. BENIRSCHKE: Chromosomal studies in the Superfamily Bovidae. Chromosoma **25**, 153–171. 1968.

YAGIL, R.: The Desert Camel. Comparative Animal Nutrition 5. Basel, München, New York (Karger) 1985.

ZALKIN, W. I.: Sibirskij gornij kosel. Der sibirische Steinbock. Moskau 1950. S. 1–118.

— Gornij baranij Ewropij i Azii. Wildschafe Europas und Asiens. Moskau 1951. S. 1–343.

ZUKOWSKY, L.: Notiz über *Ammodorcas clarkei* (THOMAS 1891). Zool. Garten N. F. **29**, 86–88. 1964.

Xenarthra

ALLEN, J. A.: The Tamandua Anteaters. Bull. Amer. Mus. Nat. Hist. **20**, 385–398. 1904.

ANTHONY, H. E.: The indigenous landmammals of Porto Rico, living and extinct. Mem. Am. Mus. Nat. Hist. N. Ser. II, Pt. II, 333–435. 1918.

BALLOWITZ, E.: Das Schmelzorgan der Edentaten, seine Ausbildung im Embryo und die Persistenz seines Keimrandes bei dem erwachsenen Tier. Arch. Mikr. Anat. **40**, 135–155. 1892.

BARTMANN, W.: Haltung und Zucht von großen Ameisenbären, *Myrmecophaga tridactyla* Linné, 1758, im Dortmunder Tierpark. Zool. Garten, N. F. **53**, 1–31. 1983.

— Geburt und Handaufzucht eines großen Ameisenbären (*Myrmecophaga tridactyla*) im Tierpark Dortmund. Zeitschr. d. Kölner Zoo **28**, 51–60. 1985.

BENIRSCHKE, K., R. J. LOW, V. H. FERM: Cytogenetic studies of some Armadillos. In: BENIRSCHKE, K. (ed.), Comparative Mammalian Cytogenetics. Berlin/Heidelberg/New York (Springer) 1969.

BÖKER, H.: Einführung in die vergleichende biologische Anatomie der Wirbeltiere. Bd. I. Jena (G. Fischer) 1935.

CABRERA, A.: Catalogo de los mamiferos de America del Sur. Rev. Mus. argent. Cienc. nat. „Bern. Rivadavia", Buenos Aires. Zool. **4**, 1–307. 1957–61.

— J. YEPES: Mamiferos Sudamericanos, 2. Aufl. Buenos Aires (Ediar) 1960.

EMRY, R. J.: A North American Oligocene pangolin and other additions to the Pholidota. Bull. Amer. Mus. Nat. Hist. 142, 455–510. New York 1970.

ENCKE, W.: Haltung von Tamanduas (*Tamandua tetradactyla*) im Krefelder Zoo in der Zeit von 1968–1992. Zool. Garten, N. F. **62**, 369–378. 1992.

FERNANDEZ, M.: Beiträge zur Embryologie der Gürteltiere I. Zur Keimblätterinversion und spezifischen Polyembryonie der Mulita (*Tatusia hybrida* Desm.). Morph. Jb. **39**, 302–333. 1909.
- Zur Anordnung der Embryonen u. Form der Plazenta bei Tatu (*Tatusia novemcincta*). Anat. Anz. **40**, 253–258. 1914.
- Die Entstehung der Einzelembryonen aus dem einheitlichen Keim beim Gürteltier *Tatusia hybrida* Desm. 9. Congr. internat. Zoologie, Monaco, 401–414. 1914.
- Über einige Entwicklungsstadien der Peludo (*Dasypus villosus*) u. ihre Beziehung zum Problem der spezifischen Polyembryonie des Genus *Tatusia*. Anat. Anz. **48**, 300–327. 1915.
- Die Entwicklung der Mulita. Rev. Museo de la Plata, vol. **21**, 1–519. 1915.

FITCH, H. S., PH. GOODRUM, C. NEWMAN: The armadillo in the South-eastern United States. J. Mammal. **33**. 1952.

GILL, TH.: Classification of the Edentata. Science M.S. 32, 56 (1910).

GLASS, B. P.: History of classification and nomenclature in Xenarthra (Edentata). In: MONTGOMERY, G. G. (ed.), The evolution and ecology of armadillos. 1985.

GREEGOR JR., D. H.: Diet of the little hairy armadillo, *Chaetophractus vellerosus*, of northwestern Argentina J. Mammal. **61**, 331–334. 1980 a.

GUTH, C.: La région temporale des Edentés. Thèse Le Puy. 1961.

GUTH, H.: Au sujet des osselets de l'oreille chez les édentés fossiles. Mammalia **20**, 16–22. 1956.

HERRE, W.: Einiges von Gürteltieren. Freunde d. Kölner Zoo **6**, 71–73. 1963.

HOFER, O.: Notes on the typology of the skull of the Myrmecophagidae (Mammalia, Edentata). Morph. Jb. **134**, 329–336. 1988.

HOFFSTETTER, R.: Phylogenie des Édentés Xénarthres. Bull. Mus. Hist. nat. 2e Sér. 26, 433–436. 1954.
- Xénarthra. In: PIVETEAU, J. (ed.), Traité de Paléontologie, t. VI (2), 535–636. Paris (Masson) 1958.
- Description d'un squelette de *Planops* (Gravigrade du Miocène de Patagonie). Mammalia **25**, 57–96. 1961.
- Remarques sur la Phylogénie et la Classification des Édentés Xénarthres (Mammifres) actuels et fossiles. Bull. Mus. Hist. nat. Paris 2e Sér. 41, 91–103. 1969.
- Les édentés xénarthres, un groupe singulier de la faune néotropicale (origine, affinités, radiation adaptive, migration et extinction). Proc. first. internat. Meeting „Paleontology". Venice (Ed. Gallitelli, Modena), 385–443. 1982.

KÜHLHORN, F.: Die Anpassungstypen der Gürteltiere. Z. Säugetierkunde **12.** 1937/38.
- Das Riesengürteltier (*Priodontes giganteus* E. Geoffr.) als Anpassungsform. Zool. Garten, N. F. **10**, 107–114. 1938 b.
- Beziehungen zwischen Ernährungsweise und Bau des Kauapparates bei einigen Gürteltier- und Ameisenbärenarten. Morph. Jb. **84**, 55–85. 1939.
- Biologisch-anatomische Untersuchungen über den Kauapparat der Säuger. III. Die Stellung von *Chlamyphorus truncatus* Harlan, 1825 in der Gürteltier-Spezialisationsreihe. Veröff. Zool. Stattssamml. München **9**, 1–53. 1965.
- Grabanpassungen beim Burmeister-Gürtelmull, *Burmesteria retusa* (Burmeister, 1863). Säugetierkundl. Mitt. **31**, 97–111. 1984.

LANGER, P.: The Mammalian Herbivore Stomach. Stuttgart/New York (G. Fischer) 1988.

MCKENNA, M. C.: Toward a Phylogenetic Classification of the Mammalia. In: LUCKETT, W. P., F. S. SZALAY (eds.), Phylogeny of the Primates, 21–46. New York/London (Plenum Press) 1975.

MENDEL, F. C.: Use of hands and feet of two-toed sloths (*Choloepus hoffmanni*) during climbing and terrestrial locomotion. J. Mammal. **62**, 413–421. 1981.
- Use of hands and feet of three-toed sloths (*Bradypus variegatus*) during climbing and terrestrial locomotion. J. Mammal. **66**, 359–366. 1985.

MÖLLER, W.: Allometrische Analyse der Gürteltierschädel. Ein Beitrag zur Phylogenie der Dasypodidae BONAPARTE, 1838. Zool. Jb. Anat. **85**, 411–528. 1968.
- E. THENIUS: Nebengelenktiere. In: Grzimeks Enzyklopädie Säugetiere, Bd. 2, 578–626. München (Kindler) 1988.

MONDOLFI, E.: Descripcion de un nuevo armadillo del genero *Dasypus* de Venezuela (Mammalia, Edentata). Mem. Soc. Cienc. Nat. La Salle **27**, 149–167. 1968.

MONTGOMERY, G. G.: (ed.): The evolution and ecology of armadillos, sloths and vermilinguas. Smithsonian Press. Washington/London, 1985. 451 S.

PATTERSON, B.: Mammalian Phylogeny. Union Internat. Sci. Biol., Paris, 32 (B), 15–49. 1957.

PIGGINS, D., W. R. A. MUNTZ: The eye of the three-toed Sloth. In: MONTGOMERY, G. G. (ed.), The evolution and ecology of Armadillos, Sloths and Vermilinguas, 191–197. Washington/London 1985.

Pocock, R. I.: The external characters of South American Edentates. Proc. Zool. Soc. London 1924. S. 983.
Reinbach, W.: Zur Entwicklung des Primordialcraniums von *Dasypus novemcinctus*, Linné (*Tatusia novemcincta*, Lesson.) I. II. Z. Morph. Anthrop. **44**, 375 – 444 und **45**, 1 – 72. 1952.
- Das Cranium eines Embryos des Gürteltiers, *Zaedyus minutus*. Morph. Jb. **95**, 79 – 141. 1955.
Röhrs, M.: Vergleichende Untersuchungen zur Evolution der Gehirne von Edentaten I. Hirngewicht – Körpergewicht. Z. zool. Syst. Evolfg. **4**, 196 – 208. 1966.
Schneider, K. M.: Zum Gang des Unaus (*Choloepus didactylus* L.). Zool. Garten, N. F. **12**, 4/6. 1940.
Schneider, R.: Zur Entwicklung des Chondrocraniums der Gattung *Bradypus*. Morph. Jb. **95**, 209 – 301. 1955.
Schröder, W.: Über *Tamandua tetradactyla longicaudata* (Wagn.) Zool. Anz. **119**, 124 – 138. 1937.
Storch, G.: *Eurotamandua joresi*, ein Myrmecophagide aus dem Eozaen der „Grube Messel" bei Darmstadt (Mammalia, Xenarthra). Senckenbergiana lethaea, **61**, 247 – 289. 1981.
- Die alttertiäre Säugetierfauna von Messel – ein palaeobiogeographisches Puzzle. Naturwiss. **71**, 227 – 233. 1984.
- The Eocene Mammalian fauna from Messel – a paleobiogeographical jigsaw puzzle. In: Peters, G., R. Hutterer (eds.), Vertebrates in the tropics, 23 – 32. Bonn (Mus. König) 1990.
- J. Habersetzer: Rückverlagerte Choanen und akzessorische Bulla tympanica bei rezenten Vermilingua und Eurotamandua aus dem Eozaen von Messel (Mammalia, Xenarthra). Z. Säugetierkunde **56**, 257 – 271. 1991.
- F. Haubold: Additions to the Geiseltal Mammalian Faunas. Middle Eocene: Didelphiidae, Nyctitheriidae, Myrmecophagidae. Palaeovertebrata, Montpellier **19**, 95 – 114. 1989.
- G. Richter: Der Ameisenbär Eurotamandua, ein Südamerikaner in Europa. In: Schaal, St., W. Ziegler (eds.), Messel, ein Schaufenster in die Geschichte der Erde u. des Lebens, 211 – 215. Frankfurt/M. (SNG) 1988.
- F. Schaarschmidt: Fauna und Flora von Messel – ein biogeographisches Puzzle. In: Schaal, St., W. Ziegler (eds.), Messel, ein Schaufenster in die Geschichte der Erde u. des Lebens, 293 – 297. Frankfurt/M. (SNG) 1988.
Vogt, P., C. Becker: Zur ersten Aufzucht eines Tamanduas (*Tamandua tetradactyla*) im Krefelder Zoo. Zool. Garten, N. F. **57**, 221 – 233. 1987.
Waage, J. K., R. C. Best: Arthropod associates of sloths. In: Montgomery, G. G. (ed.), The evolution and ecology of Armadillos, Sloths and Vermilinguas, 297 – 311. Washington/London (Smithsonian Inst.) 1985.
–, – H. Wolda, M. Estribí: Arthropods as Associates of Sloths. In: Montgomery, G. G. (ed.), The evolution and ecology of Armadillos, Sloths and Vermilinguas, 296 – 322. Washington/London (Smithsonian Inst.) 1985.
Webb, S. D.: On the interrelationships of three sloths and ground sloths. In: Montgomery, G. G. (ed.), The evolution and ecology of sloths, anteaters and armadillos. Washington/London (Smithsonian Inst. Press) 1985.
Wegner, R. N.: Der Stützknochen, Os Nariale, in der Nasenhöhle bei den Gürteltieren, Dasypodidae, und seine homologen Gebilde bei Amphibien, Reptilien und Monotremen. Morph. Jb. **51**, 413 – 492. 1922.
Wetzel, R. M.: The species of Tamandua Gray (Edentata, Myrmecophagidae). Proc. Biol. Soc. Washington **88**, 95 – 112. 1975.
- Revision of the naked-tailed armadillos, genus *Cabassous* McMurtrie. Ann. Carnegie Mus. **49**, 323 – 357. 1980.
- Systematics, distribution, ecology, and conservation of South American Edentates. In: Mares, M. M., H. H. Genoways (eds.), Mammalian Biology in South America. Spec. Publ. Pymatuning Laboratory of Ecology, University of Pittsburgh, Vol., 345 – 375. 1982.
- The identification of recent Xenarthra. In: Montgomery, G. G. (ed.), The evolution and ecology of sloths, anteaters and armadillos. Washington/London (Smithsonian Inst. Press) 1985.
- E. Mondolfi: The subgenera and species of long-nosed Armadillos. Genus *Dasypus* L. In: Eisenberg, J. (ed.), Vertrebrate Ecology in the Northern Neotropics, 43 – 63. Washington (Smithsonian Inst. Press) 1979.
Zeiger, K.: Beiträge zur Kenntnis der Hautmuskulatur der Säugetiere I. Die Hautrumpfmuskeln der Xenarthra. Morph. Jb. **54**, 387 – 420. 1925.
- Beiträge zur Kenntnis der Hautmuskulatur der Säugetiere II. *Tolypeutes*. Morph. Jb. **58**, 64 – 99. 1927.
- Beiträge zur Kenntnis der Hautmuskulatur der Säugetiere III. *Dasypus novemcinctus*. Morph. Jb. **63**, 260 – 291. 1929.

Säugetiere als Haustiere
Domestikation

ADAMETZ, L.: Untersuchungen über die brachycephalen Alpenrinder (Tur-Zillertaler, Pustertaler und Eringer) und über die Brachykephalie und Mopsschnauzigkeit als Domestikationsmerkmal im allgemeinen. Arb. Lehrkanzel Tierzucht Wien **2**, 1923.
- Neues über den disproportionierten Zwergwuchs (Achondroplasie) als Rassen bildende Domestikationsmutation. Z. Tierzüchtg. u. Züchtungsbiol. 1925.
- Lehrbuch der allg. Tierzucht. Wien 1926.
AMSCHLER, J. W.: Klein- und Zwergwuchs bei Haustieren. Mitt. Anthrop. Ges. Wien **83**, 103–105. 1954.
ANGRESS, S., C. A. REED: An annotated bibliography on the origin and descent of domestic mammals. Fieldiana, Anthrop. **54**, 1–143. 1962.
ANTONIUS, O.: Grundzüge einer Stammesgeschichte der Haustiere. Jena 1922.
BAMBER, R. C.: Genetics of domestic cats. Bibliogr. Genetica III, 1–86. 1927.
BANTJE, O.: Über Domestikationsveränderungen am Bewegungsapparat des Kaninchens. Zool. Jb. Abt. Allg. Zool. **68**, 203–260. 1958.
BERG, W.: Über stummelschwänzige Katzen und Hunde. Z. Morphol. Anthrop. 1912.
BERGER, J., J. R. M. INNES: Bull-dog calves (chondrodystrophy, achondroplasia) in a Friesian herd. Veterinary Rec. London **60**, 6. 1948.
BÖKÖNYI, S.: Zur Urgeschichte der Haustiere und der Fauna der archäologischen Urzeit in Ungarn. Z. Tierzüchtg. u. Züchtungsbiol. **72**, 237–249. 1958.
BOESSNECK, J.: Die Haustiere in Altägypten. Veröff. Zool. Staatssammlg. München **3**, 1–50. 1953.
BOETTGER, C. R.: Die Haustiere Afrikas. Jena 1957.
BOHLKEN, H.: Probleme, Methoden und Ergebnisse der zool. Domestikationsforschung. Natw. im Überblick, 1–32. 1966.
CASTLE, W. E.: Dominant and recessive black in mammals. J. Heredity **42**, 48–49. 1951.
DÜRST-WILCKENS: Grundzüge der Naturgeschichte der Haustiere. Leipzig 1905.
ENDERLEIN, H.: Die Fauna der wendischen Burg Poztupimi. Z. Säugetierkunde **5**. 1930.
EPSTEIN, H.: The origin of the domestic animals of Africa. I. II. New York, London, München 1971.
GRAU, H.: Über Schwanzmißbildungen bei der Hauskatze. Mit Schlußabschnitt F: SCHWANGART, Zur Problematik. Tierärztl. Rundschau **38**. 1933.
GROTE, J.: Die Sauerstoffaffinität des Hämoglobins u. das Säure-Basen-Gleichgewicht im Blut von Caniden. Z. wiss. Zool. **172**, 180–227. 1965.
HAGEN, A. GRÄFIN V.: Die Hunderassen. Potsdam 1935.
HAMMOND, J.: Farm animals. Their breeding, growth, and inheritance. London 1960.
HARDER, W.: Vergl. Untersuchungen am Darm verschiedener Haussäugerrassen und deren Wildformen. Diss. Kiel 1950.
- Studien am Darm von Wild- und Haustieren. Z. Anat. Entwg. **116**, 1. 1951.
HAUCK, E.: Abstammung, Ur- und Frühgeschichte des Haushundes. Prähistor. Fg. Anthrop. Ges. Wien **1**, 1–164. 1950.
- Rassendiagnose bei Saugwelpen. Hundeforschungsstelle Österr. Kynologenverband, 1–40. o. J.
HERRE, W.: Über vergleichende Untersuchungen an Hypophysen. Bemerkungen zur vorstehenden Arbeit von H. OBOUSSIER. Zool. Anz. **141**, 33–34. 1943.
- Zur Frage der Kausalität von Domestikationserscheinungen. Zool. Anz. **141**. 1943.
- Beiträge zur Kenntnis der Zwergziegen. Zool. Garten **15**. 1943.
- Zur Abstammung und Entwicklung der Haustiere. I. II. Verh. dt. Zool. 1948. Leipzig 1949.
- Zur Abstammung und Entwicklung der Haustiere. III. Die Haustierreste mittelalterlicher Siedlungen der Hamburger Altstadt. Zool. Garten **17**, 1/5. 1950.
- Haustiere im mittelalterlichen Hamburg. Hammaburg 1950.
- Neuere Ergebnisse zoolog. Domestikationsforschung. Verh. dt. Zool. 1949. Leipzig 1950.
- Ziele und Grenzen in der Beurteilung landwirtschaftlicher Nutztiere. Schriftenreihe landwirt. Fak. Kiel **3**, 1950.
- Kritische Bemerkungen zum Gigantenproblem der Summoprimaten auf Grund vergleichender Domestikationsstudien. Anat. Anz. **98**. 1951.
- Tierwelt und Eiszeit. Biol. generalis **19**. Wien 1951.
- Studien über die wilden und domestizierten Tylopoden Südamerikas. Zool. Garten **19**, 2/4, 70–98. 1952.

- Domestikation und Stammesgeschichte. In: HEBERER, Die Evolution der Organismen. Stuttgart 1955 (2. Aufl.).
- Züchtungsbiologische Betrachtungen an primitiven Tierzuchten. Z. Tierzüchtg. u. Züchtungsbiol. **71**, 252–272. 1958.
- Einflüsse der Umwelt auf das Säugetiergehirn. Dt. Med. Wochenschrift **83**, 1568–1574. 1958.
- Über Domestikationserscheinungen bei Tier und Mensch. Dt. Med. Wochenschrift **84**, 2334–2338. 1959.
- Grundsätzliches zur Systematik des Pferdes. Z. Tierzüchtg. u. Züchtungsbiol. **75**, 57–78. 1961.
- Der Art- und Rassebegriff. Hdb. d. Tierzüchtung 3, 1, 1–24. Hamburg, Berlin 1961.
- Ist *Sus* (*Porcula*) *salvanius* Hodgson 1847 eine Stammart von Hausschweinen. Z. Tierzüchtg. u. Züchtungsbiol. **76**, 265–281. 1962.
- Neue Erkenntnisse über Abstammung und Entwicklung von Haustieren. Der math. u. natw. Unterricht **17**, 1–7. 1964.
- Demonstration im Tiergarten des Instituts für Haustierkunde der Universität Kiel, insbes. von Wildcaniden u. Canidenkreuzungen (Schakal/Coyoten F_1- u. F_2-Bastarde sowie Pudel/Wolf-Kreuzungen). Verh. d. dt. Zool. Ges. in Kiel 1964. 622–635.
- Über die Verwilderung von Haustieren. Milu, Leipzig **3**, 131–160. 1971.
- R. BEHRENDT: Vergleichende Untersuchungen an Hypophysen von Wild- und Haustieren. I. Morphologische Studien. Z. wiss. Zool. **153**, 1–38. 1940.
- M. RÖHRS: Die Tierreste aus den Hethitergräbern von Osmankayasi. 71. Mitt. Dt. Orient-Ges., 60–80. 1958.
- – Haustiere, zoologisch gesehen. Stuttgart, New York 1990 (2. Aufl.).

HILZHEIMER, M.: Beitrag zur Kenntnis der nordafrikanischen Schakale. Zoologica **53**. Stuttgart 1908.
- Die Haustiere in Abstammung und Entwicklung. Stuttgart 1909.
- Geschichte unserer Haustiere. Leipzig 1911.
- Beiträge zur Kenntnis der Formbildung bei unseren Haustieren. Arch. Rassen Gesellschaftsbiol. **10**. 1913.
- Natürliche Rassengeschichte der Haussäugetiere. Berlin, Leipzig 1926.

KELLER: Naturgeschichte der Haustiere. Berlin 1905.

KELM, H.: Die postembryonale Schädelentwicklung des Wild- und Berkshireschweins. Z. Anat. Entwg. **108**, 499–550. 1938.
- Zur Systematik des Wildschweins. Z. Tierzüchtg. u. Züchtungsbiol. **43**, 362–369. 1939.

KLATT, B.: Über den Einfluß der Gesamtgröße auf das Schädelbild nebst Bemerkungen über die Vorgeschichte der Haustiere. Arch. Entwicklungsmech. **36**, 387–471. 1913.
- Entgegnung auf die Abhandlung Dr. Max Hilzheimers über die Formbildung bei unseren Haustieren. Arch. Rassen Gesellschaftsbiol. **10**, 327–331. 1913.
- Studien zum Domestikationsproblem, I. Biblioth. Genet. **2**, 1–180. 1921.
- Entstehung der Haustiere. BAUR-HARTMANN (eds.), Hdb. d. Vererbungswiss., Bd. III, Lfg. 2 (III, K). Berlin 1927.
- Kreuzungen an extremen Rassetypen des Hundes I–IV. Z. menschl. Vererb. Konstl. **25**, 28–93. 1941; **26**, 320–356. 1942; **27**, 283–345. 1943; **28**, 113–158. 1944.
- Wuchsform und Hypophyse. Roux Arch. **143**, 167–181. 1948.
- Haustier und Mensch. Hamburg 1948.

KOCH, W.: Über einen Fall von Mopsköpfigkeit bei *Procyon*. Ein Beitrag zur Entwicklungsgeschichte der Form des Säugetierschädels. Z. Säugetierkunde **2**, 133–139. 1928.

KRIEG, H.: Über südamerikan. Haustiere I. Zool. Garten **1**, 273. 1929; II. Rind. Zool. Garten **2**, 10. 1930.
- Die Ziegen von Juan Fernandez. Zool. Garten **17**, 1/5. 1950.

LA BAUME, W.: Zur Abstammung des Hausrindes. Forsch. u. Fortschr. **26**, 43–45. 1950.

LANDAUER, W.: The Massachusetts Ancon sheep, a supplementary note. J. Heredity **41**, 6. 1950.
- T. K. CHANG.: The Ancon or otter sheep. J. Heredity **40**, 4. 1949.

LENGERKEN, H. v.: Ur, Hausrind und Mensch. Dt. Akad. d. Landwirtschaftswiss. zu Berlin, Wiss. Abh. Nr. 14. Berlin 1955.

LOCKRIDGE, F. L. D., R. LOCKRIDGE: Cats and people. 1950.

LUNAU, H.: Vergleichend-metrische Untersuchungen am Allocortex von Wild- und Hausschweinen. Z. mikr. anat. Fg. **62**, 673–698. 1956.

LUNDHOLM, B.: Abstammung und Domestikation des Hauspferdes. Zool. Bidrag. Uppsala **27**, 1–287. 1947.

MATTHEY, R.: Le chien domestique et son origine. Soc. vaudoise des sci. nat. 1946.
MAY, E.: Ursprung und Entwicklung der frühesten Haustiere. In: JANKUHN, H. (ed.), Vor- u. Frühgeschichte, 234–262. 1969.
MELLEN, I. M.: The origin of the Mexican hairless cat. Heredity, Washington **30**. 1939.
MEUNIER, K.: Zur Diskussion über die Typologie des Hauspferdes und deren zoologisch-systematische Bedeutung. Z. Tierzüchtg. u. Züchtungsbiol. **76**, 225–237. 1962.
MIESSNER, K.: Ist die Lockenentwicklung der Pudelhunde eine Pluripotenzerscheinung? Zool. Anz. **172**, 449–478. 1964.
MOHR, E.: Das Waldroß der Insel Gotland. Zool. Garten **6**, 83. 1933.
– Das Schaf der Insel Soay (Hebriden). Zool. Garten **7**, 241. 1934.
– Die Mauleselstute im Zoo Stockholm. Zool. Garten **8**, 33. 1935.
MÜNTZING, A.: Darwins views on variation under domestication in the light of present-day knowledge. Am. Phil. Soc. **103**, 190–220. 1959.
NACHTSHEIM, H.: Das Leporidenproblem. Z. Tierzüchtg. u. Züchtungsbiol. **33**. 1935.
– Vom Wildtier zum Haustier. Berlin 1936.
– Gefangenschaftserscheinungen beim Tier. Parallelerscheinungen zu den Zivilisationsschäden am Menschen. In: ZEISS, H., K. PINTSCOVIUS (eds.), Zivilisationsschäden am Menschen. München 1940.
– Das Porto-Santo-Kaninchen. Ein Beitrag zum Rasse- und Artproblem. Umschau 1941, 151–154.
NATHUSIUS, H. VON: Vorstudien zur Geschichte und Zucht der Haustiere, zunächst am Schweineschädel. Berlin 1864.
NEHRING, A.: Über den Einfluß der Domestikation auf die Größe der Tiere. Sitzungsber. Ges. natf. Freunde Berlin, No. 8. 1888.
– Über Riesen und Zwerge des *Bos primigenius*. Sitzungsber. Ges. natf. Freunde Berlin, 1889.
NOBIS, G.: Zur Frühgeschichte der Pferdezucht. Die Pferde der Wikingerzeit aus Deutschland, Norwegen und Island. Z. Tierzüchtg. u. Züchtungsbiol. **76**, 125–185. 1962.
– Die Tierreste prähistorischer Siedlungen aus dem Satrupholmer Moor (Schleswig-Holstein). Z. Tierzüchtg. u. Züchtungsbiol. **77**, 16–30. 1962.
OBOUSSIER, H.: Kretinismus bei Silberfüchsen? Zool. Anz. **146**. 1951.
– Pluripotenzerscheinungen in der Region der Rachendachhypophyse. Roux Arch. **144**. 1951.
– Zur Kenntnis der Wuchsform von Wolf und Schakal im Vergleich zum Hund. Gegenb. Morph. Jb., Leipzig **99**, 65–108. 1958.
PETZSCH, H.: Gedanken über freilebende Wirbeltier-Farbspiele und deren Beziehung zur Haustierwerdung. Zool. Garten **11**, 154. 1939.
– Über den wissenschaftlichen Wert von Wirbeltierbastarden aus Zoologischen Gärten und Blendlinge zwischen Yak und Schottischem Hochlandrind im Dresdner Zoo. Zool. Garten **18**, 5/6, 183. 1951.
PIRA, A.: Studien zur Geschichte der Schweinerassen, insbesondere derjenigen Schwedens. Zool. Jb. Suppl. **10**. 1909.
PRELL, H.: Das Grunzrind (*Bos grunniens* L.) im Schrifttum der Griechen und Römer. Zool. Garten **17**, 1/5. 1950.
REED, C. A.: Animal domestication in the prehistoric Near East. Science **130**, 1629–1639. 1959.
– Osteological evidence for prehistoric domestication in southwestern Asia. Z. Tierzüchtg. u. Züchtungsbiol. **76**, 31–38. 1961.
– H. A. PALMER: A late quarternary goat (Capra) in North America? Z. Säugetierkunde **29**, 372–378. 1964.
REQUATE, H.: Zur Naturgeschichte des Ures (*Bos primigenius* Bojanus 1827) nach Schädel und Skelettfunden in Schleswig-Holstein. Z. Tierzüchtg. u. Züchtungsbiol. **70**, 297–338. 1957.
– Zur nacheiszeitlichen Geschichte der Säugetiere Schleswig-Holsteins. Bonner Zool. Beiträge **8**, 207–229. 1957.
RÖHRS, M.: Biologische Anschauungen über Begriff und Wesen der Domestikation. Z. Tierzüchtg. u. Züchtungsbiol. **76**, 7–23. 1961.
– Cephalization, neocorticalization and the effect of domestication on brains of mammals. In: – DUNCKER-FLEISCHER (eds.), Functional morphology in Vertebrates (Fortschr. Zool. **30**), 544–547. Stuttgart 1985.
– W. HERRE: Zur Frühentwicklung der Haustiere. Die Tierreste der neolithischen Siedlung Fikirtepe am kleinasiatischen Gestade des Bosporus. Z. Tierzüchtg. u. Züchtungsbiol. **75**, 110–127. 1961.

RÜTIMEYER, L.: Die Fauna der Fahlbauten. Basel 1861.
– Über Art und Rasse des zahmen europäischen Rindes. Arch. Anthrop. 1866, 2,
– Versuch einer natürlichen Geschichte des Rindes. Zürich 1867.
– Einige weitere Beiträge über das zahme Schwein und das Hausrind. Verh. natf. Ges. Basel **6**. 1878.
SALONEN, A.: Hippologica accadica. Ann. Acad. Sci. fennicae, ser. B **100**, 1955.
SAMBRAUS, H. H.: Atlas der Nutztierrassen. (4. Aufl.) Stuttgart 1994.
SCHILLING, E.: Metrische Untersuchungen an den Nieren von Wild- und Haustieren. Z. Anat. **116**, 67–95. 1951.
SCHOTTERER, A.: Über grundsätzliche Eigentümlichkeiten im Skelettbau der Zwergpferde. Z. Säugetierkunde **6**. 1931.
SCHWANGART, F.: Zur Rassenbildung und -züchtung der Hauskatze. Z. Säugetierkunde **7**. 1932.
– Der Problemkreis um die schwanzlosen Katzen. Zool. Garten **17**, 1/5. 1950.
STAFFE, A.: Zur Frage der Anpassung unserer Haustiere an die afrikan. Tropen. Z. Tierzüchtg. u. Züchtungsbiol. **49**, 3, 217–251. 1941.
– Zur Frage der Rassenzwerge bei Haustier und Mensch. Schweiz. Arch. f. Tierheilkde. **89**. 1947.
STARCK, D.: Morphologische Untersuchungen am Kopf der Säugetiere, besonders der Prosimier – ein Beitrag zum Problem des Formwandels des Säugerschädels. Z. wiss. Zool. **157**, 169–219. 1953.
– Der heutige Stand des Fetalisationsproblems. Z. Tierzüchtg. Zücht. Biol. **77**, 1962.
STEINBACHER, G.: Haarlose Meerschweinchen *Cavia porcellus* L. Säugetierkundl. Mitt. **1**, 77. 1953.
STEINIGER, F.: Die Vererbung des Schwanzverlustes. Natur u. Volk **70**, H. 8. 1940.
STEPHAN, H.: Vergleichende Untersuchungen über den Feinbau des Hirnes von Wild- und Haustieren. Zool. Jb. Abt. Anat. Ontog. **71**, 4, 487. 1951.
STOCKARDT, CH. R.: The genetic and endocrine basis for differences in form and behavior. The Amer. Anat. Mem. No. **19**, 1941.
STOCKHAUS, K.: Zur Formenmannigfaltigkeit von Haushundsschädeln. Z. Tierzüchtg. u. Züchtungsbiol. **77**, 223–228. 1962.
TACKE, H. G.: Zum Problem der „schwanzlosen" Katzen. Z. Anat. Entwg. **106**. 1936.
UCKO, P. J., G. W. DIMBLEBY (eds.): The domestication and exploitation of plants and animals. Proc. London Univ. London 1969.
URBAN, M.: Die Haustiere der Polynesier. Völkerkdl. Beitr. z. Ozeanistik, Bd. 2. Göttingen 1961 (Phil. Diss.).
WAGNER, H. O.: Haustiere im präkolumbischen Mexiko. Z. Tierpsychol. **17**, 364–375. 1960.
WIARDA, H.: Über Wuchsformen bei Haustieren. Eine Studien an Schweineskeletten. Z. Tierzüchtg. u. Züchtungsbiol. **63**, 335–380. 1954.
ZEUNER, F. E.: A history of domesticated animals. London 1963.

7. Register

7.1. Liste der im Text verwendeten Trivialnamen*

Affen, Simiae
Ai, Faultier, *Bradypus*
Alpensteinbock, *Capra ibex*
Altweltaffen, Catarhini
Ameisenbeutler, *Myrmecobius fasciatus*
Ameisenfresser, *Myrmecophaga tridactyla*
Antilopen, *Antilope*
Auerochse, *Bos primigenius*
Aye-Aye-Fingertier, *Daubentonia madagascariensis*

Bären, Ursidae
Bambusbär, *Ailuropoda*
Bartenwale, Mysticeti
Baummäuse, *Dendromus*
Baumschliefer, *Dendrohyrax*
Baumstachler, *Erethizon*
Beutelmarder, *Dasyurus*
Beutelmull, *Notoryctes*
Beutelratten, Didelphidae
Beutelteufel, *Sarcophilus*
Beuteltiere, Marsupialia
Beutelwolf, *Thylacinus*
Bezoarziege, *Capra aegagrus*
Biber, *Castor*
Bilche, Gliridae
Bisamratte, *Ondatra*
Blauwal, *Balaenoptera musculus*
Borstenigel, Tenrecidae
Brillenbär, *Ursus (Tremarctos) ornatus*
Büffel, *Bubalis*
Buschbock, *Tragelaphus scriptus*
Buschschliefer, *Heterohyrax*

Dachs, *Meles taxus*
Damhirsch, *Cervus (Dama) dama*
Delphine, Delphinidae
Dik Dik, *Madoqua*
Dornschwanzhörnchen, Anomaluridae
Drill, *Mandrillus leucophaeus*
Duckerantilopen, Cephalophinae
Dugong, *Dugong*

Edelhirsch, *Cervus elaphus*
Edelmarder, *Mustela martes*
Elch, *Alces*
Elephanten, Elephantidae (Proboscidea)
Erdferkel, *Orycteropus*
Erdwolf, *Proteles*

Falbkatze, *Felis libyca*
Fanaluka, *Fossa fossana*
Faultiere, Bradypodidae
Felsenratten, Petromyidae
Fennek, *Canis (Fennecus) zerda*
Ferkelratten, Thryonomyidae
Fingertier, *Daubentonia madagascariensis*
Finwal, *Balaenoptera physalus*
Fischotter, *Lutra*
Flattermaki, *Galeopithecus*
Fledermäuse, Chiroptera
Flugbeutler, *Acrobates, Petaurista, Schoenobates*
Flughörnchen, Petauristidae
Flughunde, Pteropodidae
Flußdelphine, Platanistidae
Flußpferde, Hippopotamidae
Fossa, *Cryptoprocta* (s. Anm. S. 820)
Frettchen, *Mustela putorius* f. *furo*
Frettkatze, *Cryptoprocta ferax*
Furchenwale, Balaenopteridae

Gabelböcke, Antilocapridae
Gazelle, *Gazella*
Gemse, *Rupicapra*
Genette, *Genetta*
Gepard, *Acinonyx*
Gerenuk, *Litocranius*
Gibbon, *Hylobates*
Giraffe, *Camelopardalis*
Giraffengazelle, *Litocranius*
Glattwale, Balaenidae
Goldkatze, *Felis aurata, F. temmincki*
Goldmulle, Chrysochloridae
Gorilla, *Gorilla*

---

* Seitenzahlen s. Index der wissenschaftlichen Tiernamen

Grindwale, Globiocephalidae
Gürteltiere, Dasypodidae

Haarigel, Echinosoricinae
Halbaffen, „Prosimiae"
Halbesel, *Hemionus*
Hamster, Cricetinae
Hasen, Leporidae
Hausratte, *Rattus rattus*
Hirsche, Cervidae
Hirscheber, *Babyrousa*
Hirschferkel, *Hyemoschus*
Hirschziegenantilope, *Antilope cervicapra*
Höhlenbär, *Ursus spelaeus*
Hörnchen, Sciuridae
Hornträger, Bovidae
Hüpfmäuse, Dipodoidea
Hufeisennasen, Rhinolophidae
Huftiere, „Ungulata"
Hunde, Canidae
Hundsrobben, Phocidae
Husarenaffe, *Erythrocebus patas*
Hyaenen, *Hyaena, Crocuta, Proteles*

Igel, Erinaceidae
Igeltanrek, *Echinops, Setifer*
Iltis, *Mustela putorius*
Indri, *Indri*
Insektenfresser, Insectivora, Lipotyphla

Känguruhs, Macropodidae
Kaffernbüffel, *Syncerus*
Kaffernkatze, *Felis libyca cafra*
Kamele, *Camelus*
Kammfinger, *Ctenodaetylus*
Kammratte, *Lophiomys*
Kaninchen, *Oryctolagus*
Kapuzineraffe, *Cebus*
Katzen, Felidae
Katzenmakis, Cheirogaleidae
Kleinbären, Procyonidae
Kleiner Panda, *Ailurus*
Koala, *Phascolarctos*
Koboldmaki, *Tarsius*
Korsak, *Vulpes corsac*
Koyote, *Canis latrans*
Krallenäffchen, Callithrichidae
Kuduantilopen, *Strepsiceros*
Kugelgürteltier, *Tolypeutes*
Kuhantilopen, *Alcelaphus, Damaliscus*

Lama, *Lama*
Lemming, *Lemmus*
Lemuren, Lemuridae
Leopard, *Panthera pardus*
Löwe, *Panthera leo*
Lori, *Loris*
Luchs, *Lynx*

Mähnenratte, *Lophiomys*
Mähnenrobbe, *Otaria byroniae*
Mähnenschaf, *Ammotragus*
Mähnenwolf, *Chrysocyon*
Makak, *Macaca*
Mammut, *Mammuthus*
Manati, *Trichechus*
Mandrill, *Mandrillus sphinx*
Mara, *Dolichotis*
Marder, Mustelidae
Maulwürfe, Talpidae
Mäuse, Muridae
Mausmaki, *Microcebus*
Meerkatzen, Cercopithecidae
Meerotter, *Enhydris*
Meerschweinchen, Caviidae
Mönchsrobbe, *Monachus*
Moschusochse, *Ovibos*
Moschustier, *Moschus*
Mungo, *Mungo*
Murmeltier, *Marmota*

Nachtaffe, *Aotus*
Nagetiere, Rodentia
Nanger, *Gazella* subgen.
Narwal, *Monodon monoceros*
Nasenaffe, *Nasalis*
Nasenbär, *Nasua*
Nasenbeutler, Peramelidae
Nasenmaus, *Rhynchomys soricoides*
Nashörner, Rhinocerotidae
Nebelparder, *Neofelis nebulosa*
Neuweltaffen, Platyrhini
Nilpferd, *Hippopotamus*
Numbat, Ameisenbeutler, *Myrmecobius*

Ohrenrobben, *Otariidae*
Okapi, *Okapia*
Opossum, *Didelphis, Trichosurus*
Oryxantilope, *Oryx*

Paarhufer, Artiodactyla
Pakarana, *Dinomys*
Paka, *Agouti* (: *Cuniculus*)
Panda, *Ailuropoda*
Pangolin, *Manis*
Pantherkatzen, *Panthera*
Paviane, *Papio*
Pelzrobbe, *Callorhinus*
Pfeifhasen, Ochotonidae
Pferde, Equidae
Pferdeantilopen, Hippotraginae
Pottwal, *Physeter*
Primaten, Primates
Puma, *Felis concolor*

Quastenstachler, *Acanthurus*

Ratten, *Rattus*
Rattenigel, *Echinosorex*

7.1. Liste der verwendeten Trivialnamen

Rattenkänguruh, Potoroinae, *Hypsiprymnodon*
Raubtiere, Carnivora, Fissipedia
Reh, *Capreolus*
Rentier, *Rangifer tarandus*
Riedbock, *Redunca*
Riesenfaultiere, † Gravigrada
Riesengleiter, (Flattermaki) Dermoptera
Riesengürteltier, *Priodontes*
Riesenhirsch, † *Megaloceros*
Riesenwaldschwein, *Hylochoerus*
Rinder, Bovinae
Robben, Pinnipedia
Röhrenzähner, Tubulidentata
Rohrratten, Thryonomyidae
Rotfuchs, *Vulpes vulpes*
Rothirsch, *Cervus elaphus*
Rotwolf, *Cuon alpinus*
Rüsselhündchen, *Rhynchocyon*
Rundschwanzseekühe, Trichechidae
Rüsselspringer, Macroscelididae

Säbelzahnkatze, † *Smilodon*
Schafe, *Ovidae*
Scharlachgesicht, *Cacajao*
Schläferartige, Gliridae
Schlankaffen, Colobinae
Schleichkatzen, Viverridae
Schliefer, Hyracoidea
Schlitzrüssler, Solenodontidae
Schnabeltier, *Ornithorynchus*
Schnabelwale, Ziphiidae
Schuppentiere, Pholidota
Schweine, Suidae
Schweinswale, Phocoenidae
Schwielensohler, Tylopoda
See-Elefant, *Mirounga*
Seehunde, Phocidae
Seekühe, Sirenia
Seeotter, *Enhydris*
Siebenschläfer, *Glis* (*Myoxus*)
Sirenen, Sirenia
Spießböcke, *Oryx*
Spießhirsche, *Mazama*
Spinnenaffe, *Brachyteles*
Spitzhörnchen, Tupaidae
Spitzmäuse, Soricidae
Springhasen, Pedetidae
Springmäuse, Dipodoidea
Stachelbilche, Platacanthomyinae

Stacheligel, Erinaceidae
Stachelratten, Echimyidae
Steinmarder, *Mustela foina*
Stinktier, *Mephitis*
Stummelaffen, Colobidae

Takin, *Budorcas*
Tamandua, Tamandua
Tapir, *Tapirus*
Taschenmäuse, Heteromyidae
Taschenratten, Geomyidae
Tanrek, (*Tenrec*)
Trughirsche, Odocoileinae, *Capreolus*
Trugratten, Octodontidae
Tümmler, *Tursiops*

Ur, *Bos primigenius*
Urhuftiere, † Condylarthra
Urpferd, † *Hyracotherium*
Urraubtiere, † Creodonta
Urwale, † Protoceti

Waldböcke, Tragelaphinae
Wale, Cetacea
Walross, *Odobenus*
Wanderigel, *Aethechinus algirus*
Wanderratte, *Rattus norvegicus*
Warzenschwein, *Phacochoerus*
Waschbär, *Procyon*
Wasserbüffel, *Bubalus*
Wasserschwein, *Hydrochaeris*
Weißwal, *Delphinapterus leucas* (*Beluga*)
Wiederkäuer, Ruminantia
Wildesel, *Equus asinus*
Wildkatze, *Felis silvestris*
Wildpferd, *Equus przewalskii*
Wildrinder, Bovinae
Windspielantilope, *Madoqua* (Dik-Dik)
Wolf, *Canis lupus*
Wombat, *Vombatus, Lasiorhinus*
Wühlmäuse, Microtinae
Wurzelratten, *Rhizomys, Cannomys*

Zahnarme, Edentata
Zahnwale, Odontoceti
Zebras, *Equus*
Zibethkatzen, *Civettictis, Viverra*
Ziege, *Capra*
Zwergelefant, *Loxodonta pumilio*

7.2. Register der wissenschaftlichen Tiernamen

Halbfett geschriebene Seitenziffern und Ziffern mit folgendem f. verweisen auf eine ausführliche Beschreibung

Abrocoma Waterhouse, 1837: 690
 – *benetti* Waterhouse, 1837: 690
 – *cinerea* Thomas, 1919: 690
Acanthion s. *Hystrix* 681, 683
Acinonyx Brookes, 1827: 76 f., 145, 751, 764 f., 835
 – *jubatus* (Schreber, 1776): 835
Acomys I. Geoffroy, 1838: 655
 – *cahirinus* (Desmarest, 1897) incl. *dimidiatus* 655 f.
 – *minous* Bate, 1906: 655
Acrobates Desmarest, 1818: 86, 146, 278, 360
 – *pygmaeus* (Shaw, 1793): 360
† *Adapidae* 481, 540
† *Adapis* 481, 540
† *Adapisoricidae* 385
† *Adapisoriculus* 471
Addax Rafinesque, 1815: 1056
 – *nasomaculatus* (Blainville, 1816): 1056
Adenota 1055
Aepyceros Sundevall, 1847: 1059
 – *melampus* (Lichtenstein, 1812): 1059
Aepyprymnus Garrod, 1875: 363
 – *rufescens* (Gray, 1837): 363
Aethechinus Thomas, 1918, s. *Erinaceus* 398, 401
 – *algirus* Lerebouillet, 1842: 401
 – *frontalis* A. Smith, 1831: 401
 – *sclateri* Anderson, 1895: 401
Aethomys Thomas, 1915: 656
Agouti Lacepede, 1799: 135, 600, 692
 – *paca* (Linnaeus, 1799): 135, 600, 607, 622, 692
 – *taczanowskii* (Stolzmann, 1865): 692
Ailuroidea 755 (:Aeluroidea) 815
Ailuropoda Milne-Edwards, 1870: 145, 149, 186, 751, 765 f., 786, 797 f.
 – *melanoleuca* (David, 1869): 145, 149, 186, 751, 765 f., 786, 797 f.
Ailurus F. Cuvier, 1825: 786 f.
 – *fulgens* F. Cuvier, 1825: 786 f.
Alcelaphus buselaphus (Pallas, 1766): 1057
Alces (Linnaeus, 1758): 19, 1036
 – *alces* Gray, 1821: 19, 56, 1036
Allactaga F. Cuvier, 1837: 635
Allenopithecus Lang, 1923: 572
 – *nigroviridis* (Pocock, 1907): 572, 574
Allocebus Petter-Rousseaux u. Petter, 1967
 – *trichotis* (Günther, 1875): 533
Alopex Kaup, 1829: 801, 811, 813
 – *lagopus* (Linneaus, 1758): 801, 811
Alouatta Lacepede, 1799: 14, 31, 84, 147, 193, 508 f., 556, 560
 – *belzebul* (Linnaeus, 1766): 561
 – *caraya* (Humboldt, 1812): 561
 – *fusca* (E. Geoffroy, 1812): 561

 – *palliata* (Gray, 1849): 561
 – *seniculus* (Linnaeus, 1766): 561
† *Alticamelus* 997
Alticolo 646
Amblyonyx s. *Aonyx* 91, 781
† *Amblyopoda* 893
Amblysomus Pomel, 1848: 397
 – *hottentotus* (A. Smith, 1829): 397
Ammodorcas Thomas, 1891: 1059
 – *clarkei* Thomas, 1891: 1059
Ammotragus Blythi, 1848: 1066
 – *lervia* (Pallas, 1777): 1066
† *Amphiperatherium* 315
† *Anagale* 471
Anathana Lyon, 1913: 478
 – *ellioti* (Waterhouse, 1850): 478
Anoa s. *Bubalus* 1051
 – *depressicornis* (H. Smith, 1827): 1051
 – *d. quarlesi* (Ouwens, 1910): 1051
Anomaluridae 10, 83, 87, 146, 604, 622, 670 f.
Anomalurus Waterhouse, 1843: 86, 622, 670 f.
 – *becrofti* Fraser, 1853: 672
 – *peli* (Temminck, 1845): 672
† Anomodontia 271
Anourosorex Milne-Edwards, 1870: 83
Antechinomys Archer 1977, s. *Sminthopsis* 312, 351
Antechinus MacLeay, 1841: 222, 312, 351
 – *stuarti* MacLeay, 1841: 226, 338 f., 351
 – *swainsonii* (Waterhouse, 1841): 226
† *Anthracotherium* 1006
Anthropoidea s. Pongidae 479 f., **483**
Antidorcas Sundevall, 1841: 1059
 – *marsupialis* (Zimmermann, 1780): 1059
Antilocapra Ord, 1818: 15, 999, 1068
 – *americana* Ord, 1818: 15, 1068
Antilocapridae 1068
Antilope Pallas, 1766: 1045, 1059
 – *cervicapra* (Linnaeus, 1758): 1045, 1059
Antilopinae 1058
Aonyx Lesson, 1827: 91, 780 f.
 – *capensis* (Schinz, 1821): 781
 – *cinerea* (Illiger, 1815): 781
Aotinae 557
Aotus Illiger, 1811: 14, 147, 479
 – *trivirgatus* (Humboldt, 1811): 14, 557 f.
Aplodontia Richardson, 1829: 600, 617, 623 f.
 – *rufa* (Rafinesque, 1817): 600, 617, 624
Aplodontidae 600, 610, 623 f.
Apodemus Kaup, 1829: 269, 655
 – *agrarius* (Pallas, 1771): 655
 – *flavicollis* (Melchior, 1834): 655
 – *microps* Kratochwill u. Rosicky, 1952: 655
 – *mystacinus* (Danford u. Alston, 1877): 655

– *sylvaticus* (Linnaeus, 1758): 655
Archaeoceti 709 f., 714, 725, 730 f.
Archaeolemur 480 f., 540
Arctictis Temminck, 1844: 31, 84, 819
– *binturong* (Raffles, 1821): 819
Arctocebus Gray, 1863: 542
– *calabaricus* (J. A. Smith, 1860): 542
Arctocephalus E. Geoffroy u. F. Cuvier, 1826: 852, 862
– *australis* (Zimmermann, 1783): 862
† *Arctocyonidae* 77, 709, 762, 881
Arctodus 755
Arctogalidia Merriam, 1897: 819
– *trivirgata* (Gray, 1832): 819
Arctoidea 755, 773
Arctonyx F. Cuvier, 1825: 777
– *collaris* F. Cuvier, 1825: 777
† *Arsinoitherium* 917
Artibeus Leach, 1821: 146, 468
Artiodactyla 30, 45, 147, 167, 181, 189
Arvicanthis Lesson, 1842: 656
– *abyssinicus* (Rüppell, 1842): 657
– *blicki* Frick, 1914: 657
– *lacernatus* (Rüppell, 1842): 657
– *niloticus* (Desmarest, 1822): 657
– *testicularis* Sundevall, 1842: 657
Arvicola 619, 644
– *sapidus* 645
– *scherman* 645
– *terrestris* 645
Asellia Gray, 1838: 466
– *trideus* (E. Geoffroy, 1813): 466
Asinus s. *Equus* 972
† *Astrapothenia* 883
Atelerix 398
– *albiventris* Wagner, 1841: 401
Ateles E. Geoffroy, 1806: 14, 31, 84, 221, 562
– *belzebuth* E. Geoffroy, 1806: 563
– *fusciceps* Gray, 1866: 563
– *geoffroyi* Kuhl, 1820: 563
– *paniscus* (Linnaeus, 1758): 563
Atelinae 562
Atelocinus s. *Dusicyon* 808
– *microtis* (Sclater, 1883): 808, 810
Atherurus F. Cuvier, 1829: 681 f.
Atilax F. Cuvier, 1826: 91, 751, 827
– *paludinosus* (G. Cuvier, 1829): 827 f.
Atlantoxerus Forsyth-Major, 1893: 627
– *getulus* (Linnaeus, 1758): 627
Atopogale s. *Solenodon* 393
Aulacomys s. *Microtus*
† *Australopithecini*, † *Australopithecus* 486 f.
– *afarensis* 488
– *africanus* 487
– *robustus* 488
Avahi Jourdain, 1834 (*Lichanotus* Illiger, 1811): 146, 536 f.
– *laniger* (Gmelin, 1788): 536
Axis s. *Cervus*

– *calamianensis* s. *porcinus*
– *kuhli* s. *porcinus*
– *porcinus* (Zimmermann, 1780) 1032

Babyrusa Perry, 1811: 280, 1003
– *babyrussa* (Linnaeus, 1758): 1003
Badiofelis s. *Felis*
Baiomys True, 1894: 638
– *tailori* Thomas, 1887: 638
Balaena Linnaeus, 1758: 711, 723
– *glacialis* Müller, 1776: 749
– *mysticetus* Linnaeus, 1758: 723
Balaenidae 749
Balaenoptera Lacepede, 1804: 709, 723, 749
– *musculus* (Linnaeus, 1758): 2, 709, 723, 749
– *physalus* (Linnaeus, 1758): 749
Balaenopteridae 749
Balantiopteryx Peters, 1867: 464
– *plicata* Peters, 1867: 464
† *Baluchitherium* 2
Bandicota Gray, 1873: 649, 655
– *bengalensis* (Gray u. Hardwicke, 1833): 655
– *indica* (Bechstein, 1800): 655
Bassaricyon J. A. Allen, 1876: 782
Bassariscus Coues, 1887: 782
– *astutus* (Lichtenstein, 1830): 783
Bathyergidae 83, 130, 153, 247, 599, 621, 676
Bathyergus Illiger, 1811: 83, 676
– *suillus* (Schreber, 1782): 676
Bdeogale Peters, 1850: 827, 829
– *crassicaudata* Peters, 1850: 829
Beamys Thomas, 1909: 649, 659
Bettongia Gray, 1837: 275, 363
Bibos s. *Bos* 1050
Bison H. Smith, 1827: 15, 1048 f.
– *bison* (Linnaeus, 1758): 15, 1052
– *bonasus* (Linnaeus, 1758): 1053
Blarina Gray, 1838: 405
– *brevicauda* (Say, 1823): 405
Blastoceros Fitzinger, 1860 s. *Ozotoceros* Ameghino, 1891
Boocerus s. *Tragelaphus*
– *eurycerus* (Ogilby, 1837): 1054
† *Borhyaena* 158, 279, 350
Bos Linnaeus, 1758 (incl. *Bibos*, *Novibos*): 47, 251, 1050
– *banteng*: *javanicus* 1050
– *frontalis* Lambert, 1804: 1050, 1102
– *gaurus* s. *frontalis* 1050, 1102
– *grunniens* Linnaeus, 1766 s. *mutus* 47, 1102
– *javanicus* d'Alton, 1823: 1050, 1102
– *mutus* 1050
– *primigenius* Bojanus, 1827: 1050, 1102
– *sauveli* Urbain, 1937: 1050
– f. *taurus* Linnaeus, 1766: 179, 1103
Boselaphus Blainville, 1816: 1048
– *tragocamelus* (Pallas, 1766): 1048
Bovidae 47, 179, 198, 999, **1044 f.**
Brachylagus s. *Sylvilagus*

Brachyphylla Gray, 1834: 468
Brachytarsomys Gunther, 1875: 642
– *albicauda* Gunther, 1875: 642
Brachyteles Spix u. Martius, 1823: 14, 563
– *arachnoides* E. Geoffroy, 1806: 563
Brachyuromys Forsyth-Major, 1896: 642
– *betsileoensis* (Bartlett, 1880): 642
Bradypodicola 1095
Bradypodidae 186, 1072 f., 1081
Bradypus Linnaeus, 1758: 31, 85, 177, 189, 194, 206, 1081, 1095 f.
– *torquatus* Desmarest, 1816: 1096
– *tridactylus* Linnaeus, 1758: 261, 1095
– *variegatus* Schinz, 1825: 1096
† *Branisella* 485
† *Brontotherium* 957 f.
Bubalus H. Smith, 1827 s. *Anoa* 1048
– *arnee bubalis* 1050, 1102
– f. *bubalis* (Linnaeus, 1758): 1050, 1102
Budorcas Hodgson, 1850: 1001
– *taxicolor* Hodgson, 1850: 1061 f.
Bunolagus Thomas, 1929: 706
– *monticularis* (Thomas, 1903): 706
Burmeisteria 83, 1093
– *retusa* (Burmeister, 1863) s. *Chlamyphorus* 1093
Burramyidae 359
Burramys Broom, 1896: 359
– *parvus* Broom, 1896: 359

Cabassous (:*Cabassus*) MecMurtrie, 1831: 1091
– *tatouay* (Desmarest, 1804): 1091
– *unicinctus* (Linnaeus, 1758): 1091
Cacajao Lesson, 1840: 10, 560
– *calvus* (J. Geoffroy, 1847): 560
– *melanocephalus* (Humboldt, 1812): 560
– *rubicundus* s. *calvus* 10, 560
Caenolestes Thomas, 1895: 348
– *fuliginosus* (Tomes, 1863): 350
– *obscurus* Thomas, 1895: 350
Caenolestidae 158, 348 f.
Calcochloris Mivart, 1868, s. *Amblysomus*
Callicebus Thomas, 1903: 559
– *cupreus* s. *moloch*
– *moloch* (Hoffmannsegg, 1807): 554
– *ornatus* s. *moloch*
– *torquatus* (Hoffmannsegg, 1807): 559
Callimico Miranda-Ribeiro, 1911: 554
– *goeldi* Thomas, 1904): 554
Callimiconidae 554
Callitrichidae 108, 146 f., 150, 485, 492, 551, **554**
Callithrix Erxleben, 1777: 158
– *argentata* (Linnaeus, 1766): 554
– *aurita* 554
– *humeralifer* (E. Geoffroy, 1812): 554
– *jacchus* (Linnaeus, 1758): 551, 552, 554
– *penicillata* (E. Geoffroy, 1812): 554
Callorhinus Gray, 1859: 852, 862

– *ursinus* (Linnaeus, 1758): 852, 862
Callosciurus Gray, 1867: 627
Calurornys J. A. Allen, 1900: 307, 315, 344
Camelidae 249, 261 f., 263, 268, 1009 f.
Camelus Linnaeus, 1758: 179, 1017
– *bactrianus* Linnaeus, 1758: 1010, 1017, 1102
– *dromedarius* Linnaeus, 1758: 1017, 1101
– *ferus* Przewalski, 1883 s. *bactrianus* 1101
Canidae 799, 809
Canis Linnaeus, 1758: 199
– *adustus* Sundevall, 1846: 805
– *aureus* Linnaeus, 1758: 801, 805
– *latrans* Say, 1823: 801, 805
– *lupus* Linnaeus, 1758: 145, 247, 799 f., 802 f., 1101
 lupus f. *familiaris* (Haushund) 22, 54, 107, 119, 199, 805, 1101
– *mesomelas* Schreber 1778: 805
– *simensis* Rüppell, 1837: 801, 806
Cannomys Thomas, 1815: 83, 620, 664
– *badius* (Hodgson, 1841): 664
Caperea Gray, 1864: 749
– *marginata* (Gray, 1846): 749
Capra Linnaeus, 1758: 166, 1062 f.
– *aegagrus* Erxleben, 1777: 1063
– *aegagrus* f. *hircus* (Hausziege) 1064, 1101
– *cylindricornis* (Blyth, 1841): 1064
– *falconeri* (Wagner, 1839): 1066
– *ibex* Linnaeus, 1758: 1064
– *ibex nubiana* F. Cuvier, 1827: 1064
– *ibex sibirica* Pallas, 1776: 1064
– *pyrenaica* Schinz, 1838: 1066
– *walie* Rüppell, 1835: 1064
Capreolus Gray, 1821: 19, 119, 242, 990, 1030, 1034
– *capreolus* (Linnaeus, 1758): 19, 242, 1030, 1034
– *pygargus* Stubbe u. Bruholz, 1979: 1030, 1034
Capricornis Ogilby, 1837: 1061
– *crispus* Temminck, 1845: 1061
Caprolagus 706
– *brachyurus* 706
† *Capromeryx* 1068
Capromyidae 693
Capromys Desmarest, 1822: 693
– *nanus* G. M. Allen, 1917: 693
– *pilorides* (Say, 1822): 693
Caracal Matyushkin, 1979: 844
– *caracal* (Schreber, 1776): 844
Cardiocranius Satunin, 1903: 635
Cardioderma Peters, 1873: 443, 465
Carnivora s. Fissipedia u. Pinnipedia 145, 750 f., 772
Carollia Gray, 1838: 146, 468
† *Carpolestes* 328
Casinycteris Thomas, 1910: 463
– *argynnis* Thomas, 1910: 463
Castor Linnaeus, 1758: 31, 91, 108, 217, 250, 595, 614, 630

– *canadensis* Kuhl, 1820: 632
– *fiber* Linnaeus, 1758: 630
Castoridae 22, 617
Catagonus Ameghino, 1904: 1006
– *wagneri* (Rusconi, 1930): 1006
Catarrhini 485f., **563f.**
Cavia Pallas, 1766: 621, 684f., 1103
– *aperea* Erxleben, 1777: 686, 1103
– *aperea* f. *porcellus* (Linnaeus, 1758): 686, 1103
Caviamorpha 135, 620
Caviidae 135, 621, 684f.
Cebidae 85, 108, 550f., 555f.
Cebuella Gray, 1866: 14, 20, 158, 551, 554
– *pygmaea* (Spix, 1823): 14, 551, 554
† *Cebupithecus* 485
Cebus Erxleben, 1777: 156, 561
– *albifrons* (Humboldt, 1812): 561
– *apella* (Linnaeus, 1758): 561
– *capucinus* (Linnaeus, 1758): 561
– *nigrivittatus* 561
– *olivaceus* Schomburgk, 1848: 561
Centurio Gray, 1842: 468
– *senex* Gray, 1842: 468, 469
Cephalophus H. Smith, 1827: 1045f.
– *callipygus* Peters, 1876: 1048
– *jentinki* Thomas, 1892: 1047
Cephalophus 77, 143, 147, 986, 1047
– *leucogaster* Gray, 1873: 1048
– *monticola* 1047
– *natalensis* A. Smith, 1834: 1048
– *niger* Gray, 1846: 1048
– *nigrifrons* Gray, 1871: 1048
– *ogilbyi* (Waterhouse, 1838): 1048
– *spadix* True, 1890: 1048
– *sylvicultor* (Afzelius, 1815): 1047
– *zebra* (:*doria*) Gray, 1838: 13, 1048
Ceratotherium Gray, 1868: 967
– *simum* (Burchell, 1817): 967
Cercartetus Gloger, 1841: 359
– *nanus* (Desmarest, 1818): 264, 360
Cercocebus E. Geoffroy, 1812: 571
– *albigena* (Gray, 1850): 572
– *galeritus* Peters, 1879: 572
– *torquatus* (Kerr, 1792): 572
Cercoleptidae Bonaparte, 1838 s. *Potos*
Cercopithecidae 108, 153, 165, **564**
Cercopithecus Linnaeus, 1758: 572
– *aethiops* (Linnaeus, 1758): 10, 215, 573
– *albigularis* (Sykes, 1821) s. *mitis* 573
– *ascanius* (Audebert, 1799): 573
– *campbelli* Waterhouse, 1838: 572
– *cephus* (Linnaeus, 1758): 573
– *diana* (Linnaeus, 1758): 573
– *dryas* Schwartz, 1932: 573
– *erythrogaster* Gray, 1866: 573
– *hamlyni* Pocock, 1907: 573
– *l'hoesti* Sclater, 1899: 573
– *mitis* Wolf, 1822: 573
– *mona* (Schreber, 1774): 572

– *neglectus* Schlegel, 1876: 573
– *nictitans* (Linnaeus, 1766): 573
– *patas* (Schreber, 1775): 86, 147, 471, 526, 563, 573
– *petaurista* (Schreber, 1774): 572
– *pogonias* Bennett, 1833: 572
– *preussi* Matschie, 1898: 572
– *pygerythrus* F. Cuvier, 1821 s. *aethiops* 573
– *roloway* (Schreber, 1774) s. *diana*
– *sabaeus* Linnaeus, 1766 s. *aethiops*
– *talapoin* Schreber, 1774: 572
– *tantalus* Ogilby, 1841 s. *aethiops*
– *wolfi* 572
Cerdocyon s. *Dusicyon* 808, 810
– *thous* (Linnaeus, 1767): 810
Cervidae 15, 998, 1026, 1031
Cervus Linnaeus, 1758: 166, 1026
– *albirostris* Przewalski, 1883: 1033
– *axis* Erxleben, 1777: 1032
– *calamianensis* s. *porcinus*
– *canadensis* Erxleben, 1777: 1033
– *dama* Linnaeus, 1758: 1032
– *duvauceli* G. Cuvier, 1823: 1033
– *elaphus* Linnaeus, 1758 (incl. *bactrianus, barbarus, hanglu, yarkandensis*) 18, 19, 45, 1029, 1033
– *eldi* McLelland, 1842: 1034
– *kuhli* s. *porcinus* 1032
– *mesopotamicus* Brooke, 1875, s. *dama* 1032
– *nippon* Temminck, 1837: 982, 1033
– *porcinus* (Zimmermann, 1780): 1032
– *schomburgki* Blyth, 1863: 1033
– *timorensis* Blainville, 1822: 1033
– *unicolor* (Kerr, 1792): 1033
Cetacea 29, 33, 45, 91f., 189, 206, 243, 248, 251, 263f., **707f.**, 742
Chaetomys Gray, 1843: 621, 684
– *subspinosus* (Olfers, 1818): 684
Chaetophractus Fitzinger, 1871: 56, 1089
– *villosus* (Desmarest, 1804): 56, 1090
† *Chalicotherium* 957f., 961
Charronia s. *Martes*
– *flavigula* (Boddaert, 1785): 775
Chaus s. *Felis*
Cheirogaleidae 482, 533
Cheirogaleus E. Geoffroy, 1812: 533
– *furcifer* (Blainville, 1841) s. *Phaner* 533
– *major* E. Geoffroy, 1812: 533
– *medius* E. Geoffroy, 1812: 533
– *trichotis* (Gunther, 1875) s. *Allocebus* 533
Cheiromeles Horsfield, 1824: 10, 22, 427
Chilonycteris s. *Pteronotus* 467
Chimarrogale Anderson, 1877: 91, 406
Chinchilla Bennett, 1829: 622, 691
– *brevicaudata* Waterhouse, 1848: 691
– *lanigera* (Molina, 1782): 691
Chinchillidae 690f.
Chionomys s. *Microtus*
Chiromys s. *Daubentonia*

Chironectes Illiger, 1811: 91, 144, 278, 312, 317, 327, 344
– *minimus* (Zimmermann, 1780): **346**
Chiropotes Lesson, 1840: 157 f., 190
– *albinasus* (I. Geoffroy u. Deville, 1848): 560
– *satanas* (Hoffmannsegg, 1807): 560
Chiroptera 20, 88, 146, 264 f., **424 f.**
Chlamyphorus Harlan, 1825: 83, 1081, 1093
– *retusa* (Burmeister, 1863): 1093
– *truncatus* Harlan, 1825: 1093
Chlorotalpa Roberts, 1924: 396
Choeropsis Leidy, 1853: 996
– *liberiensis* (Morton, 1844): 1007
Choeropus 321, **356**
Choloepodidae 1096
Choloepus Illiger, 1811: 31, 86, 1096
– *didactylus* (Linnaeus, 1758): 1096
– *hoffmanni* Peters, 1859: 1097
Chrotogale Thomas, 1912: 817
– *owstoni* Thomas, 1912: 817
Chrysochloridae 10, 83, 101, 130, 247, **393**
Chrysochloris Lacepede, 1799: 31, 313
– *asiatica* (Linnaeus, 1758): 313, 396
Chrysocyon H. Smith, 1839: 76 f., 764, 811
– *brachyurus* (Illiger, 1815): 764, 811
Chrysospalax Gill, 1883: 397
– *trevellyani* (Gunther, 1875): 395, 396
– *villosus* (A. Smith, 1835): 397
Cingulata 1070 f., 1089
Citellus: Spermophilus 247, 264, 629
– *citellus* (Linnaeus, 1766): 247, 629
– *tridecemlineatus* Mitchill 1823: 629
Civettictis Pocock, 1915: 752
Claviglis s. *Graphiurus* 668
Clethrionomyinae 646
Clethrionomys Tilesius, 1850: 261, 646
– *glareolus* (Schreber, 1780): 646
– *rufocanus* (Sundevall, 1846): 646
– *rutilus* (Pallas, 1778): 646
† *Coelodonta* 949, 965
Coendu Lacepede, 1799: 84, 621, 685
Colobidae 85, 147, 149 f., 153, 575
Colobus Illiger, 1811: 515, 574 f.
– *abyssinicus* (Oken, 1816) s. *guereza* 575
– *angolensis* Sclater, 1860: 576
– *badius* (Kerr, 1792): 520, 575
– *badius kirkii* Gray, 1868: 575
– *guereza* Rüppell, 1835: 575
– *kirkii* Gray, 1868: 575
– *polykomos* (Zimmermann, 1780): 575
– *rufomitratus* Peters, 1879: 575
– *satanas* Waterhouse, 1838: 576
– *verus* van Beneden, 1838: 575
Colomys Thomas u. Wroughton, 1907: 143, 659
– *goslingi* Thomas u. Wroughton, 1907: 143, 659
† Condylarthra 709, 880 f.
Condylura Illiger, 1811: 83, **408**, 411
– *cristata* (Linnaeus, 1758): **408**, 411

Conepatus Gray, 1837: 779
– *humboldti* Gray, 1837: 779
– *leuconotus* (Lichtenstein, 1832): 779
– *semistriatus* (Boddaert, 1784): 779
Conilurus Ogilby, 1838: 663
Connochaetes Lichtenstein, 1814: 1058
– *gnou* (Zimmermann, 1780): 1058
– *taurinus* (Burchell, 1824): 1058
Craseonycteris Hill, 1974
– *thonglongyai* Hill, 1974: 2, 425
Crateromys 664
† Creodonta 752, 881
Cricetidae 21, 619, 638
Cricetomys Waterhouse, 1840: 180, 612, 649, **659**
– *emini* Wroughton, 1910: 652
– *gambianus* Waterhouse, 1840: 148, 612, 659
Cricetulus Milne-Edwards, 1867: 640
– *migratorius* (Pallas, 1773): 640
Cricetus Leske, 1779: 247, 264
– *cricetus* (Linnaeus, 1758): 640
Crocidura Wagler, 1832: 21, 201, 248, 406 f.
– *flavescens* (Geoffroy, 1827): 406
– *leucodon* (Hermann, 1780): 406
– *russula* (Hermann, 1780): 201
– *suaveolens* (Pallas, 1811): 406
Crocidurinae **406**
Crocuta Kaup, 1828: 56, 221, 770, 829 f.
– *crocuta* (Erxleben, 1777): 56, 248, 770, 829 f.
Crossarchus F. Cuvier, 1825: 828
– *obscurus* F. Cuvier, 1825: 828
Cryptomys Gray, 1864: 83, 676, 678, 679
– *bocagei* s. *hottentotus*
– *hottentotus* (Lesson, 1826): 611
Cryptoprocta Bennett, 1833: 822 f.
– *ferox* Bennett, 1833: 822 f.
Cryptotis Pomel, 1848: 405
– *parva* (Say, 1823): 339, 405
Ctenodactylidae 616, 622 f., 674 f.
Ctenodactylus Gray, 1830: 623, 674
– *gundi* (Rothmann, 1776): 674
Ctenomys Blainville, 1826: 83, 689
Cuniculidae 622
Cuniculus: Agouti Lacepede 1799: 135, 622
– *paca* (Linnaeus, 1766): 135
Cuon Hodgson, 1838: 802
– *alpinus* (Pallas, 1811): 802, 807
† *Cuvieronius* 897
Cyclopes Gray, 1821: 31, 84, 1100
– *didactylus* (Linnaeus, 1758): 1100
Cyamus 740
Cynailurus s. *Acinonyx*
Cynictis Ogilby, 1833: 827
– *penicillata* (G. Cuvier, 1829): 827
Cynocephalidae 419
Cynocephalus Boddaert, 1768: 86, 87, **409 f.**, 423
– *variegatus* (Audebert, 1799): 419, 423
– *volans* (Linnaeus, 1758): 419, 423
† *Cynodesmus* 802
† Cynodonta 41, 55, 159

Cynogale Gray, 1837: 91, 751, 764, 817
— *benettii* Gray, 1837: 91, 817
† *Cynognathus* 46
Cynoidea 755, 799
Cynomys Rafinesque, 1817: 247, 627
— *leucurus* Merriam, 1890: 627
— *ludovicianus* (Ord, 1815): 627
Cynopithecus s. *Macaca* 565
Cynopterus F. Cuvier, 1824: 445, 463
— *brachyotis* (Muller, 1838): 463
— *sphinx* (Vahl, 1797): 445, 463
Cystophora Nilsson, 1820: 852f., 862, 867
— *cristata* (Erxleben, 1777): 852, 854, 862, 867

Dactylomys J. Geoffroy, 1838: 602, 690
Dactylopsila Gray, 1858: 143, 315, 360
— *trivirgata* Gray, 1858: 360
Dama s. *Cervus* 50
Damaliscus Sclater u. Thomas, 1894: 1058
— *dorcas* (Pallas, 1766): 1058
— *hunteri* (Sclater, 1889): 1058
— *korrigum* s. *lunatus* (Burchell, 1823): 1058
— *lunatus* (Burchell, 1823): 1058
† *Daphoenus* 752
Dasogale 389
Dasymys Peters, 1875: 657f.
— *incomtus* (Sundevall, 1847): 658
Dasypodidae 10, 31, 83, 144, 1089
Dasyprocta Illiger, 1811: 622, 692
— *agouti* s. *leporina* (Linnaeus, 1758): 622
— *azarae* Lichtenstein, 1823: 692
Dasyproctidae s. Agoutidae 692
Dasypus Linnaeus, 1758: 1081, 1086, 1087
— *hybridus* (Desmarest, 1804): 226, 1086, 1089
— *novemcinctus* Linnaeus, 1758: 50, 226, 1087, 1089, 1090
— *sabanicola* Mondolfi, 1968: 1086
Dasyuridae **351 f.**
Dasyurus E. Geoffroy, 1796: 351 f.
— *maculatus* (Kerr, 1792) (:*quoll* Zimmermann, 1777): 352
— *viverrinus* (Shaw, 1800): 341, 352
Daubentonia E. Geoffroy, 1795: 143, 146, 156, 171 f., 492, 503, 537
— *madagascariensis* (Gmelin, 1788): 537
Daubentoniidae 537 f.
Delphinapterus Lacepede, 1804: 708, 746
— *leucas* (Pallas, 1776): 746
Delphinidae 746 f.
Delphinus Linnaeus, 1758: 711, 748
— *delphis* Linnaeus, 1758: 748
† *Deltatheridium* 279
† *Deltatherium* 385
Dendrogale Gray, 1848: 478
— *melanura* (Thomas, 1892): 478
— *murina* (Schlegel u. Mueller, 1845): 478
Dendrohyrax Gray, 1868: 21, 185, 933 f., 946 f.
— *arboreus* (A. Smith, 1827): 946
— *dorsalis* (Fraser, 1855): 946

— *validus* True, 1890: 946
Dendrolagus Muller, 1840: 13, 364
— *dorianus* Ramsay, 1883: 364
— *goodfellowi* Thomas, 1908: 364
— *inustus* Muller, 1840: 364
— *lumholtzi* Collett, 1884: 364
— *matschiei* Forster u. Rothschild, 1907: 323, 364
— *ursinus* Temminck, 1836: 364
Dendromuridae 620, 649, 661 f.
Dendromus Smith, 1829: 661 f.
— *melanotis* Smith, 1834: 662
— *mesomelas* Brants, 1827: 662
— *mystacalis* Heuglin, 1863: 662
Deomys Thomas, 1888: 609, 662
— *ferrogineus* Thomas, 1888: 609, 662
Dermoptera: Cynocephalidae 87, **419**, 458
Desmana Guldenstedt, 1777: 21, 91, 94, 117, 144, 408 f.
— *moschata* Linnaeus, 1758: 21, **412**
Desmodus Wied-Neuwied, 1826: 90, 117, 145, 169, 181, 436 f.
— *rotundus* E. Geoffroy, 1810: 443, 968
† *Desmostylia* 894
† *Diademodon* 55, 58
† *Diarthrognathus* 41, 271 f.
Dicerorhinus Gloger, 1841: 949, 954, 956, 967
— *sumatrensis* (Fischer, 1814): 949, 954, 956, 967
Diceros Gray, 1821: 952, 955, 957
— *bicornis* (Linnaeus, 1758): 955, 967
Diclidurus Wied, 1820: 464
Dicotyles s. *Tayassu* 1006
Dicrostonyx Gloger, 1841: 644
Didelphidae 311 f., 344 f.
Didelphis Linnaeus, 1758: 25, 41, 84, 281 f., 298, 344 f.
— *albiventris* Lund, 1840: 344
— *azarae*: *albiventris*
— *marsupialis* Linnaeus, 1758: 344
— *virginiana* Kerr, 1792: 84, 163, 329, 344
Didermocerus Brookes, 1828 syn. von *Dicerorhinus* 967
Dilambdodonta 370, 375
† *Dimetrodon* 46
Dinaromys Kretzoi, 1955: 646
† Dinocerata 893
Dinomyidae 621
Dinomys Peters, 1873: 621, 686
— *branickii* Peters, 1873: 621, 686
† Dinotheriidae 158
† *Dinotherium* 895
Diphylla Spix, 1823: 468
— *ecaudata* Spix, 1823: 468
Diplomesodon Brandt, 1852: 406
— *pulchellum* (Lichtenstein, 1823): 406
Dipodidae 601, 602, 619, 635
Dipodomys Gray, 1841: 81, 634
Diprotodontia 146, 158, 312
Dipus Zimmermann, 1780: 29, 81, 124

– *sagitta* (Pallas, 1773): 637
Distochoerus Peters, 1874: 360
– *pennatus* (Peters, 1874): 360
Dobsonia Palmer, 1898: 463
† *Docodon* 273 f.
† Docodonta 41, 273 f.
† *Dolichocebus* 485
Dolichohippus 974
† *Dolichopithecus* 575
Dolichotis Desmarest, 1820: 58, 621, 684, 686
– *patagonum* (Zimmermann, 1780): 686
– *salinicola* (Burmeister, 1876): 686
Dolomys 646
† *Dorcatherium* 998, 1022
Dorcatragus Noack, 1894: 1061
– *megalotis* (Menges, 1894): 1061
† *Dorudon* 710, 721, 730
Dromiciops australis Thomas, 1894: 347
† Dryolistidae 276
Dryomys Thomas, 1906: 669
– *nitedula* (Pallas, 1778): 669
† *Dryopithecus* 486
Dugong Lacepede, 1799: 918 f., 930
– *dugong* (Muller, 1776): 918 f., 930
Dugongidae 930
Duplicidentata 594
Dusicyon H. Smith, 1839: 801, 808
– *culpaeus* (Molina, 1782): 808, 809

Echimyidae 690
Echimys G. Cuvier, 1809: 622, 690
Echinoprocta 621, 684
Echinops Martin, 1838: 8, 106, 390
– *telfairi* Martin, 1838: 106, 390
Echinosorex Blainville, 1838: 47, 156, **397**
– *gymnurus* (Raffles, 1821): 47, 397
Echimypera Lesson, 1842: 356
Edentata 871, 883, 1070 f.
Eidolon Rafinesque, 1815: 451, 463
– *helvum* (Kerr, 1792): 451, 463
Eira H. Smith, 1842: 775
– *barbara* (Linnaeus, 1758): 775
Elaphodus Milne-Edwards, 1871: 1031
Elaphurus Milne-Edwards, 1866: 19, 1034
– *davidianus* Milne-Edwards, 1866: 19, 1034
Elasmognathus s. *Tapirus*
Elephantidae 158, **895 f.**, 914
Elephantulus Thomas u. Schwann, 1906: 81, 123, 216, 226, 231, **418**
– *brachyurus* (A. Smith, 1836): 418
– *intufi* (A. Smith, 1836): 418
– *myurus* Thomas u. Schwann, 1906: 418
– *rozeti* (Duvernoy, 1833): 418
Elephas Linnaeus, 1758: 898 f., 909, 914
– *maximus* Linnaeus, 1758: 898 f., 914
Eliomys Wagner, 1840: 668
– *melanurus* s. *quercinus*
– *quercinus* (Linnaeus, 1766): 668
Eliurus Milne-Edwards, 1885: 642

Ellobius Fischer, 1814: 83, 620, 648
– *talpinus* (Pallas, 1770): 648
Emballonura Temminck, 1838: 464
† Embrithopoda 917
Enhydra Fleming, 1822: 91, 145, 759, 780
– *lutris* (Linnaeus, 1758): 91, 145, 752, 780
† *Eohippus*: *Hyracotherium* 957 f.
† *Eomanis* 878
† *Eosiren* 918
† *Eotragus* 999, 1045
† *Eozostrodon* 271 f.
Epixerus Thomas, 1909: 627
Epomophorus Bennett, 1837: 22, 150, 463
– *crypturus* Peters, 1852: 463
– *labiatus* (Temminck, 1837): 463
Epomops Gray, 1870: 463
– *buettikoferi* (Matschie, 1899): 463
– *franqueti* (Tomes, 1860): 463
Eptesicus Rafinesque, 1820: 442
Equidae 140, 167, 183, 968 f.
Equus Linnaeus, 1758: 62, 169, 972, 1103
– *africanus* Ansell, 1974: 972
– *asinus* Linnaeus, 1758: 972
– *burchelli* (Gray, 1824): 973
– *ferus*: *przewalskii* Poliakov, 1881: 971
– *grevyi* Oustalet, 1882: 974
– *hemionus* Pallas, 1775: 972, 1103
– *hemippus* s. *onager* 972
– *khur* s. *onager* 972
– *kiang* Moorcroft, 1841: 973
– *kulan* s. *onager* 973
– *onager* Boddaert, 1785: 972
– *przewalskii* Poliakov, 1881: 269, 970 f., 1103
– *przewalskii* f. *caballus* (Hauspferd) 269, 950, 971, 1103
– *quagga* Gmelin, 1788: 973
– *zebra* Linnaeus, 1758: 973
Eremitalpa Roberts, 1924: 397
– *granti* (Broom, 1907): 397
Erethizon E. Cuvier, 1822: 684
– *dorsatum* (Linnaeus, 1758): 684
Erethizontidae 621, 681
Erignathus Gill, 1866: 854, 862, 867
– *barbatus* (Erxleben, 1777): 854, 862, 867
Erinaceidae 397 f.
Erinaceus Linnaeus, 1758: 8, 72, 75, 124, 197, 264, 397 f., 401
– *albiventris* Wagner, 1841: 401
– *algirus* Lereboullet, 1842: 401
– *amurensis* s. *europaeus*
– *concolor* Martin, 1837: 398
– *europaeus* Linnaeus, 1758: 50, 398
– *frontalis* A. Smith, 1831: 401
– *roumanicus*: *concolor* 398, 412
– *sclateri* Anderson, 1895: 401
Erythrocebus Trouessart, 1897: 86, 479, 563
– *patas* (Schreber, 1775): 147, 526, 573 f.
Eschrichtius Gray, 1864: 728 f., 750
– *robustus* (Lilljeborg, 1861): 750

Euarctos Hall, 1981 s. *Ursus* 795
Eubalaena s. Balaena
Eumetopias Gill, 1866: 6, 852, 862
- *jubatus* (Schreber, 1776): 862
† *Eumeryx* 997
Eumops Miller, 1906: 470
Euoticus Petter u. Petter-Rousseaux, 1979: 543
- *elegantulus* (Le Conte, 1857): 543
Eupecora 1026
Euphausia 728
Euphractus Wagler, 1830: 1089
- *sexcinctus* (Linnaeus, 1758): 1089
Eupleres Doyere, 1835: 144, 751, 765, 820
- *goudoti* Doyere, 1835: 820 f.
† *Eurotamandua joresi* 1070, 1073
† Eurymilidae 594, 616
Eutamias s. *Tamias* 629
Eutheria: Placentalia 38, 212, 215, 228, 236, 245 f., 278 f., **367 f.**
Evotomys: Clethrionomys

Felidae 167, 204 f., 269, 834 f., 840 f.
Felis Linnaeus, 1758: 840 f.
- *aurata* Temminck, 1827: 755, 843
- *badia* Gray, 1874: 844
- *bengalensis* Kerr, 1792: 840
- *bieti* Milne-Edwards, 1892: 842
- *caracal* Schreber, 1776: 843
- *catus* Linnaeus, 1758 (Hauskatze): 1103
- *chaus* Guldenstaedt, 1776: 842
- *colocolo* Molina, 1810: 846
- *concolor* Linnaeus, 1771: *Puma* 764, 844
- *euptilura* s. *bengalensis*
- *geoffroyi* d'Orbigny u. Gervais, 1844: 846
- *iriomotensis* Imaizumi, 1962: 841
- *jacobita* Cornalia, 1865: 846
- *libyca* Forster, 1780 (s. *silvestris*) 841, 1103
- *libyca* f. *catus* (Hauskatze) 841, 1103
- *lynx* Linnaeus, 1758: 844
- *manul* Pallas, 1776: 764, 842
- *margarita* Loche, 1858: 755, 764, 843 f.
- *marmorata* Martin, 1837: 844
- *nigripes* Burchell, 1827: 842
- *pajeros* s. *colocolo* Molina, 1810: 896
- *pardalis* Linnaeus, 1758: 846
- *pardina* (s. *lynx*?) (Temminck, 1829): 845
- *planiceps* Vigors u. Horsfield, 1827: 841
- *rubiginosa* J. Geoffroy, 1827: 841
- *serval* Schreber, 1776: 846
- *silvestris* Schreber, 1777: 841
- *temmincki* Vigors u. Horsfield, 1827: 843
- *thinobia* Ognew, 1927 s. *margarita* 843
- *tigrina* Schreber, 1775: 846
- *viverrina* Bennett, 1833: 841
- *wiedii* Schinz, 1821: 846
- *yagaurundi* E. Geoffroy, 1803: 755, 764, 847
Felovia Lataste, 1886: 674
Fennecus s. *Vulpes* 799, 811 f.
- *zerda* Zimmermann, 1780: 799, 811 f.

† *Felsinotherium* 919
Fissipedia 145, 167, 750, 773
Fossa Gray, 1865: 820
- *fossa* (Schreber, 1777): 820 f.
Funambulus Lesson, 1835: 627
- *palmarum* (Linnaeus, 1766): 627
Funisciurus Trouessart, 1880: 627
Furipteridae 468
Furipterus Bonaparte, 1837: 468

Galagidae 204, 542 f.
Galago E. Geoffroy, 1796: 142, 542
- *alleni* Waterhouse, 1838: 543
- *crassicaudatus* E. Geoffroy, 1812 (s. *Otolemur* Coquerel, 1859): 543
- *demidovii* (Fischer, 1806): 543
- *elegantulus* Le Conte, 1857: 543
- *inustus* Schwartz, 1930: 543
- *senegalensis* E. Geoffroy, 1796: 543
Galagoides s. *Galago*
Galea 621, 685
Galemys Kaup, 1829: 21, 144
- *pyrenaica* (E. Geoffroy, 1811): 21, 91
Galeopithecus 423
Galeopterus: Gynocephalus 423
Galictis vittata 775
Galidia J. Geoffroy, 1837: 821 f.
- *elegans* J. Geoffroy, 1837: 819, 821 f.
Galidictis J. Geoffroy, 1839: 821 f.
- *fasciata* (Gmelin, 1788): 823
Gazella Blainville, 1816: 1058
- *dama* (Pallas, 1766): 1054
- *dorcas* (Linnaeus, 1758): 1059
- *dorcas saudiya* 1059
- *gazella* (Pallas, 1766): 1059
- *granti* Brooke, 1872: 1059
- *pelzelni* s. *dorcas*
- *soemmeringi* (Cretzschmar, 1826): 1059
- *thomsoni* Gunther, 1884: 1059
† *Gelocus* 997, 1022
Genetta G. Cuvier, 1816: 816
- *felina* (Thunberg, 1811): 816
- *genetta* (Linnaeus, 1758): 816
- *servalina* Pucheran, 1855: 816
- *tigrina* (Schreber, 1776): 816
- *victoriae* Thomas, 1901: 816
† *Geniohyus* 932
Geocapromys Chapman, 1901: 693
Geogale Milne-Edwards u. Grandidier, 1872: 385
- *aurita* Milne-Edwards u. Grandidier, 1872: 385, 390
Geomyidae 153, 247, 615 f., 633
Geomys Rafinesque, 1817: 83, 633
- *bursarius* (Shaw, 1800): 633
Georychus Illiger, 1811: 83, 678
- *capensis* (Pallas, 1778): 13, 678
Geosciurus s. *Xerus*
Gerbillidae 619, 642

Gerbillus Desmarest, 1804: 620, 642
Giraffa Brunnich, 1772: 31, 999, 1040
Giraffidae 15, 147, 206, 999, 1040
† *Giraffokeryx* 1040
Glaucomys Thomas, 1908: 86, 146, 630
– *volans* (Linnaeus, 1758): 630
Glires 594
Gliridae 264, 617, 667
Glis (*Myoxus*) 265, 617, 668
– *glis* (Linnaeus, 1766): 668
Globiocephala Lesson, 1828: 62, 713, 739, 746
– *macrorhynchus* Gray, 1846: 746
– *melaena* (Traill, 1809): 739
Glossophaga E. Geoffroy, 1818: 90, 150, 170, 445, 468
– *soricina* (Pallas, 1766): 90, 445, 468
† Glyptodontidae 1070
† *Glyptodon* 29, 1072
† *Glyptotherium* 1072
† *Gomphotherium* 896
Gorgon: *Connochaetes*
Gorilla J. Geoffroy, 1852: 80, 144f., 158, 175, 591
– *gorilla* (Savage u. Wyman, 1847): 591
– *gorilla beringei* 591
– *gorilla graueri* 591
† *Graecopithecus* 486
Grammomys Thomas, 1915: 658
Grampus Gray, 1828: 748
– *griseus* (G. Cuvier, 1812): 748
Graphiurus Smuts, 1832: 670
– *murinus* (Desmarest, 1822): 670
† Gravigrada 1072, 1094
Gulo Pallas, 1780: 69, 768, 777
– *gulo* (Linnaeus, 1758): 69, 768, 777
– *luscus* s. *gulo*
Gymnobelideus McCoy, 1867: 361
– *leadbeateri* McCoy, 1867: 361
Gymnura Lesson, 1827: *Echinosorex* Blainville, 1838: 397
Gymnuromys 642

† *Hadropithecus* 147, 480, 540
Halichoerus Nilsson, 1820: 867
– *grypus* (Fabricius, 1792): 867
† *Halitherium* 918
Hapale s. *Callithrix*
Hapalemur I. Geoffroy, 1851: 21, 533
– *aureus* B. Meier, Albignac, Rumpler, 1987: 533
– *griseus* (Link, 1795): 533
– *simus* Gray, 1870: 533
† *Haplobunodon* 121
Haplorhini 481f., **483**, **544f.**
† Haramiyidae 273
Harpyionycteris celebensis Miller u. Hollister, 1921: 463
Helarctos Horsfield, 1825: 768, 793
– *malayanus* (Raffles, 1821): 768, 793

† *Helladotherium* 999
Helictis s. *Melogale* I. Geoffroy, 1831: 779
Heliophobius Peters, 1846: 83, 678
– *argenteocinereus* Peters, 1846: 678
Helogale Gray, 1862: 770, 827
– *parvula* (Sundevall, 1846): 770
Hemicentetes Mivart, 1871: 8, 143, 231, 389
– *nigriceps* Günther, 1875: 389
– *semispinosus* (G. Cuvier, 1798): 389
Hemiechinus Fitzinger, 1866: 398, 402
– *auritus* (Gmelin, 1770): 402
– *dauricus* (Sundevall, 1842): 402
– *megalotis* s. *auritus* 402
Hemigalus Jourdan, 1837: 817
– *derbyanus* (Gray, 1837): 817
– *hosei* (Thomas, 1892): 817
Hemitragus Hodgson, 1841: 1066
– *jemlahicus* (H. Smith, 1826): 1066
– *lervia* s. *Ammotragus* Blyth, 1840: 1066
† *Henkelotherium* 276
Herpestes Illiger, 1811: 826f.
– *aureopunctatus* (Hodgson, 1836): 828
– *edwardsi* (E. Geoffroy, 1818): 828
– *ichneumon* (Linnaeus, 1758): 827
– *javanicus* (E. Geoffroy, 1818): 828
– *sangineus* (Rüppell, 1835): 828
– *urva* (Hodgson, 1836): 828
Herpestinae 755
Hesperomyinae sbf. zu Cricetidae 619, 638
Hesperomys: *Calomys*
Heterocephalus Rüppell, 1842: 9, 10, 83, 101, 153, 247, 597, 605, 679f.
– *glaber* Rüppell, 1842: 679
Heterohyrax Gray, 1868: 185, 946
– *brucei* (Gray, 1868): 946
– *syriacus*, nach Allen zu *Hyrax* 947
Heteromys Desmarest, 1817: 602, 617, 634
† *Hexaprotodon* 996, 1006
† *Hipparion* 959, 960
† *Hippidion* 959
Hippocamelus Leuckart, 1816: 1035
– *antisiensis* (d'Orbigny, 1834): 1035
– *bisulcus* (Molina, 1882): 1035
Hippomorpha 948, 968
Hippopotamidae 975, 996, 1006f.
Hippopotamus Linnaeus, 1758: 91, 94, 996
– *amphibius* Linnaeus, 1758: 199, 975, 978, 996, 1006
Hipposiderus Gray, 1831: 466
Hippotragus Sundevall, 1846: 1056
– *equinus* (Desmarest, 1804): 1056
– *leucophaeus* (Pallas, 1766): 1056
– *niger* (Harris, 1838): 1057
– *vardoni* s. *niger*
Histriophoca s. *Phoca*
† *Holoclemensia* 279f., 350
Hominidae 479f.
Homo 24, 36, 42, 62, 72, 80, 96, 108f., 119, 180, 261, 269, **988f.**

− *sapiens* Linnaeus, 1758: 988f.
Hominoidea 33, 71, 165, 579
† *Homunculus* 485
† Hoplophoneus 158, 759, 834
Hyaena Brunnich, 1771: 829f.
− *brunnea* Thunberg, 1820: 831
− *hyaena* (Linnaeus, 1758): 830
Hyaenidae 247, **829f.**
† Hyaenodonta 167, 751f.
Hydrochaeridae 686f.
Hydrochoeris Brunnich, 1772 (*Hydrochoerus*): 50, 91, 108, 118
− *hydrochaeris* (Linnaeus, 1766): 595, 604, 621, 686
† *Hydrodamalis* Retzius, 1794: *Rhytina* 919, 930
− *gigas* (Zimmermann, 1780): 930
Hydromys E. Geoffroy, 1804: 91, 145, 609, 620, 649, 663
− *chrysogaster* E. Geoffroy, 1804: 609, 663
Hydropotes Swinhoe, 1870: 15, 977, 990, 1026
− *inermis* Swinhoe, 1870: 15, 1026
Hydrurga Gistel, 1848: 854, 868
− *leptonyx* (Blainville, 1820): 854, 868
Hyemoschus Gray, 1845: 997
− *aquaticus* (Ogilby, 1841): 997, 1022
Hylobates Illiger, 1811: 50, 85, 576f.
− *agilis* F. Cuvier, 1821: 578, 579
− *concolor* (Harlan, 1826): 578, 579
− *hoolock* (Harlan, 1834): 578, 579
− *klossii* (Miller, 1903): 578
− *lar* (Linnaeus, 1771): 50, 578f.
− *moloch* (Audebert, 1798): 578f.
− *pileatus* (Gray, 1861): 578f.
− *syndactylus* (Raffles, 1821): *Siamanga* 578
Hylobatidae 80, 91, 147, 526, **576f.**
Hylochoerus Thomas, 1904: 996, 1002
− *meinertzhageni* Thomas, 1904: 1002
Hylomys Muller, 1839: **398**
− *suillus* Muller, 1839: 398
Hylopetes Thomas, 1908: 86, 630
Hyperoodon Lacepede, 1804: 714, 739, 744
− *ampullatus* (Forster, 1770): 739, 744f.
Hyperoodontidae 739
Hypogeomys A. Grandidier, 1869: 80, 602, 642
− *antimena* A. Grandidier, 1869: 642
Hypsignathus H. Allen, 1861: 194f., 226
− *monstrosus* H. Allen, 1861: 194f., 226, 448f., **461f.**
Hyracidae 262, 930f., 952
† *Hyracotherium* 150, 169, 180, 957f.
Hyrax 140, 150, 167, 185
− *syriacus*: *Heterohyrax brucei* (Gray, 1868): 946
Hypsiprymnodon Ramsay, 1876: 321, 361
− *moschatus* Ramsay, 1876: 321, 362
Hystricidae 72, 681
Hystricognatha 601
Hystricomorpha 610, 615, 620, 676
Hystrix Linnaeus, 1758: 8, 170, 601, 681
− *africaeaustralis* Peters, 1852: 682

− *brachyura* Linnaeus, 1758: 683
− *cristata* Linnaeus, 1758: 683
− *indica* Kerr, 1792: *leucura* 683
− *javanica* (F. Cuvier, 1822): 683

† *Icaronycteris* 88, 458
Ichneumia I. Geoffroy, 1837: 828
− *albicauda* (G. Cuvier, 1829): 828
Ichthymys Thomas, 1893: 91, 640
Icticyon: *Speothos* Lund, 1839: 810
† Ictidosauria 41
Ictonyx striatus (Perry, 1810): 776
Idiurus Matschie, 1894: 86, 87, 622, 670
− *macrotis* Miller, 1898: 670
− *zenkeri* Matschie, 1894: 670
Indri E. Geoffroy u. G. Cuvier, 1796: 80, 130, 146, 536
− *indri* (Gmelin, 1788): 536
Indriidae 536
† *Indricotherium* 956
Inia d'Orbigny, 1834: 710, 719f., 730f., 743
Iniidae 719
Insectivora 190, **370**, 386

Jaculus Erxleben, 1777: 9, 635
− *deserti* s. *jaculus*
− *jaculus* (Linnaeus, 1758): 637
− *orientalis* Erxleben, 1777: 637
− *lichtensteini* 637

Kannabateomys Jentink, 1891: 602
Kasi subg. s. *Presbytis* 575
† *Kenyapithecus* 486
Kerivoula Gray, 1842: 470
Kerodon F. Cuvier, 1825: 621, 684
− *rupestris* (Wied, 1820): 686
Kobus A. Smith, 1840: 1055
− *defassa* sbsp. s. *ellipsiprymnus*
− *elllipsiprymnus* (Ogilby, 1833): 1055
− *leche* Gray, 1850: 1056
Kogia Gray, 1846: 715, 746
− *breviceps* (Blainville, 1838): 715, 746
† *Kuenotherium* 272f.

Lagenodelphis Fraser, 1956: 748
Lagenorhynchus Gray, 1846: 713, 748
− *albirostris* (Gray, 1846): 748
− *australis* (Peale, 1846): 748
Lagidium Meyen, 1833: 690
− *peruanum* Meyen, 1833: 692
− *viscacia* (Molina, 1782): 691
Lagomorpha 30, 121, 146, 152, 156, 167, 594, **695f.**, 703f.
Lagorchestes Gould, 1841: 363
Lagostomus Brookes, 1828: 690
− *maximus* (Desmarest, 1817): 691
Lagothrix E. Geoffroy, 1812: 31, 84, 563
− *flavicauda* (Humboldt, 1812): 563
− *lagothricha* (Humboldt, 1812): 563

Lagurus Gloger, 1841: 647
— *lagurus* (Pallas, 1773): 647
Lama G. Cuvier, 1800: 982, 1011, 1017, 1102
— *guanicoe* (Muller, 1776): 79, 268, 982, 1011, 1102
— *guanicoe* f. *glama* (Linnaeus, 1758): 268, 1017, 1102
— *vicugna* (Molina, 1782): 1018, 1102
Lasiorhinus Gray, 1863: 367
— *krefftii* (Owen, 1873): 367
— *latifrons* (Owen, 1845): 367
Lavia Gray, 1838: 464
— *frons* (E. Geoffroy, 1810): 465
Leggada subg. s. *Mus* 656 f.
Lemmus Link, 1793: 83, 620, 644
— *lemmus* (Linnaeus, 1758): 644
— *schisticolor* (Lilljeborg, 1844): *Myopus* 644
Lemniscomys Trouessart, 1881: 657 f.
Lemur Linnaeus, 1758: 21, 83, 157, 262, 269, 533, 535 f.
— *albifrons* s. *fulvus*
— *catta* Linnaeus, 1758: 535
— *collaris* s. *fulvus*
— *fulvus* E. Geoffroy, 1796: 536
— *macaco* Linnaeus, 1767: 536
— *mongoz* Linnaeus, 1767: 536
— *rufus* s. *fulvus*
— *variegatus* s. *Varecia* Gray, 1863: 536
Lemuridae 86, 108, 121, 269, 480, 533
Leontideus s. *Leontopithecus*
Leontocebus s. *Leontopithecus*
Leontopithecus Lesson, 1840: 551, 554 f.
— *chrysomelas* s. *rosalia*
— *chrysopygus* s. *rosalia*
— *rosalia* (Linnaeus, 1767): 551, 554 f.
Lepilemur I. Geoffroy, 1851: 146, 536
— *mustelinus* I. Geoffroy, 1851: 536
— *ruficaudatus* A. Grandidier, 1867: 536
Leporidae 696, 700 f.
Leporillus 663
Leptailurus s. *Felis*
† Leptictidae 384
† *Leptobos* 1048
Leptonychotes Gill, 1872: 852 f., 870
— *weddelli* (Lesson, 1826): 852 f., 870
Lepus Linnaeus, 1758: 228, 696
— *alleni* Mearns, 1890: 704
— *capensis* Linnaeus, 1758: 701, 704
— *europaeus* s. *capensis* 697, 700 f., 704
— *habessinicus* Hemprich u. Ehrenberg, 1832: 705
— *nigricollis* F. Cuvier, 1823: 705
— *saxatilis* F. Cuvier, 1823: 705
— *timidus* Linnaeus, 1758: 697, 704
— *tolai* s. *capensis* 705
Lestoros
— *inca* (Thomas, 1917): 350
Liberiictis Hayman, 1958: 828
— *kuhni* Hayman, 1958: 828

† *Libypithecus* 575
Lichanotus Illiger, 1811: *Avahi* 536
Limnogale Major, 1896: 91, 390
— *mergulus* (Major, 1896): 390
† *Limnopithecus* 577
Lipotes Miller, 1918: 130, 730
— *vexillifer* Miller, 1918: 744
Lipotyphla 370
Lissodelphis Gloger, 1841: 748
Litocranius Kohl, 1886: 147, 1059
— *walleri* (Brooke, 1879): 1059
† Litopterna 882
Lobodon Gray, 1844: 854, 868
— *carcinophage* (Hombron u. Jacquinot, 1842): 854, 870
Lonchorhina Tomes, 1863: 468
Lophiomys Milne-Edwards, 1867: 619, 634, 642 f.
— *imhausi* Milne-Edwards, 1867: 597, 642 f.
Lophuromys Peters, 1874: 658 f.
Loricata: Cingulata 1070, 1089
Loris E. Geoffroy, 1796: 541
— *tardigradus* (Linnaeus, 1758): 542
Lorisidae 121, 146, 204, 480, 541 f.
Loxodonta 898 f., 909
— *africana* (Blumenbach, 1797): 2, 52, 898 f., 909, 914
— *africana cyclotis* (Matschie, 1900): 909
— *pumilio* Noack, 1906: 916
Lutra Brunnich, 1771: 91 f., 251, 768, 779
— *canadensis* (Schreber, 1776): 781
— *lutra* Linnaeus, 1758: 768, 781
— *maculicollis* Lichtenstein, 1837: 781
— *perspicillata* I. Geoffroy, 1826: 781
Lutreolina crassicaudata Desmarest, 1804: 91, 278, 317, 344, 347
Lutrinae 751, 779, 861
Lutrogale s. *Lutra* 780
Lycalopex s. *Canis* 808
Lycaon Brookes, 1827: 145, 751, 799, 807
— *pictus* (Temminck, 1820): 799, 801, 807
Lynchaelurus s. *Felis*
Lynx Kerr, 1792: 844
— *canadensis* Kerr, 1792: 895
— *caracal* (Schreber, 1776): 844
— *lynx* (Linnaeus, 1758): 844
— *pardinus* (Temminck, 1824): 845
— *rufus* (Schreber, 1776): 845
Lyonogale: *Tana* 478
Lyroderma spasma (: *Megaderma*) E. Geoffroy, 1810: 443, 464 f.
† *Lystrosaurus* 314

Macaca Lacepede, 1799: 157, 169, 565 f., **568**
— *arctoides* (I. Geoffroy, 1831): 568
— *cyclopis* (Swinhoe, 1863): 568
— *cynomolgus* s. *fascicularis*
— *fascicularis* (Raffles, 1821): 568
— *fuscata* (Blyth, 1875): 568
— *hecki* s. *tonkeana*

7.2. Register der wissenschaftlichen Tiernamen

− *irus* s. *fascicularis*
− *maura* F. Schinz, 1825: 569
− *mulatta* (Zimmermann, 1780): 568
− *nemestrina* (Linnaeus, 1767): 568
− *nigra* (Desmarest, 1821): 569
− *ochreata* (Ogilby, 1841): 569
− *radiata* (I. Geoffroy, 1812): 568
− *silenus* (Linnaeus, 1758): 569
− *speciosa* Blyth, 1875: *arctoides* (I. Geoffroy, 1831)
− *sylvanus* (Linnaeus, 1758): 565 f.
− *thibetana* (Milne-Edwards, 1871): 568
− *tonkeana* (Meyer, 1899): 569
† *Machairodus* 158, 759, 834
Macroderma Miller, 1906: 443
− *gigas* (Dobson, 1880): 443, 465
Macroglossus F. Cuvier, 1824: 150, 444, 463
− *fructivorus* Tayla, 1935: 463
− *lagochilus*: *fructivorus*
Macropodidae 146, 149, 150, 218, **361 f.**
Macropus Shaw, 1790: 48, 177, 180, 311, 364 f., 1095
− *agilis* (Gould, 1842): 364
− *giganteus* Shaw, 1790: 323, 364
− *parma* Waterhouse, 1846: 364
− *robustus* Gould, 1841: 364
− *rufus* (Desmarest, 1822): 48, 318, 364
Macroscelidides A. Smith, 1829: 216, 228, 235, 413
− *proboscideus* (Shaw, 1800): 417
Macrotscelididae 80, **413 f.**
Macrotarsomys Milne-Edwards u. Grandidier, 1898: 642
− *ingens* Petter, 1959: 642
Madoqua Ogilby, 1836: 20, 1061
− *guentheri* Thomas, 1894: 1061
− *kirki* (Gunther, 1880): 79, 1061
Malacothrix Wagner, 1843: 662
− *typica* (A. Smith, 1834): 662
† *Mammut* 10, 898, **916**
† *Mammuthus* 898, 916
Manatus Brunwich, 1772: *Trichechus* Linnaeus, 1758: 91
Mandrillas s. *Papio*
Manidae 872, **879**
Manis Linnaeus, 1758: 31, 50, 66, 139, 171, 872
− *aurita* 879
− *crassicaudata* Gray, 1827: 879
− *gigantea* Illiger, 1815: 872, 879
− *javanica* Desmarest, 1822: 66, 874, 879
− *longicaudata* (*tetradactyla* Linnaeus, 1766): 879
− *pentadactyla* Linnaeus, 1758: *crassicaudata* Gray, 1827: 879
− *temmincki* Smuts, 1832: 879
− *tetradactyla* Linnaeus, 1766: 872, 879
− *tricuspis* Rafinesque, 1821: 50, 872
Marmosa Gray, 1821: 143, 227, 344
− *murina* (Linnaeus, 1758): 347
Marmota Blumenbach, 1779: 196, 264, 627
− *bobak* (Muller, 1767): 628

− *marmota* (Linnaeus, 1758): 627
− *monax* (Linnaeus, 1758): 629
Marsupialia 75, 215 f., 228, **310 f.**, **343 f.**
Martes Pinel, 1792: 775
− *americana* (Turton, 1806): 775
− *flavigula* (Boddaert, 1785): 775
− *foina* (Erxleben, 1777): 768, 775
− *martes* (Linnaeus, 1758): 768, 775
− *pennanti* (Erxleben, 1777): 775
− *zibellina* (Linnaeus, 1758): 768, 775
Massoutiera Lataste, 1885: 674
− *mzabi* (Lataste, 1881): 674
− *rothschildi* s. *mzabi*
† *Mastodon*: († *Gomphotherium*): 158 f.
† Mastodontidae 158, 895 f.
Mastomys s. *Praomys* 656 f.
Mayermys Laurie u. Hill, 1954: 648
− *ellermani* Laurie u. Hill, 1954: 648, 665
Mazama Rafinesque, 1817: 1035
− *americana* (Erxleben, 1777): 1035
− *gouazoubira* (G. Fischer, 1814): 1035
† *Megaceros* 1039
Megachiroptera 88, 146, **455 f.**, **461 f.**
Megaderma Miller, 1906: 464
− *lyra* E. Geoffroy, 1810: 443, 464 f.
Megadermatidae 464
† *Megaladapis* 147, 482, 498, 540 f.
Megalaia s. *Macropus*
Megaloglossus 463
† Megalonychidae 1070
† *Megalotherium* 1070
Megaptera Gray, 1846: 724, 739 f., 750
− *nodosa* s. *novaeangliae* 739
− *novaeangliae* (Borowski, 1781): 750
Meles Boddaert, 1785: 94, 768, 777
− *meles* (Linnaeus, 1758): 768, 777
Melinae 777
Mellivora Storr, 1780: 777
− *capensis* (Schreber, 1776): 777
Melogale (*Helictis*) *personata* I. Geoffroy, 1831: 779
Melursus Meyer, 1793: 759, 793 f.
− *ursinus* (Schaw, 1791): 793 f.
Menotyphla 370
Mephitis E. Geoffroy u. G. Cuvier, 1795: 23, 779
− *macroura* Lichtenstein, 1832: 779
− *mephitis* (Schreber, 1776): 779
Meriones Illiger, 1811: 620, 642
† *Merychippus* 957
Mesaxona 948 f., 951
Mesocricetus Nehring, 1898: 619, 640
− *auratus* (Waterhouse, 1839): 640
† *Mesohippus* 957
† Mesonychoidea 77, 167, 709, 752, 881
† *Mesopithecus* 575
Mesoplodon Gervais, 1850: 709, 738, 744 f.
− *bidens* (Sowerby, 1804): 745 f.
− *grayi* von Haast, 1876: 745
− *layardii* (Gray, 1865): 744 f.
Mesopotamogale sbg. s. *Micropotamogale* 91, 391

Metachirus Burmeister, 1854: 316, 347
— *nudicaudatus* (E. Geoffroy, 1803): 347
Metatheria 143, 212, 245, 278 f., **310 f.**
† *Miacis* 77, 167, 752
Microbiotherium sbf. s. *Didelphidae* 314, 347
Microcebus E. Geoffroy, 1834: 143, 146, 479, 533
— *coquereli* A. Grandidier, 1867: 533
— *murinus* (J. F. Miller, 1777): 533
— *rufus* E. Geoffroy, 1834: 533
Microchiroptera 88, 142, 143, **455 f.**, **463 f.**
Microgale Thomas, 1882: 31, 390
— *cowani* Thomas, 1883: 390
— *pusilla* Major, 1896: 390
— *talazaci* Major, 1896: 390
Micromys Dehne, 1841: 655
— *minutus* (Pallas, 1771): 595, 655
Micropotamogale Heim de Balsac, 1954: 91, 391
— *lamothi* Heim de Balsac, 1954: 391
— *ruwenzorii* (de Witte u. Frechkop, 1955): 391
Microtini 21, 619, 644
Microtus Schrank, 1798: 646 f.
— *agrestis* (Linnaeus, 1761): 647
— *arvalis* (Pallas, 1778): 221 f., 647
— *duodecimcostatus* de Selys-Longchamps, 1839 s. *Pitymys* 647
— *guentheri* (Danford u. Alston, 1880): 647
— *nivalis* (Martins, 1842): 647
— *oeconomus* (Pallas, 1776): 647
— *pennsylvanicus* (Ord, 1815): 647
— *ratticeps* s. *oeconomus*
— *subterraneus* s. *Pitymys* 647
Miniopterus Bonaparte, 1837: 470
— *schreibersi* (Kuhl, 1819): 460, 470
† *Miohippus* 957
Miopithecus s. *Cercopithecus* 520
— *talapoin* (Schreber, 1774): 520, 572
Mirounga Gray, 1827: 852, 862, 870
— *angustirostris* (Gill, 1867): 862, 870
— *leonina* (Linnaeus, 1758): 41, 848, 862, 870
† *Moeritherium* 895
Molossidae 9, 470
Molossus E. Geoffroy, 1805: 470
Monachus Fleming, 1822: 854, 862, 868
— *monachus* (Hermann, 1779): 854, 862, 868
— *schauinslandi* Matschie, 1905: 862, 868
— *tropicalis* (Gray, 1850): 862, 868
Monodelphis Burnett, 1830: 319, 347
— *domestica* (Wagner, 1842): 347
Monodon Linnaeus, 1758: 708 f., 728 f., 746
— *monoceros* (Linnaeus, 1758): 746
Monotremata 33, 35 f., 135, 139 f., 190 f., 200, 215, 229, 245, 256, **282 f.**
Mops Lesson, 1842: 470
† *Morganucodon* 271 f., 319
Mormops Leach, 1821: 467, 470
Moschidae 15, 977
Moschus Linnaeus, 1758: 77, 1019
— *moschiferus* Linnaeus, 1758: 1019, 1025
— *sibiricus* s. *Moschus* 1025

† Multituberculata 41, 75, 84, 146, 156, 165 f., 229, 273 f.
Mungotictis Pocock, 1915: 822, 823
— *decemlineata* (A. Grandidier, 1867): 823
— *lineata* 823
— *substriatus* s. *decemlineata* 823
Muntiacus Rafinesque, 1815: 19, 77, 995, 1028, 1037
— *muntjak* (Zimmermann, 1780): 19, 269, 995, 1031
— *reevesi* (Ogilby, 1839): 269, 995, 1031
Murexia Tate u. Archbold, 1937: 351
Muridae 619 f., 648 f.
Muroidea 637
Mus (incl. sbg. Leggada) Linnaeus, 1766: 180, 248
— *domesticus* Rutty, 1772: 650 f.
— *musculus* Linnaeus, 1766: 649 f.
— *poschiavinus* Fatio, 1869: 651
— *spretus* Lataste, 1883: 649 f.
— *triton* (Thomas, 1909): 649 f.
Muscardinus Kaup, 1829: 267, 669
— *avellanarius* (Linnaeus, 1758): 669
Mustela Linnaeus, 1758: 94, 768, 773 f.
— *erminea* Linnaeus, 1758: 222, 242, 768, 773
— *eversmanni* Lesson, 1827: 773
— *frenata* Lichtenstein, 1831: 768, 775
— *furo* s. *putorius* f. dom. 773, 1103
— *lutreola* (Linnaeus, 1761): 91, 751, 768, 773
— *nigripes* (Audubon u. Backman, 1852): 775
— *nivalis* Linnaeus, 1766: 39, 773
— *nudipes* Desmarest, 1822: 91, 751
— *putorius* Linnaeus, 1758: 773
— *sibirica* Pallas, 1773: 775
— *vison* Schreber, 1777: 242, 768, 774
Mustelidae 242, 773 f.
Mydaus F. Cuvier, 1821: 756, 777
— *javanensis* (Desmarest, 1820): 777
† *Mylodon* 1070
† *Mylodontidae* 1070
Myocastor Kerr, 1792: 91, 693 f.
— *coypus* (Molina, 1782): 694
Myomorpha 610, 615, 619
Myoprocta Thomas, 1903: 622, 692
— *acouchi* (Erxleben, 1777): 692
Myopus schisticolor 644
Myosorex Gray, 1838: 406
Myospalax Laxmann, 1769: 13, 83, 644
Myotis Kaup, 1829: 265 f., 470 f.
— *bechsteini* (Kuhl, 1818): 460
— *capaccinii* (Bonaparte, 1837): 460
— *daubentoni* (Kuhl, 1819): 460
— *emarginatus* (E. Geoffroy, 1806): 460
— *lucifugus* (Le Conte, 1831): 460
— *myotis* (Borkhausen, 1797): 89, 201, 429
Myoxus s. *Glis* 668
Myrmecobiidae 143, **354**
Myrmecobius Waterhouse, 1836: 13, 143, 278
— *fasciatus* Waterhouse, 1836: 13, **354**

Myrmecophaga Linnaeus, 1758: 1098 f.
— *tridactyla* Linnaeus, 1758: 1098
Myrmecophagidae 45, 144, 155, 171, 1070
Mysticeti (= Mystacoceti) 103, 123, 152, 155, 710, 728 f., 748 f., 1097 f.
Mystromys albicaudatus 149, 612, 638 f., 649
Myzopoda 14, 468

Nandinia Gray, 1843: 759, 818
— *binotata* (Reinhardt, 1830): 759, 818
Nasalis E. Geoffroy, 1812: 121, 162, 515, 576
— *larvatus* (Wurmb, 1787): 162, 515, 576
Nasua Storr, 1780: 50, 121, 783 f.
— *nasua* (Linnaeus, 1766): 50, 784
— *olivacea* (Gray, 1865): 785
— *solitaria* s. *nasua*
Nasuella s. *Nasua* 785
Natalidae 468
Natalus Gray, 1838: 468
Nemorhaedus = Naemorhaedus 1061
Neocyamus 740
Neofelis (Gray, 1867): 839
— *nebulosa* (A. Smith, 1821): 760, 836, 841
Neofiber 644, 648
Neohylomys Shaw u. Wong, 1959: 397
Neomys 91, 144, 405
— *anomalus* Cabrera, 1907: 405
— *fodiens* Pennant, 1771: 405
Neotetracus Trouessart, 1909: 397
— *sinensis* Trouessart, 1909: 397
Neotoma Say u. Ord, 1825: 248, 640
— *floridana* (Ord, 1818): 640
Neotragus H. Smith, 1827: 986, 1059
— *pygmaeus* (Linnaeus, 1758): 1059
Nesogale s. *Microgale*
Nesokia Gray, 1842: 655
— *indica* (Gray u. Hardwicke, 1830): 655
Nesolagus Major, 1899: 703
— *netscheri* (Schlegel, 1880): 703, 707
Nesomys Peters, 1870: 80, 619 f., 641, 649
— *rufus* Peters, 1870: 641
† *Nesophontes* 385, 391
Neurotrichus Gunther, 1880: 82, 411
† *Nimravus* 158, 834
Noctilio Linnaeus, 1766: 90, 443, 464
— *leporinus* (Linnaeus, 1758): 443
† *Notharctus osborni* 481
Notoryctes typhlops (Stirling, 1889): 7, 10, 29, 83, 101, 130, 139, 143, 278, 311 f., 325, **355**, 1093
† Notoungulata 883
Novibos s. *Bos*
Nyctalus Bowdich, 1825: 265, 443, 470
— *leisleri* (Kuhl, 1818): 460
— *noctula* (Schreber, 1774): 424, 443, 470
Nyctereutes Temminck, 1839: 759, 802
— *procyonoides* (Gray, 1839): 759, 813 f.
Nycteribia 458
Nycteris G. Cuvier u. E. Geoffroy, 1795: 464

— *arge* Thomas, 1903: 464
— *thebaica* E. Geoffroy, 1818: 464
Nycticebus E. Geoffroy, 1812: 542
— *coucang* (Boddaert, 1785): 542
— *pygmaeus* Bonhote, 1907: 542
Nyctimene Borkhausen, 1797: 463
— *albiventer* (Gray, 1863): 463

† *Obdurodon* 283 f.
Ochotona Link, 1795: 696, 701, 703
— *alpina* (Pallas, 1773): 703
— *collaris* (Nelson, 1893): 701
— *daurica* (Pallas, 1776): 703
— *macrotis* (Gunther, 1875): 701
— *princeps* (Richardson, 1828): 698, 703
— *pusilla* (Pallas, 1769): 699, 703
Ochotonidae 701, 703
Octodontidae 622, 688
Odobenidae 91
Odobenus Brisson, 1762: 158, 852, 862
— *rosmarus* (Linnaeus, 1758): 852, 862
Odocoileus Rafinesque, 1832: 1035
— *hemionus* (Rafinesque, 1817): 1035
— *virginianus* (Zimmermann, 1780): 1035
Odontoceti 103, 123, 145, 710, 713, 730 f.
Oedipomidas s. *Saguinus*
— *oedipus* (Linnaeus, 1758): 554
Oenomys Thomas, 1904: 658
— *hypoxanthus* (Pucheran, 1855): 658
Okapia Lankester, 1901: 15, 147, 975, 999, 1040
— *johnstoni* (Sclater, 1901): 15, 975, 982, 999, 1043
† *Oligokyphus* 55
Ommatophoca Gray, 1844: 870
— *rossi* Gray, 1844: 870
† Omomyoidea 481, 483
Ondatra Link, 1795: 91, 644, 647
— *zibethicus* (Linnaeus, 1766): 644 f., 647
Onychogalea Gray, 1841: 364
— *fraenata* (Gould, 1841): 364
Orcaella Gray, 1866: 748
— *brevirostris* Gray, 1866: 748
Orcinus Fitzinger, 1860: 145, 730
— *orca* (Linnaeus, 1758): 747
Oreailurus s. *Felis*
Oreamnos Rafinesque, 1817: 1061
— *americanus* (Blainville, 1816): 1061
Oreotragus A. Smith, 1834: 1061
— *oreotragus* (Zimmermann, 1783): 1061
Ornithorhynchidae 282 f., **310**
Ornithorhynchus Blumenbach, 1800: 25, 91 f., 101, 117, 180, 212, 245 f., 282 f., **310**
— *anatinus* (Shaw u. Nodder, 1799): 310
Orthotheria = Theria
Orycteropus E. Geoffroy, 1796: 36, 108 f., 118, 247, **883 f.**
— *afer* (Pallas, 1766): 60, 61, 62, 883
Oryctolagus Lilljeborg, 1871: 156, 700, 705

- *cuniculus* (Linnaeus, 1758): 119, 156, 201, 204, 700f., 705, 1103
Oryx Blainville, 1816: 1056
- *dammah* Cretzschmar, 1826: 1056
- *gazella* (Linnaeus, 1758): 1056
- *leucoryx* (Pallas, 1777): 1056
Oryzomys Baird, 1858: 638
Oryzorictes A. Grandidier, 1870: 83
Osbornictis J. A. Allen, 1919: 91, 816
- *piscivora* J. A. Allen, 1919: 91, 816
Otaria Peron, 1816: 6, 91, 852f., 862
- *byronia* (Blainville, 1820): 852
Otocolobus s. *Felis*
Otocyon Muller, 1836: 765, 801, 808
- *megalotis* (Desmarest, 1821): 765, 801, 808
Otomyinae 620, 660f., 649, 659f.
Otomys F. Cuvier, 1824: 248, 620, 659f.
- *irroratus* Brants, 1827: 659f.
Ourebia Laurillard, 1842: 1061
- *ourebi* (Zimmermann, 1783): 1061
Ovibos Blainville, 1816: 1067
- *moschatus* (Zimmermann, 1780): 1067
Ovis Linnaeus, 1758: 1067f.
- *ammon* (Linnaeus, 1758): 1067
- *ammon* f. *aries* Linnaeus, 1758: 43, 1067
- *canadensis* Shaw, 1804: 1068
- *dalli* Nelson, 1884: 1068
- *musimon* Pallas, 1811: 1067
- *nivicola* Eschscholtz, 1829: 1068
- *orientalis* s. *musimon*
- *orientalis ophion* s. *musimon*
- *vignei* Blyth, 1841: 1067
† Oxyaenoidea 167, 751f.
Ozotoceros Ameghino, 1891: 1035
- *bezoarticus* (Linnaeus, 1758): 1035
- *campestris* s. *bezoarticus* 1035

Paarhufer = Artiodactyla 977f.
„Pachydermata" 931
Paenungulata 882, 931
Pagophilus s. *Phoca* 852, 866
- *groenlandicus* Erxleben, 1777: 866
Paguma Gray, 1831: 819
- *larvata* (H. Smith, 1827): 899
† *Pakicetus* 709
† *Palaeanodon* 871, 878, 1072
† Palaedonta 995
† *Palaeolagus* 702
† *Palaeomastodon* 895
† *Palaeomeryx* 1028
† *Palaeopropithecus* 540
† Palaeoryctidae 752
† *Palaeotherium* 957f.
† *Palaeotragus* 1040
Pan Oken, 1816: 80, 108, 147, 165, 193, 258, 581, 593
- *paniscus* Schwartz, 1929: 581, 593
- *troglodytes* (Gmelin, 1788): 581, 593
Panthera Oken, 1816: 770, 838f.

- *leo* (Linnaeus, 1758): 53, 169, 248, 770, **835**, 838
- *nebulosa* (Griffith, 1821): s. *Neofelis*
- *onca* (Linnaeus, 1758): 838
- *pardus* (Linnaeus, 1758): 838
- *tigris* (Linnaeus, 1758): 32, 835, 839
- *uncia* (Schreber, 1775): 836
Pantholops Hodgson, 1834: 1061
- *hodgsoni* (Abel, 1826): 1061
† Pantodonta 893
Pantoporia blainvillei 744
† Pantotheria 41, 75, 84, 159, 273, 312
Papio Muller, 1773: 165, 564, 570
- *anubis* (I. B. Fischer, 1829): 570
- *cynocephalus* (Linnaeus, 1766): 570
- *doguera* (Pucheran, 1856) s. *anubis*
- *hamadryas* (Linnaeus, 1758): 501, 525f., 570
- *leucophaeus* (F. Cuvier, 1807): 570
- *papio* (Desmarest, 1820): 570
- *sphinx* (Linnaeus, 1758): 570
- *ursinus* (Wagner, 1840): 570
† *Pappotherium* 280
Paradoxurus F. Cuvier, 1821: 818
- *hermaphroditus* (Pallas, 1777): 818
Paraechinus Trouessart, 1879: 398, 402
- *aethiopicus* (Ehrenberg, 1833): 402
- *hypomelas* (Brandt, 1836): 402
- *micropus* (Blyth, 1846): 402
† *Paramys* 616f.
† *Paranthropus* 487
† *Parapithecus* 485
Pardofelis s. *Felis*
† Paromomyoidea = † Plesiadapiformes
† Paulchoffatiidae 275
Pecora 149, 977, 1000
Pectinator Blyth, 1855: 674
- *spekei* Blyth, 1855: 674
Pedetes Illiger, 1811: 672
- *capensis* (Forster, 1778): 9, 672f.
- *surdaster* s. *capensis* 672, 674
Pedetidae 602, 622, 672
Pelea Gray, 1851: 20, 1056
- *capreolus* (Forster, 1790): 1056
† Pelycosauria 47
Pentalagus Lyon, 1904: 700
Peponocephalus 746
Perameles E. Geoffroy, 1804: 357
- *nasuta* E. Geoffroy, 1804: 357
Peramelidae 218
Perissodactyla 147, 948f.
Peridicticus Bennett, 1831: 29, 542
- *potto* (Muller, 1766): 85, 542
Perognathus Wied, 1839: 634
Peromyscus Gloger, 1841: 638
- *leucopus* (Rafinesque, 1818): 638
- *maniculatus* (Wagner, 1845): 638
Peropteryx Peters, 1867: 464
Petaurista Link, 1795: 86, 87, 627, 630

Petaurus Shaw, 1791: 86, 87, 146, 278
Petrodromus Peters, 1846: 418
— *tetradactylus* Peters, 1846: 418
Petrogale Gray, 1837: 363
— *brachyotis* Gould, 1841: 363
— *penicillata* (Gray, 1827): 363
Petromus A. Smith, 1831: 621, 676
— *typicus* A. Smith, 1831: 146, 676
Phacochoerus F. Cuvier, 1826: 13, 247, 996
— *aethiopicus* (Pallas, 1767): 13, 247, 996, 1003
Phalanger Storr, 1780: 85, 146, 359
— *celebensis* (Gray, 1858): 316, 359
— *maculatus* (E. Geoffroy, 1803): 358, 359
— *ursinus* (Temminck, 1824): 359
Phalangeridae 85, 146, 314, **358 f.**
Phaner Gray, 1870: 533
— *furcifer* (Blainville, 1841): 533
Phascogale Temminck, 1824: 351
Phascolarctos Blainville, 1816: 85, 146, 150, **365**
— *cinereus* (Goldfuss, 1817): 365
Phascolomyidae = Vombatidae
Phascolomys = *Vombatus* E. Geoffroy, 1803: 366
† Phenacodonta 881
† *Phenacodus* 881
Philander Tiedemann, 1808: 344
— *opossum* (Linnaeus, 1758): 311, 347
† *Phiomia* 895
† Phiomyidae 621
Phloeomys Waterhouse, 1839: 620, 664
— *cummingi* (Waterhouse, 1839): 664
— *elegans* s. *cummingi*
Phoca Linnaeus, 1758: 92, 124, 251, 854
— *caspica* Gmelin, 1788: 848, 866
— *groenlandicus* Erxleben, 1777: 866
— *hispida* Schreber, 1775: 862, 865
— *larga* Pallas, 1811: 866
— *sibirica* Gmelin, 1788: 866
— *vitulina* Linnaeus, 1758: 851 f., 862, 865
Phocaena (*Phocoena*) G. Cuvier, 1817: 709, 713, 723, 746
— *phocoena* (Linnaeus, 1758): 50, 713, 723, 746
Phocoenidae 723, 746
Phodopus Miller, 1910: 619, 640
Pholidota 10, 144, 155, 171, 871 f.
Phyllostomidae 146, 150, 444, 467
Phyllostomus Lacepede, 1799: 465
— *hastatus* (Pallas, 1767): 443, 465
Physeter Linnaeus, 1758: 709, 716 f., 724, 730, 746
— *catodon* = *macrocephalus* 709
— *macrocephalus* Linnaeus, 1758: 709, 716 f.
Physeteridae 746
Piliocolobus subg. s. *Colobus*
Pilosa 1070
Pinnipedia 91 f., 145, 186, 242, 263, **848 f.**
Pipistrellus Kaup, 1829: 425, 470
— *kuhlii* (Natterer, 1819): 460
— *nanus* (Peters, 1852): 14

— *pipistrellus* (Schreber, 1774): 460
— *nathusii* (Keyserling u. Blasius, 1839): 460
Pithecia Desmarest, 1804: 85, 560
— *monachus* (E. Geoffroy, 1812): 560
— *pithecia* (Linnaeus, 1766): 560
Pithecoidea = Simiae
Pitymys McMurtrie, 1831: 645, 647
— *subterraneus* (de Selys-Longchamps, 1836): 647
Pizonyx s. *Myotis* 90, 443, 469
— *vivesi* (Menegaux, 1901): 443, 469
Placentalia = Eutheria 367
Plagiodontia F. Cuvier, 1836: 694
Planigale 312, 351
Platacanthomys Blyth, 1859: 666
— *lasiurus* Blyth, 1859: 666
Platanista Wagler, 1830: 130, 720, 743
— *gangetica* (Roxburgh, 1801): 743
— *indi* = *gangetica*
† *Platybelodon* 897
Platyrhini (Platyrrhini) 481 f., 550 f.
Plecotus E. Geoffroy, 1818: 460, 470
— *auritus* (Linnaeus, 1758): 460
— *austriacus* (Fischer, 1829): 460, 470
† Plesiadapiformes 480 f.
† *Plesiadapis* 480
† *Pliopithecus* 577
Podogymnura Mearns, 1905: 398
— *aureospina* 398
— *truei* Mearns, 1905: 398
Poecilictis Thomas u. Hinton, 1920: 776
— *libyca* (Hemprich u. Ehrenberg, 1833): 776
Poelagus 700
Poiana Gray, 1865: 821
— *richardsoni* (Thomson, 1842): 821
Polyprotodontia 312
Pongidae 80, 91, 193, 269, 479, 579, 582 f.
Pongo Lacepede, 1799. 80, 85, 147, 193
— *pygmaeus* (Linnaeus, 1760): 580 f., 593
— *pygmaeus abeli* 593
Porcula subg. s. *Sus*
Potamochoerus Gray, 1854: 1002
— *porcus* (Linnaeus, 1758): 1002
Potamogale Du Chaillu, 1860: 91
— *velox* (Du Chaillu, 1860): 391
Potamogalidae 144, 391 f.
Potorous Desmarest, 1804: 361, 363
— *longipes* Seebeck u. Johnston, 1980: 363
— *tridactylus* (Kerr, 1792): 363
Potos E. Geoffroy u. G. Cuvier, 1795: 31, 84, 785
— *flavus* (Schreber, 1774): 785
Praomys Thomas, 1915 (incl. *Mastomys*, *Myomys*): 649, 656
— *coucha* s. *natalensis* 656
Presbytis Eschscholtz, 1821: 177, 575 f.
— *aygula* (Linnaeus, 1758): 575
— *cristata* (Raffles, 1821): 575
— *entellus* (Dufresne, 1797): 575
— *melalophos* (Raffles, 1821): 575

– *nemaeus* 490, 575 f.
– *obscura* (Reid, 1837): 575
– *senex* (Erxleben, 1777): 575
Primates 72, 146, **479 f.**
Priodontes F. Cuvier, 1825: 1081, 1092
– *maximus* (Kerr, 1792): 1092
Prionodon Horsfield, 1822: 821
– *linsang* (Hardwicke, 1821): 821
† *Probainognathus* 41, 270 f.
Proboscidea 10, 94, 121, 167, **895 f.**
Procapra Hodgson, 1846: 1059
– *gutturosa* (Pallas, 1777): 1059
Procavia Storr, 1780: 31, 930 f., 946
– *capensis* (Pallas, 1766): 946
– *habessinica* subsp. s. *capensis* 947
– *johnstoni* subsp. s. *capensis* 947
– *syriaca* subsp. s. *capensis* 947
Procaviidae 167, **930 f.**
Procolobus 520
– *verus* (van Beneden, 1838): 520, 575
† *Proconsul* 486
Procyon Storr, 1790: 261, 782
– *cancrivorus* (F. Cuvier, 1798): 784 f.
– *lotor* (Linnaeus, 1758): 782 f.
Procyonidae 782 f.
Proechimys J. A. Allen, 1899: 690
Propithecus Bennett, 1832: 21, 146, 485, 536
– *diadema* Bennett, 1832: 536
– *verreauxi* A. Grandidier, 1867: 536
† *Propliopithecus* 483
„Prosimiae" 479
Proteles I. Geoffroy, 1824: 144, 171, 751, 765, 833 f.
– *cristatus* (Sparrman, 1783): 765, 833 f.
† Proteutheria 385, 471
† Prototheria 38, 282 f.
† Protrogomorpha 610, 617
Pseudalopex gymnocercus 810
Pseudocheirus Ogilby, 1837: 85, 360
– *peregrinus* (Boddaert, 1785): 360
Pseudois Hodgson, 1846: 1066
– *nayaur* (Hodgson, 1833): 1066
Pseudorca Reinhardt, 1862: 746
– *crassidens* (Owen, 1846): 746
Pteronotus Gray, 1838: 467
– *personatus* (Wagner, 1843): 467
– *gymnonotus* Natterer, 1843: 467
Pteronura Gray, 1837: 92
Pteropodidae 444
Pteropus Erxleben, 1777: 31, 50, 62, 192, **463 f.**
– *alecto* Temminck, 1837: 444
– *giganteus* (Brunnich, 1782): 88, 463
– *poliocephalus* Temminck, 1825: 444, 463
– *vampyrus* (Linnaeus, 1758): 50, 424, 446, 463
Ptilocercinae 471 f., 478
Ptilocercus Gray, 1848: 471 f.
– *lowii* Gray, 1848: 478
† *Ptilodus* 166, 275

Pudu Gray, 1852: 1035
– *mephistophiles* (De Winton, 1896): 1035
– *pudu* (Molina, 1782): 1035
Puma s. *Felis* 764, 844
† *Purgatorius* 481
Pusa s. *Phoca*
Putorius s. *Mustela*
– *putorius* Linnaeus, 1758: 773
† Pyrotheria 894

Quagga s. *Equus* 973 f.

† *Ramapithecus* 486
Rangifer H. Smith, 1827: 15, 1026, 1038
– *tarandus* (Linnaeus, 1758): 15, 1026, 1038, 1102
Raphicerus H. Smith, 1827: 1045
– *campestris* (Thunberg, 1811): 1045, 1061
Rattus Fischer, 1803: 216 f., 651 f.
– *exulans* (Peale, 1848): 655
– *norvegicus* (Berkenhout, 1789): 216 f., 222, **652 f.**
– *rattus* (Linnaeus, 1758): 651 f.
Ratufa Gray, 1867: 627
– *bicolor* (Sparrman, 1778): 627
– *indica* (Erxleben, 1777): 627
Redunca H. Smith, 1827: 1055
– *arundinum* (Boddaert, 1785): 1055
Rhinocerus Linnaeus, 1758: 954, 956
– *sondaicus* Desmarest, 1822: 949, 956, 967
– *unicornis* Linnaeus, 1758: 949, 954, 956
Rhinocerotidae 140 f., 949 f., 956, 967
Rhinolophidae 175, **466**
Rhinolophus Lacepede, 1799: 467
– *blasii* Peters, 1867: 467
– *euryale* Blasius, 1853: 467
– *ferrumequinum* (Schreber, 1774): 467
– *hipposideros* (Bechstein, 1800): 266, 441, 467
– *mehelyi* Matschie, 1901: 467
Rhinopithecus s. *Presbytis* 515, 576
Rhinopoma E. Geoffroy, 1818: 464
– *hardwickei* Gray, 1831: 464
– *microphyllum* (Brunnich, 1782): 464
Rhizomys Gray, 1831: 83, 130, 620, 664
– *sumatrensis* (Raffles, 1829): 664
Rhombomys Wagner, 1841: 642, 657
Rhynchocyon Peters, 1847: 416
– *chrysopygus* Gunther, 1881: 416, 418
– *cirnei* Peters, 1847: 418
– *petersi* Bocage, 1880: 418
Rhynchogale Thomas, 1894: 829
– *melleri* (Gray, 1865): 829
Rhyncholestes Osgood, 1924: 348
Rhynchomys Thomas, 1895: 148, 609, 663
Rhynchotragus sbg. s. *Madoqua* 1062
† *Rhytina* (*Rytina*) = *Hydrodamalis*
– *gigas* (Zimmermann, 1780): 91, 918, 930
– *stelleri* 930

Rodentia 146, 156, 167, 594 f.
Romerolagus Merriam, 1896: 701
— *diazi* (Diaz, 1893): 701 f., 706
Rosmarus = *Odobenus* Brisson, 1762: 158, 852, 862
Rousettus Gray, 1821: 438, **463**
— *aegyptiacus* (E. Geoffroy, 1810): 40, 424, 463
— *leschenaulti* (Desmarest, 1820): 463
— *madagascariensis* G. Grandidier, 1928: 463
Ruminantia 977 f., 1009
Rupicapra Blainville, 1816: 1061
— *rupicapra* (Linnaeus, 1758): 1061

Saccolaimus Temminck, 1838: 464
Saccopteryx Illiger, 1811: 22, 427, 464
— *bilineata* (Temminck, 1838): 22, 437
Saccostomus Peters, 1846: 148, 649, 659
— *campestris* Peters, 1846: 659
Saguinus Hoffmannsegg, 1807: **554**
— *bicolor* (Spix, 1823): 554
— *geoffroyi* s. *oedipus* 554
— *imperator* (Goeldi, 1907): 554
— *midas* (Linnaeus, 1758): 554
— *oedipus* (Linnaeus, 1758): 554
— *tamarin* s. *midas* 554
Saiga Gray, 1843: 15, 1061
— *tatarica* (Linnaeus, 1766): 15, 1061
Saimiri Voigt, 1831: 36, 124, 146, 556, 562
— *oerstedii* Reinhardt, 1872: 562
— *sciureus* (Linnaeus, 1758): 36, 562
Salanoia Gray, 1867: 822
— *concolor* (I. Geoffroy, 1837): 822
Salpingotus Vinogradov, 1922: 635
Sarcophilus I. Geoffroy u. F. Cuvier, 1837: 351
— *harrisi* (Boitard, 1841): 326, 351
Satanellus s. *Dasyurus*
Scalopus E. Geoffroy, 1803: 83, 411
— *aquaticus* (Linnaeus, 1758): 131, 411
Scandentia 470 f.
Scapanulus Thomas, 1912: 411
Scapanus Pomel, 1848: 82, 411
— *latimanus* (Bachman, 1842): 411
Schoenobates = *Petauroides* 86, 146, 278, 360
— *volans* 360
Scirtopoda s. *Jaculus*
Sciuridae 85, 87, 604, 610, 617, **625 f.**
Sciurus Linnaeus, 1758: 626 f.
— *anomalus* Gmelin, 1778: 627
— *carolinensis* Gmelin, 1788: 626
— *niger* Linnaeus, 1758: 627
— *vulgaris* Linnaeus, 1758: 625
Scotophilus Leach, 1821: 470
Scutisorex Thomas, 1913: 407
— *congicus* s. *somereni* 407
— *somereni* (Thomas, 1910): 407
Selenarctos s. *Ursus* 795
— *thibetanus* G. Cuvier, 1823: 795
† *Semantor* 861
Semnopithecus = *Presbytis* 576

Setifer Froriep, 1806: 8, 72, 390
— *setosus* (Schreber, 1777): 390
Setonix Lesson, 1842: 363
— *brachyurus* (Quoy u. Gaimard, 1830): 363
Siamanga s. *Hylobates*
Sicista Gray, 1827: 619, 635
— *betulina* (Pallas, 1779): 635
Sigmodon Say u. Ord, 1825: 640
— *hispidus* Say u. Ord, 1825: 640
Simiae 121, 479 f., **483**
Simias = *Nasalis*
— *concolor* Miller, 1903: 576
Simplicidentata 594
Sirenia 31, 33, 91 f., 146, **917 f.**
† *Sivapithecus* 486
† *Sivatherium* 999, 1040
† *Smilodon* 278, 759, 834
Sminthopsis Thomas, 1887: 316, 351
— *longicaudata* Spencer, 1909: 351
Solenodon Brandt, 1833: 20, 29, 121, 165, 391
— *cubanus* Peters, 1861: 393
— *paradoxus* Brandt, 1833: 393
Solenodontidae 391 f.
Sorex Linnaeus, 1758: 269, 402, 405 f.
— *alpinus* Schinz, 1837: 406
— *araneus* Linnaeus, 1758: 405
— *caecutiens* Laxmann, 1788: 406
— *minutus* Linnaeus, 1766: 406
Soricidae 269, **402 f.**
Sotalia Gray, 1866: 709, 747
— *fluviatilis* (Gervais, 1853): 747
Sousa 747
Spalacidae 247, 269, 621, 666
Spalax Guldenstaedt, 1770: 29, 83, 130, 666
— *leucodon* Nordmann, 1840: 269, 666
— *microphthalmus* Guldenstaedt, 1770: 666
Speothos Lund, 1839: 77, 764, 799, 801, 810
— *venaticus* (Lund, 1842): 764, 799, 801, 807, 810
Spilogale Gray, 1865: 768, 779
— *putorius* (Linnaeus, 1758): 779
Steatomys Peters, 1846: 662
Stenella Gray, 1866: 748
— *longirostris* (Gray, 1828): 748
Stenidae 746 f.
Stenoderma E. Geoffroy, 1818: 468
† *Sthenurus* 364
† *Steropodon gallmani* 283
Strepsirhini 121, 480
Sturnira Gray, 1842: 468
— *lilium* (E. Geoffroy, 1810): 468
Suidae 94, 147, 175, 189, 977, 996, 1000
Suillotaxus s. *Mydaus* 755, 779
Suncus Ehrenberg, 1732: 143, 402, 406
— *etruscus* (Savi, 1822): 2, 143, 264, 402, 406
— *madagascariensis* s. *etruscus*
— *murinus* (Linnaeus, 1766): 403
Suricata Desmarest, 1804: 827
— *suricatta* (Erxleben, 1777): 827

Sus Linnaeus, 1758: 188, 977, 996, 1000 f.
- *barbatus* Muller, 1838: 1001
- *celebensis* s. *verrucosus*
- *cristatus* s. *scrofa*
- *salvanius* (sbg. *Porcula*) (Hodgson, 1847): 1001
- *scrofa* Linnaeus, 1758: 1000, 1001
- *scrofa* f. *domestica* (Hausschwein) 201, 980, 1101
- *verrucosus* Muller u. Schlegel, 1758: 1002
- *vittatus* s. *scrofa* 1001

Sylvicapra Ogilby, 1837: 143, 1046 f.
- *grimmia* (Linnaeus, 1758): 143, 1048

Sylvilagus Gray, 1867: 700 f., 706
- *cunicularius* (Waterhouse, 1848): 700

Sylvisorex Thomas, 1904: 406
† Symmetrodonta 159, 273 f.
Symphalangus s. *Hylobates* 193
† Synapsida 270
Syncerus Hodgson, 1847 (subg. s. *Bubalus*): 1048
† Synthetoceras 15

Tachyglossidae 23, **310**
Tachyglossus Illiger, 1811: 8, 42, 62, 73, 96, 123, 127, 144, 155, 170 f., 192, 212, 245 f., 282 f.
- *aculeatus* (Shaw u. Nodder, 1792): **310**
- *setosus* s. *aculeatus* 310

Tachyoryctes Rüppell, 1835: 83, 247, 620, 664
- *annectens* s. *splendens* 664
- *macrocephalus* Rüppell, 1842: 664
- *splendens* Rüppell, 1835: 664

Tadarida Rafinesque, 1814: 442, 470
- *aegyptiaca* (E. Geoffroy, 1818): 470
- *teniotis* (Rafinesque, 1814): 470

† Taeniodonta 594
Talpa Linnaeus, 1758: 8, 83, 94, 126, 131, 218, 247, 409, 410 f.
- *caeca* Savi, 1822: 131, 410
- *europaea* Linnaeus, 1758: 131, 410
- *romana* Thomas, 1902: 410

Talpidae 82 f., **408 f.**
Tamandua Gray, 1825: 31, 84, 1100
- *mexicana* (Saussure, 1860): 1100
- *tetradactyla* (Linnaeus, 1758): 1100

Tamarin s. *Saguinus*
Tamias Illiger, 1811: 629
Tana Lyon, 1913: 478
Taphozous E. Geoffroy, 1818: 442, 464
Tapirella s. *Tapirus* 963
Tapiridae 962 f.
Tapirus Brunnich, 1772: 13, 56, 950, 962 f.
- *bairdii* (Gill, 1865): 963
- *indicus* Desmarest, 1819: 963
- *pinchaque* (Roulin, 1825): 963
- *terrestris* (Linnaeus, 1758): 963

Tardigrada **1094**
Tarsiidae 483
Tarsipes Gray, 1842: 150, 278, 319, 329, 367
- *rostratus* = *spenserae*
- *spenserae* Gray, 1842: 367

Tarsius Storr, 1780: 28, 36, 80, 108, 119 f., 123, 145 f., 171, 483 f., 516, 544 f.
- *bancanus* Horsfield, 1821: 545, 549
- *spectrum* (Pallas, 1779): 550
- *syrichta* (Linnaeus, 1758): 545, 549

Tasmacetus 744 f.
Tatera Lataste, 1882: 620, 642
Taurotragus s. *Tragelaphus* 1055
- *derbianus* s. *oryx*
- *gigas* s. *oryx*
- *oryx* (Pallas, 1766): 1055

Taxidea Waterhouse, 1838: 768, 777
- *taxus* (Schreber, 1778): 768, 777

Tayassu G. Fischer, 1814: 1004
- *albirostris* s. *pecari*
- *pecari* (Link, 1795): 1006
- *tajacu* (Linnaeus, 1758): 1006

Tayassuidae 21, 1004
Tayra = *Eira* H. Smith, 1842: 775
Tenrec Lacepede, 1792: 8, 165, 227, 388
- *ecaudatus* (Schreber, 1777): 388 f.

Tenrecidae 83, **388 f.**
Tetracerus Leach, 1825: 1044, 1048
- *quadricornis* (Blainville, 1816): 1044, 1048

Tethytheria 882, 894 f., 917, 931
Thalarctos s. *Ursus*
- *maritimus* Phipps, 1774: 795

Thallomys Thomas, 1920: 658
- *paedulcus* (Sundevall, 1846): 658

Thamnomys Thomas, 1907: 248, 658
† Therapsida 59, 270 f.
Theria **310 f.**
† Theriodontia 33, 47, 55
Theropithecus I. Geoffroy, 1843: 147, 563
- *gelade* (Rüppell, 1835): 147, 505, 570 f.

† Thrinaxodon 270 f.
Thryonomyidae 678
Thryonomys Fitzinger, 1867: 678
- *gregorianus* (Thomas, 1894): 678
- *swinderianus* (Temminck, 1827): 678

Thylacinidae 352 f.
Thylacinus Temminck, 1824: 13, 321
- *cynocephalus* (Harrisy, 1808): 13, 311, 326, 352 f.

Thylacomys 356
† *Thylacosmilus* 158, 278, 314, 328, 350, 760
Thylogale Gray, 1837: 361 f.
- *billardieri* (Desmarest, 1822): 363
- *brunii* (Schreber, 1778): 361

Thyroptera Spix, 1823: 14
† Tillodontia 156
† Titanotherium 961
Tolypeutes Illiger, 1811: 1081, 1092
- *matacus* (Desmarest, 1804): 1092
- *tricinctus* (Linnaeus, 1758): 1092

Tonatia Gray, 1827: 468
- *bidens* (Spix, 1823): 468

Trachypithecus 575

Tragelaphus Blainville, 1816: 1054
— *angasi* Gray, 1849: 1054
— *buxtoni* (Lydekker, 1910): 1054
— *derbianus* (Pallas, 1766): 1055
— *eurycerus* (Ogilby, 1837): 1054
— *imberbis* (Blyth, 1869): 1054
— *oryx* (Pallas, 1766): 1055
— *scriptus* (Pallas, 1766): 1054
— *spekei* Speke, 1863: 1054
— *strepsiceros* (Pallas, 1766): 1054
— *tragocamelus* (Pallas, 1766) (*Boselaphus*): 1048
Tragulidae 15, 147, 149, 977, 997, 1000, 1018
Tragulus Pallas, 1779: 177, 207, 997, 1022
— *javanicus* (Osbeck, 1765): 1019, 1022
— *meminna* (Erxleben, 1777): 1022
— *napu* (F. Cuvier, 1822): 1022
Tremarctos Gervais, 1855 (s. *Ursus*): 768, 796
— *ornatus* (F. Cuvier, 1825): 768, 796
Trichechidae 919 f.
Trichechus Linnaeus, 1758: 919
— *inunguis* (Natterer, 1883): 930
— *latirostris* s. *manatus* 930
— *manatus* Linnaeus, 1758: 919, 930
— *senegalensis* Link, 1795: 930
Trichosurus Lesson, 1828: 85, 222, 320, 359
— *vulpecula* (Kerr, 1792): 341, 359
Trichys Gunther, 1877 (s. *Hystrix*): 681
† Triconodonta 159, 273
Tubulidentata 45, 144, 171, 871, **883 f.**
Tupaia Raffles, 1821: 31, 55, 62, 108, 231
— *belangeri* s. *glis* 258, 478
— *dorsalis* Schlegel, 1857: 478
— *ferruginea* s. *glis* 478
— *glis* (Diard, 1820): 478
— *javanica* Horsfield, 1822: 478
— *minor* Guenther, 1876: 478
— *tana* Raffles, 1821: 478
Tupaiidae 85, 190, 470 f., 478
Tursiops Gervais, 1855: 720, 748
— *truncatus* (Montagu, 1821): 720 f., 748
Tylonycteris Peters, 1872: 14, 470
— *pachypus* (Temminck, 1842): 470
Tylopoda 149, 179, 181, 268, 977, 997, 1000, 1009

† *Uintatherium* 894
Uncia Gray, 1854 s. *Panthera* 836, 839
— *uncia* (Schreber, 1775): 836, 839
„Ungulata" 77, 879 f., 947
Urocyon Baird, 1858: 808, 811
— *cinereoargentatus* (Schreber, 1775): 808 f., 811
Uroderma Peters, 1865: 468
— *bilobatum* Peters, 1866: 468
Urogale Mearns, 1905: 478
— *everetti* (Thomas, 1892): 478
Uromys Peters, 1867: 248, 663
Uropsilus Milne-Edwards, 1872: 408, **410**
Ursidae 175, 242, 768, 788 f.
Ursus Linnaeus, 1758: 75, 251, 788, 790 f., 794

— *americaus* Pallas, 1780: 790
— *arctos* Linnaeus, 1758: 750, 763, 790
— *arctos horribilis* Ord, 1815: 794
— *arctos middendorffi* 794
— *arctos pruinosus* Blyth, 1854: 794
— *arctos syriacus* Hemprich u. Ehrenberg, 1818: 794
— † *deningeri* Reichenau: 790
— † *etruscus* G. Cuvier: 790
— *maritimus* Phipps, 1774: 91, 261, 751, 792, 794
— † *spelaeus* Rosenmüller: 54, 790 f.
— *thibetanus* G. Cuvier, 1823: 792, 794
† *Utaetus* 1072

Vampyrum Rafinesque, 1815: 444, 464
— *spectrum* (Linnaeus, 1758): 444, 465
Varanus 58
Varecia s. *Lemur* 536
— *variegata* Gray, 1861: 536
Vermilingua 1070, 1097 f.
Vespertilio Linnaeus, 1758: 470
— *murinus* Linnaeus, 1758: 470
Vespertilionidae 469 f.
Vicugna Lesson, 1842: 1018, 1102
— *vicugna* (Molina, 1782): 1018, 1102
Viverridae 757, 821
Vombatidae 146, **366**
Vombatus E. Geoffroy, 1803: 156
— *ursinus* (Shaw, 1800): 366
† *Vulpavus* 752
Vulpes Bowditch, 1821: 811
— *bengalensis* (Shaw, 1800): 811
— *cana* Blanford, 1877: 811
— *chama* (A. Smith, 1833): 811
— *corsac* (Linnaeus, 1768): 813
— *pallida* (Cretzschmar, 1826): 811
— *rueppelli* (Schinz, 1825): 811
— *velox* (Say, 1823): 811
— *vulpes* (Linnaeus, 1758): 811
— *zerda* (Zimmermann, 1780): 811

Wallabia Trouessart, 1905: 341, 364
— *bicolor* (Desmarest, 1804): 364
† *Wynyardia* 314, 364
Wyulda Alexander, 1918: 317, 359
— *squamicaudata* Alexander, 1918: 359

Xenarthra 30, 33, 47, 261, 871, **1070 f.**
Xenogale s. *Herpestes* 827
† Xenungulata 894
Xeromys 663
Xerus Hemprich u. Ehrenberg, 1833: 627
— *erythropus* (E. Geoffroy, 1803): 627
— *inauris* (Zimmermann, 1780): 627
— *rutilus* (Cretzschmar, 1826): 627
† *Xiphodon* 997

Zaedyus Ameghino, 1889: 1090
— *pichiy* (Desmarest, 1804): 1090

Zaglossus Gill, 1877: 143, 282f., 310
— *bruijni* (Peters u. Doria, 1876): 143, **310**
† *Zalambdalestes* 385
† *Zalambdodonta* 370, 375
Zalophus Gill, 1866: 62
Zapus Coues, 1876: 635
— *hudsonicus* (Zimmermann, 1780): 635
Zelotomys Osgood, 1910: 656

Zenkerella Matschie, 1898: 622, 670
† *Zeuglodon* s. † *Basilosaurus* 710
† *Zinjanthropus* 487
Ziphius G. Cuvier, 1823: 730, 744
— *cavirostris* G. Cuvier, 1823: 744
Zorilla Oken, 1816 s. *Ictonyx*
† *Zygorhiza* 730

7.3. Sachregister

Ziffern mit folgendem f. verweisen auf eine ausführliche Beschreibung

Abomasus 180
Accessorische Geschlechtsdrüsen 212, 219
Afrika, Muridae 656
Ala magna ossis sphenoidei 36
– parva ossis sphenoidei 37 f., 48
– orbitalis 36
– temporalis 36 f., 42, 286 f., 340
Alisphenoid 36 f., 48, 272 f., 276, 283 f., 886
Allantochorion 237 f.
Allantochorionplacenta 237 f.
Allantois 232 f., 615
Allocortex 110
Altricialer Neugeborenenzustand 227 f.
Amboß 139
Ambra 732
Amnion 1, 234, 615
Amnionfalten 234
Analsäcke 22, 614, 630, 757, 816, 830
Analtaschen 22, 830
Angulare 39, 139
Antikliner Wirbel 29, 906
Antorbitaldrüse 18, 20, 21, 978, 1047
Aquaeductus Sylvii 101
Aquatische Anpassung 75, 91, 596, 630, 640
Arachnoides 111
Arboreale Anpassung 75 f., 321
Arborikolie 75 f., 84
Archipallium 104
Arcus zygomaticus 34, 45 f., 73
Arteria carotis communis 1042
– – externa 213
– – interna 203, 759, 1042
– coeliaca 205
– coronaria cordis 201
– mesenterica 205
– pulmonalis 197
– stapedia 139, 203
– vertebralis 30
Articulare 39, 73
Arytaenoid 191 f.
Atembewegungen 30, 33, 911
Atmung 30, 190 f., 263, 303, 732 f., 856, 924
Atmungsorgane s. Lunge
Atlas 30
Auge 122 f., 299, 327, 380, 437, 474, 515, 547, 588, 606, 724, 855, 891, 909, 939, 1082
Augenhöhle s. Orbita
Augenlider 132
Augenmuskeln 131 f.
Augenstellung 92, 123 f.
Australien, Säugerfauna 312 f., 620
–, Nager 662 f.

Autopodium 61, 64, 67, 76
Axis (= Epistropheus) 30

Backentaschen 151 f., 505, 607, 692
–, äußere 153, 607, 633, 692
Backenwülste 520, 582, 858
Backenzähne s. Praemolaren
Baculum 220, 581, 589, 767
Ballen (Hand-, Fuß-) 13, 801
Basalganglien 103 f.
Basioccipitale 35, 42
Basisphenoid 35, 42
Bauchhöhle 183 f.
Bauchwand 215
Beckengürtel 58 f.
Beckensymphyse 56, 58 f., 296
Beutel s. Marsupium
Beutelknochen 129, 276, 281
Bewegungsapparat 26 f.
Bipedie 80, 487, 502, 602
Blastocyste 229 f.
Blättermagen 149
Blinddarm s. Caecum
Blutdruck 1042
Blutkreislauf 196 f., 332, 449, 734
Brachiation 81, 85, 586
Braunes Fettgewebe 264 f.
Bronchi, Bronchialbaum 193
Brunst (Brunft) 221
Brustbein 32
Brustdrüse 23 f.
Brustkorb 80, 32 f.
Brutpflege 245 f., 338 f.
Bulbus olfactorius 103 f.
Bulla tympanica 48, 600, 606, 1082
Bursa ovarii 216
– nasopharyngea 910, 987
– pharyngea 175

Caecotrophie 150, 508, 698
Caecum 146, 151 f., 182 f., 613, 941, 953
Calcaneus 63, 67, 82
Canalis alisphenoideus 759
– caroticus 759
– incisivus 45, 970
– nasopalatinus 172
– temporalis 289 f.
– urogenitalis 220
Caninus 153 f.
Cardiadrüsen 179 f.
Carnivores Gebiß 145
Carnivorie 145
Carpaldrüse 21

Carpus 63, 472, 983
Cartilago arytaenoidea 191 f.
– cricoidea 191 f.
– paraseptalis 119
– thyreoidea 191 f.
Cauda equina 96
Cavum epiptericum 37 f., 274 f., 282 f., 288
– tympani 48 f., 135
Centrale 63
Centralnervensystem 94 f., 376 f.
Cerebellum 100 f.
Cerebralisation 108 f.
Chiasma opticum 112
Chiridium 13, 491
Chiropatagium (= Cheiropatagium) 88, 415 f.
Choane 34
Chondrocranium 34 f., 286 f., 713
Chorda dorsalis (Chordarest) 28, 233
– tympani 113, 122
Chorioidea 127 f.
Chorion 232 f.
Chromosomen, Chromosomenzahl 268 f., 343, 359, 364, 366 f., 402, 409, 827, 830
Cingulum 159, 275
Clitoris 218, 221, 519, 563, 614
Cochlea 134 f.
Coecum (= Caecum) 146, 151 f., 182, 941, 953
Colon 151 f., 183 f., 941, 953
Conchae nasales 36
Condylus occipitalis 39, 42, 47
Coprophagie (= Koprophagie) 698
Coracoid 56, 70, 275
Cornea 126
Corpus callosum 102, 105, 298
– ciliare 129
– luteum 216 f., 224, 306
Cortex 100 f., 242 f.
Cortisches Organ 136 f.
Cricoid 191 f.
Cuneiforme 63
Cutis 4

Dactylopatagium 88, 425 f.
Damm 215, 220
Darm 151, 442, 447, 474, 507, 607, 765, 909, 952
Darmlänge 185 f., 612, 988
Darmkanal 151, 185, 443, 507, 909
Deckknochen 27, 34, 45
Dendrogramm 274, 277, 284, 313
Dens axis 30
Dentale 34, 39, 49, 153, 271 f., 282
Dentin 154 f., 167
Dentition 155 f.
Descensus ovarii 215
– testis 215, 613
Diaphragma 1
Diencephalon 95, 102
Dilambdodontie 165
Diprotodontie 158, 328

Domestikation 1100 f.
Drüsen der Haut 15, 371, 436, 582, 697, 1006, 1075
–, endokrine 252 f.
Drüsenorgane 612, 630, 757, 933
Ductus arteriosus 203
– cochlearis 135 f.
– Cuvieri 207
– endolymphaticus 135 f.
– incisivus 45
– nasolacrimalis 47, 119, 133
– nasopalatinus 45, 380
– perilymphaticus 136 f.
– thoracicus 208
Duftdrüsen 15, 757, 933
Duftmarkieren 15, 18, 757
Duodenum 182 f.
Dura 87, 111

Echolokation 438, 728
Echoortung 438, 728
Eierstock s. Ovarium
Eimersches Organ 82, 117, 374, 379, 412
Eizahn 283, 307
Elektrorezeptoren 117, 293, 301
Embryonalentwicklung 229 f., 307 f., 336, 396, 400, 409, 418, 422, 455, 476, 520, 552, 581, 614, 700, 737, 892, 913, 929, 943, 953, 990, 1021, 1086
Embryonalhäute 336 f.
Embryonalknoten 230, 616
Encephalisation 51, 108
Encephalisationsgrad 103, 108
Enchondrale Ossifikation 27, 34
Enddarm 181 f.
Endocranialausguß 51
endokrine Drüsen 252 f.
Endoskelet 27
Endoturbinalia 118
Entotympanicum 48
Entwicklung, ontogenetische 229, 306 f., 400, 452 f., 548, 588, 737, 877
Entypie 230
Eozaen 270 f.
Epiblema 425
Epidermis 4 f., 710
Epididymis 218
Epiglottis 175, 191 f.
Epiphysen 27
Epiphysis cerebri 102, 257
Epipubis 276, 281
Epistropheus (= Axis) 30
Epitrichium 1085, 1094
Ernährung 151 f., 375, 396, 409, 415, 422, 442, 474, 505, 548, 588, 607, 709, 728, 765, 827, 874, 909, 923, 939, 1001, 1008, 1082
Ersatzknochen 27, 34
Ethmoid 36, 118
Ethmoturbinalia 36, 118

Exocoel 232 f.
Exoskelet 27
Extremitäten 55 f., 719
Extremitätenmuskulatur 68 f.

Fabella 66
Facialismuskulatur 74, 282
Farbe u. Farbmuster, Färbung 5, 10
Fellfärbung 10
Femur 64 f.
Fenestra cochleae 36, 136
 − nasalis 36
 − ovalis 36, 136
 − rotunda 36, 136
 − vestibuli 36, 136
Fetalmembranen 336 f.
Fibula 66
Fila olfactoria 110
Filum terminale 96
Fimbria ovarica 216
Fingerballen 12 f.
Fingerzahl 64
Fissura hippocampi 110
 − lateralis 106
 − orbitalis superior 112
 − palaeoneocorticalis 105 f.
 − petrotympanica (= chordae tympani) 43
Fleischfresser (= Carnivora) 145
Fliegen 86, 88, 424 f., 603
Flocculus 100
Florivorie 146
Foramen coracoscapulare 1079, 1099
 − costotransversarium 30
 − entepicondyloideum 59, 63
 − hypoglossi 114
 − incisivum 45, 172
 − infraorbitale 113, 599
 − interventriculare 103
 − jugulare 114
 − lacerum 37 f., 113
 − obturatorium 58
 − opticum 37
 − ovale 38, 113
 − rotundum 38, 42, 113
 − sphenoorbitale 38, 42, 112
Fornix 110
Fortpflanzung 212 f., 221 f., 306, 334, 381, 396, 400, 409, 417, 422, 452 f., 476, 519, 552, 737, 877, 892, 913, 928, 989, 1001, 1008, 1030, 1045, 1085
Frugivorie 146, 444
Fußballen 13

Gallenblase 188
Gallenwege 188 f.
Ganglion spirale cochleae 136
 − trigeminale 37, 113
Gaumen 34, 44, 152, 172, 282, 874
Gaumenfalten 173

Gaumensegel 172
Gaumenwülste 45, 172, 507
Gebiß 153 f., 327 f., 374 f., 396, 422, 446, 474, 503, 546, 585, 608, 728 f., 753 f., 922, 937, 969, 984, 1000, 1008, 1025, 1081
−, heterodont 155
−, homodont 155, 728
Geburt 240 f., 339 f., 338 f., 738
Gehirn 51, 94 f., 104 f., 324 f., 396, 416, 433 f., 474, 510, 604, 720, 761, 801, 877, 889, 907, 925, 938, 984, 1025, 1047, 1081
Gehirnevolution 95
Gehirngewicht 51, 107, 723, 907, 925, 1081
Gehirnnerven 95
Gehörgang 135, 139
−, äußerer 139
Gehörknöchelchen 34, 39, 138, 726, 927
Gehörorgan 134 f., 327, 1082
Gelenke 27
Genitalorgane 212 f., 305 f., 475, 519, 588, 613, 737, 911 f., 928, 989, 1021, 1025, 1085
Geruchsorgan 117, 435, 514, 1082
Geschlechtsmerkmale 212 f.
Geschlechtsdimorphismus 213, 487 f., 504, 520, 580, 989, 1000
Geschlechtsdrüse s. Gonade
Geschlechtsdrüsen, accessorische 219
Geschlechtsreife 221
Geschmacksorgan 122
Gesichtsschädel 45
Geweihe 14, 15, 18, 19, 975, 1026, 1039
Glandulae s. Hautdrüsen
−, Nasendrüsen 119
−, accessorische Geschlechtsdrüsen 219
Glaskörper 126, 130
Gonaden 212 f., 334, 588
Gondwana Kontinent 315
Goniale = Praearticulare 34, 39, 139, 300, 443, 517, 606, 728
Grabanpassung 82 f., 321, 374, 408, 411, 596, 603, 644, 680, 873 f.
Grabkrallen 296, 317, 374, 408, 411, 620
Granivorie 328
Gravidität 222 f., 240 f., 339, 454, 640, 990
Greifschwanz 14, 31, 84, 317, 491, 556, 560, 602, 872
Grundzahl (n. f.) 269 f.
Gyri des Gehirns 108 f.

Haar 5, 6
Haarstrich 7, 83
Haartypen 7
Haarwechsel 6, 851
Haemapophyse 29
Haftorgane 14, 16
Haftstiel 232 f.
Hallersche Regel 108
Hallux 84
Hamatum 65

Hammer 39, 139
Hammer-Amboßgelenk 38f.
Hand 472, 501f.
Handballen 13
Hardersche Drüse 132
Harnblase 251f.
Harnorgan 248, 304, 452, 518, 613
Harnwege 251, 305
Haut s. Integument
Hautdrüsen 4, 15f.
Hautfärbung 5
Hautknochen 27
Hautmuskeln 374, 398, 853
Helicotrema 137
Herbivorie 146f., 178f.
Herz 196f., 302f., 449, 734, 911, 925, 988, 1084
Herzbeutel 200
Herzknochen 198, 988
Herzohr 197
Herzverhältnis 201, 452
Heterodontie 155, 1081
Hippocampus 110
Hinterextremität 64f.
Hirn s. Gehirn
Hirngewicht 51, 107, 783, 798, 925, 1081
Höcker 263, 1011, 1045, 1052
Hoden 213, 588
–, abdominaler 214
–, Verlagerung 214
Hodensack 214
Homodontie 155, 728, 846, 853, 888, 1081
Homoeostase 248
Homoiothermie 202, 260
Homologie 237, 251, 288, 301, 331, 348
Hormone 252f.
Horn der Nashörner 8, 949
– – Bovidae 141, 975, 1053
Hornschuppen 10, 871
Hornschwielen 11
Hornträger 14
Hornzapfen 14, 15
Hörorgan 134f., 439f., 727f.
Hüftbein, -gelenk 72
Hufe 11, 12, 13, 933, 950, 1010
Humerus 59f., 296
Hyoid 36, 73
Hyperphalangie 93
Hypophyse 97, 102, 253f., 303
Hypothalamus 103, 253f., 261
Hypselodontie 147
Hypsodontie 147
Hyracium 942, 946
Hystricognathie 601

Ilium 31, 56, 58f., 61, 183f.
Immunsystem 207f.,
Implantation 225, 234f., 768
Incisivi 153f., 608
Incubatorium 285, 306

Incus 39, 139
Innere Backentaschen 607
Insectivorie 143
Insula 106
Integument 4, 851, 894, 898, 1008, 1019
–, Anhangsorgane 4
Interclavicula 56
Intermaxillare (= Praemaxillare) 45, 153
Interparietale 42, 46
Intranasale Lage der Epiglottis 174f.
Iris 11, 130
Isocortex 110
Ischium 58, 61
Island hopper 621

Jacobsonsches Organ (Organon vomeronasale) 1, 119f., 172, 293, 380, 437, 547, 564, 605, 712
Jejunum 183
Jochbogen 34, 45f., 73
Jugale 34, 45f., 73
Jugendkleid 11

Kallositäten 13
Karyologie 268f., 348, 359, 364, 402, 409, 457, 477, 526, 550, 556, 577, 625, 641, 652, 666, 701, 771, 799, 801, 827, 830, 855, 861, 878, 892, 913, 935, 945, 955, 994, 1016, 1022, 1037, 1043, 1045, 1088
Karyotyp 268f., 359, 364f.
Kastanien 13
Kauapparat 51, 73, 145, 161, 608, 695, 758, 798
Kaumuskeln 51, 73, 113, 145, 610f., 695, 829
– der Nagetiere 610
Kehldrüse 21
Kehlkopf 175, 191f., 447f., 855
Kehlsäcke 175, 193, 508
Keimruhe 339
Kieferbewegungen 73
Kiefergelenk 39, 40, 51, 139, 145, 271f., 282, 601, 758, 935
–, primäres 39, 73, 139, 271f.
–, sekundäres 39, 73, 139, 271f.
Kleinhirn 723
Klettern 84
Kloake 190, 219, 283, 306
–, falsche 190, 381
Kniescheibe s. Patella
Knochen s. Skelet
Knöchelgang 80
Körpergröße 51
Körpertemperatur 260f., 1015
Kommensalismus 1095
Kommunikation 802
Konvergenzerscheinungen 23, 87, 144, 156, 171, 348, 355, 617, 623, 637
Kopfdarm 151
Krallen 11, 13, 77, 84, 90, 1075, 1079
K-Selektion 228, 1006

Labia vulvae 220
Labmagen 149
Labyrinth, knöchernes 36, 42
Labyrinthkapsel 36, 42, 134
Labyrinthorgan 134f., 299f., 439, 516
Lacrymale (Lacrimale) 36, 47
Laktation 247f., 285, 859
Lamina ant. periotici 288
— cribrosa 36, 110, 112, 293, 547, 714
— obturans 37f., 273f., 283
— rostralis 103
— terminalis 44, 45, 103
— transversalis ant. 47
— transversalis post. 45
Langerhanssche Inseln d. Pankreas 186f., 257
Larynx 114, 191f., 447f., 508, 736f., 855, 941, 953, 988
Larynxsäcke 193
Lautbildung 191, 193, 709, 725, 802, 837, 845, 912, 927f., 972
Leber 186f.
Lederhaut 4
Leistenhaut 13, 14
Leistenkanal 215
Lens cristallina (Linse) 129
Limbisches System 110
Lingua s. Zunge
Lippen 152, 329
Lissencephales Gehirn 108
Lobus olfactorius 105
Lokomotion 75, 319
Lophodonte Zähne 166
Luftröhre 194, 736, 1084
Luftwege 194, 1084
Lunge 194f., 303, 331, 447, 449, 508, 856, 910, 941, 1084
Lydekkersche Linie 279f.
Lymphatische Organe 208
Lymphgefäßsystem 208f.

Macula sacculi 136
— utriculi 136
Madagaskar
—, Insectivora 387f.
—, Primates 533f.
—, Rodentia 620, 641
—, Viverridae 819f.
Magen 151f., 177f., 302, 330, 611, 730, 875, 923, 987, 1083
Mahlzähne s. Molaren
Malleus 39, 139
Mamma 23
Mammaorgane 23f.
Mammataschen 23f.
Mandibula 49, 153
Manus s. Hand
Marken der Zähne 952
Marsupium 23, 285, 311, 316
Masseterstrukturen = Kaumuskeltypen 610

Mastoid 600, 606
Maxillare 45, 153
Maxilloturbinale 43
Meatus acusticus externus 43, 49
Meckelsche Knorpel 36, 39, 49
Membrana sphenoobturatoria 288
— tympani 136f.
— tymp. secundaria 136
Meningen 111
Menstruation 224, 235
Menstruationspolyp 235
Merkmalsbewertung 314, 370, 413, 594, 957
Mesenterium 181f., 189f.
Mesonephros 218, 220, 249
Metanephros 249
Milch 246, 285, 342, 476, 738, 770, 859
Milchdrüsen 4, 23f., 229, 246, 285, 315, 342
Milchzähne 154f., 328
Milz 210f.
Mimische Muskulatur 74, 152
Mitteldarm 181
Mittelohr 48f., 135f., 138, 441, 588
Molaren 154f.
Monodactylie 951
Moschusbeutel 1023
Müllersche Gänge 217f., 252, 334, 1085
Mundhöhle 329
Mundspalte 329
Muscheln der Nasenhöhle 36
Musculus detrahens mandibulae 39, 73, 140, 282, 294
Muskulatur 68f.
— der Extremitäten 57, 68f.
— des Kieferbogens 39, 610
— des Rumpfes 68f., 853
Myrmecophagie 45, 144, 282
Myxomatose 705

Nabelschleife 183f.
Nabelstrang 232f.
Nachgeburt 243
Nachniere 249
Nagel 11, 13, 492
Nahrungstypen 142f., 588
Nasalregion 43
Nase 34, 293, 327, 435, 547, 712, 801, 855, 876, 889, 909, 927, 1084
—, äußere 47, 515, 550
Nasenhöhle 801
Nasenkapsel 35f., 714
Nasenöffnung, äußere 47, 121, 550, 712, 890
Nasenrachenraum 44
Nasoturbinale 36
Nebenhoden 218f.
Nebennieren 257f., 303
Neencephalon, Neencephalisation 95f., 108, 378
Neocerebellum 100
Neocortex 95

Neonati, Zustand 340
Neonati der Marsupialia 340f.
Neopallium 1, 105, 296, 326
Neotropis 312
Nerven, craniale 37f., 112f.
− somatische 96
− spinale 96, 111f., 114
− vegetative 114
− viscerale 111, 112f.
Nestbau 247
Nesthocker 227, 247, 261
Nestflüchter 227, 247
Netzmagen 149, 261
Neuguinea, Säuger 279f., 312f.
Neurocranium 34
Neuron 9
Neurosekretion 254f.
Nickhaut 132
Nieren 245, 248f., 263, 304, 333, 613, 737, 858, 911, 928, 988, 1015, 1086
nombre fondamentale (n.f.) 269f.

Oesophagus 151f., 175f.
Oestrus 222f.
Ohr 134f., 299, 725f., 909, 927, 939
−, äußeres 135, 140f., 441, 517, 606, 909
−, inneres 134f., 439f.
Ohrkapsel 42
Ohrmuschel 140
Ohrtaschen 765
Olecranon 60
Omasus 180
Omentum 186f.
Omnivorie 145, 178
Ontogenese 476
Operculum (Neopallium) 109
− pupillare 130, 939
Opponierbarkeit des Daumens 85
Orbita 131
Orbitosphenoid 37, 42, 44, 112
Orbito-Temporalgrube 47, 288
Organon vomero-nasale (Jacobson) 119f., 327, 400, 515, 547, 605, 712, 876, 891, 927, 970, 1082
Os coxae 59
− falciforme 82, 90
− interpubicum 60
− nasiale 47, 1074
− praenasale 121, 373, 408, 980, 1094, 1097
− sacrum 29
− septomaxillare 1082
− temporale 43
Ossa cordis 988
− epipubica (marsupii) 229, 276, 281f.
Osteocranium 41f.
Ostium abdominale tubae 216, 217
− atrioventriculare 198f.
Ovarium 215, 953
Ovidukt 212f.

Oviparie 212, 281
Ovulation 216

Pachymeninx 111
Pachyostose 917f.
Palaeencephalon 921
Palaeocerebellum 100f.
Palaeopallium 105
Pallium 103f.
Palpebrae 132
Pancreas 186f.
Panniculus carnosus 72
Pansen 149, 180
Panzer 1086
Papillae linguae 169
Paraseptalknorpel 119
Parasitologie 460, 529, 740f., 859, 913, 929, 945
Paßgang 1040
Patagium 425f., 596, 604, 621, 670
Patella 66, 72
Paukenhöhle 48f., 135f.
Penis 220, 1021
Penisknochen (Baculum) 220
Pericard 200
Perilymphe 136f.
Perineum 215, 220
Perissodactylie 356
Peritoneum 176f., 181f.
Peronecranon 56, 66, 296
Pest, Pestüberträger (Nagetiere) 628f., 653f.
Petrosum 42f.
Pfortader 206f.
Phallus 220
Pharynx 114, 174
Pharynxtaschen 140
Pigmente 10, 20
Placenta 232f., 281, 476f., 520, 701, 738, 767, 801, 859, 892, 929, 943, 953, 990, 1030, 1045, 1087
Placentatypen 236f.
Placentation 238f., 337f., 384, 548, 588, 615
Placentom 238, 991, 1045
Plagiaulacoider Zahn 167f., 275f., 328, 365
Plagiopatagium 87, 425f.
plesiometacarpal 983, 1028, 1045
Pleura 195
Pleurahöhle 195, 911
Plexus chorioideus 99, 111
Plicidontie 168f.
Pneumatische Räume 51f., 600
Pneumatisation 51f., 600, 605
Pollex 77, 90
Polyembryonie 226, 1086
Polymorphismus, chromosomaler 268f.
Polyovulation 417
Praearticulare 34, 39, 139, 300, 443, 517, 606, 728
Praemaxillare 45, 153
Praemolaren 153f., 888
Praeorbitaldrüse s. Antorbitaldrüse

Praeputialdrüsen 22, 23
Praesphenoid 42, 44
Precocialer Geburtszustand des Neugeborenen 227 f., 1082
Primäres Kiefergelenk 33
Processus angularis 49
— ileopectineus 61
— paroccipitalis 47
— postglenoidalis 43, 758
— postorbitalis 47, 54
— posttympanicus 43
— pterygoideus 43
— spinalis (spinosus) 28, 34
— xiphoideus 873, 1079
Procumbente Zähne 157, 172, 503
Progressionsindex 108
Pronation 60, 71, 82
Propatagium 87
Prostata 219, 614, 767
Pubis 58, 61
Pupille 130, 801, 844, 855, 891
Pylorus 177 f.

Quadratum 39

Rachen 114, 174
Rachentaschen, -divertikel 175
Radius 60
Reichert-Gauppsche Theorie 39 f., 73
Reichertscher Knorpel 39, 42
Renculi 251
Reproduktion 212, 221 f.
Respirationsorgane 190
Retina 128
Retrovelare Lage der Epiglottis 175
Rhinarium 121, 962, 987
Rhombencephalon 103 f., 97 f.
Riechhirn 110
Riechwülste 118, 547
Rippen 29, 32 f.
Rippenatmung 32
Rosenstock 15, 18
r-Selektion 228
Rückendrüse 21
Rückenmark 94 f., 297
Rumination (Wiederkäuen) 145, 180
Rüssel 47, 121, 903, 987
Rüsselknochen, (-knorpel) 82, 373, 1000
Rugae palatinae 145, 172
Rumpfdarm 176 f.
Rumpfskelet 28 f.

Säbelzähne 158
Sacculus 135
Saccus endolymphaticus 135
Sacralwirbel 31
Sacrum 31, 61
Sapivorie 150
Saugakt 74, 152, 168, 229, 247, 1082

Saugscheiben 14, 16, 17
Scaphoid 63 f.
Scapula 56 f., 70, 431
Schädel 33 f., 73, 317 f., 372, 394, 414, 420, 428, 473, 493, 552, 758, 899, 919, 933, 950, 979, 1011, 1019, 1040, 1075
Schädelbasis 41, 44 f., 52, 497, 584
Schädeldach 53
Schädelevolution 33
Schädelseitenwand 37 f., 48
Schenkeldrüse 285
Schneidezähne 608
Schulterblatt 56 f., 70, 431
Schultergelenk 56 f., 431
Schultergürtel 55 f., 70, 718
Schwangerschaft 240
Schwanz 31, 92
Schweißdrüsen 17, 18, 263
Schwimmen 75, 91 f., 604, 780
Schwimmhäute 91 f.
Sciurognathie 604
Scleralknorpel 125
Scrotum 25, 215 f., 316, 613, 832
Sehorgan 122 f.
Seitendrüse (= Flankendrüse) 21
Seitenventrikel 103 f.
Sekundärer Knorpel 27
Semelparity 226
Semiplantigrad 77
Septomaxillare 47
Septum interorbitale 35, 547
— nasale 35, 713
Siebbein 36
Siebplatte s. Lamina cribrosa
Sinus ethmoidalis 53
— frontalis 53
— maxillaris 53
— sphenoidalis 53
— urogenitalis 218 f., 251 f., 334 f., 614
— venosus 207
Sinushaare 8, 9, 710
Skeletsystem 26 f.
Snellsche Formel 108
Somatolyse 11
Soziale Organisation 524 f., 680
Sozialverhalten 524 f., 680, 739, 769 f., 802, 805
Spannfalte 79
Speicheldrüsen 171 f., 400, 1083
Speiseröhre 151, 175, 176 f.
Spermien 221, 283, 336
Sphenoid 42, 44
Spinalnerven 96
Spreizbarkeit d. Pollex 77, 85
Springen 80, 602
Sprunggelenk 67
Squamosodentales Kiefergelenk 39 f.
Squamosum 39, 43, 47, 275, 600
Stacheln 8
Stapes 39, 139

Steigbügel 39, 139
Sternum 32f., 430f., 873
Stimmband (-falte) 194
Stimmritze 194
Striatum 103f.
Strichkanal 23
Stylopodium 56, 59, 76
Sublingua 171, 506, 544, 588
Sulci des Großhirns 108f.
Superfetation 700
Supination 71, 82
Sympathicus 114f.
Sympathisches Nervensystem 114f.
Symphysis mandibulae 51, 609
– pelvis 56, 59, 60
Synapomorphie 88
Syncranium 34

Talgdrüsen 6, 17
Talon 159f.
Talonid 159f.
Talus 63
Tapetum cellulosum 127, 801
– fibrosum 127, 891
– lucidum 127, 801, 891
Tarsale 63
Tarsus 63, 983
– palpebrae 132
Tastballen 12, 13, 75
Tasthaare 8, 92, 117, 933
Tastkörperchen 116f.
Tauchen 732f., 857, 867
Tectum opticum (Mesencephali) 101
– synoticum 39, 42
Tegmen tympani 43
Tegmentum 101
Tegula 492
telemetacarpal 983, 1028, 1039
Telencephalon 103f., 297f., 547
Temperatur (Körper-) 119, 260f., 340, 1015
Temporale 43, 48
Temporalgrube 47
Tentorium osseum 111, 598
Testes 213f., 588
Testicondie 214, 588, 928, 942, 1085
Testikel s. Testes
Thermoregulation 263, 309, 340
Thoracalwirbel 29
Thymus 209f., 256
Thyreoid 191f., 455
Thyreoidea 256, 303
Tibia 66
Tibiale tarsi 63
Tonsillen 173, 210
Trachea 193, 736
Trächtigkeit 222f., 240f., 990
Tragjunge 228
Tragzeit 222f., 241, 768, 795, 1087
Tränendrüse 132

Tribosphenischer Molar 159, 276, 504
Trigon 159f.
Trigonid 159f.
Trituberculartheorie 159
Trochanter major 65
– minor 65
Trommelfell 138, 727f.
Trophoblast 229, 232f., 278f., 615
Tuba auditiva (Eustachii) 138
Tubendivertikel 952, 970
Tuberculum ileopectineum 60, 61
Turbinalia 36, 118
Tympanicum 34, 40, 585, 758, 935
Tympanale Bulla 49, 758, 834, 935

Ulna 60
Ultraschallorientierung 438, 728
Umbraculum 130
Unguis s. Nagel
Unterkiefer 49f., 60
Unterschenkel 72
Unterzunge 171, 506, 544, 588
Ureter 218, 251
Urethra 251
Urniere 212
Urogenitalsystem 212, 381, 518, 613, 766
Uropatagium 87, 425
Uterus 212f., 217f., 614, 1085
Utriculus 135
Uvula 173

Vagina 212f., 218, 243
Vaginalpfropf 219
Valvulae cordis 198f.
Velum palatinum 173
Venae 206
Venensystem 206
Ventriculus (= Magen) 151f., 177f.
– cordis 197
Verdauungsorgane 142f., 151f.
Vestibulum oris 152
Vibrissae 8, 92, 117
Violdrüse 20
Viscerale Muskulatur 73
Visceralskelet 34, 73
Viviparie 281
Vomer 291
Vorderdarm 151f.
Vorderextremität 59f.

Wallacea 280
Wallace-Linie 279f., 315
Wangen 152f., 329
Warmblütigkeit 260f.
Wärmehaushalt 119, 263f., 340, 1015
Wasserhaushalt 1015
Webersche Linie 279f.
Weicher Gaumen 172, 173
Werkzeuggebrauch 591, 782
Wiederkauen 149, 180, 997

Winterschlaf 260f., 376, 400, 455
Wirbelsäule 28f., 295
Wolffscher Gang 217f., 249, 334
Wundernetze 204f., 735, 988, 1084
Wurfgröße 226f.
Wüstenanpassung 250, 262, 355, 1015

Xiphisternum 873

Zähne 153f., 295, 311, 327, 874
Zahntheorien 159
Zahnwechsel 505

Zalambdodontie 165
Zement 167
Zeugopodium 56, 76
Zibeth 758
Zitzen 23, 247
Zona pellucida 233
Zunge 72, 122, 167f., 302, 329, 588, 874, 891, 910, 987, 1083
Zungenmuskulatur 68, 72
Zuwachsknochen 27
Zwerchfell 1, 68, 207, 911
Zygapophyse 30

LEHRBUCH DER SPEZIELLEN ZOOLOGIE
Begründet von A. KAESTNER

Band I: Wirbellose Tiere
Herausgegeben von H.-E. Gruner

1. Teil: Einführung, Protozoa, Placozoa, Porifera
Bearbeitet von K. G. Grell, H.-E. Gruner und E. F. Kilian
5. Aufl. 1993. 318 S., 115 Abb., 5 Taf., geb.
DM 74,- (Subskr.-Preis DM 60,-)
ISBN 3-334-60411-X

2. Teil: Cnidaria, Ctenophora, Mesozoa, Plathelminthes, Nemertini, Entoprocta, Nemathelminthes, Priapulida
Bearbeitet von G. Hartwich, E. F. Kilian, K. Odening und B. Werner
5. Aufl. 1993. 621 S., 348 Abb., 8 Taf., geb.
DM 98,- (Subskr.-Preis DM 86,-)
ISBN 3-334-60474-8

3. Teil: Mollusca, Sipunculida, Echiurida, Annelida, Onychophora, Tardigrada, Pentastomida
Bearbeitet von H.-E. Gruner, G. Hartmann-Schröder, R. Kilias und M. Moritz
5. Aufl. 1993. 608 S., 377 Abb., geb. DM 98,-
(Subskr.-Preis DM 82,-)
ISBN 3-334-60412-8

4. Teil: Arthropoda (ohne Insecta)
Bearbeitet von H.-E. Gruner, M. Moritz und W. Dunger
4., völlig neu bearb. u. stark erw. Aufl. 1993.
1279 S., 699 Abb.,
geb. DM 178,- (Subskr.-Preis DM 144,-)
ISBN 3-334-60404-7

⇨ *In Vorbereitung:*
5. Teil: Insecta
ISBN 3-334-60514-0
6. Teil: Tentaculata, Chaetognatha, Pogonophora, Echinodermata, Hemichordata
ISBN 3-334-60515-9

Subskriptionspreis bei Abnahme aller 6 Teile von Band I; ISBN 3-334-00339-6 (Band I ges.)

Band II: Wirbeltiere
Herausgegeben von D. Starck

2. Teil: Fische
Von K. Fiedler, Frankfurt/M.
1991. 498 S., 9 Abb., 59 Taf. mit 621 Einzeldarstellungen,
geb. DM 85,- (Subskr.-Preis DM 75,-)
ISBN 3-334-00338-8

5. Teil: Säugetiere
1995. In 2 Teilbänden A und B. 1241 S., 564 Abb., 62 Tab., geb. DM 198,-
(Subskr.-Preis DM 178,-)
ISBN 3-334-60453-5

⇨ *In Vorbereitung:*
1. Teil: Einführung, Tunicata, Acrania
ISBN 3-334-60516-7
3. Teil: Amphibien und Reptilien
ISBN 3-334-60517-5
4. Teil: Vögel
ISBN 3-334-60518-3

(Preisänderungen vorbehalten.)

Subskriptionspreis bei Abnahme aller 5 Teile von Band II; ISBN 3-334-61000-4 (Band II ges.)

Abkürzungs- und Symbolverzeichnis

Anatomische Bezeichnungen — Strukturen

A.	= Arteria, Aa. = Arteriae (Plural)
Artc.	= Articulatio (Gelenk)
Cl-n	= Cervical-(Hals-)wirbel (Nr. I – VII)
Can.	= Canalis
Cdl	= Caudal-(Schwanz-)wirbel
CNS	= Central-Nervensystem
Dig.	= Digitus/-i (Finger- u. Zehenstrahlen) mit röm. Ziffern
Fen.	= Fenestra
Fiss.	= Fissura (Spalte)
For.	= Foramen (Loch)
Gld.	= Glandula (Drüse) Gldl. (Plural)
Gyr.	= Gyrus (Hirn-Windung)
Lam	= Lamina
Ll-n	= Lumbal-(Lenden-)wirbel (Nr.: n)
Lig.	= Ligamentum (Band), Ligg. (Plural)
Lob.	= Lobus (Hirn-Lappen)
M.	= Musculus, Mm. = Musculi (Pural)
N.	= Nervus, Nn. = Nervi (Plural)
Ncl.	= Nucleus (Hirn-Kern, neuronale Perikarien-Konzentration)
Pl.	= Plexus
Proc.	= Processus (Fortsatz), Procc. (Plural)
Rec.	= Recessus (Einsenkung), Recc. (Plural)
Sl-n	= Sacral-(Becken-)wirbel (Nr.: n)
Slc.	= Sulcus (Hirnrinden-Furche)
Thl-n	= Thoracal-(Vorderkörper-)wirbel (Nr.: n)
Tr.	= Tractus (Hirnnerven-Strang bzw. Neuritenbahn)
Tubc.	= Tuberculum (Höckerchen)
V.	= Vena, Vv. = Venae (Plural)
Vert.	= Vertebra/-ae (Wirbel allg.) mit arab. Ziffern

Anatomische Begriffe — Richtungsbezeichnungen und Lagebeziehungen am Körper

ant.	= anterior (-ius): nach vorn
caud.	= caudal: schwanzwärts
cran.	= cranial: kopfwärts
dext.	= dexter: rechts
dist.	= distal: ferner vom Körpermittelpunkt
dors.	= dorsal: rückenwärts
ext.	= externus: außen, außerhalb
int.	= internus: innen, innerhalb
inf.	= inferior (-ius): darunter
lat.	= lateral: seitlich
med.	= medial: zur Mitte hin, mittel-
medn.	= median: in der Mediansagittalebene gelegen
post.	= posterior (-ius): nach hinten
prof.	= profundus: tiefer gelegen
prox.	= proximal: näher zum Körpermittelpunkt
rost.	= rostralis: körperspitzenwärts
sin.	= sinister: links
sup.	= superior (-ius): darüber
supf.	= superficialis: oberflächlich
vent.	= ventralis: bauchwärts
s. o. (u.)	siehe oben (unten)

Odontologische Zeichen

C	= Caninus (Eckzahn),
cd	= Caninus deciduus (Milchzahngeneration)
I	= Incisivus (Schneidezahn),
id	= Incisivus deciduus
M	= Molar (Backenzahn)
P	= Praemolar (Vormahlzahn),
pd	= Praemolar deciduus
(Stellungssymbolik:	
$\overline{M}$	= oberer Molar;
M^3	= 3. oberer Molar)

Morphometrische Abkürzungen

CBL	= Condylobasallänge (Vorderrand d. Praemaxillare – Hinterrand eines Hinterhaupthöckers)
GLge.	= Gesamtlänge (Schnauzenspitze – Schwanzspitze)
-Gew.	= Organ-Gewicht (in Zusammensetzung: Herz-, Hirn-, Geburts-)